▲ 第 10 章 灯光
实例：使用（VR）灯光制作烛光

▲ 第 10 章 灯光
实例：使用（VR）灯光制作吊灯和灯带

▲ 第 10 章 灯光
实例：使用目标灯光制作射灯

▲ 第 10 章 灯光
实例：使用（VR）光域网制作地灯

▲ 第 11 章 “质感神器”——材质
实例：使用顶 / 底材质制作花瓶

▲ 第 11 章 “质感神器”——材质
实例：使用 Ink'n Paint 材质制作卡通效果

# 本书精彩案例欣赏

▲ 第 4 章 内置几何体建模
实例：使用圆柱体、圆锥体制作圆形茶几

▲ 第 5 章 样条线建模
实例：使用线制作简约金属摆件

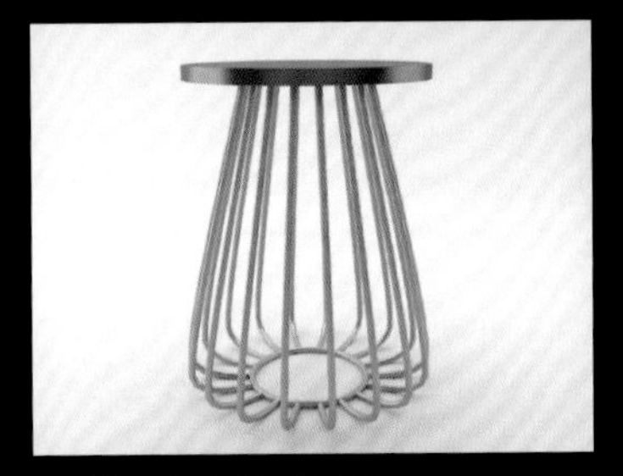

▲ 第 5 章 样条线建模
实例：使用线制作小餐桌

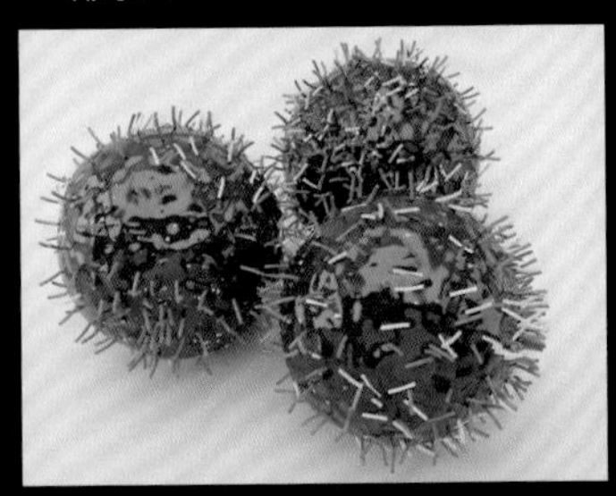

▲ 第 6 章 复合对象建模
实例：使用散布制作巧克力球

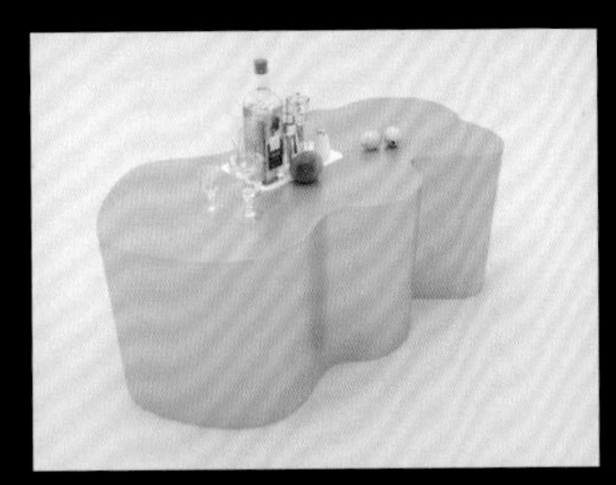

▲ 第 7 章 修改器建模
实例：使用挤出修改器制作创意茶几

▲ 第 8 章 多边形建模
实例：插入顶点制作竹藤装饰球

▲ 第 8 章 多边形建模
实例：大沿帽

▲ 第 8 章 多边形建模
实例：藤椅

▲ 第 8 章 多边形建模
实例：新古典风格玄关柜

▲ 第 9 章 渲染器参数设置
实例：焦散

▲ 第 12 章 贴图
实例：使用渐变坡度贴图制作彩色玻璃饰品

▲ 第 11 章 “质感神器”——材质
实例：使用多维 / 子对象材质制作柜子

▲ 第 10 章 灯光
实例：使用目标聚光灯制作舞台灯光

▲ 第 11 章 “质感神器”——材质
实例：使用 VRayMtl 材质制作镜子材质

▲ 第 12 章 贴图
实例：使用衰减贴图制作绒布沙发

▲ 第 13 章 摄影机
实例：鱼眼镜头

▲ 第 20 章 美式风格玄关设计

▲ 第 21 章 样板间夜晚卧室设计

中文版 3ds Max 2020 完全案例教程
（微课视频版）

# 本书精彩案例欣赏

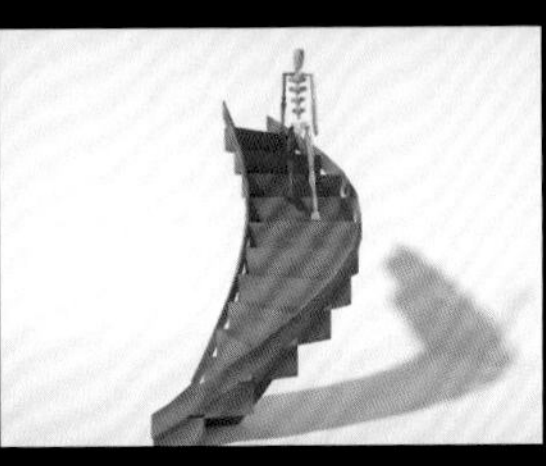
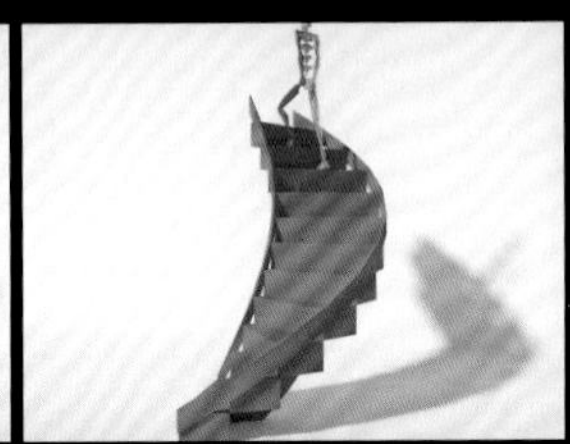

▲ 第 19 章 高级动画 实例：创建 Biped 制作上楼梯效果

▲ 第 16 章 粒子系统与空间扭曲 实例：使用重力和超级喷射制作喷泉

▲ 第 16 章 粒子系统与空间扭曲 实例：使用粒子流源粒子制作字母飘落

▲ 第 18 章 关键帧动画 实例：行驶的汽车

▲ 第 18 章 关键帧动画 实例：建筑生长动画

唯美

# 中文版3ds Max 2020完全案例教程

## （微课视频版）

唯美世界　曹茂鹏　编著

·北京·

## 内容简介

《中文版3ds Max 2020完全案例教程（微课视频版）》以实例操作的形式系统讲述3ds Max必备知识和三维建模、材质、灯光、渲染、特效以及动画制作等核心技术应用，是一本3ds Max完全自学教程、案例视频教程。全书共21章，其中1~19章详细介绍了3ds Max 2020的应用领域、3ds Max界面、3ds Max基本操作、内置几何体建模、样条线建模、复合对象建模、修改器建模、多边形建模、渲染器参数设置、灯光、材质、贴图、摄影机应用、环境与效果、动力学、粒子系统与空间扭曲、毛发系统、关键帧动画和高级动画等日常工作要用到的全部知识点，最后两章通过美式风格玄关设计和样板间卧室设计两个大型设计案例完整展示了使用3ds Max 2020进行实际项目设计的全过程。

《中文版3ds Max 2020完全案例教程（微课视频版）》的各类学习资源有：

（1）275集同步视频、实例的素材源文件。

（2）赠送《CAD室内设计基础》《室内设计常用尺寸表》《三维设计灵感集锦》《3ds Max易错问题集锦》《3ds Max常用快捷键索引》《室内配色宝典》《色谱表》等电子书。

（3）赠送3ds Max常用贴图、常用模型和PPT教学课件。

（4）赠送《Photoshop基础视频教程（116集）》《Photoshop常用快捷键速查表》《Photoshop常用工具速查表》。

《中文版3ds Max 2020完全案例教程（微课视频版）》既可作为3ds Max初学者的自学教材，又可作为学校、培训机构的教学用书，还可作为对3ds Max有一定使用经验的读者的参考手册。3ds Max 2018、3ds Max 2016、3ds Max 2014、3ds Max 2012等较低版本的读者也可学习使用。

**图书在版编目（CIP）数据**

中文版3ds Max 2020完全案例教程：微课视频版：唯美世界，曹茂鹏编著．—北京：中国水利水电出版社，2020.9（2023.8重印）

ISBN 978-7-5170-8393-1

Ⅰ．①中… Ⅱ．①唯… ②曹… Ⅲ．①三维动画软件—教材 Ⅳ．①TP391.414

中国版本图书馆CIP数据核字(2020)第027471号

| 书　名 | 中文版3ds Max 2020完全案例教程（微课视频版）<br>ZHONGWENBAN 3ds Max 2020 WANQUAN ANLI JIAOCHENG |
| --- | --- |
| 作　者 | 唯美世界　曹茂鹏　编著 |
| 出版发行 | 中国水利水电出版社<br>（北京市海淀区玉渊潭南路1号D座 100038）<br>网址：www.waterpub.com.cn<br>E-mail：zhiboshangshu@163.com<br>电话：（010）62572966-2205/2266/2201（营销中心） |
| 经　售 | 北京科水图书销售有限公司<br>电话：（010）68545874、63202643<br>全国各地新华书店和相关出版物销售网点 |
| 排　版 | 北京智博尚书文化传媒有限公司 |
| 印　刷 | 河北文福旺印刷有限公司 |
| 规　格 | 190mm×235mm　16开本　29.75印张　951千字　2插页 |
| 版　次 | 2020年9月第1版　2023年8月第4次印刷 |
| 印　数 | 14001—18000册 |
| 定　价 | 128.00元 |

3ds Max（全称为3D Studio Max）是一款基于PC系统的三维动画制作和渲染软件，广泛应用于广告、影视、工业设计、建筑设计、三维动画、多媒体制作、游戏、辅助教学以及工程可视化等领域。随着计算机技术的不断发展，3ds Max软件也不断向智能化和多元化方向发展。近年来，虚拟现实（VR）技术非常火热，3ds Max软件在三维动态场景设计和实体行为设计中也必将发挥重要作用。

## 本书显著特色

### 1. 配套视频讲解，手把手教您学习

本书配备了275集教学视频，涵盖了全书几乎所有实例和重要知识点，如同老师在身边手把手教您，可以让学习更轻松、更高效！

### 2. 二维码扫一扫，随时随地看视频

本书重要知识点和实例均录制了视频，并在书中的相应位置设置了二维码，使用手机微信扫一扫二维码，可以随时随地在手机上看视频（若个别手机不能播放，请在电脑端下观看）。

### 3. 内容极为全面，注重学习规律

本书涵盖了3ds Max几乎所有工具、命令的常用功能，是市场同类书中内容最全面的图书之一。同时采用“知识点+理论实践+实例练习+综合实例+技术拓展+技巧提示”的模式编写，也符合轻松易学的学习规律。

### 4. 实例极为丰富，强化动手能力

全书220个中小型实例，2个大型综合案例，实例类别涵盖室内设计、工业设计、建筑设计、影视广告、三维动画、多媒体制作、工程可视化等领域等诸多设计领域，便于读者动手操作，在模仿中学习。

### 5. 案例效果精美，注重审美熏陶

3ds Max只是工具，设计好的作品一定要有美的意识。本书案例效果精美，目的是加强对美感的熏陶和培养。

### 6. 配套资源完善，便于深度广度拓展

本书除了提供全书的配套视频和素材源文件外，还根据设计师必学的内容赠送了大量教学与练习资源，便于知识的深度和广度拓展。

### 7. 专业作者心血之作，经验技巧尽在其中

作者系艺术学院讲师、Adobe创意大学专家委员会委员、Corel中国专家委员会成员，设计、教学经验丰富，大量的经验技巧融于书中，可以帮助读者提高学习效率，少走弯路。

### 8. 订制学习内容，短期内快速上手

3ds Max功能强大、命令繁多，全部掌握需要较长时间。如想在短期内学会使用3ds Max进行效果图制作、影视栏目包装设计、游戏设计等，不必耗时费力学习3ds Max全部功能，只需根据本书的建议学习部分内容即可（可参考“特定学习指南”中的视频介绍）。

### 9. 提供在线服务，随时随地可交流

本书提供公众号、QQ群等在线服务，可进行资源下载、在线交流与答疑等服务。

## 关于本书资源及下载方法

### 1.本书学习资源及赠送资源

(1) 275集同步视频、实例的素材源文件。

(2) 赠送《CAD室内设计基础》《室内设计常用尺寸表》《三维设计灵感集锦》《3ds Max易错问题集锦》《3ds Max常用快捷键索引》《室内配色宝典》《色谱表》等电子书。

(3) 赠送3ds Max常用贴图、常用模型和PPT教学课件。

(4) 赠送《Photoshop 基础视频教程（116集）》《Photoshop常用快捷键速查表》《Photoshop常用工具速查表》。

### 2.本书资源获取方式

(1) 用微信“扫一扫”功能扫描右侧二维码，可以及时获取本书的各类资源。

(2) 读者可加入本书 QQ学习交流群537959443（群满后，会创建新群，请注意加群时的提示，并根据提示加入相应的群），与广大读者进行在线交流学习。

提示：

本书提供的下载文件包括教学视频和源文件等，教学视频可以演示观看。要按照书中实例操作，必须安装3ds Max软件之后才可以进行。您可以通过以下方式获取3ds Max简体中文版。

(1) 登录https://www.autodesk.com.cn/products/3ds-max/ 网站下载试用版本（可试用30天），也可购买正版软件。

(2) 可到网上咨询、搜索购买方式。

## 关于作者

本书由唯美世界组织编写，曹茂鹏和瞿颖健担任主要编写工作，其他参与编写的人员还有瞿玉珍、董辅川、王萍、杨力、瞿学严、杨宗香、曹元钢、张玉华、李芳、孙晓军、张吉太、唐玉明、朱于凤等。本书部分插图素材购买于摄图网，在此一并表示感谢。

最后，祝您在学习的道路上一帆风顺。

编　者

目 录
Contents

目 录

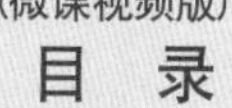

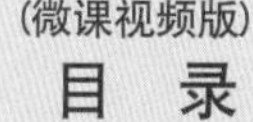

扫一扫，看视频

# 认识3ds Max 2020

## 本章内容简介：

本章是开启3ds Max世界的第一个章节，在这里我们需要简单了解一下3ds Max的应用方向，认识一下在各个领域都能大放异彩的3ds Max。因为3ds Max是一款三维制图软件，所以其工作流程较为特殊。接下来，我们就来熟悉一下3ds Max的工作流程。

## 重点知识掌握：

- 熟悉3ds Max的应用领域。
- 了解3ds Max的基本工作流程。

## 通过本章学习，我能做什么？

通过本章的学习，可对3ds Max有个初步的认识，了解到如3ds Max应用领域、常见室内设计风格、创作流程，并为后面的学习做好准备。

## 1.1 3ds Max 2020的应用领域

扫一扫，看视频

3ds Max 2020的功能非常强大，适用于多个行业领域，包括室内效果图、建筑设计、园林景观设计、工业产品设计、栏目包装设计、影视动画、游戏、插画等。

### 1.1.1 3ds Max应用于室内效果图

3ds Max最常用于室内效果图设计，其强大的渲染功能可使室内效果图更逼真。如图1-1和图1-2所示为优秀的室内效果图作品。

图 1-1

图 1-2

### 1.1.2 3ds Max应用于建筑设计

随着数字技术的普及，建筑行业对效果图制作的要求不断提高，不仅要求逼真，而且要具有一定的艺术感和审美价值，而3ds Max正是建筑效果图表现的不二之选。如图1-3和图1-4所示为优秀的建筑效果图作品。

图 1-3

图 1-4

### 1.1.3 3ds Max应用于园林景观设计

相对于室内设计而言，园林景观设计所涉及的面积更大一些。单凭平面图很难完整地呈现出设计方案实施完成后的效果，所以需要进行效果图的制作。3ds Max不仅适合于制作室内外小场景的效果图，针对超大的鸟瞰场景的表现也尤为出众。如图1-5和图1-6所示为优秀的效果图作品。

图 1-5

图 1-6

### 1.1.4 3ds Max应用于工业产品设计

随着经济的发展，产品的功能性已经不是吸引消费者的唯一要素，产品的外观在很大程度上也能够提升消费者的好感度。因此，产品造型设计逐渐成为近年来的热门行业，使用3ds Max可以进行产品造型的演示和操作功能的模拟，大大提升了产品造型展示的效果和视觉冲击力。如图1-7和图1-8所示为优秀的产品造型设计作品。

图 1-7

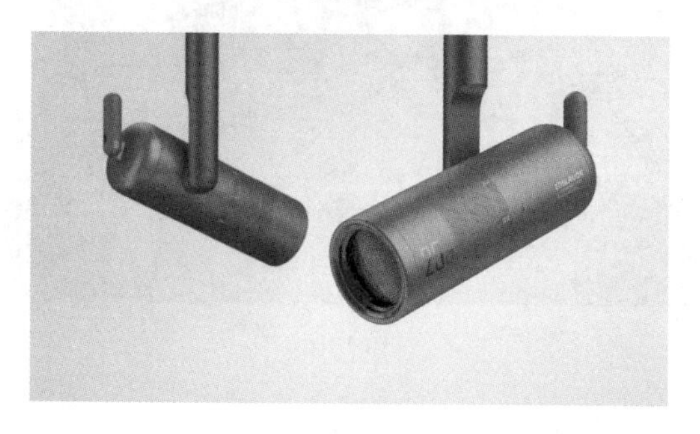

图 1-8

### 1.1.5 3ds Max应用于栏目包装

影视栏目包装可以说是节目、栏目、频道“个性”的体现，成功的栏目包装能够突出节目特点、确立栏目品牌地位、增强辨识度。栏目包装的重要性不言而喻。对于影视栏目包装的从业人员，不仅需要使用到影视后期制作软件After Effects制作影视特效，很多时候为了使栏目包装更吸引观众眼球，3D元素的运用是必不可少的。这部分的3D元素的制作就可以使用到3ds Max。如图1-9和图1-10所示为优秀的栏目包装作品。

图 1-9

图 1-10

### 1.1.6 3ds Max应用于影视动画

随着3D技术的发展，3D元素被越来越多地应用到电影和动画作品中，广受人们欢迎。3ds Max由于其在造型以及渲染方面的优势，不仅可以制作风格各异的卡通形象，更能够用来模拟实际拍摄时无法实现的效果。如图1-11和图1-12所示为优秀的影视动画效果。

图 1–11

图 1–12

## 1.1.7 3ds Max应用于游戏

游戏行业一直是3D技术应用广泛的先驱型行业，随着移动终端的普及和硬件技术的发展，从电脑平台到手机平台，用户对于3D游戏视觉体验的要求也不断提高。由此带来的是精美的3D角色和场景、细腻的画质、绚丽的视觉特效等。从角色到道具，再到场景，这些3D效果的背后都少不了3ds Max的身影。如图1–13和图1–14所示为优秀的游戏作品。

图 1–13

图 1–14

## 1.1.8 3ds Max应用于插画

插画设计并不算是一个新的行业，但是随着数字技术的普及，插画绘制的过程更多的从纸上转移到计算机上。伴随着3D技术的发展，三维插画也越来越多地受到插画师的青睐。使用3ds Max可以轻松地营造真实的空间感和光照感，更能制作出无限可能的3D造型。如图1–15和图1–16所示为优秀的3D插画作品。

图 1–15

图 1–16

## 1.2 常见室内设计风格

扫一扫，看视频

鉴于室内设计是3ds Max应用领域中应用人数最多的方向，因此我们简单介绍一下室内设计风格的种类。家居装饰从最简单的装修发展到后来运用多种元素进行精致的装修，通过硬装与软装的搭配，形成多种风格的空间设计。家居装修风格主要可以分为现代风格、欧式风格、美式风格、新古典风格、地中海风格、北欧风格、东南亚风格、中式风格、田园风格、工业风格和混搭风格等。

### 1.2.1 简约的现代风格

现代风格是以简约为主的装修风格，其特色是将设计的元素、色彩、照明、原材料简化到最少的程度，但对色彩、材料的质感要求很高。因此，简约的空间设计通常能达到以少胜多、以简胜繁的效果，如图1–17和图1–18所示。

**特点：**

（1）强调功能性设计，空间结构线条简约流畅，色彩对比明显。

（2）空间简约而实用。

（3）大量应用白色、黑色、灰色。

（4）金属材质是简约风格当中最常用的材质。

图 1–17

- 该客厅设计属于简约的现代风格，简单的空间环境体现出整个风格的随意、自然，同时为空间营造出恬静、优雅的氛围。
- 空间采用黑、白、灰色为主色进行搭配，少量的跳跃绿色进行点缀，让空间层次感强烈，从而打造出沉稳大气的客厅氛围。
- 黑色的高腿凳与白色的家具相搭配，使整个空间充满了理智、冷静的感觉。而绿色的水果、鲜花以及毛毯的点缀，为空间添加生气和亮点。
- 造型夸张的吊灯、旋转楼梯，时尚感与现代化的结合，个性大胆。

图 1–18

RGB= 221 222 226　RGB=4 4 4　RGB= 175 208 101

**同类配饰元素：**

  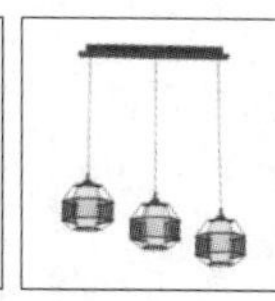 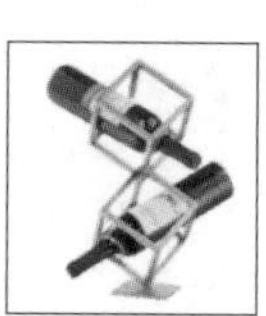

### 1.2.2 奢华的欧式风格

欧式风格最早来源于埃及艺术，以柱式为表现形式。主要有法式风格、洛可可风格、意大利风格、西班牙风格、英式风格、北欧风格等几大流派。而奢华的欧式风格除了应用在别墅、酒店、会所等项目中，这些年也越来越多地应用于居住空间设计，常给人以高贵、优雅、大气的感受，如图1–19和图1–20所示。

**特点：**

（1）强调以华丽的装饰、浓烈的色彩获得华贵的装饰效果。

（2）多使用欧式元素，如带花纹的石膏线勾边、欧式吊顶、大理石、水晶吊灯、欧式地毯、雕塑装饰、雕花家具等。

（3）空间面积大，精美的油画与雕塑工艺品是不可或缺的元素。

（4）突出整体的高贵与大气，于精致中而不失风尚。

图 1-19

- 该客厅设计属于奢华的欧式风格，空间环境采用对称式的方法，而悬挂水晶吊灯的装饰既打破了整个空间的硬朗，又使得层次更加分明。
- 空间色彩以白色为主基调，搭配黑色作点缀，展现出室内优雅、高贵的氛围。
- 地面采用大理石铺贴，光滑、有亮泽。拱形的室内设计增大了空间，提升了空间的层次感。水晶吊灯的装饰使得空间不会过于空旷，空间两侧摆放着两尊雕塑，为空间增添了浓烈的艺术气息。

图 1-20

RGB=233 225 222 RGB=17 20 27 RGB=147 129 129

**同类配饰元素：**

   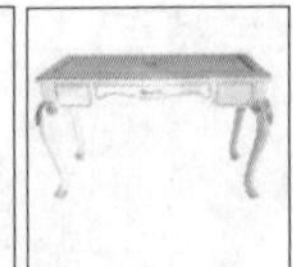

### 1.2.3 典雅的美式风格

美式风格，顾名思义，就是源自美国的装饰风格，它在欧洲奢侈、贵气的基础之上，又结合了美洲大陆的本土文化，在不经意中形成了另外一种休闲浪漫的风格。美式风格摒弃了过多的烦琐与奢华，没有太多的装饰与约束，是一种大气又不失随意的风格，如图1-21和图1-22所示。

**特点：**

(1)通常用大量的石材和木饰。
(2)强调简洁、明晰的线条和优雅的装饰。
(3)讲究阶级性空间摆饰。
(4)家具自由随意、舒适实用。
(5)注重壁炉与手工装饰，追求天然随意性。

图 1-21

- 该卧室设计属于美式风格的儿童房设计。空间环境细节的局部改造，宛如将梦想注入了生活，充满童趣。
- 空间以奶黄色为主色调，采用淡淡的浅绿色为点缀，整体色彩搭配呈现出一种轻快、活力的柔情。
- 充满活力的黄色系色调是装修孩子卧室非常棒的选择，同样也很适合装扮温暖秋冬的空间，一些简单物件的点缀既化解了单调的视觉感官又增添了层次感。
- 卧室采用落地窗户设计，使室内拥有良好的采光。

图 1-22

RGB= 230 220 181  RGB=88 56 39  RGB=243 245 225

**同类配饰元素**：

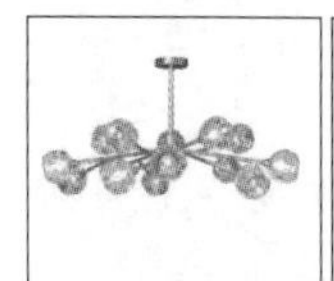   

## 1.2.4 雅致的新古典风格

新古典主义风格的设计是经过优化改良的古典主义风格。从简单到烦琐、从整体到局部，注重塑造性与完整性。更是一种多元化的思考方式，将怀古的浪漫情怀与现代人的生活需求相结合，也别有一番尊贵的感觉，如图1–23和图1–24所示。

**特点**：

（1）用现代手法和材质还原古典气质，采用“形散神聚”的特点。

（2）简化的手法、现代的材料追求传统样式。

（3）运用历史文脉特色烘托室内环境气氛。

（4）常使用金色、黄色、暗红色、黑色，少量的白色使空间更加非凡气度。

图 1–23

- 该书房设计属于雅致的新古典风格，整体空间环境采用开放式的结构，以实木家具为装饰，把高雅的情趣和沉稳的设计手法融为一体，充分展现了雅致的新古典风格。
- 空间以褐色加米色形成整体的色彩搭配，再配以灰色，让整体显得大气而温馨。
- 原木的书橱以及柜子与墙上的装饰画和谐搭配，缓和了空间的庄重气氛。
- 整体搭配将怀旧的雅致情怀与现代人的生活需求相结合，别有一番风味。

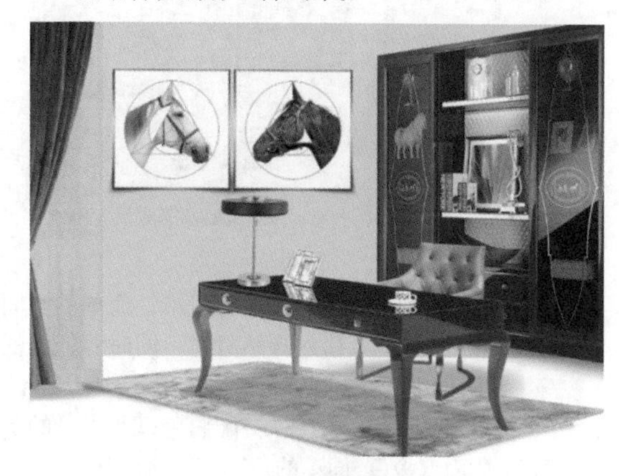

图 1–24

RGB= 232 217 188  RGB=50 25 22  RGB=154 142 127

**同类配饰元素**：

  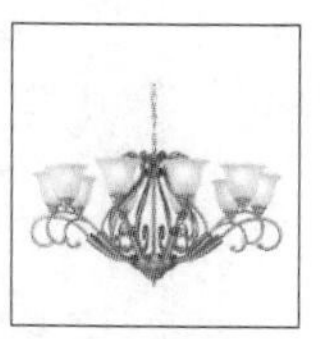

## 1.2.5 浪漫的地中海风格

地中海风格因富有地中海人文风情和地域特征而得名，简单的生活状态加上朴素而美好的生活环境成为地中海风格家居的全部内容。白色与蓝色的搭配是地中海风格最具代表性的配色方案，这种配色灵感来源于蔚蓝色的海岸与白色沙滩。自由、自然、浪漫、休闲是地中海风格装修的精髓，如图1–25和图1–26所示。

**特点**：

（1）简约精致中回归自然，常使用自然中的元素装饰空间，如贝壳、沙等。

（2）秉承白色为主的传统，为了避免太素雅，选择一两个色调的艳丽单色来搭配，如蓝色、青色、褐色。

图 1-25

- 该卧室设计属于浪漫的地中海风格，简单的空间环境体现出整个风格的自然舒适，同时营造出恬静、浪漫的空间氛围。
- 该卧室以瓷青色为主色，搭配白色以及少量的灰色、棕色为点缀色，简单的色彩搭配适合卧室风格。
- 圆形吊灯与格子状天花板错落有致，这是地中海风格的灵魂，浪漫的意境犹如清晨第一缕阳光滋润心房。而床头背景墙上挂着的圆形镜子经典又独具特色。

图 1-26

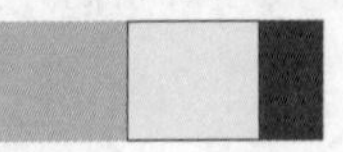

RGB= 165 206 205 RGB=237 239 243 RGB= 76 56 43

**同类配饰元素：**

  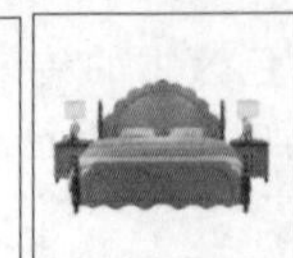 

## 1.2.6 淡雅的北欧风格

北欧风格是指欧洲北部国家挪威、丹麦、瑞典及芬兰等的艺术设计风格，具有简洁、自然、人性化的特点，如图1-27和图1-28所示。

**特点：**

(1)室内的顶、墙、地三个面常用线条、色块来区分点缀。

(2)简洁、直接、功能化且贴近自然。

(3)通常色调较淡，常用白色、灰色加以蓝色。

图 1-27

- 该客厅设计属于自然的北欧风格，整体空间的造型设计追求简洁流畅，选材上采用木制家具，充满了原始的质感，也体现了崇尚自然的理念。
- 该客厅以米色为主色，搭配灰色、绿色作为点缀色，为整个空间增添了层次和动感。
- 天然材质是北欧风格中不可或缺的元素，在该客厅设计中采用木藤的自然色兼容到空间，木制家具搭配灰色系软沙发，充分展现出北欧风格装修的灵魂，同时也展现出家具的原始色彩。
- 绿色植物以及灰色系装饰画做点缀，为整体空间增添了一丝淡雅自然的气息。

图 1-28

RGB= 227 226 224 RGB=206 174 134 RGB=141 140 141

**同类配饰元素**：

## 1.2.7 民族风的东南亚风格

东南亚风格是一种结合了东南亚民族岛屿特色及精致文化品位的家居设计风格。广泛地运用木材和其他天然原材料，呈现出自然的、舒适的异域风情。这种风格追求原始自然、色泽鲜艳、崇尚手工。设计以不矫揉造作的手法演绎出原始自然的热带风情，如图1–29和图1–30所示。

**特点**：

(1) 暖色的布艺饰品点缀，线条简洁凝重。
(2) 取材自然，纯天然的材质散发着浓烈的自然气息。
(3) 色彩斑斓高贵，以浓郁色彩为主。
(4) 常用金色、黄色、暗红色做主色调。
(5) 家具、装饰极具民族风情。

图 1–29

- 该卧室设计属于东南亚风格，整体空间设计符合亚热带季候的自然之美，在家具装饰的材质选择方面以自然环保为最佳，配合柔美的软装饰，让东南亚风格融入细腻的美感。
- 该卧室以偏黄色的暖色调为主，与具有东南亚风格的家具相互搭配，营造出一个良好的空间氛围。
- 卧室中间摆放着一个具有民族风的大床，菱形图案的实木材质床头背景墙充满天然的自然气息。空间整体装修风格适合喜欢安逸生活的业主。

图 1–30

RGB= 152 76 56 RGB=248 219 103 RGB=214 179 151

**同类配饰元素**：

## 1.2.8 庄重的中式风格

中式风格是以宫廷建筑为代表的中国古典建筑的室内装饰设计。更多利用后现代手法把传统的结构形式通过民族特色标志符号表现出来，这种风格最能体现传统文化的审美意蕴，如图1–31和图1–32所示。

图 1–31

**特点**：

(1) 空间讲究层次，多用隔窗、屏风来分割空间。常使用对称式布局设计。

(2)装饰多以木质为主，讲究雕刻绘画、造型典雅。

(3)色彩多以沉稳为主，表现古典家居的内涵。多使用红色、褐色等色彩。

(4)家居讲究对称，配饰善用字画、古玩和盆景。

- 该餐厅设计属于新中式风格，空间采用对称式的布局，造型朴实优美，把整个空间格调塑造得更加高雅。
- 该餐厅以黑色、白色、深褐色以及暗黄色为整体的色彩搭配，展现出空间古韵魅力和高雅内涵。
- 青花瓷的装饰盘和暗黄色的梅花背景墙充分凸显出东方文化的迷人魅力。天花板采用内凹式的方形区域设计，可展现出槽灯轻盈感的魅力，同时完美地释放吊灯的简约时尚感。

图 1-32

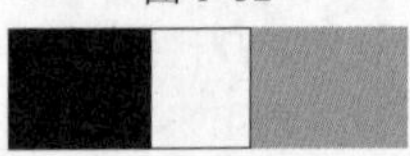

RGB= 8 5 0 RGB=253 254 249 RGB=211 153 102

**同类配饰元素**：

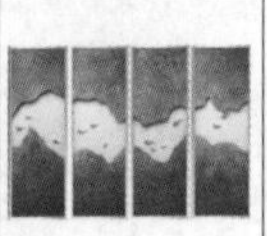

## 1.2.9 清新的田园风格

田园风格以园圃特有的自然特征为形式手段，带有一定的乡间艺术特色。在环境中表现悠闲舒适的田园生活。总之，田园风格的特点就是回归自然，无拘无束，如图1-33和图1-34所示。

**特点**：

(1)朴实、亲切、实在，贴近自然，向往自然。

(2)多以布艺、碎花、条纹图案等为主，天然木料、绿色盆栽做装饰。

(3)空间明快鲜明，多以软装为主，要求软装和用色统一。

(4)常使用自然中的色彩作为空间色彩，如绿色、褐色等。

图 1-33

- 该客厅设计属于清新的田园风格，简单的空间环境体现出整个风格的随意、自然，同时为空间营造出恬静、舒适的氛围。
- 空间整体以米色为主，搭配枯叶绿色和粉色为点缀，展现出一个柔和的温馨空间。
- 绿色沙发衬托粉色抱枕，而粉色抱枕又与玫瑰的粉色相呼应，让整个画面浑然一体。完整的天然木材躺椅和地板使整个空间看起来休闲、舒适，从而给人一种回归自然的感觉。

图 1-34

RGB= 209 208 213 RGB=204 195 188 RGB= 115 172 154

**同类配饰元素**：

   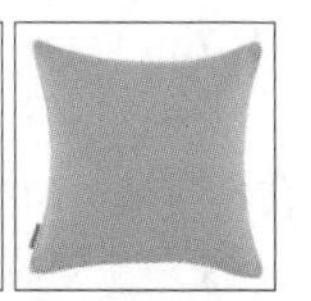

## 1.2.10　复古的工业风格

工业风格是一种比较独特的设计风格，具有灵活性的大空间能将生活演绎得更为精彩。工业风格的室内通常成开放式的空间，不具有较强的隐私性却富有丰富的生活节奏，而且它时尚前卫的气息很受广大年轻人的青睐，如图1–35和图1–36所示。

**特点**：

（1）工业风格装修在设计中会出现大量的工业材料，如金属构件、水泥墙、水泥地、做旧质感的木材、皮质元素等。

（2）格局以开放性为主。

（3）空间结构层次分明，常使用隔断、金色构件等分割空间的上下、前后、左右。

（4）颜色多以冷色调为主，如灰色、黑色等。

图1–35

- 该客厅设计属于复古的工业风格，整体空间环境在裸露砖墙和原结构的粗犷外表下反映了人们对于无拘无束生活的向往和对品质的追求。
- 整体空间的配色是以黑色与灰色相搭配，点缀绿色、蓝色和棕色，为整体空间增添了跳跃与动感，这种配色诠释了工业风简约、朴素、随性的特点。
- 地板和天花板都是灰色系，装饰板则多用黑色，再配上红砖墙复古而有层次，丝毫不会觉得乏味。再加以蓝色的软沙发以及棕色的铁质桌椅，可以让整体搭配在体现工业风的同时又不乏高雅与舒适。

图1–36

RGB= 1 1 1　RGB=255 255 255　RGB= 169 113 64

**同类配饰元素**：

## 1.2.11　文艺混搭风格

文艺混搭风格是将不同文化内涵完美地结合为一体，充分利用空间形式材料，搭配多种元素，兼容各种风格，并且将不同的视觉、触觉交织融合在一起，碰撞出混搭的完美结合。“混搭”不是百搭，绝不是生拉硬配，而是和谐统一、百花齐放、相得益彰、杂而不乱，如图1–37和图1–38所示。

**特点**：

（1）不同的风格进行混合搭配。

（2）混搭不是随意搭配，注意应杂而不乱。

（3）混搭常使用纯度较高的色彩作为点缀色。

图1–37

- 该客厅设计属于文艺混搭风格，整体空间环境以软装和硬装的完美结合共同构成了家中最美的客厅。
- 该客厅采用灰色为主色，加以褐色、玫红色、黄色等鲜艳的色彩元素做点缀，打破单调的同时又增加了一丝动感，让人眼前一亮。
- 采用实木的家具，搭配柔软的布艺沙发，混搭感十足。地毯以多种几何图形相拼凑而成，设计感十足。吊灯采用了复古的欧式风格，蜡烛式的设计非常典雅。
- 阳台与客厅采用互通的结构设计，节约空间面积，使其更加宽敞。

图 1-38

RGB= 225 224 228 RGB=84 69 60 RGB=208 197 106

**同类配饰元素：**

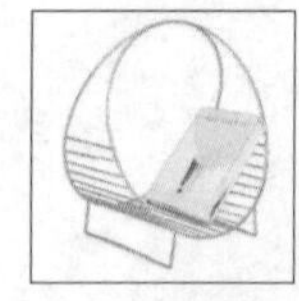  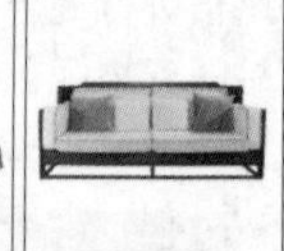 

## 1.2.12 悠然的日式风格

传统的日式家具以其清新自然、简洁淡雅的独特品位形成了特有的家具风格，对于生活在都市中的我们来说，日式家居环境所营造的闲适写意、悠然自得的生活境界也许就是人们所追求的。简约又富有禅意的日式家居风格很受当代人们的喜爱，如图 1-39 和图 1-40 所示。

**特点：**

(1) 清新自然、极致简约。

(2) 一般采用清晰的线条，使居室的布置带给人以优雅、清洁的空间环境。

(3) 空间简约而实用，材料以自然环保的木材质为主。

(4) 常使用白色、原木色等高明度色彩还原自然本质。

图 1-39

- 该客厅设计属于舒适的日式风格，整体空间面积虽然不大，却藏着无数功能：视听，影音齐聚客厅。把电视及电视柜全部嵌入墙里，缓解了空间比例不协调的尴尬局面。
- 该客厅采用灰、白、棕三色为主色设计，加以绿色元素做点缀，打造出不一样的视觉效果。
- 采用藤编的灯罩，加上转角部分用青竹作为点缀，清新自然的气息扑面而来。

图 1-40

RGB= 210 208 209 RGB=215 183 132 RGB=129 120 113
RGB=71 118 50

**同类配饰元素：**

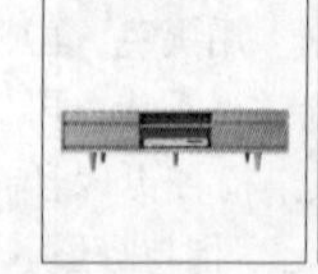   

## 1.2.13 轻奢的法式风格

法式风格主要包括巴洛克风格、洛可可风格、新古典风格等。法式风格空间的浪漫、情迷与法国人对美的追求是一致的。法式风格的色彩没有过分的浓烈，推崇自然，使用较多的色彩有白色、蓝色、绿色、紫色等，也常使用金色、红色作为点缀色，如图1-41和图1-42所示。

**特点：**

(1)讲究空间中的对称，展现贵族气息。

(2)追逐浪漫、大气恢宏、豪华贵气。

(3)细节比较考究，如法式廊柱、雕花、线条等。

图 1-41

- 该客厅设计属于优雅的法式风格，空间采用对称的布局和古典柱式构图，将空间的尊贵、大气、典雅表现得一览无余。走廊两侧是相对的开放式客厅与餐厅，高耸的大理石柱将高贵恢宏的气势注入空间，宛如艺术品般散发沉静、高贵的气质。
- 该客厅采用白色为基调，米黄与浅灰点缀其间，使整个室内充满温情与浪漫。在这样的底色之上，皇家蓝以内敛华美的姿态在纯净空间之中绽放出宝石般的华彩。
- 墙面与天花板沿用西方古典建筑中常见的象牙白色木制饰面，精细的雕刻散发细腻轻盈的柔美韵味。与此呼应的是玲珑纤巧的家具，优美线条的起伏回旋中展现出生活与美学交融的极致。

图 1-42

RGB= 222 221 212 RGB=110 104 100 RGB=67 72 106

**同类配饰元素：**

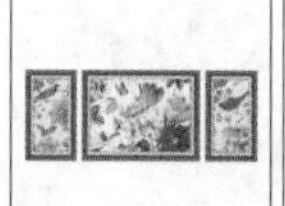

# 重点 1.3 3ds Max的创作流程

3ds Max的流程主要包括建模、渲染设置、灯光、材质贴图、摄影机和环境、渲染作品6大步骤。

扫一扫，看视频

## 1.3.1 建模

在3ds Max的世界中想要制作出效果图，首先需要在场景中制作出3D模型，这个过程就叫作“建模”。建模的方式有很多，比如通过使用3ds Max内置的几何体创建立方体、球体等常见几何形体，利用多边形建模制作复杂的3D模型、利用样条线制作一些线形的对象等。关于建模方面的内容可以学习本书建模章节(第4 ～ 8章)，如图1-43所示。

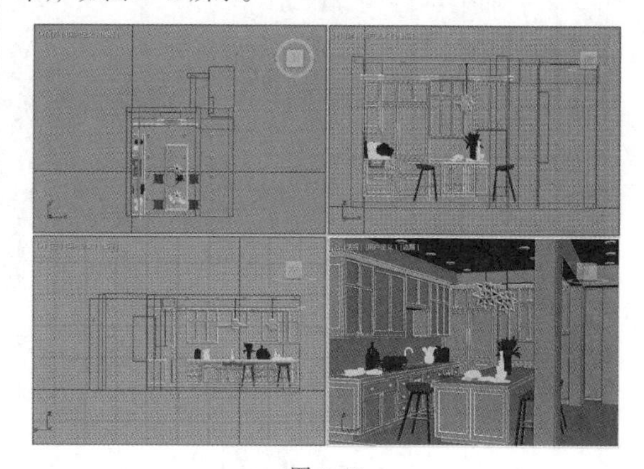

图 1-43

## 1.3.2 渲染设置

想要得到精美的3D效果图，渲染是必不可少的一个步骤。简单来说，渲染就是将3D对象的细节、表面的质感、场景中的灯光呈现在一张图像中的过程。在3ds Max中，我们通常需要使用到某些特定的渲染器来实现逼真效果的渲染。而在渲染之前，就需要进行渲染设置，切换到相应渲染器之后才能够使用其特有的灯光、材质等功能。这部分知识可以到本书第9章进行学习，如图1-44所示。

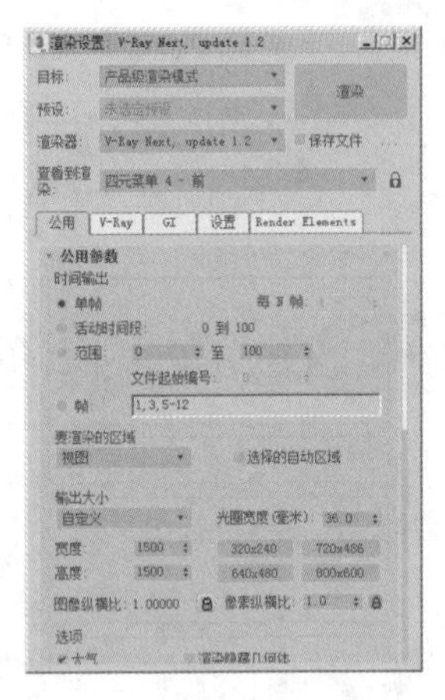


图 1-44

## 1.3.3 灯光

模型建立完成后3ds Max的工作就完成了吗？并没有，3D的世界里不仅要有3D模型，更要有灯光，没有灯光的世界是一片漆黑的。灯光的设置不仅能够照亮3D场景，更能够起到美化的作用。这部分可以在本书第10章中学习，如图1-45所示。

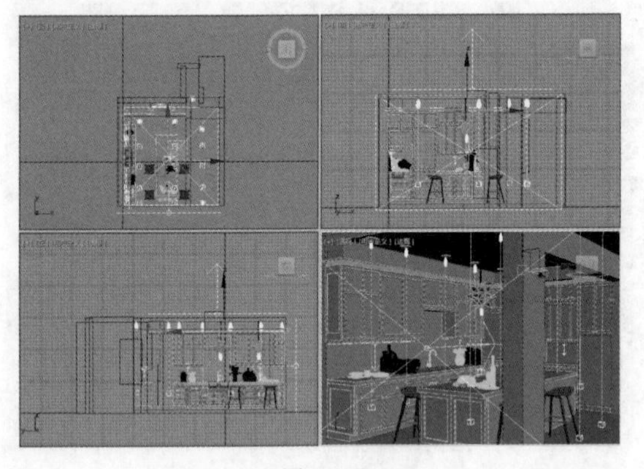

图 1-45

## 1.3.4 材质贴图

灯光设置完成后可以对材质贴图进行设置，调节出不同颜色、质感、肌理等属性的材质，以模拟出逼真的模型质感效果。这部分可以在本书第11、12章中学习，如图1-46所示。

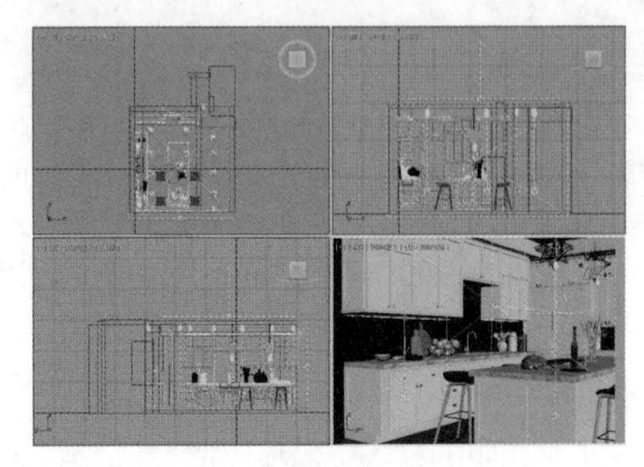

图 1-46

## 1.3.5 摄影机和环境

灯光、材质贴图都设置完成后，可以创建摄影机，固定需要渲染的摄影机角度，并可以为场景设置环境。这部分可以在本书第13章中学习，如图1-47所示。

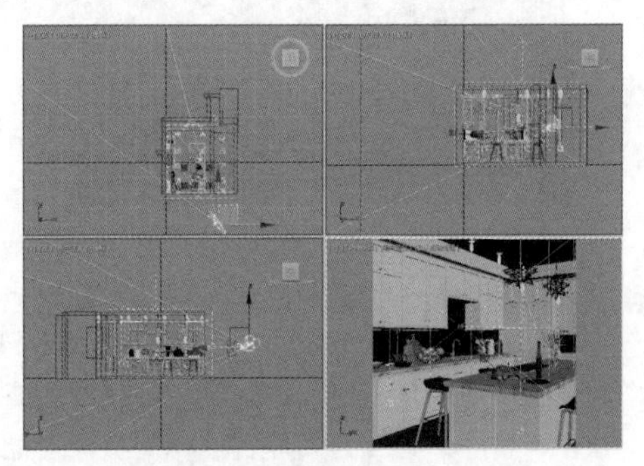

图 1-47

## 1.3.6 渲染作品

经过了建模、渲染设置、灯光、材质贴图、摄影机和环境的制作，下面可以进行场景的渲染，单击主工具栏中的“渲染产品”按钮即可对画面进行渲染，最终效果如图1-48所示。

图 1-48

扫一扫，看视频

# 3ds Max界面

## 本章内容简介：

本章主要内容包括第一次打开中文版3ds Max 2020、菜单栏、主工具栏、功能区、视口、状态栏控件、动画控件、命令面板、时间尺、视口导航。

## 重点知识掌握：

- 认识3ds Max界面。
- 了解界面中各个部分的名称及功能。

## 通过本章学习，我能做什么？

通过本章的学习，我们将初步认识3ds Max的界面，并且对常用工具的名称及功能有个大致的了解，为后面章节做好铺垫。

## 2.1 第一次打开中文版3ds Max 2020

### 实例：安装3ds Max 2020软件

扫一扫，看视频

文件路径：Chapter 02 3ds Max界面→实例：安装3ds Max 2020软件

本案例学习安装3ds Max 2020软件。

### 操作步骤

步骤 01 下载3ds Max 2020的安装程序，然后双击运行安装程序，如图2-1所示。

步骤 02 等待一段时间后，软件会自动解压缩，然后弹出一个对话框，从中单击【安装】按钮，如图2-2所示。

图 2-1

图 2-2

步骤 03 选中【我接受】单选按钮，然后单击【下一步】按钮，如图2-3所示。

图 2-3

步骤 04 3ds Max软件允许用户试用30天，可以选中【我想要试用该产品30天】单选按钮，然后单击【下一步】按钮，如图2-4所示。如果已经购买，则选中【我有我的产品信息】单选按钮，并输入【序列号】和【产品密钥】。

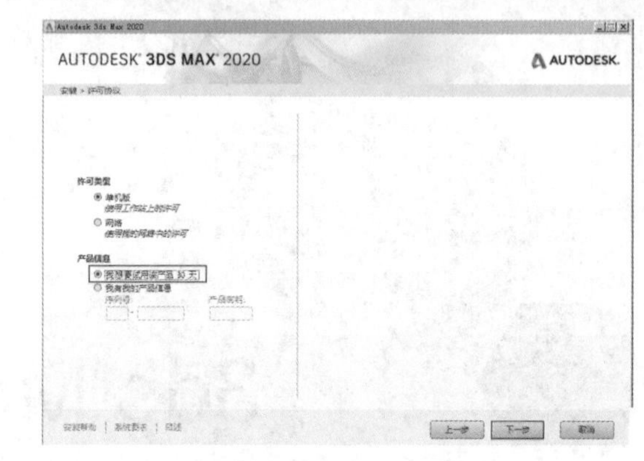


图 2-4

步骤 05 在弹出的窗口中单击【安装】按钮，如图2-5所示。接下来开始安装，如图2-6所示。

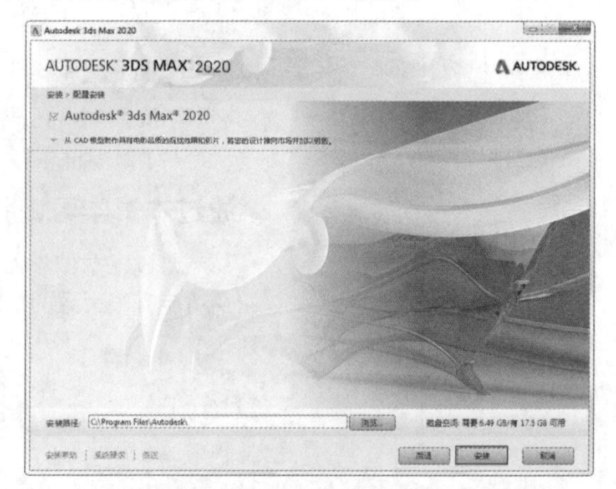


图 2-5

图 2-6

步骤 06 等待一会儿，完成安装后会弹出成功安装的提示，如图2-7所示。

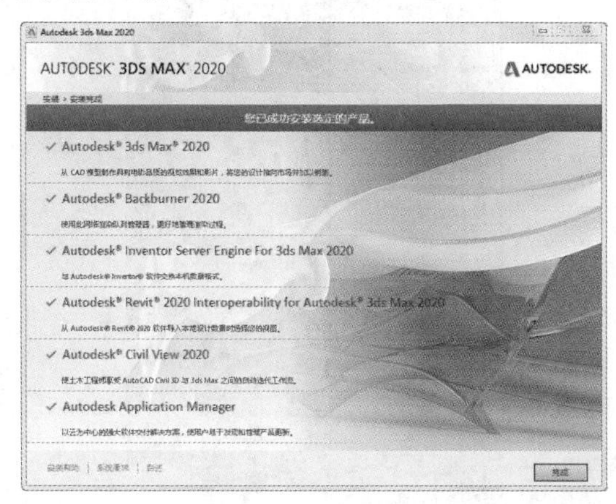


图 2-7

## 实例：打开中文版3ds Max 2020软件

文件路径：Chapter 02　3ds Max界面→实例：打开中文版3ds Max 2020软件

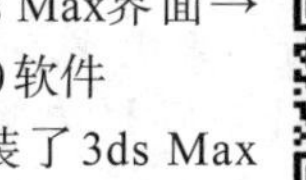

扫一扫，看视频

本案例将讲解在成功安装了3ds Max 2020软件后，如何找到并打开中文版的3ds Max 2020软件。

### 操作步骤

步骤 01 安装完3ds Max后，桌面上会自动出现一个3ds Max的图标，这是默认的英文版。如果要使用中文版，可以在“开始”菜单中找到。执行【开始】|【所有程序】|【Autodesk】|【Autodesk 3ds Max 2020】|【3ds Max 2020–Simplified Chinese】命令，如图2-8所示。此处不仅有简体中文版，还有法语版、德语版等。

图 2-8

步骤 02 首次打开3ds Max软件是比较慢的，需耐心等待。如图2-9所示为正在开启软件。

步骤 03 稍后进入欢迎屏幕窗口，如图2-10所示。若是不需要每次都弹出该窗口，只需单击取消左下方的【在启动时显示此欢迎屏幕】即可。

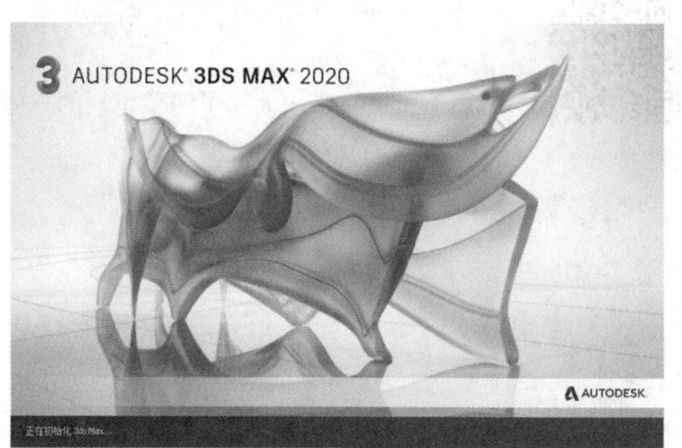


图 2-9

图 2-10

步骤 04 打开3ds Max 2020之后，可以看到其操作界面主要由菜单栏、主工具栏、功能区、视口、状态栏控件、动画控件、命令面板、时间尺、视口导航、场景资源管理器十大部分组成，如图2-11所示。

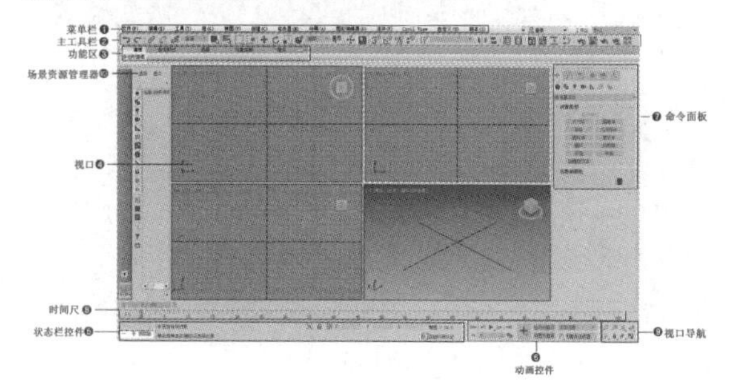


图 2-11

# 2.2 菜单栏

## 实例：认识菜单栏

扫一扫，看视频

文件路径：Chapter 02　3ds Max界面→实例：认识菜单栏

本案例主要带领大家了解菜单栏的具体位置、组成部分及相应功能。

### 操作步骤

步骤 01 打开3ds Max，界面如图2-12所示。

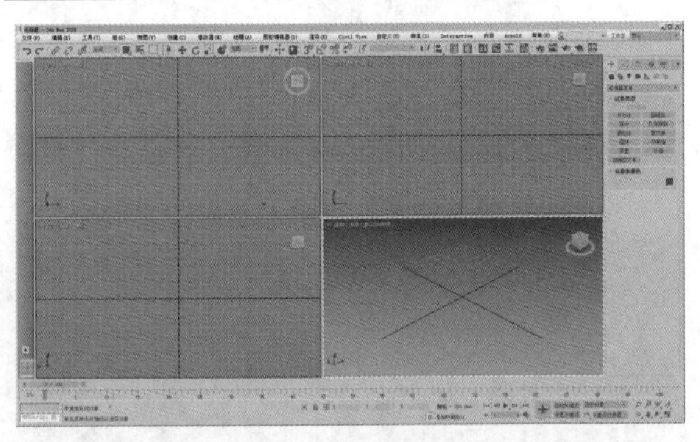

图 2-12

步骤 02 在界面的顶端找到菜单栏所在位置，如图2-13所示。此时可以看到菜单栏中包含十多个菜单项，分别是【文件】【编辑】【工具】【组】【视图】【创建】【修改器】【动画】【图形编辑器】【渲染】【Civil View】【自定义】【脚本】等。

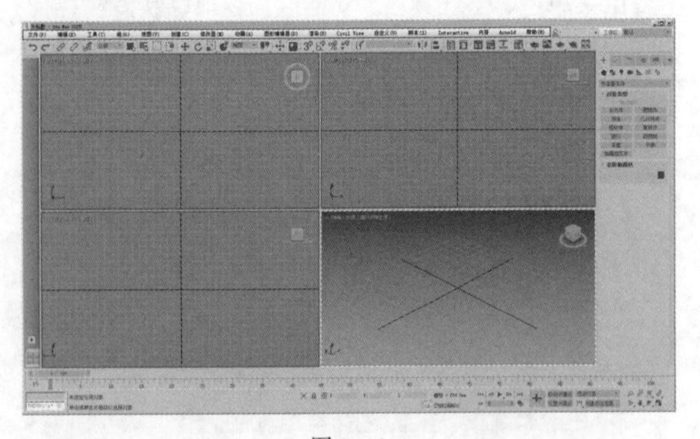

图 2-13

步骤 03 单击任意一个菜单项，即可展开下拉菜单，其中包含很多命令，如图2-14所示。命令繁多，需要大家一一尝试，以加深印象，同时在第3章中也有常用命令相应的操作讲解。

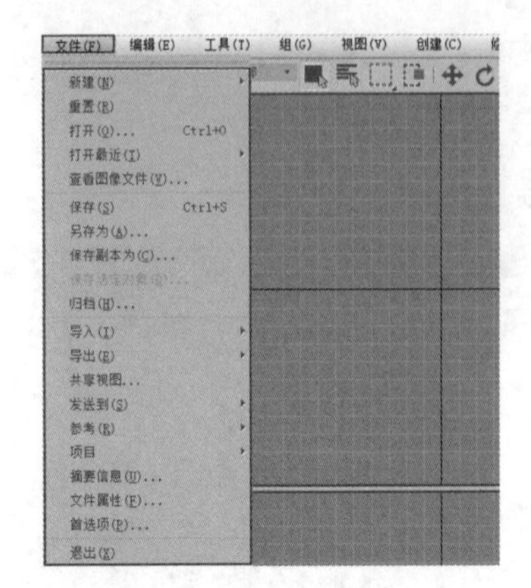


图 2-14

### 选项解读：菜单项讲解

- 文件：在【文件】菜单中，会出现很多操作文件的命令，包括【新建】【重置】【打开】【保存】【另存为】【导入】【导出】等命令。
- 编辑：利用【编辑】菜单中的命令，可以对文件进行编辑操作，如【撤销】【重做】【暂存】【取回】【删除】【克隆】【移动】【旋转】【缩放】等命令。
- 工具：利用【工具】菜单中的命令，可以对对象进行常见操作，如镜像、阵列、对齐等(更便捷的方式是利用主工具栏中的工具来完成)。
- 组：利用【组】菜单中的命令，可将多个物体组合在一起，还可以进行解组、打开组等操作。
- 视图：【视图】菜单中的命令主要用来控制视图的显示方式以及对视图的相关参数进行设置。
- 创建：利用【创建】菜单中的命令，可以创建模型、灯光、粒子等对象(更便捷的方式是在【创建】面板中创建)。
- 修改器：利用【修改器】菜单中的命令，可为对象添加修改器(更便捷的方式是通过【修改】面板来完成)。
- 动画：【动画】菜单中的命令，主要用来制作动画，包括正向动力学、反向动力学、骨骼的创建和修改等命令。
- 图形编辑器：在【图形编辑器】菜单中集合了3ds Max的图形可视化功能，包括【轨迹视图-曲线编辑器】【轨迹视图-摄影表】【新建图解视图】等。
- 渲染：在【渲染】菜单中提供了与渲染相关的功

能，如【渲染】【渲染设置】【环境】等。

- Civil View:【Civil View】菜单中的可视化工具，主要是供土木工程师和交通运输基础设施规划人员使用。
- 自定义:【自定义】菜单中的命令主要用来更改用户界面或系统设置。
- 脚本：利用【脚本】菜单中的命令，可以进行语言设计，包括新建脚本、打开脚本、运行脚本等。

## 2.3 主工具栏

### 实例：认识主工具栏

扫一扫，看视频

文件路径:Chapter 02 3ds Max界面→实例：认识主工具栏

本案例将讲解主工具栏中的各工具名称及功能。这是非常重要的知识，在第3章中会有大量案例应用到主工具栏中的工具。

### 操作步骤

步骤 01 打开3ds Max软件，在菜单栏的下方找到主工具栏，如图2-15所示。

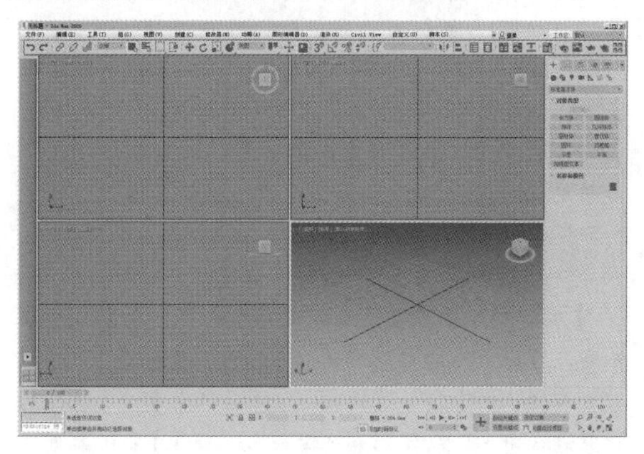

图 2-15

步骤 02 主工具栏中包括很多3ds Max常用的工具，必须要熟练掌握，这对于使用3ds Max创作作品极其重要，在第3章将重点讲解这些内容。各工具的具体名称如图2-16所示。

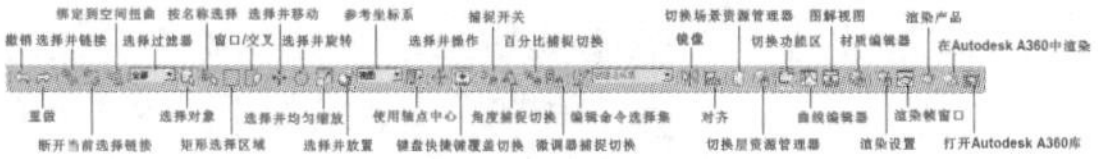

撤销 选择并链接 绑定到空间扭曲 选择过滤器 按名称选择 窗口/交叉 选择并移动 选择并旋转 参考坐标系 选择并操作 捕捉开关 百分比捕捉切换 镜像 切换场景资源管理器 切换功能区 图解视图 材质编辑器 渲染产品 在Autodesk A360中渲染

重做 断开当前选择链接 选择对象 矩形选择区域 选择并均匀缩放 选择并放置 使用轴点中心 键盘快捷键覆盖切换 角度捕捉切换 微调器捕捉切换 编辑命令选择集 对齐 切换层资源管理器 曲线编辑器 渲染设置 渲染帧窗口 打开Autodesk A360库

图 2-16

步骤 03 这30多个工具按钮按照具体功能，大致可以划分为11大类，如图2-17所示。

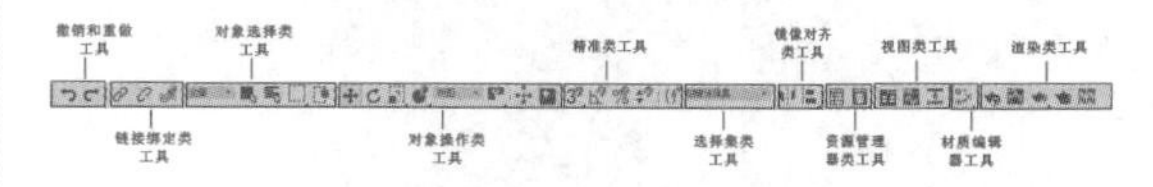


图 2-17

**提示：如何找到更多的隐藏工具？**

在3ds Max界面中其实隐藏了很多工具，这些工具可以调出来。

方法1：在主工具栏空白处单击鼠标右键，在弹出的快捷菜单中可以看到很多未被勾选的工具，可以按需选择将其打开。比如，勾选【MassFX工具栏】(如图2-18所示)，即可打开该工具栏，如图2-19所示。

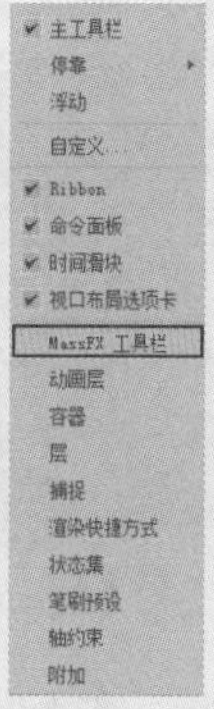


图 2-18

图 2-19

有时候在操作软件时，可能不小心将命令面板拽没了。此时只需在主工具栏空白处单击鼠标右键，在弹出的快捷菜单中勾选【命令面板】(如图2-20所示)，即可看到命令面板又出现在了3ds Max界面右侧，如图2-21所示。

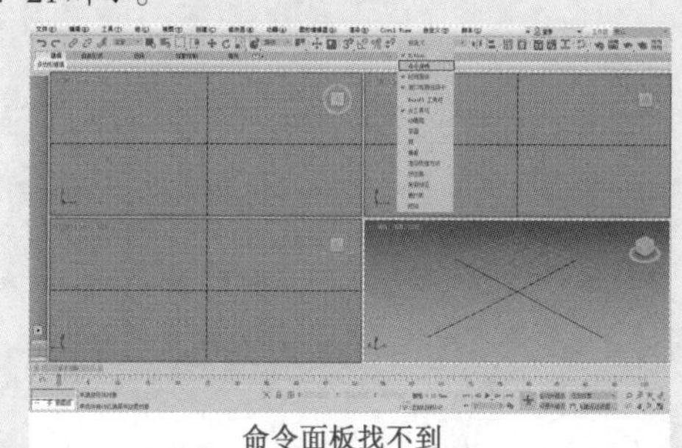


图 2-20

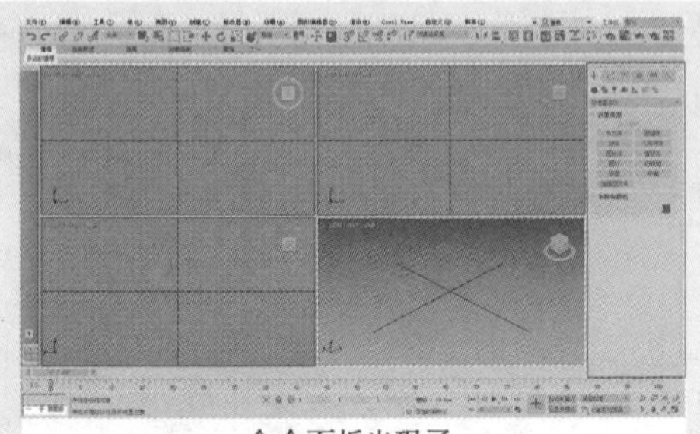
命令面板出现了

图 2-21

方法2：在主工具栏中，有几个工具按钮的右下方带有一个小的三角形图标（例如），有这样效果的按钮表示在其下还隐藏着多个工具按钮。只要用鼠标左键一直按住该按钮，即可出现下拉列表，可以看到其中包括多个工具，如图2-22所示。

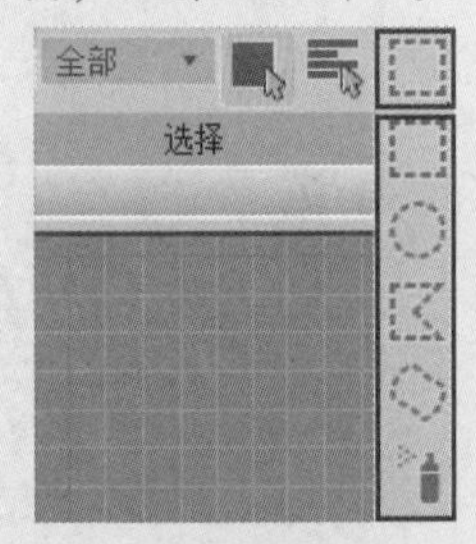


图 2-22

## 选项解读：主工具栏工具讲解

(1)撤销和重做工具

在3ds Max中操作失误时，可以单击（撤销）按钮向前返回上一步操作（快捷键为Ctrl+Z）。也可单击（重做）按钮向后返回一步。

(2)链接绑定类工具

链接绑定类工具包括3个，分别为【选择并链接】工具、【断开当前选择链接】工具、【绑定到空间扭曲】工具。

(3)对象选择类工具

利用对象选择类工具，可以使用更合适的选择方式选择对象。对象选择类工具包括5个，分别为【过滤器】全部、【选择对象】工具、【按名称选择】按钮、【选择区域】工具、【窗口/交叉】工具。

(4)对象操作类工具

对象操作类工具可以对对象进行基本操作。使用【选择并移动】工具可以沿X、Y、Z三个轴向的任意轴向移动。使用【选择并旋转】工具可以沿X、Y、Z三个轴向的任意轴向旋转。【选择并缩放】工具包含3种，分别是【选择并均匀缩放】工具、【选择并非均匀缩放】工具和【选择并挤压】工具。使用【选择并放置】工具可以将一个对象准确地放到另一个对象的表面，例如把凳子放在地上。【参考坐标系】可以用来指定变换操作（如移动、旋转、缩放等）所使用的坐标系统，包括视图、屏幕、世界、父对象、局部、万向、栅格、工作区、局部对齐和拾取10种坐标系。轴点中心工具包含【使用轴点中心】工具、【使用选择中心】工具和【使用变换坐标中心】工具3种。使用这些工具可以设置模型的轴点中心位置。使用【选择并操纵】工具可以在视图中通过拖曳【操纵器】来编辑修改器、控制器和某些对象的参数。使用【键盘快捷键覆盖切换】工具可以在只使用主用户界面快捷键与同时使用主快捷键和组快捷键之间进行切换。

(5)精准类工具

精准类工具可以使模型在创建时更准确。捕捉开关工具包括【2D捕捉】工具、【2.5D捕捉】工具和【3D捕捉】工具3种。【角度捕捉切换】工具可以用来指定捕捉的角度（快捷键为A）。激活该工具后，角度捕捉将影响所有的旋转变换，在默认状态下以5°为增量进行旋转。【百分比捕捉切换】工具可以将对象缩放捕捉到自定的百分比（快捷键为Shift+Ctrl+P）。在缩放状态下，默认每次的缩放百分比为10%。【微调器捕捉切换】工具主要用来设置微调器单次单击的增加值或减少值。

(6)选择集类工具

【编辑命令选择集】工具可以为单个或多个对象命名。选中一个对象后，单击【编辑命令选择集】按钮，在弹出的【命名选择集】对话框中就可以为选择的对象进行命名。当使用【编辑命名选择集】工具创建了集后，可以单击该工具选择集。

(7)镜像对齐类工具

镜像对齐类工具包括【镜像】工具和【对齐】工具。这2个工具是比较常用的，可以准确地复制和对齐模型。使用【镜像】工具可以围绕一个轴心镜像出一个或多个副本对象。对齐工具可以使两个对象按照一定的方式对齐位置。用鼠标左键长按【对齐】工具，在弹出的工具列表中可以看到有6种类型的对齐工具，分别是【对齐】工具、【快速对齐】工具、【法线对齐】工具、【放置高光】工具、【对齐摄影机】工具和【对齐到视图】工具。

(8)资源管理器类工具

资源管理器类工具包括【切换场景资源管理器】工具和【切换层资源管理器】工具，分别用来对场景资源和层进行管理操作。利用【切换场景资源管理器】工具可以查看、排序、过滤和选择对象，重命名、删除、隐藏和冻结对象，创建和修改对象层次，以及编辑对象属性。【切换层资源管理器】工具可用来创建和删除层，也可用来查看和编辑场景中所有层的设置以及与其相关联的对象。

(9)视图类工具

【切换功能区】、【曲线编辑器】、【图解视图】这3个工具可以调出3个不同的参数面板。

【切换功能区】可以切换是否显示【建模】工具，该建模工具是多边形建模的一种新型方式。单击主工具栏中的【切换功能区】按钮，即可调出【建模】工具栏。单击主工具栏中的【曲线编辑器】按钮，可以打开【轨迹视图-曲线编辑器】对话框。【曲线编辑器】是一种轨迹视图模式，可以用曲线来表示运动，在“关键帧动画”章节会详细讲解。【图解视图】是基于节点的场景图，通过它可以访问对象的属性、材质、控制器、修改器、层次和不可见场景关系。

(10)材质编辑器工具

【材质编辑器】工具可以完成对材质和贴图的设置，在本书材质和贴图的相关章节会详细讲解。

(11)渲染类工具

渲染类工具包括5种与渲染相关的工具，分别为【渲染设置】、【渲染帧窗口】、【渲染产品】、【在云中渲染】、【打开A360库】。这些工具是用于3ds Max渲染的，在第9章将会详细讲解。

## 2.4 功能区

### 实例：认识功能区

文件路径：Chapter 02 3ds Max界面→实例：认识功能区

本案例讲解显示和关闭功能区的方法。

扫一扫，看视频

### 操作步骤

步骤 01 在3ds Max中，功能区默认位于主工具栏的下方，如图2-23所示。

图 2-23

步骤 02 单击主工具栏中的(切换功能区)按钮，即可调出和隐藏功能区。在调出的功能区中，汇集了多种用于多边形建模的工具。如图2-24和图2-25所示为显示功能区和关闭功能区的对比效果。

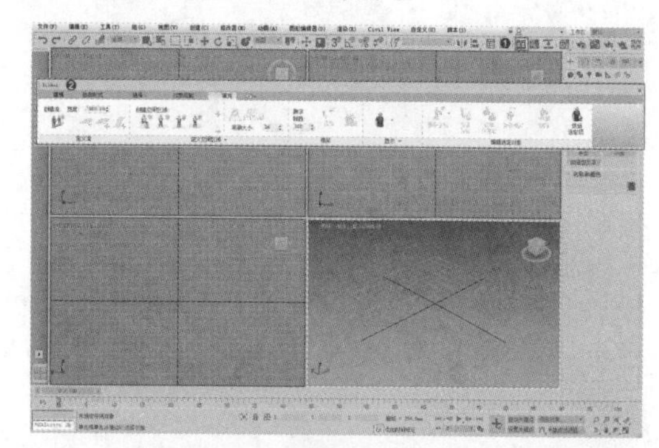

图 2-24

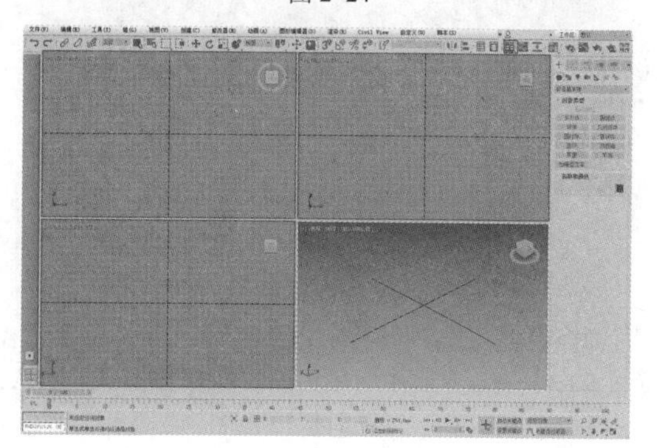

图 2-25

## 2.5 视口

### 实例：认识视口

文件路径：Chapter 02 3ds Max界面→实例：认识视口

扫一扫，看视频

本案例讲解3ds Max界面中的视口区域，包括最大化视口切换、快捷键切换各个视图、显示不同功能的视口等。

## 操作步骤

步骤 01 打开3ds Max软件，界面中间最大的区域就是视口，如图2-26所示。

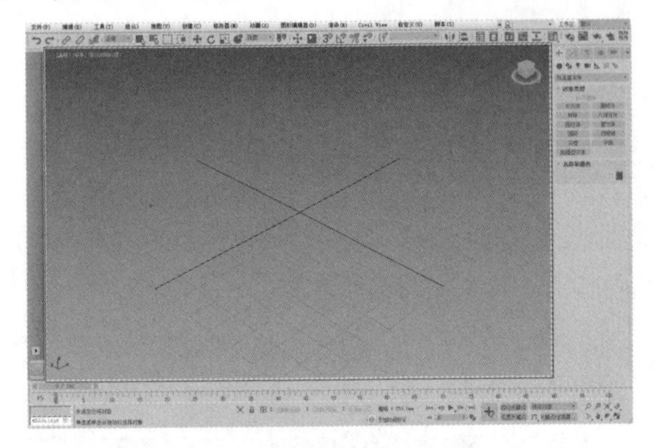

图2-26

步骤 02 切换四视图。单击3ds Max界面最右下角的 （最大化视口切换）按钮，即可将其切换至四视图，如图2-27所示。

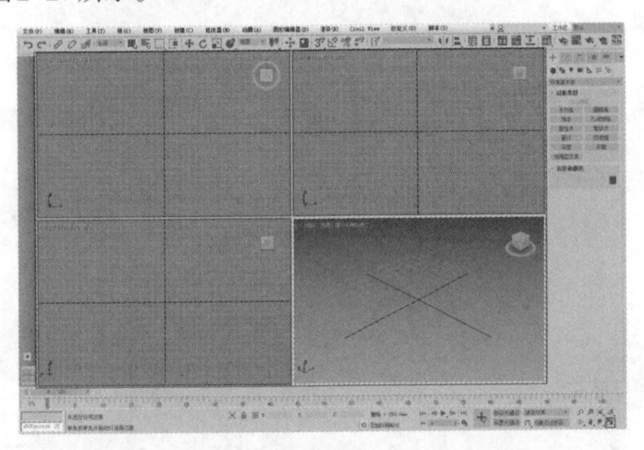

图2-27

步骤 03 3ds Max界面中间最大的区域就是视口。默认情况下视口包括4部分，分别是顶视图（快捷键为T）、前视图（快捷键为F）、左视图（快捷键为L）、透视图（快捷键为P）。若想将当前选中的视图进行切换，只需按快捷键即可，如图2-28所示。

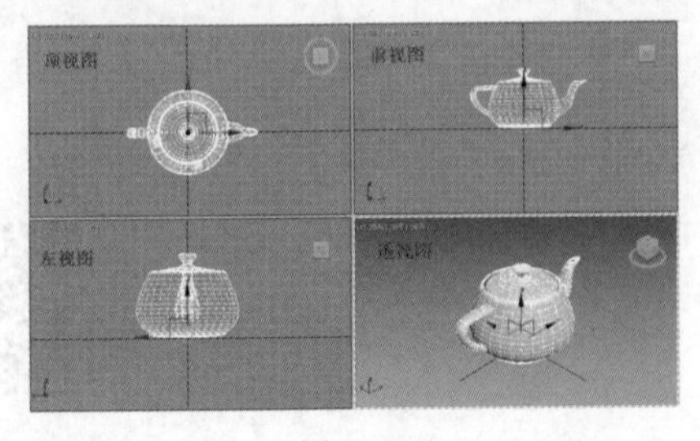


图2-28

步骤 04 单击3ds Max界面左下方的 （创建新的视口布局选项卡）按钮，此时弹出了很多界面类型可供使用，如图2-29所示。

步骤 05 选择其中一种类型，即可看到视图产生了变化。该工具比较实用，比如在创建模型时，需要顶视图的时候很多，那么该方式顶视图占了一半的视图面积会更适合，如图2-30所示。

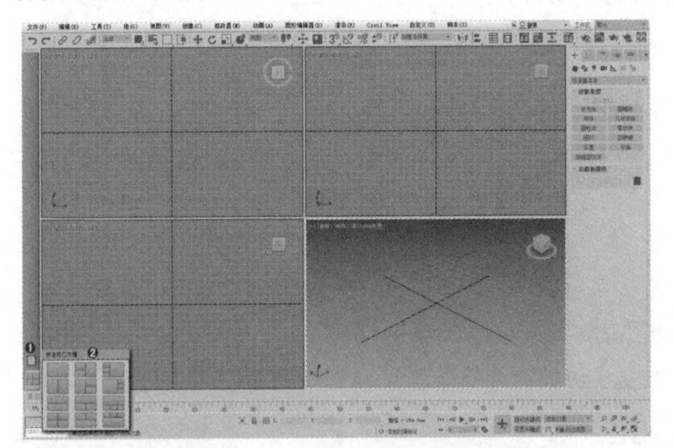

图2-29

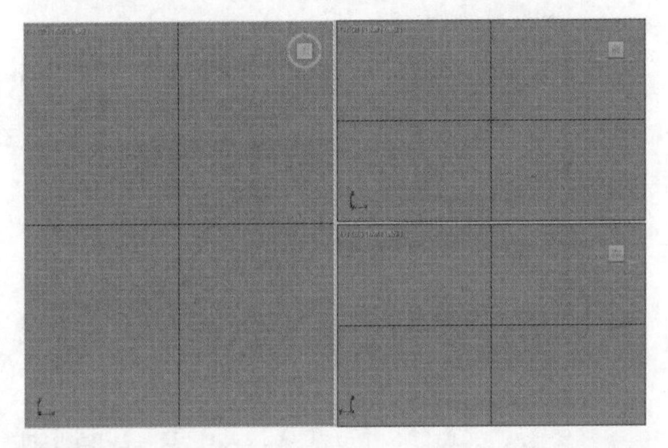

图2-30

步骤 06 单击视图左上角的文字，即可在弹出的对话框中设置视图、指定是否开启阴影等效果，如图2-31所示。

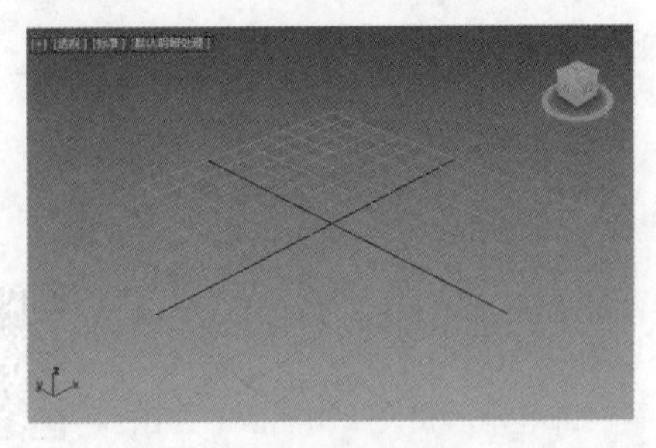

图2-31

步骤 07 用鼠标左键拖动界面右上角的图标，即可旋转或切换视图效果，如图2-32所示。

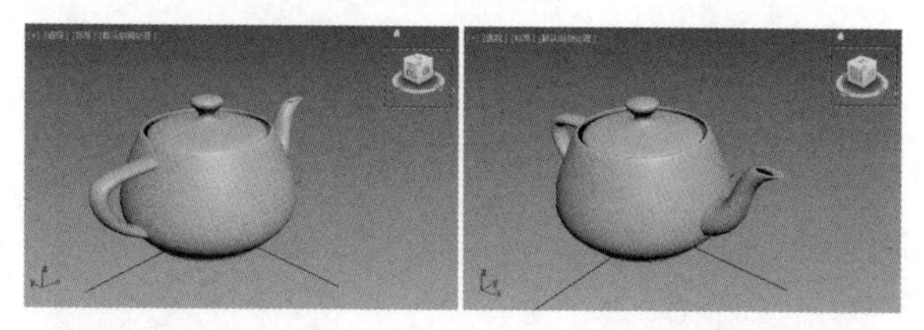

图 2-32

## 2.6 状态栏控件

### 实例：快速将模型坐标设置为世界中心

文件路径：Chapter 02 3ds Max界面→实例：快速将模型坐标设置为世界中心

本案例讲解快速将模型坐标设置为世界中心的方法，这便于更准确地建模。

扫一扫，看视频

### 操作步骤

步骤 01 在3ds Max界面右侧选择【圆锥体】，在透视图中拖动创建一个模型。创建完成后单击主工具栏中的（选择并移动）工具，此时可以看到在界面下方将显示模型X、Y、Z三个坐标的具体位置数值。分别右击X、Y、Z后方的按钮，即可将坐标快速设置为0，即模型的位置在世界坐标中心位置，如图2-33所示。

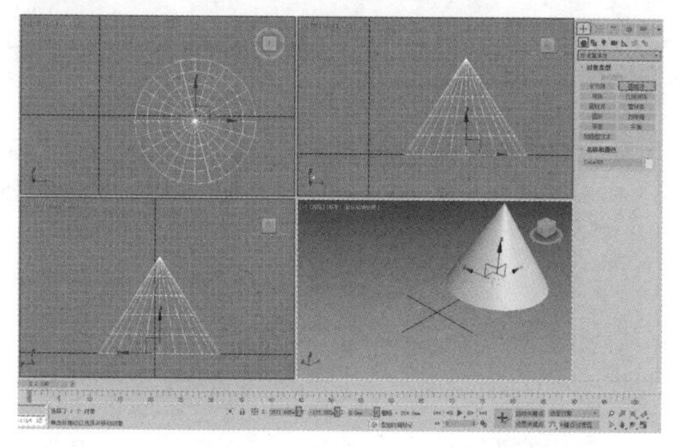

图 2-33

步骤 02 该操作的目的是使创建模型的位置更精准，更容易与再创建的物体对齐。如图2-34所示为调整之后的位置效果。

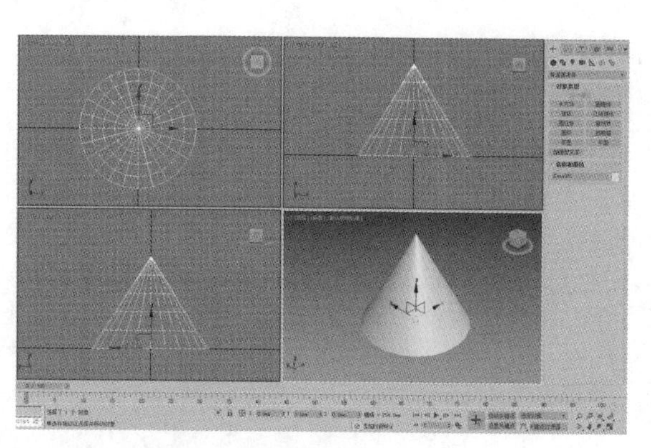

图 2-34

**选项解读：状态栏控件工具讲解**

- 迷你侦听器：用于MAXScript语言的交互翻译器，与DOS命令提示窗口类似。
- 状态栏：此处可显示选中了几个对象。
- 提示行：此处会提示如何操作当前使用的工具。
- 孤立当前选择切换：选择对象后单击该按钮，将只选择该对象。
- 选择锁定切换：选择对象后单击该按钮可以锁定该对象，此时其他对象将无法选择。
- 绝对模式变换输入：单击可切换绝对模式变换输入或偏移模式变换输入。
- 相对/绝对变换输入：可在此处的X、Y、Z后方输入数值。
- 自适应降级：启用该工具，在操作场景时会更流畅。
- 栅格：此处显示栅格数值。
- 时间标记：单击可以添加和编辑标记。

## 2.7 动画控件

动画控件位于状态栏的右侧，这些按钮主要用来控制动画的播放效果，包括关键点控制和时间控制等，如图2-35所示。该内容在本书"关键帧动画"章节有详细讲解。

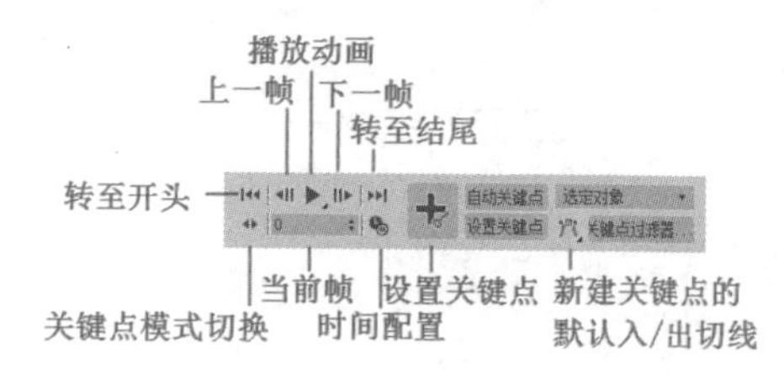


图 2-35

# 2.8 命令面板

命令面板有6个，分别为【创建】面板 、【修改】面板 、【层次】面板 、【运动】面板 、【显示】面板 和【实用程序】面板 ，如图2-36所示。使用这些面板可以找到3ds Max 的大多数建模功能，以及一些动画功能、显示选择和其他工具，3ds Max每次只有一个面板可见。

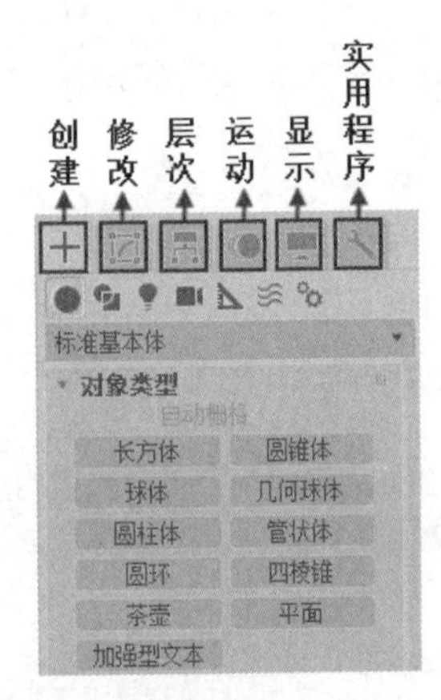


图2-36

## 实例：创建模型并修改参数

文件路径：Chapter 02 3ds Max界面→实例：创建模型并修改参数

本案例讲解了创建模型并修改参数（建模时最基础的操作）的方法。

## 操作步骤

步骤 01 在【创建】面板中，执行 （创建）| （几何体）| 标准基本体 | 球体 ，如图2-37所示。

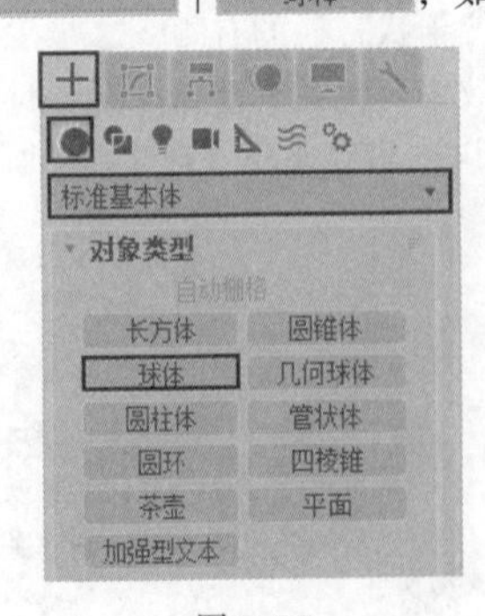


图2-37

步骤 02 在透视图中拖动创建一个球体模型，如图2-38所示。

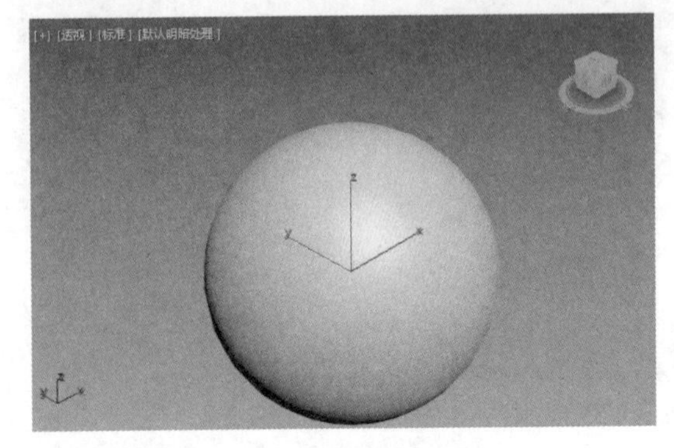

图2-38

步骤 03 单击 （选择并移动）按钮，然后选择球体。切换到【修改】面板 ，设置【半径】为2000mm，如图2-39所示。

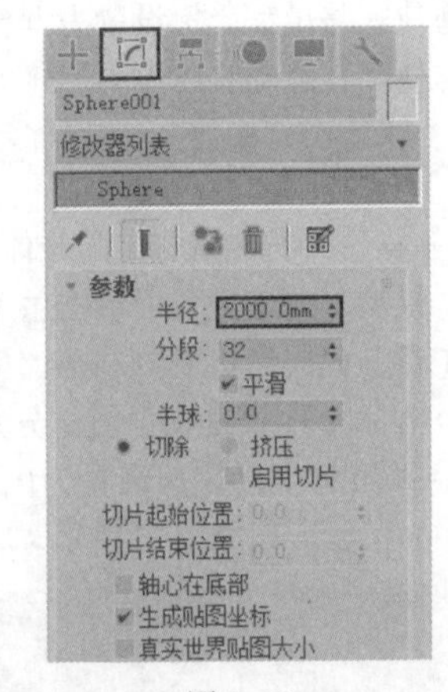


图2-39

步骤 04 此时球体模型如图2-40所示。

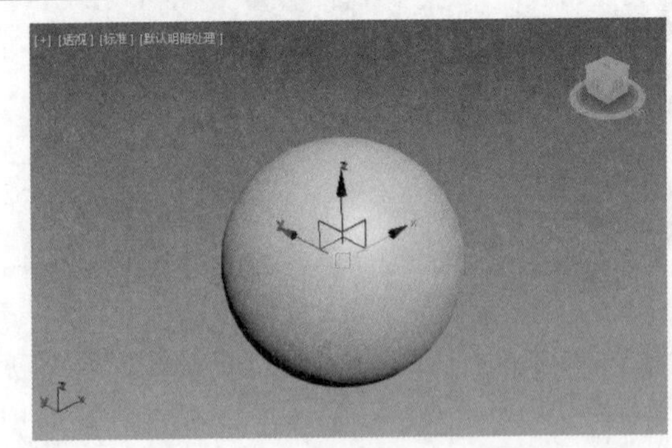

图2-40

### 选项解读：命令面板工具讲解

（1）创建面板

进入【创建】面板，其中包括7种对象，分别是【几何体】、【图形】、【灯光】、【摄影机】、【辅助对象】、【空间扭曲】和【系统】。

- 几何体：用来创建几何体模型，如长方体、球体等。
- 图形：用来创建样条线和NURBS曲线，如线、圆、矩形等。
- 灯光：用来创建场景中的灯光，如目标灯光、泛光灯。
- 摄影机：用来创建场景中的摄影机。
- 辅助对象：用来创建有助于场景制作的辅助对象。
- 空间扭曲：用来创建空间扭曲对象，常搭配粒子使用。
- 系统：用来创建系统工具，如骨骼、环形阵列等。

（2）修改面板

【修改】面板用于修改对象的参数，还可以为对象添加修改器。

（3）层次面板

在【层次】面板中可以访问调整对象间层次链接的工具，包括【轴】轴、IK IK和【链接信息】链接信息 3种工具。通过将一个对象与另一个对象相链接，可以创建对象之间的父子关系。

（4）运动面板

【运动】面板中的参数用来调整选定对象的运动属性。

（5）显示面板

【显示】面板中的参数用来在场景中控制对象的显示方式。

（6）实用程序面板

【实用程序】面板中包括几个常用的实用程序，如塌陷、测量等。

## 2.9 时间尺

【时间尺】包括【时间线滑块】和【轨迹栏】两大部分，如图2-41所示。

- 【时间线滑块】：位于3ds Max界面下方，拖动时可以设置当前帧位于哪个位置。单击向左箭头图标 < 或向右箭头图标 >，可以向前或者向后移动一帧。
- 【轨迹栏】：位于【时间线滑块】的下方，用于显示时间线的帧数和添加关键点的位置。

图 2-41

## 2.10 视口导航

视口导航控制按钮在状态栏的最右侧，主要用来控制视图的显示和导航。使用这些按钮可以缩放、平移和旋转活动的视图，如图2-42所示。

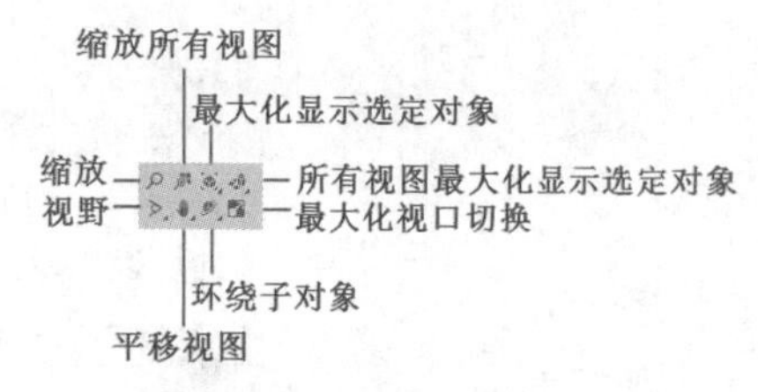


图 2-42

- 【缩放】：使用该工具可以在透视图或正交视图中通过拖曳鼠标来调整对象的大小。
- 【视野】：使用该工具可以设置视野透视效果。
- 【缩放所有视图】：使用该工具可以同时调整所有视图的缩放效果。
- 【平移视图】：使用该工具可以将选定视图平移到任何位置。
- 【最大化显示选定对象】：使用该工具可以将选中的对象最大化显示在该视图中，快捷键为Z。
- 【环绕子对象】：使用该工具可以使当前视图产生环绕旋转的效果。
- 【所有视图最大化显示选定对象】：使用该工具可以将选中的对象最大化显示在所有视图中。
- 【最大化视口切换】：单击该按钮可以切换为一个视图或四个视图，快捷键为Alt+W。

# 3ds Max基本操作

## 本章内容简介：

本章主要内容包括文件操作、对象操作、视图操作等。在3ds Max中，在学习具体的对象创建与编辑之前，首先需要学习文件的打开、导入、导出等功能。接下来可以尝试在文件中添加一些对象，在大量基础案例的引导下学习对象的移动、旋转、缩放、组、锁定、对齐等基本操作。在此基础上简单了解一下操作视图的切换以及透视图的操作方法，为后面章节中的模型创建做准备。

## 重点知识掌握：

- 熟练掌握文件的打开、导出、导入、重置、归档等基本操作。
- 熟练掌握对象的创建、删除、组、选择、移动、缩放、复制等基本操作。
- 熟练掌握视图的切换与透视图的基本操作。

## 通过本章学习，我能做什么？

通过本章的学习，我们能够完成一些文件的基本操作，例如打开已有的文件，能够向当前文件中导入其他文件或将所选模型导出为独立文件。通过对象基本操作的学习，我们能够对3ds Max中的对象进行选择、移动、编组、旋转、缩放。通过视图操作的学习，还能够在不同的视图观察模型效果。通过这些内容的学习，我们可以尝试在3ds Max中打开已有的文件，并进行一些简单的对象操作。

# 3.1 认识3ds Max 2020基本操作

## 3.1.1 3ds Max 2020基本操作包括什么内容

（1）文件基本操作：是对整个软件的基本操作，如保存文件、打开文件。

（2）对象基本操作：是针对对象的操作，如移动、旋转、缩放。

（3）视图基本操作：主要是对视图进行变换，如切换视图、旋转视图。

## 3.1.2 为什么要学习基本操作

3ds Max的基本操作是非常重要的，如果本章知识学得不够扎实，那么在后面进行建模时就会显得有些困难，容易出现操作错误。例如，选择并移动工具的正确使用方法如果掌握得不好，在建模移动物体时，就可能移动得不够精准，模型的位置会出现很多问题，因此本章内容一定要反复练习，为后面建模章节做好准备。

# 3.2 文件基本操作

文件基本操作针对的是3ds Max文件，如打开文件、保存文件、导出文件等。

扫一扫，看视频

## 3.2.1 实例：打开文件

文件路径：Chapter 03 3ds Max基本操作→实例：打开文件

在3ds Max中有很多种方法可以打开文件，本案例选择常用的两种进行讲解。

扫一扫，看视频

### 操作步骤

### Part 01 打开文件方法1

步骤 01 双击【场景文件.max】文件，如图3-1所示。

图 3-1

步骤 02 等待一段时间，文件被打开了，如图3-2所示。

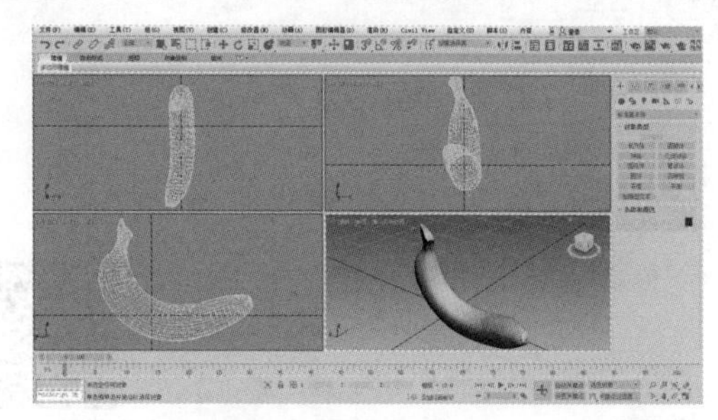

图 3-2

### Part 02 打开文件方法2

步骤 01 双击3ds Max图标，打开3ds Max，如图3-3所示。

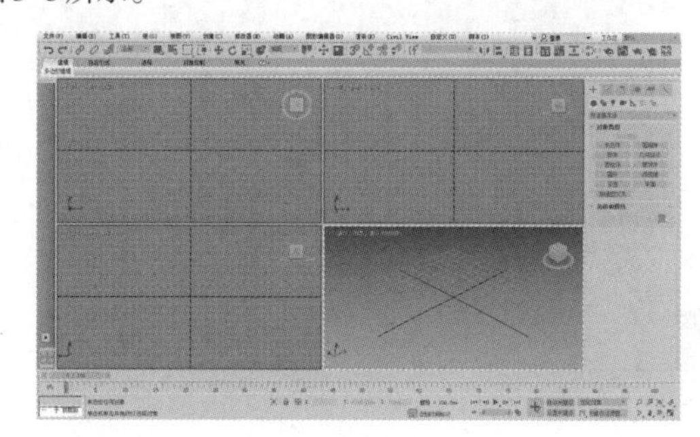

图 3-3

步骤 02 选择【场景文件.max】文件，将其拖动到3ds Max视图中，并选择【打开文件】，如图3-4所示。

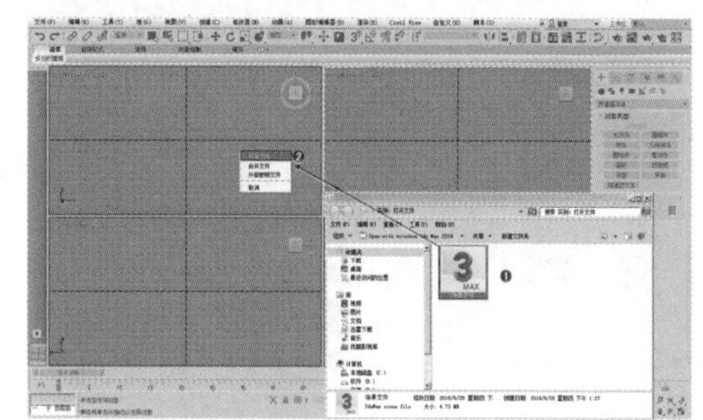

图 3-4

步骤 03 等待一段时间，文件被打开了，如图3-5所示。

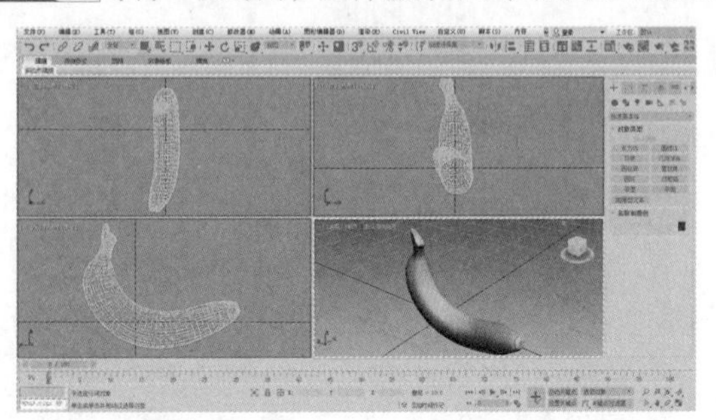

图 3-5

## 3.2.2 实例：保存文件

扫一扫，看视频

文件路径：Chapter 03 3ds Max基本操作→实例：保存文件

在使用3ds Max制作作品时，要养成随时保存的好习惯，建议每十分钟存一次。

### 操作步骤

步骤 01 打开配套文件路径，如图3-6所示。

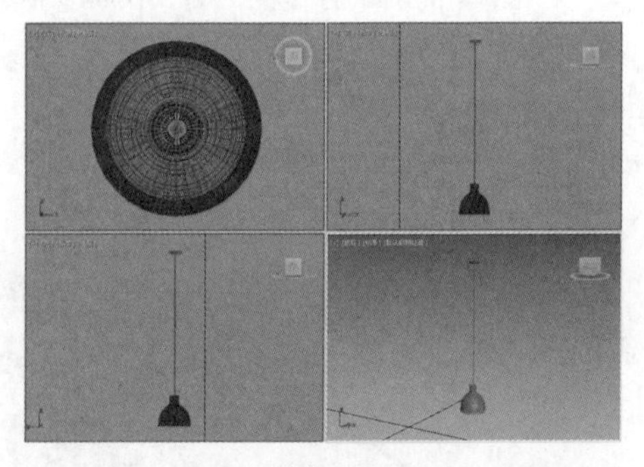

图 3-6

步骤 02 选择吊灯模型，在透视图中将其沿着X轴向右平移，如图3-7所示。

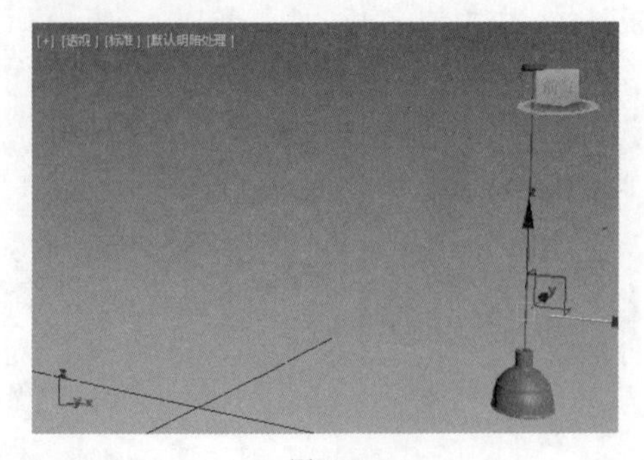


图 3-7

步骤 03 调整完成后，按快捷键Ctrl+S即可进行保存，也可执行【文件】|【保存】命令来保存。

## 重点 3.2.3 实例：导出和导入.obj或.3ds格式的文件

扫一扫，看视频

在制作作品时，我们可以将一些比较好的模型导出，以方便日后在3ds Max中使用，或者导入其他软件中，作为中间格式使用。常用的导出格式有.obj和.3ds。

### 操作步骤

#### Part 01 导出文件

步骤 01 打开配套场景文件，如图3-8所示。

步骤 02 按住Ctrl键，在场景中加选礼品盒模型，在菜单栏中执行【文件】|【导出】|【导出选定对象】命令，如图3-9所示。

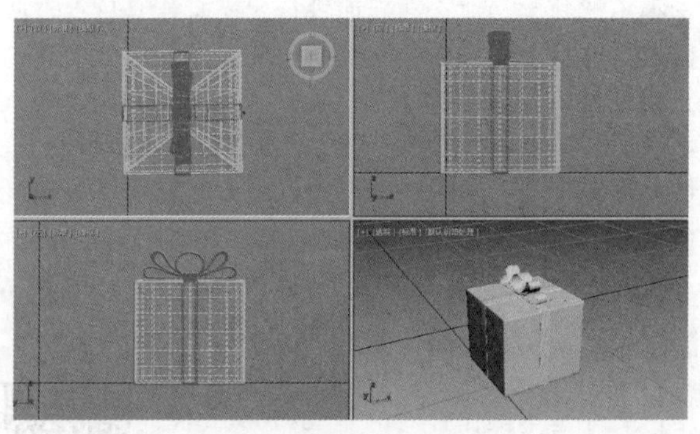

图 3-8

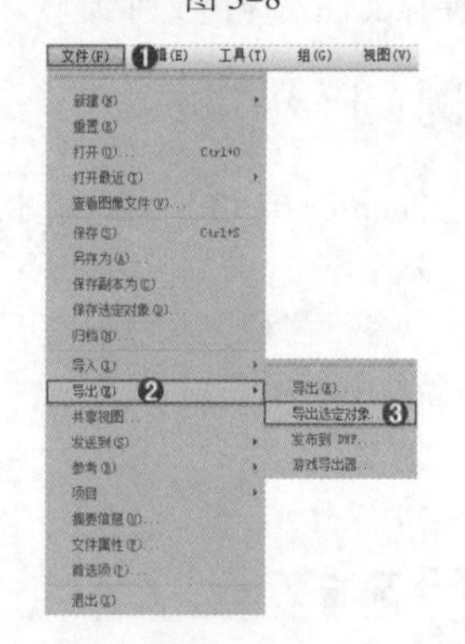

图 3-9

步骤 03 在弹出的对话框中设置【文件名】，设置【保存格式】为.obj或.3ds，然后单击【保存】按钮，接着单击【导出】按钮，最后单击【完成】按钮，如图3-10所示。

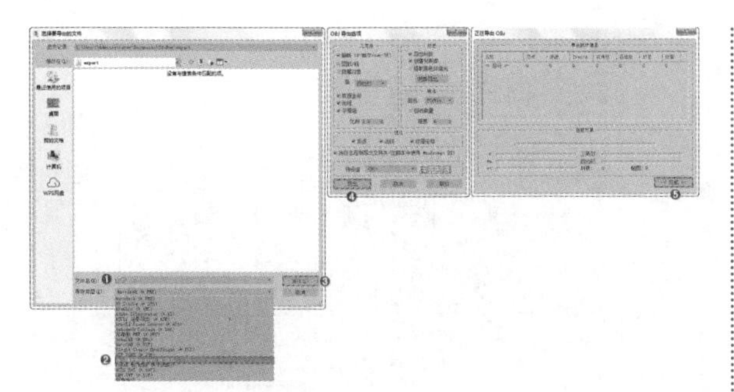

图 3-10

步骤 04 导出完成之后，可以在刚才保存的位置找到文件【导出.obj】，如图3-11所示。

图 3-11

## Part 02 导入文件

步骤 01 使用【平面】创建一个地面模型，如图3-12所示。

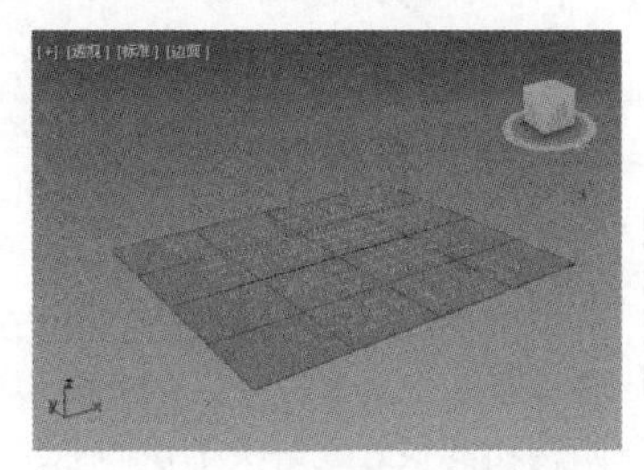


图 3-12

步骤 02 在菜单栏中执行【文件】|【导入】|【导入】命令，在弹出的对话框中选择本书文件【导入的文件.obj】，单击【打开】按钮，最后在弹出的对话框中单击【导入】按钮，如图3-13所示。

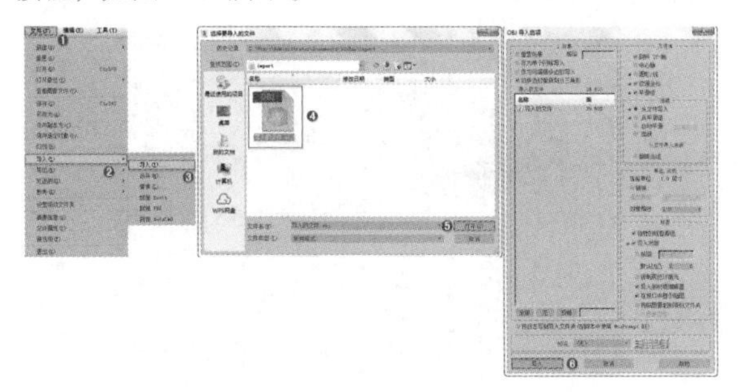

图 3-13

步骤 03 导入之后的效果如图3-14所示。

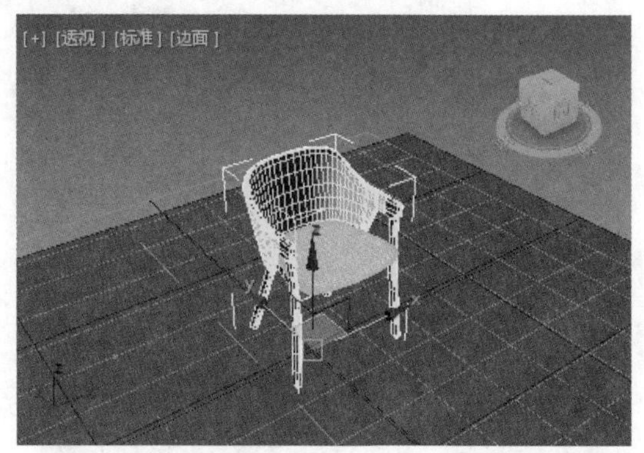


图 3-14

## 重点 3.2.4 实例：合并.max格式的勺子模型

【合并】与【导入】虽然都可以将文件加载到场景中，但是两者有所区别。【合并】主要是针对3ds Max的源文件格式，即.max格式的文件，而【导入】主要是针对.obj或.3ds格式的文件。

扫一扫，看视频

### 操作步骤

步骤 01 打开配套场景文件，如图3-15所示。

图 3-15

步骤 02 在菜单栏中执行【文件】|【导入】|【合并】命令，在弹出的对话框中选择【勺子.max】文件，单击【打开】按钮；在弹出的对话框中选择列表框中的【1】，单击【确定】按钮，如图3-16所示。

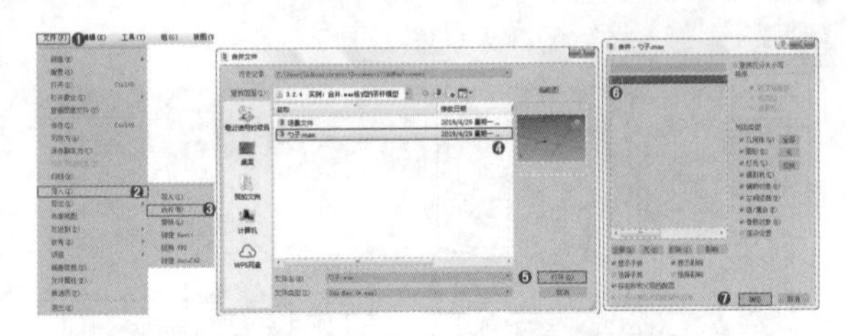

图 3-16

步骤 03 在透视图中单击鼠标左键，即可成功导入，如图3-17所示。

图 3-17

## 3.2.5 实例：重置文件

扫一扫，看视频

文件路径：Chapter 03 3ds Max基本操作→实例：重置文件

重置是指将当前打开的文件复位为3ds Max最初打开的状态，其目的与关闭当前文件，然后重新打开3ds Max软件相同。

### 操作步骤

步骤 01 打开配套场景文件，如图3-18所示。

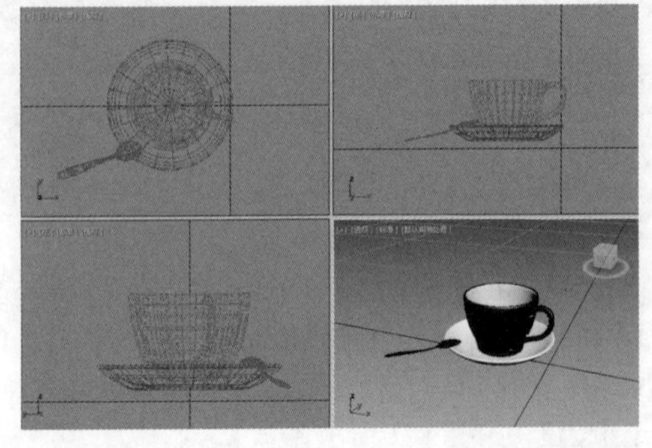

图 3-18

步骤 02 在菜单栏中执行【文件】|【重置】命令，在弹出的对话框中单击【是】按钮，如图3-19所示。

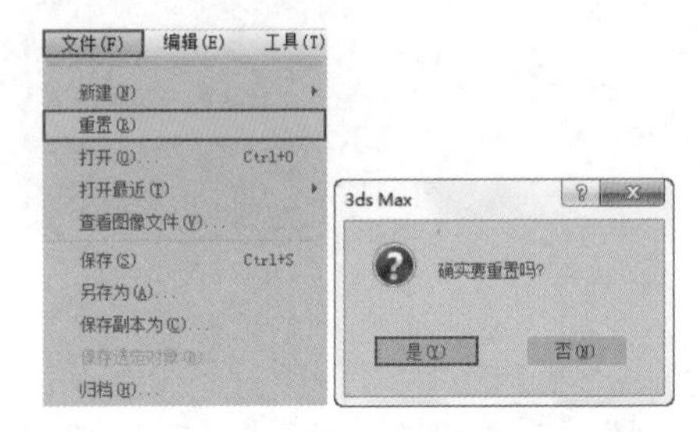


图 3-19

步骤 03 此时创建中的对象都消失不见了，3ds Max被重置为一个全新的界面，与重新打开3ds Max是一样的，如图3-20所示。

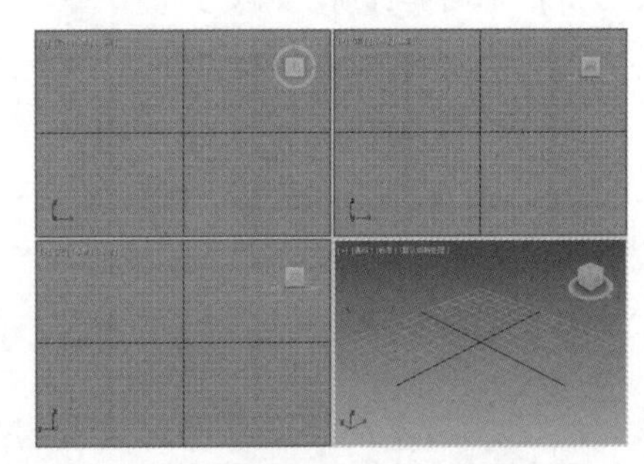

图 3-20

## 重点 3.2.6 实例：归档文件

扫一扫，看视频

在制作3ds Max作品时，场景中往往有很多的模型、贴图、灯光等，而其位置很有可能散布在计算机中的多个地方，并没有整理在一个文件夹中，因此显得较为混乱。归档功能很好地解决了该问题，可以将3ds Max文件快速地打包为一个.zip的压缩文件，其中包含了该文件所有的素材。

### 操作步骤

步骤 01 打开配套场景文件，如图3-21所示。

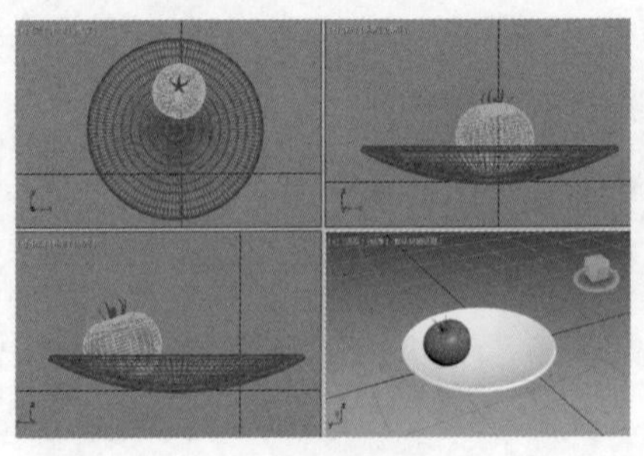

图 3-21

步骤 02 在菜单栏中执行【文件】|【归档】命令，如图3-22所示。

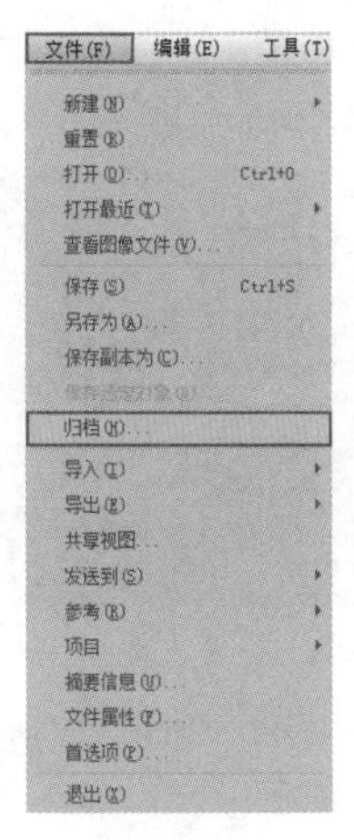


图 3-22

步骤 03 在弹出的对话框中设置【文件名称】，然后单击【保存】按钮，如图3-23所示。

步骤 04 等待一段时间，即可在刚才保存的位置看到一个.zip的压缩文件，如图3-24所示。

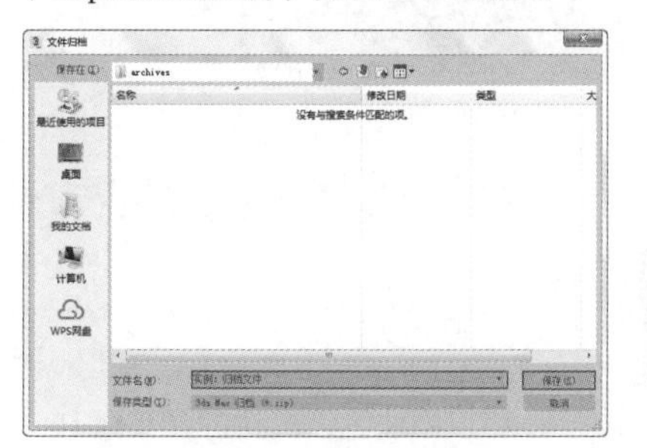

图 3-23　　图 3-24

## 重点 3.2.7　实例：找到3ds Max的自动保存位置

3ds Max是一款复杂的、功能较多的三维软件，因此在运行时出现文件错误也是有可能的。除此之外，还可能会遇到突然断电等问题。这都会造成当前打开的3ds Max文件关闭，而此时我们可能还没来得及保存，因此找到文件自动保存的位置是很有必要的。

扫一扫，看视频

### 操作步骤

步骤 01 执行【开始】|【文档】命令，如图3-25所示。

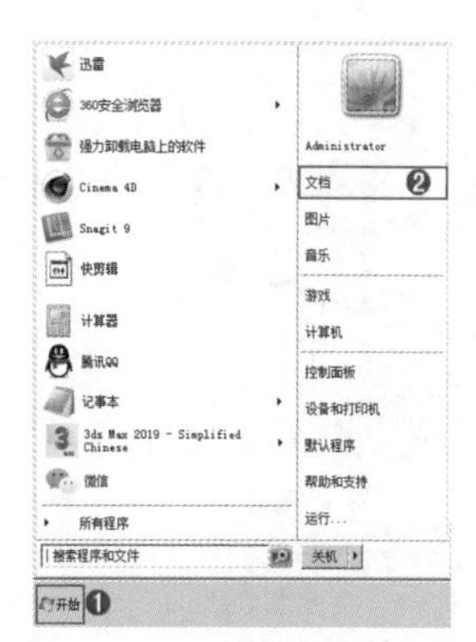

图 3-25

步骤 02 在弹出的窗口中双击打开3ds Max文件夹，如图3-26所示。

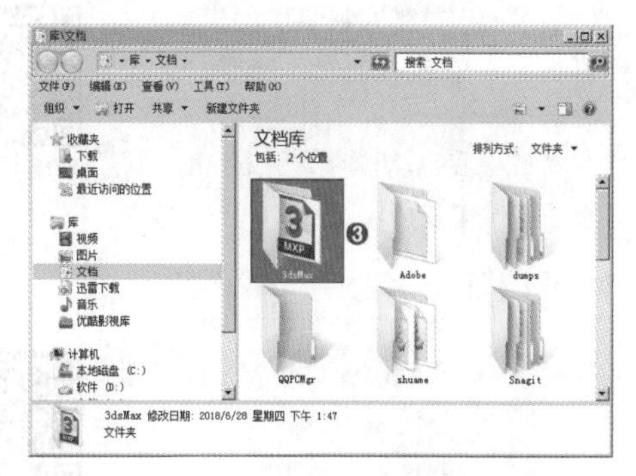

图 3-26

步骤 03 继续双击打开autoback文件夹，如图3-27所示。

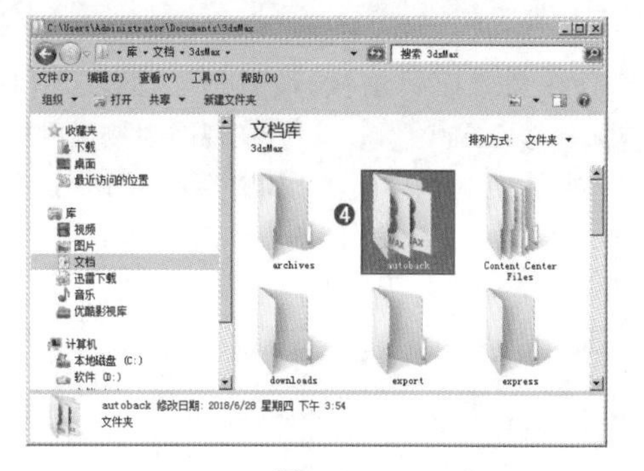

图 3-27

步骤 04 此时会看到该文件夹下有3个.max格式的文件，我们只需要根据修改时间找到离现在最近时间的那个.max格式的文件，然后一定要将这个文件按快捷键Ctrl+C复制出来，再找到计算机里其他位置按快捷键Ctrl+V粘贴，避免造成该文件被每隔几分钟自动替换一次，如图3-28所示。

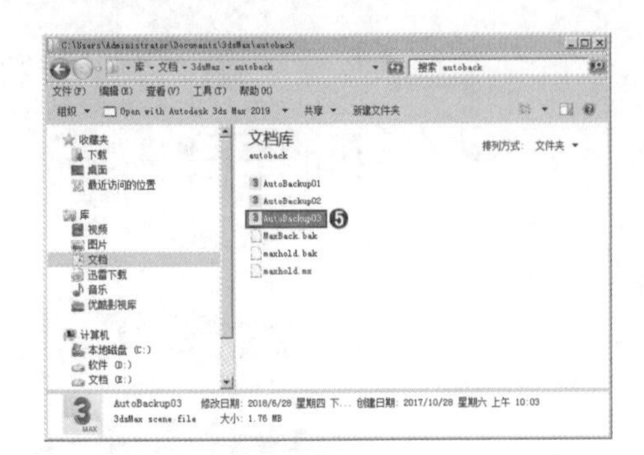

图 3-28

# 3.3 对象基本操作

扫一扫，看视频

对象基本操作是指对场景中的模型、灯光、摄影机等对象进行创建、选择、复制、修改、编辑等操作，是完全针对对象的常用操作。在本节中我们将学到大量的3ds Max常用对象基本操作技巧。

## 3.3.1 实例：创建一组模型

扫一扫，看视频

文件路径：Chapter 03 3ds Max基本操作→实例：创建一组模型

学习3ds Max的最基本操作，首先要从了解如何创建模型开始。

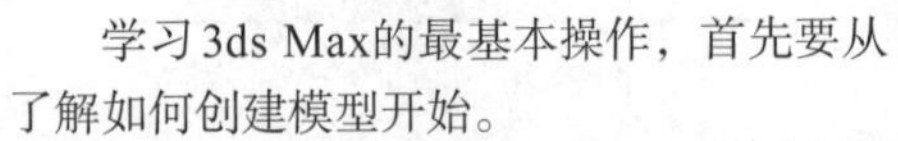

### 操作步骤

步骤 01 在命令面板中执行 +（创建）|●（几何体）|标准基本体|圆柱体，然后在视图中按住鼠标左键拖动，创建一个圆柱体模型，如图3-29所示。选择当前的圆柱体模型，在命令面板中单击 （修改）按钮，并设置其参数，如图3-30所示。

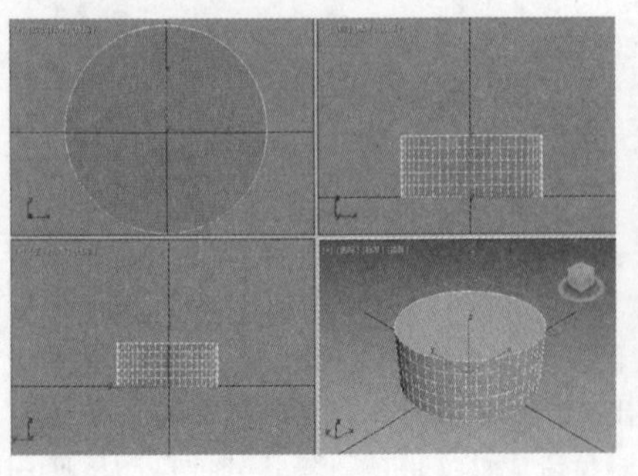

图 3-29

图 3-30

步骤 02 执行 +（创建）|●（几何体）|标准基本体|茶壶，然后在顶视图中按住鼠标左键拖动，创建一个茶壶模型，如图3-31所示。选择当前的茶壶模型，在命令面板中单击 （修改）按钮，并设置其参数，如图3-32所示。

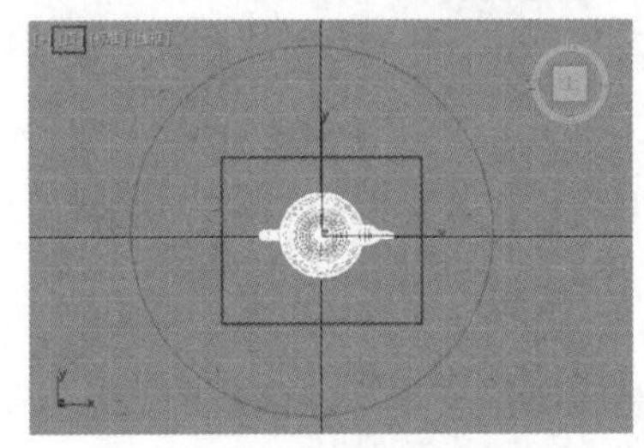

图 3-31

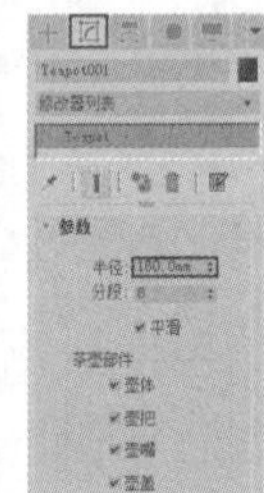

图 3-32

步骤 03 在透视图中沿Z轴向上方适当移动茶壶模型，最终效果如图3-33所示。

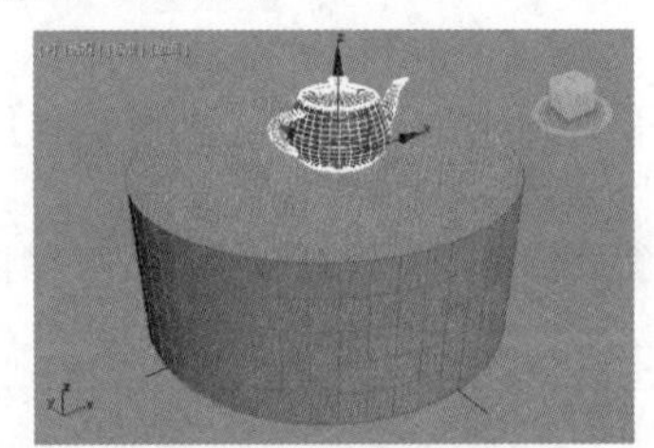

图 3-33

## 3.3.2 实例：将模型位置设置到世界坐标中心

扫一扫，看视频

文件路径：Chapter 03 3ds Max基本操作→实例：将模型位置设置到世界坐标中心

在视图中创建模型时，可以将模型的位置设置到世界坐标中心，这样再次创建其他模型时，两个模型比较容易对齐。

### 操作步骤

步骤 01 打开配套场景文件，发现模型没有在世界坐标中心位置，如图3-34所示。

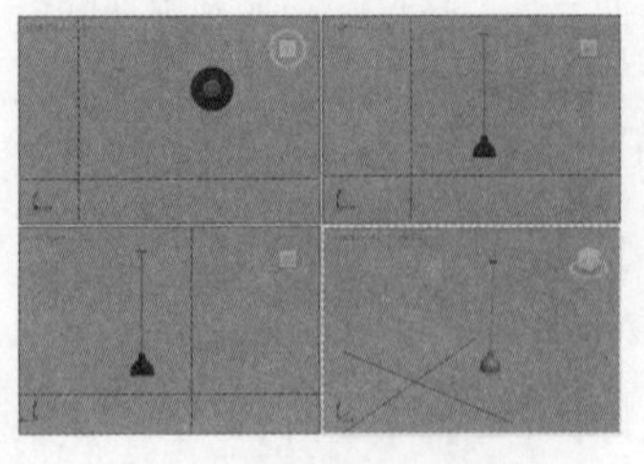

图 3-34

**步骤 02** 选择吊灯模型，此时可以看到3ds Max界面下方的X、Y、Z后面的数值都不是0，如图3-35所示。

图 3-35

**步骤 03** 将光标移动到X、Y、Z后方的 位置，分别依次单击鼠标右键，可看到数值都被设置为0了，如图3-36所示。

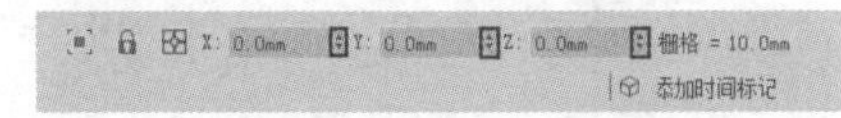


图 3-36

**步骤 04** 模型的位置也自动被设置到了世界坐标的中心，如图3-37所示。

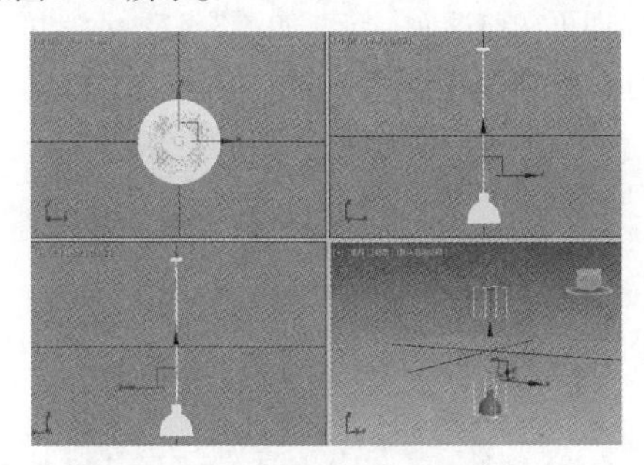

图 3-37

## 3.3.3 实例：删除和快速删除大量对象

文件路径:Chapter 03 3ds Max基本操作→实例：删除和快速删除大量对象

扫一扫，看视频

删除是3ds Max的基本操作，按Delete键即可完成。除了删除单个文件外，删除很多文件操作也比较常用。

### 操作步骤

**步骤 01** 打开配套场景文件，如图3-38所示。

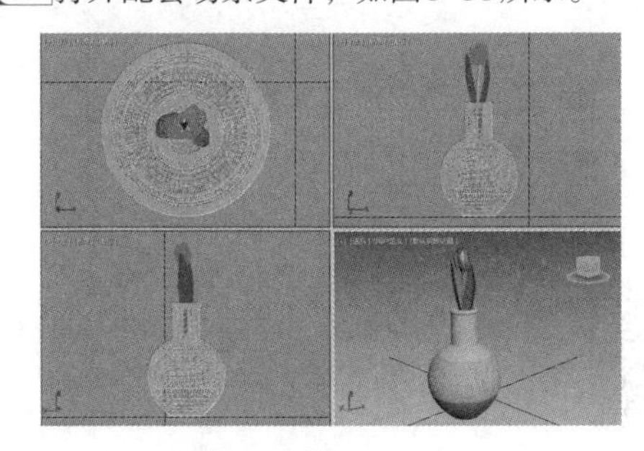

图 3-38

**步骤 02** 单击可以选择一个模型，按住Ctrl键并单击可以选择多个模型，如图3-39所示。

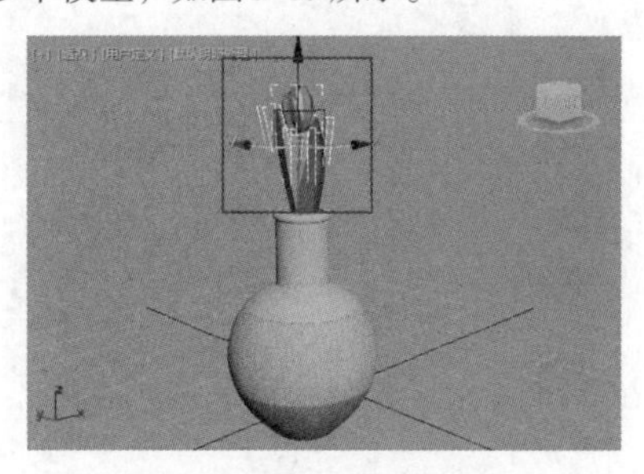

图 3-39

**步骤 03** 按Delete键即可删除，如图3-40所示。

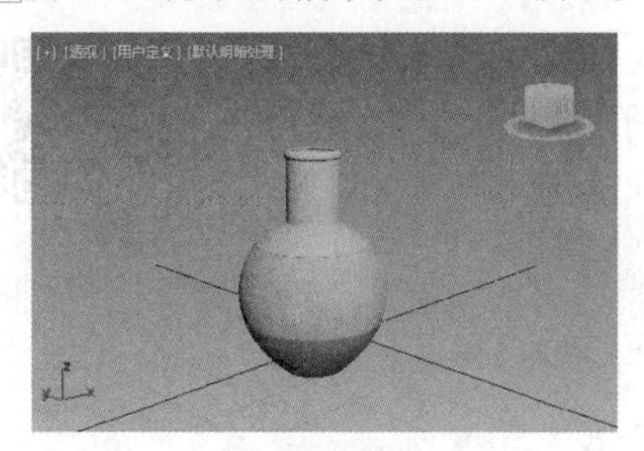

图 3-40

**步骤 04** 假如只想保留花瓶模型，其他物体都删除，那么可以只选择花瓶，如图3-41所示。

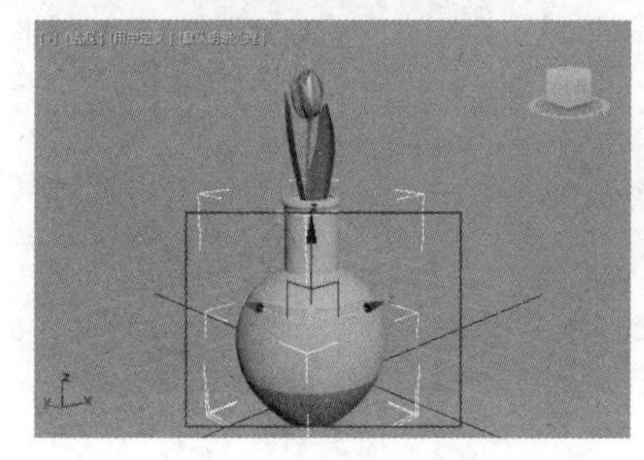

图 3-41

**步骤 05** 按快捷键Ctrl+I（反选），此时选择了除去花瓶外的模型，如图3-42所示。

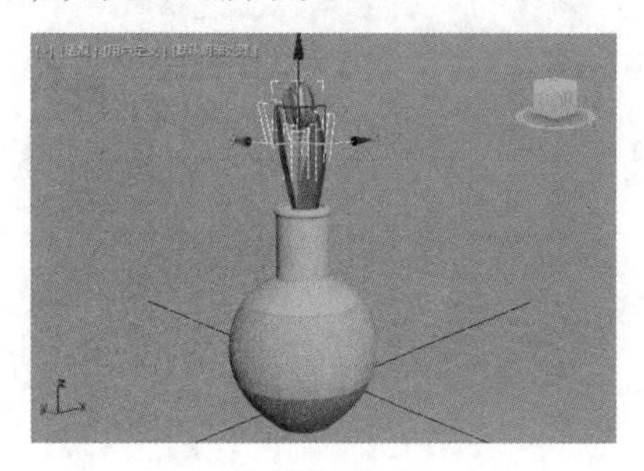

图 3-42

步骤 06 此时按Delete键即可删除，如图3-43所示。

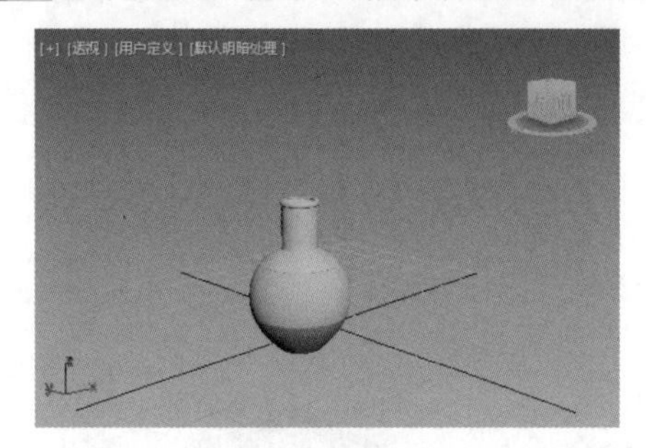

图 3-43

## 3.3.4 实例：撤销和重做

扫一扫，看视频

文件路径：Chapter 03 3ds Max基本操作→实例：撤销和重做

在使用3ds Max制作作品时，非常容易出现错误的操作，这时我们一定会想到返回到上一步操作。往前返回，就是【撤销】；与之相对应的往后返回，就叫【重做】。

### 操作步骤

步骤 01 打开配套场景文件，如图3-44所示。

图 3-44

步骤 02 单击选择蜡烛的模型，在透视图中使用（选择并移动）工具沿X轴向右移动模型，如图3-45所示。

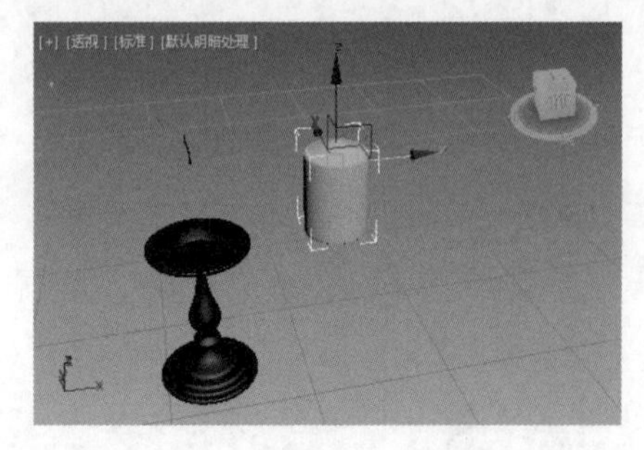

图 3-45

步骤 03 继续沿Z轴向下移动模型，如图3-46所示。此时一共有了两个步骤，第1个步骤是向右移动，第2个步骤是向下移动。

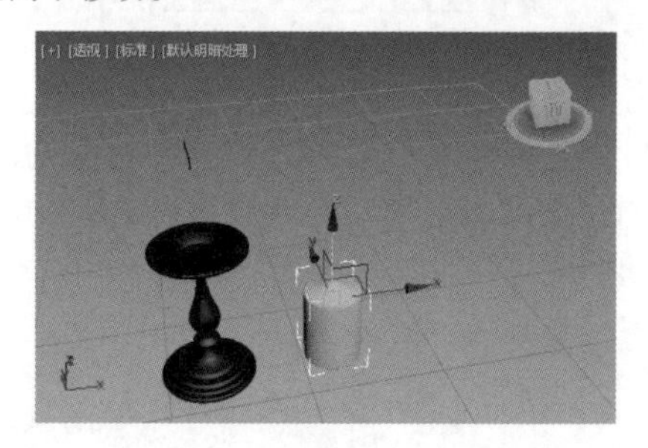

图 3-46

步骤 04 单击主工具栏中的（撤销）按钮，或按快捷键Ctrl+Z，即可往前返回一步。如图3-47所示，可以看到现在的状态是物体在右侧。

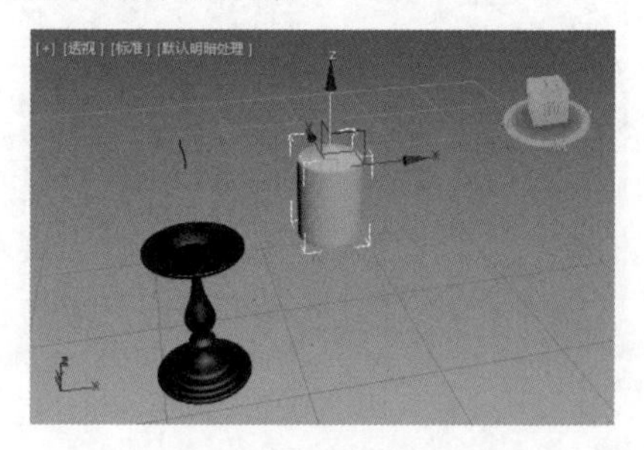

图 3-47

步骤 05 假如我们不想执行刚才的返回那个步骤了，可以单击（重做）按钮，即可往后返回一步。如图3-48所示，可以看到现在的状态是物体还在下方。

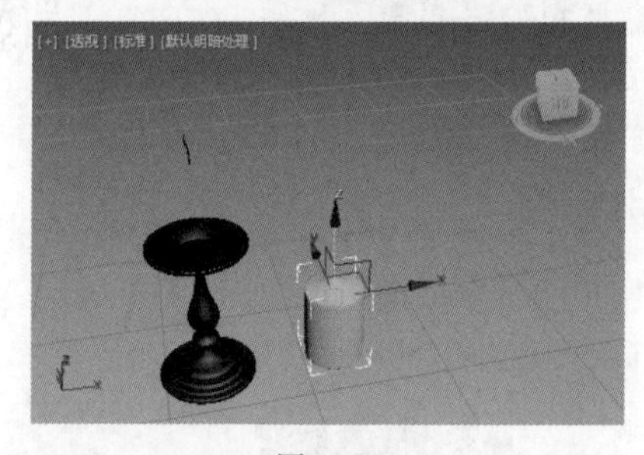

图 3-48

## 3.3.5 实例：组和解组

扫一扫，看视频

文件路径：Chapter 03 3ds Max基本操作→实例：组和解组

在3ds Max中可以将多个对象进行组。组是指暂时将多个对象放在一起，被组的对象是无法修改参数或单独调整某一个对象的位置。此外，还可以将组解组，即可恢复到组之前。也可以将组打开，此时可以对物体暂时进行参数或位置的调整，再将组关闭。

## 操作步骤

### Part 01　组

步骤 01 打开配套场景文件，如图3–49所示。

图3–49

步骤 02 场景中包括绿叶和花盆两部分，如图3–50所示。

图3–50

步骤 03 选择两个模型，如图3–51所示。

步骤 04 在菜单栏中执行【组】|【组】命令，如图3–52所示。

图3–51　图3–52

步骤 05 在弹出的对话框中进行命名，然后单击【确定】按钮，如图3–53所示。

步骤 06 此时两个模型暂时组在一起了（注意：当前是组在一起，而不是变为一个模型），如图3–54所示。

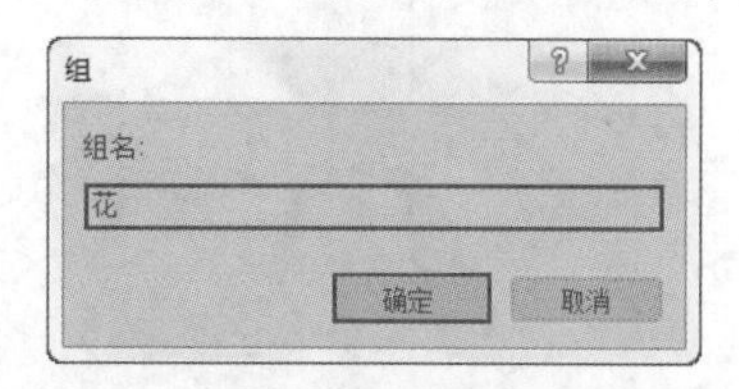


图3–53

图3–54

### Part 02　解组

步骤 01 选择当前已经被组在一起的组模型，如图3–55所示。

步骤 02 在菜单栏中执行【组】|【解组】命令，如图3–56所示。

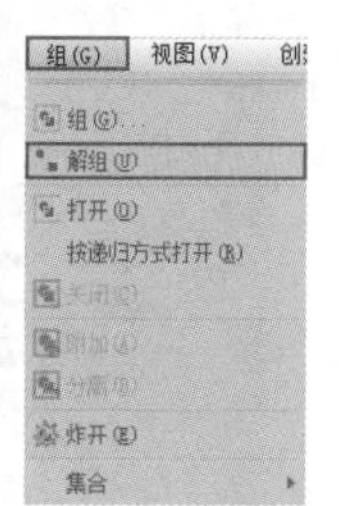


图3–55　图3–56

步骤 03 此时组已经被解组了，解组之后就可以任意单击选择花盆或绿叶了，如图3–57所示。

图 3-57

## Part 03　组打开

步骤 01 选择Part 01中完成的组模型，在菜单栏中执行【组】|【打开】命令，如图3-58所示。

步骤 02 此时看到组被暂时打开了，如图3-59所示。

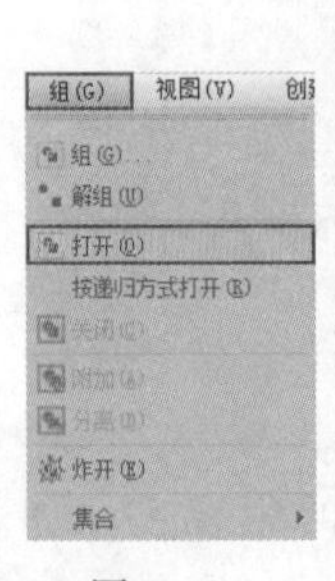

图 3-58　　图 3-59

步骤 03 单击选择花盆模型，如图3-60所示。使用 (选择并均匀缩放)工具放大花盆模型，如图3-61所示。

图 3-60

图 3-61

步骤 04 调整完成后，在菜单栏中执行【组】|【关闭】命令，如图3-62所示。

步骤 05 关闭组之后的模型，还是被组在一起的状态，如图3-63所示。

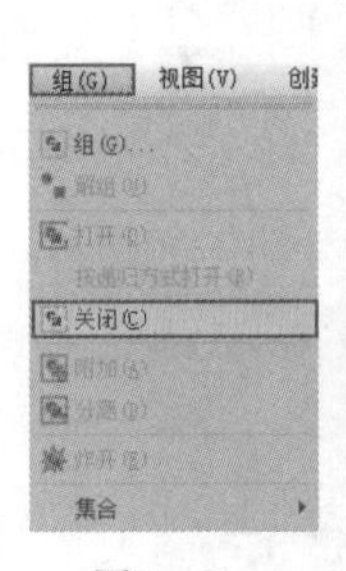

图 3-62　　图 3-63

### 3.3.6　实例：使用过滤器准确地选择对象

扫一扫，看视频

文件路径：Chapter 03 3ds Max基本操作→实例：使用过滤器准确地选择对象

3ds Max中的对象有很多种，如几何体、图形、灯光、摄影机等。在较为复杂的创建中这些对象可能非常多，因此不容易准确地进行选择。比如，想选择某个图形，结果单击却选择了几何体。而【过滤器】可以很好地解决这个问题，可以设定好过滤器类型，之后就只能选择到这一类对象了，不容易选择错误。

#### 操作步骤

步骤 01 打开配套场景文件，如图3-64所示。

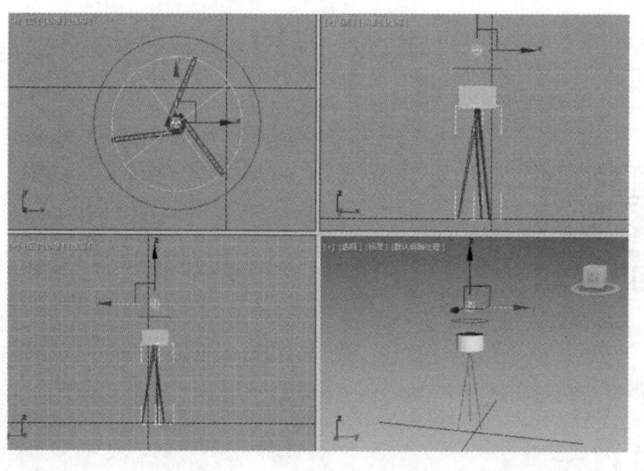

图 3-64

**步骤 02** 场景中包括三维模型（几何体）、二维线（图形）、泛光灯（灯光）这3种对象，如图3-65所示。

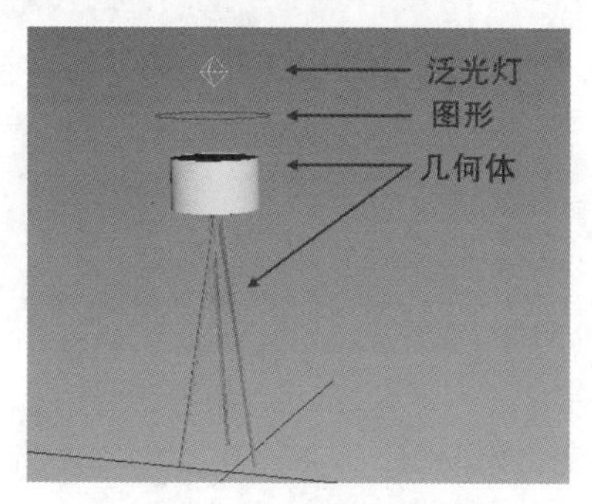


图 3-65

**步骤 03** 单击【过滤器】，选择类型为【几何体】，如图3-66所示。

**步骤 04** 此时在视图中无论如何选择，都只能选择到几何体，如图3-67所示。

图 3-66　　图 3-67

**步骤 05** 单击【过滤器】，选择类型为【灯光】，如图3-68所示。

**步骤 06** 此时在视图中无论如何选择，都只能选择到灯光，如图3-69所示。

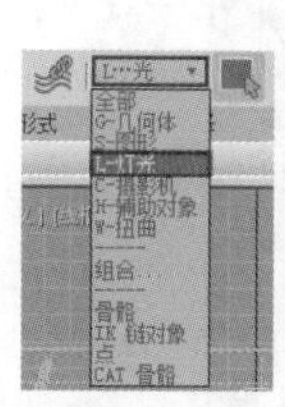

图 3-68　　图 3-69

**步骤 07** 单击【过滤器】，选择类型为【图形】，如图3-70所示。

**步骤 08** 此时在视图中无论如何选择，都只能选择到图形，如图3-71所示。

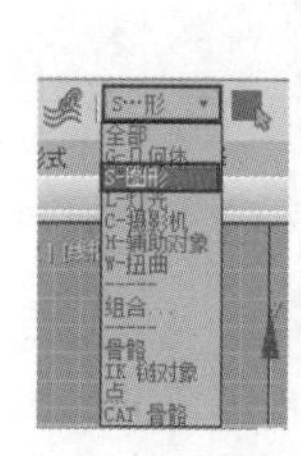

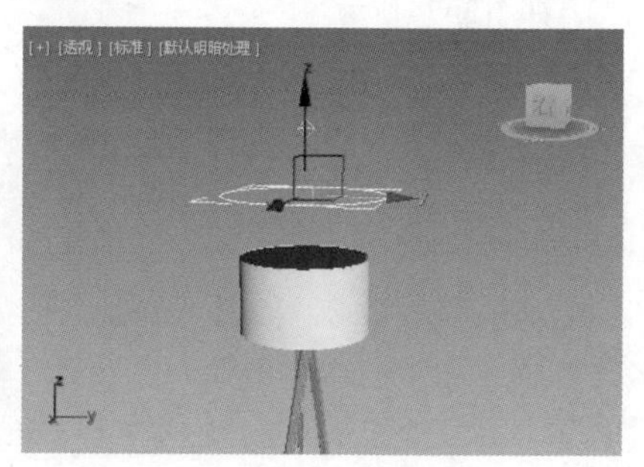

图 3-70　　图 3-71

## 3.3.7 实例：按名称选择物体

文件路径：Chapter 03 3ds Max基本操作→实例：按名称选择物体

扫一扫，看视频

在制作模型时，建议大家养成良好的习惯，将模型进行合理的命名。这样，使用【按名称选择】工具，可以快速找到我们需要的模型。

### 操作步骤

**步骤 01** 打开配套文件，如图3-72所示。

图 3-72

步骤 02 场景中的模型分为茶杯和茶壶两类，如图3-73所示。

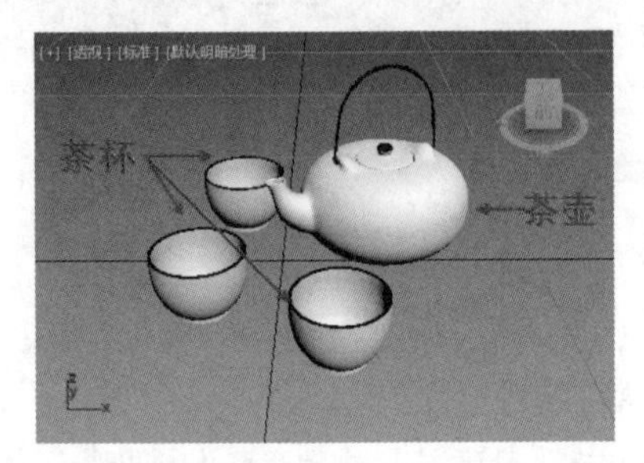


图 3-73

步骤 03 当选择其中一个模型，如选择茶壶，然后单击【修改】，就可以看到它的名称(可以在这里修改它的名称)，如图3-74所示。

图 3-74

步骤 04 除了直接单击选择物体之外，还可以在主工具栏中单击(按名称选择)按钮，在弹出的对话框中单击选择【茶壶】，然后单击【确定】按钮，如图3-75所示。

步骤 05 此时茶壶模型已经被成功选中，如图3-76所示。

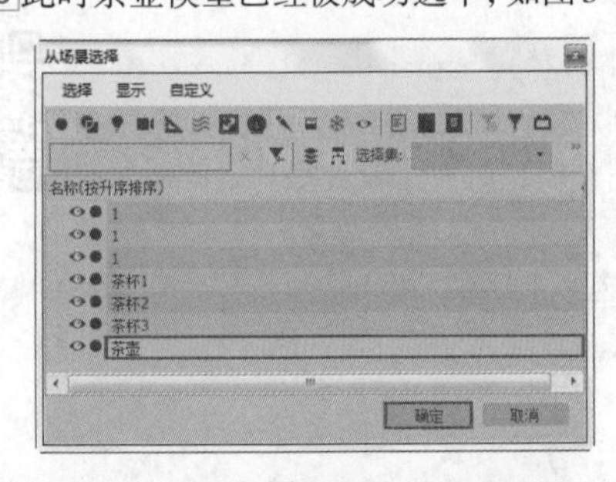


图 3-75

图 3-76

## 3.3.8 实例：使用不同的选择区域选择物体

扫一扫，看视频

文件路径：Chapter 03 3ds Max基本操作→实例：使用不同的选择区域选择物体

3ds Max主工具栏中的选择区域包含5种类型。用鼠标左键一直按住(矩形选择区域)按钮，即可切换选择其中的任意一种，如图3-77所示。

### 操作步骤

步骤 01 打开配套场景文件，如图3-78所示。

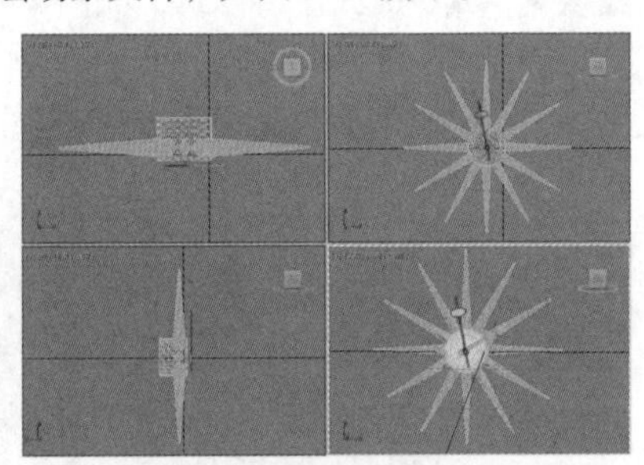


图 3-77　　图 3-78

步骤 02 保持默认的(矩形选择区域)方式，拖动鼠标，即可以矩形的方式进行选择，如图3-79所示。

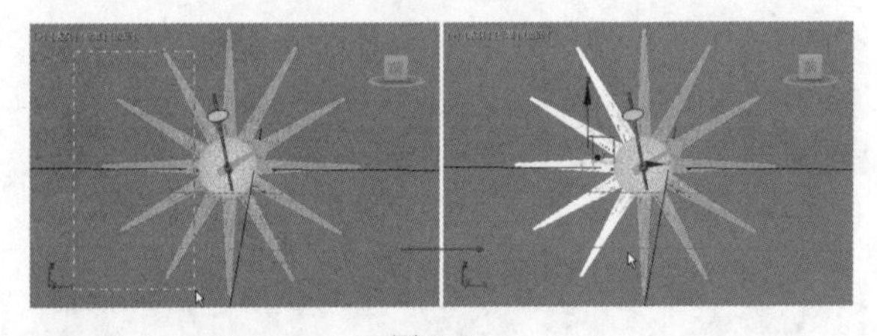

图 3-79

步骤 03 切换到(圆形选择区域)方式，拖动鼠标，即可以圆形的方式进行选择，如图3-80所示。

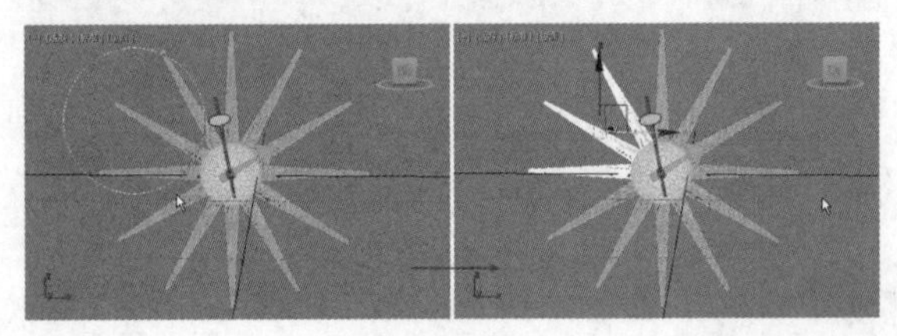

图 3-80

步骤 04 切换到(围栏选择区域)方式，多次单击鼠标左键绘制图形，即可选择相应的模型，如图3-81所示。

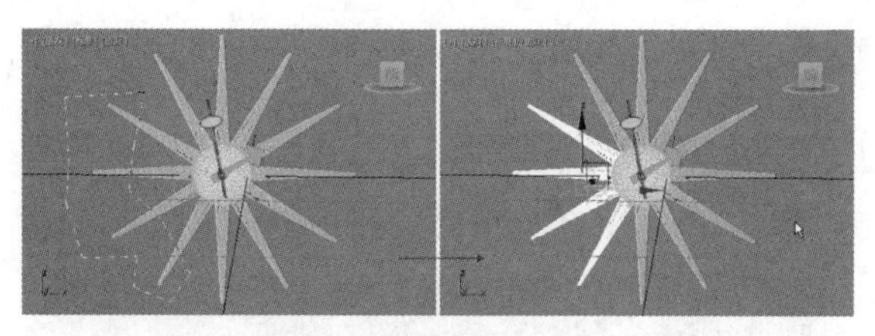

图 3-81

步骤 05 切换到 (套索选择区域)方式，拖动鼠标，即可以套索的方式进行选择，如图3-82所示。

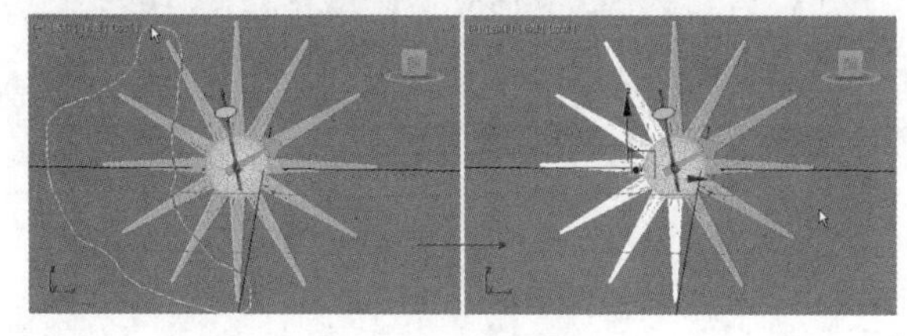

图 3-82

步骤 06 切换到 (绘制选择区域)方式，拖动鼠标，然后在空白位置按住鼠标左键，会出现圆形的图标，此时像使用画笔一样在模型上拖动，即可选择模型，如图3-83所示。

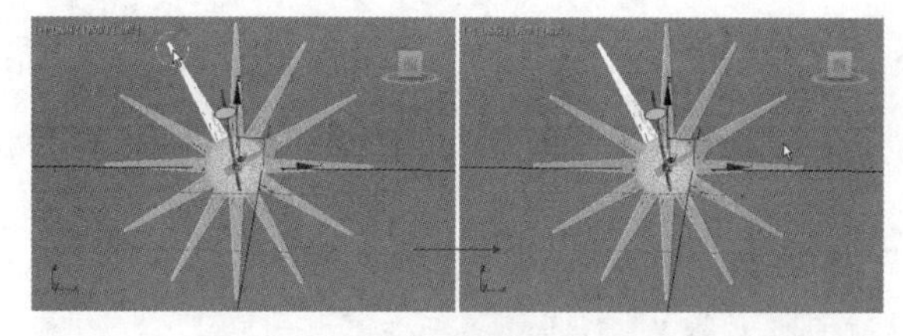

图 3-83

## 重点 3.3.9 实例：准确地移动蝴蝶结位置

文件路径：Chapter 03 3ds Max基本操作→实例：准确地移动蝴蝶结位置

扫一扫，看视频

主工具栏中的 (选择并移动)工具可以用来移动物体。可以沿单一轴线移动，也可以沿多个轴线移动，但是为了更精准，建议沿单一轴线进行移动(当光标移动到单一坐标，该坐标变为黄色时，代表已经选择了该坐标)。

## 操作步骤

### Part 01 准确地移动蝴蝶结位置

步骤 01 打开配套场景文件，如图3-84所示。

图 3-84

步骤 02 使用 (选择并移动)工具单击选择蝴蝶结模型，如图3-85所示。

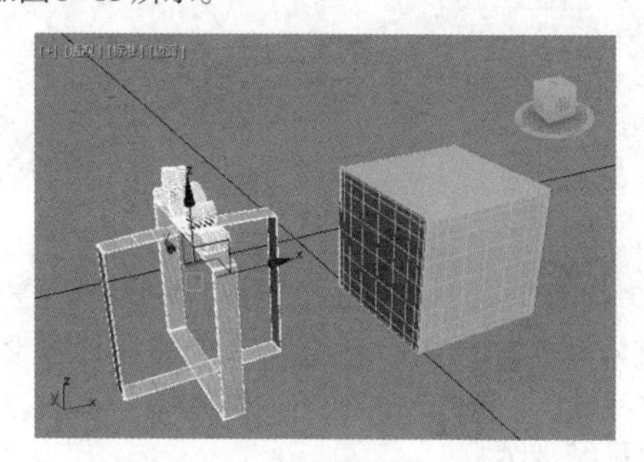

图 3-85

步骤 03 光标移动到X轴位置，然后只沿X轴向右侧进行移动，如图3-86所示。

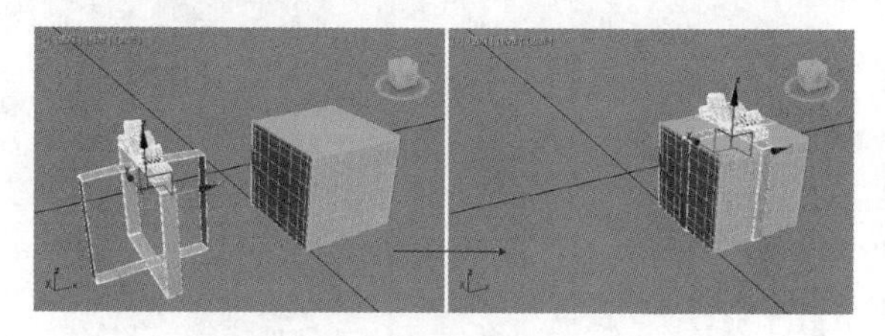

图 3-86

### Part 02 错误的移动方法

步骤 01 错误的示范开始了。建议大家不要随便移动，若是不沿准确的轴向移动的话(如沿X、Y、Z 3个轴向移动)，容易出现位置错误，如图3-87所示。

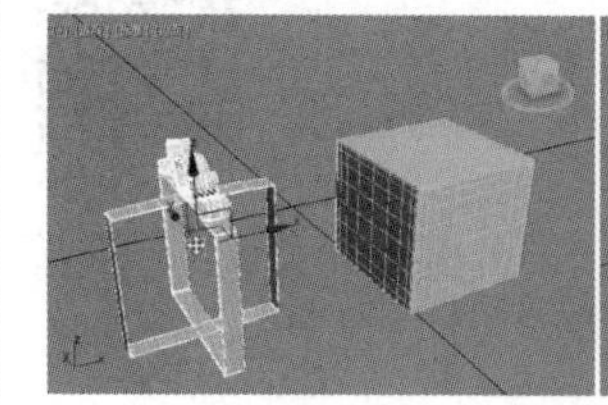

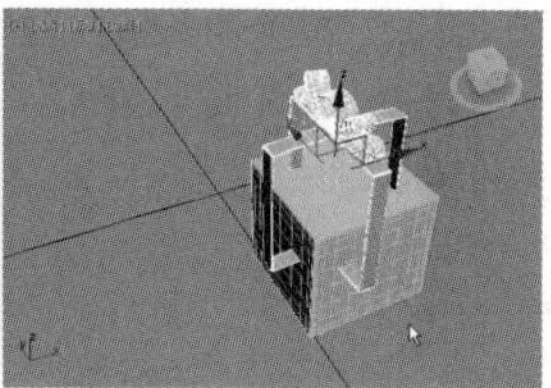

图 3-87

步骤 02 在4个视图中查看效果，发现蝴蝶结与盒子的位置并没有完全吻合，如图3-88所示。因此说明，在建模时一定要随时查看4个视图中的模型效果，因为直接沿3个轴向移动是非常不精准的，或许已经出现位置错误。

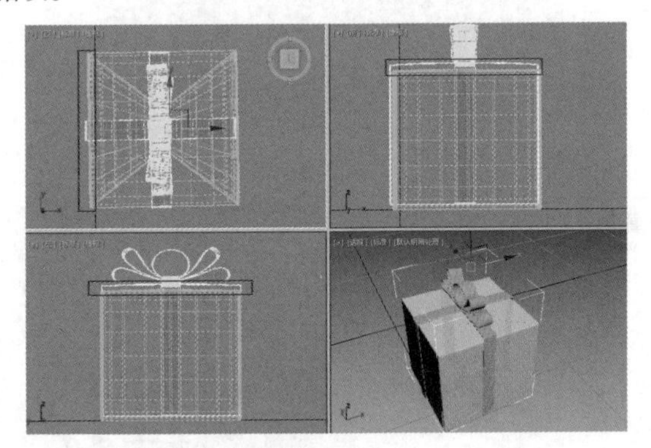

图3-88

步骤 03 除了查看4个视图之外，还需要我们在建模时经常进入透视图，按住Alt键，然后按住鼠标中轮拖动，即可旋转视图。如图3-89所示，发现蝴蝶结在某一些角度看也已经错误了。

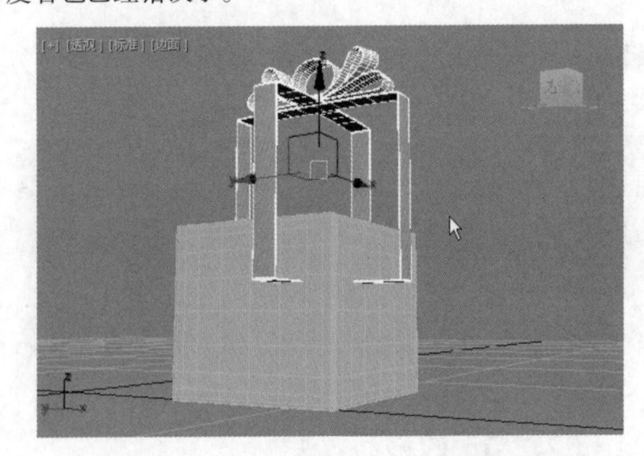

图3-89

## 重点 3.3.10 实例：准确地旋转模型

扫一扫，看视频

文件路径：Chapter 03 3ds Max基本操作→实例：准确地旋转模型

使用（选择并旋转）工具可以将模型进行旋转。与（选择并移动）工具的操作类似，建议大家在旋转时沿单一轴线旋转，这样更准确一些。

## 操作步骤

### Part 01 准确地旋转模型

步骤 01 打开配套场景文件，如图3-90所示。

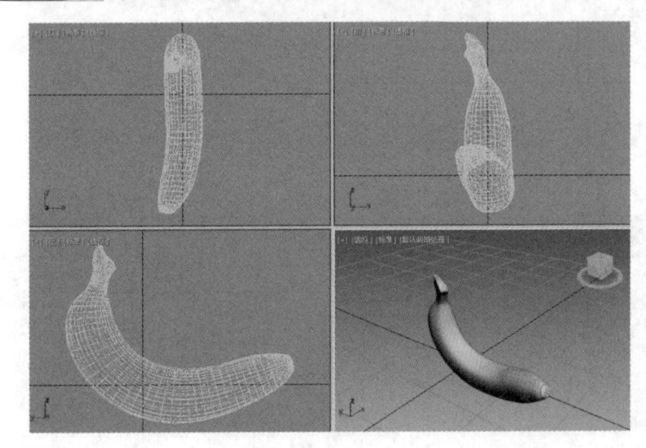

图3-90

步骤 02 使用主工具栏中的（选择并旋转）工具单击模型，然后将光标移动到Z轴位置（注意：当光标移动到Z轴时，Z会变为蓝色，而X和Y都为灰色），接着按住鼠标左键并拖动，即可在Z轴进行旋转，如图3-91所示。

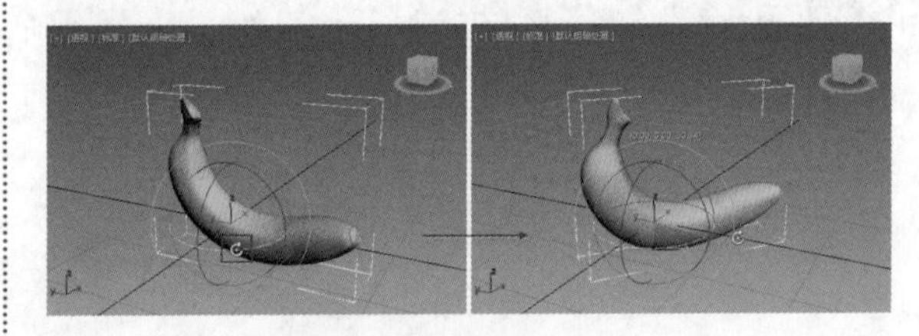

图3-91

### Part 02 错误的旋转方法

使用主工具栏中的（选择并旋转）工具单击模型，然后将光标随便放到模型附近，接着按住鼠标左键并拖动，此时模型已经在多个轴向被旋转了，如图3-92所示。

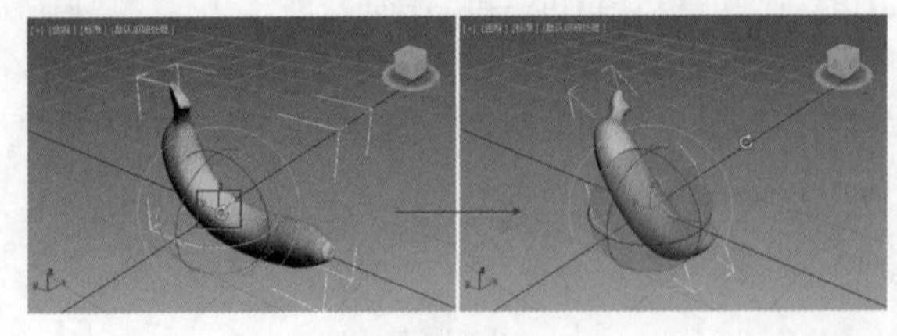

图3-92

## 3.3.11 实例：缩放装饰品尺寸

扫一扫，看视频

文件路径：Chapter 03 3ds Max基本操作→实例：缩放装饰品尺寸

使用(选择并均匀缩放)工具沿3个轴向缩放物体，可以均匀缩小或放大。沿1个轴向缩放物体，则可以在该轴向压扁或拉长物体。

### 操作步骤

步骤 01 打开配套场景文件，如图3-93所示。

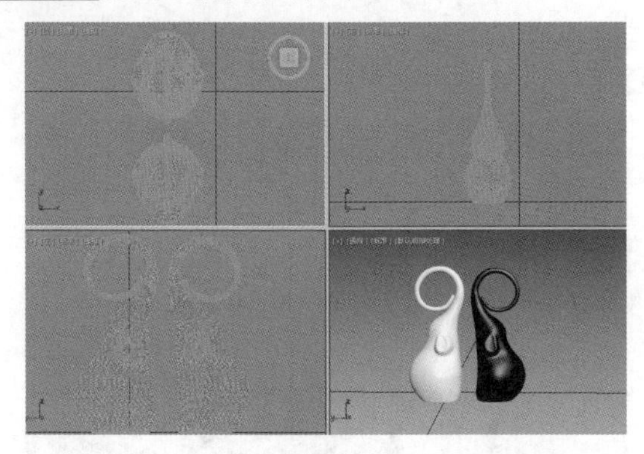

图 3-93

步骤 02 选择右侧的黑色装饰品，使用(选择并均匀缩放)工具沿X、Y、Z 3个轴向缩小装饰品(移动鼠标位置，当3个轴向都变为黄色时代表3个轴向都被成功选择)，如图3-94所示。

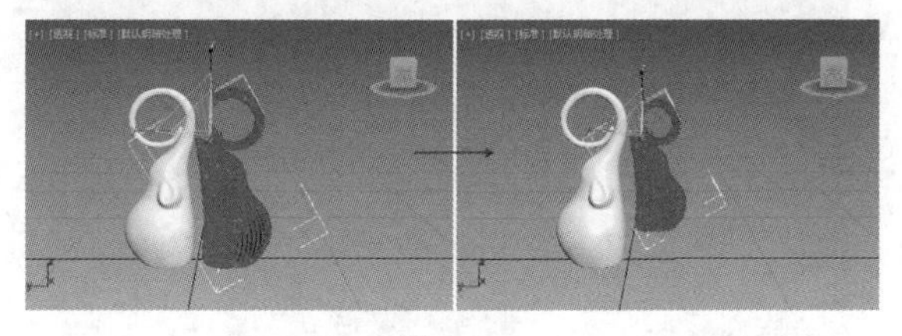

图 3-94

步骤 03 在左视图中，使用(选择并移动)工具沿Y轴向下移动，如图3-95所示。

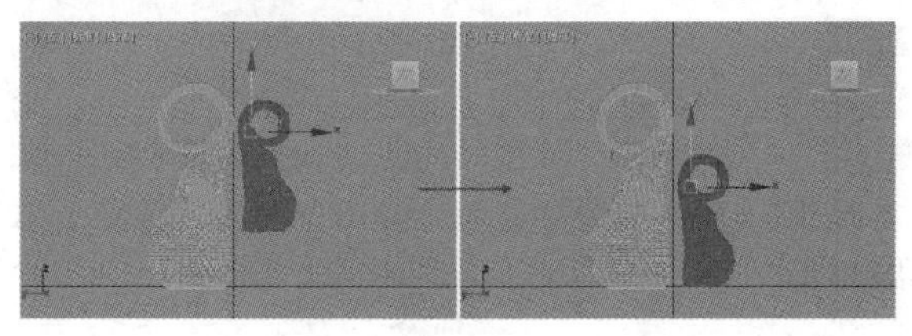

图 3-95

步骤 04 在左视图中，沿X轴向左移动，如图3-96所示。

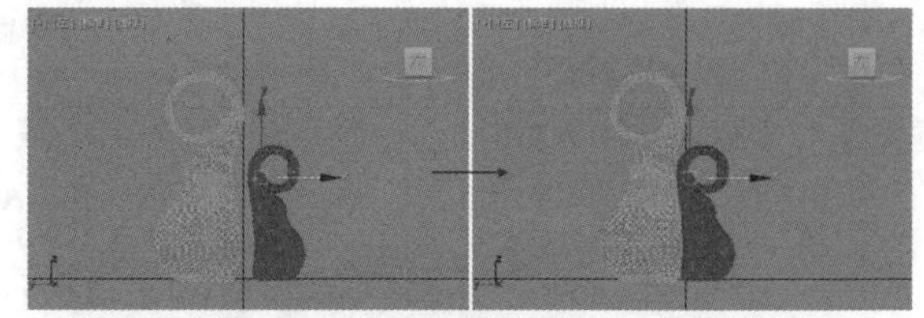

图 3-96

步骤 05 案例最终效果如图3-97所示。

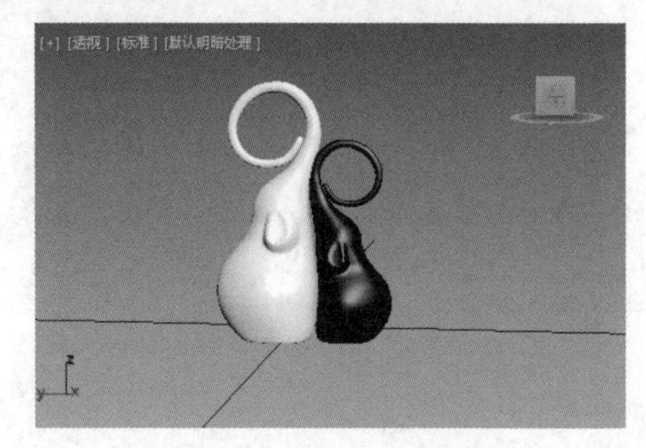


图 3-97

## 3.3.12 实例：使用选择并放置工具将一个模型准确放在另一个模型上

扫一扫，看视频

文件路径：Chapter 03 3ds Max基本操作→实例：使用选择并放置工具将一个模型准确放在另一个模型上

可以使用【选择并放置】工具将一个模型准确地放在另一个模型表面。除了放在上方外，还可以放在侧面。

### 操作步骤

步骤 01 创建平面、圆柱体和茶壶模型，3个物体之间没有任何接触，如图3-98所示。

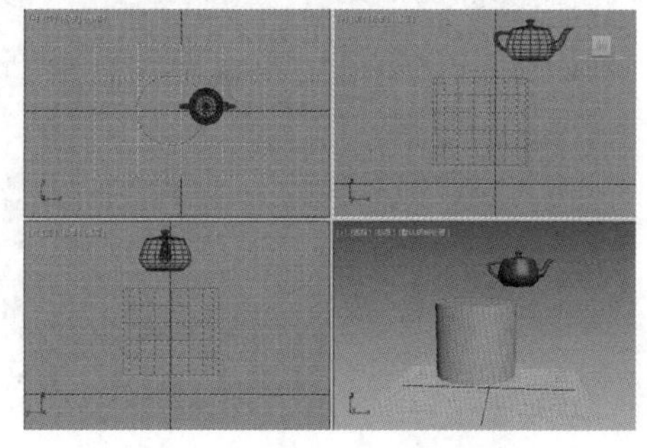

图 3-98

步骤 02 假如想把茶壶放在圆柱体上，除了直接移动位置之外，还可使用【选择并放置】工具来完成。选择茶壶，然后单击【选择并放置】工具，如图3-99所示。

步骤 03 此时按住鼠标左键拖动，可以将茶壶准确地放在圆柱体上，如图3-100所示。

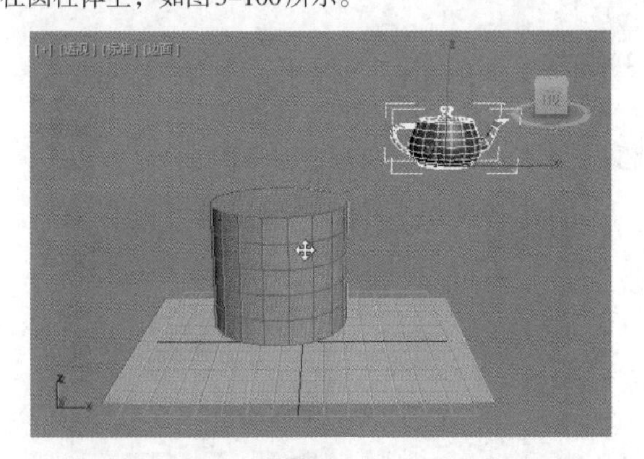

图3-99

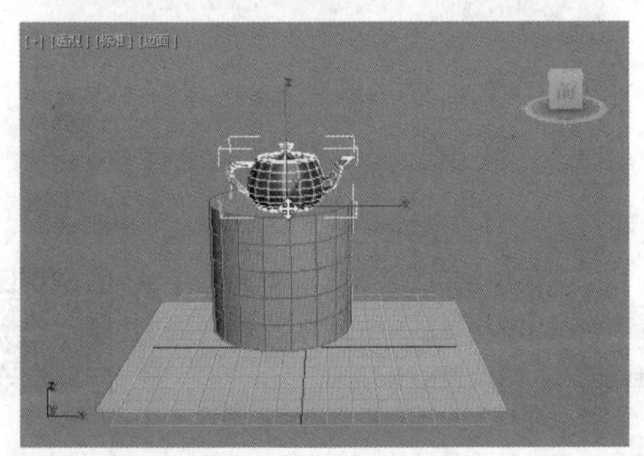

图3-100

步骤 04 选择茶壶模型，在移动鼠标时将光标移动到圆柱体的侧面，此时茶壶底面就自动对齐到了圆柱体的侧面上，如图3-101所示。

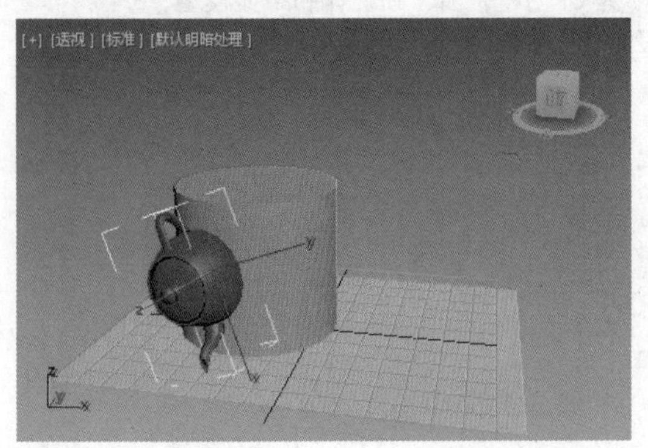


图3-101

### 3.3.13 实例：使用选择中心将模型轴心设置到中心

扫一扫，看视频

文件路径:Chapter 03 3ds Max基本操作→实例：使用选择中心将模型轴心设置到中心

将模型的轴心设置到模型的中心位置，可以方便对模型进行移动、旋转、缩放等操作。

#### 操作步骤

步骤 01 打开配套场景文件，如图3-102所示。

步骤 02 选择场景中的模型，如图3-103所示。

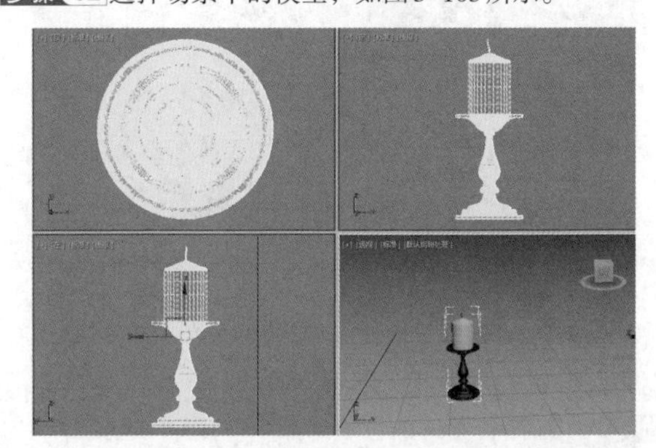

图3-102

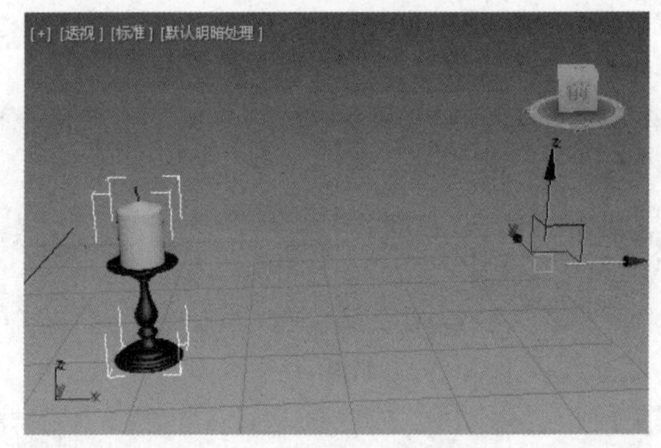


图3-103

步骤 03 此时看到模型的坐标轴不在模型的中心位置，如图3-104所示。

步骤 04 按住主工具栏中的【使用轴点中心】按钮，在弹出的下拉列表中选择【使用选择中心】，如图3-105所示。

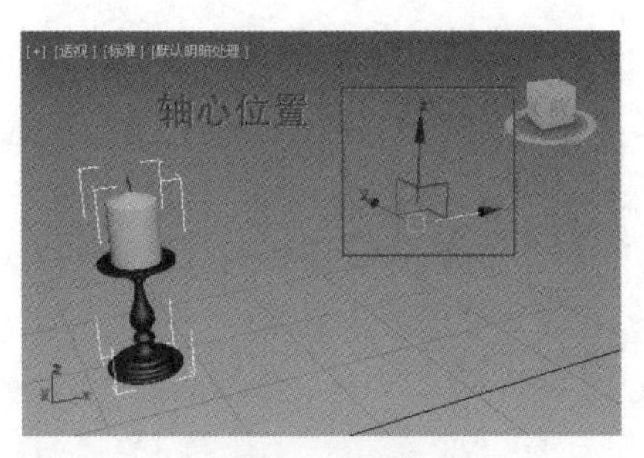


图 3-104

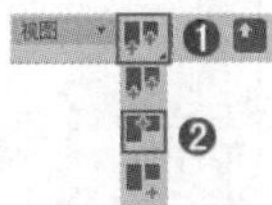


图 3-105

步骤 05 此时模型的轴心被设置到了模型的中心位置，如图3-106所示。

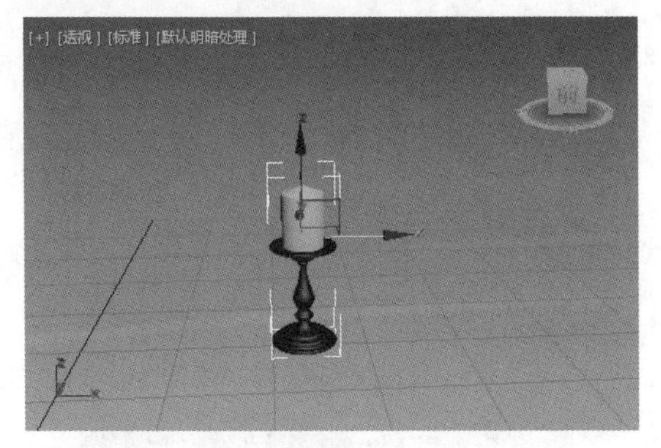


图 3-106

## 重点 3.3.14 实例：使用移动、复制制作一排餐具

文件路径：Chapter 03 3ds Max基本操作→实例：使用移动、复制制作一排餐具

扫一扫，看视频

### 操作步骤

步骤 01 打开配套场景文件，如图3-107所示。

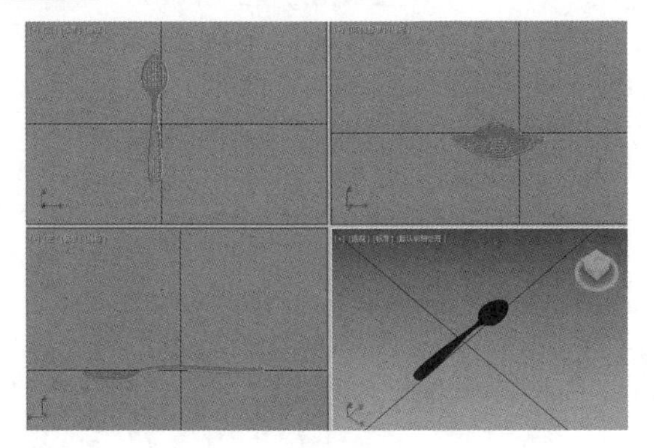

图 3-107

步骤 02 在透视图中选择勺子模型，然后按住Shift键的同时按住鼠标左键沿X轴向右拖动，接着松开鼠标。在弹出的对话框中设置【复制】为【实例】,【副本数】为5，如图3-108所示。

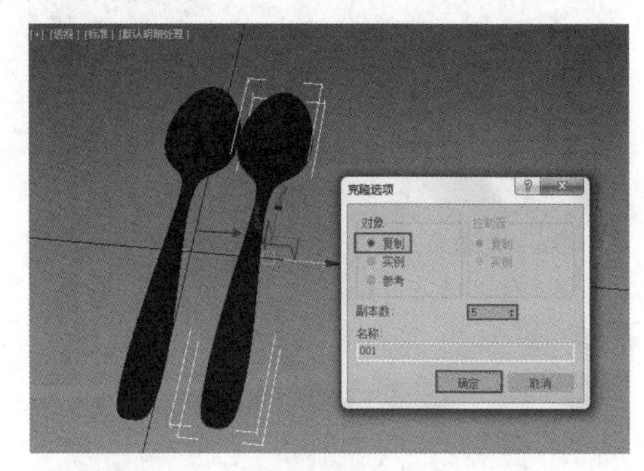


图 3-108

步骤 03 复制完成后的效果如图3-109所示。

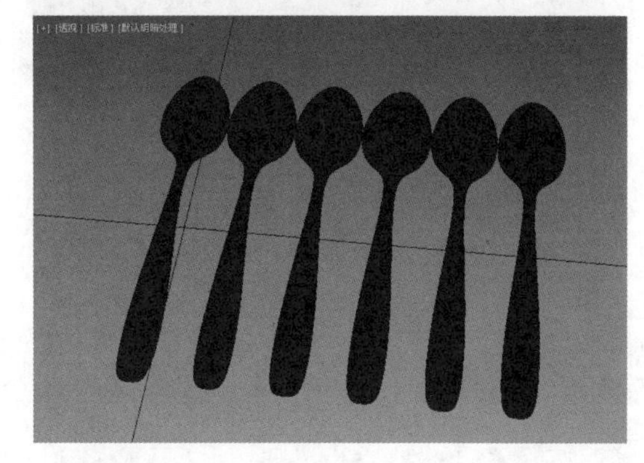


图 3-109

> **提示：原地复制模型**
>
> 选择物体，按快捷键Ctrl+V也可原地复制模型。

## 重点 3.3.15 实例：使用旋转、复制制作钟表

文件路径：Chapter 03 3ds Max基本操作→实例：使用旋转、复制制作钟表

扫一扫，看视频

### 操作步骤

步骤 01 打开配套场景文件，如图3-110所示。

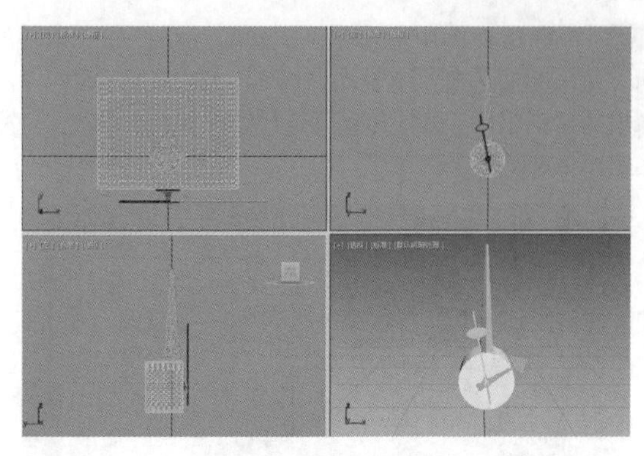

图 3-110

步骤 02 选择模型，如图3-111所示。

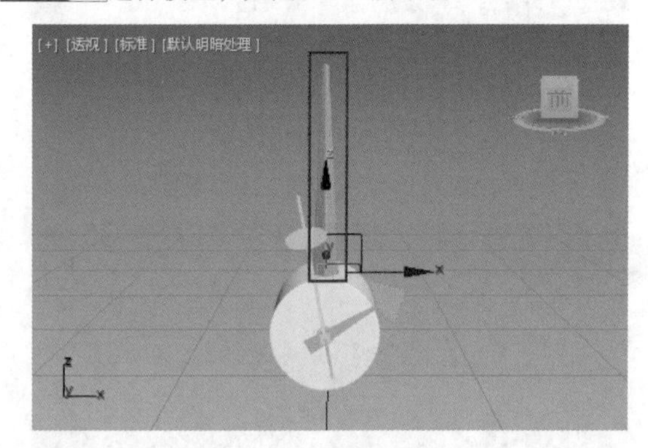


图 3-111

步骤 03 执行 (层次) | 仅影响轴 ，如图3-112所示。

步骤 04 此时将轴心移动到钟表中心位置，如图3-113所示。

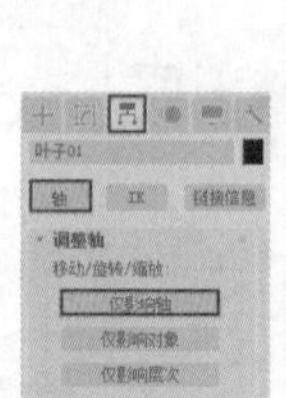


图 3-112

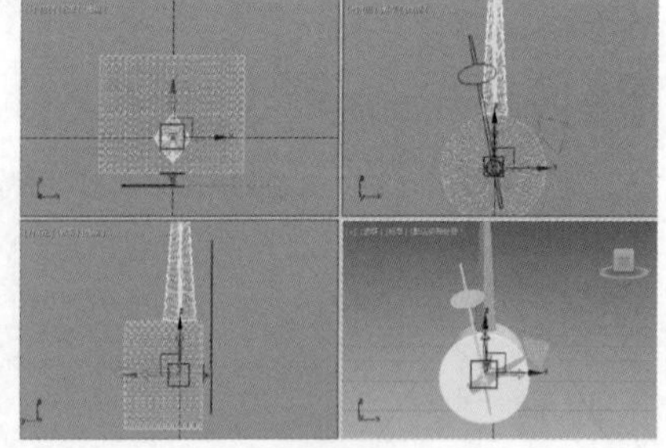

图 3-113

步骤 05 再次单击 仅影响轴 按钮，如图3-114所示。此时已经完成了坐标轴位置的修改，然后选择刚才的模型，如图3-115所示。

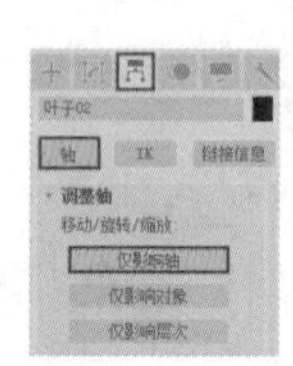


图 3-114

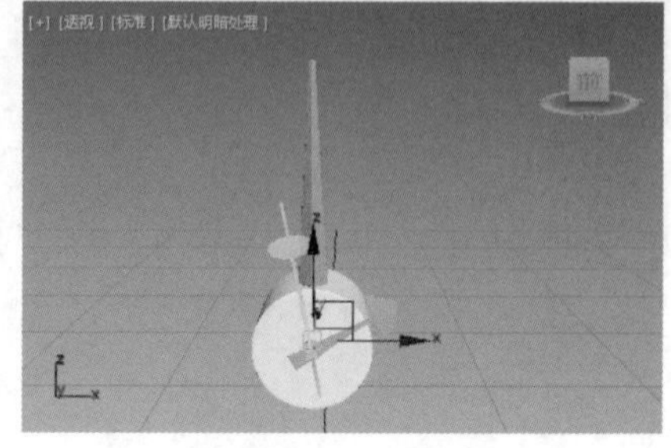


图 3-115

步骤 06 进入前视图中，在选择该模型的状态下激活【选择并旋转】按钮 和【角度捕捉切换】按钮 。按住Shift键并按住鼠标左键，将其沿着Z轴旋转-30°，如图3-116所示。旋转完成后释放鼠标，在弹出的【克隆选项】对话框中设置【对象】为【复制】,【副本数】为11，如图3-117所示。

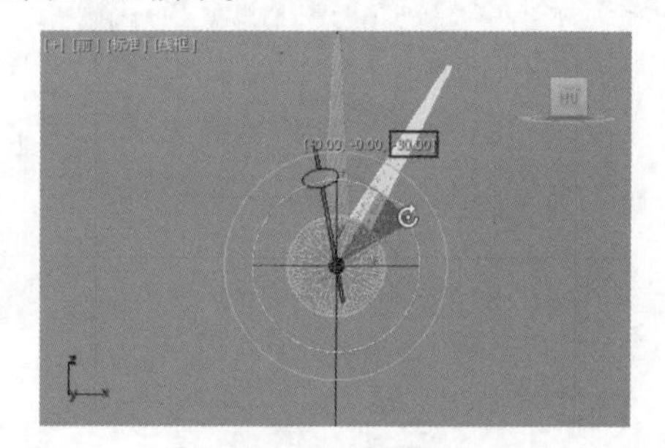


图 3-116

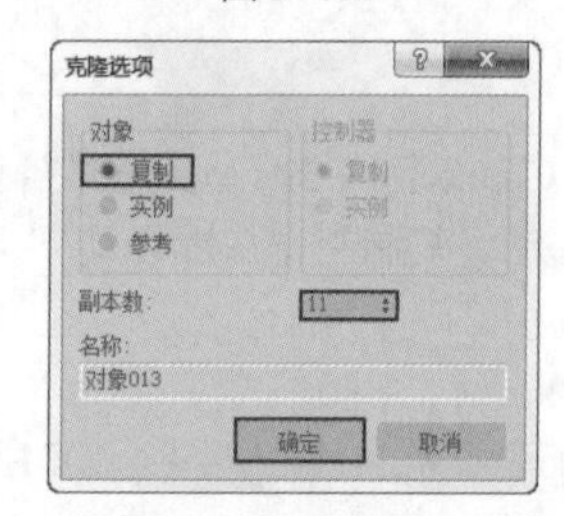


图 3-117

步骤 07 案例最终效果如图3-118所示。

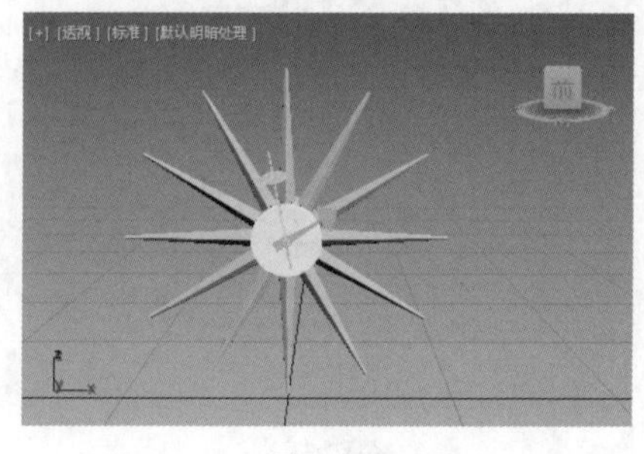


图 3-118

## 3.3.16 实例：使用捕捉开关工具准确地创建模型

扫一扫，看视频

文件路径：Chapter 03 3ds Max基本操作→实例：使用捕捉开关工具准确地创建模型

主工具栏中的 3 (捕捉开关)可以捕捉栅格点、顶点等，从而更准确地创建模型。例如，可在模型表面创建一个长度和宽度数值一样的物体，也可沿着模型表面的点准确地绘制一条线。

### 操作步骤

步骤 01 执行 +(创建)|●(几何体)|标准基本体|长方体，然后在视图中拖动创建一个长方体，如图3-119所示。

步骤 02 单击【修改】按钮，设置【长度】为2000mm，【宽度】为2000mm，【高度】为500mm，如图3-120所示。

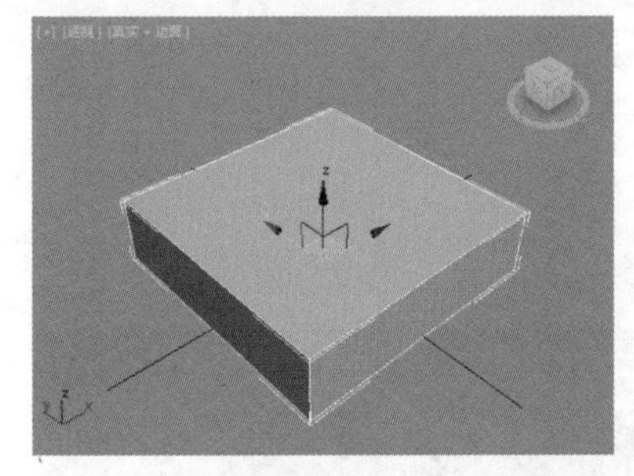

图 3-119

图 3-120

步骤 03 单击主工具栏中的 3 (捕捉开关)按钮，然后对该工具单击鼠标右键，在弹出的对话框中取消勾选【栅格点】，勾选【顶点】，如图3-121所示。

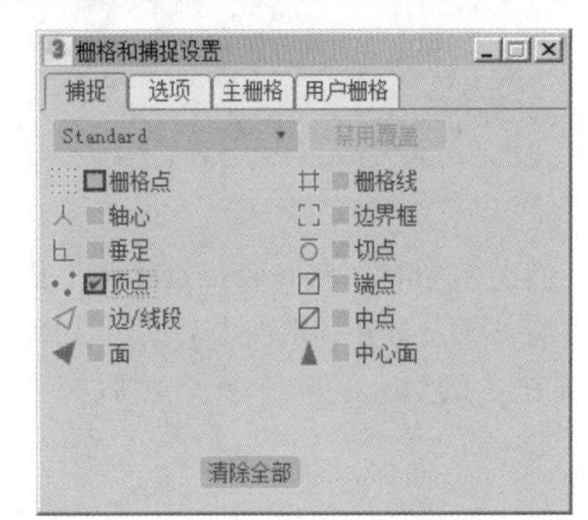


图 3-121

步骤 04 在刚才长方体的上方拖动创建另外一个长方体，会发现该长方体的底部与刚才模型的顶部是完全对齐的，如图3-122所示。

步骤 05 单击【修改】按钮，可以看到新创建的长方体的参数中【长度】和【宽度】数值都是2000mm，如图3-123所示。

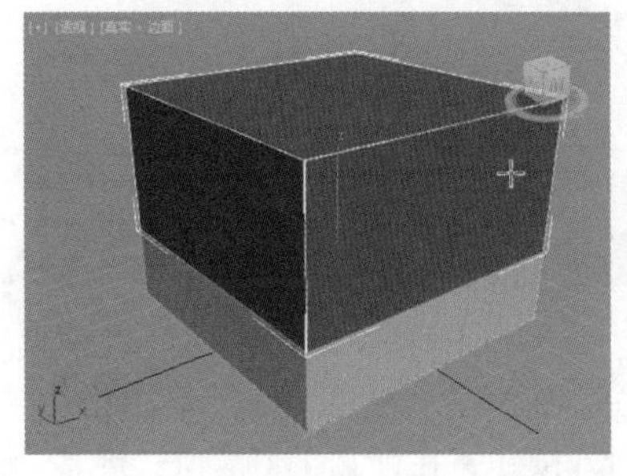

图 3-122

图 3-123

## 3.3.17 实例：使用镜像工具制作装饰墙面

扫一扫，看视频

文件路径：Chapter 03 3ds Max基本操作→实例：使用【镜像】工具制作装饰墙面

主工具栏中的 (镜像)工具可以允许模型沿X、Y、Z三种轴向进行镜像复制。

### 操作步骤

步骤 01 打开配套场景文件，如图3-124所示。

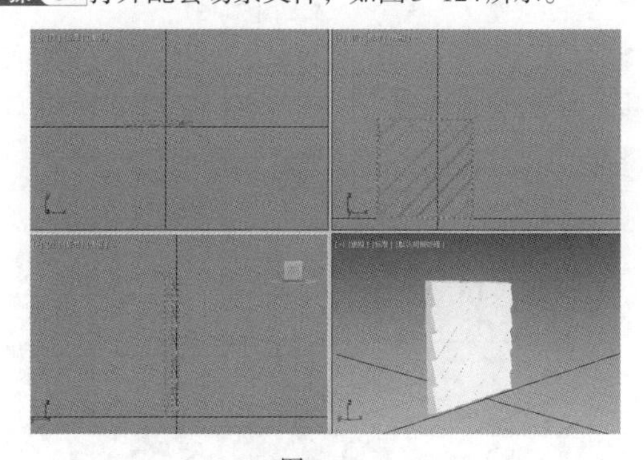

图 3-124

步骤 02 在前视图中选择该模型，然后按住Shift键并按住鼠标左键，将其沿着X轴向右平移并复制，放置在合适的位置后释放鼠标，在弹出的【克隆选项】对话框中设置【对象】为【复制】，【副本数】为5，如图3-125所示。

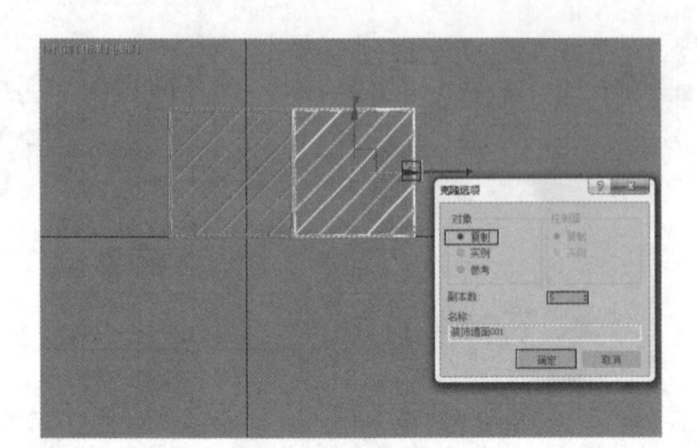


图 3-125

步骤 03 在前视图中选择所有的模型，然后单击主工具栏中的（镜像）按钮，在弹出的【镜像：屏幕 坐标】对话框中设置【镜像轴】为Y，【克隆当前选择】为【复制】，如图3-126所示。此时前视图中的效果如图3-127所示。

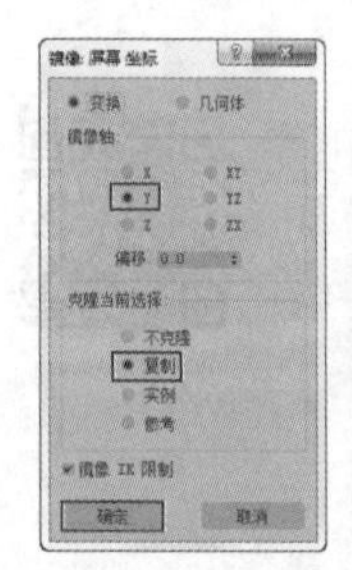


图 3-126

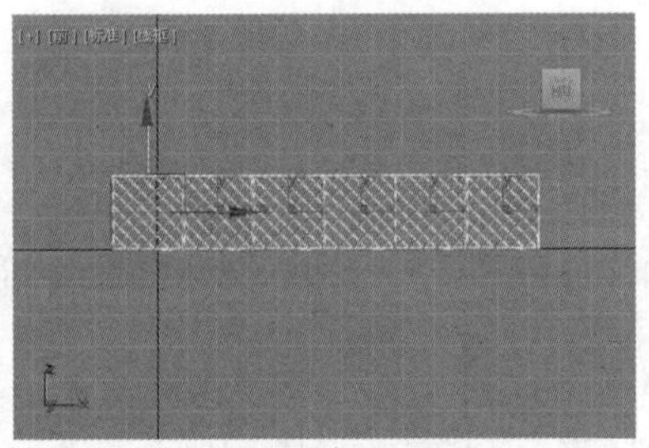

图 3-127

步骤 04 在前视图中将镜像复制出的模型沿着Y轴向下平移，如图3-128所示。

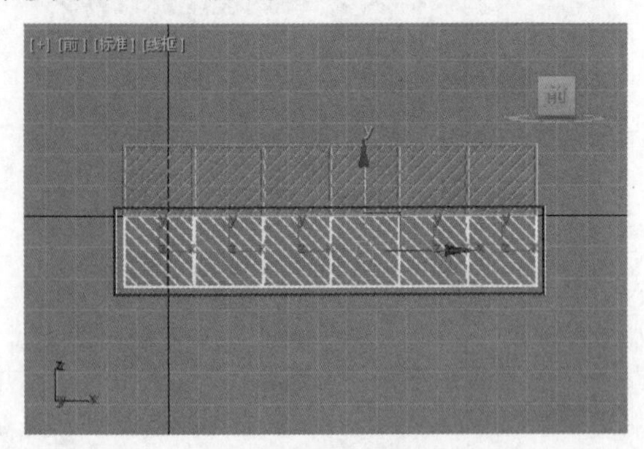


图 3-128

步骤 05 使用同样的方法多次进行镜像复制，并调整位置，最终效果如图3-129所示。

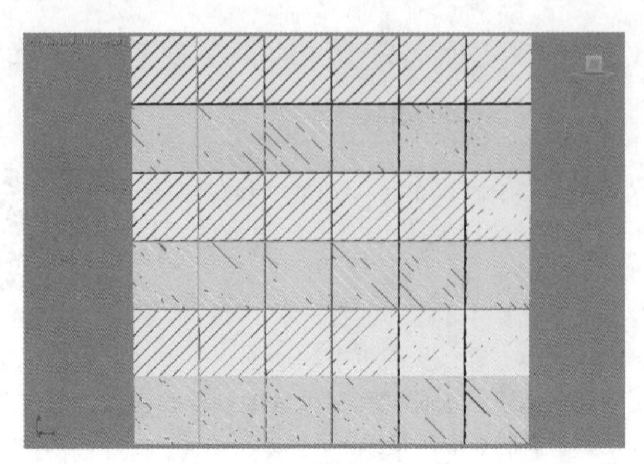

图 3-129

## 3.3.18 实例：使用对齐工具制作多人沙发对齐地面

扫一扫，看视频

文件路径：Chapter 03 3ds Max基本操作→实例：使用【对齐】工具制作多人沙发对齐地面

主工具栏中的（对齐）工具可以将一个模型对齐到另外一个模型上面或中间。

### 操作步骤

步骤 01 打开配套场景文件，如图3-130所示。

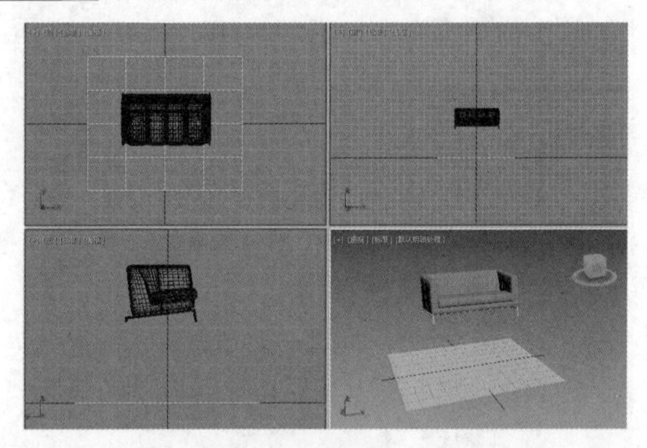

图 3-130

步骤 02 在创建模型时，有时候很难将两个模型完美地对齐，如将多人沙发对齐到地面上。此时选择多人沙发，单击主工具栏中的（对齐）按钮，然后再单击地面模型，如图3-131所示。

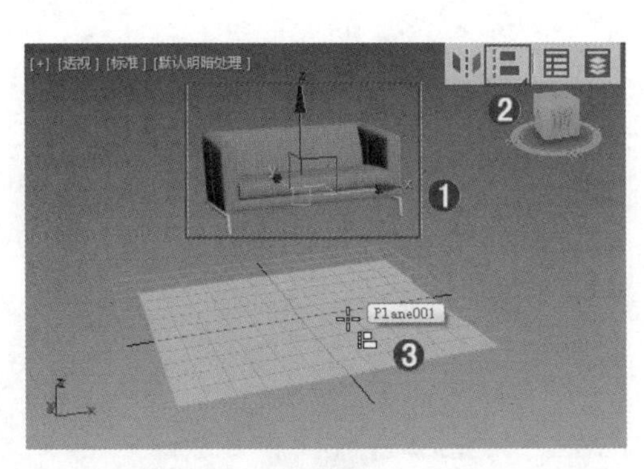


图 3-131

步骤 03 打开【对齐当前选择】对话框，在【对齐位置(世界)】栏中取消勾选【X位置】和【Y位置】，勾选【Z位置】，设置【当前对象】为【最小】，【目标对象】为【最小】，如图3-132所示。

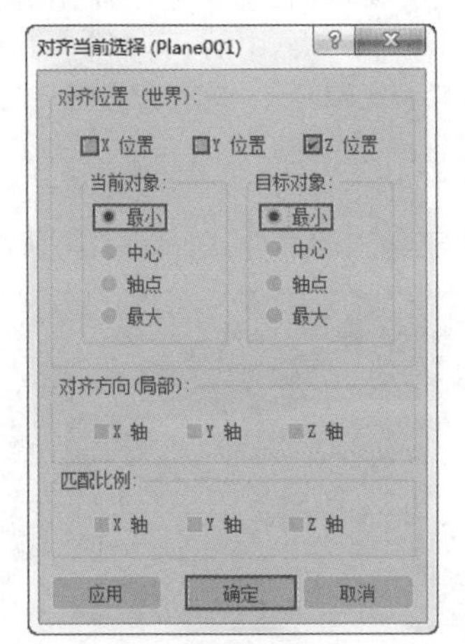


图 3-132

步骤 04 此时多人沙发已经落到地面上了，如图3-133所示。

图 3-133

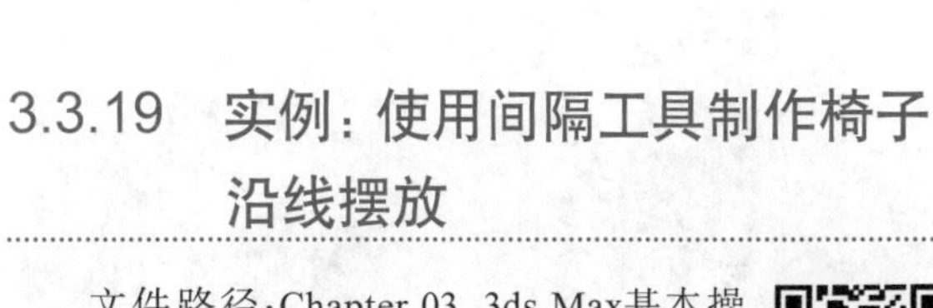

## 3.3.19 实例：使用间隔工具制作椅子沿线摆放

文件路径：Chapter 03 3ds Max基本操作→实例：使用【间隔】工具制作椅子沿线摆放

扫一扫，看视频

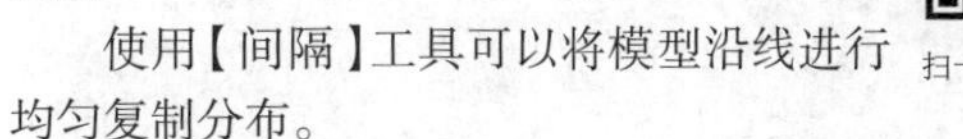

使用【间隔】工具可以将模型沿线进行均匀复制分布。

### 操作步骤

步骤 01 打开配套场景文件，如图3-134所示。

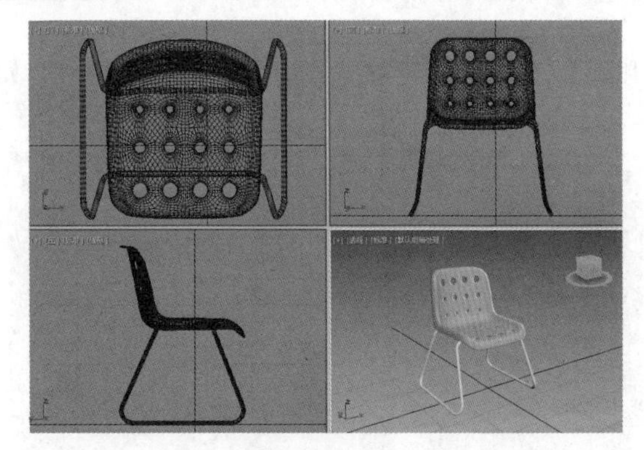

图 3-134

步骤 02 使用【线】工具在顶视图中绘制一条曲线，如图3-135所示。

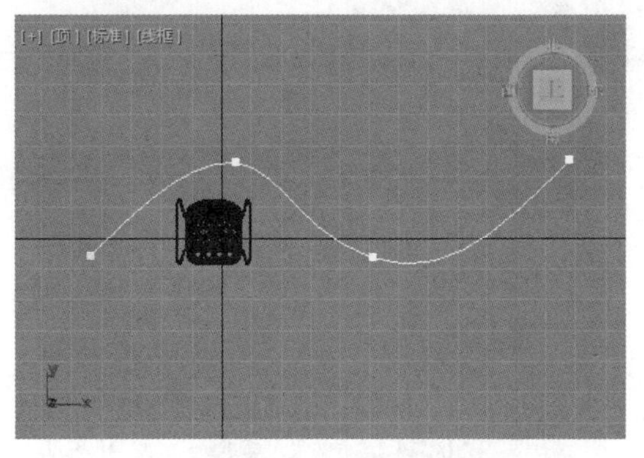


图 3-135

步骤 03 在主工具栏空白处单击鼠标右键，在弹出的快捷菜单中选择【附加】命令，然后单击选择椅子模型，接着按下(阵列)按钮，在下拉列表中选择(间隔工具)，如图3-136所示。

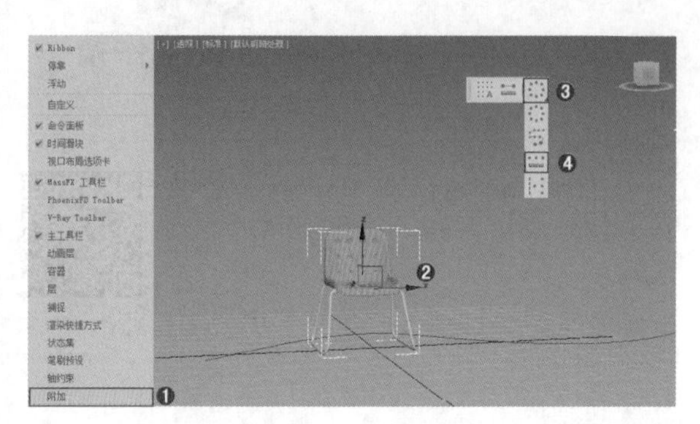


图 3-136

步骤 04 在弹出的对话框中单击【拾取路径】按钮，然后单击拾取场景中的线，接着设置【计数】为8，勾选【跟随】，单击【应用】按钮，最后单击【关闭】按钮，如图3-137所示。

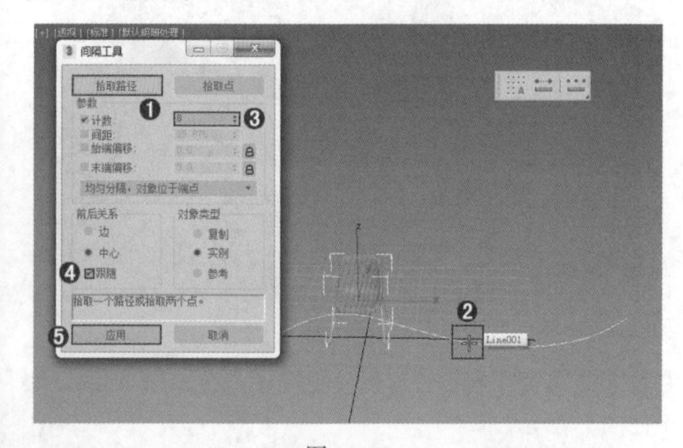


图 3-137

步骤 05 此时椅子已经沿着线复制出来了，如图3-138所示。

图 3-138

步骤 06 最后将原始的椅子模型删除。最终效果如图3-139所示。

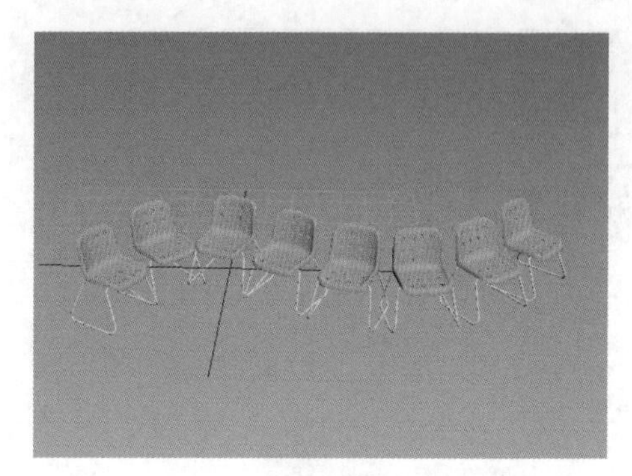

图 3-139

## 3.3.20 实例：使用阵列工具制作抱枕

扫一扫，看视频

文件路径：Chapter 03 3ds Max基本操作→实例：使用阵列工具制作抱枕

3ds Max中的【阵列】工具可以将模型沿特定轴向、一定角度进行复制。

### 操作步骤

步骤 01 打开配套场景文件，如图3-140所示。

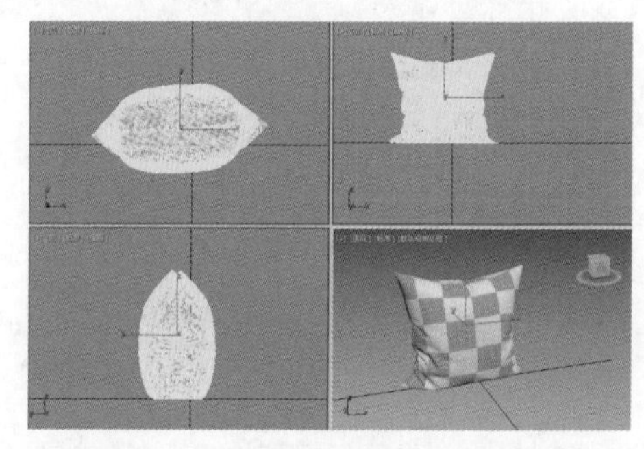

图 3-140

步骤 02 选择模型，然后执行 (层次) | 仅影响轴，接着沿X轴将坐标移动到模型右侧，如图3-141所示。

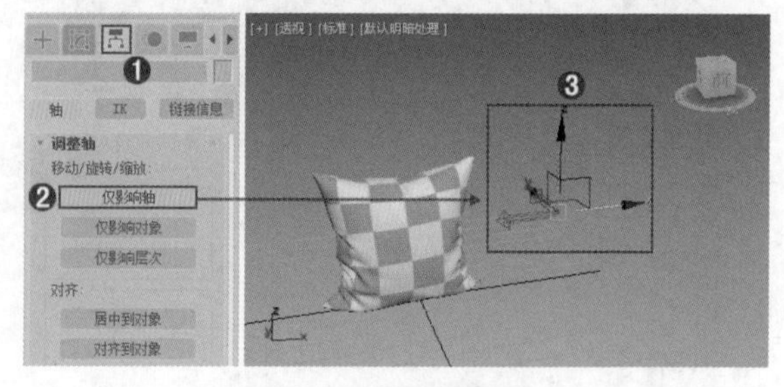


图 3-141

步骤 03 再次单击 仅影响轴 按钮，此时坐标已经修改成功，如图3-142所示。

步骤 04 选择模型，然后在菜单栏中执行【工具】|【阵列】命令，如图3-143所示。

图 3-142

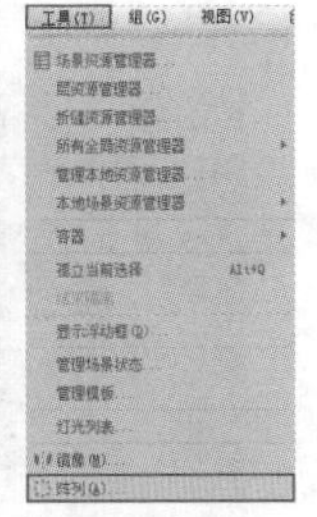

图 3-143

步骤 05 在弹出的对话框中设置Z的【旋转】数值为60，单击 < 按钮，然后单击【确定】按钮，如图3-144所示。

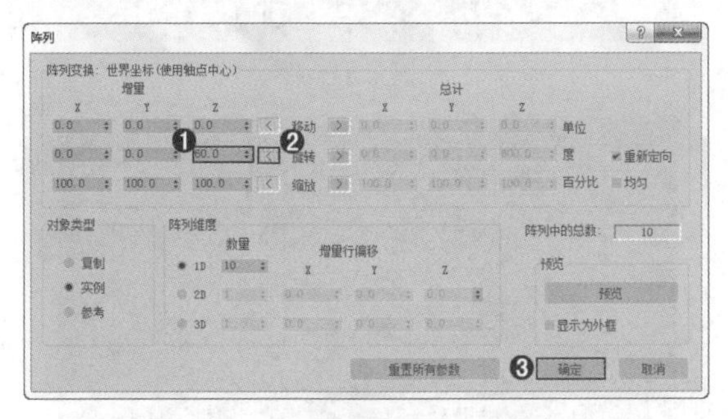

图 3-144

步骤 06 此时抱枕被复制了一圈，可以看到刚才设置的轴心位置决定了复制时的半径，如图3-145所示。

图 3-145

## 重点 3.3.21 实例：从网络下载3D模型，并整理到当前文件中使用

文件路径：Chapter 03 3ds Max基本操作→实例：从网络下载3D模型，并整理到当前文件中使用

扫一扫，看视频

网络上有很多3ds Max的下载网站，可以通过搜索【3D模型】等关键词进入到这些网站。例如，从网络上下载一个场景，但是只想使用该场景中的一小部分（例如只想使用笔记本模型），那么就需要把下载的文件合并到3ds Max中，并进行整理、删除、移动等操作。

### 操作步骤

步骤 01 打开配套场景文件，如图3-146所示。

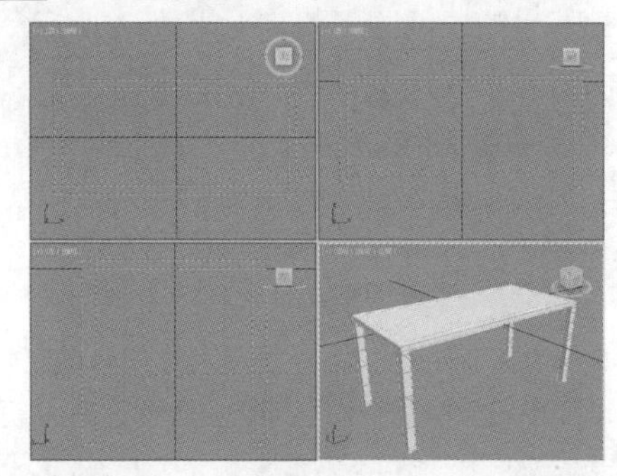

图 3-146

步骤 02 进入顶视图，按住鼠标中轮拖动视图，使当前视图空出来一些，如图3-147所示。

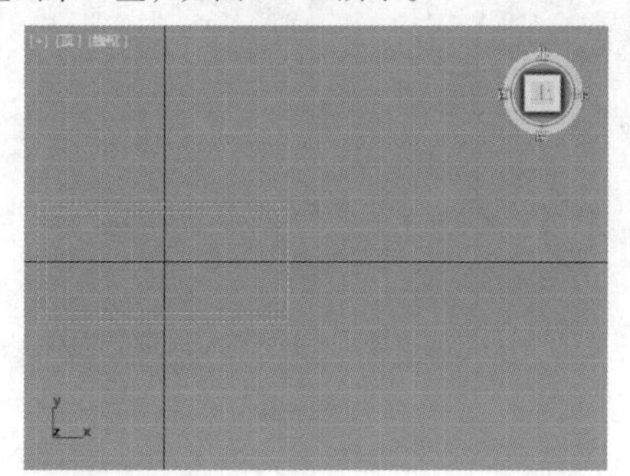

图 3-147

步骤 03 找到配套文件【下载.max】，单击该文件并拖动到顶视图中，然后选择【合并文件】，如图3-148所示。

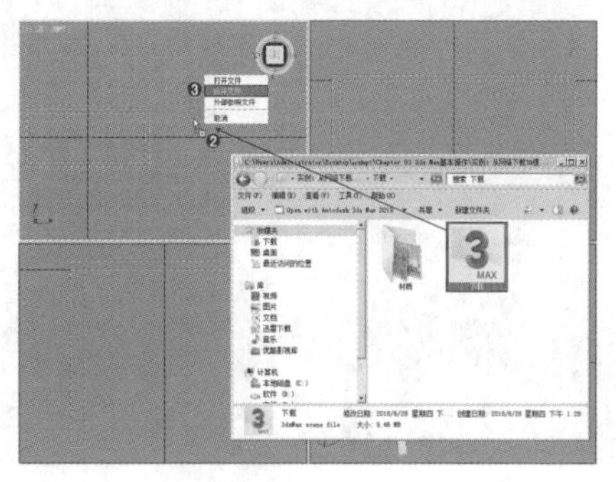

图 3-148

步骤 04 在顶视图中，单击鼠标左键确定被合并进来场景的位置，如图3-149所示。

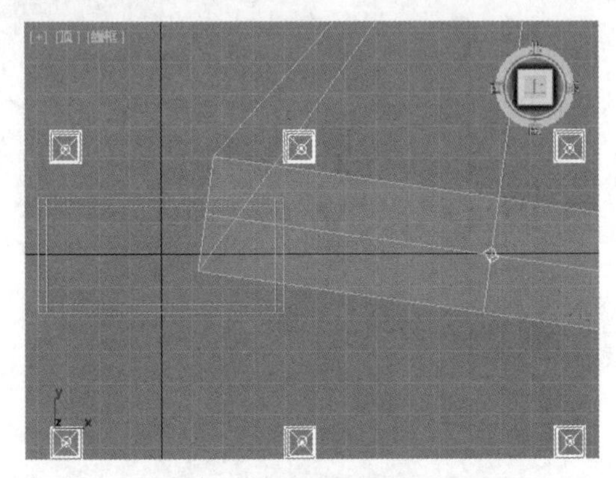

图 3-149

步骤 05 马上按空格键，将合并进来的场景锁定住，然后滚动鼠标中轮缩小顶视图，如图3-150所示。

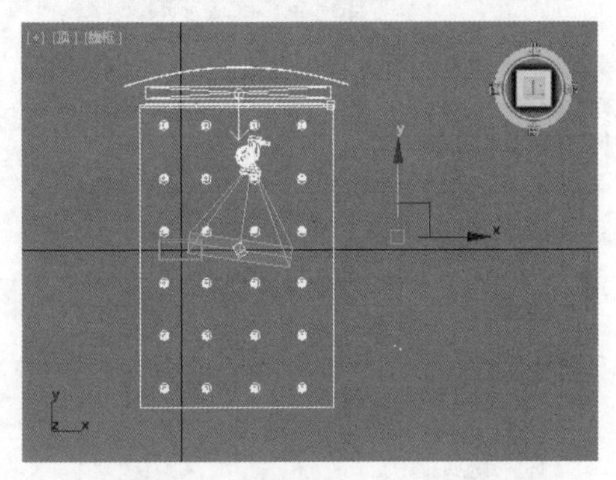

图 3-150

步骤 06 将此时选中的场景进行移动，注意位置不要与场景文件中的桌子模型重合，如图3-151所示。

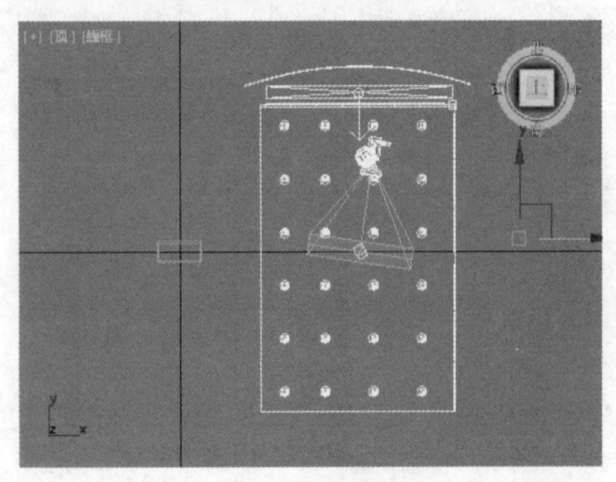

图 3-151

步骤 07 再次按空格键，将场景解锁。然后设置主工具栏中的【过滤器】类型，接着按快捷键Ctrl+A全选灯光，如图3-152所示。接下来，按Delete键删除，如图3-153所示。

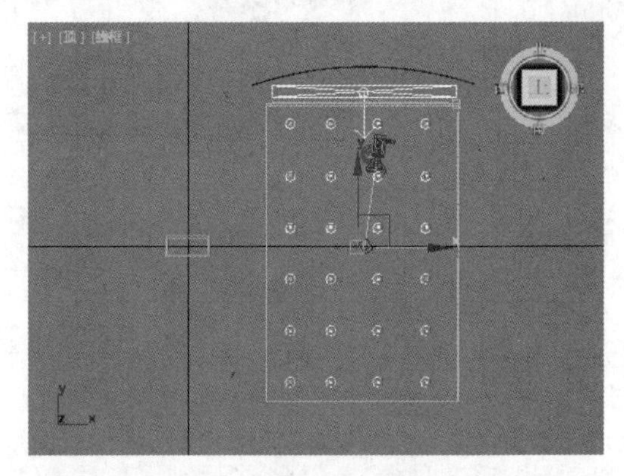

图 3-152

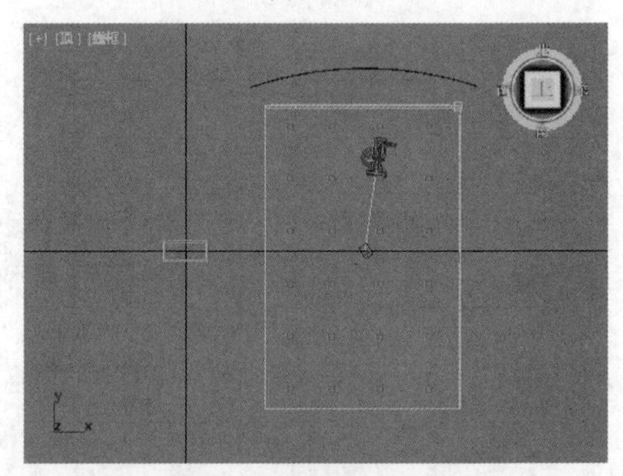

图 3-153

步骤 08 设置主工具栏中的【过滤器】类型为C-摄影机，接着按快捷键Ctrl+A全选摄影机，如图3-154所示。然后按Delete键删除，如图3-155所示。

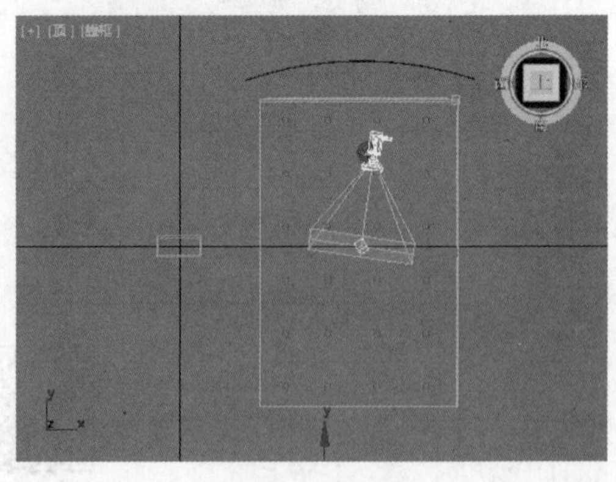

图 3-154

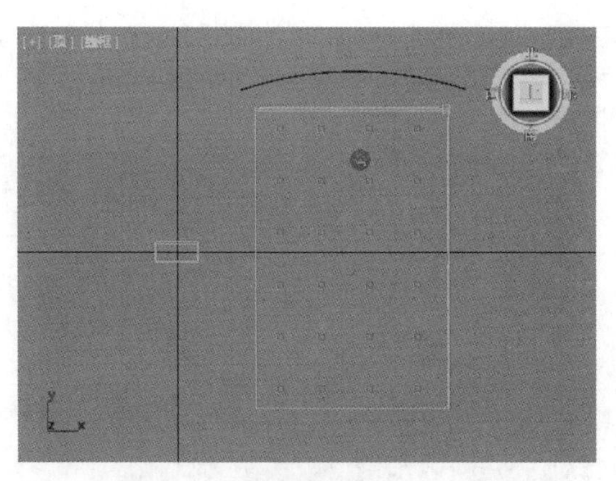

图 3-155

步骤 09 设置主工具栏中的【过滤器】类型为全部，然后选择多余的模型，如图3-156所示。接着按Delete键删除，如图3-157所示。

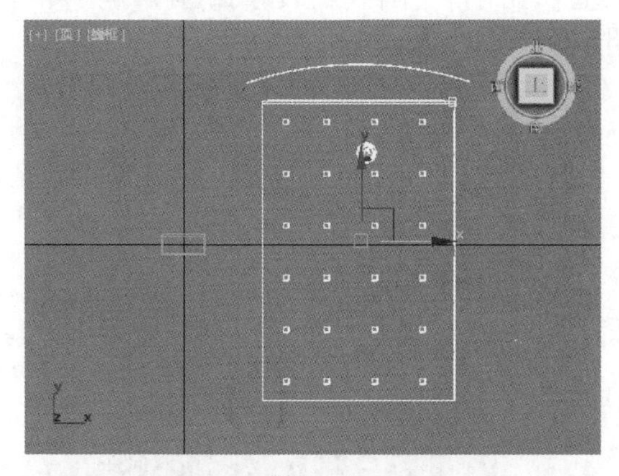

图 3-156

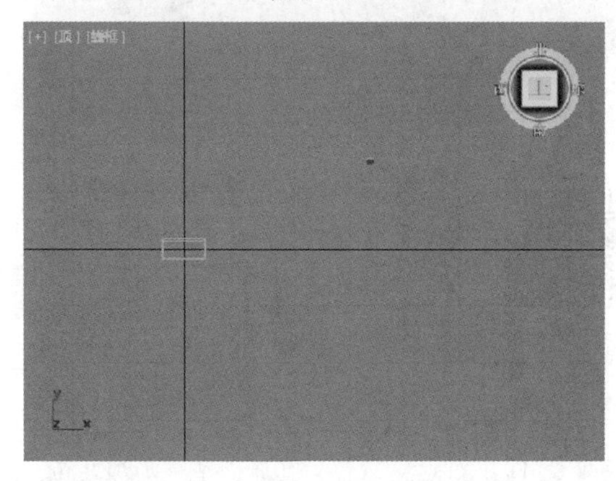

图 3-157

步骤 10 选择笔记本模型，并将其移动到桌子上方，如图3-158所示。

步骤 11 最终模型效果如图3-159所示。

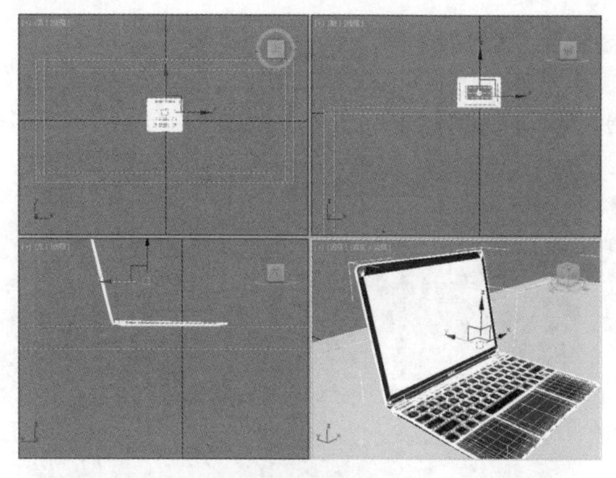

图 3-158

图 3-159

# 重点 3.4 视图基本操作

扫一扫，看视频

视图基本操作主要针对的是3ds Max中的视图区域，包括视图的显示效果、界面颜色更改、视图切换、透视图操作等。熟练应用视图基本操作，可以在建模时及时发现错误，及时更改。

## 3.4.1 实例：建模时建议关闭视图阴影

扫一扫，看视频

文件路径：Chapter 03 3ds Max基本操作→实例：建模时建议关闭视图阴影

在建模的过程中，旋转视图时某些角度会产生黑色的阴影，这些阴影容易造成建模时的不便。可以将阴影关闭，使视图变得更干净一些。

## 操作步骤

步骤 01 打开配套场景文件，如图3-160所示。

步骤 02 单击透视图左上角的【用户定义】，然后取消勾选【照明和阴影】下的【阴影】，如图3-161所示。

图3-160

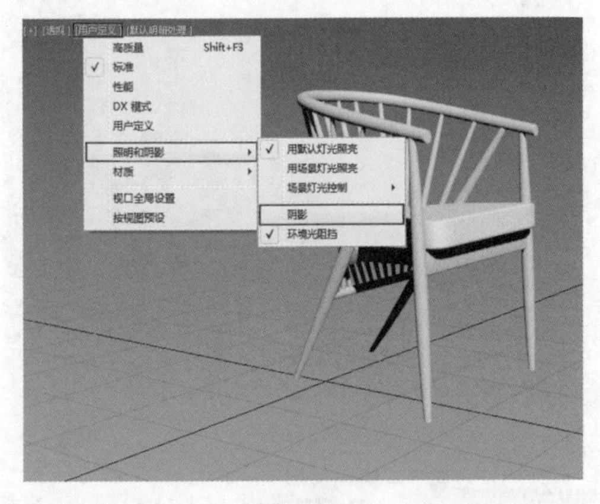


图3-161

步骤 03 此时模型表面的阴影基本都消失了，但是还有微弱的阴影效果，如图3-162所示。

图3-162

步骤 04 再次单击透视图左上角的【用户定义】，然后取消勾选【照明和阴影】下的【环境光阻挡】，如图3-163所示。

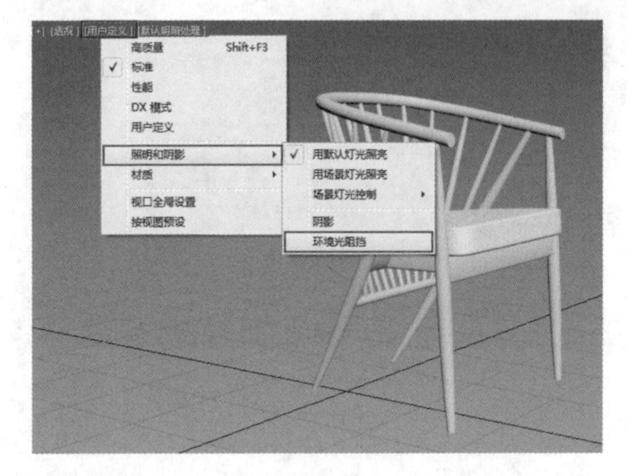


图3-163

步骤 05 此时模型表面已经没有了任何阴影效果，如图3-164所示。

图3-164

## 3.4.2 实例：自定义界面颜色

扫一扫，看视频

打开3ds Max时，界面可能是深灰色的，非常暗。在这种界面下长时间工作会比较舒服，不太刺眼。如果短时间使用，也可以设置界面为浅灰色，这种界面比较亮、清爽。

## 操作步骤

步骤 01 打开3ds Max软件，其界面呈现为深灰色，如图3-165所示。

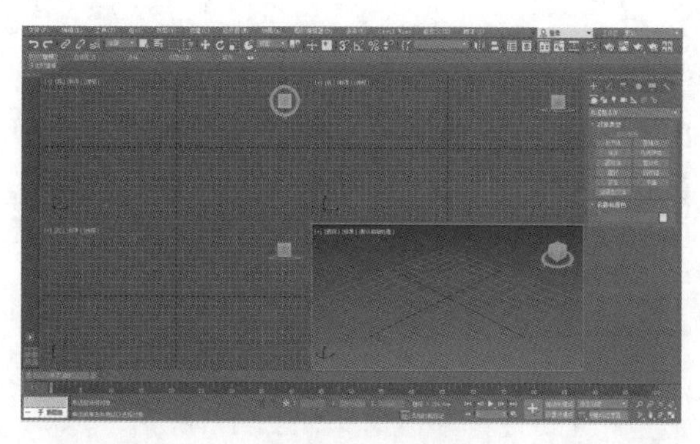

图 3-165

步骤 02 在菜单栏中执行【自定义】|【加载自定义用户界面方案】，在弹出的对话框中选择ame-light.ui，然后单击【打开】按钮，如图3-166所示。

图 3-166

步骤 03 此时界面已经变为了浅灰色的效果，如图3-167所示。

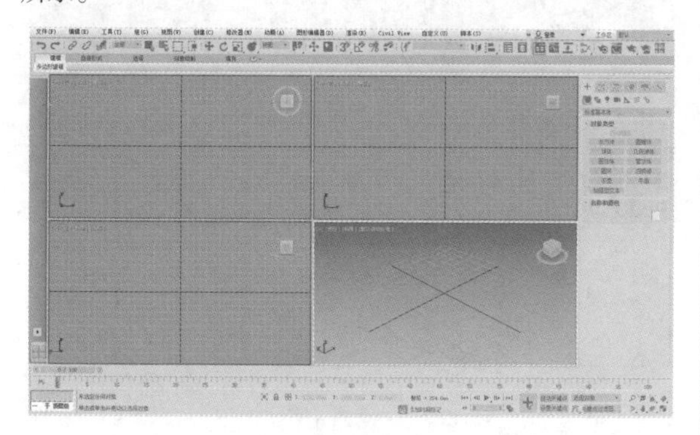

图 3-167

### 3.4.3 实例：切换视图(顶、前、左、透)

文件路径：Chapter 03 3ds Max基本操作→实例：切换视图(顶、前、左、透)

扫一扫，看视频

在3ds Max界面中默认状态下有4个视图，分别是顶视图、前视图、左视图、透视图，如图3-168所示。建议只在透视图中进行旋转视图操作。

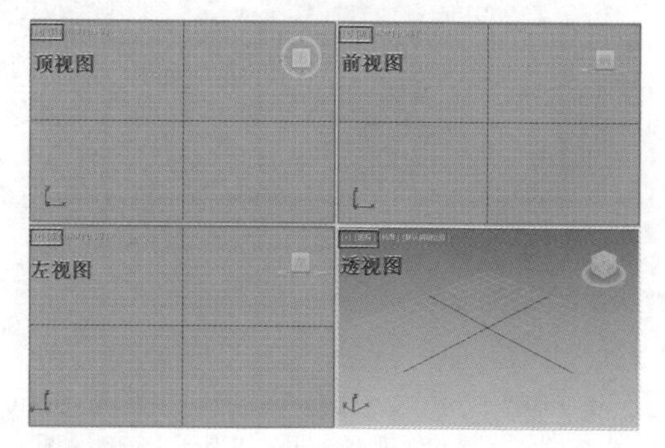


图 3-168

### 操作步骤

步骤 01 打开配套场景文件，如图3-169所示。

图 3-169

步骤 02 将光标移动到顶视图位置，单击即可选择该视图，如图3-170所示。

图 3-170

步骤 03 单击3ds Max界面右下角的 (最大化视口切换)按钮，即可将当前视图最大化，如图3-171所示。

图 3-171

步骤 04 在顶视图中，按住Alt键，然后按住鼠标中轮并拖动，可以发现顶视图变为了正交视图，如图3-172所示。

步骤 05 当出现这种情况时，只需要按快捷键T，即可重新切换为顶视图，如图3-173所示。建议左上方的视图保持为【顶】(快捷键为T)，右上方的视图保持为【前】(快捷键为F)，左下方的视图保持为【左】(快捷键为L)，右下方的视图保持为【透视图】(快捷键为P)。假如视图出现更改时，只需要在相应的视图中按快捷键即可切换回来。

图 3-172

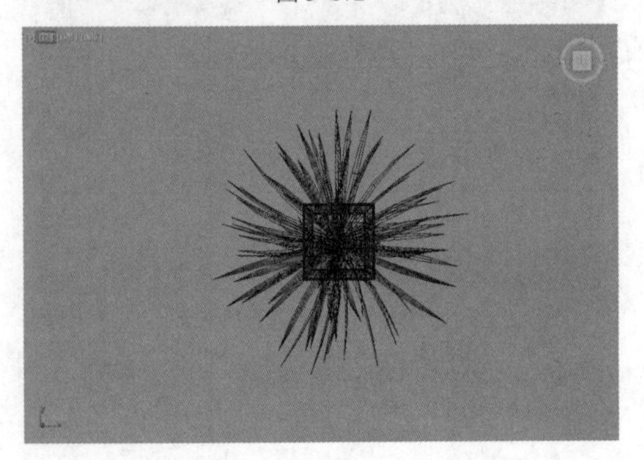

图 3-173

## 3.4.4 实例：模型的线框和边面显示

扫一扫，看视频

文件路径：Chapter 03 3ds Max基本操作→实例：模型的线框和边面显示

在3ds Max中创建模型时，建议在顶视图、前视图、左视图中使用【线框】的方式显示，在透视图中使用【边面】的方法显示。

### 操作步骤

步骤 01 打开配套场景文件，如图3-174所示。

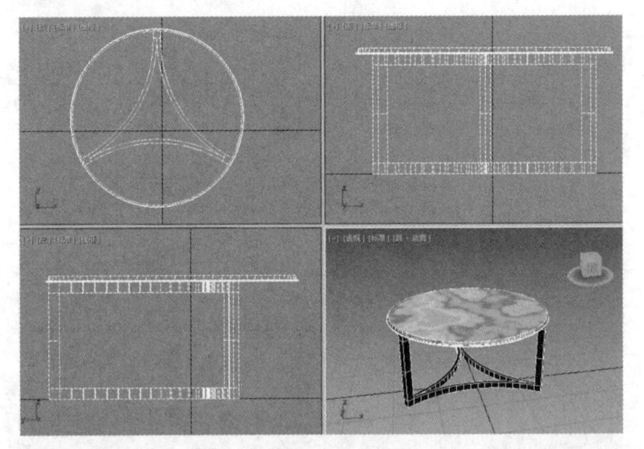

图 3-174

步骤 02 进入透视图，可以看到此时模型是实体显示，并且模型四周有线框效果，如图3-175所示。

图 3-175

步骤 03 按快捷键F4，即可切换【边面】或【默认明暗处理】效果，如图3-176所示。

图 3-176

步骤 04 按快捷键F3，即可切换【默认明暗处理】或【线框】效果，如图3-177和图3-178所示。

图 3-177

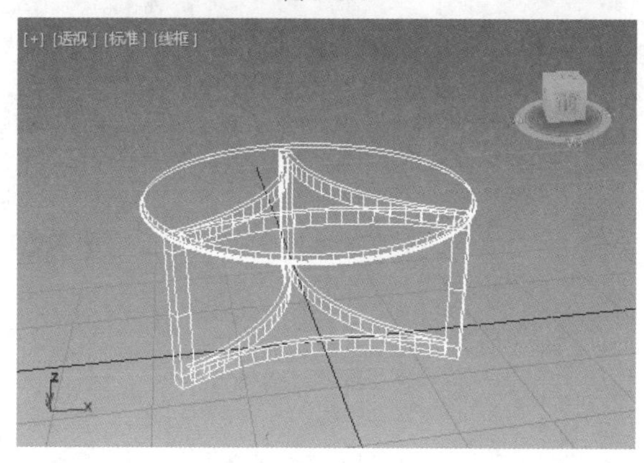

图 3-178

**提示：按F4或F3键没有效果，怎么办？**

使用台式计算机操作3ds Max时，按F4或F3键是可以切换效果的，但是有时候用笔记本电脑操作3ds Max时，则没有任何作用。

遇到这种情况时，可以尝试先按住Fn键，然后再按F4或F3键。

## 3.4.5 实例：透视图基本操作

文件路径：Chapter 03 3ds Max基本操作→实例：透视图基本操作

扫一扫，看视频

在透视图中可以对场景进行平移、缩放、推拉、旋转、最大化显示选定对象等操作。

### 操作步骤

步骤 01 打开配套场景文件，如图3-179所示。

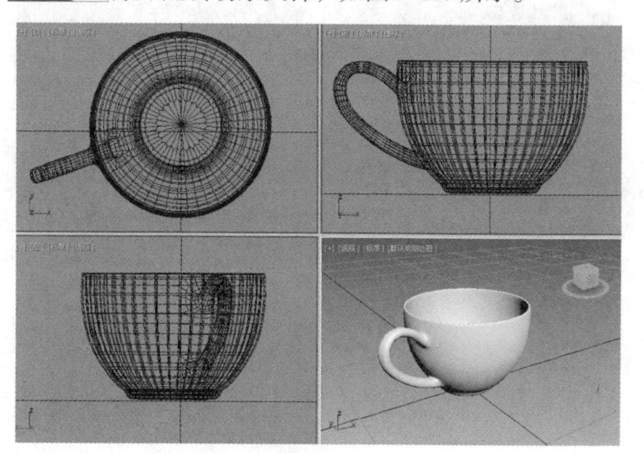

图 3-179

步骤 02 进入透视图，按住鼠标中轮并拖动，即可平移视图，如图3-180所示。

步骤 03 进入透视图，滚动鼠标中轮，即可缩放视图，如图3-181所示。

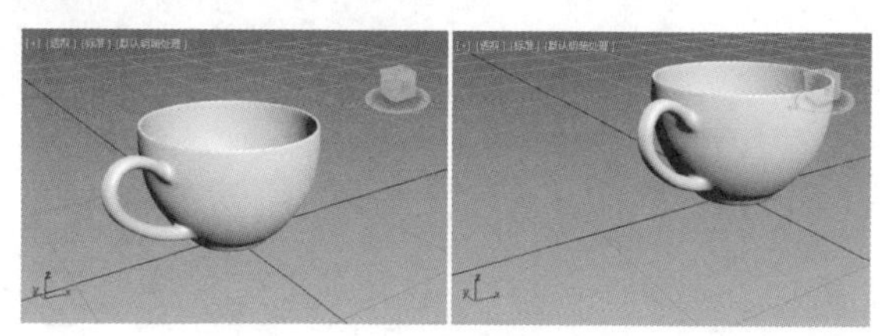

图 3-180

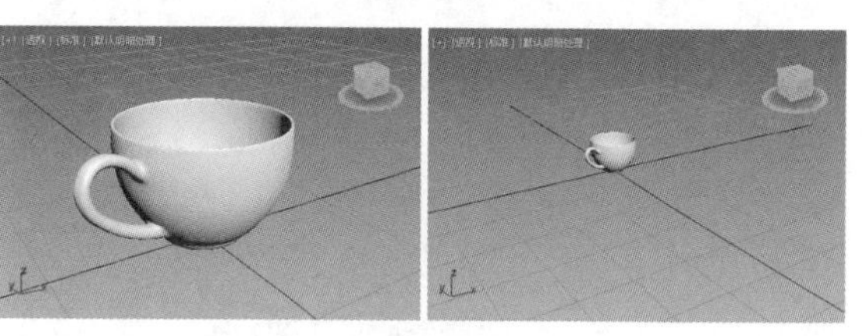

图 3-181

步骤 04 进入透视图，按住Alt+Ctrl组合键，然后按住鼠标中轮并拖动，即可推拉视图，如图3-182所示。

图 3-182

步骤 05 进入透视图，按住Alt键，然后按住鼠标中轮并拖动，即可旋转视图，如图3-183所示。

图 3-183

步骤 06 进入透视图，选择一个模型，按Z键，即可最大化显示该物体，如图3-184所示。

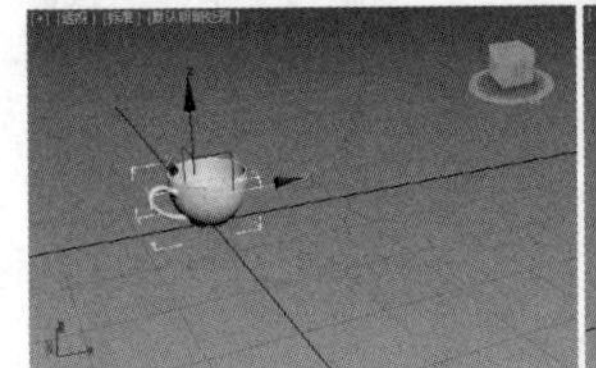
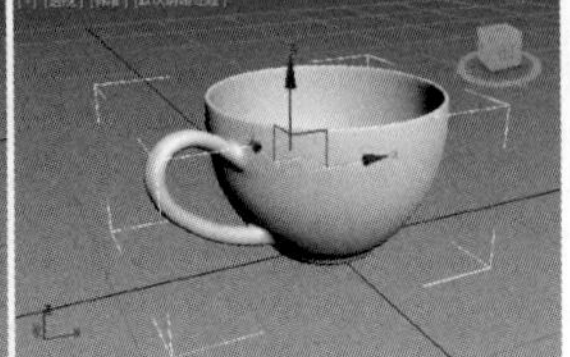

图 3-184

扫一扫，看视频

# 内置几何体建模

## 本章内容简介：

建模是3D世界中的第一步操作，在3ds Max中有很多种建模方式，其中几何体建模是3ds Max中最简单的建模方式，其创建方式类似于“搭积木”。3ds Max内置有多种常见的几何形体，如长方体、球体、圆柱体、圆锥体等。通过这些几何形体的组合，可以制作出很多简易的模型，例如书架、桌子、茶几、柜子等。除此之外，3ds Max还内置了一些室内设计中常用的元素，如门、窗、楼梯等，只需设置简单的参数就可以得到尺寸精确的模型对象。

## 重点知识掌握：

- 熟练掌握标准基本体和扩展基本体的创建方法。
- 熟练掌握门、窗、楼梯、植物、栏杆等室内外设计常用元素的创建方法。
- 熟练应用多种几何体模型综合制作室内模型。

## 通过本章学习，我能做什么？

通过学习本章内容，可以完成对标准基本体、扩展基本体、AEC扩展、门、窗、楼梯等简单模型的创建、修改，并且可以使用多种几何体类型搭配在一起组合出完整的模型效果，使用几何体建模可以制作一些简易家具、墙体模型。

# 4.1 了解建模

扫一扫，看视频

建模是指通过应用3ds Max的技术，在虚拟世界中创造出模型的过程。在制作室内设计效果图的过程中，建模是最基础也是最重要的步骤之一。只有通过创建模型、搭建室内场景框架模型、建立家具模型、装饰模型等才能将场景完整制作出来。有了模型之后才能进行灯光、材质、贴图、渲染等操作。因此，建模是3ds Max中制作作品的第一步。

常用的建模方式很多，包括几何体建模、样条线建模、复合对象建模、修改器建模、多边形建模等，本书将对这几种重点讲解。

# 4.2 认识几何体建模

几何体建模是3ds Max最简单的建模方式，本节将了解几何体建模概念、适合制作的模型类型、命令面板、几何体类型等知识。

## 实例：创建一个圆柱体

扫一扫，看视频

文件路径：Chapter 04 内置几何体建模→实例：创建一个圆柱体

本案例学习圆柱体工具的方法，需要注意每种几何体的创建方式是不同的，例如，对于球体，单击并拖动鼠标一次即可创建完成；对于圆柱体，则需要单击并拖动鼠标，然后松开鼠标确定半径大小，继续拖动鼠标位置，最后单击鼠标才能创建完成。渲染效果如图4-1所示。

图 4-1

### 操作步骤

步骤 01 在创建面板中，执行 +（创建）| ●（几何体）| 标准基本体 | 圆柱体 ，如图4-2所示。

步骤 02 进入透视图中，单击并拖动鼠标，然后松开鼠标。此时已经确定好了圆柱体的半径大小，如图4-3所示。

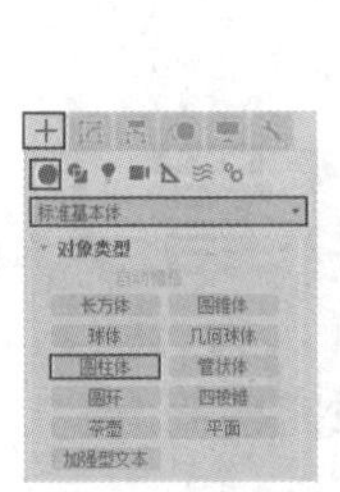


图 4-2

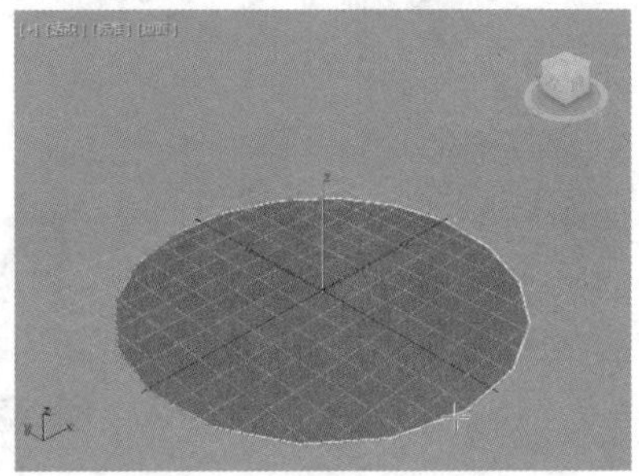

图 4-3

步骤 03 继续移动鼠标位置，然后单击鼠标左键即可确定圆柱体的高度，如图4-4所示。

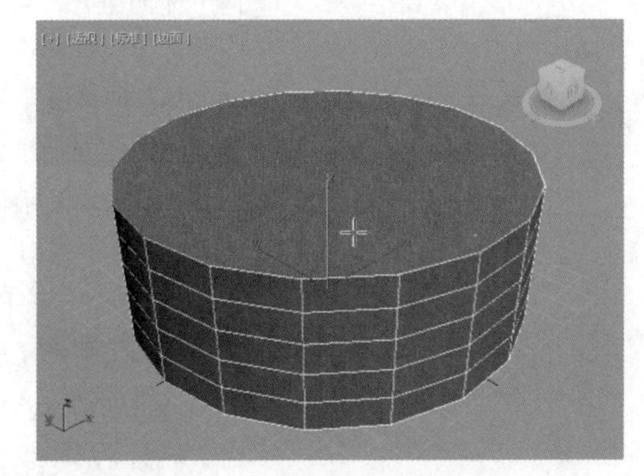

图 4-4

步骤 04 最终效果如图4-5所示。

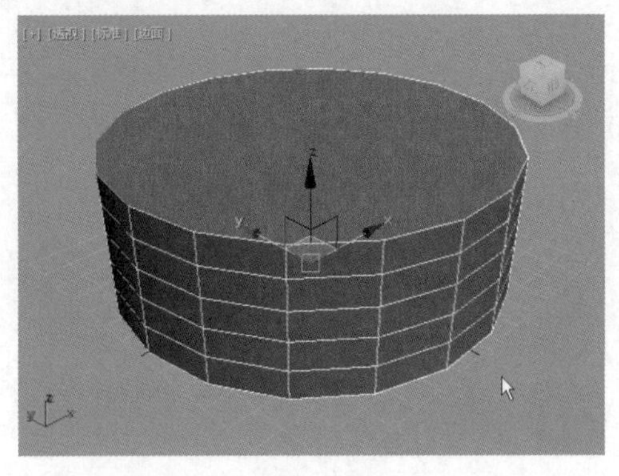

图 4-5

### 提示：建模之前要设置系统单位为mm

使用3ds Max制作效果图时需要将系统单位设置为mm（毫米），这样在创建模型时就会更准确。

(1)在菜单栏中执行【自定义】|【单位设置】命令，如图4-6所示。

(2)在弹出的窗口中单击【系统单位设置】按钮，并设置【系统单位比例】为【毫米】，然后单击【确定】按钮。接着设置【显示单位比例】中的【公制】为【毫米】，再单击【确定】按钮，如图4-7所示。

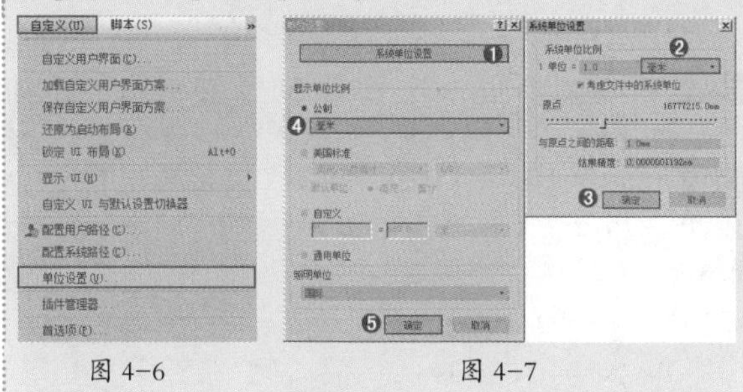

图4-6　　图4-7

### 选项解读：圆柱体重点参数速查

- 半径：设置圆柱体的半径大小。
- 高度：设置圆柱体的高度数值。
- 高度分段：设置圆柱体在纵向（高度）上的分段数。
- 端面分段：设置圆柱体在端面上的分段数。
- 边数：设置圆柱体在横向（边数）上的分段数。

## 4.3 标准基本体和扩展基本体

### 实例：使用球体制作西瓜

文件路径：Chapter 04 内置几何体建模→实例：使用球体制作西瓜

扫一扫，看视频

本案例使用球体、选择并均匀缩放工具、角度捕捉切换工具、复制制作西瓜模型。渲染效果如图4-8所示。

图4-8

### 操作步骤

步骤 01 在创建面板中执行＋（创建）|●（几何体）|标准基本体 | 球体 。在前视图中拖动创建一个球体模型，如图4-9所示。

步骤 02 单击【修改】按钮，设置【半径】为350mm，【分段】为32，如图4-10所示。

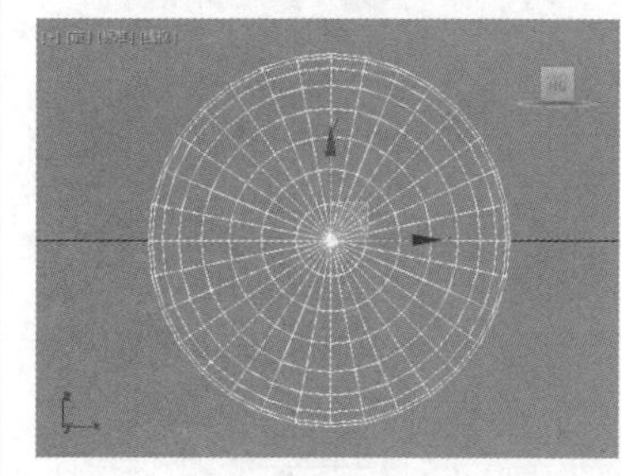

图4-9

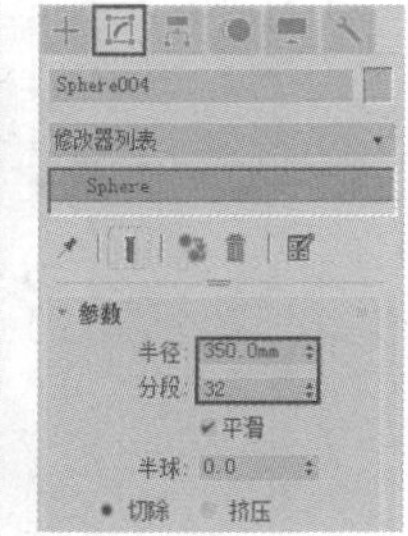


图4-10

步骤 03 此时透视图中的球体模型，如图4-11所示。

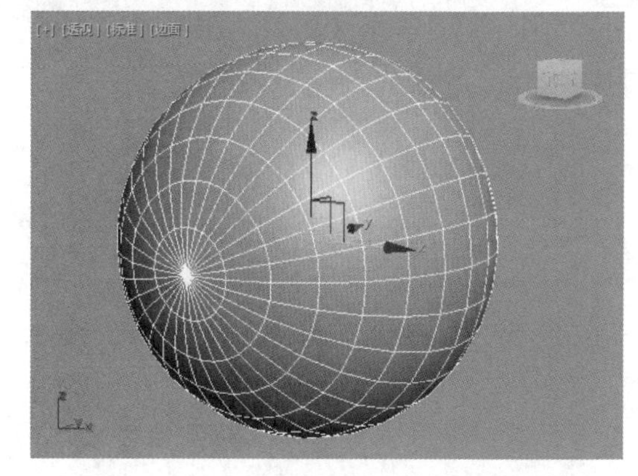

图4-11

步骤 04 选择球体模型后，激活主工具栏中的【选择并均匀缩放】工具，并沿X轴和Z轴按住鼠标左键拖动使其只沿X轴和Z轴向内收缩，如图4-12所示。

图4-12

步骤 05 使用【选择并移动】工具选择此时的球体模型，按住Shift键，沿X轴向右侧拖动鼠标左键，适当的位置松开鼠标左键，在弹出的对话框中选择【复制】，最后单击【确定】按钮，如图4-13所示。

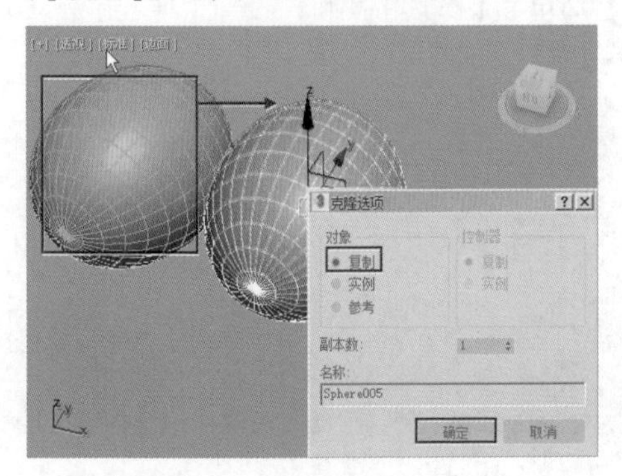


图4-13

步骤 06 选择复制出的球体模型，并使用【选择并旋转】工具激活主工具栏中的【角度捕捉切换】按钮，沿X轴旋转90度，如图4-14所示。

图4-14

步骤 07 此时单击【修改】按钮，设置【半球】为0.5，如图4-15所示。

步骤 08 此时的半个西瓜制作完成，如图4-16所示。

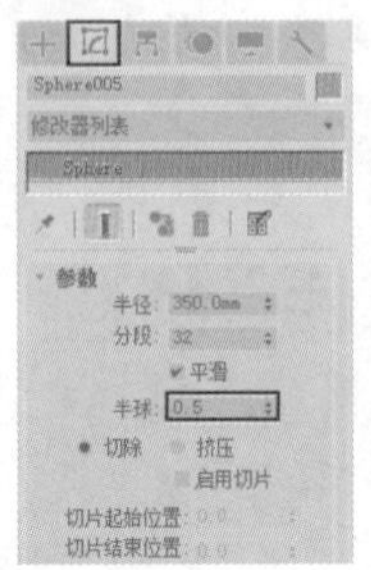


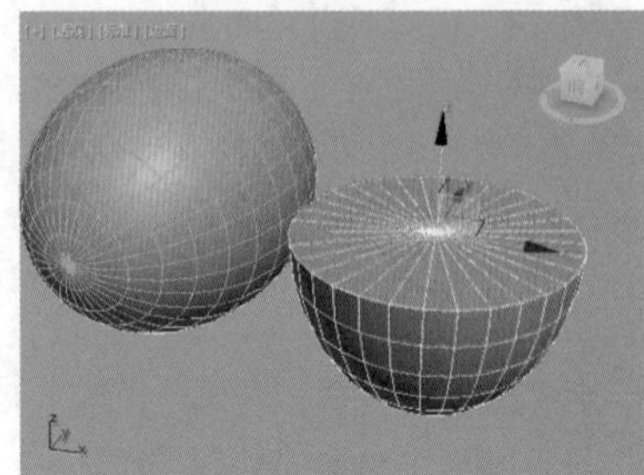

图4-15　图4-16

步骤 09 再次将第一个西瓜模型复制一份，如图4-17所示。

步骤 10 单击【修改】按钮，勾选【启用切片】，设置【切片起始位置】为-160，【切片结束位置】为160，如图4-18所示。

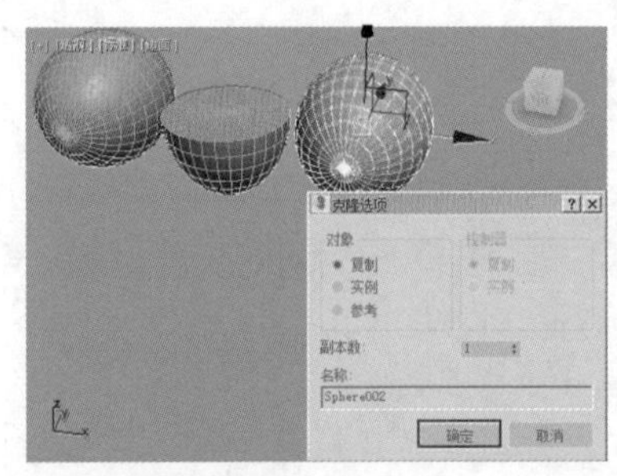


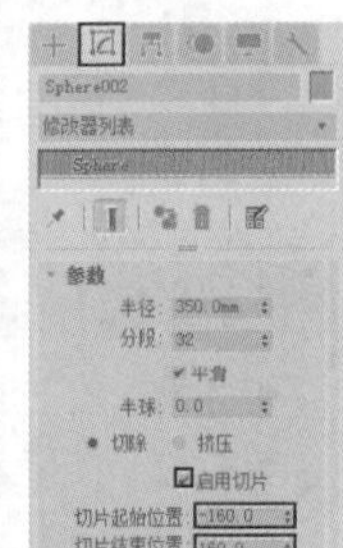


图4-17　图4-18

步骤 11 此时切开的西瓜如图4-19所示。

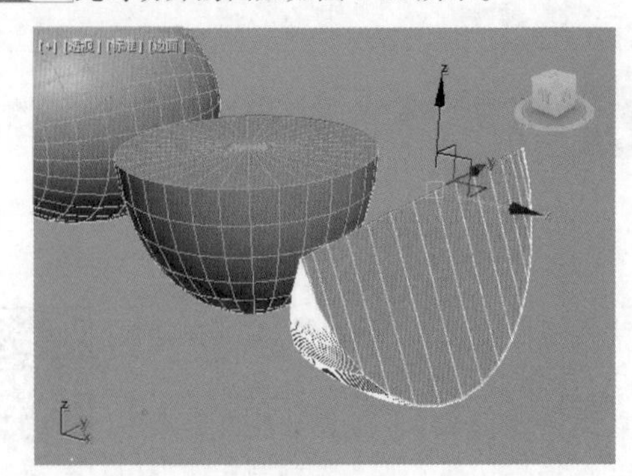

图4-19

步骤 12 最终3个模型效果如图4-20所示。

图 4-20

## 选项解读：球体重点参数速查

- 半径：半径大小。
- 分段：球体的分段数。
- 平滑：是否产生平滑效果，默认勾选效果比较平滑，若取消勾选，则会产生尖锐的转折效果。
- 半球：使球体变成一部分球体模型效果。半球为0时，球体是完整的；为0.5时，球体是一半。
- 切除：默认设置为该方式，在使用半球效果时，球体的多边形个数和顶点数会减少。
- 挤压：在使用半球效果并设置为该方式时，半球的多边形个数和顶点数不会减少。
- 启用切片：勾选该选项，才可以使用切片功能，使用该功能可以制作一部分球体效果。
- 切片起始位置/切片结束位置：设置切片的起始/结束位置。

## 提示：快速设置模型到世界坐标中心

为了在创建模型时更精准，可以在创建完成模型之后，快速设置模型到世界坐标中心。

(1)如图4-21所示为创建的球体模型。只需要选择模型，并在3ds Max界面下方的X、Y、Z后方的图标位置单击右键，如图4-22所示。

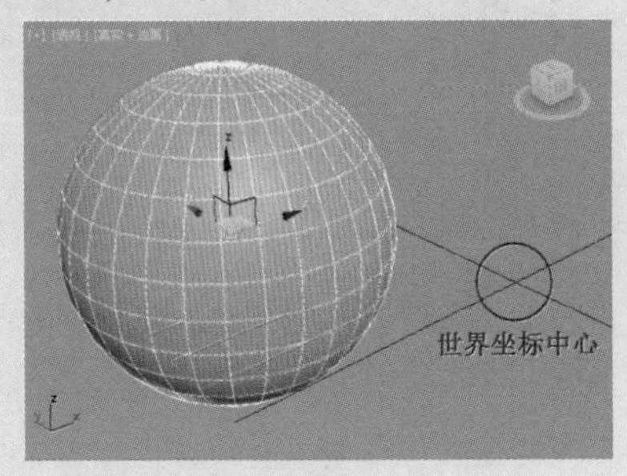


图 4-21

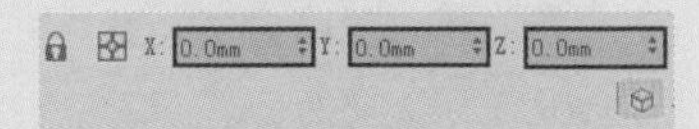

图 4-22

(2)此时X、Y、Z数值变更为了0mm，说明模型的坐标已经在世界坐标的中心了，如图4-23所示。此时球体的位置如图4-24所示。

图 4-23

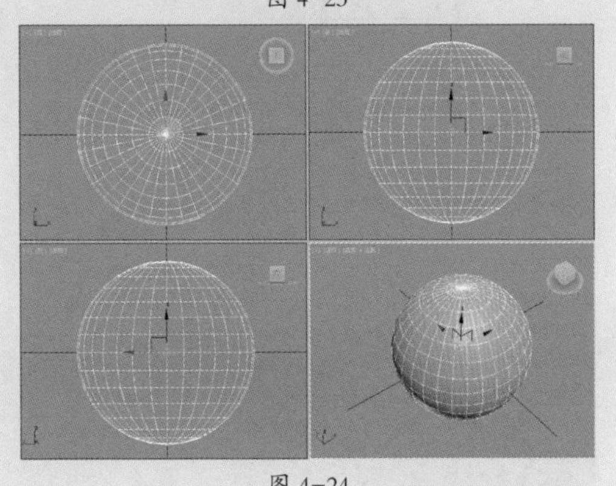

图 4-24

## 实例：使用长方体制作书柜

文件路径：Chapter 04　内置几何体建模→实例：使用长方体制作书柜

扫一扫，看视频

本案例使用长方体、选择并旋转工具、角度捕捉切换工具、镜像工具、复制制作书柜模型。渲染效果如图4-25所示。

图 4-25

## 操作步骤

步骤 01 执行【创建】+ |【几何体】● | 标准基本体 ▾ |

长方体，如图4-26所示。在透视图中创建长方体，单击【修改】按钮，设置【长度】为300mm，【宽度】为1200mm，【高度】为15mm，如图4-27所示。

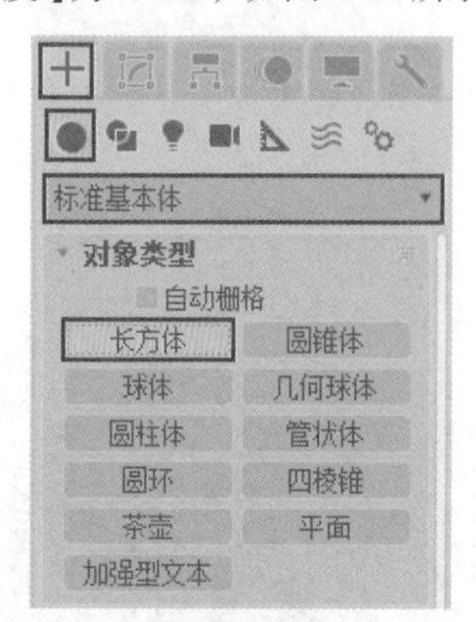


图4-26

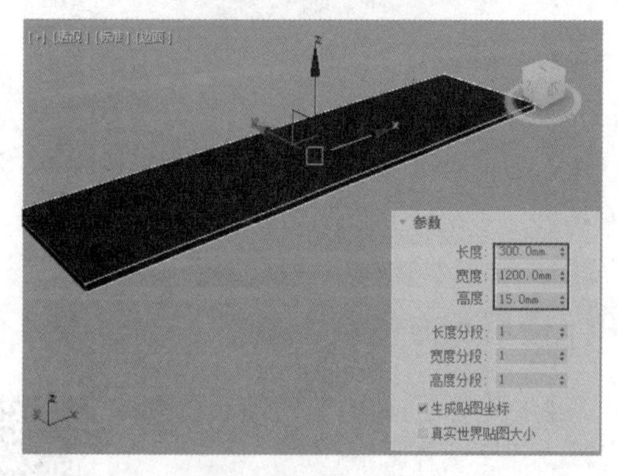


图4-27

步骤 02 选中该模型，激活【选择并旋转】按钮和【角度捕捉切换】按钮，在透视图中按住Shift键并按住鼠标左键，将其沿Y轴旋转90度，如图4-28所示。此时将复制完成的模型移动到合适的位置，如图4-29所示。

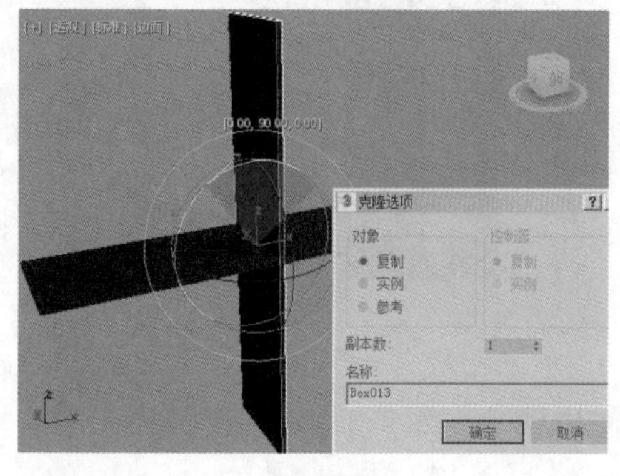


图4-28

图4-29

步骤 03 选择此时的2个长方体模型，单击【镜像】按钮，在弹出的对话框中设置【镜像轴】为ZX，【克隆当前选择】为【复制】，【偏移】为592mm，如图4-30所示。

步骤 04 继续使用长方体在前视图中创建一个长方体，设置【长度】为1200mm，【宽度】为300mm，【高度】为15mm，如图4-31所示。

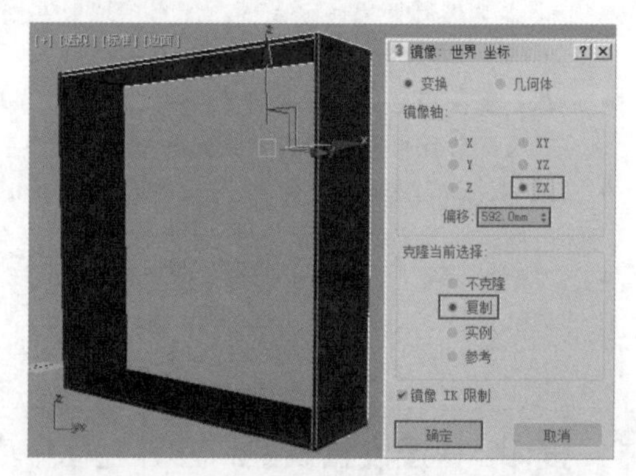


图4-30

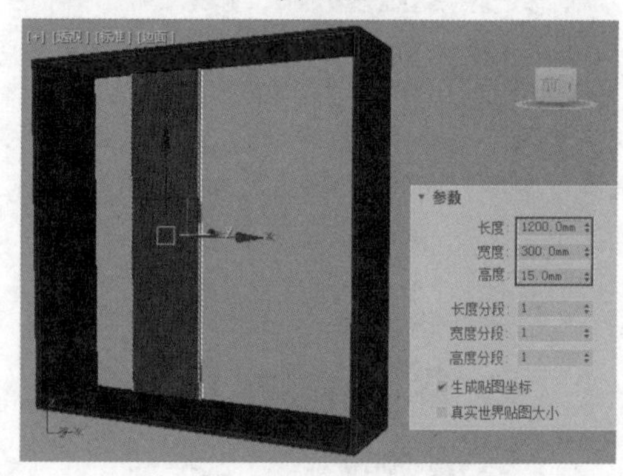


图4-31

步骤 05 再次在透视图创建1个长方体模型，设置【长度】为300mm，【宽度】为850mm，【高度】为15mm，如

图4-32所示。选择刚创建完成的小长方体，按住Shift键并按住鼠标左键，将其沿着Z轴向下平移复制，移动到合适的位置后释放鼠标，在弹出的对话框中设置【对象】为【实例】，【副本数】为2，如图4-33所示。

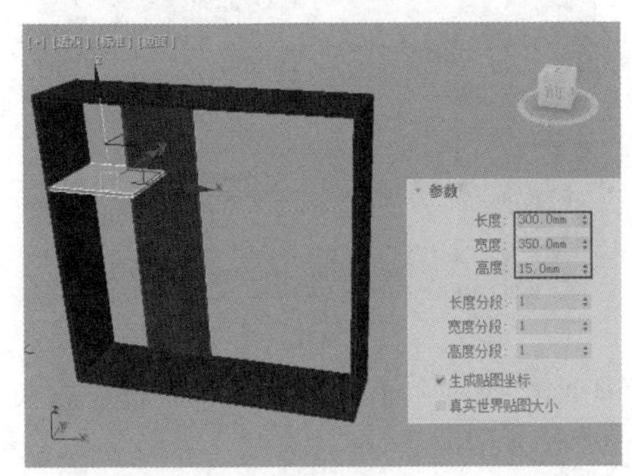


图 4-32

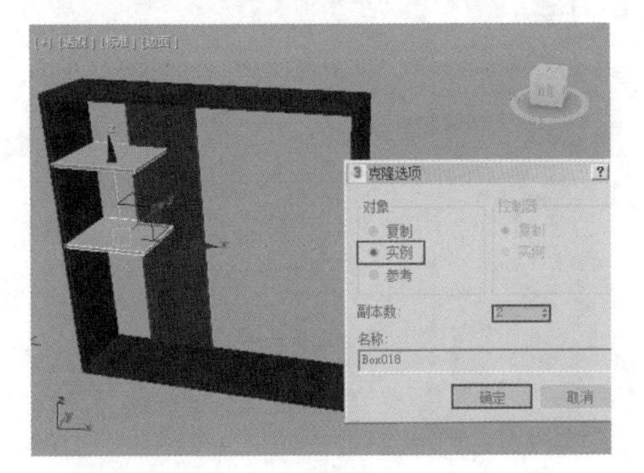


图 4-33

步骤 06 再次在透视图创建1个长方体模型，设置【长度】为300mm，【宽度】为850mm，【高度】为15mm，如图4-34所示。选择刚创建完成的长方体，按住Shift键并按住鼠标左键，将其沿着Z轴向下平移复制，移动到合适的位置后释放鼠标，在弹出的对话框中设置【对象】为【实例】，【副本数】为1，如图4-35所示。

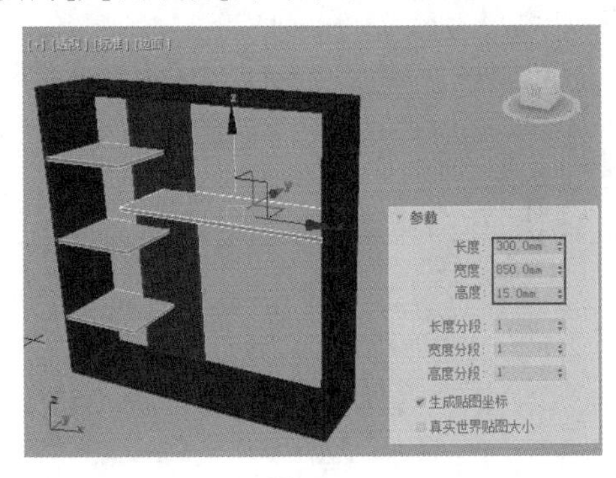


图 4-34

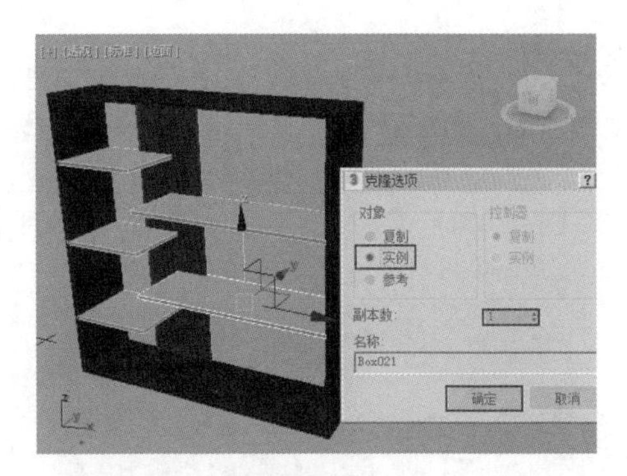


图 4-35

步骤 07 案例最终渲染效果如图4-36所示。

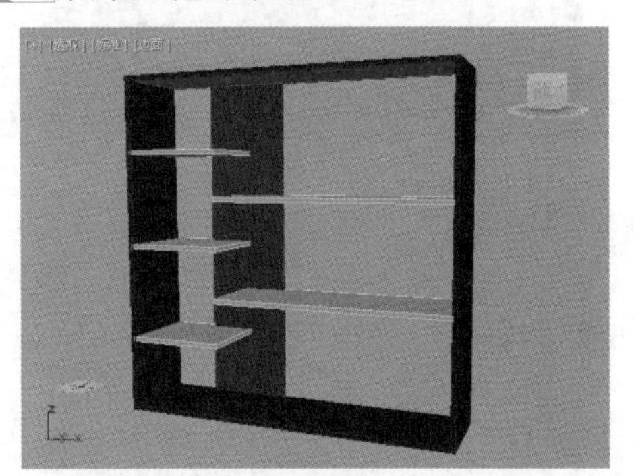

图 4-36

## 选项解读：长方体重点参数速查

- 长度/宽度/高度：设置长方体的长度、宽度、高度的数值。
- 长度分段/宽度分段/高度分段：设置长度、宽度、高度的分段数值。

## 实例：使用长方体制作玄关柜

文件路径：Chapter 04 内置几何体建模→实例：使用长方体制作玄关柜

扫一扫，看视频

本案例使用长方体、镜像工具、复制、选择并旋转工具、角度捕捉切换工具制作玄关柜模型。渲染效果如图4-37所示。

图 4-37

## 操作步骤

步骤 01 执行＋(创建) | ●(几何体) | 标准基本体 | 长方体 。在视图中创建1个长方体模型，设置【长度】为250mm，【宽度】为18.75mm，【高度】为625mm，如图4-38所示。

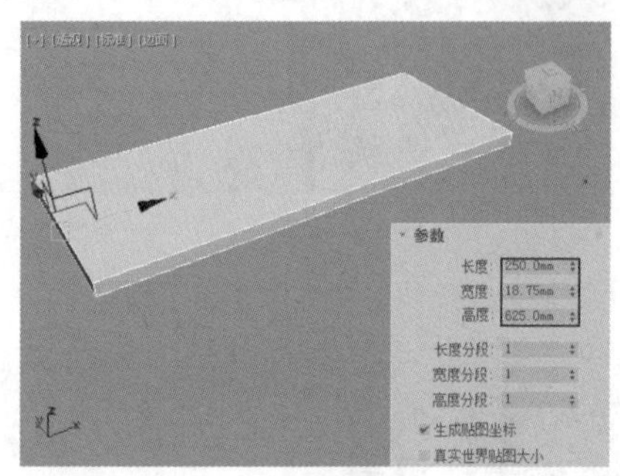


图4-38

步骤 02 再次创建一个长方体模型，设置该长方体模型的【长度】为250mm，【宽度】为37.5mm，【高度】为437.5mm，如图4-39所示。

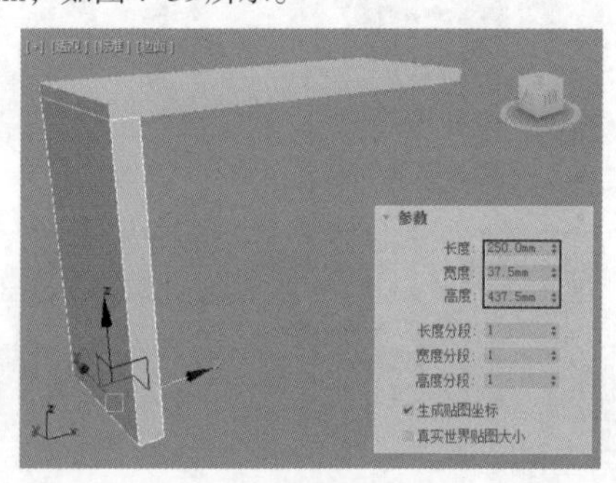


图4-39

步骤 03 选择此时的两个长方体模型，然后单击【镜像】按钮，在弹出的【镜像：世界 坐标】窗口中设置【镜像轴】为ZX，【克隆当前选择】为【复制】，如图4-40所示。接着将其移动到合适的位置，如图4-41所示。

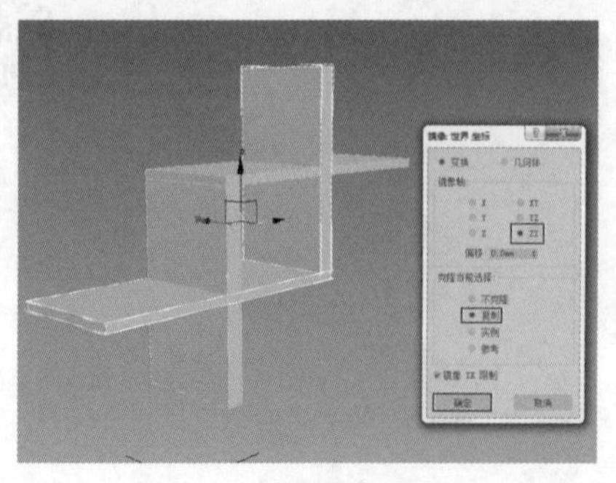

图4-40

图4-41

步骤 04 再次创建一个长方体模型，设置该长方体模型的【长度】为25mm，【宽度】为550mm，【高度】为437.5mm。设置完成后将其放置在合适的位置，如图4-42所示。

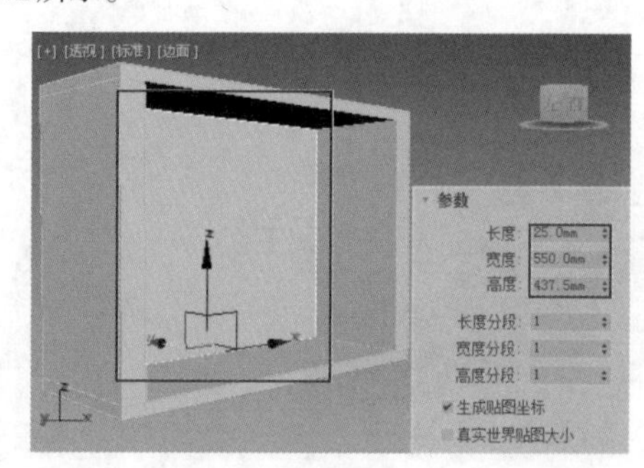


图4-42

步骤 05 再次创建长方体模型，设置【长度】为225mm，【宽度】为275mm，【高度】为437.5mm。设置完成后将其放置在合适的位置，如图4-43所示。接着选中刚刚创建的长方体模型，然后按住Shift键并按住鼠标左键，将其沿着X轴向右平移并复制，放置在合适的位置后释放鼠标，在弹出的【克隆选项】窗口中设置【对象】为【复制】，【副本数】为1，如图4-44所示。

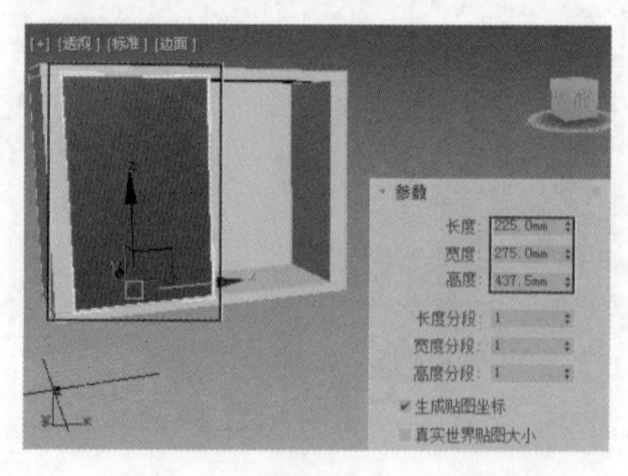


图4-43

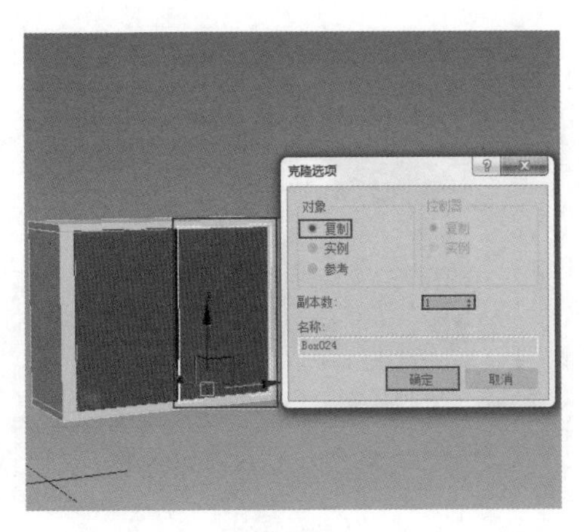


图 4-44

步骤 06 再次创建一个长方体模型，设置【长度】为250mm，【宽度】为18.75mm，【高度】为25mm，如图4-45所示。接着选中刚刚创建的长方体模型，按住Shift键并按住鼠标左键，将其沿着X轴向右平移并复制，放置在合适的位置后释放鼠标，在弹出的【克隆选项】窗口中设置该模型的【对象】为【复制】，【副本数】为1，如图4-46所示。

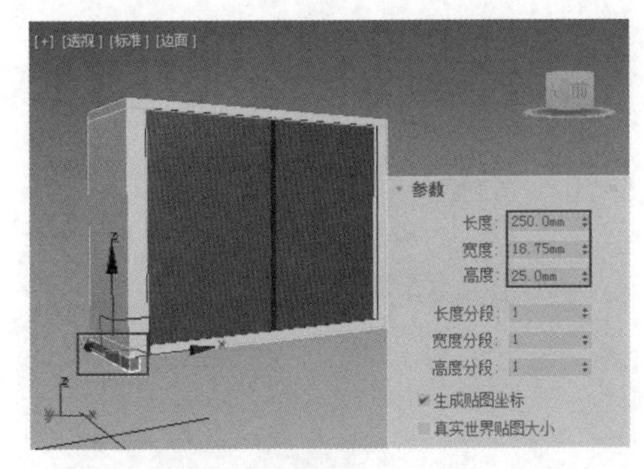


图 4-45

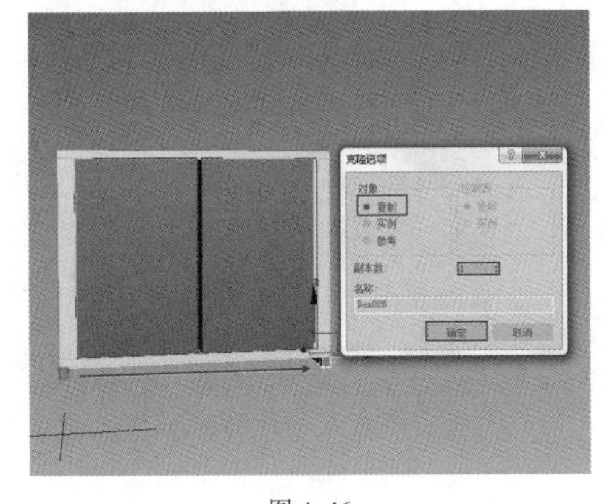


图 4-46

步骤 07 再次创建一个长方体模型，设置【长度】为18.75mm，【宽度】为625mm，【高度】为25mm，如图4-47所示。设置完成后选中刚刚创建的长方体模型，然后按住Shift键并按住鼠标左键，将其沿着Y轴向右平移并复制，放置在合适的位置后释放鼠标，在弹出的【克隆选项】窗口中设置【对象】为【复制】，【副本数】为1，如图4-48所示。

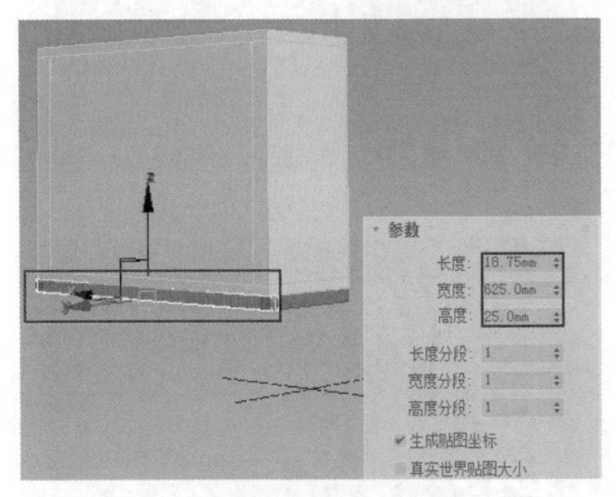


图 4-47

图 4-48

步骤 08 再次创建一个长方体模型，设置【长度】为25mm，【宽度】为25mm，【高度】为125mm，如图4-49所示。创建完成后选中刚刚创建的长方体模型，然后按住Shift键并按住鼠标左键，将其沿着X轴向右平移并复制，放置在合适的位置后释放鼠标，在弹出的【克隆选项】窗口中设置【对象】为【复制】，【副本数】为1，如图4-50所示。

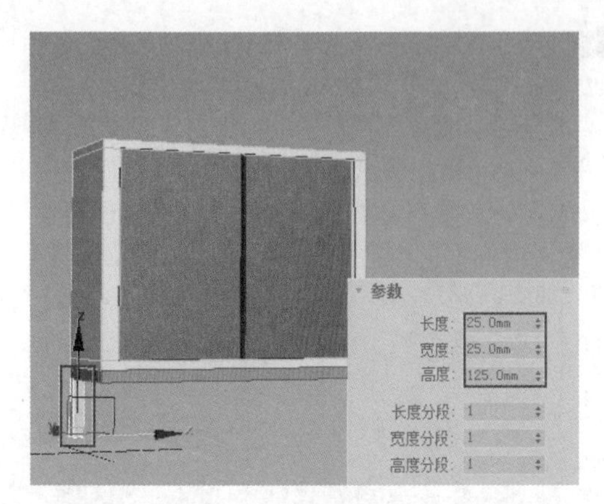


图 4-49

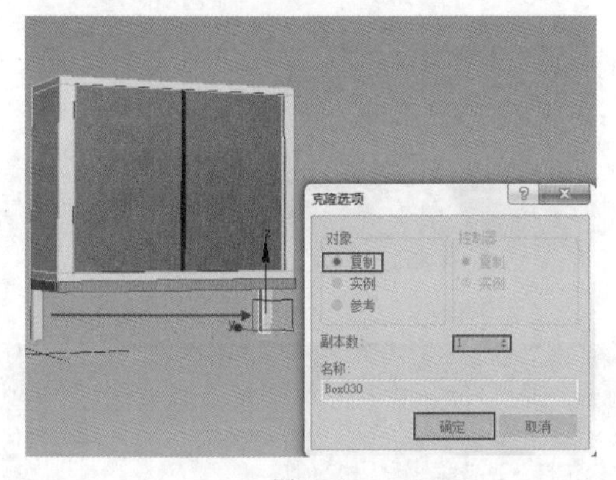


图 4-50

步骤 09 按住Ctrl键加选下方的两个长方体，接着按住Shift键并按住鼠标左键，将选中的长方体模型沿着Y轴平移并复制，放置在合适的位置后释放鼠标，在弹出的【克隆选项】窗口中设置【对象】为【复制】，【副本数】为1，如图4-51所示。

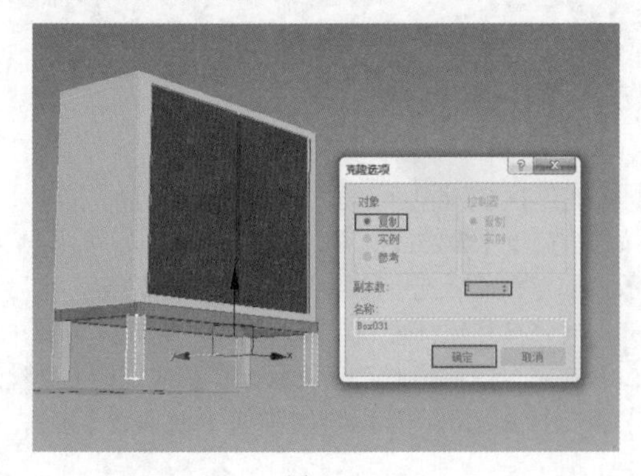


图 4-51

步骤 10 再次创建一个长方体模型，设置【长度】为5mm，【宽度】为272.5mm，【高度】为10mm，设置完成后将其摆放在合适的位置，如图4-52所示。

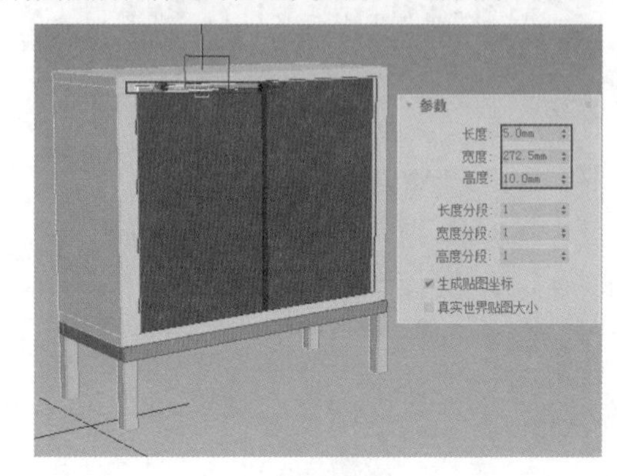


图 4-52

步骤 11 选中刚刚创建的长方体模型，然后按住Shift键并按住鼠标左键，将其沿着Y轴向下平移并复制，移动到合适的位置后释放鼠标，在弹出的【克隆选项】窗口中设置【对象】为【复制】，【副本数】为1，如图4-53所示。接着使用同样的方法，选中这两个长方体模型，将其沿X轴向右平移并复制，如图4-54所示。

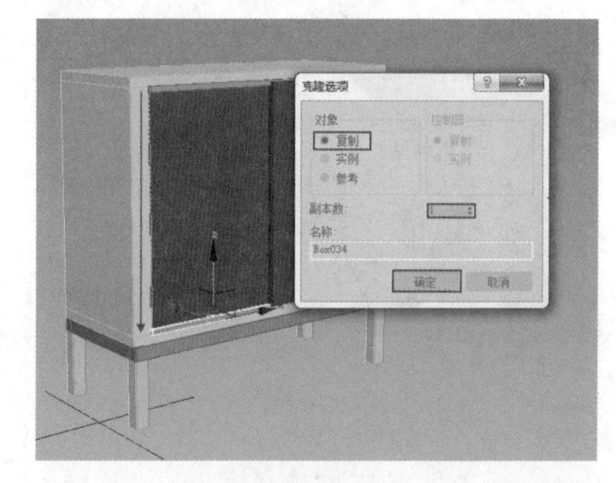


图 4-53

图 4-54

**步骤 12** 再次创建一个长方体模型，设置【长度】为5mm，【宽度】为10mm，【高度】为437.5mm，如图4–55所示。设置完成后将其选中，按住键盘上的Shift键并按住鼠标左键，将其沿着X轴向右平移并复制3份，如图4–56所示。

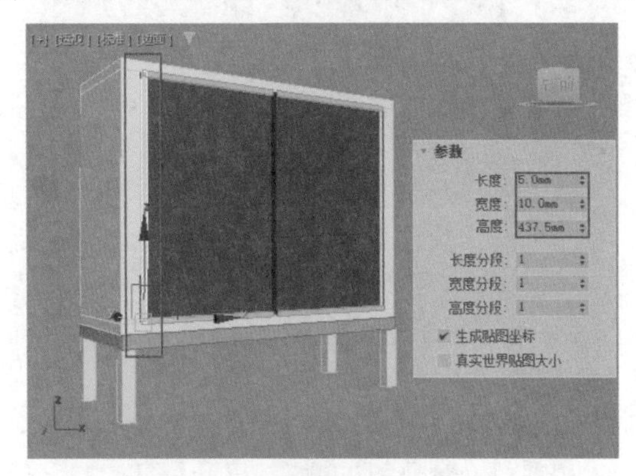


图 4–55

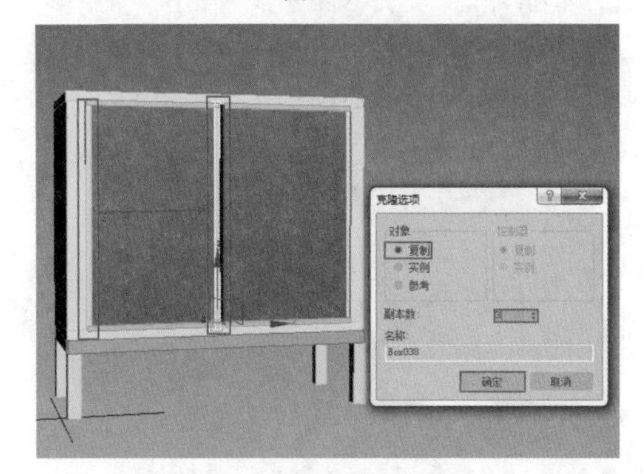


图 4–56

**步骤 13** 接着将复制出的长方体模型移动到合适的位置，如图4–57所示。

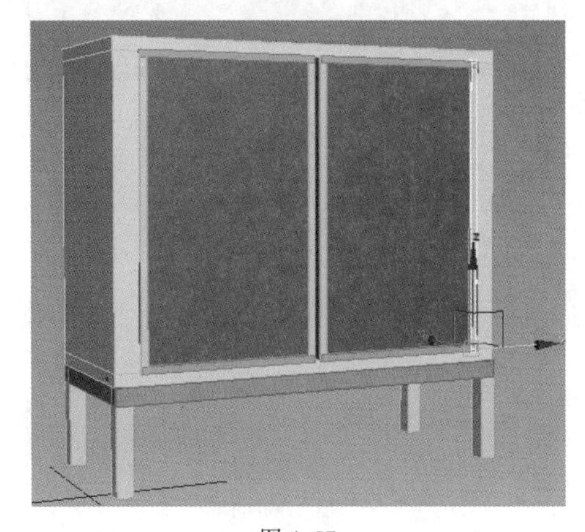

图 4–57

**步骤 14** 再次创建一个长方体模型，设置【长度】为5mm，【宽度】为10mm，【高度】为128mm，如图4–58所示。

**步骤 15** 在选中这个长方体模型的状态下，单击【选中并旋转】按钮和【角度捕捉切换】按钮，将选中的长方体模型沿着Y轴旋转–40°，并将其移动到合适的位置，如图4–59所示。

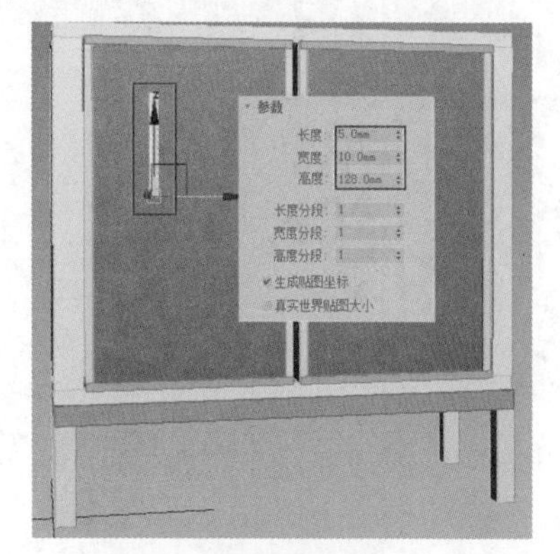


图 4–58

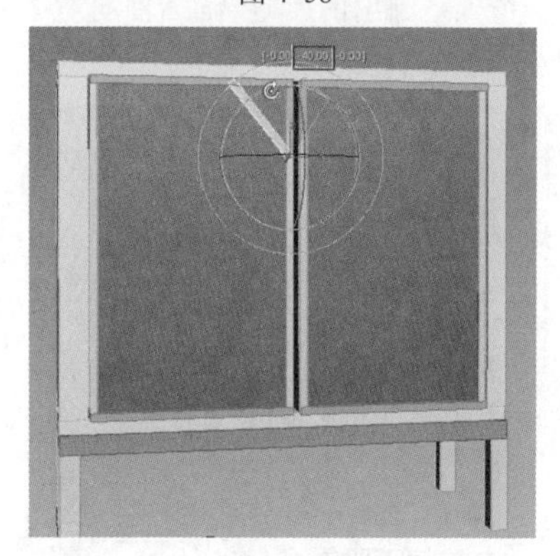

图 4–59

**步骤 16** 将刚刚旋转的长方体模型多次进行复制，放置在合适的位置并修改【高度】的数值，如图4–60所示。

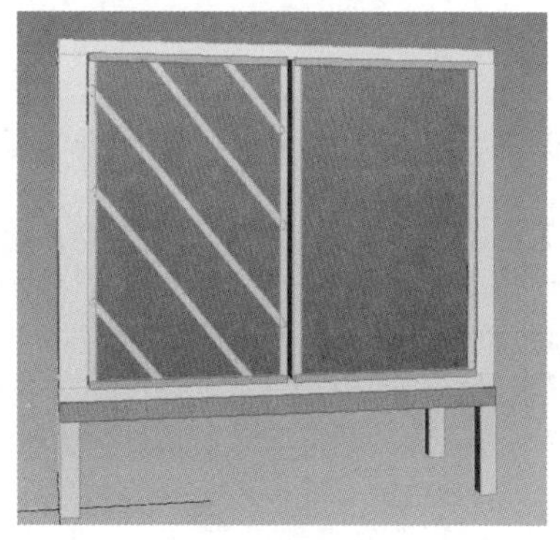

图 4–60

步骤 17 选择此时倾斜的5个长方体模型，单击【镜像】按钮，在弹出的【镜像：世界 坐标】窗口中设置【镜像轴】为X，【克隆当前选择】为【复制】，如图4-61所示。

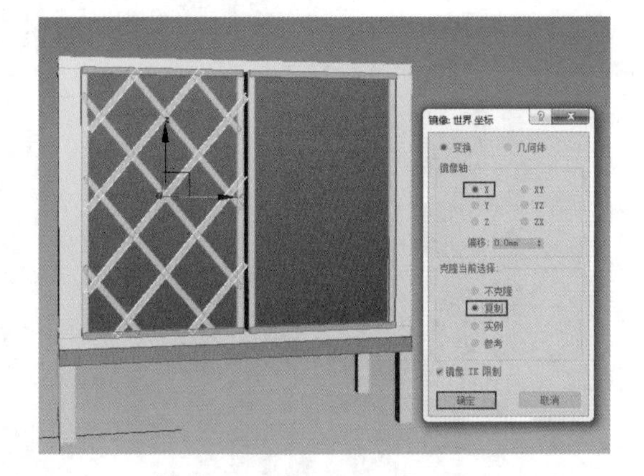


图 4-61

步骤 18 将镜像复制出的模型沿着X轴向右平移。案例最终效果如图4-62所示。

图 4-62

## 提示：如何让两个长方体对齐得更准确呢

例如，在创建完成2个长方体后，可以选择其中一个长方体模型，然后在界面最下方可以看到X、Y、Z参数，单击这3个参数后方的按钮，即可将这3个参数数值设置为0mm，另外一个长方体也执行同样的操作，如图4-63所示。

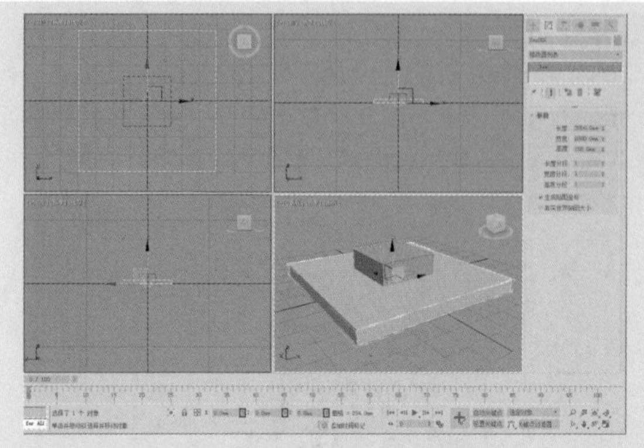

图 4-63

此时可以看到两个长方体的中心都对齐到了世界坐标正中心，因此两者也就自然对齐了。最后只需要选择更大的那个长方体模型，然后设置Z数值为400mm（之所以输入400mm，是因为另外一个长方体的高度为400mm，所以会非常精准地放置到另外一个长方体上方），如图4-64所示。此时即可得到非常准确的效果，如图4-65所示。

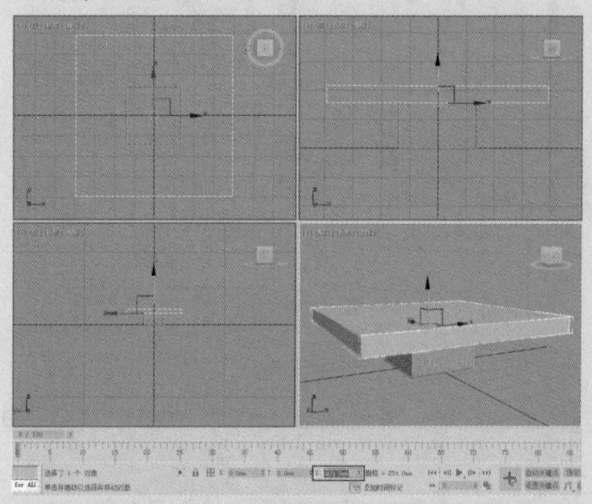

图 4-64

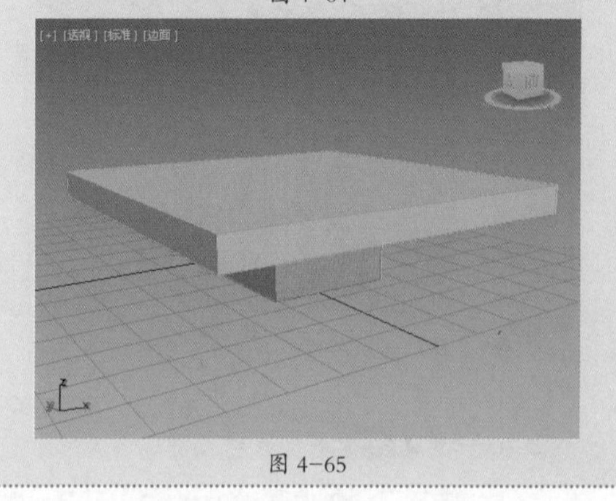


图 4-65

## 实例：使用圆柱体、圆锥体制作圆形茶几

文件路径：Chapter 04　内置几何体建模→实例：使用圆柱体、圆锥体制作圆形茶几

扫一扫，看视频

本案例使用【圆锥体】和【圆柱体】创建茶几，圆锥体工具不仅可以创建普通的顶部尖锐圆锥体模型效果，还可以创建顶部具有半径的模型效果。渲染效果如图4-66所示。

图4-66

### 操作步骤

步骤 01 执行＋（创建）|●（几何体）| 标准基本体 | 圆锥体 。在透视图中拖动创建一个圆锥体，设置【半径1】为400mm，【半径2】为200mm，【高度】为500mm，【高度分段】为1，【边数】为50，如图4-67所示。

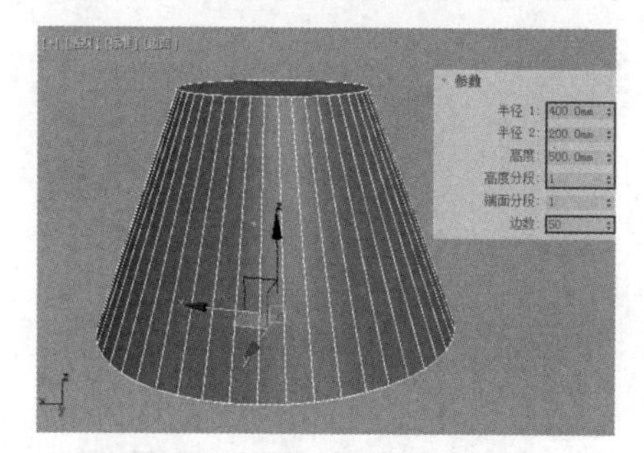

图4-67

步骤 02 在透视图中创建一个圆柱体，设置【半径】为600mm，【高度】为60mm，【高度分段】为1，【边数】为50。并将其移动到合适位置，如图4-68所示。

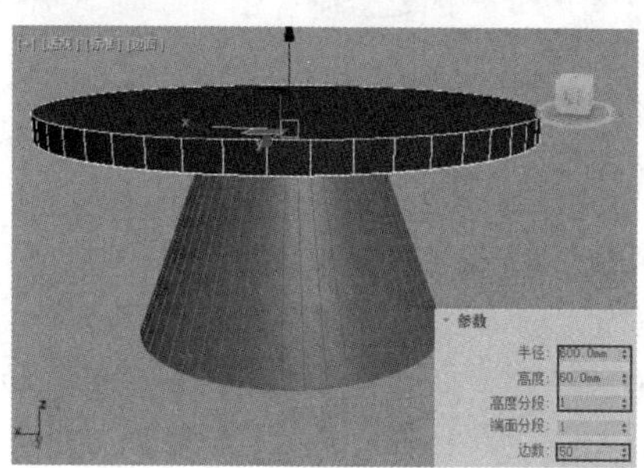

图4-68

步骤 03 案例最终效果如图4-69所示。

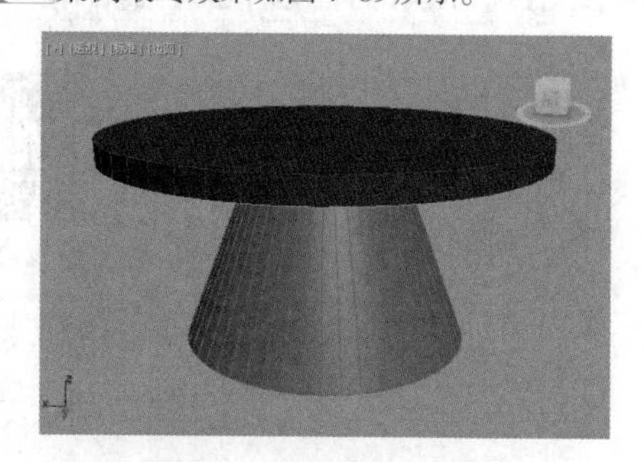
图4-69

### 提示：分段的重要性

圆柱体中【高度分段】【端面分段】【边数】表示圆柱体在3个方向的分段数多少。例如，分别设置【边数】为50和8，则会看到圆柱体的圆滑度有很大的区别，分段越多模型越圆滑，如图4-70和图4-71所示。

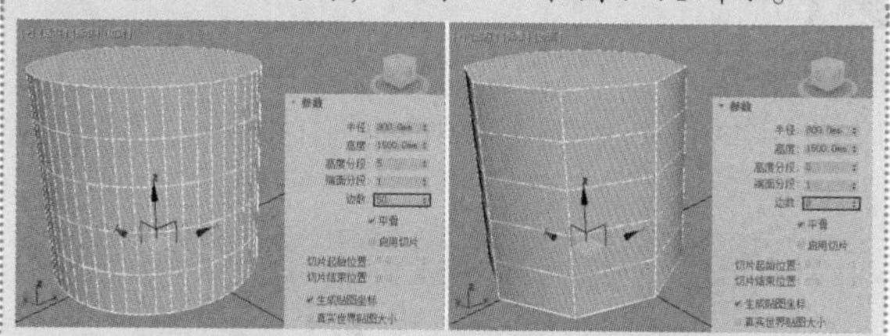
图4-70　　图4-71

但是假如更改【高度分段】的数值，会发现模型在高度上有了分段数的变化，但是模型本身没有任何变化，如图4-72和图4-73所示。因此，要想好哪些分段需要修改。

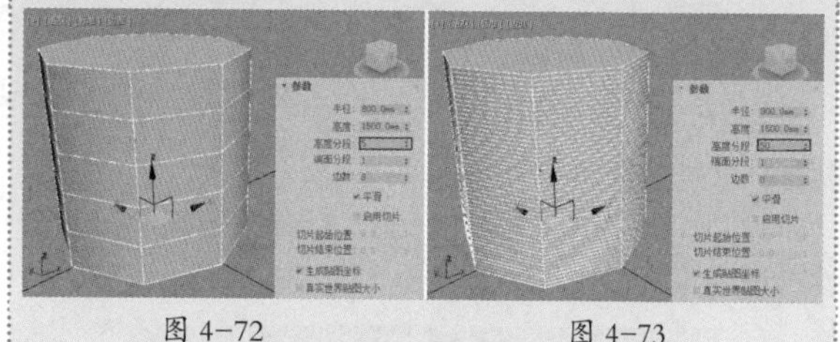
图4-72　　图4-73

### 选项解读：圆锥体重点参数速查

- 半径1：控制圆锥体底部的半径大小。
- 半径2：控制圆锥体顶部的半径大小。数值为0时，顶端是最尖锐的；数值大于0时，顶端较为平坦。

## 实例：使用管状体制作现代风格吊灯

文件路径：Chapter 04　内置几何体建模→实例：使用管状体制作现代风格吊灯

扫一扫，看视频

本案例使用【管状体】创建3个圆形的灯，使用【圆柱体】和【线】创建剩余部分。渲染效果如图4-74所示。

图4-74

## 操作步骤

步骤 01 执行＋（创建）｜●（几何体）｜标准基本体｜圆柱体。在透视图中创建一个圆柱体，设置【半径】为350mm，【高度】为200mm，【边数】为100，如图4-75所示。

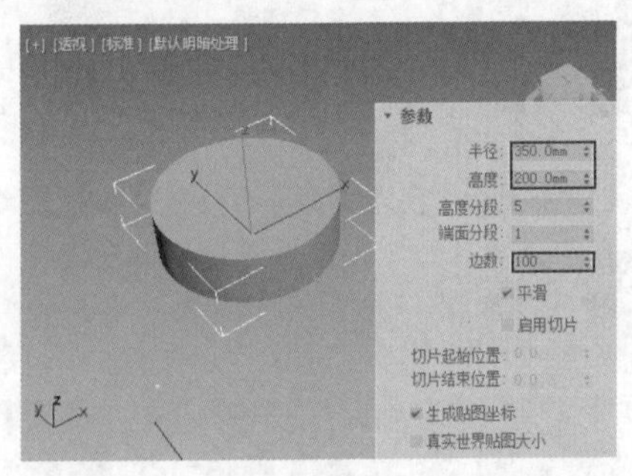


图4-75

步骤 02 进行创建一个圆柱体，设置【半径】为500mm，【高度】为80mm，【边数】为100。设置完成后将其放置在合适的位置，如图4-76所示。

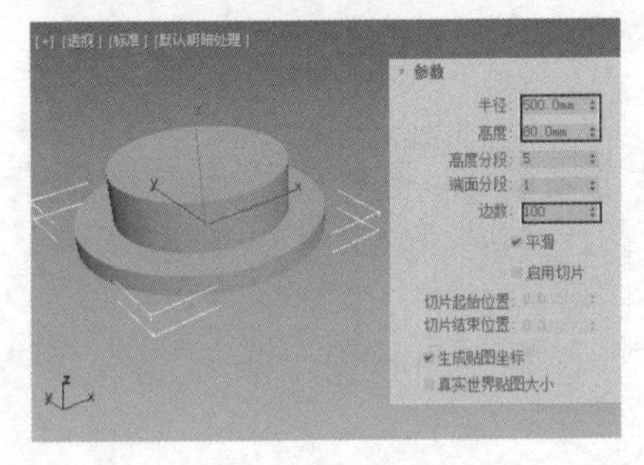


图4-76

步骤 03 执行＋（创建）｜●（几何体）｜标准基本体｜管状体，如图4-77所示。在视图中合适的位置创建一个管状体，设置【半径1】为1500mm，【半径2】为1400mm，【高度】为150mm，【边数】为100，如图4-78所示。

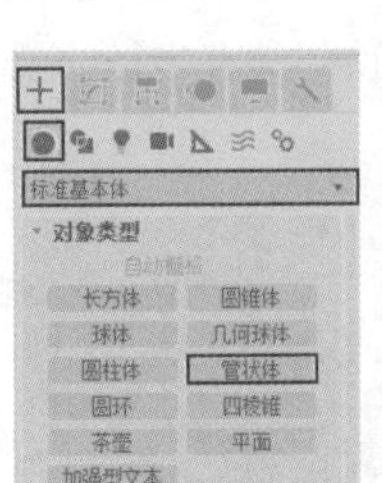


图4-77

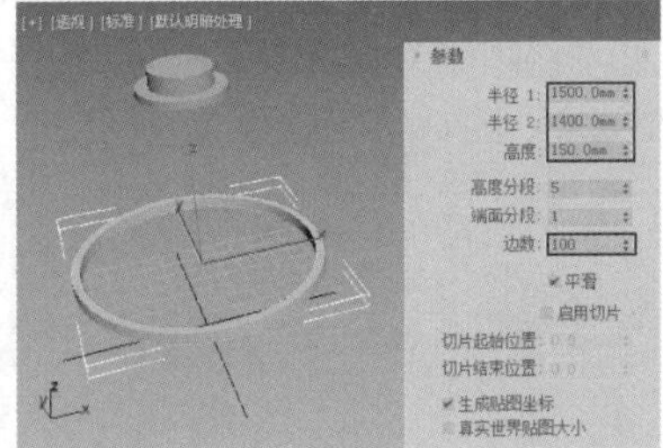


图4-78

步骤 04 再次创建一个管状体，设置【半径1】为1300mm，【半径2】为1200mm，【高度】为150mm，【边数】为100，如图4-79所示。单击【选择并旋转】按钮和【角度捕捉切换】按钮，选中刚刚创建的管状体，接着将其沿Y轴旋转-10°，如图4-80所示。

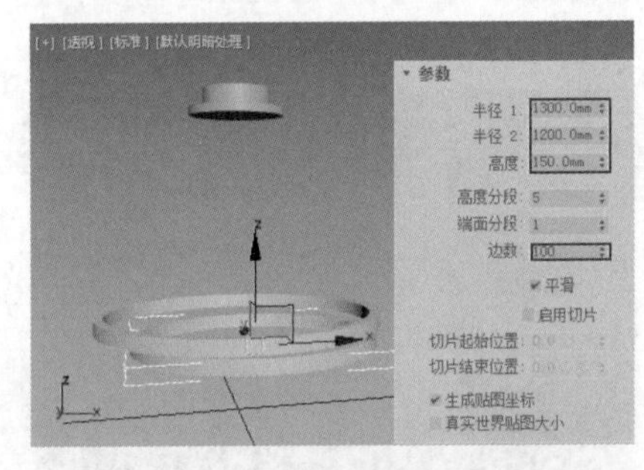


图4-79

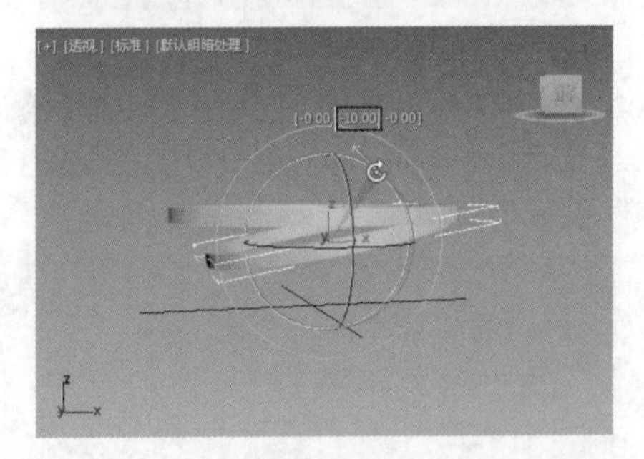


图4-80

步骤 05 再次创建一个管状体，设置该管状体的【半径1】为1200mm，【半径2】为1100mm，【高度】为150mm，【边数】为100，如图4-81所示。设置完成后单击【选择并旋转】按钮和【角度捕捉切换】按钮，将刚刚创建的管状体沿着Y轴旋转10°，如图4-82所示。

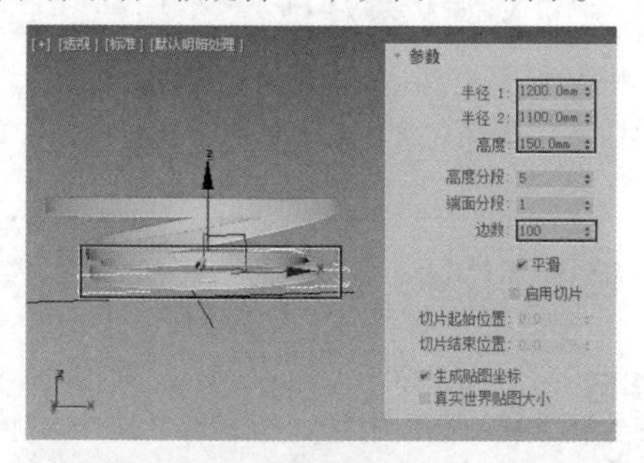


图4-81

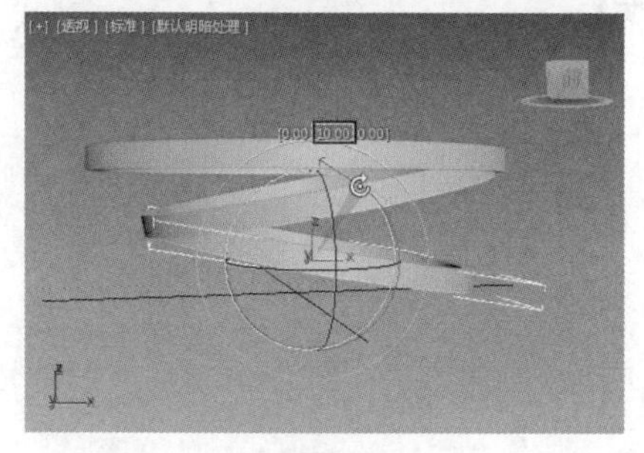


图4-82

步骤 06 在顶视图中创建一个圆柱体，如图4-83所示。接着设置【半径】为20mm，【高度】为15mm，【边数】为18，如图4-84所示。

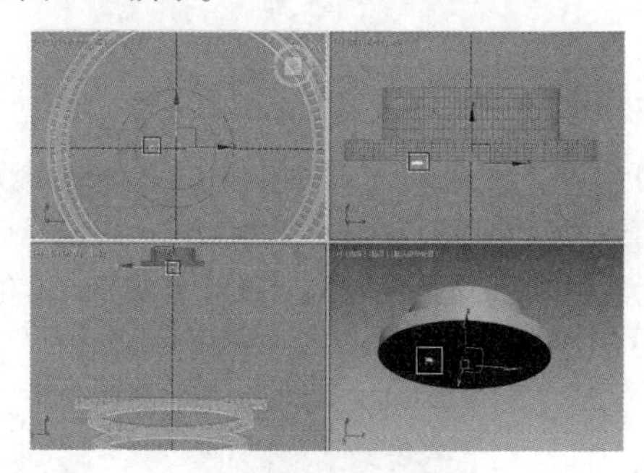

图4-83

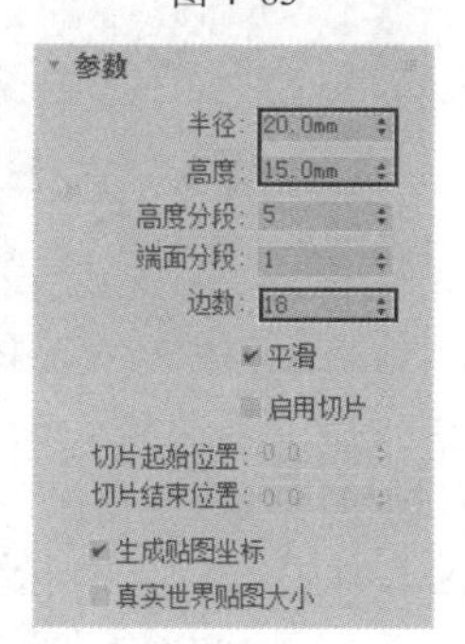


图4-84

步骤 07 选择刚刚创建的圆柱体，单击【层次】按钮，并单击 仅影响轴 按钮，在顶视图中将轴移动到吊灯的中心位置，如图4-85所示。接着再次单击 仅影响轴 按钮，完成轴心的设置。单击【选择并旋转】和【角度捕捉切换】按钮，按住Shift键并按住鼠标左键，将其沿着Z轴旋转-60°，旋转合适的位置后释放鼠标，在弹出的【克隆选项】窗口中设置【对象】为复制，【副本数】为5，如图4-86所示。

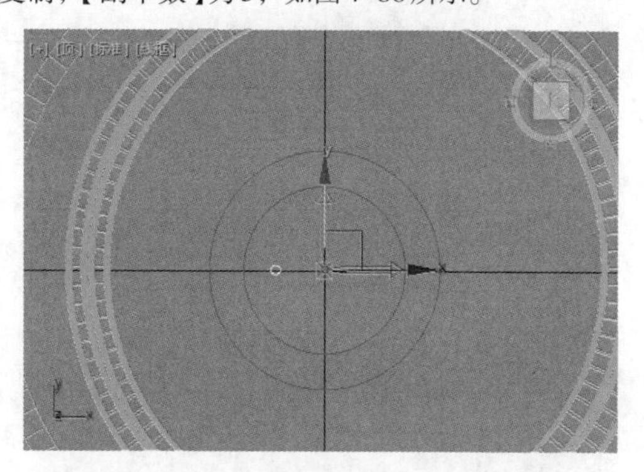

图4-85

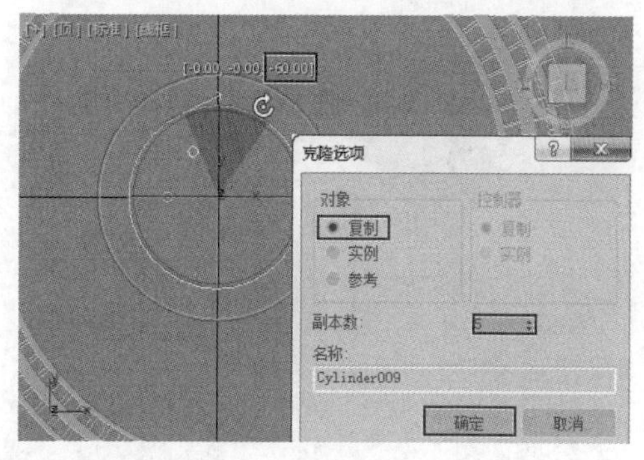


图4-86

步骤 08 此时模型效果如图4-87所示。

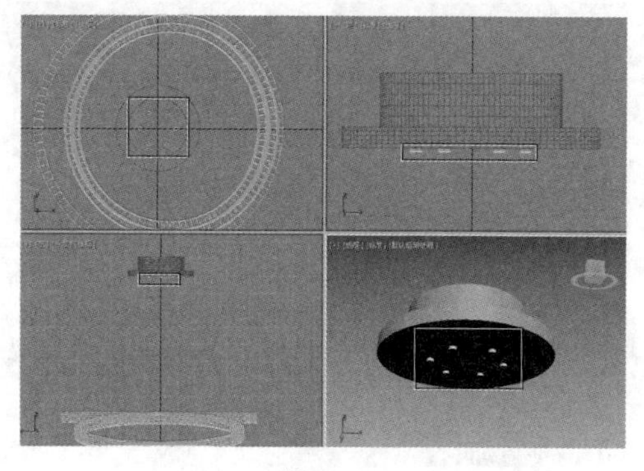

图4-87

步骤 09 执行【创建】|【图形】| 样条线 | 线 命令，如图4-88所示。在场景中绘制一条线，单击【修改】按钮，在【渲染】卷展栏中勾选【在渲染中启用】和【在视口中启用】选项，勾选【径向】选项，设置【厚度】为15mm，【边】为12，如图4-89所示。

步骤 10 接着使用同样的方法再次绘制线，并修改参数（当然除了该方法外，还可以使用圆柱体工具进行创建）。最终模型效果如图4-90所示。

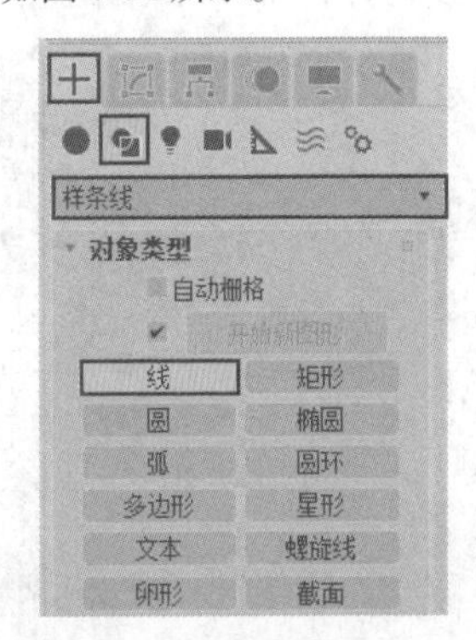


图4-88

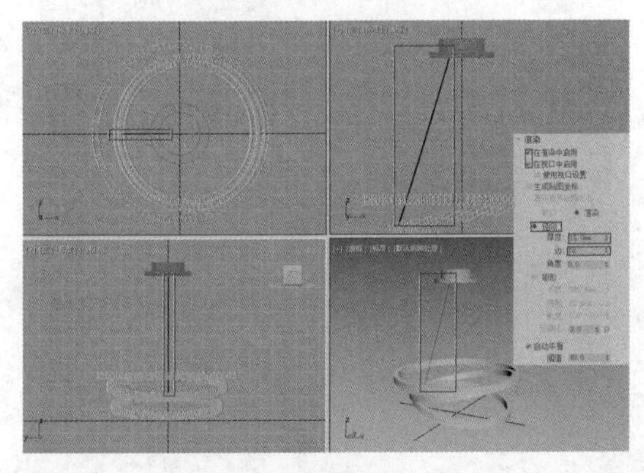

图4-89

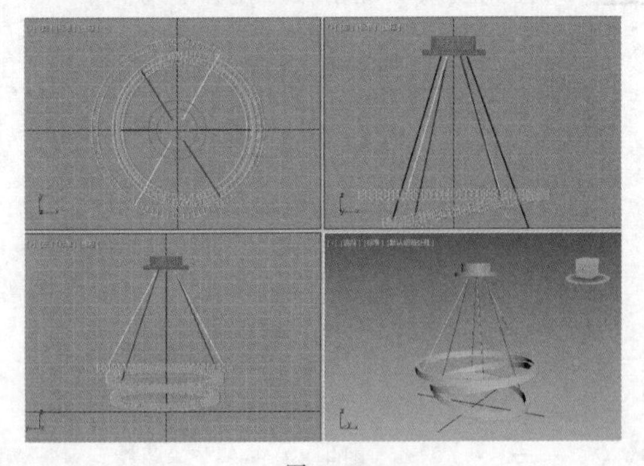

图4-90

选项解读：管状体重点参数速查

- 半径1：设置管状体最外侧的半径数值。
- 半径2：设置管状体最内侧的半径数值。
- 高度：设置管状体的高度数值。

## 实例：使用圆柱体、管状体、长方体制作圆几

扫一扫，看视频

文件路径：Chapter 04 内置几何体建模→实例：使用圆柱体、管状体、长方体制作圆几

本案例使用圆柱体、管状体、长方体制作圆几，本案例需要将模型复制快速完成制作。渲染效果如图4-91所示。

图4-91

## 操作步骤

步骤 01 执行 +（创建）| ●（几何体）| 标准基本体 | 圆柱体，如图4-92所示。在透视图中绘制一个圆柱体，设置【半径】为450mm，【高度】为50mm，【高度分段】为1，【边数】为100，如图4-93所示。

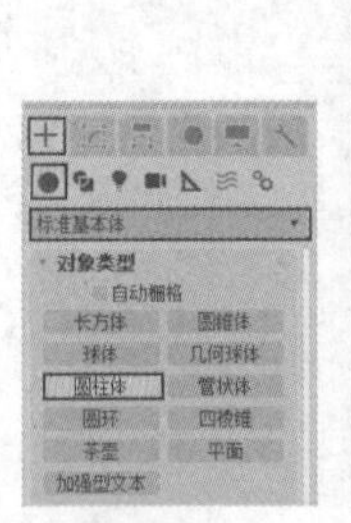


图4-92

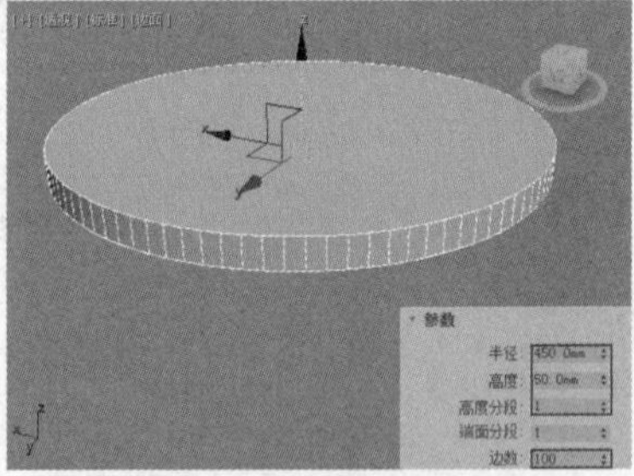


图4-93

步骤 02 执行 +（创建）| ●（几何体）| 标准基本体 | 管状体，如图4-94所示。在圆柱体的下方创建一个管状体，设置【半径1】为420mm，【半径2】为450mm，

【高度】为50mm,【高度分段】为1,【边数】为100，如图4–95所示。

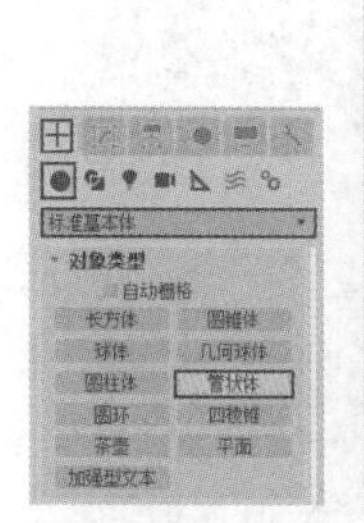


图 4–94

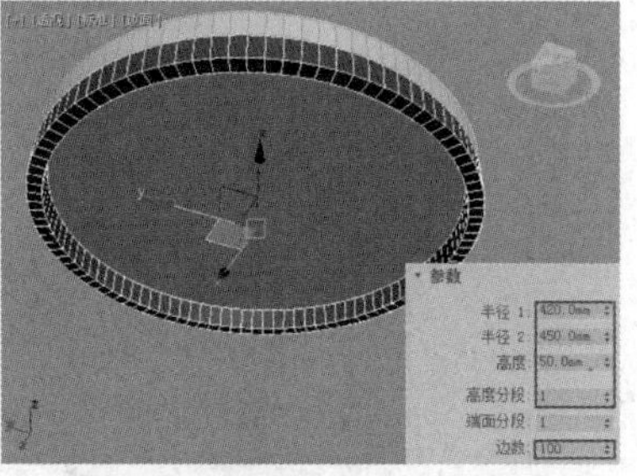


图 4–95

步骤 03 在管状体的下方创建一个长方体，设置【长度】为30mm,【宽度】为30mm,【高度】为850mm，如图4–96所示。

步骤 04 选中刚刚绘制的长方体，按住Shift键并按住鼠标左键将其沿X轴向右移动并复制。释放鼠标后在弹出的【克隆选项】窗口中设置【对象】为【复制】,【副本数】为1，如图4–97所示。

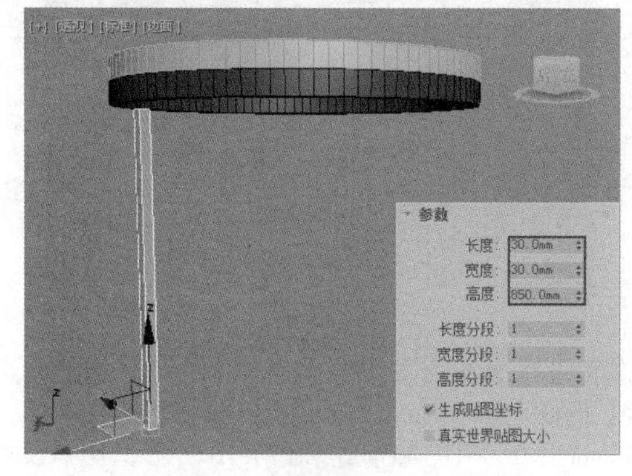


图 4–96

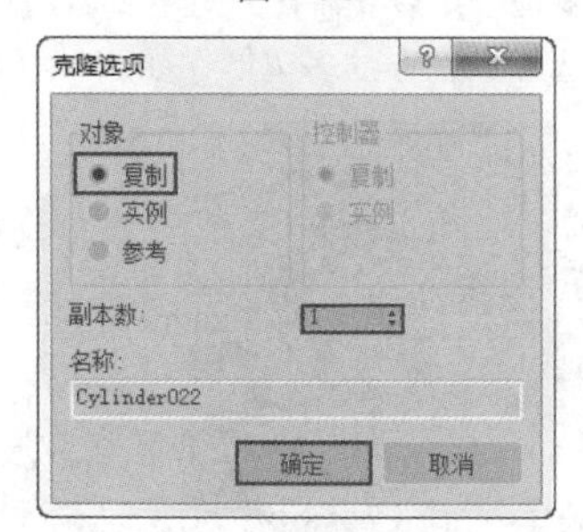


图 4–97

步骤 05 此时效果如图4–98所示。

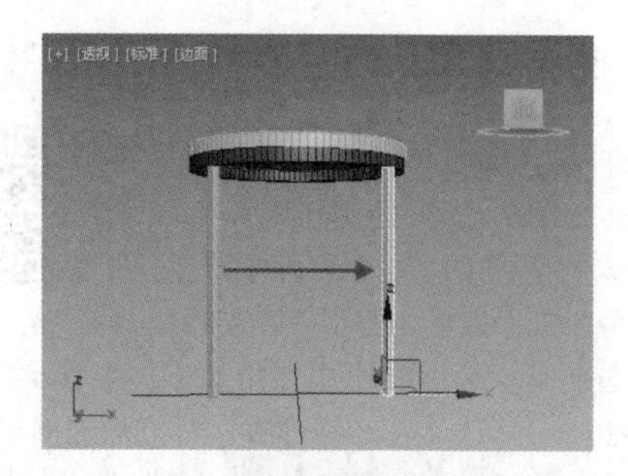

图 4–98

步骤 06 使用同样的方法再次复制出2个长方体，效果如图4–99所示。

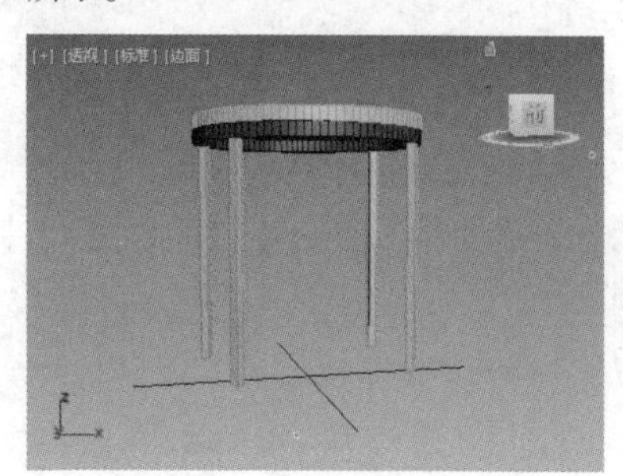

图 4–99

步骤 07 选中上方的管状体，按住Shift键并按住鼠标左键，将其沿Z轴向下移动并复制，释放鼠标后在弹出的【克隆选项】窗口中设置【对象】为【复制】,【副本数】为1，如图4–100所示。案例效果如图4–101所示。

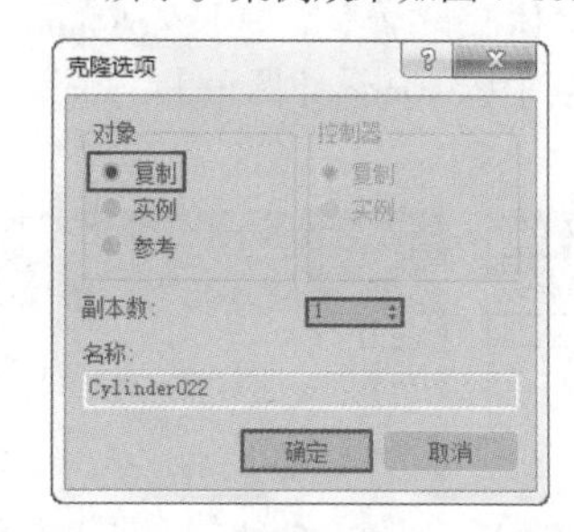


图 4–100

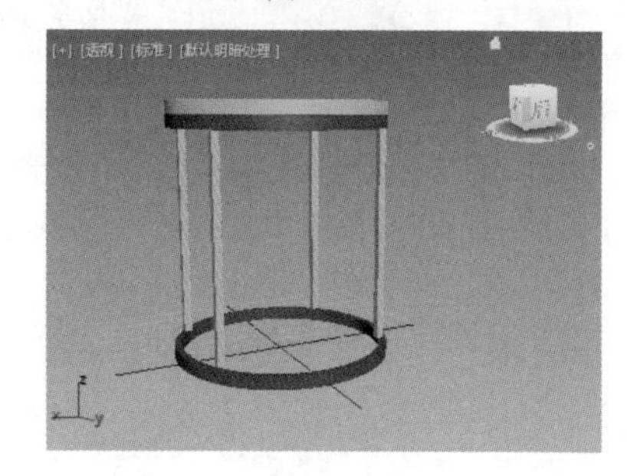

图 4–101

## 实例：使用切角长方体制作床头柜

文件路径：Chapter 04 内置几何体建模→实例：使用切角长方体制作床头柜

本案例使用【切角长方体】创建模型，并为模型添加【编辑多边形】修改器，并将模型调整形态，最后再使用切角长方体制作剩余部分。【编辑多边形】修改器若不易理解，可以预先简单看一下本书【多边形建模】章节的内容。渲染效果如图4-102所示。

图 4-102

## 操作步骤

**步骤 01** 执行 +（创建）|●（几何体）| 扩展基本体 | 切角长方体，如图4-103所示。在透视图中创建一个切角长方体，设置【长度】为684mm，【宽度】为684mm，【高度】为510mm，【圆角】为30mm，如图4-104所示。

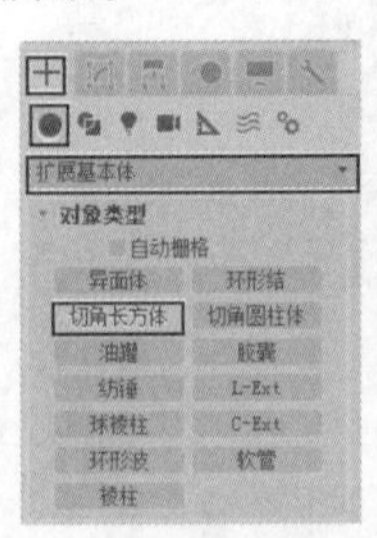


图 4-103

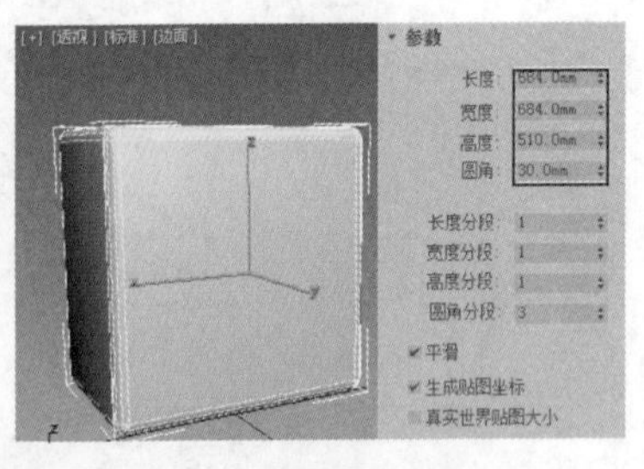


图 4-104

**步骤 02** 为该模型加载【编辑多边形】修改器，进入【多边形】■级别，在透视图中选择适当的多边形，如图4-105所示。选择完成后单击【挤出】后方的【设置】按钮 ▣，设置【高度】为-480mm，如图4-106所示。

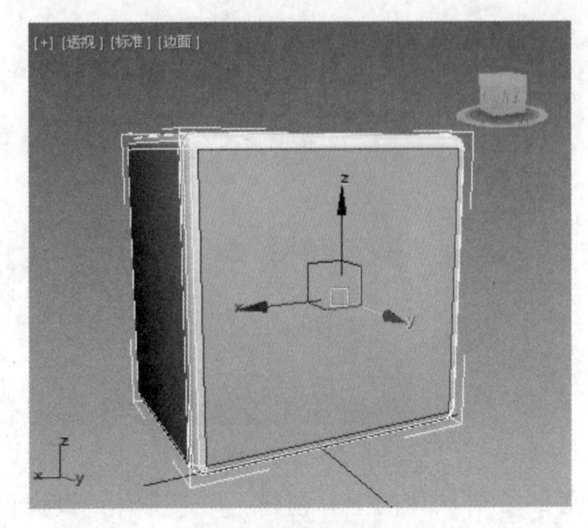


图 4-105

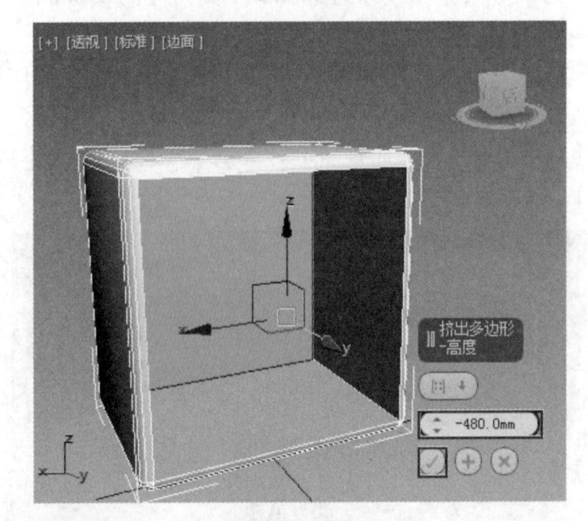


图 4-106

**步骤 03** 再次在透视图中创建一个切角长方体，设置【长度】为210mm，【宽度】为624mm，【高度】为510mm，【圆角】为30mm，如图4-107所示。为该模型加载【编辑多边形】修改器，并进入【多边形】■级别，在透视图中选择最上方的多边形，如图4-108所示。

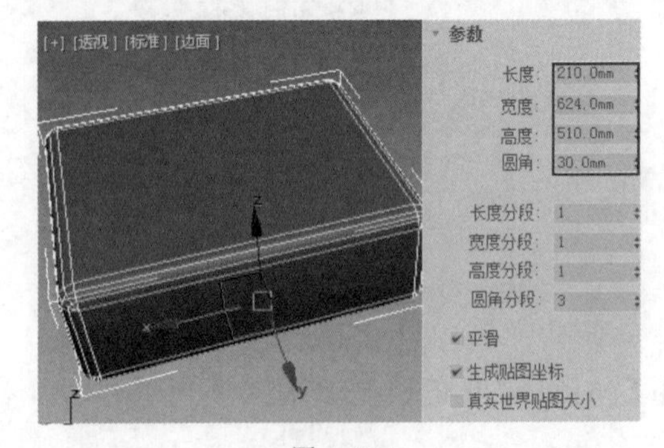


图 4-107

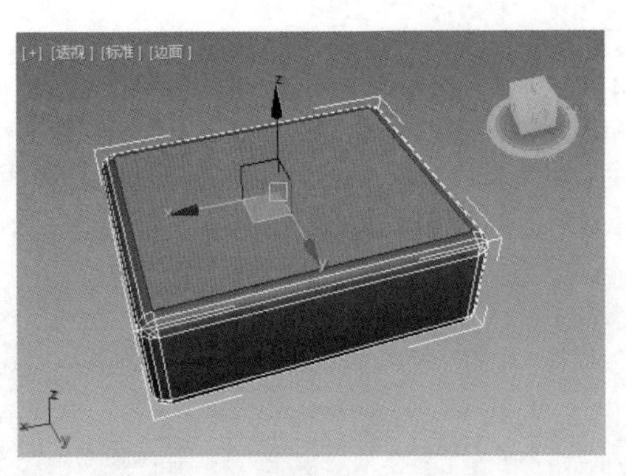


图 4-108

步骤 04 单击【挤出】后方的【设置】按钮□，设置【高度】为-33mm，如图4-109所示。接着退出【多边形】级别，将该模型放置在合适的位置，如图4-110所示。

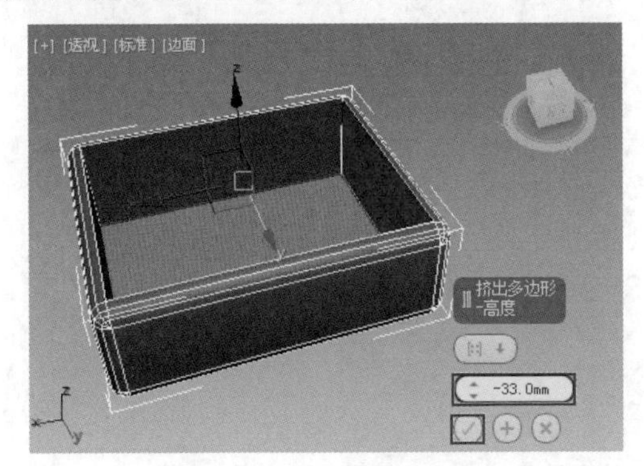


图 4-109

步骤 05 在选中该模型的状态下进入前视图，按住Shift键并按住鼠标左键，将其沿着Y轴向下平移并复制，放置在合适的位置后释放鼠标，在弹出的【克隆选项】窗口中设置【对象】为【复制】，【副本数】为2，如图4-111所示。此时效果如图4-112所示。

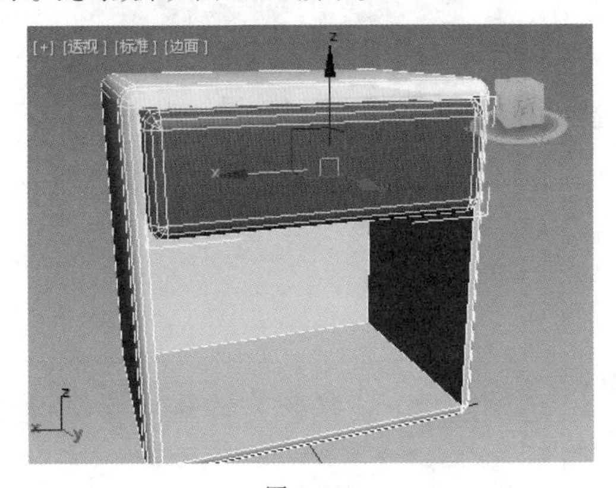


图 4-110

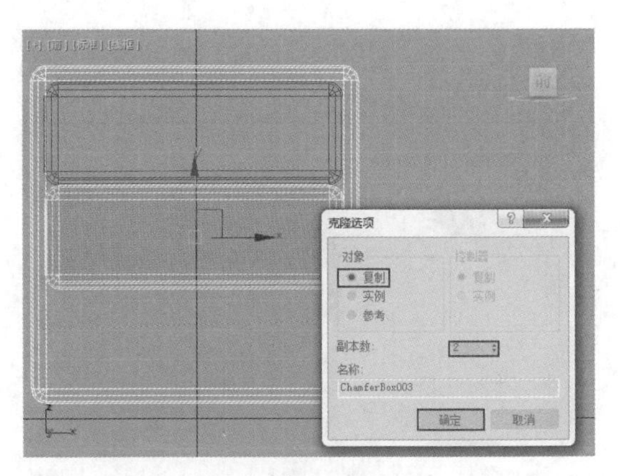


图 4-111

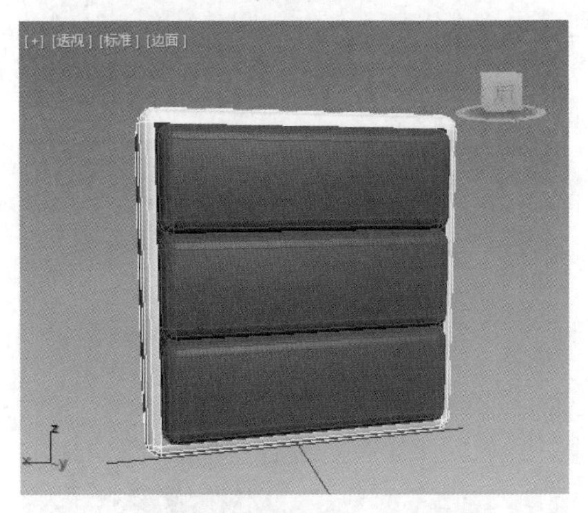


图 4-112

步骤 06 在前视图中选择模型，如图4-113所示。将其沿着X轴向右平移并复制一份，如图4-114所示。

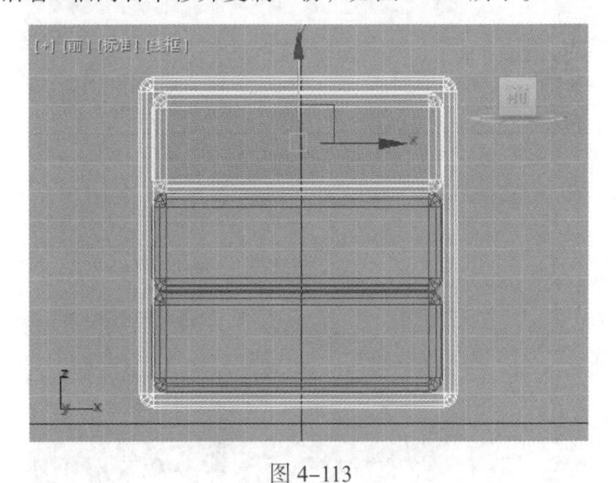


图 4-113

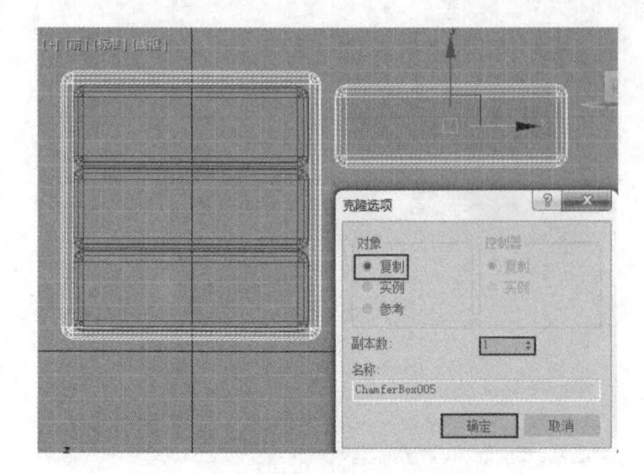


图 4-114

步骤 07 单击【选择并均匀缩放】按钮，将复制出的模型进行均匀缩放，如图4-115所示。接着在透视图中将其沿着Y轴向内进行收缩，如图4-116所示。

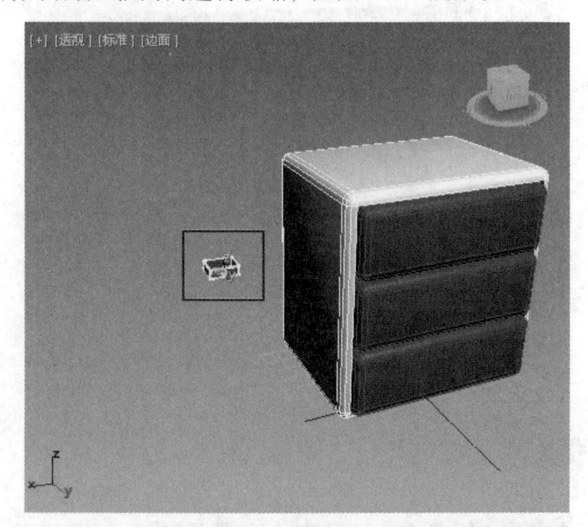


图 4-115

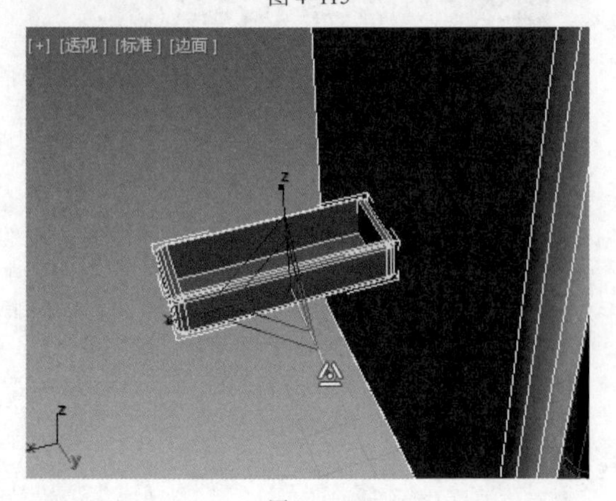


图 4-116

步骤 08 在前视图中将该模型放置在合适的位置，如图4-117所示。在选中该模型的状态下按住Shift键并按住鼠标左键，将其沿着Y轴向下平移并复制，放置在合适的位置后释放鼠标，在弹出的【克隆选项】窗口中设置【对象】为【复制】，【副本数】为2，如图4-118所示。

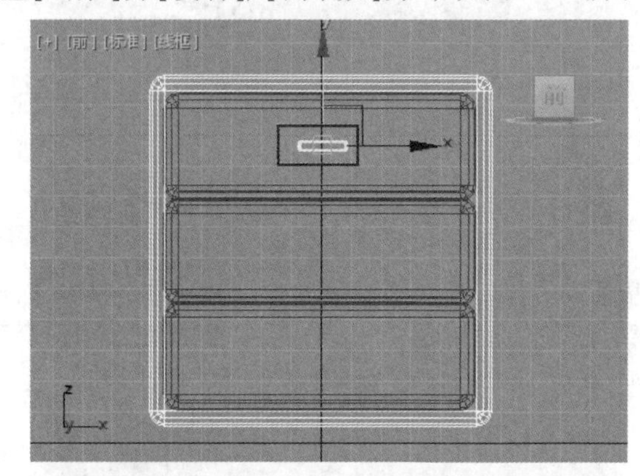

图 4-117

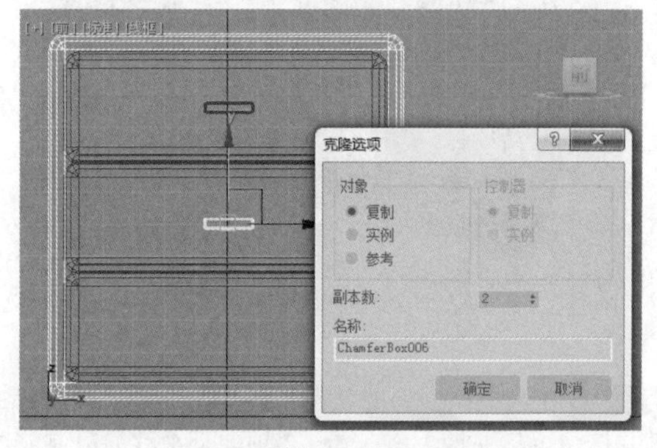


图 4-118

步骤 09 案例模型效果如图4-119所示。

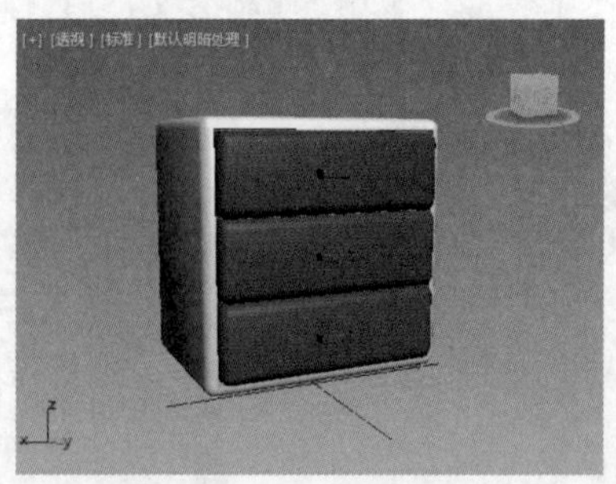

图 4-119

### 选项解读：切角长方体重点参数速查

圆角：用来设置模型边缘处产生圆角的程度。当设置圆角为0时，模型边缘无圆角，其实就是长方体效果。

## 实例：使用环形结制作拉花

扫一扫，看视频

文件路径：Chapter 04 内置几何体建模→实例：使用环形结制作拉花

本案例通过调整【环形结】的参数即可创建有趣的拉花模型效果。渲染效果如图4–120所示。

图 4–120

## 操作步骤

步骤 01 执行 +（创建）|（几何体）| 扩展基本体 | 环形结，如图4–121所示。在透视图中按住鼠标左键拖曳，创建一个环形结，如图4–122所示。

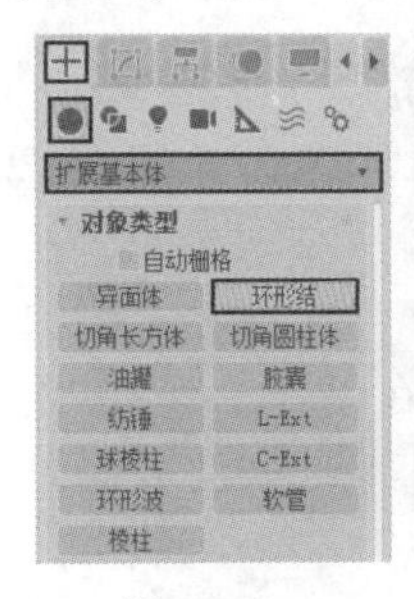


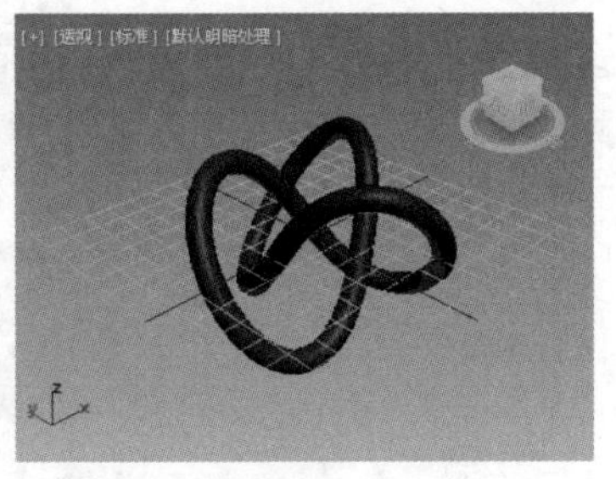


图 4–121 图 4–122

步骤 02 单击【修改】按钮，设置【半径】为35mm，P为1，Q为21，在【横截面】选项组下设置【半径】为0.8mm，【边数】为3，【偏心率】为0.1，如图4–123所示。

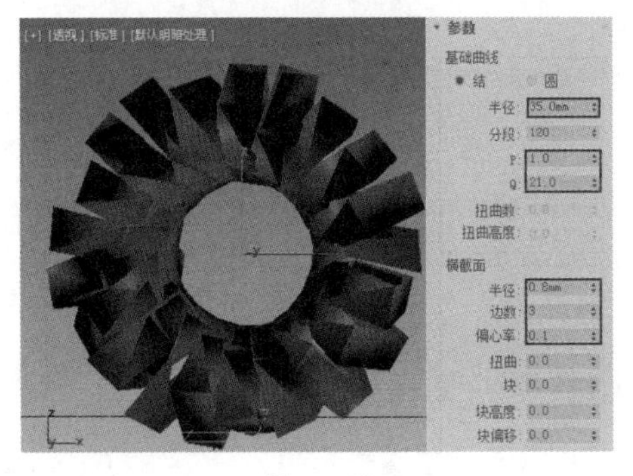


图 4–123

步骤 03 为上一步创建的模型加载【网格平滑】修改器，设置【迭代次数】为3，如图4–124所示。

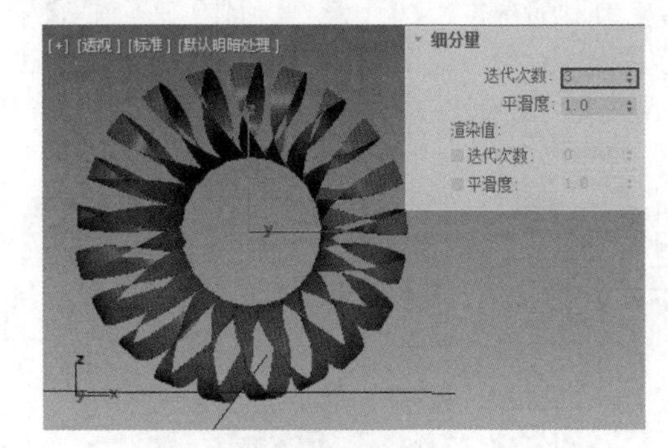


图 4–124

步骤 04 案例模型效果如图4–125所示。

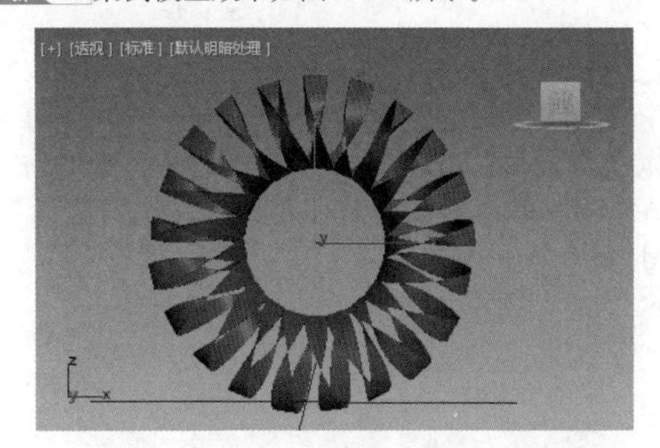


图 4–125

## 实例：使用胶囊制作花朵模型

扫一扫，看视频

文件路径：Chapter 04 内置几何体建模→实例：使用胶囊制作花朵模型

本案例使用【胶囊】模型创建一个胶囊模型，并应用【选择并旋转】工具和【角度捕捉切换】工具将模型旋转复制。渲染效果如图4–126所示。

图 4–126

## 操作步骤

步骤 01 执行＋（创建）|●（几何体）| 扩展基本体 | 胶囊 命令，如图4-127所示。在透视图中创建胶囊模型，设置【半径】为7mm，【高度】为20mm，如图4-128所示。

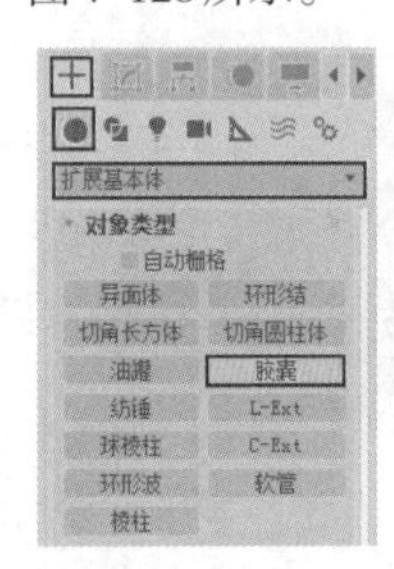


图 4-127

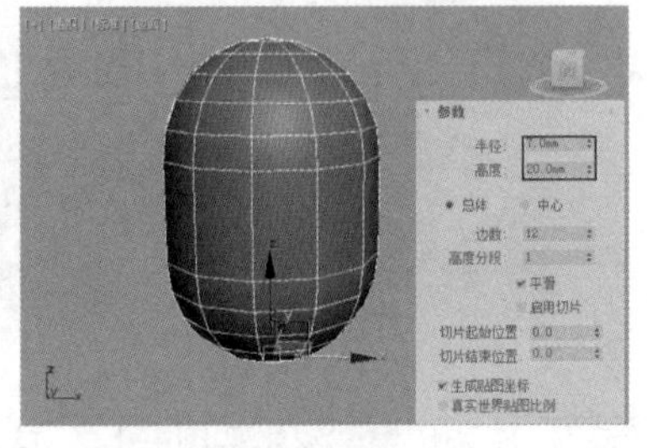

图 4-128

步骤 02 选中上一步创建的模型，单击【选择并旋转】按钮 和【角度捕捉切换】按钮，按住Shift键并按住鼠标左键，在前视图中将其沿着Z轴旋转-45°，旋转完成后释放鼠标，在弹出的【克隆选项】窗口中设置【对象】为【复制】，【副本数】为7，如图4-129所示。

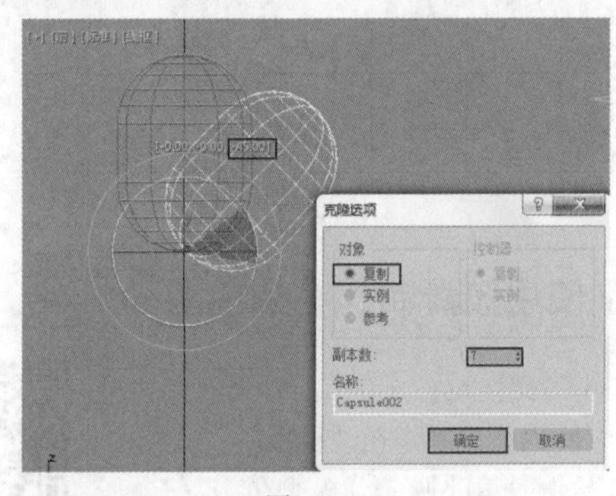


图 4-129

步骤 03 案例最终效果如图4-130所示。

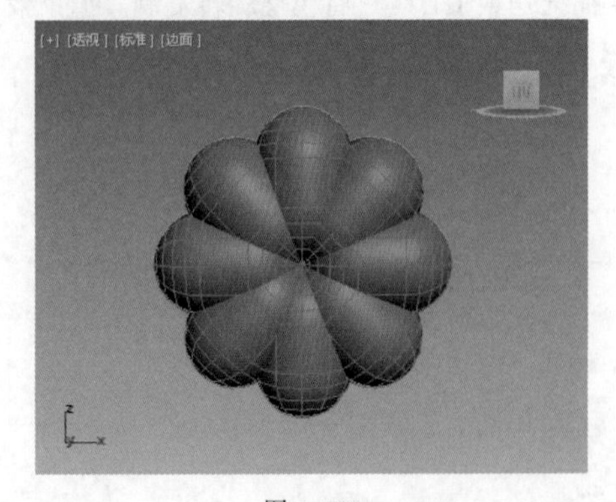

图 4-130

## 实例：使用软管制作臂力棒

扫一扫，看视频

文件路径：Chapter 04 内置几何体建模→实例：使用软管制作臂力棒

本案例使用【软管】工具创建一侧是圆柱形态一侧是软管形态的模型，最后应用【镜像】工具复制出另外一侧模型。渲染效果如图4-131所示。

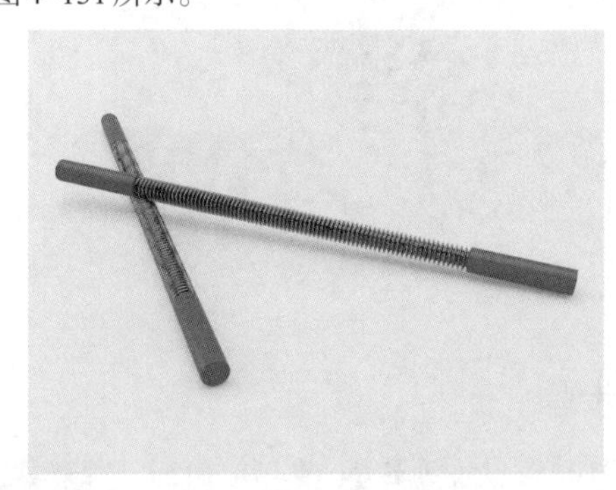

图 4-131

## 操作步骤

步骤 01 执行＋（创建）|●（几何体）| 扩展基本体 | 软管，在左视图中创建一个软管模型，如图4-132所示。透视图效果如图4-133所示。

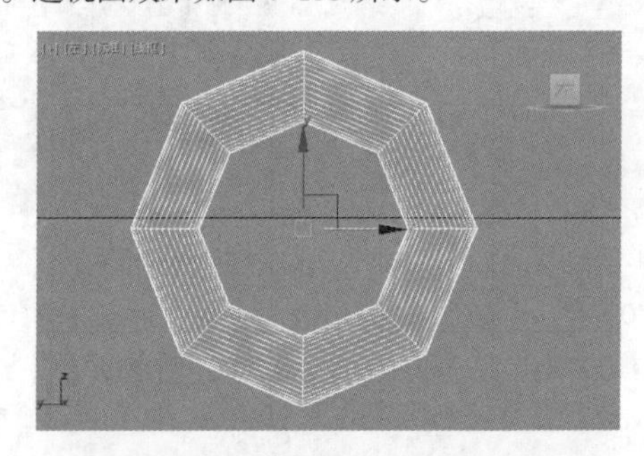

图 4-132

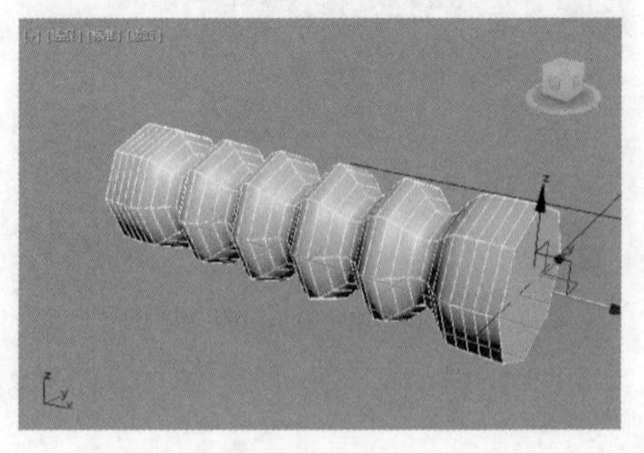

图 4-133

步骤 02 单击【修改】按钮，设置【高度】为350mm，【分段】为500，【起始位置】为35，【结束位置】为100，【周期数】为40，【直径】为30mm，【边数】为20，如图4-134所示。

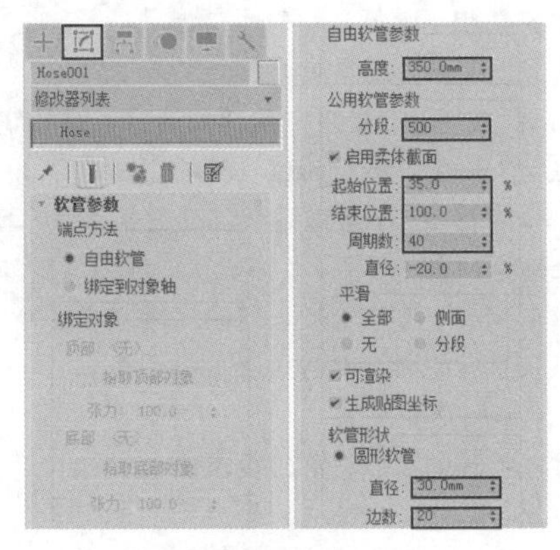


图4-134

步骤 03 此时模型效果如图4-135所示。

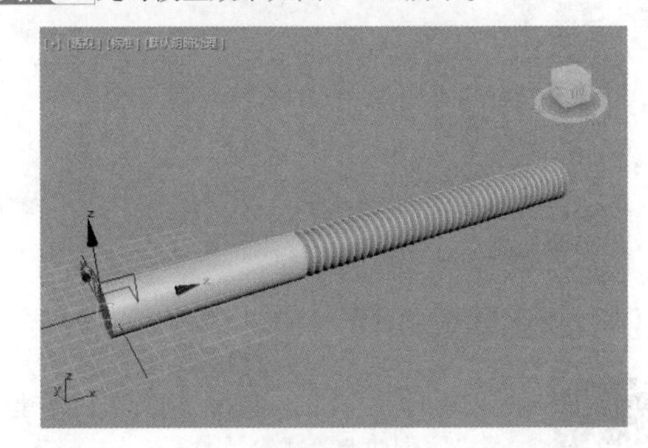

图4-135

步骤 04 选择此时的模型，单击（镜像）工具，在弹出的对话框中设置【镜像轴】为X，【克隆当前选择】为【复制】，如图4-136所示。

步骤 05 最终模型效果如图4-137所示。

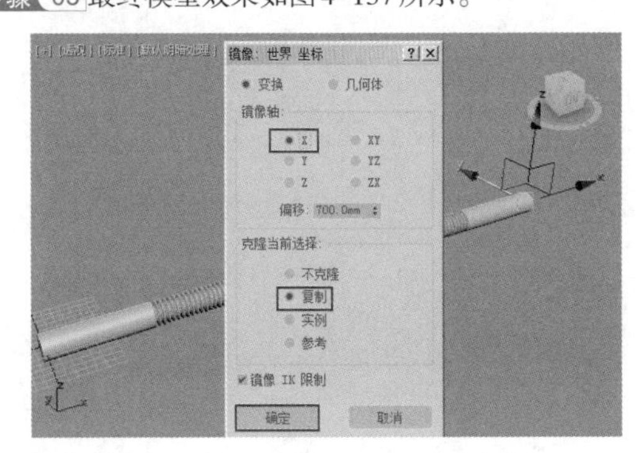


图4-136

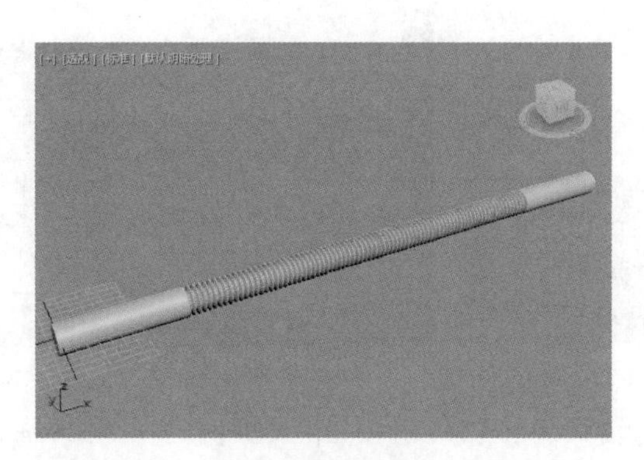

图4-137

## 4.4 门、窗、楼梯

### 实例：创建折叠双侧玻璃拉门

文件路径：Chapter 04 内置几何体建模→实例：创建折叠双侧玻璃拉门

扫一扫，看视频

本案例使用【折叠门】工具通过调整参数创建出折叠双侧的玻璃拉门。渲染效果如图4-138所示。

图4-138

### 操作步骤

步骤 01 执行＋（创建）|●（几何体）|门|折叠门，如图4-139所示。

步骤 02 在透视图中拖动创建一个折叠门，如图4-140所示。

图 4-139

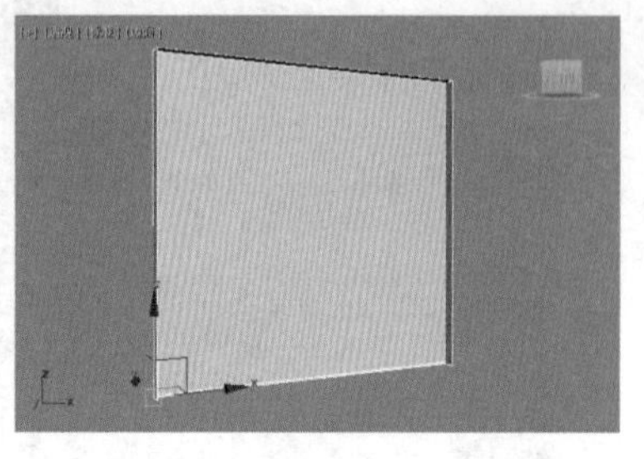

图 4-140

步骤 03 单击【修改】按钮，设置【高度】为2200mm，【宽度】为2500mm，【深度】为100mm，【打开】为60，【宽度】为30mm，【厚度】为40mm，【门梃/顶梁】为40mm，【水平窗格数】为2，【垂直窗格数】为2，设置【镶板】为【有倒角】，设置【倒角角度】为45，【厚度1】为10，【厚度2】为20，【中间厚度】为1，【宽度2】为1，如图4-141所示。

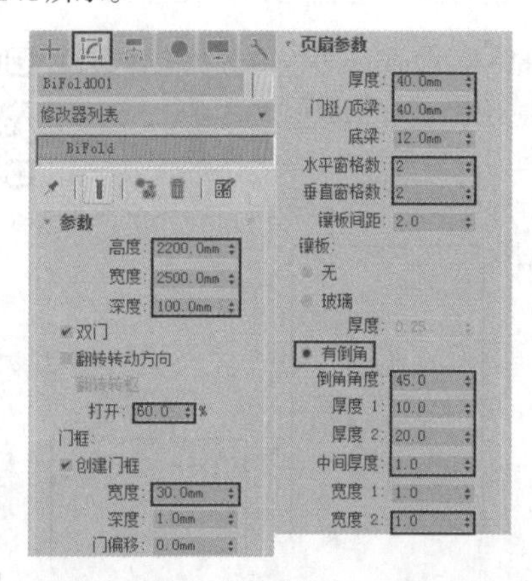


图 4-141

步骤 04 最终创建的折叠双侧玻璃拉门模型效果如图4-142所示。

图 4-142

## 选项解读：门重点参数速查

- 高度/宽度/深度：设置门的总体高度/宽度/深度。
- 打开：设置不同的数值会将门开启不同的角度。
- 创建门框：控制是否创建门框。
- 厚度：设置门的厚度。
- 门梃/顶梁：设置顶部和两侧的镶板框的宽度。
- 底梁：设置门脚处的镶板框的宽度。
- 水平窗格数/垂直窗格数：设置镶板沿水平/垂直轴划分的数量。
- 镶板间距：设置镶板之间的间隔宽度。
- 镶板：指定在门中创建镶板的方式。
- 无：不创建镶板。
- 玻璃：创建不带倒角的玻璃镶板。
- 厚度：设置玻璃镶板的厚度。
- 有倒角：勾选该选项可以创建具有倒角的镶板。
- 倒角角度：指定门的外部平面和镶板平面之间的倒角角度。
- 厚度1/厚度2：设置镶板的外部/倒角从起始处厚度。
- 中间厚度：设置镶板内的面部分的厚度。
- 宽度1/宽度2：设置倒角从起始处/镶板内的面部分的宽度。

## 实例：创建遮篷式窗

扫一扫，看视频

文件路径：Chapter 04 内置几何体建模→实例：创建遮篷式窗

本案例使用【遮篷式窗】工具创建打开的遮篷式窗户模型。渲染效果如图4-143所示。

图 4-143

## 操作步骤

步骤 01 执行【创建】+|【图形】|样条线|矩形，并取消勾选【开始新图形】前方的，如图4-144所示。

步骤 02 在前视图中拖动创建3个矩形，如图4-145所示。

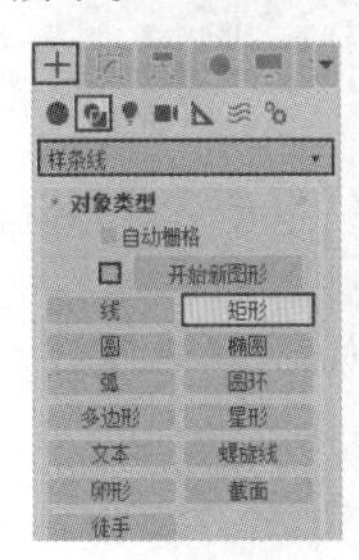


图4-144

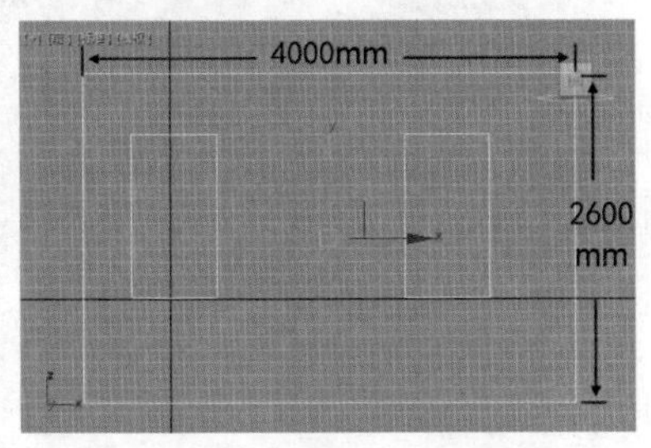


图4-145

步骤 03 单击【修改】按钮，为其添加【挤出】修改器，设置【数量】为260mm，如图4-146所示。

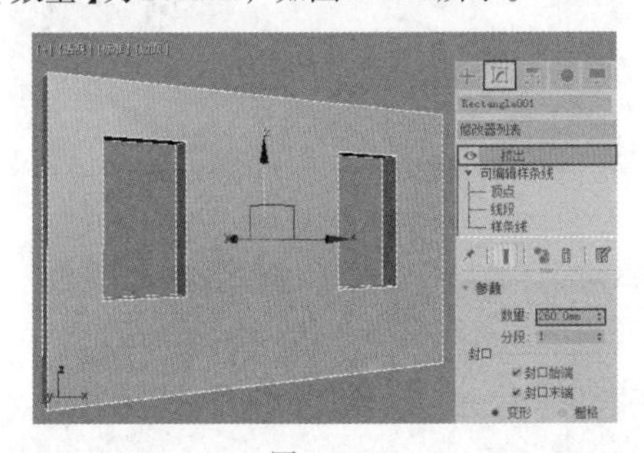


图4-146

步骤 04 执行【创建】+|【几何体】|窗|遮篷式窗，如图4-147所示。此时在前视图中创建一个遮篷式窗，如图4-148所示。

图4-147

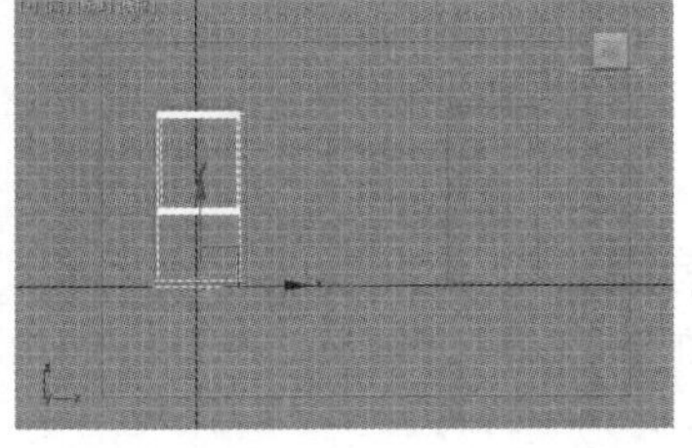

图4-148

步骤 05 单击【修改】按钮，设置【高度】为1300mm，【宽度】为700mm，【深度】为60mm，如图4-149所示。

步骤 06 此时透视图中的遮篷式窗效果如图4-150所示。

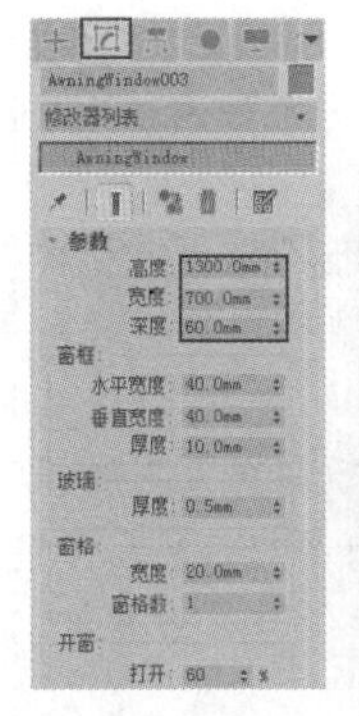


图4-149

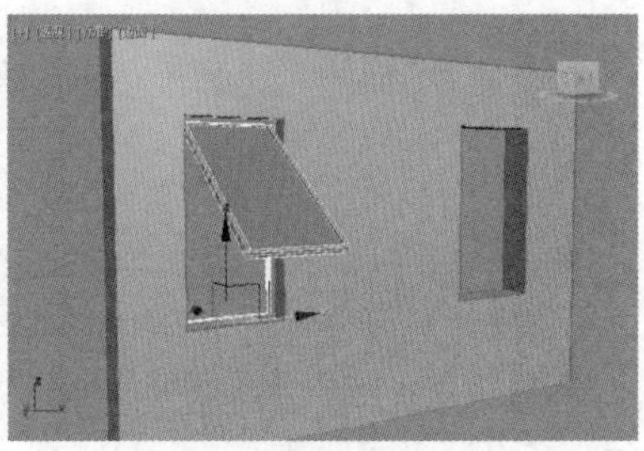

图4-150

步骤 07 选择创建出的遮篷式窗，按住Shift键并按住鼠标左键，将其沿着X轴向右侧平移并复制，放置在合适的位置后释放鼠标，在弹出的【克隆选项】窗口中设置【对象】为【复制】，【副本数】为1，如图4-151所示。

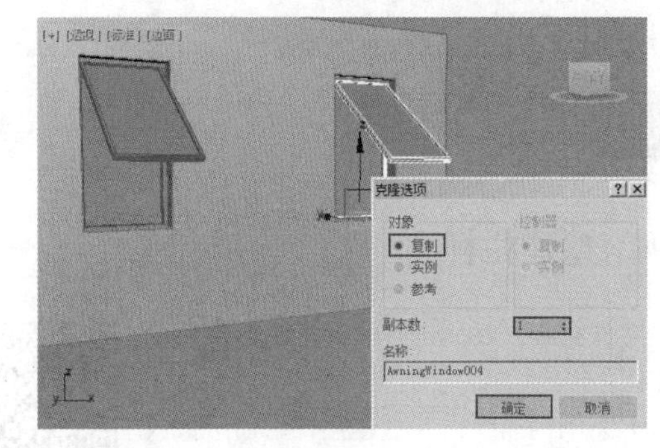


图4-151

步骤 08 最终模型效果如图4-152所示。

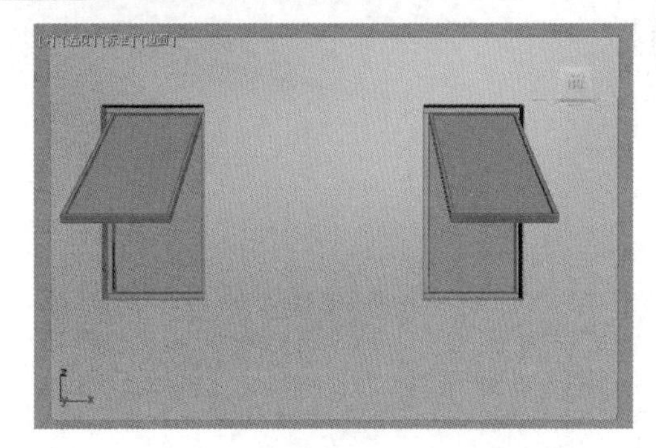

图4-152

### 选项解读：窗重点参数速查

- 遮篷式窗：可以创建具有一个或多个可在顶部转枢的窗框。
- 平开窗：可以创建具有一个或两个可在侧面转

枢的窗框。

- 固定窗：可以创建关闭的窗框，因此没有“打开窗”参数。
- 旋开窗：可以创建只具有一个窗框，中间通过窗框面用铰链结合起来。其可以垂直或水平旋转打开。
- 伸出式窗：可以创建3个窗框。顶部窗框不能移动，底部的两个窗框可像遮篷式窗那样旋转打开。
- 推拉窗：可以创建两个窗框。一个固定的窗框、一个可移动的窗框。
- 高度/宽度/深度：设置窗户的总体高度/宽度/深度。
- 窗框：控制窗框的宽度和深度。
- 玻璃：用来指定玻璃的厚度等参数。
- 窗格：该选项控制窗格的基本参数，如窗格宽度、窗格个数。

# 4.5 AEC扩展

## 实例：创建栏杆

文件路径：Chapter 04 内置几何体建模→实例：创建栏杆

扫一扫，看视频

本案例创建线，并创建栏杆，通过修改栏杆的参数并拾取线，从而制作出栏杆沿线分布的模型。渲染效果如图4-153所示。

图4-153

### 操作步骤

步骤 01 执行【创建】+|【图形】 样条线 | 线 ，在顶视图创建一条线具体尺寸，如图4-154所示。

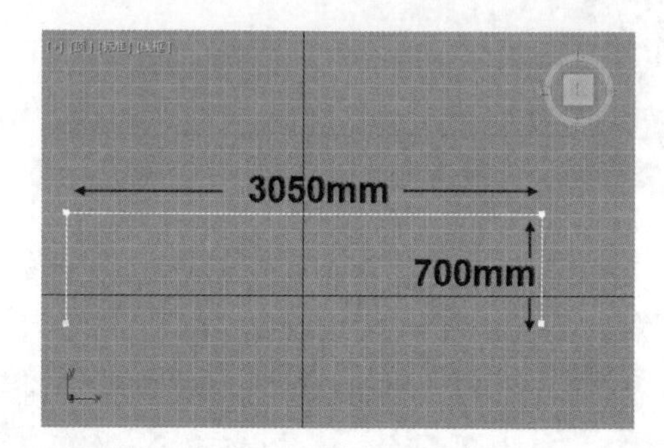


图4-154

步骤 02 执行【创建】+|【几何体】 AEC 扩展 | 栏杆 ，在透视图创建一个栏杆，如图4-155所示。

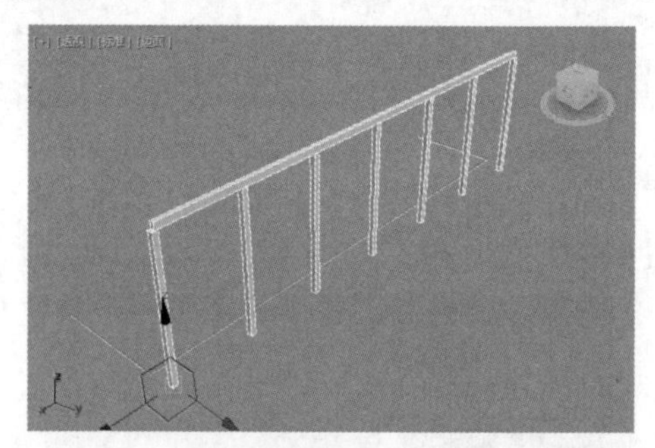

图4-155

步骤 03 单击【修改】按钮，单击 拾取栏杆路径 按钮，并单击拾取场景中的线，如图4-156所示。

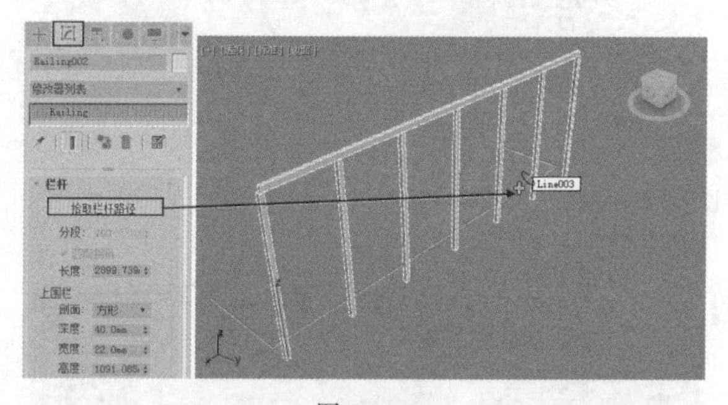


图4-156

步骤 04 单击【修改】，设置【栏杆】卷展栏中的【分段】为100，勾选【匹配拐角】，【深度】为40mm，【宽度】为22mm，【高度】为800mm。设置【下围栏】中的【深度】为40mm，【宽度】为30mm，单击按钮，设置【计数】为0。设置【立柱】卷展栏中的【深度】为30mm，【宽度】为30，单击按钮，设置【计数】为3，取消勾选【跟随】。设置【栅栏】卷展栏中的【深度】为30mm，【宽度】为30mm，如图4-157所示。

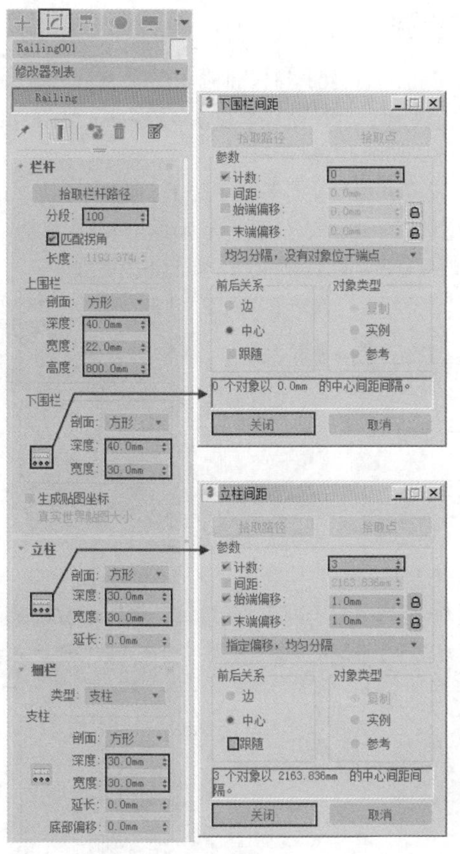


图 4-157

步骤 05 此时的栅栏模型已经制作完成，如图4-158所示。

步骤 06 选择最初创建的线，在透视图中按住Shift键并按住鼠标左键，将其沿着Z轴向上移动并复制，放置在合适的位置后释放鼠标，在弹出的【克隆选项】窗口中设置【对象】为【复制】，【副本数】为1，如图4-159所示。

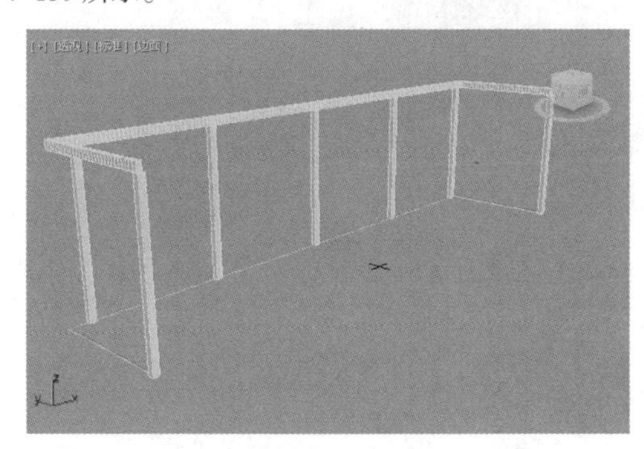

图 4-158

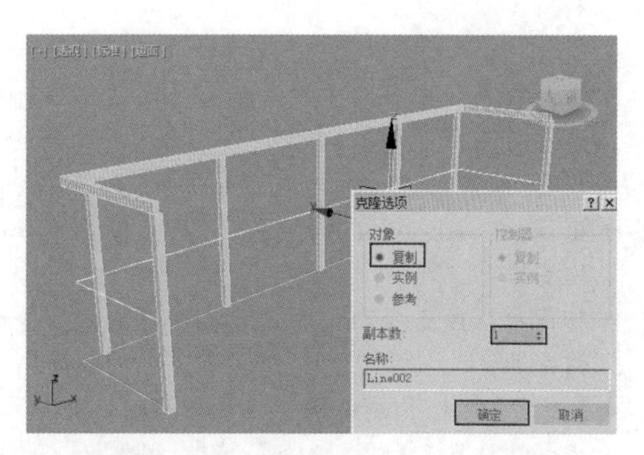


图 4-159

步骤 07 选择复制完成的线，单击【修改】按钮，勾选【在渲染中启用】和【在视口中启用】，设置方式为【矩形】，设置【长度】为780mm，【宽度】为10mm，如图4-160所示。

步骤 08 此时的玻璃模型制作完成，如图4-161所示。

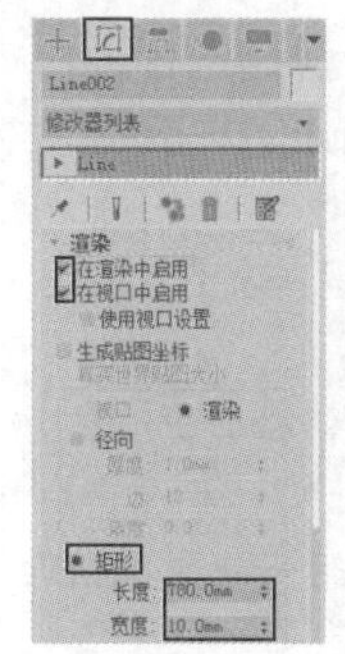


图 4-160

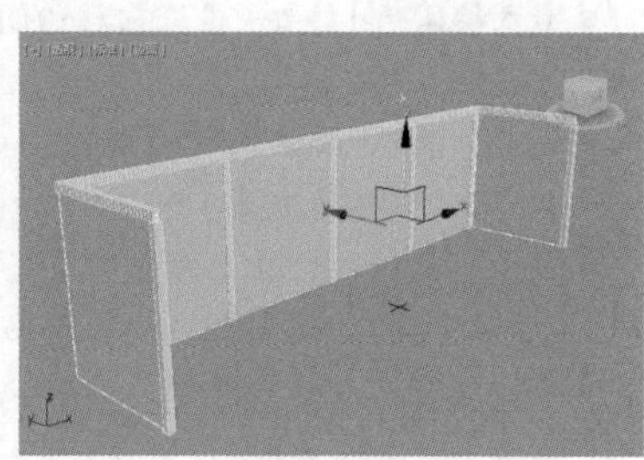

图 4-161

步骤 09 最终模型效果如图4-162所示。

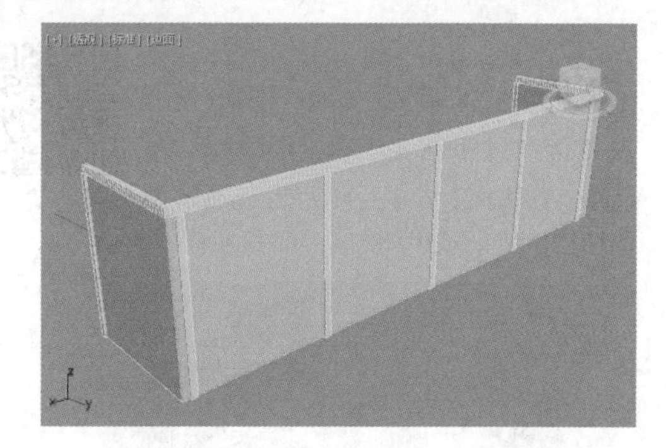

图 4-162

## 选项解读：栏杆重点参数速查

(1) 栏杆

- 拾取栏杆路径：单击该按钮可拾取样条线来作为栏杆的路径。

- 分段：设置栏杆对象的分段数。
- 匹配拐角：在栏杆中放置拐角，以匹配栏杆路径的拐角。
- 长度：设置栏杆的长度。
- 上围栏：该选项组用于设置栏杆上围栏部分的相关参数。
- 下围栏：该选项组用于设置栏杆下围栏部分的相关参数。
- 【下围栏间距】按钮：设置下围栏之间的间距。
- 生成贴图坐标：为栏杆对象分配贴图坐标。
- 真实世界贴图大小：控制应用于对象的纹理贴图材质所使用的缩放方法。

(2)立柱
- 剖面：指定立柱的横截面形状。
- 深度：设置立柱的深度。
- 宽度：设置立柱的宽度。
- 延长：设置立柱在上栏杆底部的延长量。
- 【立柱间距】按钮：设置立柱的间距。

(3)栅栏
- 类型：指定立柱之间的栅栏类型，有【无】【支柱】和【实体填充】3个选项。
- 支柱：该选项组中的参数只有当栅栏类型设置为【支柱】类型时才可用。
- 实体填充：该选项组中的参数只有当栅栏类型设置为【实体填充】类型时才可用。

## 实例：使用墙工具制作三维户型墙体

扫一扫，看视频

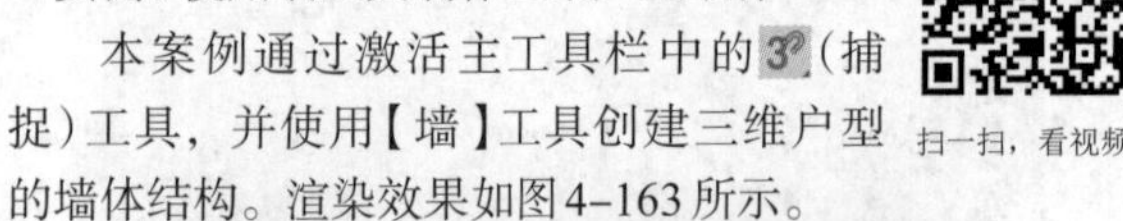

文件路径：Chapter 04 内置几何体建模→实例：使用墙工具制作三维户型墙体

本案例通过激活主工具栏中的3ⁿ（捕捉）工具，并使用【墙】工具创建三维户型的墙体结构。渲染效果如图4-163所示。

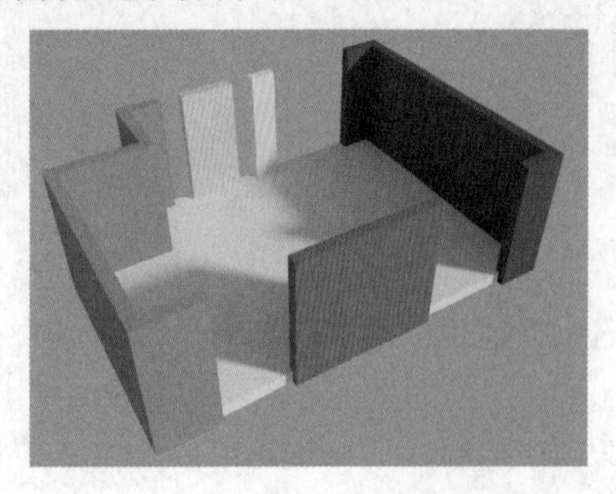
图4-163

## 操作步骤

步骤 01 执行【创建】+|【几何体】AEC 扩展|墙，设置【宽度】为240mm，【高度】为2800mm，如图4-164所示。

步骤 02 单击激活主工具栏中的3ⁿ（捕捉）工具，此时在顶视图可以单击鼠标左键进行创建，并且在移动鼠标时可以看到会自动捕捉栅格点，如图4-165所示。

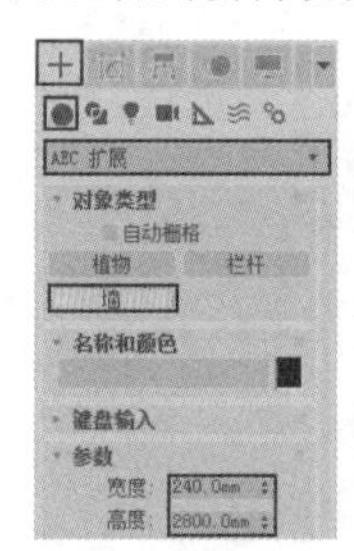

图4-164

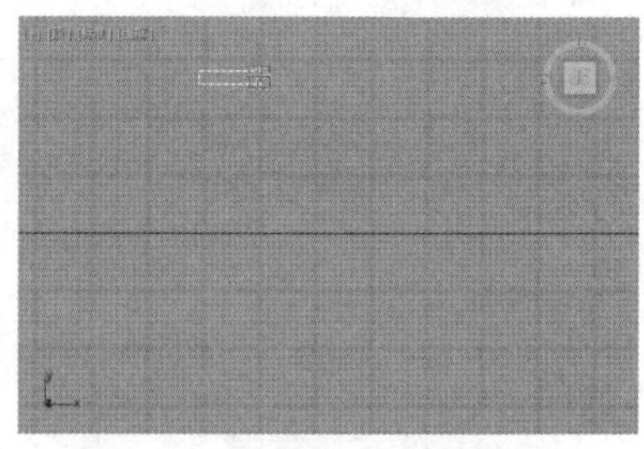
图4-165

步骤 03 继续捕捉绘制出1组墙体，如图4-166所示。

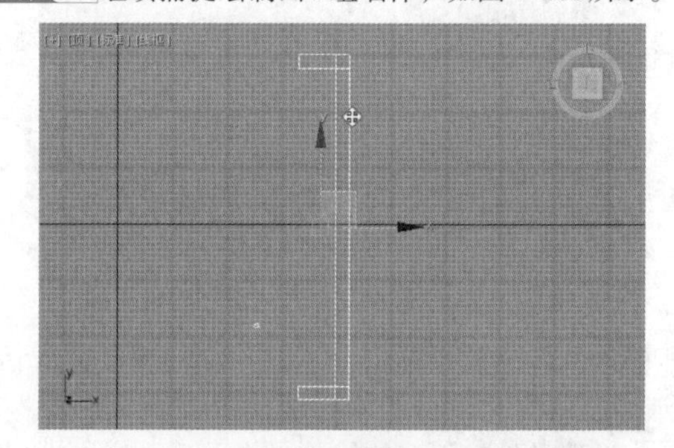
图4-166

步骤 04 此时该墙体在透视图的效果如图4-167所示。

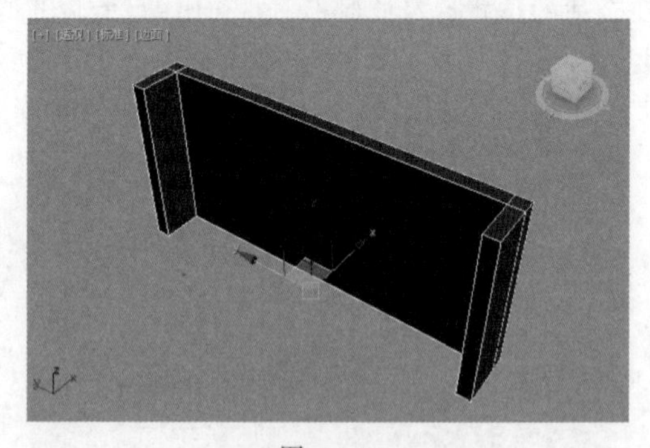
图4-167

步骤 05 继续在顶视图捕捉绘制1组墙体，如图4-168所示。

步骤 06 此时该墙体在透视图的效果如图4-169所示。

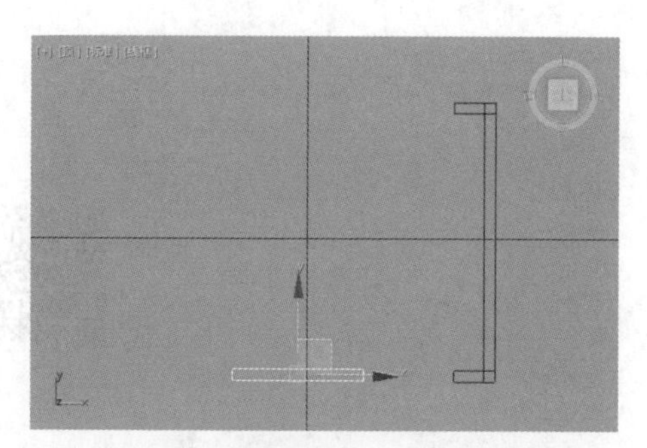

图 4–168

图 4–169

步骤 07 继续在顶视图捕捉绘制1组墙体，如图4–170所示。

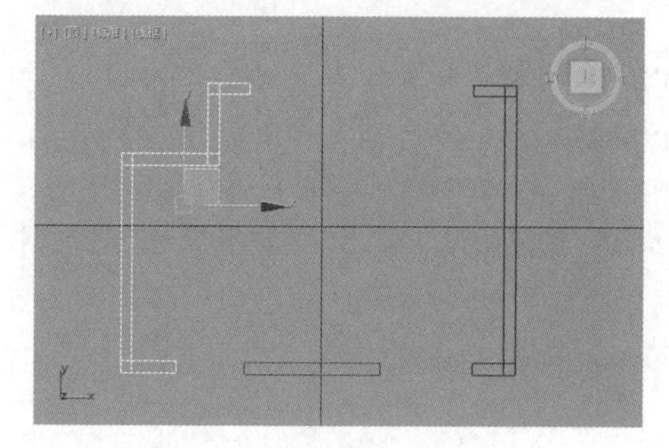

图 4–170

步骤 08 此时该墙体在透视图的效果如图4–171所示。

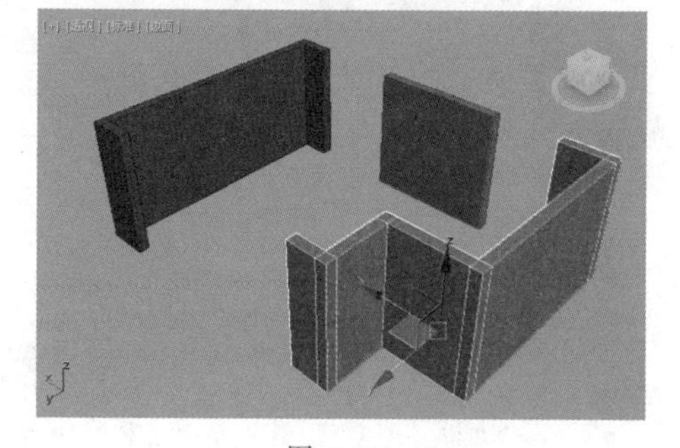

图 4–171

步骤 09 继续在顶视图捕捉绘制2组墙体，如图4–172所示。

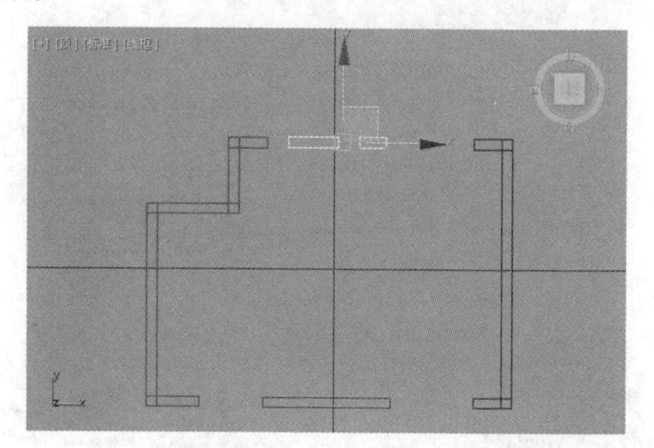

图 4–172

步骤 10 此时该墙体在透视图的效果如图4–173所示。

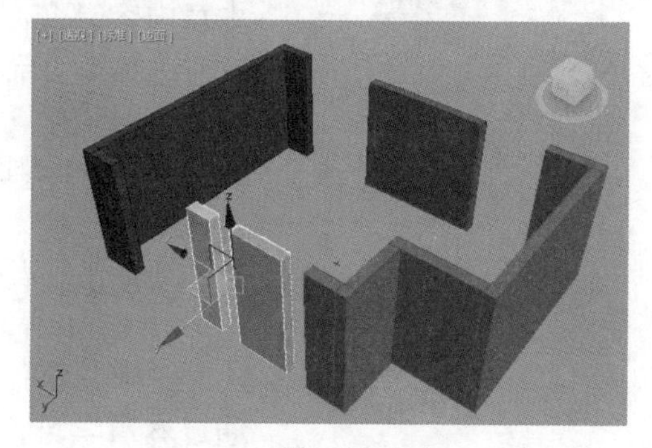

图 4–173

步骤 11 最终模型效果如图4–174所示。

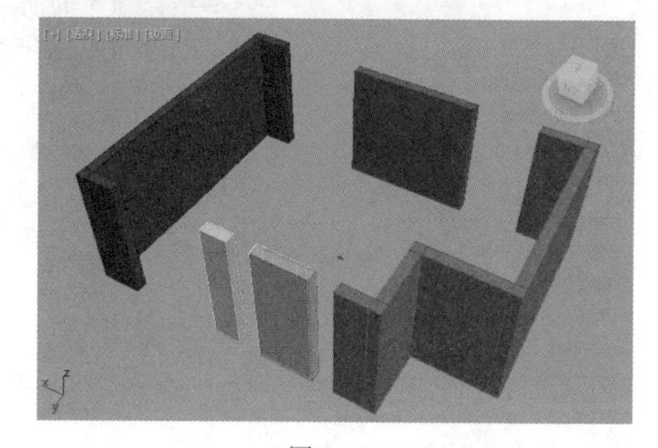

图 4–174

扫一扫，看视频

# 样条线建模

## 本章内容简介：

本章将学习样条线建模，可以对二维图形进行创建、修改，还可以将其转化为可编辑样条线，从而对样条线的顶点、线段等进行编辑操作。学习样条线，不仅可以制作出二维的图形效果，还可以将其修改为三维模型。

## 重点知识掌握：

- 熟练掌握样条线的创建方法。
- 熟练掌握样条线的改变方法。
- 掌握扩展样条线的使用方法。

## 通过本章学习，我能做什么？

通过本章的学习，我们可以利用样条线建模轻松制作出一些线条形态的模型，这些线条形态的模型通常可以用于组成家具中的某些部分。比如吊灯上的弧形灯柱、顶棚四周的石膏线、铁艺桌椅、铁艺吊灯、茶几、欧式家具上的雕花等。

# 5.1 认识样条线建模

扫一扫，看视频

样条线是二维的图形，它是一个没有深度的连续线，它可以是开的，也可以是封闭的。创建二维的样条线对于三维模型来说是很重要的，比如使用样条线中的【文本】工具创建一组文字，然后可以将它变为三维文字。

在命令面板中执行【创建】+ |【图形】，此时可以看到包括6种图形类型，分别为样条线、NURBS曲线、复合图形、扩展样条线、CFD、Max Creation Graph，如图5-1所示。

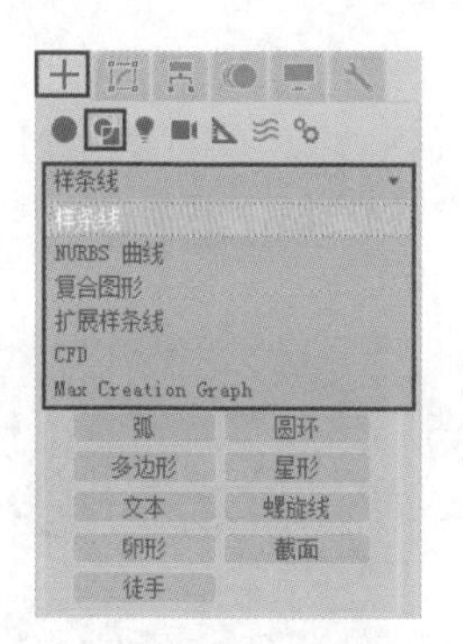


图 5-1

- 样条线：样条线中包含了比较常用的二维图形，如线、矩形、圆。
- NURBS曲线：由 NURBS 建模创建曲线对象。
- 复合图形：创建完成两条线后，可以使用该工具将两条线进行图形布尔运算。
- 扩展样条线：扩展样条线是对样条线的扩展版。
- CFD：用于创建CFD可视化数据的线，是新增的功能。
- Max Creation Graph：可用于创建曲线，是新增的功能。

# 5.2 样条线

样条线是默认的图形类型，包括13种样条线类型，最常用的有线、矩形、圆、多边形、文本等。熟练使用样条线，不仅可以创建笔直的或弯曲的线，还可以创建文字等图形。如图5-2所示为13种类型。

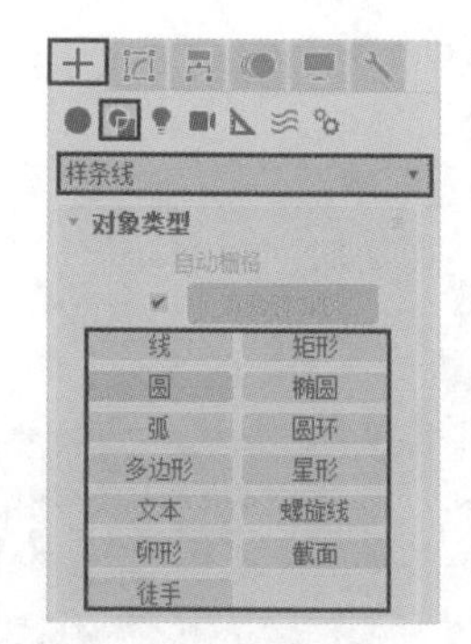


图 5-2

## 实例：使用线制作金属栏杆

扫一扫，看视频

文件路径：Chapter 05 样条线建模→实例：使用线制作金属栏杆

本案例使用【线】工具创建连续的线，最后通过修改参数使线变为三维模型。渲染效果如图5-3所示。

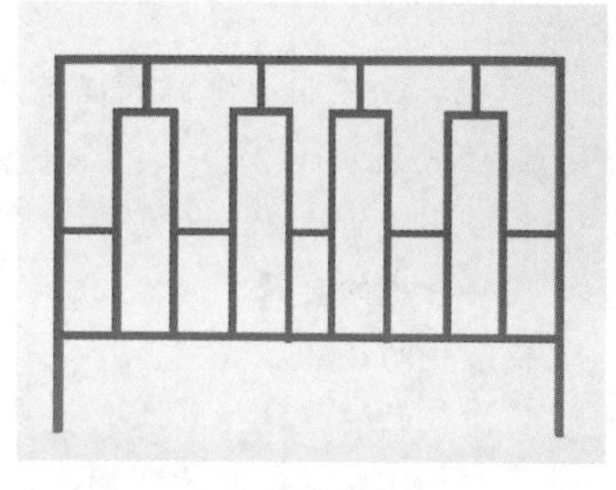

图 5-3

## 操作步骤

步骤 01 执行【创建】+ |【图形】|样条线 |线，并取消勾选【开始新图形】选项，如图5-4所示。接着在前视图中绘制样条线，如图5-5所示。

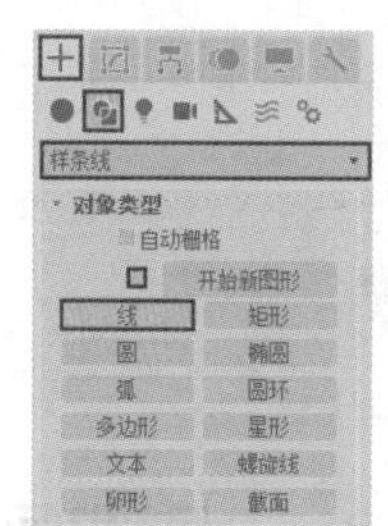


图 5-4

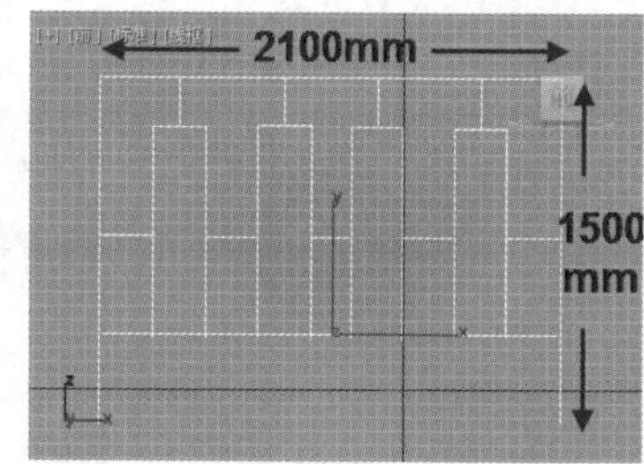


图 5-5

步骤 02 绘制完成后单击【修改】按钮，展开【渲染】卷展栏，勾选【在渲染中启用】和【在视口中启用】选项，选择【矩形】选项，设置【长度】为36mm，【宽度】为30mm，如图5-6所示。

步骤 03 最终模型如图5-7所示。

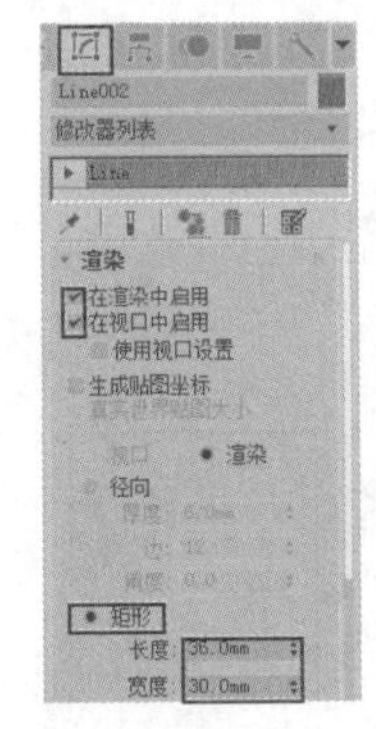

图 5-6

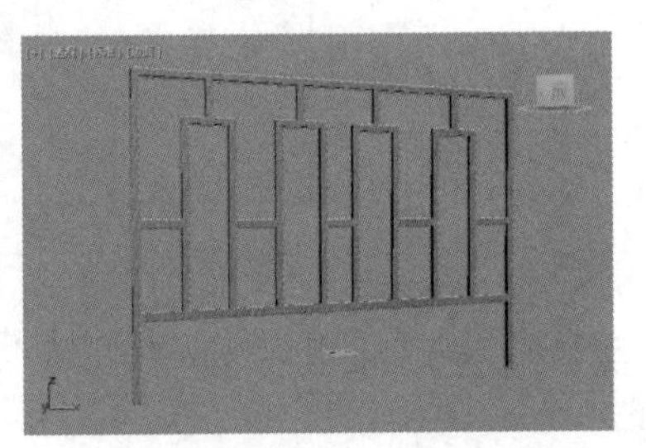

图 5-7

## 选项解读：线重点参数速查

(1)【渲染】卷展栏

- 在渲染中启用：勾选该选项时，在渲染时线会呈现三维效果。
- 在视口中启用：勾选该选项时，样条线在视图中会显示为三维效果。
- 径向：设置样条线的横截面为圆形。
- 厚度：设置样条线的直径。
- 边：设置样条线的边数。
- 角度：设置横截面的旋转位置。
- 矩形：设置样条线的横截面为矩形。
- 长度：用于设置沿局部Y轴的横截面大小。
- 宽度：用于设置沿局部X轴的横截面大小。
- 角度：用于调整视图或渲染器中的横截面的旋转位置。
- 纵横比：用于设置矩形横截面的纵横比。

(2)【插值】卷展栏

- 步数：数值越大图形越圆滑。
- 优化：勾选该选项后，可从样条线的直线线段中删除不需要的步数。
- 自适应：勾选该选项后，会自适应设置每条样条线的步数，从而生成平滑的曲线。

## 实例：使用线制作简约金属摆件

文件路径：Chapter 05 样条线建模→实例：使用线制作简约金属摆件

扫一扫，看视频

本案例使用【线】工具绘制线，并将线变为三维效果。渲染效果如图5-8所示。

图 5-8

### 操作步骤

步骤 01 执行【创建】 + 【图形】 样条线 线，如图5-9所示。在前视图中绘制一条封闭的线，如图5-10所示。

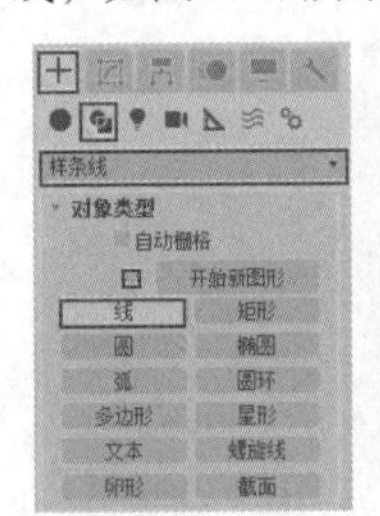

图 5-9

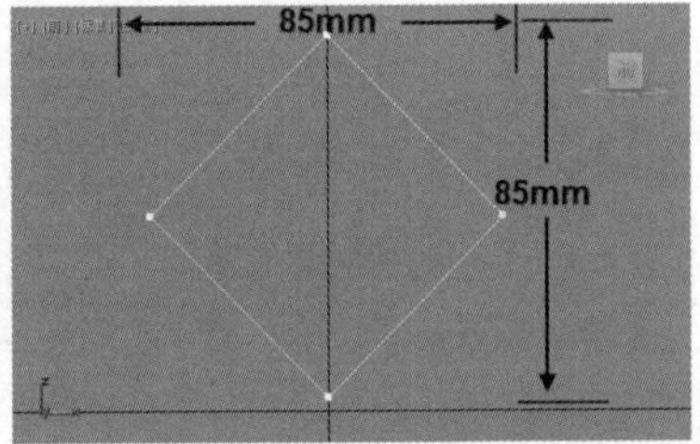


图 5-10

## 提示：创建线之前，选择不同的效果

单击【线】工具，会看到【创建方法】卷展栏，如图5-11所示。

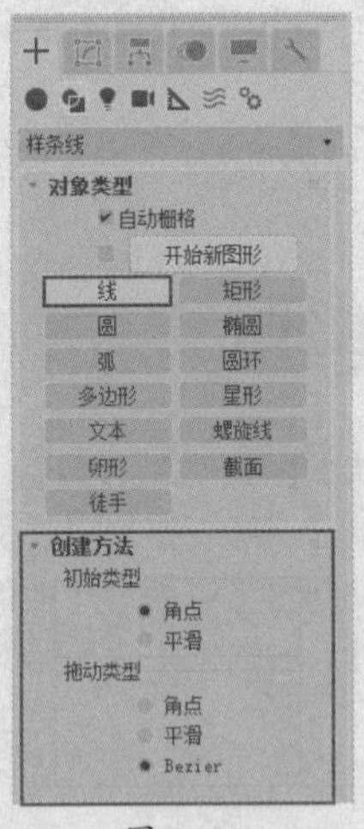

图 5-11

当设置【初始类型】为【角点】时，单击创建的线都是转折的效果。当设置【初始类型】为【平滑】时，单击创建的线都是光滑的效果，如图5-12所示。

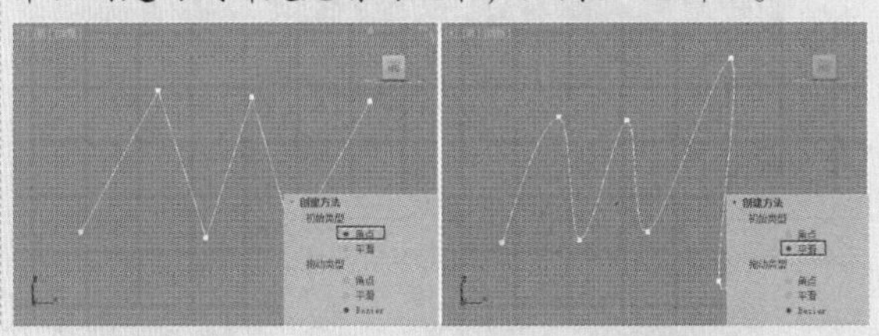

图 5-12

同样，若是修改【拖动类型】，那么在创建线时，单击并拖动鼠标左键会按照【拖动类型】的设置产生相应的效果。

步骤 02 继续绘制1条闭合的线，如图5-13所示。

步骤 03 继续绘制1条闭合的线，如图5-14所示。

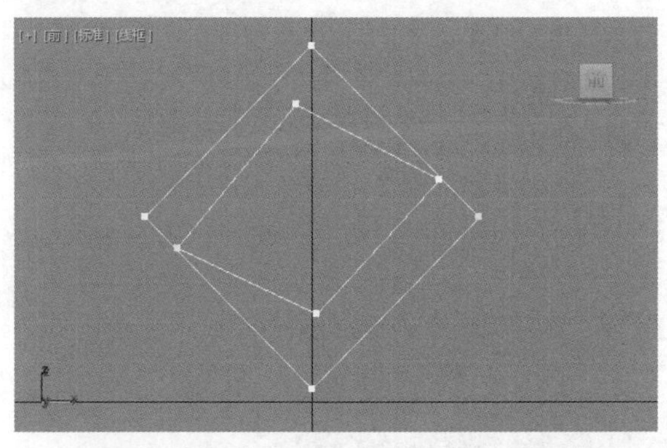

图 5-13

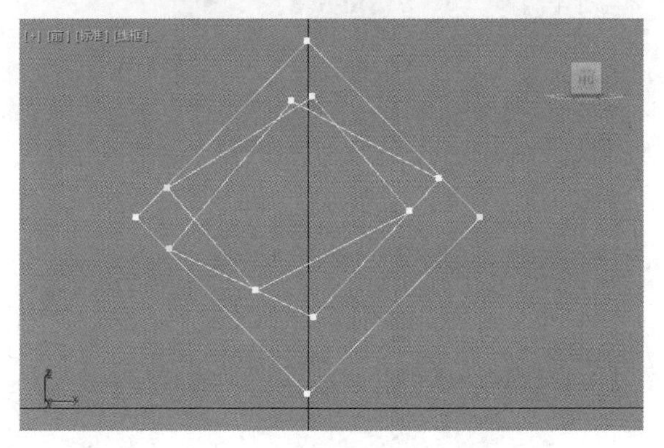

图 5-14

步骤 04 继续绘制2条线，如图5-15所示。

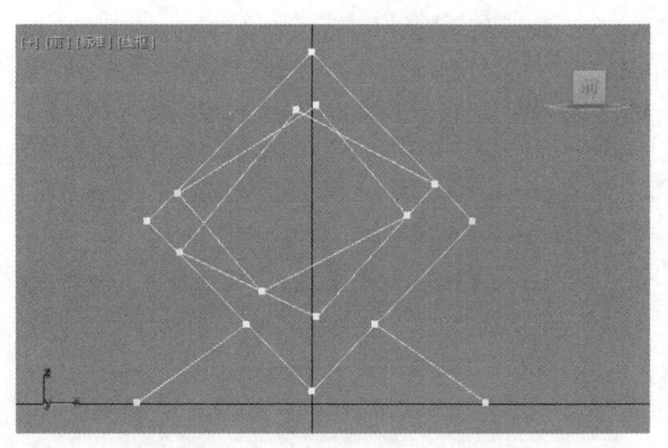

图 5-15

步骤 05 在顶视图中绘制一个矩形，如图5-16所示。

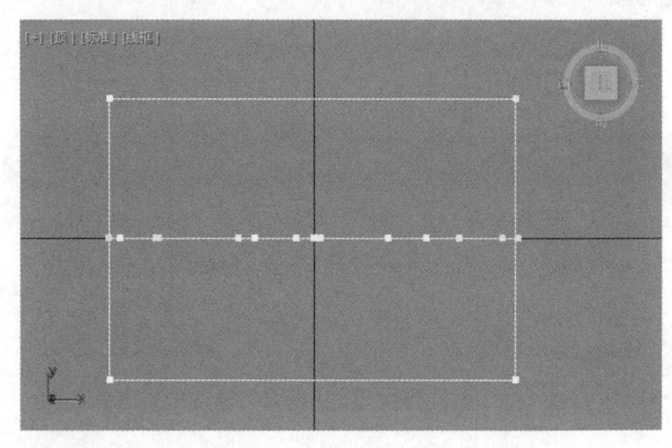

图 5-16

步骤 06 透视图中的效果如图5-17所示。

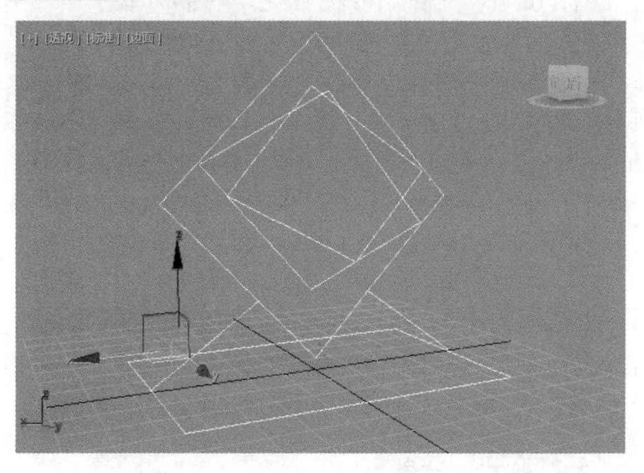

图 5-17

步骤 07 展开【渲染】卷展栏，勾选【在渲染中启用】和【在视口中启用】选项，选择【径向】，设置【厚度】为3mm，如图5-18所示。

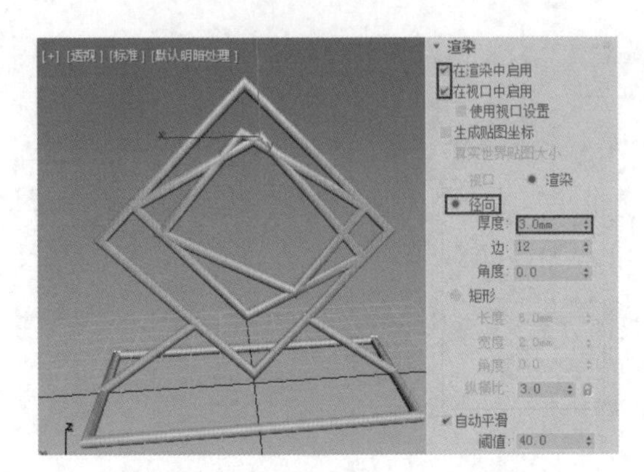


图 5-18

步骤 08 案例最终渲染效果如图5-19所示。

图 5-19

## 提示：继续向视图之外绘制线

在绘制线时，由于视图有限，因此无法完整绘制复杂的、较大的图形。如图5-20所示，向右侧绘制线时，视图显示不全了。

按I键，可以看到视图自动向右跳转了。所以使用这个方法就可以轻松绘制较大的图形了，如图5-21所示。

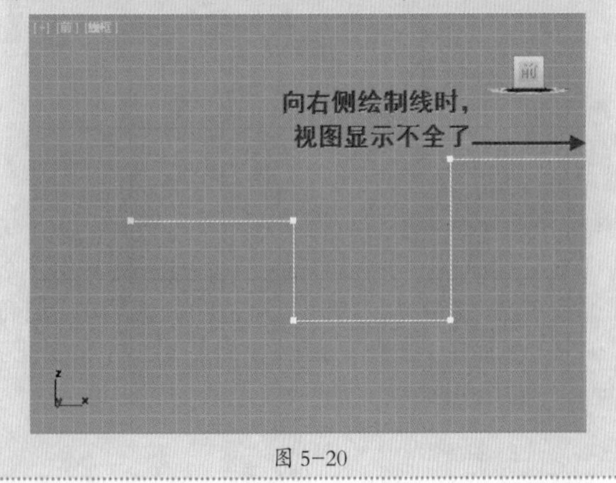


图 5-20

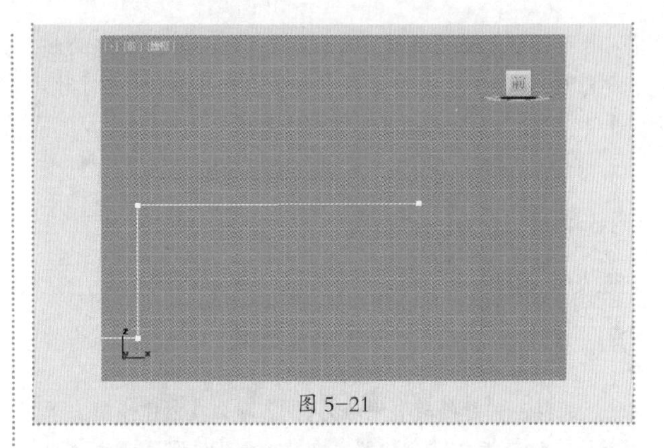

图 5-21

## 提示：绘制不同样式的线

（1）绘制尖锐转折的线。使用【线】工具，在前视图中单击鼠标左键可以确定线的第1个顶点，然后移动鼠标位置并再次单击鼠标左键即可确定第2个顶点，继续同样的操作步骤。当需要绘制完成时，则只需要单击鼠标右键即可完成绘制，如图5-22所示。

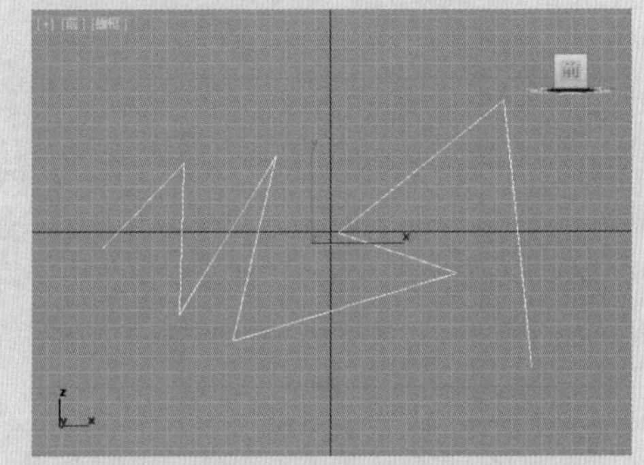

图 5-22

（2）绘制90°角转折的线。在学会了上面讲解的尖锐转折线绘制方法的基础上，只需要在绘制线时按下Shift键，即可绘制90°角转折的线，如图5-23所示。

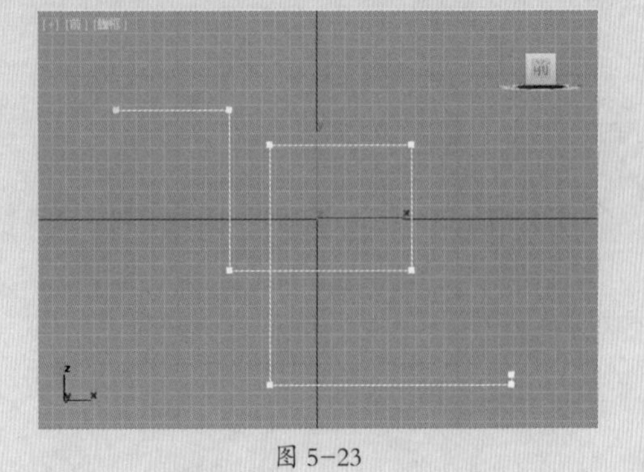

图 5-23

（3）绘制过渡平滑的曲线。在学会了上面讲解的尖锐转折线绘制方法的基础上，只需要在绘制时由单击鼠标左键变为按下鼠标左键并拖动鼠标，即可绘制过渡平滑的曲线，如图5-24所示。

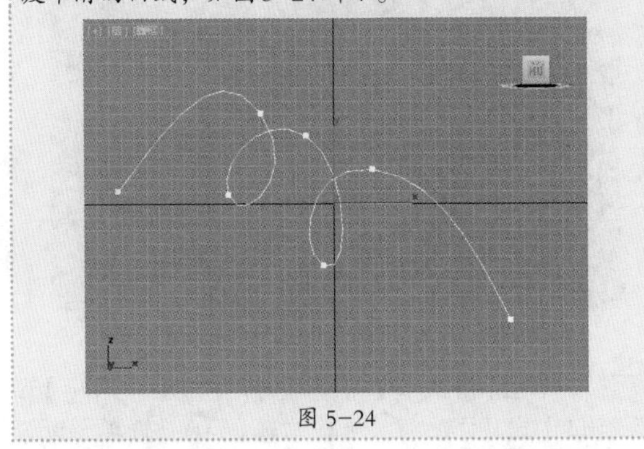

图 5-24

## 实例：使用线制作小餐桌

文件路径：Chapter 05 样条线建模→实例：使用线制作小餐桌

扫一扫，看视频

本案例使用【线】和【圆】工具绘制图形，并通过调整参数和添加修改器使其变为三维效果，最后将餐桌腿进行旋转复制。渲染效果如图5-25所示。

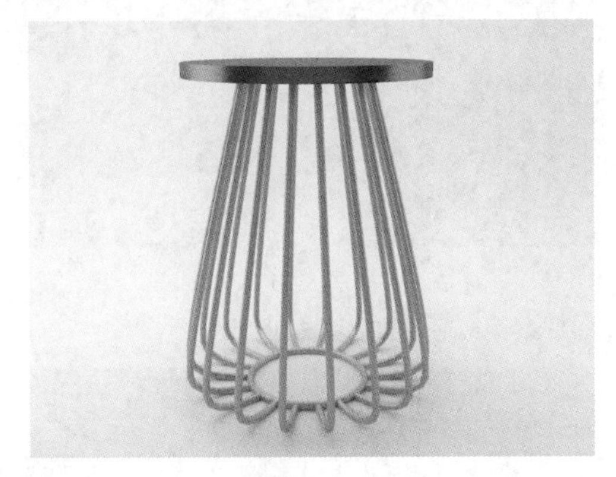

图 5-25

## 操作步骤

步骤 01 执行【创建】+ |【图形】 | 样条线 | 圆，在顶视图中创建一个圆，设置【半径】为280mm，如图5-26所示。为刚才的圆添加【挤出】修改器，设置【数量】为31.2mm，如图5-27所示。

图 5-26

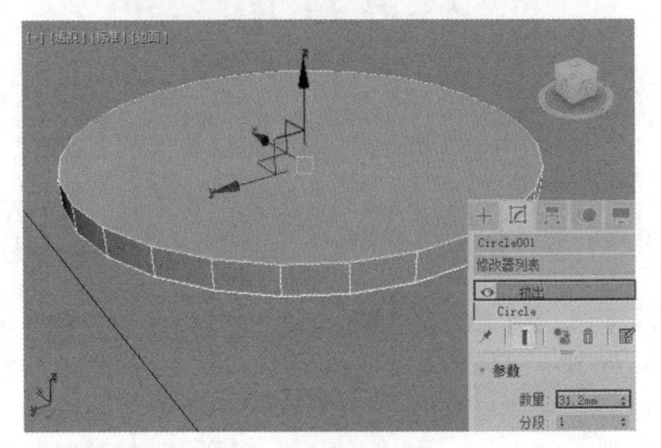


图 5-27

步骤 02 执行【创建】|【图形】|【线】命令，在前视图中绘制线，如图5-28所示。接着展开【渲染】卷展栏，勾选【在渲染中启用】和【在视口中启用】选项，勾选【径向】选项，设置【厚度】为16.64mm，如图5-29所示。

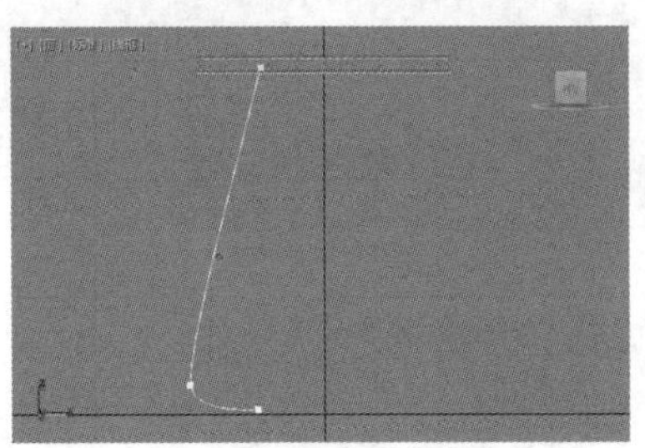

图 5-28

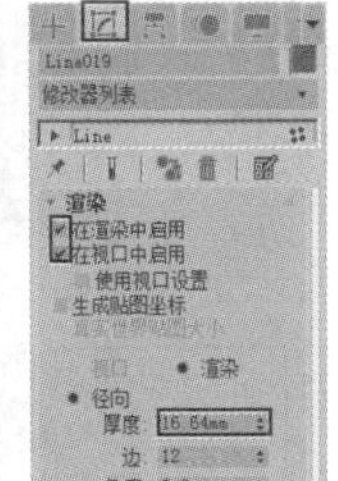


图 5-29

步骤 03 接着将其移动到合适的位置，如图5-30所示。

步骤 04 在顶视图中选中刚刚绘制的样条线，接着单击【层次】按钮，再单击 仅影响轴 按钮，然后将轴移动到中心位置，如图5-31所示。调整完成后再次单击 仅影响轴 按钮完成对于轴心的操作。

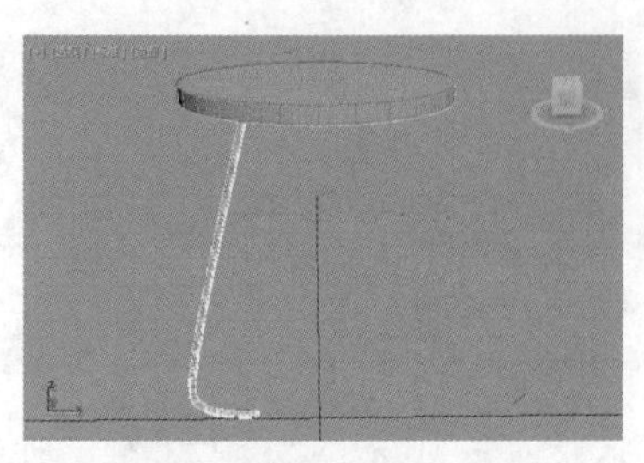

图 5-30

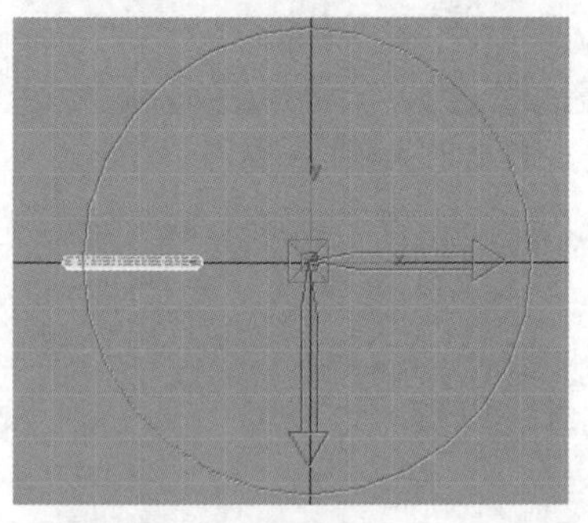

图 5-31

步骤 05 接着激活【选择并旋转】按钮和【角度捕捉切换】按钮，将样条线沿着Z轴旋转-20°，旋转完成后释放鼠标，在弹出的【克隆选项】对话框中设置【对象】为【复制】,【副本数】为17，如图5-32所示。旋转复制完成后的效果如图5-33所示。

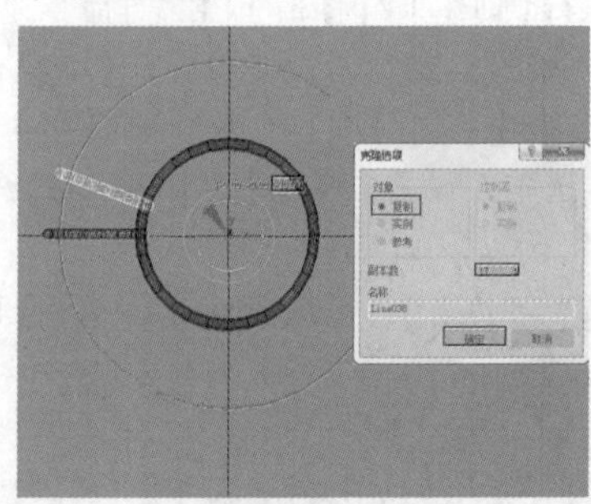

图 5-32

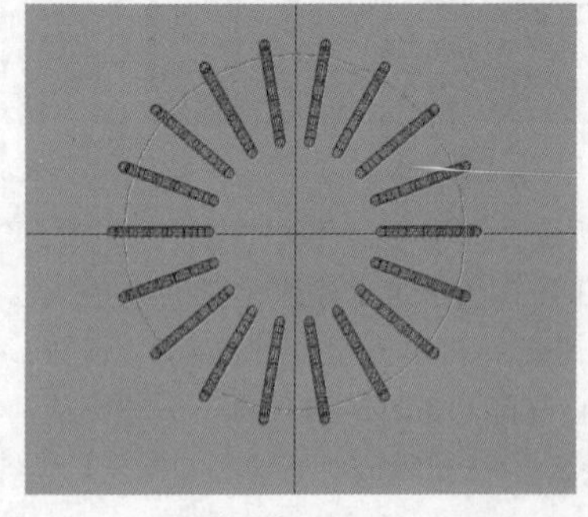

图 5-33

步骤 06 在顶视图中再次绘制一个圆形，如图5-34所示。

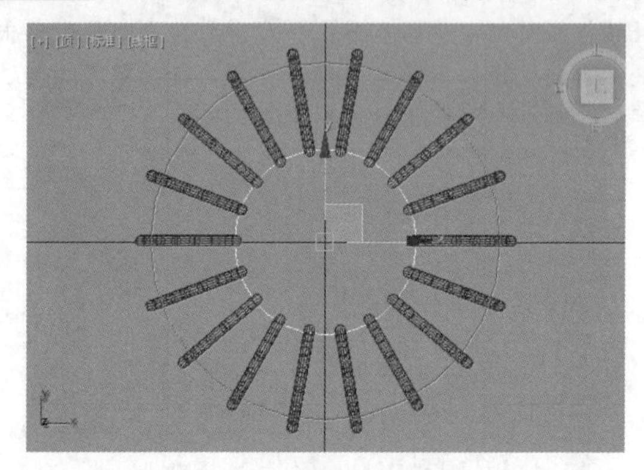

图 5-34

步骤 07 单击【修改】按钮，勾选【在渲染中启用】和【在视口中启用】选项，接着勾选【径向】选项，设置【厚度】为16.64mm，在【参数】卷展栏中设置【半径】为145.6mm。设置完成后将其摆放在合适的位置，如图5-35所示。

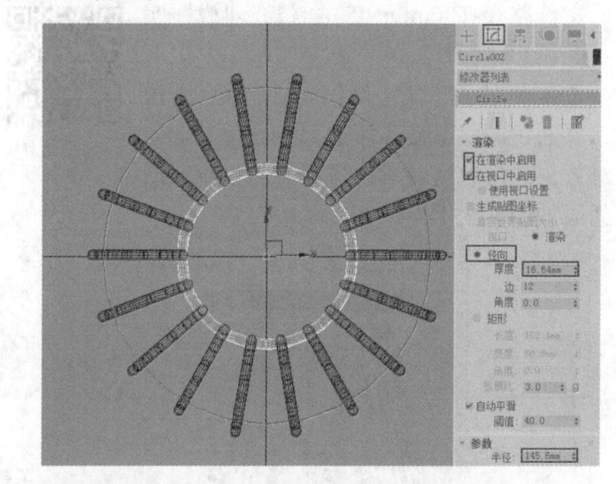


图 5-35

步骤 08 案例最终效果如图5-36所示。

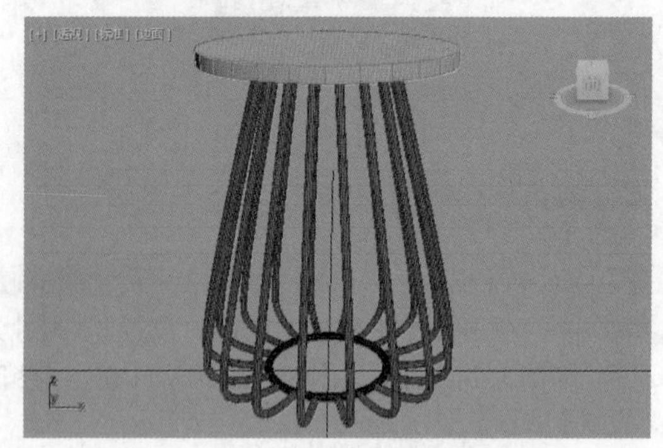

图 5-36

## 提示：顶点的4种显示方式

(1)绘制一条线，如图5-37所示。

(2)单击【修改】按钮，再单击▶按钮，选择【顶点】级别，如图5-38所示。

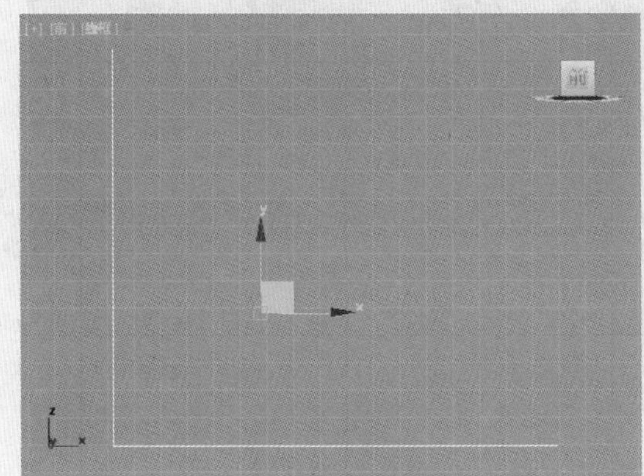

图 5-37

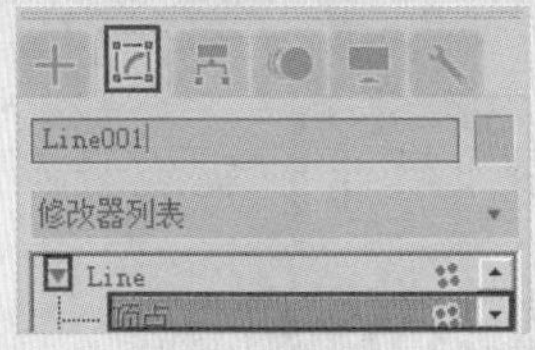


图 5-38

(3)此时可以选择顶点，如图5-39所示。

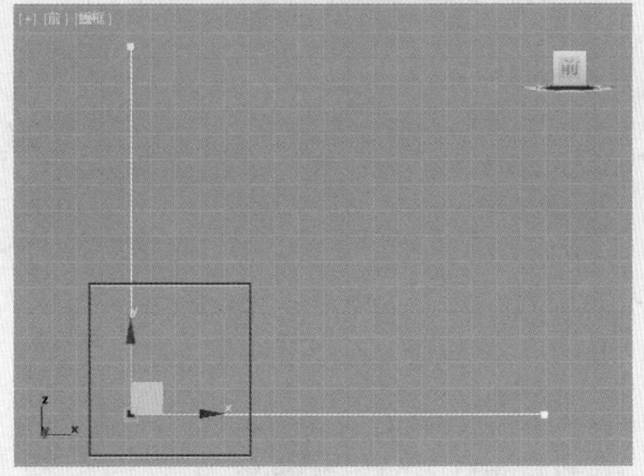

图 5-39

(4)单击右键，可以看到顶点有4种显示方式，如图5-40所示。

- Bezier角点：顶点的两侧各有一个滑竿，通过拖动滑竿可以分别设置两侧的弧度。
- Bezier：顶点上只有一个滑竿，通过拖动这一个滑竿控制两侧同时变化。（当无法正确拖动滑竿时，需要稍微移动顶点的位置。）

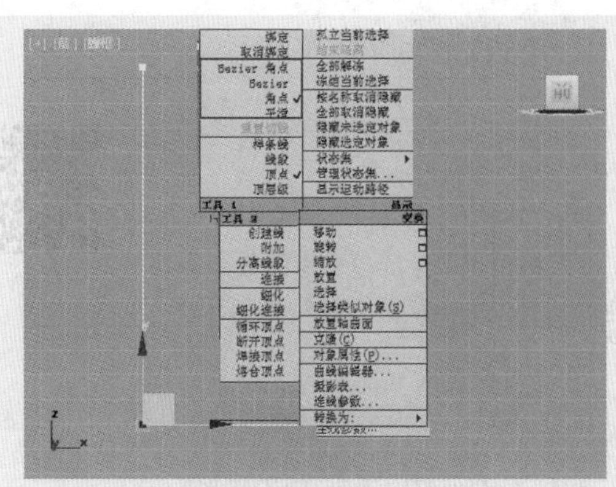


图 5-40

- 角点：自动设置该顶点为转折强烈的点。
- 平滑：自动设置该顶点为过渡圆滑的点。如图5-41所示为4种不同方法的对比效果。

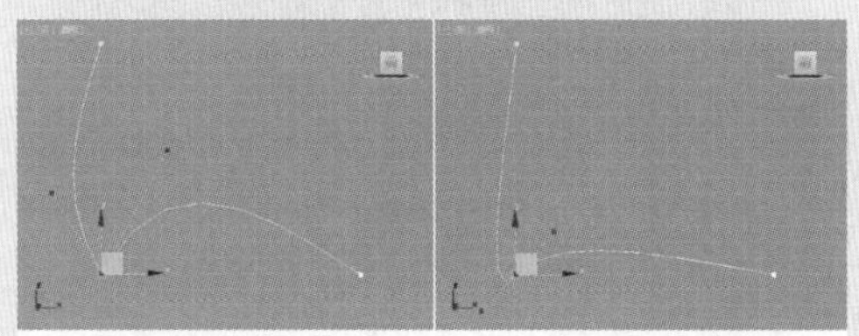

(a)【Bezier角点】方式　(b)【Bezier】方式

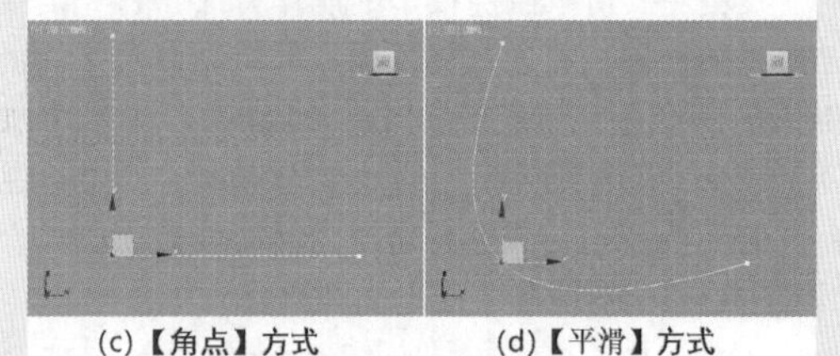

(c)【角点】方式　(d)【平滑】方式

图 5-41

## 提示：绘制线时，顶点越少越容易调节圆滑效果

在使用【线】工具绘制线时，顶点越多越不容易调节出平滑的过渡效果。建议使用尽可能少的点，这样调整时会更容易调整出平滑的线，如图5-42所示。

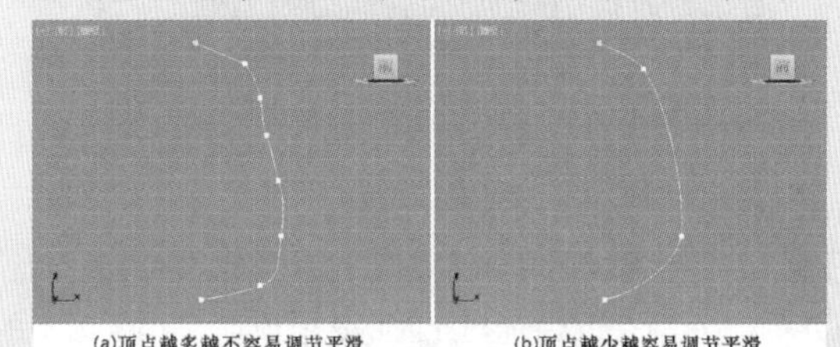

(a)顶点越多越不容易调节平滑　(b)顶点越少越容易调节平滑

图 5-42

## 实例：使用线、圆制作圆凳

扫一扫，看视频

文件路径：Chapter 05 样条线建模→实例：使用线、圆制作圆凳

本案例使用【线】和【圆】工具制作圆凳，可以将顶点调整为更光滑的效果，并进行旋转复制。渲染效果如图5-43所示。

图 5-43

## 操作步骤

本案例主要讲解圆凳模型的制作方法，首先需要进行样条线的绘制，并通过修改顶点的位置以及平滑的效果制作出圆凳中间弧形的部分，接着需要为模型加载FFD 3×3×3修改器使模型的效果上下对称，最后制作最上方的模型，绘制圆形后通过为其加载挤出修改器和编辑多边形修改器使其表面更加圆滑。

步骤 01 使用【线】工具，在前视图中绘制1条线（共5个顶点），如图5-44所示。

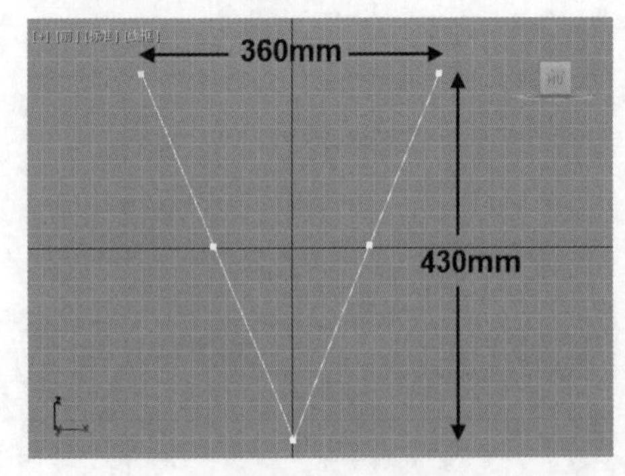


图 5-44

步骤 02 绘制完成后单击【修改】按钮，进入【顶点】级别，在顶视图中选择此时的2个顶点，并将选中的顶点沿着Y轴向下平移，如图5-45所示。

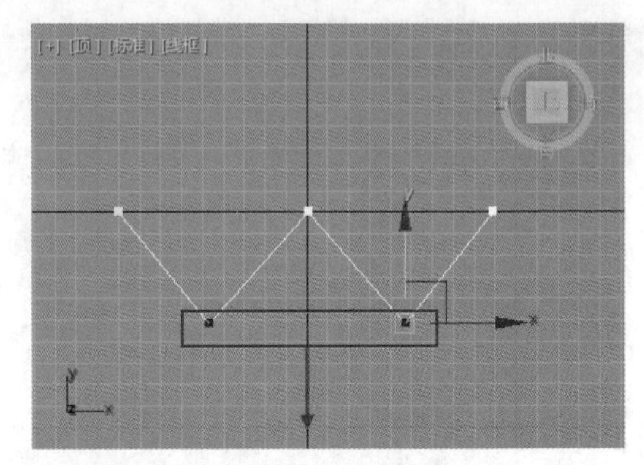

图 5-45

步骤 03 单击鼠标右键，执行【平滑】命令，如图5-46所示。接着继续调整顶点的位置，如图5-47所示。

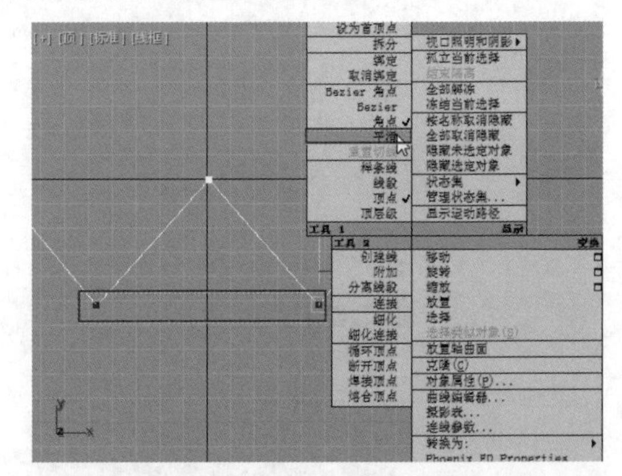


图 5-46

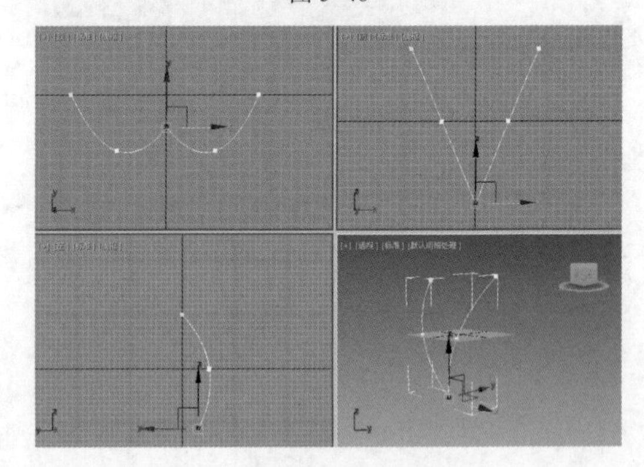

图 5-47

步骤 04 展开【渲染】卷展栏，勾选【在渲染中启用】和【在视口中启用】选项。勾选【径向】选项并设置【厚度】为6mm，如图5-48所示。

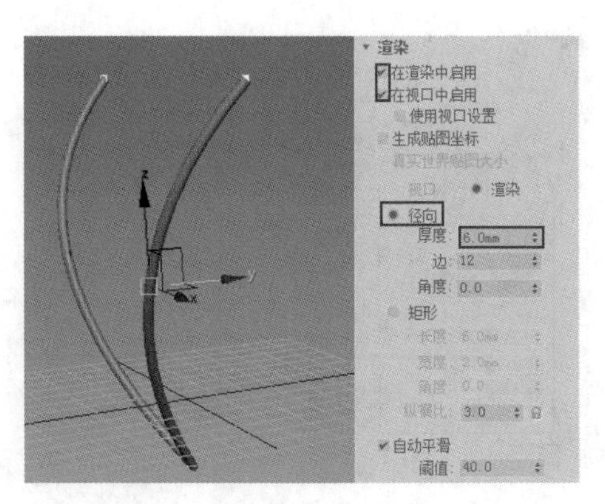


图 5-48

步骤 05 在选中样条线的状态下单击【层次】按钮，并单击 仅影响轴 按钮，将轴移动到中心位置处，如图5-49所示。设置完成后再次单击 仅影响轴 按钮，完成对于轴心的设置。

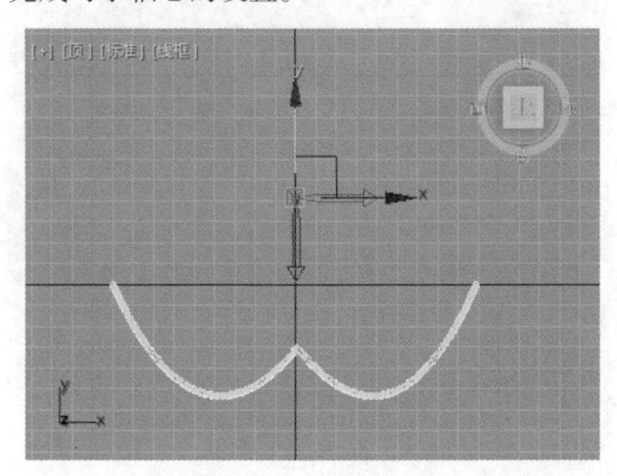

图 5-49

步骤 06 单击【选择并旋转】按钮和【角度捕捉切换】按钮，在顶视图中选中该模型，按住Shift键并按住鼠标左键，将其沿着Z轴旋转20°，旋转完成后释放鼠标，在弹出的【克隆选项】对话框中设置【对象】为【复制】，【副本数】为17，如图5-50所示。此时效果如图5-51所示。

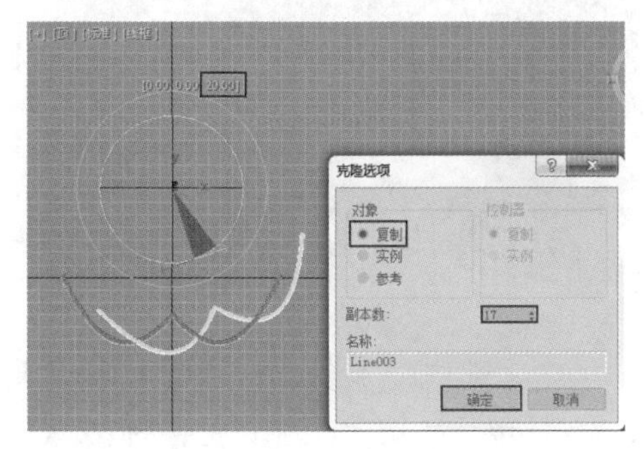


图 5-50

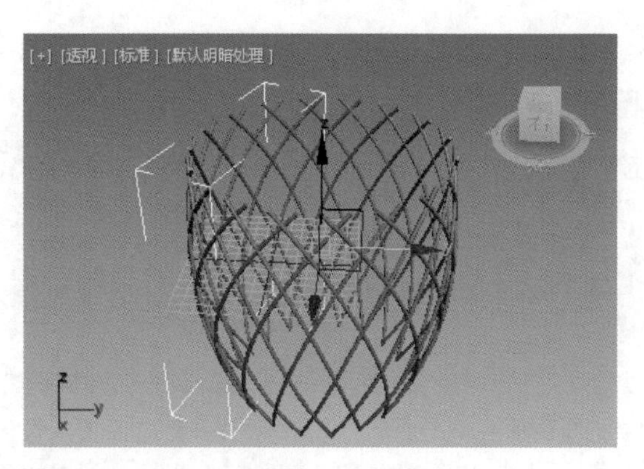


图 5-51

步骤 07 选择场景中所有模型，在菜单栏中执行【组】|【组】命令，将选中的模型进行编组，如图5-52所示。

步骤 08 为该组加载【FFD 3×3×3】修改器，并进入控制点级别，在前视图中选择如图5-53所示的控制点。

步骤 09 单击【选择并均匀缩放】按钮，在前视图中将选中的控制点向内均匀缩放，如图5-54所示。

图 5-52

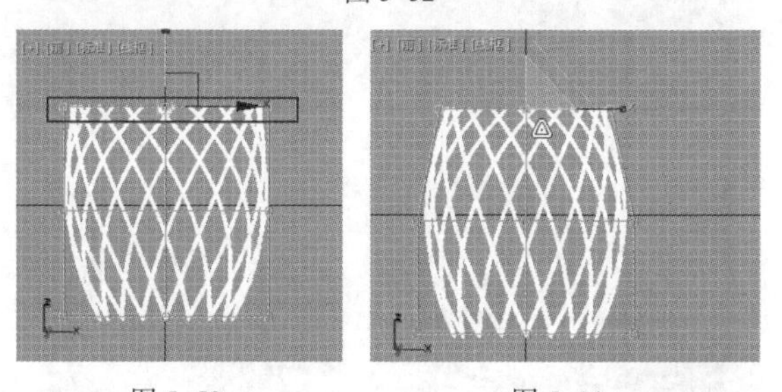

图 5-53　　图 5-54

步骤 10 执行【创建】|【图形】|样条线|圆，如图5-55所示。在顶视图中绘制圆形，然后单击【修改】按钮，在【渲染】卷展栏中，勾选【在渲染中启用】和【在视口中启用】选项，选中【径向】选项，设置【厚度】为12mm，接着在【参数】卷展栏中设置【半径】为134mm，如图5-56所示。

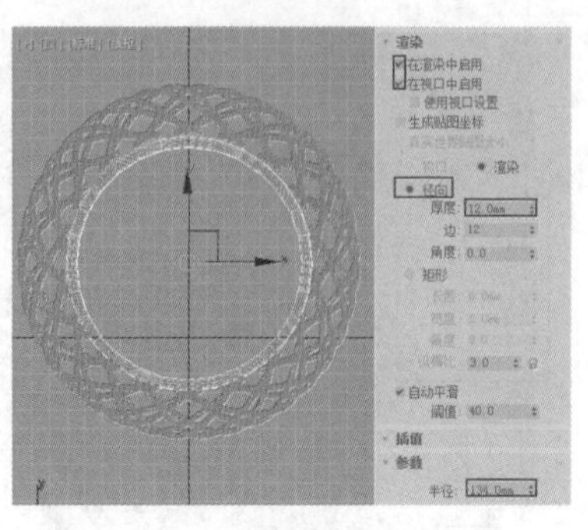


图 5-55　　　　图 5-56

步骤 11 在前视图中选择上一步创建的圆形，接着按住Shift键并按住鼠标左键，将其沿着Y轴向上平移并复制，放置在合适的位置后释放鼠标，在弹出的【克隆选项】对话框中设置【对象】为【复制】,【副本数】为1，如图5-57所示。

步骤 12 再次绘制一个圆形，设置【半径】为140mm，如图5-58所示。

步骤 13 绘制完成后为该模型加载【挤出】修改器，在【参数】卷展栏中设置【数量】为30mm，如图5-59所示。

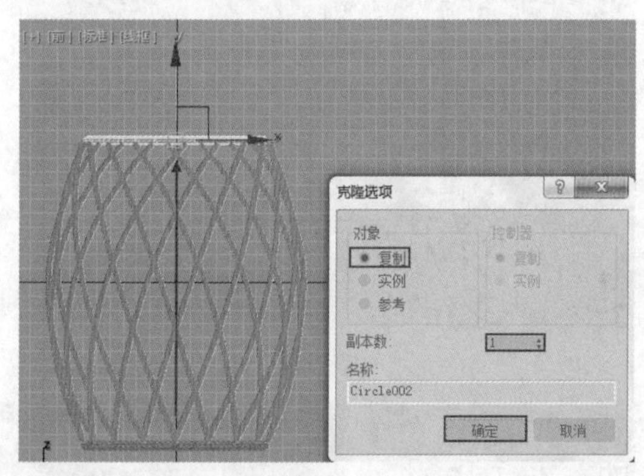


图 5-57

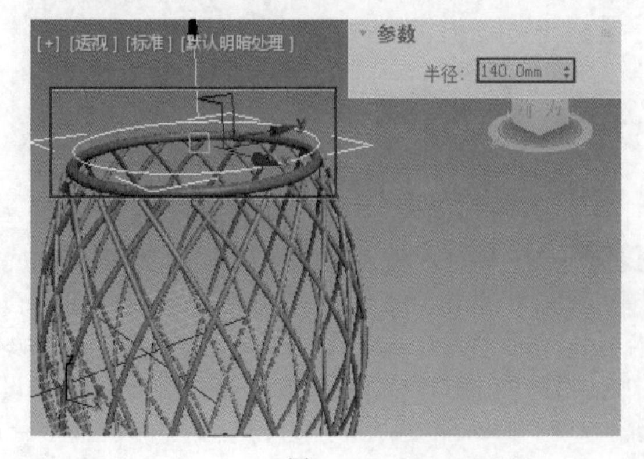


图 5-58

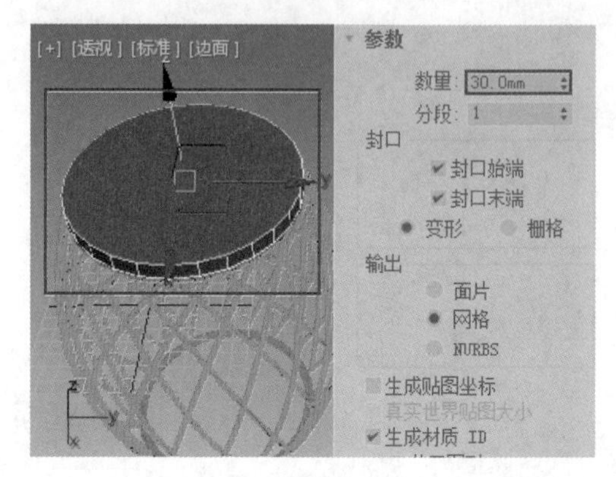


图 5-59

步骤 14 为该模型加载【编辑多边形】修改器,进入【边】◁级别，选择如图5-60所示的边。

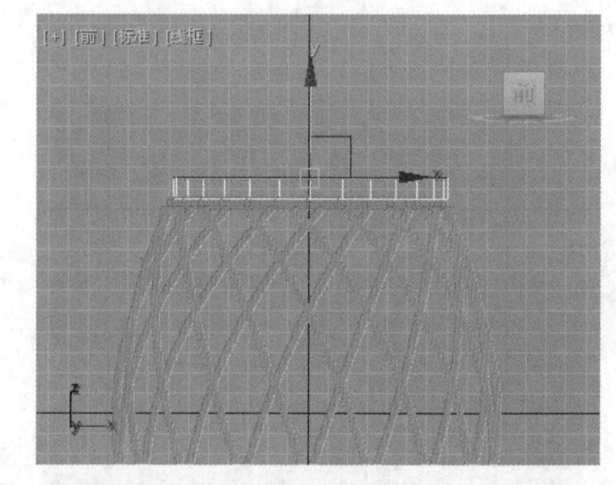


图 5-60

步骤 15 单击【切角】后方的【设置】按钮▣，设置【数量】为5mm，如图5-61所示。

图 5-61

步骤 16 退出【边】◁级别，为模型加载【网格平滑】修改器，并在【细分量】卷展栏中设置【迭代次数】为0，如图5-62所示。此时效果如图5-63所示。

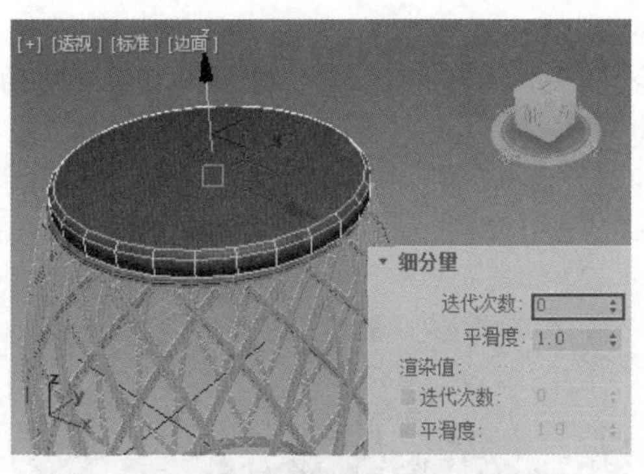


图 5-62

图 5-63

### 提示：怎么使绘制的圆更圆滑

创建完成的图形通常都不会特别平滑，如果需要设置更平滑的效果，则需要增大【插值】卷展栏下的【步数】数值。如图5-64所示为设置【步数】为2和20的对比效果。

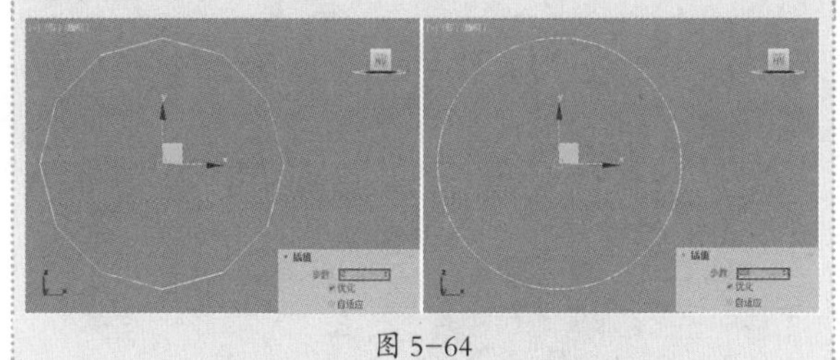

图 5-64

## 实例：使用线、圆、矩形制作圆形挂墙镜

文件路径：Chapter 05 样条线建模→实例：使用线、圆、矩形制作圆形挂墙镜

扫一扫，看视频

本案例使用线、圆、矩形制作圆形挂墙镜。渲染效果如图5-65所示。

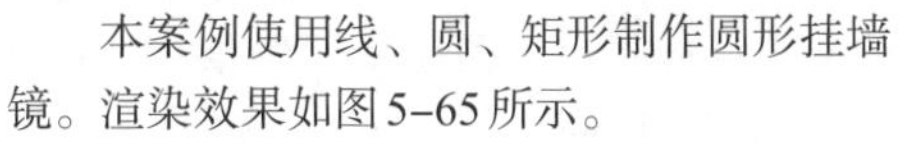

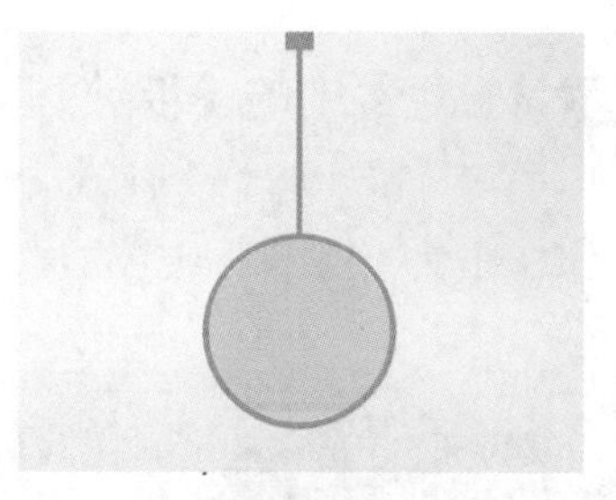

图 5-65

### 操作步骤

本案例主要讲解挂墙镜模型的制作过程，在制作的过程当中应用到了线、圆和矩形，在创建完模型后需要展开【渲染】卷展栏进行设置，并为模型加载【挤出】修改器。

步骤 01 使用【圆】工具在前视图中绘制一个圆形，设置【插值】卷展栏中的【步数】为50，设置【参数】卷展栏中的【半径】为125mm，如图5-66所示。

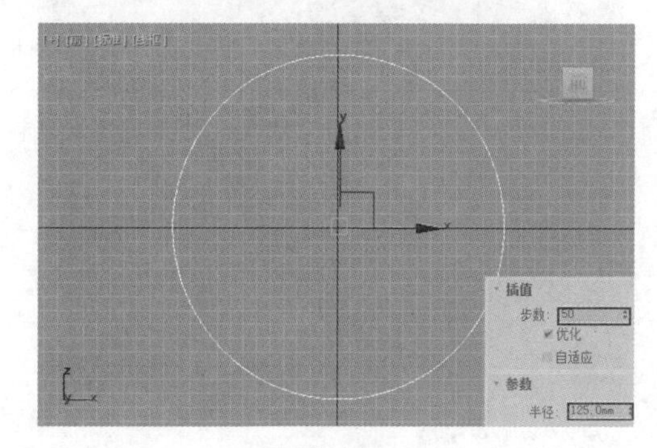


图 5-66

步骤 02 接着展开【渲染】卷展栏，勾选【在渲染中启用】和【在视口中启用】选项，然后勾选【矩形】选项，设置【长度】为12.5mm，【宽度】为7.5mm，如图5-67所示。

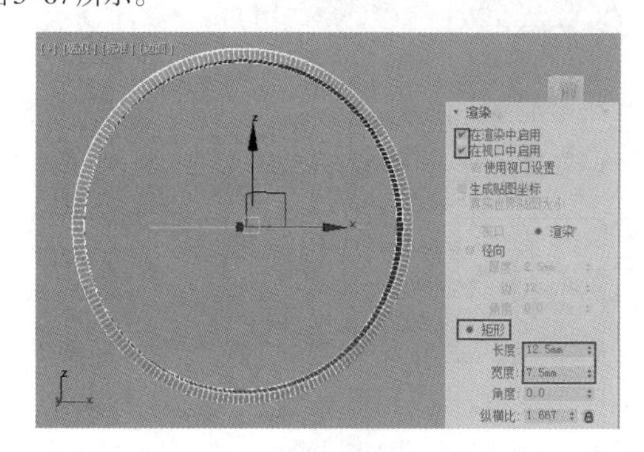


图 5-67

**提示:【插值】中的【步数】越大，线越圆滑。**

【插值】中的【步数】越大，线越圆滑，如图5–68和图5–69所示。

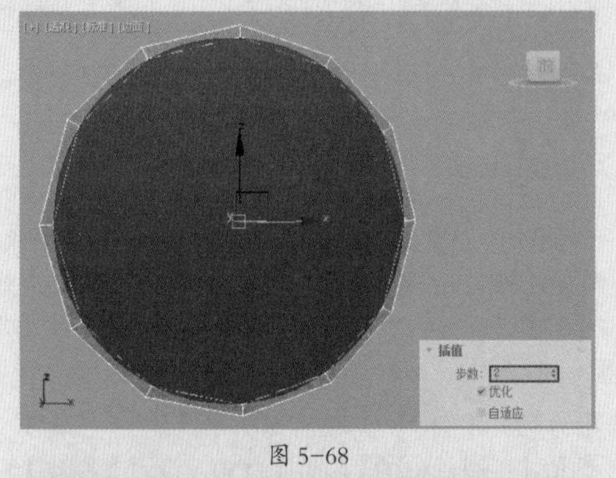

图 5–68

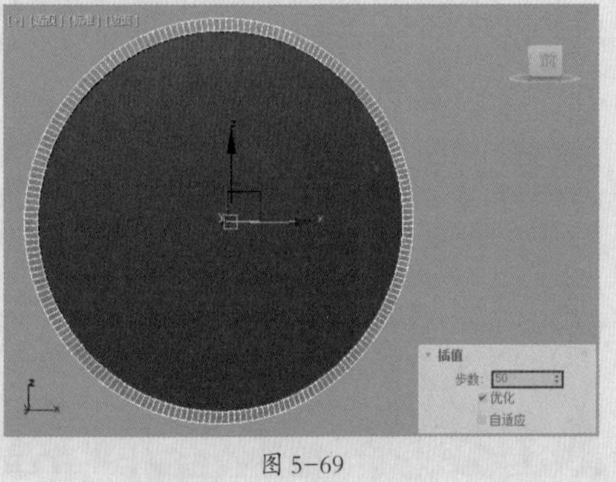

图 5–69

步骤 03 再次在前视图中绘制圆形，设置【插值】卷展栏中的【步数】为50，设置【参数】卷展栏中的【半径】为120mm，如图5–70所示。

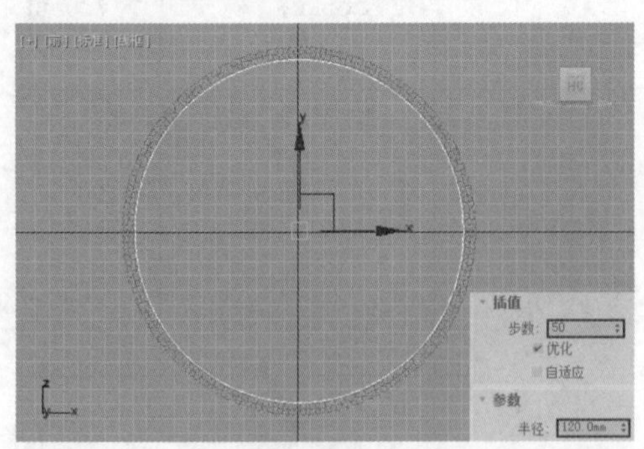

图 5–70

步骤 04 为该模型加载【挤出】修改器，设置【数量】为12.5mm，如图5–71所示。

步骤 05 使用【线】工具，在前视图中绘制垂直的线，如图5–72所示。单击【修改】按钮，在【渲染】卷展栏中勾选【在渲染中启用】和【在视口中启用】选项，接着勾选【矩形】选项，设置【长度】为12.5mm，【宽度】为7.5mm，如图5–73所示。

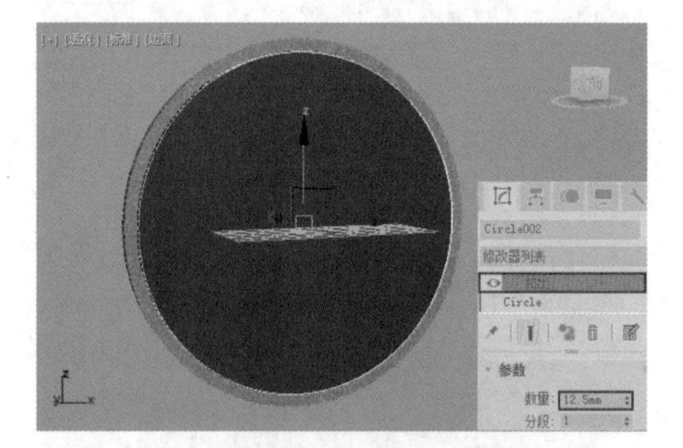

图 5–71

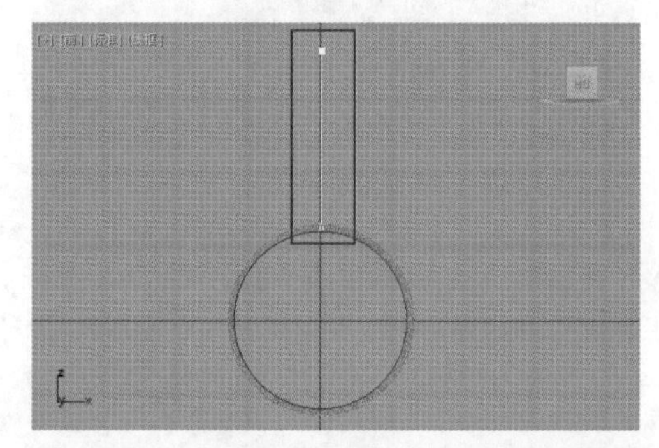
图 5–72

图 5–73

步骤 06 执行【创建】 【图形】 样条线 矩形，如图5–74所示。在前视图中绘制1个矩形，设置【长度】为37.5mm，【宽度】为37.5mm，如图5–75所示。

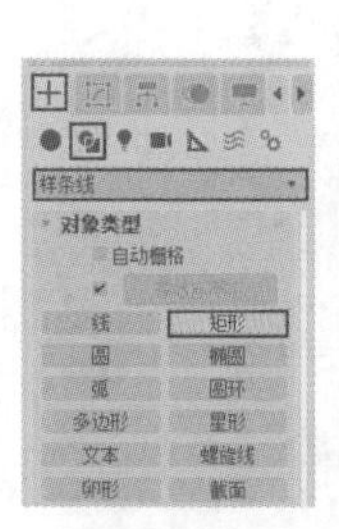

图 5-74

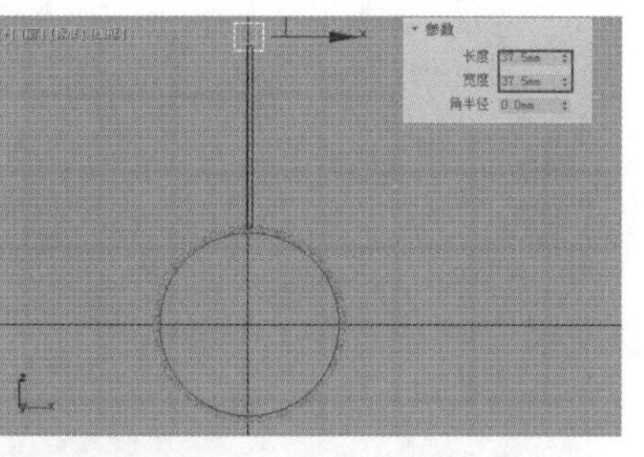

图 5-75

步骤 07 将该模型摆放在合适的位置，并为该模型加载【挤出】修改器，设置【数量】为12.5mm，如图5-76所示。

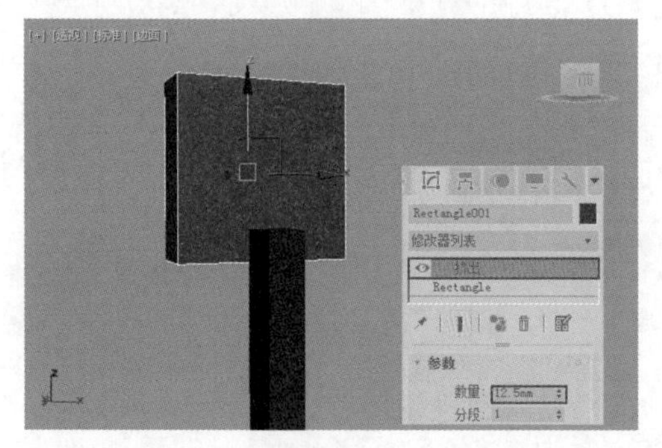

图 5-76

步骤 08 最终模型效果如图5-77所示。

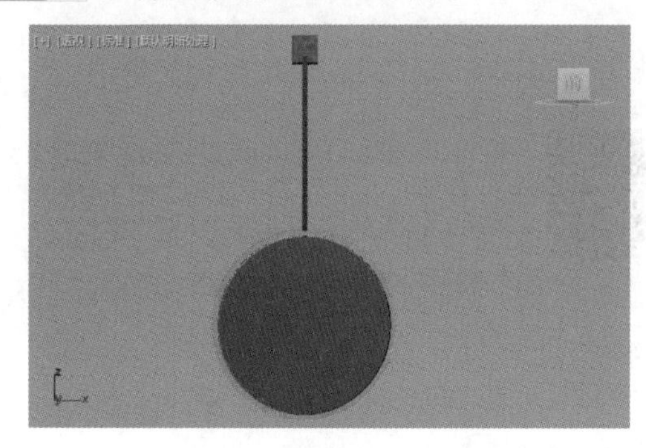

图 5-77

## 实例：使用螺旋线制作荷叶形果盘

文件路径：Chapter 05 样条线建模→实例：使用螺旋线制作荷叶形果盘

扫一扫，看视频

本案例使用【螺旋线】工具绘制螺旋线，并修改参数使其变为三维效果，最后添加FFD 修改器并调整控制点将模型调整为荷叶形状。渲染效果如图5-78所示。

图 5-78

## 操作步骤

步骤 01 执行【创建】+【图形】 样条线 螺旋线，在顶视图中创建1条螺旋线，并设置【半径1】为0mm，【半径2】为115mm，【高度】为0mm，【圈数】为40，如图5-79所示。

步骤 02 此时螺旋线在透视图中的效果如图5-80所示。

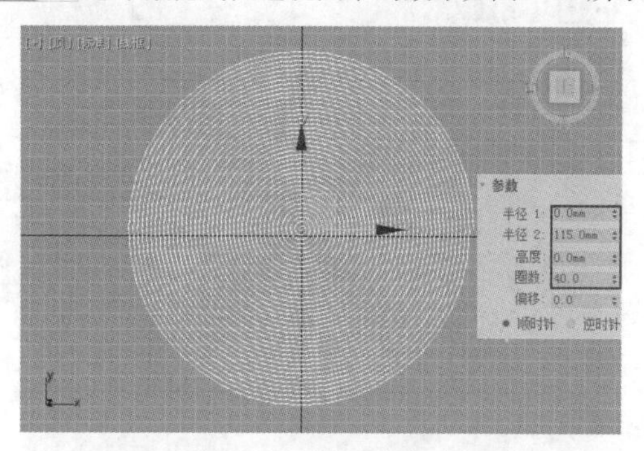

图 5-79

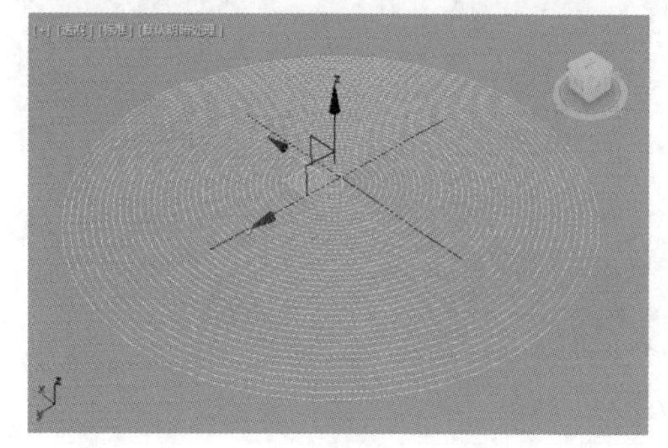

图 5-80

步骤 03 继续选择刚才的螺旋线，勾选【在渲染中启用】和【在视口中启用】选项，选中【径向】选项，设置【厚度】为3mm，如图5-81所示。

步骤 04 此时螺旋线产生了三维效果，如图5-82所示。

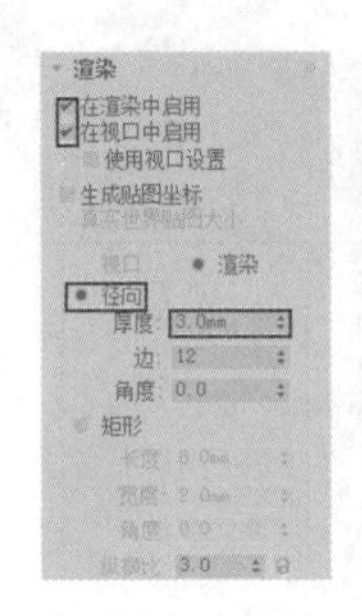

图 5-81

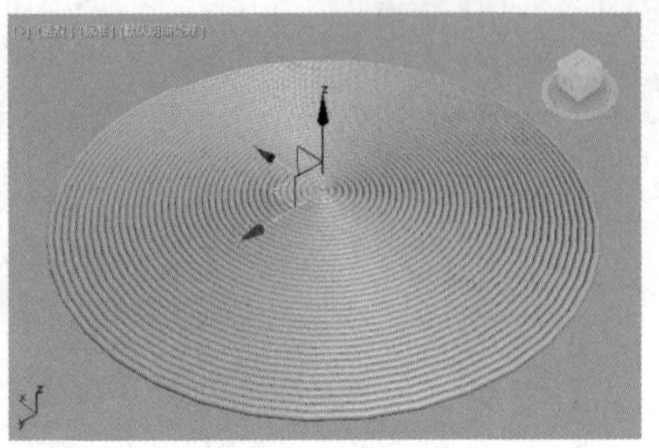
图 5-82

步骤 05 选择螺旋线，单击【修改】按钮，为其添加【FFD 3×3×3】修改器，如图5-83所示。

步骤 06 单击▶按钮可以展开其下的子选项，选择【控制点】级别，如图5-84所示。

步骤 07 在透视图中框选中心位置的多个控制点，如图5-85所示。

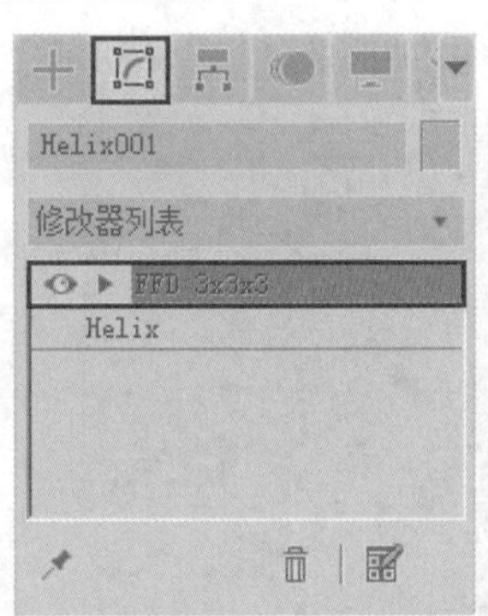

图 5-83

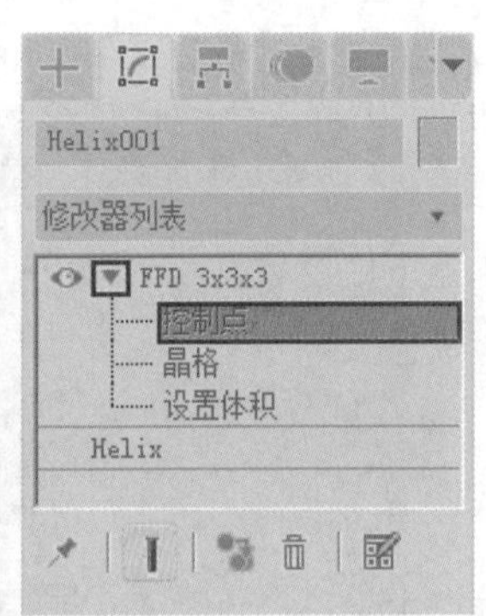

图 5-84

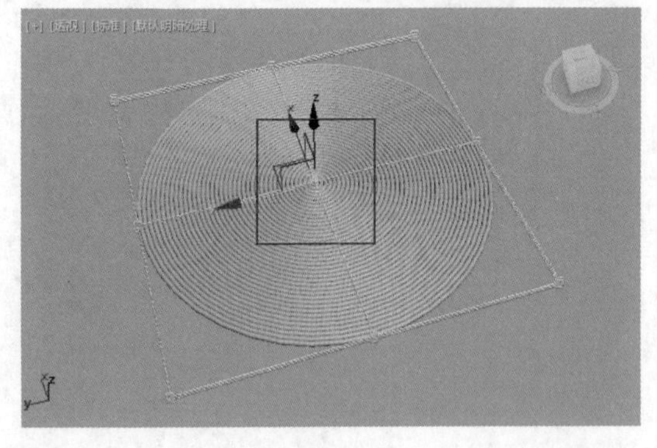
图 5-85

步骤 08 将选中的控制点向下方进行移动，使螺旋线的形态更像一片荷叶，如图5-86所示。

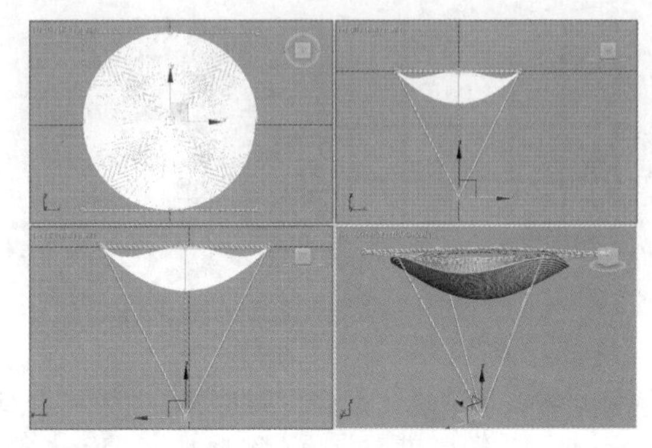
图 5-86

步骤 09 最终荷叶形果盘模型效果如图5-87所示。

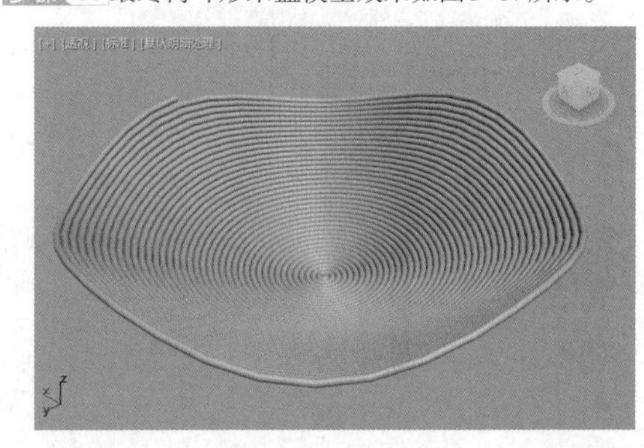
图 5-87

## 实例：使用螺旋线、圆、文本制作饰品

扫一扫，看视频

文件路径：Chapter 05 样条线建模→实例：使用螺旋线、圆、文本制作饰品

本案例使用螺旋线、圆、文本制作三维的饰品模型。渲染效果如图5-88所示。

图 5-88

## 操作步骤

步骤 01 执行【创建】十|【图形】|样条线|螺旋线，在透视图中创建一条螺旋线，设置【半径

1】为30mm,【半径2】为30mm,【高度】为3mm,【圈数】为2，如图5-89所示。

步骤 02 单击【修改】按钮，勾选【在渲染中启用】和【在视口中启用】选项，选中【矩形】选项，设置【长度】为0.6mm,【宽度】为3mm，如图5-90所示。

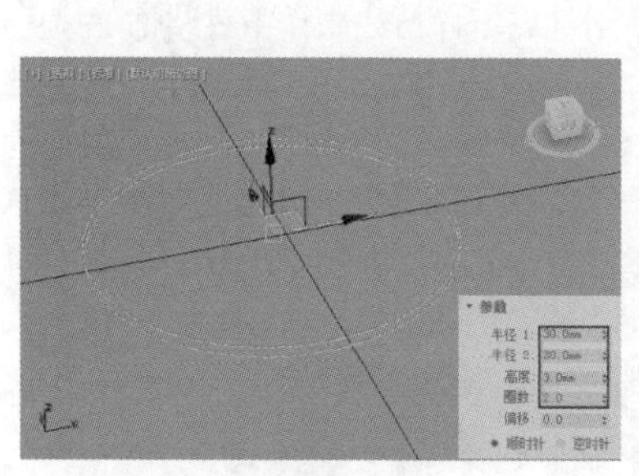

图 5-89

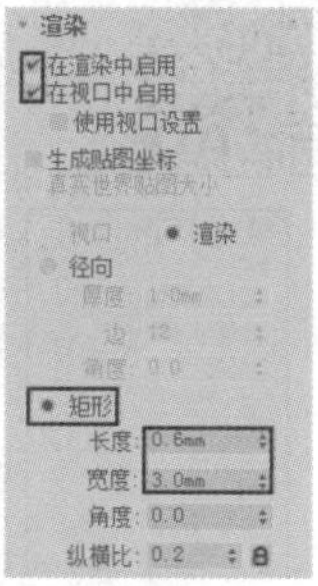

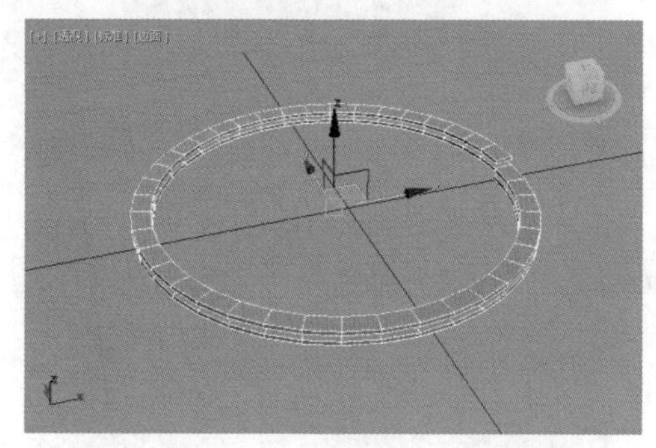

图 5-90

步骤 03 此时透视图中的模型效果如图5-91所示。

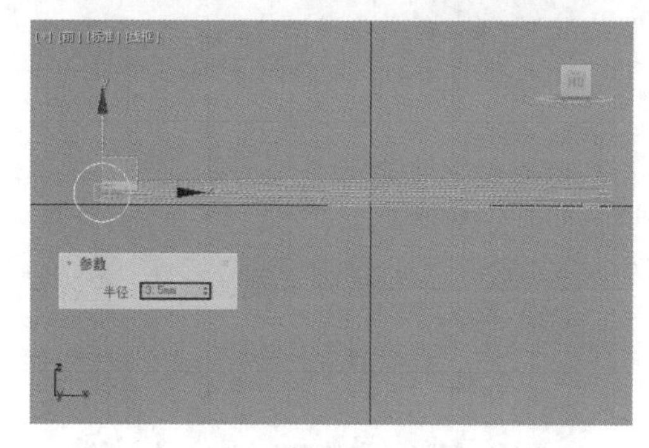

图 5-91

步骤 04 在前视图中创建一个圆，设置【半径】为3.5mm，如图5-92所示。

图 5-92

步骤 05 单击【修改】按钮，勾选【在渲染中启用】和【在视口中启用】选项，选中【径向】选项，设置【厚度】为1mm，如图5-93所示。

步骤 06 此时透视图中的模型效果如图5-94所示。

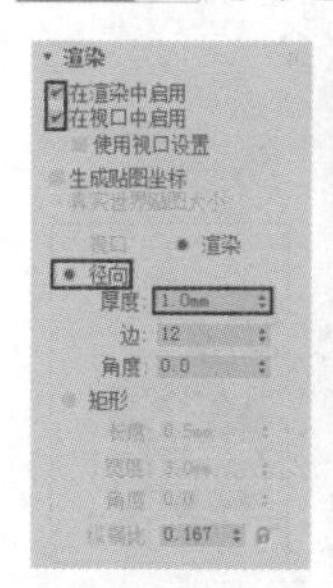

图 5-93

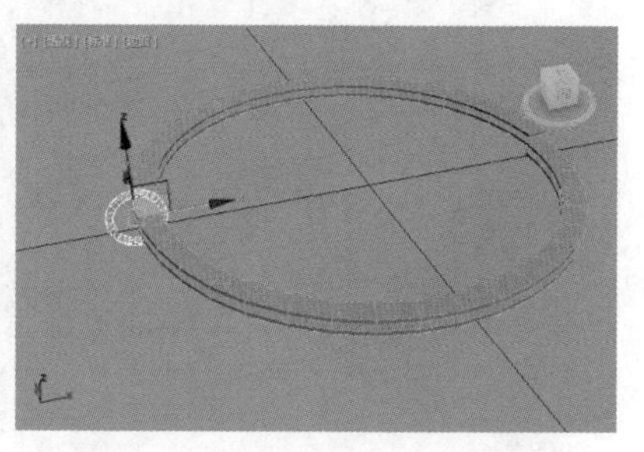

图 5-94

步骤 07 使用【文本】工具，在顶视图中单击创建一组文本，并设置合适的字体类型，设置【大小】为50mm,【文本】中输入“LOVE”，如图5-95所示。

步骤 08 单击【修改】按钮，勾选【在渲染中启用】和【在视口中启用】选项，选择【矩形】选项，设置【长度】为1mm,【宽度】为2mm，如图5-96所示。

图 5-95

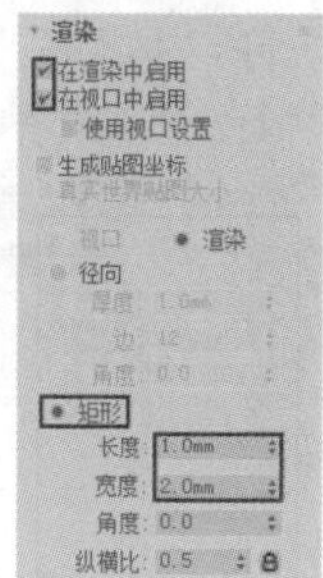

图 5-96

步骤 09 此时的三维文字部分制作完成，如图5-97所示。

步骤 10 最终饰品效果如图5-98所示。

图 5-97

图 5-98

> 提示：安装字体到电脑中
>
> 在3ds Max中使用文本工具可以创建文字，而且可以随意设置需要的字体，但是假如我们从网络上下载到一款字体非常合适，那么怎么在3ds Max中使用呢？
>
> （1）找到下载的字体，选择该字体并按快捷键Ctrl+C将其复制，然后执行电脑中的【开始】|【控制面板】命令，并单击【字体】，如图5-99所示。
>
> 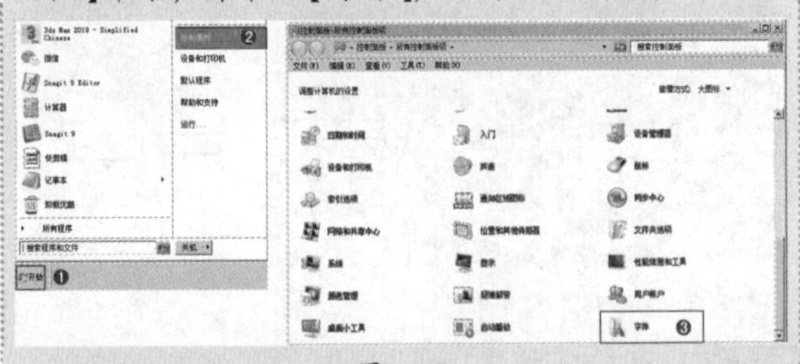
>
> 图 5-99
>
> （2）在打开的文件夹中单击右键选择【粘贴】命令，此时文字就开始安装，如图5-100所示。
>
> 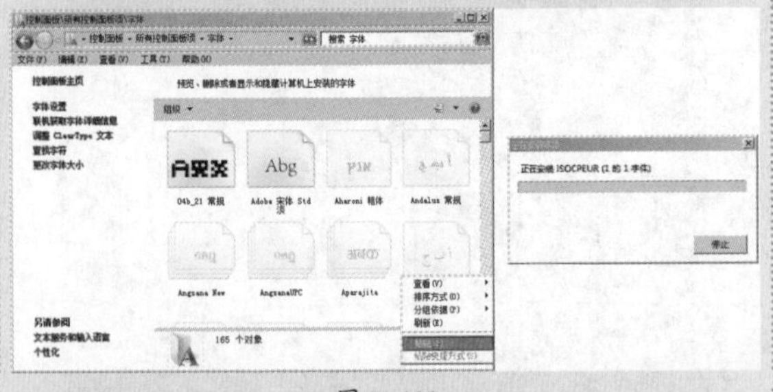
>
> 图 5-100
>
> （3）文字安装成功之后，重新开启3ds Max，就可以调用新字体了。

## 5.3 可编辑样条线

### 实例：使用可编辑样条线制作中式装饰屏风

扫一扫，看视频

文件路径：Chapter 05 样条线建模→实例：使用可编辑样条线制作中式装饰屏风

本案例使用【矩形】和【圆】工具创建两个图形，并通过【附加】工具将其附加为一个图形，并加载【挤出】修改器制作为三维效果，最后进行复制。渲染效果如图5-101所示。

图 5-101

### 操作步骤

步骤 01 使用【矩形】工具创建一个矩形，设置【长度】为2000mm，【宽度】为800mm，如图5-102所示。

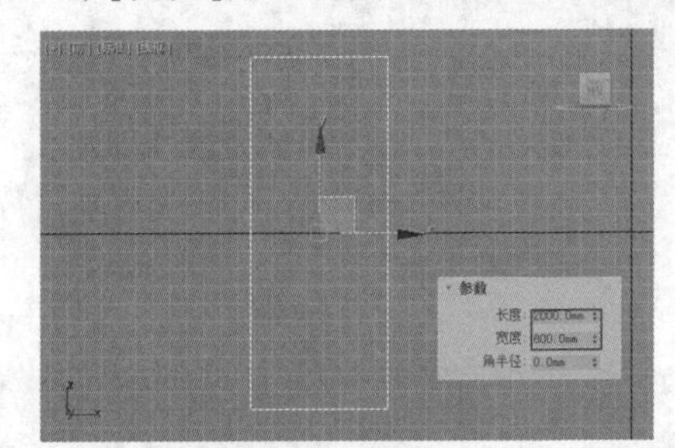

图 5-102

步骤 02 在矩形内部创建一个圆，设置【半径】为330mm，如图5-103所示。

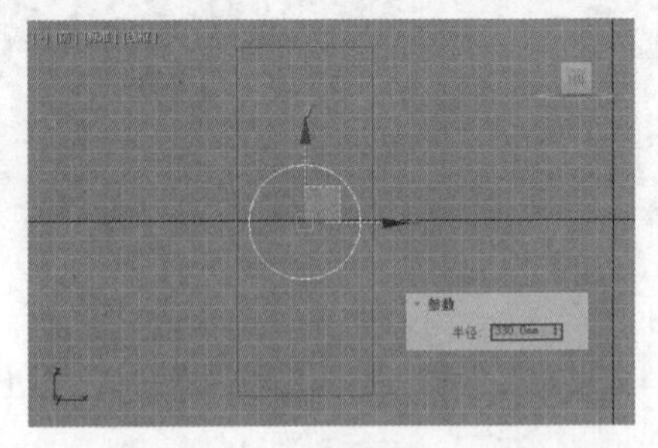

图 5-103

步骤 03 选择矩形，单击右键执行【转换为】|【转换为可编辑样条线】命令，如图5-104所示。

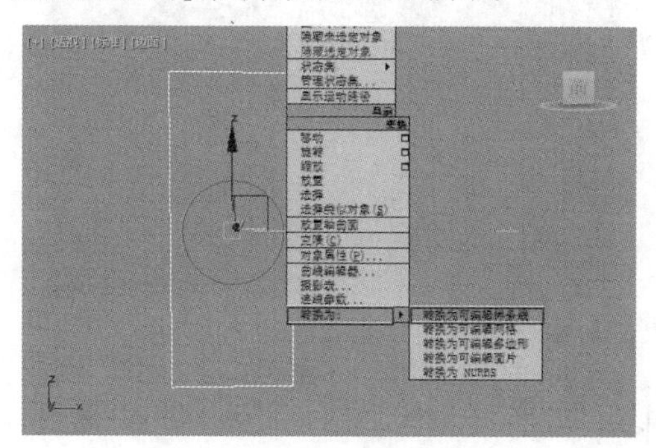

图 5-104

步骤 04 选择矩形，单击【修改】按钮，进入【几何体】卷展栏，单击【附加】按钮 附加 ，最后单击刚才创建的圆，如图5-105所示。

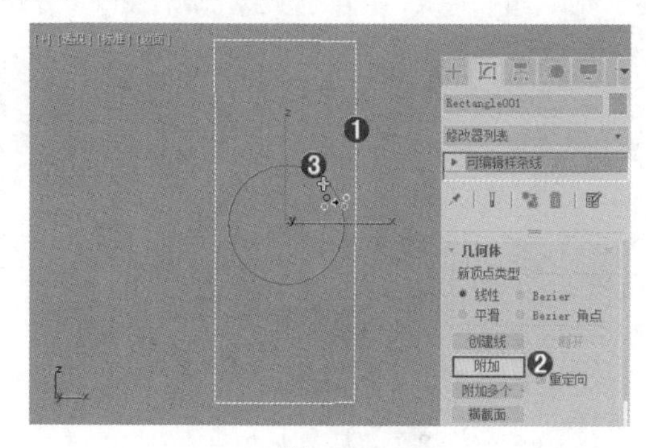

图 5-105

步骤 05 此时2个图形已经被附加为一个图形，如图5-106所示。

步骤 06 单击【修改】按钮，为其添加【挤出】修改器，设置【数量】为30mm，如图5-107所示。

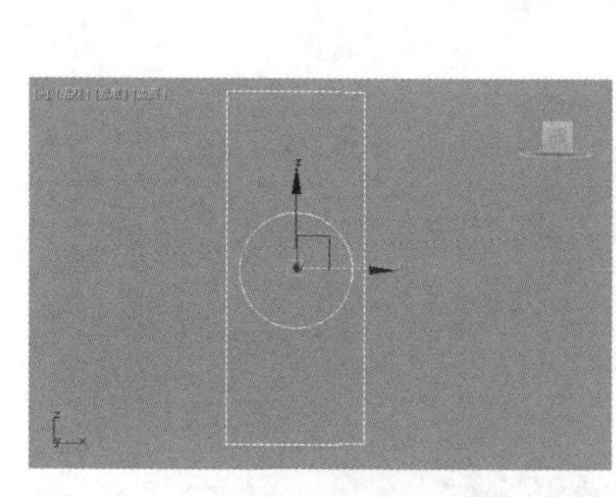

图 5-106　　图 5-107

步骤 07 此时出现了中间镂空效果的模型，如图5-108所示。

步骤 08 接下来激活 (角度捕捉切换)和 (选择并旋转)工具，在透视图中沿着Z轴旋转45°，如图5-109所示。

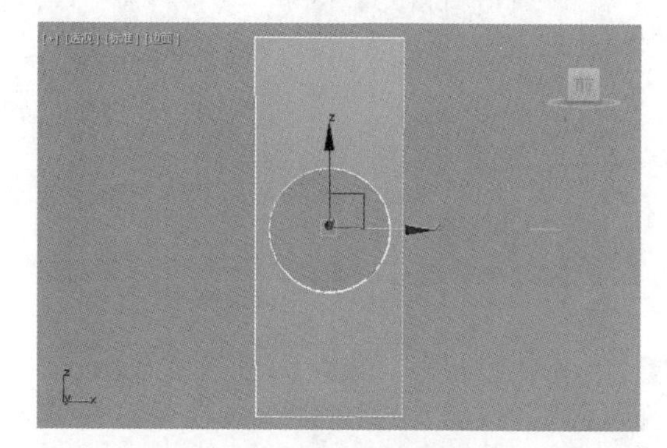
图 5-108

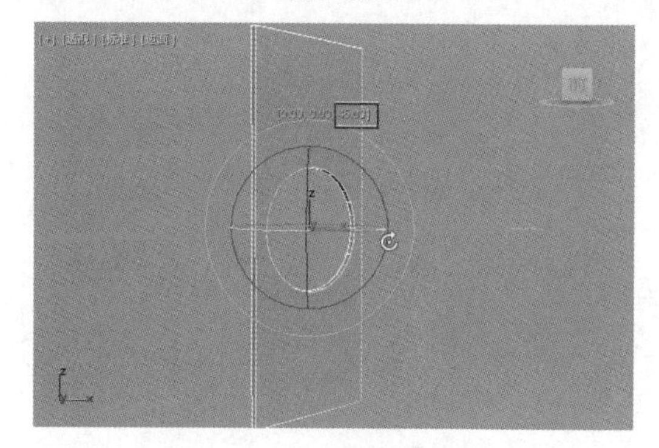
图 5-109

步骤 09 此时模型产生了旋转效果，如图5-110所示。

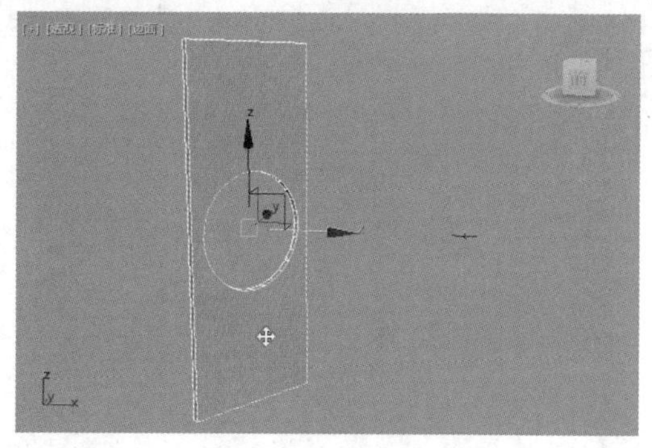
图 5-110

步骤 10 选择该模型，单击主工具栏中的 (镜像)工具，设置【镜像轴】为X，【偏移】为610mm，【克隆当前选择】为【复制】，如图5-111所示。

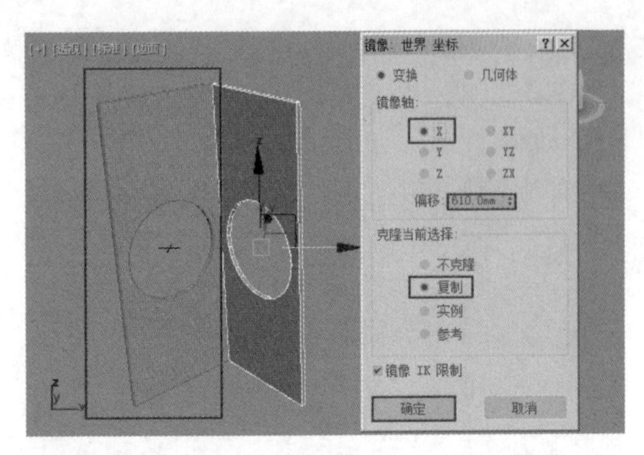


图 5-111

步骤 11 选择此时的2个模型，单击(镜像)工具，设置【镜像轴】为X，【偏移】为1180mm，【克隆当前选择】为【复制】，如图5-112所示。

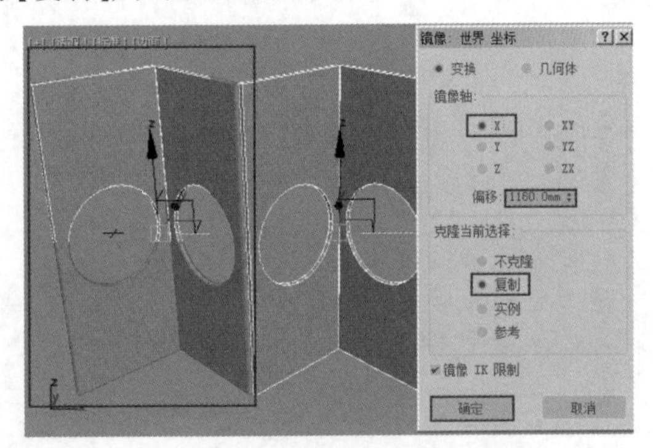


图 5-112

步骤 12 选择右侧的1个模型，单击(镜像)工具，设置【镜像轴】为X，【偏移】为570mm，【克隆当前选择】为【复制】，如图5-113所示。

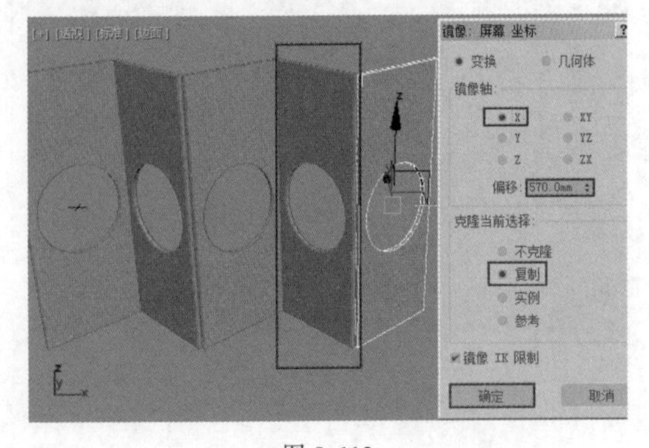


图 5-113

步骤 13 最终中式装饰屏风模型制作完成，如图5-114所示。

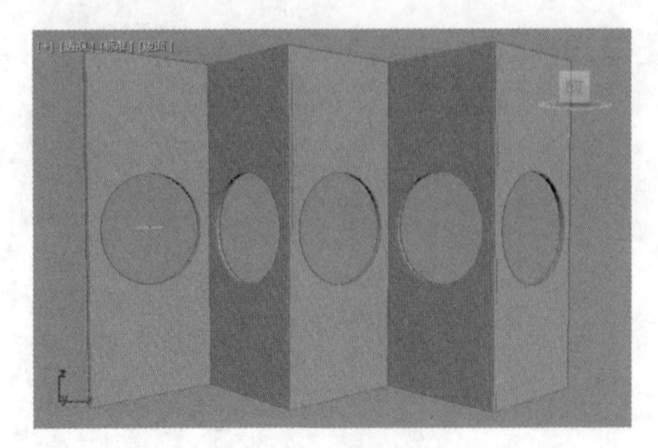

图 5-114

## 实例：使用可编辑样条线制作水培植物

扫一扫，看视频

文件路径：Chapter 05 样条线建模→实例：使用可编辑样条线制作水培植物

本案例通过创建图形，将其转换为可编辑样条线，并调整顶点，最后修改参数并进行复制。渲染效果如图5-115所示。

图 5-115

## 操作步骤

步骤 01 在前视图中创建一个圆，设置【半径】为200mm，如图5-116所示。

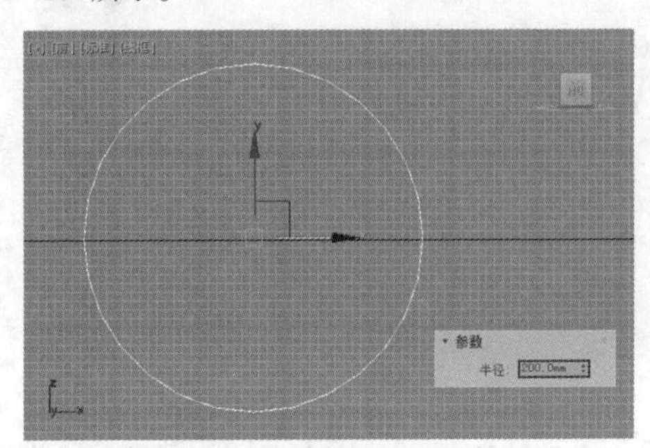


图 5-116

步骤 02 选择圆，单击右键，执行【转换为】|【转换为可编辑样条线】命令，如图5-117所示。

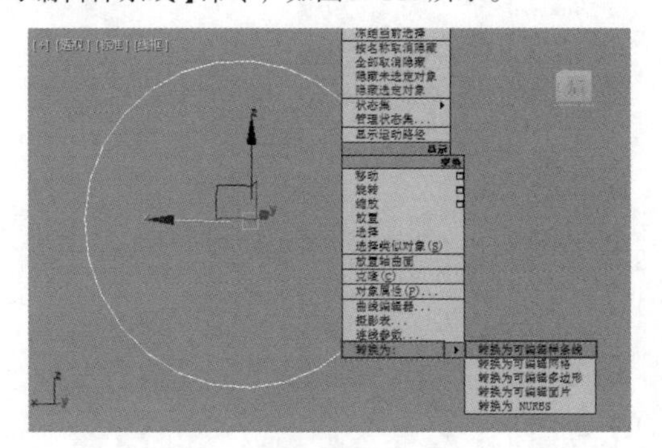

图 5-117

步骤 03 进入 (顶点)级别，在前视图中选择顶部的顶点，如图5-118所示。

步骤 04 将其沿Y轴向上方移动，如图5-119所示。

步骤 05 单击【修改】按钮，勾选【在渲染中启用】和【在视口中启用】选项，选中【径向】选项，【厚度】为8mm，如图5-120所示。

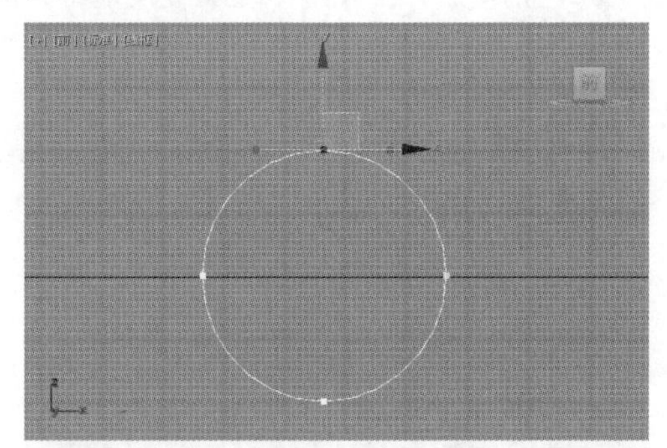

图 5-118

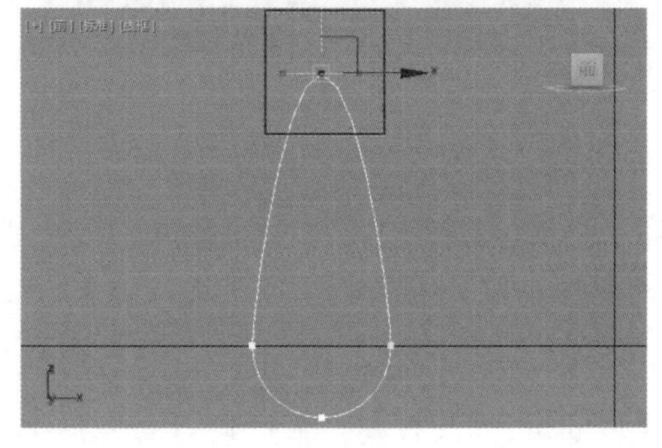

图 5-119

步骤 06 此时线的效果如图5-121所示。

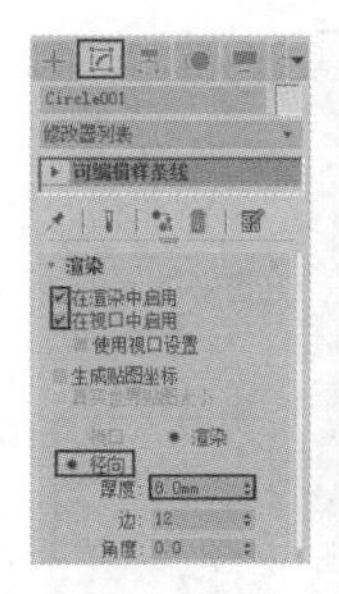

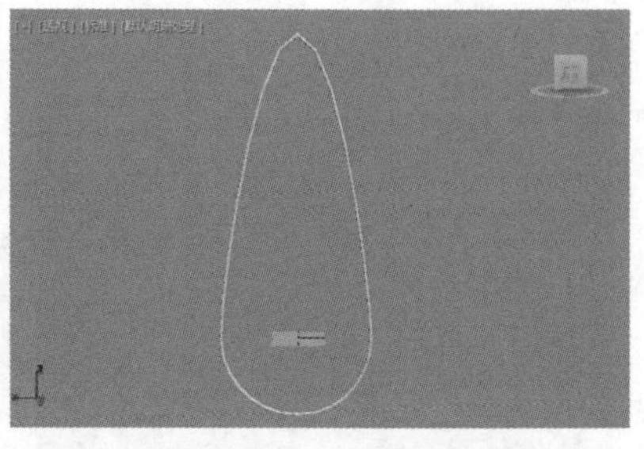

图 5-120　　图 5-121

步骤 07 激活主工具栏中的 (角度捕捉切换)和 (选择并旋转)工具，在顶视图中按住Shift键并按住鼠标左键，沿着Z轴旋转45°，旋转到合适位置后释放鼠标，在弹出的【克隆选项】对话框中设置【对象】为【复制】，【副本数】为3，如图5-122所示。

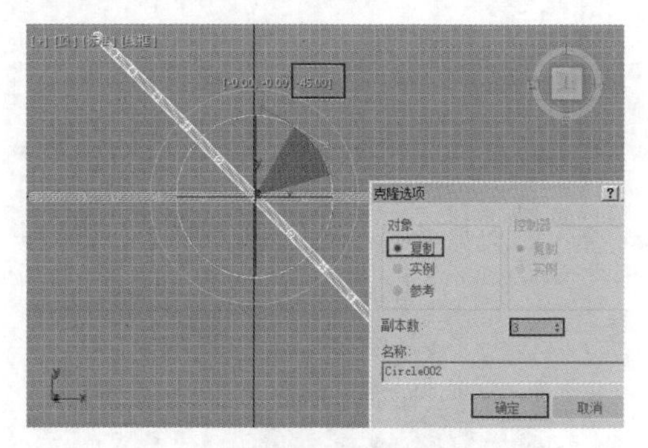


图 5-122

步骤 08 复制完成后的模型效果如图5-123所示。

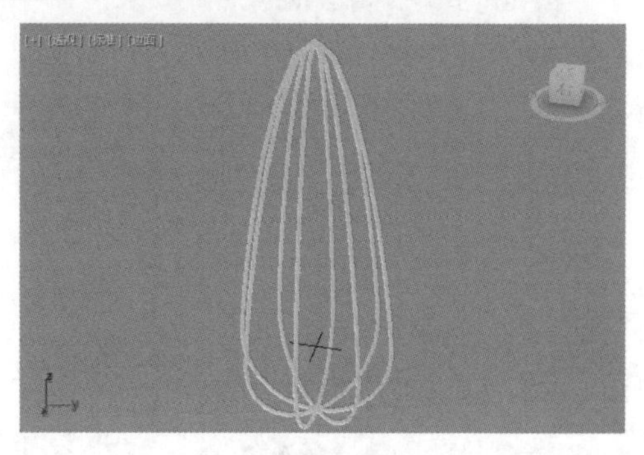

图 5-123

步骤 09 使用【球体】工具创建一个球体，并移动其位置。单击【修改】，设置【半径】为190mm，【分段】为32，【半球】为0.5，如图5-124所示。

步骤 10 执行【创建】 |【几何体】 AEC 扩展 植物 ，并单击【芳香蒜】，如图5-125所示。

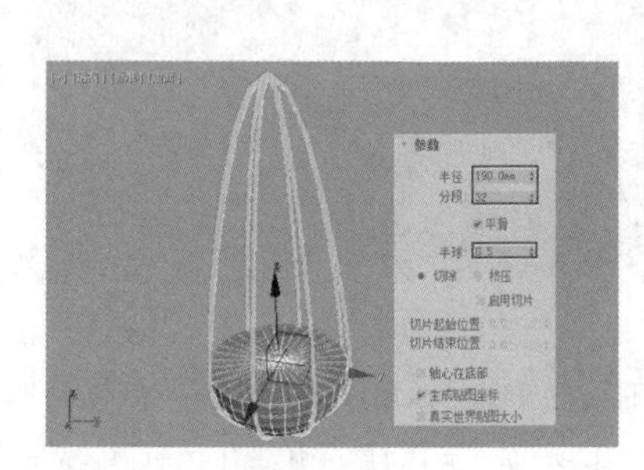

图 5-124

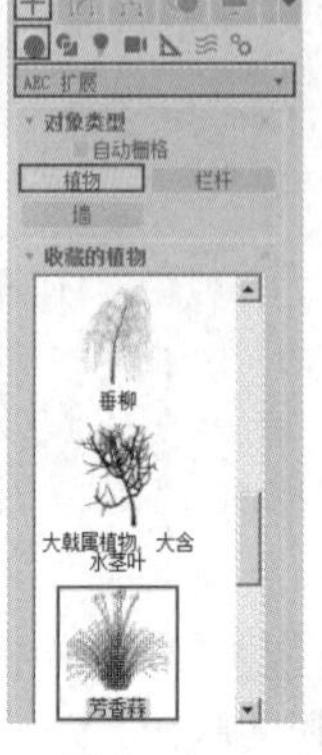


图 5-125

步骤 11 在视图中创建一棵芳香蒜，设置【高度】为260mm，设置【视口树冠模式】为【从不】，如图5-126所示。

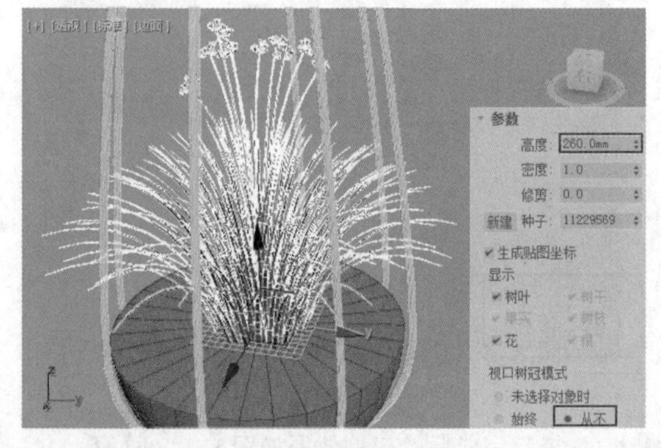


图 5-126

步骤 12 最终模型效果如图5-127所示。

图 5-127

## 5.4 扩展样条线

扩展样条线中包含了5种类型，分别为墙矩形、通道、角度、T形、宽法兰，这些工具用于制作室内外效果图的墙体结构，如图5-128所示。

图 5-128

### 实例：使用扩展样条线制作三维迷宫

扫一扫，看视频

文件路径:Chapter 05 样条线建模→实例: 使用扩展样条线制作三维迷宫

本案例使用几种扩展样条线创建图形，并添加【挤出】修改器制作三维效果，最后将它们拼接好位置。渲染效果如图5-129所示。三维立体效果的二维码，也可使用本案例的方法制作。

图 5-129

### 操作步骤

步骤 01 执行【创建】+ |【图形】| 扩展样条线 | 角度，在顶视图创建一个图形，设置【长度】为200mm，【宽度】为57.42mm，【厚度】为5mm，如图5-130所示。

步骤 02 单击【修改】按钮，为其添加【挤出】修改器，设置【数量】为30mm，如图5-131所示。

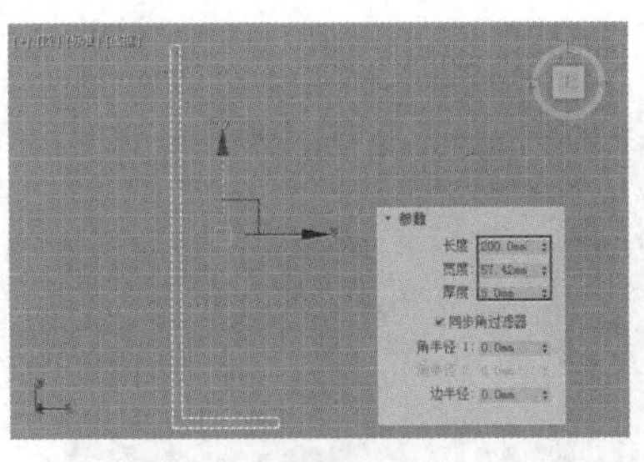


图 5-130　　　　图 5-131

步骤 03 此时的模型如图5-132所示。

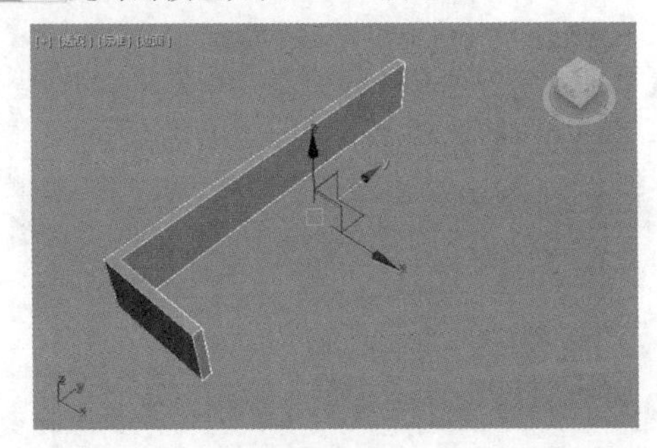

图 5-132

步骤 04 继续在顶视图创建一个角度图形，设置【长度】为200mm，【宽度】为11mm，【厚度】为5mm，如图5-133所示。

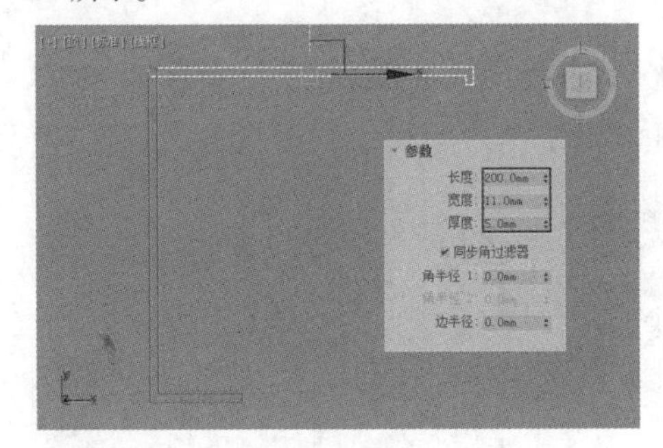


图 5-133

步骤 05 单击【修改】按钮，为其添加【挤出】修改器，设置【数量】为30mm，如图5-134所示。

步骤 06 此时的模型如图5-135所示。

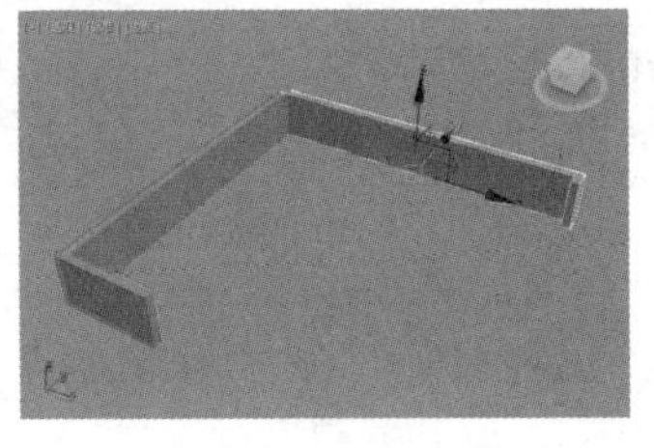

图 5-134　　　　图 5-135

步骤 07 继续在顶视图创建一个角度图形，设置【长度】为104mm，【宽度】为20mm，【厚度】为5mm，如图5-136所示。

步骤 08 单击【修改】按钮，为其添加【挤出】修改器，设置【数量】为30mm，如图5-137所示。

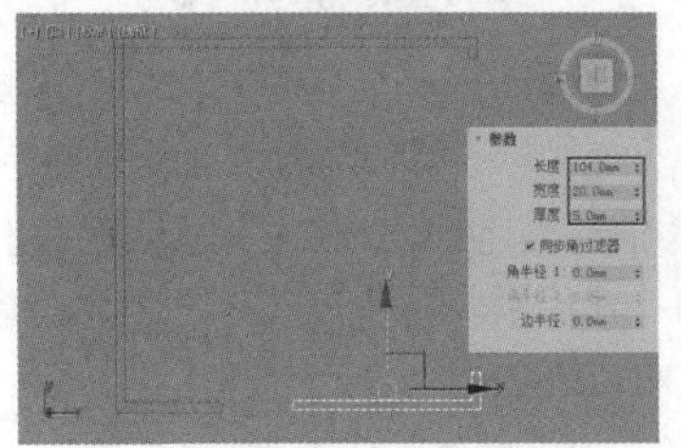

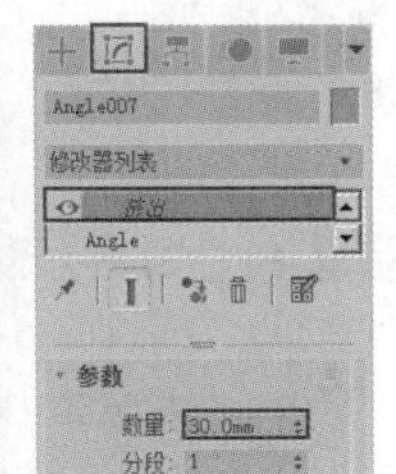


图 5-136　　　　图 5-137

步骤 09 此时的模型如图5-138所示。

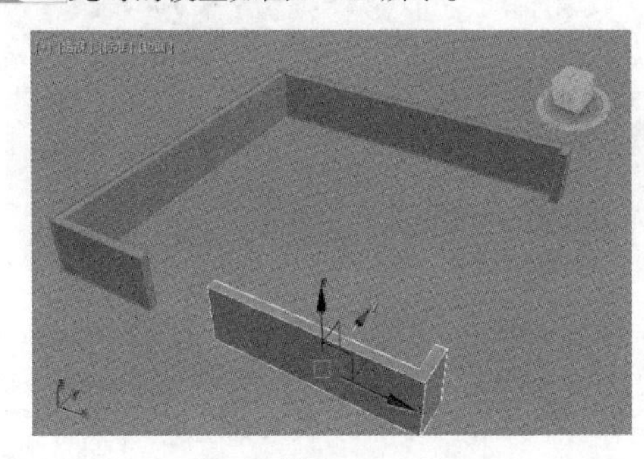

图 5-138

步骤 10 执行【创建】+ |【图形】| 扩展样条线 | T形，在顶视图中创建一个图形，设置【长度】为50mm，【宽度】为169mm，【厚度】为5mm，如图5-139所示。

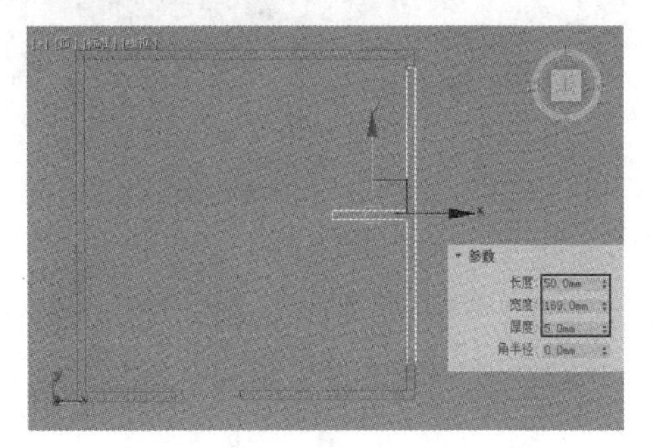


图 5-139

步骤 11 单击【修改】按钮，为其添加【挤出】修改器，设置【数量】为30mm，如图5-140所示。

步骤 12 此时的模型如图5-141所示。

图 5-140

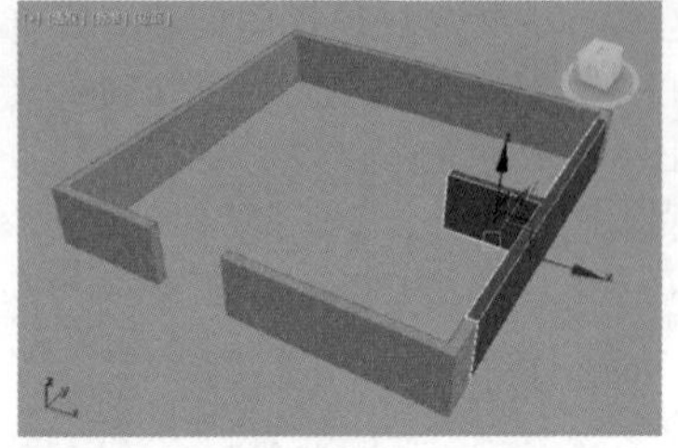

图 5-141

步骤 13 同样的方法继续创建T形图形，并添加【挤出】修改器，效果如图5-142所示。

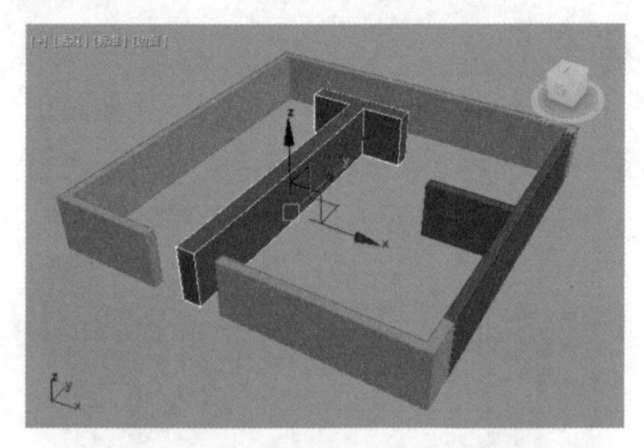

图 5-142

步骤 14 继续使用扩展样条线中的多种工具进行创建图形，并添加【挤出】修改器，效果如图5-143所示。

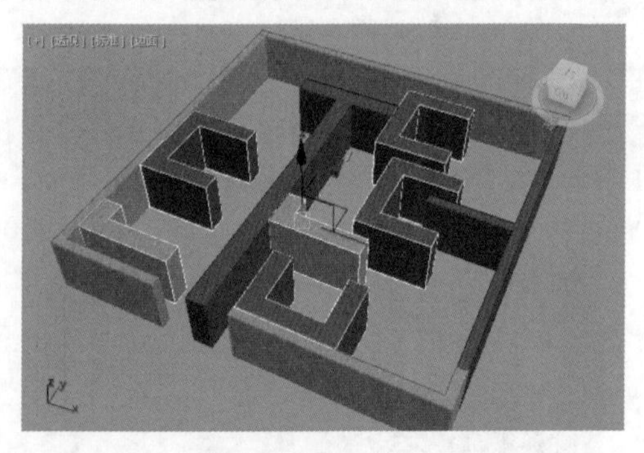

图 5-143

步骤 15 继续将剩余的部分制作完成，如图5-144所示。

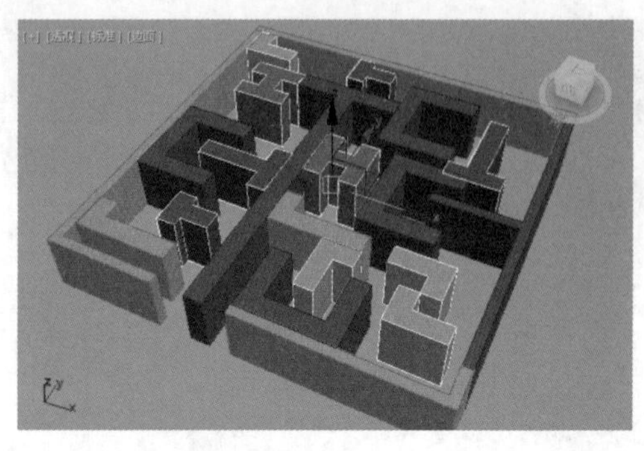

图 5-144

步骤 16 此时在顶视图中注意检查一下迷宫的路线是否正确，如图5-145所示。

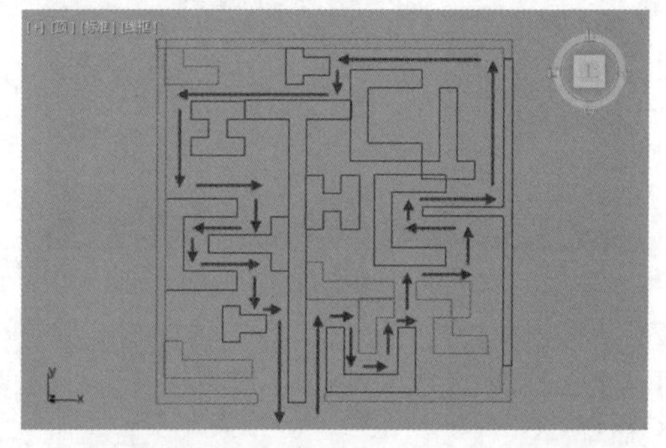

图 5-145

步骤 17 三维迷宫的最终模型效果如图5-146所示。

图 5-146

扫一扫，看视频

# 复合对象建模

## 本章内容简介：

本章将会学习到复合对象建模，复合对象建模是一种非常特殊的建模方式，只能适用于很小一部分模型类型。由于复合对象的很多工具在操作时需要应用到几何体、样条线的内容，因此将本章放在这些内容之后，方便我们轻松学习掌握。

## 重点知识掌握：

- 认识复合对象。
- 熟练掌握放样、图形合并、散布、布尔、变形等工具的使用。

## 通过本章学习，我能做什么？

3ds Max中包含的这些复合对象工具的使用方法与产生效果都不相同。使用【放样】可以制作石膏线、镜框、油画框等对象。使用【图形合并】工具可以制作轮胎花纹、石头刻字等。【散布】可以制作石子路、树林、花海。【布尔】工具、【ProBoolean（超级布尔）】工具可用来模拟螺丝、骰子、按钮效果。【变形】工具可以制作变形效果的动画。【一致】可以制作山上的公路。【地形】工具可以使用多条图形制作具有不同海拔的地形模型。

## 6.1 了解复合对象

扫一扫，看视频

复合对象建模方式并不能制作所有的模型效果，它是一种比较特殊的建模方式，通常将两个或多个现有对象组合成单个对象。

执行【创建】+|【几何体】●|复合对象，可以看到包括12种类型，每个类型可以用于制作不同的模型效果，如图6-1所示。

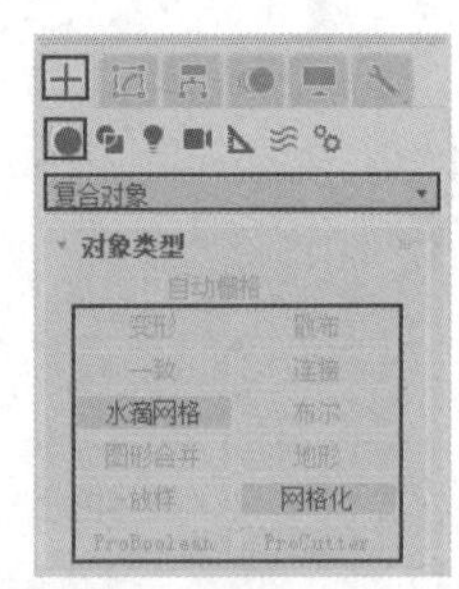


图6-1

## 6.2 复合对象工具

复合对象包括12种类型，其中有专门针对二维图形的复合对象类型，也有针对三维模型的复合对象。在使用复合对象之前建议保存3ds Max文件，因为复合对象操作较容易出现错误问题。

### 实例：使用放样工具制作C形多人沙发

扫一扫，看视频

文件路径：Chapter 06 复合对象建模→实例：使用放样工具制作C形多人沙发

本案例在前视图和顶视图中分别绘制闭合的图形和C形图形，然后通过使用【放样】工具制作出三维的效果，需要注意应用放样之前要先选中闭合的图形。渲染效果如图6-2所示。

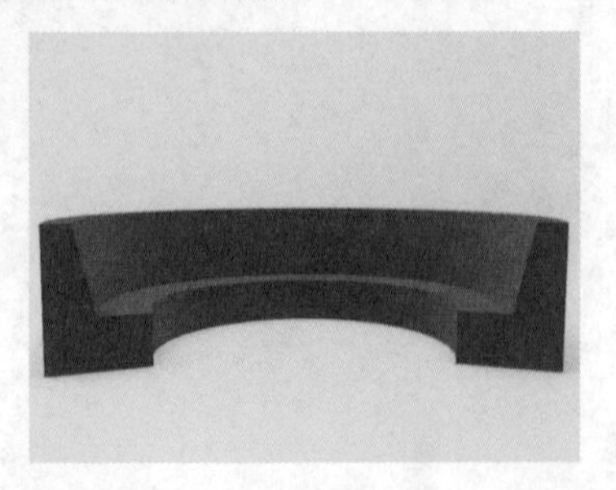

图6-2

### 操作步骤

步骤 01 使用【线】工具在前视图中绘制一条闭合的样条线，如图6-3所示。

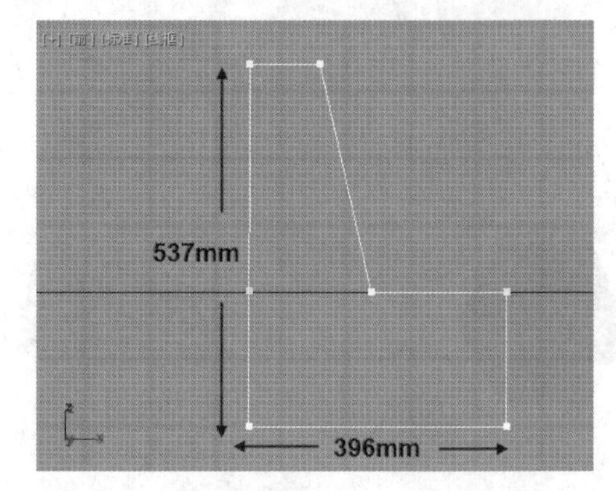


图6-3

步骤 02 执行【创建】+|【图形】|样条线|弧，如图6-4所示。在顶视图中绘制弧形，设置【半径】为500mm，【从】为250，【到】为110，如图6-5所示。

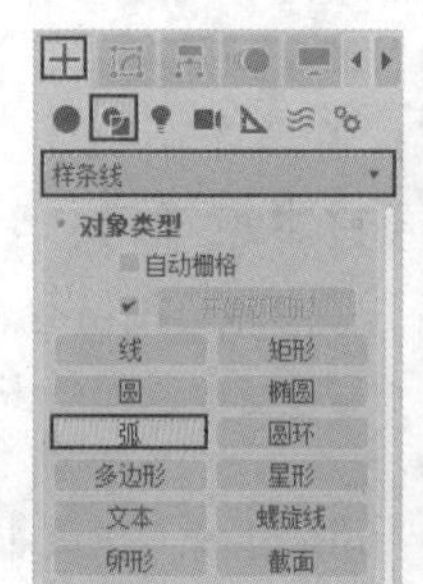


图6-4

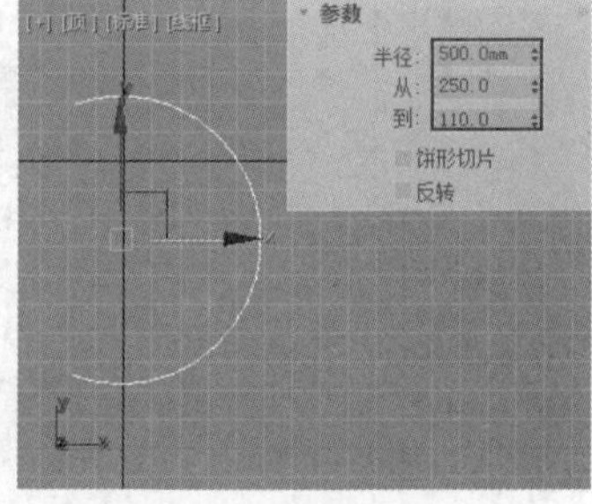


图6-5

步骤 03 在选中弧形的状态下，执行【创建】+|【几何体】●|复合对象|放样，如图6-6所示。接着展开【创建方法】卷展栏，单击【获取图形】按钮 获取图形 ，在顶视图中单击选择之前绘制的闭合样条线，如图6-7所示。

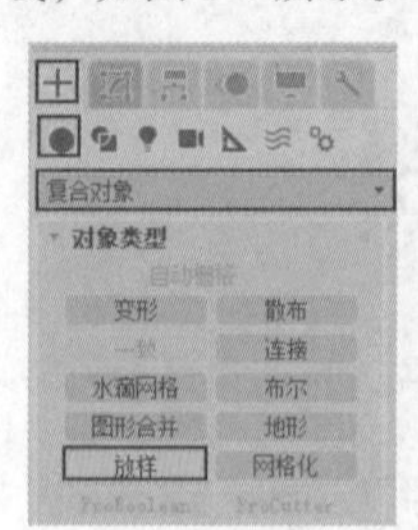


图6-6

图6-7

步骤 04 案例最终效果如图6-8所示。

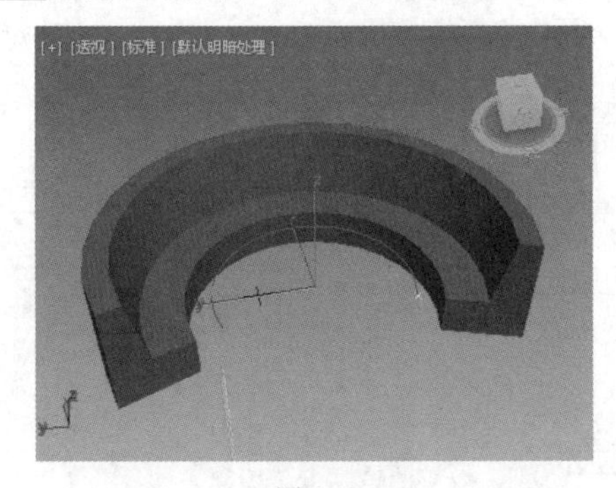

图 6-8

## 提示：复合对象建模时的注意事项

复合对象建模时，容易遇到先选择一个对象然后使用复合对象后，要拾取另外一个对象，容易造成选择顺序混淆的错误，因此出现的效果也是错误的。遇到错误时，要按快捷键Ctrl+Z撤销操作，若执行一次无法撤销到使用复合对象命名之前时，可以多次撤销。要保证撤销回到使用复合对象命名之前时，再重新制作。

## 选项解读：放样重点参数讲解

- 创建方法：可以选择【获取路径】或【获取图形】。
- 获取路径：将路径指定给选定图形或更改当前指定的路径。
- 获取图形：将图形指定给选定路径或更改当前指定的图形。
- 曲面参数：可以控制放样曲面的平滑以及指定是否沿着放样对象应用纹理贴图。
- 平滑长度：沿着路径的长度提供平滑曲面。
- 平滑宽度：围绕横截面图形的周界提供平滑曲面。
- 路径参数：可以控制沿着放样对象路径在各个间隔期间的图形位置。
- 路径：通过输入值或拖动微调器来设置路径的级别。
- 捕捉：用于设置沿着路径图形之间的恒定距离。
- 启用：当启用【启用】选项时，【捕捉】处于活动状态。
- 百分比：将路径级别表示为路径总长度的百分比。
- 距离：将路径级别表示为路径第一个顶点的绝对距离。
- 路径步数：将图形置于路径步数和顶点上，而不是作为沿着路径的一个百分比或距离。
- 蒙皮参数：可以调整放样对象网格的复杂性。
- 封口始端：如果启用，则路径第一个顶点处的放样端被覆盖或封口。
- 封口末端：如果启用，则路径最后一个顶点处的放样端被封口。
- 图形步数：设置横截面图形的每个顶点之间的步数。该值会影响围绕放样周界的边的数目。
- 路径步数：设置路径的每个主分段之间的步数。该值会影响沿放样长度方向的分段的数目，值越大越光滑。
- 变形：变形控件用于沿着路径缩放、扭曲、倾斜、倒角或拟合形状。
- 缩放：可通过调节曲线的形状控制放样后的模型产生局部变大或变小的效果。
- 扭曲：可通过调节曲线的形状控制放样后的模型产生扭曲旋转的效果。
- 倾斜：围绕局部的 X 轴和 Y 轴旋转图形。
- 倒角：使放样后的模型产生倒角效果。
- 拟合：可以使用两条【拟合】曲线来定义对象的顶部和侧剖面。

## 实例：使用放样工具制作欧式石膏线

文件路径：Chapter 06　复合对象建模→实例：使用放样工具制作欧式石膏线

扫一扫，看视频

本案例使用一条闭合的样条线和一条矩形，并结合使用【放样】工具制作出三维模型效果，需注意在制作完成后可以通过调整图像子级别的旋转角度来设置不同的三维效果。渲染效果如图6-9所示。

图 6-9

## 操作步骤

步骤 01 在透视图中创建一个长方体，设置【长度】为2800mm，【宽度】为5000mm，【高度】为240mm，如图6-10所示。

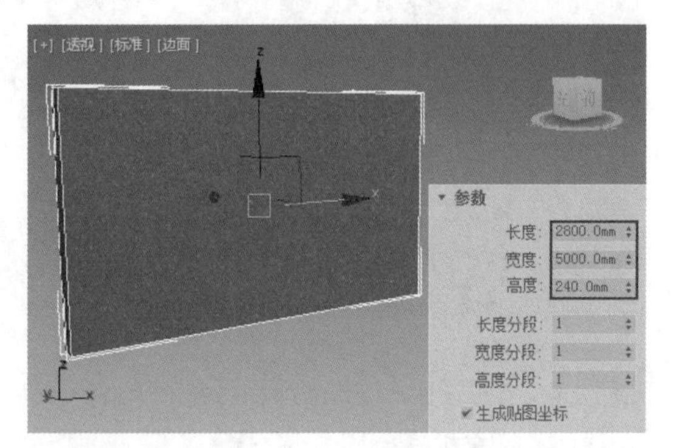


图 6-10

步骤 02 使用【线】工具在顶视图中绘制一条闭合的线，如图6-11所示。

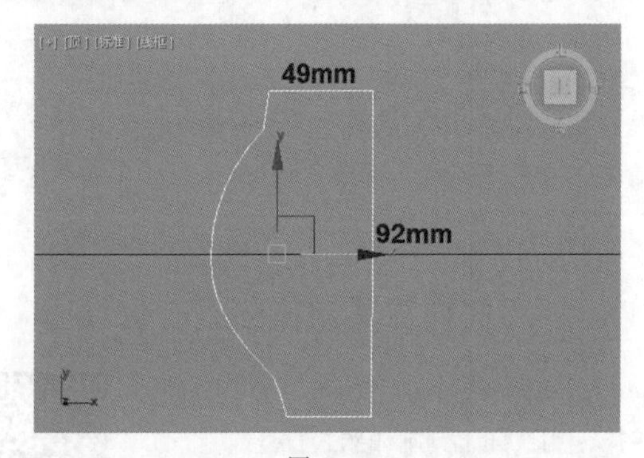


图 6-11

步骤 03 使用【矩形】工具在视图中创建一个矩形，设置【长度】为2500mm，【宽度】为830mm，如图6-12所示。

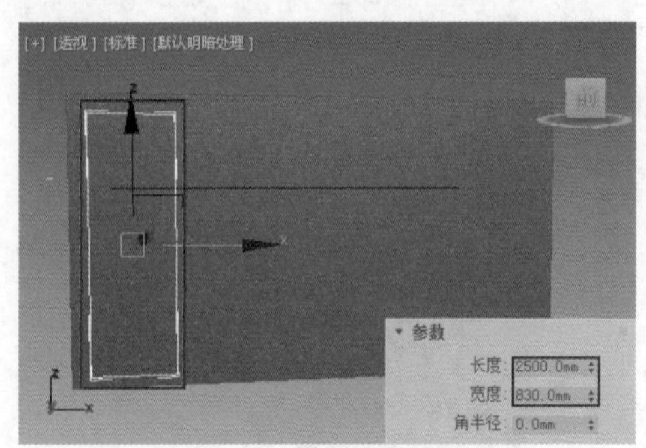


图 6-12

步骤 04 选择刚才的矩形，执行【创建】|【几何体】|复合对象|放样，如图6-13所示，在【创建方法】卷展栏中单击 获取图形 按钮，鼠标左键单击刚才绘制的闭合的样条线，如图6-14所示。

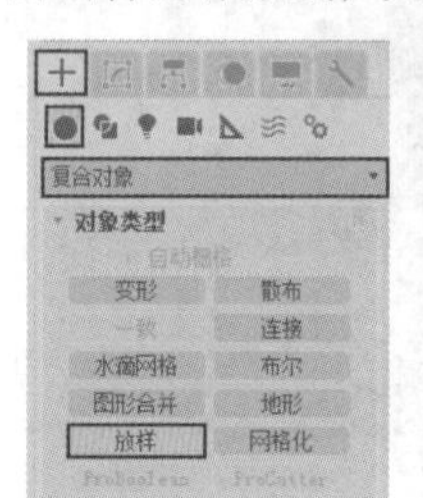


图 6-13

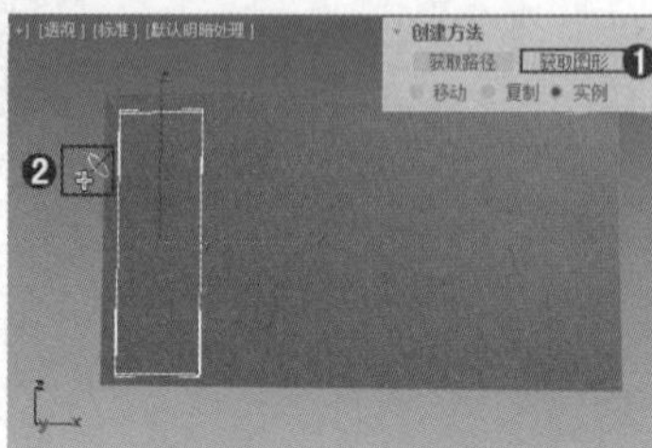


图 6-14

步骤 05 此时效果如图6-15所示。细节效果如图6-16所示。

步骤 06 此时发现模型是翻转的效果，如果需要让此时的三维模型的效果产生变化。首先选择此时的三维模型，并激活 (选择并旋转)和 (角度捕捉切换)按钮，单击 Loft 按钮，选择 图形 ，然后在模型上框选选中图形级别，如图6-17所示。接着沿Z轴旋转90°，此时可看到模型产生了翻转效果，如图6-18所示。

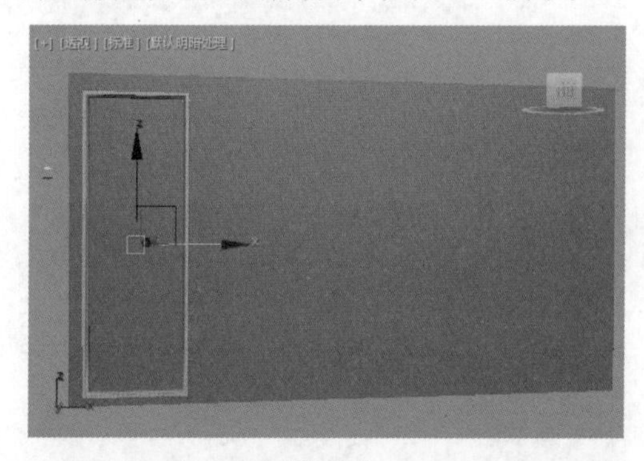

图 6-15

图 6-16

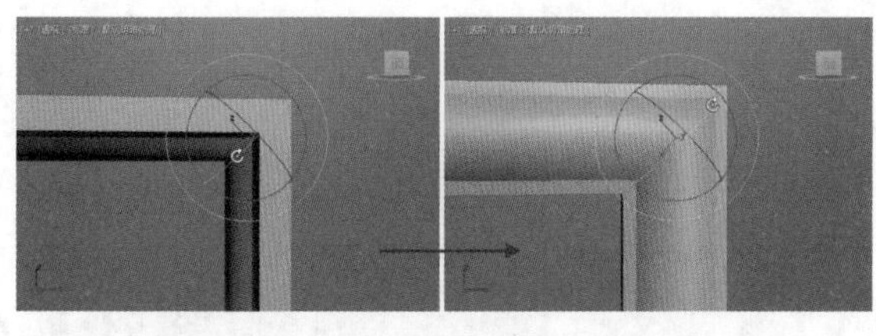

图 6-17　　图 6-18

步骤 07 在透视图中选择左侧的图形，然后按住Shift键并按住鼠标左键，将其沿着X轴向右平移并复制，移动到右侧适当的位置后释放鼠标，在弹出的【克隆选项】对话框中设置【对象】为【复制】，【副本数】为1，如图6-19所示。此时效果如图6-20所示。

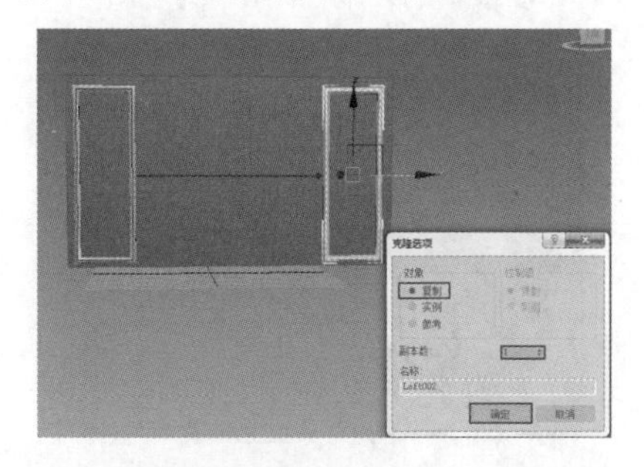

图 6-19

图 6-20

步骤 08 在顶视图中再次创建一个矩形，设置【长度】为2500mm，【宽度】为2700mm，如图6-21所示。

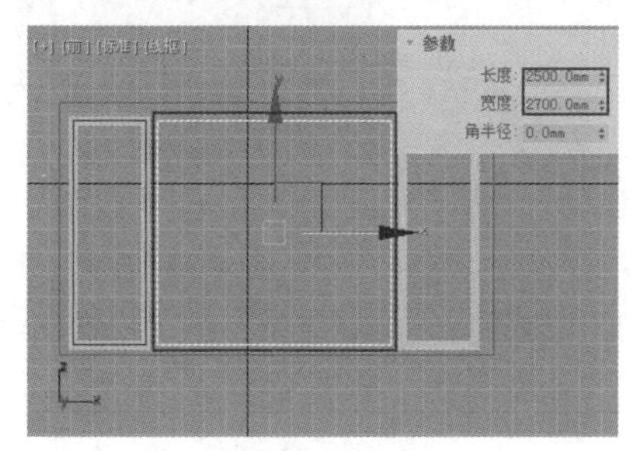

图 6-21

步骤 09 执行【创建】|【几何体】|复合对象 | 放样，如图6-22所示。在【创建方法】卷展栏中单击 获取图形 按钮，鼠标左键单击刚才绘制的闭合的样条线，如图6-23所示。

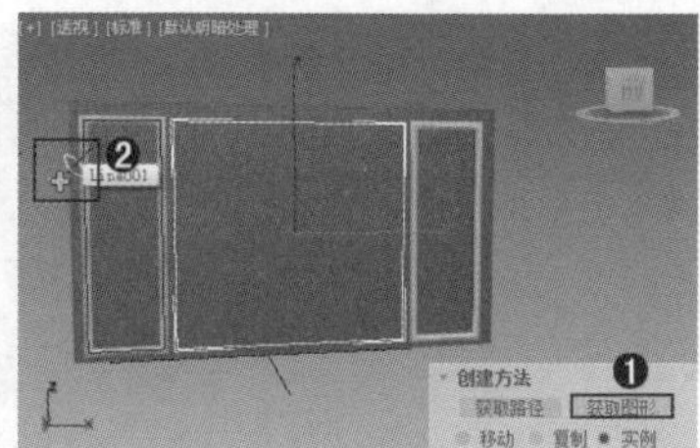

图 6-22　　图 6-23

步骤 10 使用刚才同样的方法将模型的图形级别沿Z轴旋转90°，如图6-24所示。

图 6-24

## 实例：使用图形合并工具制作长方体上突出的文字

文件路径：Chapter 06　复合对象建模→实例：使用图形合并工具制作长方体上突出的文字

扫一扫，看视频

图形合并可以将一个二维图形印到三维模型上面。本案例将讲解使用图形合并制作长方体上突出的文字效果。渲染效果如图6-25所示。

图 6-25

## 操作步骤

步骤 01 在透视图中创建一个长方体，设置【长度】为200mm，【宽度】为200mm，【高度】为200mm，如图6-26所示。

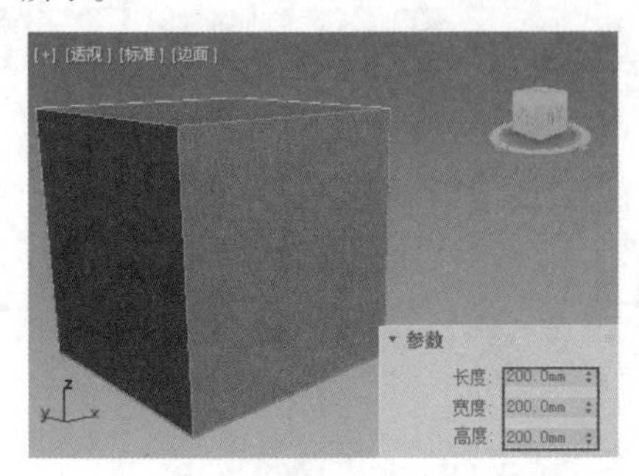

图 6-26

步骤 02 执行【创建】 |【图形】 | 样条线 | 文本，如图6-27所示。在前视图中单击进行文本的创建，在【参数】卷展栏中设置合适的字体，对齐方式为【居中】，【大小】为40mm。接着在【文本】的下方输入文本，如图6-28所示。（需要注意的是长方体模型和文本的位置关系，文本的位置要在长方体模型的前方，而非内部，这样才能保证文本被完整地"印"在多边形上。）

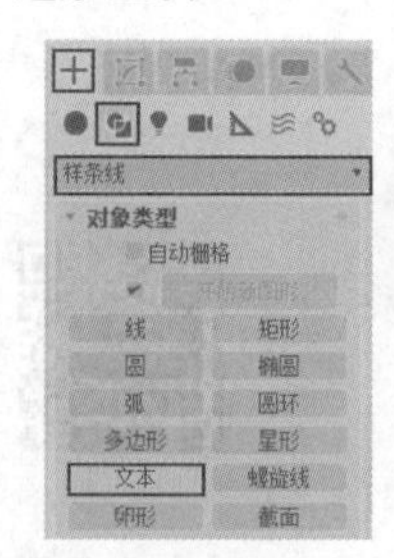

图 6-27

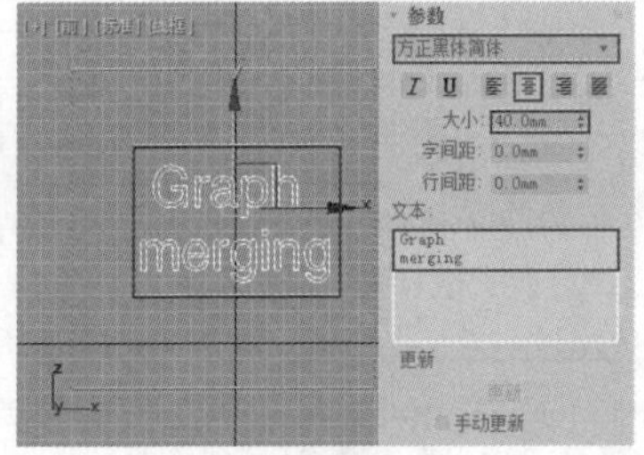

图 6-28

步骤 03 如图6-29所示为在透视图中看到的文字和长方体之间的位置关系。

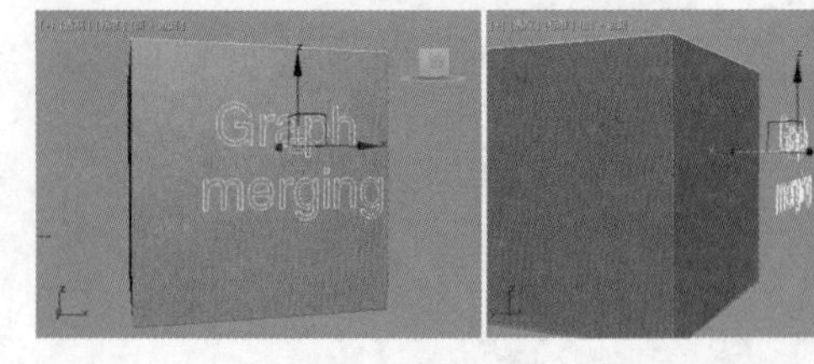
图 6-29

步骤 04 选择长方体模型，执行【创建】 |【几何体】 | 复合对象 | 图形合并，如图6-30所示。在【拾取运算对象】卷展栏下单击【拾取图形】按钮 拾取图形，在透视图中单击选择文本，如图6-31所示。

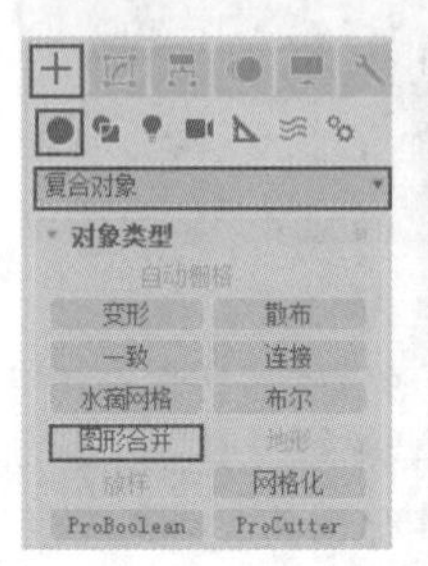

图 6-30

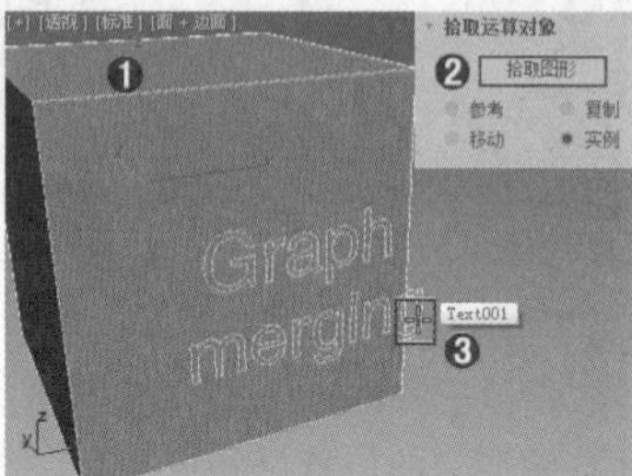

图 6-31

步骤 05 此时场景中的效果如图6-32所示。

图 6-32

步骤 06 选择此时的长方体模型，单击鼠标右键，执行【转换为】|【转换为可编辑的多边形】命令，如图6-33所示。进入【多边形】级别，选择如图6-34所示的多边形。

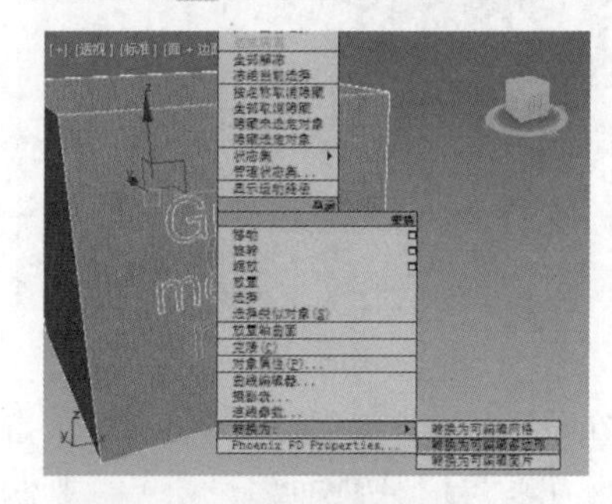
图 6-33

图 6-34

步骤 07 单击【挤出】后方的【设置】按钮，设置【高度】为5mm，如图6-35所示。

图 6-35

步骤 08 案例最终效果如图6-36所示。

图 6-36

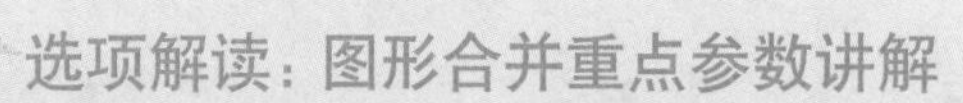

### 选项解读：图形合并重点参数讲解

- 拾取图形：单击该按钮，然后单击要嵌入网格对象中的图形。
- 操作对象：在复合对象中列出所有操作对象。
- 名称：如果选择列表中的对象，则此处将显示其名称。
- 删除图形：从复合对象中删除选中图形。
- 提取操作对象：提取选中操作对象的副本或实例。
- 饼切：切去网格对象曲面外部的图形。
- 合并：将图形与网格对象曲面合并。
- 反转：反转“饼切”或“合并”效果。

## 实例：使用散布制作星形戒指

文件路径：Chapter 06　复合对象建模→实例：使用散布制作星形戒指

扫一扫，看视频

本案例使用【散布】工具将星形模型分布在圆环表面，从而制作完成戒指。渲染效果如图6-37所示。

图 6-37

## 操作步骤

步骤 01 执行【创建】｜【几何体】｜标准基本体｜圆环，如图6-38所示。在透视图中创建一个圆环，设置【半径1】为15mm，【半径2】为1mm，【分段】为50，如图6-39所示。

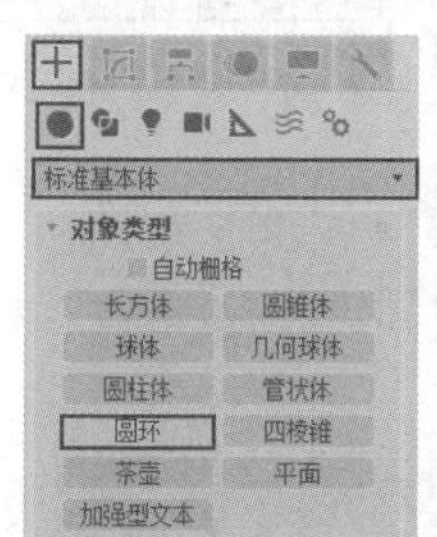


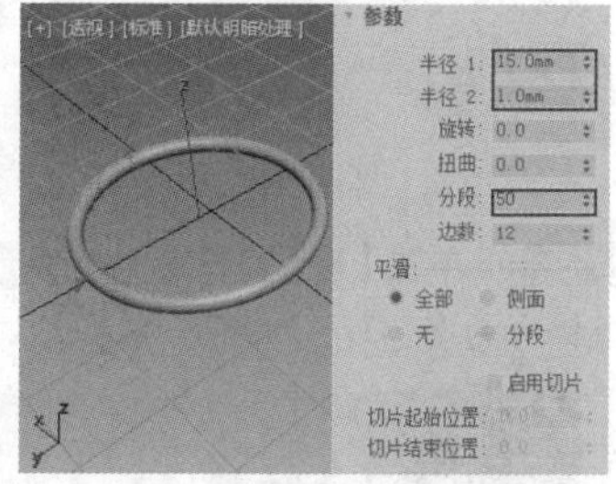


图 6-38　　图 6-39

步骤 02 执行【创建】｜【图形】｜样条线｜星形，如图6-40所示。在前视图中创建一个星形，设置【半径1】为8mm，【半径2】为3mm，如图6-41所示。

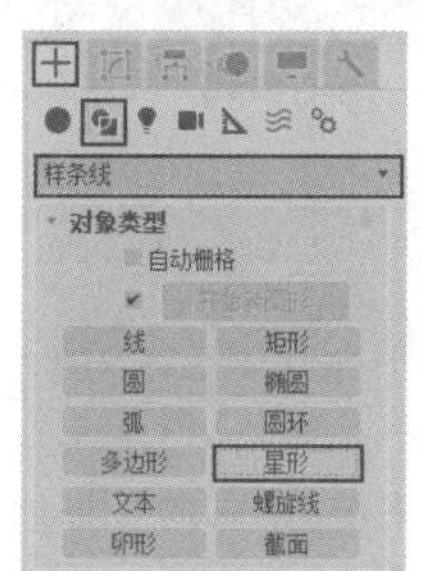


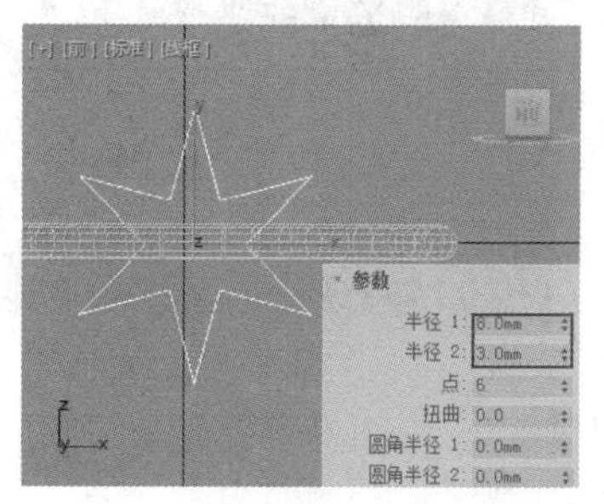


图 6-40　　图 6-41

步骤 03 在选中星形的状态下，执行【创建】｜【几何体】｜复合对象｜散布，如图6-42所示。接着在

【拾取分布对象】卷展栏下单击【拾取分布对象】按钮，最后单击拾取场景中的圆环模型，如图6–43所示。

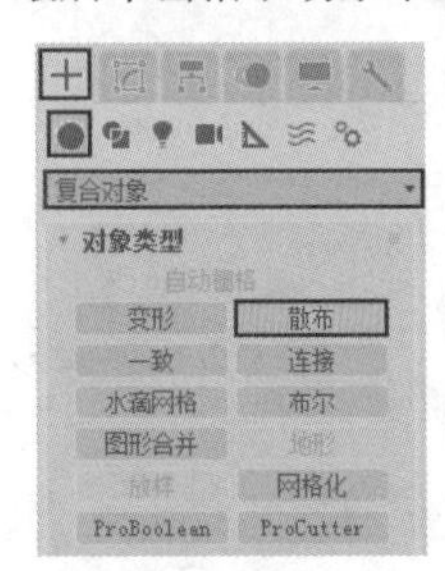


图6–42

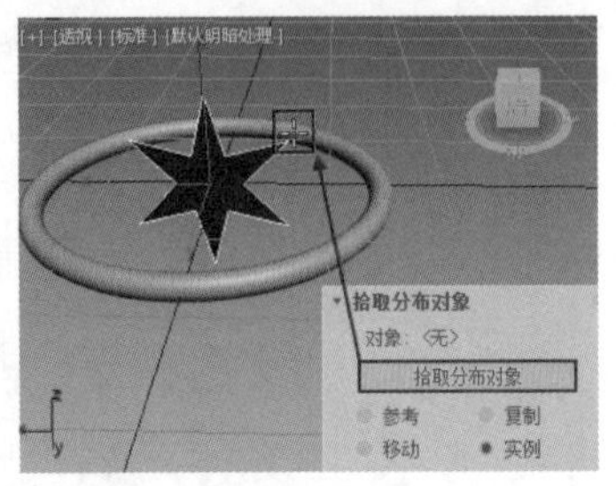


图6–43

步骤 04 此时效果如图6–44所示。接着为该模型加载【编辑多边形】修改器，如图6–45所示。

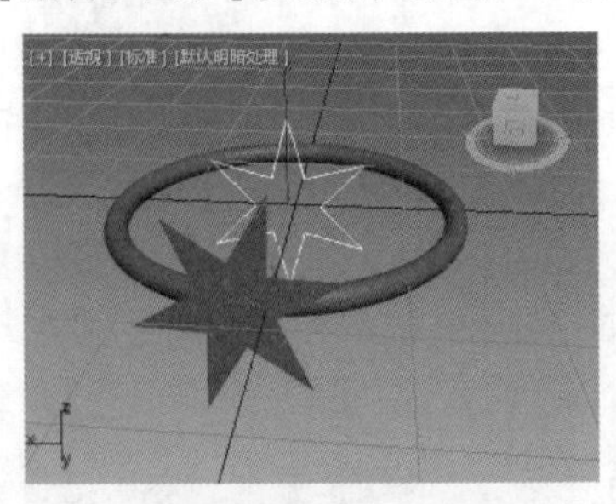


图6–44

图6–45

步骤 05 单击【修改】按钮，进入【多边形】■级别，选择星形的多边形，如图6–46所示。

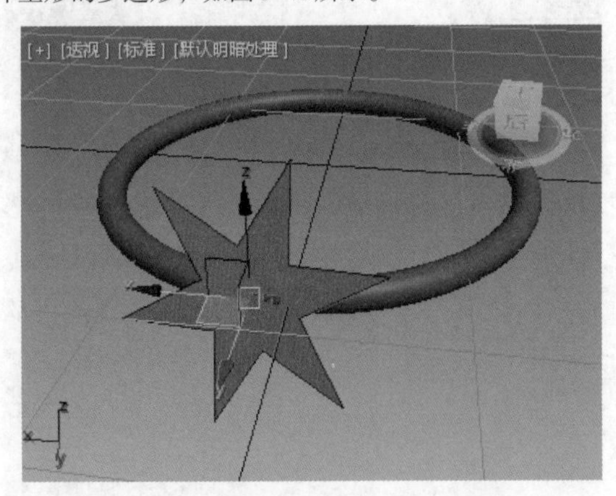


图6–46

步骤 06 单击【修改】按钮，单击【挤出】后方的【设置】按钮■，设置【高度】为1.5mm，如图6–47所示。

步骤 07 案例效果如图6–48所示。

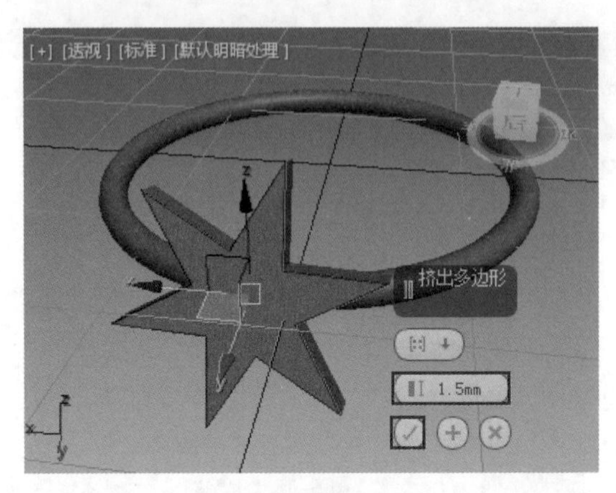


图6–47

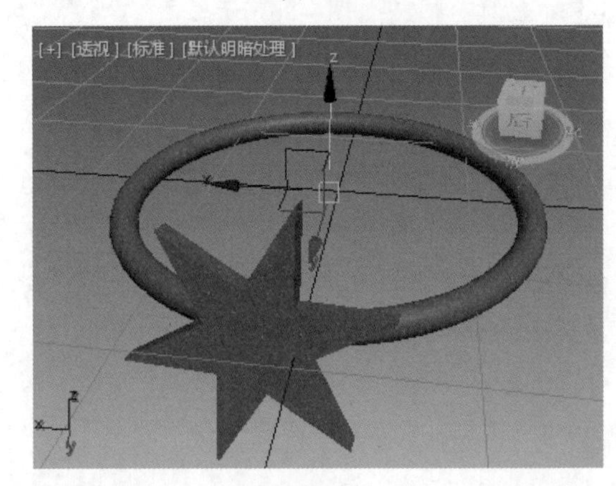


图6–48

## 选项解读：散布重点参数讲解

- 拾取分布对象：选择一个A对象，然后单击【散布】工具，接着单击该按钮，最后在场景中单击一个B对象，即可将A分布在B表面。
- 分布：【使用分布对象】根据分布对象的几何体来散布源对象。【仅使用变换】此选项无须分布对象，而是使用【变换】卷展栏中的偏移值来定位源对象的重复项。
- 源对象参数：该选项组中可设置散布源对象的重复数目、比例、随机扰动、偏移效果。
- 分布对象参数：用于设置源对象重复项相对于分布对象的排列方式。
- 分布方式：设置源对象的分布方式。

## 实例：使用散布制作巧克力球

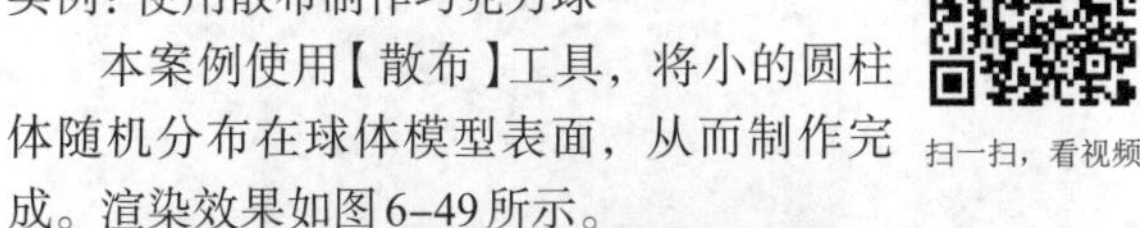

扫一扫，看视频

文件路径：Chapter 06　复合对象建模→实例：使用散布制作巧克力球

本案例使用【散布】工具，将小的圆柱体随机分布在球体模型表面，从而制作完成。渲染效果如图6-49所示。

图 6-49

## 操作步骤

步骤 01 创建一个球体模型，设置【半径】为40mm，【分段】为60，如图6-50所示。

步骤 02 单击【修改】按钮，为其添加【噪波】修改器，设置【比例】为1，【强度】的X、Y、Z分别为3mm，如图6-51所示。

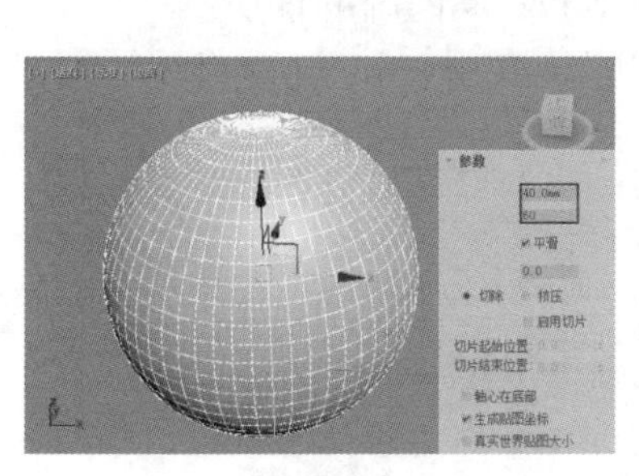

图 6-50

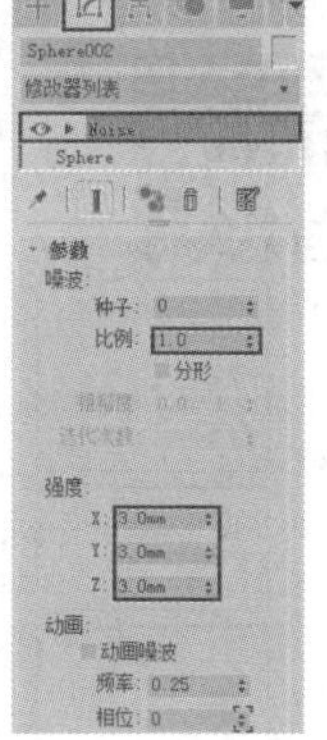


图 6-51

步骤 03 此时球体模型表面产生了凹凸起伏效果，如图6-52所示。

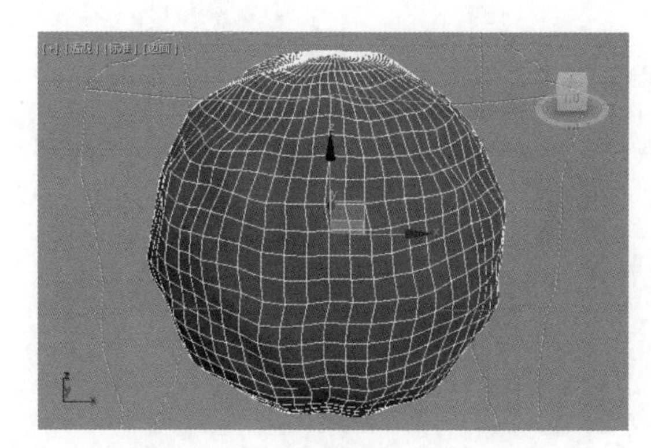

图 6-52

步骤 04 在视图中创建一个圆柱体，设置【半径】为0.7mm，【高度】为10mm，如图6-53所示。

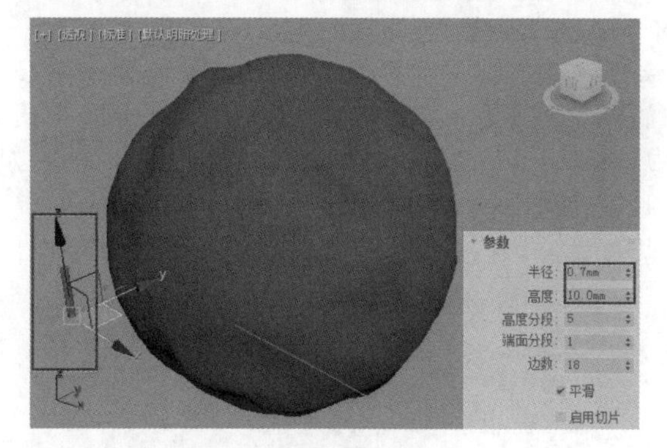


图 6-53

步骤 05 单击【修改】按钮，为圆柱体添加【FFD 3×3×3】修改器，如图6-54所示。

步骤 06 单击【修改】按钮，选择【控制点】级别，并选择圆柱体的控制点调整其位置，使其产生弯曲效果，如图6-55所示。

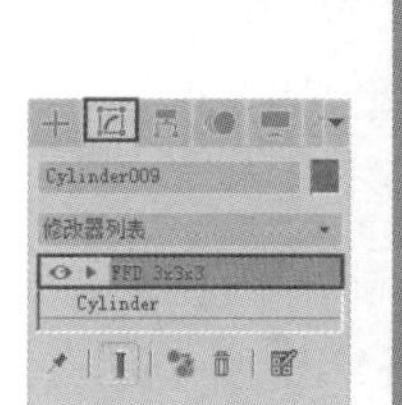


图 6-54

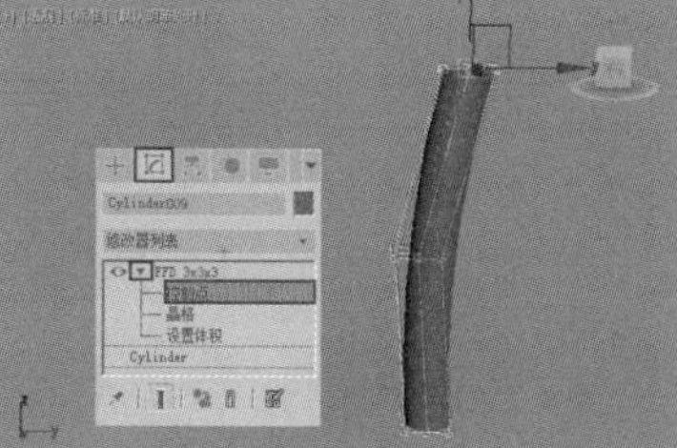

图 6-55

步骤 07 继续创建另外3个圆柱体模型，并执行同样的操作，如图6-56所示。

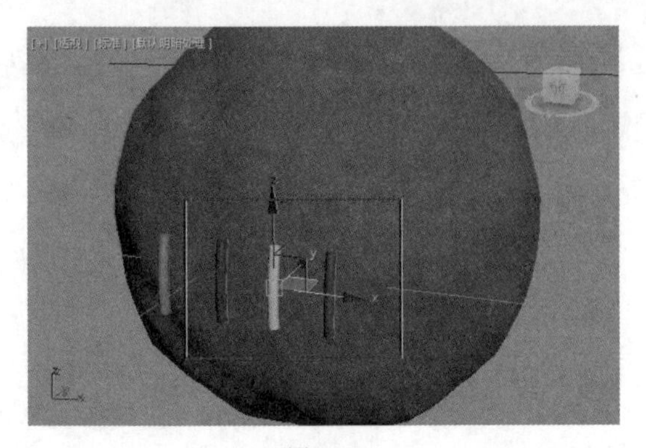

图 6-56

步骤 08 选择第一个圆柱体模型，执行【创建】+ |【几何体】● | 复合对象 | 散布 ，并单击【拾取分布对象】按钮，最后单击拾取球体模型，如图6-57所示。

步骤 09 选择散布后的模型，单击【修改】按钮，设置【重复数】为100，【基础比例】为80，【分布方式】为【区域】，【旋转】的X为240，Y为100，Z为200，如图6-58所示。

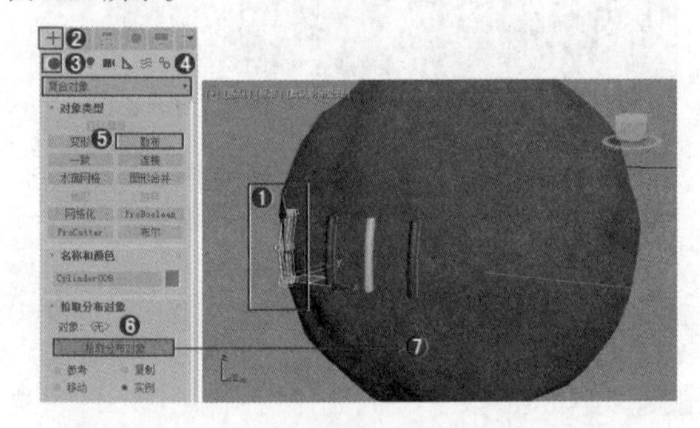

图 6-57

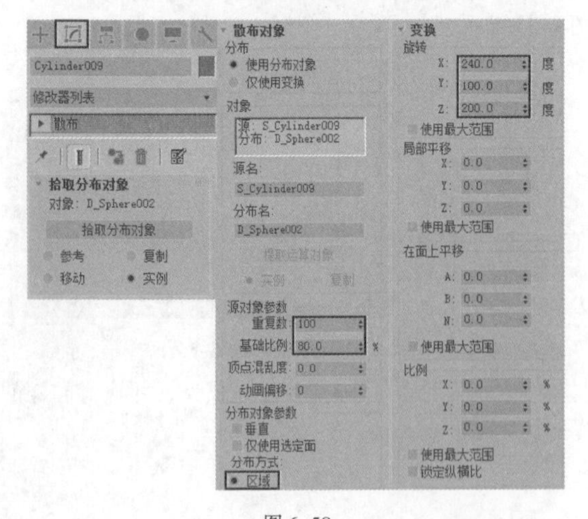


图 6-58

步骤 10 此时散布之后的模型效果如图6-59所示。

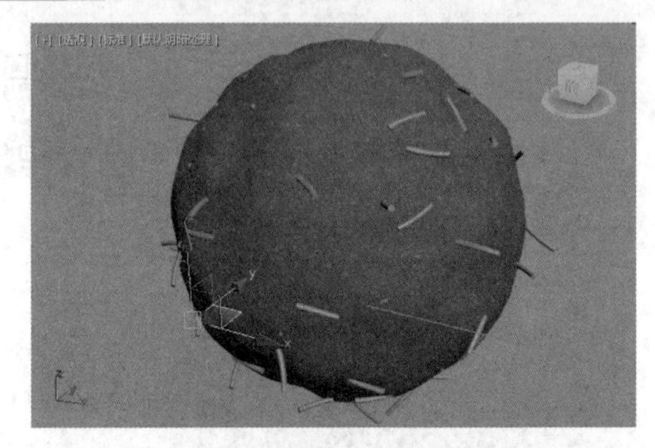

图 6-59

步骤 11 利用同样的方式对其他三个圆柱体进行散布操作，最终模型效果如图6-60所示。

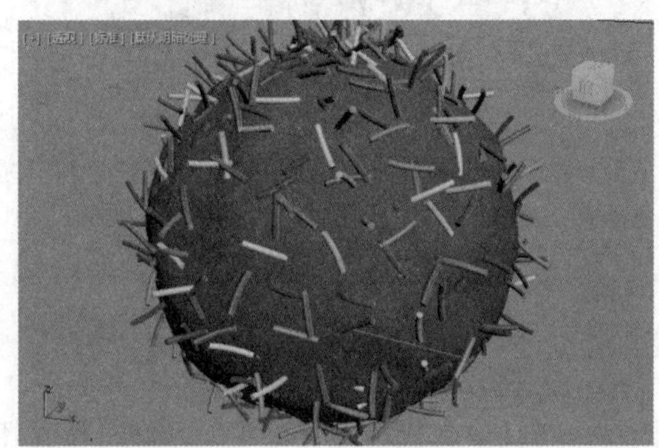

图 6-60

## 实例：使用布尔工具制作星形盘子

扫一扫，看视频

文件路径：Chapter 06 复合对象建模→实例：使用布尔工具制作星形盘子

本案例使用【布尔】工具将两个模型进行布尔运算，得到模型被挖掉的效果。需注意使用【布尔】工具之前要考虑清楚先选中哪个模型。渲染效果如图6-61所示。

图 6-61

## 操作步骤

步骤 01 执行【创建】＋|【图形】|样条线|星形，如图6-62所示。在透视图中按住鼠标左键拖拽创建星形，设置【半径1】为80mm，【半径2】为40mm，如图6-63所示。

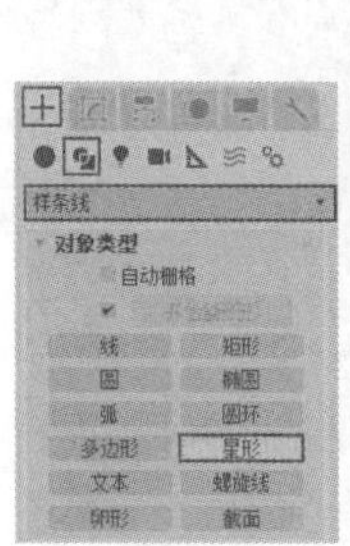


图 6-62

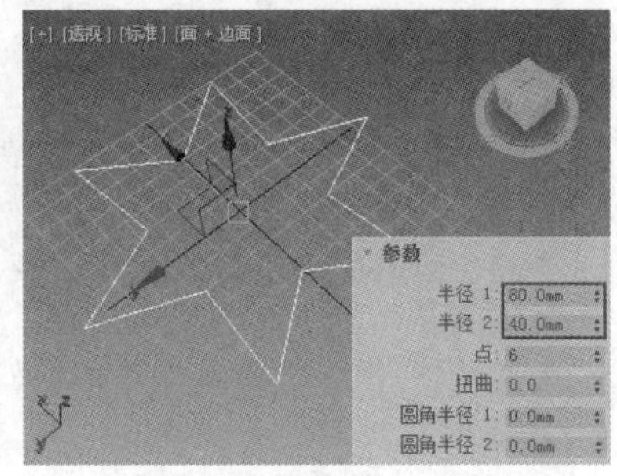


图 6-63

步骤 02 单击【修改】按钮，为该模型加载【挤出】修改器，设置【数量】为20mm，如图6-64所示。

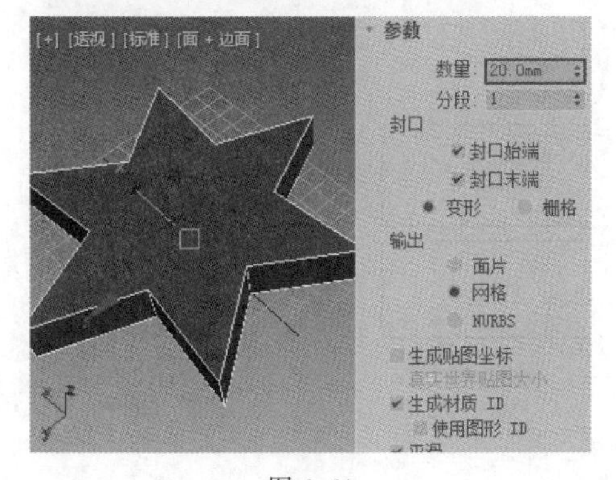


图 6-64

步骤 03 在顶视图中创建圆柱体，设置【半径】为38mm，【高度】为25mm，【高度分段】为1，【边数】为100，如图6-65所示。

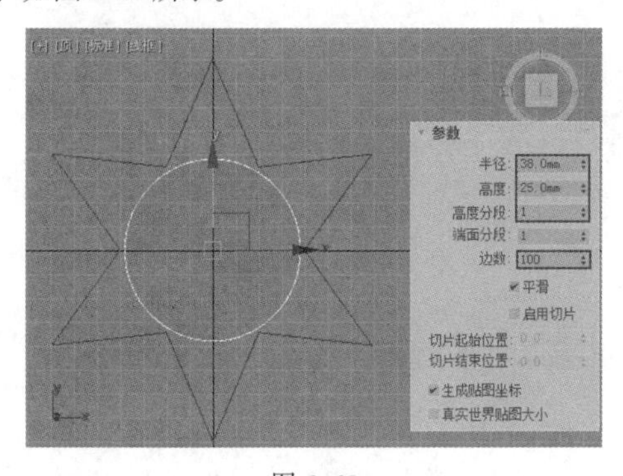


图 6-65

步骤 04 将上一步创建的圆柱体移动到合适的位置，注意圆柱体与星形的底部有一些距离，如图6-66所示。

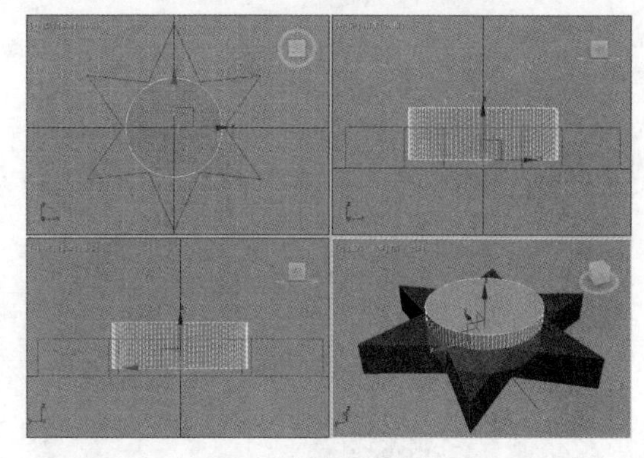

图 6-66

步骤 05 选中星形模型，执行【创建】＋|【几何体】●|复合对象|布尔，如图6-67所示。接着展开【布尔参数】卷展栏，单击【差集】按钮，然后单击【添加运算对象】按钮，最后单击场景中的圆柱体，如图6-68所示。

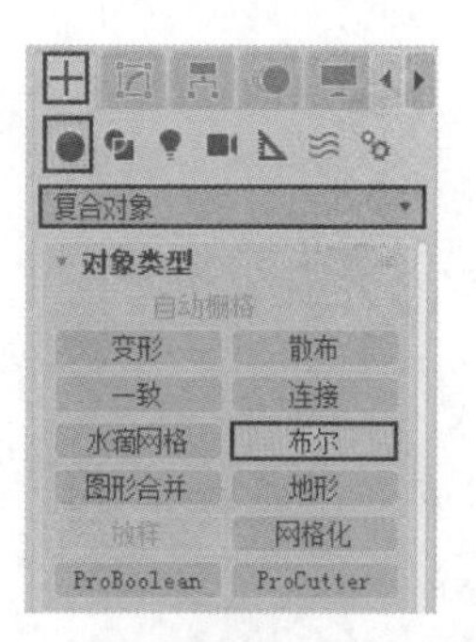


图 6-67

图 6-68

### 提示：布尔和ProBoolean的注意事项

在为模型应用布尔或ProBoolean之前，一定要保存当前的文件。另外建议在使用这两个工具之前，要确保该模型不会在进行其他编辑，例如进行平滑处理、进行多边形建模等操作。若在使用这两个工具之后，再进行平滑处理、进行多边形建模等操作时，该模型可能产生比较奇怪的效果。

步骤 06 案例最终效果如图6-69所示。

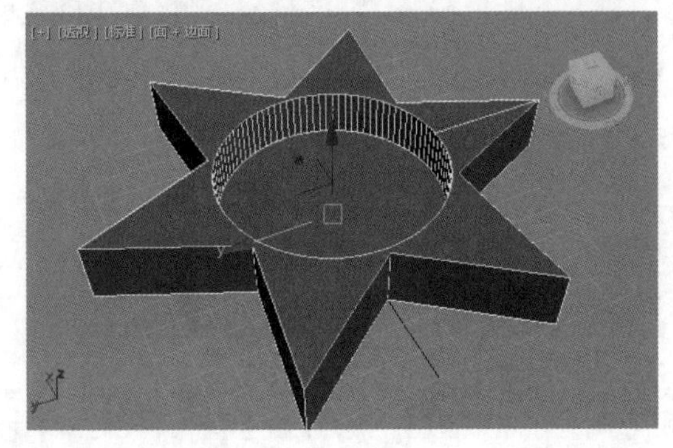

图 6-69

## 选项解读：布尔重点参数讲解

- 并集：移除几何体的相交部分或重叠部分。
- 交集：只保留几何体的重叠的位置。
- 差集：减去相交体积的原始对象的体积，例如为模型打洞。
- 合集：将对象组合到单个对象中，而不移除任何几何体。
- 附加(无交集)：将两个或多个单独的实体合并成单个布尔型对象，而不更改各实体的拓扑。
- 插入：先从第一个操作对象减去第二个操作对象的边界体积，然后再组合这两个对象。
- 盖印：将图形轮廓(或相交边)打印到原始网格对象上。
- 切面：切割原始网格图形的面，只影响这些面。

Chapter 07

第7章

扫一扫，看视频

# 修改器建模

## 本章内容简介：

本章主要讲解修改器建模。修改器建模是指为模型或图形添加修改器，并设置参数，从而产生新模型的建模方式。本章包括二维图形修改器和三维模型修改器两大部分内容。通常二维图形修改器可以使二维变为三维效果，而三维模型修改器可以改变模型本身的形态。

## 重点知识掌握：

- 熟练掌握挤出、车削、倒角等二维修改器的使用方法。
- 熟练掌握FFD、弯曲、壳、网格平滑等三维修改器的使用方法。

## 通过本章学习，我能做什么？

通过本章的学习，我们可以借助修改器使二维图形变为三维对象，例如制作立体文字、从CAD室内平面图创建墙体等；使用三维修改器可以快速制作出变形的三维对象。

## 7.1 认识修改器建模

修改器是为图形或模型添加的工具，使原来的图形或模型产生形态的变化。常使用修改器制作有明显变化的模型效果，如扭曲的模型（扭曲修改器）、弯曲的模型（弯曲修改器）、变形的模型（FFD修改器）等。每种修改器都会使对象产生不同的效果，因此本章的知识点比较分散，需要多加练习。

## 7.2 二维图形的修改器类型

扫一扫，看视频

二维图形修改器是针对二维图形的，通过对二维图形添加相应的修改器使其变为三维模型效果。常用的二维图形修改器有挤出、车削、倒角、倒角剖面等。

### 实例：使用挤出修改器制作低矮咖啡桌

扫一扫，看视频

文件路径：Chapter 07 修改器建模→实例：使用挤出修改器制作低矮咖啡桌

本案例创建矩形，并为其添加【挤出】修改器使其变为三维效果。渲染效果如图7–1所示。

图 7–1

### 操作步骤

**步骤 01** 使用【矩形】工具在顶视图中创建1个矩形，设置【长度】为700mm，【宽度】为700mm，如图7–2所示。

**步骤 02** 为上一步创建的模型加载【挤出】修改器，设置【数量】为200mm，如图7–3所示。

**步骤 03** 再次在顶视图中创建矩形，设置【长度】为1200mm，【宽度】为1200mm，如图7–4所示。

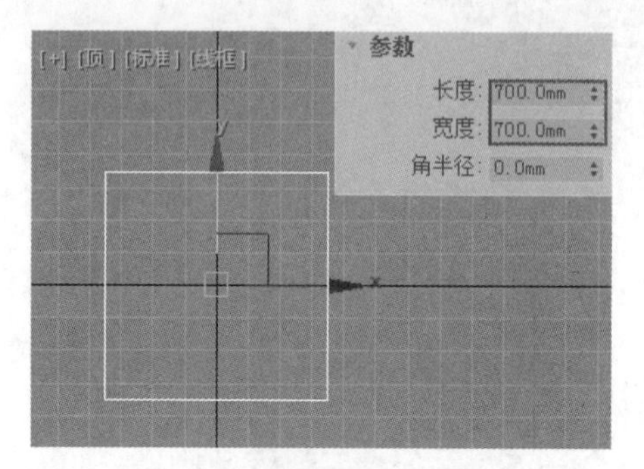


图 7–2

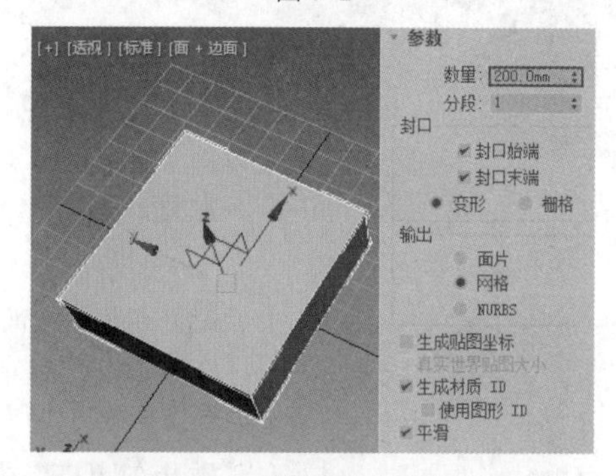


图 7–3

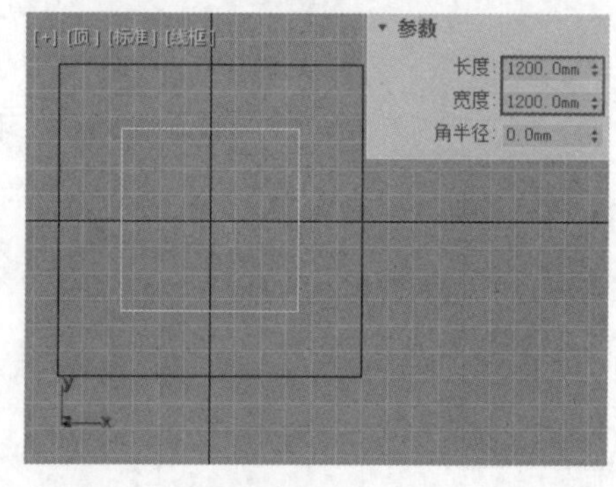


图 7–4

**步骤 04** 为该模型加载【挤出】修改器，设置【数量】为150mm，如图7–5所示。

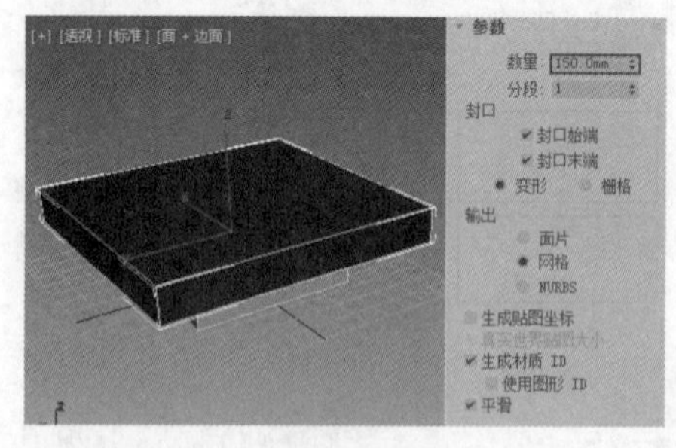


图 7–5

步骤 05 最终效果如图7-6所示。

图 7-6

## 选项解读:【挤出】修改器重点参数速查

- 数量:设置挤出的深度,默认为0代表没有挤出,数值越大挤出厚度越大。
- 分段:指定将要在挤出对象中创建线段的数目。
- 封口始端:在挤出对象始端生成一个平面。
- 封口末端:在挤出对象末端生成一个平面。
- 平滑:将平滑应用于挤出图形。

## 实例:使用挤出修改器制作创意茶几

文件路径:Chapter 07 修改器建模→实例:使用挤出修改器制作创意茶几

扫一扫,看视频

本案例使用【线】绘制闭合的图形,并为其添加【挤出】修改器,制作三维茶几效果。渲染效果如图7-7所示。

图 7-7

### 操作步骤

步骤 01 使用【线】工具在顶视图中绘制一条闭合的线,如图7-8所示。

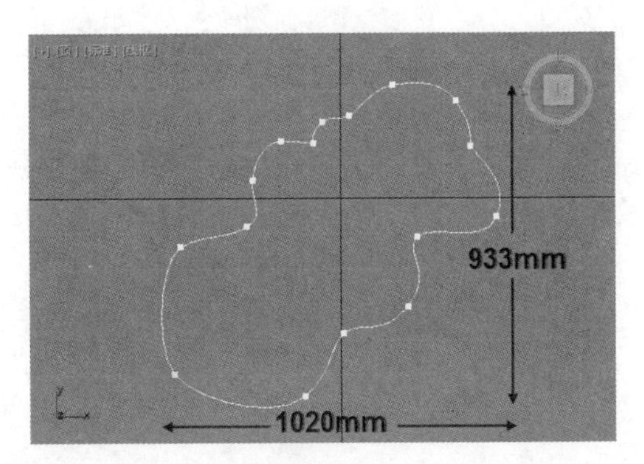


图 7-8

步骤 02 绘制完成后单击【修改】按钮,为线加载【挤出】修改器,设置【数量】为450mm,如图7-9所示。

步骤 03 最终模型效果如图7-10所示。

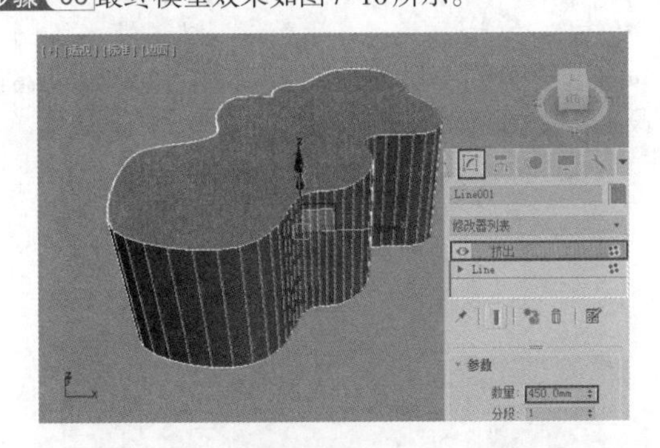

图 7-9

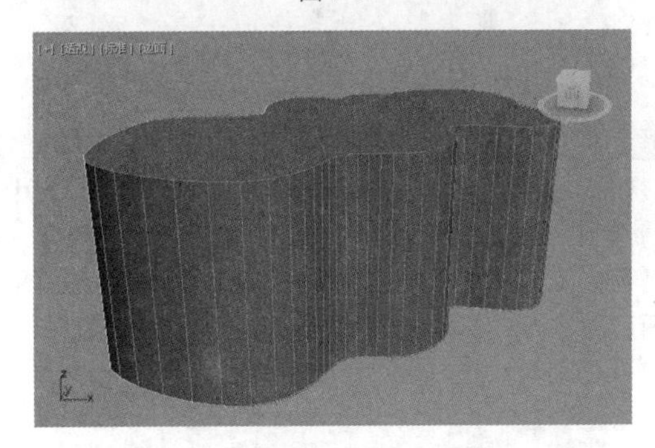

图 7-10

## 实例:使用车削修改器制作吊灯

文件路径:Chapter 07 修改器建模→实例:使用车削修改器制作吊灯

扫一扫,看视频

本案例创建线并为其添加【车削】修改器使其变为三维效果,然后调整模型的轴心位置并旋转复制,完成模型的制作。渲染效果如图7-11所示。

图 7-11

## 操作步骤

步骤 01 使用标准基本体类型【管状体】工具，在透视图中创建一个管状体模型，设置该管状体的【半径1】为465mm，【半径2】为17.5mm，【高度】为12.5mm，【高度分段】为1，【边数】为50，如图7-12所示。

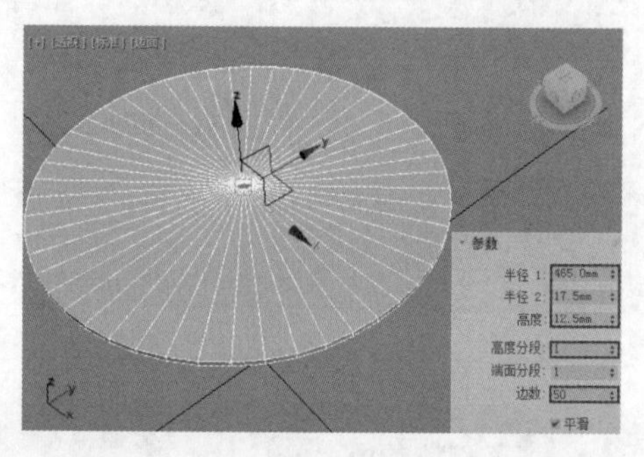


图 7-12

步骤 02 在透视图中创建一个圆柱体，设置【半径】为17.5mm，【高度】为375mm，【高度分段】为1，【边数】为30，如图7-13所示。再次创建一个管状体，设置【半径1】为464mm，【半径2】为462.5mm，【高度】为325mm，【高度分段】为1，【边数】为50，如图7-14所示。

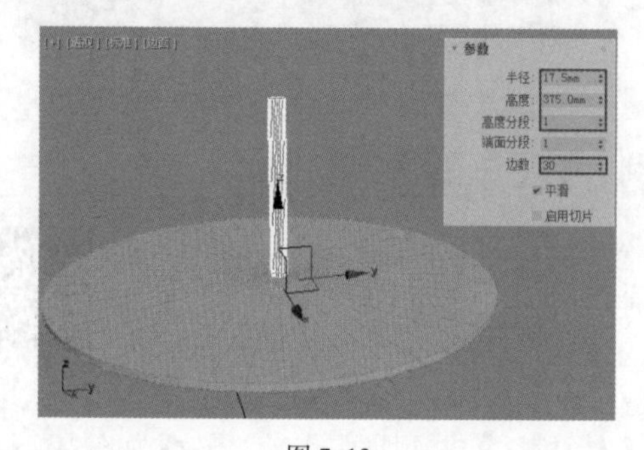


图 7-13

图 7-14

步骤 03 使用【线】工具在前视图中绘制一条线，如图7-15所示。

步骤 04 单击【修改】按钮，为刚绘制的线加载【车削】修改器，设置【分段】为50，单击【最大】按钮，如图7-16所示。

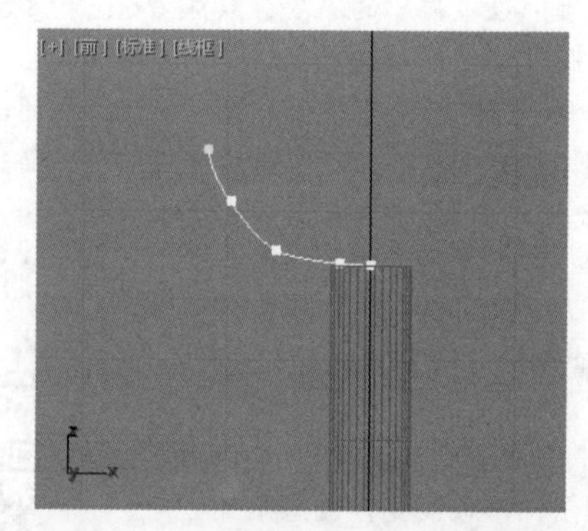

图 7-15

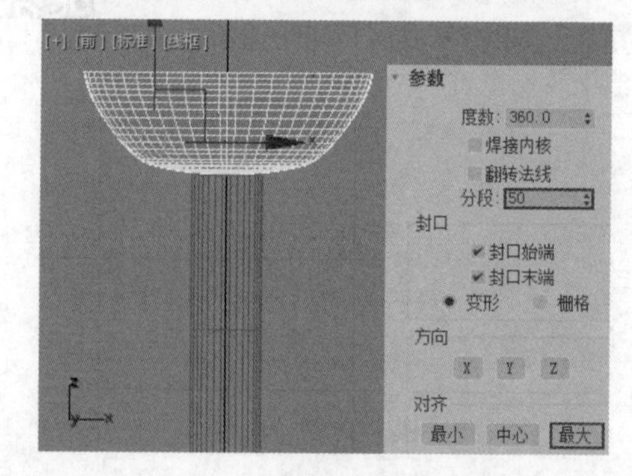


图 7-16

步骤 05 在透视图中再次创建一个管状体，设置【半径1】为77mm，【半径2】为62.5mm，【高度】为2.5mm，【高度分段】为1，【边数】为50，如图7-17所示。在前视图中创建一个圆环，设置该圆环的【半径1】为30mm，【半径2】为7.5mm，【分段】为100，【边数】为50，如图7-18所示。

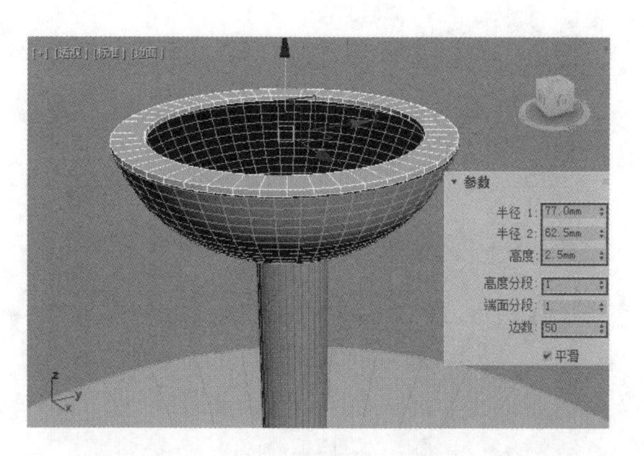


图 7-17

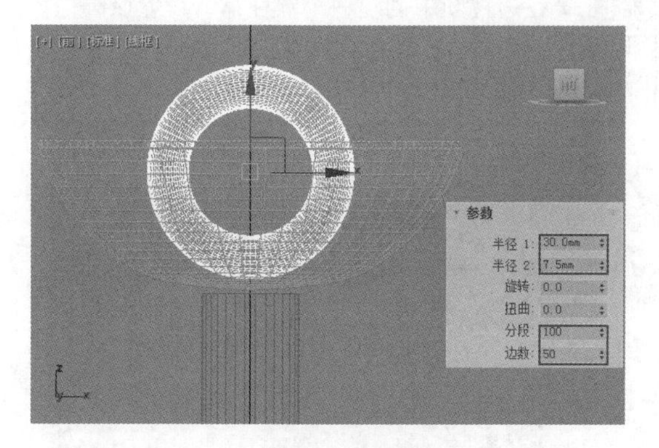


图 7-18

步骤 06 单击【选择并旋转】按钮和【角度捕捉切换】按钮，按住Shift键并按住鼠标左键，在前视图中将其沿着Y轴旋转90°，旋转完成后释放鼠标，在弹出的【克隆选项】对话框中设置【对象】为【复制】,【副本数】为1，如图7-19所示。接着使用【选择并移动】工具将其沿着Y轴向上平移，如图7-20所示。

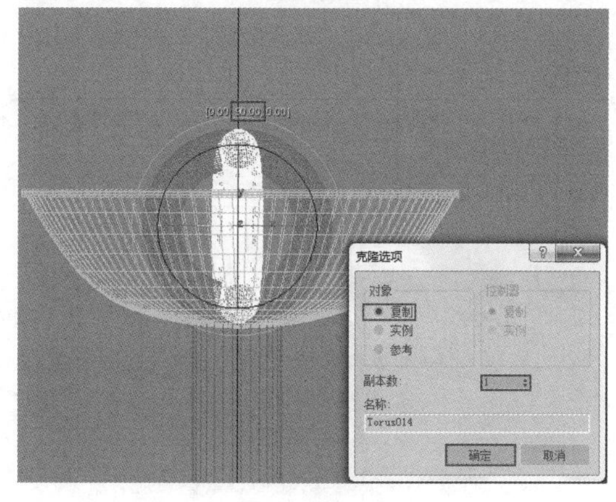


图 7-19

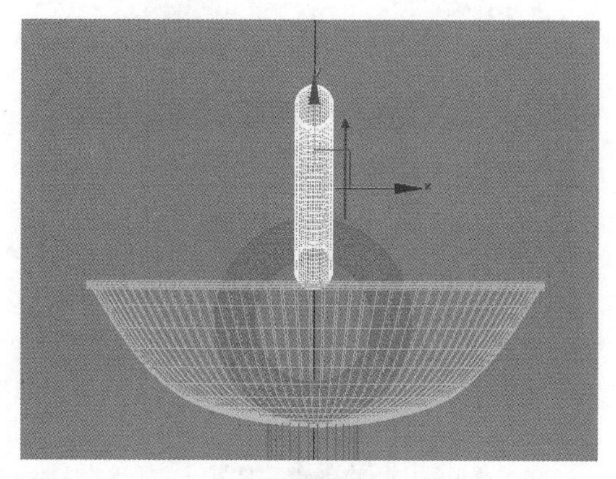

图 7-20

步骤 07 使用同样的方法再次将圆环进行复制并移动到合适的位置，效果如图7-21所示。

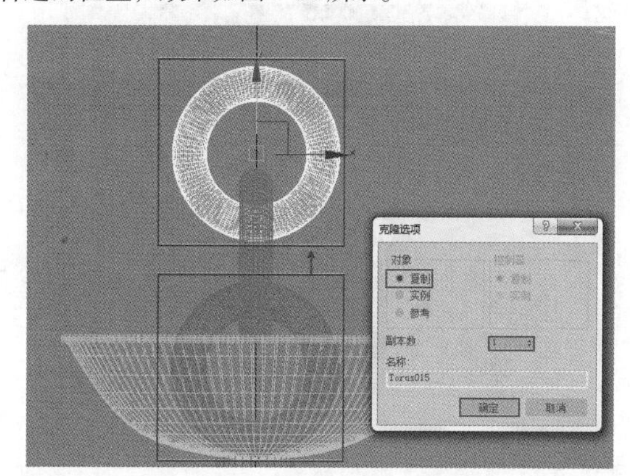


图 7-21

步骤 08 在前视图中绘制样条线，如图7-22所示。接着在渲染卷展栏中勾选【在渲染中启用】和【在视口中启用】复选框，选中【径向】单选按钮，设置【厚度】为37.625mm,【边】为100，如图7-23所示。

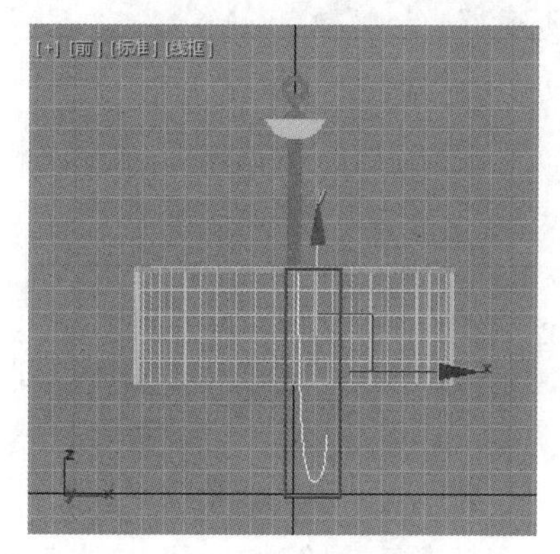

图 7-22

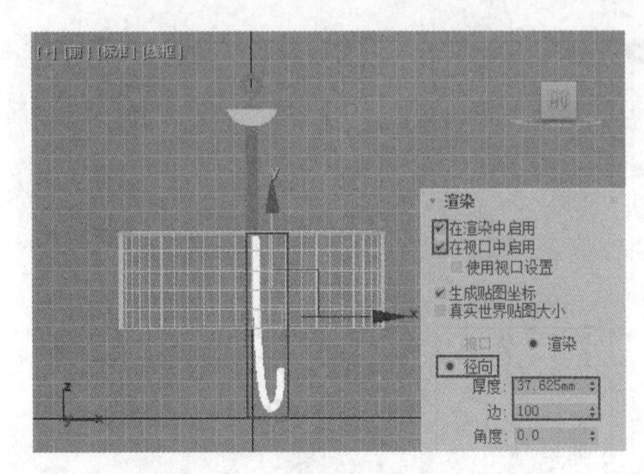


图 7–23

步骤 09 在透视图中再次创建一个圆环，接着在【参数】卷展栏中设置【半径1】为11.25mm，【半径2】为2.5mm，【分段】为30，【边数】为30，如图7–24所示。

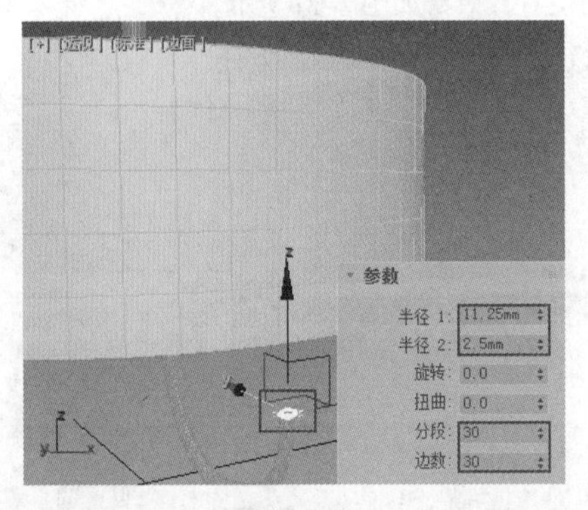


图 7–24

步骤 10 在透视图中首先按住Ctrl键加选适当的图形，然后按住Shift键并按住鼠标左键，将其沿着Z轴向下平移并复制，放置在合适的位置后释放鼠标，在弹出的【克隆选项】对话框中设置【对象】为【复制】，【副本数】为1，如图7–25所示。

图 7–25

步骤 11 接着将其移动到合适的位置，如图7–26所示。

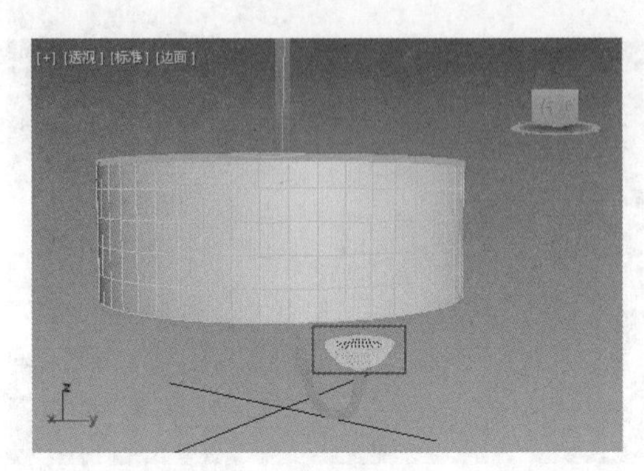

图 7–26

步骤 12 在透视图中创建一个圆柱体，设置该圆柱体的【半径】为20mm，【高度】为200mm，【高度分段】为1，【边数】为18，如图7–27所示。

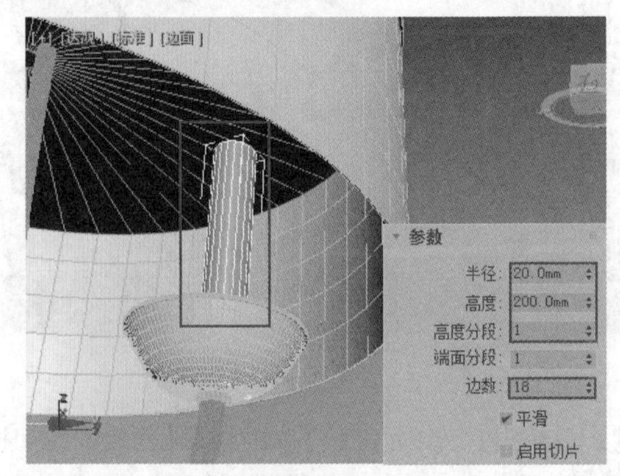


图 7–27

步骤 13 在透视图中选择如图7–28所示的模型，执行【组】|【组】命令，如图7–29所示。

步骤 14 选中该组，然后单击【层次】按钮，并单击 仅影响轴 按钮，在顶视图中将轴心移动到中心位置，如图7–30所示。接着再次单击 仅影响轴 按钮，完成对轴心的设置。

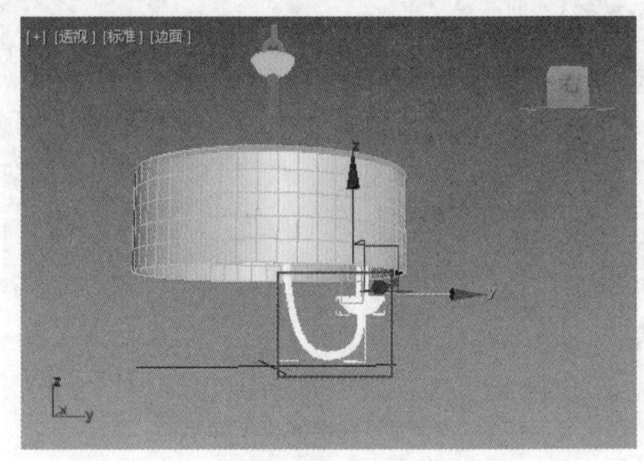

图 7–28

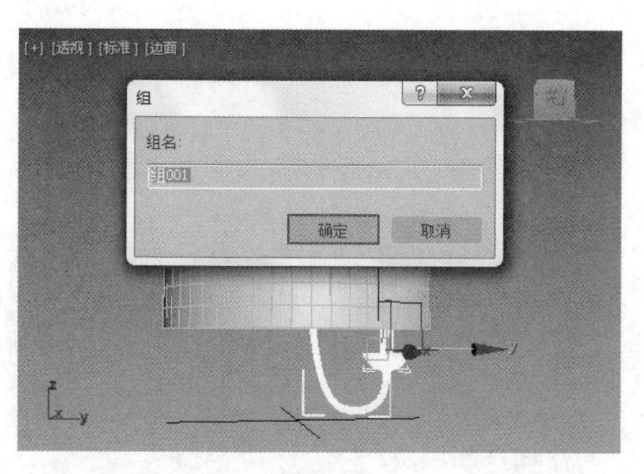


图 7–29

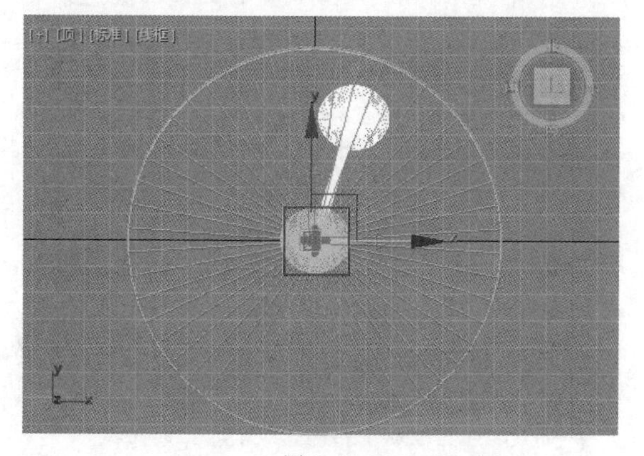


图 7–30

步骤 15 单击【选择并旋转】按钮，在顶视图中选中组，按住Shift键并按住鼠标左键，将其沿着Z轴旋转72°，旋转完成后释放鼠标，在弹出的【克隆选项】对话框中设置【对象】为【复制】,【副本数】为4，如图7–31所示。模型最终效果如图7–32所示。

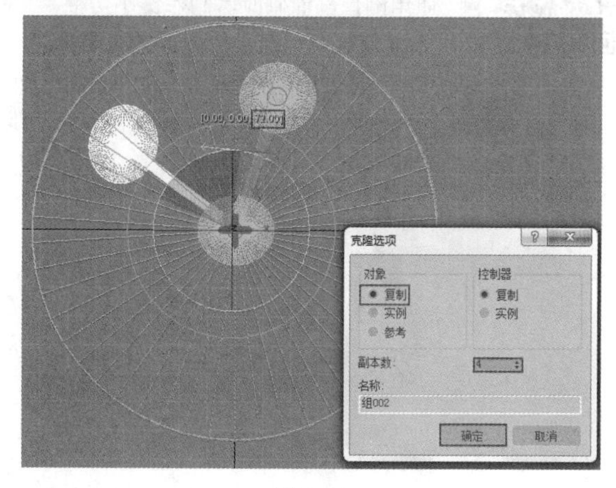


图 7–31

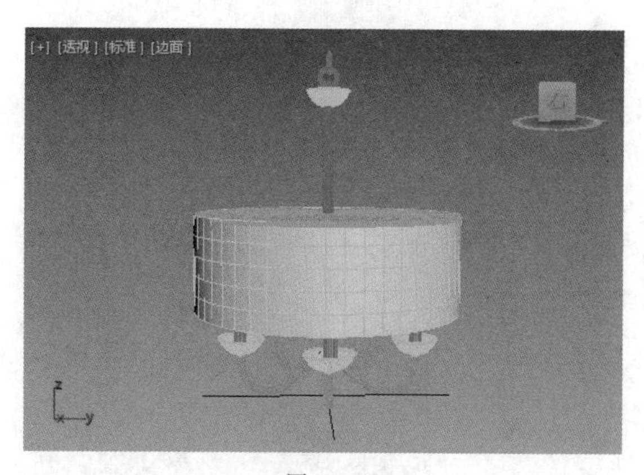


图 7–32

**选项解读：车削修改器重点参数速查**

- 度数：确定对象绕轴旋转多少度。
- 焊接内核：通过将旋转轴中的顶点焊接来简化网格。
- 翻转法线：勾选该复选框后，模型会产生内部外翻的效果。有时候我们发现车削之后的模型“发黑”，不妨勾选该复选框试一下。
- 分段：数值越大，模型越光滑。
- X/Y/Z：设置轴的旋转方向。
- 对齐：将旋转轴与图形的最小、中心或最大范围对齐。

## 实例：使用倒角修改器制作三维立体文字

文件路径：Chapter 07 修改器建模→实例：使用倒角修改器制作三维立体文字

扫一扫，看视频

本案例使用【文本】工具创建一组文字，并为其添加【倒角】修改器，使其成为具有边缘倒角效果的三维文字。渲染效果如图7–33所示。

图 7–33

## 操作步骤

步骤 01 执行【创建】 ＋ 【图形】 样条线 文本，如图7-34所示。

步骤 02 在前视图中单击创建一组文本，如图7-35所示。

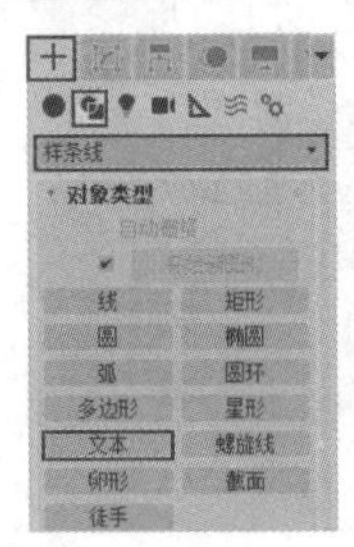

图 7-34

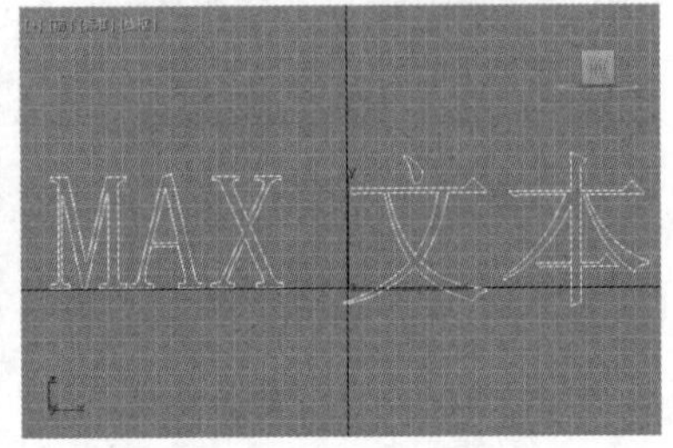

图 7-35

步骤 03 选择创建完成的文本，单击【修改】按钮，在【参数】卷展栏中选择一款适合的字体类型，设置【大小】为100mm，在【文本】中输入“3D Text”，如图7-36所示。

步骤 04 此时前视图中的文字效果如图7-37所示。

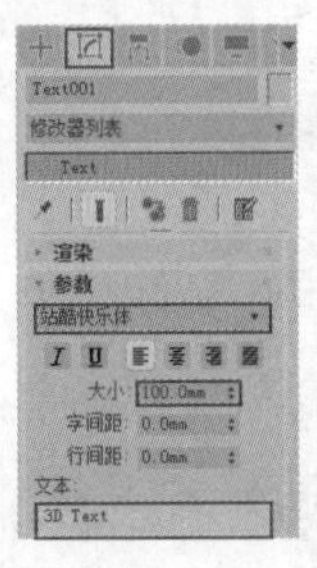

图 7-36

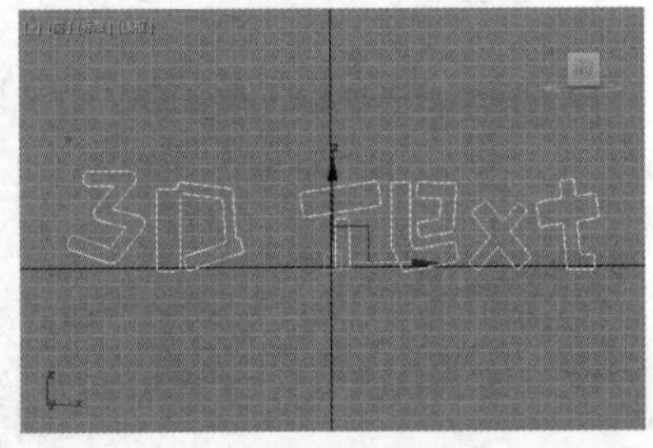

图 7-37

步骤 05 单击【修改】按钮，为文字添加【倒角】修改器，设置【级别1】的【高度】为20mm，勾选【级别2】，设置【高度】为2mm，【轮廓】为-2mm，如图7-38所示。

步骤 06 此时文字变成了三维并且边缘具有倒角的效果，如图7-39所示。

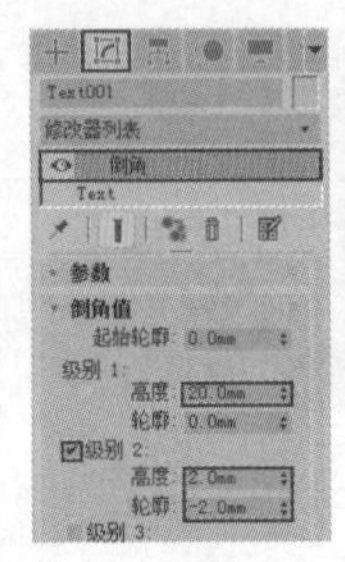

图 7-38

图 7-39

### 选项解读：【倒角】修改器重点参数速查

- 始端/末端：用对象的始端/末端进行封口。
- 变形：为变形创建适合的封口面。
- 栅格：在栅格图案中创建封口面。封装类型的变形和渲染要比渐进变形封装效果好。
- 线性侧面：激活此项后，级别之间的分段插值会沿着一条直线。
- 曲线侧面：激活此项后，级别之间的分段插值会沿着一条 Bezier 曲线。
- 分段：在每个级别之间设置中级分段的数量。
- 级间平滑：控制是否将平滑组应用于倒角对象侧面。封口会使用与侧面不同的平滑组。
- 避免线相交：防止轮廓彼此相交。它通过在轮廓中插入额外的顶点并用一条平直的线段覆盖锐角来实现。
- 分离：设置边之间所保持的距离。
- 起始轮廓：设置轮廓从原始图形的偏移距离。非零设置会改变原始图形的大小。
- 级别 1：包含两个参数，它们表示起始级别的改变。
- 高度：设置级别 1 在起始级别之上的距离。
- 轮廓：设置级别 1 的轮廓到起始轮廓的偏移距离。

## 实例：使用倒角剖面修改器制作镜子边框

扫一扫，看视频

文件路径：Chapter 07 修改器建模→实例：使用倒角剖面修改器制作镜子边框

本案例在前视图中绘制一条非闭合的线和一条闭合的线，并为闭合的线加载【倒角剖面】修改器，最后拾取另外一条线，从而制作出三维镜子。渲染效果如图7-40所示。

图 7-40

## 操作步骤

步骤 01 使用【线】工具在前视图中绘制一条线，如图7-41所示。

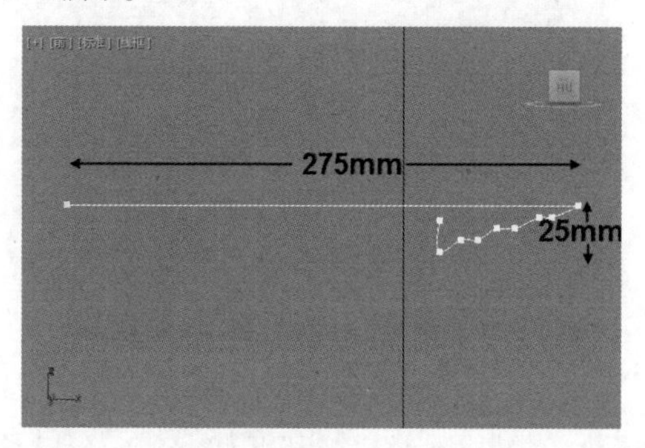


图 7-41

步骤 02 继续使用【线】工具，在前视图中绘制一条闭合的线，如图7-42所示。

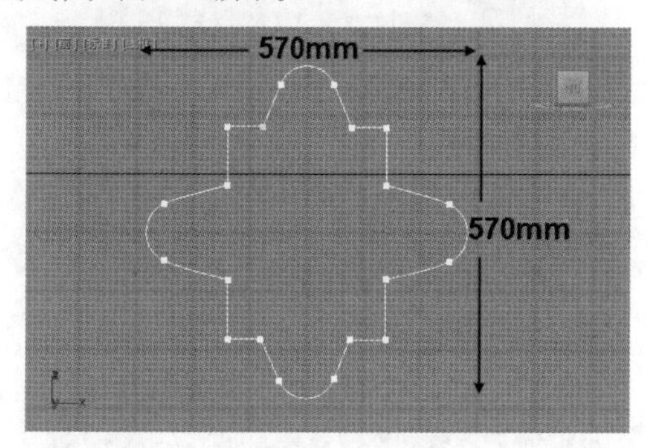


图 7-42

步骤 03 单击【修改】按钮，设置【插值】下的【步数】为50，如图7-43所示。

步骤 04 此时在前视图中这两条线的效果如图7-44所示。

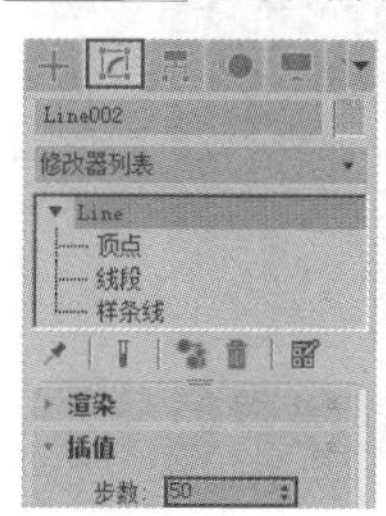


图 7-43

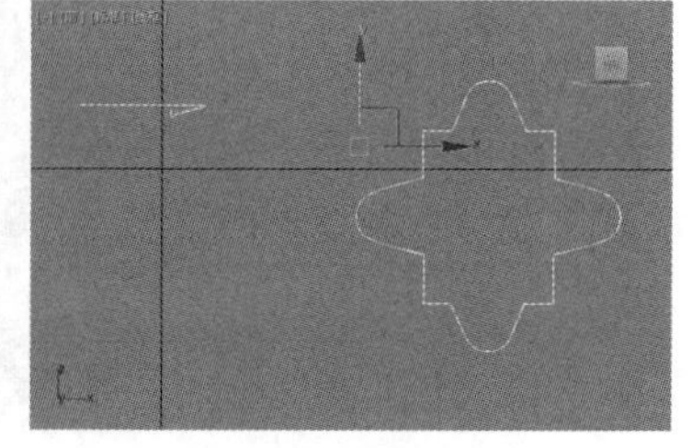

图 7-44

步骤 05 为上一步创建的闭合样条线加载【倒角剖面】修改器，选中【经典】单选按钮，展开【经典】卷展栏，单击【拾取剖面】按钮，在前视图中单击选择另一条线，如图7-45所示。模型效果如图7-46所示。

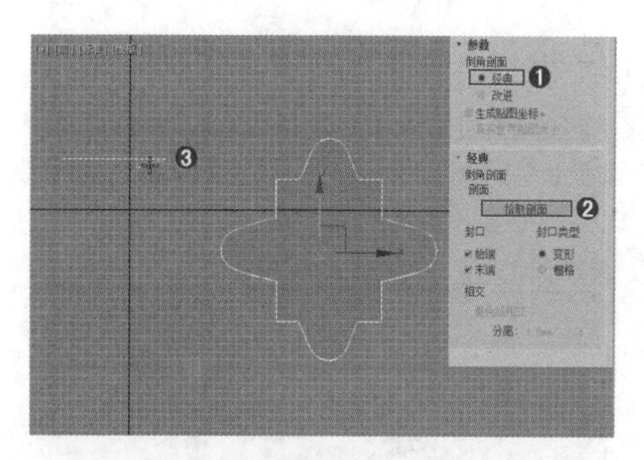


图 7-45

图 7-46

### 选项解读：【倒角剖面】修改器重点参数速查

拾取剖面：选中一个图形或NURBS曲线，用于剖面路径。

## 实例：使用车削、壳、网格平滑修改器制作吊灯

文件路径：Chapter 07 修改器建模→实例：使用车削、壳、网格平滑修改器制作吊灯

扫一扫，看视频

本案例使用【线】工具创建线，然后为其添加【车削】修改器制作三维吊灯模型，并加载【壳】修改器使其产生厚度效果。渲染效果如图7-47所示。

图 7-47

## 操作步骤

步骤 01 使用【圆柱体】工具在透视图中创建一个圆柱体，设置【半径】为20mm，【高度】为10mm，【边数】为32，如图7-48所示。

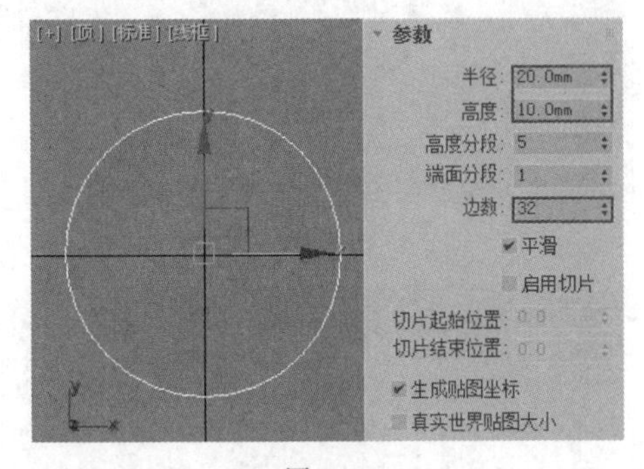


图 7-48

步骤 02 使用【线】工具在前视图中绘制一条线，如图7-49所示。

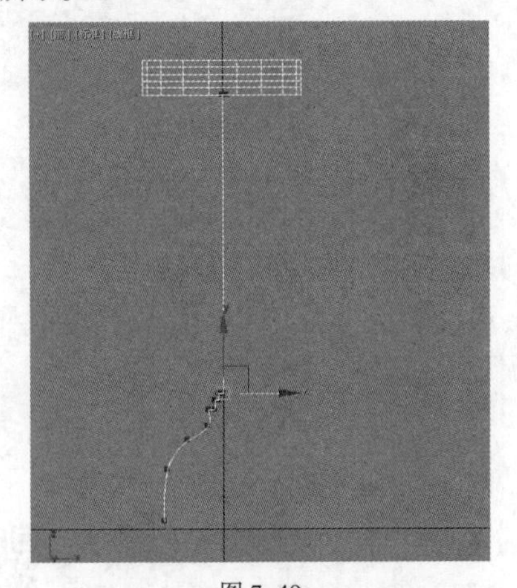

图 7-49

步骤 03 绘制完成后为线加载【车削】修改器，设置【度数】为360，单击【最大】按钮，如图7-50所示。

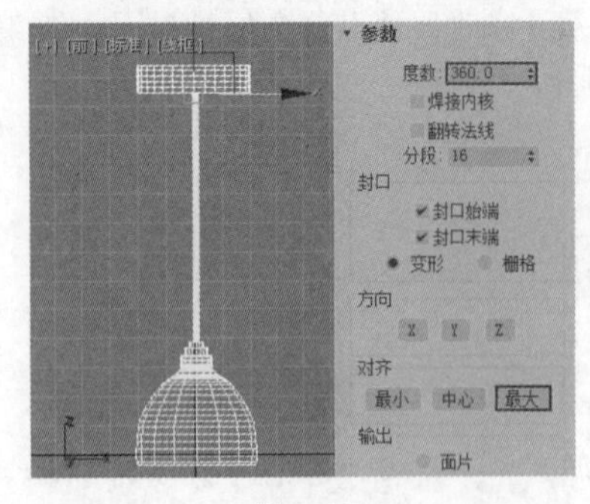


图 7-50

步骤 04 为该模型加载【壳】修改器，设置【外部量】为1mm，如图7-51所示。

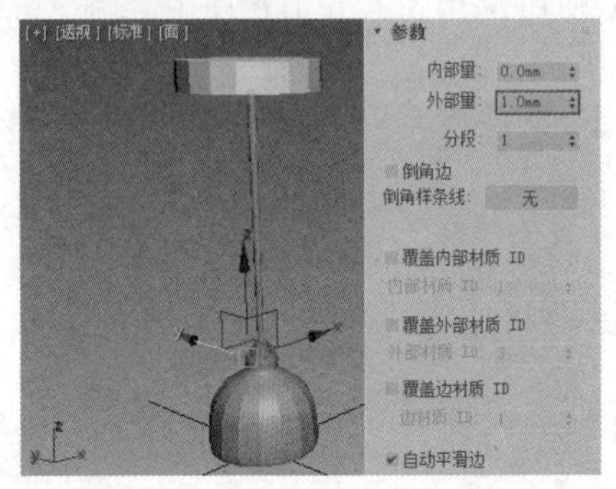


图 7-51

步骤 05 为该模型加载【网格平滑】修改器，设置【迭代次数】为2，如图7-52所示。

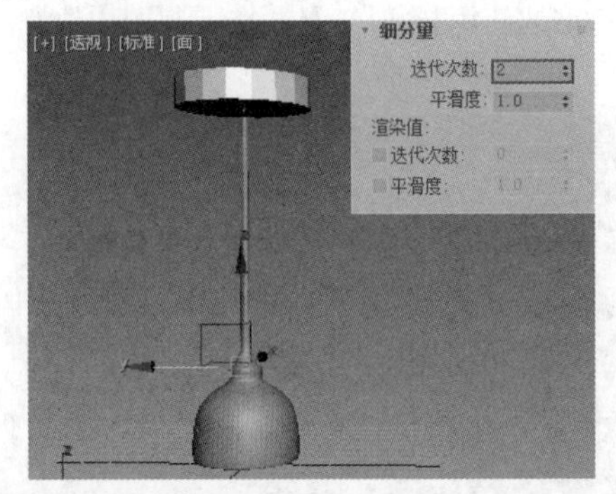


图 7-52

步骤 06 此时可以看到模型效果，如图7-53所示。

图 7-53

### 选项解读：壳修改器重点参数速查

- 内部量/外部量：控制向模型内或外产生厚度的数值。

- 倒角边：启用该选项，并指定【倒角样条线】，3ds Max会使用样条线定义边的剖面和分辨率。
- 倒角样条线：单击此按钮，然后选择打开样条线定义边的形状和分辨率。

**选项解读：网格平滑修改器重点参数速查**

迭代次数：控制光滑的程度，数值越大越光滑，但是模型的多边形个数也越多、占用内存也越大。建议该数值不要超过3。

## 7.3 三维模型的修改器类型

三维模型的修改器是专门针对三维模型的，通过为三维模型添加修改器，使模型的外观产生变化。常用的三维模型修改器类型有很多，比如FFD、弯曲、扭曲、壳、对称、晶格等。

扫一扫，看视频

### 实例：使用FFD修改器制作落地灯

文件路径：Chapter 07 修改器建模→实例：使用FFD修改器制作落地灯

扫一扫，看视频

本案例主要为长方体加载FFD修改器，并调整控制点，使其产生下端尖锐的模型。并使用旋转复制的方法制作完成。渲染效果如图7–54所示。

图 7–54

### 操作步骤

步骤 01 在透视图中创建一个圆柱体，设置【半径】为1000mm，【高度】为1000mm，【边数】为100，如图7–55所示。

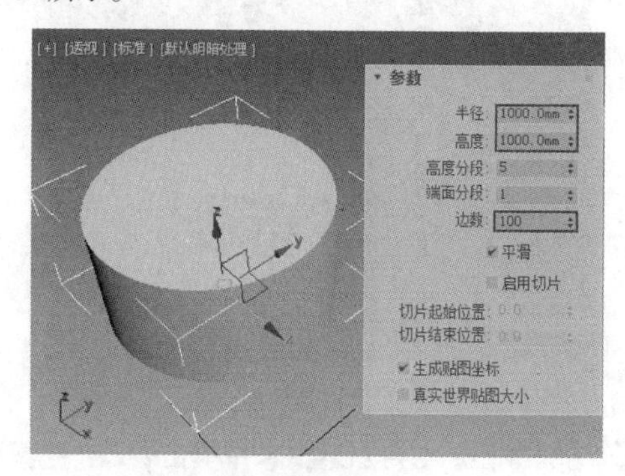


图 7–55

步骤 02 在透视图中创建一个长方体，设置【长度】为250mm，【宽度】为160mm，【高度】为5000mm，如图7–56所示。

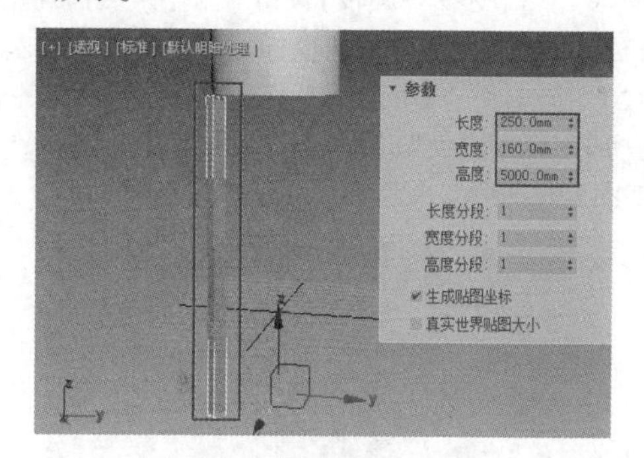


图 7–56

步骤 03 选中刚刚创建的长方体模型，为其加载【FFD 2×2×2】修改器，进入控制点级别，接着单击【选择并均匀缩放】按钮，将选中的4个控制点向内均匀缩放，如图7–57所示。

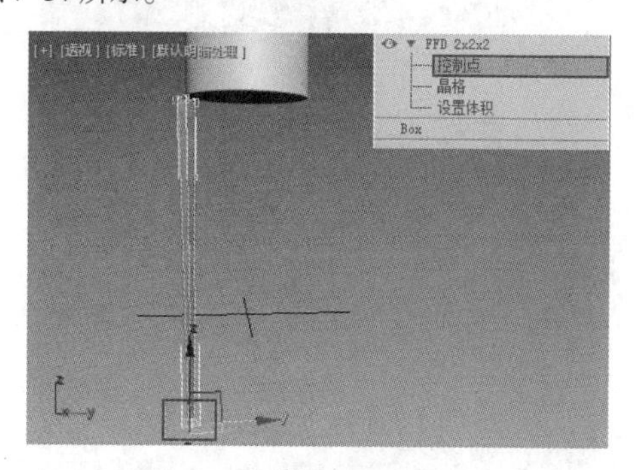


图 7–57

步骤 04 单击【选择并旋转】按钮，将长方体模型沿Y轴旋转10°，如图7–58所示。

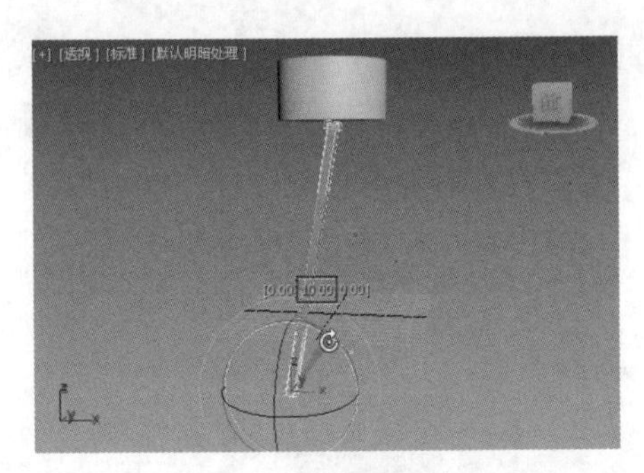

图 7-58

步骤 05 单击【层次】按钮，并单击 仅影响轴 按钮，在顶视图中将轴移动到中心位置，如图7-59所示。接着再次单击 仅影响轴 按钮，完成对于轴心的设置。

步骤 06 单击【选择并旋转】按钮和【角度捕捉切换】按钮，按住Shift键并按住鼠标左键，将其沿着Z轴旋转-120°，旋转至合适的位置后释放鼠标，在弹出的【克隆选项】对话框中设置【对象】为【复制】,【副本数】为2，如图7-60所示。复制完成效果如图7-61所示。

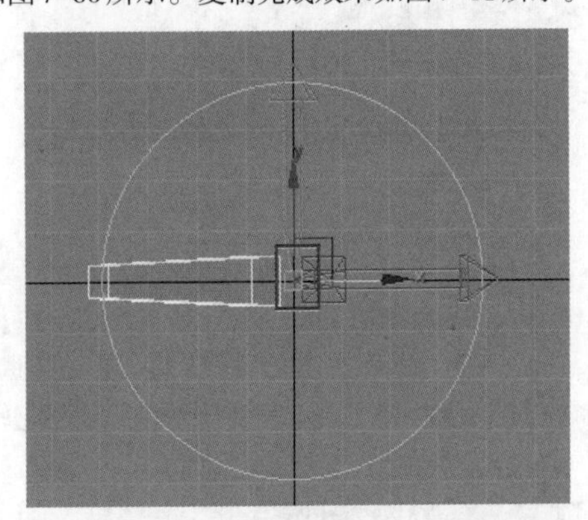

图 7-59

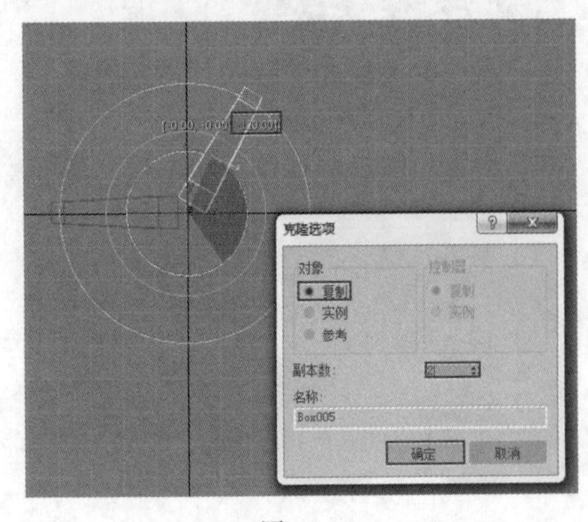


图 7-60

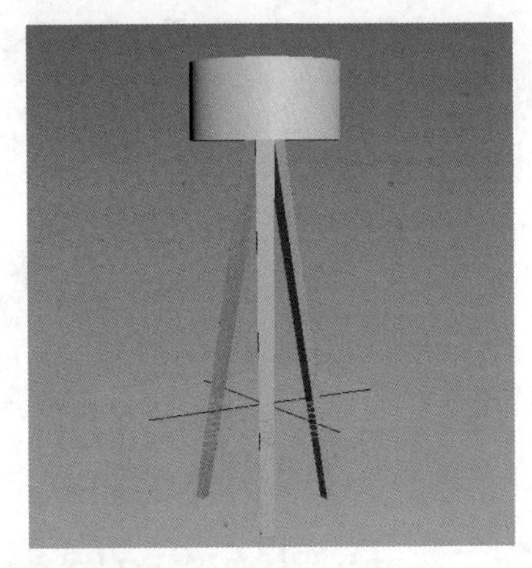

图 7-61

## 选项解读：FFD修改器重点参数速查

- 晶格：将绘制连接控制点的线条以形成栅格。
- 源体积：控制点和晶格会以未修改的状态显示。
- 衰减：它决定着FFD效果减为0时离晶格的距离。仅用于选择【所有顶点】时。
- 张力/连续性：调整变形样条线的张力和连续性。
- 重置：将所有控制点返回到它们的原始位置。
- 全部动画：将【点】控制器指定给所有控制点，这样它们在“轨迹视图”中立即可见。
- 与图形一致：在对象中心控制点位置之间沿直线延长线，将每一个FFD控制点移到修改对象的交叉点上，这将增加一个由【偏移】微调器指定的偏移距离。
- 内部点：仅控制受【与图形一致】影响的对象内部点。
- 外部点：仅控制受【与图形一致】影响的对象外部点。
- 偏移：受【与图形一致】影响的控制点偏移对象曲面的距离。

## 实例：使用弯曲修改器制作沙发

扫一扫，看视频

文件路径：Chapter 07 修改器建模→实例：使用弯曲修改器制作沙发

本案例为模型添加【弯曲】修改器制作模型弯曲效果，需要注意模型的分段数值要合理，弯曲轴要正确。渲染效果如图7-62所示。

图 7-62

## 操作步骤

步骤 01 使用【切角长方体】工具，创建1个切角长方体，并设置【长度】为700mm，【宽度】为2500mm，【高度】为200mm，【圆角】为20mm，【宽度分段】为8，如图7-63所示。

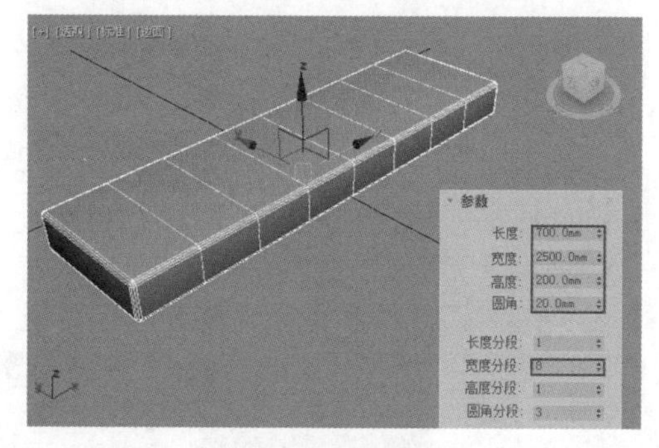


图 7-63

步骤 02 激活主工具栏中的（选择并旋转）工具和（角度捕捉切换）工具，选择刚才的切角长方体，按住Shift键并拖动鼠标左键，沿X轴旋转90°，释放鼠标左键和键盘，在弹出的【克隆选项】对话框中选择【对象】为【复制】，【副本数】为1，如图7-64所示。

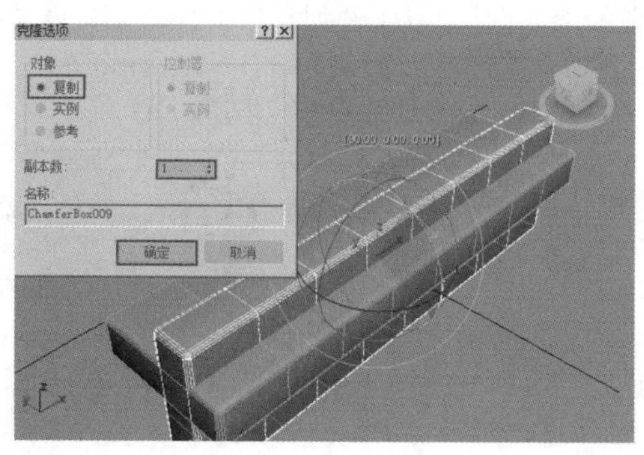


图 7-64

步骤 03 将旋转复制出的模型进行位置调整，如图7-65所示。

图 7-65

步骤 04 继续创建一个切角长方体，设置【长度】为900mm，【宽度】为200mm，【高度】为700mm，【圆角】为20mm，如图7-66所示。

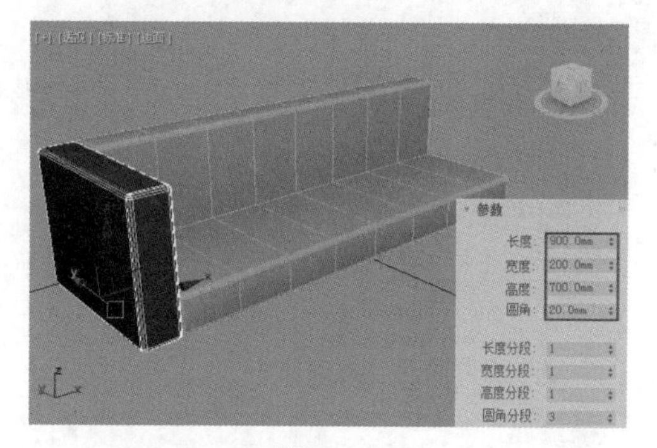


图 7-66

步骤 05 使用（选择并移动）工具选择刚才的切角长方体，按住Shift键沿X轴向右侧拖动，在弹出的【克隆选项】对话框中选择【对象】为【复制】，【副本数】为1，如图7-67所示。

步骤 06 此时的沙发效果如图7-68所示。

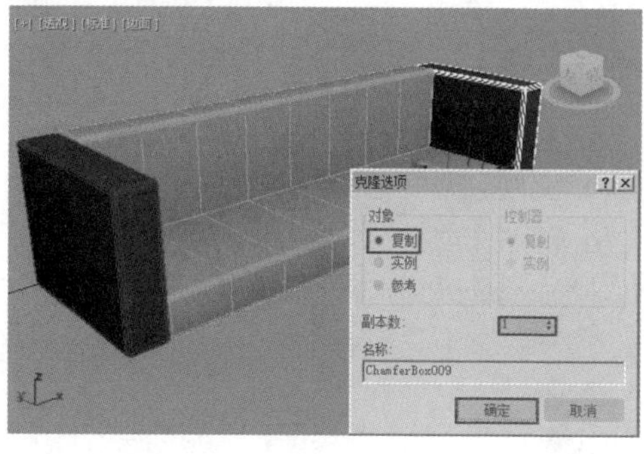


图 7-67

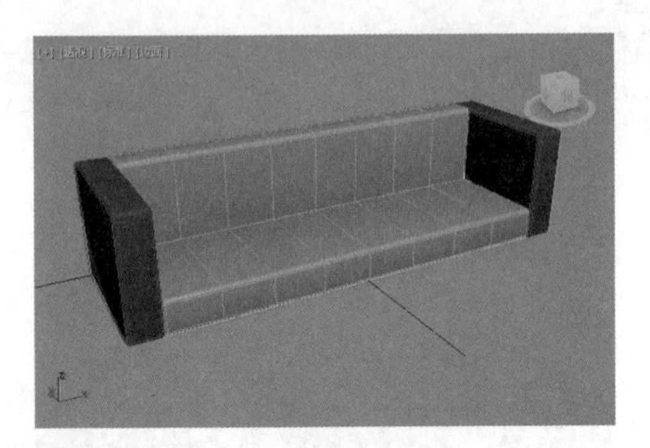

图 7–68

步骤 07 选择当前的4个模型，单击【修改】按钮，为其添加【弯曲】修改器，设置【角度】为60，【方向】为90，【弯曲轴】为X，如图7–69所示。

步骤 08 此时效果如图7–70所示。

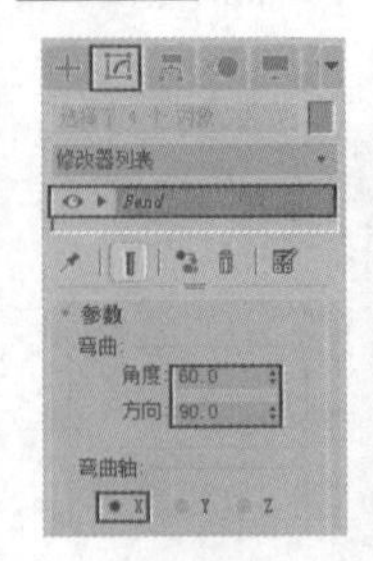


图 7–69

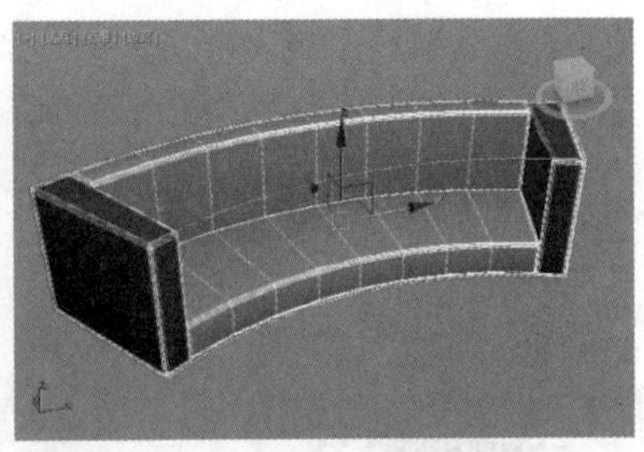

图 7–70

步骤 09 最终的弯曲沙发效果如图7–71所示。

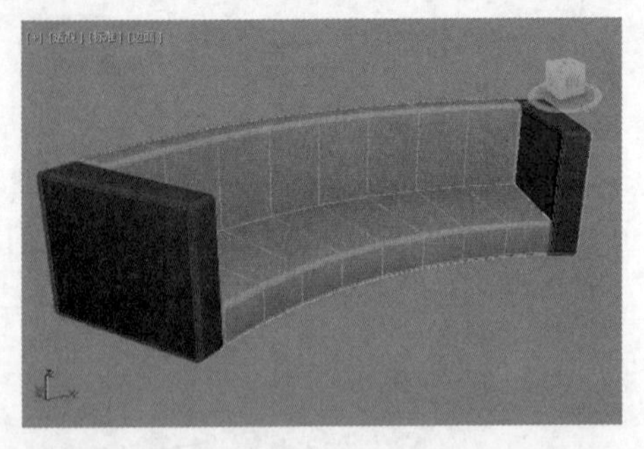

图 7–71

## 选项解读：弯曲修改器重点参数速查

- 角度：从顶点平面设置要弯曲的角度。
- 方向：设置弯曲相对于水平面的方向。
- 弯曲轴：控制弯曲的轴向。
- 限制效果：将限制约束应用于弯曲效果。
- 上限/下限：控制产生限制效果的上限位置和下限位置。

## 实例：使用扭曲修改器制作创意折纸落地灯

扫一扫，看视频

文件路径：Chapter 07 修改器建模→实例：使用扭曲修改器制作创意折纸落地灯

本案例为模型添加【扭曲】修改器制作创意扭曲落地灯，注意高度分段数值要合理，若设置该数值为1，则不会出现正确的扭曲效果。最后为模型添加【平滑】修改器使模型硬朗，并加载【壳】修改器使其产生厚度。渲染效果如图7–72所示。

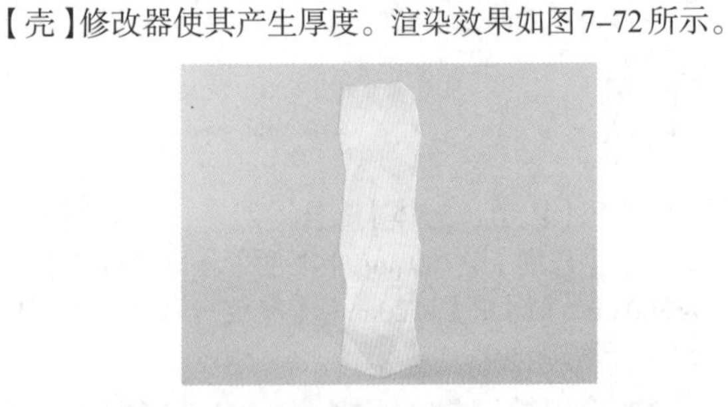

图 7–72

## 操作步骤

步骤 01 创建一个圆柱体模型，设置【半径】为150mm，【高度】为1000mm，【高度分段】为7，【边数】为4，如图7–73所示。

步骤 02 此时的圆柱体效果如图7–74所示。

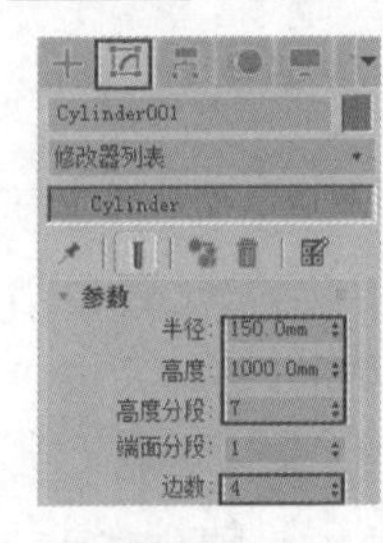


图 7–73

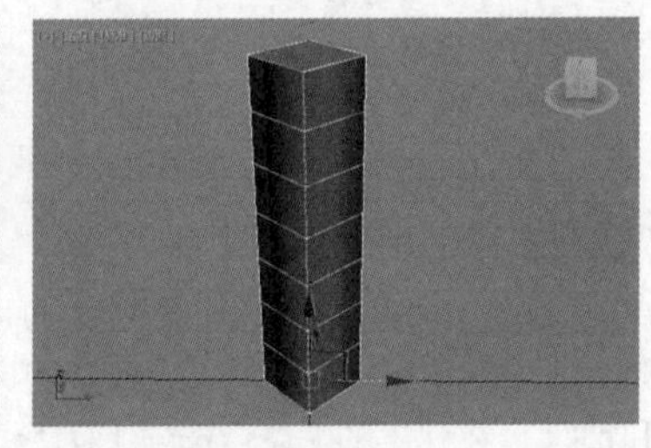

图 7–74

步骤 03 选择圆柱体为其添加【扭曲】修改器，设置【角度】为421.5，【扭曲轴】为Z，如图7–75所示。

步骤 04 此时的模型效果如图7–76所示。

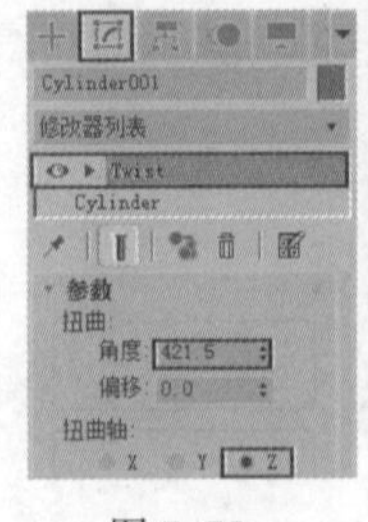


图 7–75

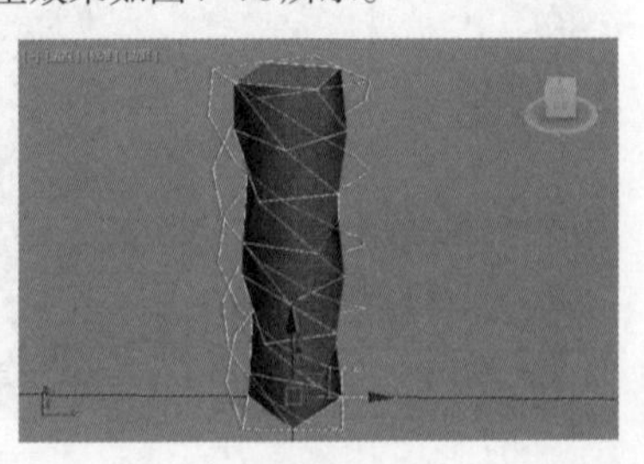

图 7–76

步骤 05 继续为模型添加【平滑】修改器，并取消勾选【自动平滑】选项，如图7-77所示。此时的模型变得棱角分明，如图7-78所示。

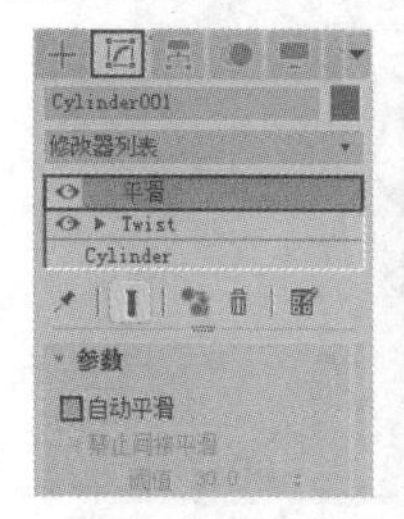


图 7-77

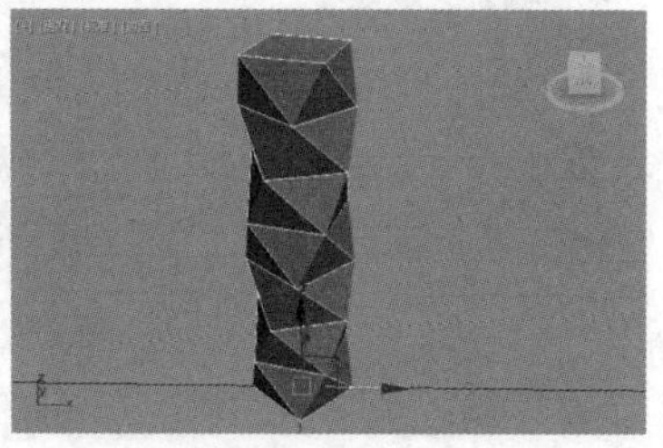

图 7-78

步骤 06 为了让模型产生较小的厚度，所以继续为其添加【壳】修改器，并设置【外部量】为5mm，如图7-79所示。最终模型效果如图7-80所示。

图 7-79

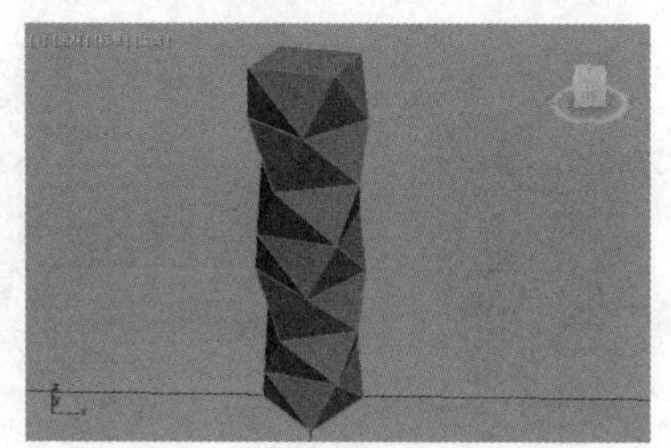

图 7-80

**选项解读：扭曲修改器重点参数速查**

- 角度：设置扭曲的角度。
- 偏移：使扭曲旋转在对象的任意末端聚团。
- 扭曲轴：控制扭曲的轴向。

## 实例：使用晶格修改器制作水晶吊灯

文件路径：Chapter 07 修改器建模→实例：使用晶格修改器制作水晶吊灯

扫一扫，看视频

本案例为模型添加【晶格】修改器，使其产生类似水晶灯质感的模型颗粒效果。渲染效果如图7-81所示。

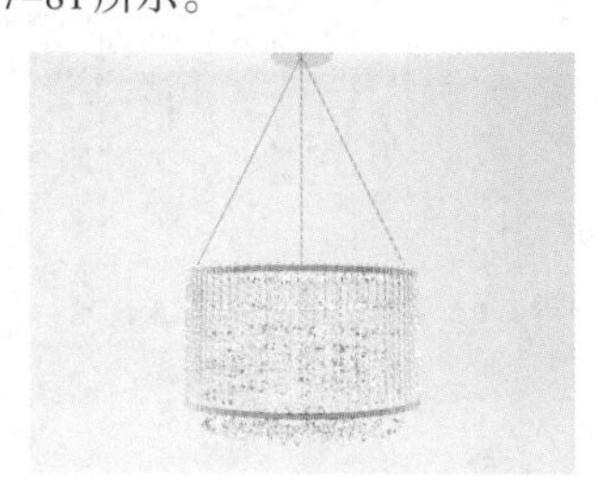

图 7-81

## 操作步骤

步骤 01 执行【创建】|【几何体】|【管状体】命令，在顶视图中创建一个管状体，设置【半径1】为250mm，【半径2】为257mm，【高度】为12.5mm，【高度分段】为1，【边数】为50，如图7-82所示。选择刚刚创建的管状体，在前视图中按住Shift键并按住鼠标左键将其沿Y轴向上平移并复制，放置在合适的位置后释放鼠标，在弹出的【克隆选项】对话框中设置【对象】为【复制】，【副本数】为1，如图7-83所示。

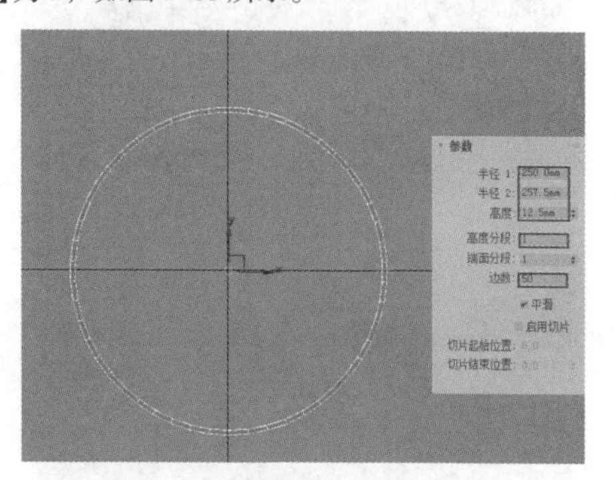

图 7-82

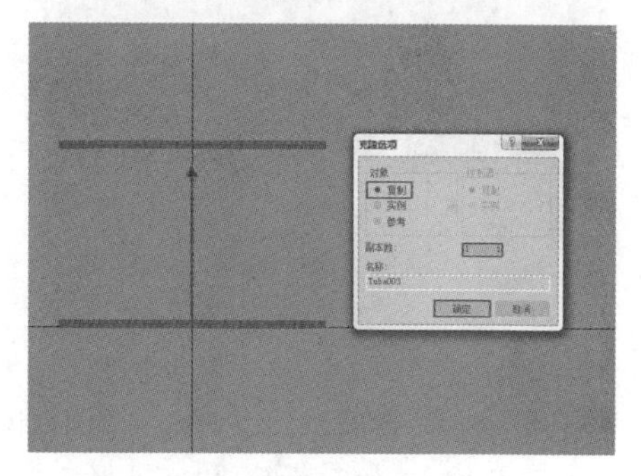

图 7-83

步骤 02 在视图中创建一个圆柱体，设置【半径】为3.75mm，【高度】为300mm，如图7-84所示。

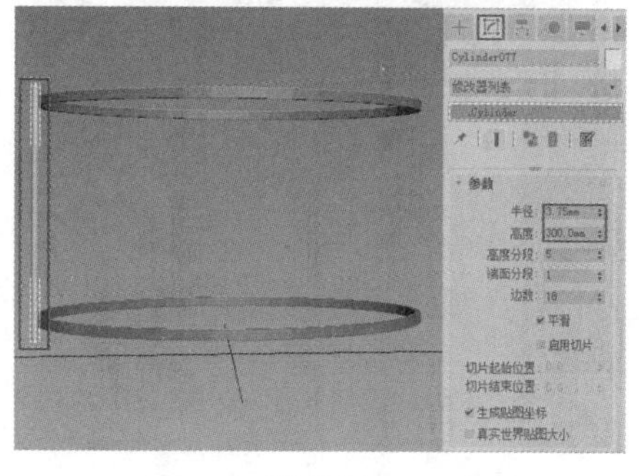

图 7-84

步骤 03 单击【层次】按钮，并单击 仅影响轴 按钮，在顶视图中将中心点移动到合适的位置，如图7-85所示。接着再次单击 仅影响轴 按钮完成轴心的设置。接下来激活（选择并旋转）和（角度捕捉切换）工具，将圆柱体沿Z轴旋转5°，释放鼠标，在弹出的【克隆选项】对话框中设置【对象】为【复制】，【副本数】为71，如图7-86所示。

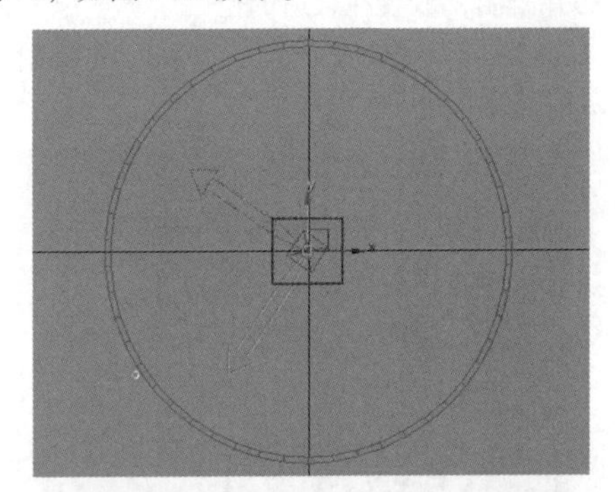

图7-85

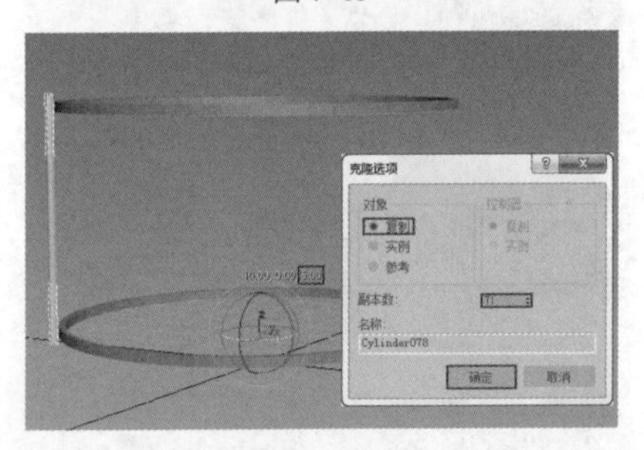

图7-86

步骤 04 此时效果如图7-87所示。执行【创建】|【几何体】|【圆柱体】命令，在顶视图中创建一个圆柱体，设置【半径】为225mm，【高度】为325mm，【端面分段】为4，【边数】为50，如图7-88所示。

图7-87

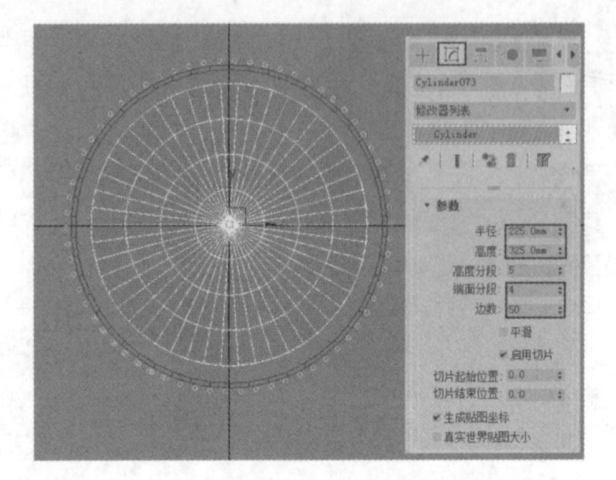

图7-88

步骤 05 为该圆柱体加载【晶格】修改器，设置【支柱】的【半径】为0mm，设置【基点面类型】为【二十面体】，【半径】为7.5mm，如图7-89所示。

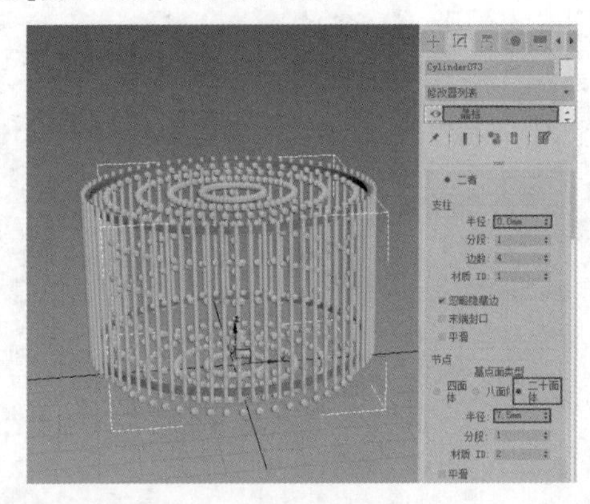

图7-89

步骤 06 单击【选择并均匀缩放】按钮，按住Shift键并按住鼠标左键将其均匀缩放，释放鼠标，在弹出的【克隆选项】对话框中设置【对象】为【复制】，【副本数】为2，此时效果如图7-90所示。

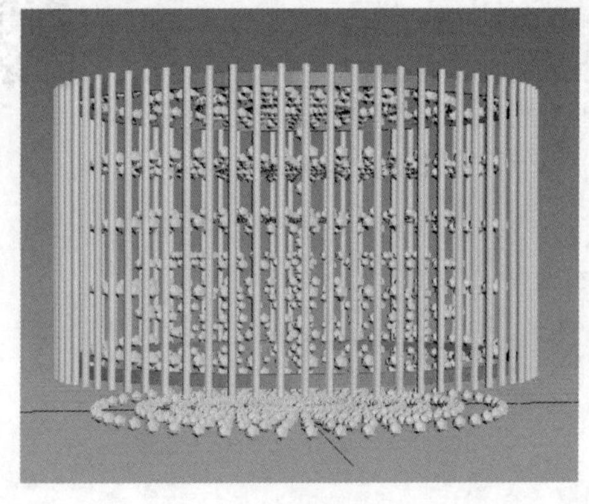

图7-90

**步骤 07** 在顶视图中再次创建一个圆柱体，设置【半径】为75mm，【高度】为30mm，【高度分段】为1，【边数】为50，如图7-91所示。

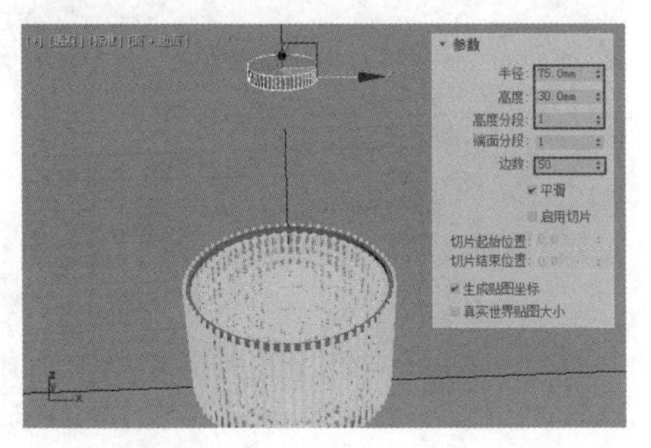


图 7-91

**步骤 08** 在前视图中绘制1条线，如图7-92所示。

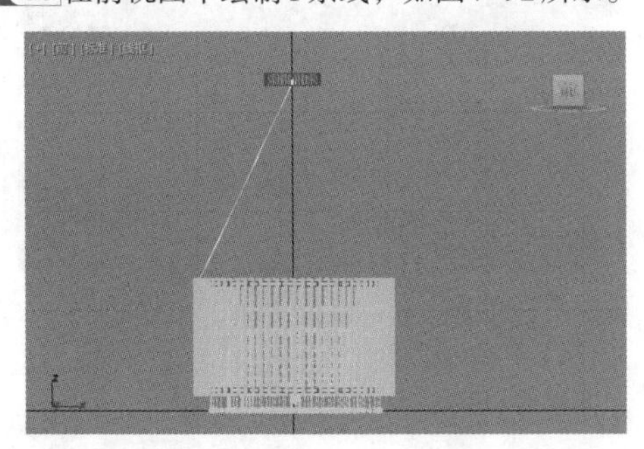

图 7-92

**步骤 09** 单击【修改】按钮，在渲染卷展栏中勾选【在渲染中启用】和【在视口中启用】选项，选中【径向】选项，设置【厚度】为3.75mm，如图7-93所示。接着使用同样的方法继续绘制，如图7-94所示。

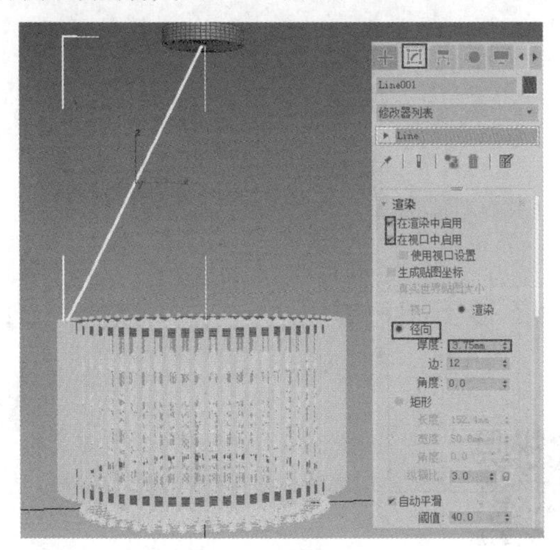


图 7-93

图 7-94

## 选项解读：晶格修改器重点参数速查

- 应用于整个对象：应用到对象的所有边或线段上。
- 支柱：控制晶格中的支柱结构的参数，包括半径、分段、边数等参数。
- 节点：控制晶格中的节点结构的参数，包括半径、分段等参数。

## 实例：使用晶格修改器制作四棱锥置物架

文件路径：Chapter 07 修改器建模→实例：使用晶格修改器制作四棱锥置物架

扫一扫，看视频

本案例为四棱锥模型加载【晶格】修改器，使其产生网状结果效果。渲染效果如图7-95所示。

图 7-95

### 操作步骤

**步骤 01** 执行【创建】＋|【几何体】●| 标准基本体 | 四棱锥，在透视图中创建1个四棱锥，设置【宽度】为130mm，【深度】为130mm，【高度】为200mm，【高度

分段】为3，如图7-96所示。

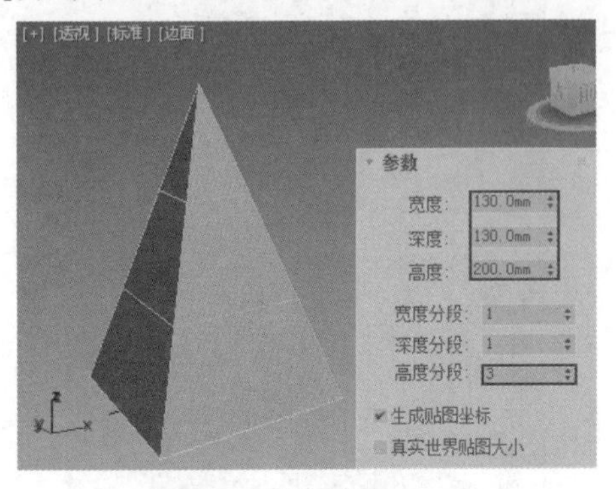

图 7-96

步骤 02 为上一步创建的四棱锥加载【晶格】修改器，设置【支柱】的【半径】为3mm，设置【基点面类型】为【八面体】,【半径】为5mm，如图7-97所示。

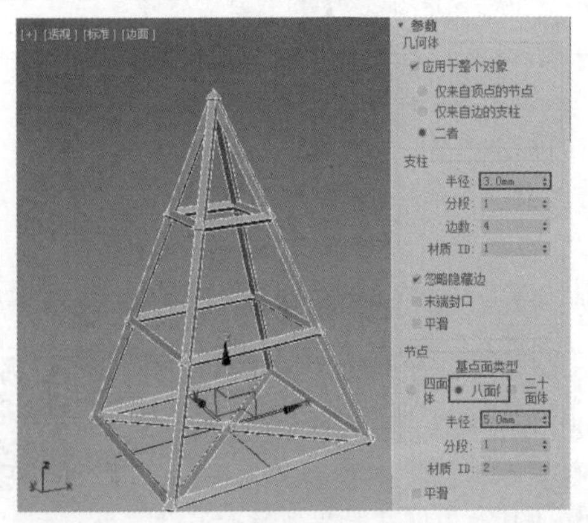

图 7-97

步骤 03 接着为该模型加载【网格平滑】修改器，在细分量卷展栏下设置【迭代次数】为1，如图7-98所示。

步骤 04 在视图中创建1个长方体，设置【长度】为44mm,【宽度】为44mm,【高度】为2mm，如图7-99所示。

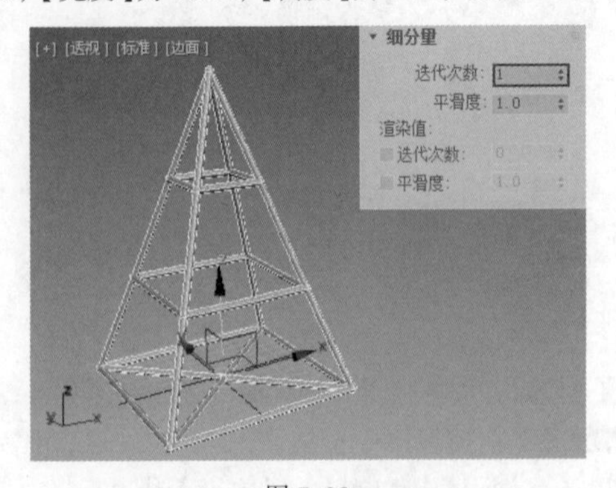

图 7-98

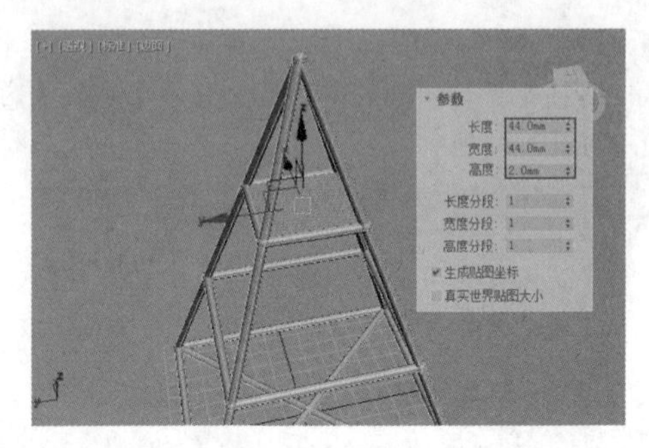

图 7-99

步骤 05 再次在视图中创建1个长方体，设置【长度】为88mm,【宽度】为88mm,【高度】为3mm，如图7-100所示。

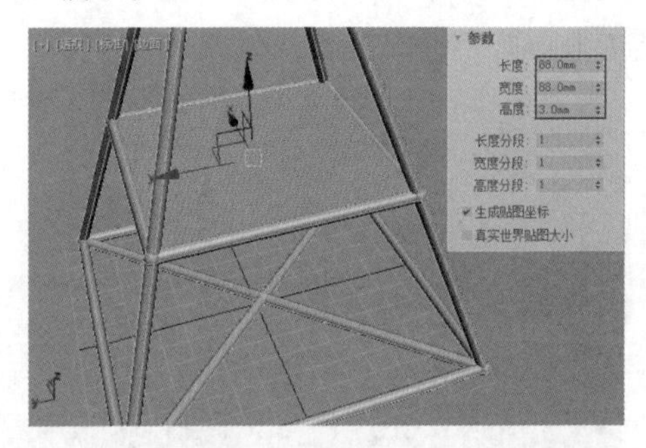

图 7-100

步骤 06 将刚刚创建的2个长方体模型放置在合适的位置，如图7-101所示。

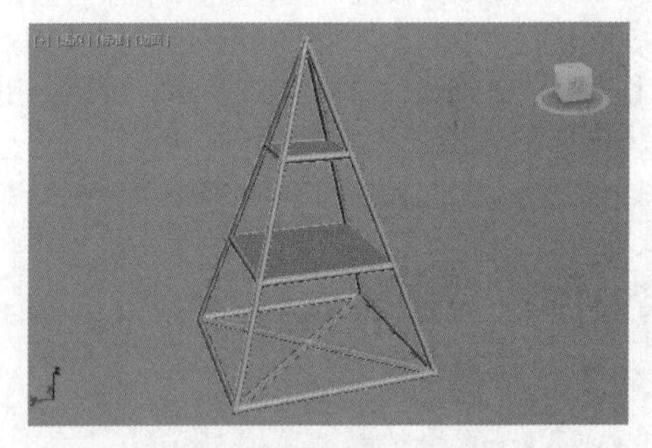

图 7-101

## 实例：使用路径变形（WSM）修改器制作线条变形动画

扫一扫，看视频

文件路径：Chapter 07 修改器建模→实例：使用路径变形（WSM）修改器制作线条变形动画

本案例为圆柱体加载【路径变形（WSM）】

修改器，并拾取绘制的图形，使模型沿线分布，并为其制作动画。需要注意圆柱体的【高度分段】数量要多，否则模型不会光滑。渲染效果如图7–102所示。

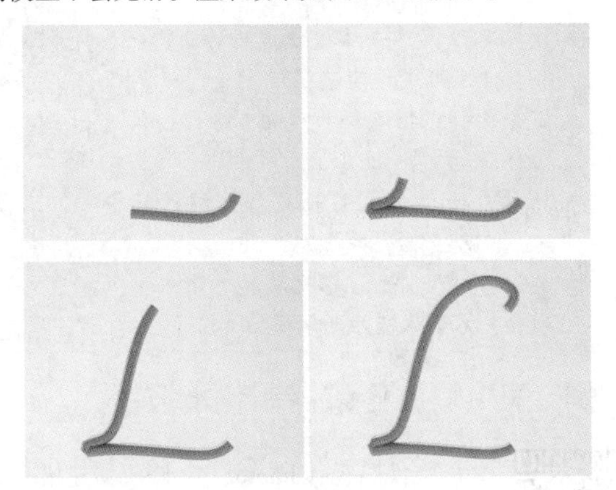

图7–102

步骤 01 使用【线】工具在前视图中绘制1条线，如图7–103所示。

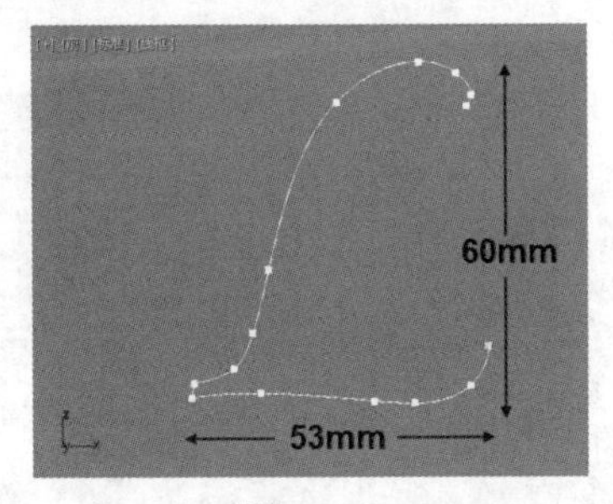


图7–103

步骤 02 创建1个圆柱体，如图7–104所示。设置【半径】为2mm，【高度】为80mm，【高度分段】为100，如图7–105所示。

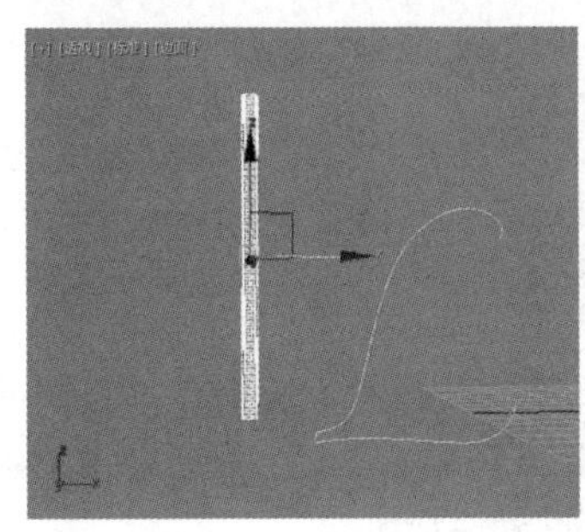

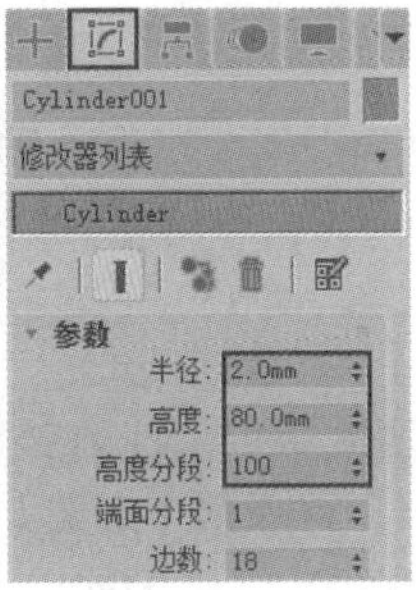

图7–104

图7–105

步骤 03 选择圆柱体，单击【修改】按钮，为其添加【路径变形绑定(WSM)】修改器，单击【拾取路径】按钮，最后单击拾取刚才绘制的线，如图7–106所示。

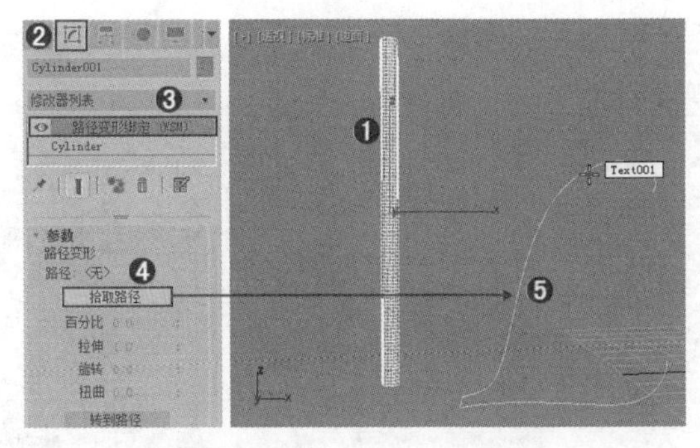


图7–106

步骤 04 此时视图中产生了三维模型效果，但是并不是我们需要的效果，如图7–107所示。

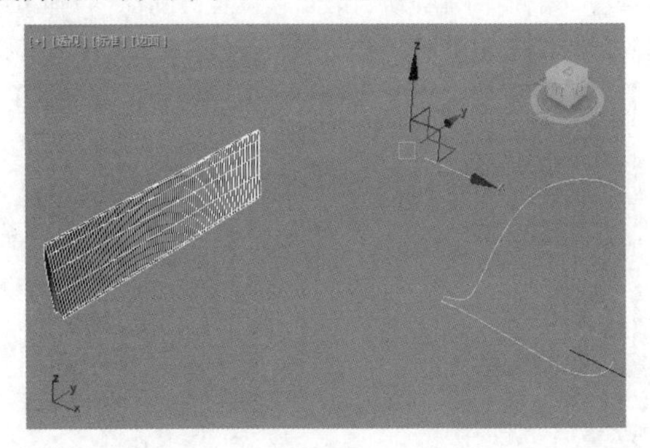

图7–107

步骤 05 选择该模型，单击【修改】按钮，设置【路径变形轴】为Y，如图7–108所示。

步骤 06 此时在前视图中可以看到圆柱体附着在线的路径上，如图7–109所示。

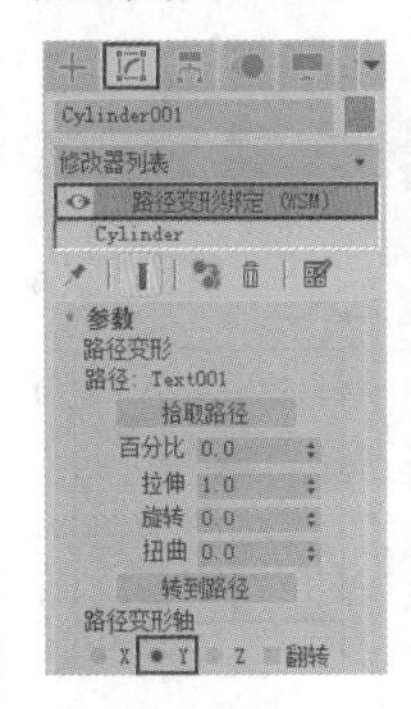


图7–108

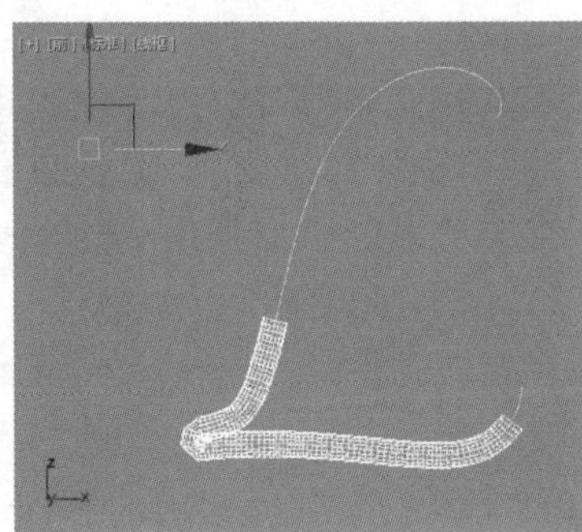

图7–109

步骤 07 接下来开始设置动画。单击3ds Max界面下方的自动关键点按钮，将时间轴拖动到第0帧位置，最后设置【拉伸】为0，如图7–110所示。

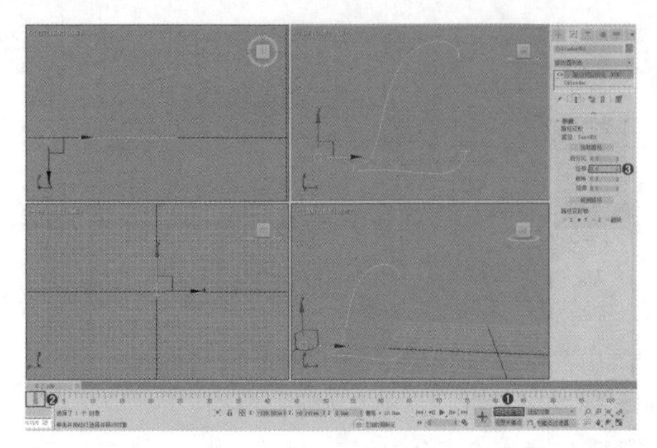

图 7-110

步骤 08 将时间轴移动到第80帧位置，设置【拉伸】为1.8，如图7-111所示。

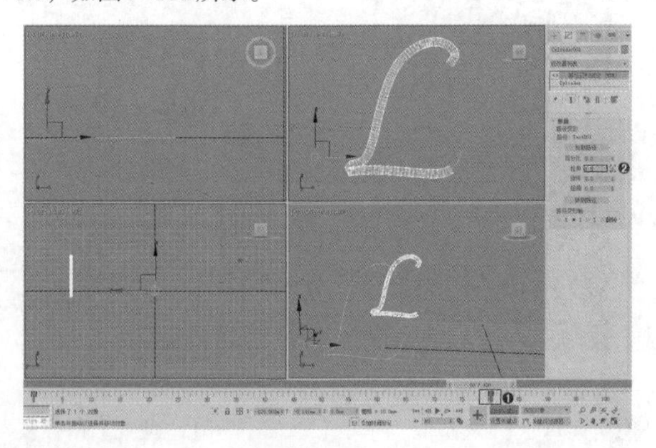

图 7-111

步骤 09 再次单击 自动关键点 按钮，完成动画制作。最后单击 ▶ (播放动画)按钮，即可看到动画变化，如图7-112所示。

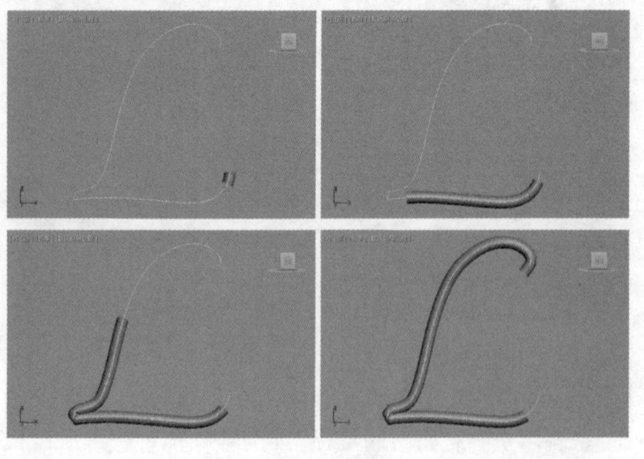

图 7-112

## 选项解读：路径变形(WSM)修改器重点参数速查

- 拾取路径：单击该按钮，然后选择一条样条线或NURBS曲线作为路径使用。
- 百分比：根据路径长度的百分比，沿着gizmo路径移动对象。
- 拉伸：使用对象的轴点作为缩放的中心，沿着gizmo路径缩放对象。
- 旋转：关于gizmo路径旋转对象。
- 扭曲：关于路径扭曲对象。

## 实例：使用噪波修改器制作水波纹

扫一扫，看视频

文件路径：Chapter 07 修改器建模→实例：使用噪波修改器制作水波纹

本案例为长方体加载【噪波】修改器，使得模型产生凹凸起伏效果。渲染效果如图7-113所示。

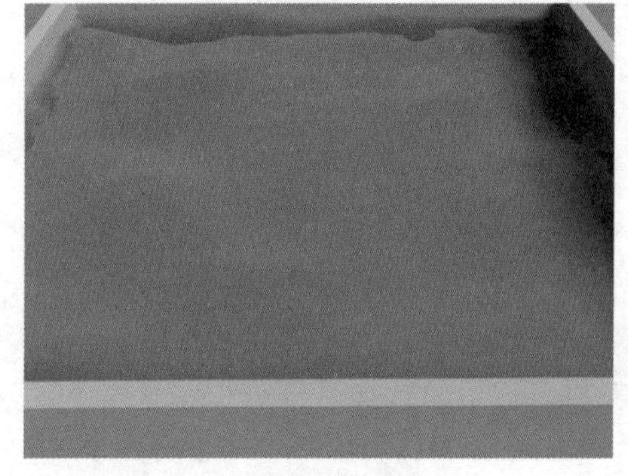

图 7-113

### 操作步骤

步骤 01 在视图中创建一个长方体，设置【长度】为3000mm，【宽度】为3000mm，【高度】为600mm，【长度分段】为130，【宽度分段】为130，【高度分段】为25，如图7-114所示。

步骤 02 单击【修改】按钮，为其添加【噪波】修改器，并设置【比例】为20，【强度】的X为100mm，Y为100mm，Z为100mm，如图7-115所示。

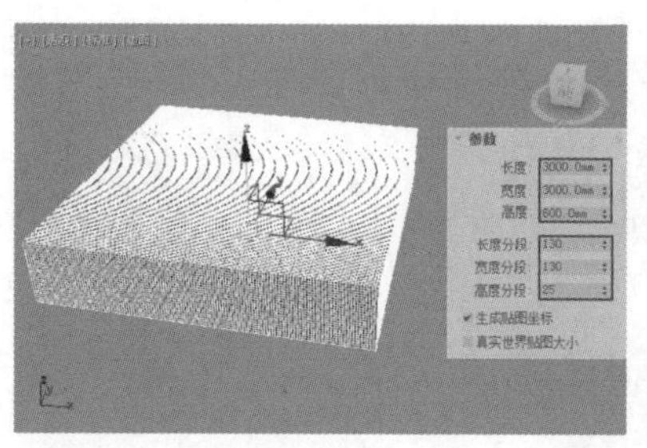

图 7-114

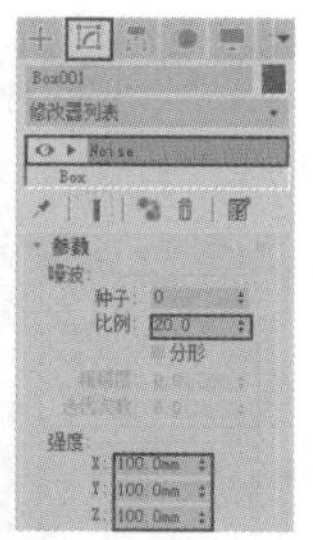

图 7-115

**步骤 03** 此时长方体产生了较大的噪波凹凸，类似水的波纹纹理，如图7-116所示。

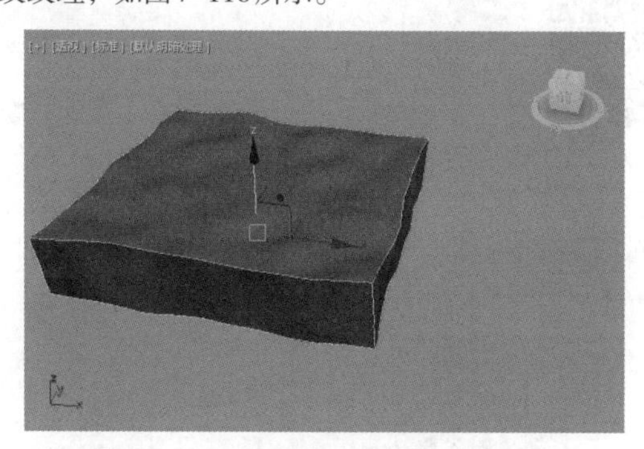

图 7-116

**步骤 04** 为了让水波纹具有更多细节，因此可以再次为其添加【噪波】修改器，并设置【比例】为6，【强度】的X为10mm，Y为10mm，Z为10mm，如图7-117所示。

**步骤 05** 最终水波纹效果如图7-118所示。

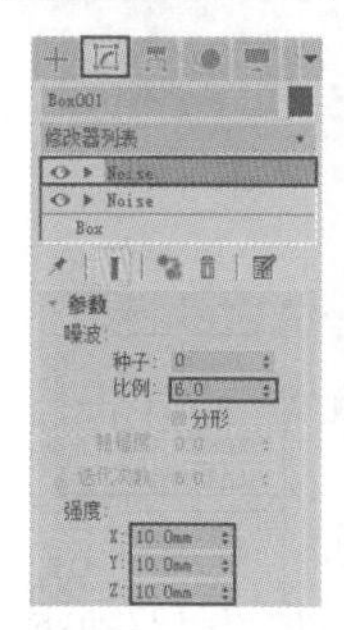

图 7-117

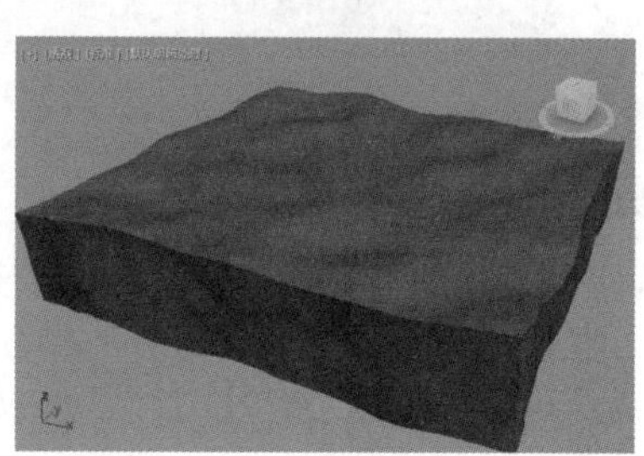

图 7-118

### 选项解读：噪波修改器重点参数速查

- 种子：控制噪波产生随机的凹凸效果。
- 比例：控制噪波的波纹大小。
- 分形：根据当前设置产生分形效果。
- 粗糙度：决定分形变化的程度。
- 迭代次数：控制分形功能所使用的迭代的数目。
- X、Y、Z：沿着3条轴的每一个设置噪波效果的强度。
- 动画噪波：调节【噪波】和【强度】参数的组合效果。
- 频率：设置正弦波的周期。
- 相位：移动基本波形的开始和结束点。

## 实例：使用融化修改器制作蜡烛熔化

文件路径：Chapter 07 修改器建模→实例：使用融化修改器制作蜡烛熔化

扫一扫，看视频

本案例为蜡烛模型加载【融化】修改器，并设置参数，最终设置关键帧动画，得到融化效果。渲染效果如图7-119所示。

图 7-119

## 操作步骤

**步骤 01** 打开本书配套文件【蜡烛.max】，如图7-120所示。

**步骤 02** 为蜡烛模型添加【融化】修改器，设置【融化百分比】为19，【固态】为【自定义】，数值为1，如图7-121所示。

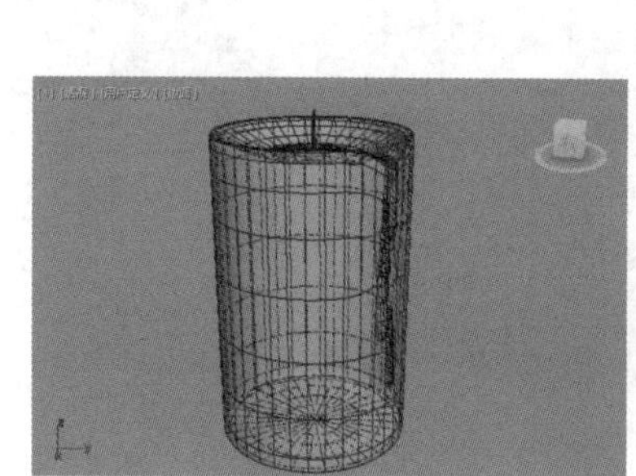

图 7-120

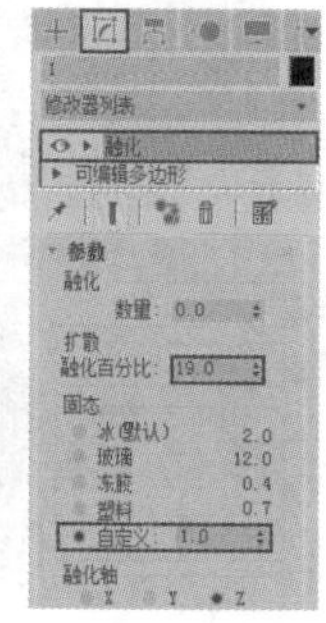

图 7-121

步骤 03 设置动画。单击3ds Max界面下方的 自动关键点 按钮，将时间轴拖动到第0帧位置，最后设置【数量】为0，如图7-122所示。

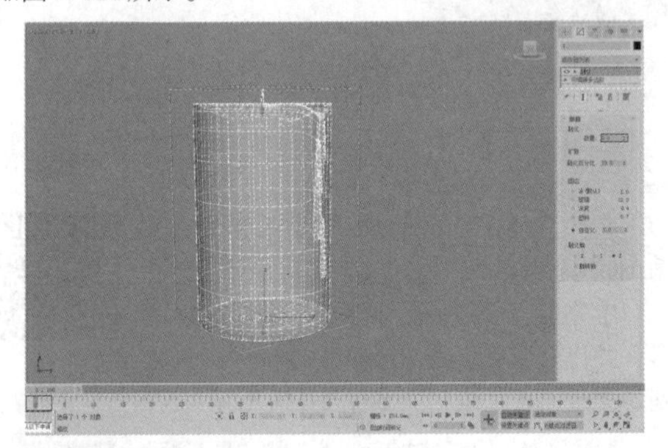

图7-122

步骤 04 将时间轴移动到第80帧位置，设置【数量】为200，如图7-123所示。

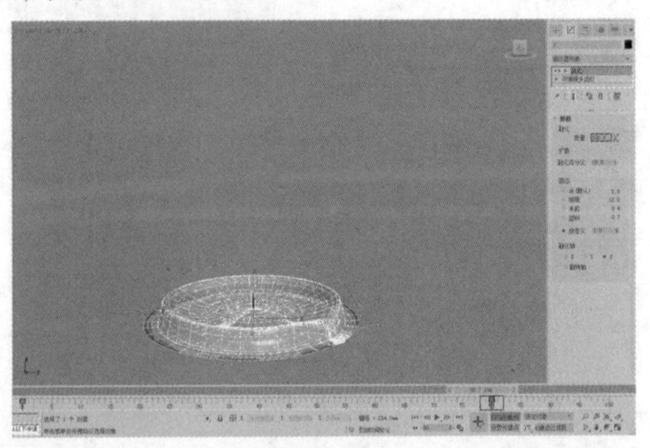

图7-123

步骤 05 再次单击 自动关键点 按钮，完成动画制作。最后单击▶(播放动画)按钮，即可看到动画变化，如图7-124所示。

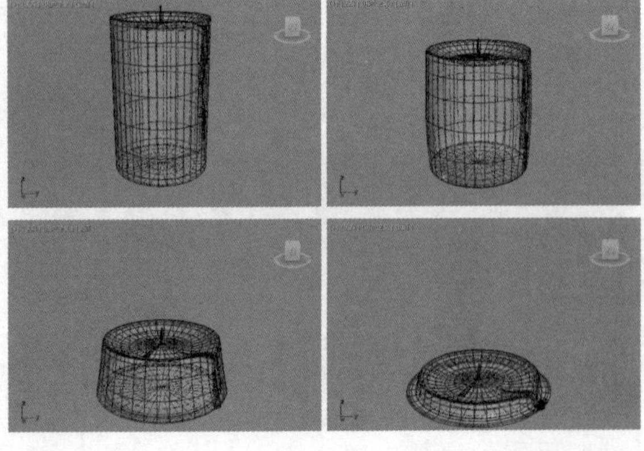

图7-124

### 选项解读：融化修改器重点参数速查

- 数量：控制融化的程度，数值越大融化得越严重。
- 融化百分比：指定随着【数量】值增加多少对象和融化会扩展。该值基本上是沿着平面的“凸起”。
- 固态：设置融化的方式，包括冰、玻璃、冻胶、塑料、自定义。

## 实例：使用置换修改器制作针幕手掌

扫一扫，看视频

文件路径：Chapter 07 修改器建模→实例：使用置换修改器制作针幕手掌

本案例为平面模型加载【置换】修改器，并设置参数，拾取黑白贴图(白色凸起，黑色凹陷)，从而产生置换起伏。注意平面模型的分段尽量设置得多一些，但是会产生一些卡顿。渲染效果如图7-125所示。

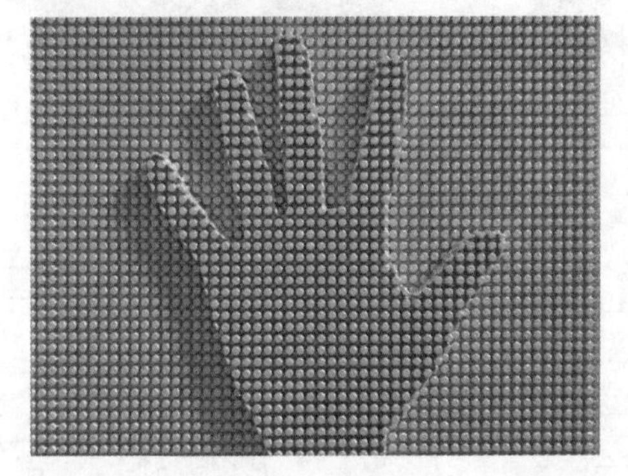

图7-125

### 操作步骤

步骤 01 使用【平面】工具创建1个平面模型，单击【修改】按钮，设置【长度】为1161mm，【宽度】为929mm，【长度分段】为1000，【宽度分段】为1000，如图7-126所示。

步骤 02 此时的平面表面分段非常多，如图7-127所示。

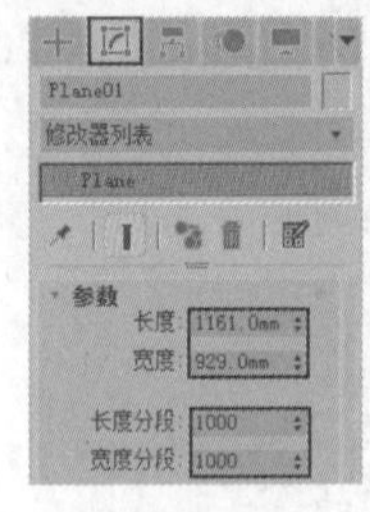



图7-126

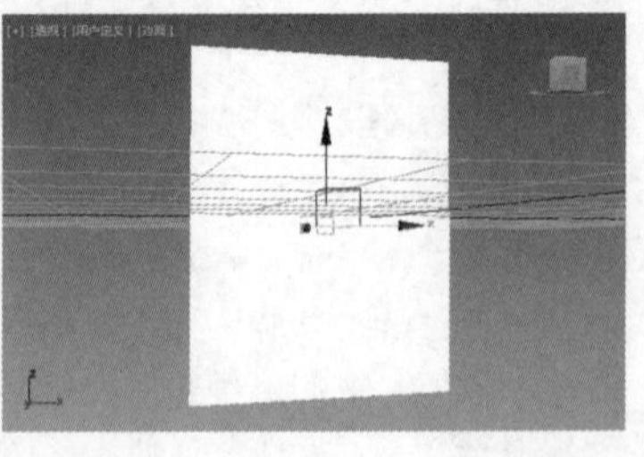

图7-127

步骤 03 通过查看平面的细节，可以看到网格很多，这就为后面添加【置换】修改器进行操作做好了准备，如图7-128所示。

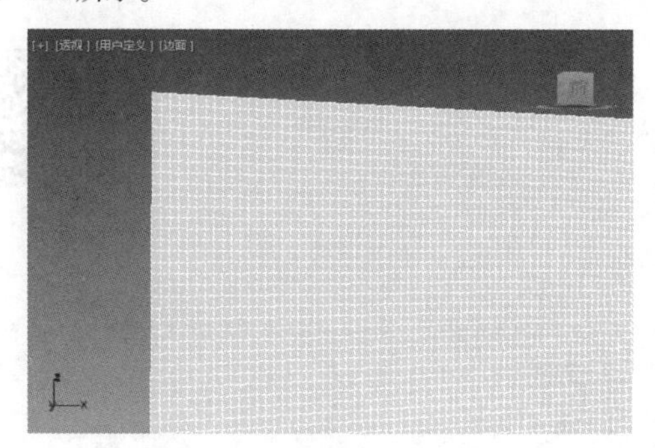

图 7-128

步骤 04 选择平面模型，单击【修改】按钮，为其添加【置换】修改器，设置【强度】为50mm，在【位图】下方单击添加【111.jpg】贴图文件，如图7-129所示。

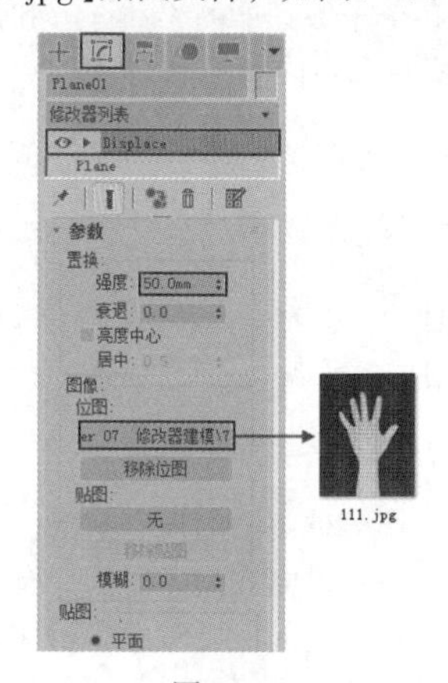


图 7-129

步骤 05 置换完成后的效果很有趣，可以看到原图只是一个平面模型，现在变成了一个手掌位置凸起的针幕效果，如图7-130所示。

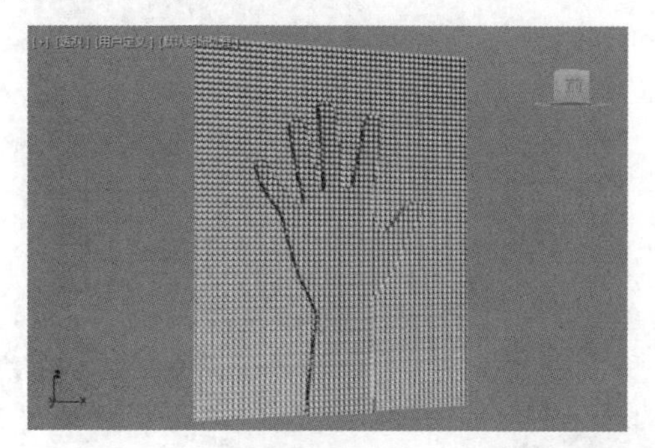

图 7-130

步骤 06 细节部分如图7-131所示。

图 7-131

扫一扫，看视频

# 多边形建模

## 本章内容简介：

本章讲解了3ds Max中最复杂、最经典、最重要的建模方式之一。在本章中将学习到将模型转换为可编辑多边形、各个子级别下的参数详解和使用方式、综合应用多种多边形建模工具制作复杂的家具和室内空间框架等。

## 重点知识掌握：

- 熟练掌握多边形建模的操作流程。
- 熟练掌握各子级别下工具的应用。
- 多边形建模制作室内常见家具模型。
- 多边形建模制作完整室内空间模型。

## 通过本章学习，我能做什么？

多边形建模的功能非常强大，可以制作多种类型的模型效果，但需要注意的是虽然多边形建模很强大，但是没有哪一种建模方式是完美的，有一些模型依然需要借助其他建模方式完成。并且在进行建模之前，要考虑哪种建模方式更容易制作，会大量节省操作时间，现实操作时一个模型可能需要两种甚至更多种建模方式完成，因此熟练掌握每一种建模方式都很有意义。

# 8.1 认识多边形建模

扫一扫，看视频

多边形建模是3ds Max中最为复杂的建模方式，该建模方式功能强大，可以进行较为复杂的模型制作，是本书中最为重要的建模方式之一。通过对多边形的顶点、边、边界、多边形、元素这5种子级别的操作，使模型产生变化效果。因此，多边形建模是基于一个简单模型进行编辑更改而得到精细复杂模型效果的过程。

## 实例：将球体转化为可编辑多边形

扫一扫，看视频

文件路径：Chapter 08 多边形建模→实例：将球体转化为可编辑多边形

本案例学习创建模型，并将模型转换为可编辑多边形的方法，这是后面学习多边形建模的基础。

### 操作步骤

步骤 01 创建一个球体模型，如图8–1所示。

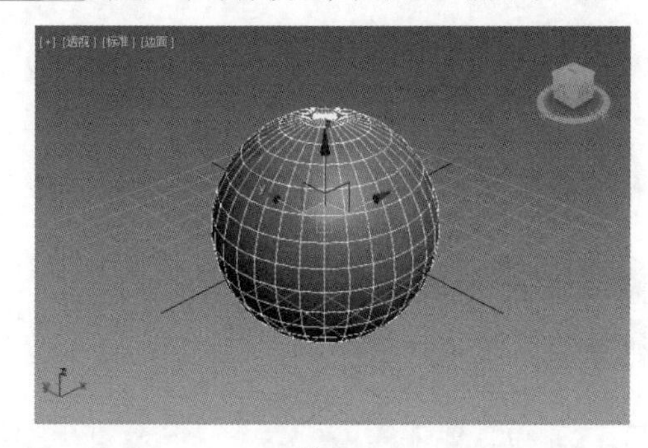

图 8–1

步骤 02 选择球体模型，单击右键，执行【转换为】|【转换为可编辑多边形】命令，如图8–2所示。

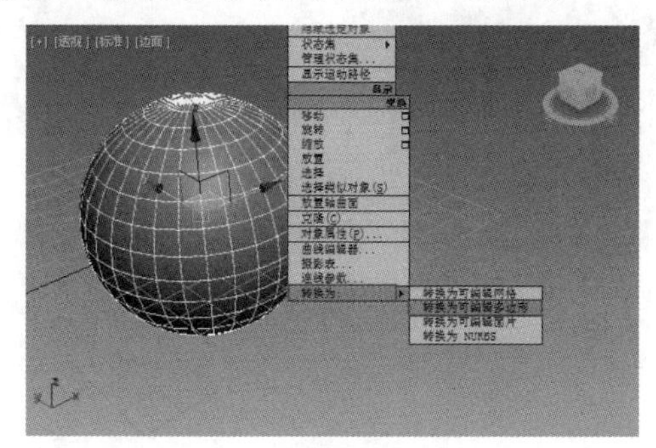

图 8–2

步骤 03 此时单击【修改】按钮，就可以看到原来的球体参数已经没有了，取而代之的是可编辑多边形的相关参数，如图8–3所示。

步骤 04 选择几个 ⁘（顶点）并移动位置，即可改变模型的形态，如图8–4所示。

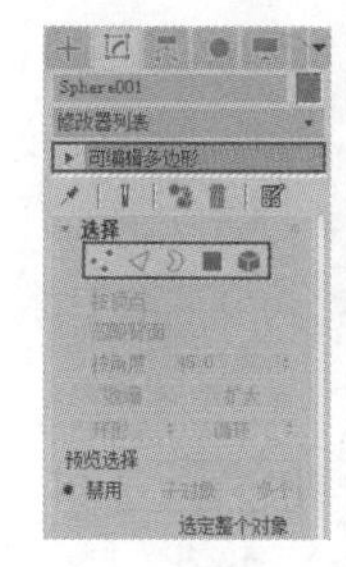

图 8–3

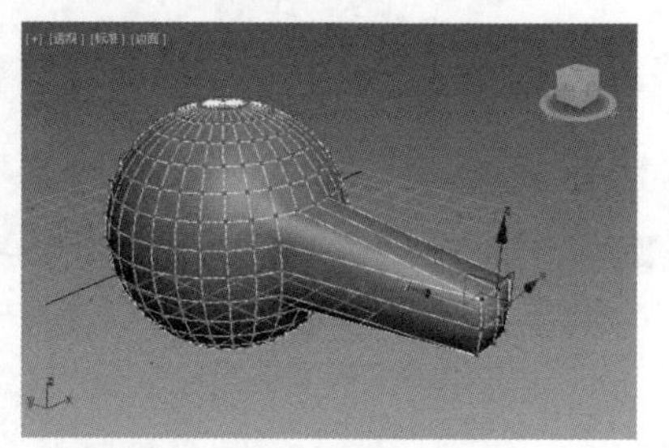

图 8–4

# 8.2 选择卷展栏

将模型转换为可编辑多边形后，单击【修改】按钮，进入【选择】卷展栏，此时可以选择任意一种子级别。参数面板如图8–5所示。

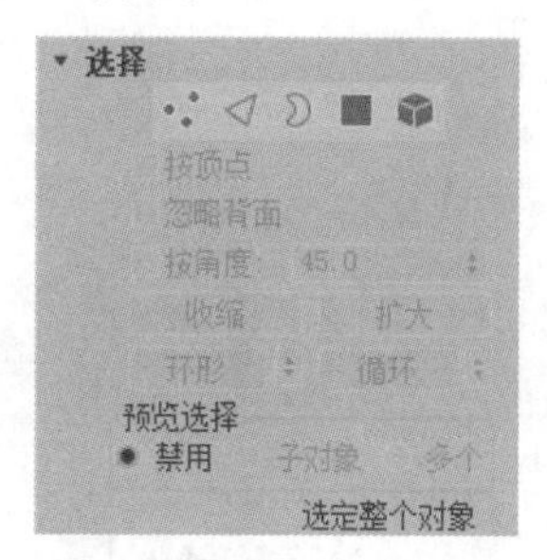


图 8–5

## 实例：大沿帽

扫一扫，看视频

文件路径：Chapter 08 多边形建模→实例：大沿帽

本案例将模型转换为可编辑多边形，并在【选择】卷展栏中选择【顶点】并删除，选择【边】按住Shift键并缩放，接着应用【软选择】，最后为模型加载FFD修改器制作弯曲效果，添加【壳】修改器和【网格平滑】修改器制作完成大沿帽。渲染效果如图8–6所示。

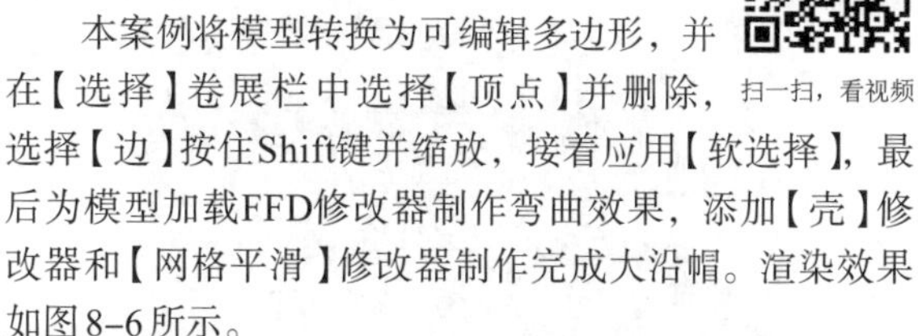

图 8-6

## 操作步骤

步骤 01 创建1个球体模型，设置【半径】为16mm，【分段】为32，如图8-7所示。

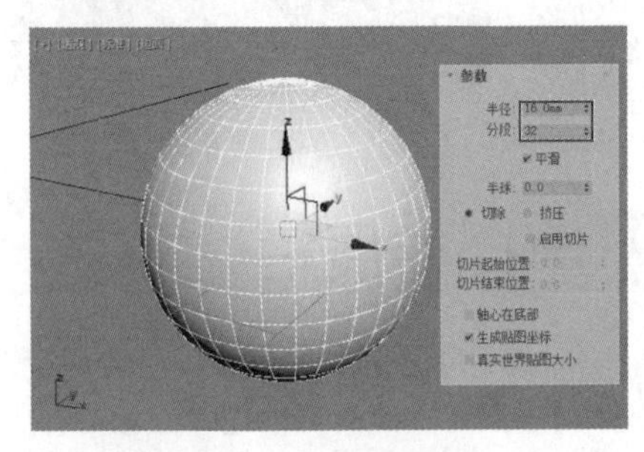

图 8-7

步骤 02 选择球体，单击右键，执行【转换为】|【转换为可编辑多边形】命令，如图8-8所示。

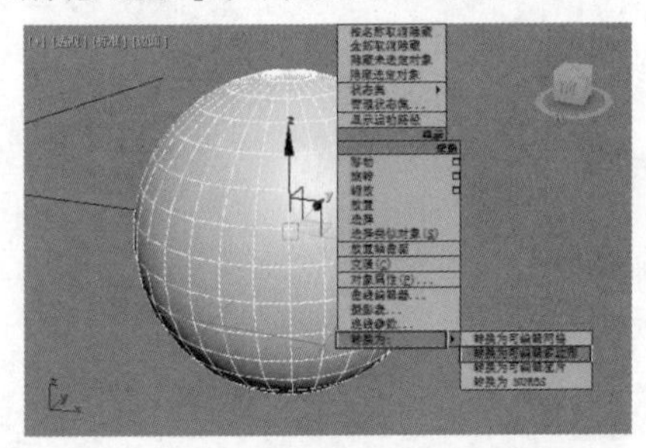

图 8-8

步骤 03 进入 (顶点)级别，在前视图中框选下方的顶点，如图8-9所示。

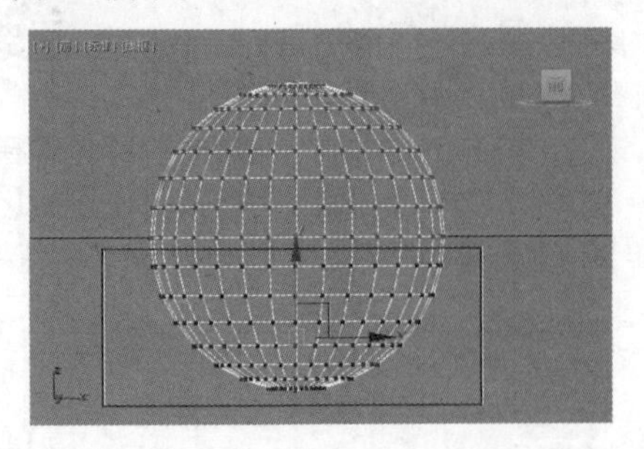

图 8-9

步骤 04 按Delete键删除这些顶点，如图8-10所示。

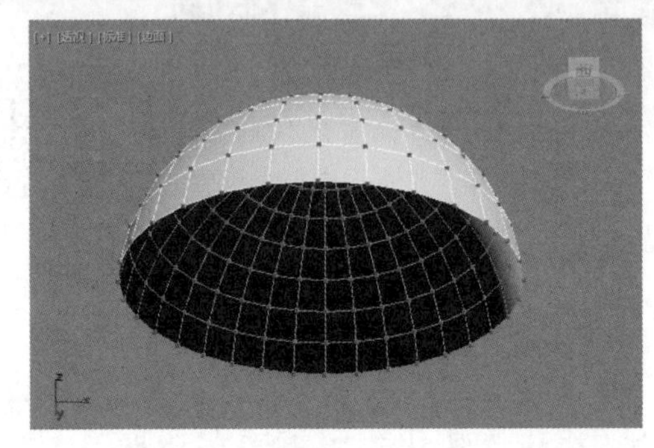

图 8-10

步骤 05 单击【修改】按钮，展开【选择】卷展栏，进入 (边)级别，单击选择球体底部的1条边，如图8-11所示。

图 8-11

步骤 06 单击【循环】按钮，如图8-12所示。

步骤 07 此时球体底部的一圈边已经被选中，如图8-13所示。

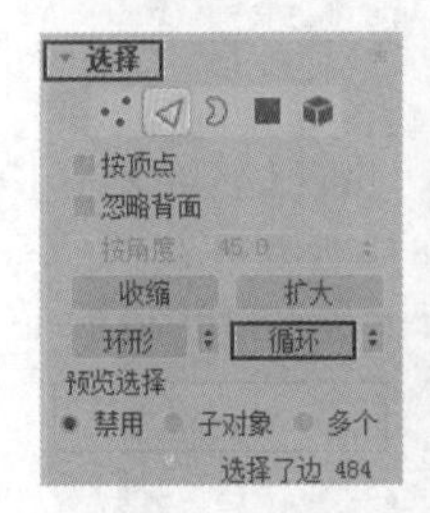


图 8-12

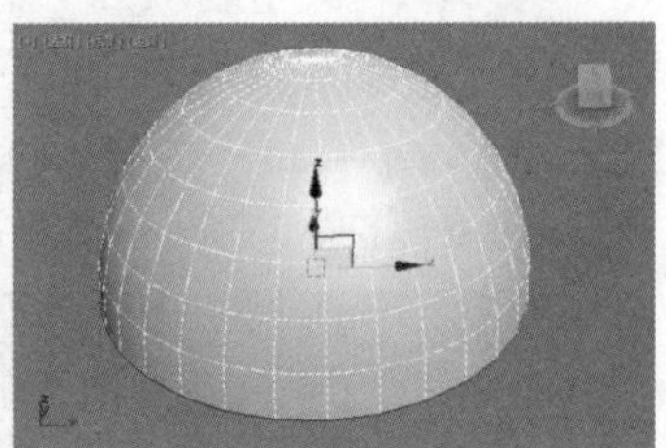

图 8-13

步骤 08 单击 (选择并均匀缩放)工具，按住Shift键，并沿X、Y、Z 3个轴向拖动鼠标，此时拖曳出一圈边，如图8-14所示。

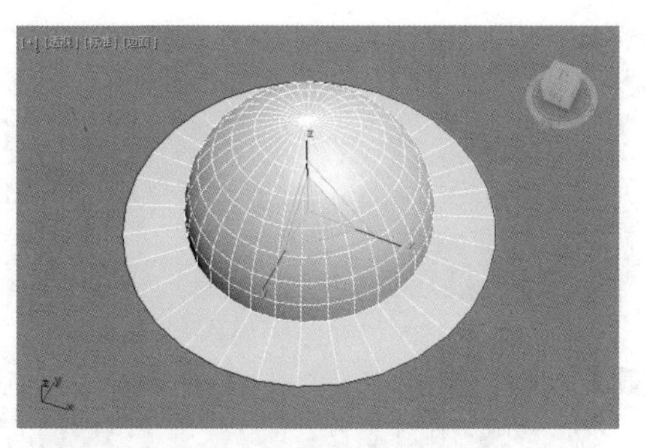

图 8-14

步骤 09 继续同样方式按住Shift键，并沿X、Y、Z 3个轴向拖动鼠标，此时拖曳出一圈边，如图8-15所示。

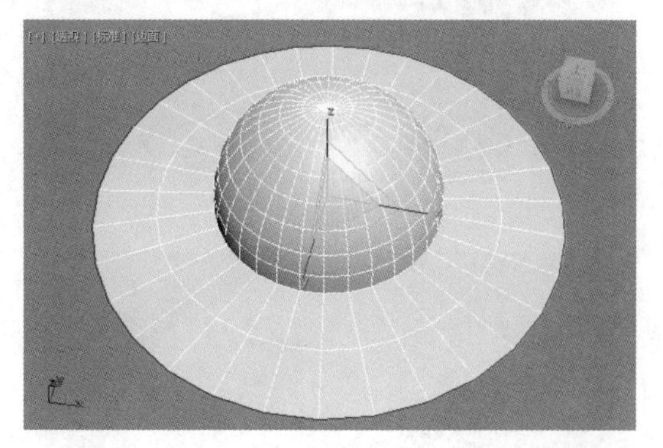

图 8-15

步骤 10 再次单击 (边)按钮，取消选中边级别。单击 (选择并均匀缩放)工具，沿X轴拖动鼠标，此时大沿帽变得更“扁”了，如图8-16所示。

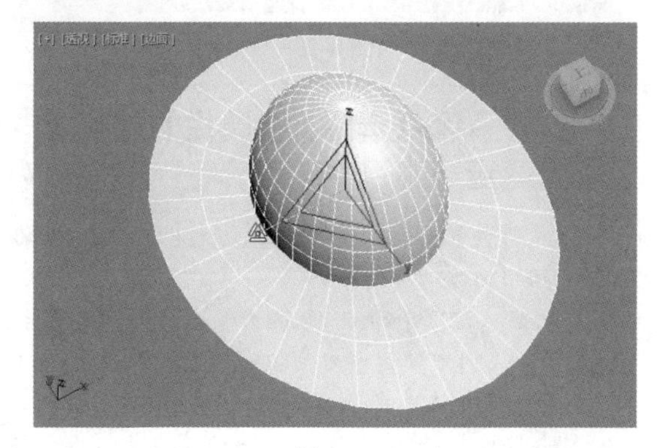

图 8-16

步骤 11 进入 (顶点)级别，选择帽子顶部的1个顶点，如图8-17所示。

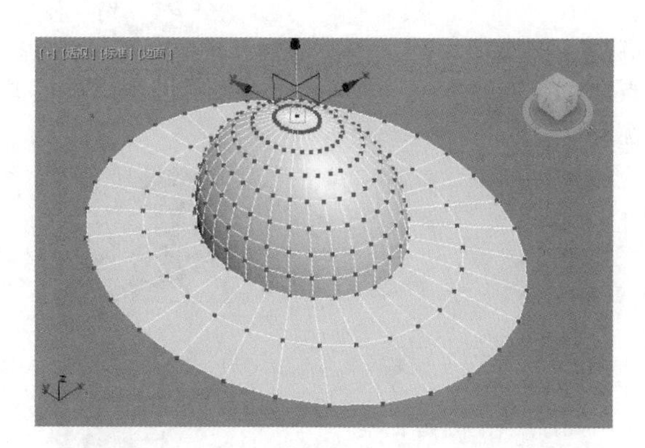

图 8-17

步骤 12 单击【修改】按钮，勾选【使用软选择】选项，如图8-18所示。

步骤 13 此时在透视图中沿Z轴向下进行移动，如图8-19所示。

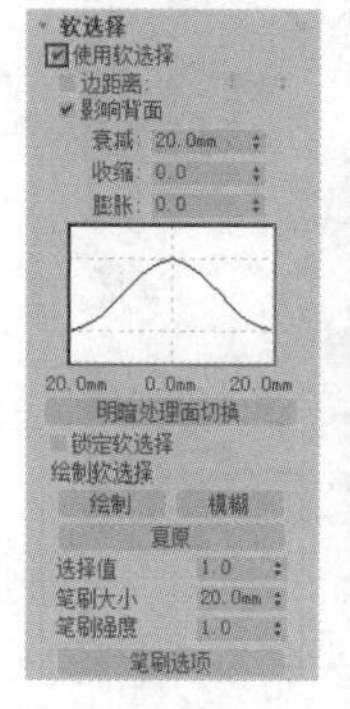


图 8-18

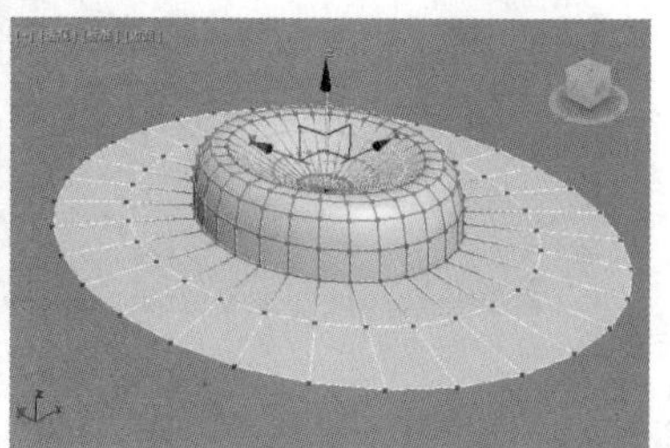

图 8-19

步骤 14 取消勾选【使用软选择】选项，如图8-20所示。

步骤 15 再次单击 (顶点)按钮，取消选中顶点级别，并为模型添加【FFD 4×4×4】修改器，进入【控制点】级别，如图8-21所示。

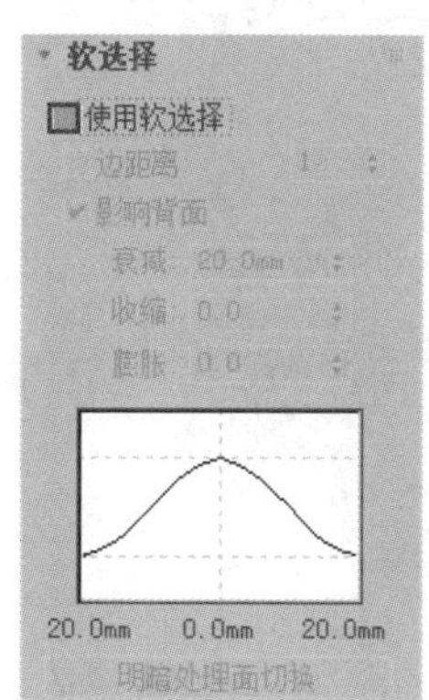


图 8-20

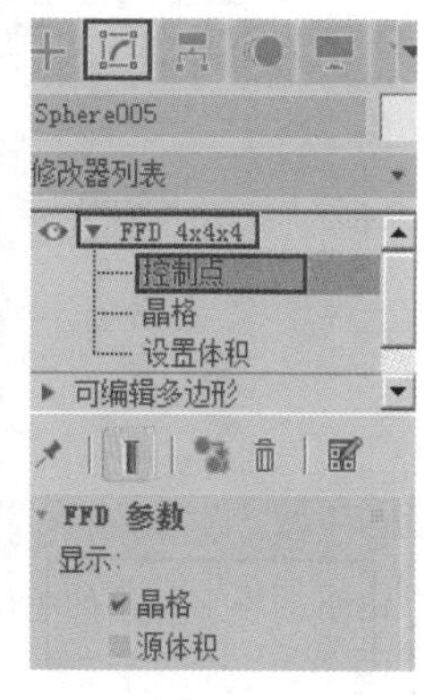


图 8-21

步骤 16 框选选中4处的多个控制点（注意不是4个控制点），如图8-22所示。沿Z轴向上移动，此时帽子产生了优美的弧度，如图8-23所示。

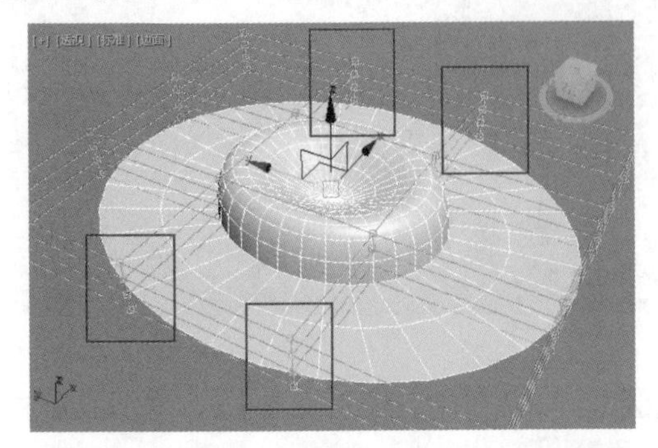

图 8-22

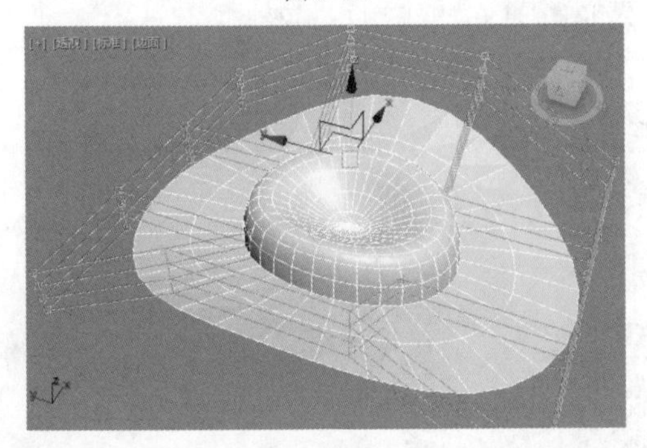

图 8-23

步骤 17 为了让帽子产生厚度，可以为其添加【壳】修改器，设置【外部量】为0.3mm，如图8-24所示。

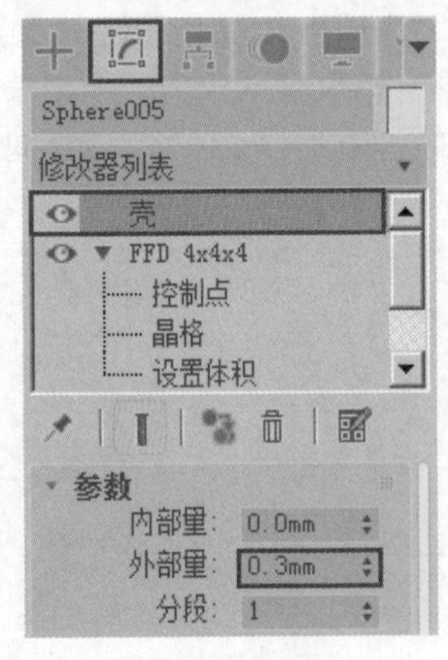


图 8-24

步骤 18 此时模型效果如图8-25所示。

步骤 19 单击【修改】按钮，为其添加【网格平滑】修改器，设置【迭代次数】为3，如图8-26所示。

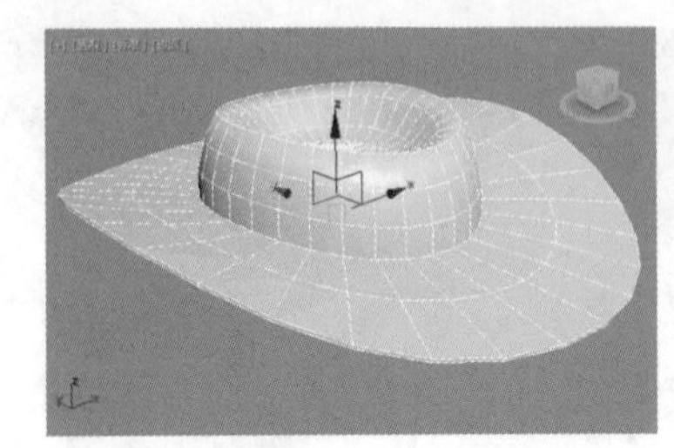

图 8-25

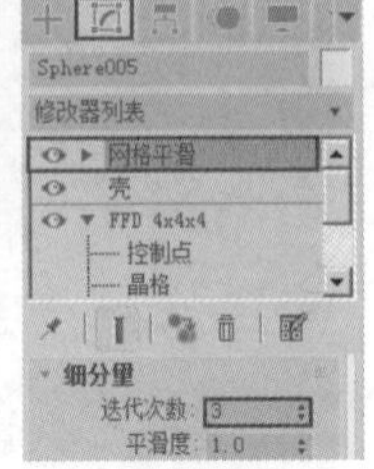


图 8-26

步骤 20 最终的大沿帽效果如图8-27和图8-28所示。

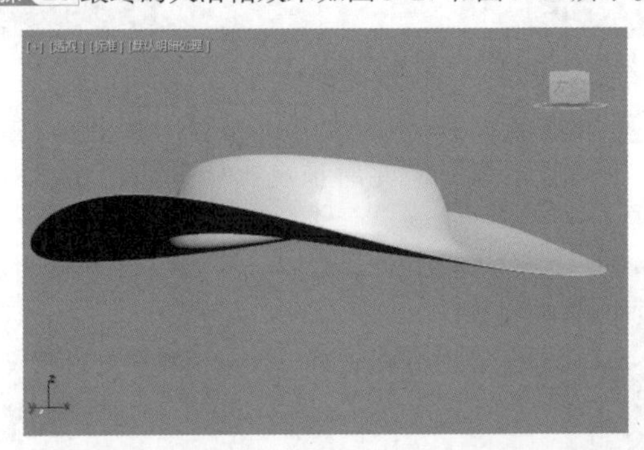

图 8-27

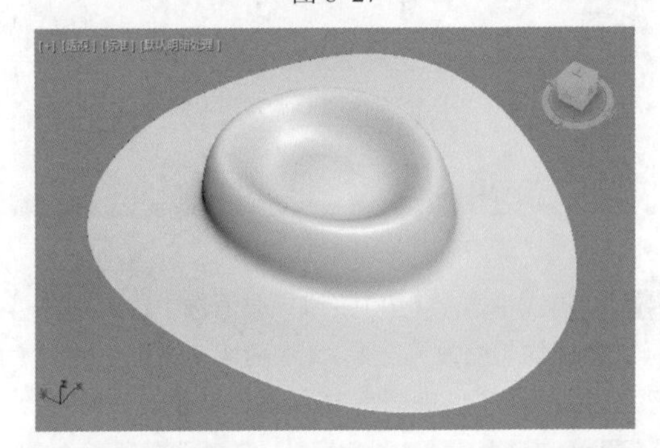

图 8-28

## 选项解读:【选择】卷展栏的重点参数速查

- 子级别类型：包括【顶点】【边】【边界】【多边形】和【元素】5种级别。
- 按顶点：除了【顶点】级别外，该选项可以在其他4种级别中使用。启用该选项后，只有选择所用的顶点才能选择子对象。
- 忽略背面：启用该选项后，只能选中法线指向当前视图的子对象。
- 按角度：启用该选项后，可以根据面的转折度数来选择子对象。

- 收缩：单击该按钮可以在当前选择范围中向内减少一圈。
- 扩大：与【收缩】相反，单击该按钮可以在当前选择范围中向外增加一圈。
- 环形：使用该工具可以快速选择平行于当前的对象(该按钮只能在【边】和【边界】级别中使用)。
- 循环：使用该工具可以快速选择与当前对象所在的循环一周的对象(该按钮只能在【边】和【边界】级别中使用)。
- 预览选择：选择对象之前，通过这里的选项可以预览光标滑过位置的子对象，有【禁用】【子对象】和【多个】3个选项可供选择。

## 提示：选择顶点、边、多边形等子级别的技巧

1. 熟用Alt键

(1)在选择【多边形】时，可以在前视图中框选如图8-29所示的多边形。

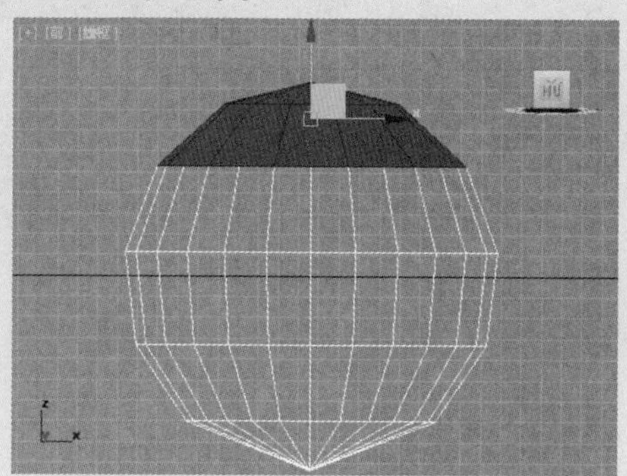

图 8-29

(2)按住Alt键，并在前视图中拖动鼠标左键，在顶部框选出一个范围，如图8-30所示。

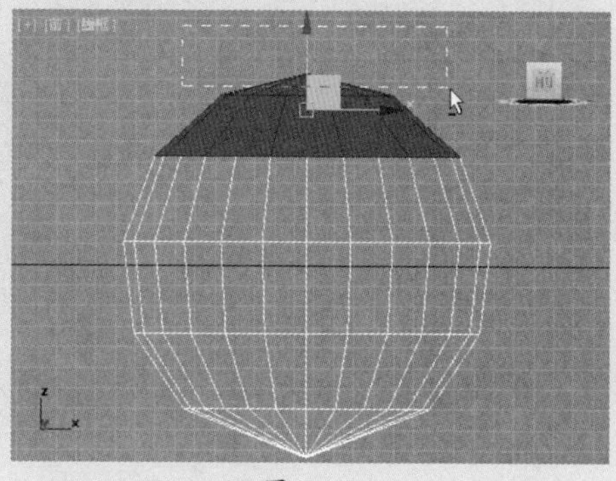

图 8-30

(3)此时就可以将顶部的多边形排除了，如图8-31所示。

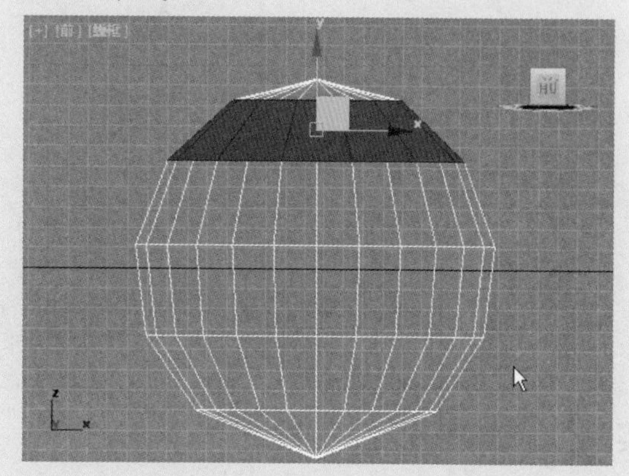

图 8-31

2. 熟用Ctrl键

(1)在选择【边】时，可以在视图中单击选择如图8-32所示的边。按住Ctrl键，拖动鼠标左键，依次选择另两条边，如图8-33所示。

(2)此时就可以选择了3条边，如图8-34所示。

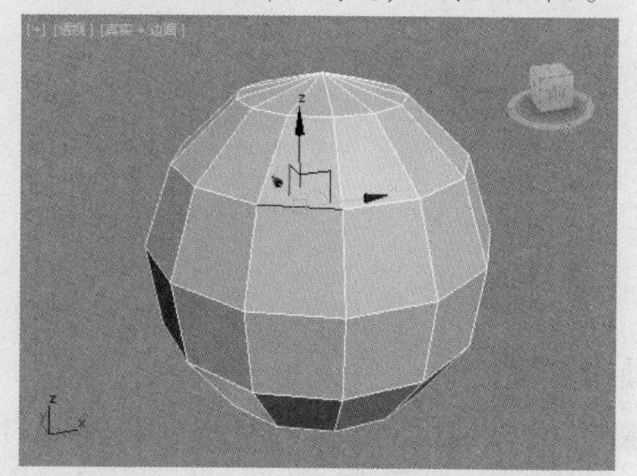

图 8-32

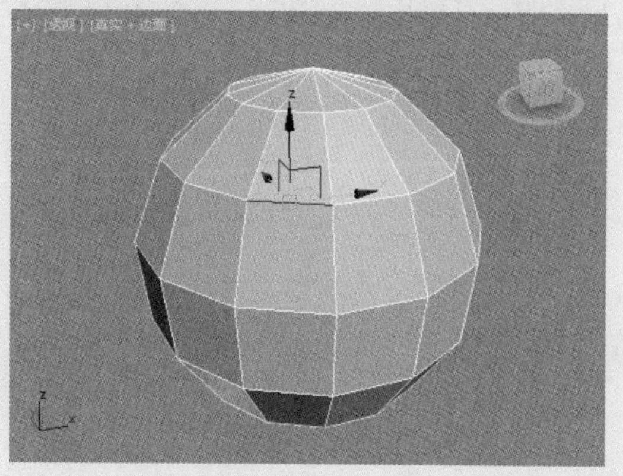

图 8-33

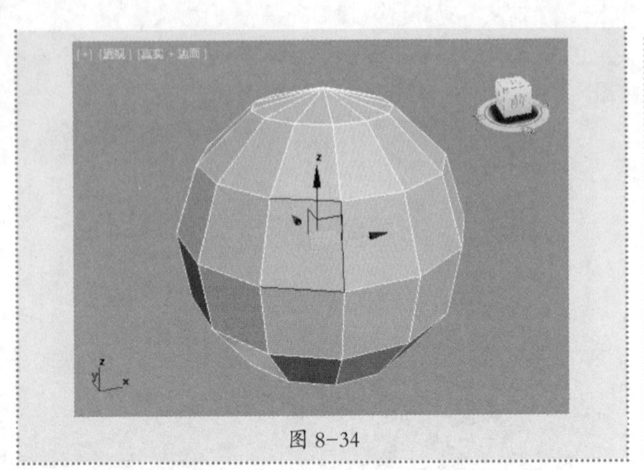

图 8-34

## 实例：装饰镜子

文件路径：Chapter 08 多边形建模→实例：装饰镜子

扫一扫，看视频

本案例将管状体转换为可编辑多边形，并选择【顶点】进行收缩，使其产生有趣的模型变化。渲染效果如图8-35所示。

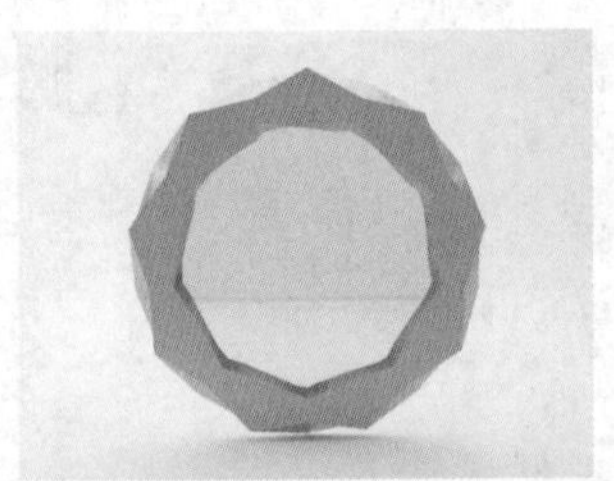

图 8-35

## 操作步骤

步骤 01 在前视图中创建一个管状体，单击【修改】按钮，设置【半径1】为300mm，【半径2】为210mm，【高度】为-36mm，【高度分段】为1、【端面分段】为2，如图8-36所示。

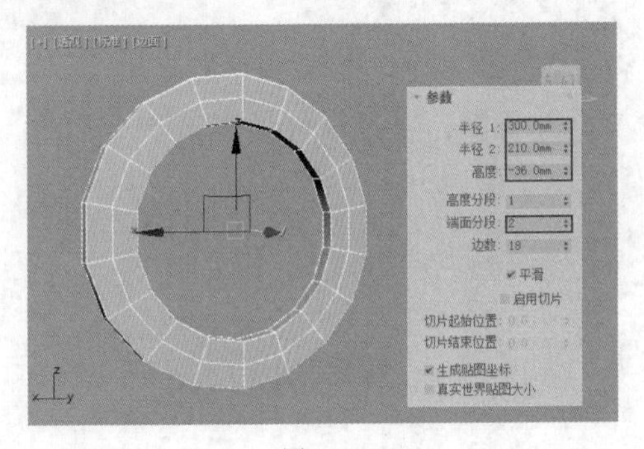


图 8-36

步骤 02 选择模型，单击右键，执行【转换为】|【转换为可编辑多边形】命令，如图8-37所示。

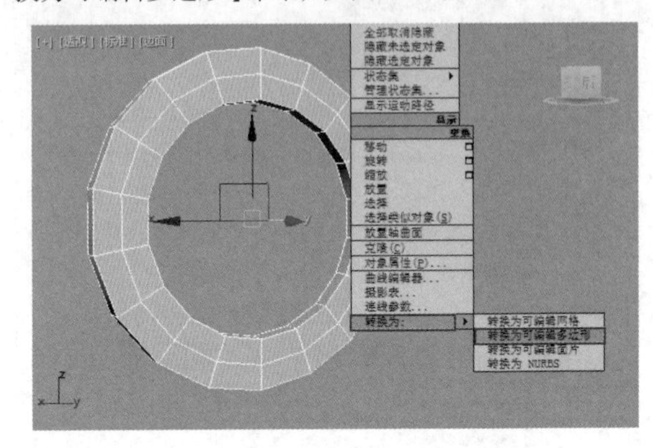


图 8-37

步骤 03 进入 (顶点)级别，在视图中选择9个顶点，如图8-38所示。

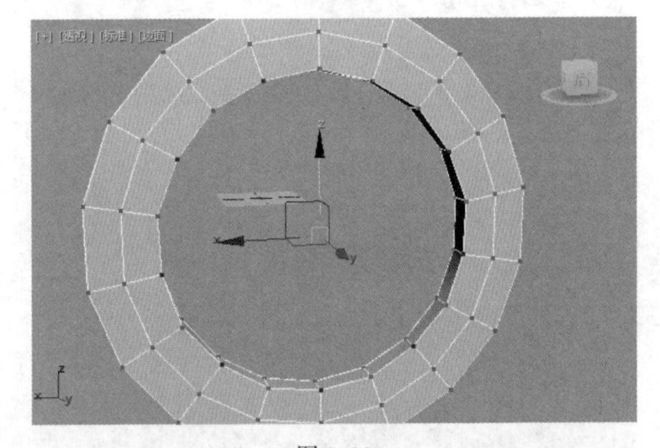

图 8-38

步骤 04 单击 (选择并均匀缩放)工具，沿X、Y、Z 3个轴向拖动鼠标，如图8-39所示。

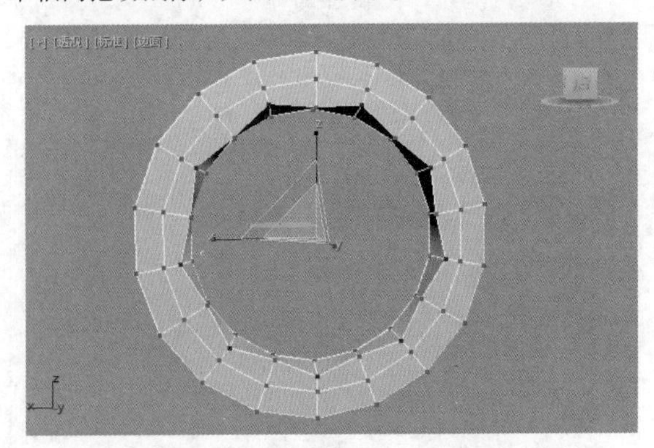

图 8-39

步骤 05 继续选择另外的9个顶点，如图8-40所示。

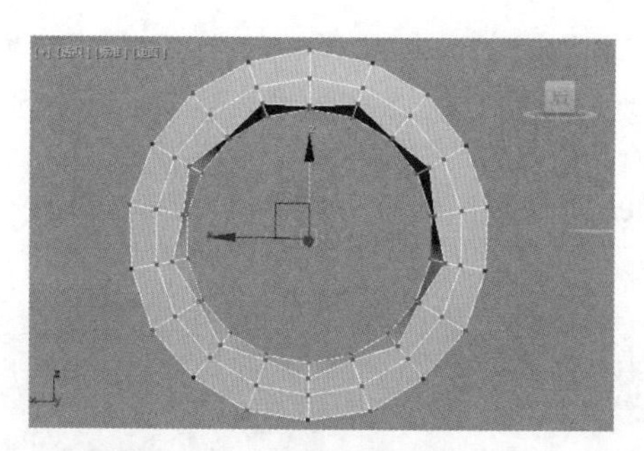

图 8-40

步骤 06 继续单击 (选择并均匀缩放)工具，沿X、Y、Z 3个轴向拖动鼠标，如图8-41所示。

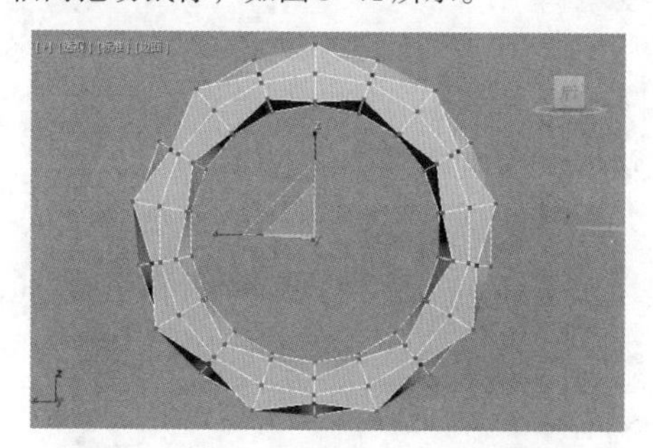

图 8-41

步骤 07 在前视图中创建一个圆柱体，设置【半径】为230mm，【高度】为4mm，如图8-42所示。

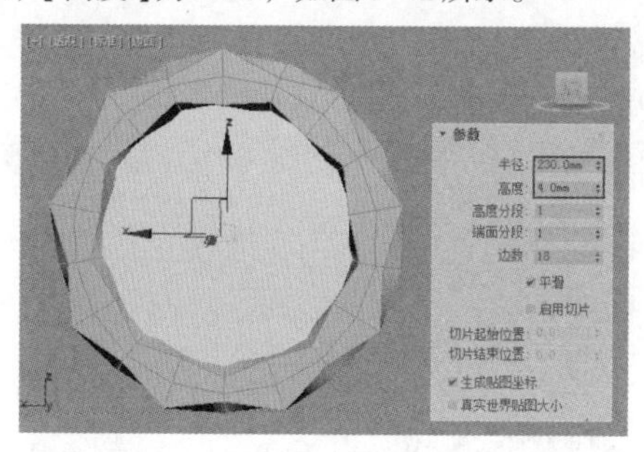


图 8-42

步骤 08 最终模型效果如图8-43所示。

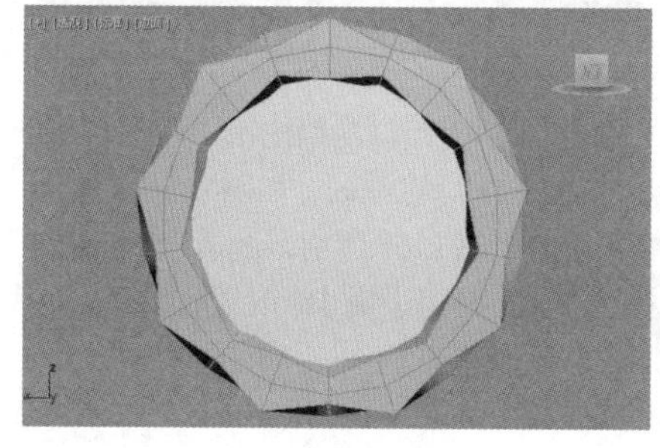

图 8-43

## 实例：储物柜

扫一扫，看视频

文件路径：Chapter 08 多边形建模→实例：储物柜

本案例将模型转换为可编辑多边形，并调整【顶点】的位置，使其产生模型部分凹陷的创意效果。并继续使用【切角】工具将模型边缘切角，添加【网格平滑】修改器使得模型变得圆润。渲染效果如图8-44所示。

图 8-44

### 操作步骤

步骤 01 在前视图中创建1个管状体，设置【半径1】为660mm，【半径2】为630mm，【高度】为500mm，【高度分段】为1，【边数】为4，取消【平滑】，如图8-45所示。

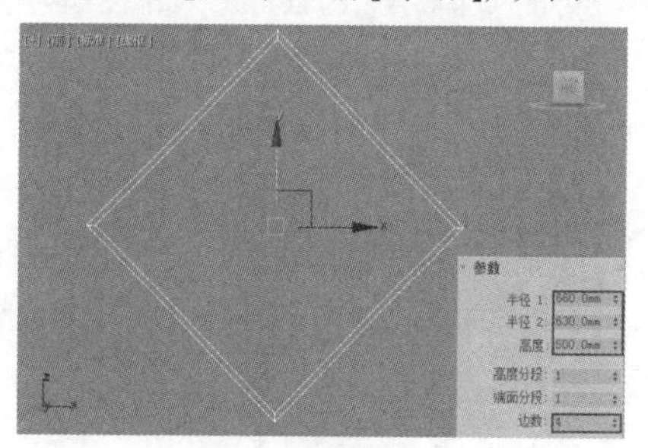


图 8-45

步骤 02 此时的模型效果如图8-46所示。

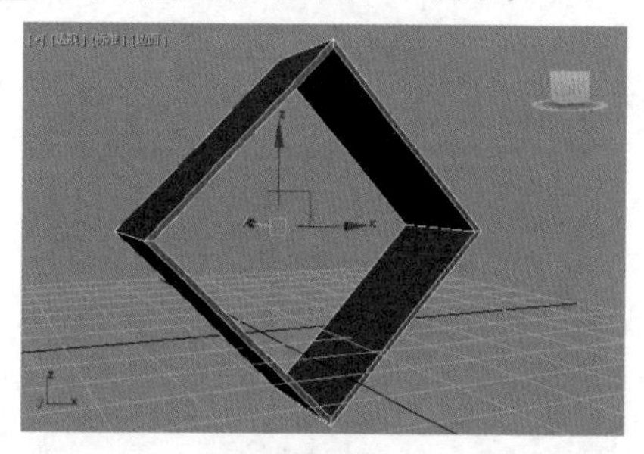

图 8-46

步骤 03 单击 (选择并旋转)工具，沿Y轴旋转45°，如图8-47所示。

步骤 04 创建1个长方体，设置【长度】为20mm，【宽度】为934mm，【高度】为940mm，如图8-48所示。

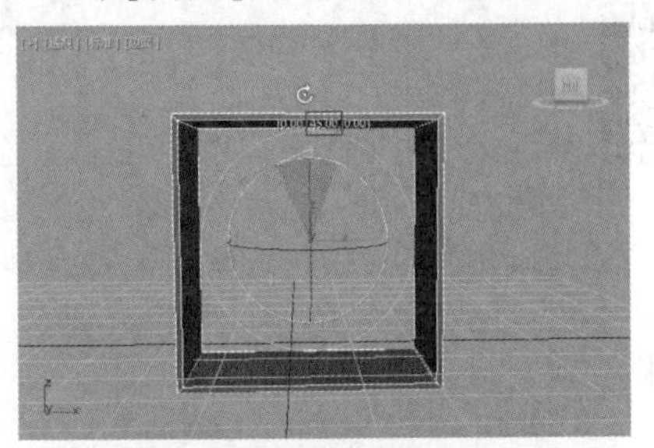

图 8-47

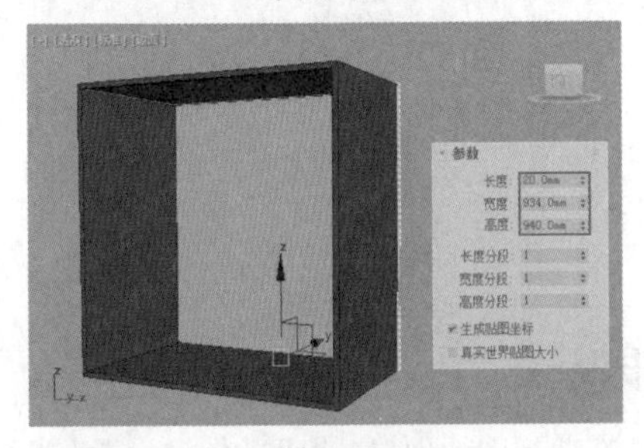

图 8-48

步骤 05 继续创建3个长方体，设置【长度】为500mm，【宽度】为895mm，【高度】为20mm，如图8-49所示。

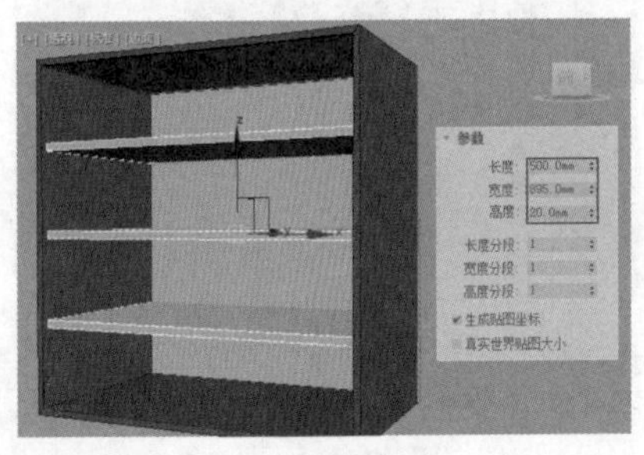

图 8-49

步骤 06 继续创建1个长方体，设置【长度】为20mm，【宽度】为900mm，【高度】为230mm，【宽度分段】为20，如图8-50所示。

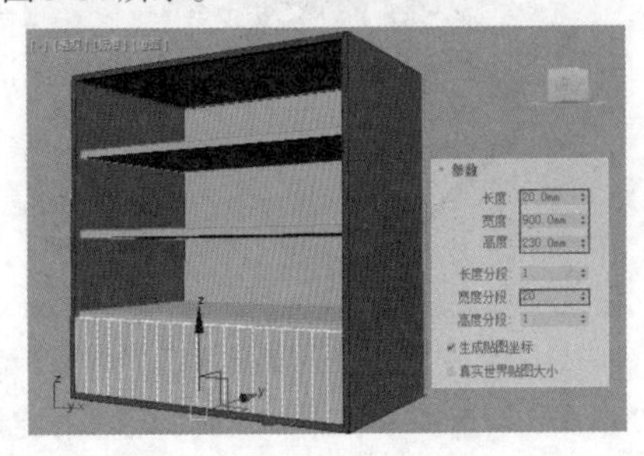

图 8-50

步骤 07 选择刚创建的长方体，单击【修改】按钮，添加【编辑多边形】修改器，进入 (顶点)级别，如图8-51所示。

步骤 08 在前视图中调整部分顶点的位置，如图8-52所示。

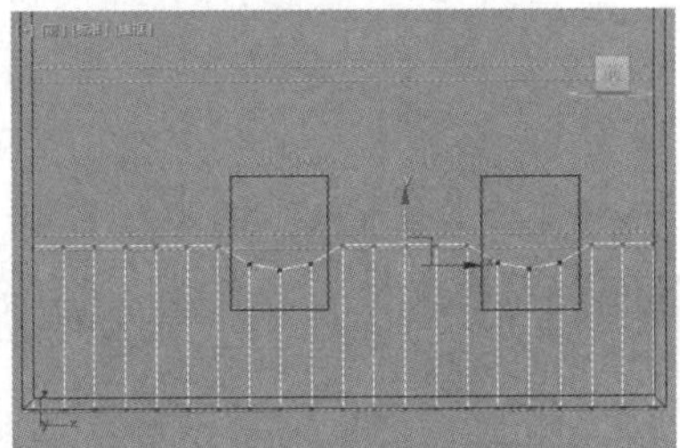

图 8-51　　图 8-52

步骤 09 此时的模型效果如图8-53所示。

图 8-53

步骤 10 进入 (边)级别，选择模型边缘的边，注意不要多选或漏选，如图8-54所示。

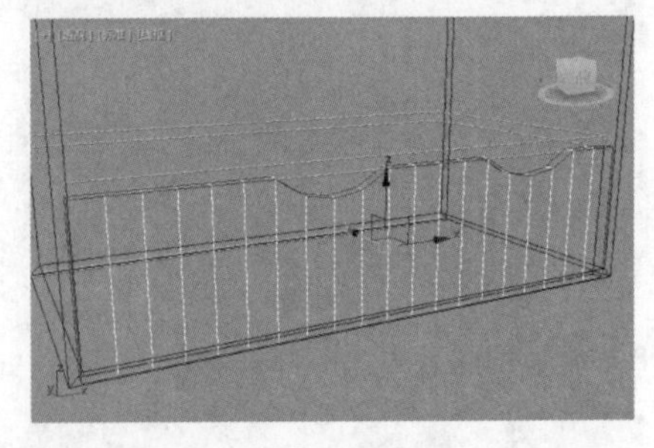

图 8-54

步骤 11 单击【切角】后方的按钮，如图8-55所示。

步骤 12 设置【数量】为0mm，如图8-56所示。

步骤 13 再次单击 (边)级别，取消选中任何级别，然后为该模型添加【网格平滑】修改器，设置【迭代次数】为3，如图8-57所示。

步骤 14 此时模型变得非常光滑，如图8-58所示。

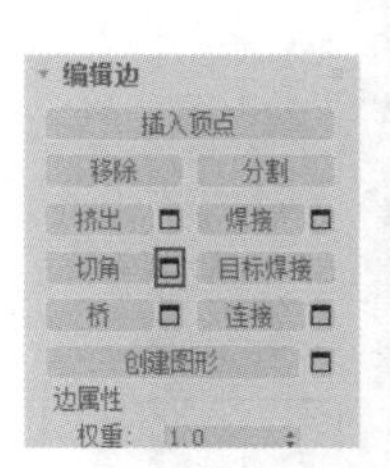


图 8-55

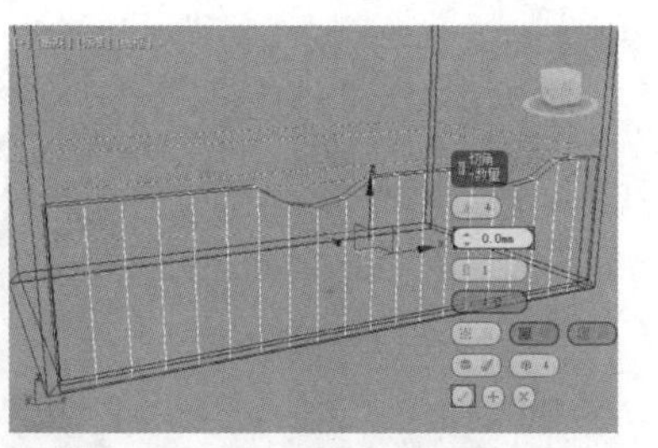

图 8-56

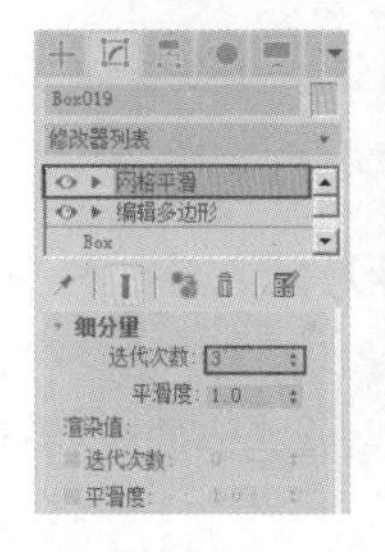


图 8-57

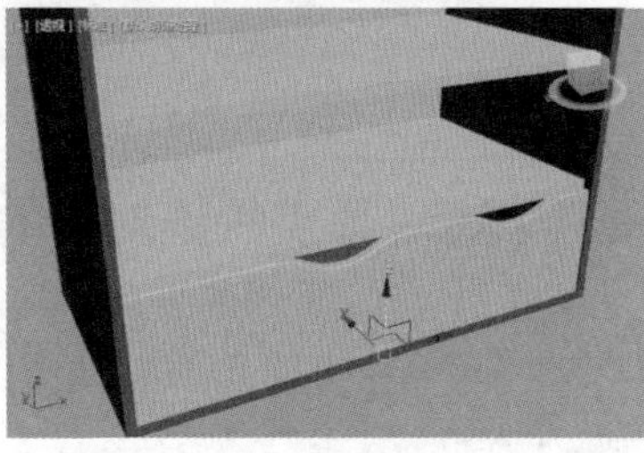

图 8-58

步骤 15 选中刚才的模型，按住Shift键沿Z轴向上拖动进行复制，在弹出的【克隆选项】对话框中设置【对象】为【复制】，【副本数】为3，如图8-59所示。

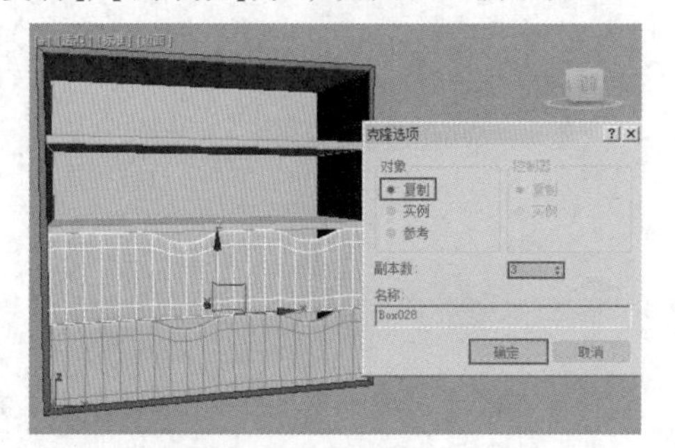


图 8-59

步骤 16 复制完成的模型如图8-60所示。

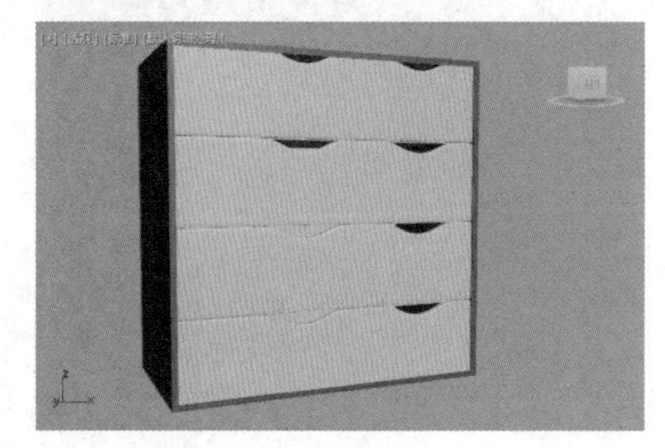

图 8-60

步骤 17 选中2个模型，如图8-61所示。

步骤 18 单击（镜像）工具按钮，在弹出的对话框中选择【镜像轴】为X，【克隆当前选择】为【不克隆】，如图8-62所示。

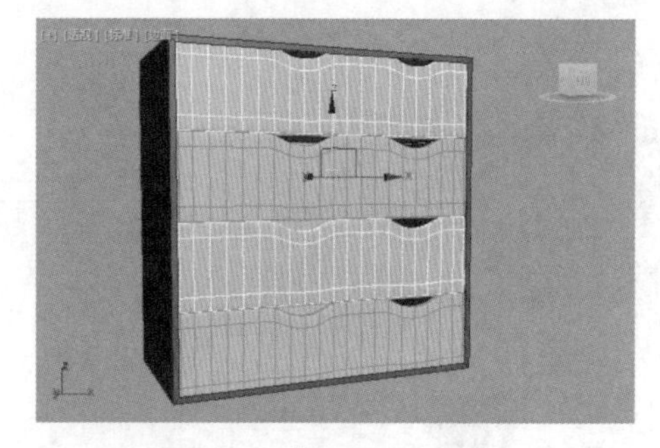

图 8-61

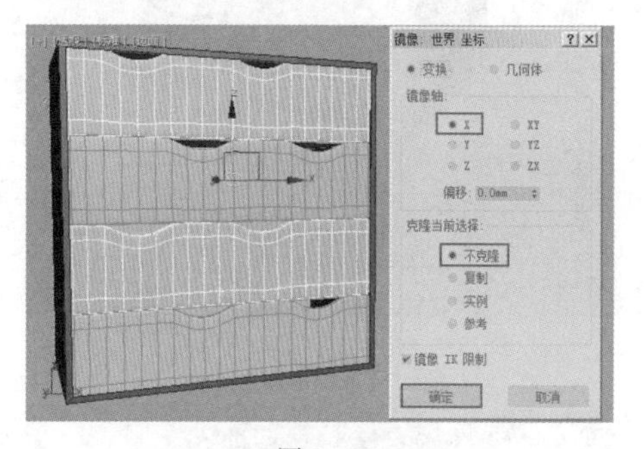


图 8-62

步骤 19 使用【圆柱体】工具创建一个圆柱体，设置【半径】为25mm，【高度】为250mm，如图8-63所示。

步骤 20 将圆柱体移动到柜子下方，如图8-64所示。

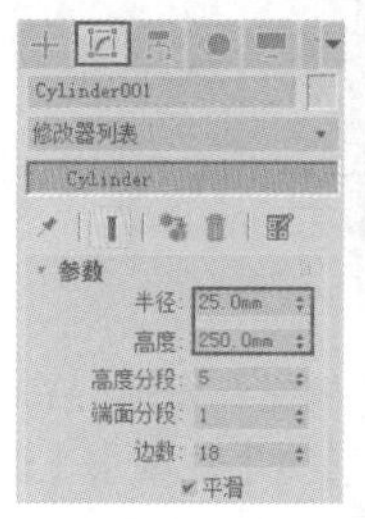


图 8-63

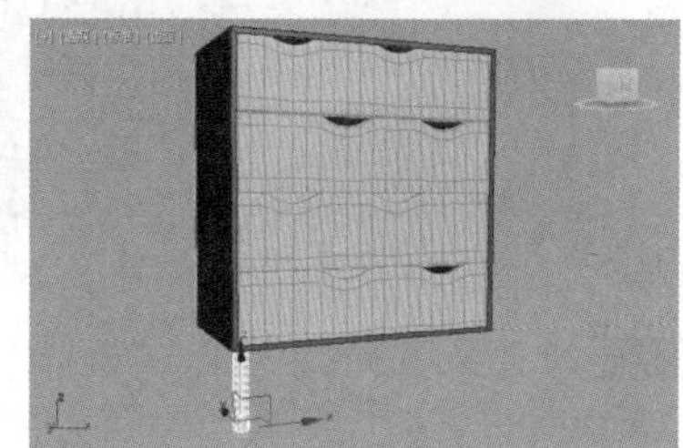

图 8-64

步骤 21 选择刚创建完成的圆柱体，激活（选择并旋转）和（角度捕捉切换）工具，并沿Y轴旋转10°，如图8-65所示。

步骤 22 单击【修改】按钮，为其添加【FFD 2×2×2】修改器，并进入【控制点】级别，如图8-66所示。

步骤 23 选择模型底部的控制点，使用（选择并均匀缩放）工具进行收缩，如图8-67所示。

步骤 24 选择当前模型，单击（镜像）工具，在弹出的对话框中设置【镜像轴】为X，【偏移】为850mm，【克隆当前选择】为【复制】，如图8-68所示。

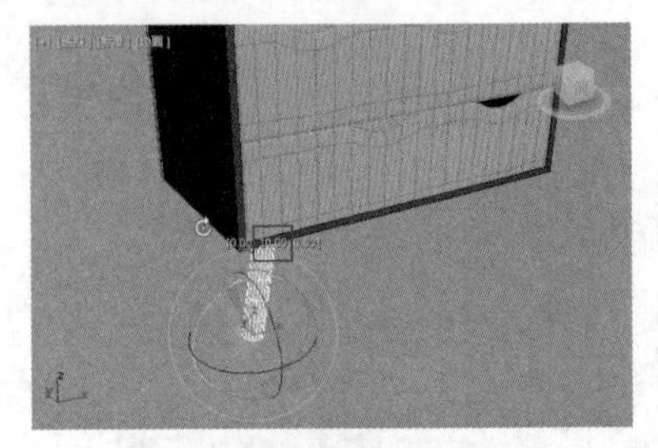

图 8-65

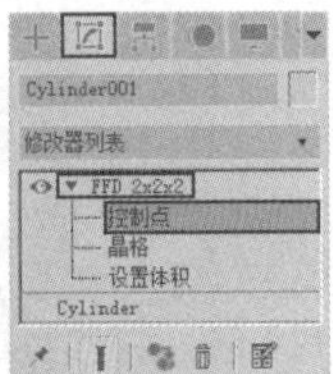


图 8-66

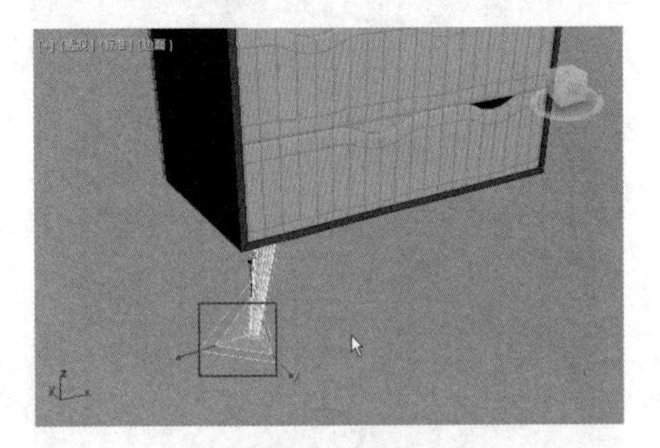

图 8-67

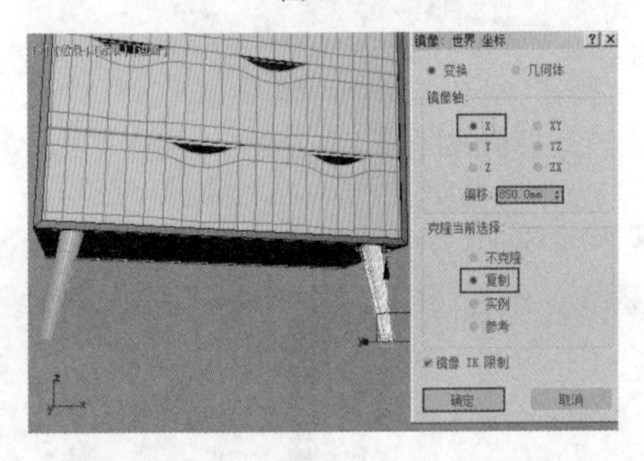


图 8-68

步骤 25 选择此时的2个柜子腿模型，按住Shift键沿Y轴拖动鼠标左键进行复制，设置【对象】为【复制】，【副本数】为1，如图8-69所示。

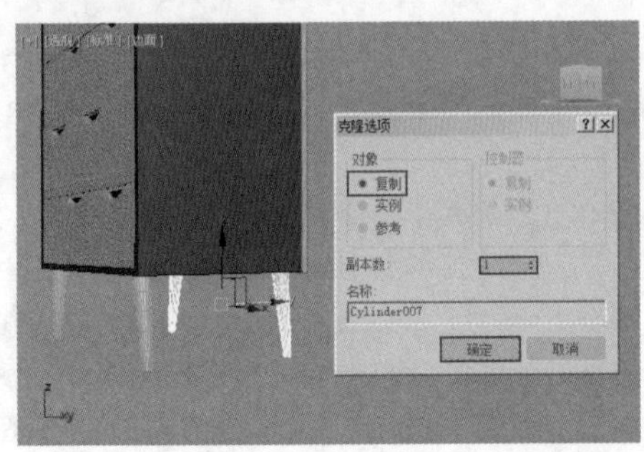


图 8-69

步骤 26 最终模型效果如图8-70所示。

图 8-70

## 提示：顶点快速对齐的方法

当不小心将某一些顶点位置移动了，或需要将一些顶点对齐在一个水平线上时，可以通过使用（选择并均匀缩放）工具进行操作。

（1）进入顶点子级别，如图8-71所示。

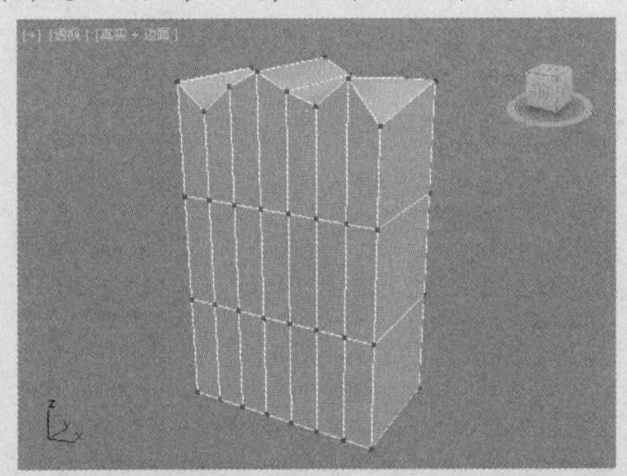

图 8-71

（2）在前视图中选择如图8-72所示的参差不齐的顶点。

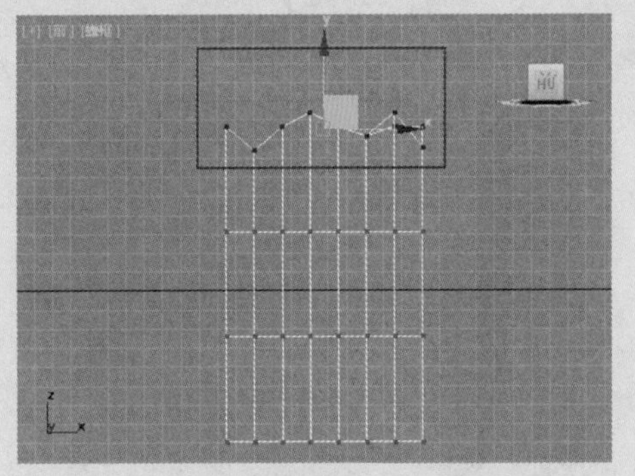

图 8-72

（3）单击使用（选择并均匀缩放）工具，并沿着Y轴多次向下方拖动，即可使点变得整齐，如图8-73所示。

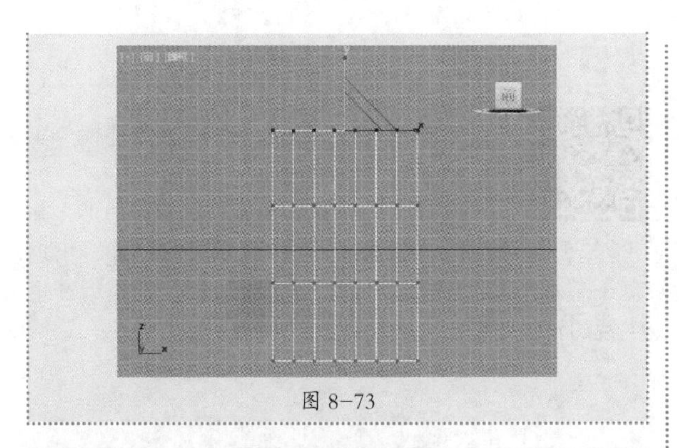

图 8-73

# 8.3 软选择卷展栏

## 实例：沙发坐垫

文件路径：Chapter 08 多边形建模→实例：沙发坐垫

扫一扫，看视频

本案例使用【软选择】工具选择部分顶点，进行移动使其产生沙发坐垫的效果。渲染效果如图8-74所示。

图 8-74

## 操作步骤

步骤 01 创建1个切角长方体，设置【长度】为500mm，【宽度】为800mm，【高度】为100mm，【圆角】为10mm，【长度分段】为20，【宽度分段】为30，【高度分段】为3，【圆角分段】为3，如图8-75所示。

图 8-75

步骤 02 对模型单击右键，执行【转换为】|【转换为可编辑多边形】命令，如图8-76所示。

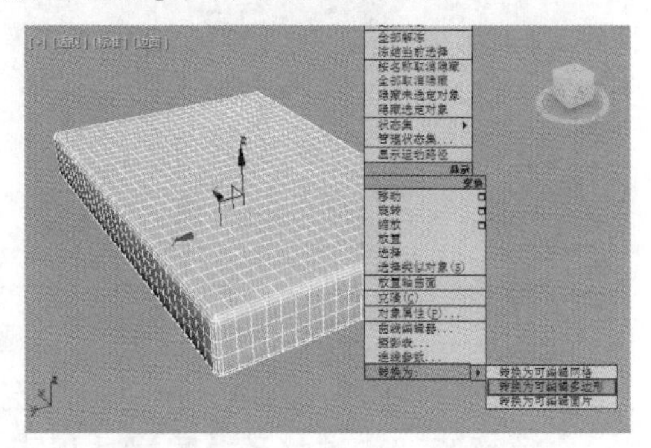


图 8-76

步骤 03 进入 (顶点)级别，在前视图中框选选择如图8-77所示的顶点。

步骤 04 在【软选择】卷展栏中勾选【使用软选择】选项，设置【衰减】为50mm，如图8-78所示。

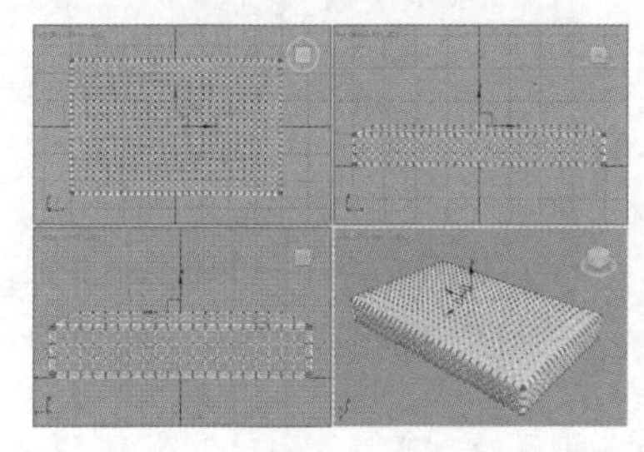

图 8-77　　图 8-78

步骤 05 在透视图中沿Z轴向上移动选中的顶点，可以看到这些顶点过渡得很柔和，如图8-79所示。

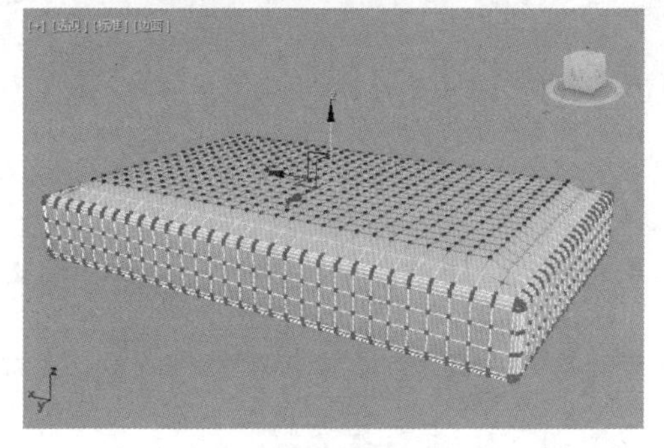

图 8-79

步骤 06 再次单击取消勾选【使用软选择】选项，取消【顶点】级别。最终模型如图8-80所示。

图 8-80

## 选项解读:【软选择】卷展栏的重点参数速查

- 使用软选择：勾选该选项即可开启软选择操作。如果不需要再使用软选择了，那么可以取消该选项。
- 边距离：勾选该选项时，可以根据边距离显示颜色。
- 影响背面：勾选该选项时，软选择也将影响模型的背面，若取消则不影响背面。
- 衰减：控制软选择的影响范围，数值越大范围越大。
- 收缩：数值越大，红色区域越小，但数值非常大时蓝色范围也将变小。
- 膨胀：数值越大，红色区域越大，在较大的膨胀数值下移动点位置时，可以看到过渡强烈，不柔和。
- 锁定软选择：单击【绘制】选项时，自动会勾选【锁定软选择】，如果需要继续设置【衰减】【收缩】等参数时，需要取消该选项。
- 绘制：单击【绘制】按钮，即可在模型表面拖动鼠标左键绘制选择区域。
- 模糊：单击该按钮，并在模型的区域边缘绘制，即可将顶点的颜色变柔和。
- 复原：类似橡皮擦一样，可以使用该工具将选择区域取消。
- 选择值：数值越小，在绘制时红色越少，影响越弱。
- 笔刷大小：数值越大，在绘制时绘制的半径越大。
- 笔刷强度：数值越小，在绘制时绘制的顶点颜色越偏蓝色，也就是说顶点受到的影响越小。
- 笔刷选项：单击该按钮，可以弹出【绘制选项】，在这里可以设置用于绘制的多种参数。

## 实例：水果盘

扫一扫，看视频

文件路径：Chapter 08 多边形建模→实例：水果盘

本案例将球体转换为可编辑多边形，并使用【软选择】，选择顶点进行移动，出现盘子基本形态。最后添加【平滑】修改器，使模型产生尖锐的转折效果。渲染效果如图8-81所示。

图 8-81

## 操作步骤

步骤 01 在透视图创建1个球体，设置【半径】为8mm，【分段】为12，如图8-82所示。

步骤 02 对模型单击右键，执行【转换为】|【转换为可编辑多边形】命令，如图8-83所示。

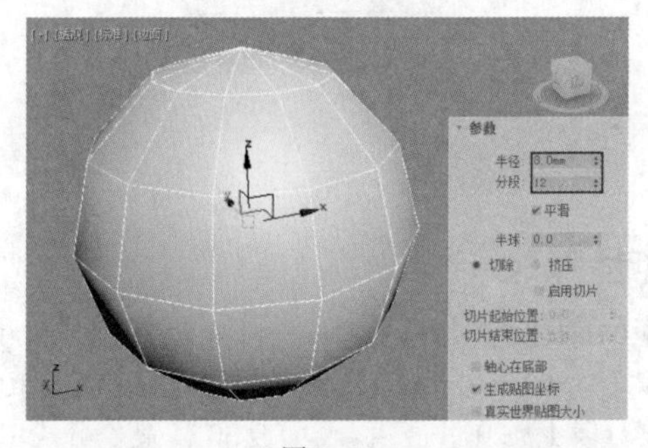



图 8-82

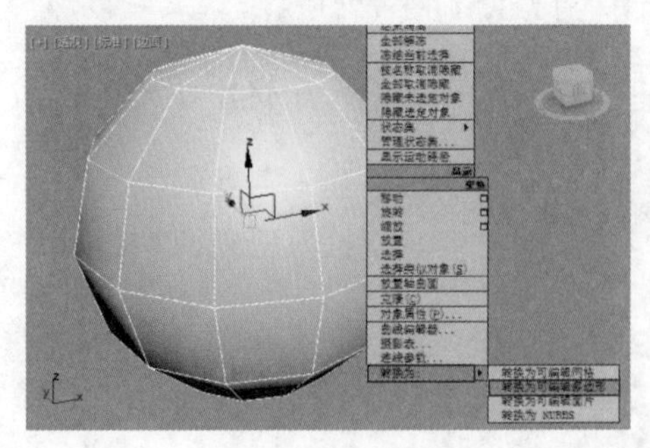

图 8-83

步骤 03 单击【修改】按钮，进入∴(顶点)级别，勾选【软选择】卷展栏下方的【使用软选择】选项，设置【衰减】为20mm，如图8-84所示。在透视图中单击选择顶部的1个顶点，如图8-85所示。

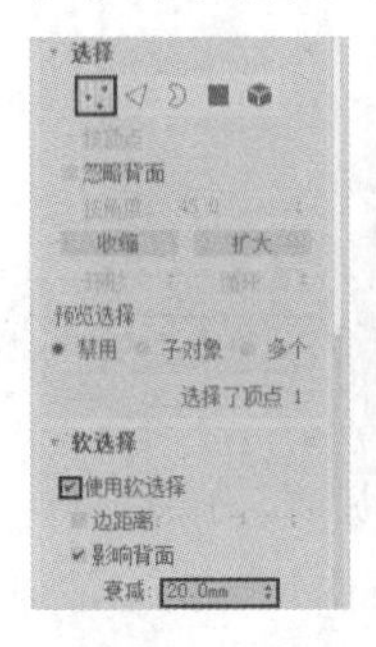

图 8-84

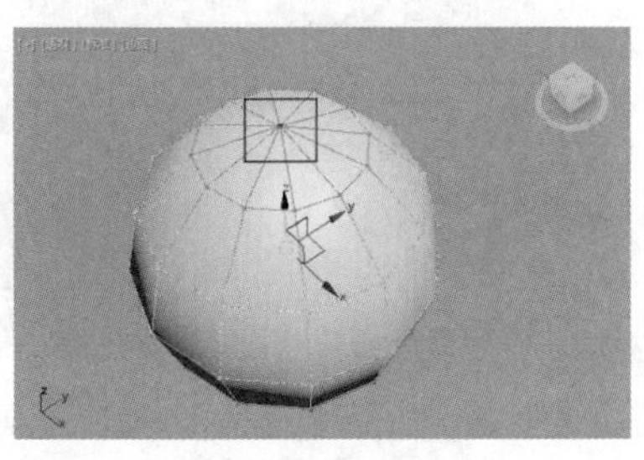

图 8-85

步骤 04 沿Z轴向下方移动，此时出现盘子的形状，如图8-86所示。

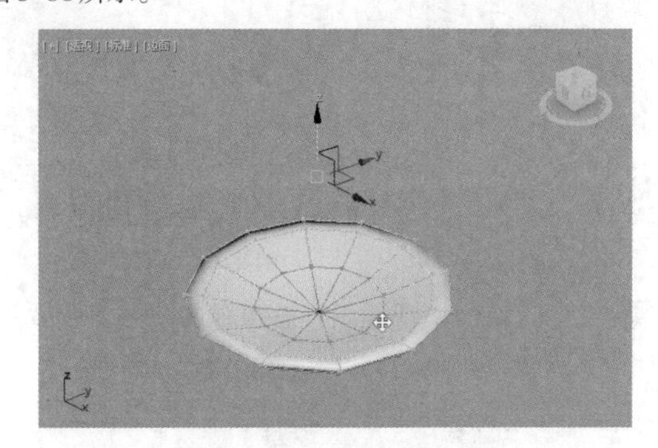

图 8-86

步骤 05 再次单击取消勾选【使用软选择】选项，取消【顶点】级别，如图8-87所示。

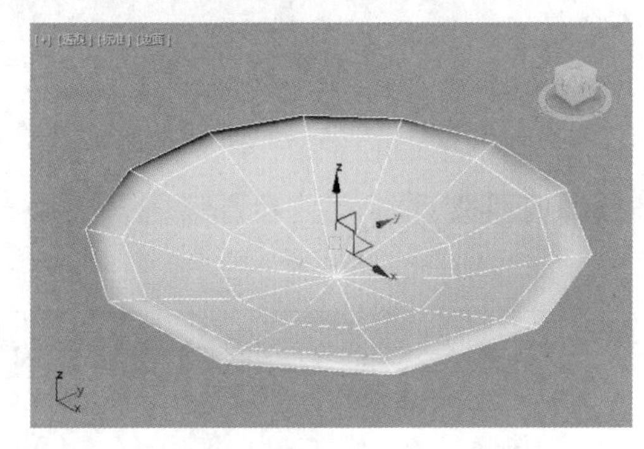

图 8-87

步骤 06 单击【修改】按钮，为盘子模型添加【平滑】修改器，取消勾选【自动平滑】选项，如图8-88所示。

步骤 07 最终模型效果如图8-89所示。

图 8-88

图 8-89

# 8.4 编辑几何体卷展栏

## 实例：使用快速切片制作艺术墙

文件路径：Chapter 08 多边形建模→实例：使用快速切片制作艺术墙

扫一扫，看视频

本案例使用【编辑几何体】中的【快速切片】工具切割出倾斜的线，并使用【挤出】工具，制作完成模型凹陷的质感。渲染效果如图8-90所示。

图 8-90

## 操作步骤

步骤 01 创建1个长方体，设置【长度】为2800mm，【宽度】为5000mm，【高度】为100mm，如图8-91所示。

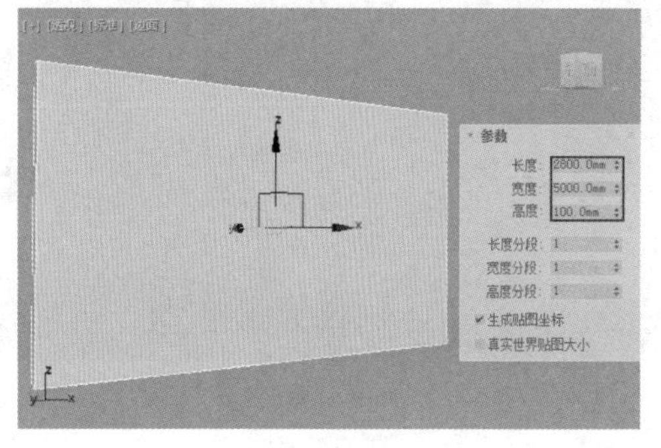

图 8-91

步骤 02 对模型单击右键，执行【转换为】|【转换为可编辑多边形】命令，如图8-92所示。

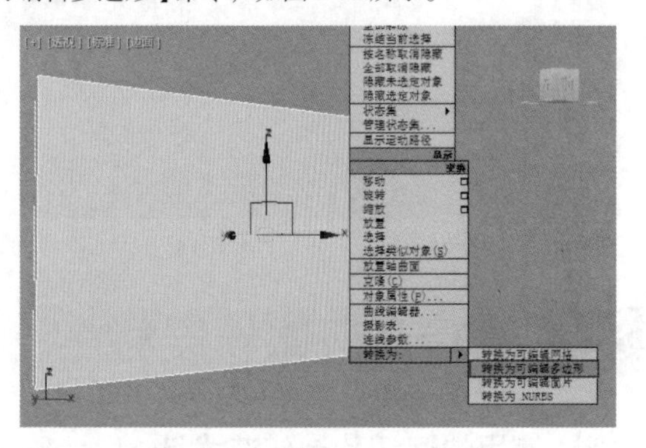


图 8-92

步骤 03 单击【修改】按钮，单击【快速切片】按钮，如图8-93所示。

步骤 04 在前视图中单击鼠标左键拖动鼠标位置，再次单击创建出一条循环的线，如图8-94所示。

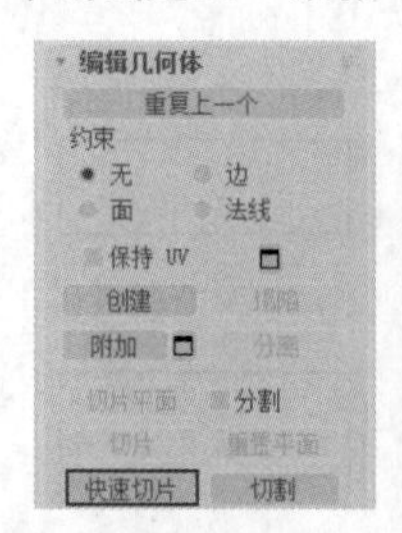


图 8-93

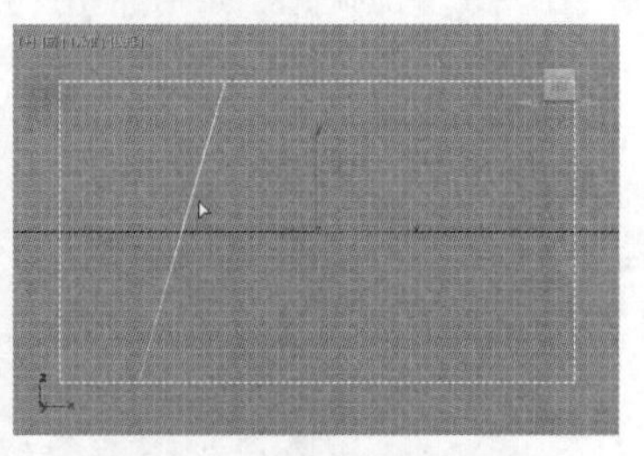

图 8-94

步骤 05 用同样的方法在透视图中使用该工具创建出多条循环的线，如图8-95所示。

步骤 06 单击进入 ◁（边）级别，选择如图8-96所示模型正面的几条边。

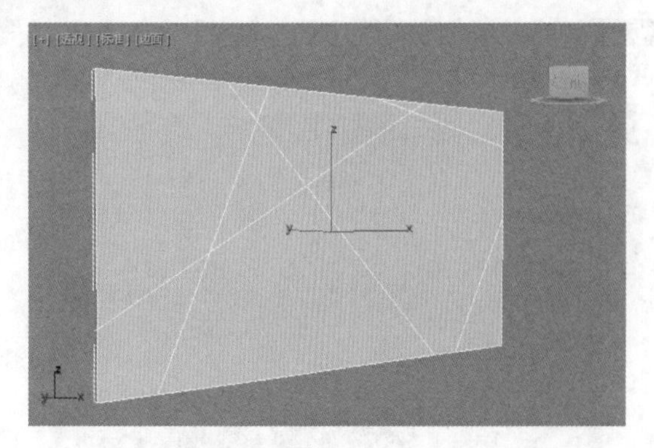

图 8-95

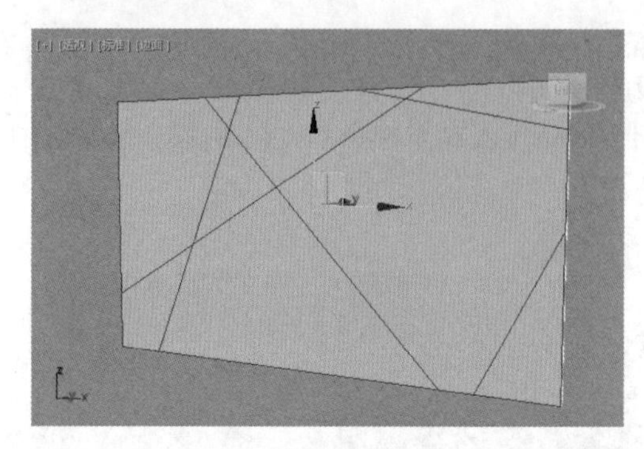

图 8-96

步骤 07 单击【挤出】后方的□按钮，如图8-97所示。

步骤 08 设置【高度】为-20mm，【宽度】为40mm，如图8-98所示。

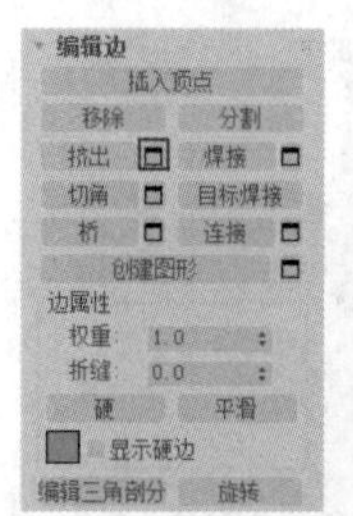


图 8-97

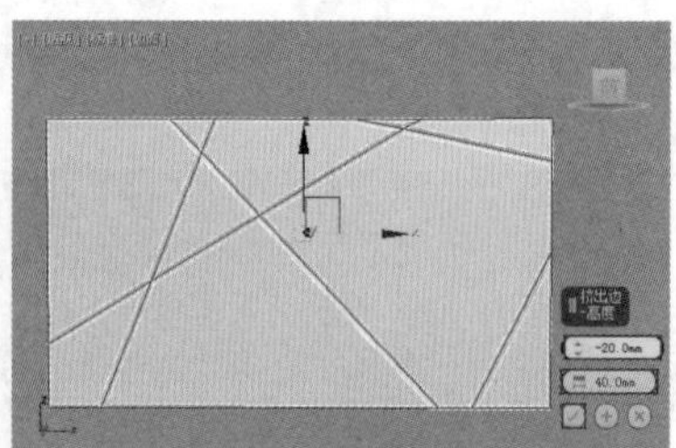

图 8-98

步骤 09 此时墙面出现了设计感很强的凹陷斜线效果，如图8-99所示。

图 8-99

## 选项解读：【编辑几何体】卷展栏的重点参数速查

- 重复上一个：单击该按钮可重复使用上次应用的命令。
- 约束：使用现有的几何体来约束子对象的变换效果，有【无】【边】【面】和【法线】4种方式可供选择。

- 保持UV：启用该选项后，可以在编辑子对象的同时不影响该对象的UV贴图。
- 创建：创建新的几何体。
- 塌陷：这个工具与【焊接】工具很像，但它无须设置【阈值】即可以直接塌陷在一起(需选择5种子对象中的任何一种才可使用)。例如，在选择【顶点】子对象时，选择两个顶点，然后单击【塌陷】按钮，即可变为一个顶点。
- 附加：使用该工具也可以将其他模型被附加在一起，变为一个模型。
- 分离：将选定的子对象作为单独的对象或元素分离出来。
- 切片平面：使用该工具可以沿某一平面分开网格对象。
- 分割：启用该选项后，可通过【快速切片】工具和【切割】工具在划分边的位置处创建出两个顶点集合。
- 切片：可以在切片平面位置处执行切割操作。
- 重置平面：将执行过【切片】的平面恢复到之前的状态。
- 快速切片：使用该工具可以在模型上创建完整一圈的分段。
- 切割：可以在模型上创建出新的边，非常灵活方便。
- 网格平滑：使选定的对象产生平滑效果。
- 细化：增加局部网格的密度，从而方便处理对象的细节，多次执行该工具可以多次细化模型。
- 平面化：强制所有选定的子对象成为共面。
- 视图对齐：使对象中的所有顶点与活动视图所在的平面对齐。
- 栅格对齐：使选定对象中的所有顶点与活动视图所在的平面对齐。
- 松弛：使当前选定的对象产生松弛平缓现象。
- 隐藏选定对象：隐藏所选定的子对象。
- 全部取消隐藏：将所有的隐藏对象还原为可见对象。
- 隐藏未选定对象：隐藏未选定的任何子对象。
- 命名选择：用于复制和粘贴子对象的命名选择集。
- 删除孤立顶点：启用该选项后，选择连续子对象时会删除孤立顶点。
- 完全交互：启用该选项后，如果更改数值，将直接在视图中显示最终的结果。

## 8.5 细分曲面卷展栏

【细分曲面】卷展栏可以将细分应用于采用网格平滑格式的对象，以便对分辨率较低的"框架"网格进行操作，同时查看更为平滑的细分结果。参数面板如图8-100所示。

### 选项解读：【细分曲面】卷展栏的重点参数速查

- 平滑结果：对所有的多边形应用相同的平滑组。
- 使用NURMS细分：通过NURMS方法应用平滑效果。
- 等值线显示：启用该选项后，只显示等值线。
- 显示框架：在修改或细分之前，切换可编辑多边形对象的两种颜色线框的显示方式。
- 显示：包含【迭代次数】和【平滑度】两个选项。
  - 迭代次数：用于控制平滑多边形对象时所用的迭代次数。
  - 平滑度：用于控制多边形的平滑程度。
- 渲染：用于控制渲染时的迭代次数与平滑度。
- 分隔方式：包括【平滑组】与【材质】两个选项。
- 更新选项：设置手动或渲染时的更新选项。

## 8.6 细分置换卷展栏

【细分置换】卷展栏用于细分可编辑多边形对象的曲面近似设置。参数面板如图8-101所示。

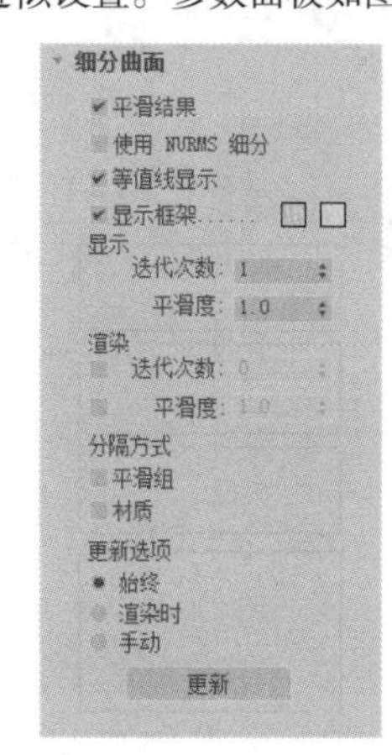

图 8-100

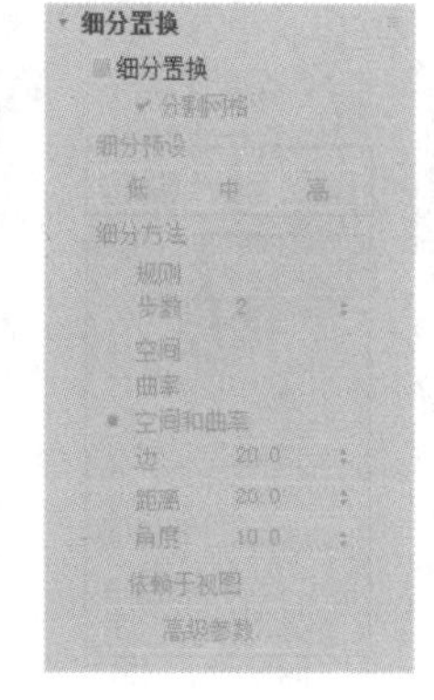

图 8-101

## 8.7 绘制变形卷展栏

### 实例：使用绘制变形工具制作鹅卵石

文件路径：Chapter 08 多边形建模→实例：使用绘制变形工具制作鹅卵石

扫一扫，看视频

本案例应用【绘制变形】卷展栏下的工具将长方体模型变成像鹅卵石一般。渲染效果如图8-102所示。

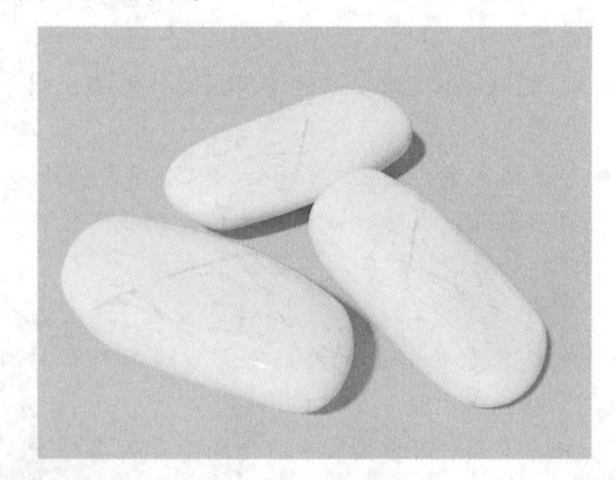

图 8-102

### 操作步骤

步骤 01 创建1个长方体，设置【长度】为100mm，【宽度】为50mm，【高度】为25.5mm，【长度分段】为7，【宽度分段】为4，【高度分段】为2，如图8-103所示。

步骤 02 为该长方体添加【编辑多边形】修改器，在【绘制变形】卷展栏中单击【松弛】按钮，如图8-104所示。

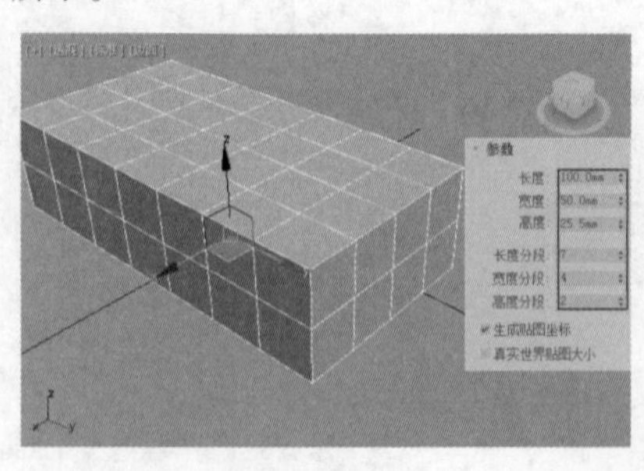


图 8-103

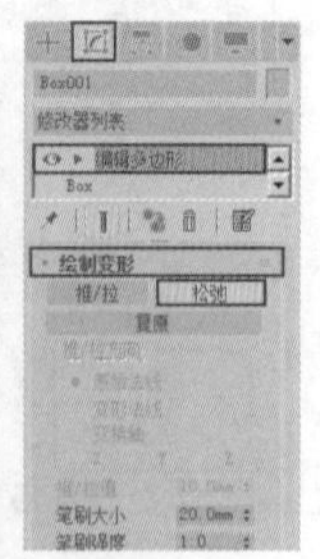


图 8-104

步骤 03 此时在模型表面出现了一个圆形的图形，按住鼠标左键拖动，即可使模型变得更松弛光滑，如图8-105所示。

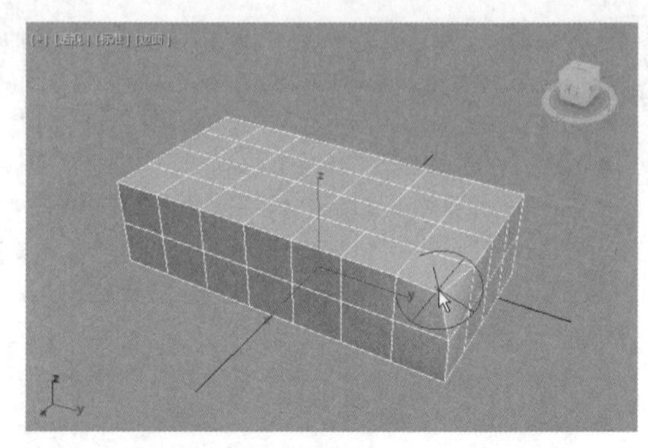

图 8-105

步骤 04 继续多次拖动鼠标左键，将模型一侧变得更光滑，如图8-106所示。

步骤 05 继续将模型的其他位置变得光滑，如图8-107所示。

步骤 06 单击【推/拉】按钮，设置【推/拉值】为3mm，【笔刷大小】为20mm，【笔刷强度】为0.3，如图8-108所示。

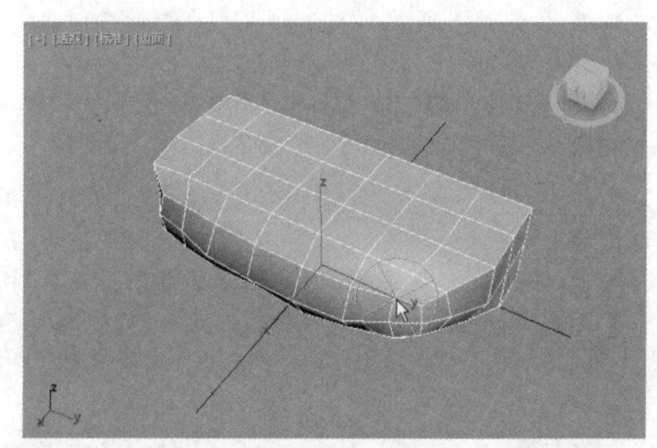

图 8-106

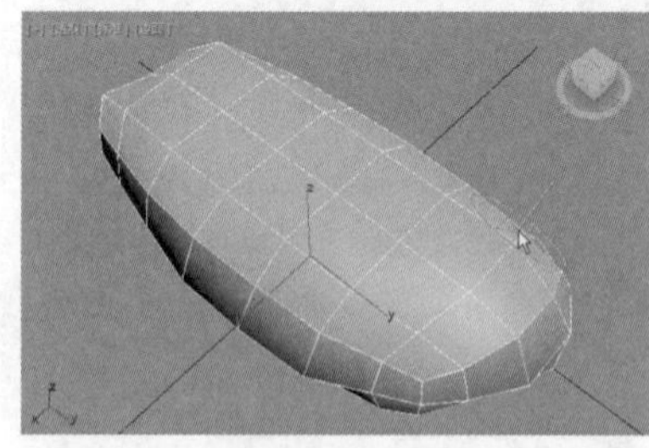

图 8-107

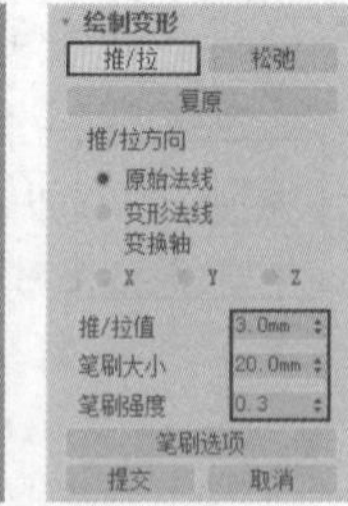


图 8-108

步骤 07 在需要模型产生凸起效果的位置多次拖动鼠标左键即可将该位置变得凸起，如图8-109所示。

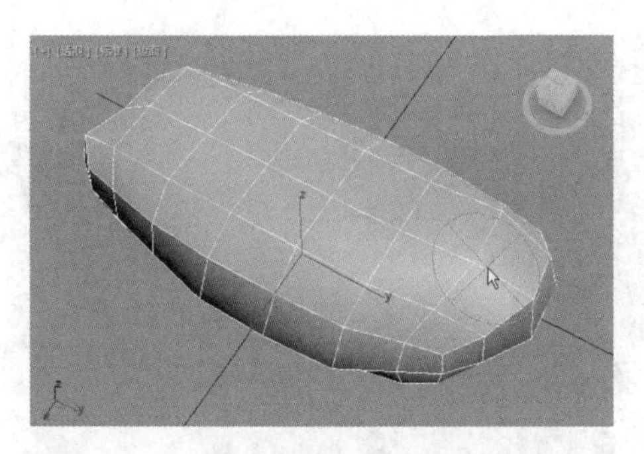

图 8-109

步骤 08 如果需要在某一些位置产生凹陷效果，还可以按住Alt键，然后拖动鼠标左键即可将此处变凹陷，如图8-110所示。

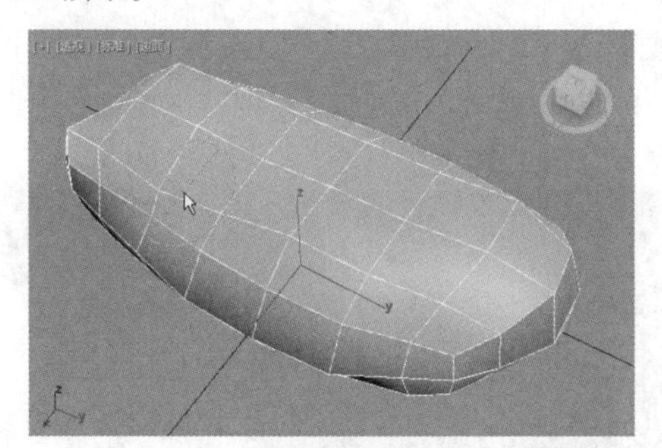

图 8-110

### 选项解读：【绘制变形】卷展栏的重点参数速查

- 推/拉：单击该按钮，即可拖动鼠标左键，在模型上绘制凸起的效果。按住Alt键绘制，则会绘制凹陷的效果。
- 松弛：单击该按钮，拖动鼠标左键，即可让模型更松弛平缓。
- 复原：通过绘制可以逐渐【擦除】或反转【推/拉】或【松弛】的效果。
- 原始法线：选择此项后，对顶点的推或拉会使顶点以它变形之前的法线方向进行移动。
- 变形法线：选择此项后，对顶点的推或拉会使顶点以它现在的法线方向进行移动。
- 变化轴X/Y/Z：选择此项后，对顶点的推或拉会使顶点沿着指定的轴进行移动。
- 推/拉值：确定单个推/拉操作应用的方向和最大范围。
- 笔刷大小：设置圆形笔刷的半径。只有笔刷圆之内的顶点才可以变形。
- 笔刷强度：设置笔刷应用【推/拉值】的速率。
- 笔刷选项：单击此按钮可以打开【绘制选项】对话框，可设置各种笔刷相关的参数。
- 提交：单击该按钮即可完成绘制。
- 取消：单击该按钮即可取消刚才绘制变形的效果。

# 8.8 编辑顶点卷展栏

## 实例：使用断开和焊接工具制作纸箱

文件路径：Chapter 08 多边形建模→实例：使用断开和焊接工具制作纸箱

扫一扫，看视频

本案例使用【编辑顶点】卷展栏下的【断开】工具将模型的顶点由1个变为3个，从而通过移动这些断开的顶点使得纸箱可以“打开”，最后通过【焊接】工具将部分顶点焊接在一起。渲染效果如图8-111所示。

图 8-111

## 操作步骤

步骤 01 创建1个长方体，设置【长度】为500mm，【宽度】为500mm，【高度】为500mm，如图8-112所示。

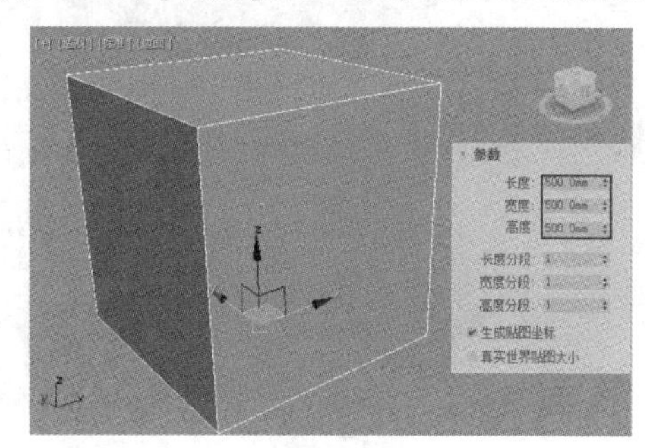


图 8-112

步骤 02 对模型单击右键，执行【转换为】|【转换为可编辑多边形】命令，如图8-113所示。

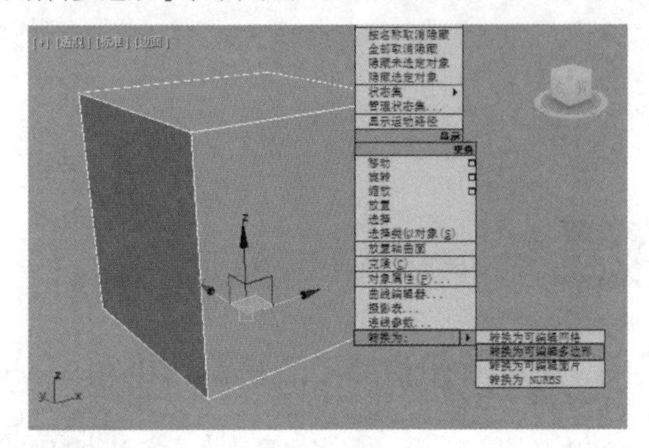

图 8-113

步骤 03 进入 ⁘（顶点）级别，在透视图中选择如图8-114所示的2个顶点。

步骤 04 单击【修改】按钮，展开【编辑顶点】卷展栏，单击【断开】按钮，如图8-115所示。

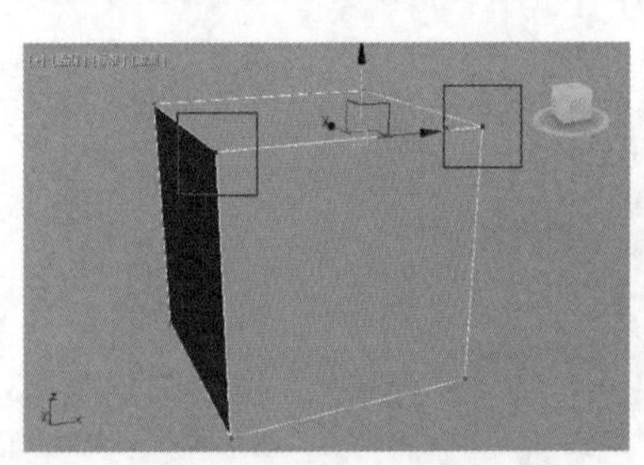

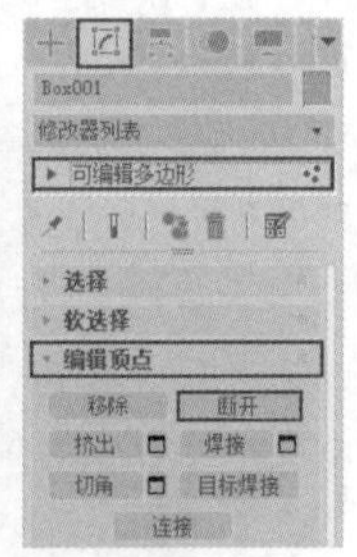

图 8-114　　图 8-115

步骤 05 此时模型从外观来看，好像没发生变化，如图8-116所示。

步骤 06 但是当单击选择刚才的顶点（注意要单击选择，不要框选选择），并移动位置时，会发现之前的1个顶点已经变成了3个顶点，如图8-117所示。

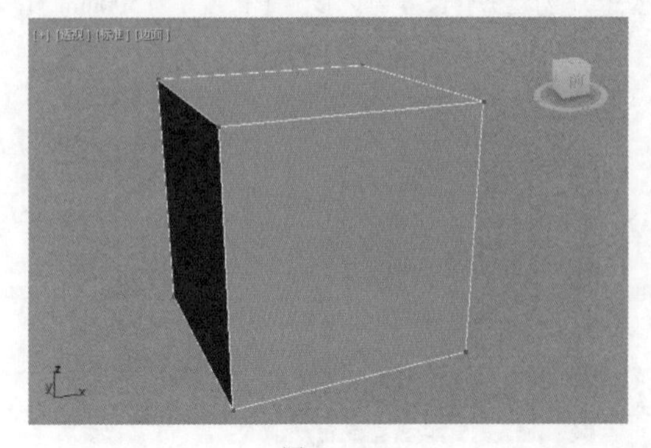

图 8-116

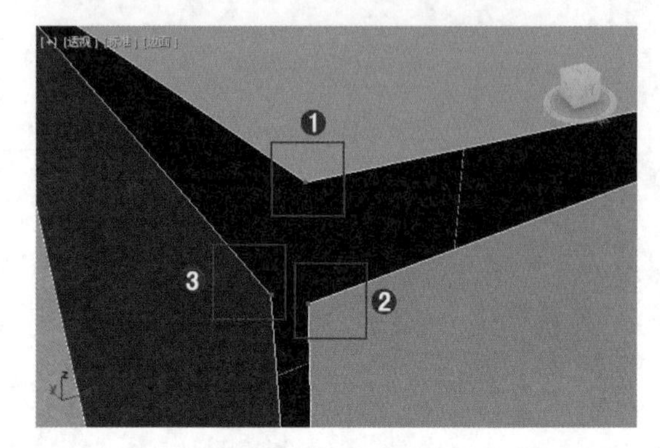

图 8-117

步骤 07 选择2个顶点沿Z轴向上方移动，如图8-118所示。

步骤 08 选择2个顶点（注意是距离非常近的2个顶点，而不是1个），单击【焊接】后方的□按钮，如图8-119所示。

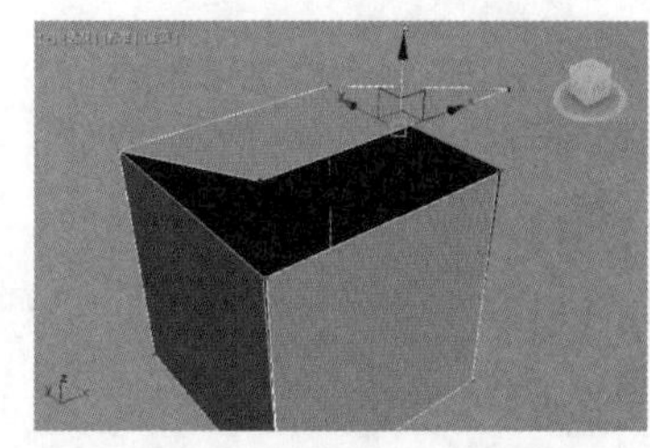

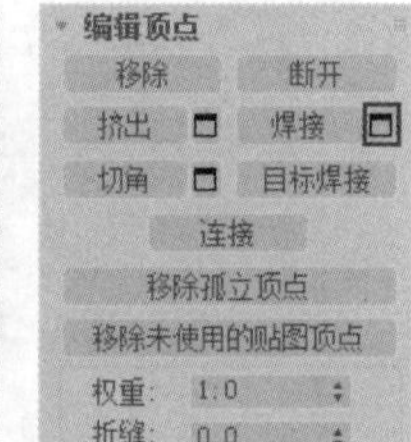


图 8-118　　图 8-119

步骤 09 设置【焊接阈值】为20mm，如图8-120所示。

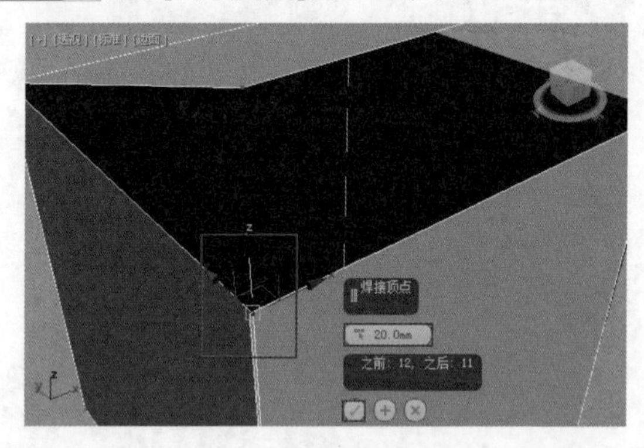

图 8-120

步骤 10 此时刚才的2个顶点被焊接为了1个顶点，用同样的方式选择另外2个顶点，并进行焊接，如图8-121所示。

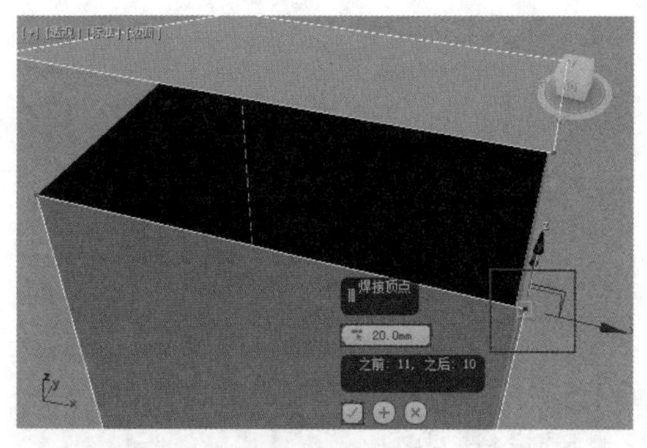

图 8-121

步骤 11 单击【修改】按钮，为其添加【壳】修改器，设置【外部量】为2mm，如图8-122所示。

步骤 12 最终纸箱模型如图8-123所示。

图 8-122

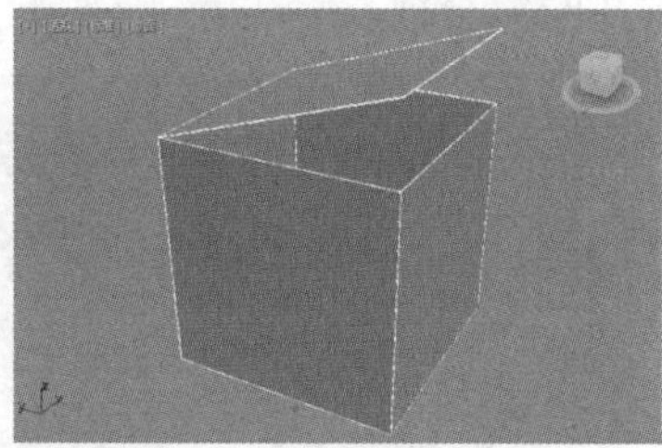
图 8-123

### 选项解读:【编辑顶点】卷展栏的重点参数速查

- 移除：该选项可以将顶点进行移除处理。
- 断开：选择顶点，并单击该选项后可以将顶点断开，变为多个顶点。
- 挤出：使用该工具可以将顶点往后向内进行挤出，使其产生锥形的效果。
- 焊接：两个或多个顶点在一定的距离范围内，可以使用该选项进行焊接，焊接为一个顶点。
- 切角：使用该选项可以将顶点切角为三角形的面效果。
- 目标焊接：选择一个顶点后，使用该工具可以将其焊接到相邻的目标顶点。
- 连接：在选中的对角顶点之间创建新的边。
- 移除孤立顶点：删除不属于任何多边形的所有顶点。
- 移除未使用的贴图顶点：该选项可以将未使用的顶点进行自动删除。
- 权重：设置选定顶点的权重，供NURMS细分选项和“网格平滑”修改器使用。
- 折缝：指定对选定顶点或顶点执行的折缝操作量，供NURMS细分选项和“网格平滑”修改器使用。

# 8.9 编辑边卷展栏

## 实例：餐具收纳盒

扫一扫，看视频

文件路径:Chapter 08 多边形建模→实例: 餐具收纳盒

本案例使用【编辑边】卷展栏中的【连接】工具，为模型增加更多分段数量，并通过使用【挤出】工具挤出多边形。渲染效果如图8-124所示。

图 8-124

## 操作步骤

步骤 01 在透视图中创建一个长方体，设置【长度】为300mm，【宽 度】为200mm，【高 度】为5mm， 如图8-125所示。

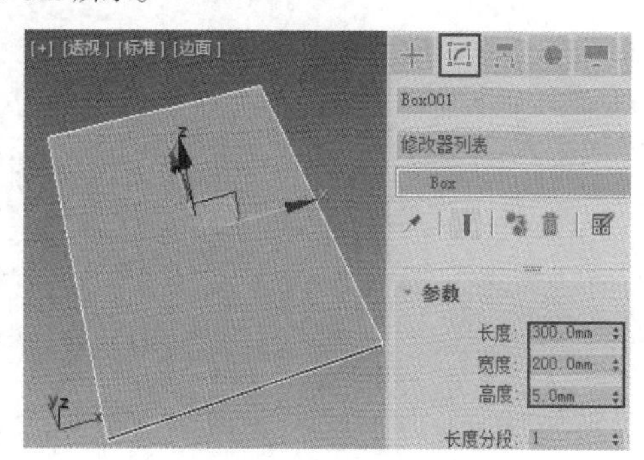

图 8-125

步骤 02 为该模型加载【编辑多边形】修改器，并进入【边】级别，选择左右两侧的4条边，如图8-126所示。单击【连接】后方的按钮，设置【分段】为2，【收缩】为92，如图8-127所示。

步骤 03 选择两侧的8条边，如图8-128所示。单击【连接】后方的按钮，设置【分段】为2，【收缩】为88，如图8-129所示。

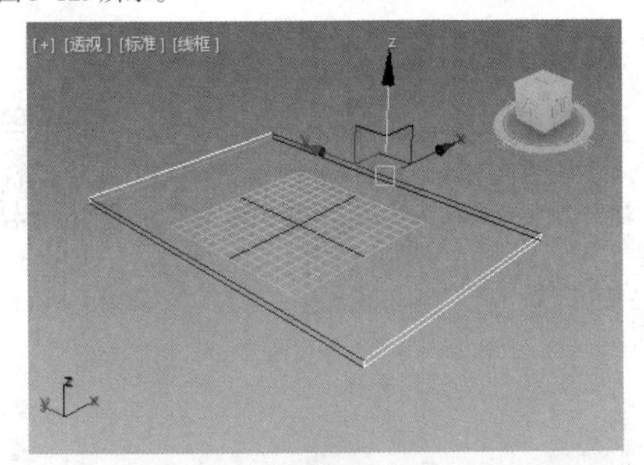


图8-126

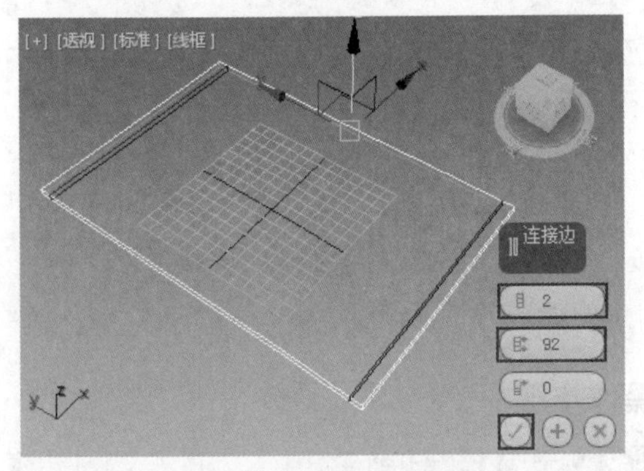


图8-127

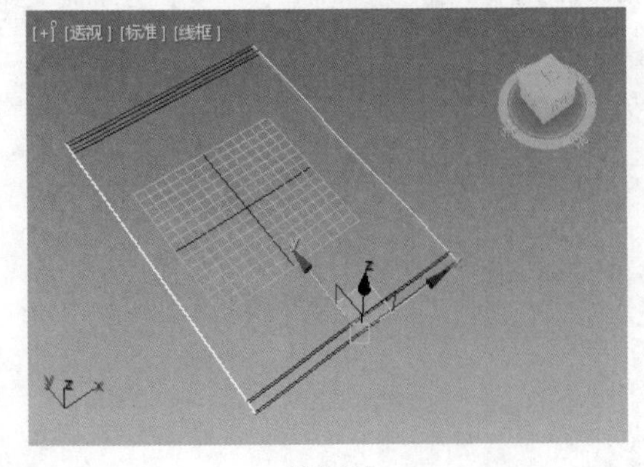


图8-128

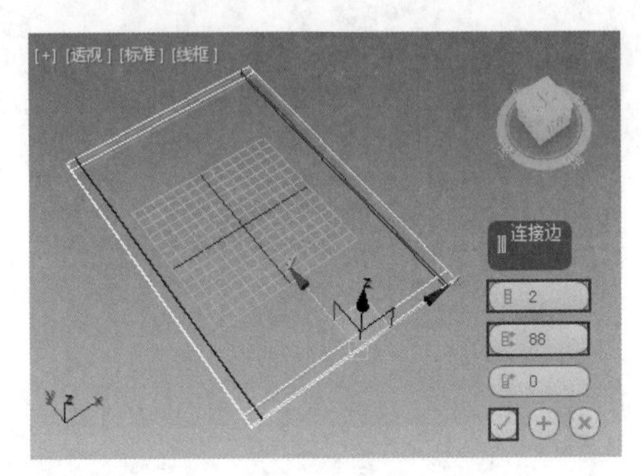


图8-129

步骤 04 进入【多边形】级别，选择模型顶部四周的8个多边形，如图8-130所示。单击【挤出】后方的按钮，设置【高度】为50mm，如图8-131所示。

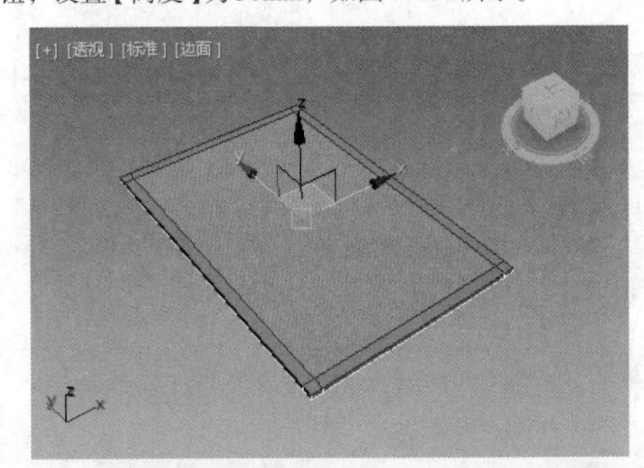


图8-130

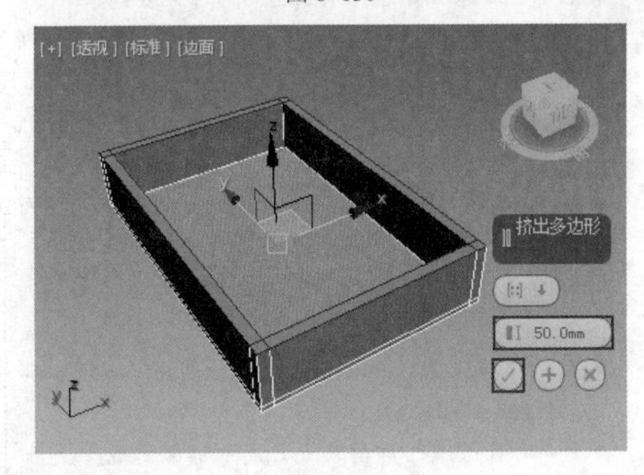


图8-131

步骤 05 选择右侧的4条边，如图8-132所示。单击【连接】后方的按钮，设置【分段】为4，如图8-133所示。

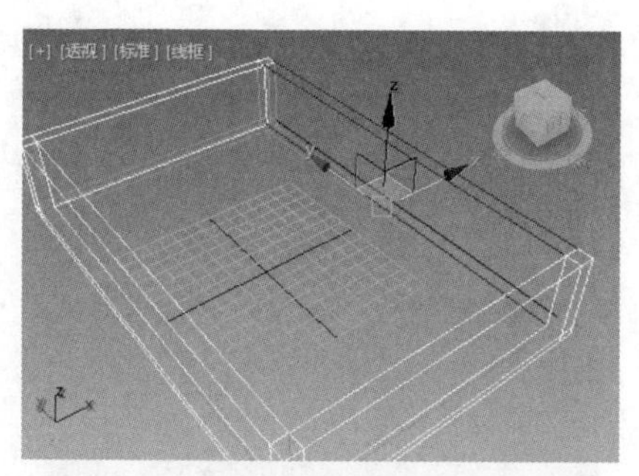


图 8-132

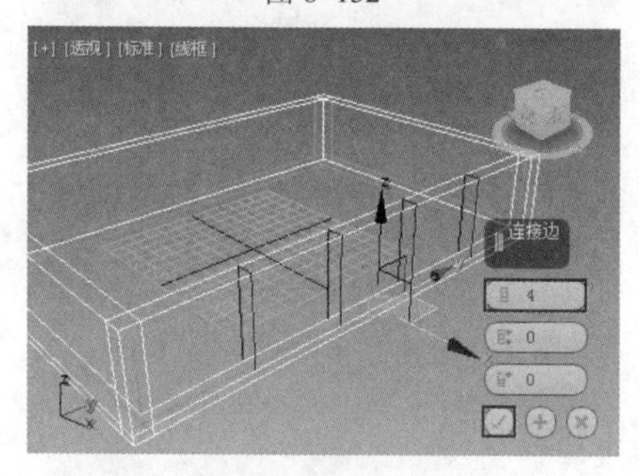


图 8-133

步骤 06 调整边的位置，如图8-134所示。

步骤 07 进入【多边形】■级别，选择1个多边形，如图8-135所示。单击【挤出】后方的□按钮，设置【高度】为180mm，如图8-136所示。

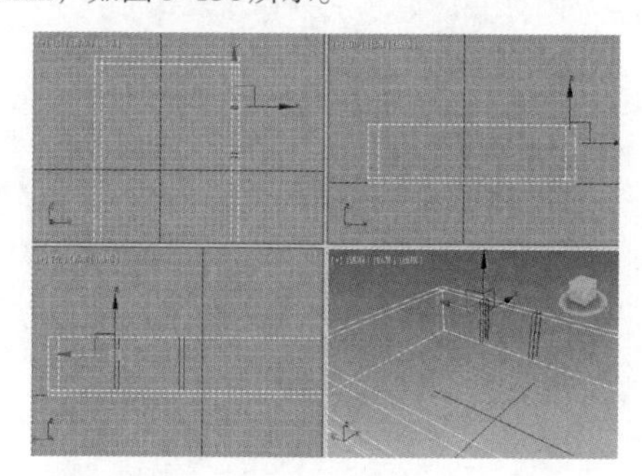

图 8-134

图 8-135

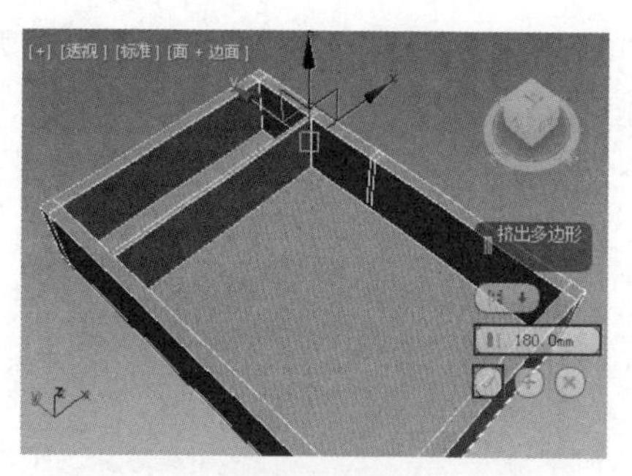


图 8-136

步骤 08 选择另外1个多边形，单击【挤出】后方的□按钮，设置【高度】为135mm，如图8-137所示。

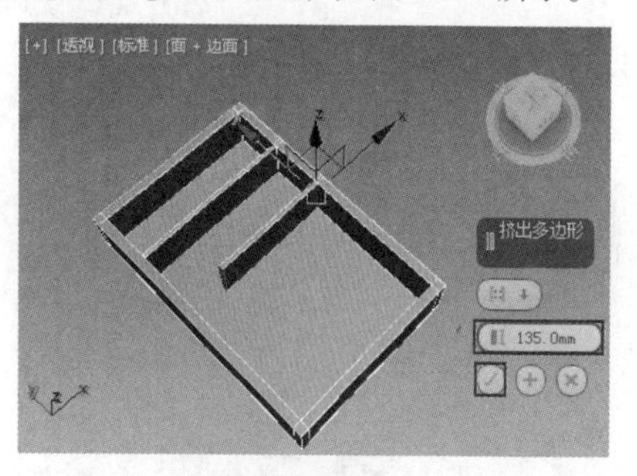


图 8-137

步骤 09 在透视图中选择4条边，如图8-138所示。单击【连接】后方的□按钮，设置【分段】为2，如图8-139所示。

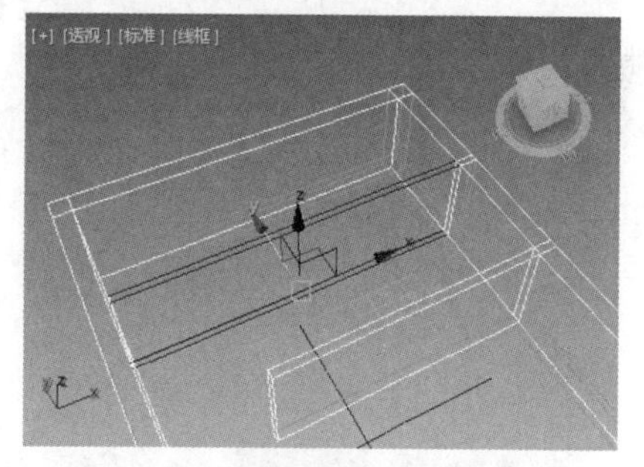


图 8-138

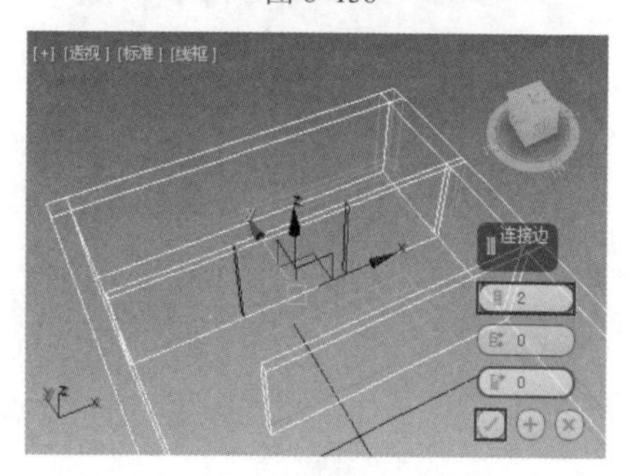


图 8-139

步骤 10 在透视图中调整边的位置，如图8-140所示。

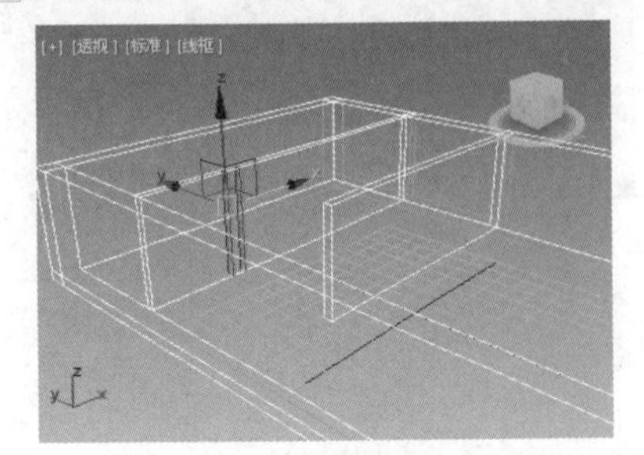


图 8-140

步骤 11 进入【多边形】■级别，选择上一步连接边所形成的多边形，接着单击【挤出】后方的□按钮，设置【高度】为221mm，如图8-141所示。

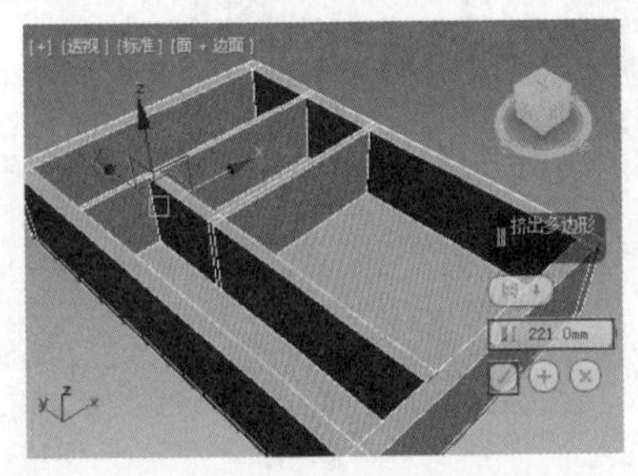


图 8-141

步骤 12 进入【边】级别，在透视图中加选4条边，如图8-142所示。单击【连接】后方的□按钮，设置【分段】为4，如图8-143所示。

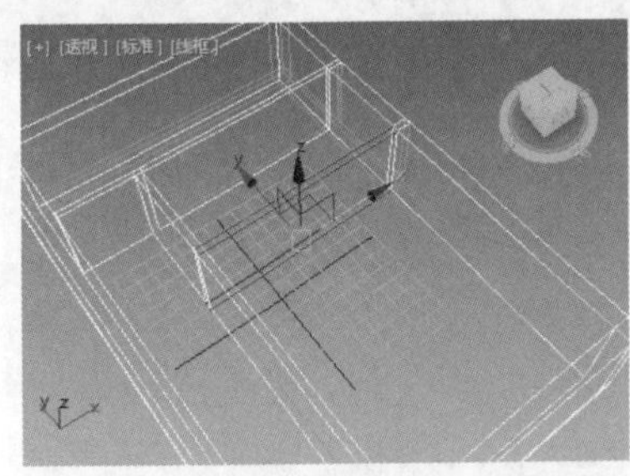


图 8-142

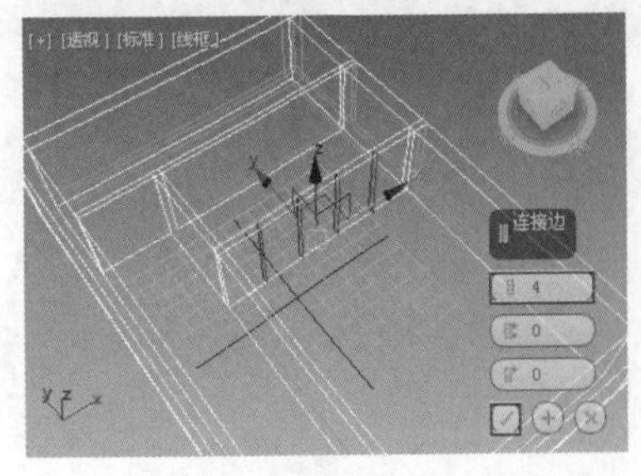


图 8-143

步骤 13 在透视图中调整边的位置，如图8-144所示。

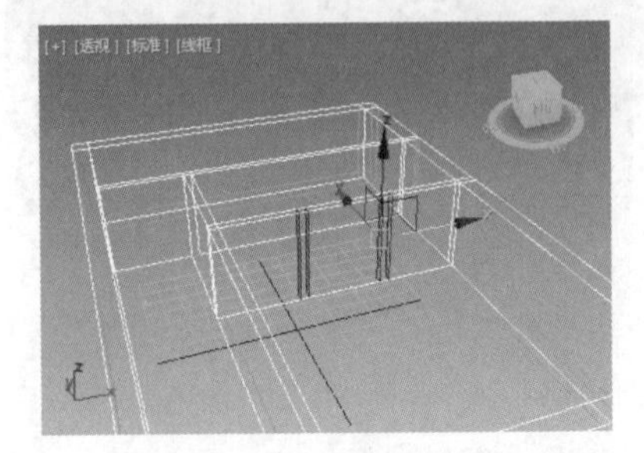


图 8-144

步骤 14 进入【多边形】■级别，在透视图中选择2个多边形，如图8-145所示。

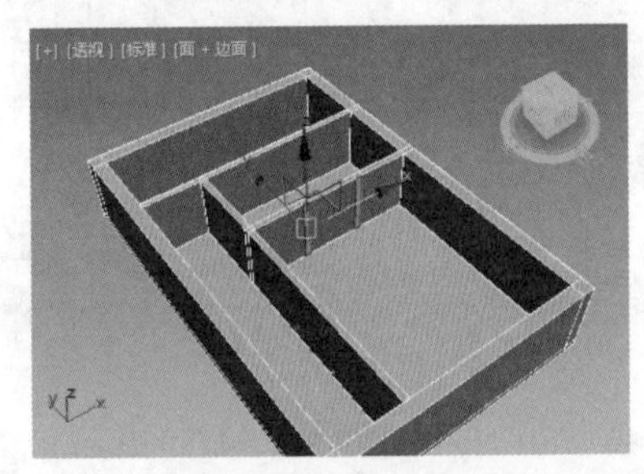


图 8-145

步骤 15 单击【挤出】后方的□按钮，设置【高度】为157mm，如图8-146所示。

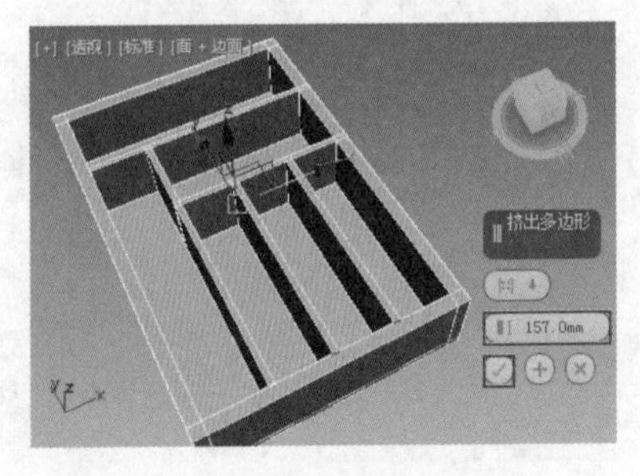


图 8-146

步骤 16 最终模型效果如图8-147所示。

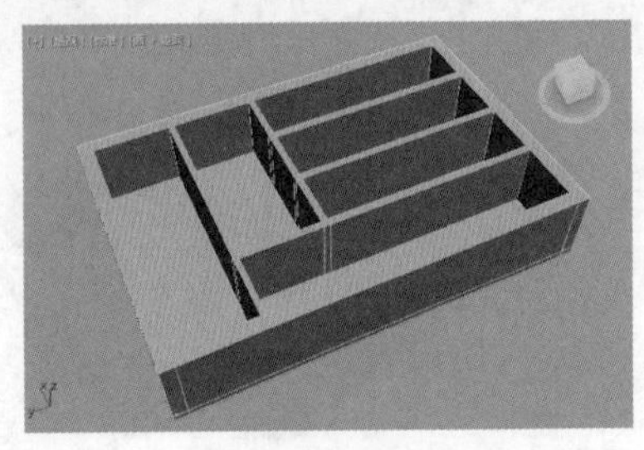

图 8-147

## 提示：还有其他方法可以制作该模型

（1）创建1个长方体，设置【长度】为300mm，【宽度】为200mm，【高度】为55mm，【长度分段】为7，【宽度分段】为9，【高度分段】为1，如图8-148所示。

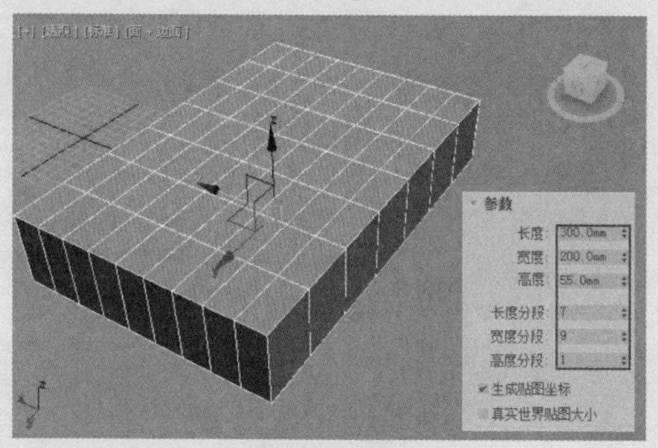


图8-148

（2）对模型单击右键，执行【转换为】|【转换为可编辑多边形】命令，如图8-149所示。

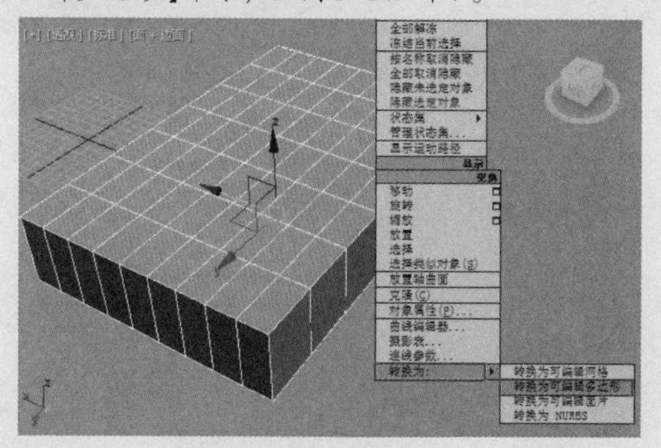


图8-149

（3）进入 ⁘（顶点）级别，在顶视图中选择如图8-150所示的顶点，并调整这些顶点的位置。

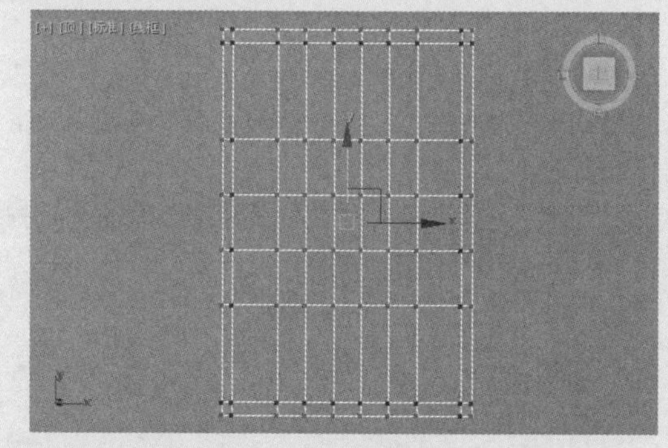

图8-150

（4）继续调整另外一些顶点的位置，如图8-151所示。

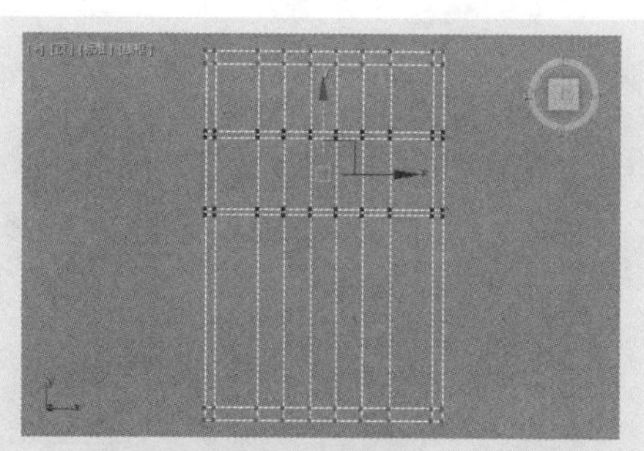

图8-151

（5）再次调整另外一些顶点的位置，如图8-152所示。

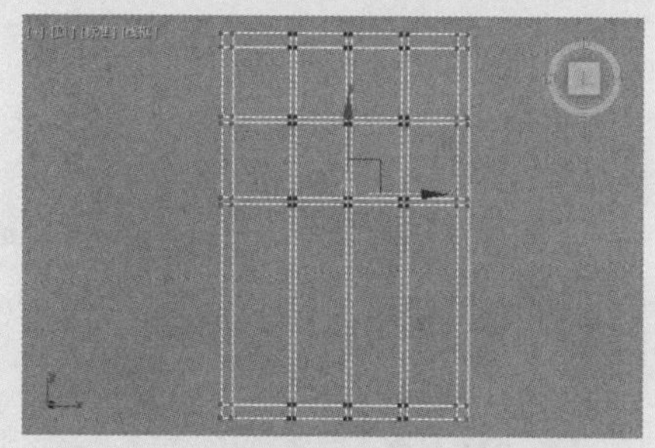

图8-152

（6）调整完成后的模型效果如图8-153所示。

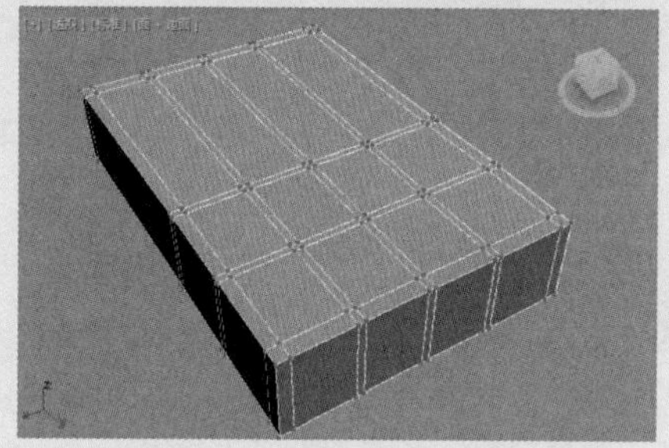

图8-153

（7）进入【多边形】■级别，选择如图8-154所示的18个多边形。

（8）单击【挤出】后方的□按钮，设置【高度】为-50mm，如图8-155所示。

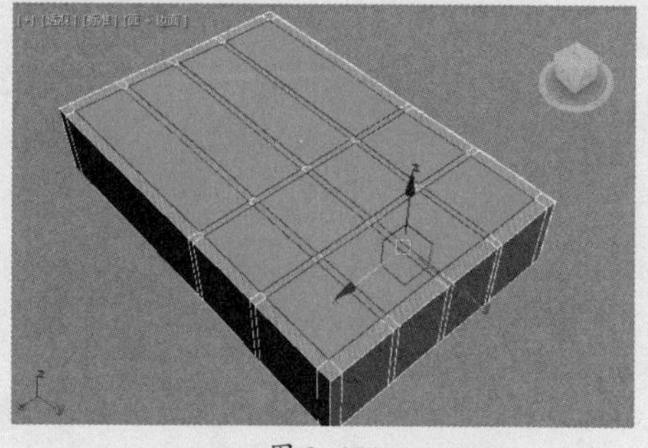

图8-154

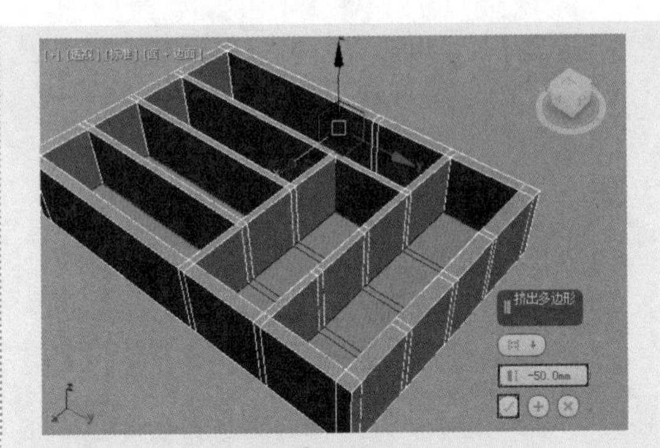


图 8-155

(9)模型效果如图8-156所示。

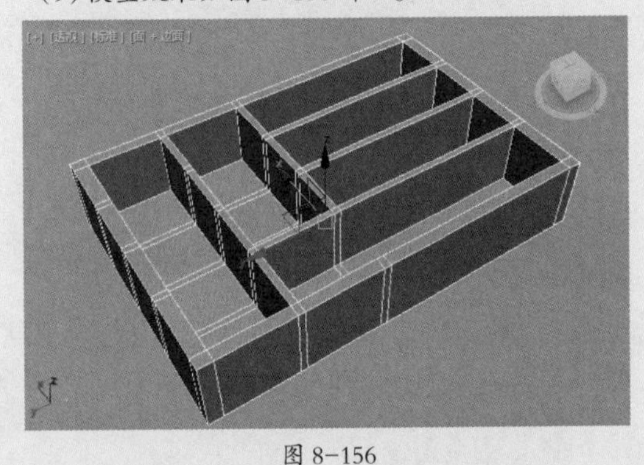

图 8-156

## 提示：为模型增加分段的方法

模型在进行多边形建模时，有时候需要增加一些分段，使其制作更精细。其中有几种常用的工具可以为模型增加分段。

(1)切角

进入边级别，选择几条边，然后单击 切角 后的□按钮，即可产生出平行与被选择边的新分段，如图8-157所示。

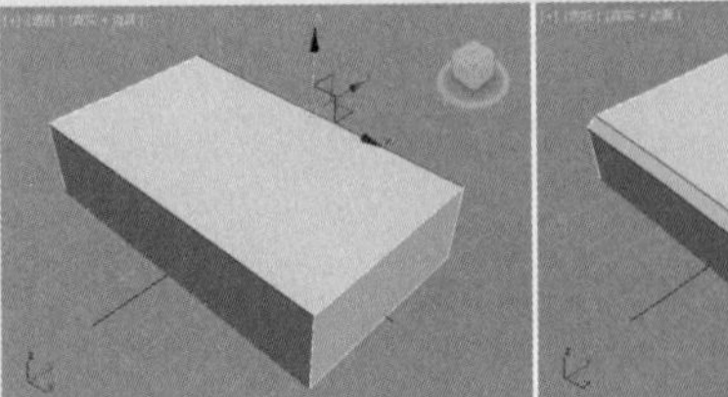
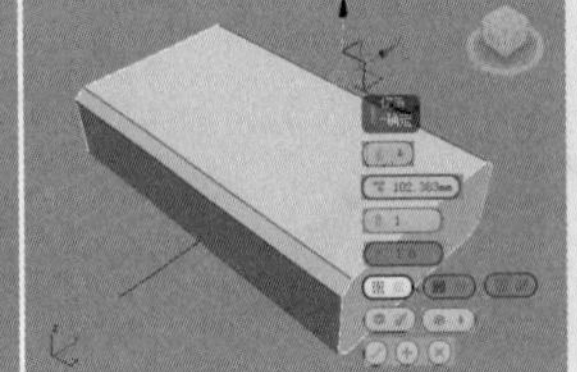

图 8-157

(2)连接

进入边级别，选择几条边，然后单击 连接 后的□按钮，即可产生出垂直于被选择边的新分段，如图8-158所示。

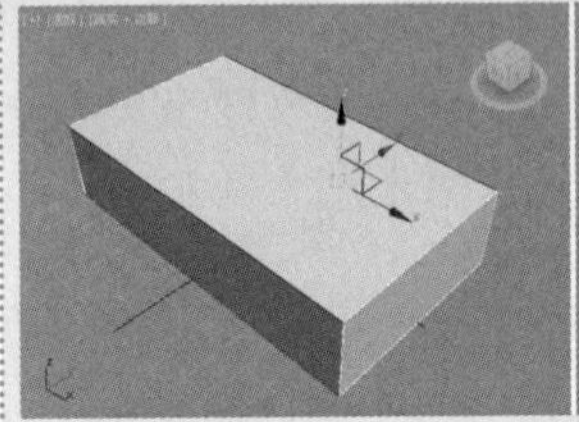
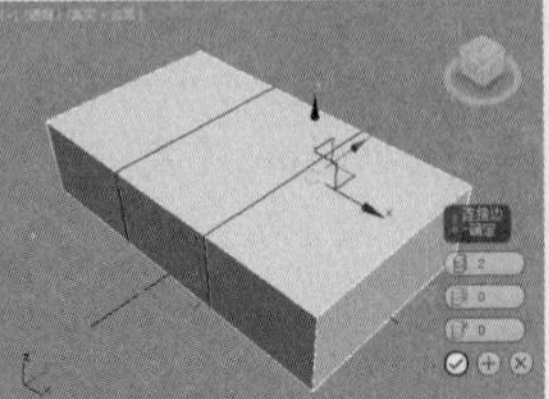

图 8-158

(3)快速切片

进入顶点级别，单击 快速切片 按钮，然后在模型上单击鼠标左键，接着移动鼠标，再次单击鼠标左键，即可添加一条循环的分段，如图8-159所示。

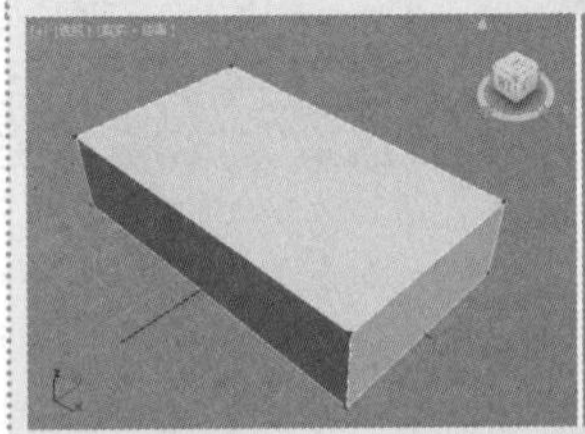
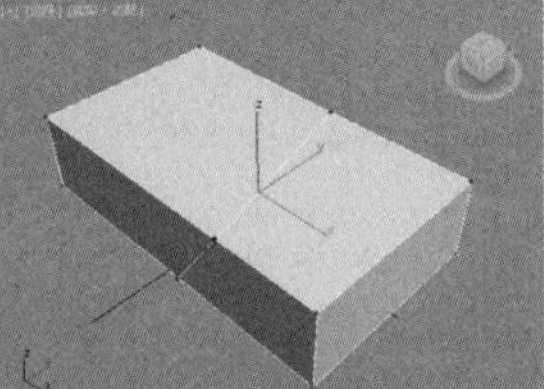

图 8-159

(4)切割

进入顶点级别，单击 切割 按钮，然后在模型上多次单击鼠标左键，即可添加任意形状的分段，如图8-160所示。

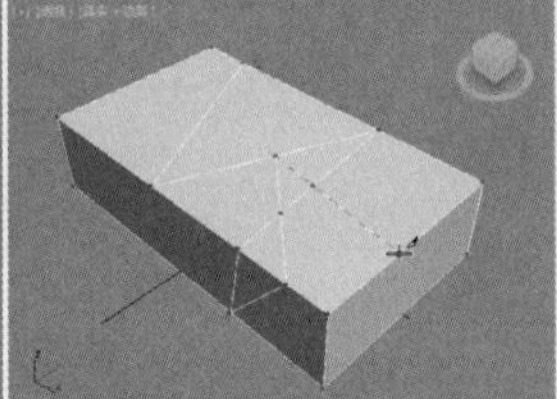

图 8-160

(5)细化

在不选择任何子级别的情况下，单击 细化 后的□按钮，即可快速均匀增加分段，如图8-161所示。

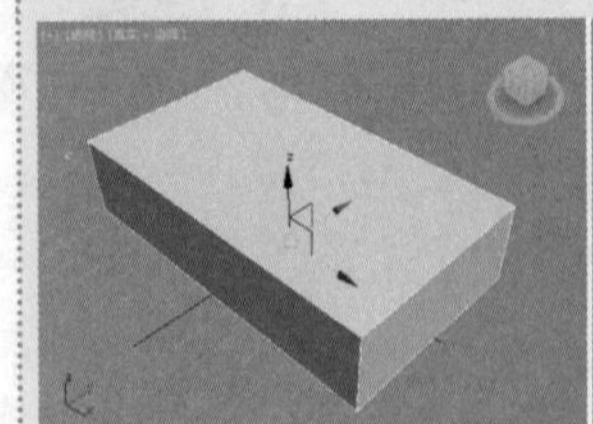

图 8-161

## 选项解读:【编辑边】卷展栏的重点参数速查

- 插入顶点：可以手动在选择的边上任意添加顶点。
- 移除：选择边，单击该按钮可将边移除。
- 分割：沿着选定边分割网格。对网格中心的单条边应用时，不会起任何作用。
- 挤出：直接使用这个工具可以在视图中挤出边。挤出是最常使用的工具，需要熟练掌握。
- 焊接：组合【焊接边】对话框指定的【焊接阈值】范围内的选定边。只能焊接仅附着一个多边形的边，也就是边界上的边。
- 切角：可以将选择的边进行切角处理产生平行的多条边。切角是最常使用的工具，需要熟练掌握。
- 目标焊接：用于选择边并将其焊接到目标边。只能焊接仅附着一个多边形的边，也就是边界上的边。
- 桥：使用该工具可以连接对象的边，但只能连接边界边，也就是只在一侧有多边形的边。
- 连接：可以选择平行的多条边，并使用该工具产生垂直的边。
- 利用所选内容创建图形：可以将选定的边创建为新的样条线图形。
- 权重：设置选定边的权重，供NURMS细分选项和网格平滑修改器使用。

# 8.10 编辑边界卷展栏

## 实例：方形花盆

文件路径：Chapter 08 多边形建模→实例：方形花盆

扫一扫，看视频

本案例选择【边界】，并使用【选择并均匀缩放】工具、【选择并移动】工具，配合按住Shift键拖动，从而制作出模型出现的多边形。最后使用【封口】工具将敞开的【边界】进行闭合。渲染效果如图8-162所示。

图 8-162

### 操作步骤

步骤 01 创建1个长方体，设置【长度】为200mm，【宽度】为200mm，【高度】为200mm，如图8-163所示。并对模型单击右键，执行【转换为】|【转换为可编辑多边形】命令。

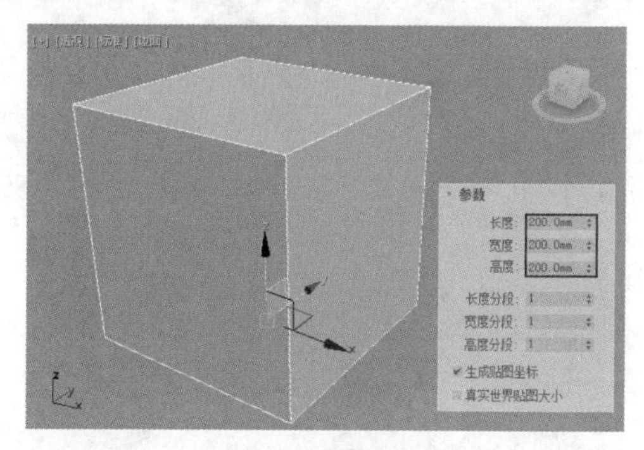


图 8-163

步骤 02 进入【多边形】■级别，选择模型顶部的1个多边形，如图8-164所示。

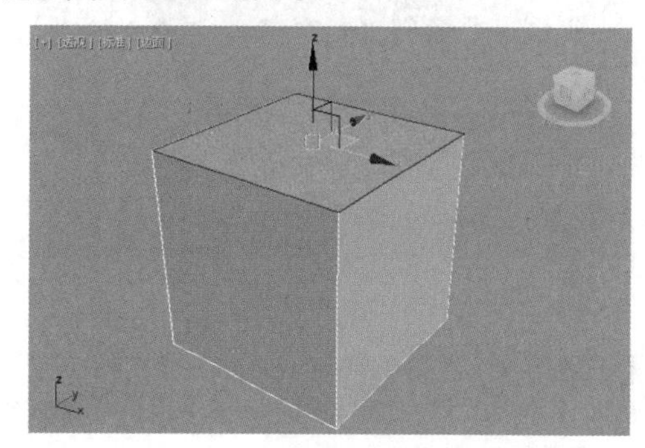

图 8-164

步骤 03 按Delete键将其删除，如图8-165所示。

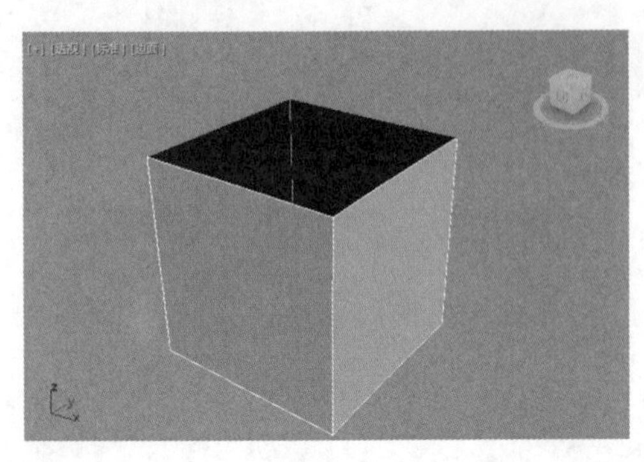

图 8-165

步骤 04 进入 (边界)，单击选择模型顶部的边界，如图8-166所示。

步骤 05 激活 (选择并均匀缩放）工具，按住Shift键，向内拖动收缩使其产生一圈新的多边形，如图8-167所示。

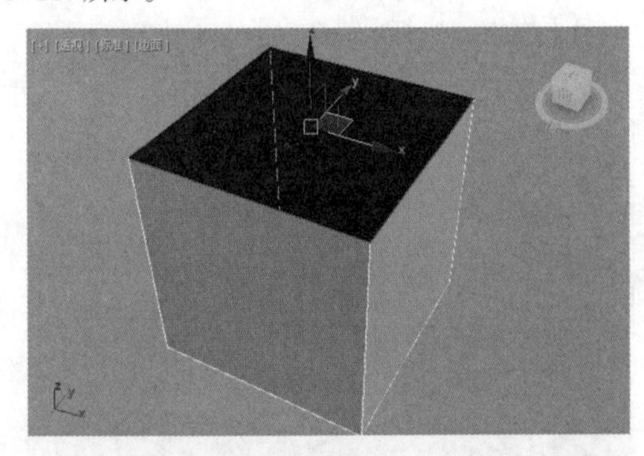

图 8-166

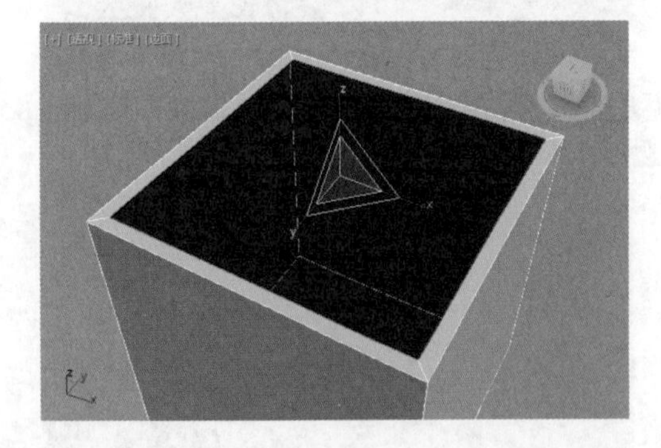

图 8-167

步骤 06 激活 (选择并移动）工具，按住Shift键，沿Z轴向下拖动，使其产生一圈新的多边形，如图8-168所示。

步骤 07 单击【编辑边界】卷展栏下的【封口】按钮，如图8-169所示。

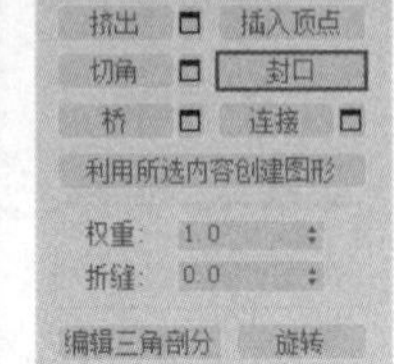


图 8-168　　图 8-169

步骤 08 此时敞开的位置被闭合了，如图8-170所示。最终模型如图8-171所示。

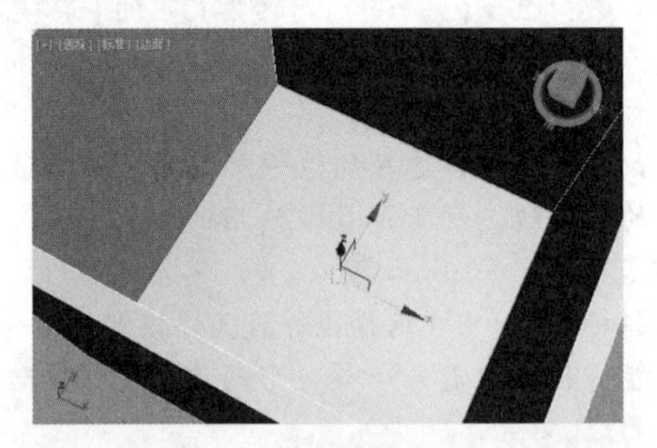

图 8-170

图 8-171

### 选项解读:【编辑边界】卷展栏的重点参数速查

封口：进入【边界】，然后单击选择模型的边界。单击【封口】按钮，即可产生一个新的多边形将其闭合。

## 8.11 编辑多边形卷展栏

### 实例: 实木边几

扫一扫，看视频

文件路径:Chapter 08 多边形建模→ 实例: 实木边几

本案例使用【插入】工具插入两个多边形，使用【桥】工具使得模型变得镂空。渲染效果如图8–172所示。

图 8–172

## 操作步骤

步骤 01 使用【矩形】工具在前视图中创建一个矩形图形，设置【长度】为300mm，【宽度】为720mm，【角半径】为36mm，如图8–173所示。

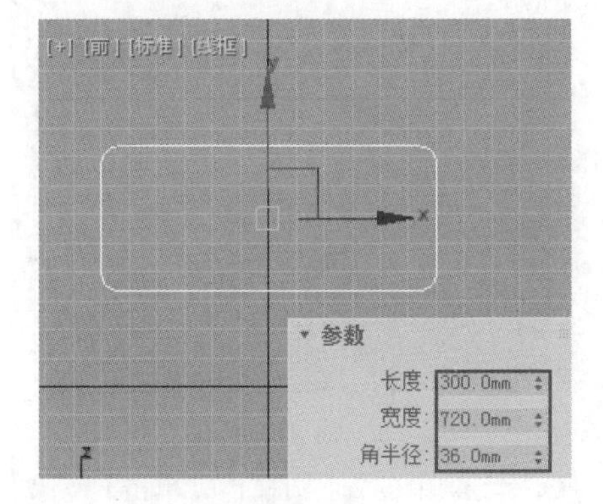


图 8–173

步骤 02 为该模型加载【挤出】修改器，设置【数量】为600mm，如图8–174所示。

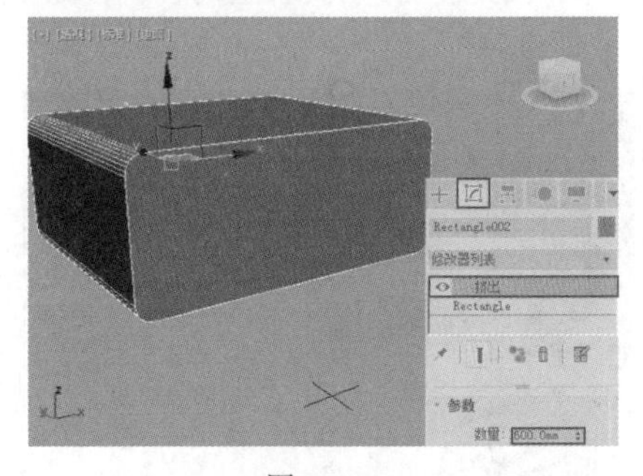

图 8–174

步骤 03 为该模型加载【编辑多边形】修改器，并进入【多边形】■级别，按住Ctrl键加选2个多边形，如图8–175所示。单击【插入】后方的■按钮，设置【数量】为30mm，如图8–176所示。

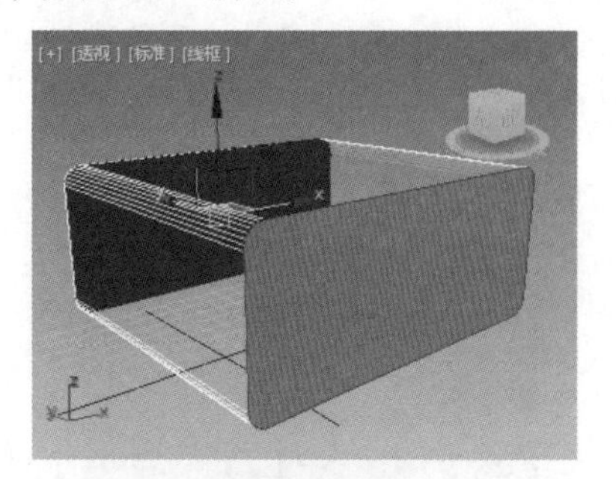


图 8–175

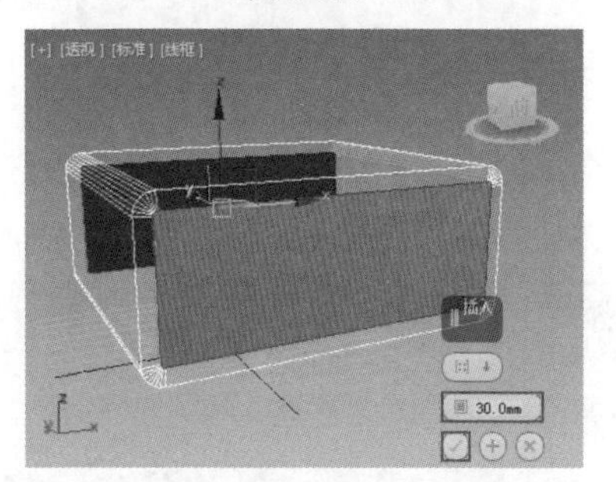


图 8–176

步骤 04 此时单击【桥】按钮，如图8–177所示。

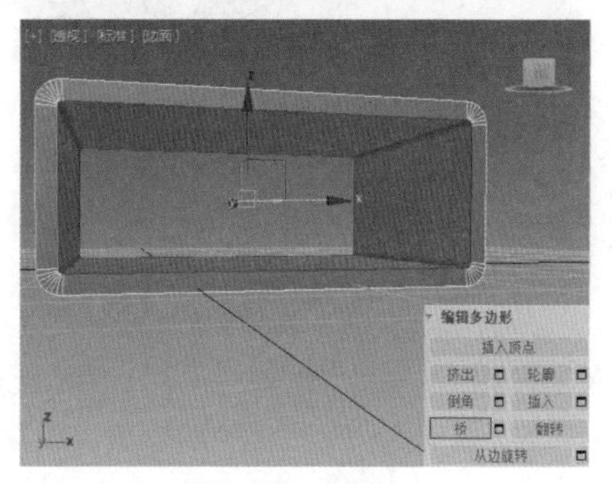


图 8–177

步骤 05 在透视图中创建1个圆柱体，设置【半径】为30mm，【高度】为420mm，如图8–178所示。

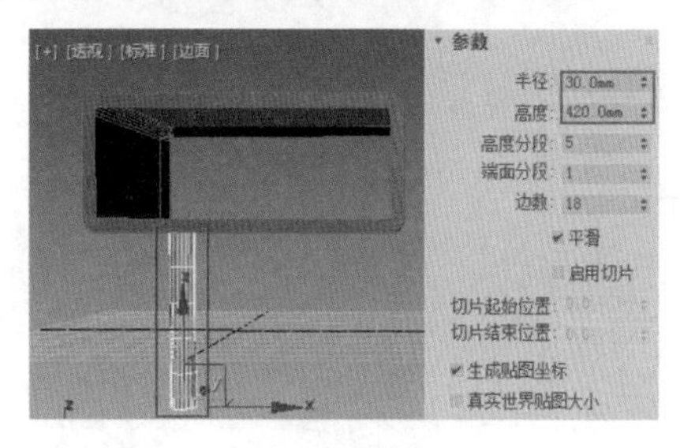


图 8–178

步骤 06 为上一步创建的圆柱体加载【FFD 2×2×2】修改器，并进入【控制点】级别，在透视图中选择最下方的4个控制点。接着单击【选择并均匀缩放】按钮，在透视图中将选中的4个控制点向内均匀缩放，如图8-179所示。

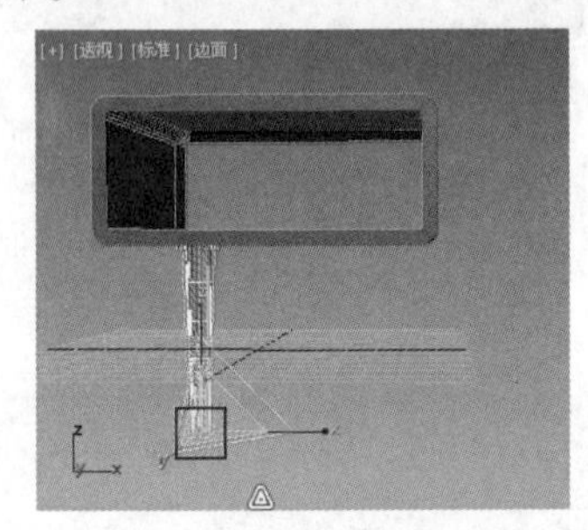

图 8-179

步骤 07 激活【选择并旋转】按钮 和【角度捕捉切换】按钮，在前视图中将圆柱体模型沿Z轴旋转-15°，如图8-180所示。

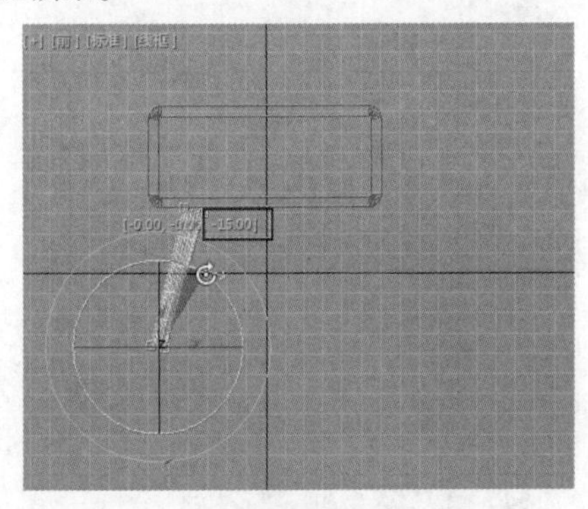

图 8-180

步骤 08 在前视图中选择框选圆柱体右上方的顶点，如图8-181所示。在前视图中将选中的控制点沿着Y轴向上平移，如图8-182所示。

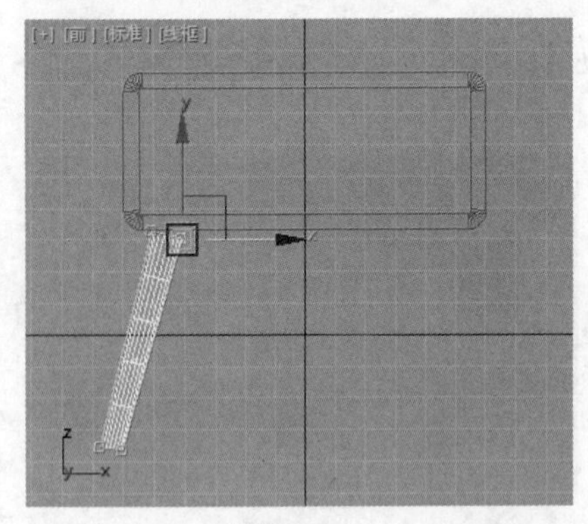

图 8-181

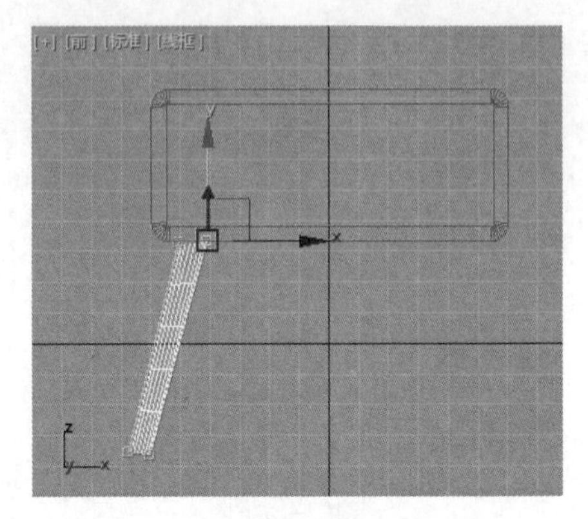

图 8-182

步骤 09 在左视图中选择长方体模型，然后按住Shift键并按住鼠标左键，将其沿着X轴向左平移并复制，在合适的位置释放鼠标，在弹出的【克隆选项】对话框中设置【对象】为【复制】，【副本数】为1，如图8-183所示。

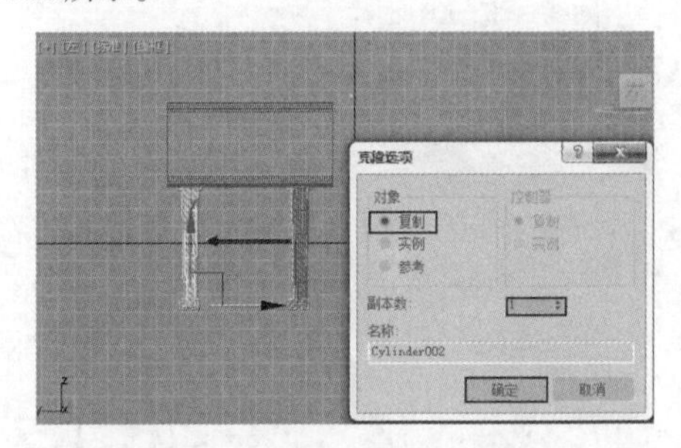


图 8-183

步骤 10 选择场景中的2个圆柱体，单击【镜像】按钮，在弹出的【镜像：世界 坐标】窗口中设置【镜像轴】为X，【克隆当前选择】为【复制】，如图8-184所示。最后将镜像出的模型移动到合适的位置，如图8-185所示。

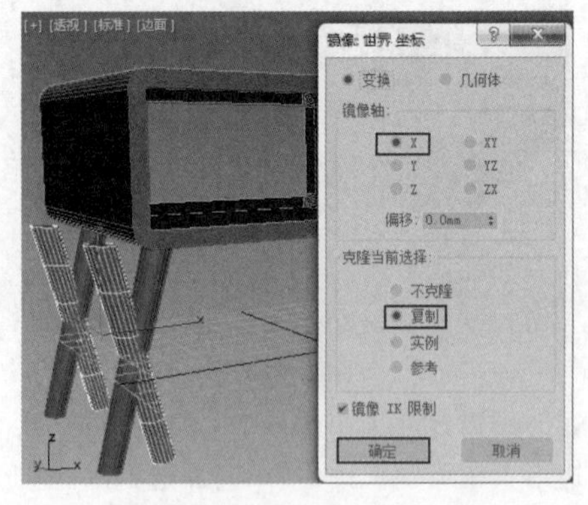


图 8-184

图 8-185

## 选项解读:【编辑多边形】卷展栏的重点参数速查

- 插入顶点:可以手动在选择的多边形上任意添加顶点。
- 挤出:可以将选择的多边形进行挤出效果处理。有组、局部法线、按多边形3种方式,效果各不相同。
- 轮廓:用于增加或减小每组连续的选定多边形的外边。
- 倒角:与挤出比较类似,但是比挤出更为复杂,可以挤出多边形,也可以向内和外缩放多边形。
- 插入:使用该选项可以制作出插入一个新多边形的效果,插入是最常使用的工具,需要熟练掌握。
- 桥:选择模型正反两面相对的两个多边形,并使用该工具可以制作出镂空的效果。
- 翻转:反转选定多边形的法线方向,从而使其面向用户的正面。
- 从边旋转:选择多边形后,使用该工具可以沿着垂直方向拖动任何边,旋转选定多边形。
- 沿样条线挤出:沿样条线挤出当前选定的多边形。
- 编辑三角剖分:通过绘制内边修改多边形细分为三角形的方式。
- 重复三角剖分:在当前选定的一个或多个多边形上执行最佳三角剖分。
- 旋转:使用该工具可以修改多边形细分为三角形的方式。

## 实例:床头柜

文件路径:Chapter 08 多边形建模→实例:床头柜

扫一扫,看视频

本案例为多边形应用【插入】和【挤出】工具制作出床头柜的外轮廓模型,最后制作剩余部分。渲染效果如图8-186所示。

图 8-186

## 操作步骤

步骤 01 在透视图中创建1个长方体,设置【长度】为300mm,【宽度】为560mm,【高度】为700mm,如图8-187所示。

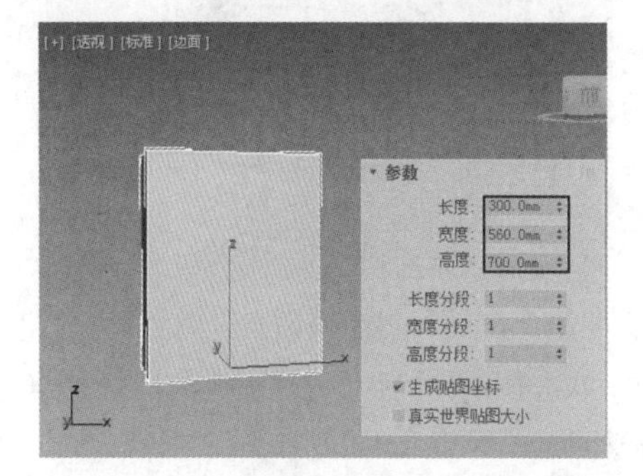


图 8-187

步骤 02 在选中该模型的状态下,单击鼠标右键,执行【转换为】|【转换为可编辑多边形】命令,将其转换为可编辑的多边形,并进入【多边形】■级别,选择如图8-188所示的多边形。

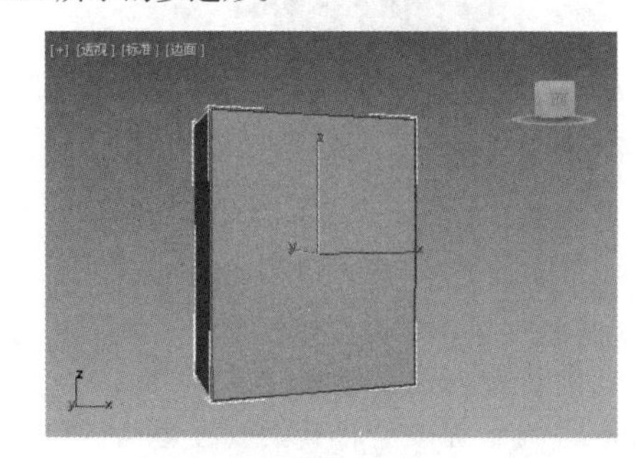

图 8-188

步骤 03 单击【插入】后方的□按钮,设置插入的【数量】为5mm,如图8-189所示。接着单击【倒角】后方的

▣按钮，设置挤出的【高度】为-3mm，【轮廓】为-8mm，如图8-190所示。

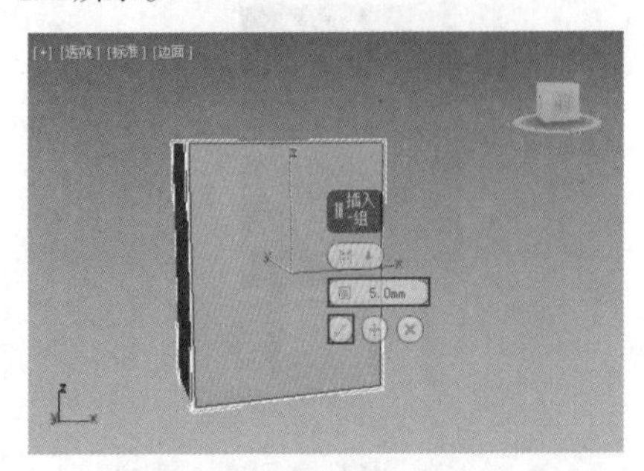


图 8-189

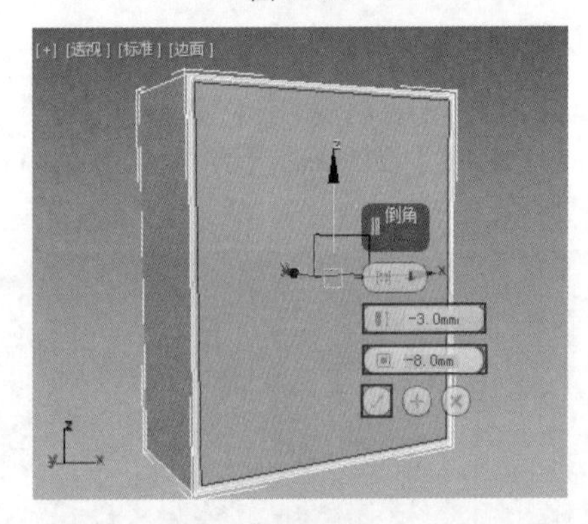


图 8-190

步骤 04 单击【挤出】后方的▣按钮，设置挤出的【高度】为-280mm，如图8-191所示。

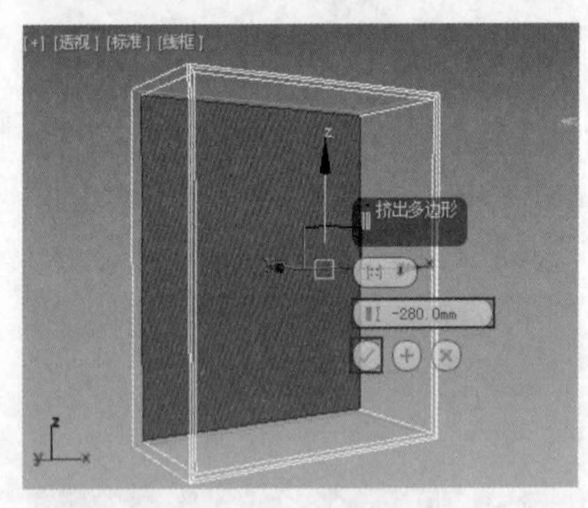


图 8-191

步骤 05 再次创建一个长方体模型，设置该长方体模型的【长度】为278mm，【宽度】为528mm，【高度】为221.4mm。设置完成后将其摆放在适当的位置，如图8-192所示。

步骤 06 选中刚刚创建的长方体模型，按住Shift键并按住鼠标左键，将其沿着Z轴向上平移并复制，移动到合适的位置后释放鼠标，在弹出的【克隆选项】对话框中设置【对象】为【复制】，【副本数】为2，如图8-193所示。此时场景中的效果如图8-194所示。

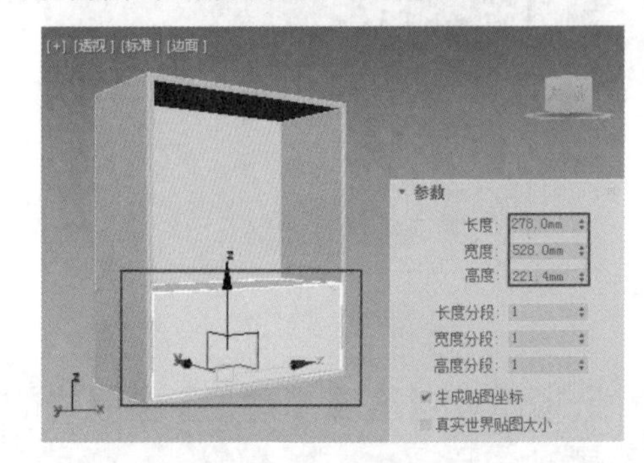


图 8-192

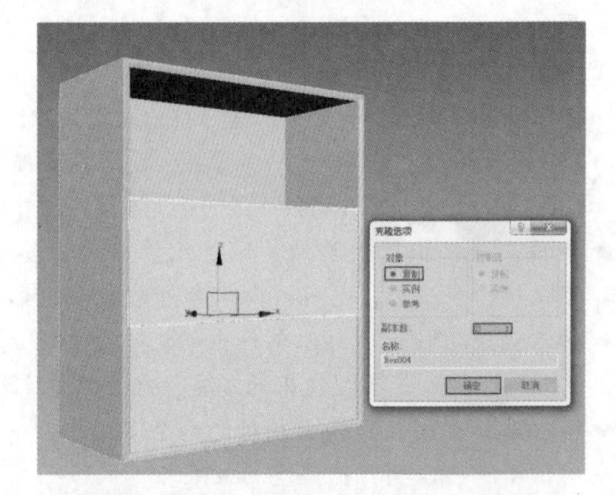


图 8-193

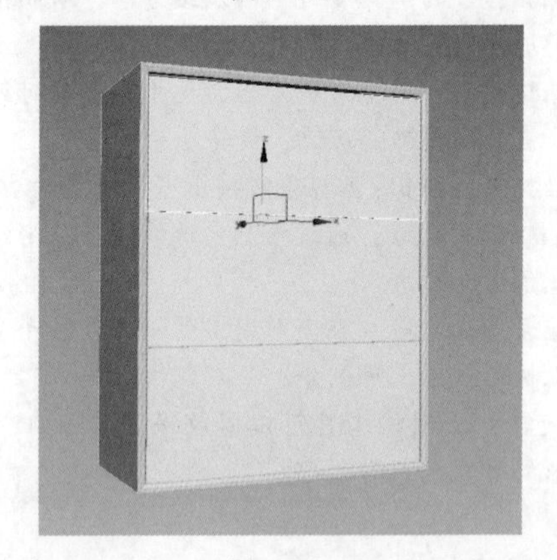

图 8-194

步骤 07 在视图中创建1个圆柱体，设置【半径】为40mm，【高度】为40mm，【边数】为6，如图8-195所示。接着将圆柱体移动到合适的位置，如图8-196所示。

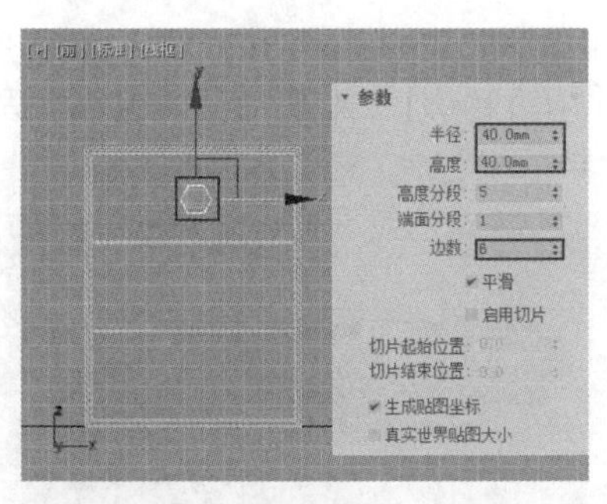


图 8-195

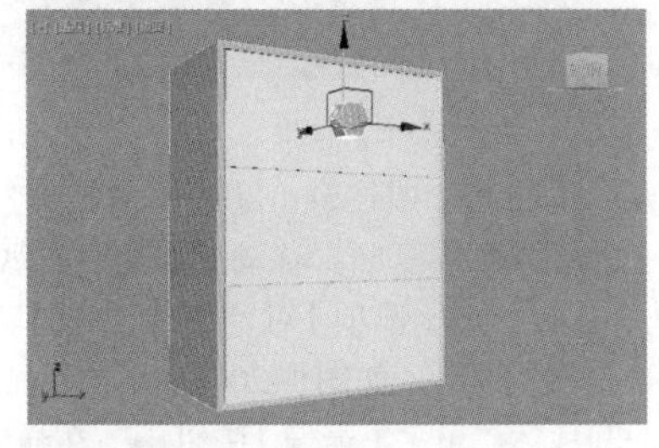

图 8-196

**步骤 08** 选中刚才的圆柱体，按住Shift键并按住鼠标左键，在透视图中将其沿着Z轴向下平移并复制，移动到合适的位置后释放鼠标，在弹出的【克隆选项】对话框中设置【对象】为【复制】,【副本数】为2，如图8-197所示。此时效果如图8-198所示。

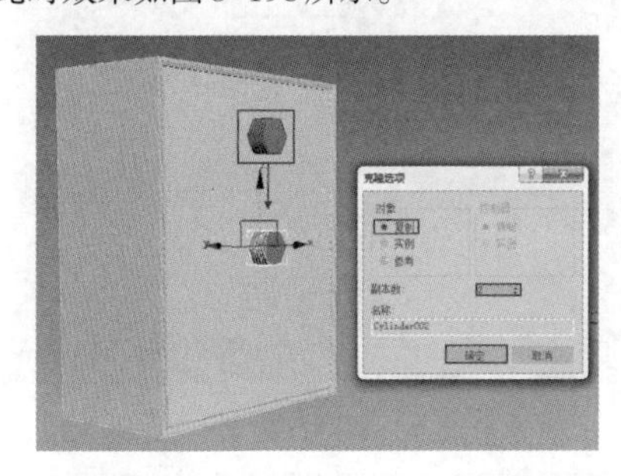


图 8-197

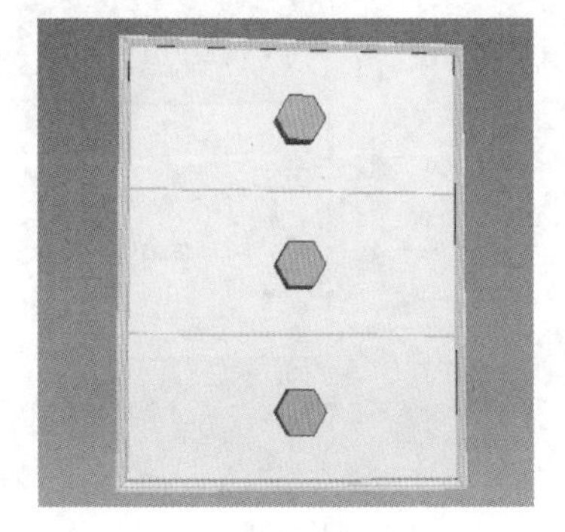

图 8-198

**步骤 09** 在视图中创建一个长方体，设置【长度】为60mm,【宽度】为60mm,【高度】为20mm，设置完成后将其放置到柜子下方位置，如图8-199所示。在顶视图中选中刚刚创建的长方体模型，按住Shift键并按住鼠标左键，将其沿着X轴向右平移并复制，放置在合适的位置后释放鼠标，在弹出的【克隆选项】对话框中设置【对象】为【复制】,【副本数】为1，如图8-200所示。

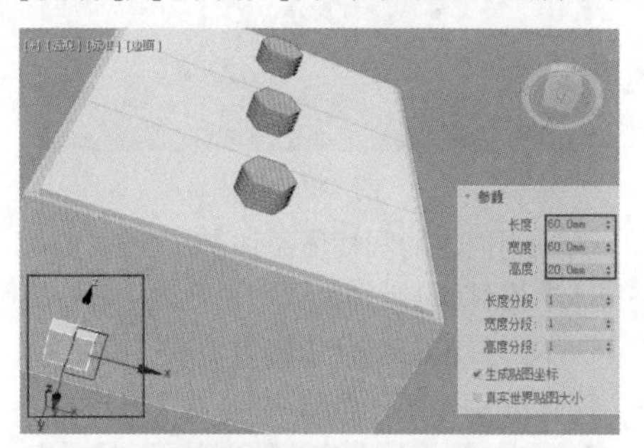


图 8-199

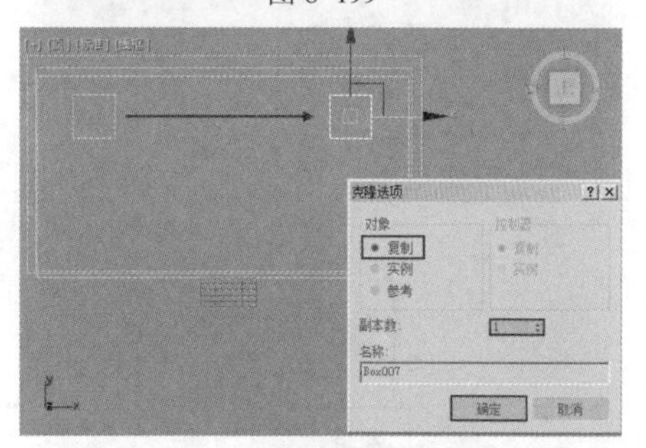


图 8-200

**步骤 10** 按住Ctrl键加选刚刚创建的2个长方体模型，接着按住Shift键并按住鼠标左键，将其沿着Y轴向下平移并复制，放置在合适的位置后释放鼠标，在弹出的【克隆选项】对话框中设置【对象】为【复制】,【副本数】为1，如图8-201所示。

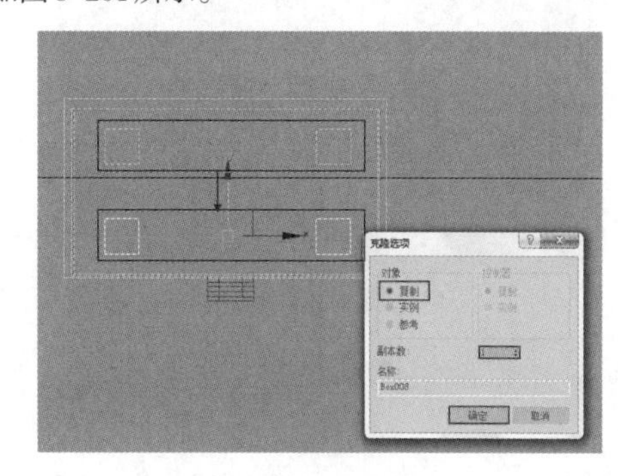


图 8-201

**步骤 11** 在透视图中创建1个圆柱体，设置【半径】为

26mm，【高度】为300mm，设置完成后将其放置在长方体模型的下方，如图8-202所示。

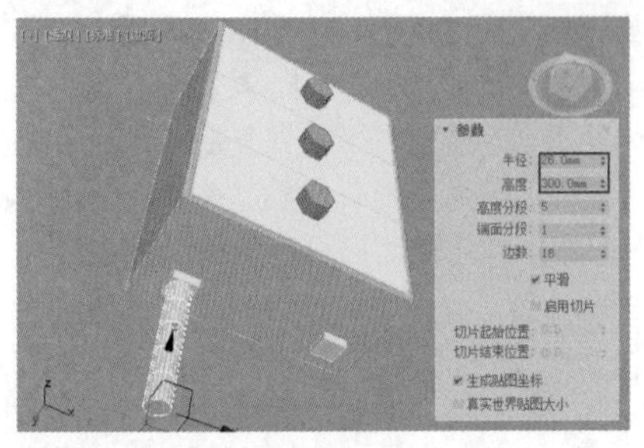


图 8-202

步骤 12 为刚刚创建的圆柱体添加【FFD 2×2×2】修改器，并进入【控制点】级别，选中下方的4个控制点，如图8-203所示。单击【选择并均匀缩放】按钮，将选中的4个控制点向内均匀缩放，如图8-204所示。

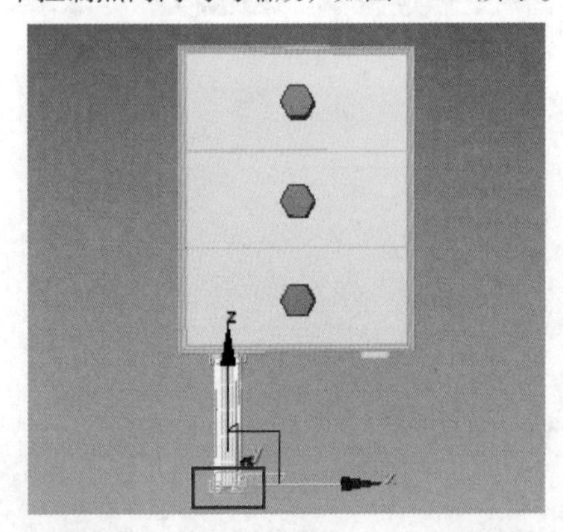

图 8-203

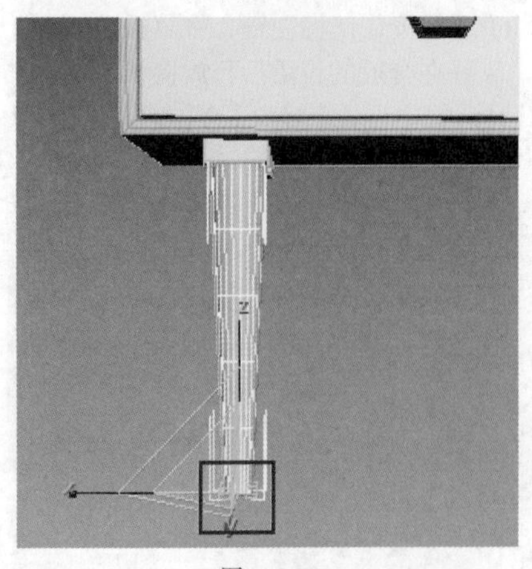

图 8-204

步骤 13 退出控制点级别，单击【选择并旋转】按钮和【角度捕捉切换】按钮，选中刚刚创建的圆柱体，在透视图中将其沿着Y轴旋转10°，如图8-205所示。接着使用【选择并移动】工具，将其移动到合适的位置，如图8-206所示。

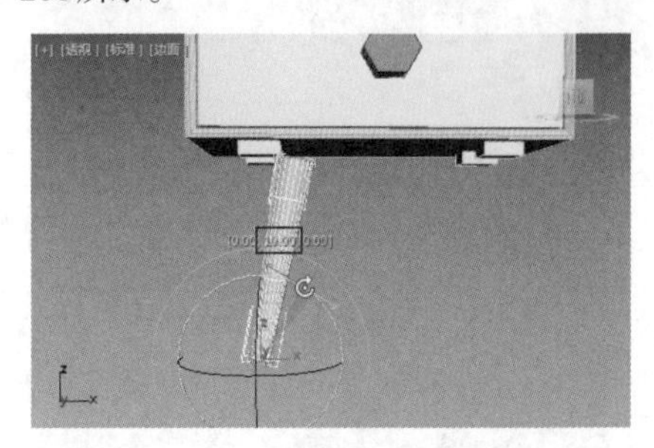

图 8-205

步骤 14 选择圆柱体，按住Shift键并按住鼠标左键，将其沿着Y轴向左平移并复制，移动到长方体模型处释放鼠标，在弹出的【克隆选项】对话框中设置【对象】为【复制】,【副本数】为1，如图8-207所示。接着按住Ctrl键加选两个圆柱体，单击【镜像】按钮，在弹出的【镜像：世界 坐标】窗口中设置【镜像轴】为X,【克隆当前选择】为【复制】，如图8-208所示。

图 8-206

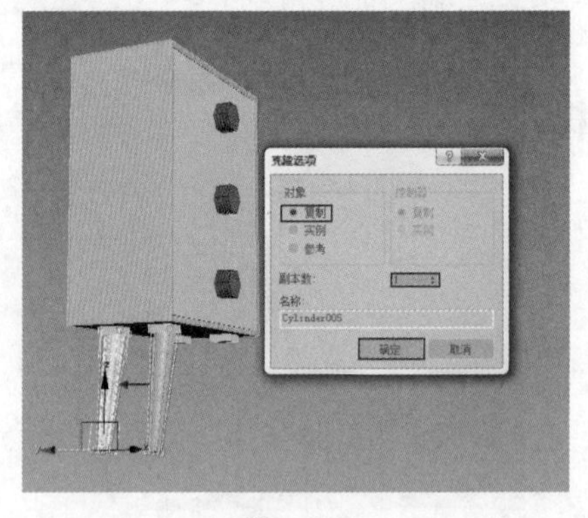


图 8-207

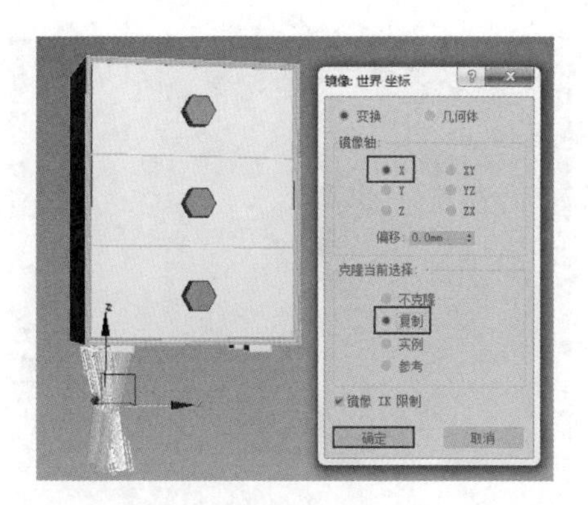


图 8-208

步骤 15 将刚刚镜像复制出的圆柱体平移到合适的位置。案例最终效果如图8-209所示。

图 8-209

## 实例：圆凳

文件路径：Chapter 08 多边形建模→实例：圆凳

扫一扫，看视频

本案例为多边形应用【插入】和【倒角】工具制作圆滑凸起的模型变化。为边应用【切角】工具切角边缘，最后添加【网格平滑】使模型光滑。剩余部分应用旋转复制的方法制作模型四周分布的球体装饰。渲染效果如图8-210所示。

图 8-210

## 操作步骤

步骤 01 在透视图中创建1个圆柱体，设置【半径】为300mm，【宽度】为700mm，如图8-211所示。

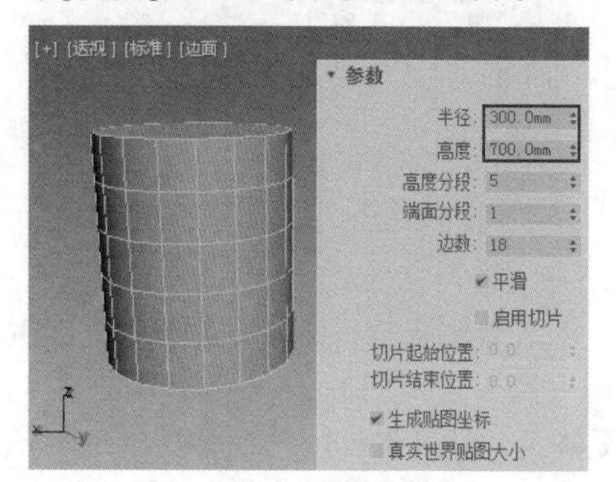


图 8-211

步骤 02 为该模型加载【编辑多边形】修改器，并进入【多边形】■级别，选择如图8-212所示的多边形。

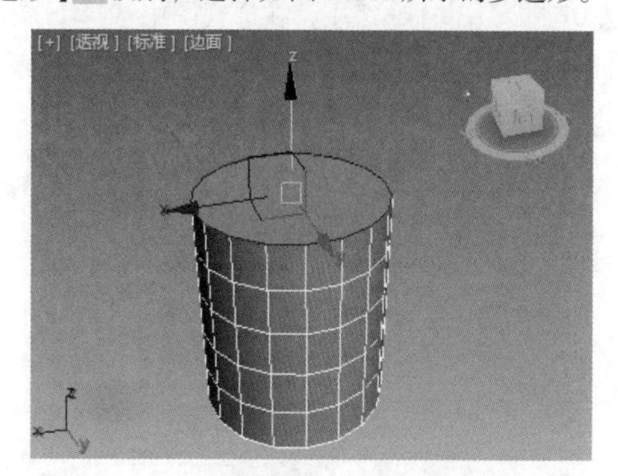


图 8-212

步骤 03 单击【插入】后方的□按钮，设置【数量】为5mm，如图8-213所示。

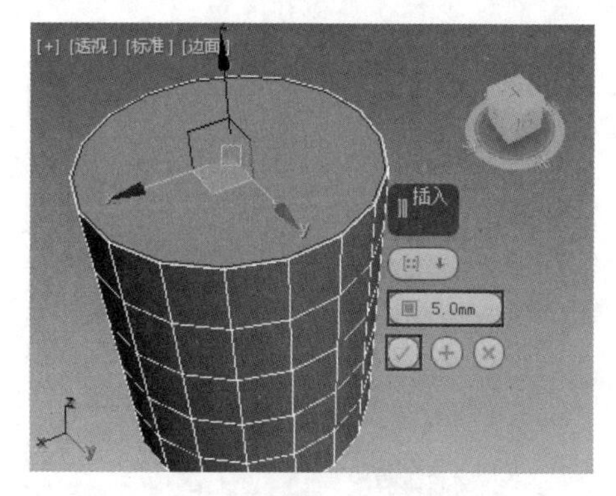


图 8-213

步骤 04 单击【倒角】后方的□按钮，设置【高度】为

50mm，【轮廓】为-30mm，如图8-214所示。

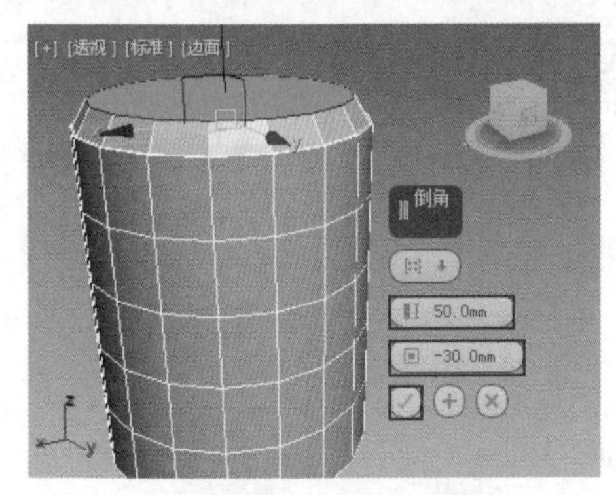


图 8-214

步骤 05 再次单击【倒角】后方的按钮，设置【高度】为50mm，【轮廓】为-90mm，如图8-215所示。

步骤 06 再次单击【倒角】后方的按钮，设置【高度】为15mm，【轮廓】为-120mm，如图8-216所示。

步骤 07 进入【边】级别，在透视图中选择下方的边，如图8-217所示。单击【切角】后方的按钮，设置【数量】为2mm，如图8-218所示。

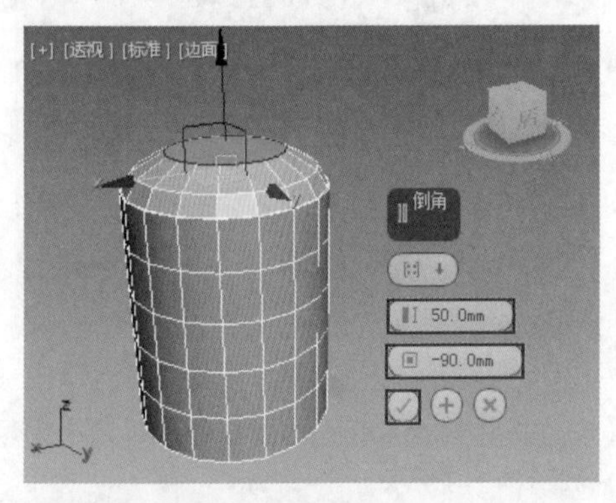


图 8-215

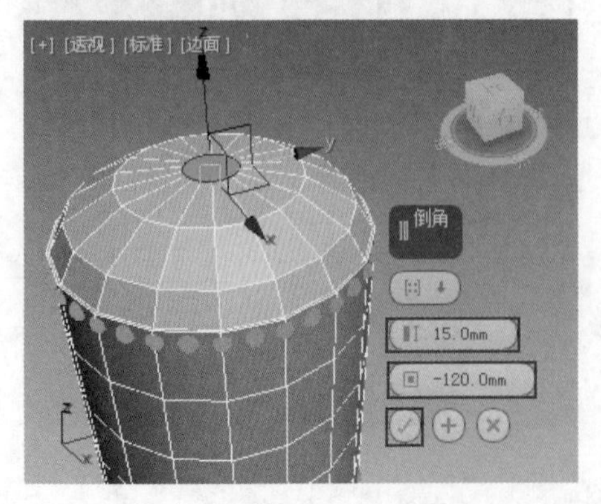


图 8-216

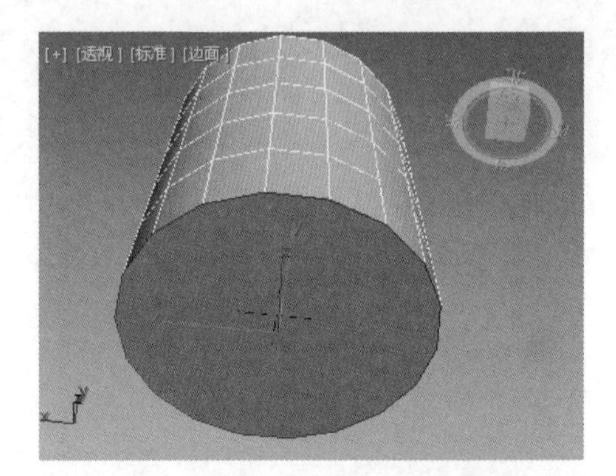


图 8-217

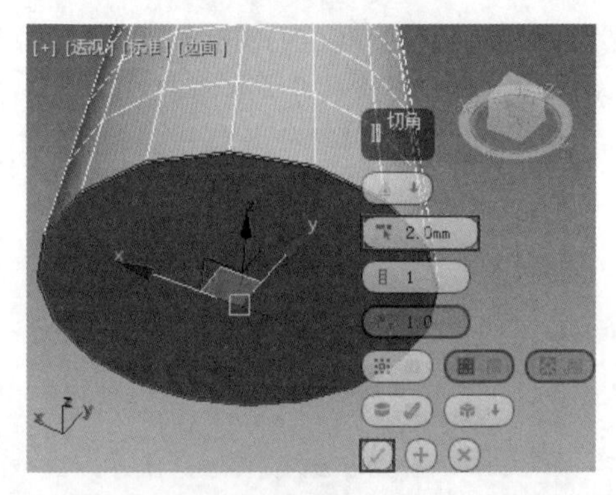


图 8-218

步骤 08 取消选择【边】级别，为该模型加载【网格平滑】修改器，在【细分量】卷展栏中设置【迭代次数】为2，如图8-219所示。

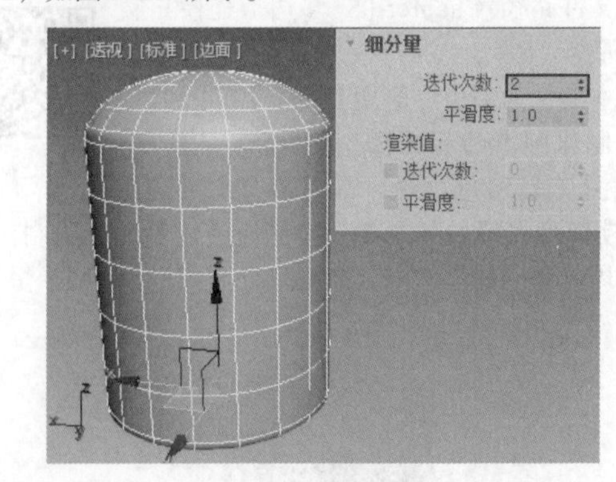


图 8-219

步骤 09 在左视图中创建1个球体，设置【半径】为15mm，【半球】为0.5，如图8-220所示。

步骤 10 单击【选择并旋转】按钮和【角度捕捉切换】按钮，在前视图中将其沿着Z轴旋转90°，如图8-221所示。选择半球体模型，单击【层次】按钮

并单击 仅影响轴 按钮，在顶视图中将轴移动到中心位置处，如图8-222所示。移动完成后再次单击 仅影响轴 按钮，完成轴心的设置。

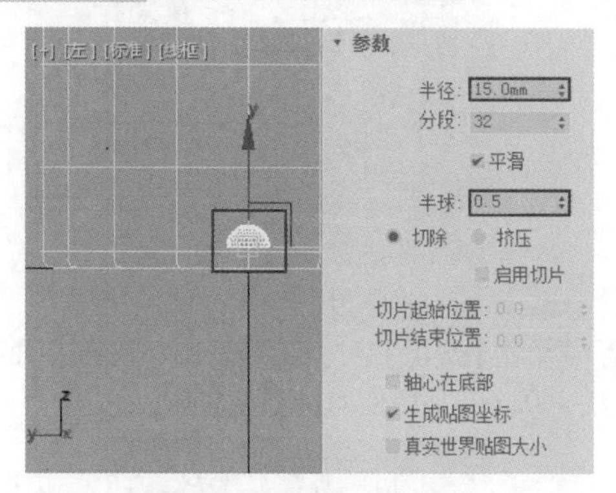

图 8-220

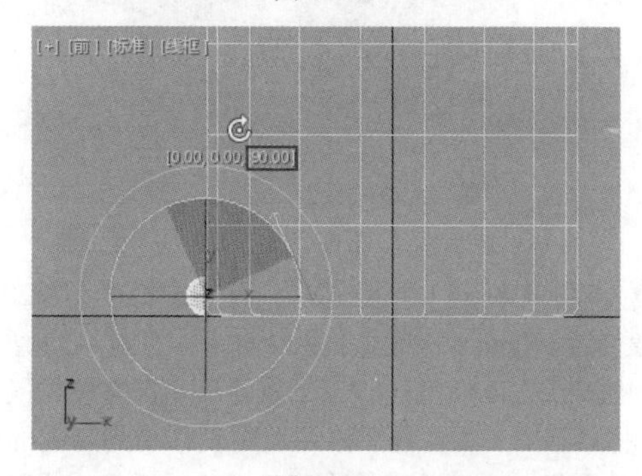

图 8-221

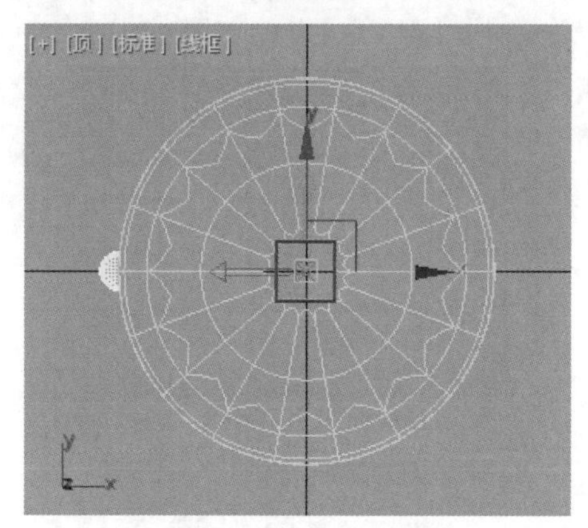

图 8-222

**步骤 11** 在选择半球体的状态下，在顶视图中按住Shift键并按住鼠标左键，将其沿着Z轴旋转-10°，旋转完成后释放鼠标，在弹出的【克隆选项】对话框中设置【对象】为【复制】，【副本数】为35，如图8-223所示。此时效果如图8-224所示。

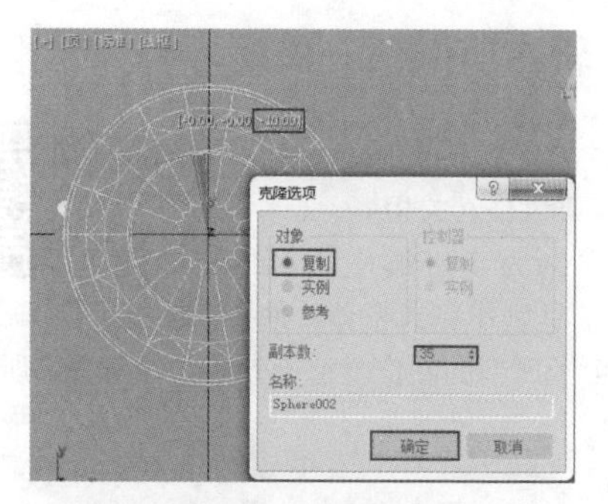

图 8-223

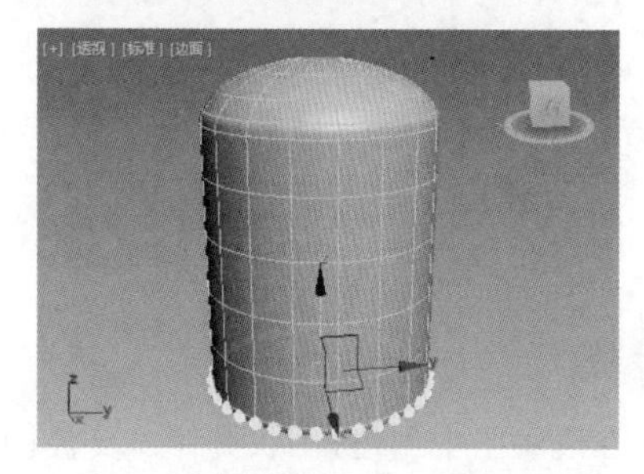

图 8-224

**步骤 12** 选择下方所有的半球体，在前视图中按住Shift键并按住鼠标左键，将其沿着Y轴向上平移并复制，放置在合适的位置后释放鼠标，在弹出的【克隆选项】对话框中设置【对象】为【复制】，【副本数】为1，如图8-225所示。最终效果如图8-226所示。

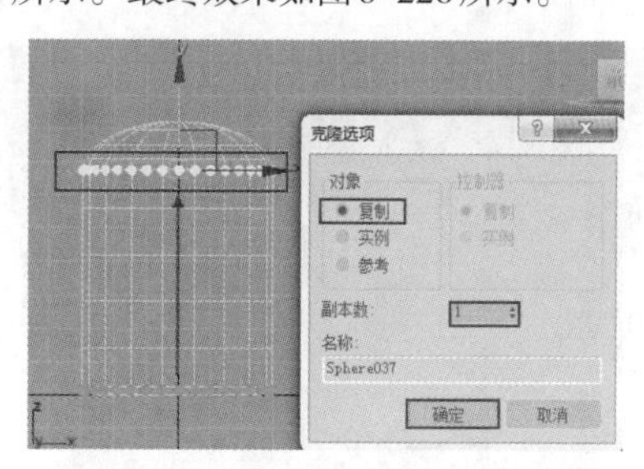

图 8-225

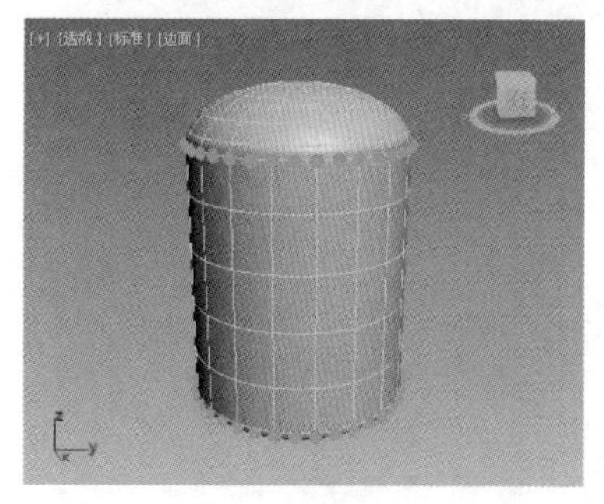

图 8-226

## 实例：新古典风格玄关柜

文件路径：Chapter 08 多边形建模→实例：新古典风格玄关柜

本案例为多边形应用【插入】【倒角】【挤出】工具制作完成柜体，使用【挤出】工具完成柜子底部的制作。渲染效果如图8-227所示。

图 8-227

## 操作步骤

步骤 01 在透视图中创建1个长方体，设置【长度】为500mm，【宽度】为900mm，【高度】为800mm，如图8-228所示。选中模型，单击鼠标右键，执行【转换为】|【转换为可编辑多边形】命令，将其转换为可编辑的多边形。

步骤 02 进入【多边形】■级别，选择正面的1个多边形，单击【插入】后方的□按钮，设置【数量】为10mm，如图8-229所示。

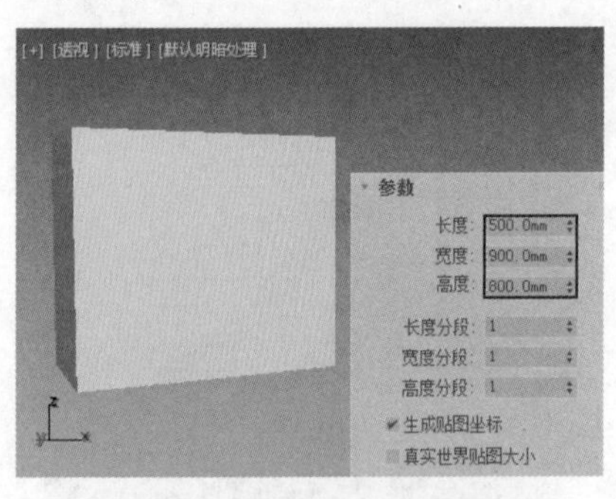


图 8-228

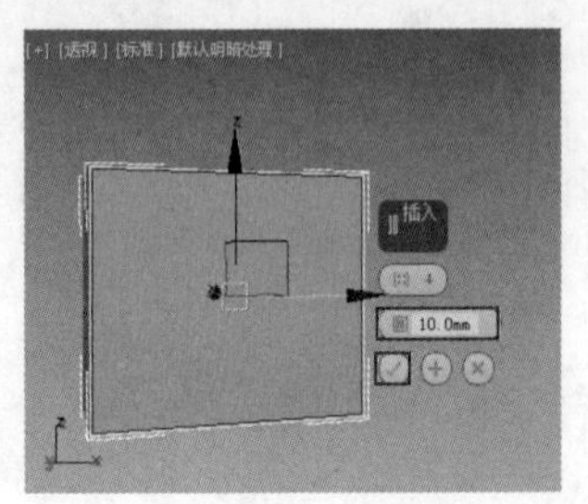


图 8-229

步骤 03 单击【倒角】后方的□按钮，设置【高度】为-20mm，【轮廓】为-30mm，如图8-230所示。

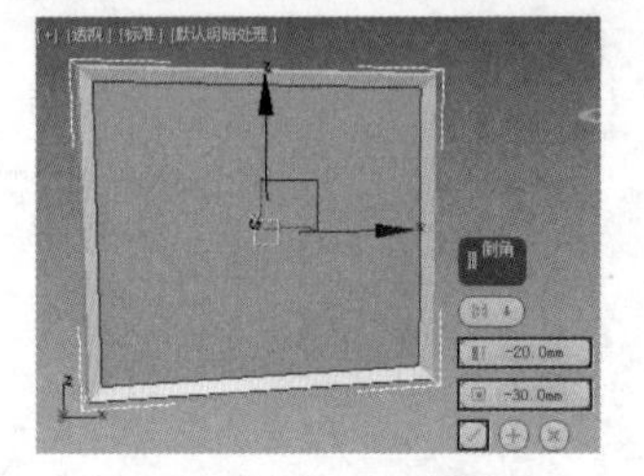


图 8-230

步骤 04 单击【挤出】后方的□按钮，设置挤出的【高度】为-460mm，如图8-231所示。

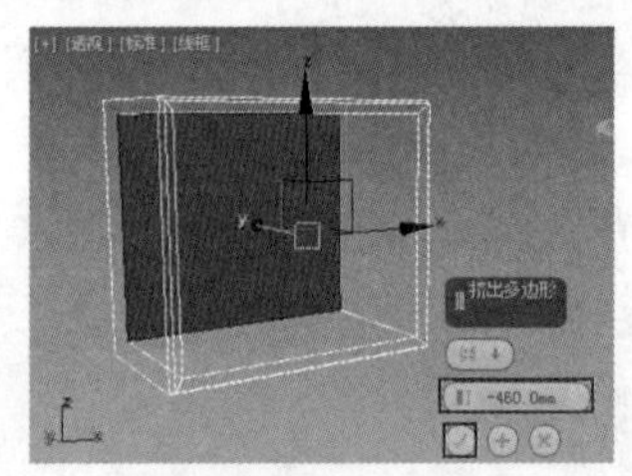


图 8-231

步骤 05 再次创建1个长方体，设置【长度】为20mm，【宽度】为400mm，【高度】为710mm，如图8-232所示。在选中该长方体模型的状态下按住Shift键并按住鼠标左键，将其沿着X轴向右平移并复制，移动到合适的位置后释放鼠标，在弹出的【克隆选项】对话框中设置【对象】为【复制】，【副本数】为1，如图8-233所示。

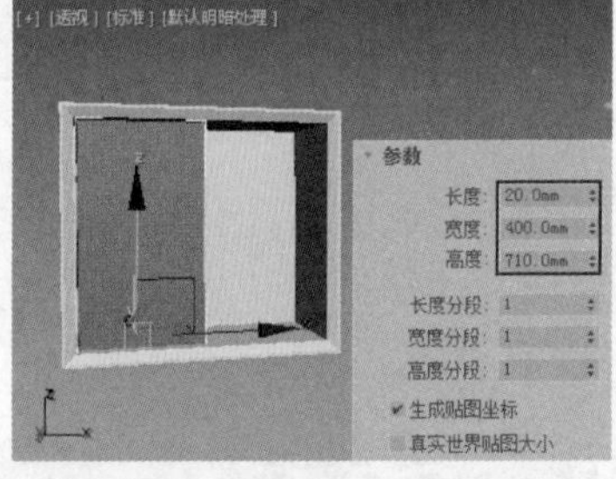


图 8-232

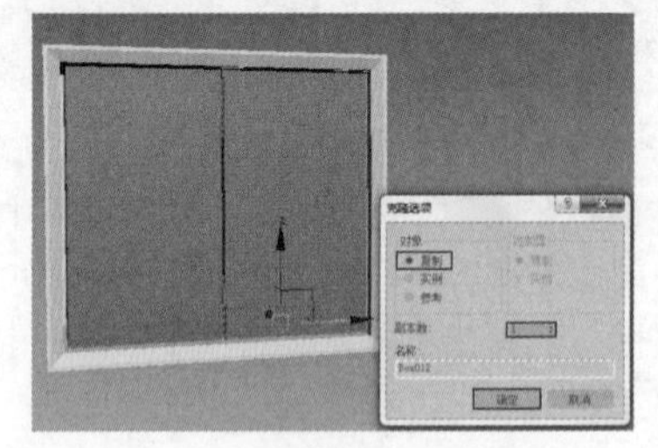

图 8-233

步骤 06 在前视图中创建1个圆柱体，设置【半径】为40mm，【高度】为34mm，【边数】为18，勾选【启用切片】选项，并设置【切片起始位置】为-180，如图8-234所示。接着单击【镜像】按钮，在弹出的【镜像：屏幕坐标】窗口中设置【镜像轴】为X，【克隆当前选择】为【复制】，如图8-235所示。

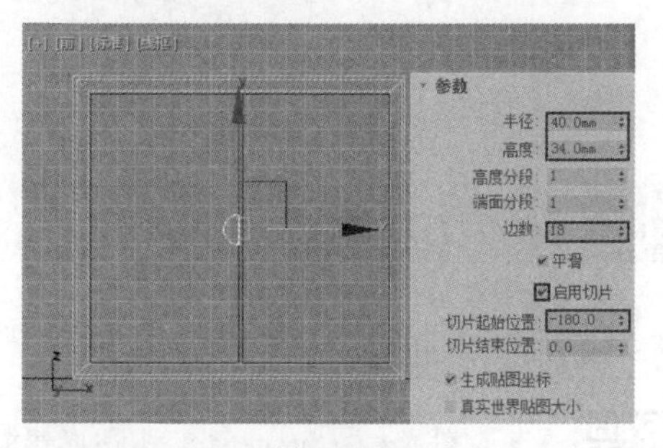


图 8-234

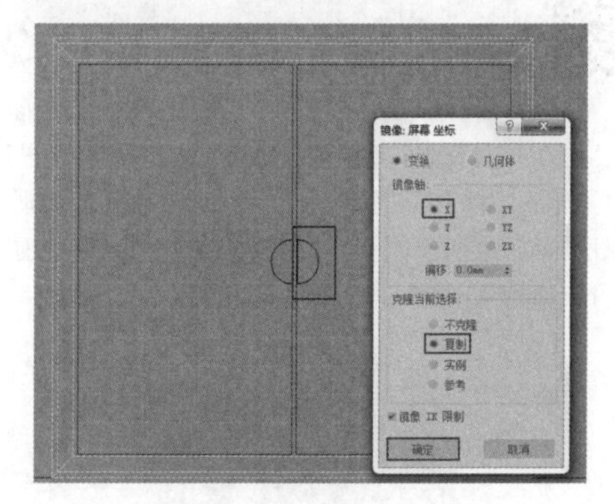


图 8-235

步骤 07 在前视图中创建1个圆环，设置【半径1】为328mm，【半径2】为6mm，【分段】为50，勾选【启用切片】选项，并设置【切片起始位置】为180，如图8-236所示。接着单击【镜像】按钮，在弹出的【镜像：世界坐标】窗口中设置【镜像轴】为X，【克隆当前选择】为【复制】，如图8-237所示。

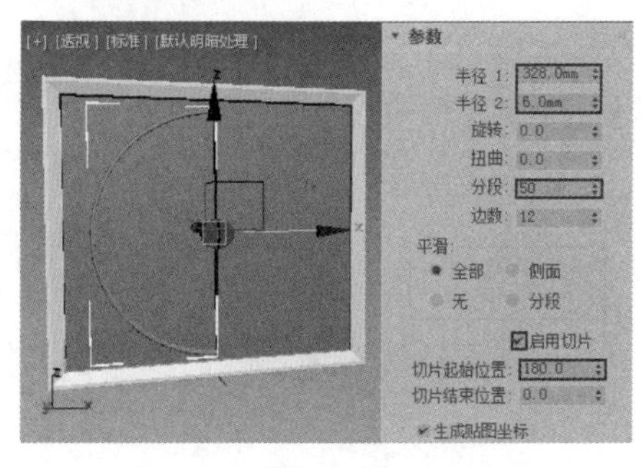


图 8-236

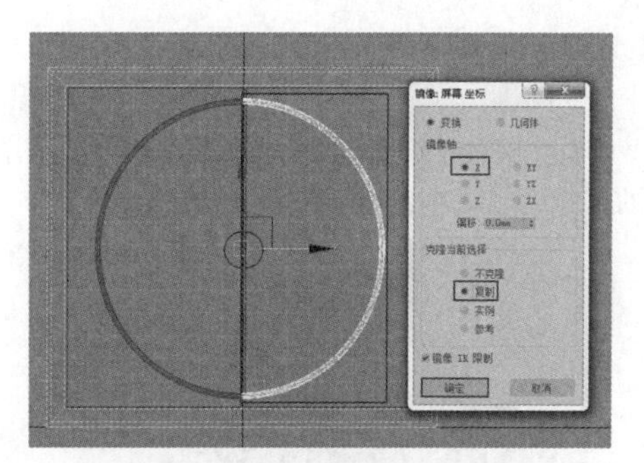


图 8-237

步骤 08 将其沿着X轴向右平移，效果如图8-238所示。

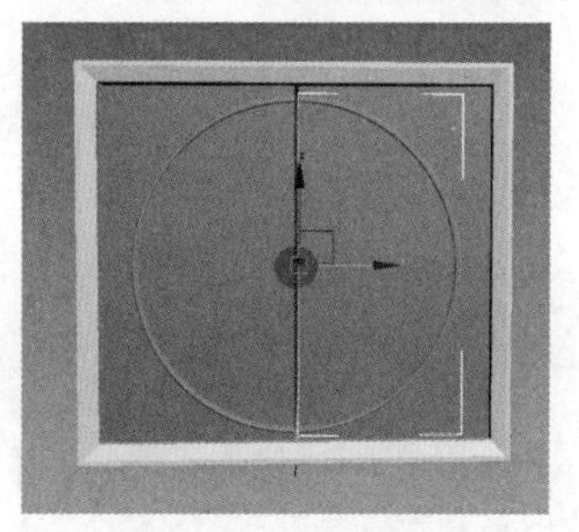

图 8-238

步骤 09 使用同样的方法继续创建半个圆环，效果如图8-239所示。

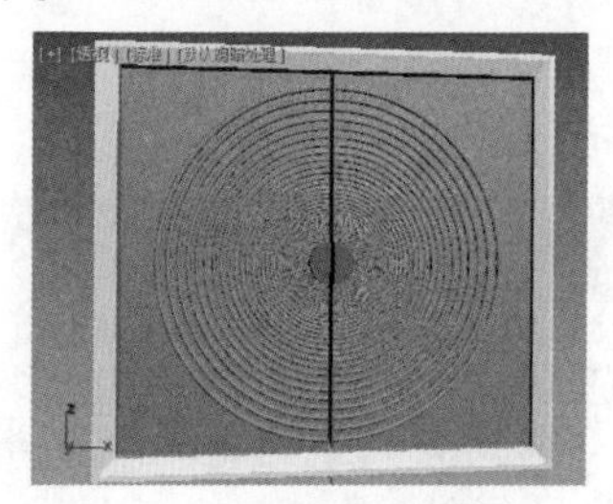

图 8-239

步骤 10 再次创建1个长方体，设置【长度】为500mm，【宽度】为900mm，【高度】为40mm，【长度分段】为3，【宽度分段】为3，如图8-240所示。

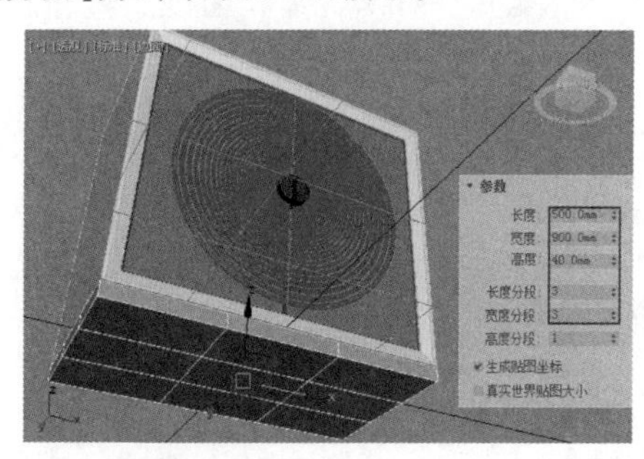


图 8-240

步骤 11 选择该长方体并单击鼠标右键，执行【转换为】|【转换为可编辑多边形】命令，将其转换为可编辑的多边形。单击【修改】按钮，进入 (顶点)级别，并调整顶点的位置，如图8-241所示。

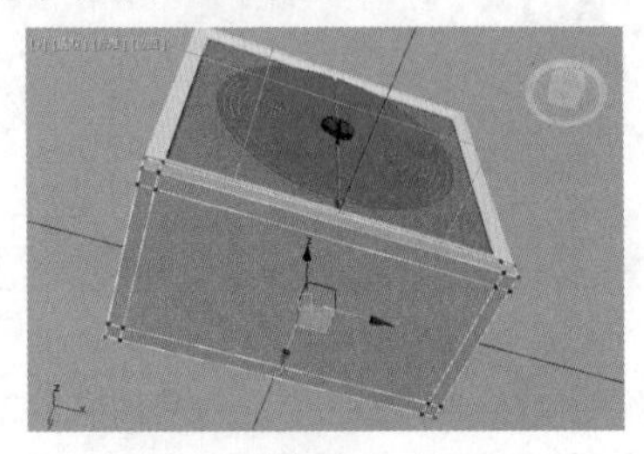

图 8-241

步骤 12 进入【多边形】 级别，选择底部四周的4个多边形，如图8-242所示。

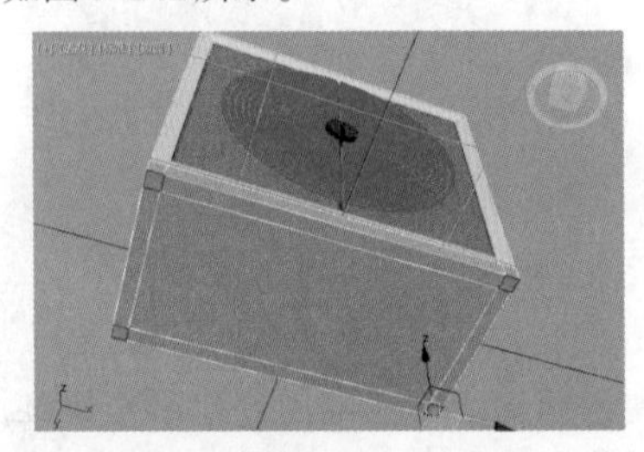

图 8-242

步骤 13 单击【挤出】后方的 按钮，设置挤出的【高度】为200mm，如图8-243所示。

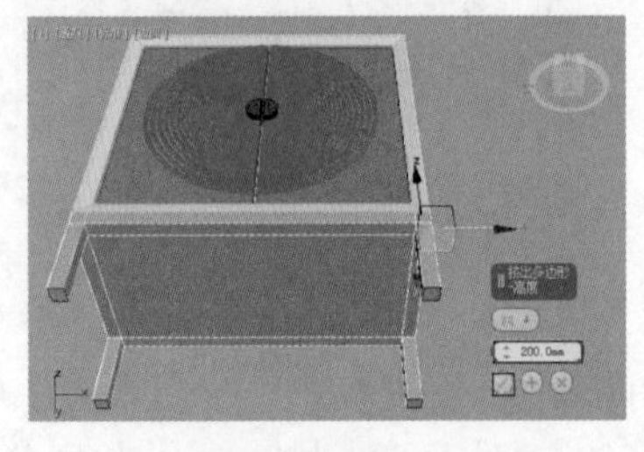

图 8-243

步骤 14 单击 (选择并均匀缩放)工具，将当前的4个多边形进行收缩，如图8-244所示。

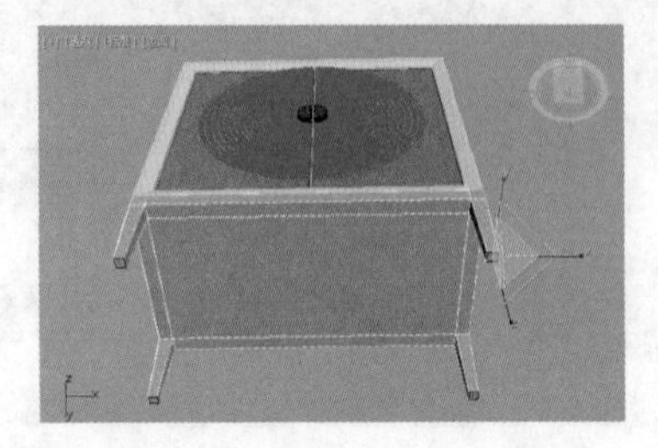

图 8-244

步骤 15 最终模型效果如图8-245所示。

图 8-245

# 8.12 编辑元素卷展栏

## 实例：使用插入顶点制作竹藤装饰球

扫一扫，看视频

文件路径：Chapter 08 多边形建模→实例：使用插入顶点制作竹藤装饰球

本案例将3个球体模型变为一个模型，并应用【编辑元素】卷展栏下方的【插入顶点】工具在球体表面多次单击鼠标左键添加随机的顶点，目的是让球体表面的分段更杂乱随机。最后应用【利用所选内容创建图形】工具将选中的边变为独立的线。渲染效果如图8-246所示。

图 8-246

## 操作步骤

步骤 01 创建1个球体，设置【半径】为200mm，【分段】为12，如图8-247所示。

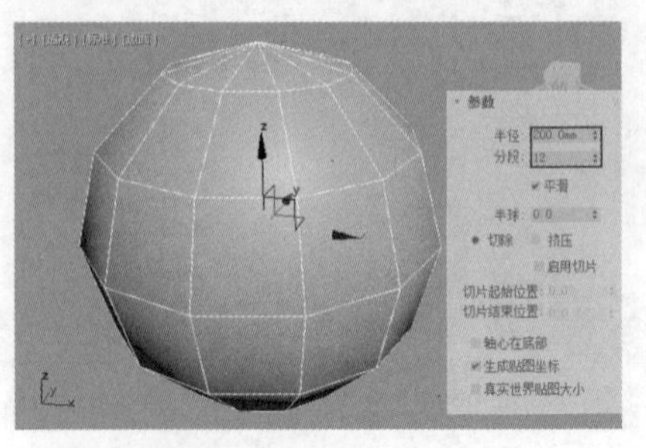


图 8-247

步骤 02 选择球体，按住Shift键并拖动鼠标左键沿X轴复制2份，如图8-248所示。

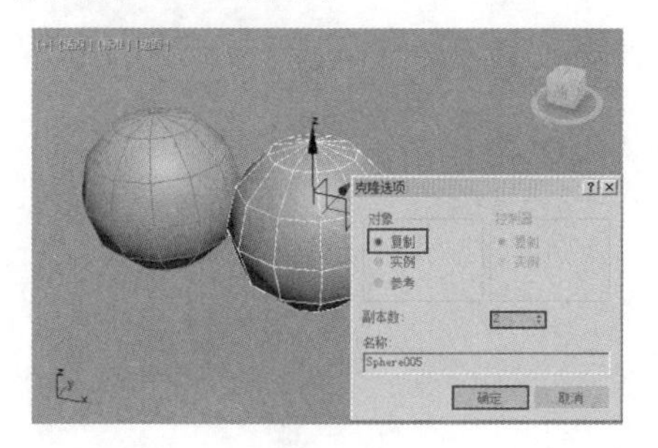

图 8-248

步骤 03 将其中一个球体进行移动，使3个球体的摆放位置为三角形的状态，如图8-249所示。

步骤 04 选择此时的3个球体，单击（实用程序）|【塌陷】|【塌陷选定对象】按钮，如图8-250所示。

图 8-249

图 8-250

步骤 05 此时的3个球体变成了1个对象，单击右键，执行【转换为】|【转换为可编辑对象】命令，进入（元素）级别，展开【编辑元素】卷展栏下的【插入顶点】按钮，如图8-251所示。

步骤 06 在模型的多边形内部单击鼠标左键即可插入一个顶点，如图8-252所示。

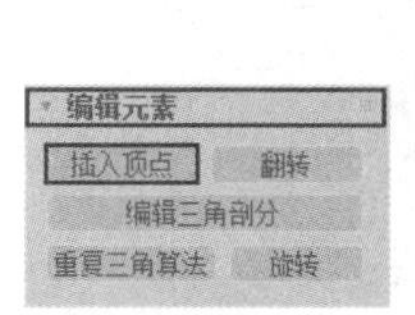

图 8-251

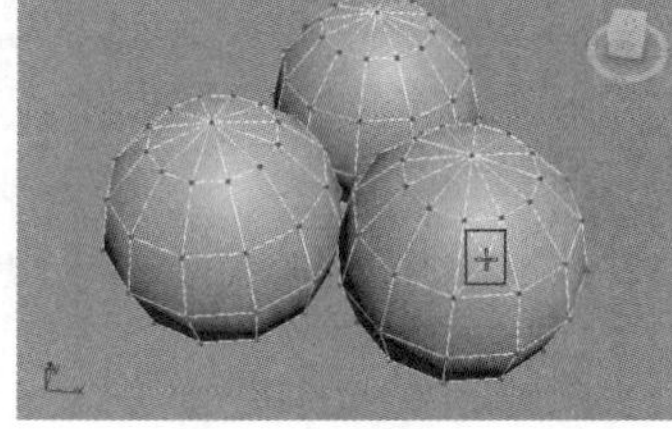

图 8-252

步骤 07 使用同样的方法继续在其他多边形内部单击插入更多的顶点，使得球体表面网格变得随机，如图8-253所示。

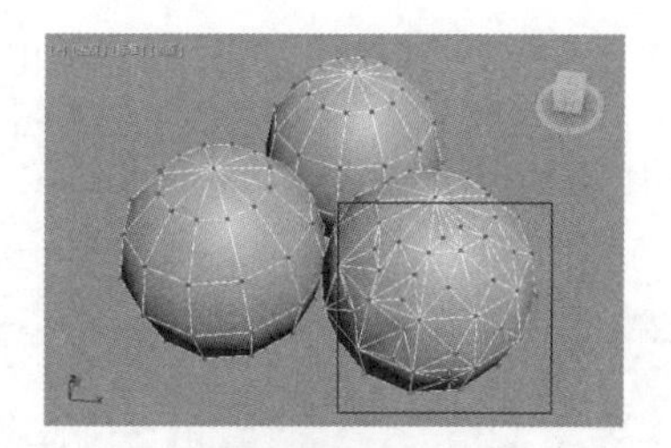

图 8-253

步骤 08 继续多次操作，完成顶点插入操作。注意模型后方的位置也需要进行【插入顶点】操作，效果如图8-254所示。

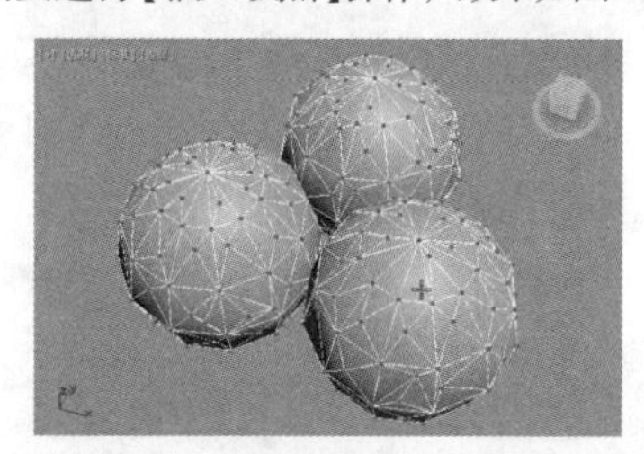

图 8-254

步骤 09 再次单击取消 插入顶点 ，取消（元素）级别。单击进入（边）级别，框选模型所有的边，如图8-255所示。

步骤 10 单击【编辑边】卷展栏中的【利用所选内容创建图形】按钮，如图8-256所示。

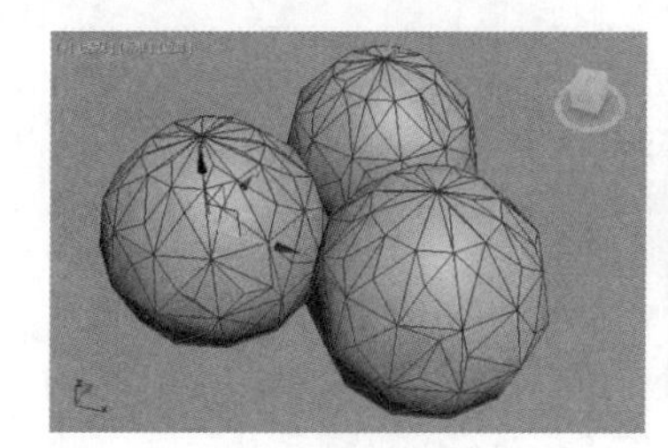

图 8-255

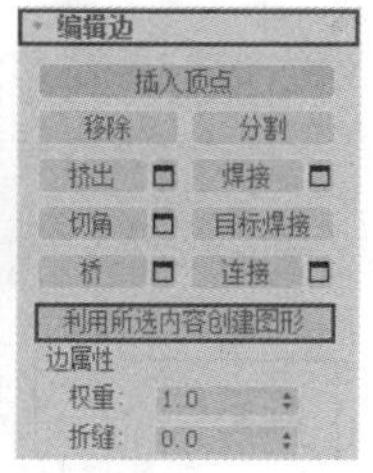

图 8-256

步骤 11 在弹出的对话框中选择【图形类型】为【平滑】，如图8-257所示。

步骤 12 再次取消（边）级别，并选择创建出来的图形，如图8-258所示。

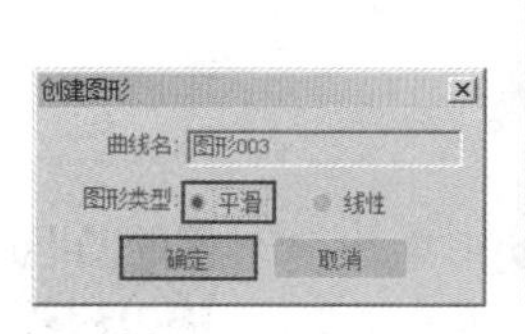

图 8-257

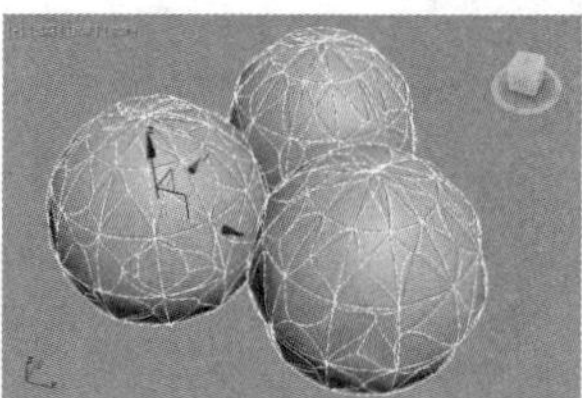

图 8-258

步骤 13 选择球体模型，按Delete键删除，如图8-259所示。

步骤 14 单击【修改】按钮，勾选【在渲染中启用】和【在视口中启用】选项，选中【径向】选项，【厚度】为10mm，如图8-260所示。

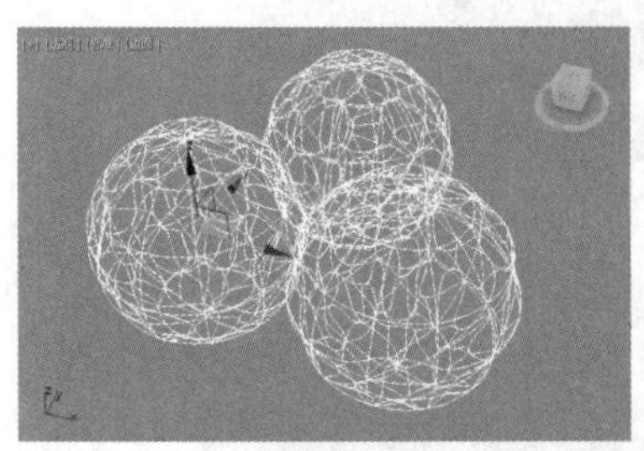

图 8-259

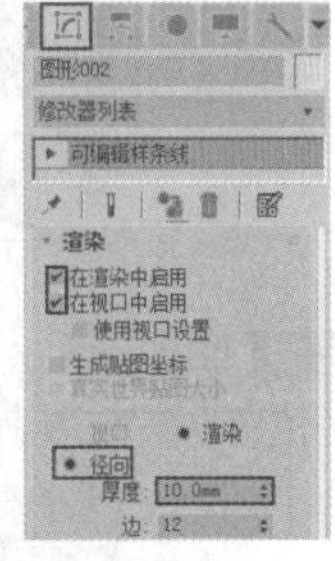


图 8-260

步骤 15 最终模型效果如图8-261所示。

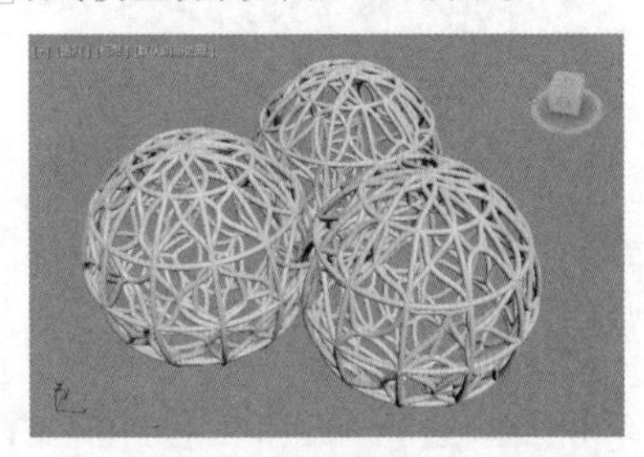

图 8-261

### 选项解读:【编辑元素】卷展栏的重点参数速查

- 插入顶点：可用于手动细分多边形。
- 翻转：反转选定多边形的法线方向。
- 编辑三角剖分：可以通过绘制内边修改多边形细分为三角形的方式。
- 重复三角算法：3ds Max 对当前选定的多边形自动执行最佳的三角剖分操作。
- 旋转：用于通过单击对角线修改多边形细分为三角形的方式。

## 8.13 多边形建模应用实例

### 实例：台灯

文件路径：Chapter 08 多边形建模→实例：台灯

扫一扫，看视频

本案例主要应用了多边形建模中的【连接】工具制作台灯模型。渲染效果如图8-262所示。

图 8-262

### 操作步骤

步骤 01 在透视图中创建一个管状体模型，设置【半径1】为300mm，【半径2】为370mm，【高度】为50mm，【高度分段】为1，【边数】为4，取消勾选【平滑】，如图8-263所示。

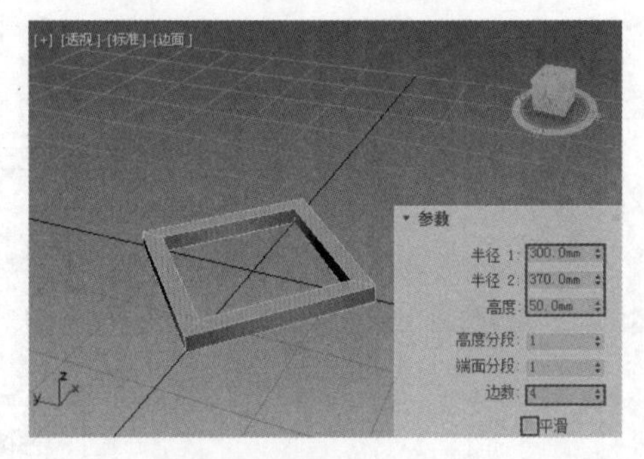


图 8-263

步骤 02 在透视图中创建1个长方体，并将其旋转至合适的角度，设置【长度】为70mm，【宽度】为70mm，【高度】为1000mm，如图8-264所示。

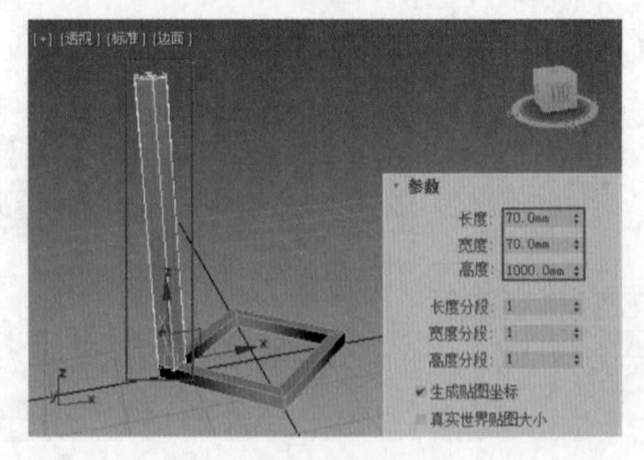


图 8-264

步骤 03 选中刚刚创建的长方体，然后单击鼠标右键，执行【转换为】|【转换为可编辑多边形】命令，进入【边】级别，选择如图8-265所示的4条边。

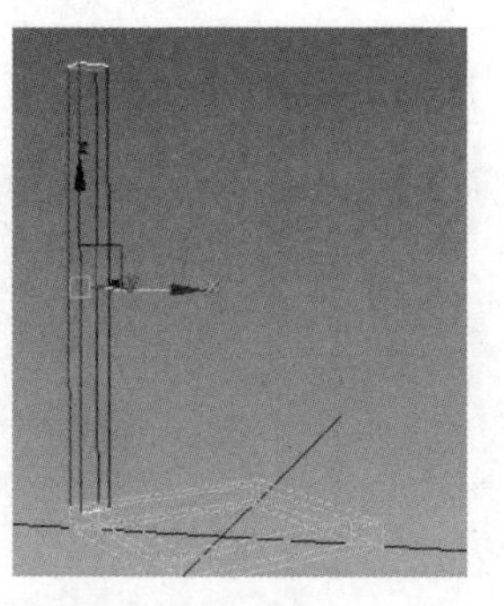

图 8-265

步骤 04 单击【连接】后方的按钮，设置【分段】为1，【滑块】为25，如图8-266所示。接着将连接出的4条边沿着X轴向右平移，如图8-267所示。

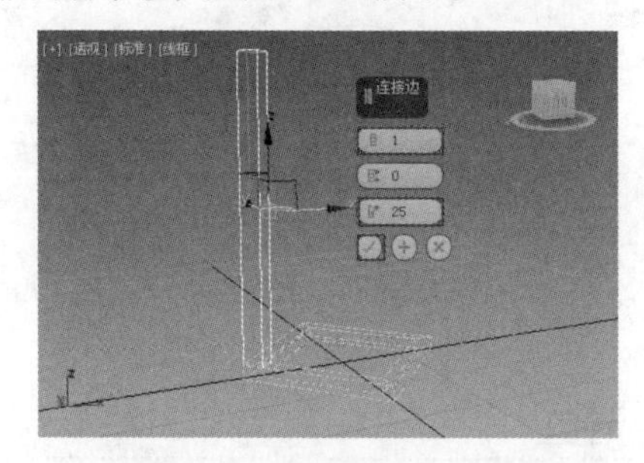


图 8-266

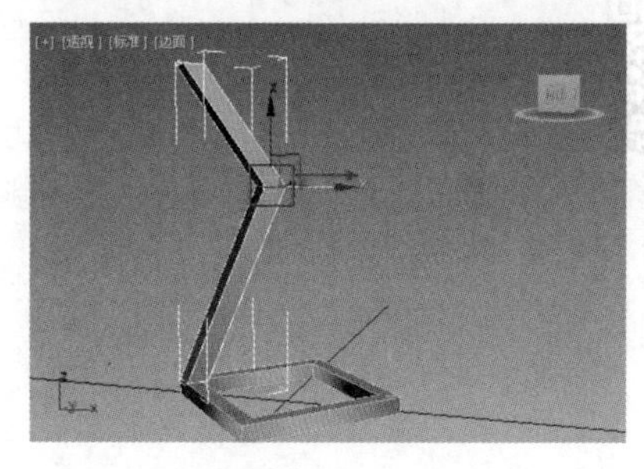

图 8-267

步骤 05 选中如图8-268所示的4条边。在前视图中将其沿着X轴向左稍微进行平移，如图8-269所示。

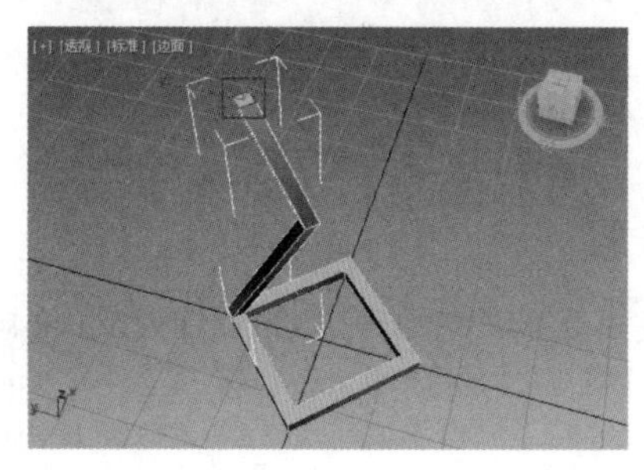

图 8-268

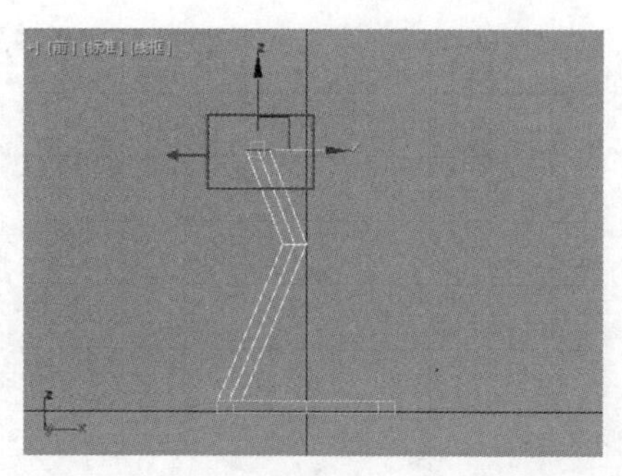

图 8-269

步骤 06 单击【层次】按钮，并单击 仅影响轴 按钮，在顶视图中将坐标移动到中心的位置，如图8-270所示。移动完成后再次单击 仅影响轴 按钮，完成轴心位置的设置。

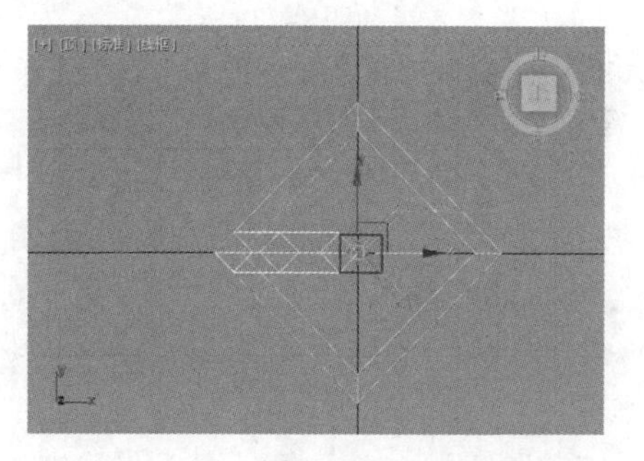

图 8-270

步骤 07 单击【选择并旋转】按钮和【角度捕捉切换】按钮，在顶视图中选择模型，然后按住Shift键并按住鼠标左键将其沿着Z轴旋转-90°，旋转完成后释放鼠标，在弹出的【克隆选项】对话框中设置【对象】为【复制】，【副本数】为3，如图8-271所示。此时效果如图8-272所示。

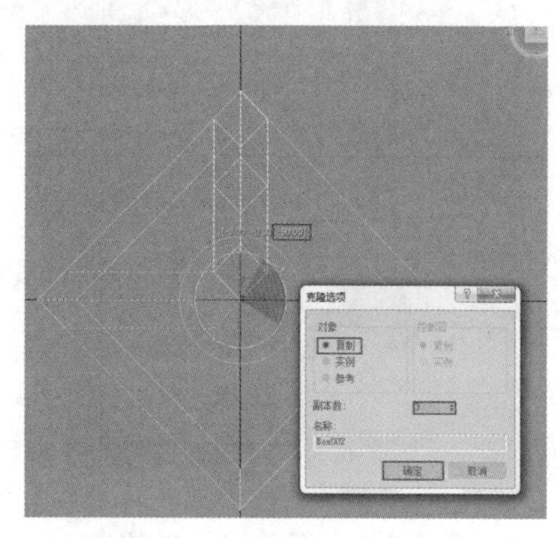


图 8-271

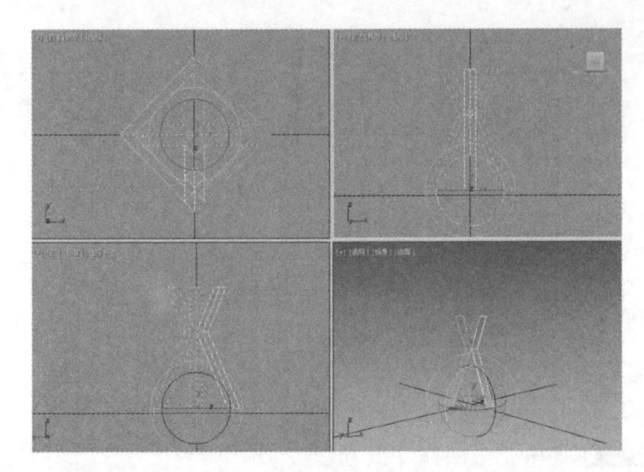

图 8-272

步骤 08 再次创建一个长方体模型，设置【长度】为350mm，【宽度】为350mm，【高度】为40mm，并将其放置在合适的位置。效果如图8-273所示。

步骤 09 再次创建一个长方体模型，设置【长度】为50mm，【宽度】为50mm，【高度】为630mm，设置完成后将其放置在合适的位置，如图8-274所示。

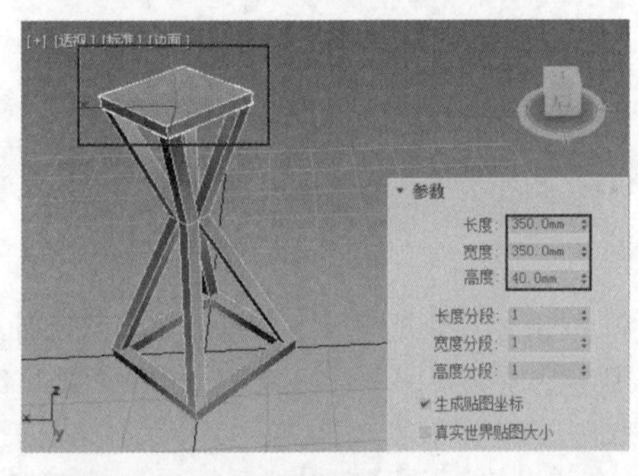


图 8-273

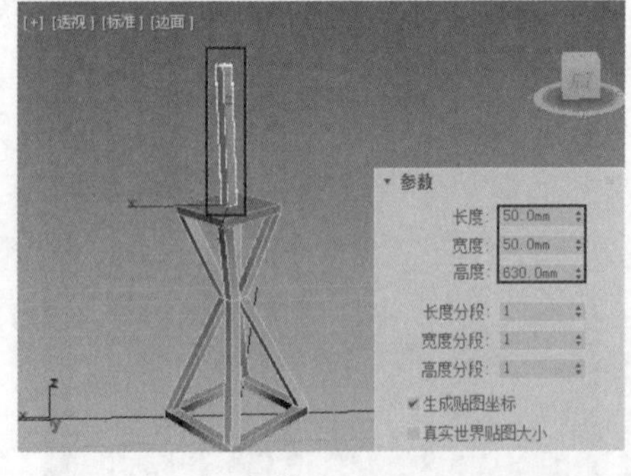


图 8-274

步骤 10 创建一个管状体，设置【半径1】为540mm，【半径2】为550mm，【高度】为500mm，【边数】为4，设置完成后将其放置在合适的位置，如图8-275所示。最终模型如图8-276所示。

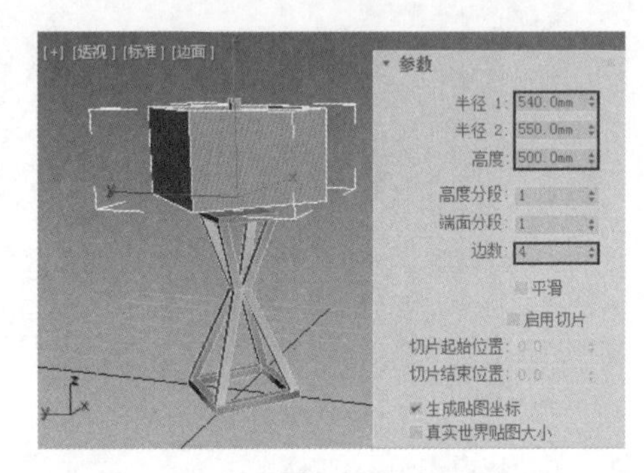


图 8-275

图 8-276

## 实例：浴缸

扫一扫，看视频

文件路径：Chapter 08 多边形建模→实例：浴缸

本案例主要应用了多边形建模中的【插入】【挤出】【倒角】【切角】工具制作浴缸模型。渲染效果如图8-277所示。

图 8-277

## 操作步骤

步骤 01 在透视图中创建1个长方体，设置【长度】为800mm，【宽度】为1600mm，【高度】为730mm，【长度分段】为2，【宽度分段】为2，【高度分段】为2，如图8-278所示。

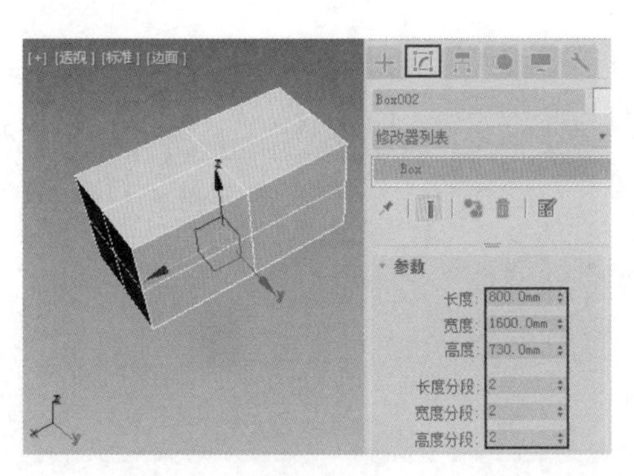


图 8-278

步骤 02 选中该长方体模型，然后单击鼠标右键，执行【转换为】|【转换为可编辑多边形】命令，将其转换为可编辑多边形。进入【多边形】级别，选择上方的4个多边形，单击【插入】后方的按钮，设置【数量】为60mm，如图8-279所示。

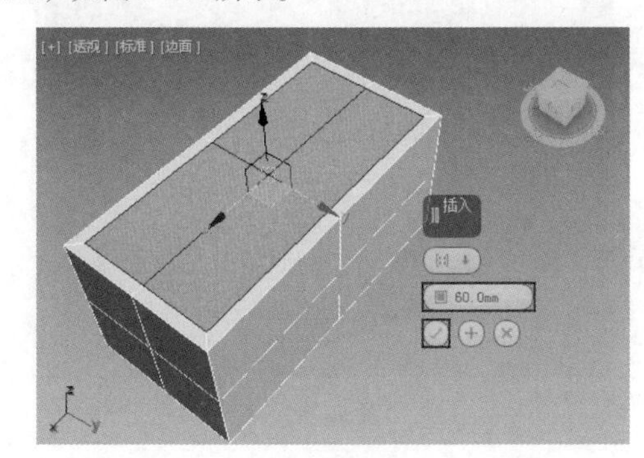


图 8-279

步骤 03 单击【挤出】后方的按钮，并设置挤出的【高度】为-146mm，如图8-280所示。继续挤出两次，挤出相同的数量，如图8-281所示。

步骤 04 单击【倒角】后方的按钮，设置【高度】为-220mm，【轮廓】为-80mm，如图8-282所示。

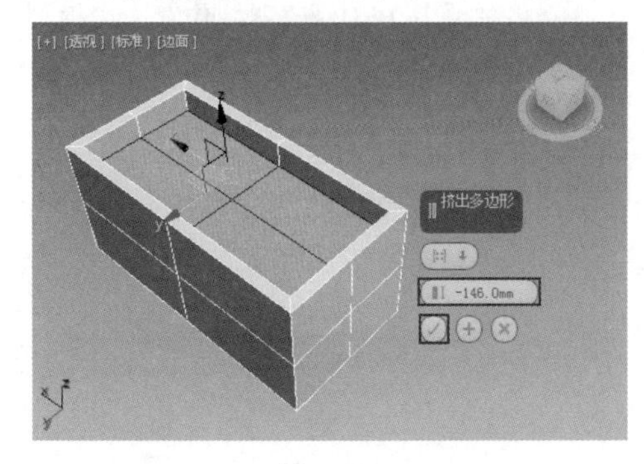


图 8-280

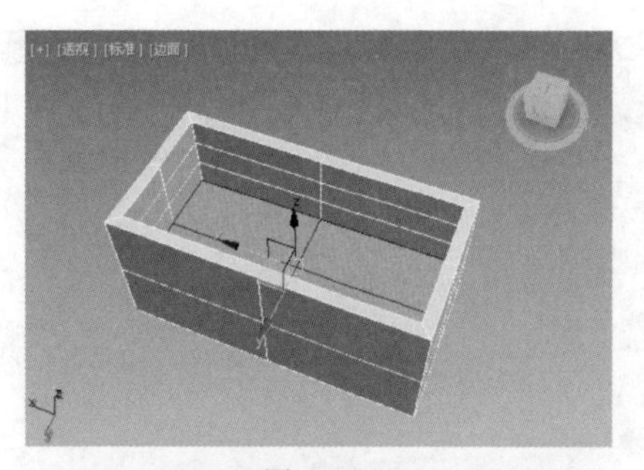


图 8-281

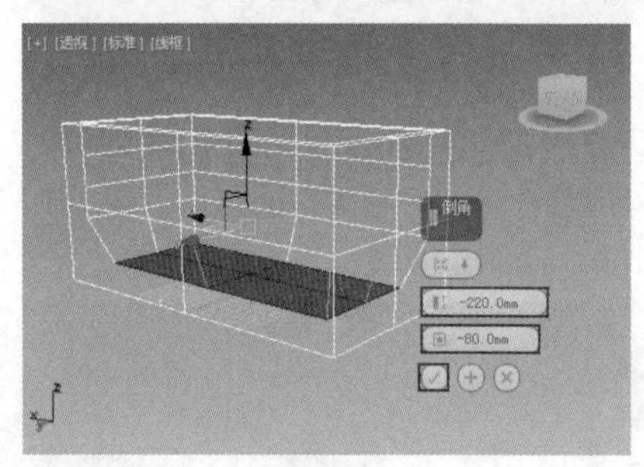


图 8-282

步骤 05 进入【顶点】级别，按住Ctrl键加选如图8-283所示的顶点，然后单击【选择并均匀缩放】按钮，将选中的顶点沿着X、Y、Z轴向内均匀缩放。

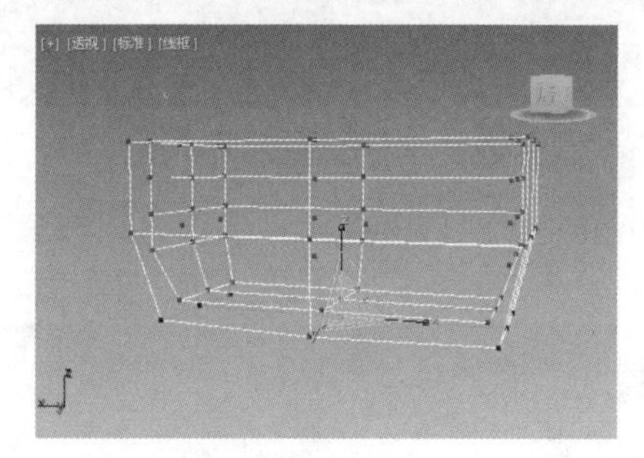


图 8-283

步骤 06 选中如图8-284所示的顶点，并在透视图中将其沿着Z轴向上平移，如图8-285所示。

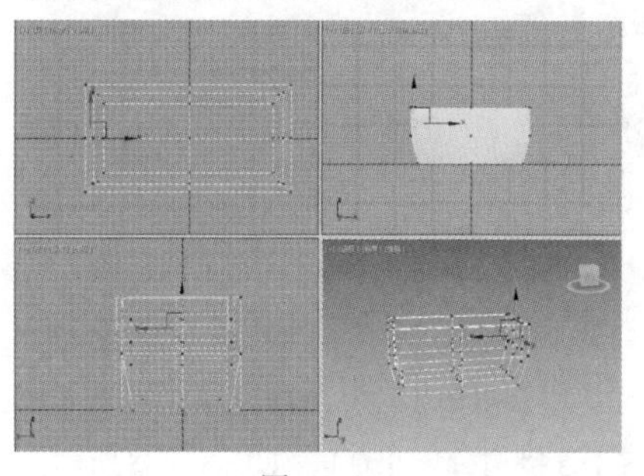

图 8-284

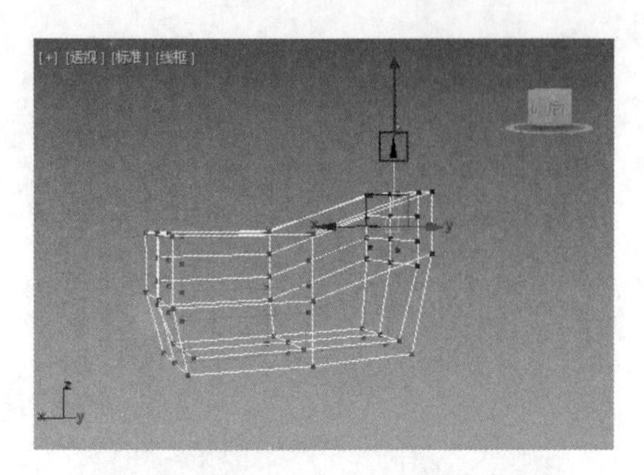


图 8-285

步骤 07 选择如图8-286所示的顶点。然后单击【选择并均匀缩放】按钮，将选中的顶点沿着X轴向外均匀缩放，使浴缸变得更圆润。

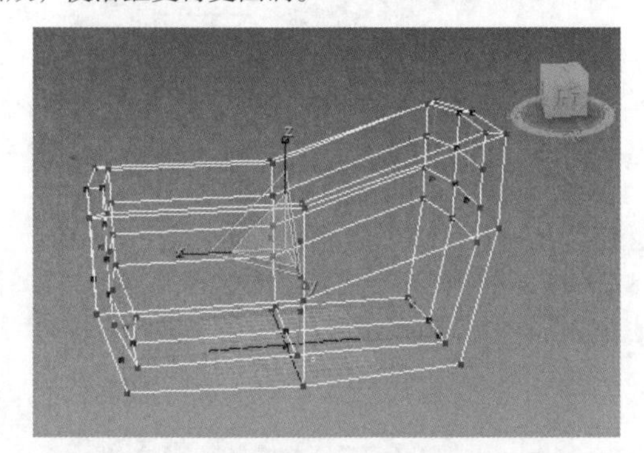

图 8-286

步骤 08 进入【边】级别，选择如图8-287所示的边。

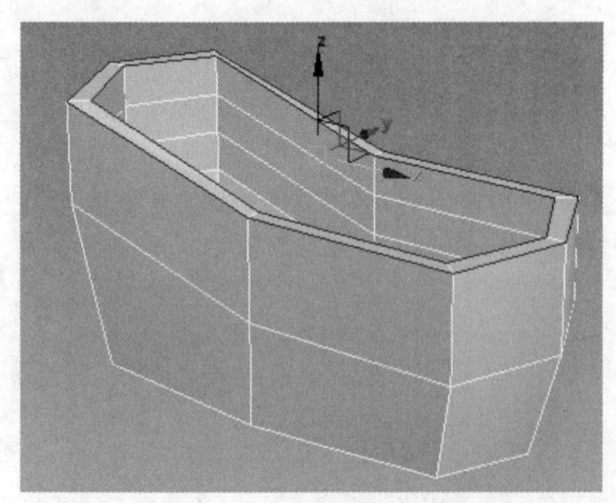

图 8-287

步骤 09 单击【切角】后方的按钮，设置【边切角量】为5mm，【连接边分段】为1，如图8-288所示。

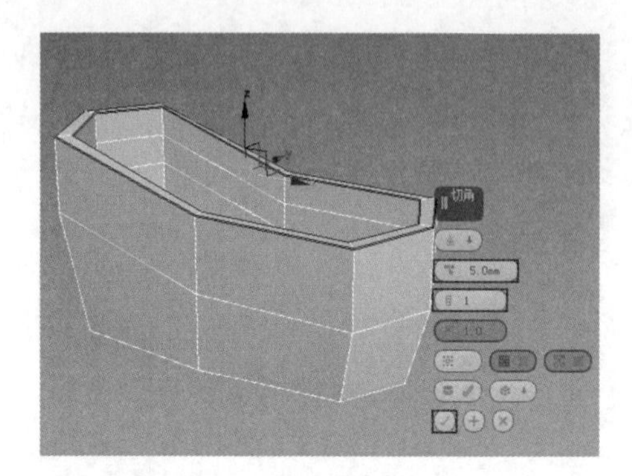


图 8-288

步骤 10 为该模型加载【网格平滑】修改器，并设置【迭代次数】为3，最终效果如图8-289所示。

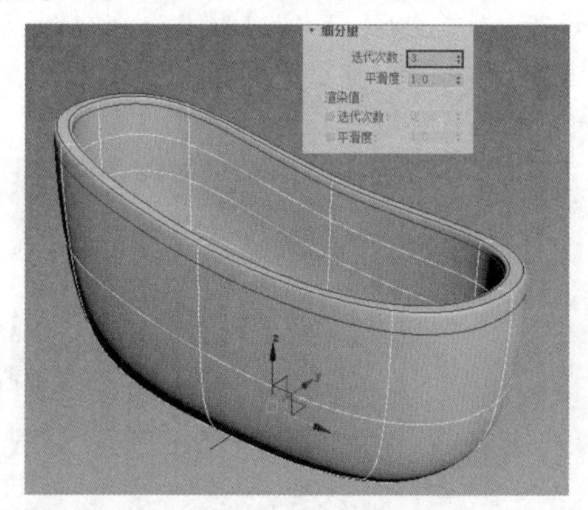


图 8-289

## 实例：双人床

扫一扫，看视频

文件路径：Chapter 08 多边形建模→实例：双人床

本案例主要应用了多边形建模中的【切角】【插入】【挤出】工具，为模型添加【网格平滑】、FFD修改器制作双人床模型。渲染效果如图8-290所示。

图 8-290

## 操作步骤

步骤 01 在透视图中创建1个长方体，设置【长度】为260mm，【宽度】为2500mm，【高度】为1600mm，【宽度分段】为6，【高度分段】为6，如图8-291所示。

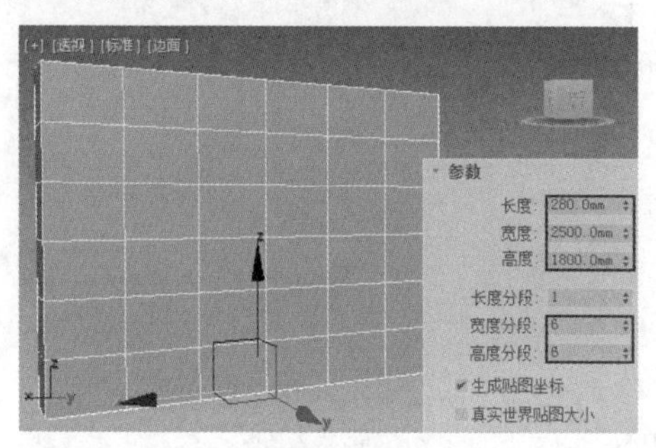


图 8-291

步骤 02 选中长方体模型，单击鼠标右键，将其转换为可编辑的多边形。进入【边】级别，选中如图8-292所示的边。接着单击【切角】后方的按钮，设置【边切角量】为15mm，【连接边分段】为2，如图8-293所示。

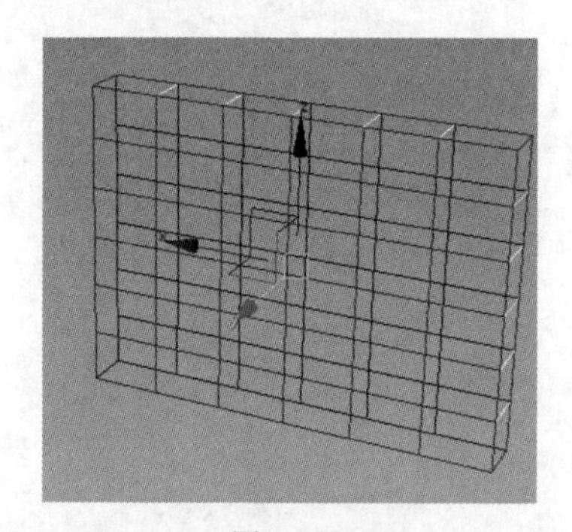

图 8-292

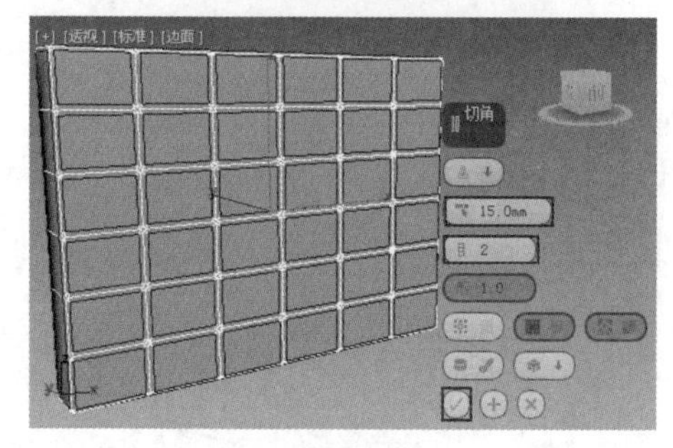


图 8-293

步骤 03 进入【顶点】级别，勾选【忽略背面】，并选择如图8-294所示的顶点（注意：模型四周的部分顶点也需要选择）。将选中的顶点沿着Y轴向后方平移，如图8-295所示。

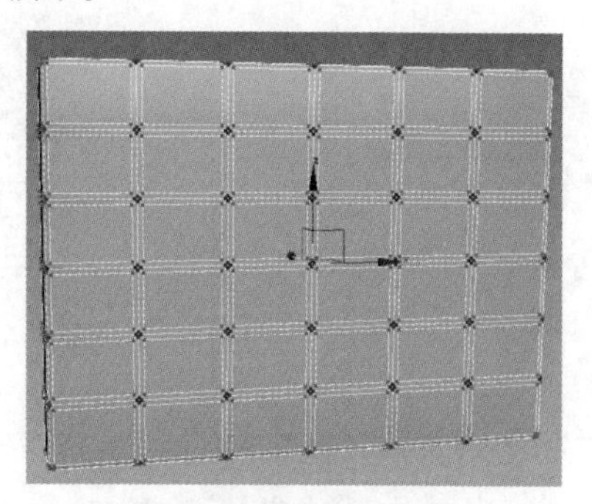

图 8-294

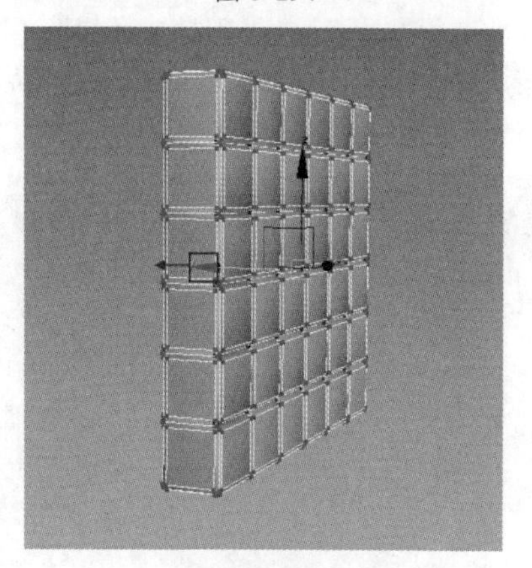

图 8-295

步骤 04 为其加载【网格平滑】修改器，设置【迭代次数】为3，如图8-296所示。

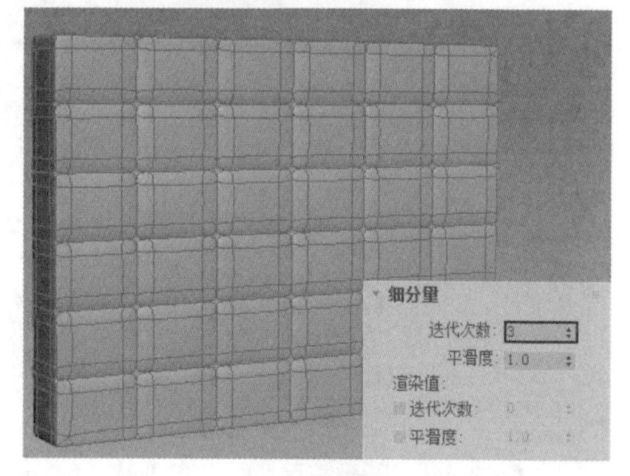


图 8-296

步骤 05 再次创建一个长方体模型，在【参数】卷展栏中设置【长度】为2000mm，【宽度】为1500mm，【高度】为200mm，如图8-297所示。设置完成后将其转换为可编辑的多边形。

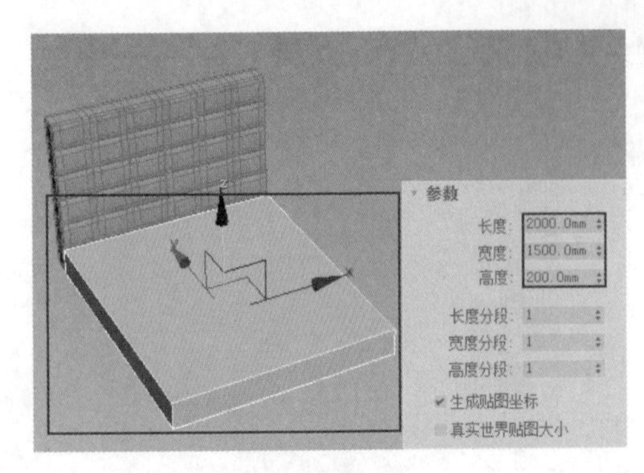


图 8-297

步骤 06 进入【多边形】■级别，选择如图8-298所示的多边形。单击【插入】后方的□按钮，设置插入的【数量】为15mm，如图8-299所示。

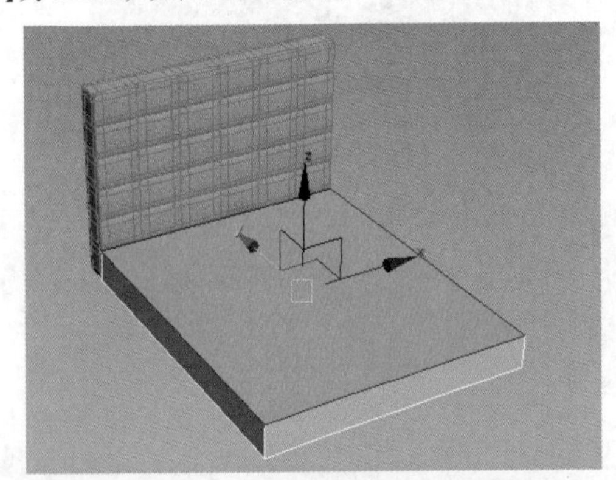

图 8-298

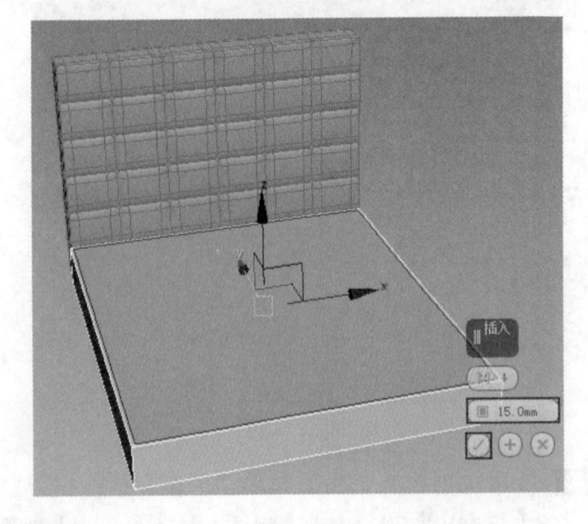


图 8-299

步骤 07 单击【挤出】后方的■按钮，设置挤出的【高度】为-175mm，如图8-300所示。

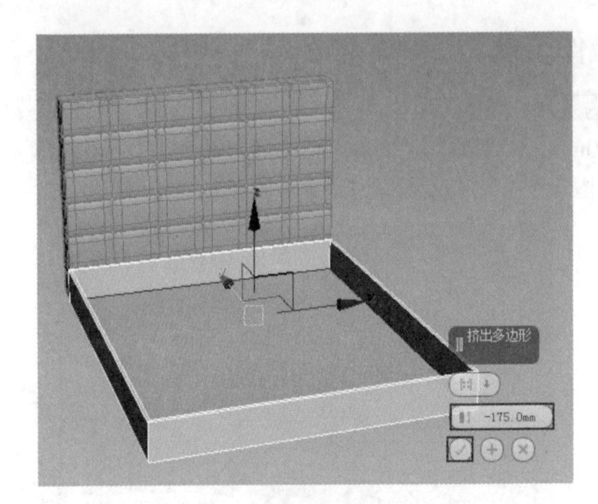


图 8-300

步骤 08 选择如图8-301所示的边。

步骤 09 单击【切角】后方的□按钮，设置【边切角量】为3mm，如图8-302所示。

步骤 10 为其加载【网格平滑】修改器，并设置【迭代次数】为2，如图8-303所示。

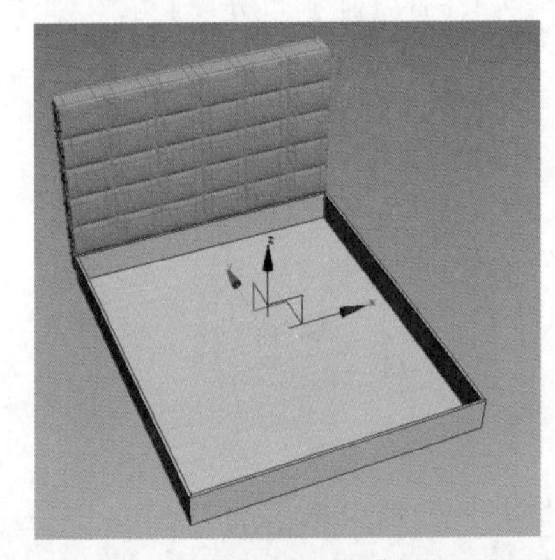

图 8-301

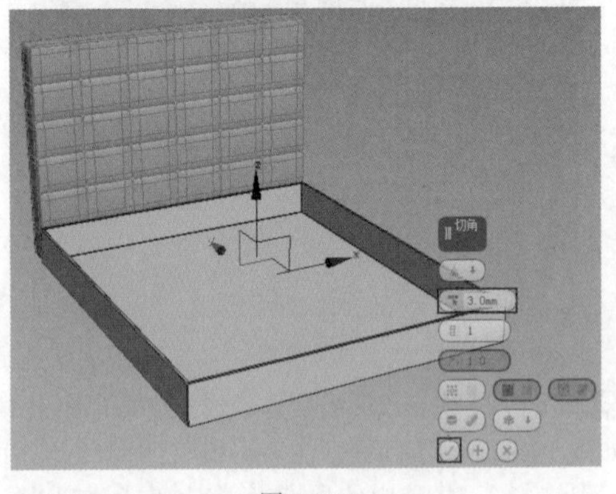


图 8-302

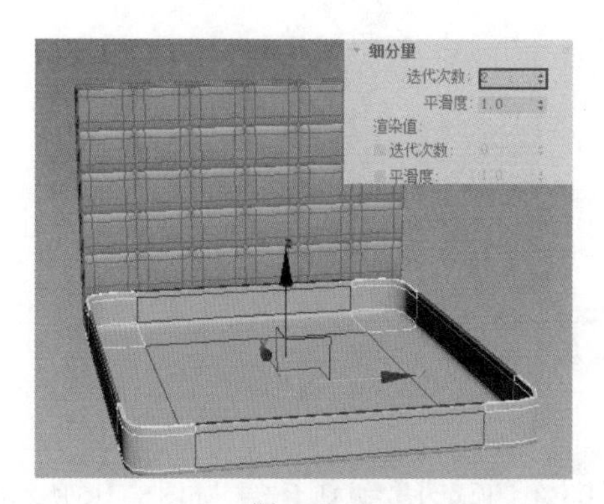


图 8-303

步骤 11 再次创建一个长方体模型，在【参数】卷展栏中设置【长度】为2000mm，【宽度】为1500mm，【高度】为375mm，如图8-304所示。设置完成后将其转换为可编辑的多边形。

步骤 12 将模型转换为可编辑多边形，选择该长方体模型的所有的边，然后单击【切角】后方的□按钮，设置【边切角量】为15mm，如图8-305所示。

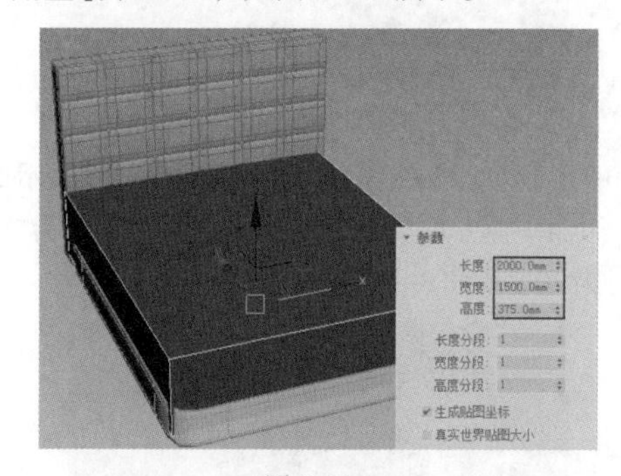


图 8-304

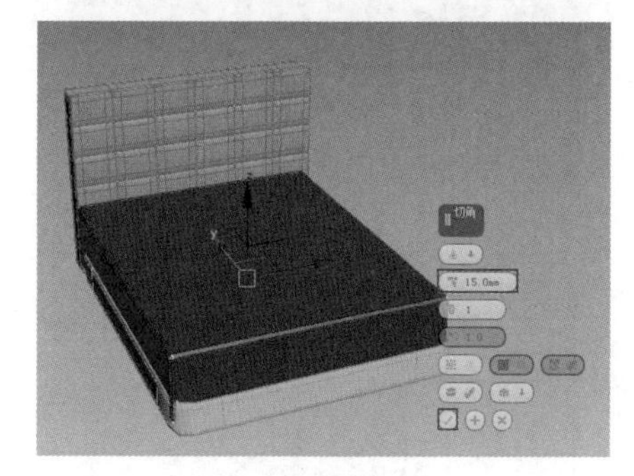

图 8-305

步骤 13 接着为其加载【网格平滑】修改器，设置【迭代次数】为2，如图8-306所示。

步骤 14 在透视图中创建1个圆柱体，设置【半径】为30mm，【高度】为150mm，如图8-307所示。

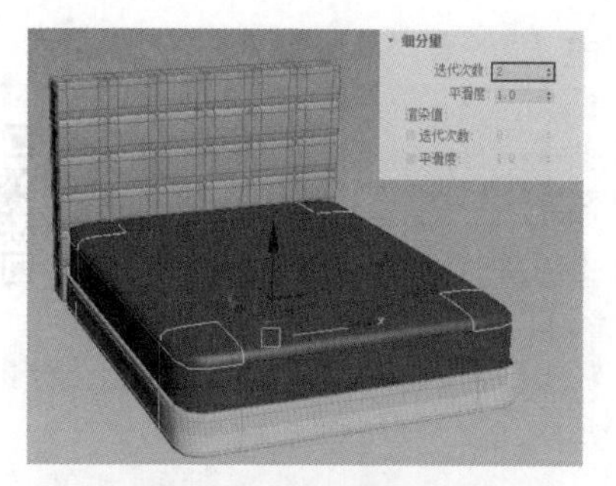

图 8-306

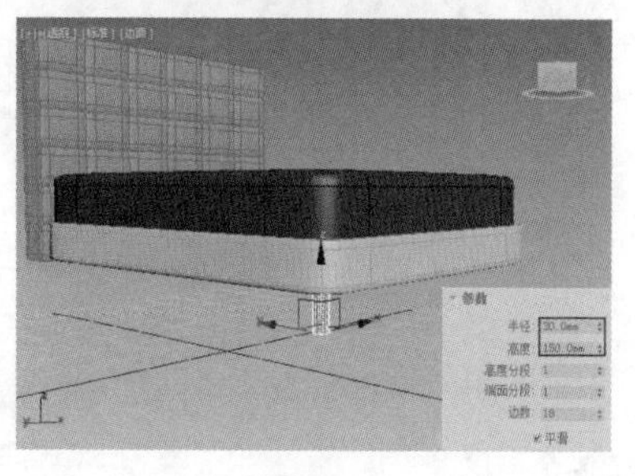

图 8-307

步骤 15 为其加载【FFD 2×2×2】修改器，并进入【控制点】级别，选择最下方的4个控制点，单击【选择并均匀缩放】按钮，将选中的4个控制点进行均匀缩放，如图8-308所示。

步骤 16 最后将床腿复制3份并放置于合适位置，最终效果如图8-309所示。

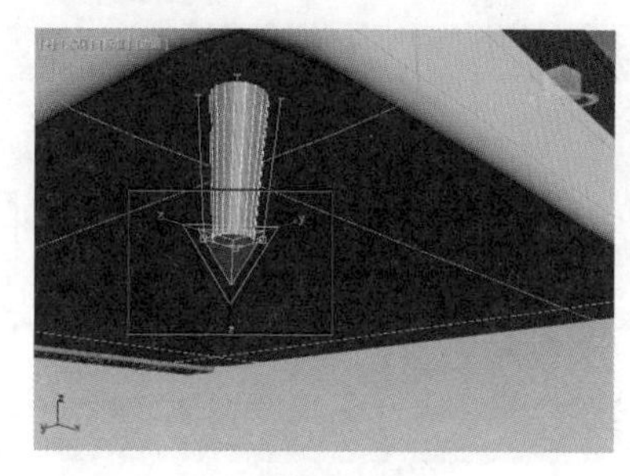

图 8-308

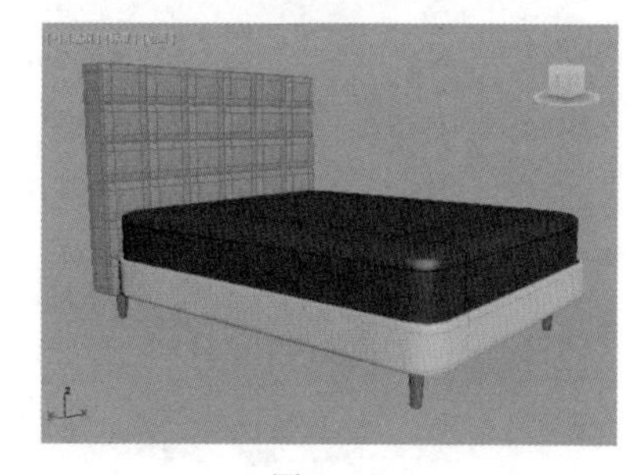

图 8-309

## 实例：单人沙发

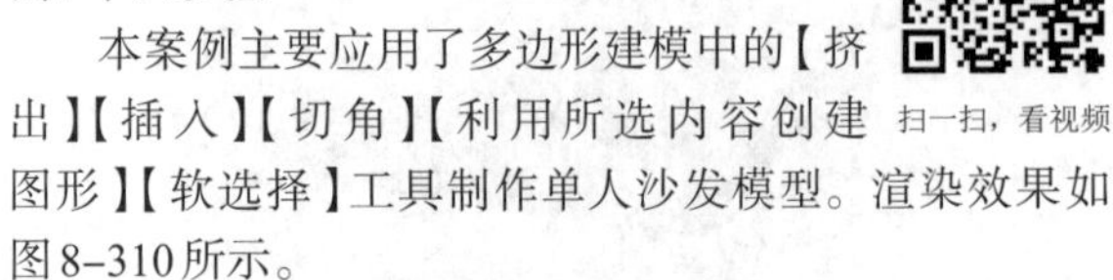

文件路径：Chapter 08 多边形建模→实例：单人沙发

扫一扫，看视频

本案例主要应用了多边形建模中的【挤出】【插入】【切角】【利用所选内容创建图形】【软选择】工具制作单人沙发模型。渲染效果如图8-310所示。

图 8-310

## 操作步骤

步骤 01 利用【长方体】工具在前视图中创建一个长方体，如图8-311所示。并设置【长度】为500mm，【宽度】为700mm，【高度】为100mm，【宽度分段】为3，如图8-312所示。

步骤 02 加载【编辑多边形】修改器命令，在【多边形】级别下，选择如图8-313所示的多边形，单击【挤出】后方的按钮，设置【高度】为500mm，如图8-314所示。

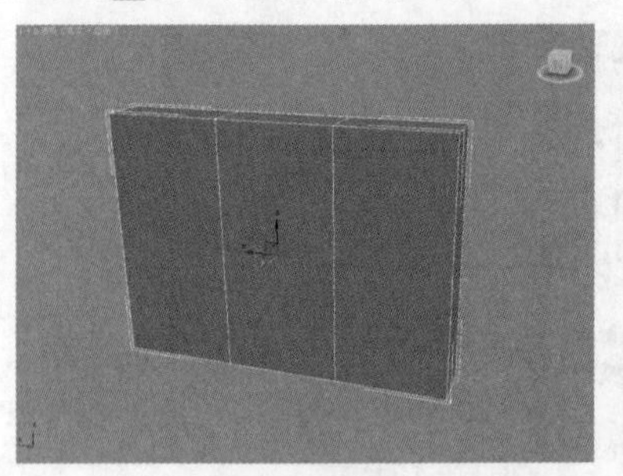

图 8-311

图 8-312

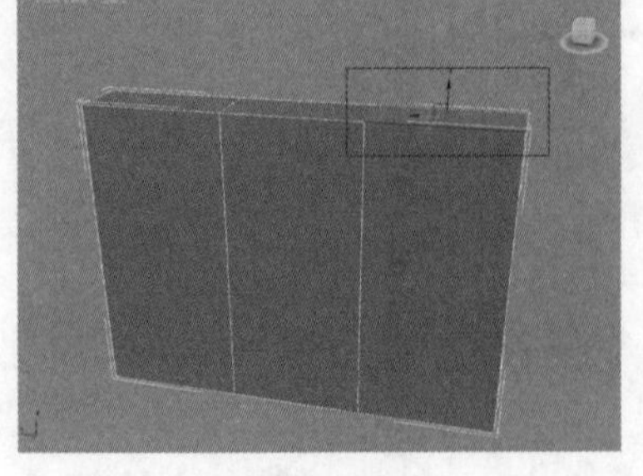

图 8-313

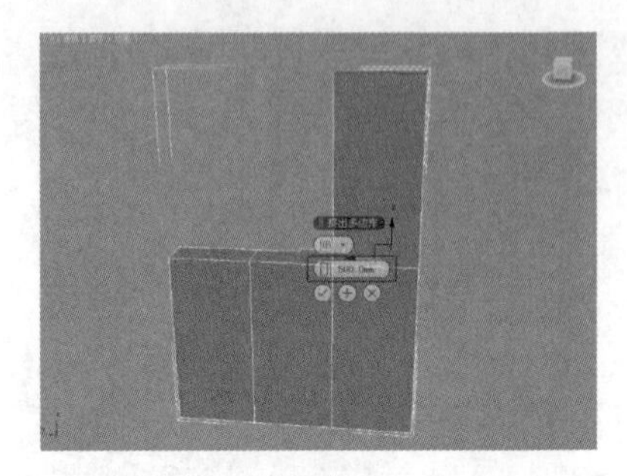

图 8-314

步骤 03 在【顶点】级别下选择如图8-315所示的点，沿X轴调节点到如图8-316所示的位置。

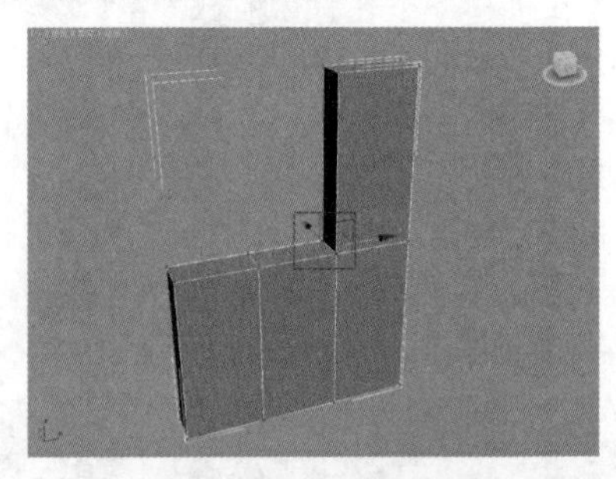

图 8-315

步骤 04 在【边】级别下，选择如图8-317所示的边，单击【切角】后方的按钮，并设置【数量】为70mm，【分段】为30，如图8-318所示。

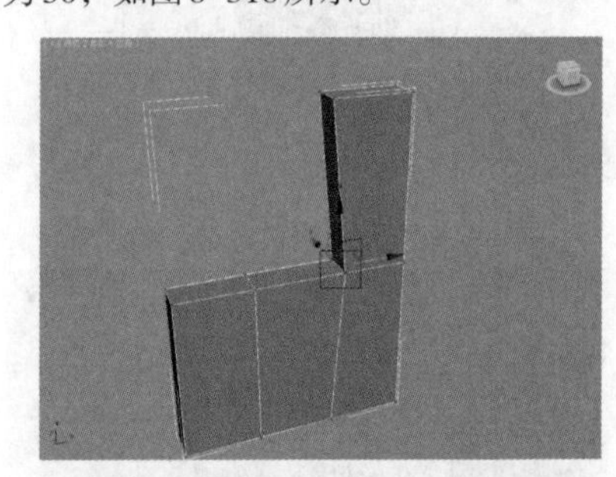

图 8-316

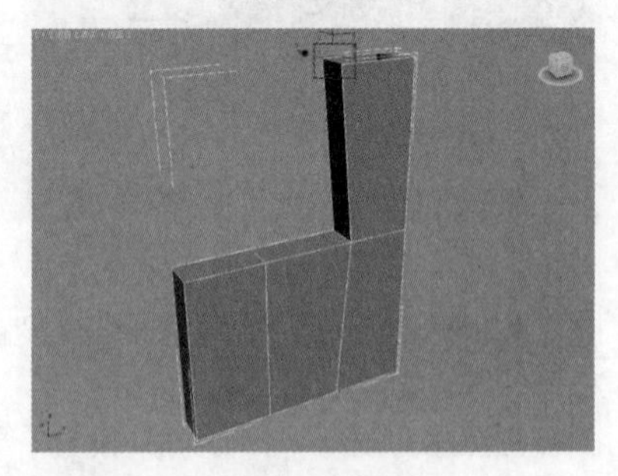

图 8-317

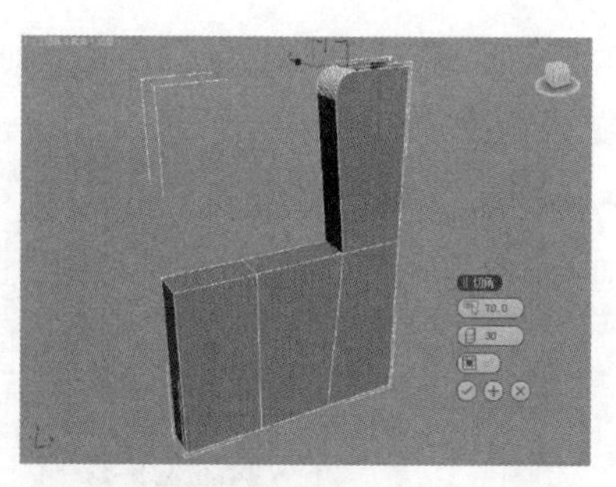

图 8-318

步骤 05 选择如图8-319所示的边，单击【切角】后方的□按钮，并设置【数量】为60mm，【分段】为30，如图8-320所示。

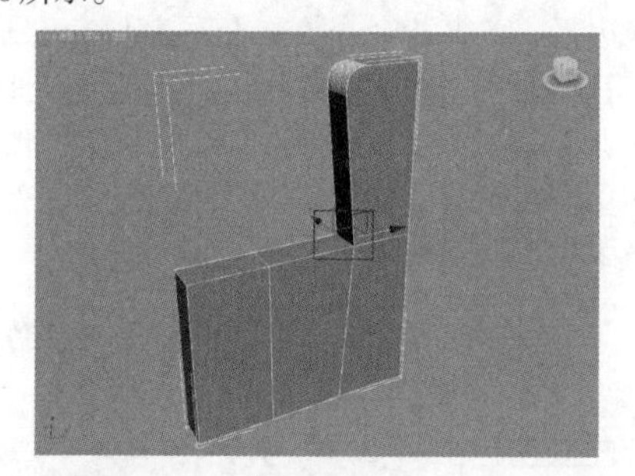

图 8-319

步骤 06 选择如图8-321所示的边，单击【切角】后方的□按钮，并设置【数量】为200mm，【分段】为100，如图8-322所示。

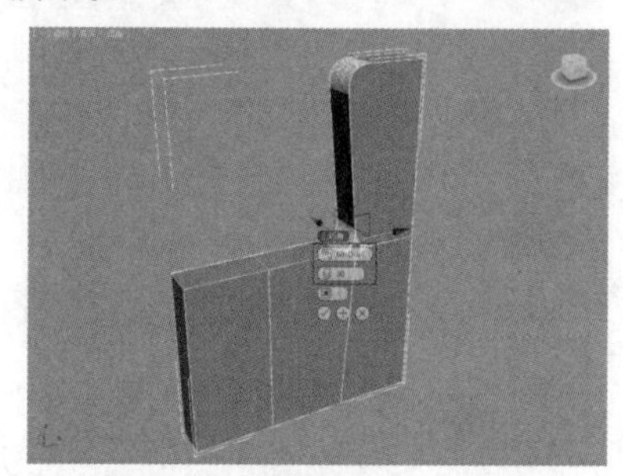

图 8-320

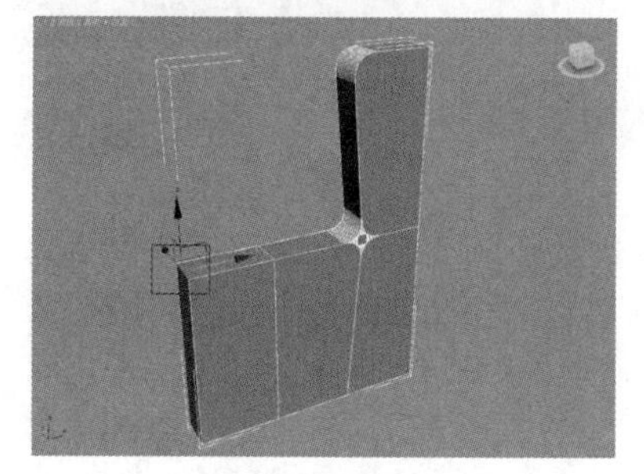

图 8-321

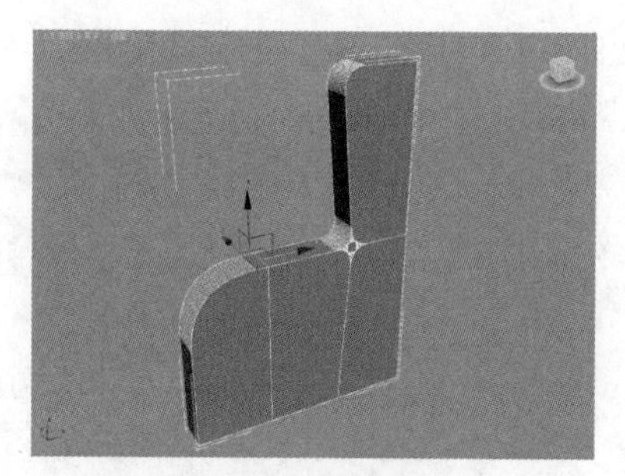

图 8-322

步骤 07 选择如图8-323所示模型最外侧的边缘的边，单击 利用所选内容创建图形 后方的□按钮，设置【图形类型】为线性，如图8-324所示。

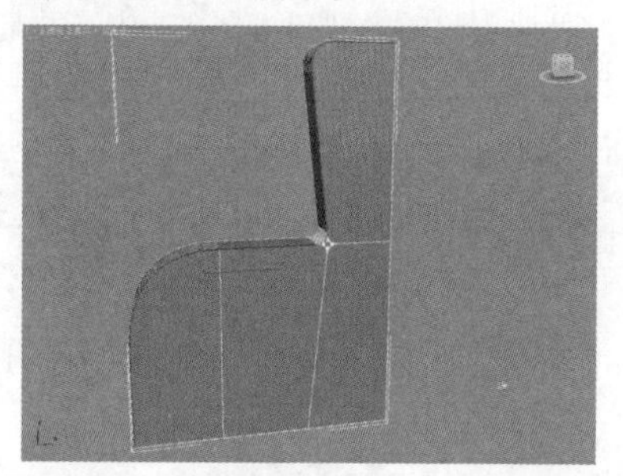

图 8-323

步骤 08 选择上一步中创建的线，进入【修改】面板，勾选【在渲染中启用】和【在视口中启用】选项，接着选中【径向】选项，设置【厚度】为10mm，【边】为12，如图8-325所示。模型效果如图8-326所示。

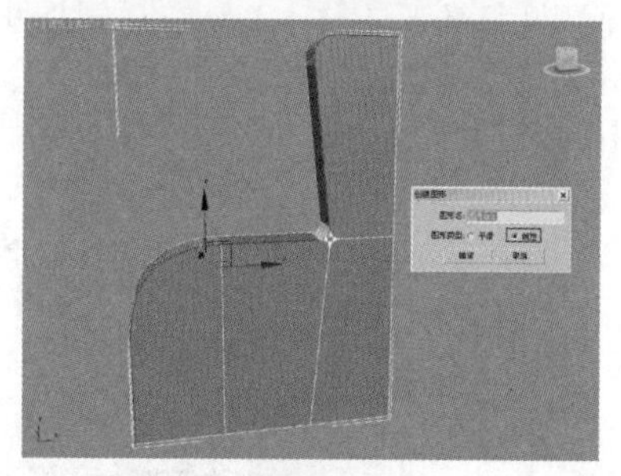

图 8-324

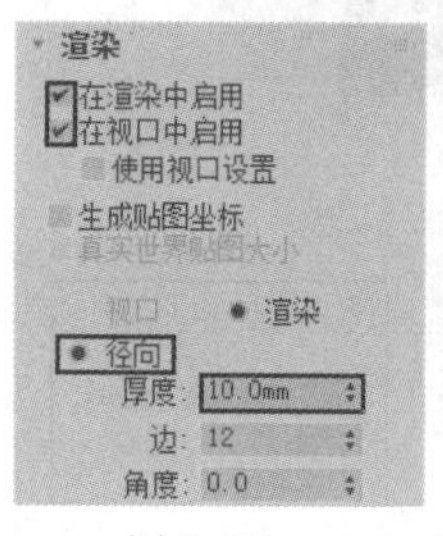


图 8-325

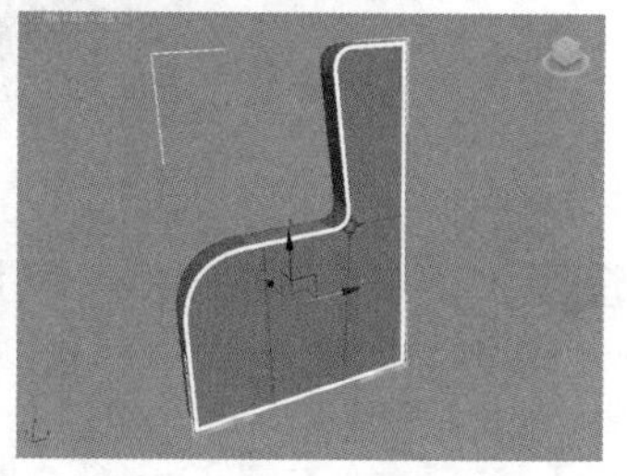

图 8-326

步骤 09 最后把线复制一份，如图8-327所示。

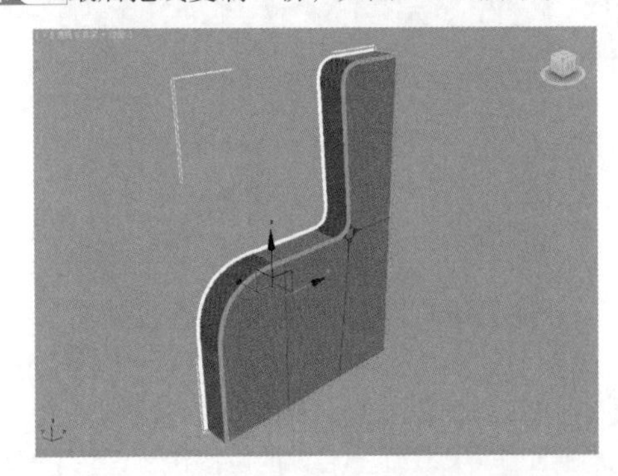

图 8-327

步骤 10 将此时创建的模型和线全部选中，并复制一份，如图8-328所示。

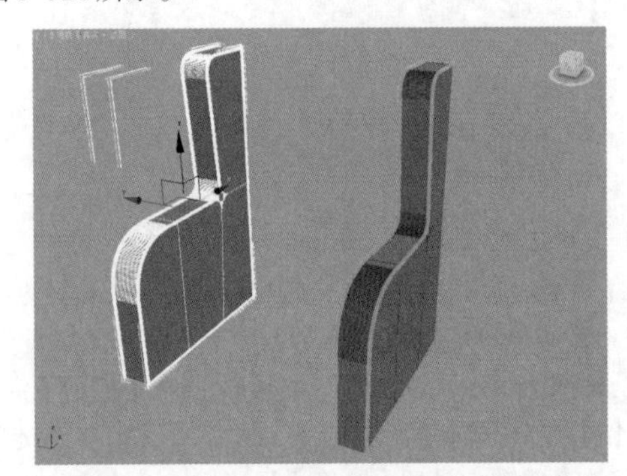

图 8-328

步骤 11 使用【切角长方体】工具在顶视图中创建一个切角长方体，设置【长度】为700mm，【宽度】为700mm，【高度】为250mm，【圆角】为20mm，【圆角分段】为10，如图8-329所示。效果如图8-330所示。

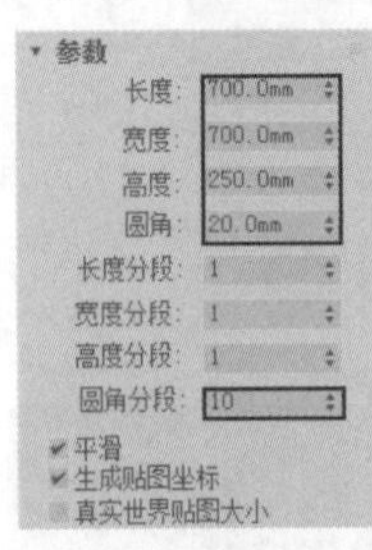


图 8-329

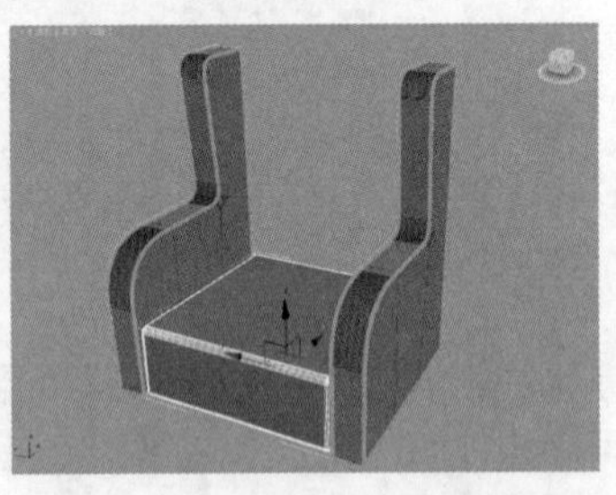

图 8-330

步骤 12 再次使用【切角长方体】工具在顶视图中创建一个切角长方体，并设置【长度】为800mm，【宽度】为700mm，【高度】为100mm，【圆角】为20mm，【长度分段】为5，【宽度分段】为5，【高度分段】为2，【圆角分段】为10，并将其旋转和移动至合适的位置，如图8-331所示。效果如图8-332所示。

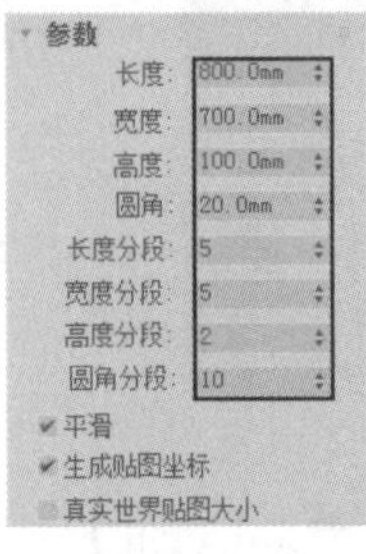
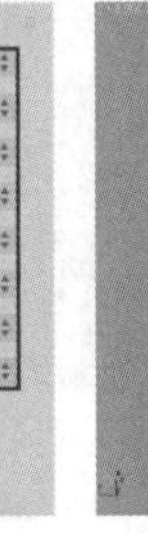


图 8-331

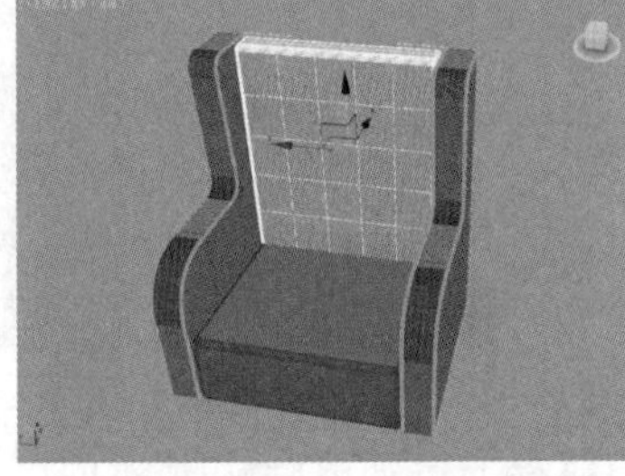

图 8-332

步骤 13 保持选中上一步中的切角长方体，为其加载【编辑多边形】修改器命令，在【顶点】级别下展开【软选择】卷展栏，勾选【使用软选择】选项，取消勾选【影响背面】选项，设置【衰减】为500mm，如图8-333所示。选择当前的4个顶点并进行移动使其产生凸起效果，如图8-334所示。

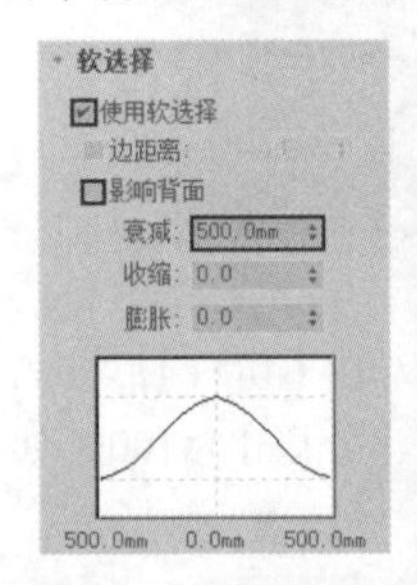


图 8-333

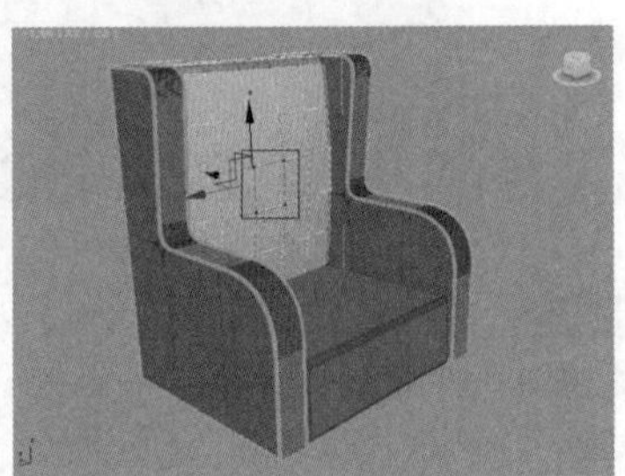

图 8-334

步骤 14 在顶视图中创建4个长方体，设置【长度】为40mm，【宽度】为40mm，【高度】为180mm，如图8-335所示，效果如图8-336所示。

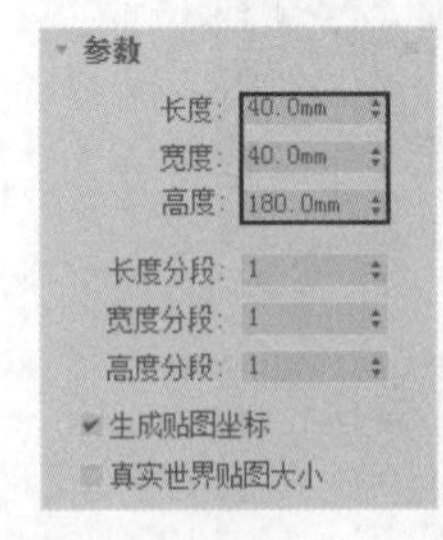


图 8-335

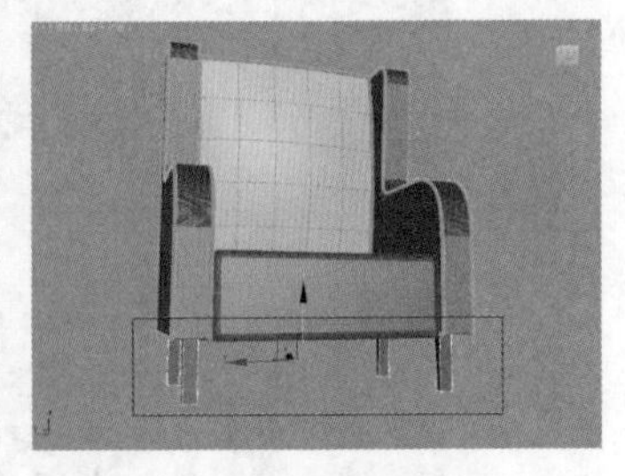

图 8-336

步骤 15 分别为4个长方体加载【编辑多边形】修改器命令，并在【顶点】级别下调节点至合适的位置，如图8-337所示。

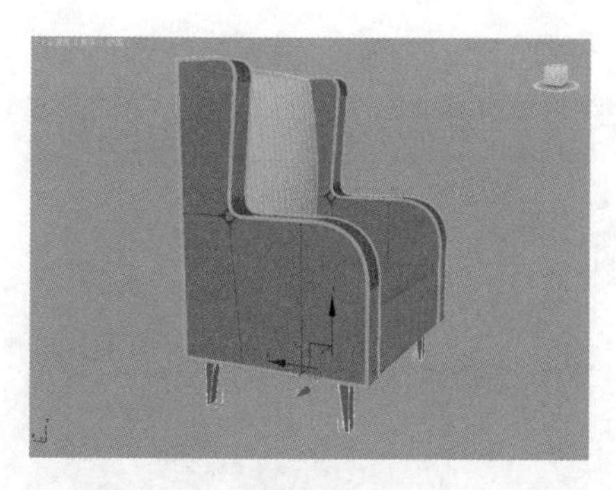

图 8-337

步骤 16 最终模型效果如图8-338所示。

图 8-338

## 实例：斗柜

扫一扫，看视频

文件路径：Chapter 08 多边形建模→实例：斗柜

本案例主要应用了多边形建模中的【连接】【倒角】【切角】工具制作斗柜模型。渲染效果如图8-339所示。

图 8-339

## 操作步骤

步骤 01 在顶视图中创建一个长方体，设置【长度】为450mm，【宽度】为700mm，【高度】为780mm，如图8-340所示。

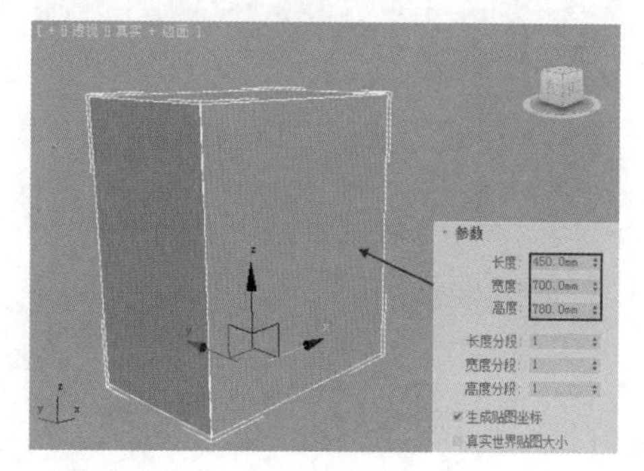


图 8-340

步骤 02 选择刚创建的长方体，然后将其转换为可编辑多边形，接着在【边】级别下选择如图8-341所示的2条边，然后单击【连接】后方的按钮，并设置【分段】为3。

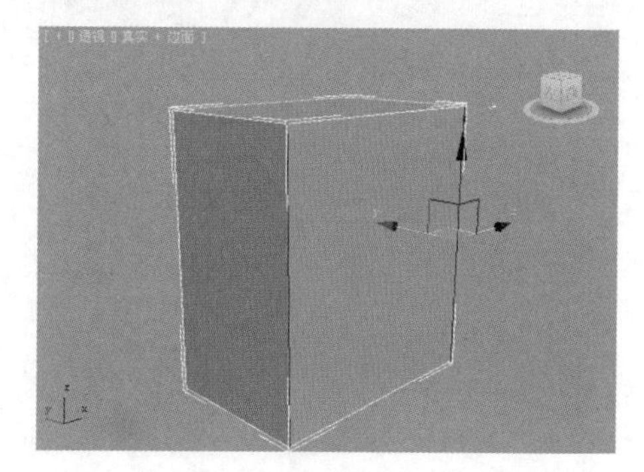

图 8-341

步骤 03 在【多边形】级别下选择如图8-342所示的4个多边形，然后单击【插入】后方的按钮，并设置插入【方式】为按多边形，【数量】为40mm，如图8-343所示。

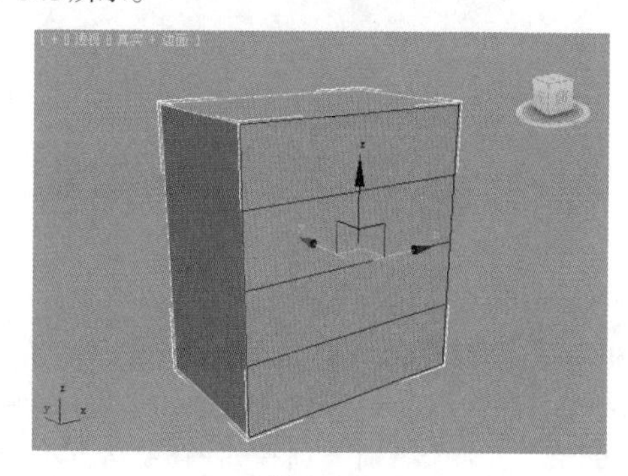

图 8-342

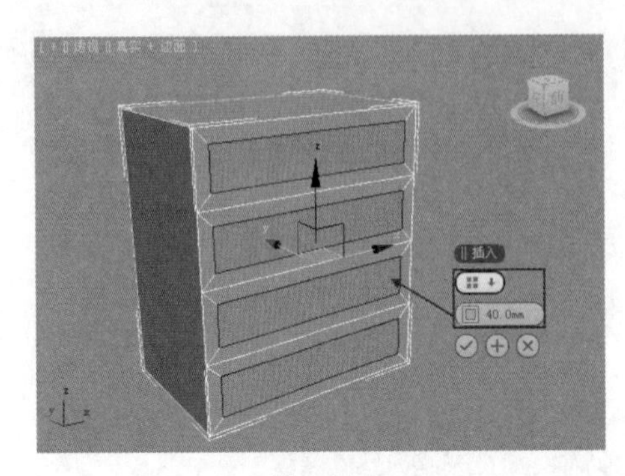

图 8-343

步骤 04 保持选择的多边形不变，单击【倒角】后方的按钮，并设置【高度】为-5mm，【轮廓量】为-3mm，如图8-344所示。

步骤 05 再次单击【倒角】后方的按钮，并设置【高度】为-5mm，【轮廓量】为1mm，如图8-345所示。

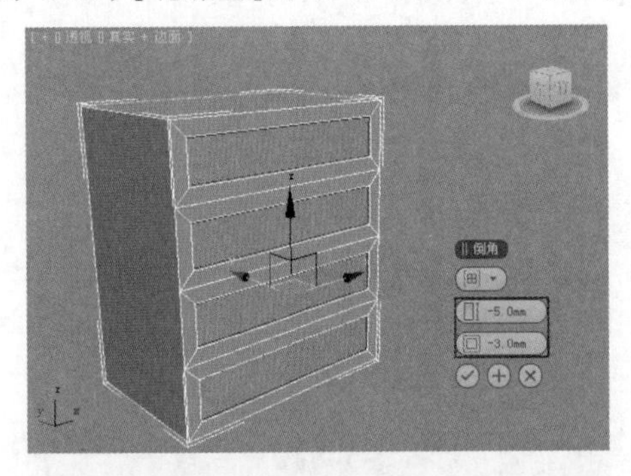

图 8-344

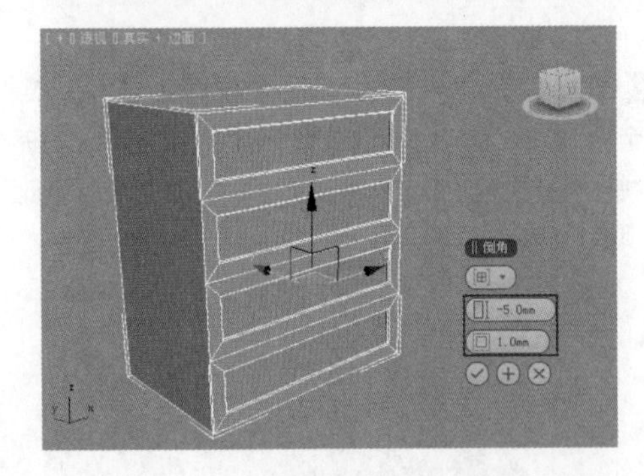

图 8-345

步骤 06 再次单击【倒角】后方的按钮，并设置【高度】为-1.5mm，【轮廓量】为-3mm，如图8-346所示。

步骤 07 执行3次倒角之后的模型效果如图8-347所示。

步骤 08 在【边】级别下选择如图8-348所示的边，然后单击【切角】后方的按钮，并设置【数量】为2mm，【分段】为3，如图8-349所示。

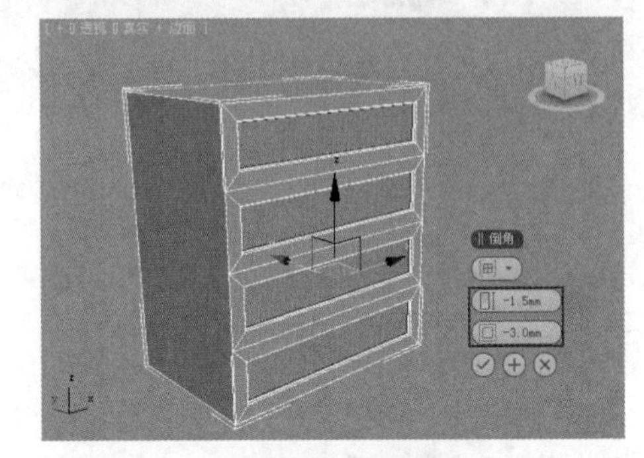

图 8-346

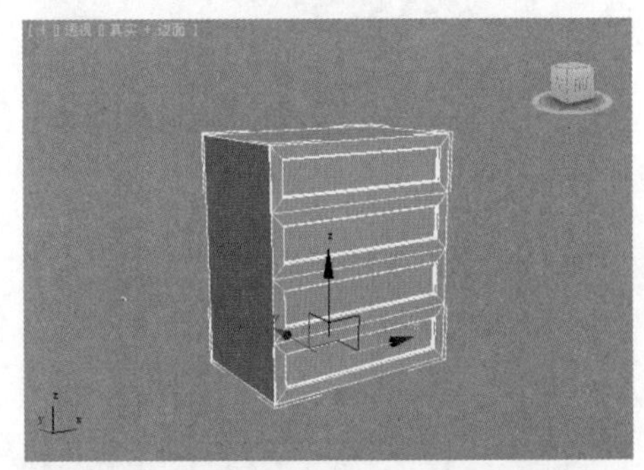
图 8-347

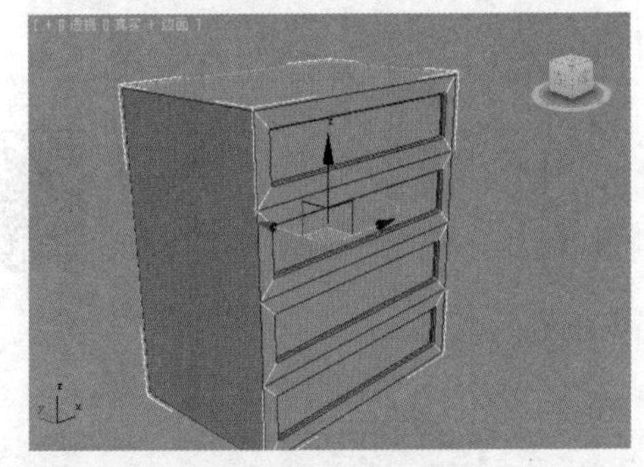
图 8-348

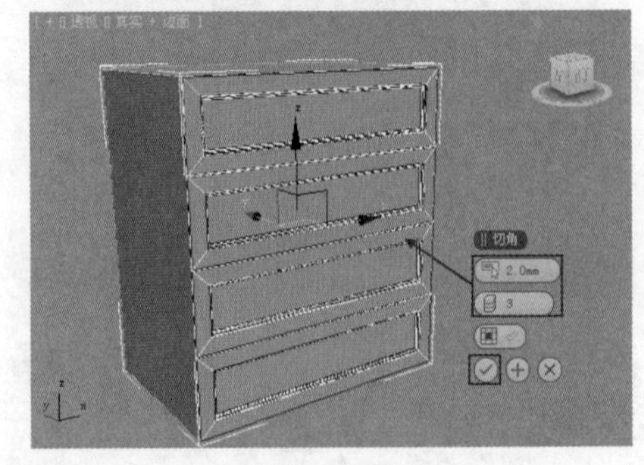

图 8-349

步骤 09 此时在模型的上方创建一个长方体，设置【长度】为480mm，【宽度】为720mm，【高度】为5mm，如图8-350所示。

步骤 10 选择刚创建的长方体，然后将其转换为可编辑多边形，接着在【多边形】■级别下选择长方体顶部的1个多边形，如图8-351所示。

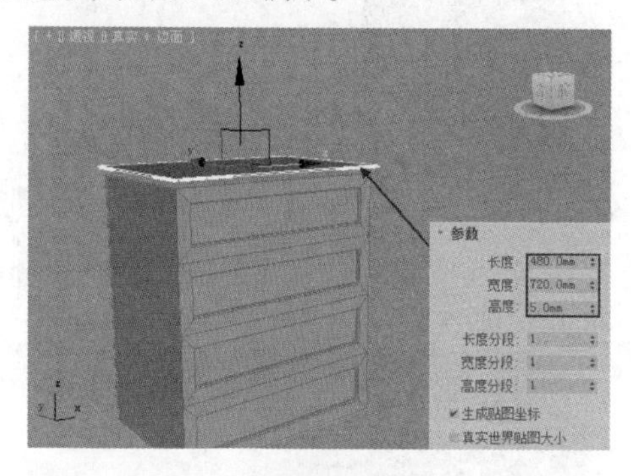


图 8-350

图 8-351

步骤 11 单击【倒角】后方的□按钮，并设置【高度】为15mm，【轮廓量】为-10mm，如图8-352所示。继续单击□按钮，并设置【高度】为5mm，【轮廓量】为-0.5mm，如图8-353所示。

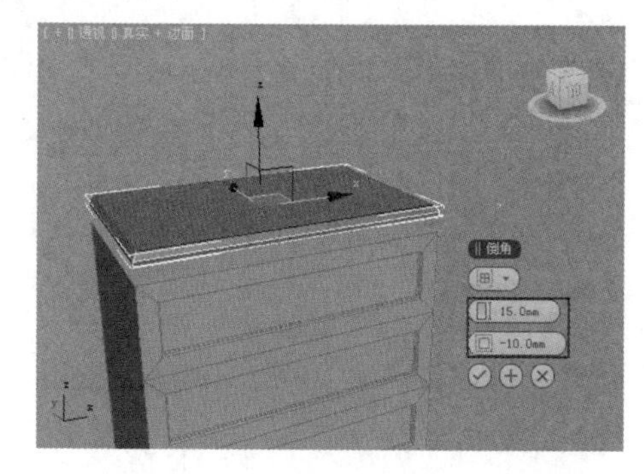


图 8-352

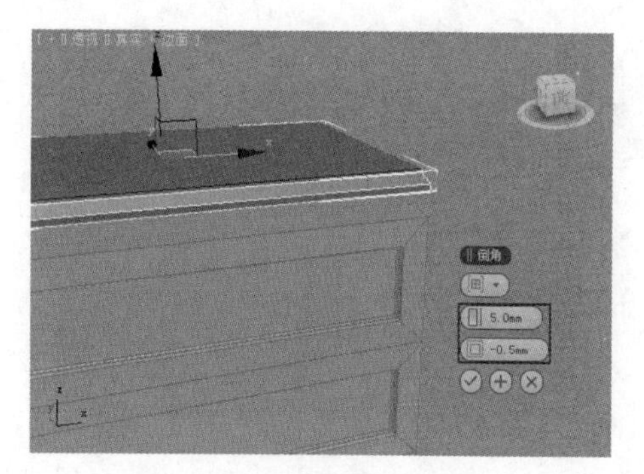


图 8-353

步骤 12 再次单击【倒角】后方的□按钮，并设置【高度】为2mm，【轮廓量】为-1.5mm，如图8-354所示。

步骤 13 选择长方体底部的1个多边形，如图8-355所示。

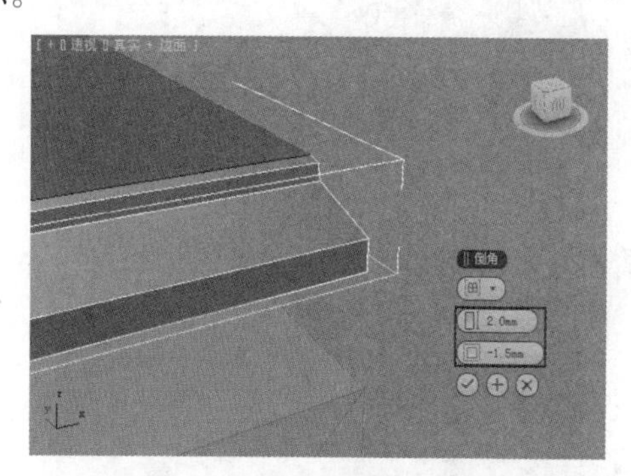


图 8-354

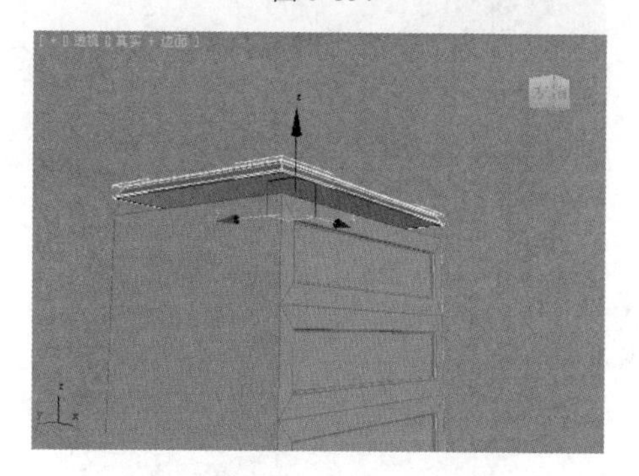

图 8-355

步骤 14 再次执行与上面方法相同的3次倒角操作，制作出如图8-356所示的模型。

步骤 15 在【边】◁级别下选择如图8-357所示的边，然后单击【切角】后方的□按钮，并设置【数量】为1.5mm，【分段】为3。

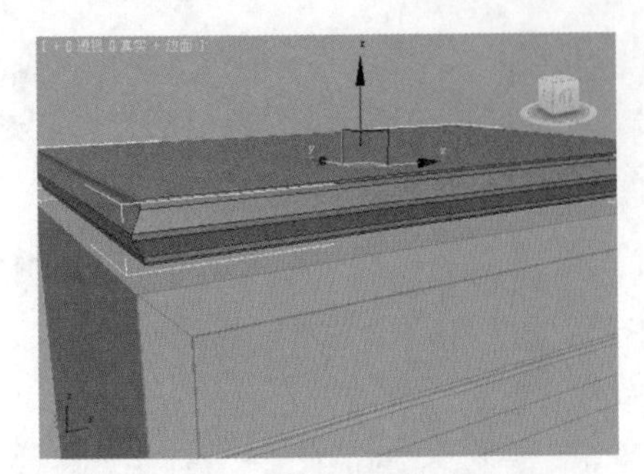

图 8-356

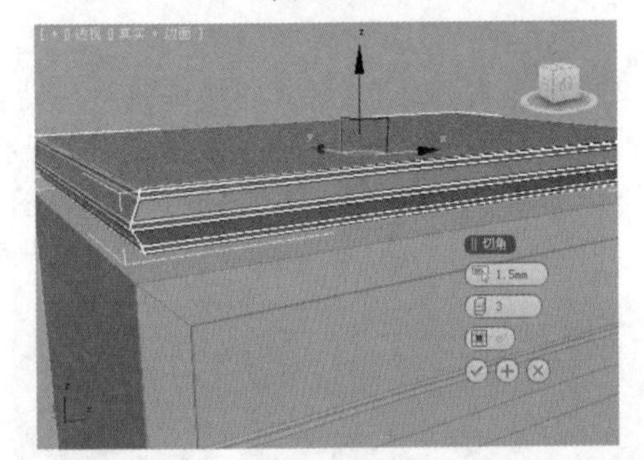

图 8-357

步骤 16 选择制作好的长方体，使用【选择并移动】工具复制一份到柜子下方，如图8-358所示。

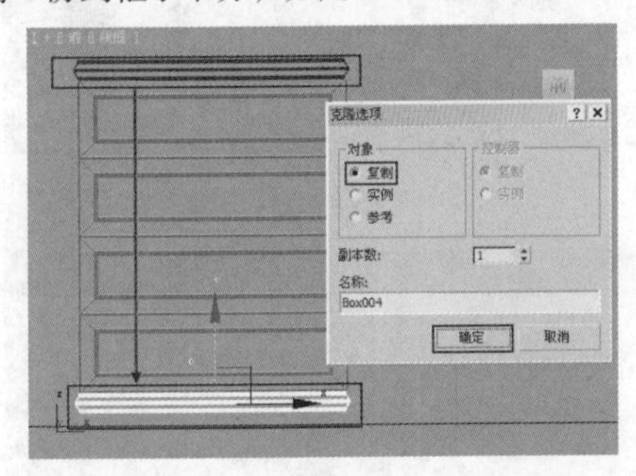


图 8-358

步骤 17 继续创建一个长方体，设置【长度】为450mm，【宽度】为700mm，【高度】为30mm，如图8-359所示。

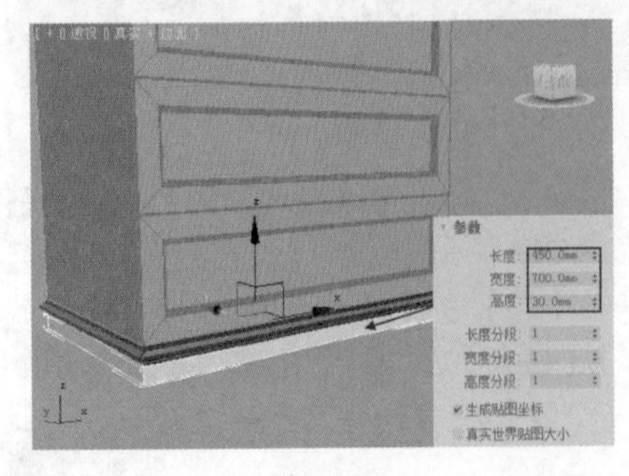


图 8-359

步骤 18 使用【样条线】下的【线】工具在前视图绘制如图8-360所示的形状。

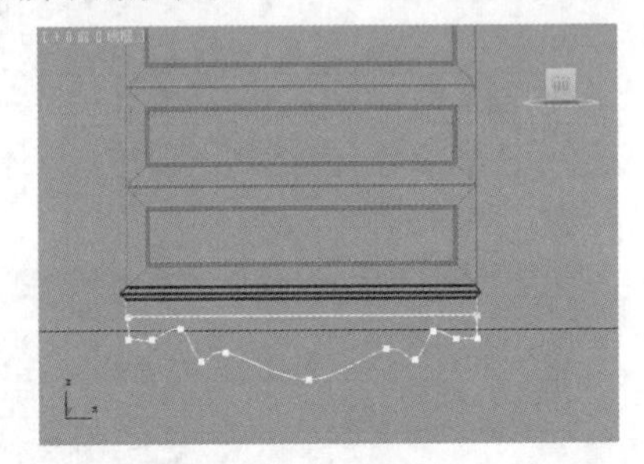

图 8-360

步骤 19 为上一步创建的图形加载【挤出】修改器，设置【数量】为10mm，如图8-361所示。

图 8-361

步骤 20 最后使用【长方体】工具创建4个长方体，放置于柜子下方，如图8-362所示。

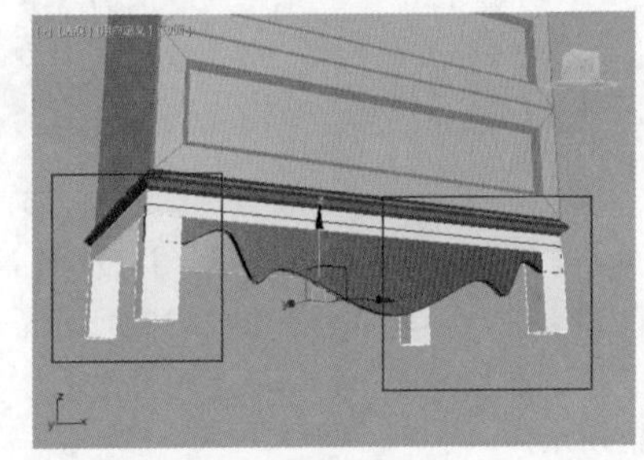

图 8-362

步骤 21 最终建模效果如图8-363所示。

图 8-363

## 实例：脚凳

文件路径：Chapter 08 多边形建模→实例：脚凳

扫一扫，看视频

本案例主要应用了多边形建模中的【连接】【挤出】【创建图形】工具，为模型添加【网格平滑】修改器制作脚凳模型。渲染效果如图8-364所示。

图 8-364

## 操作步骤

**步骤 01** 在顶视图中创建一个长方体，设置【长度】为500mm，【宽度】为500mm，【高度】为70mm，【长度分段】为3，【宽度分段】为3，如图8-365所示。

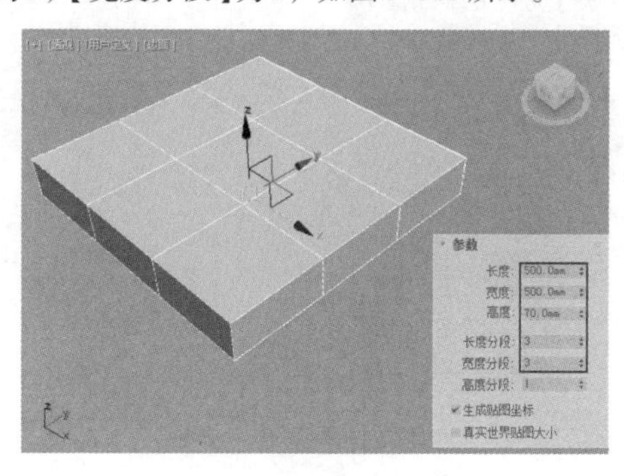


图 8-365

**步骤 02** 选择长方体并单击右键，将其转换为可编辑多边形。在【边】级别下选择如图8-366所示的12条边。单击【连接】后方的按钮，并设置【分段】为2，【收缩】为68，如图8-367所示。

**步骤 03** 在【边】级别下选择如图8-368所示的边（注意背面也需要选择）。单击【连接】后方的按钮，并设置【滑块】为-70，如图8-369所示。

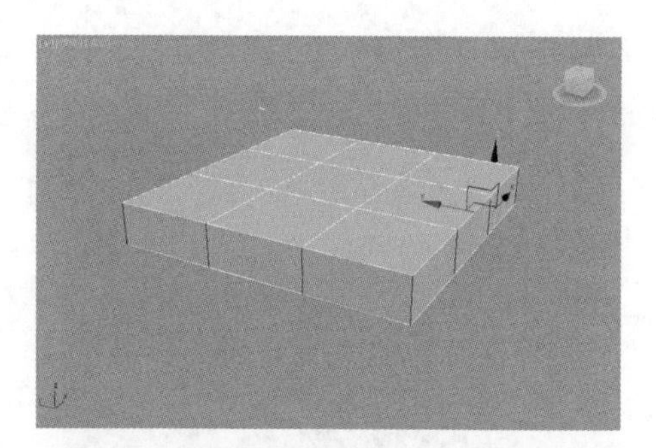

图 8-366

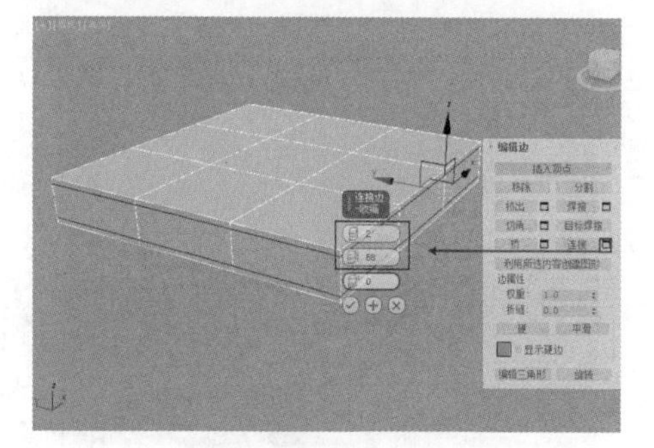

图 8-367

图 8-368

图 8-369

**步骤 04** 在【边】级别下选择如图8-370所示的边（注意背面也需要选择）。单击【连接】后方的按钮，并设

置【滑块】为-70，如图8-371所示。

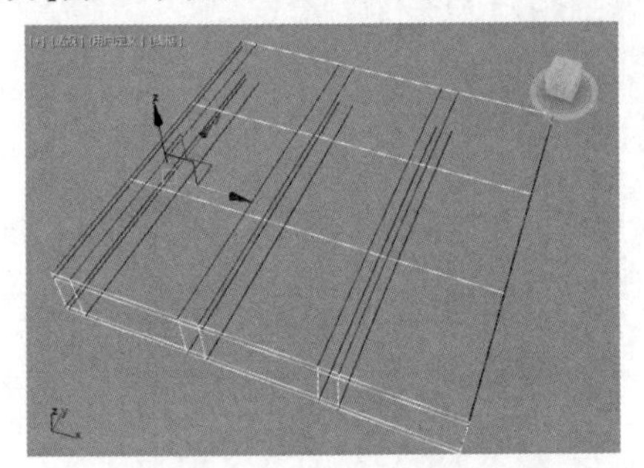

图8-370

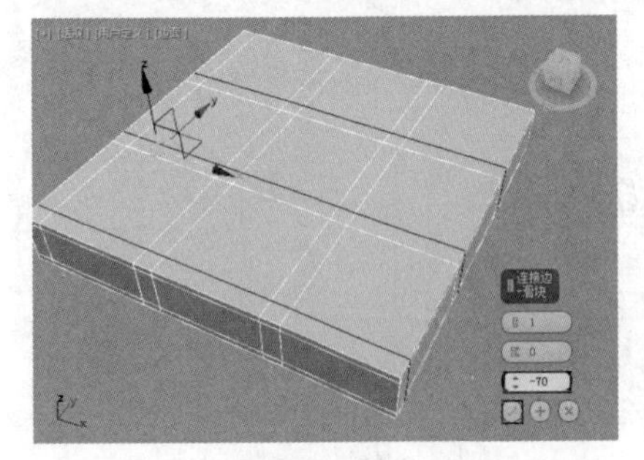


图8-371

步骤 05 在【边】级别下选择如图8-372所示的边（注意背面也需要选择）。单击【连接】后方的按钮，并设置【滑块】为-70，如图8-373所示。

图8-372

图8-373

步骤 06 在【边】级别下选择如图8-374所示的边（注意背面也需要选择）。单击【连接】后方的按钮，并设置【滑块】为-70，如图8-375所示。

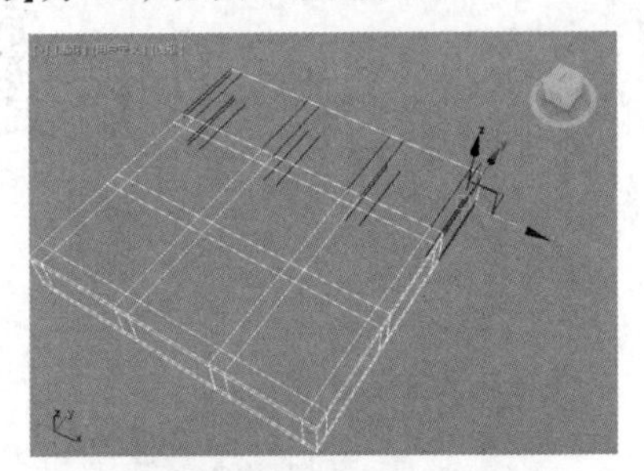

图8-374

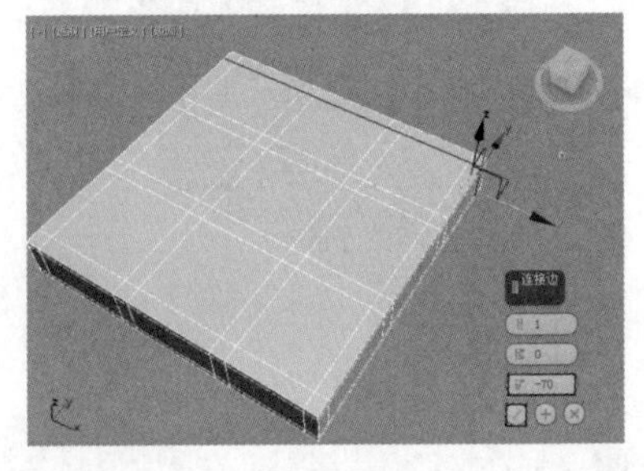


图8-375

步骤 07 在【边】级别下选择如图8-376所示的边（注意背面也需要选择）。单击【连接】后方的按钮，并设置【滑块】为-70，如图8-377所示。

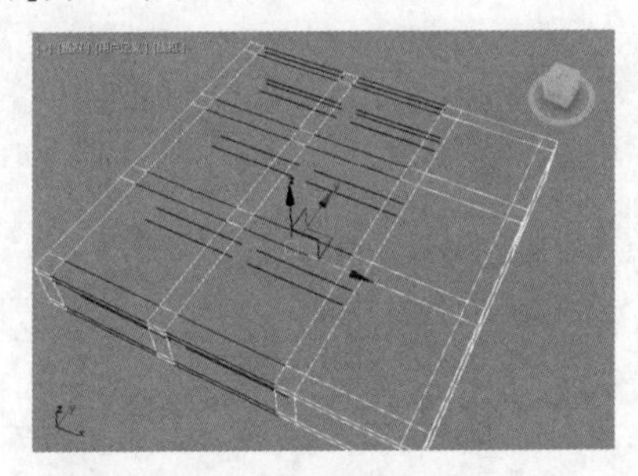

图8-376

图8-377

步骤 08 在【边】级别下选择如图8-378所示的边(注意背面也需要选择)。单击【连接】后方的按钮，并设置【滑块】为-70，如图8-379所示。

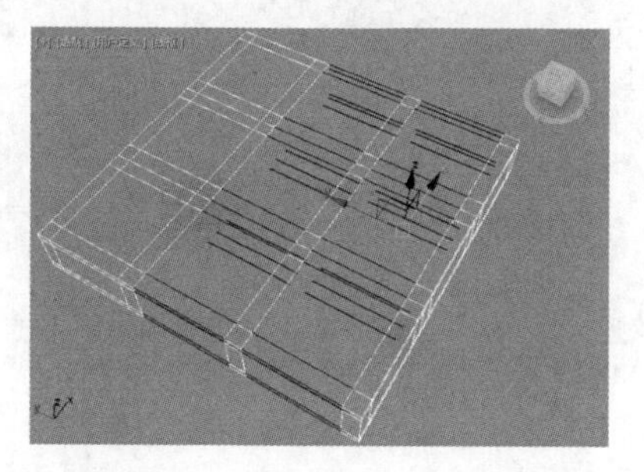

图 8-378

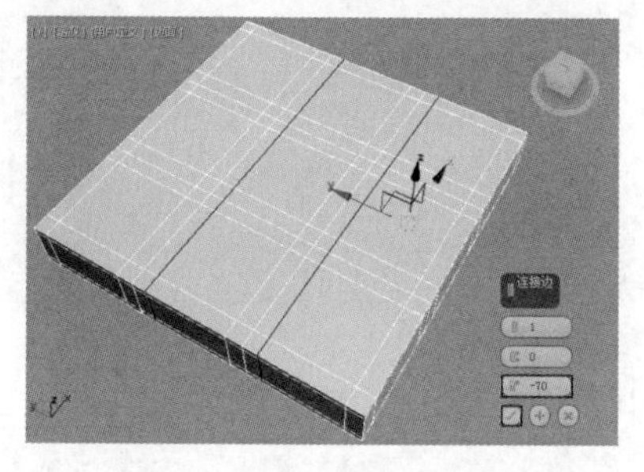

图 8-379

步骤 09 在【顶点】级别下选择如图8-380所示的4个顶点。单击【切角】后方的按钮，并设置【数量】为8.75mm，如图8-381所示。

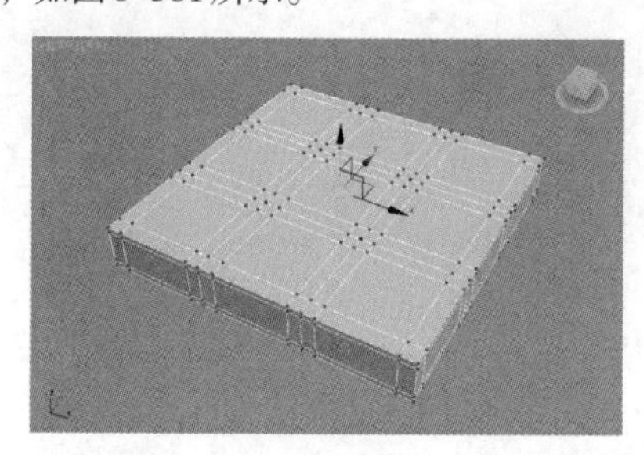

图 8-380

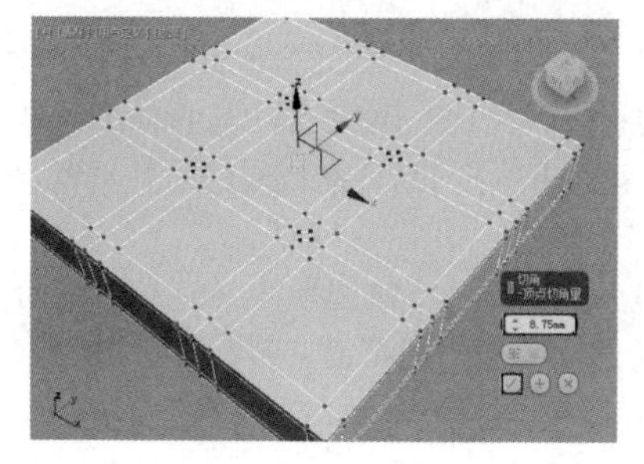

图 8-381

步骤 10 进入【多边形】级别，在透视图中选择如图8-382所示的4个小的多边形，然后单击【挤出】后方的按钮，并设置【高度】为-25mm，如图8-383所示。

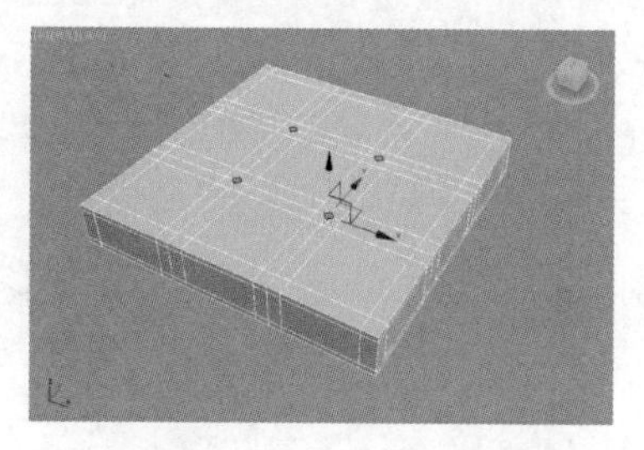

图 8-382

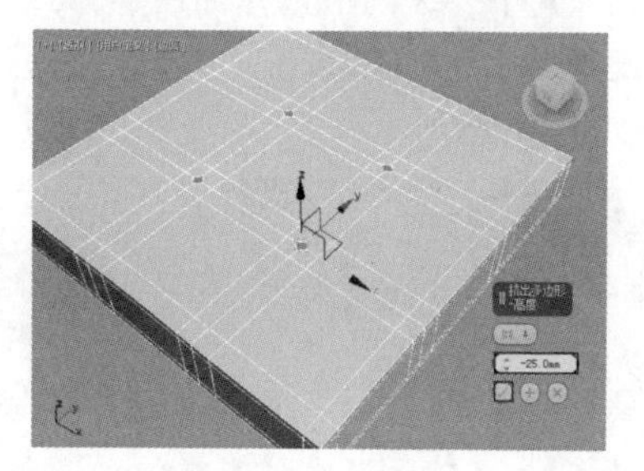

图 8-383

步骤 11 在【顶点】级别下选择如图8-384所示的顶点。使用(选择并移动)工具沿Z轴向下移动，如图8-385所示。

图 8-384

步骤 12 选择上一步的模型，分别为其加载【网格平滑】修改器，设置【迭代次数】为3，如图8-386所示。

图 8-385

步骤 13 为模型添加【编辑多边形】修改器，进入【边】◁级别，如图8-387所示。

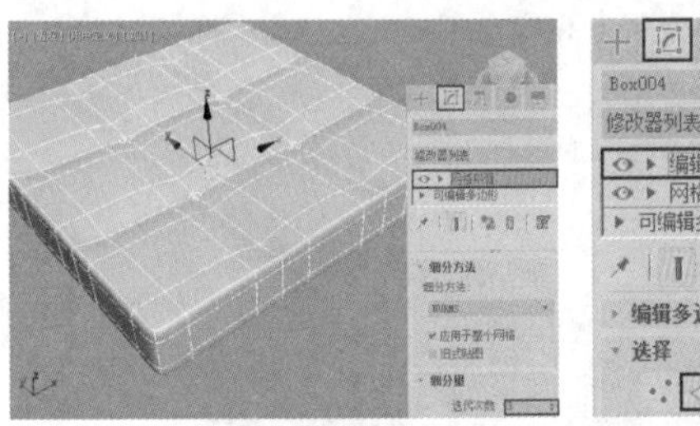

图 8-386

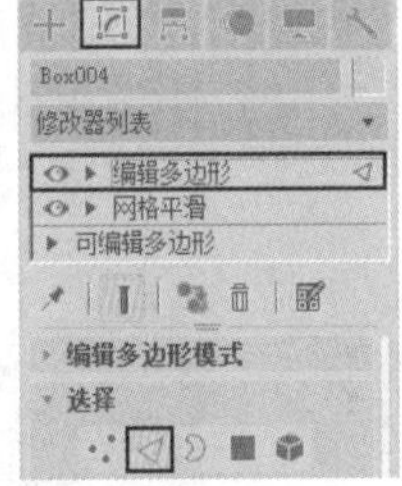


图 8-387

步骤 14 在【边】◁级别下选择如图8-388所示的边。单击【创建图形】后方的□按钮，并设置【图形类型】为【线性】，如图8-389所示。

图 8-388

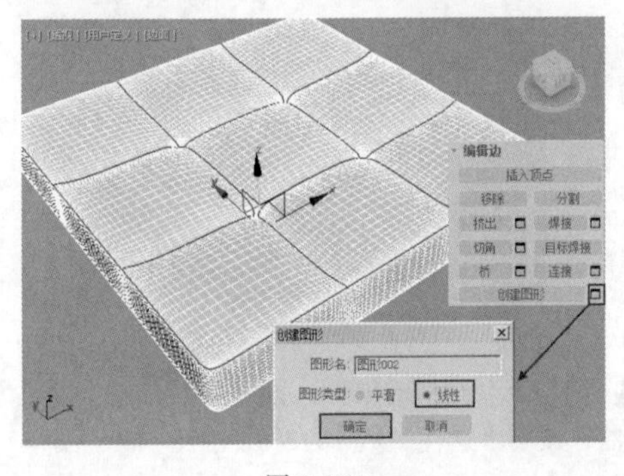


图 8-389

步骤 15 选择上一步的线，如图8-390所示。在【渲染】卷展栏下分别勾选【在渲染中启用】和【在视口中启用】选项，选中【径向】选项，设置【厚度】为7.5mm，如图8-391所示。

步骤 16 在顶视图中创建一个长方体，设置【长度】为500mm，【宽度】为500mm，【高度】为450mm，如图8-392所示。

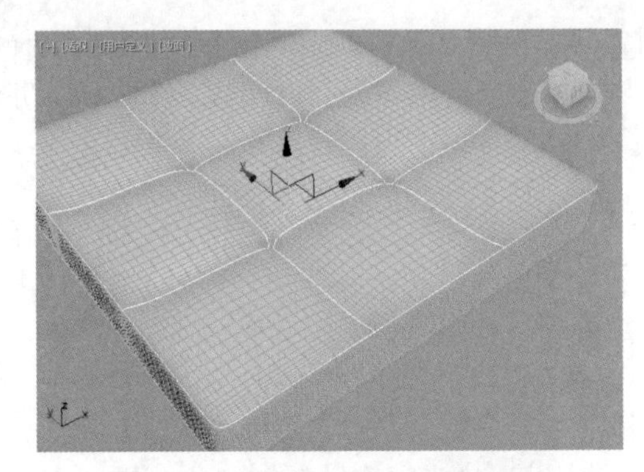

图 8-390

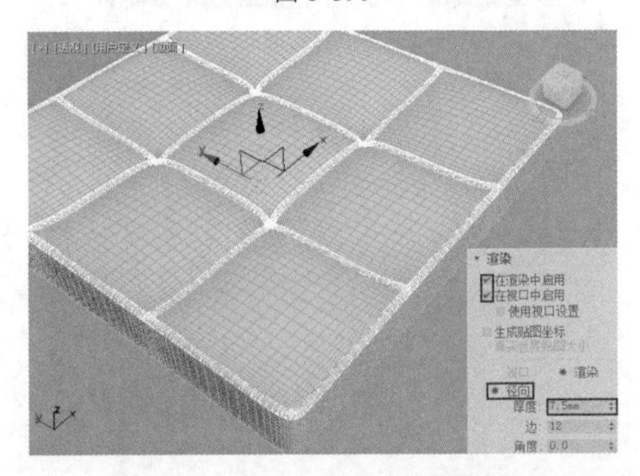


图 8-391

图 8-392

步骤 17 选择长方体，并在【修改器列表】中加载【编辑多边形】命令，在【边】◁级别下选择如图8-393所示的4条边。单击【连接】后方的□按钮，并设置【分段】为2，【收缩】为90，如图8-394所示。

步骤 18 使用同样的方法选择如图8-395所示的8条边。单击【连接】后方的□按钮，并设置【分段】为2，【收缩】为90，如图8-396所示。

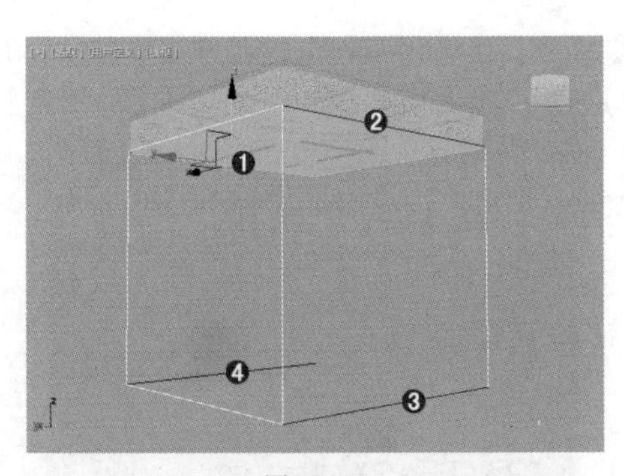


图 8-393

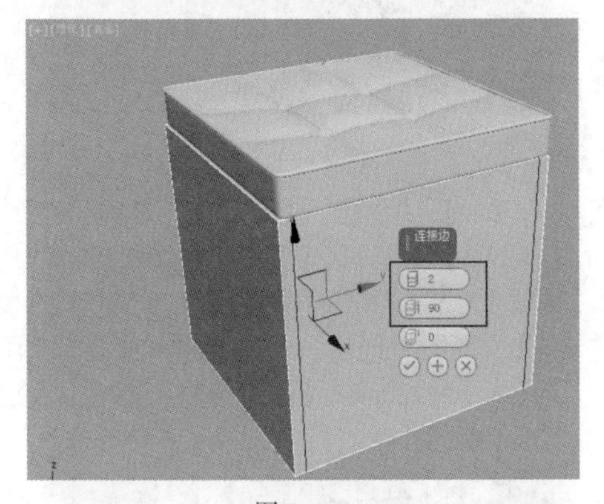


图 8-394

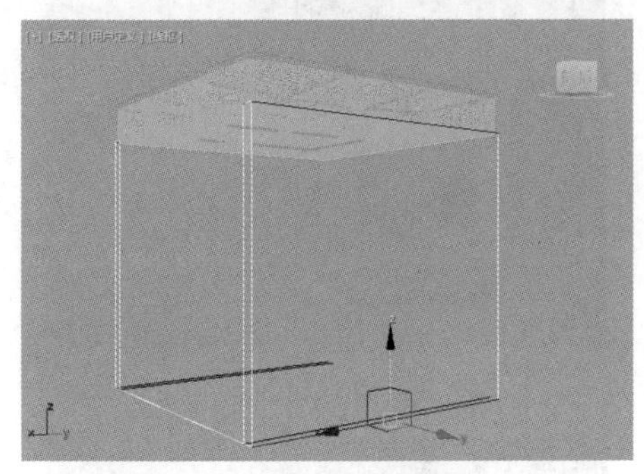

图 8-395

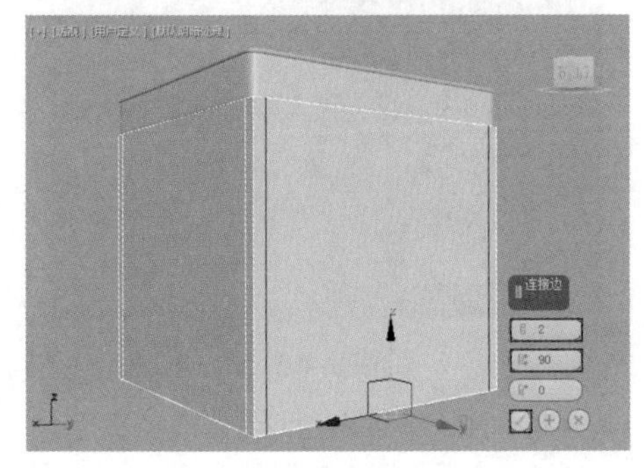


图 8-396

步骤 19 在【边】级别下选择如图8-397所示的边。单击【连接】后方的按钮，并设置【分段】为2，【收缩】为90，如图8-398所示。

步骤 20 选择上一步的模型，分别为其加载【网格平滑】修改器，设置【迭代次数】为3，如图8-399所示。

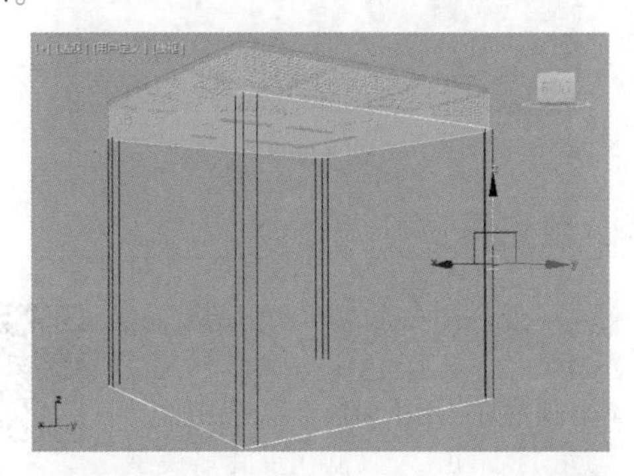

图 8-397

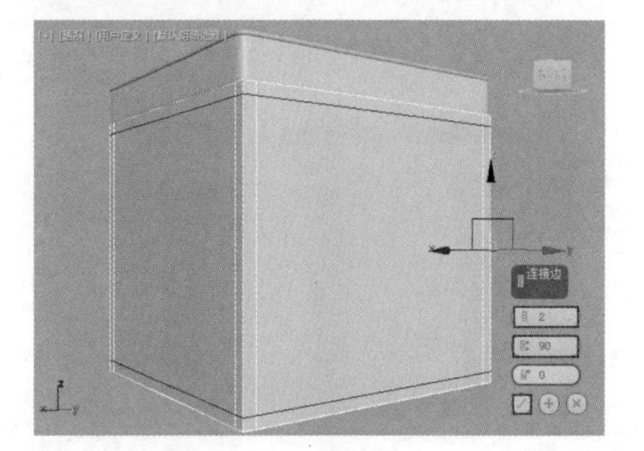


图 8-398

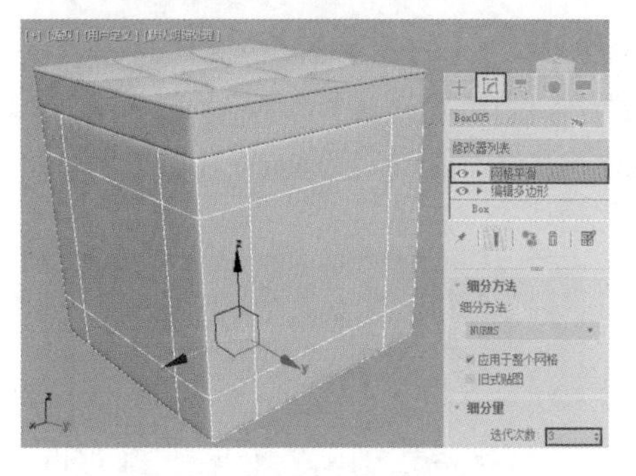


图 8-399

步骤 21 最终模型效果如图8-400所示。

图 8-400

## 实例：麦克风

文件路径：Chapter 08 多边形建模→实例：麦克风

扫一扫，看视频

本案例主要应用了多边形建模中的【倒角】【切角】【挤出】工具制作麦克风模型。渲染效果如图8-401所示。

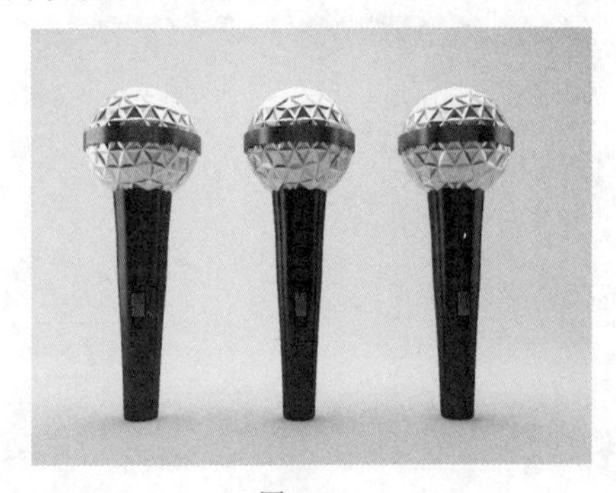

图 8-401

## 操作步骤

步骤 01 使用【几何球体】工具在顶视图中创建一个几何球体，并设置【半径】为30mm，【分段】为4mm，如图8-402所示。

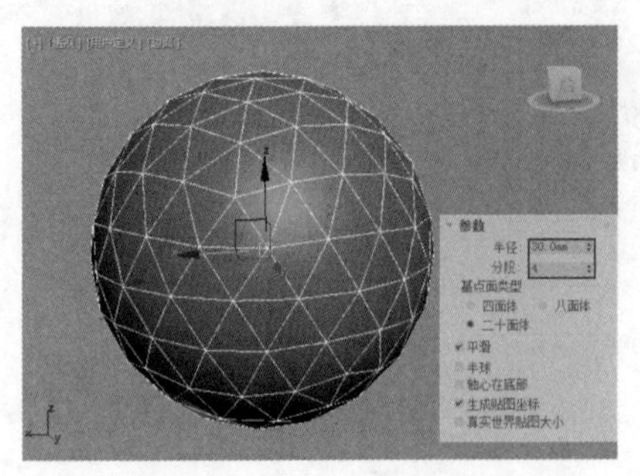

图 8-402

步骤 02 为其加载【编辑多边形】修改器命令，在【多边形】■级别下选择所有的多边形，单击【倒角】后方的□按钮，并设置为 ⊞ ⇩ (按多边形)，设置【高度】为-0.5mm，【轮廓】为-1.5mm，如图8-403所示。

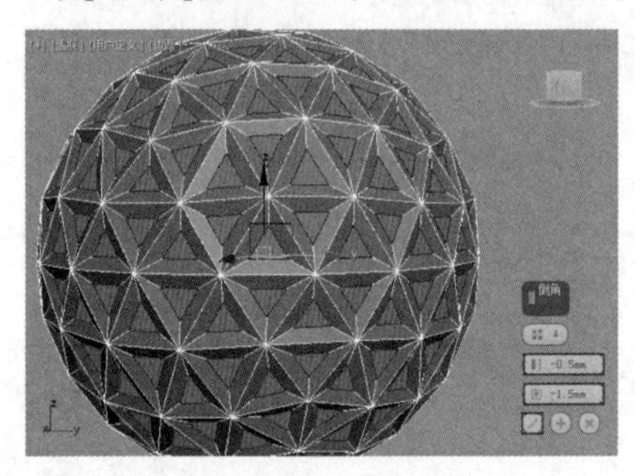

图 8-403

步骤 03 在顶视图中创建一个管状体，设置【半径1】为31mm，【半径2】为28mm，【高度】为8mm，【高度分段】为5，【边数】为50，如图8-404所示。

步骤 04 在顶视图中创建一个圆柱体，设置【半径】为16mm，【高度】为120mm，【高度分段】为5，【边数】为30，如图8-405所示。

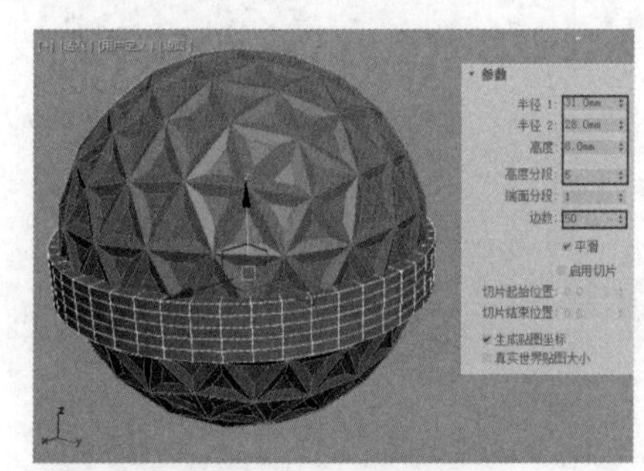

图 8-404

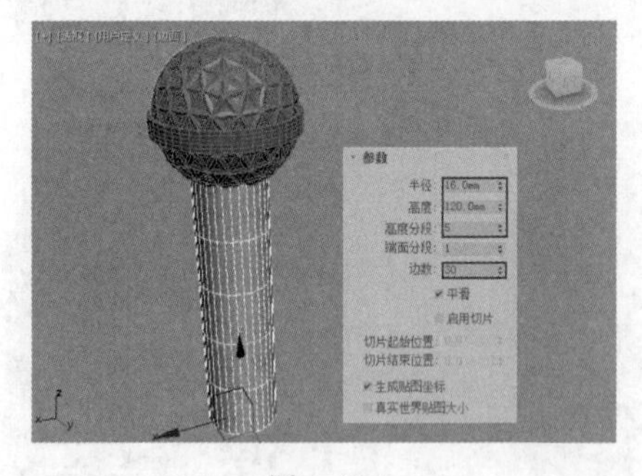

图 8-405

步骤 05 为其加载【编辑多边形】修改器命令，在【顶点】⁛级别下，在透视图中使用 (选择并均匀缩放)工具沿X、Y轴对点进行缩放，如图8-406所示。

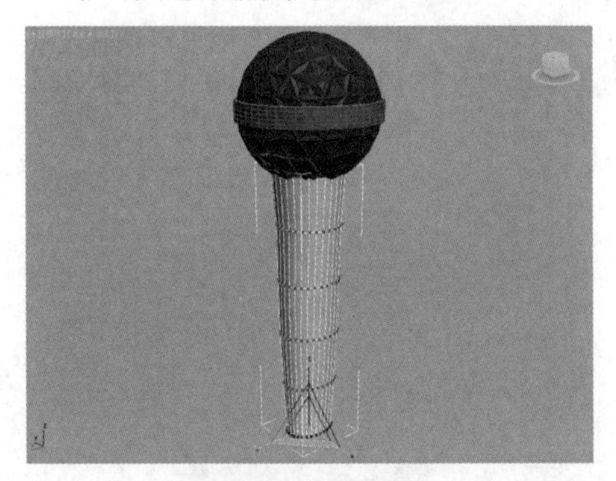

图 8-406

步骤 06 在【边】级别下选择如图8-407所示的边，单击【切角】后方的按钮，并设置【数量】为2mm，【分段】为10，如图8-408所示。

图 8-407

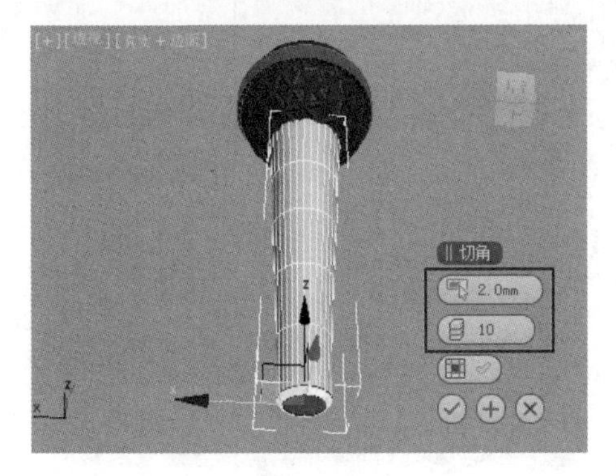


图 8-408

步骤 07 进入【多边形】级别下，选择如图8-409所示的多边形，单击【挤出】后方的按钮，并设置【高度】为-2mm，如图8-410所示。

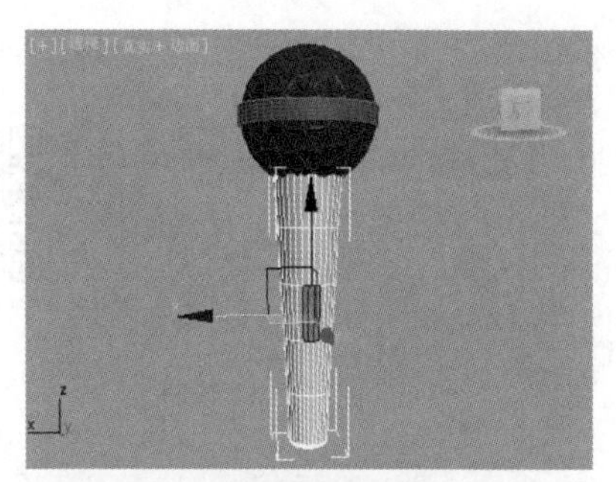

图 8-409

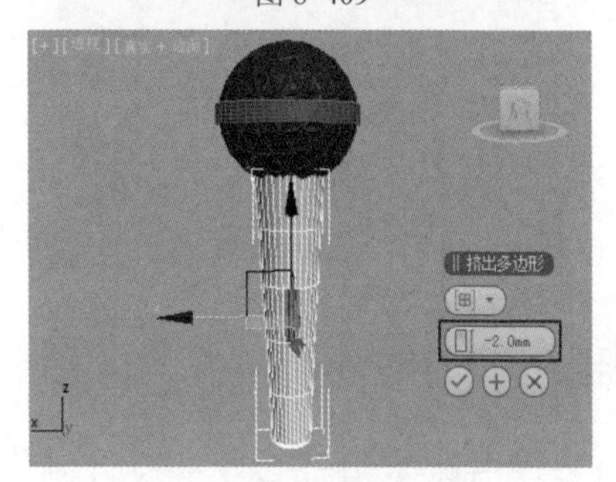


图 8-410

步骤 08 在顶视图中创建一个切角长方体，设置【长度】为12mm，【宽度】为6mm，【高度】为3mm，【圆角】为0.5mm，【圆角分段】为3，如图8-411所示。

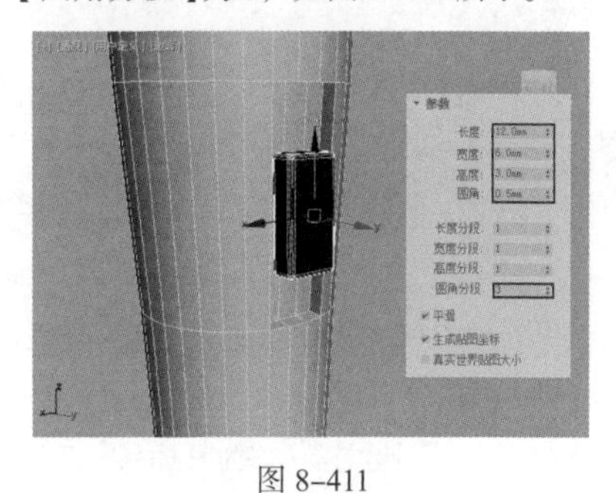


图 8-411

步骤 09 最终效果如图8-412所示。

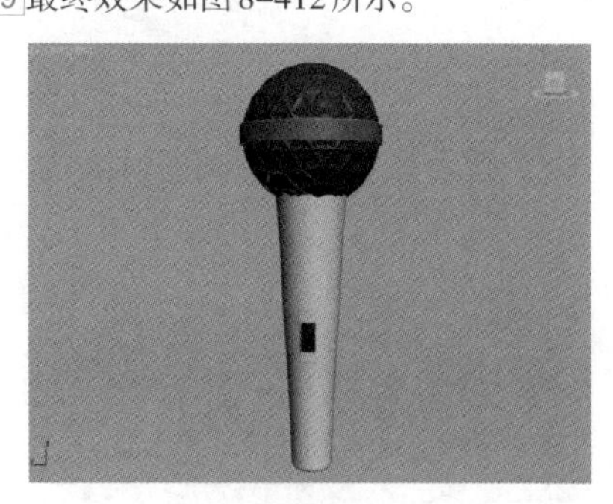

图 8-412

## 实例：藤椅

文件路径：Chapter 08 多边形建模→实例：藤椅

扫一扫，看视频

本案例主要应用了多边形建模中的【利用所选内容创建图形】工具，为模型添加FFD修改器制作藤椅模型。渲染效果如图8-413所示。

图8-413

## 操作步骤

### Part 01 使用球体和FFD 4×4×4制作模型

步骤 01 在顶视图中拖曳并创建一个球体，设置【半径】为800mm，【分段】为160，如图8-414所示。

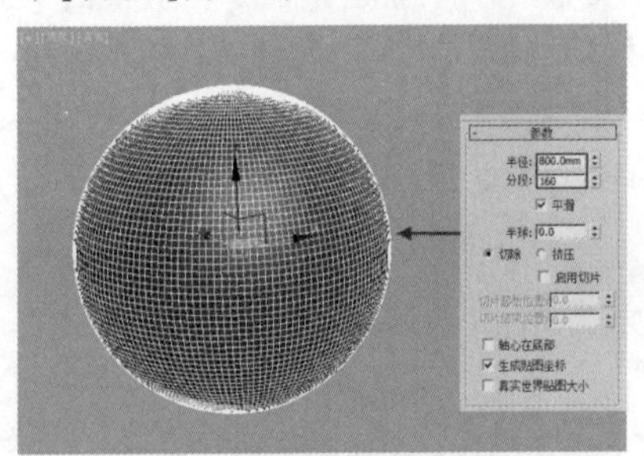

图8-414

步骤 02 选择上一步创建的模型，为其加载【FFD 4×4×4】修改器，进入【控制点】级别，调整点的位置，如图8-415所示。

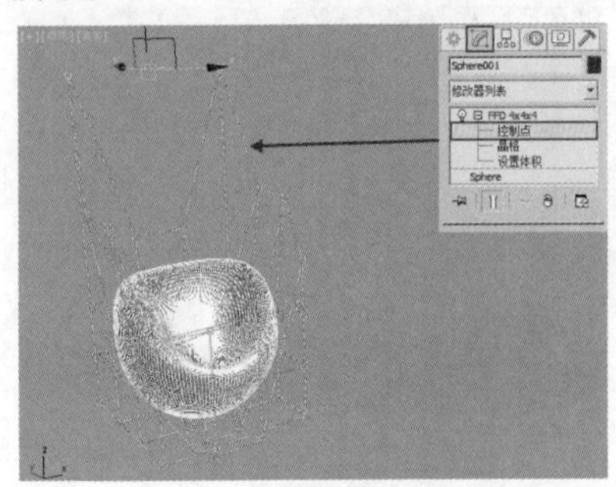

图8-415

步骤 03 选择模型并右击，将其转换为可编辑多边形。在【边】级别下选择如图8-416所示的边。单击【利用所选内容创建图形】按钮，并设置【图形类型】为【线性】，如图8-417所示。

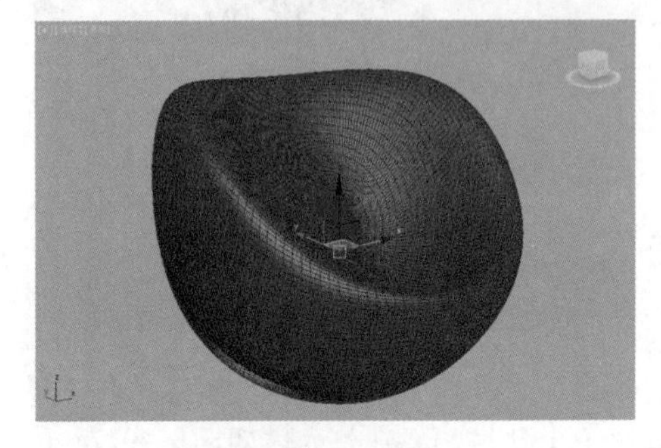

图8-416

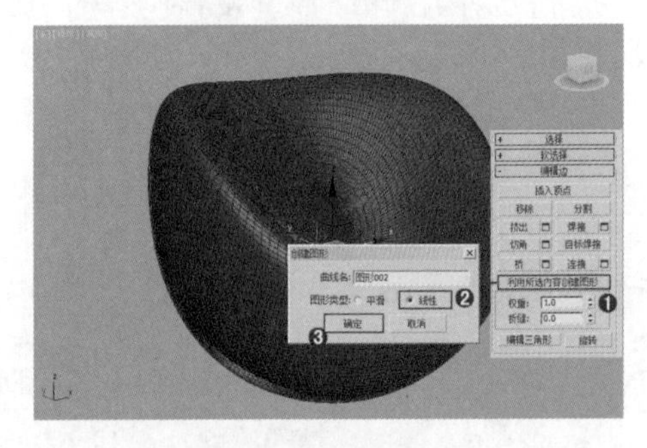

图8-417

步骤 04 使用（选择并移动）工具拖曳出原来的模型并按Delete键将其删除，如图8-418所示。此时剩下了【利用所选内容创建图形】后的线，如图8-419所示。

图8-418

步骤 05 选择上一步的线，在【渲染】卷展栏下分别勾选【在渲染中启用】和【在视口中启用】选项，选中【径向】选项，设置【厚度】为6mm，如图8-420所示。

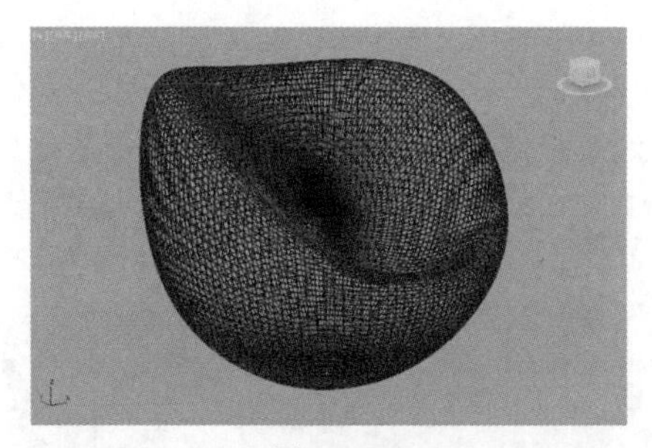

图 8-419

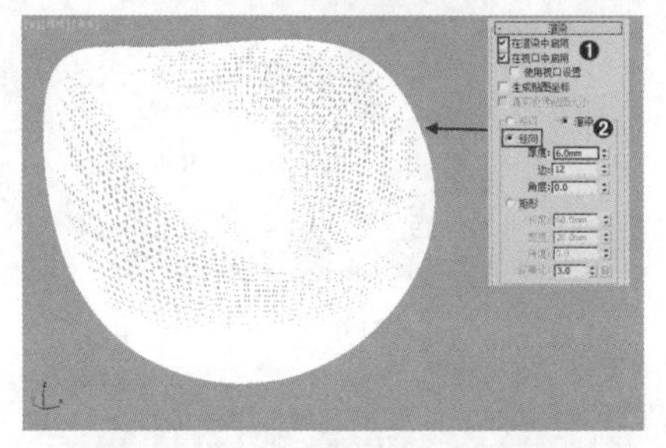

图 8-420

## Part 02 使用圆柱体和FFD 2×2×2制作模型

步骤 01 在顶视图中拖曳创建一个圆柱体，设置【半径】为60mm，【高度】为400mm，如图8-421所示。

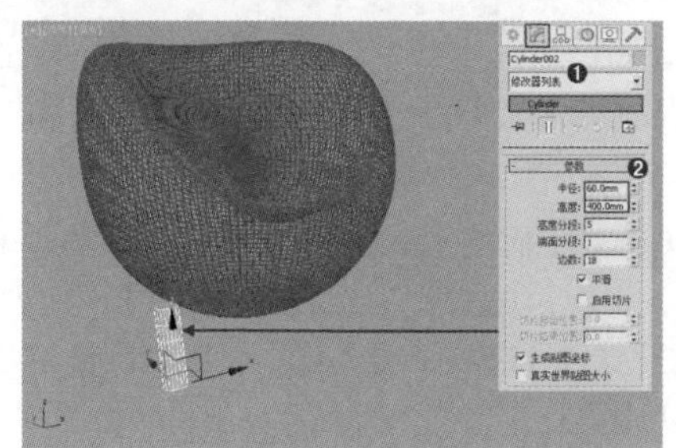

图 8-421

步骤 02 选择上一步创建的模型，为其加载【FFD 2×2×2】修改器，进入【控制点】级别，调整点的位置，如图8-422所示。

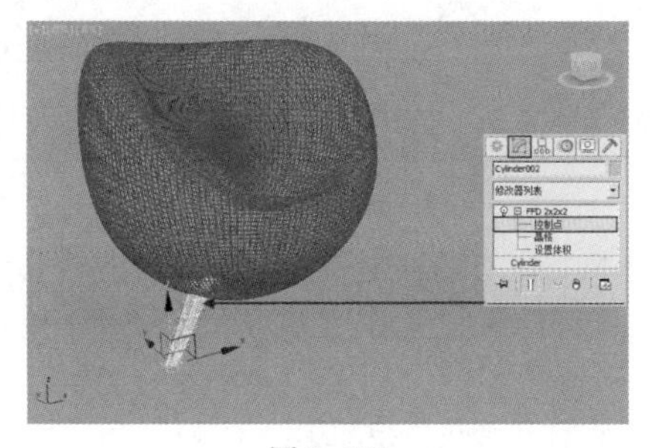

图 8-422

步骤 03 保持选择上一步中的圆柱体，并使用（选择并移动）工具，按住Shift键进行复制，在弹出的【克隆选项】对话框中选择【对象】为【复制】，【副本数】为3。使用（选择并移动）工具和（选择并旋转）工具摆放位置，如图8-423所示。

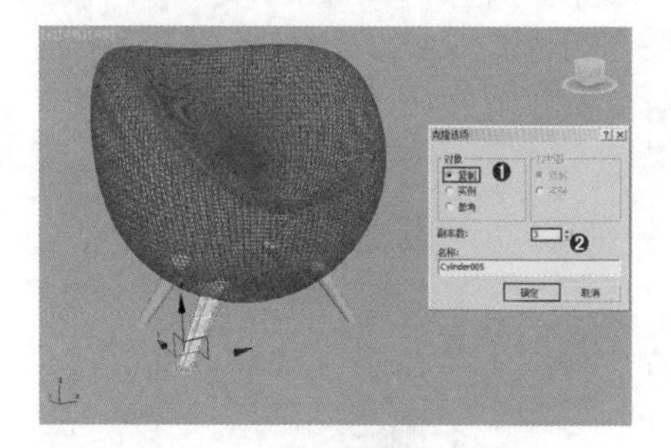

图 8-423

步骤 04 最终模型效果如图8-424所示。

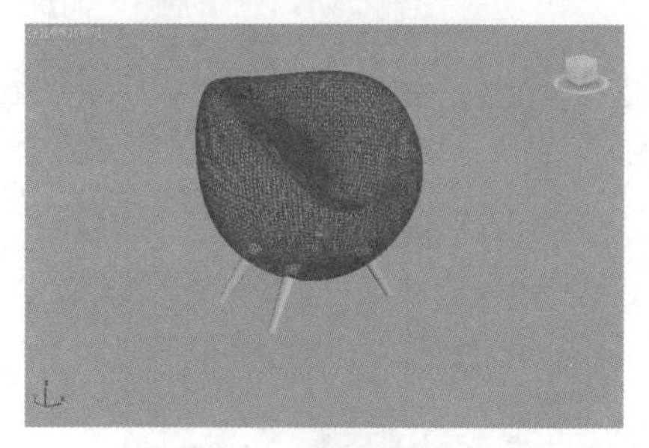

图 8-424

## 实例：使用多边形建模制作墙体框架

文件路径：Chapter 08 多边形建模→实例：使用多边形建模制作墙体框架

本案例将CAD中绘制的文件导入3ds Max中，并绘制户型平面图，通过加载【挤出】修改器制作三维墙体框架模型。渲染效果如图8-425所示。

图 8-425

## 操作步骤

### Part 01　主要墙体模型

步骤 01 在菜单栏中执行【文件】|【导入】|【导入】命令，在弹出的窗口中选择本书的CAD文件【平面图.DWG】，单击【打开】按钮，如图8-426所示。

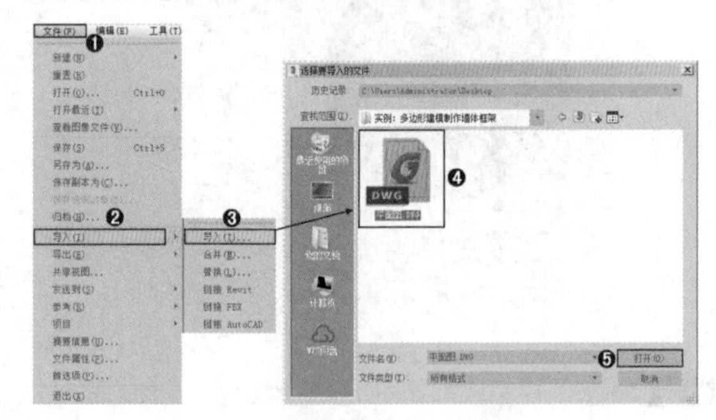

图8-426

步骤 02 在弹出的窗口中勾选【重缩放】，最后单击【确定】按钮，如图8-427所示。

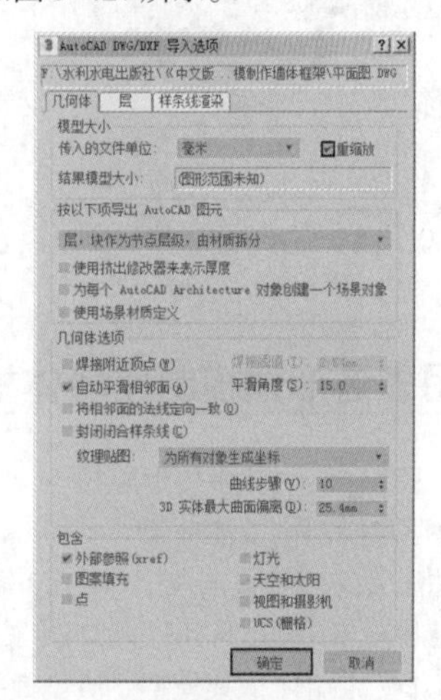


图8-427

步骤 03 此时效果如图8-428所示。

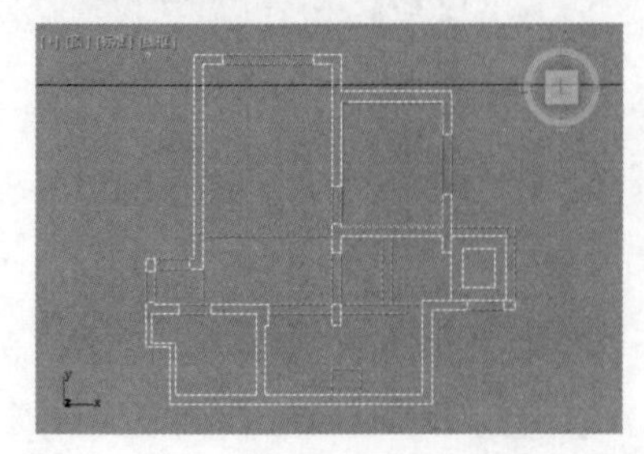

图8-428

步骤 04 选中刚导入的图形，单击鼠标右键，执行【冻结当前选择】命令，如图8-429所示。

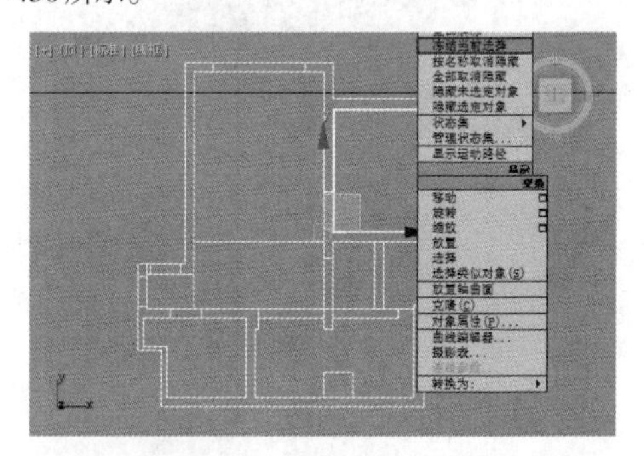

图8-429

步骤 05 此时图形已经变为灰色，表示不能被选择到，目的是在绘制新图形时原来的图形不会被选中，如图8-430所示。

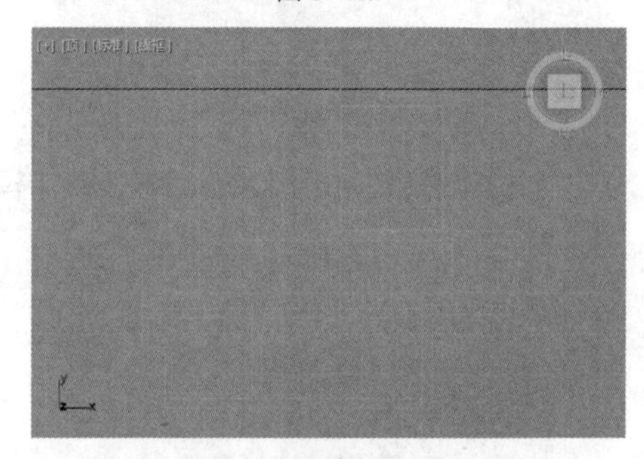

图8-430

步骤 06 激活【捕捉】按钮3°，然后用鼠标右键单击该按钮，在弹出的窗口中在【捕捉】选项卡中勾选【端点】，在【选项】选项卡中勾选【捕捉到冻结对象】，如图8-431所示。

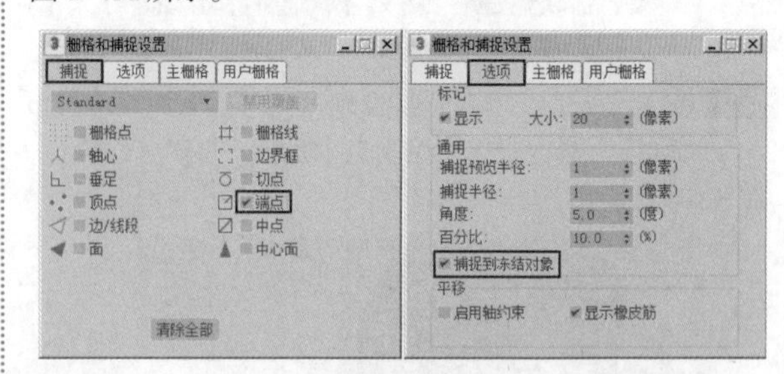


图8-431

步骤 07 执行＋(创建) | (图形) | 样条线，取消勾选【开始新图形】，单击 线 按钮，如图8-432所示。

步骤 08 此时开始在顶视图中沿着被冻结的图形进行绘

制，由于刚才使用了【捕捉】工具，绘制时点会自动进行捕捉，因此绘制得非常精准，如图8-433所示。

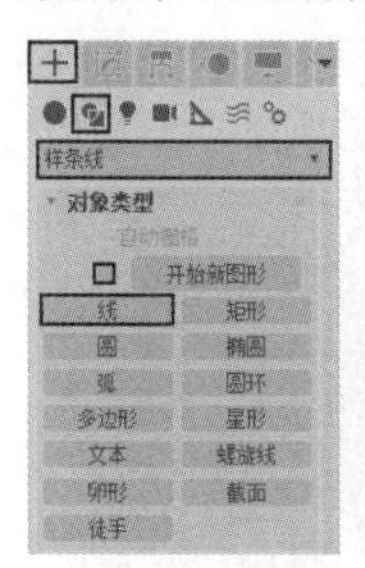

图 8-432

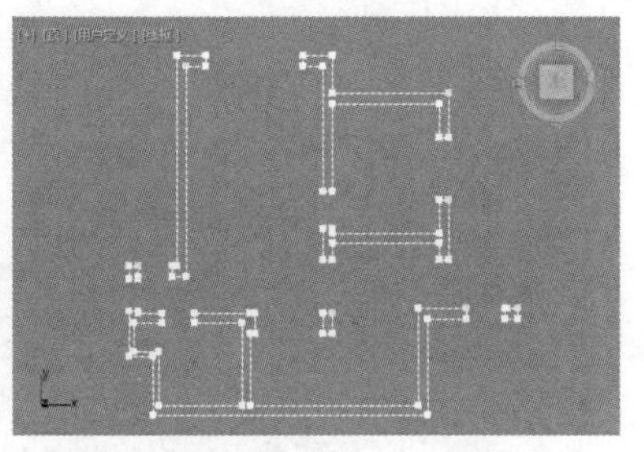

图 8-433

步骤 09 为绘制完成的线加载【挤出】修改器，设置【数量】为2670mm，如图8-434所示。

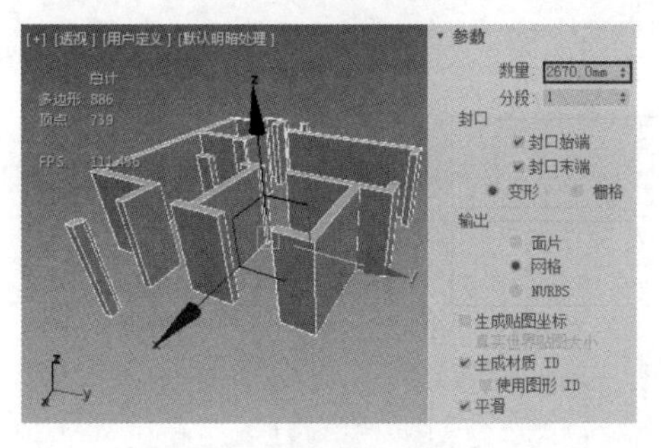

图 8-434

### 提示：在绘制线视图不够大时，可以配合I键使用

在绘制线时，由于视图有限，因此无法完整绘制复杂的、较大的图形，如图8-435所示，向右侧绘制线时，视图显示不全了。

按I键，可以看到视图自动向右跳转了。所以使用这个方法就可以轻松绘制较大的图形了，如图8-436所示。

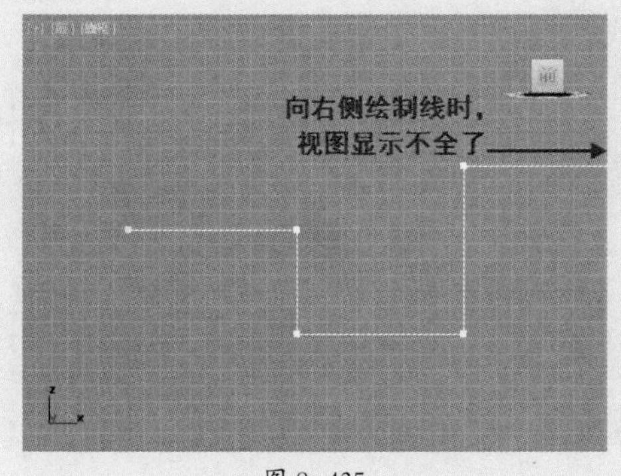


图 8-435

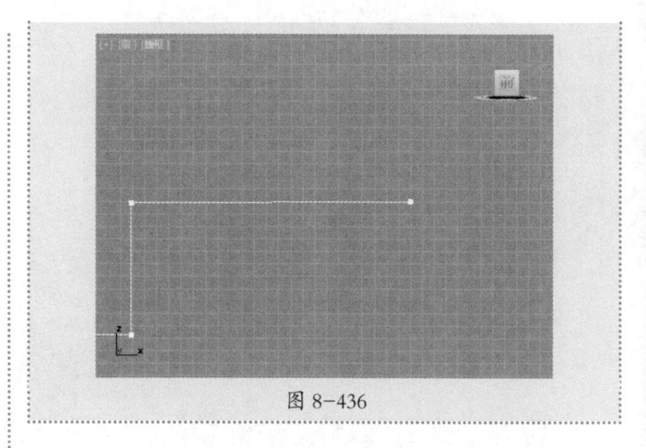

图 8-436

## Part 02 门口和窗口模型

步骤 01 使用【矩形】工具在顶视图中绘制一个矩形，设置【长度】为240mm，【宽度】为2365mm，如图8-437所示。

步骤 02 在透视图中将矩形调整到合适的位置，接着为其加载【挤出】修改器，并在【参数】卷展栏中设置挤出的【数量】为735mm，如图8-438所示。

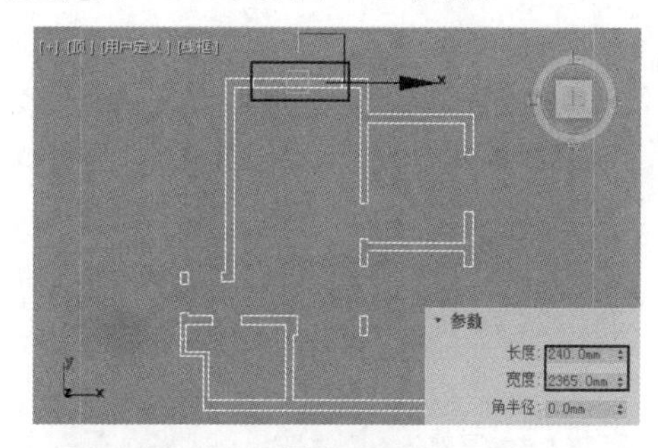

图 8-437

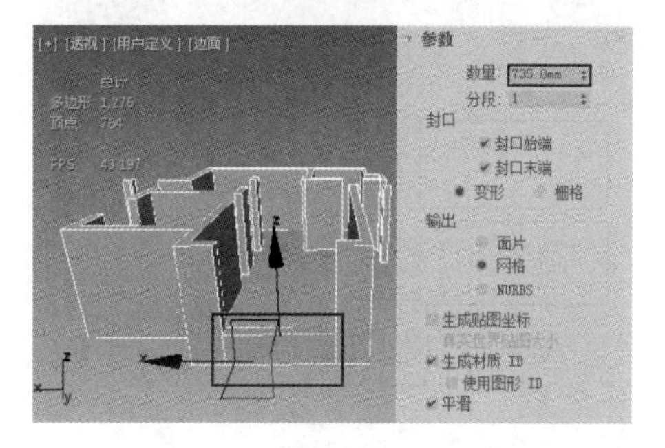

图 8-438

步骤 03 在顶视图中绘制一个矩形，设置该矩形的【长度】为240mm，【宽度】为2365mm，如图8-439所示。为其加载【挤出】修改器，设置挤出的【数量】为300mm。在透视图中将其调整到合适的位置，如

图8-440所示。

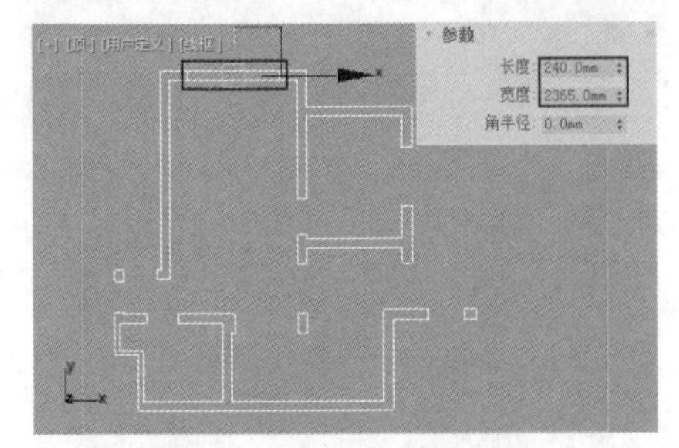


图8-439

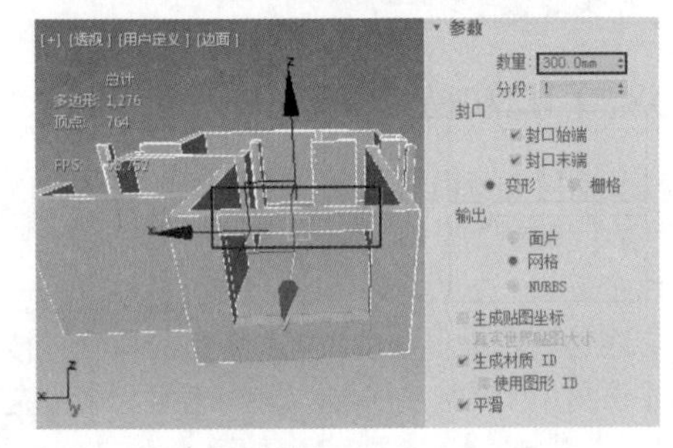


图8-440

步骤 04 在顶视图中绘制一个矩形，设置【长度】为240mm，【宽度】为935mm，如图8-441所示。为该矩形加载【挤出】修改器，设置【数量】为570mm，在透视图中将矩形调整到合适的位置，如图8-442所示。

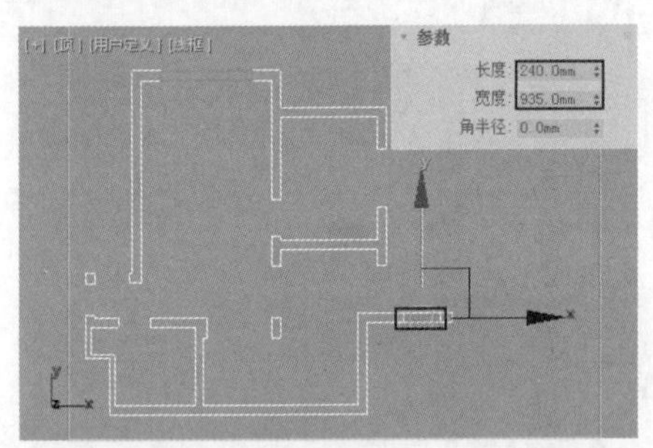


图8-441

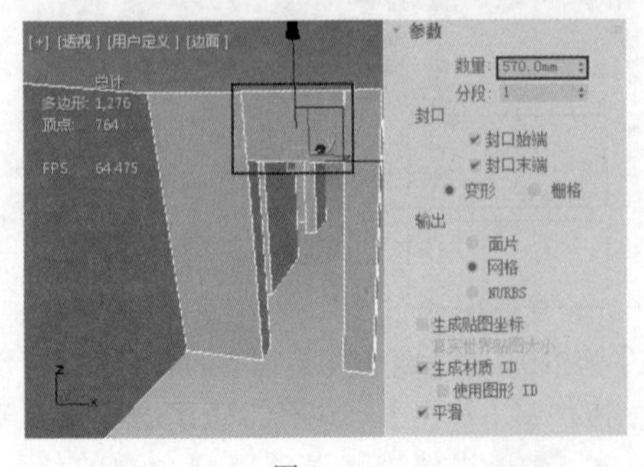


图8-442

步骤 05 在顶视图中绘制一个矩形，设置【长度】为240mm，【宽度】为1570mm，如图8-443所示。在透视图中将其调整到合适的位置，并为其加载【挤出】修改器，设置【数量】为940mm，如图8-444所示。

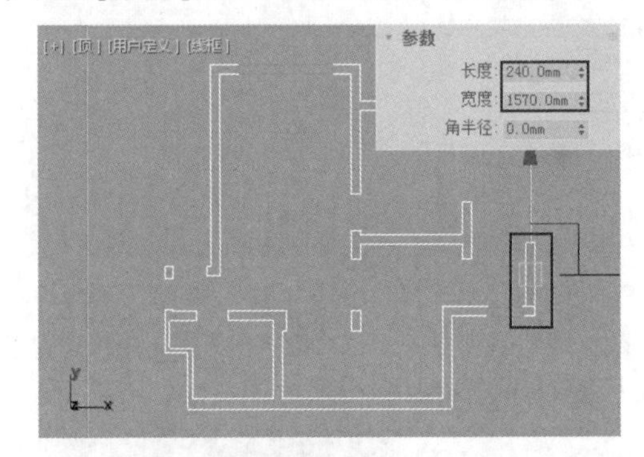


图8-443

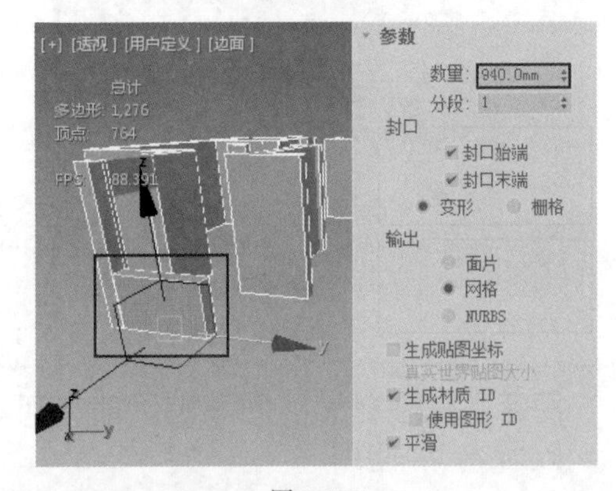


图8-444

步骤 06 在顶视图中绘制一个矩形，设置【长度】为240mm，【宽度】为240mm，如图8-445所示。接着为其加载【挤出】修改器，在【参数】卷展栏中设置挤出的【数量】为2670mm，在透视图中将其调整到合适的位置，如图8-446所示。

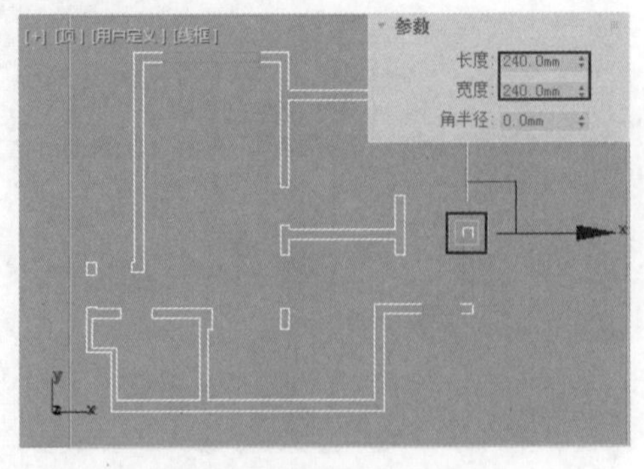


图8-445

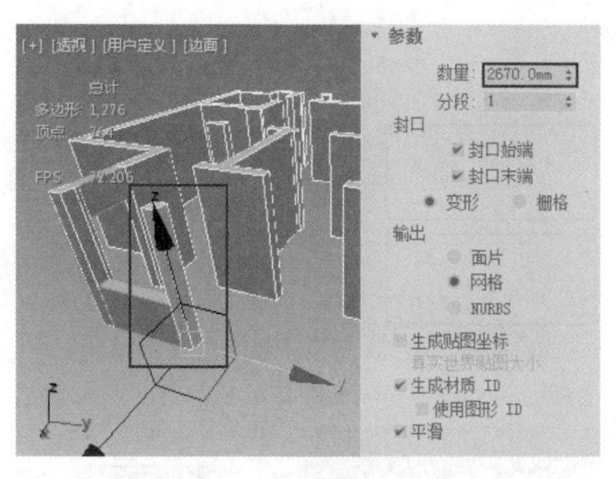


图 8–446

步骤 07 在顶视图中绘制一个矩形，设置【长度】为240mm，【宽度】为1565mm，如图8–447所示。为其加载【挤出】修改器，设置挤出的【数量】为280mm，接着在透视图中将其调整到合适的位置，如图8–448所示。

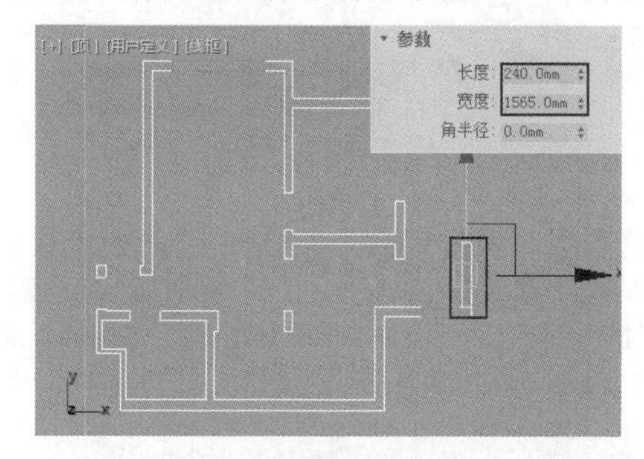


图 8–447

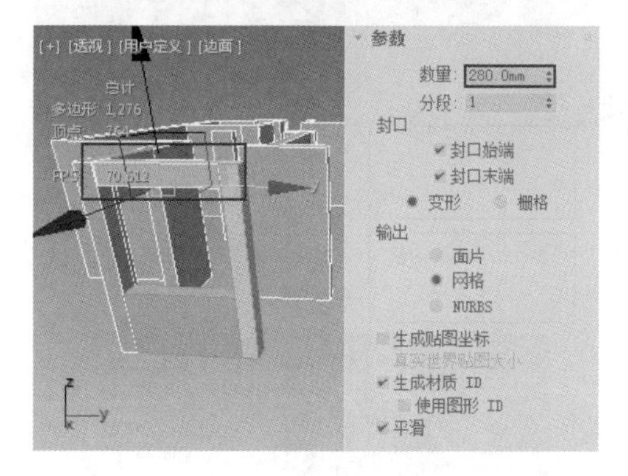


图 8–448

步骤 08 在顶视图中绘制一个矩形，设置【长度】为240mm，【宽度】为1430mm，如图8–449所示。为其加载【挤出】修改器，设置挤出的【数量】为281.5mm，接着在透视图中将其调整到合适的位置，如图8–450所示。

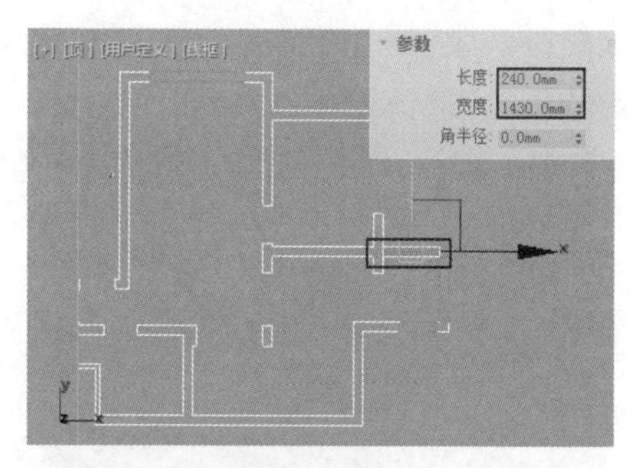


图 8–449

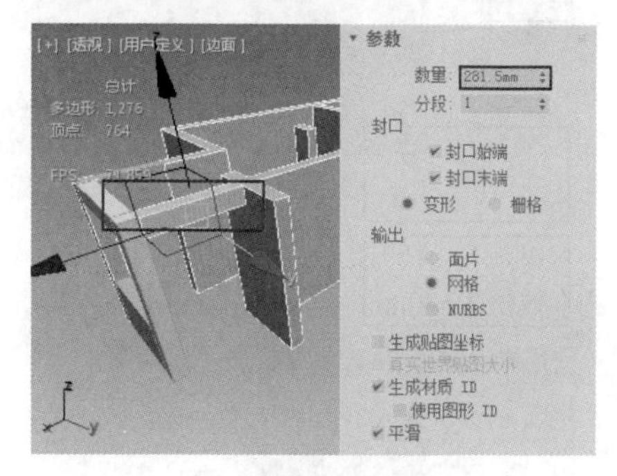


图 8–450

步骤 09 创建矩形，设置【长度】为240mm，【宽度】为1430mm，如图8–451所示。接着为其加载【挤出】修改器，并设置挤出的【数量】为940mm，如图8–452所示。

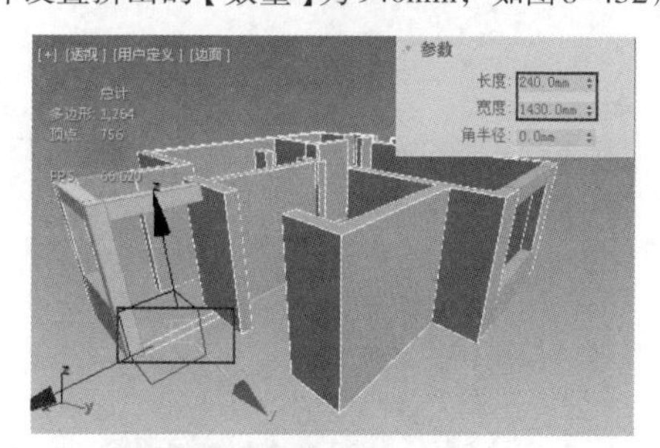


图 8–451

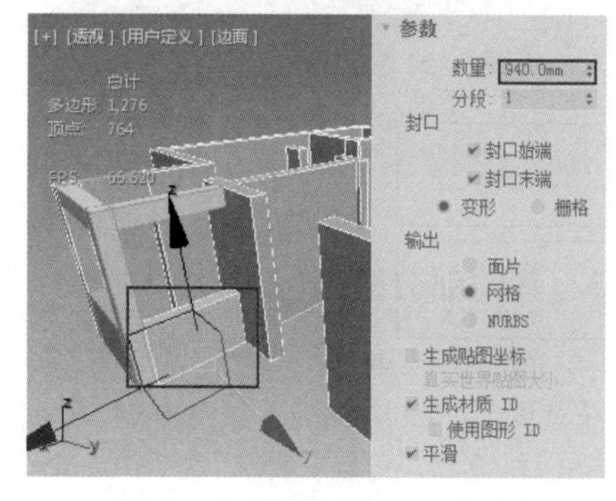


图 8–452

**步骤 10** 执行 十（创建）|（图形）| 样条线 | 矩形，并取消勾选【开始新图形】选项，如图8-453所示。接着在顶视图中绘制多个矩形（由于取消了【开始新图形】选项的勾选，此时绘制的图形会自动成为一个整体），如图8-454所示。

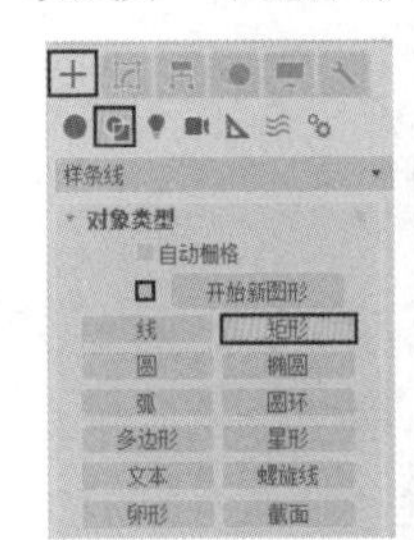


图 8-453

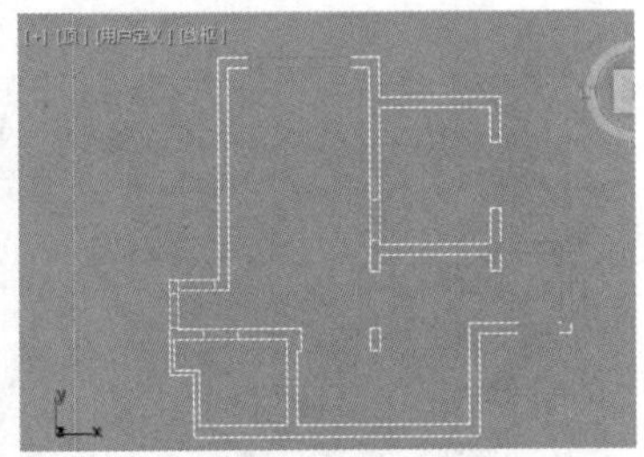

图 8-454

**步骤 11** 为刚刚绘制的图形加载【挤出】修改器，并设置挤出的【数量】570mm，如图8-455所示。

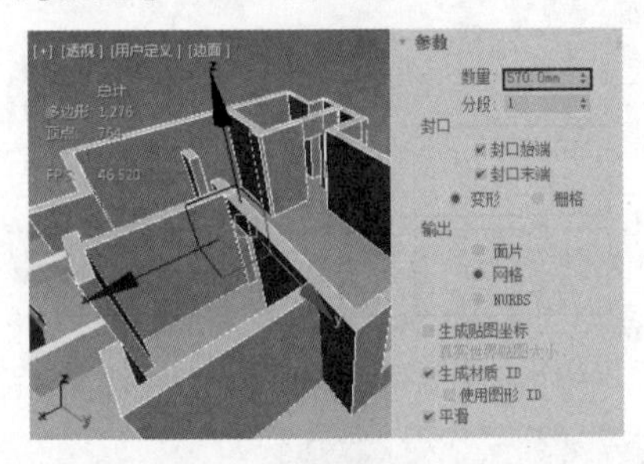


图 8-455

**步骤 12** 接着使用同样的方法继续绘制其他门口和窗口模型，如图8-456所示。

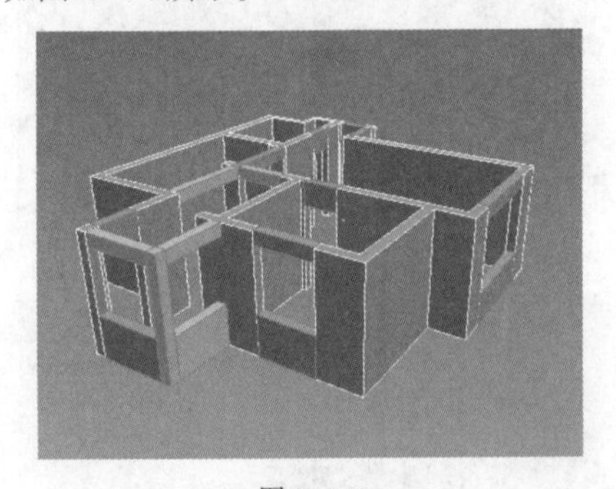

图 8-456

## Part 03 其他部分模型

**步骤 01** 在顶视图绘制一个矩形，设置【长度】为628mm，【宽度】为750.708mm，如图8-457所示。为其加载【挤出】修改器，设置【数量】为2670mm，设置完成后在透视图中调整矩形的位置，如图8-458所示。

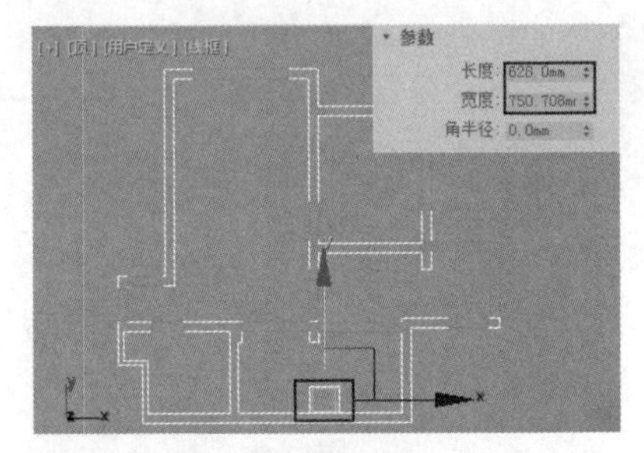


图 8-457

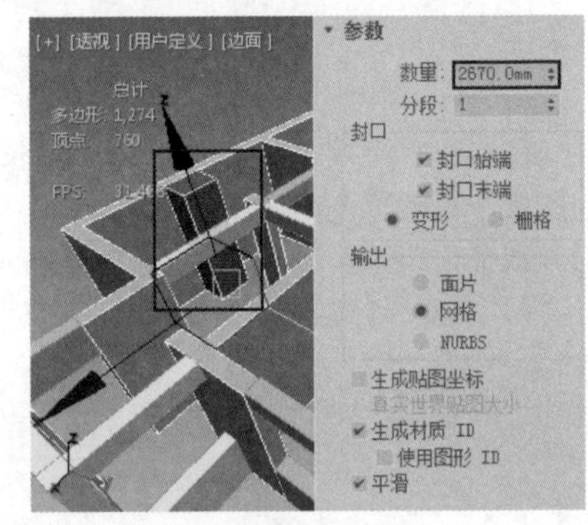


图 8-458

**步骤 02** 在顶视图中绘制一个矩形，设置【长度】为1660mm，【宽度】为230mm，如图8-459所示。为其加载【挤出】修改器，设置挤出的【数量】为290mm，设置完成后在透视图中调整矩形的位置，如图8-460所示。

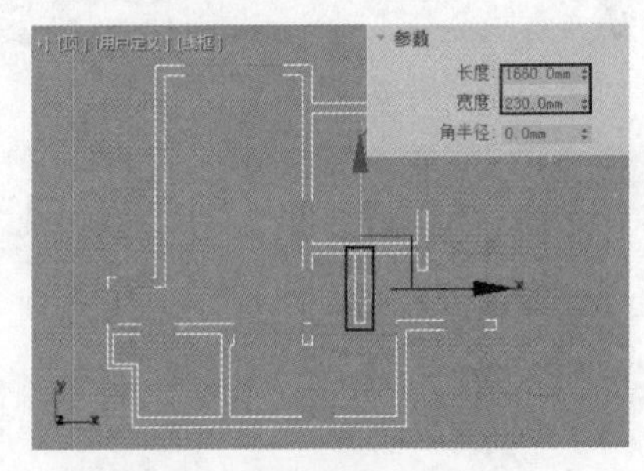


图 8-459

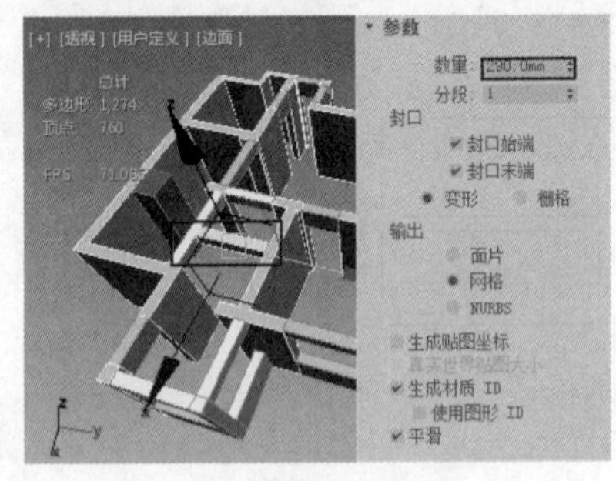


图 8-460

## Part 04　吊灯

步骤 01 在顶视图中绘制一个矩形，设置【长度】为875mm，【宽度】为1205mm，如图8-461所示。接着为其加载【挤出】修改器，设置挤出的【数量】为200mm。在透视图中调整该模型的位置，如图8-462所示。

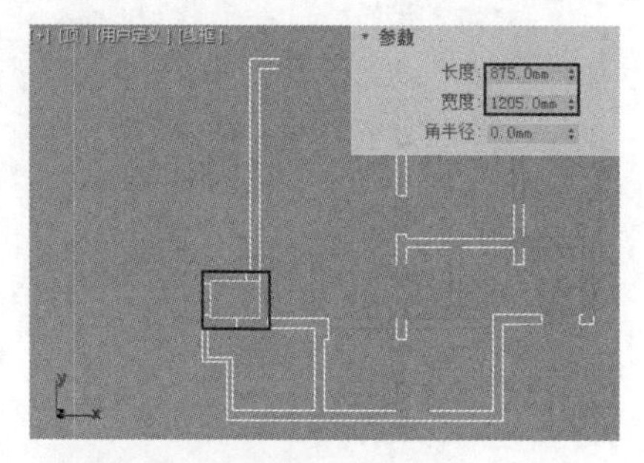


图8-461

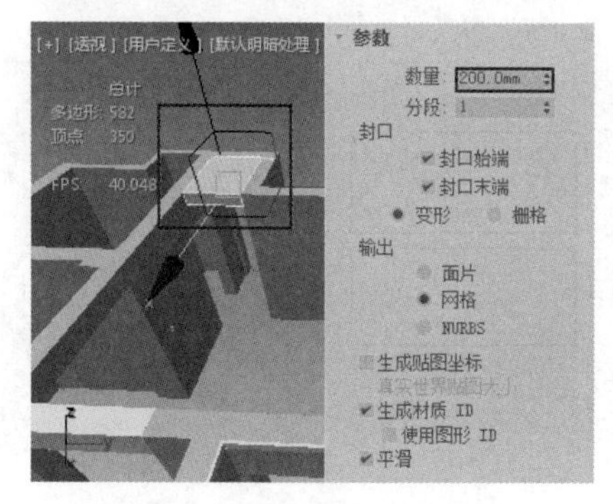


图8-462

步骤 02 在顶视图中绘制一个矩形，设置【长度】为1665mm，【宽度】为3340mm，如图8-463所示。接着为其加载【挤出】修改器，设置挤出的【数量】为150mm。在透视图中调整该模型的位置，如图8-464所示。

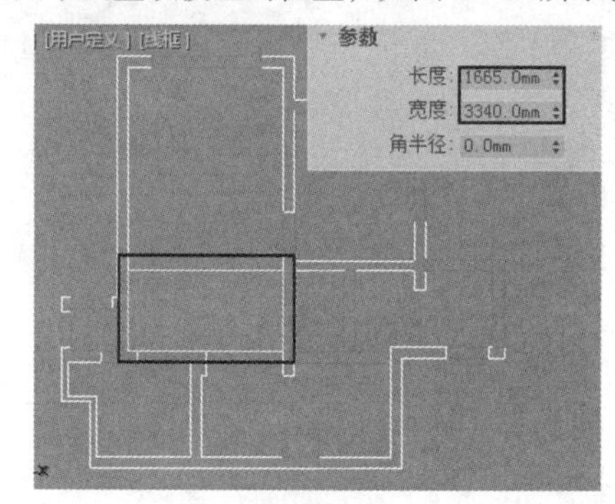


图8-463

步骤 03 执行 +（创建）（图形）| 样条线 | 线，如图8-465所示。在顶视图中绘制闭合的样条线（在绘制的过程中可以按住Shift键，使绘制的线段具有水平或垂直的效果）。接着在【参数】卷展栏中设置【长度】为240mm，【宽度】为2365mm，如图8-466所示。

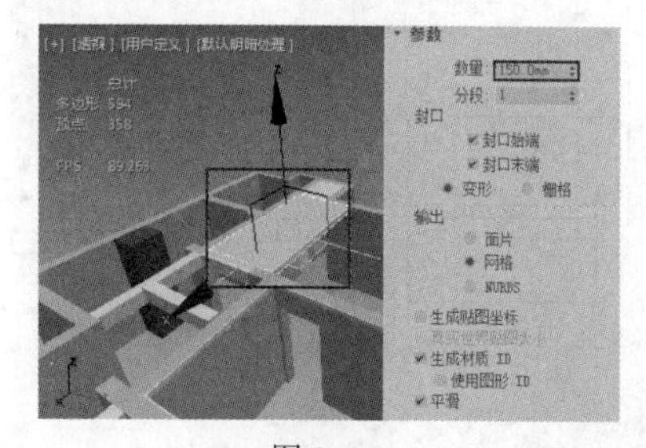


图8-464

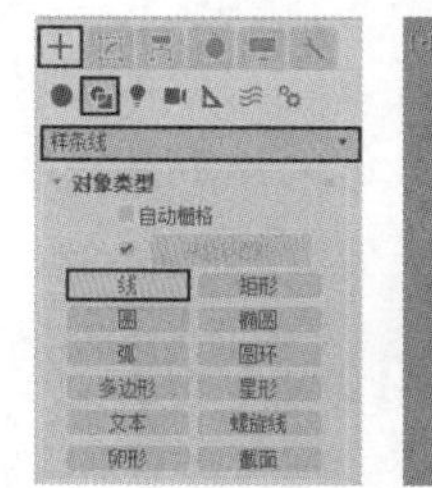


图8-465

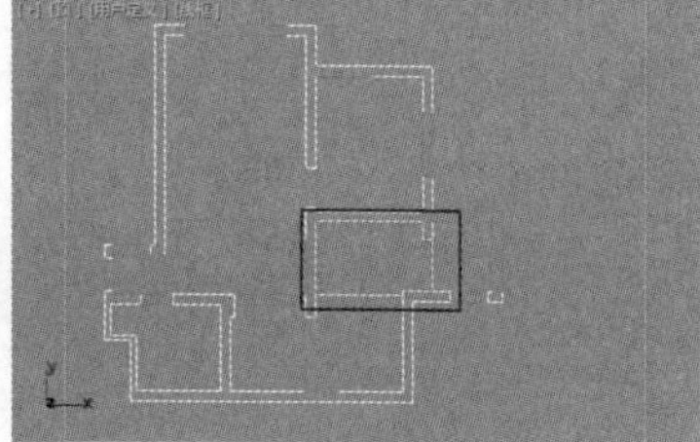

图8-466

步骤 04 绘制完成后为闭合的样条线加载【挤出】修改器，并设置挤出的【数量】为250mm，如图8-467所示。

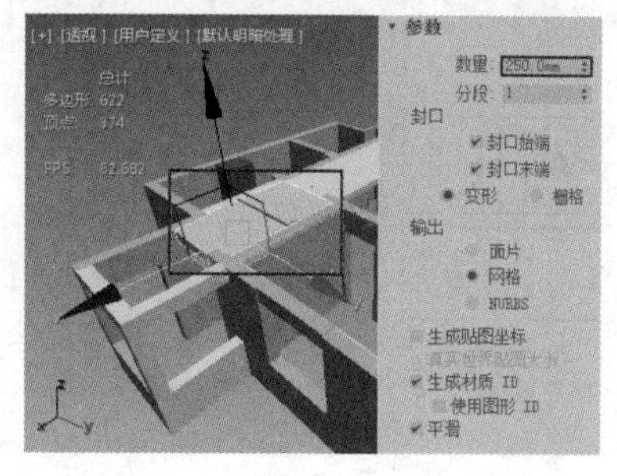


图8-467

步骤 05 继续使用【线】工具在顶视图中绘制如图8-468所示的图形。

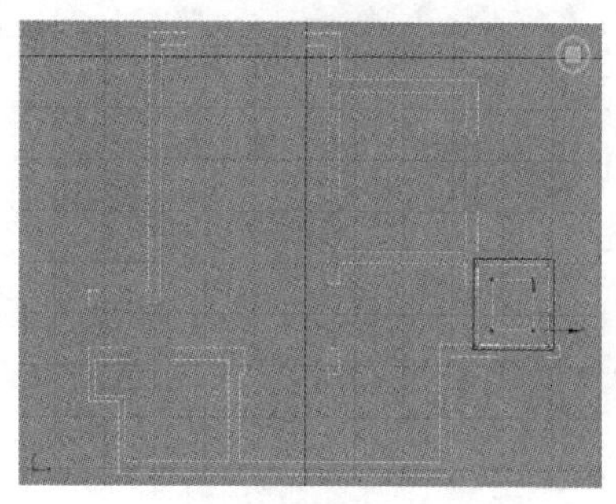

图8-468

步骤 06 单击【修改】按钮，为其添加【挤出】修改器，设置【数量】为270mm，如图8-469所示。

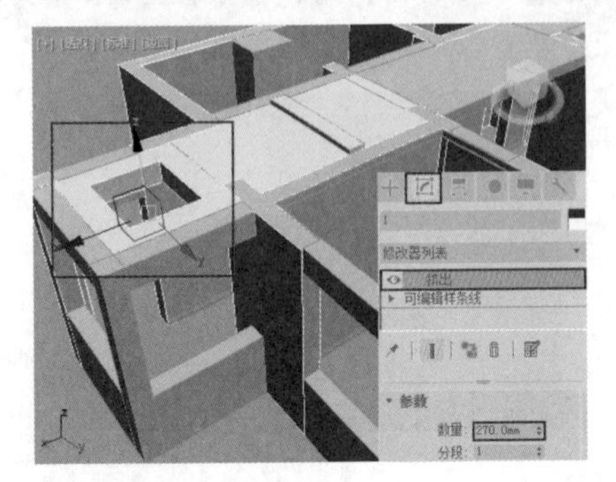


图 8-469

步骤 07 继续使用【矩形】工具在顶视图中绘制一个矩形，设置【长度】为970mm，【宽度】为830mm，如图8-470所示。

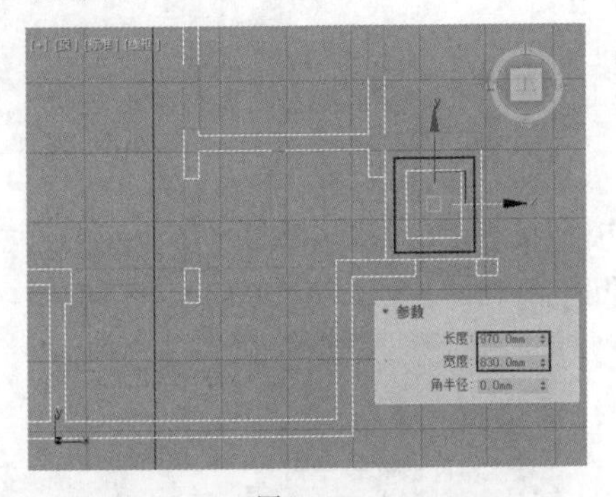


图 8-470

步骤 08 单击【修改】按钮，为其添加【挤出】修改器，设置【数量】为200mm，如图8-471所示。

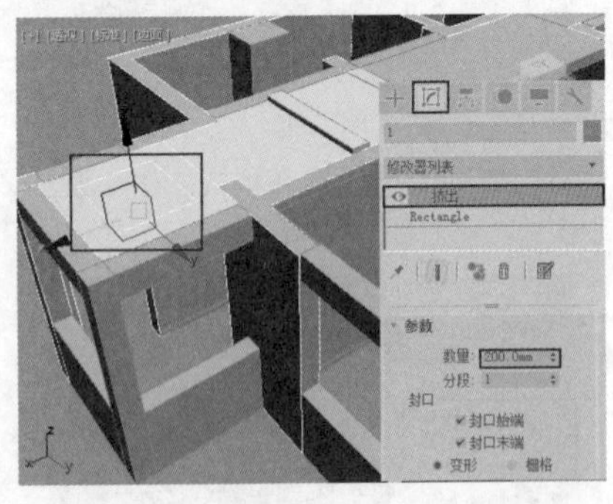


图 8-471

## Part 05 顶棚和地面模型

步骤 01 激活主工具栏中的 3 (捕捉)工具，并用右键单击该工具。在弹出的窗口中仅勾选【顶点】选项，如图8-472所示。

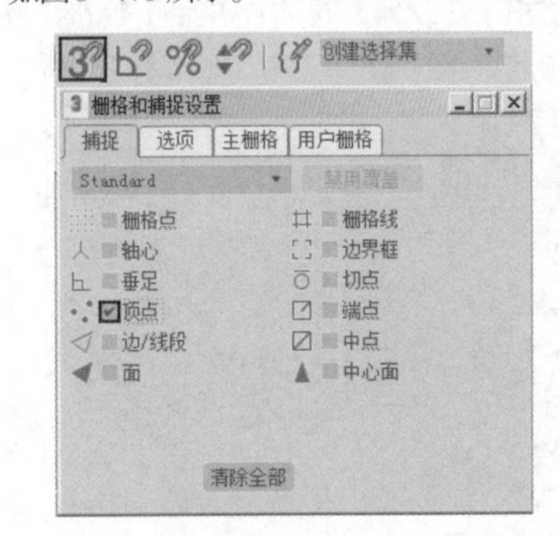


图 8-472

步骤 02 执行 +(创建) (图形) | 样条线 | 线，在顶视图中沿着模型外部的边缘绘制闭合的样条线，如图8-473所示。

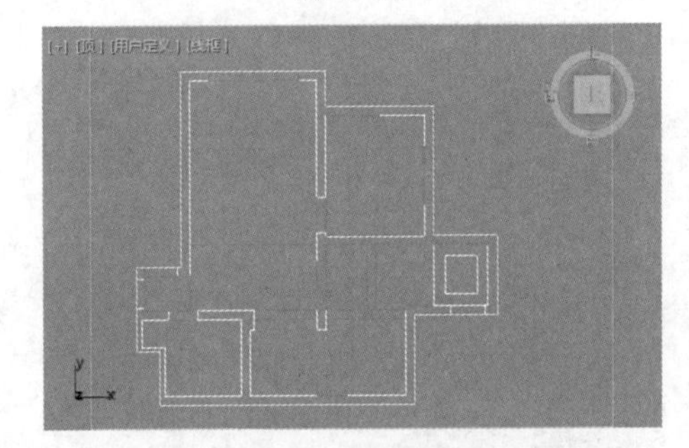

图 8-473

步骤 03 绘制完成后为样条线加载【挤出】修改器，并设置挤出的【数量】为100mm，如图8-474所示。

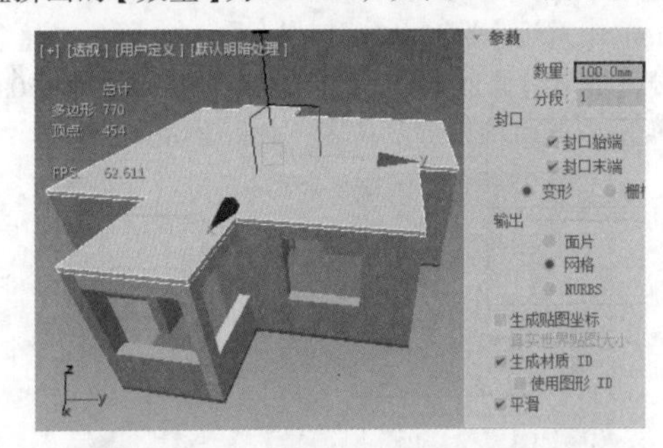


图 8-474

步骤 04 在选中上一步创建的模型的状态下进入前视图中，按住Shift键并按住鼠标左键，将其沿着Y轴向下平移并复制，移动到合适的位置后释放鼠标，在弹出的【克隆选项】对话框中设置【对象】为【复制】，【副本数】为1，如图8-475所示。最终效果如图8-476所示。

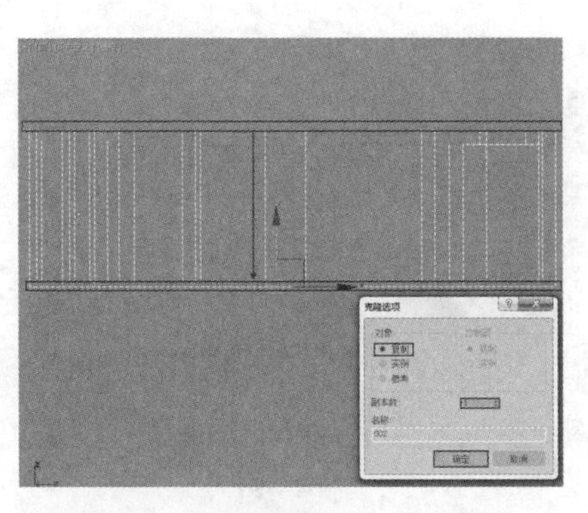

图 8-475

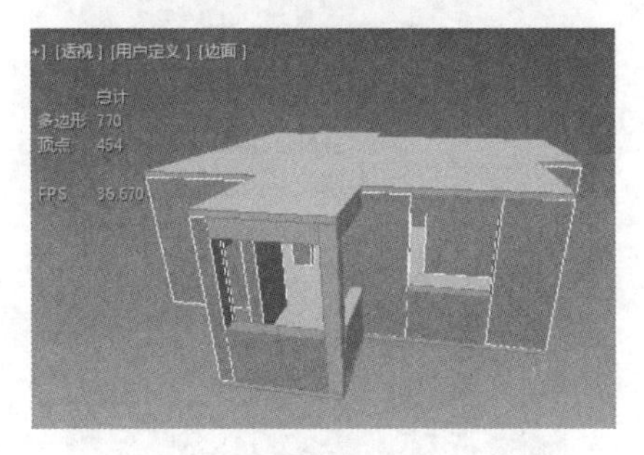

图 8-476

## 实例：使用多边形建模制作吊顶

文件路径：Chapter 08　多边形建模→实例：使用多边形建模制作吊顶

扫一扫，看视频

本案例主要讲解吊顶的制作方法，在制作的过程中首先应用【线】和【矩形】工具在视图中绘制图形。配合【倒角剖面】与【挤出】修改器制作完成吊顶模型。渲染效果如图 8-477 所示。

图 8-477

## 操作步骤

步骤 01 使用【线】工具在顶视图中绘制一条闭合的线，如图 8-478 所示。

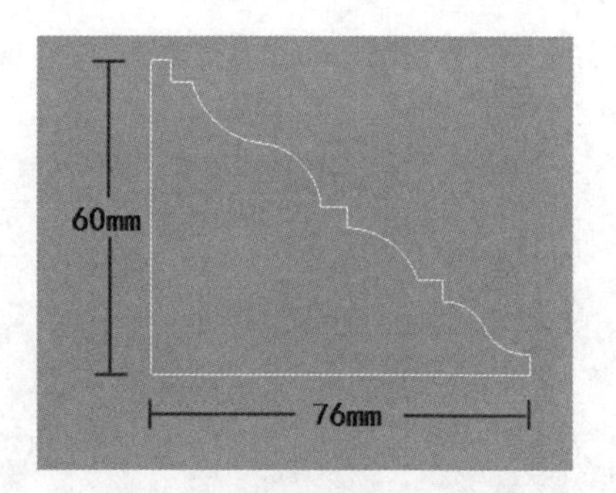


图 8-478

### 提示：在使用【线】工具绘制时，尺寸如何更精准

在使用【线】工具绘制时，有的读者朋友会问：线的参数中看不到长度、宽度等数值，那如何确定我绘制的线是多长、多宽呢？其实很简单，我们设想一下，线参数中找不到数值，可以使用【矩形】作为参考。创建一个矩形，设置好具体尺寸，那么在绘制线时就会变得非常精准了，如图 8-479 所示。接下来再使用【线】工具绘制即可，如图 8-480 所示。

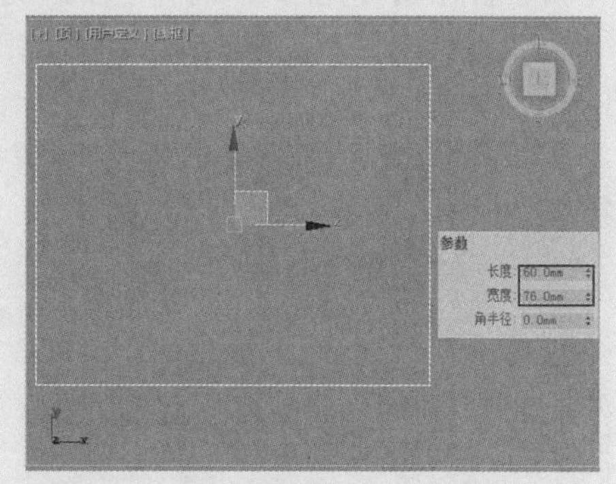


图 8-479

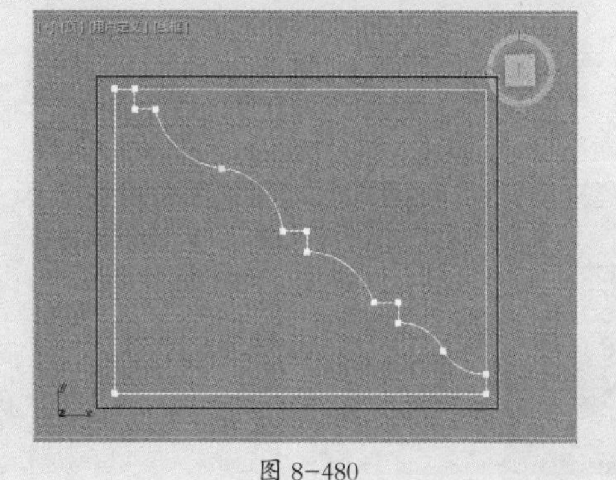

图 8-480

步骤 02 使用【矩形】工具在顶视图中绘制一个矩

形，设置【长度】为2812mm，【宽度】为2512mm，如图8-481所示。

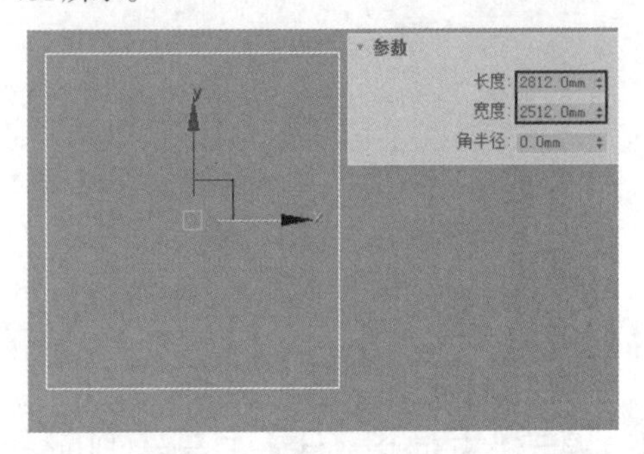


图8-481

步骤 03 接着为该模型加载【倒角剖面】修改器，在【参数】卷展栏中设置【倒角剖面】为【经典】，然后在【经典】卷展栏下单击【拾取剖面】按钮，单击上一步绘制的闭合样条线，如图8-482所示。此时效果如图8-483所示。模型的细节图如图8-484所示。

步骤 04 在选中该模型的状态下单击【修改】按钮，接着单击【倒角剖面】前方的▶按钮，进入【剖面 Gizmo】级别，单击【选择并旋转】按钮和【角度捕捉切换】按钮，将其沿Y轴旋转-270°，如图8-485所示，细节效果如图8-486所示。

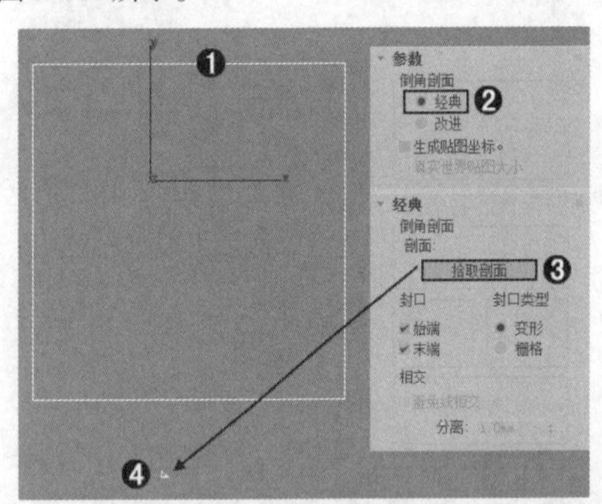


图8-482

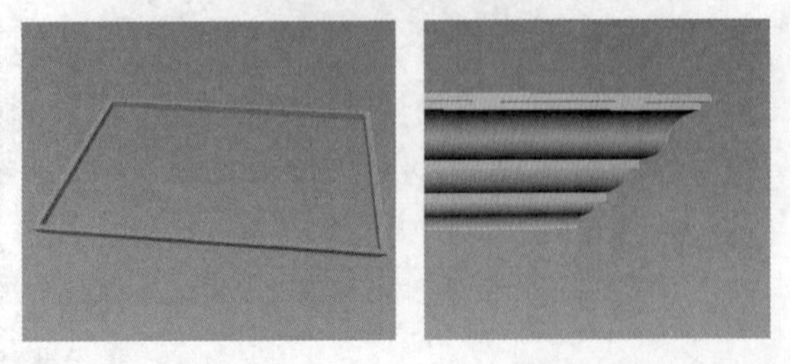

图8-483　　图8-484

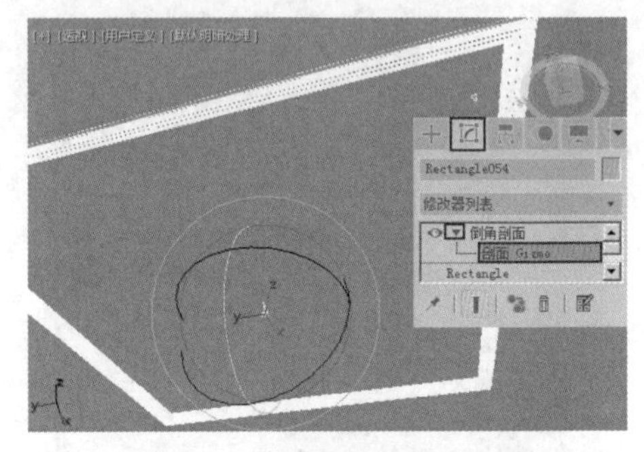


图8-485

图8-486

## 提示：如何修改拾取剖面后模型的效果？

在拾取剖面操作完成之后，如若想要修改模型的效果，可以单击【倒角剖面】前方的▶按钮，进入【剖面 Gizmo】级别，然后通过修改剖面图形的旋转角度或形状来修改模型的效果，如图8-487所示。

图8-487

步骤 05 执行【创建】|【图形】| 样条线 | 矩形，并取消勾选【开始新图形】选项（由于取消了【开始新图形】选项的勾选，因此绘制的矩形会自动成为一个整体），如图8-488所示。接着在顶视图中绘制矩形，设置

内部的矩形【长度】为2865mm，【宽度】为2562mm，外部的矩形【长度】为5000mm，【宽度】为3370mm，如图8-489所示。

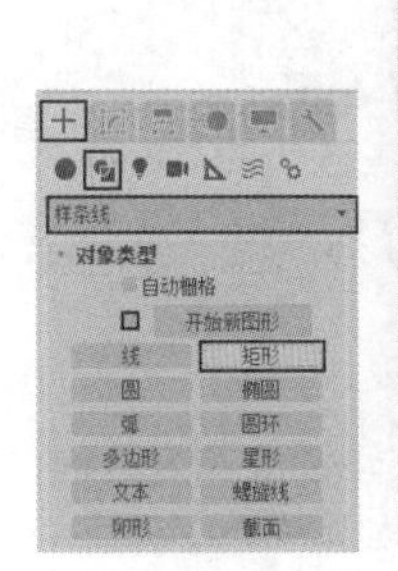


图8-488

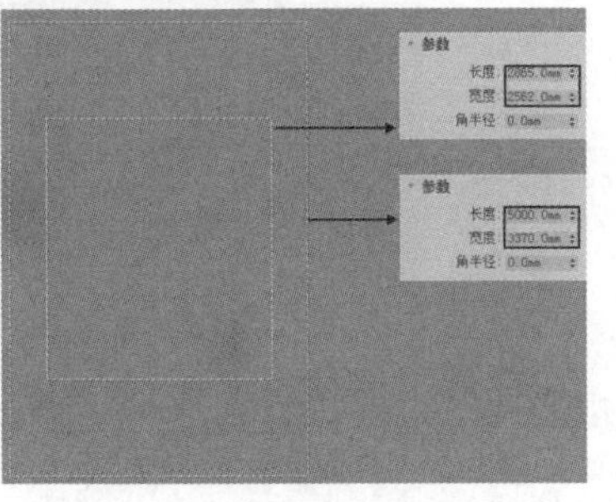


图8-489

步骤 06 绘制完成后为该模型加载【挤出】修改器，设置【数量】为60mm，如图8-490所示。

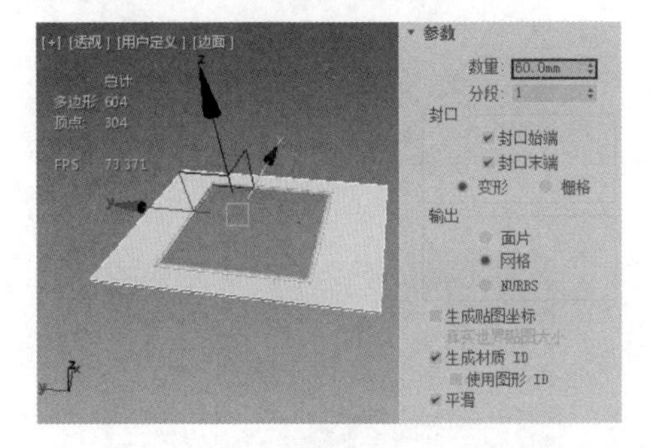


图8-490

步骤 07 接着使用同样的方法再次绘制矩形。设置内部矩形的【长度】为3224mm，【宽度】为2966mm，外部矩形的【长度】为5035mm，【宽度】为3280mm，如图8-491所示。为该矩形加载【挤出】修改器，设置挤出的【数量】为150mm，如图8-492所示。

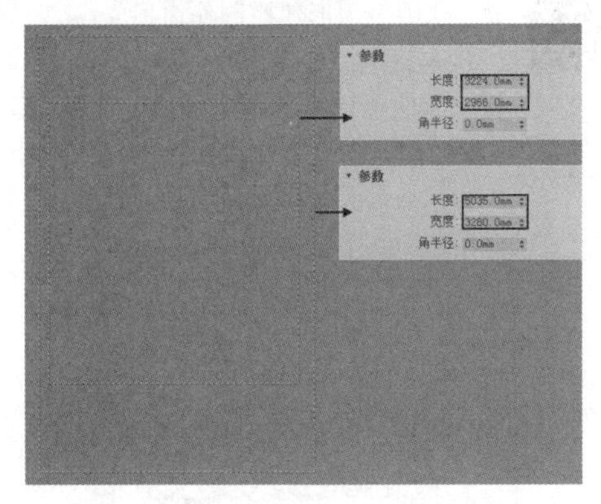


图8-491

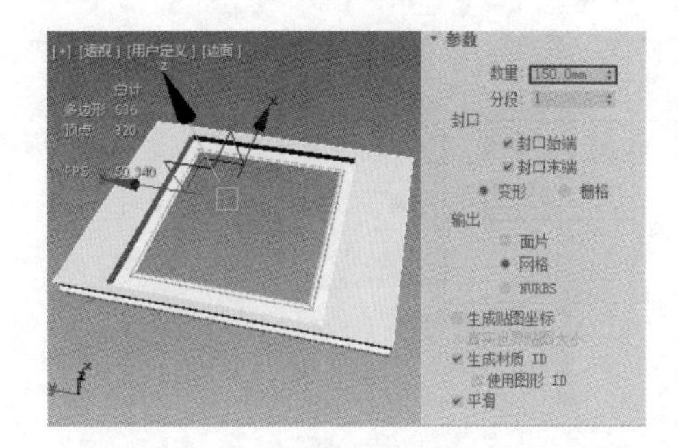


图8-492

步骤 08 再次绘制一个矩形，设置【长度】为3255mm，【宽度】为2975mm，如图8-493所示。接着为该矩形加载【挤出】修改器，设置【数量】为50mm，如图8-494所示。

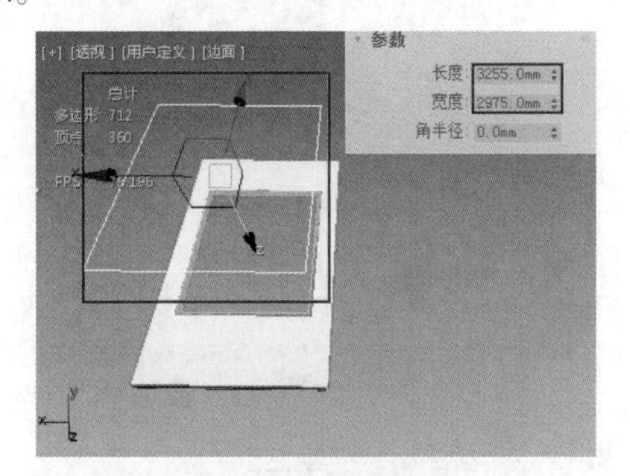


图8-493

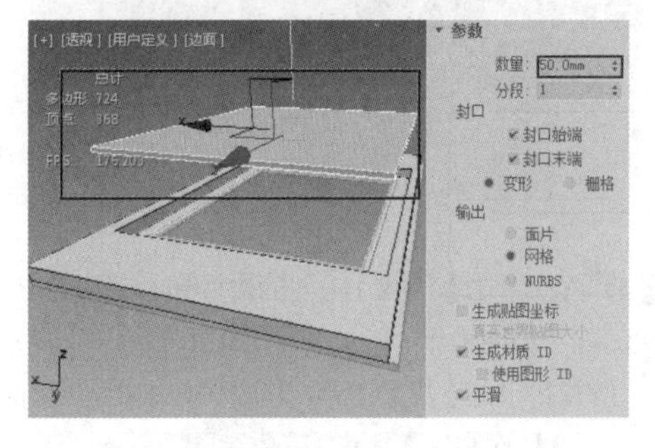


图8-494

步骤 09 选中刚刚创建的模型，右击，执行【转换为】|【转换为可编辑多边形】命令，将其转换为可编辑的多边形。进入【多边形】■级别，选中如图8-495所示的多边形。单击【插入】后方的□按钮，设置插入的数值为500mm，如图8-496所示。

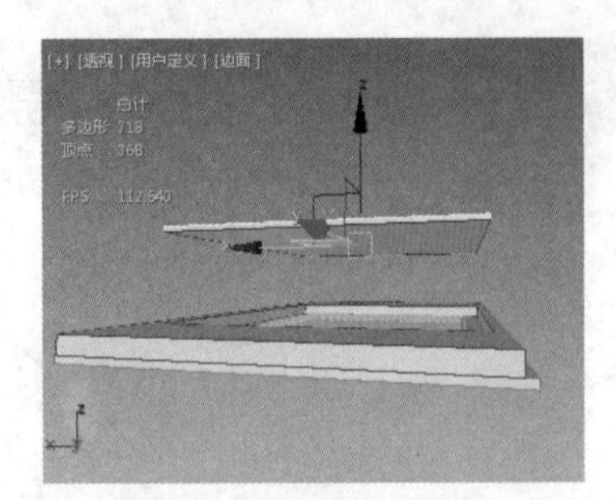


图 8-495

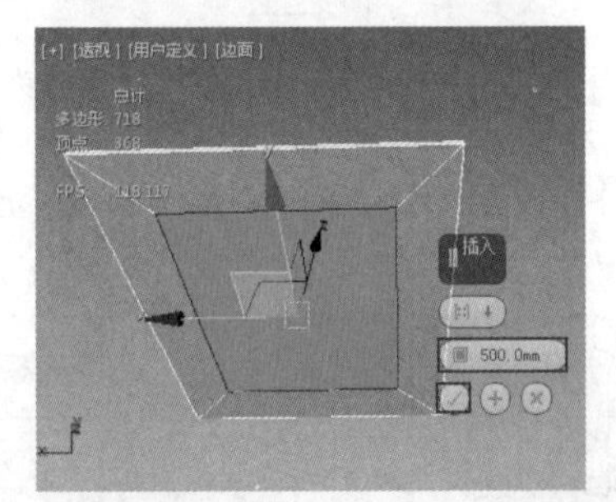


图 8-496

步骤 10 单击【挤出】后方的■按钮，设置挤出的【数量】为-15mm，如图8-497所示。

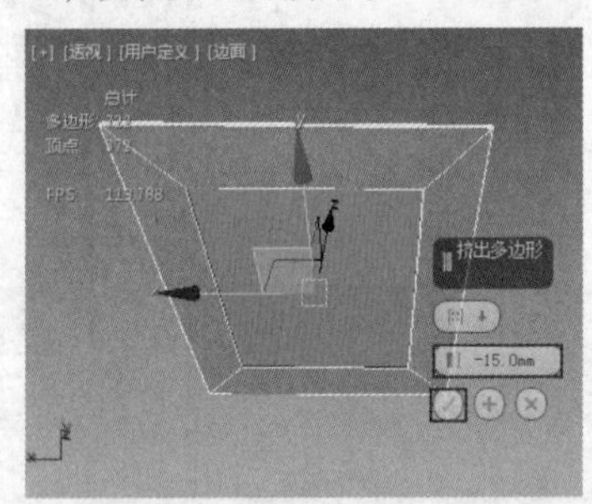


图 8-497

步骤 11 再次单击【插入】后方的■按钮，设置插入的数值为90mm，如图8-498所示。接着单击【挤出】后方的■按钮，设置挤出的【数量】为-15mm，如图8-499所示。

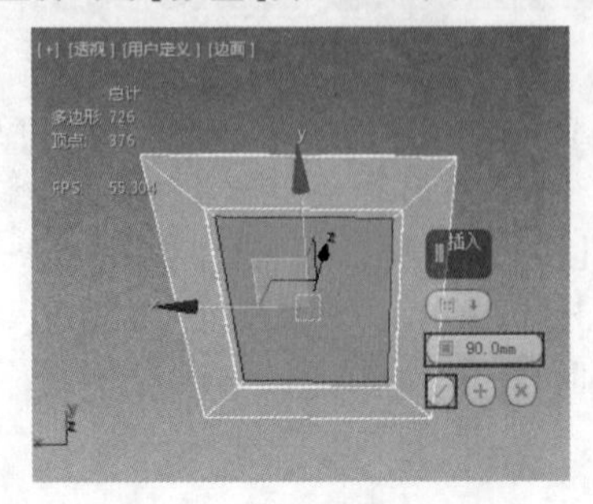


图 8-498

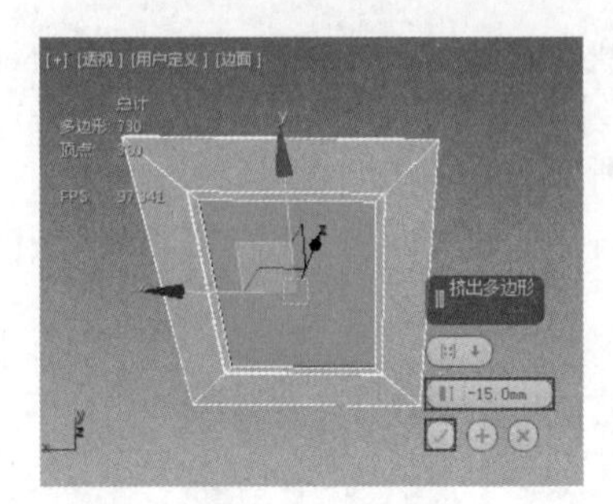


图 8-499

步骤 12 退出多边形级别，并将其移动放置在合适的位置，如图8-500所示。案例最终效果如图8-501所示。

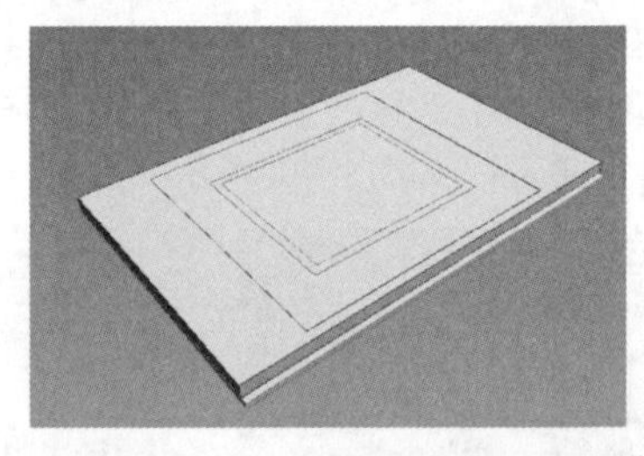

图 8-500

图 8-501

## 实例：使用多边形建模制作窗口

扫一扫，看视频

文件路径：Chapter 08　多边形建模→实例：使用多边形建模制作窗口

本案例综合应用几何体建模、样条线建模、修改器建模、多边形建模等多种建模方式完成窗口模型的制作。渲染效果如图8-502所示。

图 8-502

## 操作步骤

步骤 01 在顶视图中创建一个矩形，设置【长度】为240mm，【宽度】为2365mm，如图8-503所示。

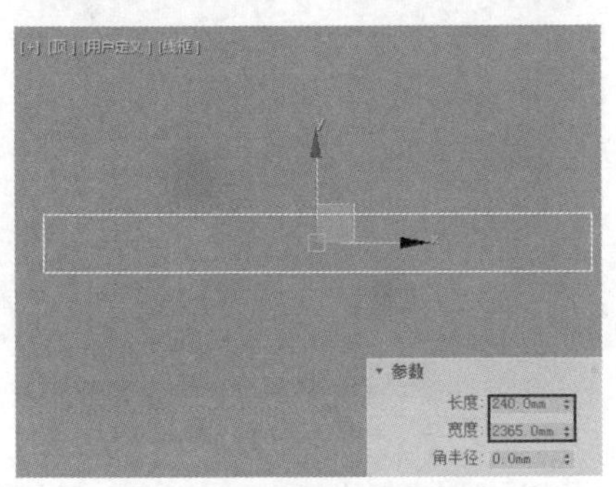


图 8-503

步骤 02 为刚刚创建的矩形加载【挤出】修改器，设置【数量】为735mm，如图8-504所示。

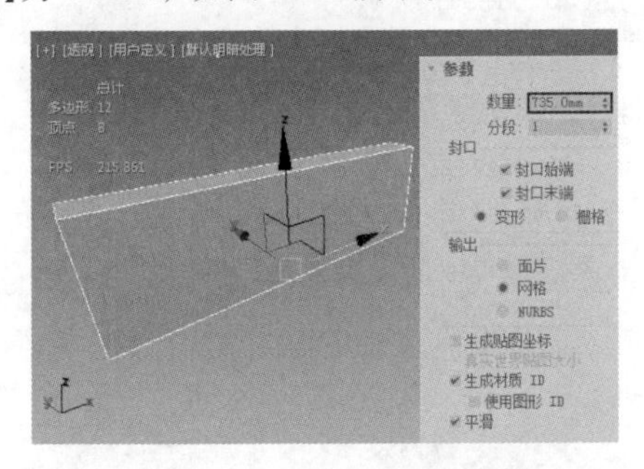

图 8-504

步骤 03 在刚刚创建的长方体的上方创建一个切角长方体，设置【长度】为360mm，【宽度】为2480mm，【高度】为70mm，【圆角】为8mm，【圆角分段】为20，如图8-505所示。

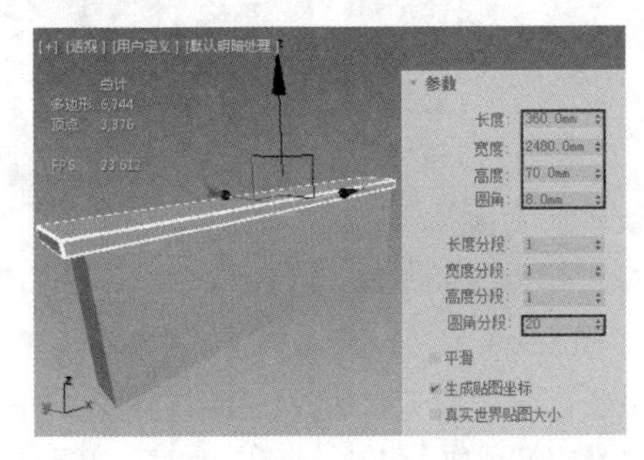

图 8-505

步骤 04 制作窗框。在前视图中再次创建一个矩形，设置【长度】为1440mm，【宽度】为626mm，如图8-506所示。在选中矩形的状态下单击鼠标右键，执行【转换为】|【转换为可编辑样条线】命令，将其转换为可编辑的样条线，如图8-507所示。

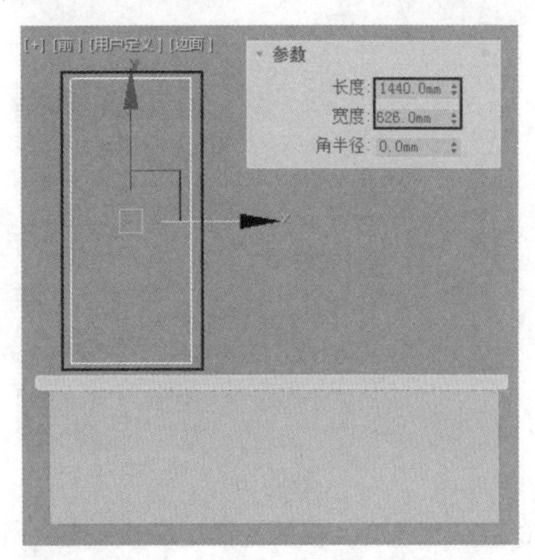


图 8-506

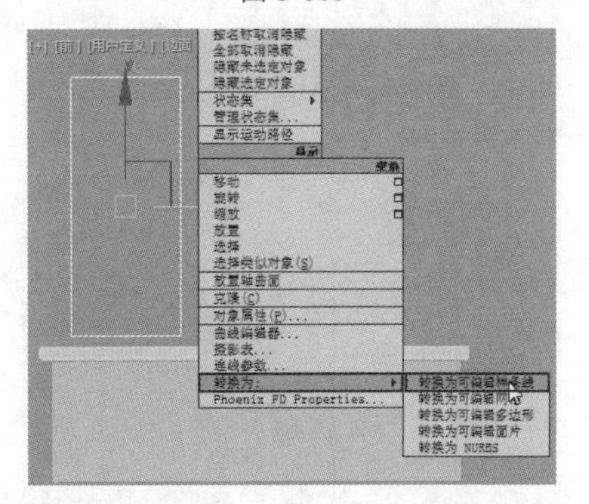

图 8-507

步骤 05 单击【修改】按钮，并进入【样条线】级别，选择样条线，然后单击 轮廓 按钮，在后方设置其数值为-60mm，如图8-508所示。再次单击（样条线）级别，此时取消样条线状态。接着为其加载【挤出】修改器，设置【数量】为40mm，如图8-509所示。

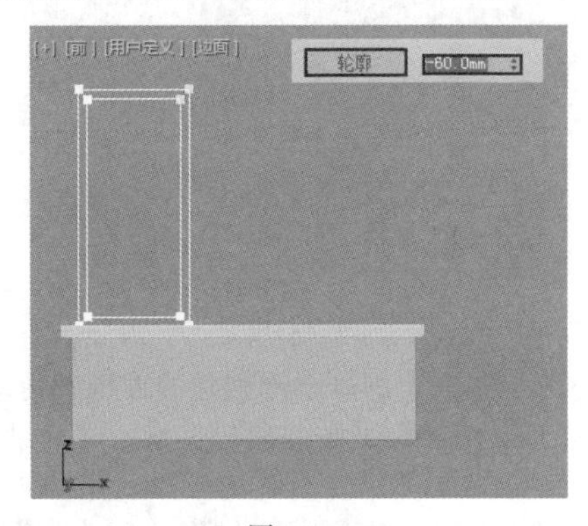


图 8-508

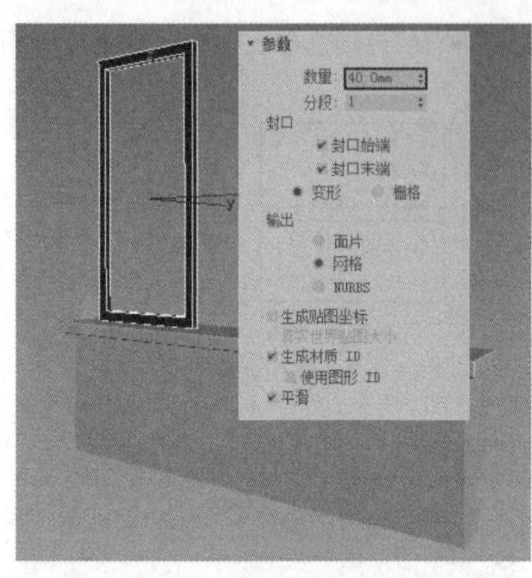


图 8-509

步骤 06 制作窗玻璃。在前视图中再次创建一个矩形，设置【长度】为1440mm，【宽度】为626mm，如图8-510所示。设置完成后为其加载【挤出】修改器，并设置【数量】为10mm。（按快捷键Alt+X进入半透明的显示模式）效果如图8-511所示。

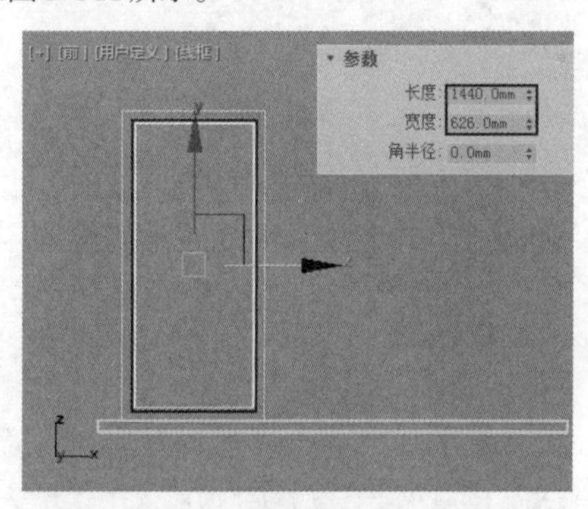


图 8-510

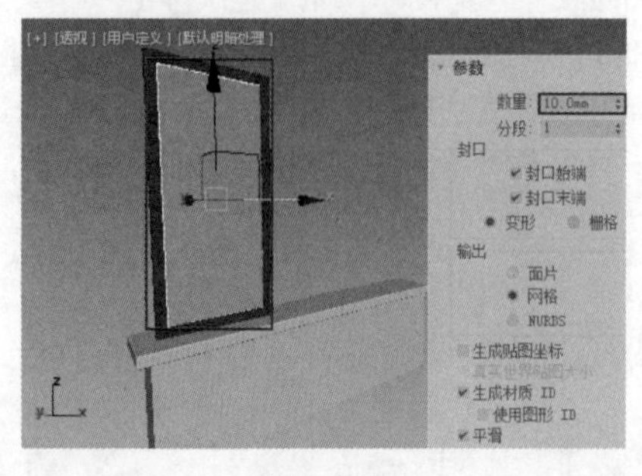


图 8-511

步骤 07 在前视图中加选刚刚创建的窗框和窗玻璃模型，接着按住Shift键并按住鼠标左键，将其沿着X轴向右平移并复制，放置在合适的位置后释放鼠标，在弹出的【克隆选项】对话框中设置【对象】为【复制】，【副本数】为2，如图8-512所示。此时效果如图8-513所示。

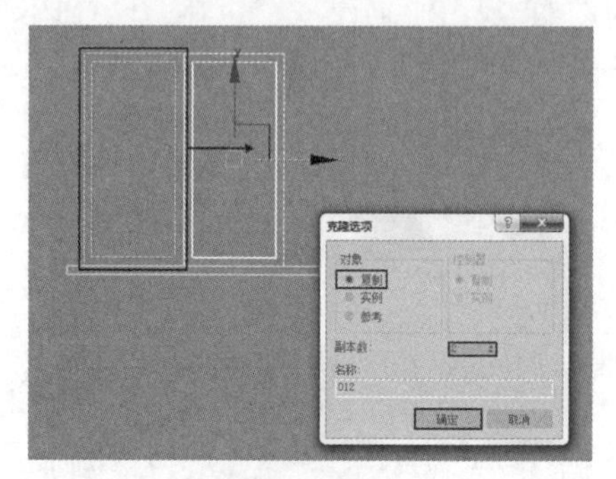


图 8-512

步骤 08 使用【线】工具在顶视图中绘制一条闭合的线，如图8-514所示。

步骤 09 在前视图中再次进行样条线的绘制（该样条线不闭合），如图8-515所示。

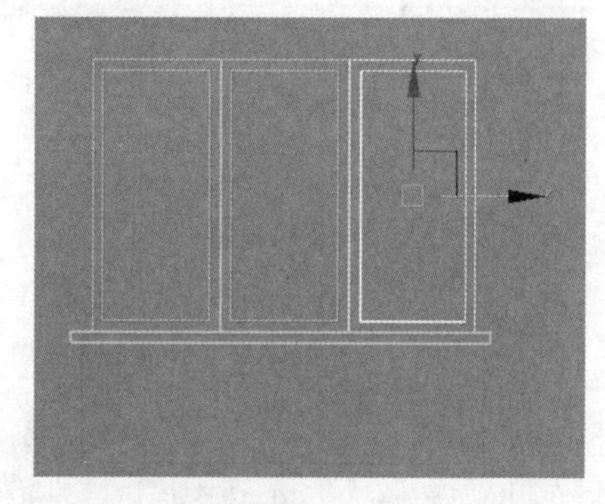

图 8-513

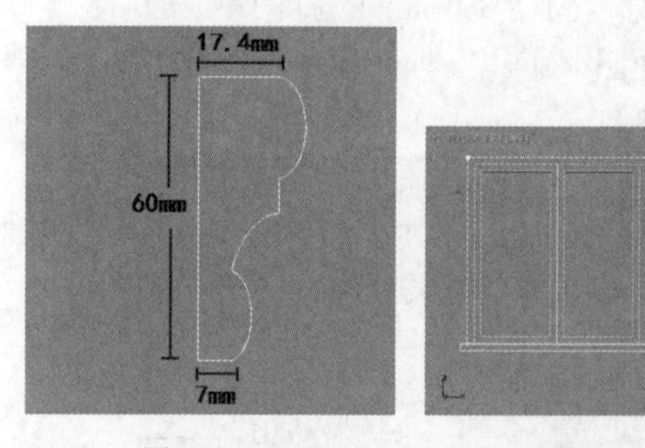


图 8-514　　图 8-515

步骤 10 绘制完成后为其加载【扫描】修改器。接着选中【使用自定义截面】选项，并单击【拾取】按钮，在透视图中选中刚刚绘制的闭合的样条线，如图8-516所示。此时效果如图8-517所示。

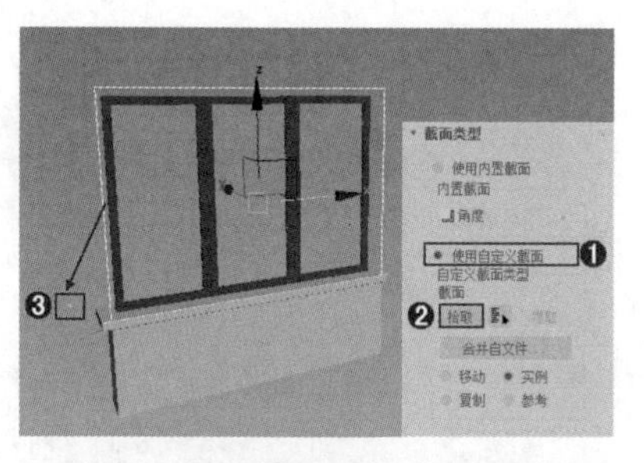


图 8-516

图 8-517

步骤 11 为该模型加载【编辑多边形】修改器，进入【多边形】■级别，选中模型后方的3个多边形，如图8-518所示。接着单击【挤出】后方的□按钮，设置【高度】为270mm，如图8-519所示。

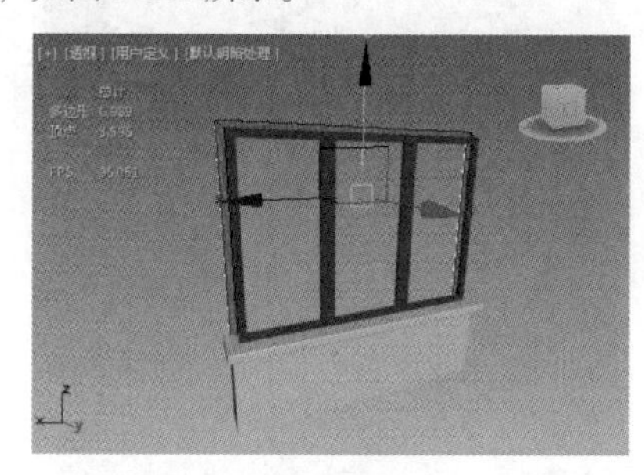

图 8-518

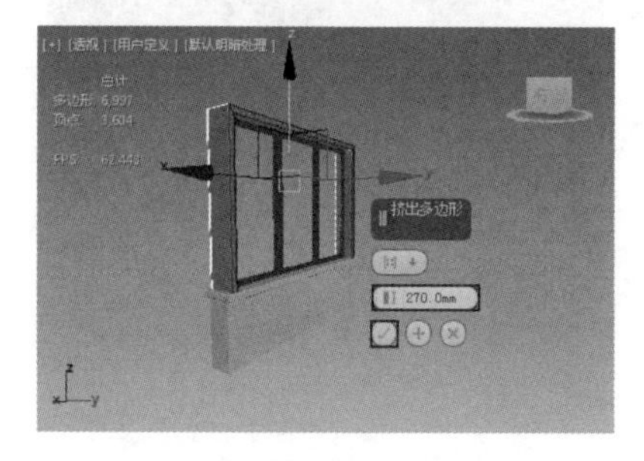


图 8-519

步骤 12 为该模型加载【平滑】修改器，效果如图8-520所示。

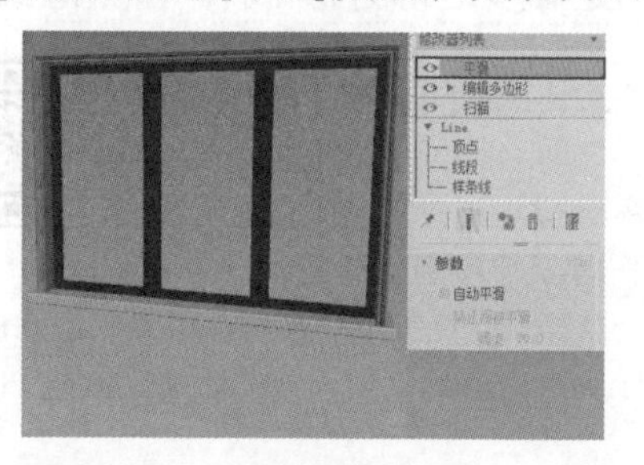


图 8-520

步骤 13 在视图中再次创建一个矩形，设置【长度】为240mm，【宽度】为2365mm，如图8-521所示。

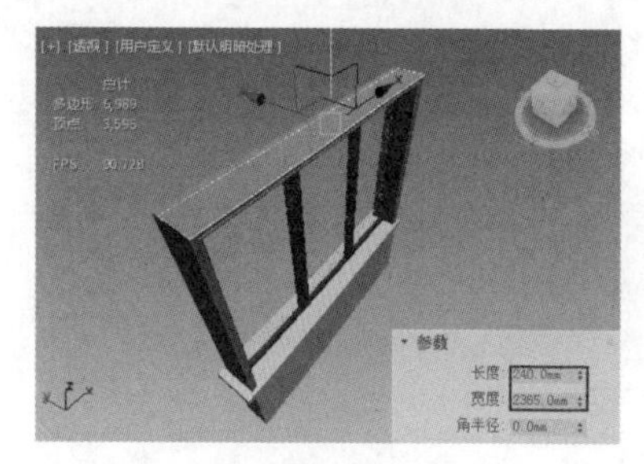


图 8-521

步骤 14 为该模型加载【挤出】修改器，设置【数量】为290mm，如图8-522所示。

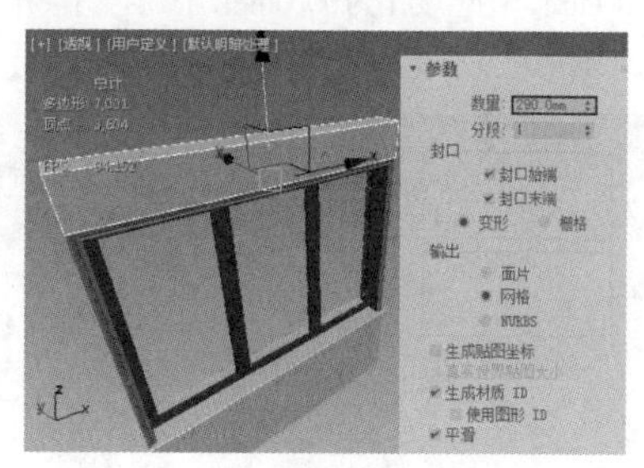


图 8-522

步骤 15 最终窗框模型效果如图8-523所示。

图 8-523

## 实例：使用多边形建模制作电视背景墙

扫一扫，看视频

文件路径：Chapter 08 多边形建模→实例：使用多边形建模制作电视背景墙

本案例应用连接、切割、插入、挤出工具制作背景墙模型，并将本章中制作完成的多个模型合并在一个场景中，组合成室内的基本框架，并导入室内家具模型。背景墙渲染效果如图8-524所示。

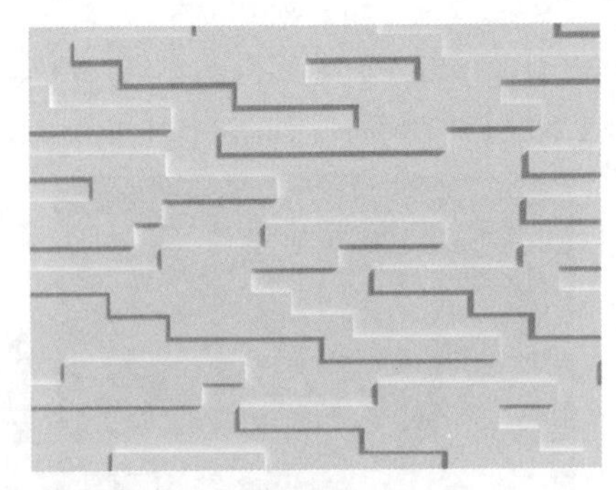

图8-524

## 操作步骤

步骤 01 在前视图中创建一个长方体模型，设置【长度】为2700mm，【宽度】为5000mm，【高度】为40mm，如图8-525所示。

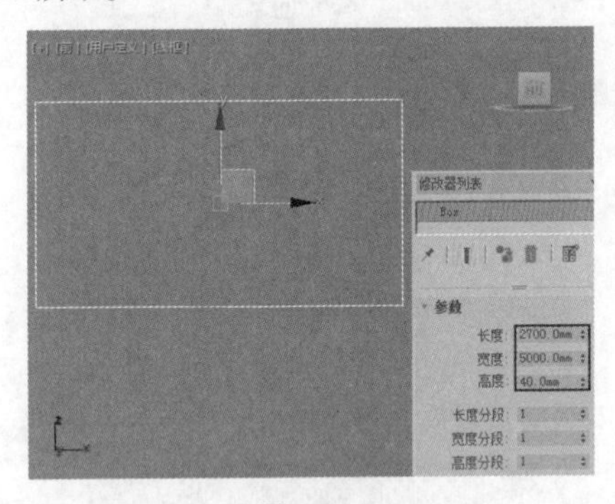


图8-525

步骤 02 在选中该长方体模型的状态下，单击鼠标右键，执行【转换为】|【转换为可编辑多边形】命令，将其转换为可编辑的多边形。进入【边】◁级别，在透视图中选择如图8-526所示的4条边。接着单击【连接】后方的□按钮，设置【分段】为20，如图8-527所示。

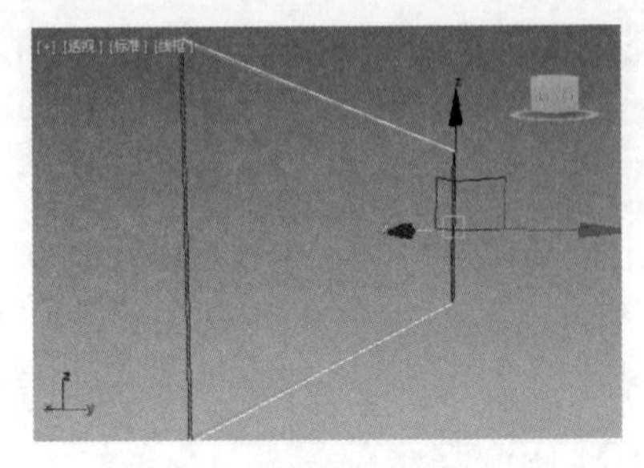

图8-526

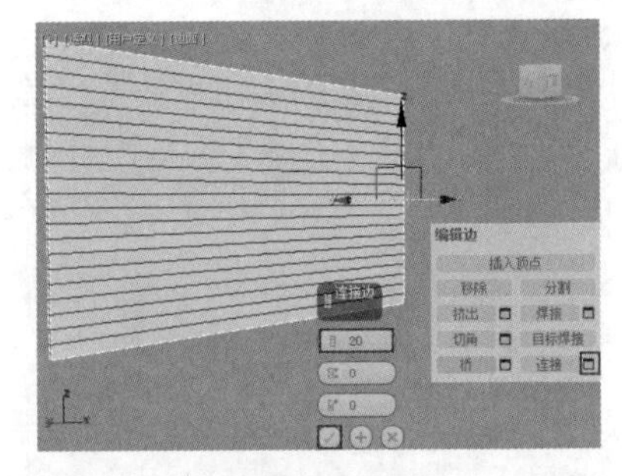


图8-527

步骤 03 选择如图8-528所示的4条边，单击【连接】后方的□按钮，设置【分段】为4，【滑块】为20，如图8-529所示。

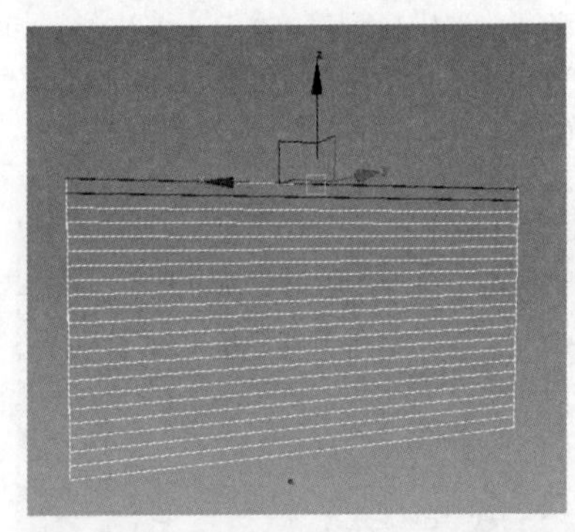

图8-528

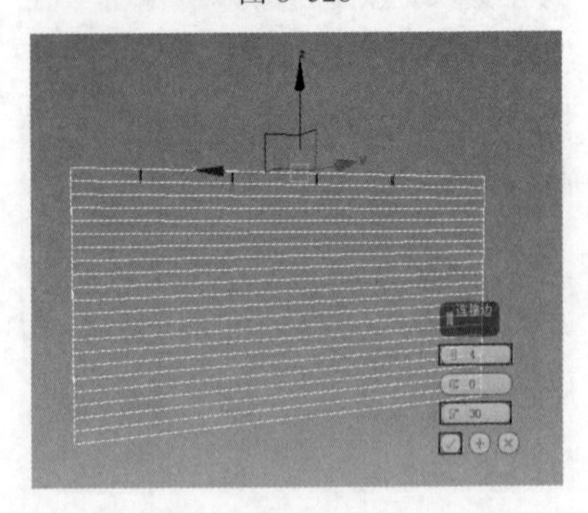


图8-529

步骤 04 在选择【边】级别的状态下，单击 切割 按钮，在前视图中适当的位置单击鼠标左键确定切割的点，接着将鼠标向下平移，如图 8-530 所示。当移动到下方的横向线条处时再次单击鼠标左键，最后单击右键完成切割，如图 8-531 所示。

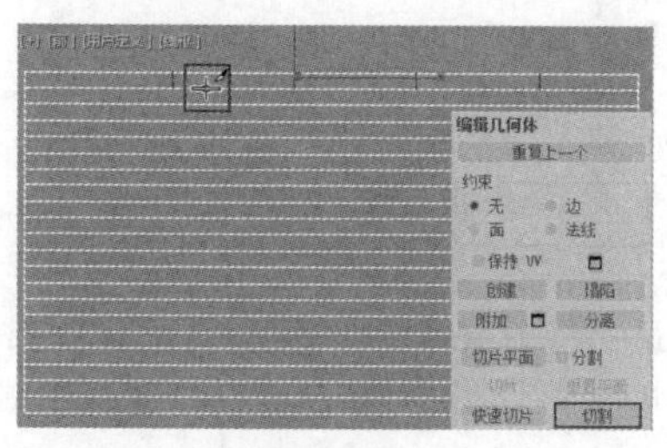


图 8-530

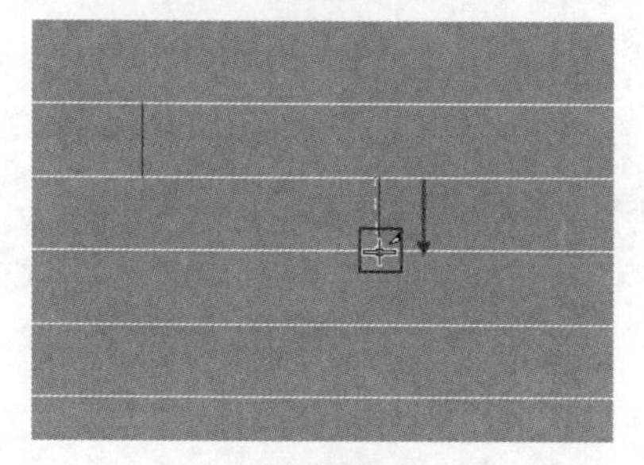

图 8-531

步骤 05 在左视图中单击【左】按钮，在弹出的下拉列表中选择【后】进入后视图中，如图 8-532 所示。此时可以在后视图中看到刚刚在前视图中切割的线条，如图 8-533 所示。

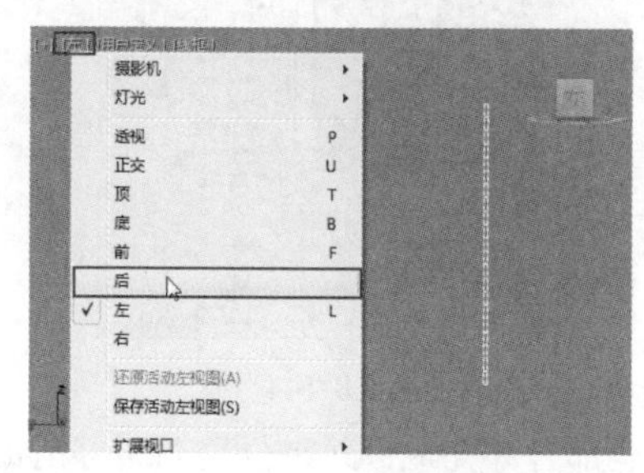


图 8-532

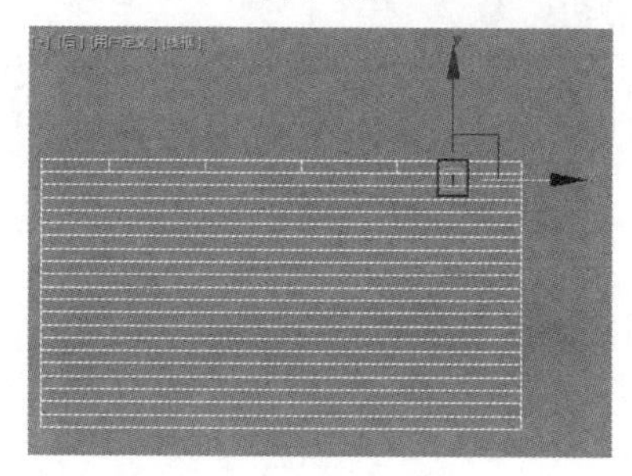

图 8-533

步骤 06 在后视图中对照着在前视图中切割的线条进行切割，以达到切割的效果前后对称，如图 8-534 所示。此时透视图中的效果如图 8-535 所示。

图 8-534

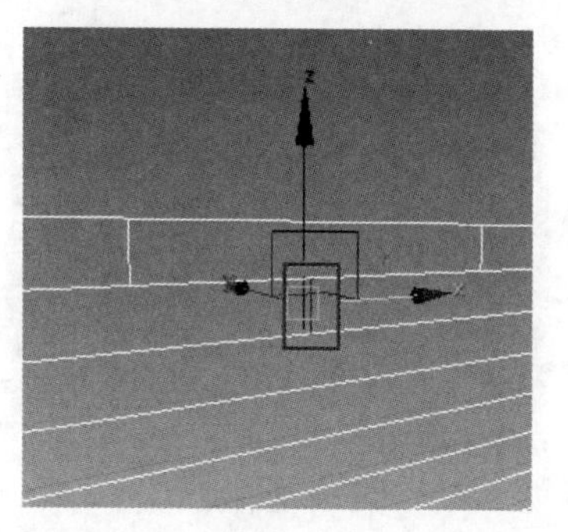

图 8-535

步骤 07 使用同样的方法继续在前视图和后视图中进行切割，如图 8-536 所示。

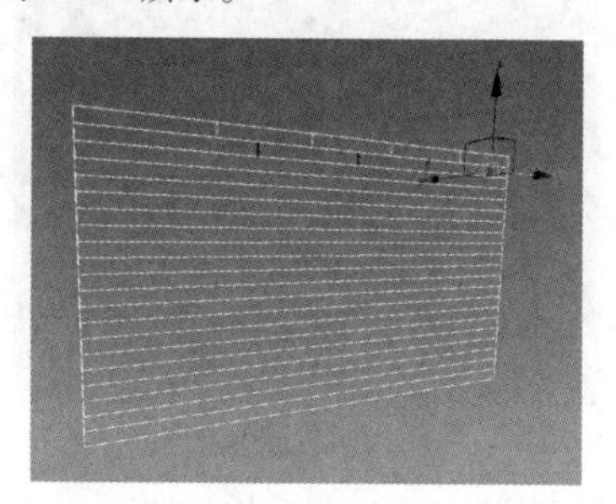

图 8-536

步骤 08 使用同样的方法继续进行切割，注意要切割出类似砖的排列方式，如图 8-537 所示。

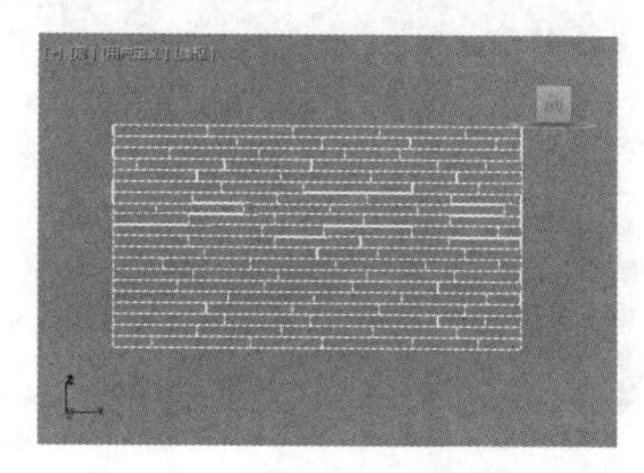

图 8-537

步骤 09 进入【多边形】■级别，在前视图中选择如图8-538所示的多边形。

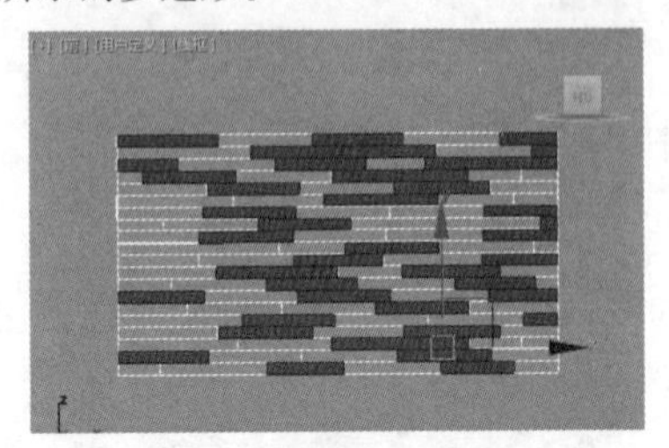

图 8-538

步骤 10 单击【插入】后方的□按钮，设置【数量】为2mm，如图8-539所示。

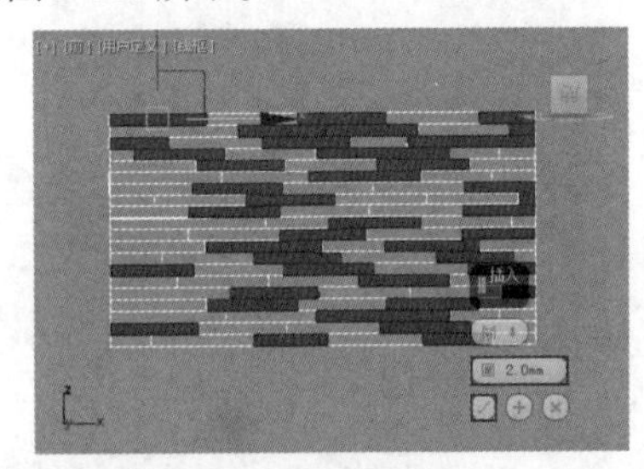

图 8-539

步骤 11 单击【挤出】后方的□按钮，设置【高度】为20mm，如图8-540所示。

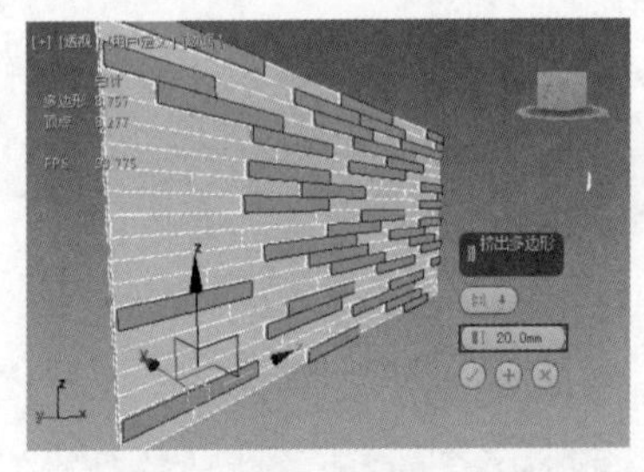

图 8-540

步骤 12 使用同样的方法制作墙体背面的效果(按快捷键Alt+X可以将视图半透明显示)，如图8-541所示。

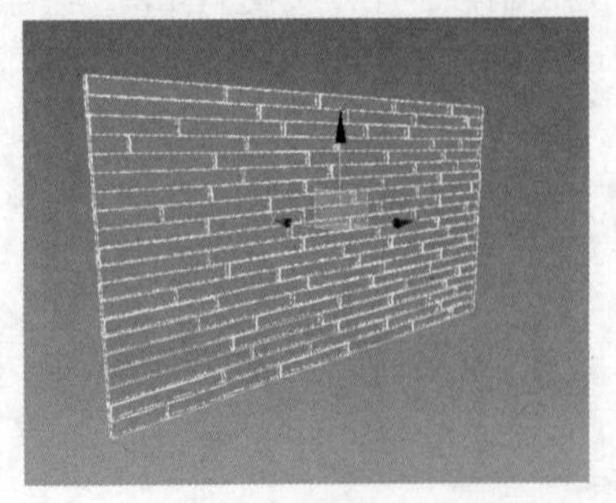

图 8-541

步骤 13 最终电视背景墙模型效果如图8-542所示。

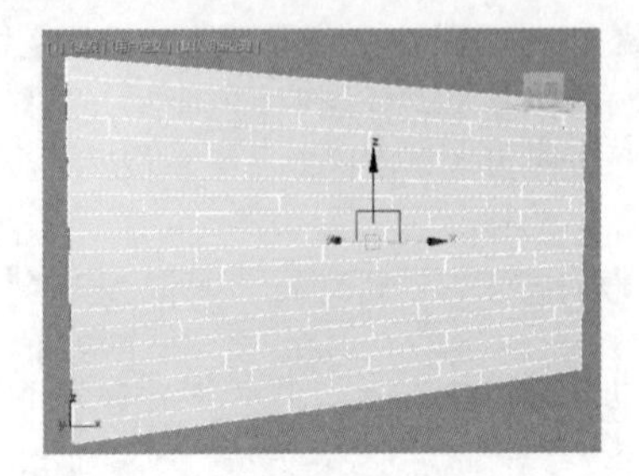

图 8-542

步骤 14 最后将本章中制作完成的【墙体框架】【吊顶】【窗口】【电视背景墙】模型组合在一起，如图8-543和图8-544所示。

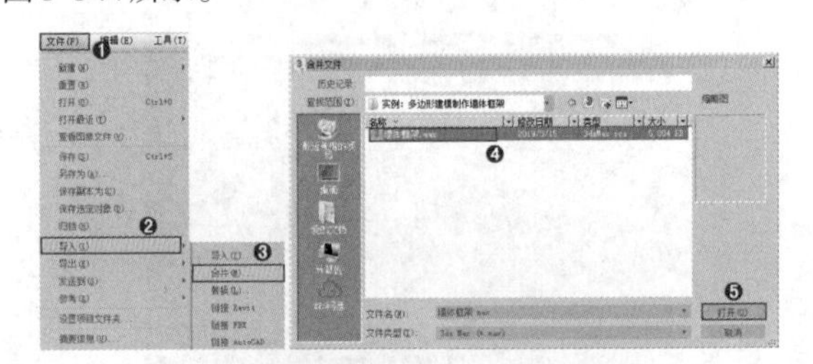

图 8-543

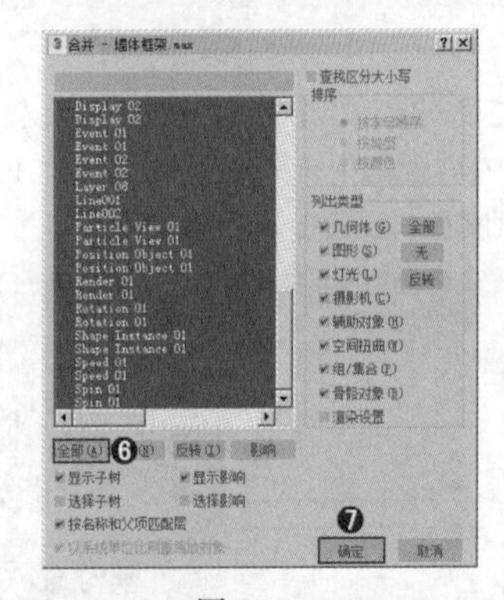

图 8-544

步骤 15 全部合并完成，并将位置调整好后的效果如图8-545所示。

图 8-545

步骤 16 最后将下载的模型文件【家具等模型.max】合并到场景中，并组合为完整的室内空间模型，如图8-546所示。

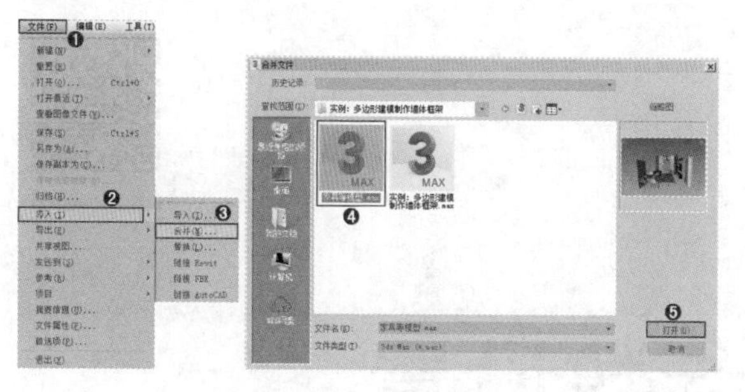

图 8-546

步骤 17 在弹出的对话框中单击【全部】按钮，并单击【确定】按钮，如图8-547所示。

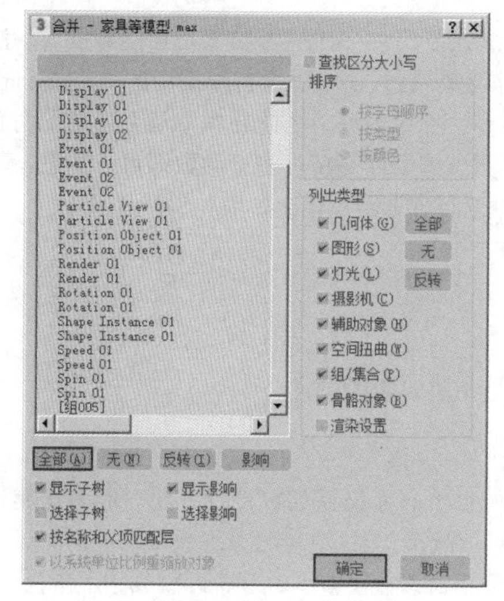


图 8-547

步骤 18 在弹出的对话框中勾选【应用于所有重复情况】，并单击【自动重命名】按钮，如图8-548所示。

步骤 19 此时家具等模型被合并入当前场景中了，但是位置是不正确的，如图8-549所示。

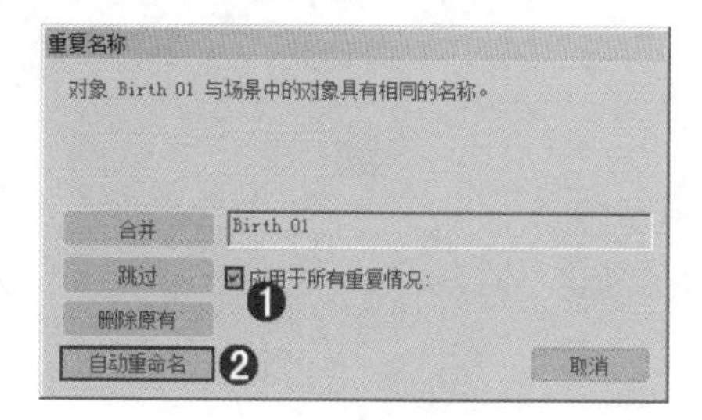


图 8-548

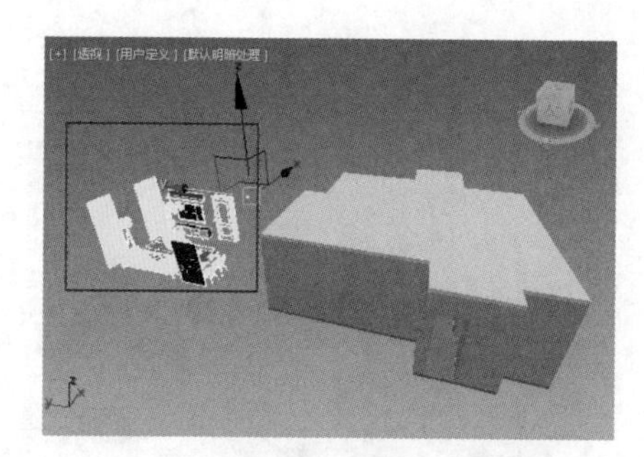

图 8-549

步骤 20 仔细移动好家具所在的位置，调整完成后，如图8-550所示。

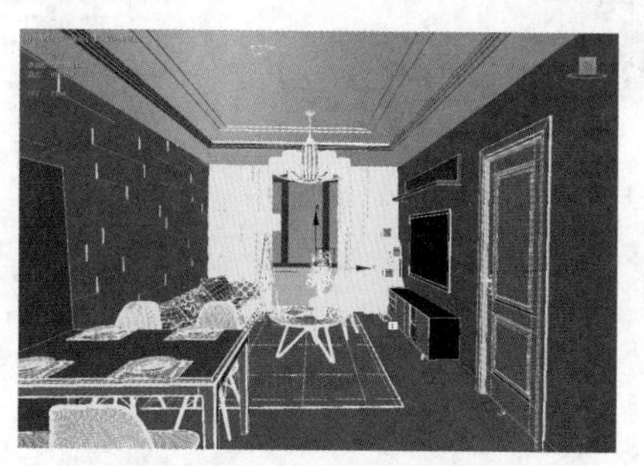

图 8-550

步骤 21 最终组合在一起的模型效果如图8-551所示。

图 8-551

扫一扫，看视频

# 渲染器参数设置

## 本章内容简介：

3ds Max与VRay可以说是“最强搭档”。VRay渲染器是功能最强大的渲染器之一，是室内外效果图、产品设计效果图、CG动画制作常用的渲染器，也是本书的重点。由于渲染设置参数很多，不易理解，因此在本章笔者总结了两套渲染参数，大家按照这两套参数设置测试渲染或高精度渲染参数即可。注意：每次创作一幅作品之前都需要重新设置VRay渲染器及相应参数。

## 重点知识掌握：

- 认识渲染器。
- 掌握VRay渲染器的参数设置。
- 熟练掌握测试渲染和高精度渲染参数的设置。

## 通过本章学习，我能做什么？

通过本章的学习，我们将学到VRay渲染器参数设置方法。能够在制作效果图的过程中正确地设置渲染参数，并进行测试渲染与最终效果的渲染。虽然渲染是3ds Max的最后步骤，但若是渲染器参数设置不合理，即使创建了灯光、材质，也不会渲染出真实的效果。所以将本章内容安排在了比较前面的位置进行学习。

# 9.1 认识渲染器

本节将讲解渲染器的基本知识，包括渲染器的概念、为什么使用渲染器、渲染器的类型、渲染器的设置步骤。

## 9.1.1 渲染器的概念

渲染器是指从3D场景呈现为最终效果的工具，这个过程就是渲染。

## 9.1.2 为什么要使用渲染器

3ds Max和Photoshop软件在成像方面有很多的不同。Photoshop在操作时画布中显示的效果就是最终的作品效果，而3ds Max视图中的效果却不是最终的作品效果，而仅仅是模拟效果，并且这种模拟效果可能会与最终渲染效果相差很多，因此就需要使用渲染器将最终的场景进行渲染，从而得到更真实的作品。这个渲染的工具就称之为渲染器。如图9–1和图9–2所示为3ds Max中的视图效果和使用渲染器渲染完成的效果。

图 9–1

图 9–2

## 9.1.3 渲染器的类型

渲染器类型有很多，3ds Max 2020默认自带的渲染器有5种，分别是Quicksilver硬件渲染器、ART渲染器、扫描线渲染器、VUE文件渲染器、Arnold，这5种渲染器各有利弊，默认扫描线渲染器的渲染速度最快，但渲染功能较差、效果不真实。本书的重点是V–Ray渲染器，该渲染器不是3ds Max默认自带的，需要自行下载安装，V–Ray渲染器需要关闭3ds Max并安装后才可使用。

## 重点 9.1.4 渲染器的设置步骤

设置渲染器主要两种方法。

**方法1**：

单击主工具栏中的 (渲染设置)按钮，然后在弹出的【渲染设置】面板中设置【渲染器】为V–Ray Next, update 1.2，如图9–3所示。此时渲染器已经被设置为V–Ray了，如图9–4所示。(注意：本书使用的V–Ray版本为V–Ray Next, update 1.2版本，该版本又称为V–Ray Next 4.10.03。)

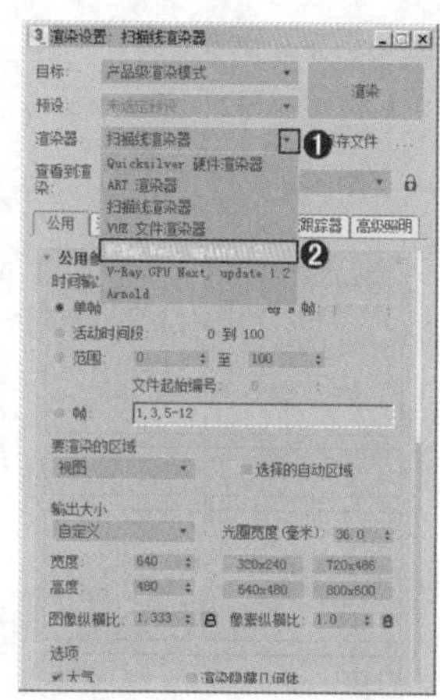

图 9–3

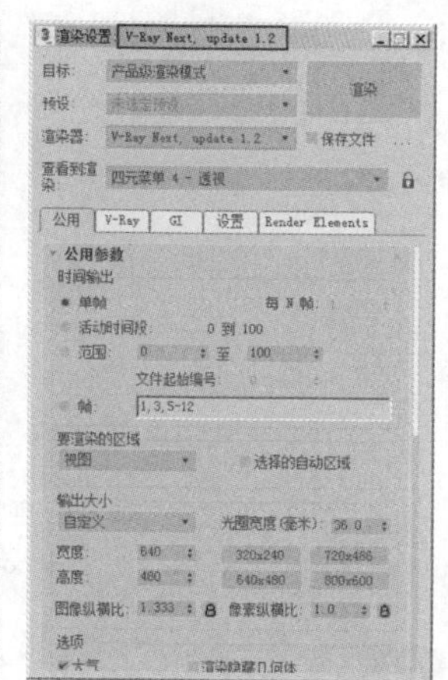

图 9–4

**方法2**：

单击主工具栏中的 (渲染设置)按钮，然后在弹出的【渲染设置】面板中单击进入【公用】选项卡，展开【指定渲染器】卷展栏，单击【产品级】后的 ... (选择渲染器)按钮，接着选择V–Ray Next，update 1.2，最后单击【确定】按钮，如图9–5所示。此时渲染器已经被设置为V–Ray了，如图9–6所示。

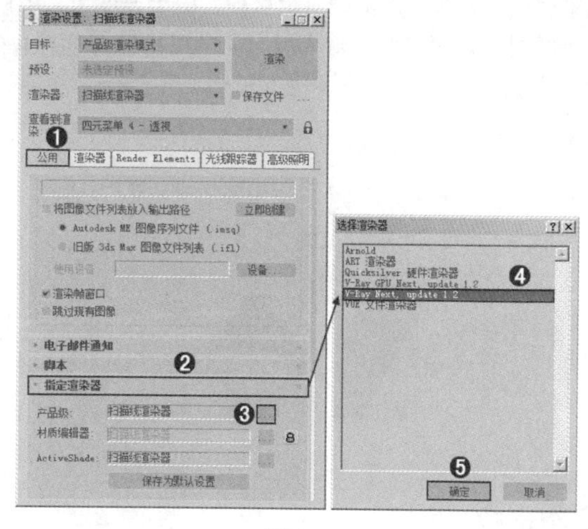

图 9–5

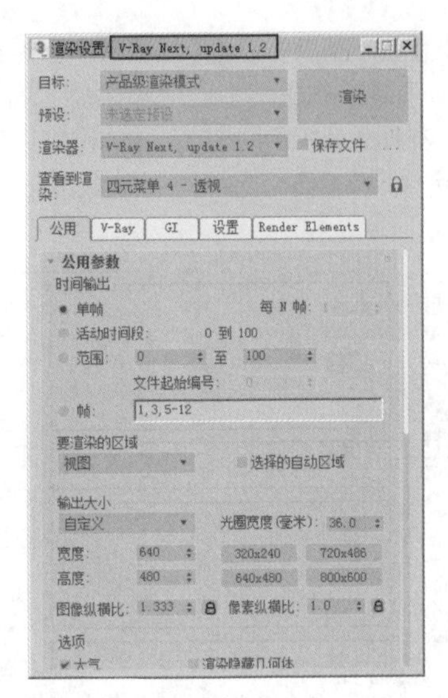

图 9-6

# 9.2 VRay渲染器

## 实例：精度低、渲染快的测试渲染参数设置

文件路径：Chapter 09 渲染器参数设置→实例：精度低、渲染快的测试渲染参数设置

扫一扫，看视频

本案例讲解了如何设置V-Ray渲染器的测试渲染的参数，测试渲染参数主要应用在场景测试时，渲染速度非常快，但渲染质量粗糙，由于速度快，因此便于随时测试调整修改灯光或材质。渲染效果如图9-7所示。

图 9-7

### 操作步骤

步骤 01 在主工具栏中单击【渲染设置】按钮，在【渲染设置】面板中单击【渲染器】后的按钮，并设置方式为V-Ray Next，update 1.2，如图9-8所示。

步骤 02 进入【公用】选项卡，设置【宽度】为640、【高度】为480，如图9-9所示。

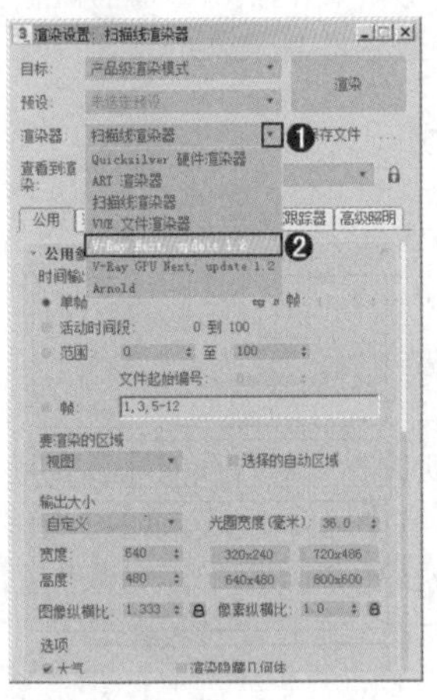

图 9-8

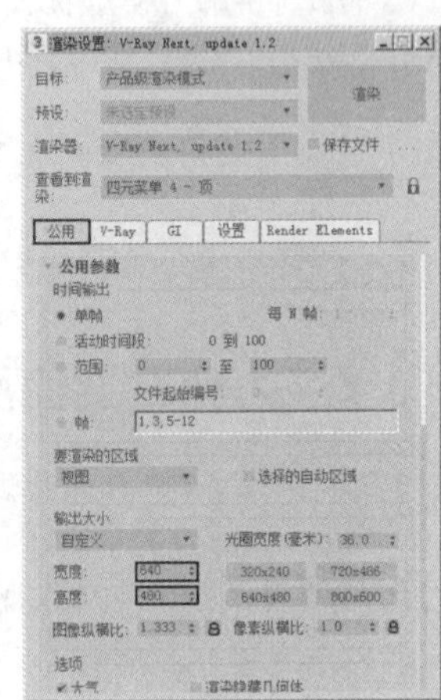

图 9-9

步骤 03 进入V-Ray选项卡，展开【帧缓冲区】卷展栏，取消勾选【启用内置帧缓冲区】。展开【全局开关】卷展栏，设置类型为【全光求值】，如图9-10所示。

步骤 04 进入V-Ray选项卡，展开【图像采样器(抗锯齿)】卷展栏，设置【类型】为【渐进式】，设置【图像过滤器】为【区域】。展开【颜色贴图】，设置【类型】为【指数】，如图9-11所示。

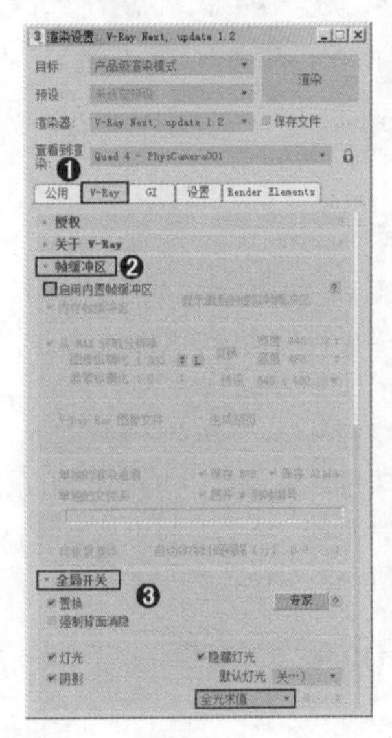

图 9-10

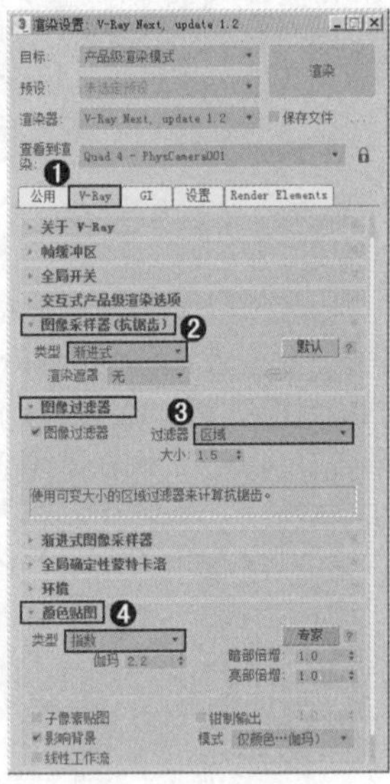

图 9-11

步骤 05 进入GI选项卡，展开【全局照明】卷展栏，勾选【启用全局照明(GI)】，设置【首次引擎】为【发光贴

图】、【二次引擎】为【灯光缓存】。展开【发光贴图】卷展栏，设置【当前预设】为【非常低】，勾选【显示计算相位】和【显示直接光】，如图9-12所示。

步骤 06 进入GI选项卡，展开【灯光缓存】卷展栏，设置【细分】为200，勾选【显示计算相位】，如图9-13所示。

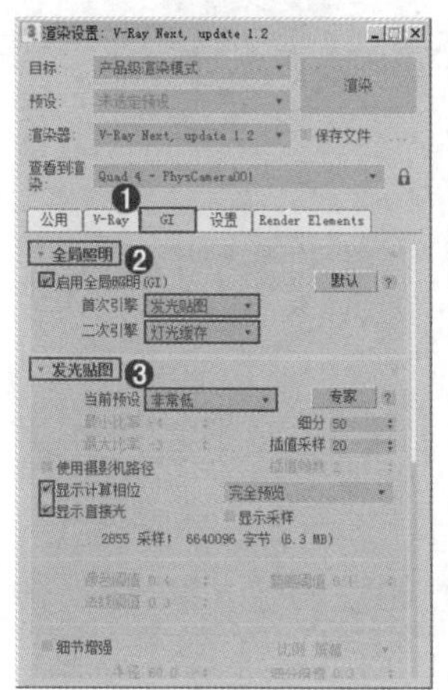


图 9-12

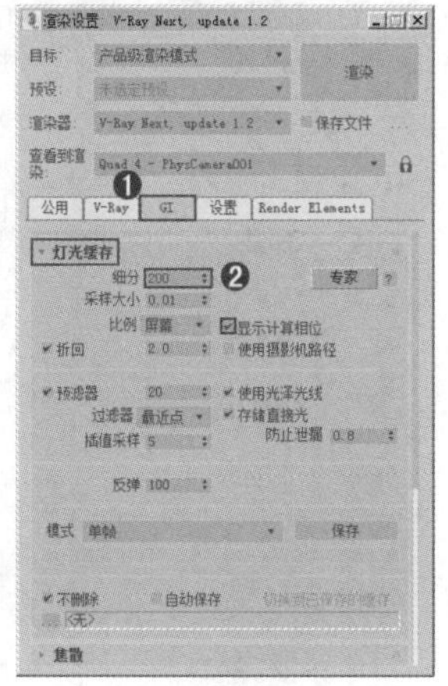


图 9-13

步骤 07 设置完成后单击主工具栏中的 (渲染产品)按钮，即可开始渲染，渲染过程可以发现，渲染速度很快，很快就隐约可以看清当前渲染大致效果(噪点较多)，等待时间越久渲染越清晰(噪点较少)，如图9-14和图9-15所示为对比效果。因此在测试渲染过程中，若发现灯光、材质、模型有任何问题，可以及时按Esc键暂停渲染。

图 9-14

图 9-15

## 实例：精度高、渲染慢的最终渲染参数设置

文件路径：Chapter 09 渲染器参数设置→实例：精度高、渲染慢的最终渲染参数设置

扫一扫，看视频

本案例讲解如何设置V-Ray渲染器的最终渲染的参数，最终渲染参数主要应用在场景最终渲染时，渲染速度非常慢，但渲染质量比较精致，渲染尺寸比较大。渲染效果如图9-16所示。

图 9-16

## 操作步骤

步骤 01 在主工具栏中单击【渲染设置】按钮 ，在【渲染设置】面板中单击【渲染器】后的 按钮，并设置方式为V-Ray Next，update 1.2，如图9-17所示。

步骤 02 进入【公用】选项卡，设置【宽度】为3000，【高度】为2250，如图9-18所示。

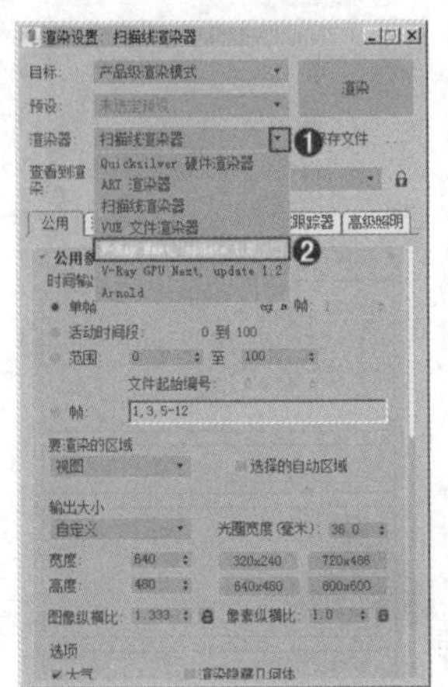

图 9-17

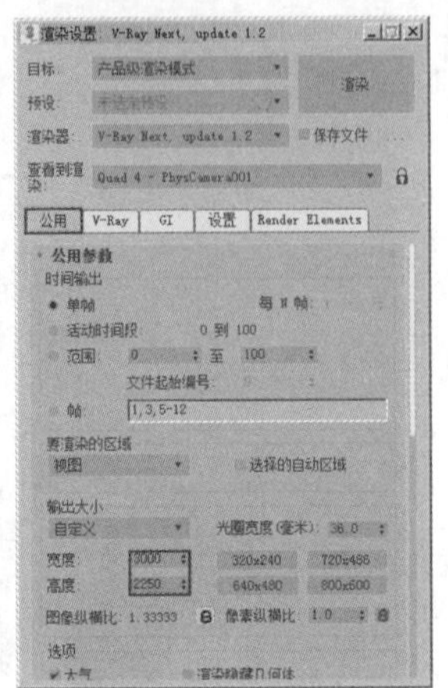

图 9-18

步骤 03 进入V-Ray选项卡，展开【帧缓冲区】卷展栏，取消勾选【启用内置帧缓冲区】。展开【全局开关】卷展栏，设置类型为【全光求值】，如图9-19所示。

步骤 04 进入V-Ray选项卡，展开【图像采样器(抗锯齿)】卷展栏，设置【类型】为【渲染块】，设置【图像过滤器】为Mitchell-Netravali。展开【全局确定性蒙特卡洛】卷展栏，勾选【使用局部细分】，设置【细分倍增】为2。展开【颜色贴图】，设置【类型】为【指数】，勾选【子像素贴图】，勾选【钳制输出】，如图9-20所示。

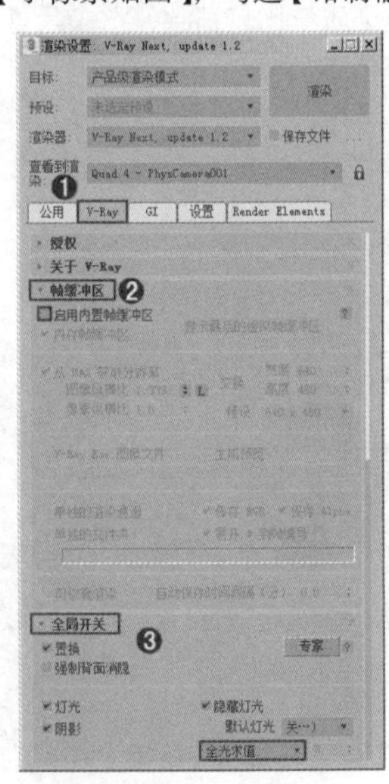

图 9-19

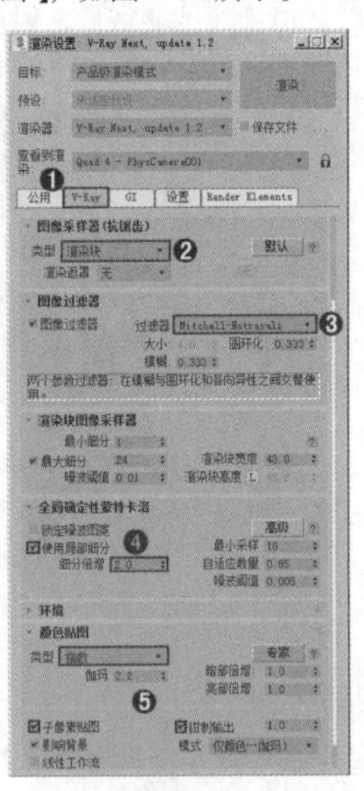

图 9-20

步骤 05 进入GI选项卡，展开【全局照明】卷展栏，勾选【启用全局照明(GI)】，设置【首次引擎】为【发光贴图】【二次引擎】为【灯光缓存】。展开【发光贴图】卷展栏，设置【当前预设】为【低】，勾选【显示计算相位】【显示直接光】，如图9-21所示。

步骤 06 进入GI选项卡，展开【灯光缓存】卷展栏，设置【细分】为1500，勾选【显示计算相位】，如图9-22所示。

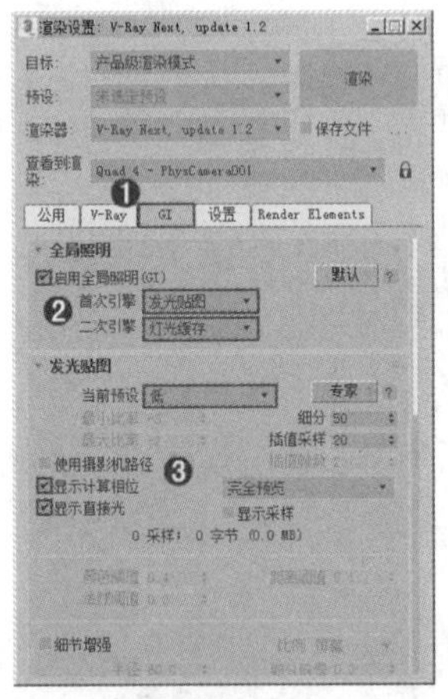

图 9-21

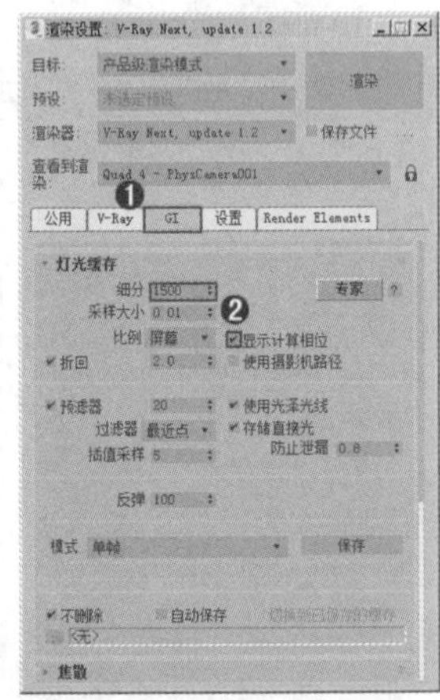

图 9-22

步骤 07 设置完成后单击主工具栏中的(渲染产品)按钮。等很久之后渲染完毕，可以看到渲染的作品非常清晰，如图9-23所示。

图 9-23

需要注意的是每次打开3ds Max软件制作作品时，都需要重新设置一次VRay渲染器及相关参数。

## 实例：HDRI超真实质感渲染

扫一扫，看视频

文件路径：Chapter 09 渲染器参数设置→实例：HDRI超真实质感渲染

本案例不创建任何灯光，只凭借在渲染器的【环境】卷展栏中加载VRayHDRI程序贴图，即可完成超真实的反射和折射效果，而且模型仿佛置身于添加的HDRI贴图的环境氛围中。渲染效果如图9-24所示。

图 9-24

## 操作步骤

步骤 01 打开场景文件，如图9-25所示。

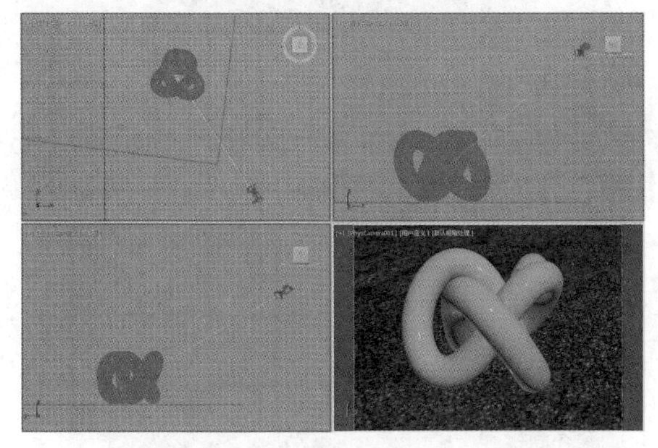

图 9-25

步骤 02 打开 (渲染设置)面板，进入【公用】选项卡，设置【宽度】为1000，【高度】为750，如图9-26所示。

步骤 03 进入V-Ray选项卡，取消勾选【启用内置帧缓冲区】，设置【图像采样器(抗锯齿)】卷展栏下方的【类型】为【渲染块】，设置【图像过滤器】卷展栏下的【过滤器】为Catmull-Rom，设置【渲染块图像采样器】卷展栏的【最大细分】为4，勾选【全局确定性蒙特卡洛】卷展栏下方的【使用局部细分】，如图9-27 所示。

步骤 04 进入V-Ray选项卡，勾选【环境】卷展栏下方的【全局照明(GI)环境】和【反射/折射环境】，并在其后方分别加载VRayHDRI程序贴图，设置【颜色贴图】卷展栏下方的【类型】为【指数】，勾选【子像素贴图】和【钳制输出】，如图9-28所示。

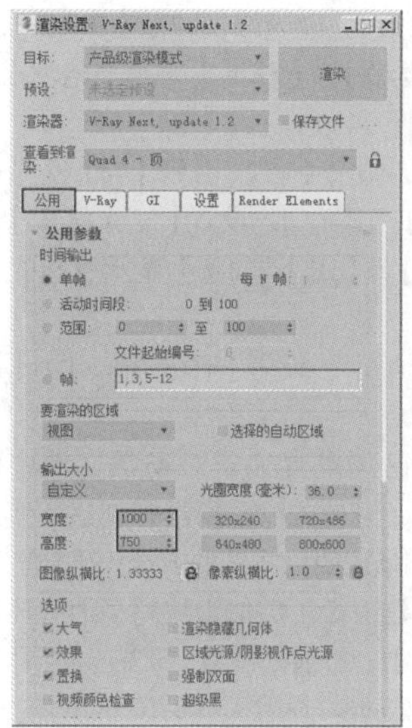


图 9-26

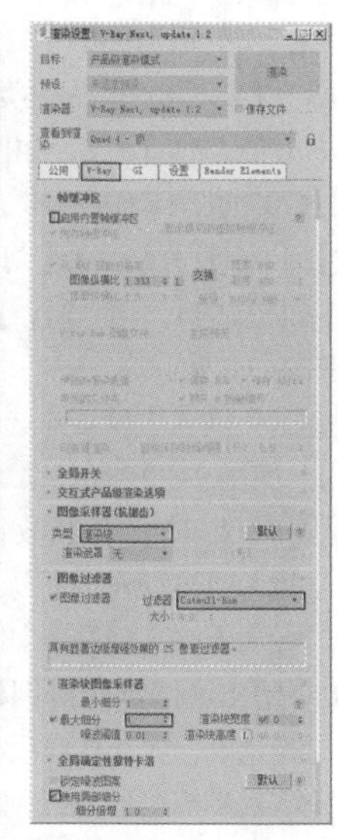

图 9-27

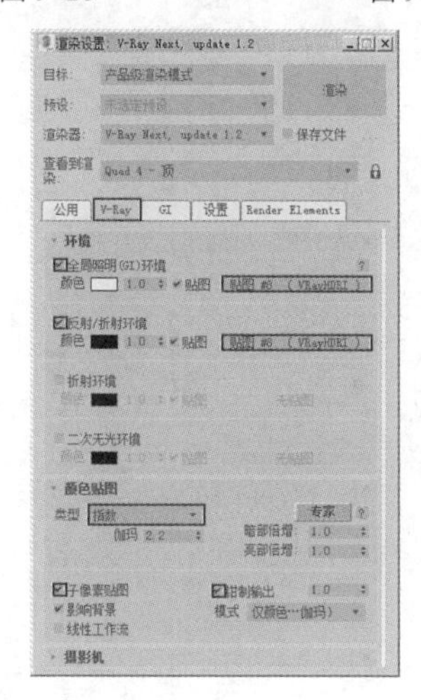


图 9-28

步骤 05 打开【材质编辑器】，分别拖动【渲染设置】中的【全局照明(GI)环境】和【反射/折射环境】到材质球上，选择【实例】，如图9-29所示。

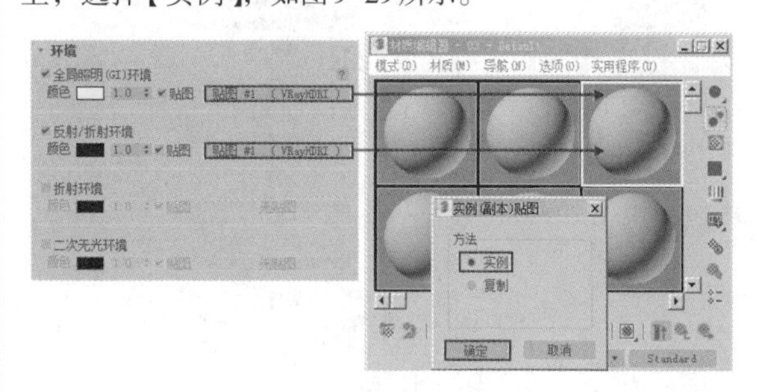


图 9-29

**步骤 06** 单击【位图】后方的 ... 按钮，加载【18.hdr】光域网文件。设置【贴图类型】为【球形】,【全局倍增】为2,【渲染倍增】为2，如图9-30所示。

**步骤 07** 进入GI选项卡，设置【首次引擎】为【发光贴图】,【二次引擎】为【灯光缓存】，设置【发光贴图】卷展栏下方的【当前预设】为【中】，勾选【显示直接光】，如图9-31所示。

**步骤 08** 进入【设置】选项卡，设置【日志窗口】为【从不】，如图9-32所示。

**步骤 09** 此时渲染参数已经设置完毕，场景文件中已经设置好了模型的材质，但是可以看到没有创建任何灯光。特别要注意的是，如果按照该案例的方法正确地应用VRayHDRI，即可使得创建中产生类似于被超多细节环境包围的效果，尤其具有反射、折射的模型，质感会更真实，而且场景不需要创建任何灯光。设置完成后按Shift+Q组合键将其渲染。最终渲染效果见案例最开始的展示效果。

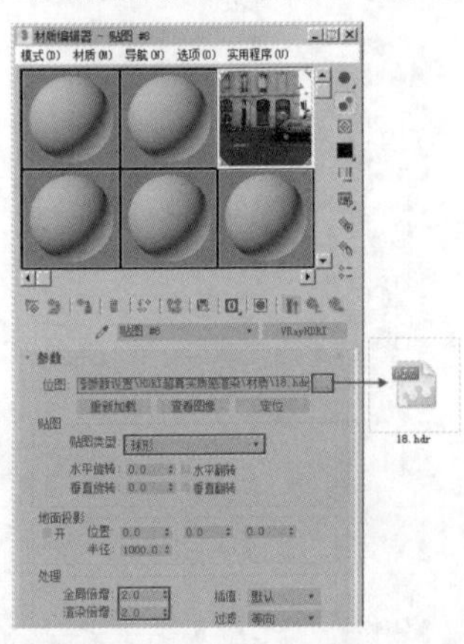

图 9-30

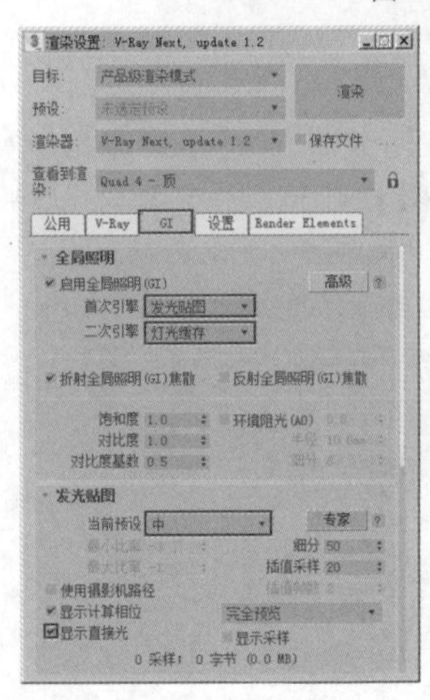

图 9-31

图 9-32

## 实例：焦散

扫一扫，看视频

文件路径：Chapter 09 渲染器参数设置→实例：焦散

现实中具有折射或反射的材质可能会产生焦散效果，在模型的四周会有类似发光发亮的效果。渲染效果如图9-33所示。

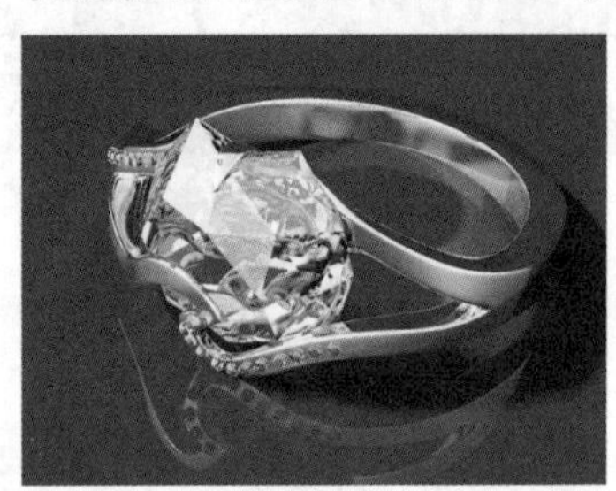

图 9-33

## 操作步骤

**步骤 01** 打开场景文件，如图9-34所示。

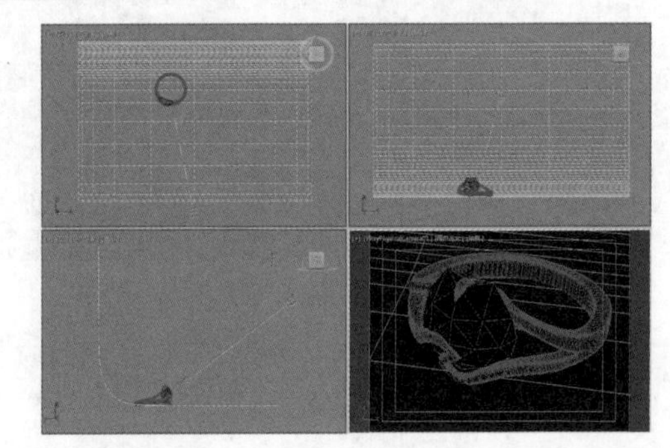

图 9-34

**步骤 02** 在场景中创建一盏【(VR)太阳】，如图9-35所示。

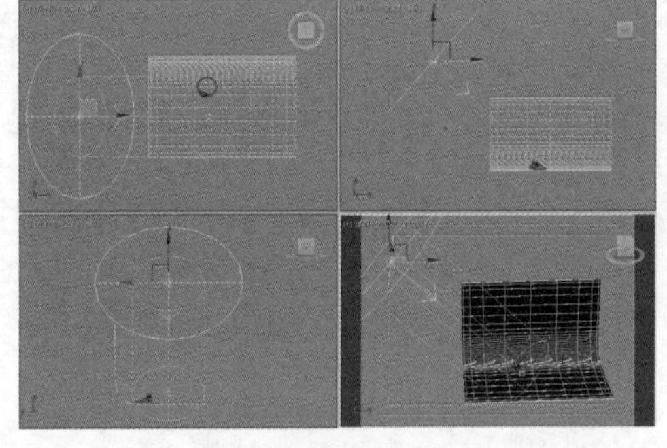

图 9-35

**步骤 03** 单击【修改】按钮，设置【强度倍增】为0.15,

【大小倍增】为10，【阴影细分】为20，【光子发射半径】为300cm，如图9-36所示。

步骤 04 打开（渲染设置）面板，进入【公用】选项卡，设置【宽度】为1000，【高度】为750，如图9-37所示。

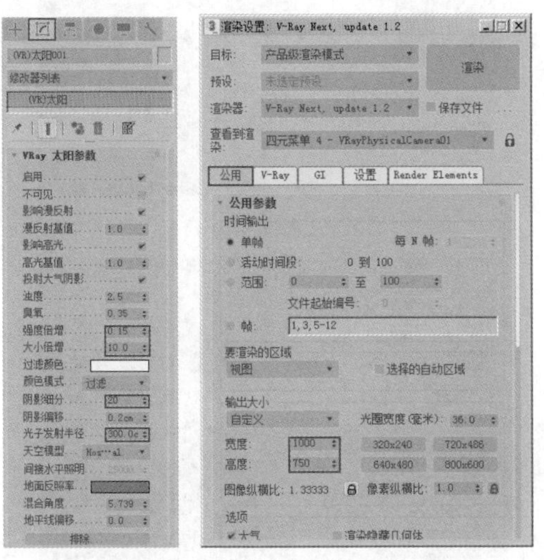

图9-36 图9-37

步骤 05 进入V-Ray选项卡，取消勾选【启用内置帧缓冲区】，设置【图像采样器(抗锯齿)】卷展栏下方的【类型】为【渲染块】，设置【图像过滤器】卷展栏下的【过滤器】为Mitchell-Netravali，如图9-38所示。

步骤 06 进入V-Ray选项卡，勾选【全局确定性蒙特卡洛】卷展栏下方的【使用局部细分】，设置【颜色贴图】卷展栏下方的【类型】为【指数】，勾选【子像素贴图】和【钳制输出】，如图9-39所示。

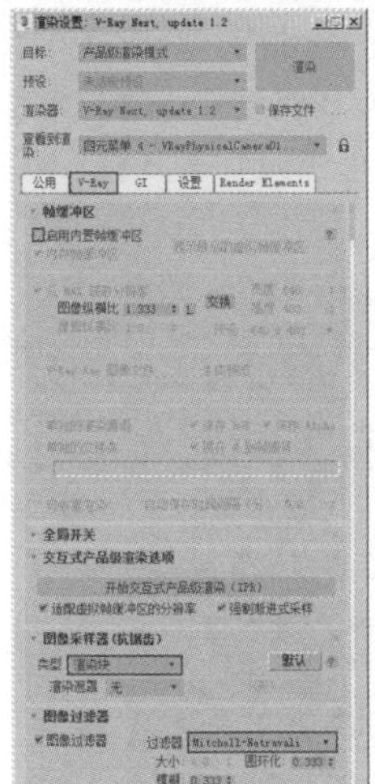

图9-38

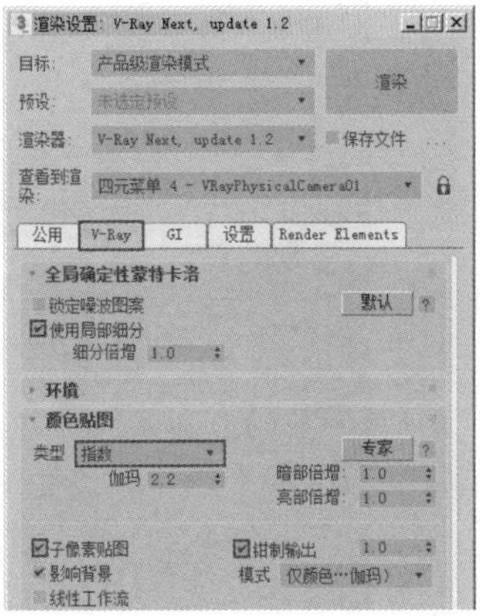

步骤 07 进入GI选项卡，设置【首次引擎】为【发光贴图】，【二次引擎】为【灯光缓存】，设置【发光贴图】卷展栏下方的【当前预设】为【低】，勾选【显示直接光】，如图9-40所示。

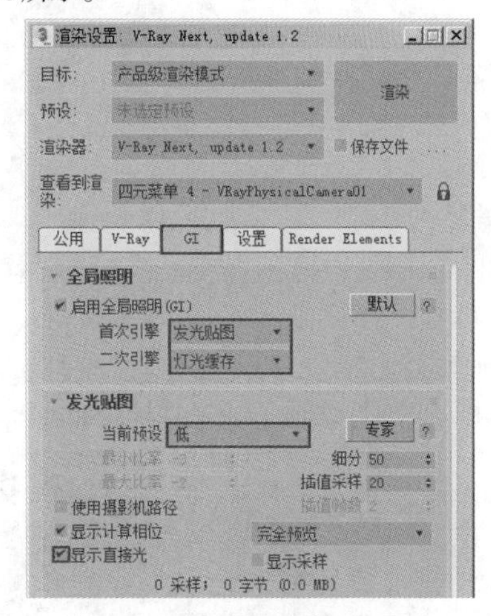

图9-40

步骤 08 进入GI选项卡，勾选【焦散】卷展栏下方的【焦散】，设置【搜索距离】为5cm，【最大光子】为100，【倍增】为10，勾选【直接可视化】，如图9-41所示。

步骤 09 进入【设置】选项卡，设置【日志窗口】为【从不】，如图9-42所示。

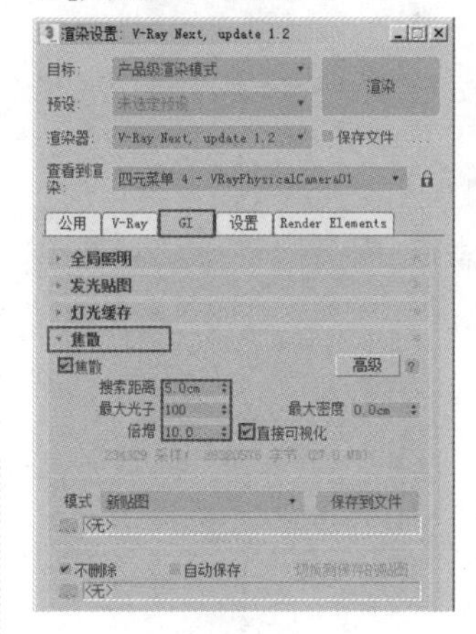

图9-41

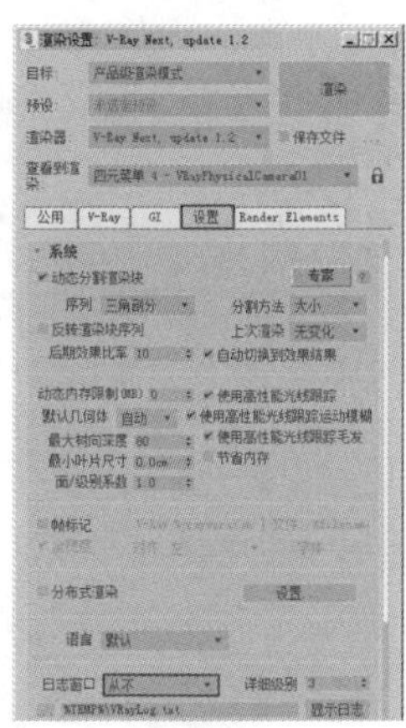

图9-42

图9-39

步骤 10 在菜单栏中执行【自定义】|【自定义用户界面】命令，如图9-43所示。

步骤 11 单击进入【四元菜单】，设置【类别】为VRay，选择左侧列表中的Displats the VRay object or....并将其拖动到右侧列表的下方，最后单击【保存】按钮，如图9-44所示。

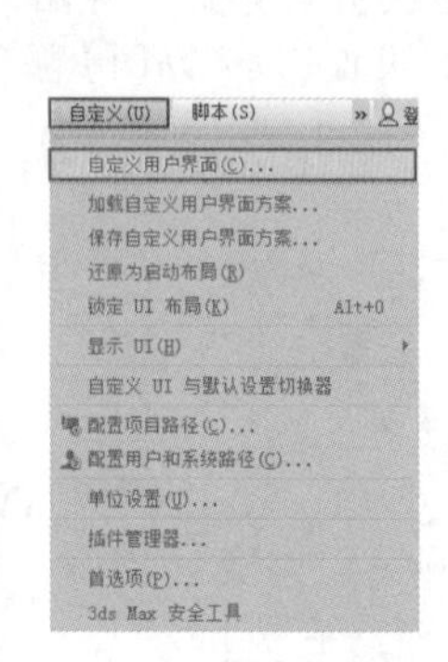


图 9-43

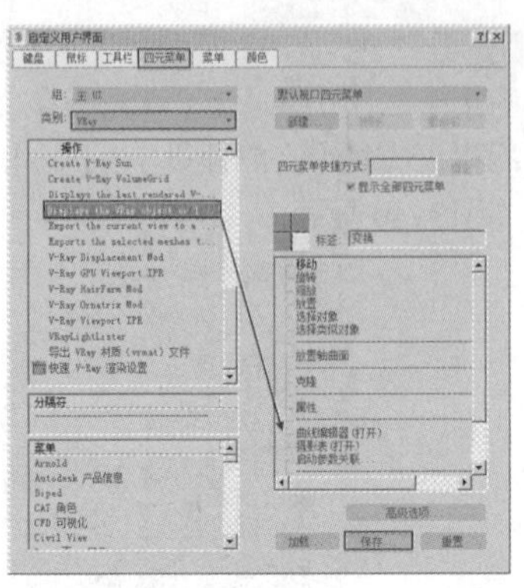

图 9-44

步骤 12 此时选择【(VR)太阳】灯光，单击右键，即可找到【V-Ray属性】选项，单击该选项，如图9-45所示。

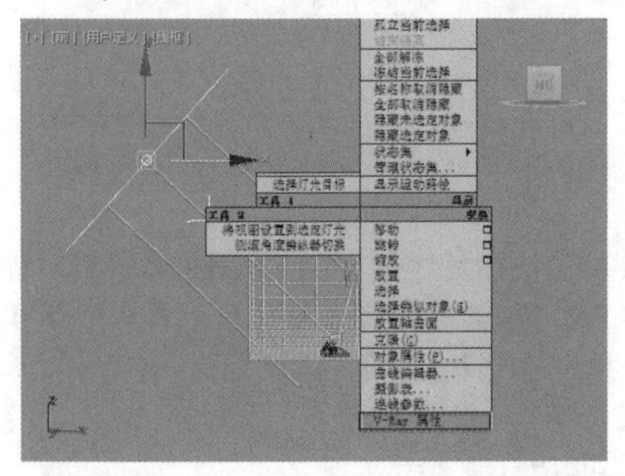

图 9-45

步骤 13 在弹出的对话框中设置【焦散细分】为10000，如图9-46所示。

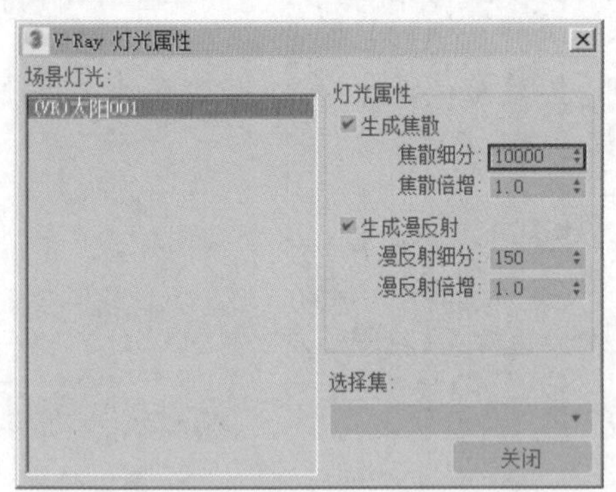


图 9-46

步骤 14 此时场景的渲染设置、灯光等参数都已经设置完毕，按Shift+Q组合键将其渲染，在渲染时即可看到具有反射、折射的模型会产生优美的焦散效果。如图9-47所示为不设置焦散相关参数的渲染效果，如图9-48所示为设置成功焦散相关参数的渲染效果。

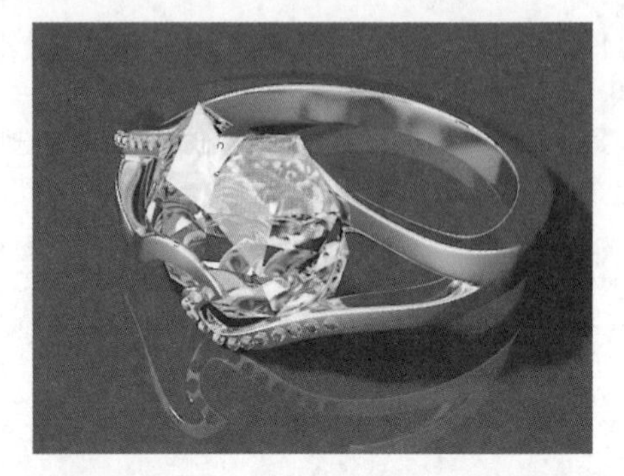

图 9-47

图 9-48

## 实例：通过使用光子渲染大图

扫一扫，看视频

文件路径：Chapter 09 渲染器参数设置→实例：通过使用光子渲染大图

制作完成创建后，若直接渲染大尺寸的作品，那么渲染速度会非常慢，需要花费大量时间等待渲染完成。除此之外，还有其他更快速的方法，可以通过先渲染小尺寸图，并保存该图的发光贴图和灯光缓存的信息，重新将渲染器设置为大尺寸，调用刚才的信息，即可以更快的速度渲染大图。渲染效果如图9-49所示。

图 9-49

## 操作步骤

步骤 01 打开场景文件，如图9-50所示。

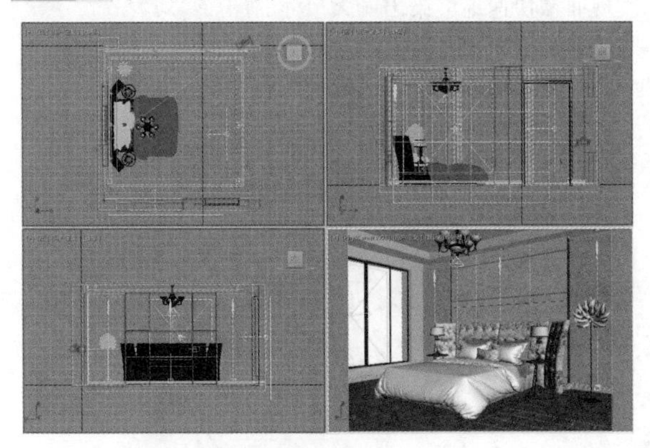

图 9-50

步骤 02 打开（渲染设置）面板，进入【公用】选项卡，设置【宽度】为400，【高度】为300，如图9-51所示。

步骤 03 进入V-Ray选项卡，取消勾选【启用内置帧缓冲区】，设置【全局开关】卷展栏下方的方式为【全光求值】，如图9-52所示。

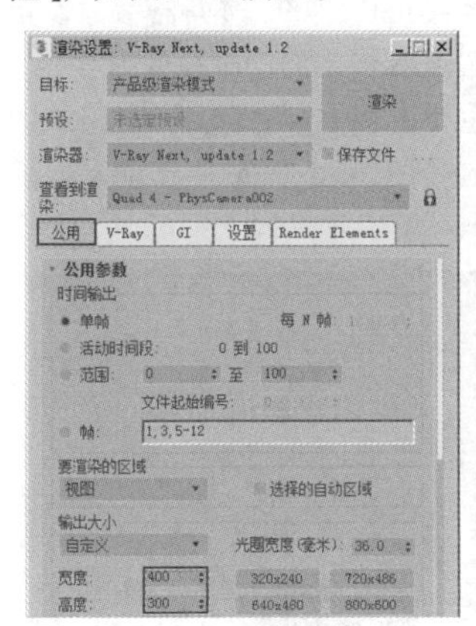

图 9-51

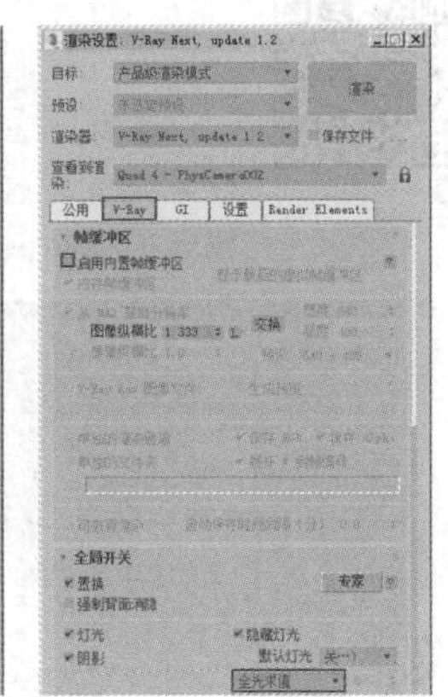

图 9-52

步骤 04 进入V-Ray选项卡，设置【图像采样器(抗锯齿)】卷展栏下方的【类型】为【渲染块】，设置【图像过滤器】卷展栏下的【过滤器】为Mitchell-Netravali。设置【渲染块图像采样器】卷展栏下方的【噪波阈值】为0.005，勾选【全局确定性蒙特卡洛】卷展栏下方的【使用局部细分】，设置【颜色贴图】卷展栏下方的【类型】为【指数】，勾选【子像素贴图】和【钳制输出】，如图9-53所示。

步骤 05 进入GI选项卡，设置【首次引擎】为【发光贴图】，【二次引擎】为【灯光缓存】，设置【发光贴图】卷展栏下方的【当前预设】为【低】，勾选【显示直接光】，如图9-54所示。

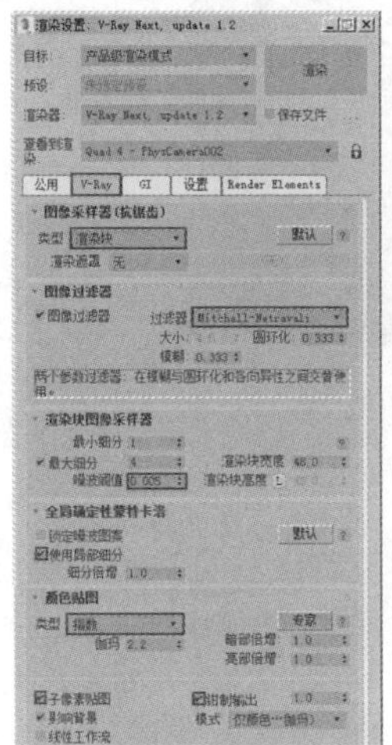

图 9-53

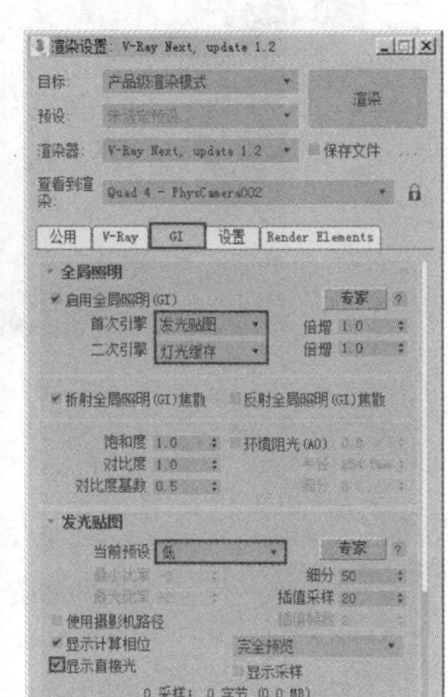

图 9-54

步骤 06 进入【设置】选项卡，设置【日志窗口】为【从不】，如图9-55所示。

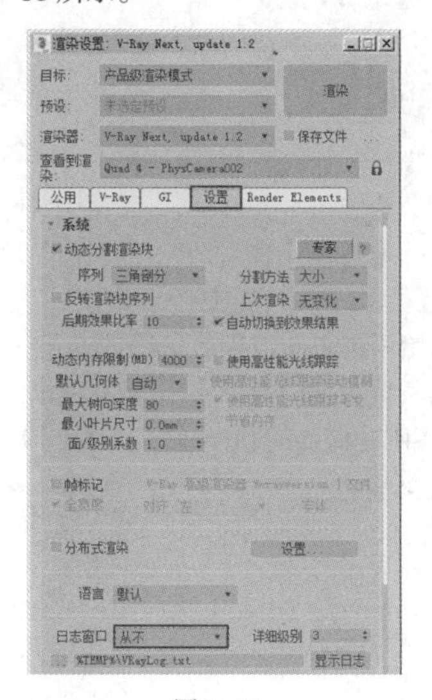

图 9-55

步骤 07 设置完成后按Shift+Q组合键将其渲染，如图9-56所示。

步骤 08 刚才渲染的是400×300尺寸的小图，接下来开始使用光子图的方式快速渲染大尺寸图。进入GI选项卡，展开【发光贴图】卷展栏，单击下方的【保存】按钮，并保存为【1.vrmap】，如图9-57所示。

步骤 09 进入GI选项卡，展开【灯光缓存】卷展栏，单击下方的【保存】按钮，并保存为【2.vrlmap】，如

图9-58所示。

图 9-56

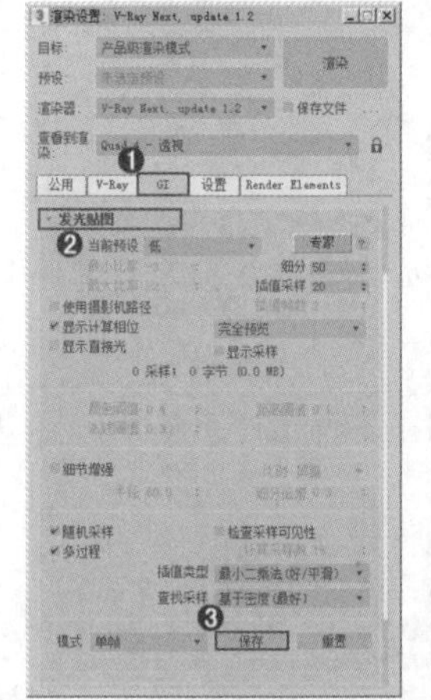

图 9-57

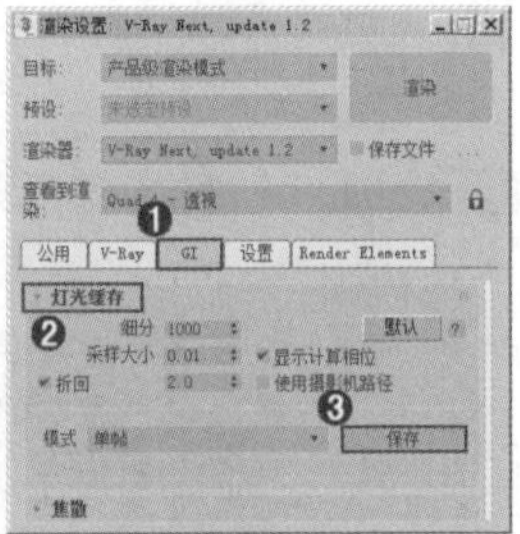

图 9-58

步骤 10 进入【公用】选项卡，重新设置【宽度】为1500，【高度】为1125，如图9-59所示。

步骤 11 开始调用刚才渲染后保存的光子。进入GI选项卡，展开【发光贴图】卷展栏，设置【模式】为【从文件】，并加载刚才保存的【1.vrmap】，如图9-60所示。

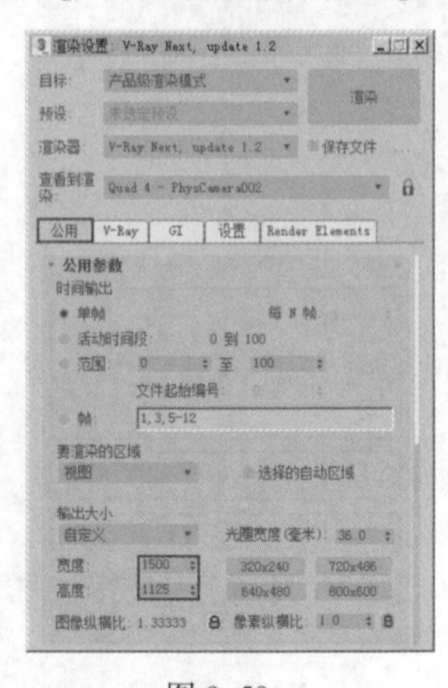

图 9-59

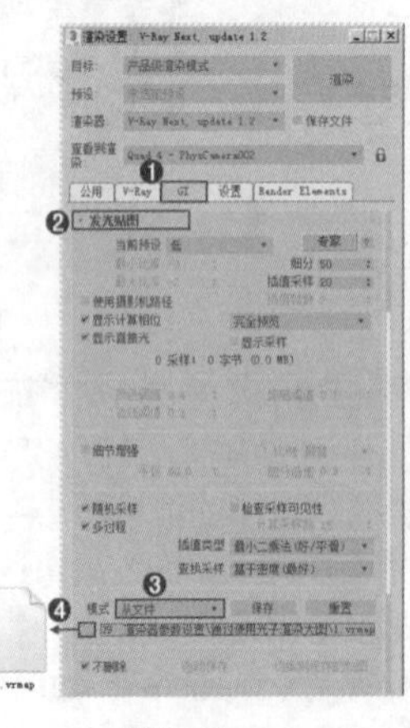

图 9-60

步骤 12 进入GI选项卡，展开【灯光缓存】卷展栏，设置【模式】为【从文件】，并加载刚才保存的【2.vrlmap】，如图9-61所示。最后按Shift+Q组合键将其渲染，即可发现非常快速地渲染出的大尺寸的图。

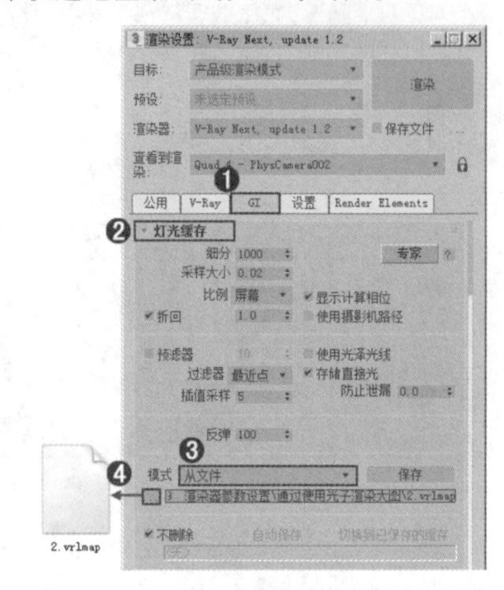


图 9-61

## 实例：渲染MOV格式的动画视频

扫一扫，看视频

文件路径：Chapter 09 渲染器参数设置→实例：渲染MOV格式的动画视频

本案例主要讲解渲染并保存mov格式的视频文件，这是使用3ds Max制作动画必须要掌握的知识。渲染效果如图9-62所示。

图 9-62

## 操作步骤

步骤 01 打开场景文件，如图9-63所示。

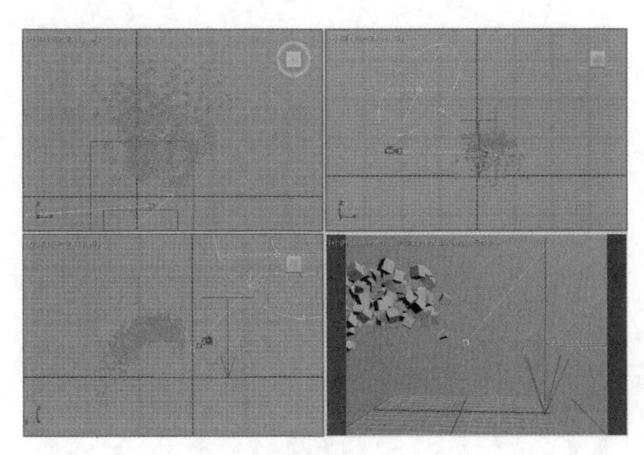

图 9-63

步骤 02 场景文件中已经设置好了动画、材质、灯光和渲染设置，需要进行动画渲染。拖动场景文件中的时间轴，可看到动画，如图 9-64 所示。

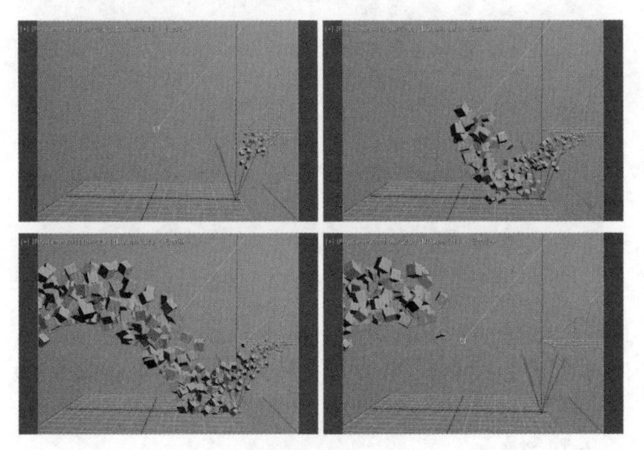

图 9-64

步骤 03 打开【渲染设置】面板，进入【公用】选项卡，设置【时间输出】为【活动时间段】，如图 9-65 所示。

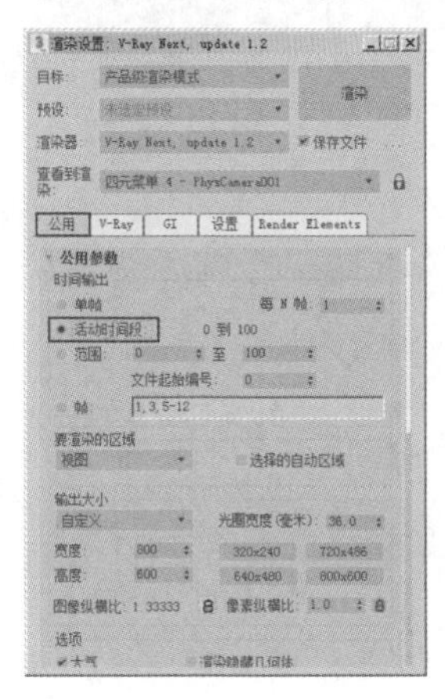

图 9-65

步骤 04 进入【公用】选项卡，单击【渲染输出】下方的【文件】按钮，在弹出的对话框中对【文件名】进行命名，设置【保存类型】为【.mov】，最后单击【保存】按钮，如图 9-66 所示。

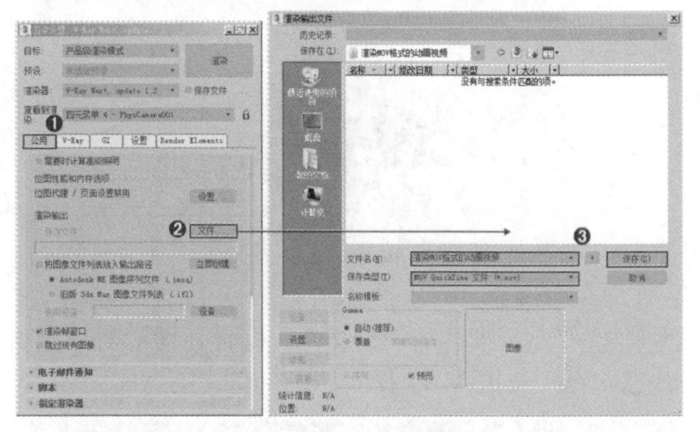

图 9-66

步骤 05 在弹出的窗口中设置【质量】为【中等】，如图 9-67 所示。

步骤 06 设置完成后，此时的【渲染输出】相关参数设置如图 9-68 所示。

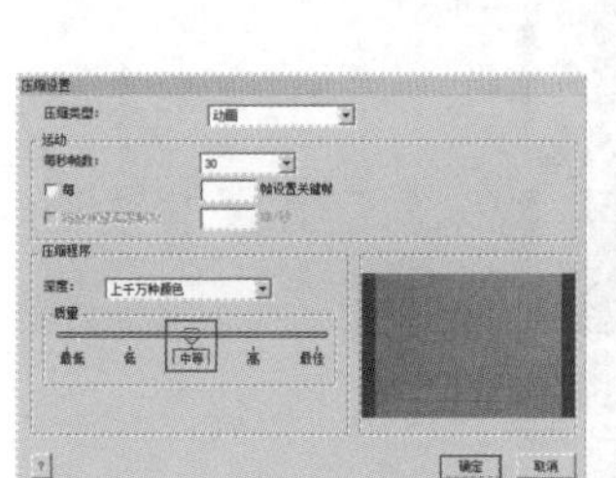

图 9-67

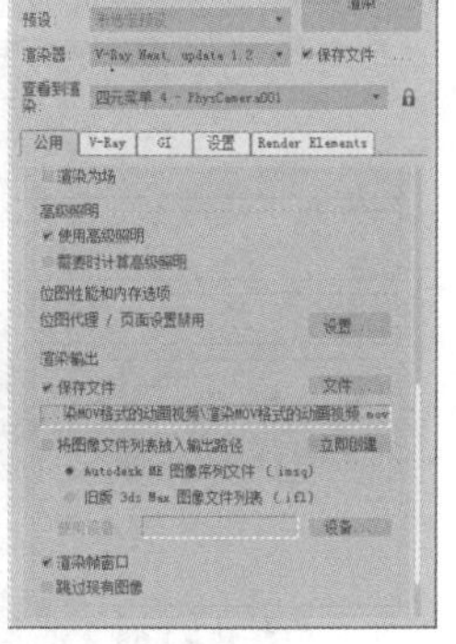

图 9-68

步骤 07 单击 (渲染产品) 按钮，此时开始渲染，如图 9-69 所示。

图 9-69

步骤 08 耐心等待一段时间后，.mov格式的动画视频就被渲染出来了，如图9–70所示。

图 9–70

步骤 09 双击渲染后的视频文件，即可在播放器中查看相应的动画，如图9–71所示。

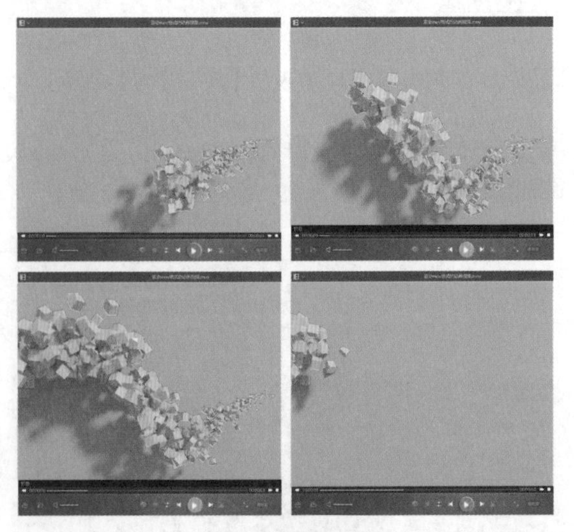

图 9–71

## 实例：渲染tga格式的动画序列

扫一扫，看视频

文件路径：Chapter 09 渲染器参数设置→实例：渲染tga格式的动画序列

本案例主要讲解渲染并保存tga格式的序列文件，这是使用3ds Max制作动画必须要掌握的知识，可以在After Effects或Premiere等后期软件中导入渲染完成的序列文件，进行后期处理。

## 操作步骤

步骤 01 打开场景文件，如图9–72所示。

步骤 02 场景文件中已经设置好了动画、材质、灯光和渲染设置，需要进行动画渲染。拖动场景文件中的时间轴，可看到动画，如图9–73所示。

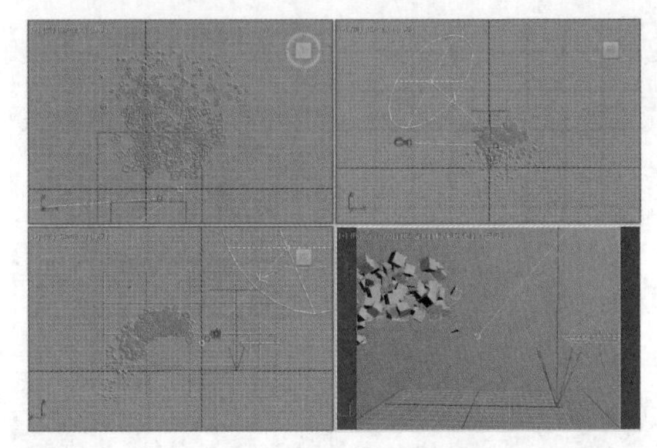

图 9–72

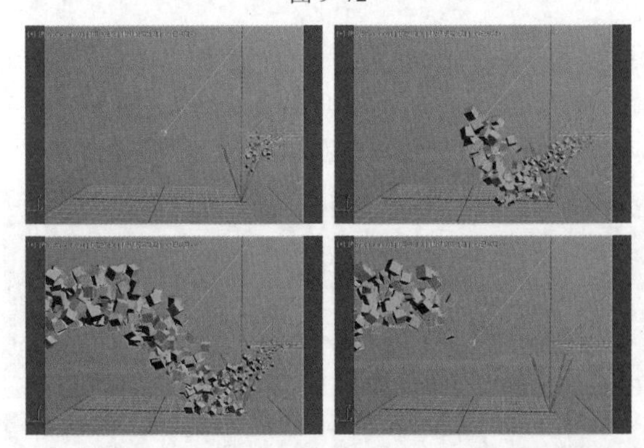

图 9–73

步骤 03 打开【渲染设置】面板，进入【公用】选项卡，设置【时间输出】为【范围】，设置后方的数值为0和60，即渲染从第0帧到第60帧，共61帧的序列，如图9–74所示。

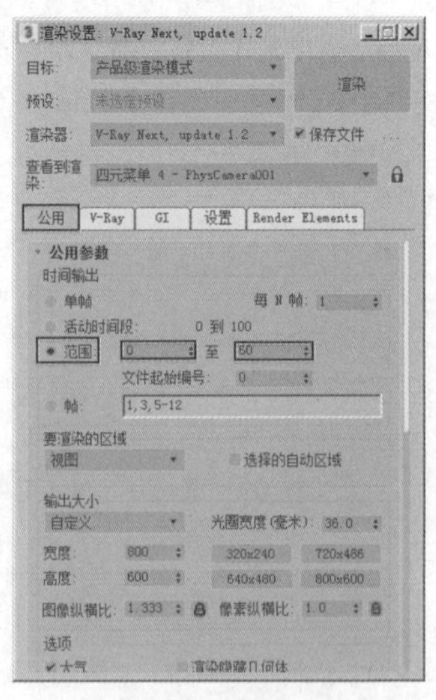


图 9–74

步骤 04 进入【公用】选项卡，单击【渲染输出】下方的【文件】按钮，并在弹出的对话框中对【文件名】进行命名，并且建议将路径设置在一个文件夹下，设置【保存类型】为【.tga】，最后单击【保存】按钮，如图9-75所示。

图 9-75

步骤 05 此时在弹出的对话框中单击【确定】按钮，如图9-76所示。

步骤 06 设置完成后，此时的【渲染输出】相关参数设置如图9-77所示。

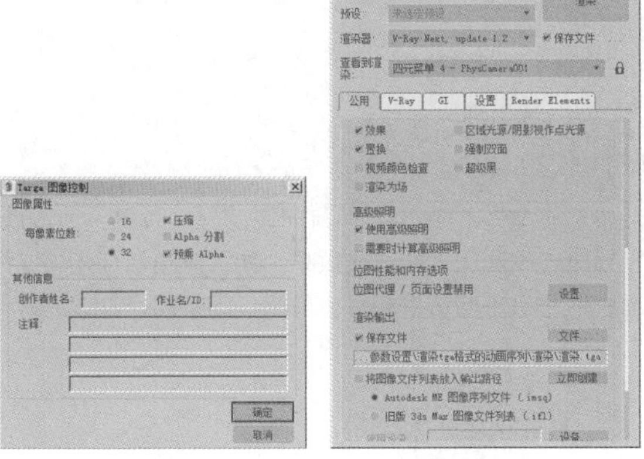


图 9-76　　图 9-77

步骤 07 单击（渲染产品）按钮，此时开始渲染，如图9-78所示。

图 9-78

步骤 08 耐心等待一段时间后，.tga格式的序列就被渲染出来了，如图9-79所示。.tga格式的序列渲染之后，常用于后期处理使用，例如可以将这些序列导入到Premiere、After Effects等后期软件中进行进一步处理。

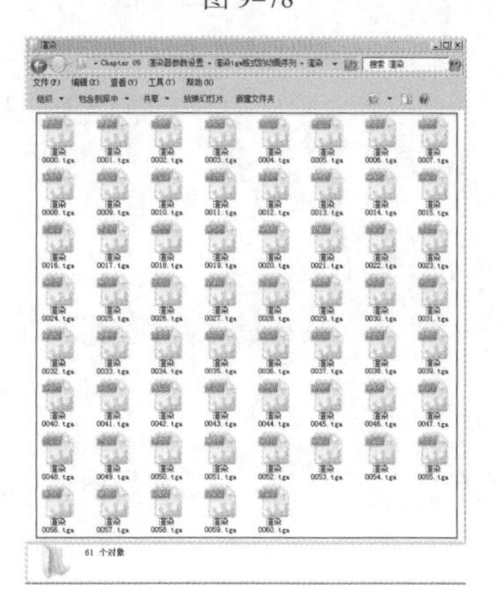

图 9-79

扫一扫，看视频

# 灯光

## 本章内容简介：

3ds Max与真实世界非常相似，没有光，世界是黑的，一切物体都是无法呈现的。所以，在场景中添加灯光是非常必要的。在3ds Max中有3种灯光类型：标准灯光、光度学灯光、VRay灯光。而这些类型中又有多个灯光可供选择。3ds Max中的灯光与真实世界中的灯光是非常相似的，在3ds Max中创建灯光时，可以参考身边的光源布置方式。

## 重点知识掌握：

- 熟练掌握标准灯光的使用方法。
- 熟练掌握（VR）灯光、（VR）太阳的使用方法。
- 熟练掌握使用光度学灯光的使用方法。

## 通过本章学习，我能做什么？

通过对本章的学习，我们应该能够创建出不同时间段的灯光效果，如清晨、中午、黄昏、夜晚等。可以创建出不同用途的灯光效果，如工业场景灯光、室内设计灯光等。也可以发挥想象创建出不同情景的灯光效果，如柔和、自然、奇幻等氛围光照效果。

# 10.1 认识灯光

扫一扫，看视频

本节将学习灯光的基本概念、为什么要应用灯光、灯光的创建流程，为后面学习灯光技术做准备。

## 10.1.1 什么是灯光

灯光是极具魅力的设计元素，它照射于物体表面，还可在暗部产生投影，使其更立体。3ds Max中的灯光不仅是为了照亮场景，更多的是为了表达作品的情感。不同的空间需要不同的灯光设置，或明亮、或暗淡、或闪烁、或奇幻，仿佛不同的灯光背后都有着人与环境的故事。灯光在设置时，应充分考虑色彩、色温、照度，应更能符合人体工程学，让人更舒适。

## 10.1.2 为什么要应用灯光

现实生活中光是很重要的，它可以照亮黑暗。按照时间的不同，灯光可以分为清晨阳光、中午阳光、黄昏阳光、夜晚灯光等。按照类型的不同，灯光可以分为自然光和人造光，如太阳光就是自然光，吊顶灯光则是人造光。按照灯光用途的不同，灯光可以分为吊灯、台灯、壁灯等。由此可见，灯光的分类之多，地位之重要。

在3ds Max中，灯光除了可以照亮场景以外，它还起到渲染作品风格气氛、模拟不同时刻、增强视觉装饰感、增强立体感、增大空间感等。

## 10.1.3 灯光的创建流程

扫一扫，看视频

灯光的创建流程应遵循先创建“现实中存在的”光，再创建“现实中不存在”的光；先创建室外灯光，再创建室内灯光。而室内灯光遵循先创建主光源，再创建辅助或点缀光源，若渲染得到的效果不理想，再创建“现实中不存在”的光。这样制作的灯光会层次分明，真实自然。

例如，创建完成模型后，需要为场景创建灯光。首先要仔细考虑一下要创建什么时间的灯光效果，如中午、夜晚。确定好之后(例如创建夜晚效果)，就可以先分析在该场景中“现实中存在”的光有哪些，包括室外光、筒灯、落地灯。而这3类光中的左侧窗口位置的室外光是室外灯光，因此可以先创建，而筒灯、落地灯属于室内灯光，需要之后创建。如图10–1所示为准备创建的“现实中存在”的光。

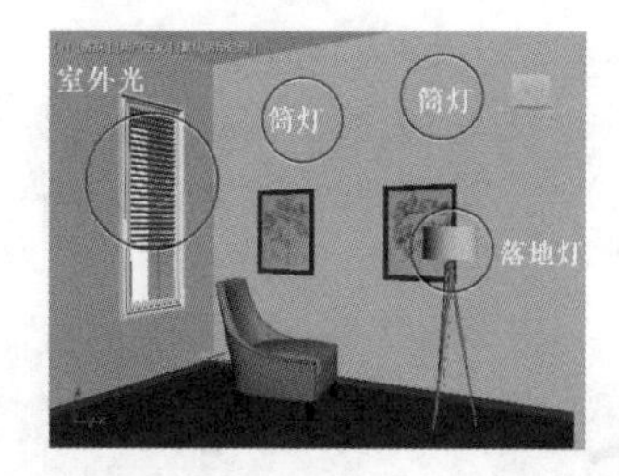


图 10–1

### 1. 创建“现实中存在”的光

(1)想象一下，你置身于这间屋子里，先把室内灯光都关闭，此时只有微弱的夜色。在窗口外面创建一盏灯光，从外向内照射，颜色设置为深蓝色，如图10–2所示为灯光位置。如图10–3所示为渲染得到的此时的效果。若设置该灯光强度过大，则会得到非常亮的画面，但是要思考一下当我们现实中深夜在关闭所有灯光的状态下，确实是很暗的效果，因此我们可以在创建灯光时，不断想象现实中的灯光效果该是什么样，那么就尽量去做到逼真一些。

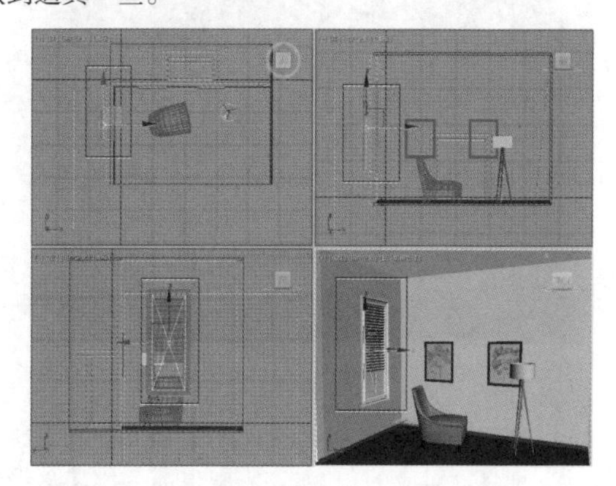

图 10–2

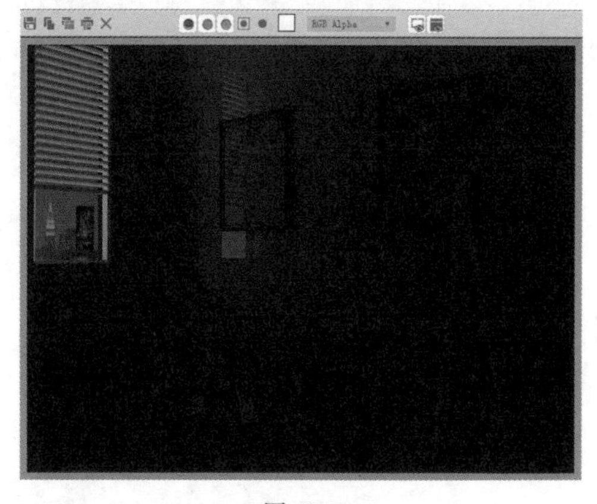

图 10–3

(2)创建主光源。此时我们设想一下只打开了屋里墙壁上方的筒灯，对应的在3ds Max中也需要创建相应的目标灯光，位置如图10–4所示。此时渲染得到的效果如图10–5所示。

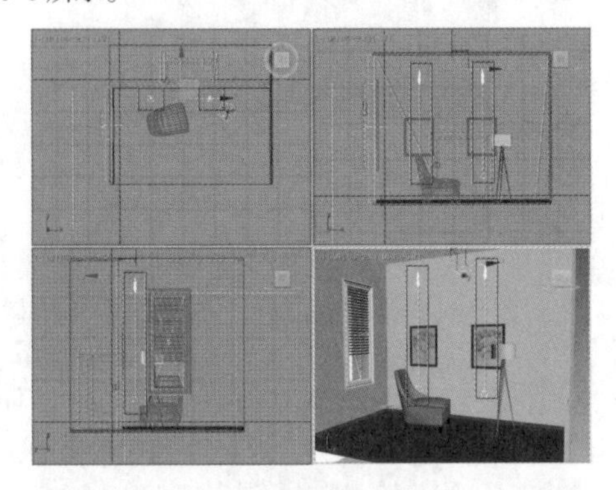

图 10–4

图 10–5

(3)创建辅助光源。继续按照刚才的方法，想象一下打开落地灯，对应的在3ds Max中也需要创建落地灯灯罩内的灯光，位置如图10–6所示。此时渲染得到的效果如图10–7所示。

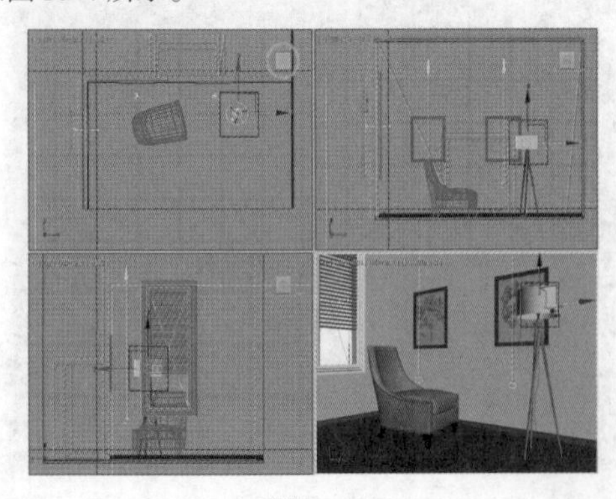

图 10–6

图 10–7

## 2. 创建“现实中不存在”的光

做到现在，刚才分析的3类“现实中存在”的光都已经按照先创建室外灯光、后创建室内灯光的顺序创建完成了。但是发现渲染的效果背景暗淡，准确地说是创建的背光处比较暗，这个时候就可以开始创建“现实中不存在”的光了。我们在场景模型的侧面创建一盏灯光，用于照射场景模型的暗部，但是要注意该灯光不宜过亮。该灯光位置如图10–8所示。此时渲染得到的效果如图10–9所示。

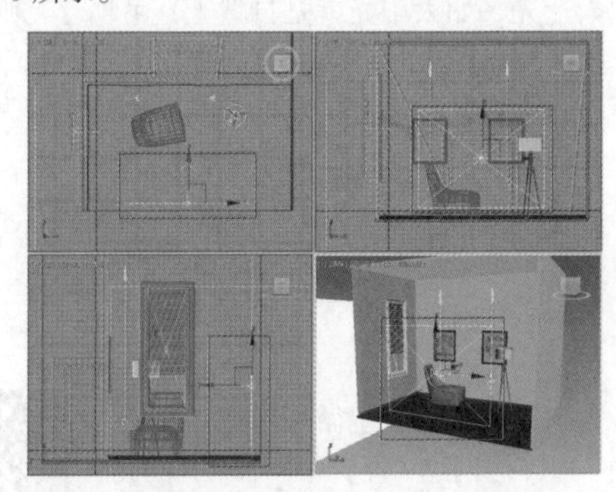

图 10–8

图 10–9

这就是比较便于为场景创建灯光的正确方法。除了按照这个方法创建灯光外，还需要注意始终保持灯光的“层次”（指的是明度对比），不要渲染灯光效果都特亮，这样会显得画面很“平”，没有“层次”。场景中该暗的位置要暗一些，该亮的位置应该亮一些，这样画面的层次对比就很好。

## 10.2 标准灯光

扫一扫，看视频

标准灯光是3ds Max中最简单的灯光类型，共包括6种类型。其中目标聚光灯、目标平行光、泛光较为常用。不同的灯光类型会产生不同的灯光效果，如图10–10所示为标准灯光类型。

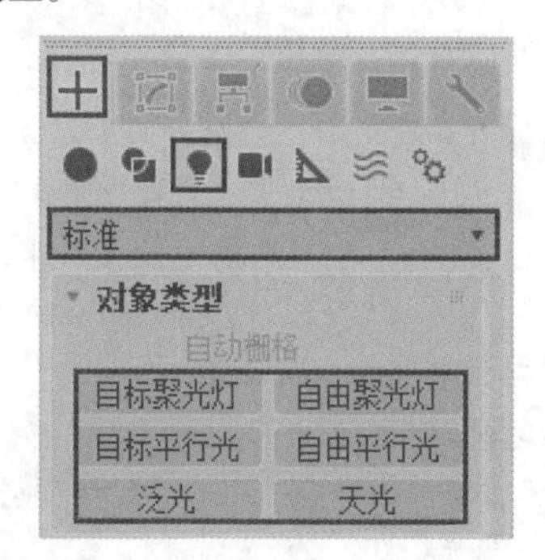


图 10–10

- 目标聚光灯：模拟聚光灯效果，如射灯、手电筒光。
- 自由聚光灯：与自由聚光灯类似，掌握自由聚光灯即可。
- 目标平行光：模拟太阳光效果，比较常用。
- 自由平行光：与目标平行光类似，掌握目标平行光即可。
- 泛光：模拟点光源效果，如烛光、点光。
- 天光：模拟制作柔和的天光效果，不太常使用。

### 实例：使用泛光制作镜前灯

扫一扫，看视频

文件路径：Chapter 10 灯光→实例：使用泛光制作镜前灯

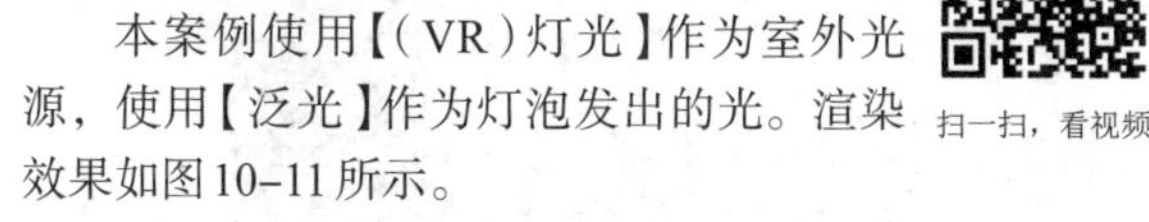

本案例使用【（VR）灯光】作为室外光源，使用【泛光】作为灯泡发出的光。渲染效果如图10–11所示。

图 10–11

### 操作步骤

#### Part 01　创建环境灯光

步骤 01 打开场景文件，如图10–12所示。

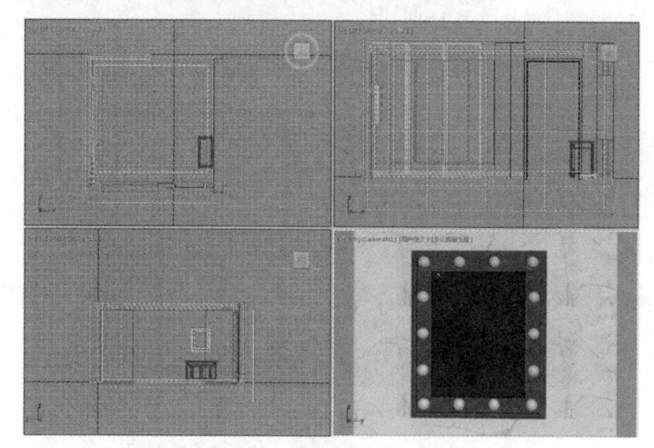

图 10–12

步骤 02 在场景中窗口外面创建1盏（VR）灯光，如图10–13所示。

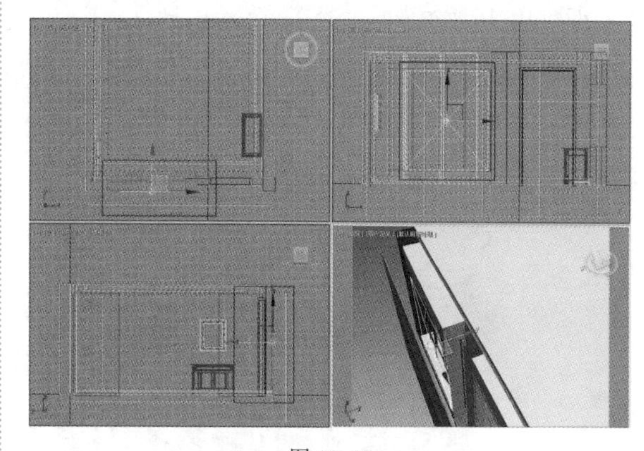

图 10–13

步骤 03 单击【修改】按钮，设置【长度】为2050mm，【宽度】为2376mm，【倍增】为13，【颜色】为蓝色，勾选【不可见】，取消勾选【影响反射】，设置【细分】为40，如图10-14所示。

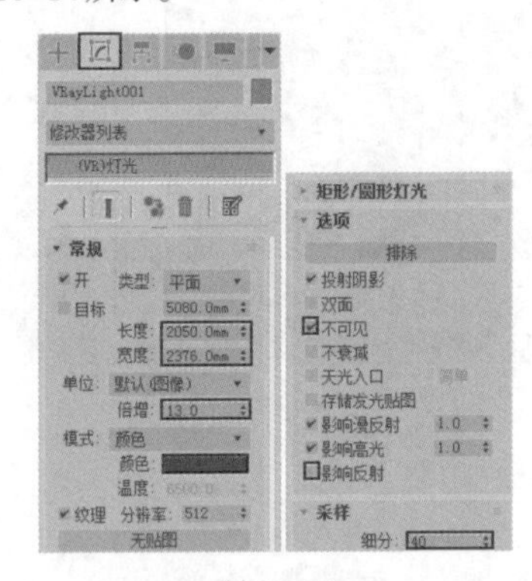


图 10-14

步骤 04 再次创建1盏(VR)灯光，放置在室内作为辅助光源，如图10-15所示。

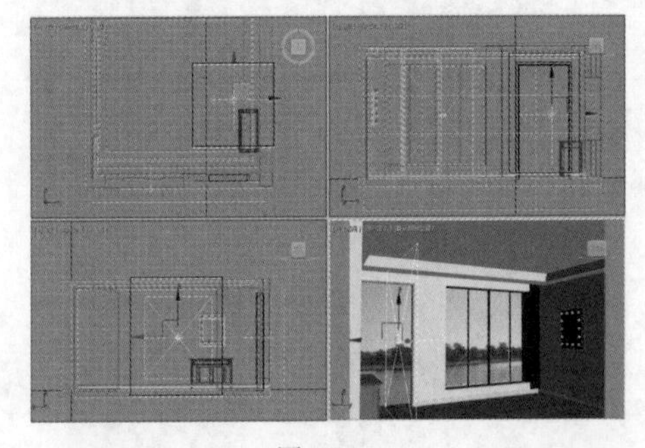

图 10-15

步骤 05 单击【修改】按钮，设置【长度】为2050mm，【宽度】为2376mm，【倍增】为4，【颜色】为浅黄色，勾选【不可见】，取消勾选【影响反射】，设置【细分】为40，如图10-16所示。

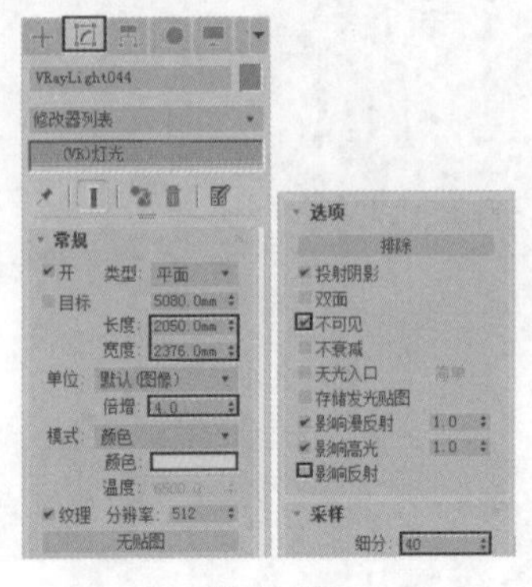


图 10-16

步骤 06 设置完成后按Shift+Q组合键将其渲染，如图10-17所示。

图 10-17

## 提示：当无法修改灯光和材质的细分数值时，该怎么办

在设置灯光和材质时，如果发现【细分】选项不能进行设置，可以单击【渲染设置】按钮打开【渲染设置】窗口，在V-Ray|【全局确定性蒙特卡洛】卷展栏下勾选【使用局部细分】选项，如图10-18所示。此时便可以返回对细分数值进行设置。

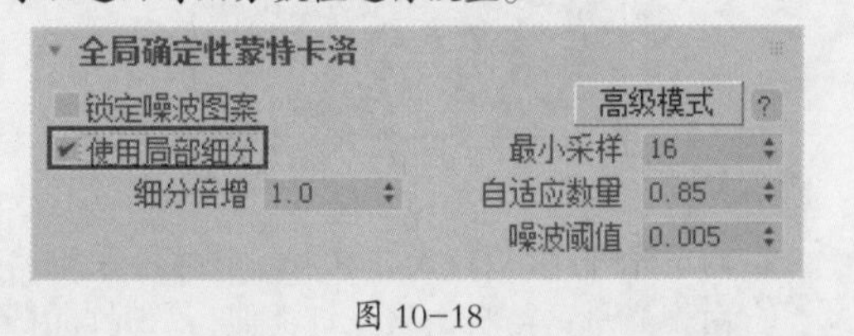


图 10-18

## Part 02 镜前灯

步骤 01 在左视图中创建14盏泛光，分别放置于每一个灯罩内，如图10-19所示。

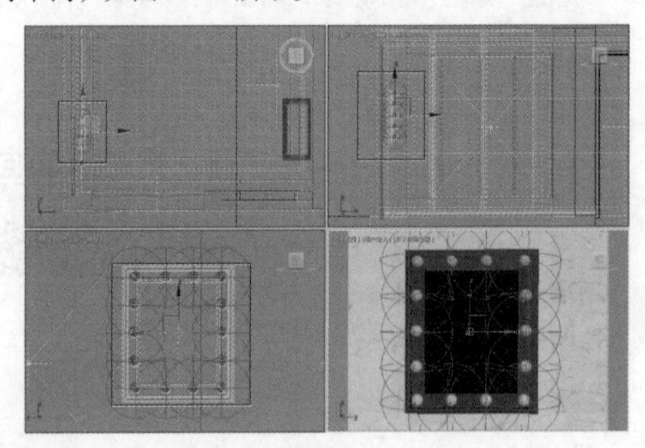

图 10-19

**步骤 02** 单击【修改】按钮，设置勾选【阴影】的【启用】，设置方式为【VRay阴影】。设置【倍增】为80，【颜色】为橙色，勾选【远距衰减】下的【使用】和【显示】，设置【开始】为25mm，【结束】为200mm，如图10-20所示。

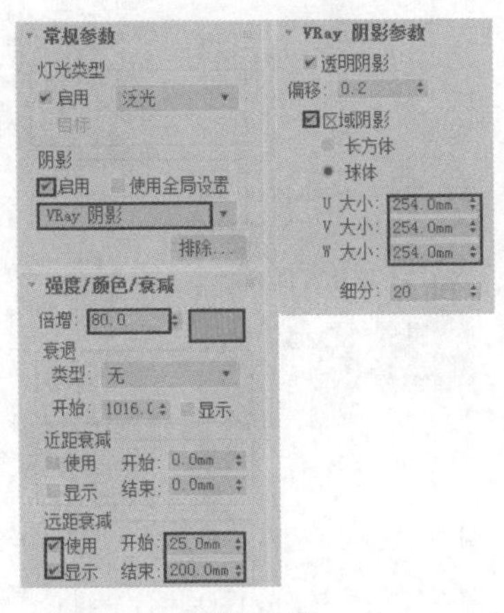

图 10-20

**步骤 03** 设置完成后按Shift+Q组合键将其渲染。最终效果见案例开始。

## 实例：使用目标聚光灯制作舞台灯光

扫一扫，看视频

文件路径：Chapter 10 灯光→实例：使用目标聚光灯制作舞台灯光

本案例创建目标聚光灯，并在【环境和效果】中添加【体积光】拾取这些灯光，使其产生体积光效果。最后再创建【目标灯光】让场景更亮。渲染效果如图10-21所示。

图 10-21

## 操作步骤

**步骤 01** 打开场景文件，如图10-22所示。

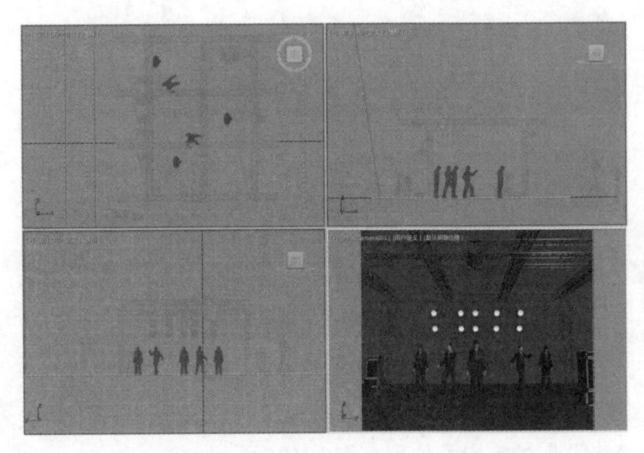
图 10-22

**步骤 02** 在视图中创建1盏目标聚光灯，位置如图10-23所示。

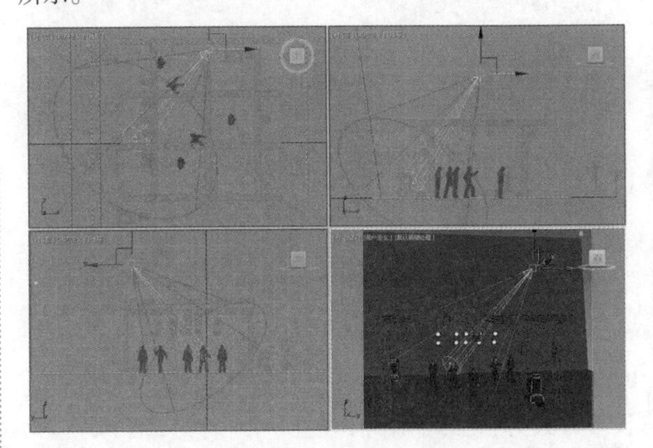
图 10-23

**步骤 03** 单击【修改】按钮，取消勾选【阴影】下的【启用】，设置【倍增】为2，【颜色】为蓝色，【聚光区/光束】为10，【衰减区/区域】为60，如图10-24所示。

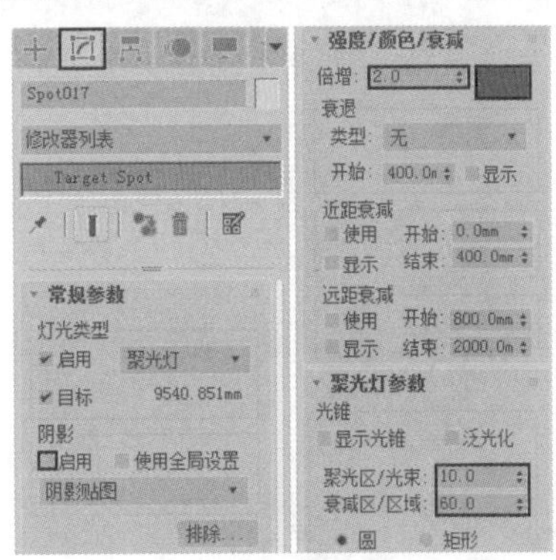

图 10-24

**步骤 04** 设置完成后按Shift+Q组合键将其渲染，如图10-25所示。

图 10-25

步骤 05 在视图中继续创建11盏目标聚光灯，模拟舞台灯光照射的方向，位置如图10-26所示。

图 10-26

步骤 06 单击【修改】按钮，勾选【阴影】下的【启用】，设置方式为【阴影贴图】，设置【倍增】为2，【颜色】为蓝色，【聚光区/光束】为10，【衰减区/区域】为17。最后展开【高级效果】卷展栏，在【投影贴图】下方的通道加载【棋盘格】程序贴图，如图10-27所示。

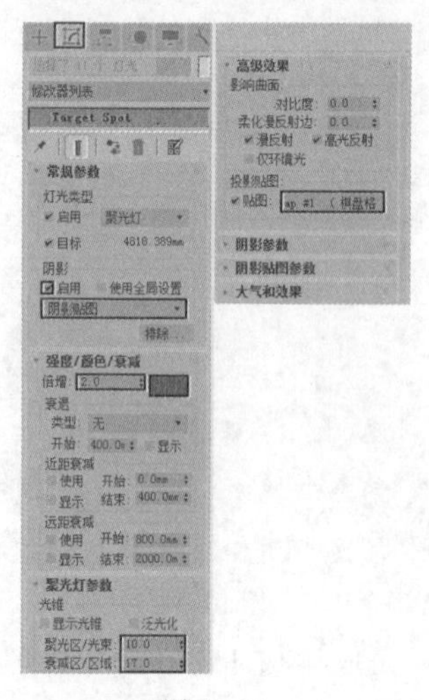

图 10-27

步骤 07 将【投影贴图】后方的通道拖动到【材质编辑器】的一个空白材质球上，选择【实例】，如图10-28所示。

步骤 08 设置此时该材质球的【瓷砖】的U和V为8，如图10-29所示。

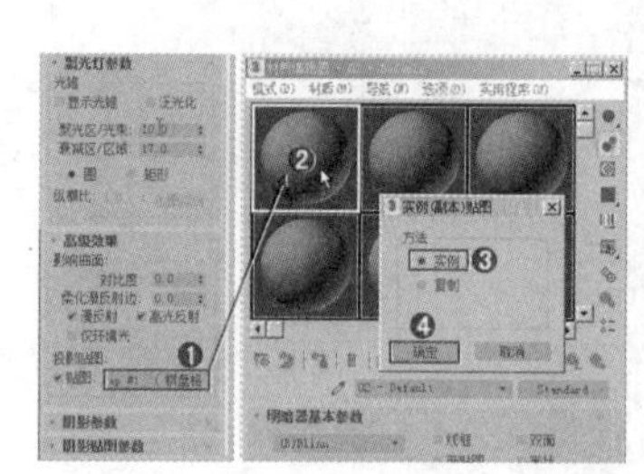

图 10-28

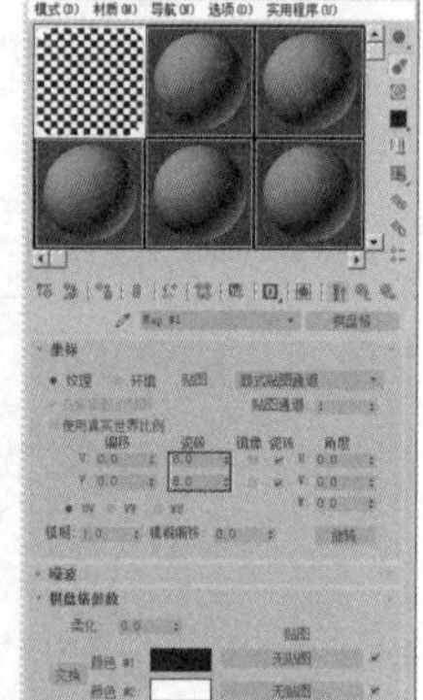

图 10-29

步骤 09 设置完成后按Shift+Q组合键将其渲染，如图10-30所示。

步骤 10 按快捷键8，打开【环境和效果】控制面板，进入【环境】选项卡，在【大气】卷展栏下方单击【添加】按钮，并添加【体积光】，如图10-31所示。

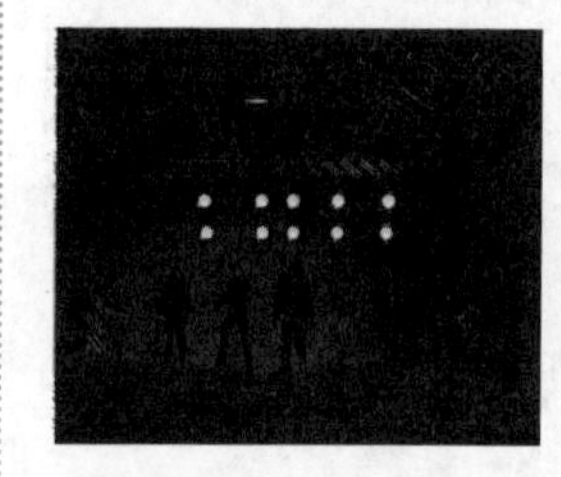

图 10-30

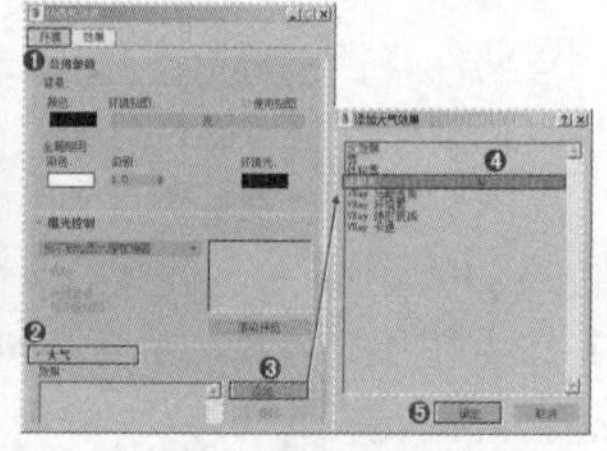

图 10-31

步骤 11 单击【拾取灯光】按钮，并依次在场景中单击拾取灯光Spot004、Spot008、Spot009、Spot010、Spot011、Spot012、Spot013、Spot014、Spot015、Spot016、Spot018，此时在右侧列表中出现了拾取的灯光名称，如图10-32所示。设置完成后按Shift+Q组合键将其渲染，效果如图10-33所示。

步骤 12 再次在视图中创建11盏目标灯光，并将其位置放置于刚才创建的【目标聚光灯】的附近，如图10-34所示。

步骤 13 单击【修改】按钮，勾选【阴影】下的【启用】，设置【灯光分布(类型)】为【聚光灯】，【聚光区/光束】为5，【衰减区/区域】为10，【过滤颜色】为蓝紫色，【强度】为10000，如图10-35所示。

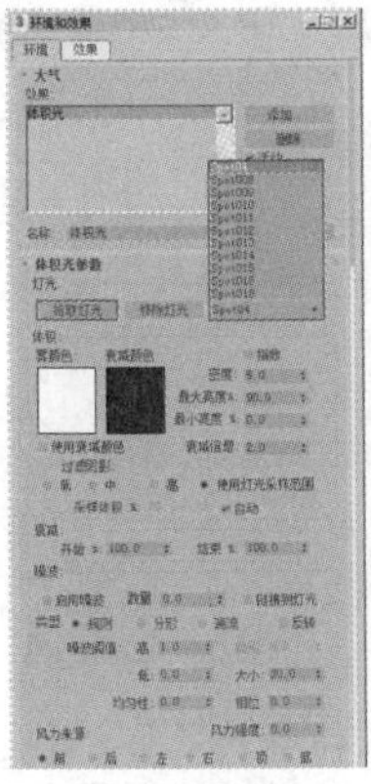

图 10-32

图 10-33

图 10-34

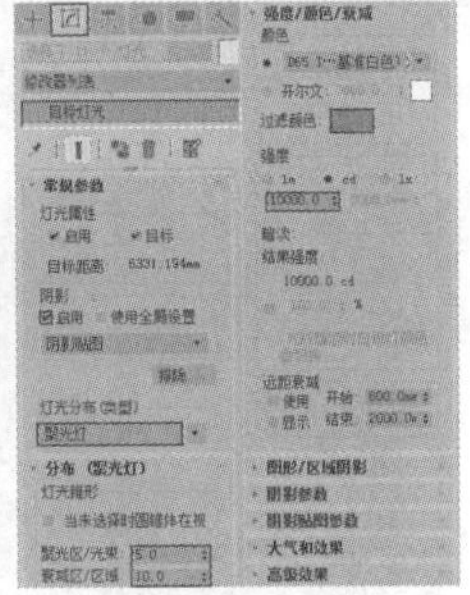

图 10-35

步骤 14 设置完成后按Shift+Q组合键将其渲染。最终渲染效果见案例最开始的展示效果。

## 选项解读："目标聚光灯"重点参数速查

(1)【常规参数】卷展栏

- 灯光类型：设置灯光的类型，共有3种类型可供选择，分别是【聚光灯】【平行光】和【泛光灯】。
- 启用：是否开启灯光。
- 目标：启用该选项后，灯光将成为目标灯光，关闭则成为自由灯光。
- 阴影：控制是否开启灯光阴影以及设置阴影的相关参数。
- 使用全局设置：启用该选项后可以使用灯光投射阴影的全局设置。
- 阴影贴图：切换阴影的方式来得到不同的阴影效果，最常用的方式为【VRay 阴影】。
- 按钮：可以将选定的对象排除于灯光效果之外。

(2)【强度/颜色/衰减】卷展栏

- 倍增：控制灯光的强弱程度。
- 颜色：用来设置灯光的颜色。
- 衰退：该选项组中的参数用来设置灯光衰退的类型和起始距离。
- 类型：指定灯光的衰退方式。【无】为不衰退;【倒数】为反向衰退;【平方反比】以平方反比的方式进行衰退。
- 开始：设置灯光开始衰减的距离。
- 显示：在视图中显示灯光衰减的效果。
- 近距衰退：该选项组用来设置灯光近距离衰退的参数。
- 使用：启用灯光近距离衰减。
- 显示：在视图中显示近距离衰减的范围。
- 开始：设置灯光开始淡出的距离。
- 结束：设置灯光达到衰减最远处的距离。
- 远距衰减：该选项组用来设置灯光远距离衰退的参数。
- 使用：启用灯光远距离衰减。
- 显示：在视图中显示远距离衰减的范围。
- 开始：设置灯光开始淡出的距离。
- 结束：设置灯光衰减为0时的距离。

(3)【聚光灯参数】卷展栏

- 显示光锥：是否开启圆锥体显示效果。
- 泛光化：开启该选项时，灯光将在各个方向投射光线。
- 聚光区/光束：用来调整圆锥体灯光的角度。
- 衰减区/区域：设置灯光衰减区的角度。【衰减区/区域】与【聚光区/光束】的差值越大，灯光过渡越柔和。
- 圆/矩形：指定聚光区和衰减区的形状。
- 纵横比：设置矩形光束的纵横比。
- 按钮：若灯光阴影的纵横比为矩形，可以用该按钮来设置纵横比，以匹配特定的位图。

(4)【高级效果】卷展栏

- 对比度：调整曲面的漫反射区域和环境光区域之间的对比度。
- 柔化漫反射边：增加"柔化漫反射边"的值可以柔化曲面的漫反射部分与环境光部分之间的边缘。
- 漫反射：启用此选项后，灯光将影响对象曲面的漫反射属性。
- 高光：启用此选项后，灯光将影响对象曲面的高光属性。
- 仅环境光：启用此选项后，灯光仅影响照明的环境光组件。

- 贴图：可以在通道上添加贴图（贴图中黑色表示光线被遮挡、白色表示光线可以透过），会根据贴图的黑白分布产生遮罩效果，常用该功能制作带有图案的灯光，如KTV灯光、舞台灯光等。

（5）【阴影参数】卷展栏

- 颜色：设置阴影的颜色，默认为黑色。
- 密度：设置阴影的密度。
- 贴图：为阴影指定贴图。
- 灯光影响阴影颜色：开启该选项后，灯光颜色将与阴影颜色混合在一起。
- 启用：启用该选项后，大气可以穿过灯光投射阴影。
- 不透明度：调节阴影的不透明度。
- 颜色量：调整颜色和阴影颜色的混合量。

（6）【VRay阴影参数】卷展栏

- 透明阴影：控制透明物体的阴影，必须使用VRay材质并选择材质中的【影响阴影】才能产生效果。
- 偏移：控制阴影与物体的偏移距离，一般可保持默认值。
- 区域阴影：勾选该选项时，阴影会变得柔和。
- 长方体/球体：用来控制阴影的方式，一般默认设置为球体即可。
- U/V/W大小：数值越大，阴影越柔和。
- 细分：该数值越大，阴影越细腻，噪点越少，渲染速度越慢。

## 实例：使用目标平行光制作日光

扫一扫，看视频

文件路径：Chapter 10 灯光→实例：使用目标平行光制作日光

本案例使用【目标平行光】制作日光效果。渲染效果如图10-36所示。

图 10-36

## 操作步骤

步骤 01 打开本书场景文件，如图10-37所示。

步骤 02 执行 十（创建）|（灯光）| 标准 | 目标平行光，如图10-38所示。

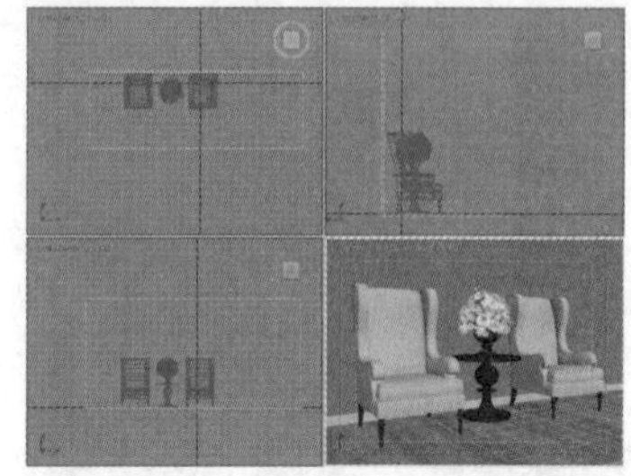

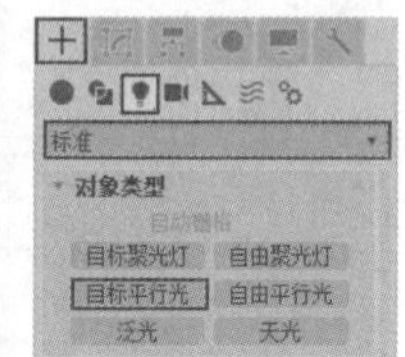


图 10-37　　图 10-38

步骤 03 在场景中适当的位置创建1盏目标平行光，位置如图10-39所示。

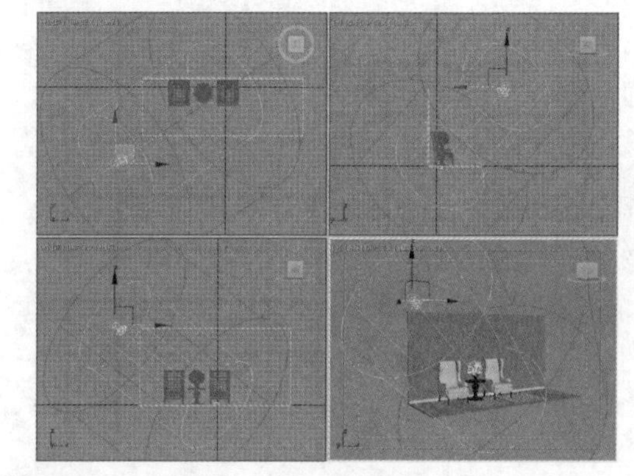

图 10-39

步骤 04 单击【修改】按钮，勾选【阴影】下方的【启用】，设置方式为【VRay阴影】，设置【倍增】为4，设置【聚光区/光束】为100cm、【衰减区/区域】为200cm，勾选【区域阴影】，设置【U/V/W大小】为50cm，【细分】为40，如图10-40所示。

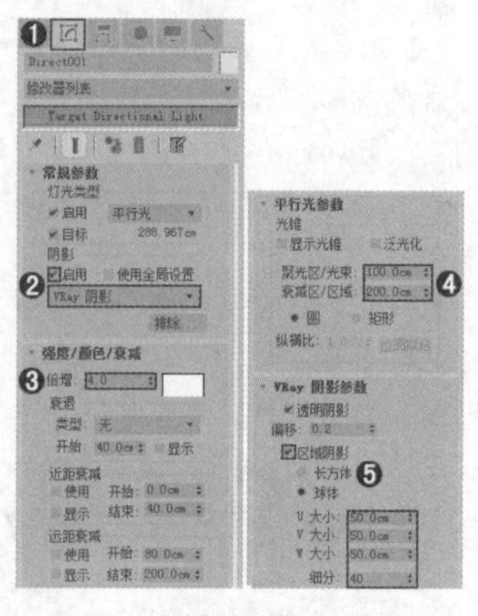


图 10-40

步骤 05 设置完成后按Shift+Q组合键将其渲染。最终渲染效果见案例最开始的展示效果。

## 10.3 VRay灯光

扫一扫，看视频

VRay灯光是室内设计中最常用的灯光类型，VRay灯光特点是效果非常逼真、参数比较简单。其中的【(VR)灯光】和【(VR)太阳】两种灯光是最重要的，是必须要熟练掌握的，如图10-41所示。

图10-41

- (VR)灯光：常用于模拟室内外灯光，该灯光光线比较柔和，是最常用的灯光之一。
- (VR)光域网：该灯光类似于目标灯光，都可以加载IES灯光，可产生类似射灯的效果。
- (VR)环境灯光：可以模拟环境灯光效果。
- (VR)太阳：常用于模拟真实的太阳光，灯光的位置影响灯光的效果(正午、黄昏、夜晚)，是最常用的灯光之一。

### 实例：使用(VR)灯光制作壁灯

扫一扫，看视频

文件路径：Chapter 10 灯光→实例：使用(VR)灯光制作壁灯

本案例使用【(VR)灯光】模拟窗口处灯光和室内辅助光源，注意室外灯光偏蓝色、室内灯光偏黄色，产生冷暖对比。使用【(VR)灯光】“球体”类型制作壁灯发出的光。渲染效果如图10-42所示。

图10-42

### 操作步骤

#### Part 01 创建环境灯光

步骤 01 打开场景文件，如图10-43所示。

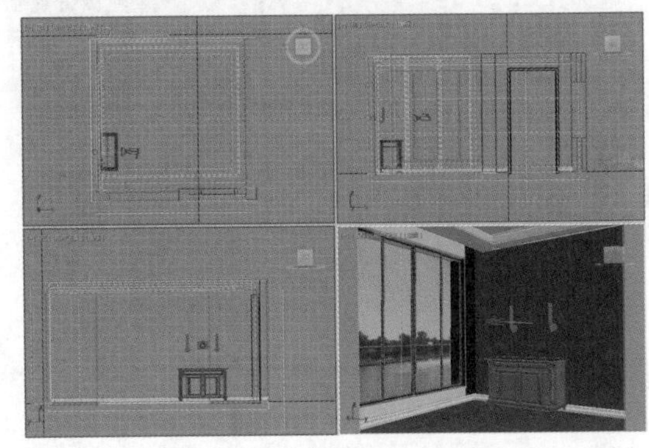

图10-43

步骤 02 在场景中窗口外面创建1盏【(VR)灯光】，从外向内照射，如图10-44所示。

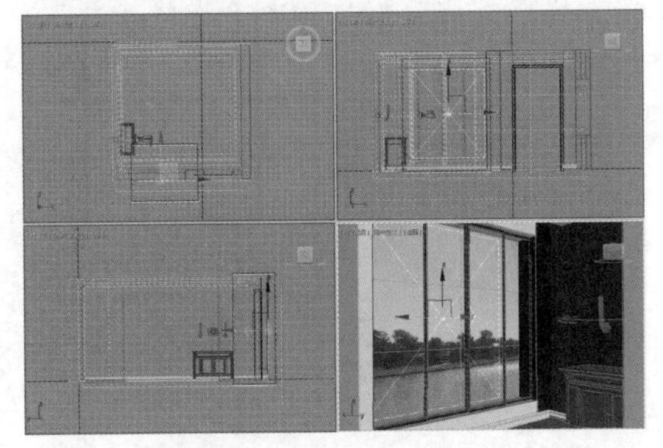

图10-44

步骤 03 单击【修改】按钮，设置【长度】为2050mm，【宽度】为2376mm，【倍增】为13，【颜色】为蓝色，勾选【不可见】，取消勾选【影响反射】，设置【细分】为40，如图10-45所示。

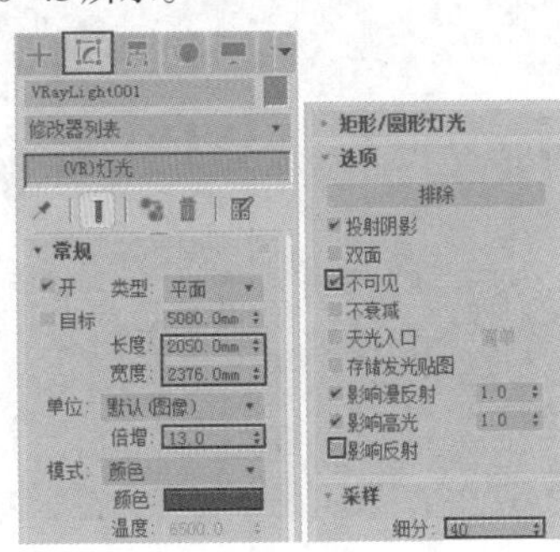


图10-45

步骤 04 再次创建1盏【(VR)灯光】，放置在室内作为辅助光源，如图10-46所示。

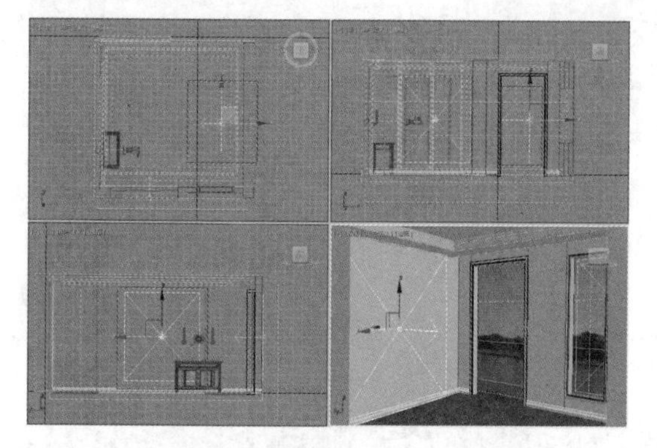

图 10-46

步骤 05 单击【修改】按钮，设置【长度】为2050mm，【宽度】为2376mm，【倍增】为4，【颜色】为浅黄色，勾选【不可见】，取消勾选【影响反射】，设置【细分】为40，如图10-47所示。

步骤 06 设置完成后按Shift+Q组合键将其渲染，如图10-48所示。

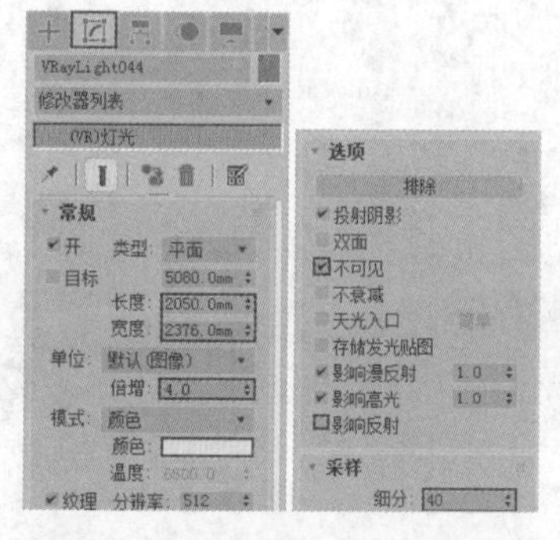


图 10-47

图 10-48

## Part 02 壁灯

步骤 01 在左视图创建10盏(VR)灯光，放置在每一个灯罩内，如图10-49所示。

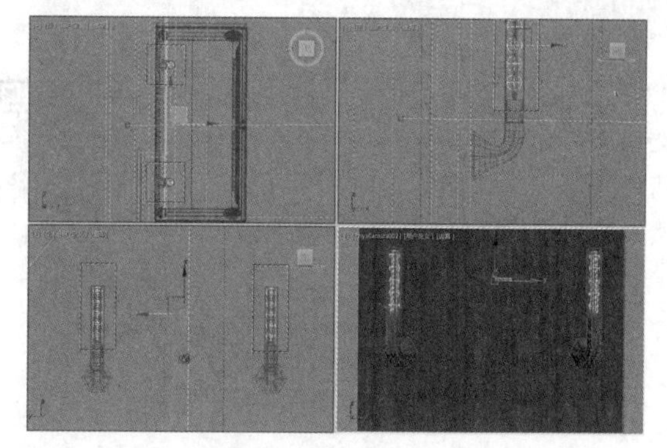

图 10-49

步骤 02 单击【修改】按钮，设置【类型】为【球体】，【半径】为20mm，【倍增】为60，【颜色】为橙色，勾选【不可见】，【细分】为30，如图10-50所示。

步骤 03 设置完成后按Shift+Q组合键将其渲染。最终渲染效果见案例最开始的展示效果。

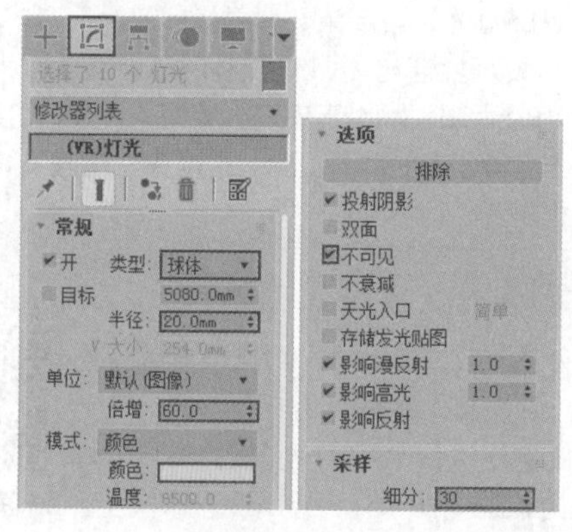


图 10-50

### 选项解读："(VR)灯光"重点参数速查

(1)常规

- 开：控制是否开启灯光。
- 类型：指定(VR)灯光的类型，包括【平面】【球体】【穹顶】【网格】和【圆形】。
  - 平面：灯光为平面形状的(VR)灯光，主要模拟由一平面向外照射的灯光效果。
  - 球体：灯光为球体形状的(VR)灯光，主要模拟由一点向四周发散的光线效果。

◆ 穹顶：可以产生类似天光灯光的均匀效果。

◆ 网格体：可以将物体设置为灯光发射光源。[操作方法为：设置【类型】为【网格】，并单击【拾取网格】，接着在场景中单击拾取一个模型，此时（VR）灯光将按照该模型的形状产生光线。]

◆ 圆形：可以创建圆形的灯光。

- 目标：设置灯光的目标距离数值。
- 长度：设置灯光的长度。
- 宽度：设置灯光的宽度。
- 半径：设置类型为球体时，该选项控制灯光的半径尺寸。
- 单位：设置（VR）灯光的发光单位类型，如发光率、亮度。
- 倍增：设置灯光的强度，数值越大越亮。
- 模式：设置颜色或温度的模式。
- 颜色：设置灯光的颜色。
- 温度：当设置【模式】为【温度】时，控制温度数值。
- 纹理：控制是否使用纹理。
- 分辨率：设置纹理贴图的分辨率数值。

（2）选项

- 投射阴影：控制是否产生阴影。
- 双面：控制是否产生双面照射灯光的效果。
- 不可见：控制是否可以渲染出灯光本身。
- 不衰减：默认取消时，可以产生真实的灯光强度衰减。勾选时，则不会产生衰减。
- 影响漫反射：控制是否影响物体材质属性的漫反射。
- 影响高光：控制是否影响物体材质属性的高光。
- 影响反射：控制是否影响物体材质属性的反射。勾选时，该灯光本身会出现在反射物体表面。取消时，该灯光不会出现在反射物体表面。

（3）采样

- 细分：控制灯光的采样细分。数值越小，渲染杂点越多，渲染速度越快。
- 阴影偏移：控制物体与阴影的偏移距离。
- 中止：控制灯光中止的数值。

## 实例：使用（VR）灯光制作烛光

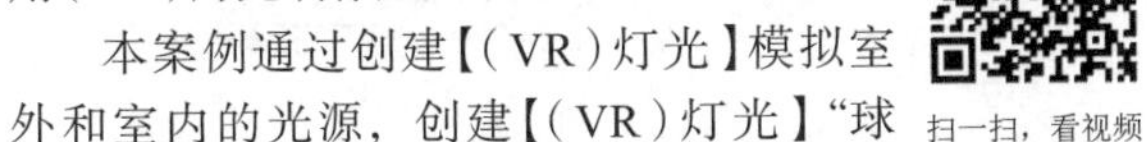

文件路径：Chapter 10 灯光→实例：使用（VR）灯光制作烛光

扫一扫，看视频

本案例通过创建【（VR）灯光】模拟室外和室内的光源，创建【（VR）灯光】“球体”类型作为蜡烛的烛光。渲染效果如图10–51所示。

图10–51

## 操作步骤

### Part 01 创建环境灯光

步骤 01 打开场景文件，如图10–52所示。

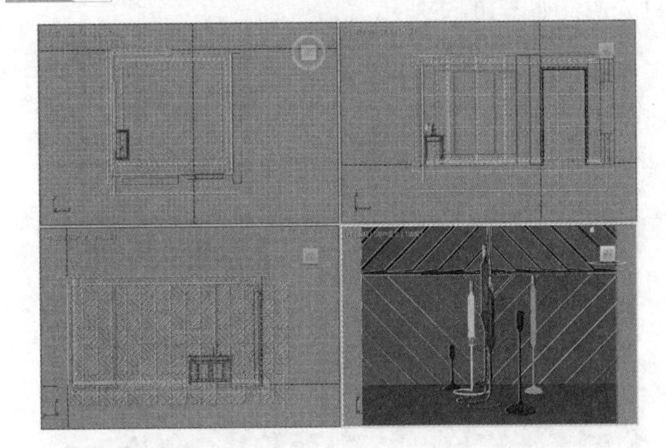

图10–52

步骤 02 在场景中窗口外面创建1盏（VR）灯光，从外向内照射，如图10–53所示。

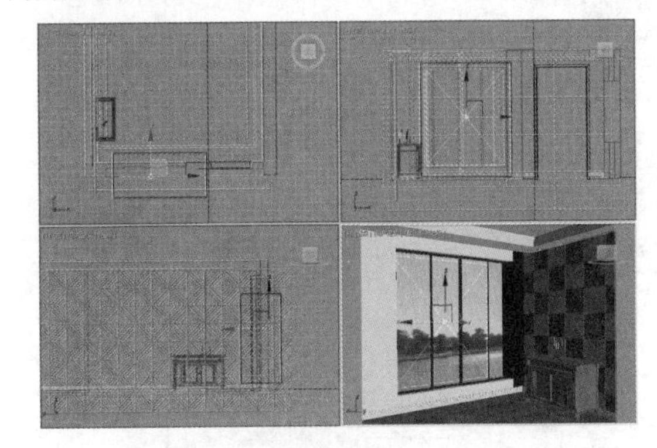

图10–53

步骤 03 单击【修改】按钮，设置【长度】为2050mm，【宽度】为2376mm，【倍增】为13，【颜色】为蓝色，勾选【不可见】，取消勾选【影响反射】，设置【细分】为40，如图10-54所示。

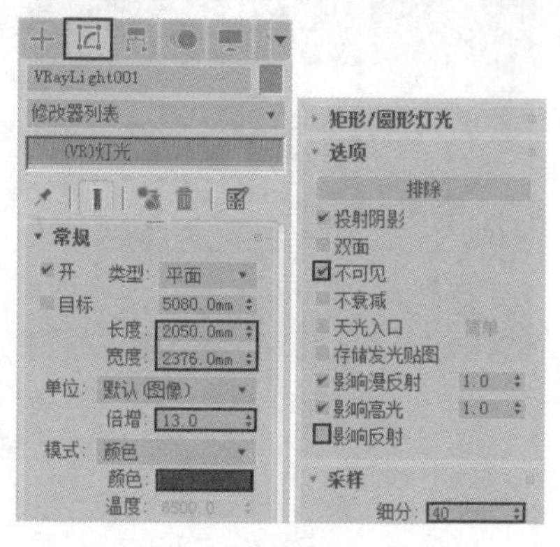


图10-54

步骤 04 再次创建1盏（VR）灯光，放置在室内作为辅助光源，如图10-55所示。

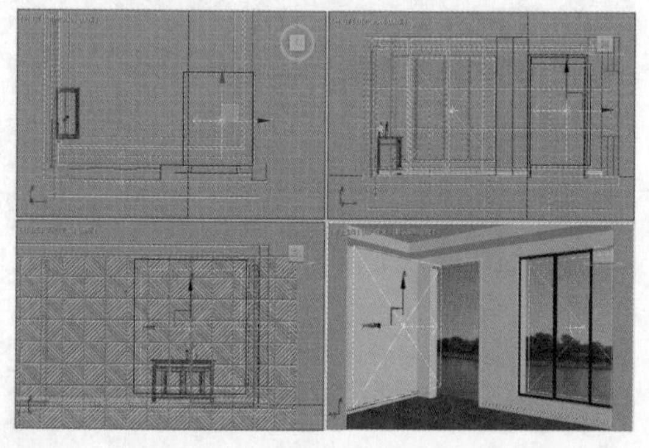

图10-55

步骤 05 单击【修改】按钮，设置【长度】为2050mm，【宽度】为2376mm，【倍增】为4，【颜色】为浅黄色，勾选【不可见】，取消勾选【影响反射】，设置【细分】为40，如图10-56所示。

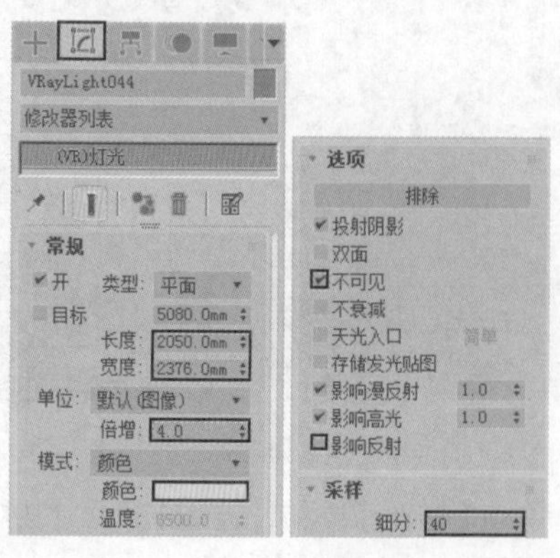


图10-56

步骤 06 设置完成后按Shift+Q组合键将其渲染，如图10-57所示。

图10-57

## Part 02 创建烛光

步骤 01 在左视图中创建5盏（VR）灯光，放置在蜡烛上方，如图10-58所示。

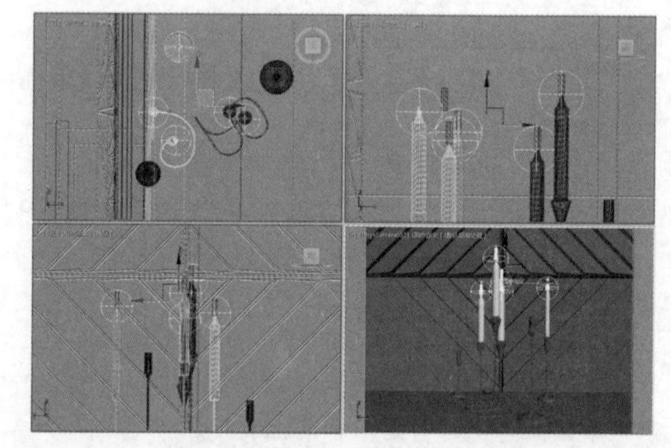

图10-58

步骤 02 单击【修改】按钮，设置【类型】为【球体】，【半径】为30mm，【倍增】为80，【颜色】为橙色，勾选【不可见】，【细分】为20，如图10-59所示。

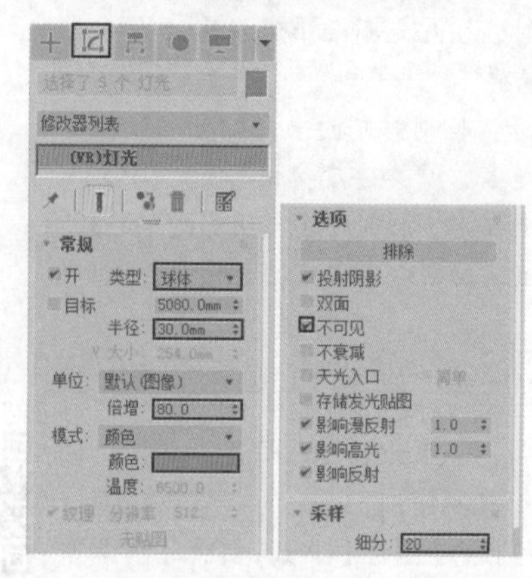


图10-59

步骤 03 设置完成后按Shift+Q组合键将其渲染。最终渲染效果见案例最开始的展示效果。

## 实例：使用（VR）灯光制作摄影棚灯光布置

文件路径：Chapter 10 灯光→实例：使用（VR）灯光制作摄影棚灯光布置

扫一扫，看视频

本案例使用【（VR）灯光】"网格"创建摄影灯的灯泡发出的主光和补光，创建（VR）灯光照向影棚背景，模拟背景光。渲染效果如图10-60所示。

图 10-60

## 操作步骤

### Part 01 创建主光

步骤 01 打开场景文件，如图10-61所示。

图 10-61

步骤 02 在视图中创建7盏（VR）灯光，并单击【修改】按钮，设置【类型】为【网格】，【倍增】为10000，【模式】为【温度】，【颜色】为浅黄色，【温度】为5000。单击【网格灯光】卷展栏下方的【拾取网格】按钮，并单击拾取顶视图中下方的那个摄影灯内部的模型，设置【细分】为20，其他几盏灯光也用同样的方法设置，如图10-62所示。

图 10-62

### Part 02 创建补光

在视图中创建7盏（VR）灯光，并单击【修改】按钮，设置【类型】为【网格】，【倍增】为3000，【模式】为【温度】，【颜色】为浅黄色，【温度】为5000。单击【网格灯光】卷展栏下方的【拾取网格】按钮，并单击拾取顶视图中上方的那个摄影灯内部的模型，设置【细分】为20，其他几盏灯光也用同样的方法设置，如图10-63所示。

图 10-63

### Part 03 创建背景光

步骤 01 创建1盏（VR）灯光，放置在顶视图左侧的摄影灯位置，方向照向影棚幕布，如图10-64所示。

步骤 02 单击【修改】按钮，设置【类型】为【平面】，【长度】为950mm，【宽度】为750mm，【倍增】为300，【模式】为【温度】，【颜色】为浅黄色，【温度】为5000，【细分】为20，如图10-65所示。

步骤 03 设置完成后按Shift+Q组合键将其渲染。最终渲染效果见案例最开始的展示效果。

图 10-64

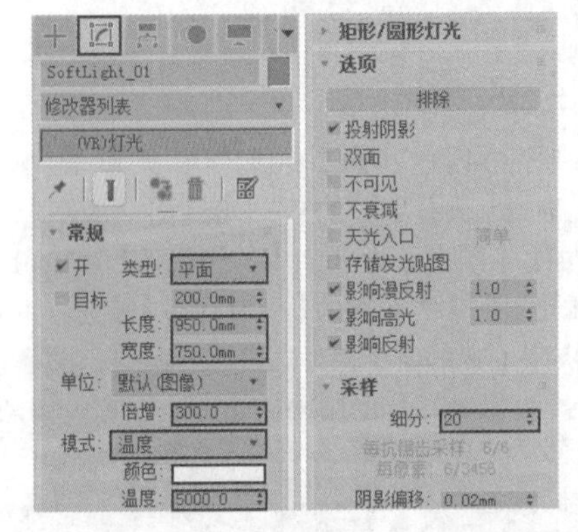


图 10-65

## 实例：使用（VR）灯光制作吊灯和灯带

扫一扫，看视频

文件路径：Chapter 10 灯光→实例：使用（VR）灯光制作吊灯和灯带

本案例在窗口处场景（VR）灯光制作深夜夜色，创建（VR）灯光放置于灯槽内模拟灯带效果，创建目标灯光模拟射灯效果，创建（VR）灯光模拟吊灯。渲染效果如图10-66所示。

图 10-66

## 操作步骤

### Part 01 窗口处灯光

步骤 01 打开场景文件，如图10-67所示。

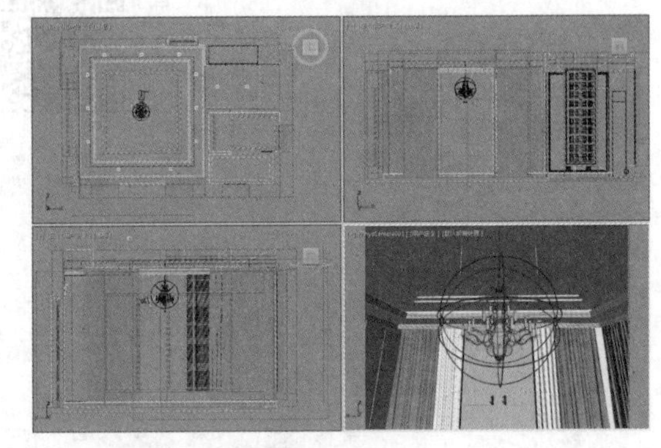

图 10-67

步骤 02 在前视图中创建2盏（VR）灯光，并将其移动到窗外，从外向内照射，如图10-68所示。

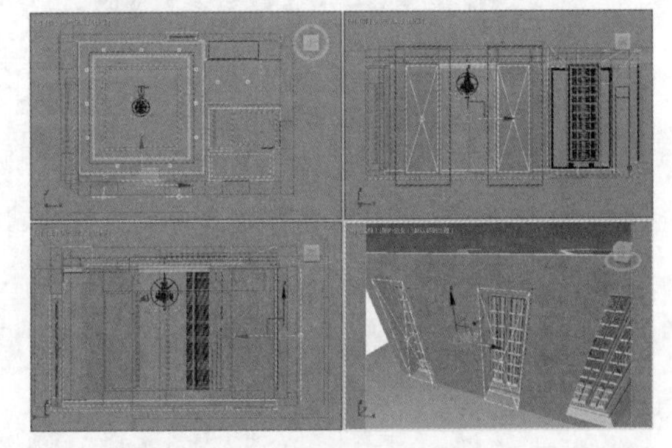

图 10-68

步骤 03 单击【修改】按钮，设置【长度】为800mm，【宽度】为2600mm，【倍增】为3，【颜色】为深蓝色，勾选【不可见】，【细分】为20，如图10-69所示。

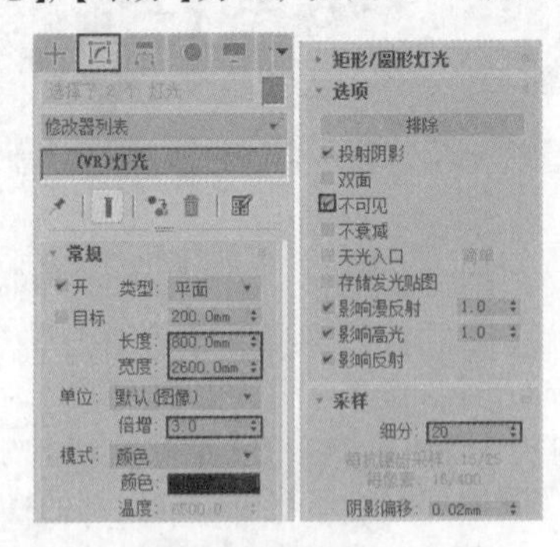


图 10-69

步骤 04 设置完成后按Shift+Q组合键将其渲染，如图10-70所示。

图 10-70

## Part 02　顶棚灯带

步骤 01 创建4盏（VR）灯光，放置在顶棚吊灯的灯槽内，从下向上照射，注意灯光位置不要和模型产生接触，如图10-71所示。

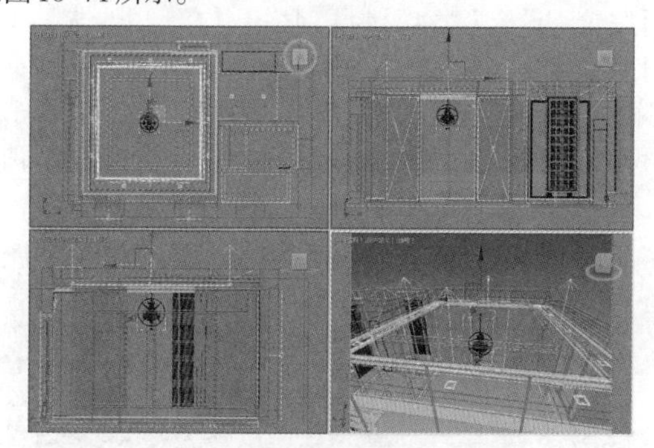

图 10-71

步骤 02 单击【修改】按钮，设置【长度】为136mm，【宽度】为3200mm，【倍增】为6，【颜色】为浅黄色，勾选【不可见】，取消勾选【影响反射】，设置【细分】为15，如图10-72所示。

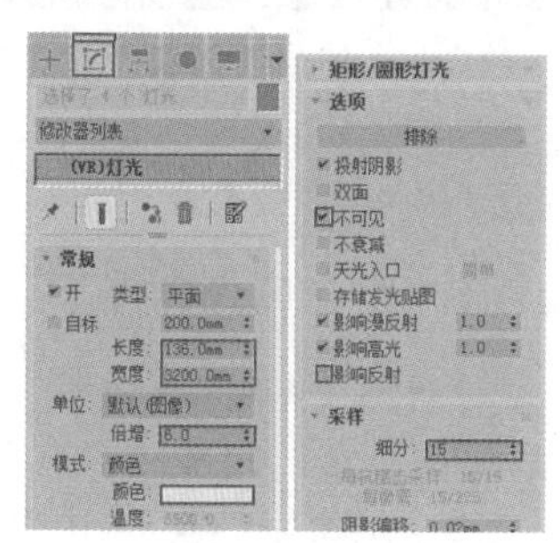


图 10-72

步骤 03 设置完成后按Shift+Q组合键将其渲染，如图10-73所示。

图 10-73

## Part 03　射灯

步骤 01 在场景的四周创建11盏目标灯光，位置如图10-74所示。

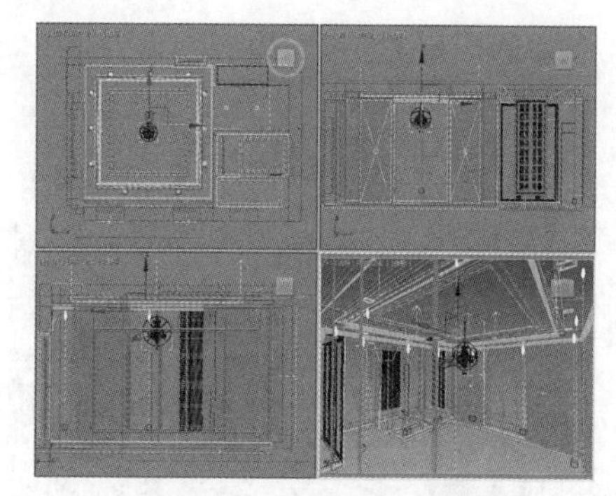

图 10-74

步骤 02 单击【修改】按钮，勾选【阴影】下的【启用】，方式为【VRay阴影】。在【分布（光度学Web）】卷展栏下添加【射灯001.ies】光域网文件，设置【过滤颜色】为浅黄色，【强度】为13000，勾选【区域阴影】，设置【U/V/W大小】为50mm，【细分】为20，如图10-75所示。

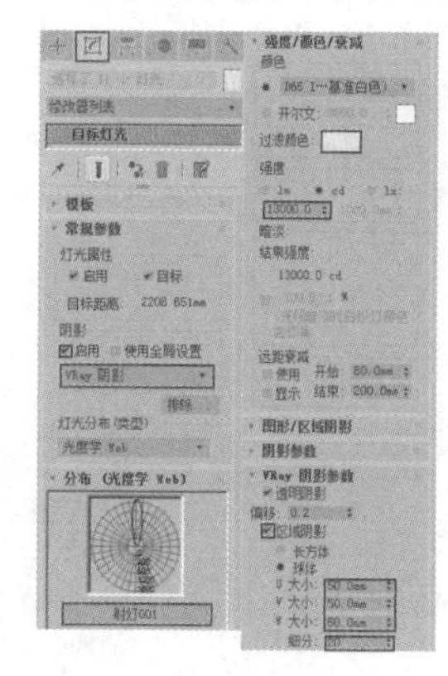

图 10-75

步骤 03 设置完成后按Shift+Q组合键将其渲染，如图10-76所示。

图 10-76

## Part 04 吊灯

步骤 01 在吊灯位置创建1盏（VR）灯光，如图10-77所示。

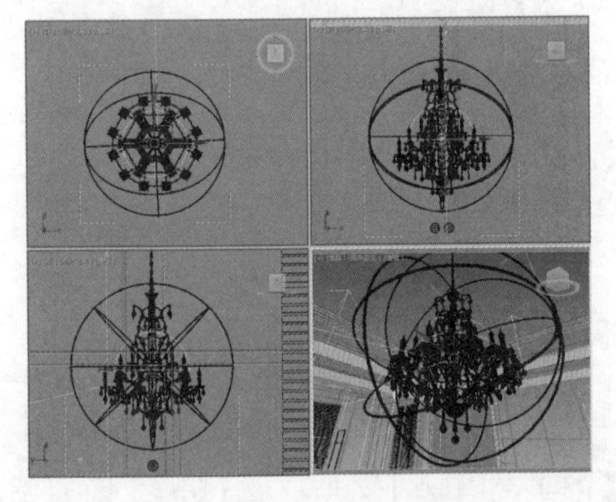

图 10-77

步骤 02 单击【修改】按钮，设置【类型】为【球体】，【半径】为350mm，【倍增】为15，【颜色】为橙色，勾选【不可见】，取消勾选【影响高光】和【影响反射】，设置【细分】为16，如图10-78所示。

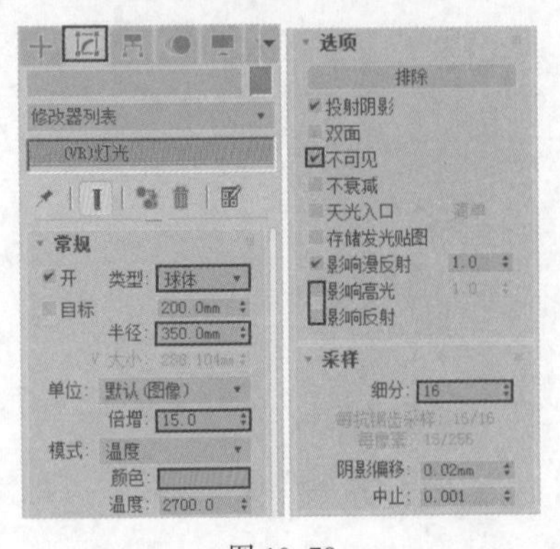


图 10-78

步骤 03 继续在视图中创建1盏（VR）灯光，并单击【修改】按钮，设置【类型】为【网格】，【倍增】为500，【模式】为【温度】，【颜色】为橙色，【温度】为2500。单击【网格灯光】卷展栏下方的【拾取网格】按钮，并单击拾取吊灯灯泡中上方的模型，最后勾选【不可见】，取消勾选【影响反射】，如图10-79所示。

图 10-79

步骤 04 继续在视图中创建1盏（VR）灯光，并单击【修改】按钮，设置【类型】为【网格】，【倍增】为500，【模式】为【温度】，【颜色】为橙色，【温度】为2700。单击【网格灯光】卷展栏下方的【拾取网格】按钮，并单击拾取吊灯灯泡中下方的模型，最后勾选【不可见】，取消勾选【影响反射】，如图10-80所示。

图 10-80

步骤 05 设置完成后按Shift+Q组合键将其渲染。最终渲染效果见案例最开始的展示效果。

## 实例：使用（VR）灯光制作物体本身发光

扫一扫，看视频

文件路径：Chapter 10 灯光→实例：使用（VR）灯光制作物体本身发光

本案例创建（VR）太阳模拟微弱的阳光，创建（VR）灯光模拟窗口处光源，创建

（VR）灯光模拟室内辅助光源，创建（VR）灯光模拟顶棚灯带，创建（VR）灯光“网格”模拟灯管自身发光效果。渲染效果如图10-81所示。

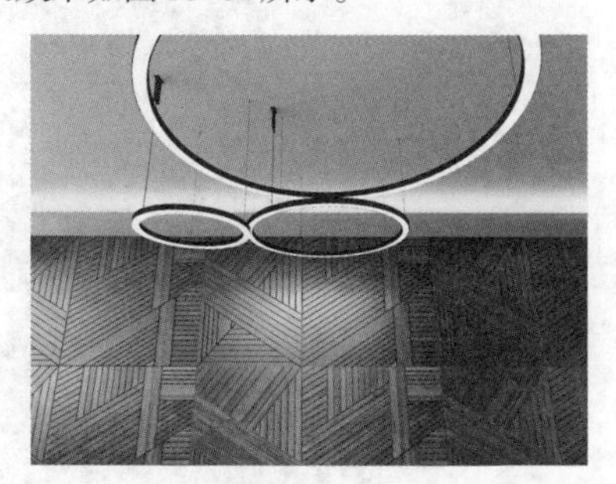

图10-81

## 操作步骤

### Part 01　太阳光

步骤 01 打开场景文件，如图10-82所示。

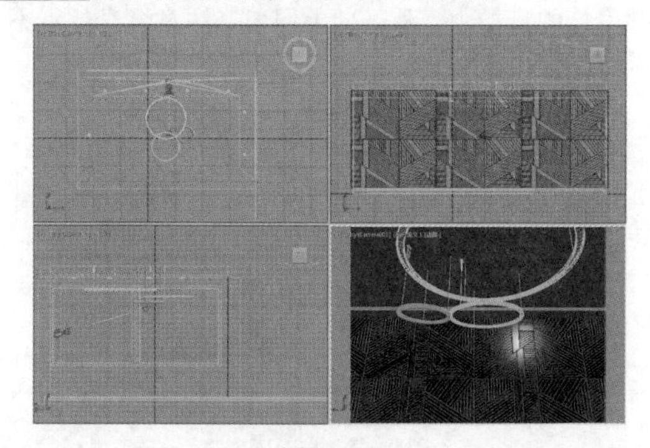

图10-82

步骤 02 在视图中创建1盏（VR）太阳，位置如图10-83所示。

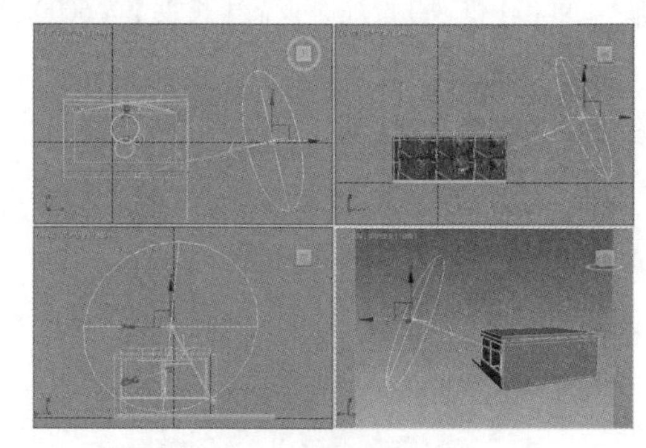

图10-83

步骤 03 单击【修改】按钮，设置【强度倍增】为0.1，【大小倍增】为10，【阴影细分】为30，如图10-84所示。

步骤 04 设置完成后按Shift+Q组合键将其渲染，如图10-85所示。

图10-84

图10-85

### Part 02　窗口处灯光

步骤 01 在左视图中拖动创建1盏（VR）灯光，放置在窗口外面，从外向内照射，如图10-86所示。

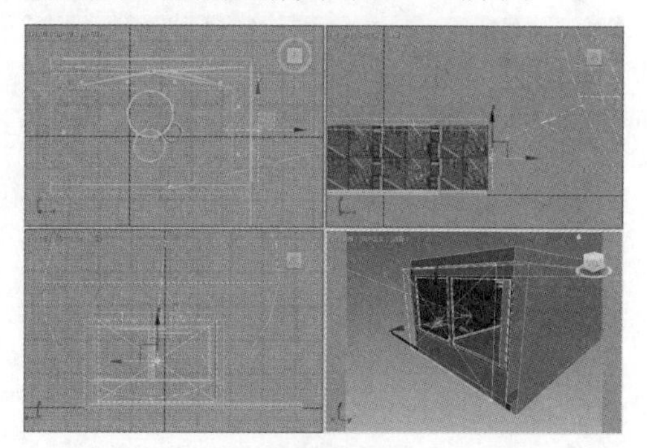

图10-86

步骤 02 单击【修改】按钮，设置【长度】为3600mm，【宽度】为2400mm，【倍增】为10，【颜色】为白色，勾选【不可见】，设置【细分】为40，如图10-87所示。

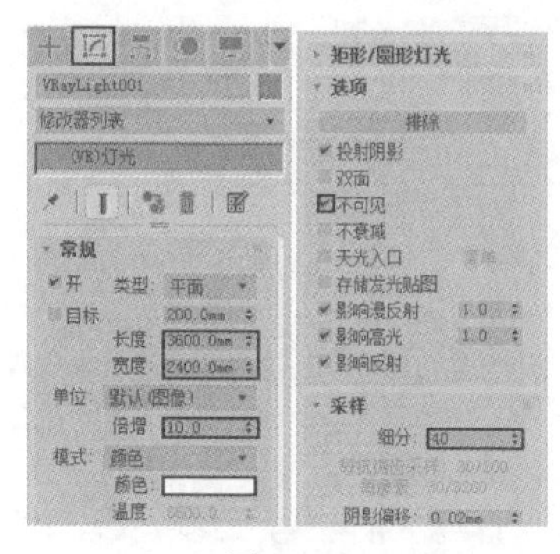


图10-87

步骤 03 设置完成后按Shift+Q组合键将其渲染，如图10-88所示。

图10-88

## Part 03　室内辅助灯光

步骤 01 在前视图中拖动创建1盏（VR）灯光放置于一侧，作为辅助光源照射，如图10-89所示。

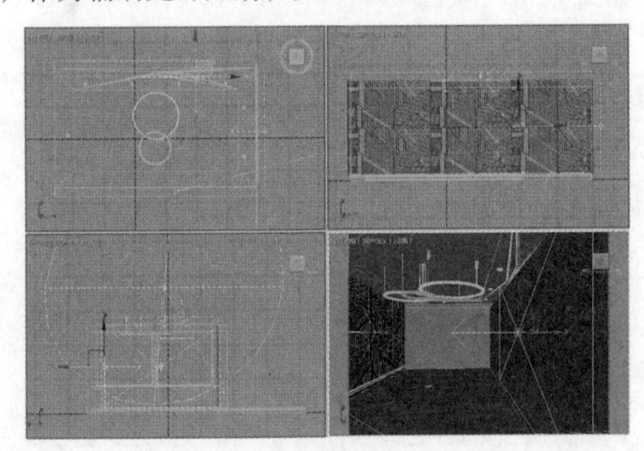

图10-89

步骤 02 单击【修改】按钮，设置【长度】为3600mm，【宽度】为2400mm，【倍增】为2，【颜色】为白色，勾选【不可见】，设置【细分】为40，如图10-90所示。

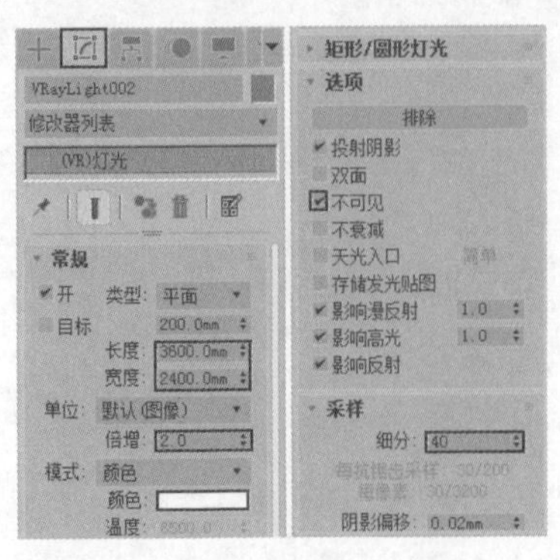


图10-90

步骤 03 设置完成后按Shift+Q组合键将其渲染，如图10-91所示。

图10-91

## Part 04　顶棚灯带

步骤 01 在顶视图中拖动创建2盏（VR）灯光，放置在顶棚吊灯的灯槽内，从下向上照射，注意灯光位置不要和模型产生接触，如图10-92所示。

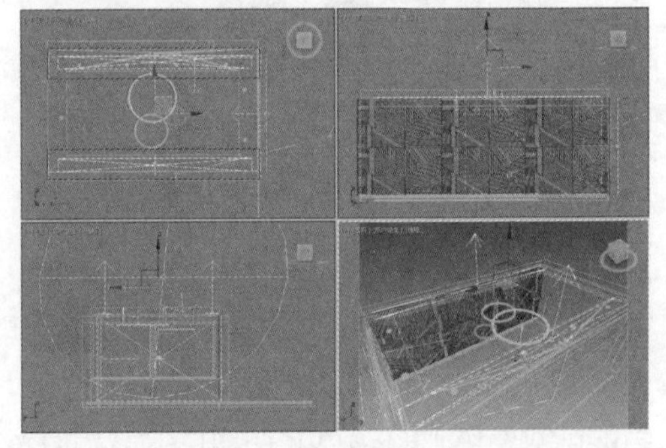

图10-92

步骤 02 单击【修改】按钮，设置【长度】为6000mm，【宽度】为400mm，【倍增】为10，【颜色】为浅黄色，勾选【不可见】，设置【细分】为20，如图10-93所示。

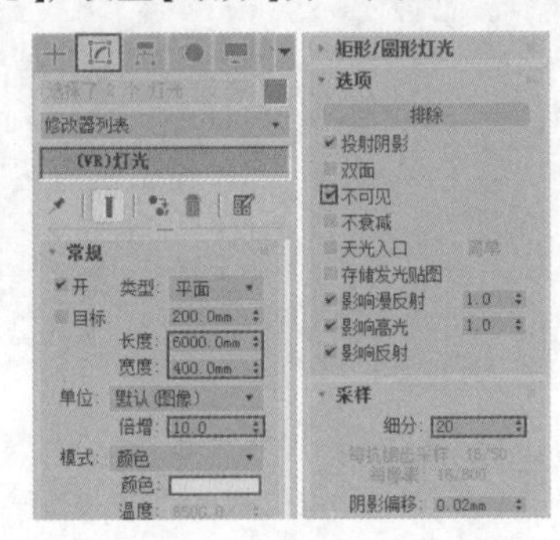


图10-93

步骤 03 继续在顶视图中拖动创建2盏(VR)灯光，放置在顶棚吊灯的灯槽内，从下向上照射，注意灯光位置不要和模型产生接触，如图10-94所示。

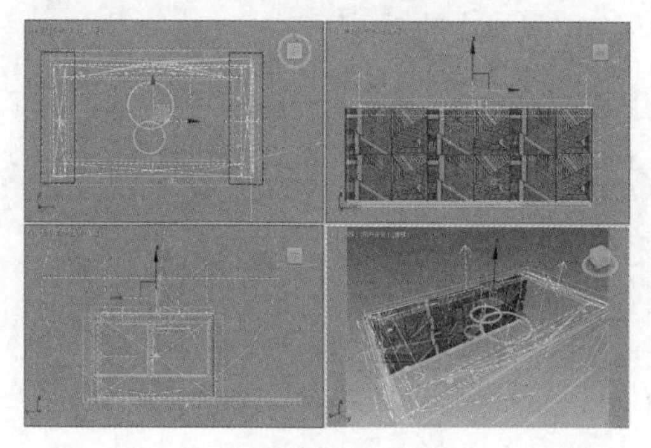

图 10-94

步骤 04 单击【修改】按钮，设置【长度】为3500mm，【宽度】为400mm，【倍增】为10，【颜色】为浅黄色，勾选【不可见】，设置【细分】为20，如图10-95所示。

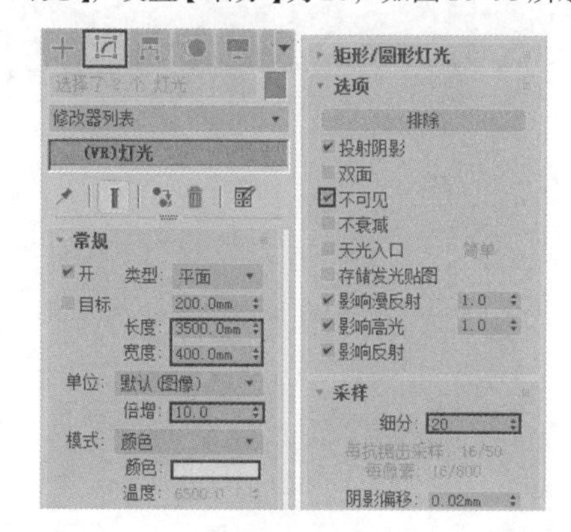


图 10-95

步骤 05 设置完成后按Shift+Q组合键将其渲染，如图10-96所示。

图 10-96

## Part 05 吊灯

步骤 01 继续在视图中创建1盏(VR)灯光，并单击【修改】按钮，设置【类型】为【网格】，【倍增】为200，【颜色】为白色。单击【网格灯光】卷展栏下方的【拾取网格】按钮，并单击拾取吊灯下方的模型，设置【细分】为20，如图10-97所示。

步骤 02 继续在视图中创建1盏(VR)灯光，并单击【修改】按钮，设置【类型】为【网格】，【倍增】为200，【颜色】为白色。单击【网格灯光】卷展栏下方的【拾取网格】按钮，并单击拾取第2个吊灯下方的模型，设置【细分】为20，如图10-98所示。

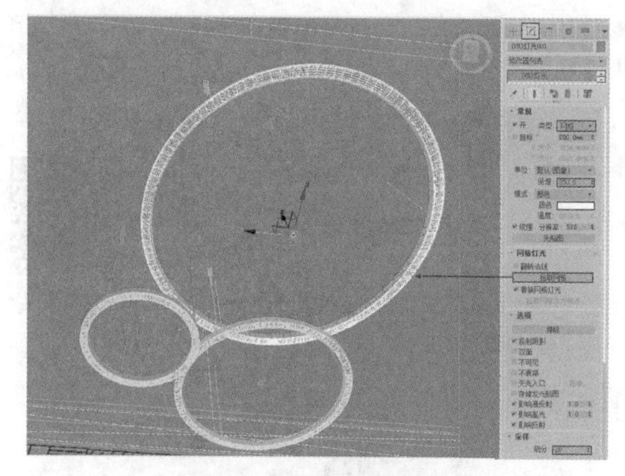

图 10-97

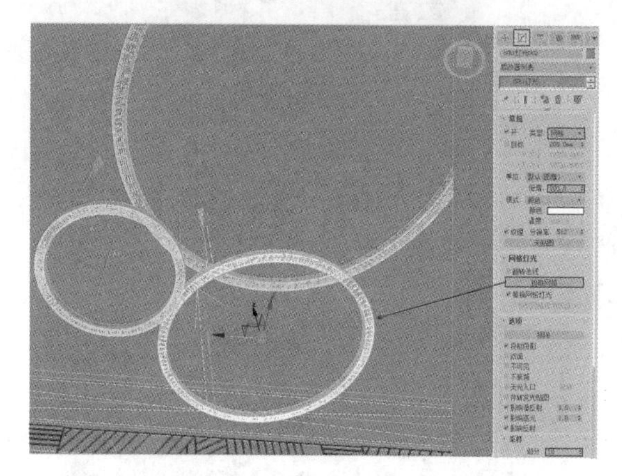

图 10-98

步骤 03 继续在视图中创建1盏(VR)灯光，并单击【修改】按钮，设置【类型】为【网格】，【倍增】为200，【颜色】为白色。单击【网格灯光】卷展栏下方的【拾取网格】按钮，并单击拾取第3个吊灯下方的模型，设置【细分】为20，如图10-99所示。

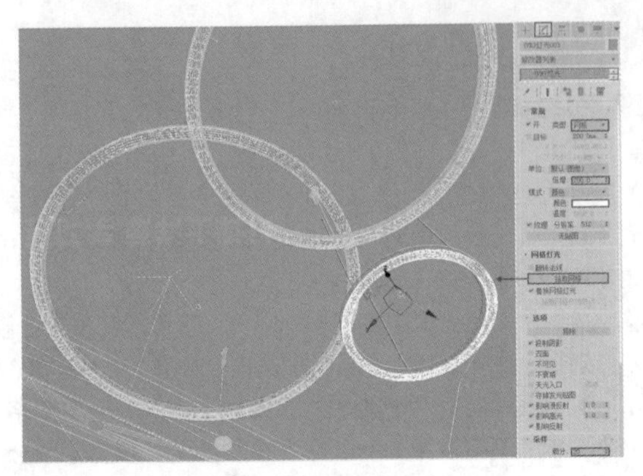

图 10-99

步骤 04 设置完成后按Shift+Q组合键将其渲染。最终渲染效果见案例最开始的展示效果。

## 实例：使用（VR）灯光制作夜晚休闲室一角

扫一扫，看视频

文件路径：Chapter 10 灯光→实例：使用（VR）灯光制作夜晚休闲室一角

本案例创建（VR）灯光模拟夜晚的深蓝色夜色，创建（VR）灯光“球体”模拟落地灯灯光，创建（VR）灯光“球体”模拟壁炉附近的火焰。渲染效果如图10-100所示。

图 10-100

## 操作步骤

步骤 01 打开场景文件，如图10-101所示。

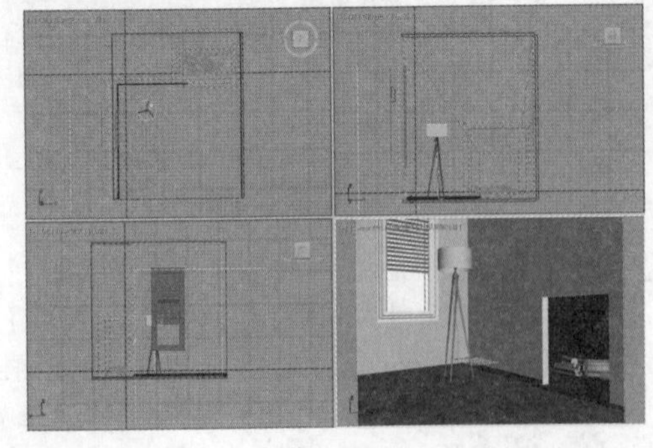

图 10-101

步骤 02 在窗口外面创建1盏（VR）灯光，从外向内照射，如图10-102所示。

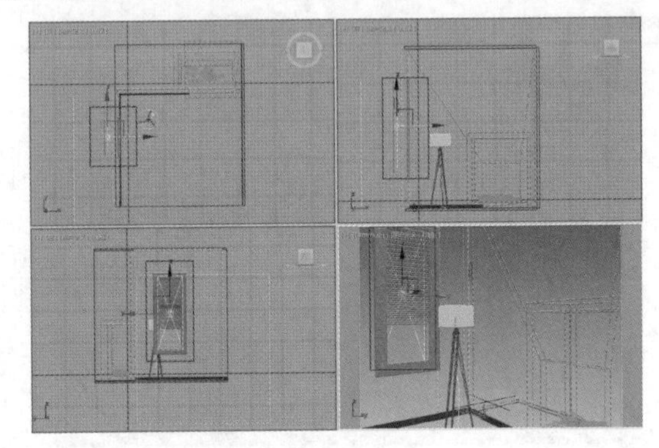

图 10-102

步骤 03 单击【修改】按钮，设置【长度】为80mm，【宽度】为230mm，【倍增】为10，【颜色】为深蓝色，勾选【不可见】，设置【细分】为15，如图10-103所示。

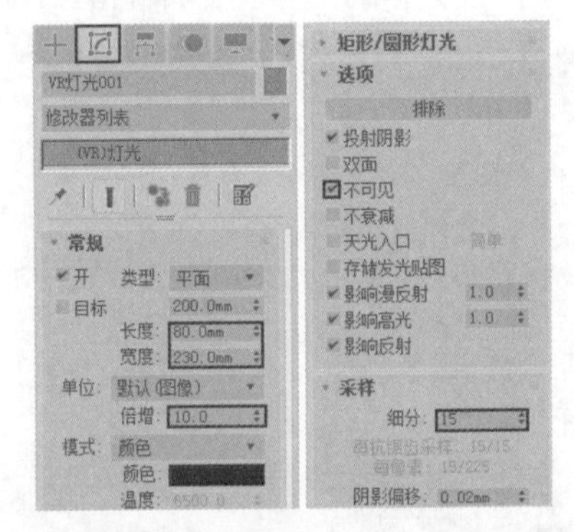


图 10-103

步骤 04 设置完成后按Shift+Q组合键将其渲染，如图10-104所示。

图 10-104

步骤 05 在落地灯灯罩内创建1盏（VR）灯光，如

图10-105所示。

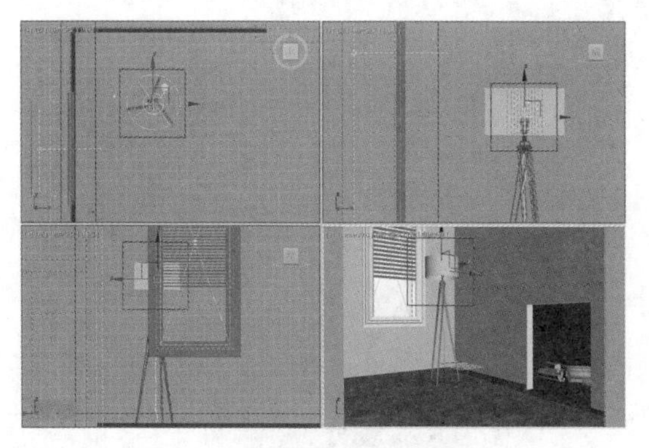

图 10-105

步骤 06 单击【修改】按钮，设置【类型】为【球体】，【半径】为10mm，【倍增】为60，【颜色】为浅黄色，勾选【不可见】，【细分】为15，如图10-106所示。

步骤 07 设置完成后按Shift+Q组合键将其渲染，如图10-107所示。

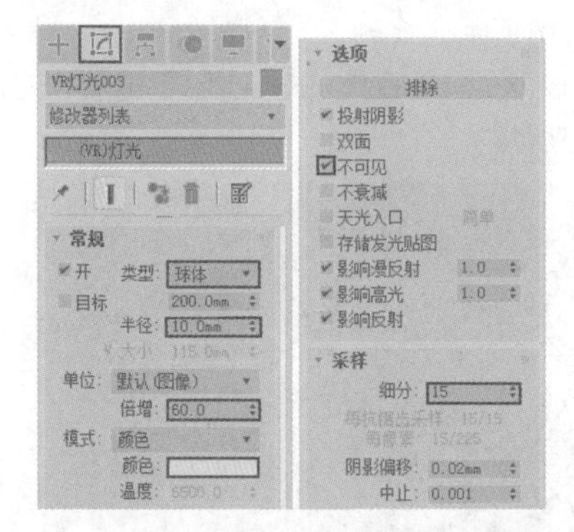


图 10-106

图 10-107

步骤 08 在壁炉附近创建9盏（VR）灯光，如图10-108所示。

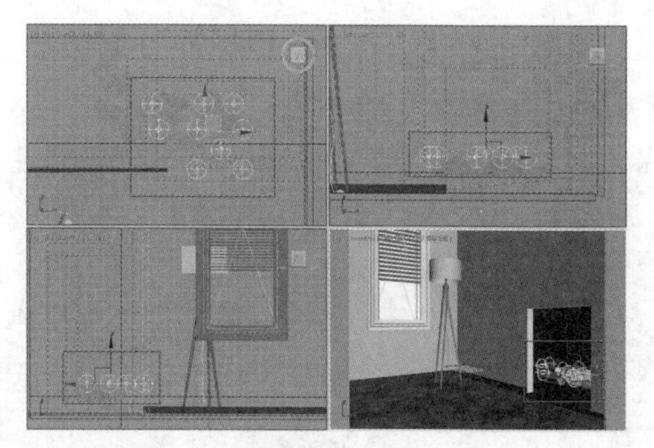

图 10-108

步骤 09 单击【修改】按钮，设置【类型】为【球体】，【半径】为10mm，【倍增】为20，【颜色】为橘红色，勾选【不可见】，【细分】为15，如图10-109所示。

步骤 10 设置完成后按Shift+Q组合键将其渲染。最终渲染效果见案例最开始的展示效果。

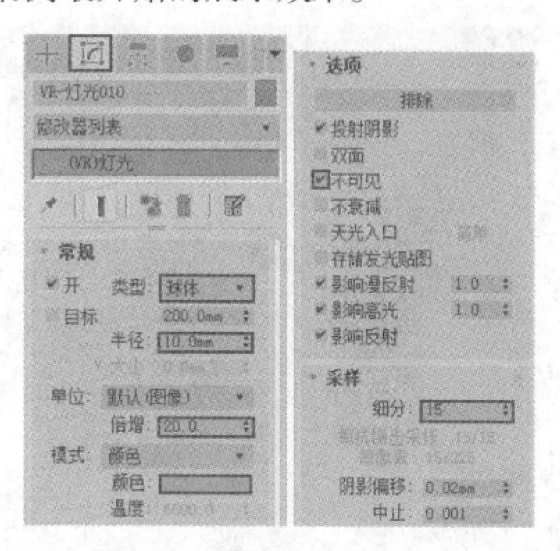


图 10-109

## 实例：使用（VR）光域网制作地灯

文件路径：Chapter 10 灯光→实例：使用（VR）光域网制作地灯

扫一扫，看视频

本案例创建（VR）灯光“穹顶”创建柔和的室外自然光，创建（VR）灯光模拟室内温暖的光照，创建（VR）光域网模拟草丛墙体附近的射灯。渲染效果如图10-110所示。

图 10-110

## 操作步骤

步骤 01 打开场景文件，如图10–111所示。

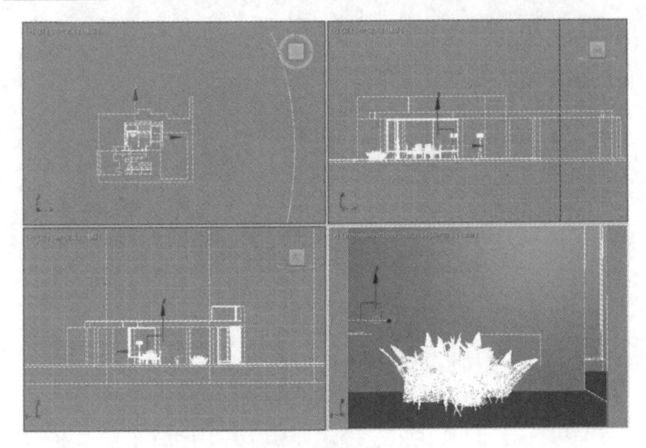

图10–111

步骤 02 在创建中单击创建1盏（VR）灯光，如图10–112所示。

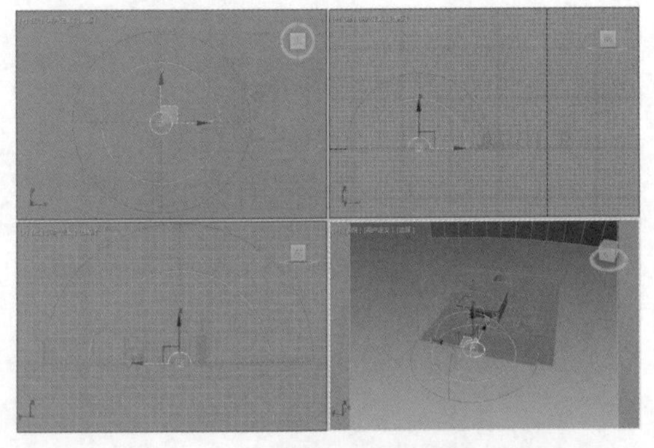

图10–112

步骤 03 单击【修改】按钮，设置【类型】为【穹顶】，【倍增】为5，【颜色】为浅蓝色，【细分】为20，如图10–113所示。

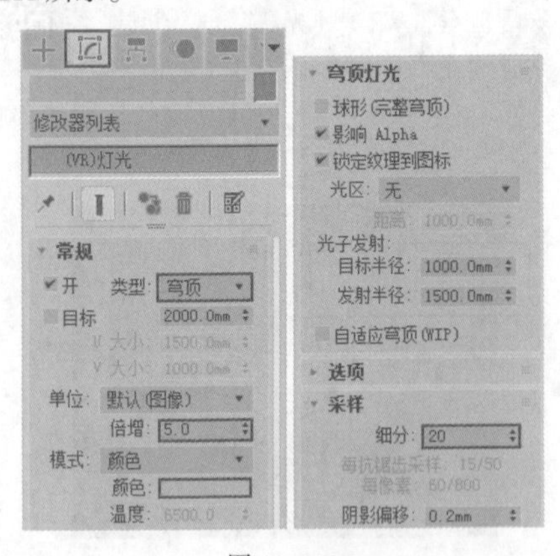


图10–113

步骤 04 设置完成后按Shift+Q组合键将其渲染，如图10–114所示。

图10–114

步骤 05 在创建中室内创建1盏（VR）灯光，如图10–115所示。

步骤 06 单击【修改】按钮，设置【类型】为【平面】，【长度】为80mm，【宽度】为400mm，【倍增】为130，【颜色】为橘黄色，勾选【不可见】，取消勾选【影响反射】，如图10–116所示。

步骤 07 设置完成后按Shift+Q组合键将其渲染，如图10–117所示。

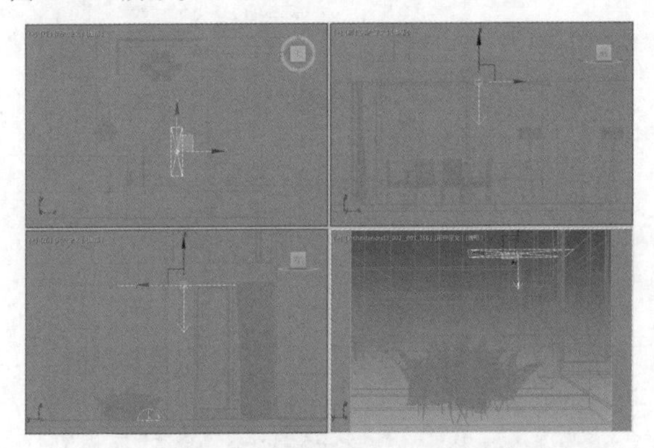

图10–115

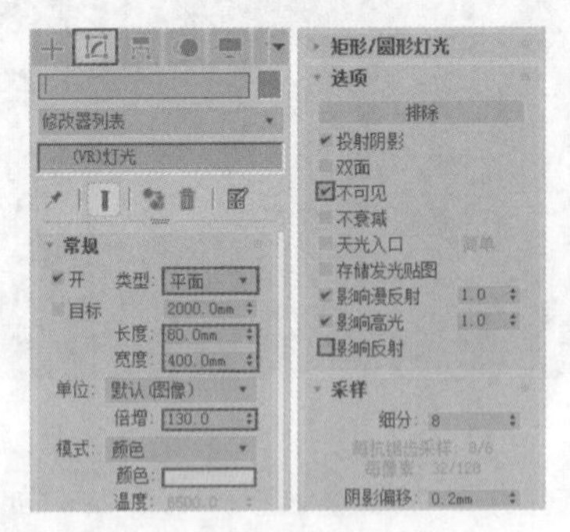


图10–116

图 10-117

步骤 08 在墙壁附近的草丛位置创建1盏（VR）光域网，从下向上倾斜照射，如图10-118所示。

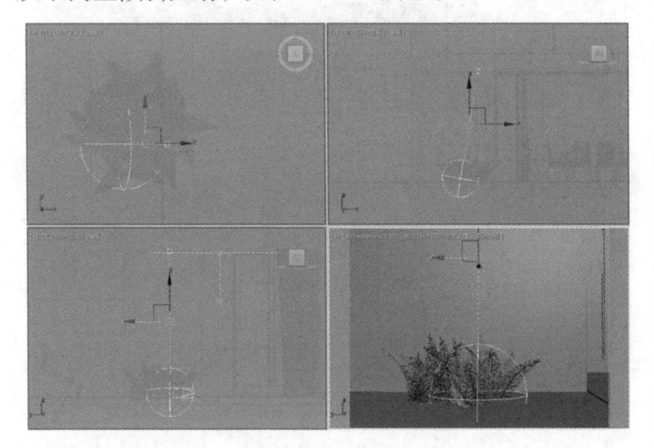

图 10-118

步骤 09 单击【修改】按钮，单击【IES文件】后方并添加【28.ies】文件，设置【图形细分】为30，【颜色】为黄色，【强度值】为200，如图10-119所示。

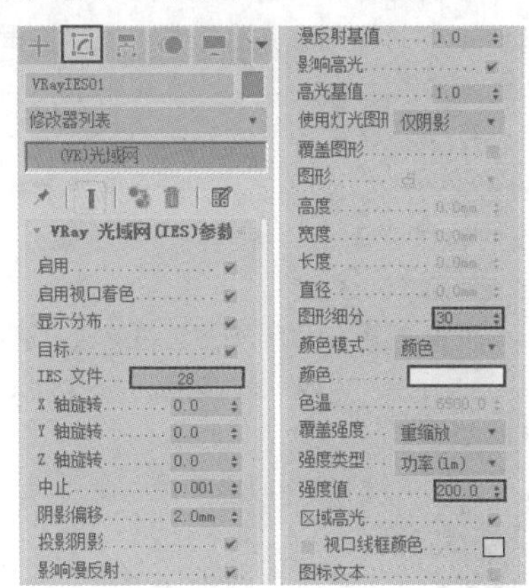


图 10-119

步骤 10 设置完成后按Shift+Q组合键将其渲染。最终渲染效果见案例最开始的展示效果。

## 选项解读：（VR）光域网重点参数速查

- 启用：控制是否开启该灯光。
- 目标：控制是否使用目标点。
- IES文件：单击可以加载IES文件。
- 使用灯光图形：勾选此选项，在IES光指定的光的形状将被考虑计算阴影。
- 颜色模式：该选项可以控制颜色的模式，包括颜色和温度。
- 颜色：色彩模式设置为颜色这个参数决定了光的颜色。
- 色温：该参数决定了光的颜色温度。

## 实例：使用（VR）太阳制作太阳

文件路径：Chapter 10 灯光→实例：使用（VR）太阳制作太阳

扫一扫，看视频

本案例使用（VR）太阳创建明亮的太阳光效果。渲染效果如图10-120所示。

图 10-120

## 操作步骤

步骤 01 打开场景文件，如图10-121所示。

图 10-121

步骤 02 在视图中创建1盏（VR）太阳，如图10–122所示。

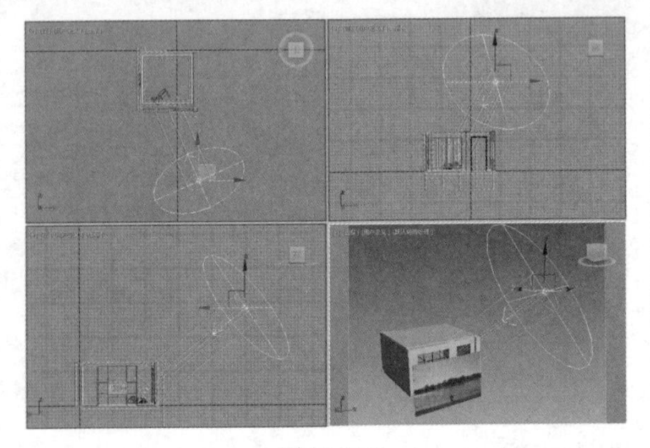

图 10–122

步骤 03 单击【修改】按钮，设置【强度倍增】为0.07，【大小倍增】为10，【阴影细分】为100，如图10–123所示。

步骤 04 设置完成后按Shift+Q组合键将其渲染，如图10–124所示。

图 10–123

图 10–124

步骤 05 在前视图中创建1盏（VR）灯光，将其放置在窗口外面，从外向内照射，如图10–125所示。

步骤 06 单击【修改】按钮，设置【长度】为2050mm，【宽度】为2376mm，【倍增】为8，【颜色】为蓝色，勾选【不可见】，取消勾选【影响反射】，设置【细分】为40，如图10–126所示。

步骤 07 设置完成后按Shift+Q组合键将其渲染。最终渲染效果见案例最开始的展示效果。

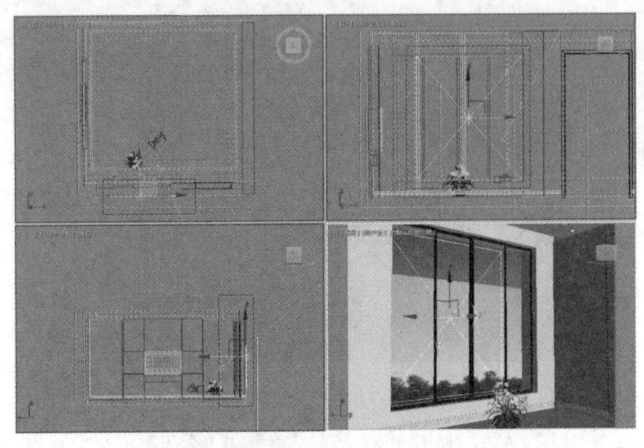

图 10–125

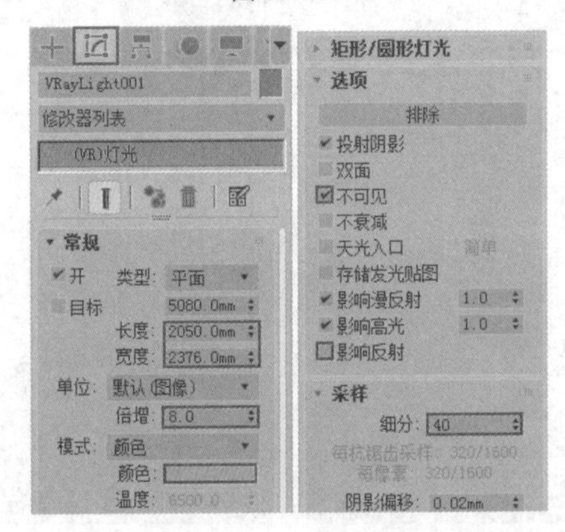


图 10–126

## 选项解读：（VR）太阳重点参数速查

- 启用：控制是否开启该灯光。
- 不可见：控制灯光本身是否可以被渲染出来。
- 影响漫反射：控制是否影响漫反射。
- 影响高光：控制是否影响高光。
- 投射大气阴影：控制是否投射大气阴影效果。
- 浊度：控制空气中的清洁度，数值越大，灯光效果越暖（正午为3左右、黄昏为10左右）。
- 臭氧：控制臭氧层的厚度，数值越大，颜色越浅。
- 强度倍增：控制灯光的强度，数值越大，灯光越亮。
- 大小倍增：控制阴影的柔和度，数值越大，产生的阴影越柔和。
- 过滤颜色：控制灯光的颜色。
- 颜色模式：设置颜色的模式类型，包括过滤、直接、覆盖。
- 阴影细分：控制阴影的细腻程度，数值越大，阴影噪点越少，渲染越慢（一般测试渲染设置为8、最终渲染设置为20）。

- 阴影偏移：控制阴影的偏移位置。
- 天空模型：设置天空的类型，包括Preetham et al.、CIE晴天、CIE阴天、Hosek et al.。

## 实例：使用（VR）太阳制作黄昏

文件路径：Chapter 10 灯光→实例：使用（VR）太阳制作黄昏

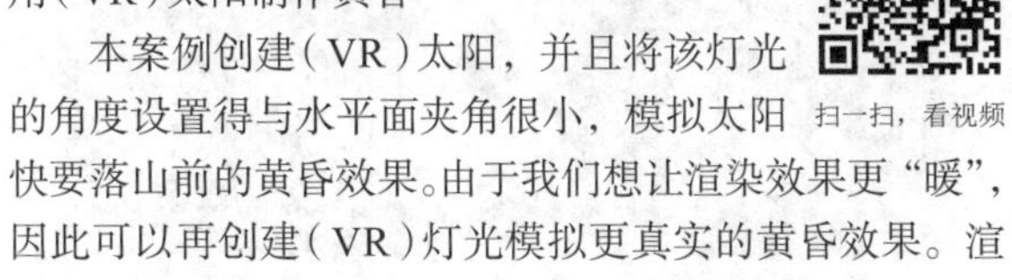

扫一扫，看视频

本案例创建（VR）太阳，并且将该灯光的角度设置得与水平面夹角很小，模拟太阳快要落山前的黄昏效果。由于我们想让渲染效果更“暖”，因此可以再创建（VR）灯光模拟更真实的黄昏效果。渲染效果如图10–127所示。

图10–127

### 操作步骤

**步骤01** 打开场景文件，如图10–128所示。

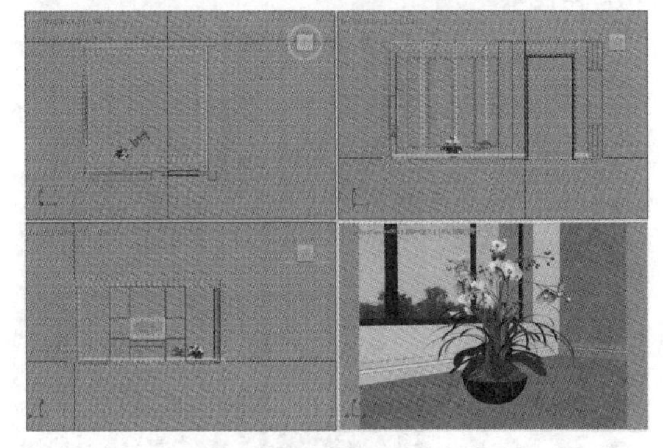

图10–128

**步骤02** 在视图中创建1盏（VR）太阳，如图10–129所示。

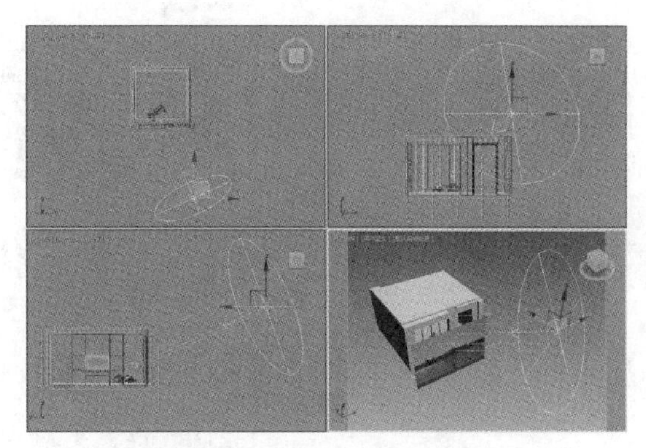

图10–129

**步骤03** 单击【修改】按钮，设置【强度倍增】为0.1，【大小倍增】为10，【阴影细分】为100，如图10–130所示。

**步骤04** 设置完成后按Shift+Q组合键将其渲染，如图10–131所示。

图10–130

图10–131

**步骤05** 在前视图中创建1盏（VR）灯光，将其放置在窗口外面，从外向内照射，如图10–132所示。

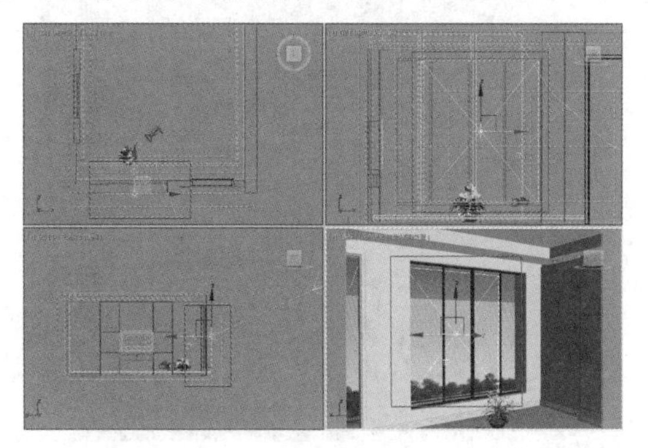

图10–132

步骤 06 单击【修改】按钮，设置【长度】为2050mm，【宽度】为2376mm，【倍增】为8，【颜色】为橙色，勾选【不可见】，取消勾选【影响反射】，设置【细分】为40，如图10-133所示。

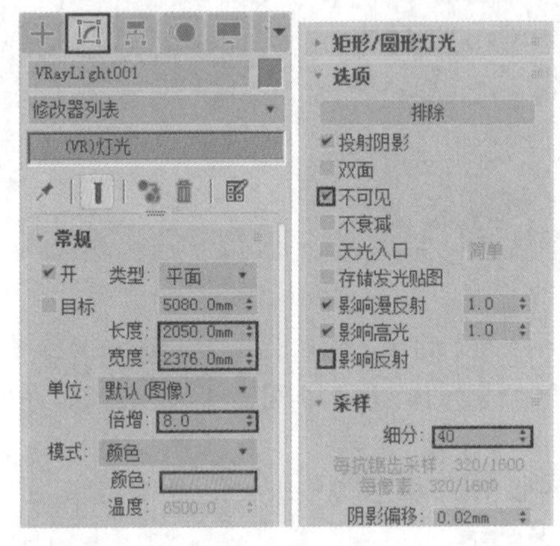


图 10-133

步骤 07 设置完成后按Shift+Q组合键将其渲染。最终渲染效果见案例最开始的展示效果。

## 实例：使用（VR）太阳和（VR）灯光制作柔和灯光

文件路径：Chapter 10 灯光→实例：使用（VR）太阳和（VR）灯光制作柔和灯光

扫一扫，看视频

本案例创建（VR）太阳模拟太阳光效果，但是渲染效果比较暗。再创建（VR）灯光模拟窗口和室内辅助光源，最后创建（VR）灯光“球体”模拟台灯。渲染效果如图10-134所示。

图 10-134

## 操作步骤

步骤 01 打开场景文件，如图10-135所示。

步骤 02 在视图中创建1盏（VR）太阳，如图10-136所示。

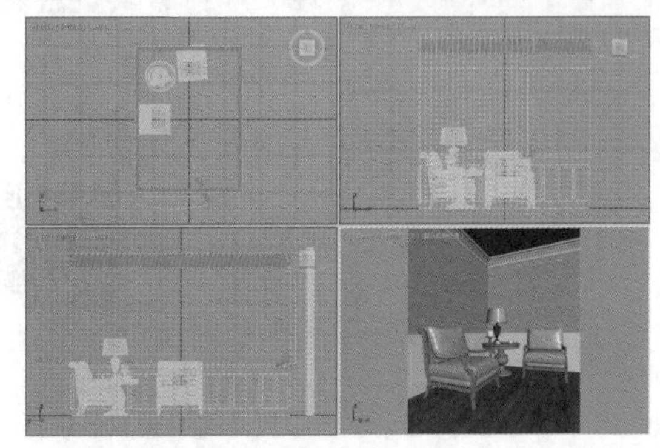

图 10-135

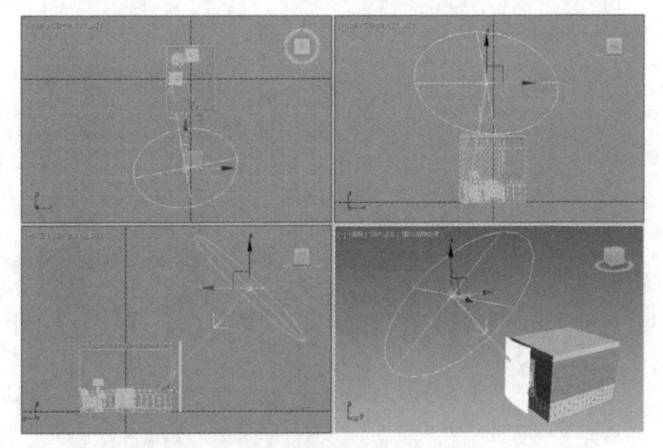

图 10-136

步骤 03 单击【修改】按钮，设置【强度倍增】为0.04，【大小倍增】为10，【阴影细分】为30，如图10-137所示。

步骤 04 设置完成后按Shift+Q组合键将其渲染，如图10-138所示。

图 10-137

图 10-138

步骤 05 在前视图中创建1盏（VR）灯光，将其放置在窗口外面，从外向内照射，如图10-139所示。

步骤 06 单击【修改】按钮，设置【长度】为1760mm，【宽度】为1440mm，【倍增】为20，【颜色】为浅蓝色，勾选【不可见】，设置【细分】为20，如图10-140所示。

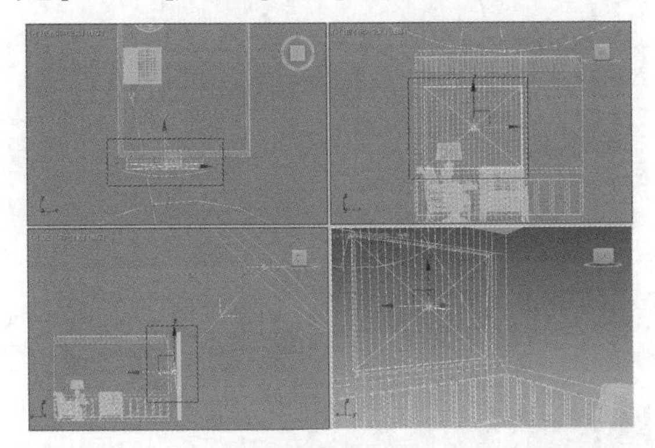

图 10-139

步骤 07 设置完成后按Shift+Q组合键将其渲染，如图10-141所示。

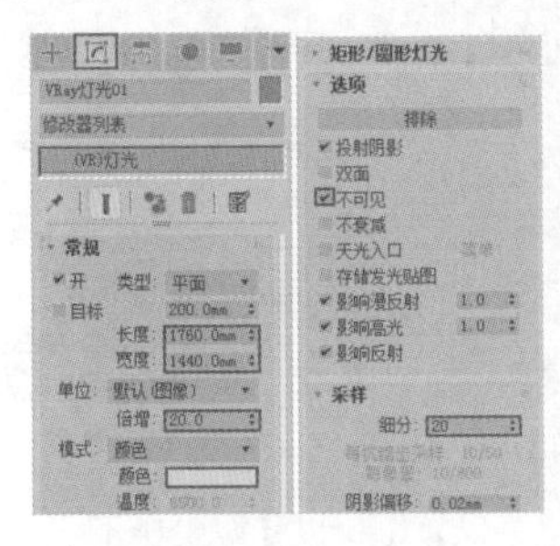

图 10-140　　图 10-141

步骤 08 在左视图中创建1盏（VR）灯光，将其照射方向为面向沙发，如图10-142所示。

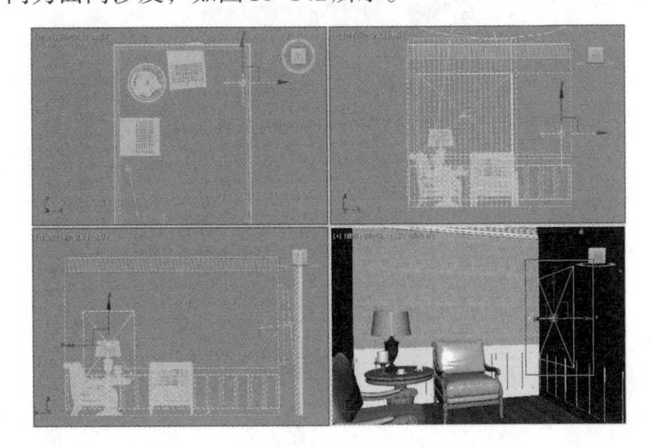

图 10-142

步骤 09 单击【修改】按钮，设置【长度】为960mm，【宽度】为1240mm，【倍增】为5，【颜色】为浅蓝色，勾选【不可见】，设置【细分】为20，如图10-143所示。

步骤 10 设置完成后按Shift+Q组合键将其渲染，如图10-144所示。

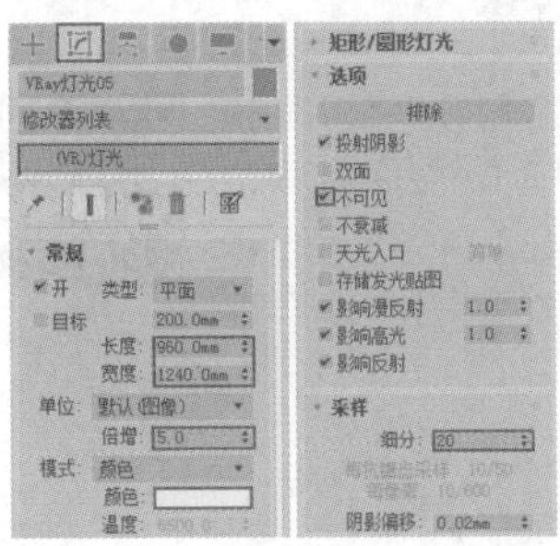

图 10-143　　图 10-144

步骤 11 在台灯灯罩内创建1盏（VR）灯光，如图10-145所示。

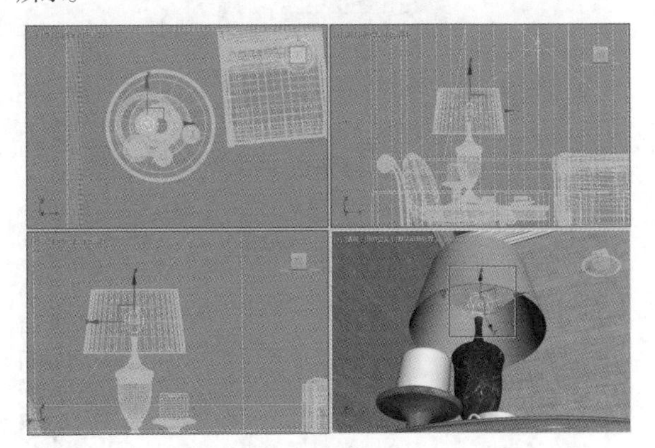

图 10-145

步骤 12 单击【修改】按钮，设置【类型】为【球体】，【半径】为50mm，【倍增】为150，【颜色】为橙色，【细分】为40，如图10-146所示。

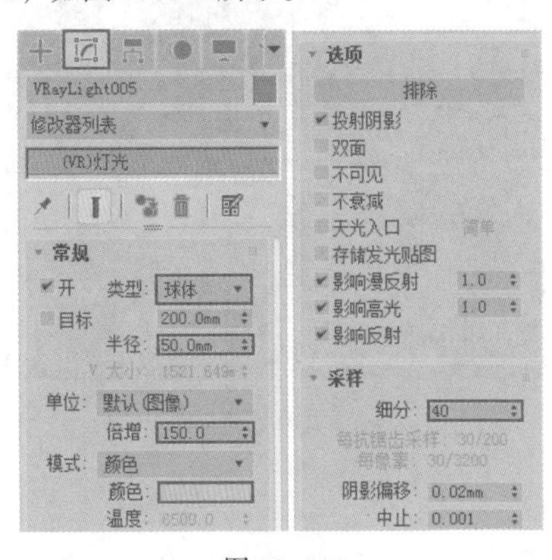


图 10-146

步骤 13 设置完成后按Shift+Q组合键将其渲染。最终渲染效果见案例最开始的展示效果。

## 10.4 光度学灯光

扫一扫，看视频

光度学灯光可以允许我们导入照明制造商提供的特定光度学文件(.ies文件)，模拟出更真实的灯光效果，比如射灯等。光度学灯光包括目标灯光、自由灯光、太阳定位器3种类型，如图10-147所示。

图 10-147

- 目标灯光：常用来模拟射灯、筒灯效果，是室内设计中最常用的灯光之一。
- 自由灯光：与目标灯光相比，只是缺少目标点。
- 太阳定位器：可以创建真实的太阳，并且可以调整日期及在地球上所在的经度、纬度。

### 实例：使用目标灯光制作射灯

文件路径：Chapter 10 灯光→实例：使用目标灯光制作射灯

扫一扫，看视频

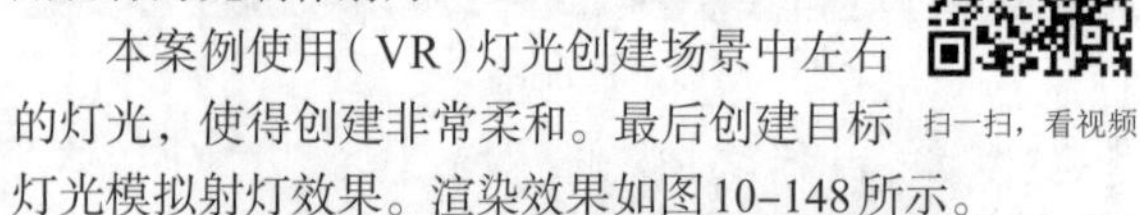

本案例使用（VR）灯光创建场景中左右的灯光，使得创建非常柔和。最后创建目标灯光模拟射灯效果。渲染效果如图10-148所示。

图 10-148

### 操作步骤

步骤 01 打开场景文件，如图10-149所示。

图 10-149

步骤 02 在左视图中创建1盏（VR）灯光，如图10-150所示。

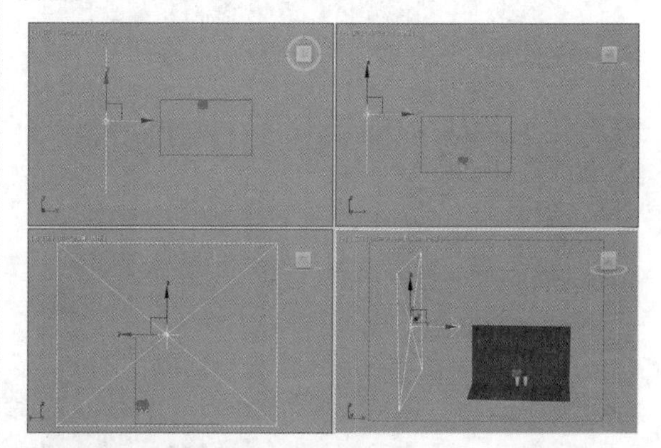

图 10-150

步骤 03 单击【修改】按钮，设置【长度】为650cm，【宽度】为800cm，【倍增】为15，【颜色】为浅蓝色，勾选【不可见】，如图10-151所示。

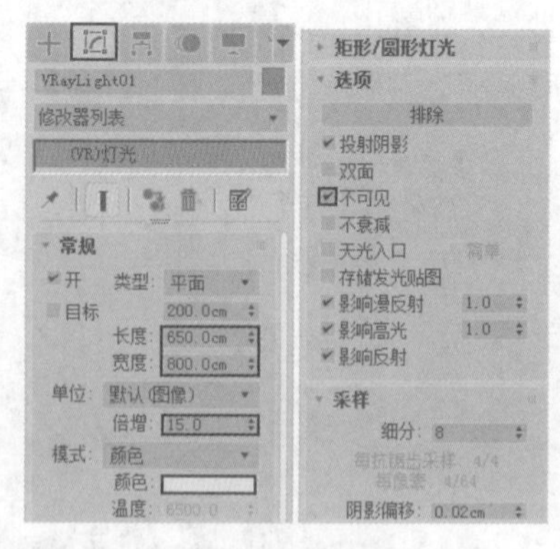


图 10-151

步骤 04 继续在左视图中创建1盏（VR）灯光，方向与刚才的灯光相对照射，如图10-152所示。

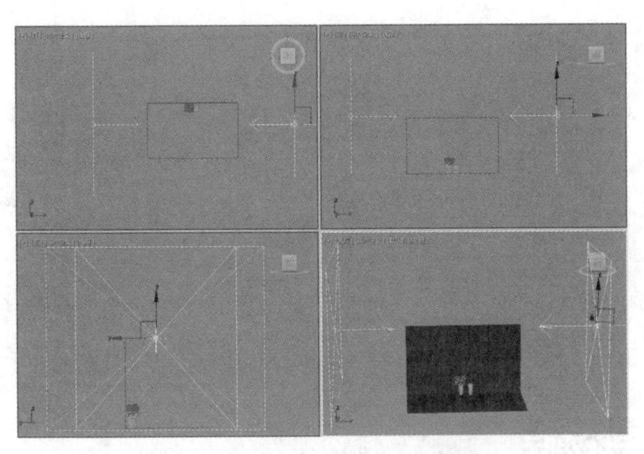

图 10-152

步骤 05 单击【修改】按钮，设置【长度】为650cm，【宽度】为800cm，【倍增】为20，【颜色】为浅黄色，勾选【不可见】，如图10-153所示。

步骤 06 设置完成后按Shift+Q组合键将其渲染，如图10-154所示。

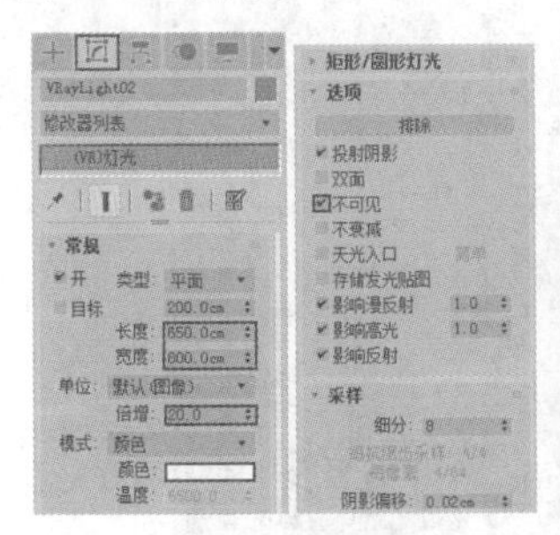

图 10-153

图 10-154

步骤 07 在前视图中创建2盏目标灯光，方向为从上向下照射，如图10-155所示。

图 10-155

步骤 08 单击【修改】按钮，勾选【阴影】下的【启用】，设置方式为【VRay阴影】，【灯光分布(类型)】为【光度学Web】。在【分布(光度学Web)】卷展栏下添加【小射灯.ies】光域网文件，设置【过滤颜色】为浅黄色，【强度】为30000，勾选【区域阴影】，设置【U/V/W大小】为10cm，【细分】为20，如图10-156所示。

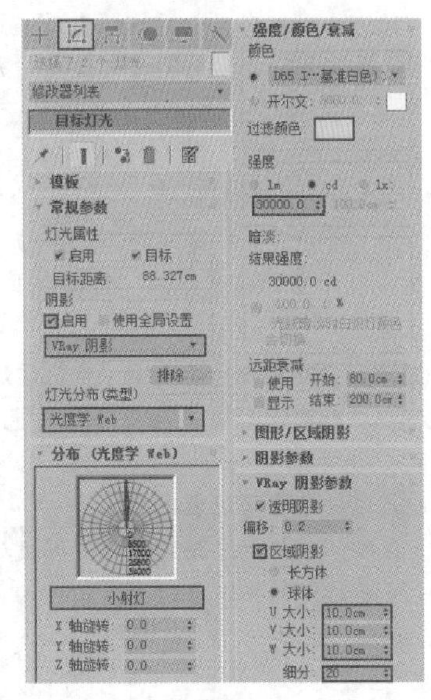

图 10-156

步骤 09 设置完成后按Shift+Q组合键将其渲染。最终渲染效果见案例最开始的展示效果。

### 选项解读：目标灯光重点参数速查

(1) 常规参数

① 灯光属性

- 启用：控制是否开启灯光。
- 目标：启用该选项后，目标灯光才有目标点。如果禁用该选项，目标灯光将变成自由灯光。
- 目标距离：用来显示目标的距离。

② 阴影

- 启用：控制是否开启灯光的阴影效果。
- 使用全局设置：如果启用该选项后，该灯光投射的阴影将影响整个场景的阴影效果；如果关闭该选项，则必须选择渲染器使用哪种方式来生成特定的灯光阴影。
- 阴影类型：设置渲染器渲染场景时使用的阴影类型，包括【高级光线跟踪】【区域阴影】【阴影贴图】【光线跟踪阴影】、VRayShadow和VRay阴影贴图。
- 【排除】按钮：将选定的对象排除于灯光效果之外。

③ 灯光分布（类型）

灯光分布（类型）：设置灯光的分布类型，包含【光度学Web】【聚光灯】【统一漫反射】和【统一球形】。

（2）强度/颜色/衰减

- 灯光：挑选公用灯光，以近似灯光的光谱特征。
- 开尔文：通过调整色温微调器来设置灯光的颜色。
- 过滤颜色：使用颜色过滤器来模拟置于光源上的过滤色效果。
- 强度：控制灯光的强弱程度。
- 结果强度：用于显示暗淡所产生的强度。
- 暗淡百分比：启用该选项后，该值会指定用于降低灯光强度的【倍增】。
- 光线暗淡时白炽灯颜色会切换：启用该选项之后，灯光可以在暗淡时通过产生更多的黄色来模拟白炽灯。
- 使用：启用灯光的远距衰减。
- 显示：在视口中显示远距衰减的范围设置。
- 开始：设置灯光开始淡出的距离。
- 结束：设置灯光减为0时的距离。

（3）图形/区域阴影

- 从（图形）发射光线：选择阴影生成的图形类型，包括【点光源】【线】【矩形】【圆形】【球体】和【圆柱体】6种类型。
- 灯光图形在渲染中可见：启用该选项后，如果灯光对象位于视野之内，那么灯光图形在渲染中会显示为自供照明（发光）的图形。

（4）阴影贴图参数

- 偏移：将阴影移向或移离投射阴影的对象。
- 大小：设置用于计算灯光的阴影贴图的大小。
- 采样范围：决定阴影内平均有多少个区域。
- 绝对贴图偏移：启用该选项后，阴影贴图的偏移是不标准化的，但是该偏移在固定比例的基础上会以3ds Max为单位来表示。
- 双面阴影：启用该选项后，计算阴影时物体的背面也将产生阴影。

（5）VRay阴影参数

- 透明阴影：控制透明物体的阴影，必须使用VRay材质并选择材质中的【影响阴影】才能产生效果。
- 偏移：控制阴影与物体的偏移距离，一般可保持默认值。
- 区域阴影：控制物体阴影效果，使用时会降低渲染速度，有长方体和球体两种模式。
- 盒/球体：用来控制阴影的方式，一般默认设置为球体即可。
- U/V/W大小：值越大，阴影越模糊，并且还会产生杂点，降低渲染速度。
- 细分：该数值越大，阴影越细腻，噪点越少，渲染速度越慢。

## 实例：使用目标灯光制作夜晚卧室

扫一扫，看视频

文件路径：Chapter 10 灯光→实例：使用目标灯光制作夜晚卧室

本案例创建（VR）灯光模拟场景室外灯光，创建目标灯光模拟射灯，创建（VR）灯光让场景更亮，创建（VR）灯光"球体"模拟吊灯，创建（VR）灯光模拟台灯和落地灯灯光。渲染效果如图10-157所示。

图 10-157

## 操作步骤

### Part 01 窗口处灯光

步骤 01 打开场景文件，如图10-158所示。

图 10-158

步骤 02 在前视图中创建1盏(VR)灯光，放置在窗外，从外向内照射，如图10-159所示。

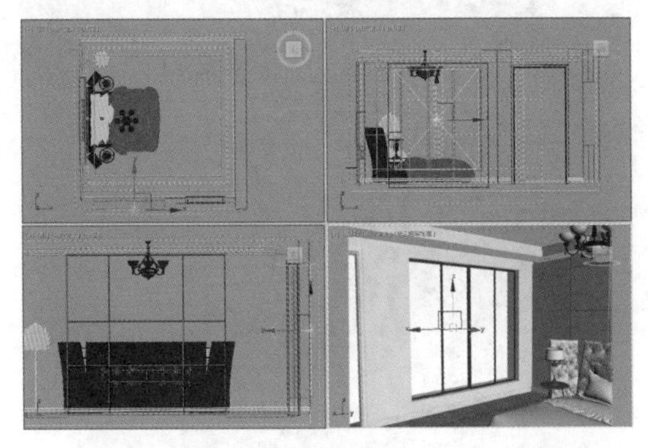

图 10-159

步骤 03 单击【修改】按钮，设置【长度】为2050mm，【宽度】为2376mm，【倍增】为5，【颜色】为深蓝色，勾选【不可见】，取消勾选【影响反射】，【细分】为40，如图10-160所示。

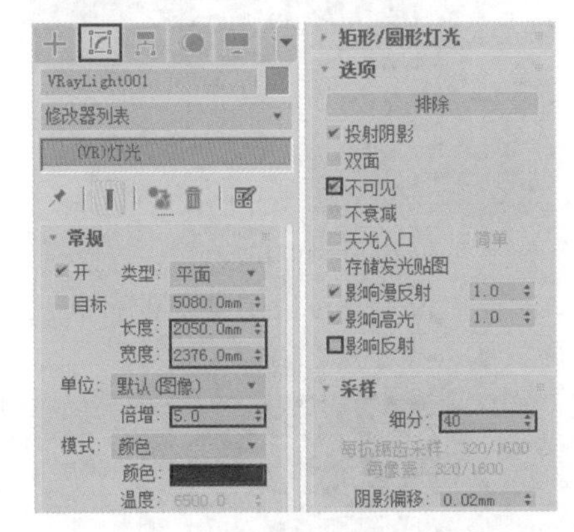


图 10-160

步骤 04 设置完成后按Shift+Q组合键将其渲染，如图10-161所示。

图 10-161

## 提示：概率灯光

在场景中灯光数量较多时，建议执行【渲染设置】| V-Ray |【全局开关】命令，并设置其方式为【全光求值】，如图10-162所示。若不设置其方式为【全光求值】，则会由于灯光数量过多，默认只渲染其中8个灯光，因此会造成最终渲染效果与我们的预期严重不符。

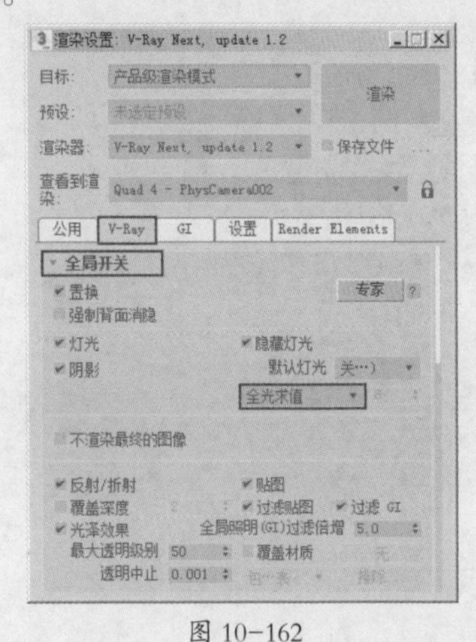


图 10-162

## Part 02 射灯

步骤 01 在视图中拖动创建6盏目标灯光，放置于场景四周，从上向下照射，如图10-163所示。

步骤 02 单击【修改】按钮，勾选【阴影】下的【启用】，设置方式为【VRay阴影】，【灯光分布(类型)】为【光度学Web】。在【分布(光度学Web)】卷展栏下添加【中间亮.ies】光域网文件，设置【过滤颜色】为浅黄色，【强度】为34000，勾选【区域阴影】，设置【U/V/W大小】为254mm，【细分】为20，如图10-164所示。

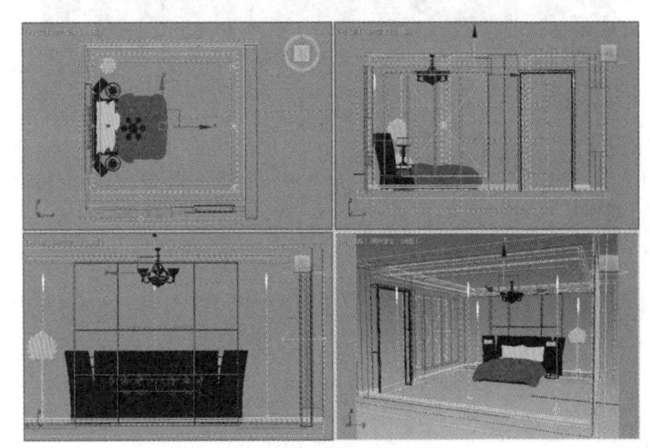

图 10-163

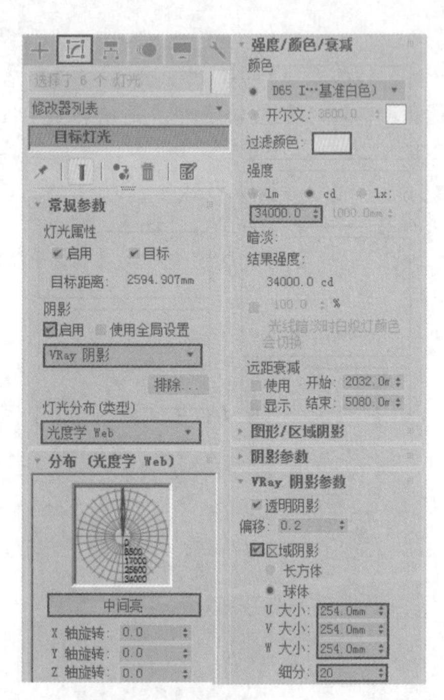


图 10-164

步骤 03 设置完成后按Shift+Q组合键将其渲染，如图10-165所示。

图 10-165

## Part 03 室内辅助光源

步骤 01 在左视图中创建1盏（VR）灯光，照向场景内部，如图10-166所示。

步骤 02 单击【修改】按钮，设置【长度】为2050mm，【宽度】为2376mm，【倍增】为3，【颜色】为浅黄色，勾选【不可见】，取消勾选【影响反射】，【细分】为40，如图10-167所示。

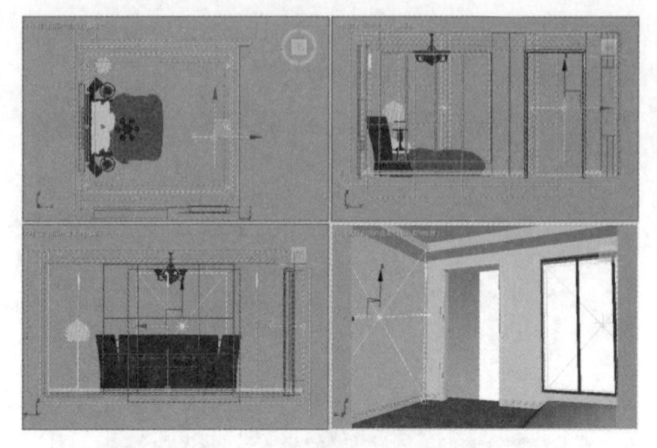

图 10-166

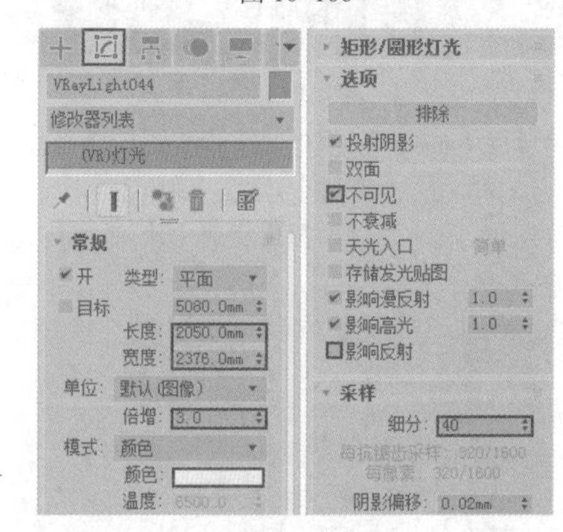


图 10-167

步骤 03 设置完成后按Shift+Q组合键将其渲染，如图10-168所示。

图 10-168

## Part 04 吊灯

步骤 01 在顶视图中创建6盏（VR）灯光，放置于每一个吊灯的灯罩内，如图10-169所示。

步骤 02 单击【修改】按钮，设置【类型】为【球体】，

【半径】为20mm,【倍增】为100,【颜色】为橙色，勾选【不可见】，取消勾选【影响反射】，设置【细分】为25，如图10–170所示。

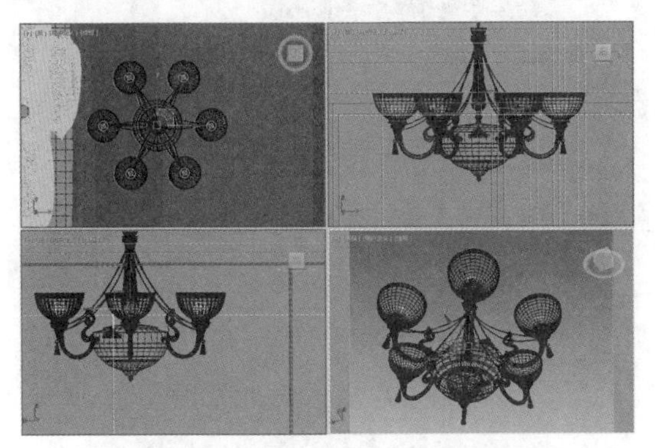

图 10–169

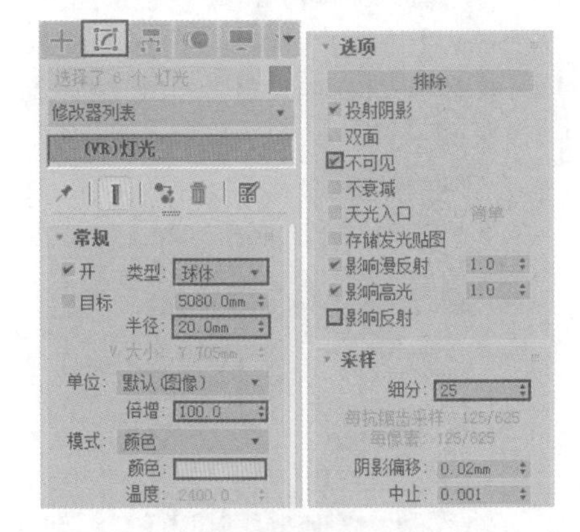


图 10–170

步骤 03 在吊灯下方创建1盏目标聚光灯，如图10–171所示。

图 10–171

步骤 04 单击【修改】按钮，取消勾选【阴影】下的【启用】，设置方式为【VRay阴影】，设置【倍增】为2,【颜色】为橙色，设置【聚光区/光束】为30,【衰减区/区域】为80，勾选【区域阴影】，设置【U/V/W大小】为254mm,【细分】为30，如图10–172所示。

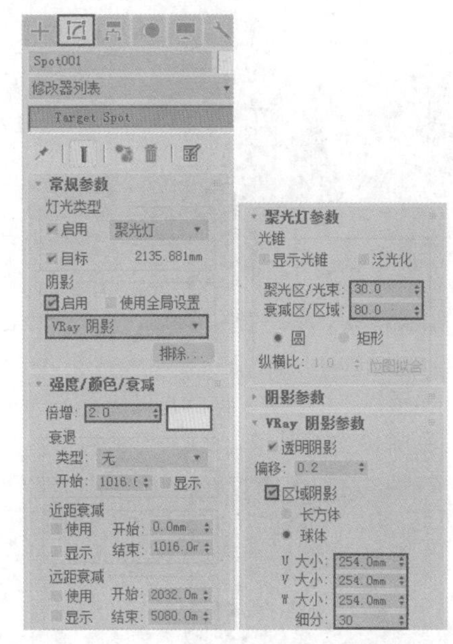


图 10–172

步骤 05 设置完成后按Shift+Q组合键将其渲染，如图10–173所示。

图 10–173

## Part 05 台灯和落地灯

步骤 01 在顶视图中创建2盏(VR)灯光，放置于台灯的灯罩内，如图10–174所示。

步骤 02 单击【修改】按钮，设置【类型】为【球体】,【半径】为30mm,【倍增】为100,【颜色】为橙色，勾选【不可见】，取消勾选【影响反射】，设置【细分】为25，如图10–175所示。

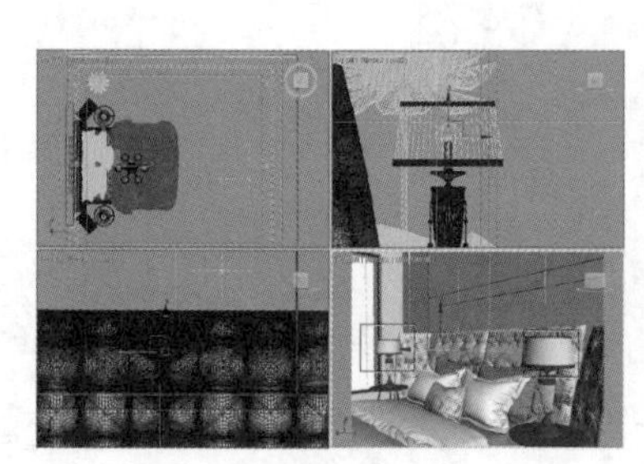

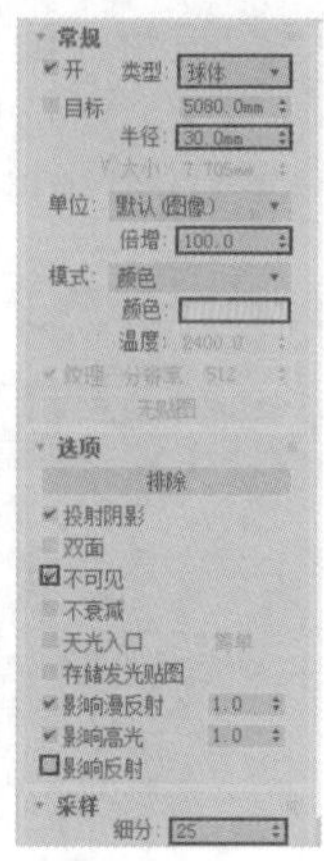


图 10–174　　图 10–175

步骤 03 在顶视图中创建1盏（VR）灯光，放置于落地灯内部，如图10–176所示。

图 10–176

步骤 04 单击【修改】按钮，设置【类型】为【球体】，【半径】为30mm，【倍增】为100，【颜色】为橙色，勾选【不可见】，取消勾选【影响反射】，设置【细分】为25，如图10–177所示。

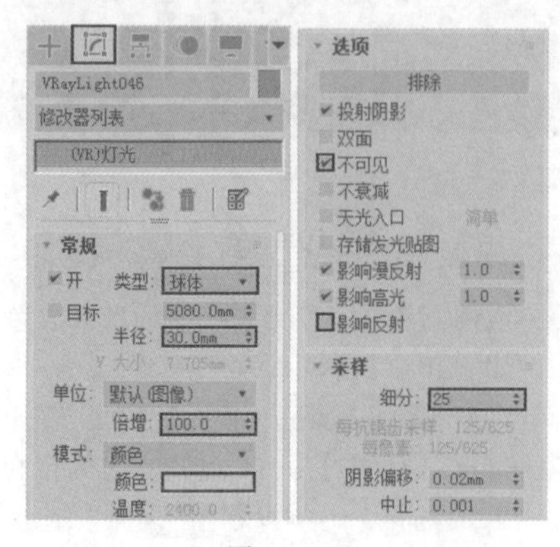


图 10–177

步骤 05 在顶视图中创建1盏（VR）灯光，放置于落地灯内部刚刚创建的灯光的上方位置，如图10–178所示。

图 10–178

步骤 06 单击【修改】按钮，设置【类型】为【球体】，【半径】为15mm，【倍增】为100，【颜色】为橙色，勾选【不可见】，取消勾选【影响反射】，设置【细分】为25，如图10–179所示。

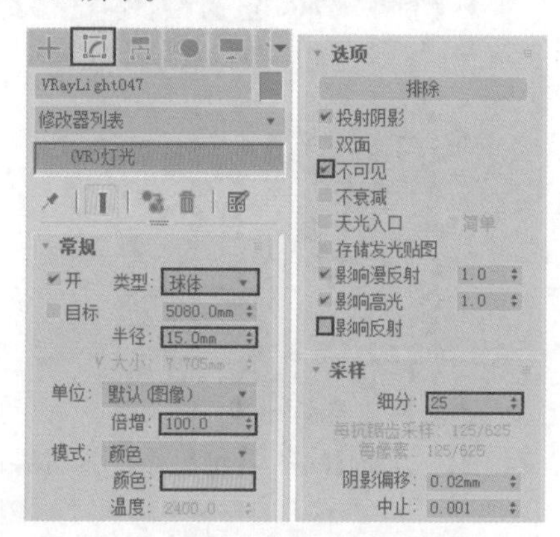


图 10–179

步骤 07 设置完成后按Shift+Q组合键将其渲染。最终渲染效果见案例最开始的展示效果。

# 质感“神器”——材质

## 本章内容简介：

本章将学习3ds Max的材质和贴图应用技巧。材质和贴图在一幅作品的制作中有着很重要的地位，质感如何变得更加真实，贴图如何设置得更加巧妙，都能在本章找到答案。在本章中，首先了解材质编辑器的参数，然后重点讲解VRayMtl材质，接着是其他内容的介绍。

## 重点知识掌握：

- 材质与贴图的概念。
- 材质与贴图的区别。
- 材质的常用技巧。
- 最常用的材质类型VRay材质的应用技巧。

## 通过本章学习，我能做什么？

本章的章节安排、案例选择都是递进式的，先让你了解原理和方法，然后根据原理和方法教你做案例，接着举一反三，加深印象和理解。通过对本章的学习，希望大家能够养成更好的举一反三的思维，这胜过做百个案例，即使书里没讲到的案例，也可以通过自己的发散思维创作出来。

# 11.1 了解材质

材质，就是一个物体看起来是什么样的质地。比如，杯子看起来是玻璃的还是金属的，这就是材质。漫反射、粗糙度、反射、折射、折射率、半透明、自发光等都是材质的基本属性。应用材质可以使模型看起来更具质感。制作材质时，可以依据现实中物体的真实属性去设置。如图11–1所示为玻璃茶壶的材质属性。

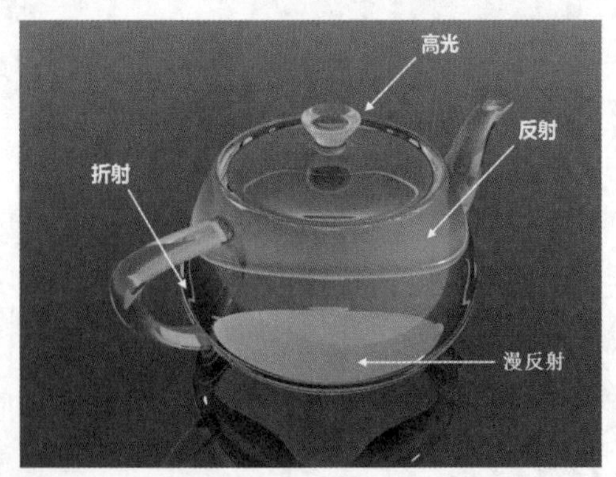


图 11–1

# 11.2 材质编辑器

在3ds Max中要想设置材质及贴图，都需要借助一个工具来完成，这个工具就是材质编辑器。在3ds Max的主工具栏中单击（材质编辑器）按钮（快捷键为M），即可打开材质编辑器，如图11–2所示。

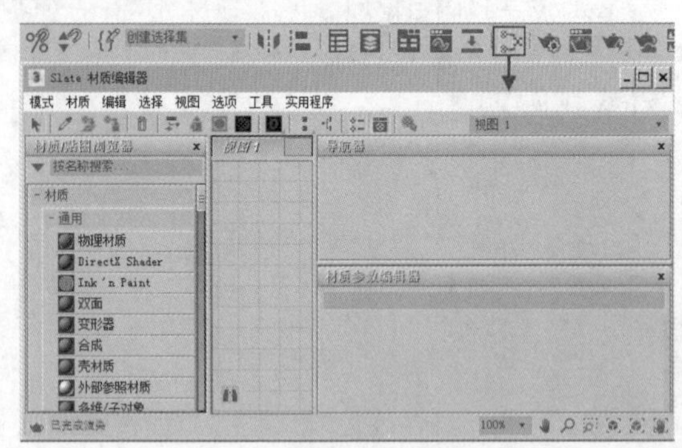


图 11–2

第一次打开材质编辑器时，可以看到编辑器叫【Slate材质编辑器】。也许有些读者不习惯这种方式，那么还可以切换为另外一种，只需要执行【模式】|【精简材质编辑器】命令即可，如图11–3所示。切换之后的精简材质编辑器如图11–4所示。

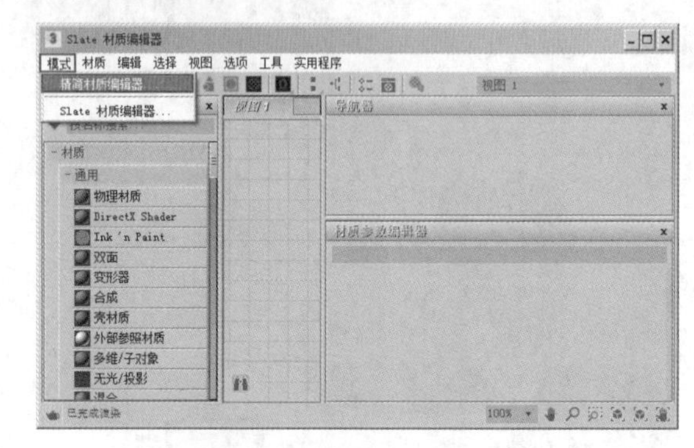


图 11–3

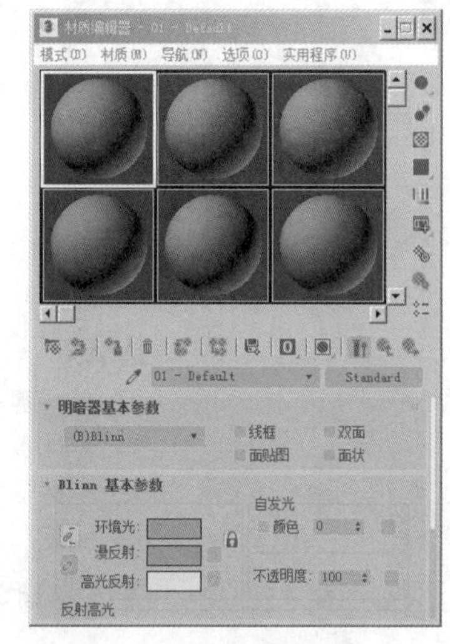


图 11–4

# 11.3 VRayMtl材质

为什么要将VRayMtl材质放到第一位来讲呢？那是因为VRayMtl材质是最重要的。根据多年创作经验，该材质可以模拟大概80%的质感，因此我们想快速学习材质，那么只学会该材质，其实也能制作出很绚丽、超真实的材质质感。除此之外，其他材质并不是不重要，只是使用的频率没那么高，可以在学习完VRayMtl材质之后再进行学习。

## 11.3.1 VRayMtl材质适合制作什么质感

VRayMtl材质可以制作很多逼真的材质质感，尤其是在室内设计中应用最为广泛。该材质最擅长表现的便是具有反射、折射等属性的材质。想象一下具有反射和折射的物体是不是很多呢？可见该材质的重要性。如图11-5和图11-6所示为未设置材质和设置了VRayMtl材质的渲染效果对比。

图 11-5

图 11-6

## 11.3.2 使用VRayMtl材质之前，一定先设置渲染器

由于要应用的VRayMtl材质是V-Ray插件旗下的工具，因此不安装或不设置VRay渲染器都无法应用VRayMtl材质。在确定已经安装好了V-Ray插件的情况下，单击主工具栏中的 (渲染设置) 按钮，然后在弹出的【渲染设置】面板中设置【渲染器】为V-Ray Next, update 1.2，如图11-7所示。此时渲染器已经被设置为V-Ray了，如图11-8所示。注意：本书使用的V-Ray版本为V-Ray Next, update 1.2版本，该版本又称之为V-Ray Next 4.10.03。

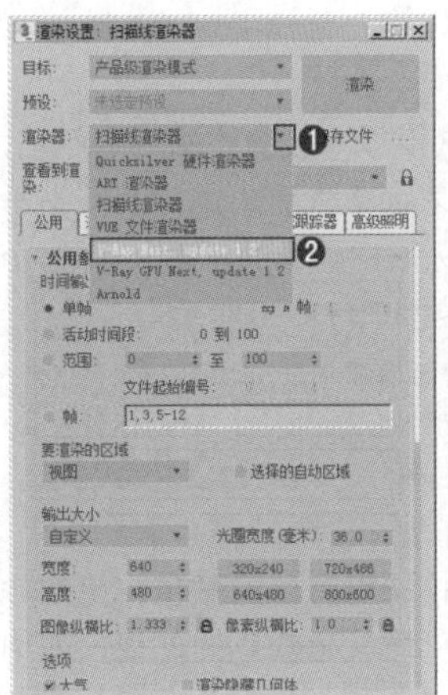

图 11-7

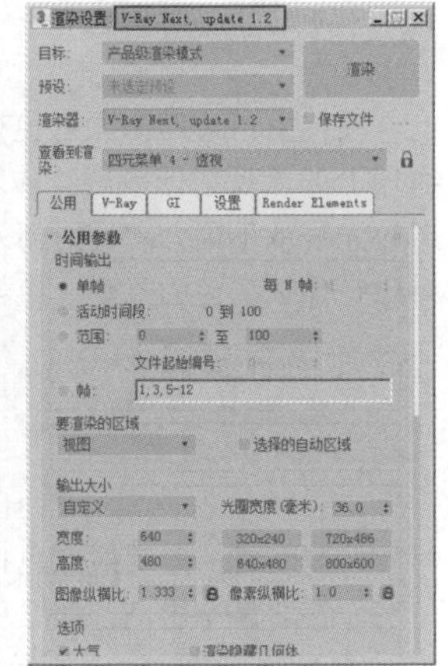

图 11-8

## 11.3.3 VRayMtl材质三大属性——漫反射、反射、折射

我们把现实中身边能想到的物体材质都想象一遍、归纳一下，不难发现材质的属性太多，但可大致分为三大类，分别是漫反射、反射、折射。设置材质的过程其实就是分析材质真实属性的过程。

打开VRayMtl材质，看一下具体参数，如图11-9所示。

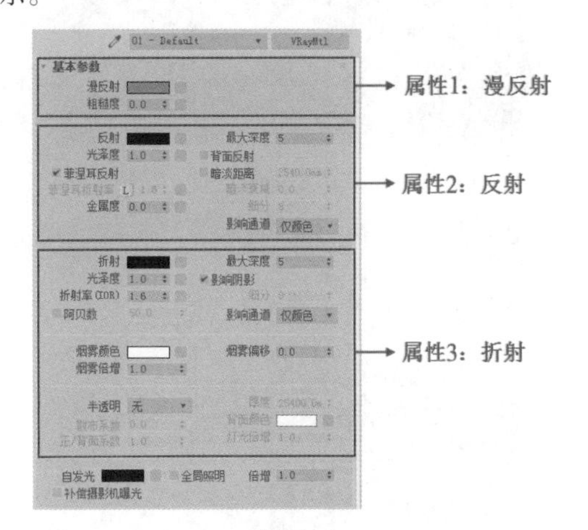


图 11-9

VRayMtl材质中主要包括漫反射、反射、折射三大属性，那么我们在设置任何一种材质的参数时，就可以先认真想一想该材质的漫反射是什么颜色？或是什么贴图效果？有没有反射？反射强度大不大？有没有折射透明感？按照这个思路去设置材质，就很轻松地掌握VRayMtl材质的设置方法了。

## 11.3.4 漫反射

漫反射可理解为固有色（模拟一般物体的真实颜色，物理上的漫反射即一般物体表面放大后，因为凸凹不平造成光线从不同方向反射到人眼中形成的反射），即这个材质是什么颜色的外观。参数如图 11–10 所示。

漫反射
粗糙度 0.0

图 11–10

- 漫反射：漫反射颜色控制固有色的颜色，比如颜色设置为蓝色，那么材质就是蓝色的外观。如图 11–11 和图 11–12 所示为设置漫反射为蓝色和绿色的对比效果。
- 粗糙度：该参数越大，粗糙效果越明显。

普通质感材质主要是无反射、无折射的材质，材质设置很简单，可以使用漫反射制作乳胶漆、白纸等材质。

图 11–11

图 11–12

**提示：**

通常VRayMtl材质需要取消勾选【菲涅耳反射】选项。

## 11.3.5 反射

通过设置反射属性，可以制作反光类材质。根据反射的强弱（即反射颜色的浅深，反射越浅反射强度越大）产生不同的质感。例如，镜子反射最强、金属反射比较强、大理石反射一般、塑料反射较弱、壁纸几乎无反射。

在反射选项卡中可以设置材质的反射、光泽度等属性，使材质产生反射属性。参数如图 11–13 所示。

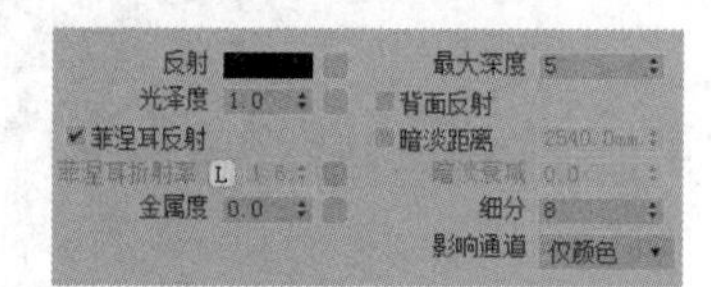


图 11–13

为了让大家加深印象，我们选取了几种常见的物体分析其材质属性。镜子、不锈钢金属、玻璃、塑料、纸张，我们按照其反射强度排列一下，应该是镜子>不锈钢金属>玻璃>塑料>纸张，需要注意的是玻璃的反射强度其实并不是非常大，可以想象一下你看玻璃能很清晰地看到自己吗？所以就按照这种思路先做到心中有数，然后就可以开始设置反射颜色啦！

- 反射：反射的颜色代表了反射的强度，默认为黑色，是没有反射的。颜色越浅，反射越强。如图 11–14~图 11–17 所示为取消【菲涅耳发射】，并分别设置反射颜色为黑色、深灰色、浅灰色、白色的对比效果。

图 11–14

图 11–15

图 11-16

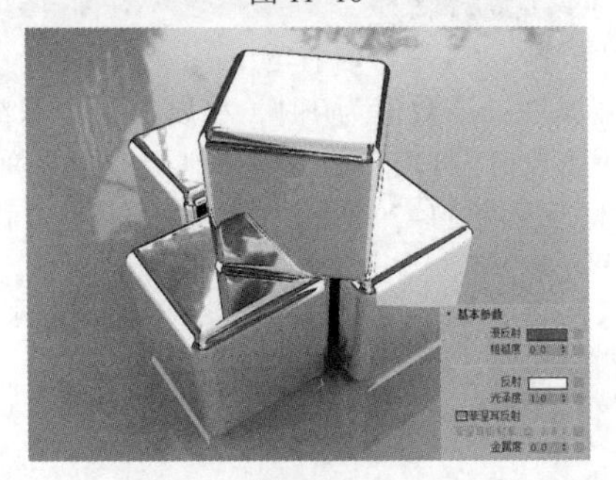

图 11-17

- 光泽度：该数值控制反射区域的模糊度。如图11-18~图11-20所示为设置【光泽度】为1、0.7、0.4的对比效果。通常通过修改该数值来制作金属的磨砂质感，数值越小，磨砂效果越强。

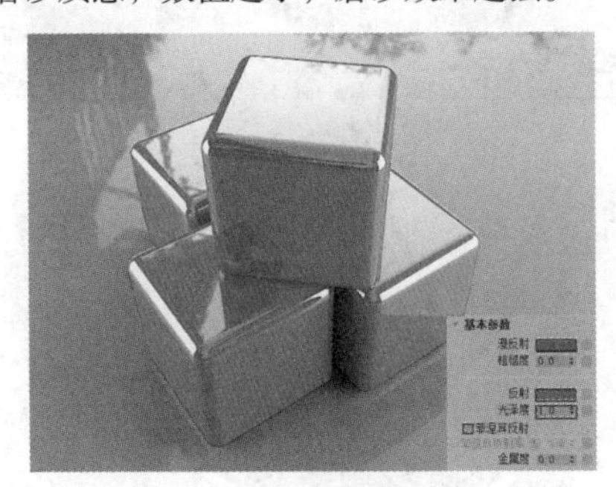

图 11-18

图 11-19

图 11-20

- 细分：控制反射的细致程度，数值越大，噪点越少，渲染越慢。一般测试渲染设置为8，最终渲染设置为30。如图11-21和图11-22所示为设置【细分】为8和30的对比效果。

图 11-21

图 11-22

## 提示：当无法修改灯光和材质的细分数值时，该怎么办

在设置灯光和材质时，如果发现【细分】选项不能进行设置，可以单击【渲染设置】按钮打开【渲染设置】窗口，在V-Ray|【全局确定性蒙特卡洛】卷展栏下勾选【使用局部细分】选项，如图11-23所示。此时便可以返回对细分数值进行设置。

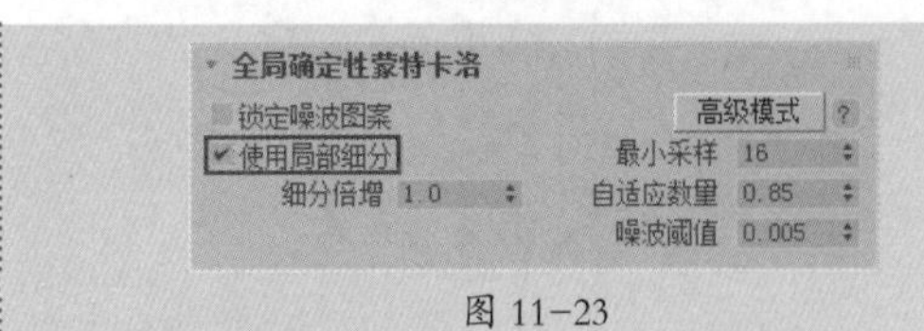


图 11–23

- 菲涅耳反射：当勾选了这个选项后反射的强度会减弱很多，并且材质会变得更光滑。如图11–24和图11–25所示为勾选和取消勾选【菲涅耳反射】的对比效果。

图 11–24

图 11–25

- 菲涅耳折射率：该选项可控制菲涅耳现象的强弱衰减程度。如图11–26和图11–27所示为取消【菲涅耳折射率】和激活【菲涅耳折射率】并设置数值为3的对比效果。

图 11–26

图 11–27

- 金属度：该数值为0时，材质效果更像绝缘体；而该数值为1时，材质效果则更像是金属。如图11–28和图11–29所示为设置金属度为0和1的对比效果。

图 11–28

图 11–29

- 最大深度：控制反射的次数，数值越大，反射的内容越丰富。
- 暗淡距离：设置反射从强到消失的距离。如图11–30和图11–31所示为取消勾选【暗淡距离】和勾选【暗淡距离】并设置数值为20的对比效果。

图 11-30

图 11-31

### 11.3.6 折射

透明类材质根据折射的强弱（即折射颜色的浅深）从而产生不同的质感。例如水和玻璃的折射超强、塑料瓶的折射比较强、灯罩的折射一般、树叶的折射比较弱、地面无折射。

透明类材质需要特别注意一点，反射颜色要比折射颜色深，也就是说通常需要设置反射为深灰色，折射为白色或浅灰色，这样渲染才会出现玻璃质感。假如反射设置为白色或浅灰色，无论折射颜色是否设置为白色，渲染都会呈现类似镜子的效果。

折射的选项卡中可以设置折射、光泽度等属性，也可以在这里设置材质的透明效果。参数如图 11-32 所示。

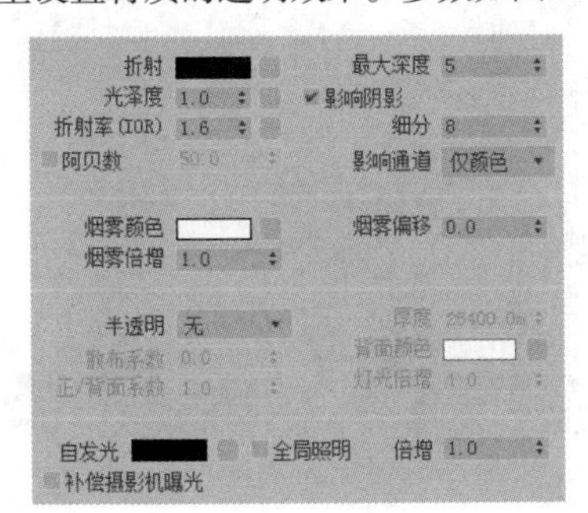


图 11-32

- 折射：该颜色控制折射透光的程度，颜色越深越不透光，颜色越浅越透光。如图 11-33~图 11-35 所示为设置折射颜色为黑色、灰色、白色的对比效果。

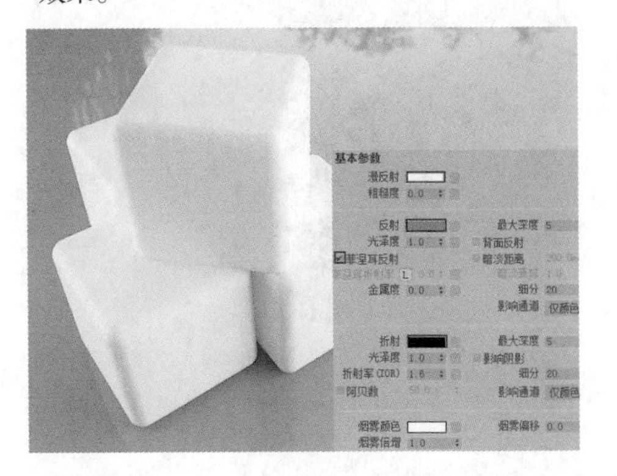

图 11-33

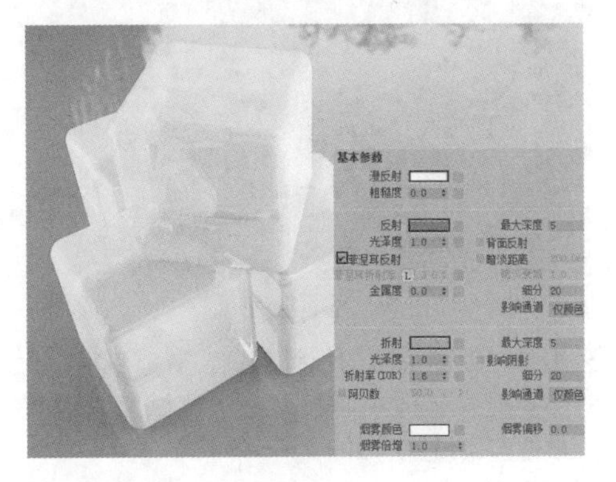

图 11-34

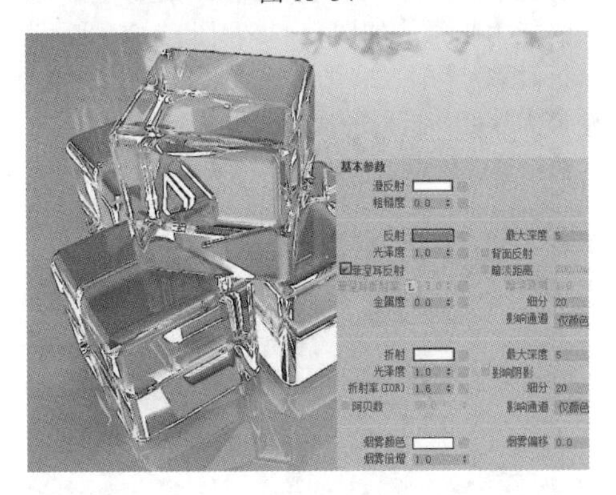

图 11-35

- 光泽度：该数值控制折射的模糊程度，与反射模糊的作用类似。如图 11-36 和图 11-37 所示为分别设置【光泽度】为 1 和 0.7 的对比效果，也就是普通玻璃和磨砂玻璃的对比效果。

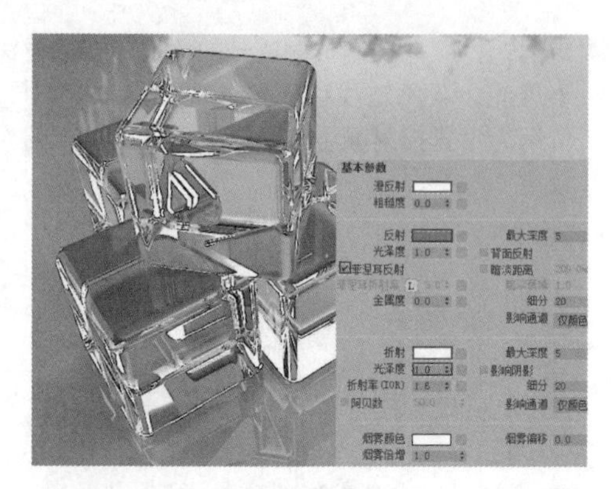


图 11-36

图 11-37

- 细分：控制折射的细致程度，数值越大，折射的噪点越少，渲染越慢。一般测试渲染设置为8，最终渲染设置为20。
- 折射率：材料的折射率越高，射入光线产生折射的能力越强。如图11-38和图11-39所示为设置折射率为1.6和2.4的对比效果。
- 最大深度：折射的次数，数值越大越真实，但是渲染速度越慢。

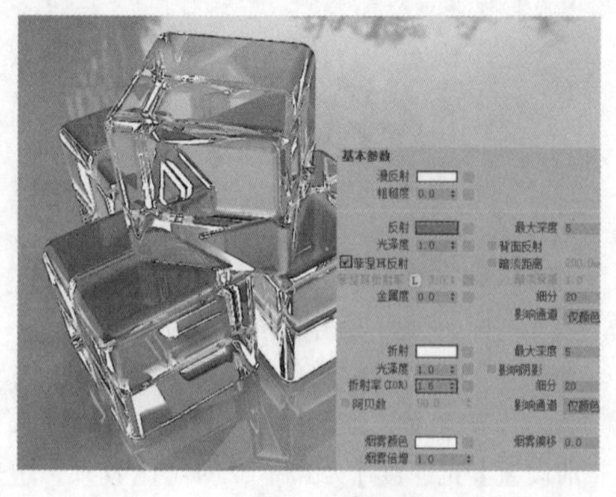


图 11-38

图 11-39

- 退出颜色：当物体的折射次数达到最大次数时会停止计算折射，这是由于折射次数不够造成折射区域的颜色就会用退出颜色来代替。
- 烟雾颜色：设置该颜色可在渲染时产生带有颜色的透明效果，例如制作红酒、有色玻璃、有色液体等。如图11-40和图11-41所示为分别设置【烟雾颜色】为白色和浅黄色的对比效果。需要注意的是，该颜色通常设置得浅一些，若设置颜色很深，渲染则可能会比较黑。

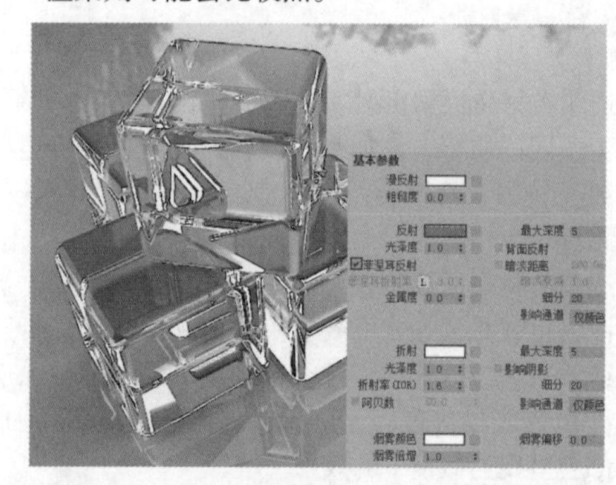


图 11-40

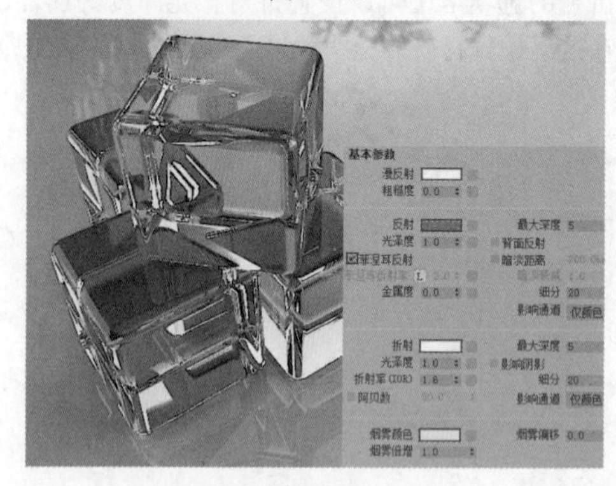


图 11-41

- 烟雾倍增：该数值控制烟雾颜色的浓度，数值越小，颜色越浅。如图11–42和图11–43所示为设置【烟雾倍增】为1和3的对比效果。

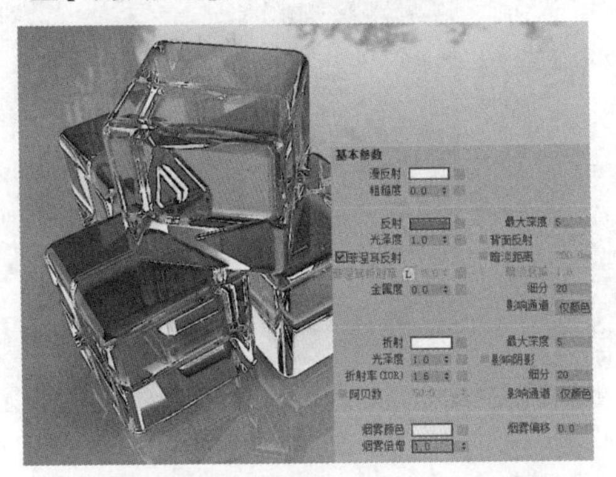


图11–42

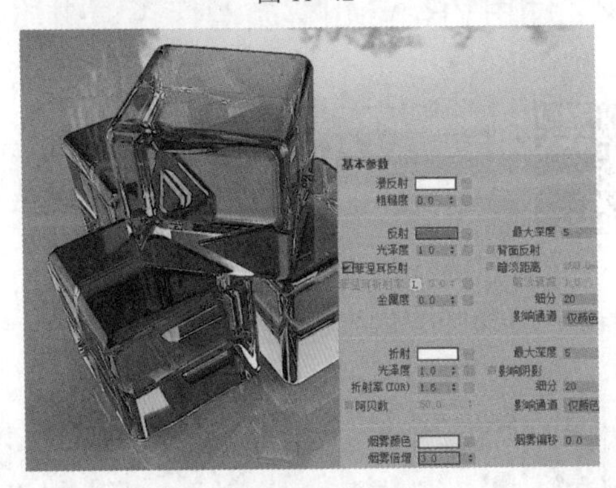


图11–43

- 半透明：【硬(腊)模型】可制作比如蜡烛材质；【软(水)模型】可制作比如海水；还有一种是【混合模型】。
- 背面颜色：用来控制半透明效果的颜色。
- 厚度：控制光线的最大穿透能力。较大的值会让整个物体都被光线穿透。
- 散布系数：物体内部的散射总量。0表示光线在所有方向被物体内部散射；1表示光线在一个方向被物体内部散射，而不考虑物体内部的曲面。
- 正/背面系数：控制光线在物体内的散射方向。0为光线沿灯光发射的方向向前散；1为光线沿灯光发射的方向向后散。
- 灯光倍增：设置光线穿透能力的倍增值。值越大，散射效果越强。

除此之外，还有其他属性，但是不是特别常用，我们只需要作为了解，如图11–44所示。

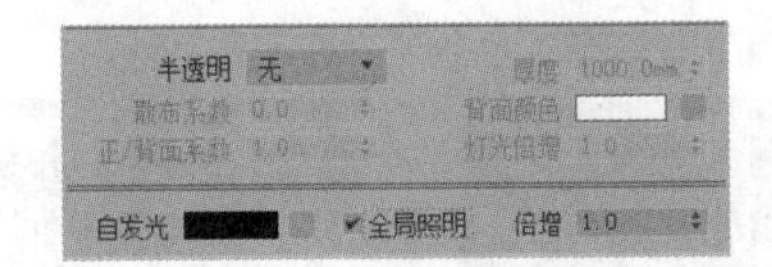


图11–44

## 实例：使用VRayMtl材质制作镜子材质

文件路径：Chapter 11 质感“神器”——材质→实例：使用VRayMtl材质制作镜子材质

扫一扫，看视频

本案例主要讲解使用VRayMtl材质制作镜子材质效果，由于镜子反射极强，因此可设置【反射】颜色为白色。如图11–45所示为渲染效果。

图11–45

## 操作步骤

步骤 01 打开场景文件，如图11–46所示。

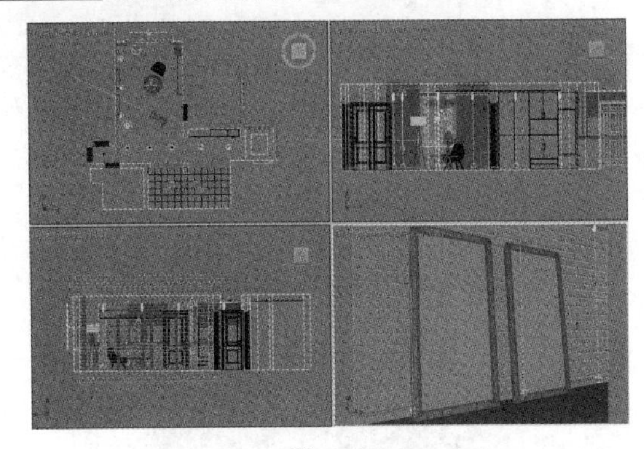

图11–46

步骤 02 按下M键，打开【材质编辑器】窗口，接着在该窗口内选择一个材质球，单击 Standard （标准）按钮，在弹出的【材质/贴图浏览器】对话框中选择VRayMtl，如图11–47所示。

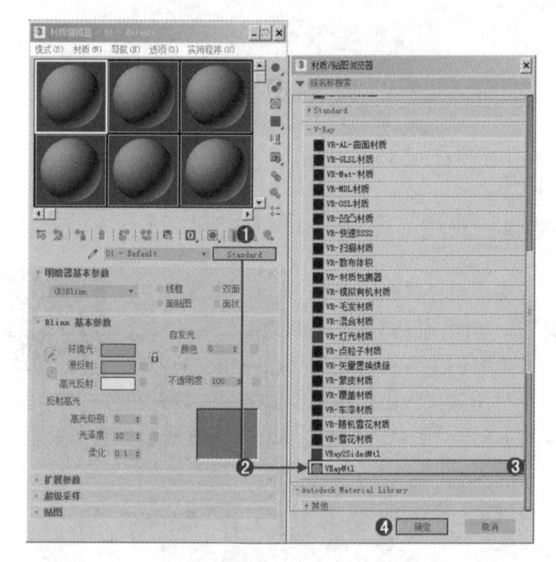


图 11-47

步骤 03 将其命名为【镜子】，设置【漫反射】为黑色，设置【反射】为白色，【细分】为20，取消勾选【菲涅耳反射】选项，如图11-48所示。

步骤 04 双击材质球，效果如图11-49所示。

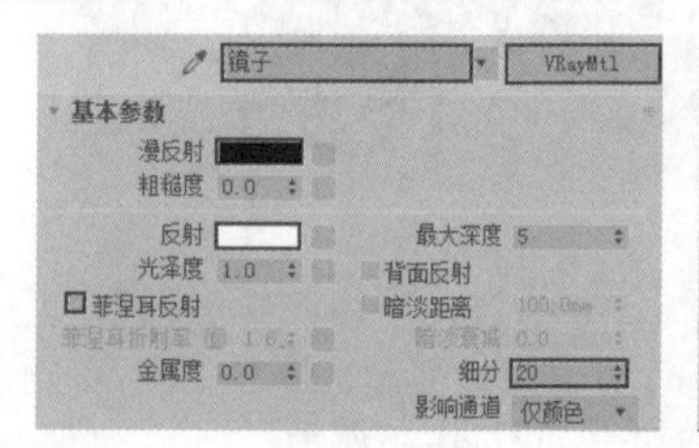

图 11-48　　图 11-49

步骤 05 选择模型，单击 (将材质指定给选定对象)按钮。将制作完毕的镜子材质赋给场景中相应的模型，如图11-50所示。

图 11-50

步骤 06 继续制作场景中的其他材质并赋给相应的模型。案例最终效果如图11-51所示。

图 11-51

## 实例：使用VRayMtl材质制作茶镜材质

扫一扫，看视频

文件路径：Chapter 11 质感“神器”——材质→实例：使用VRayMtl材质制作茶镜材质

本案例主要讲解茶镜和大理石茶几材质的制作。茶镜是采用茶晶或茶色玻璃制作而成的银镜，又指茶色的烤漆玻璃，我们可以通过设置漫反射和反射的颜色来使玻璃变成茶色。案例最终渲染效果如图11-52所示。

图 11-52

## 操作步骤

### Part 01 茶镜

步骤 01 打开场景文件，如图11-53所示。

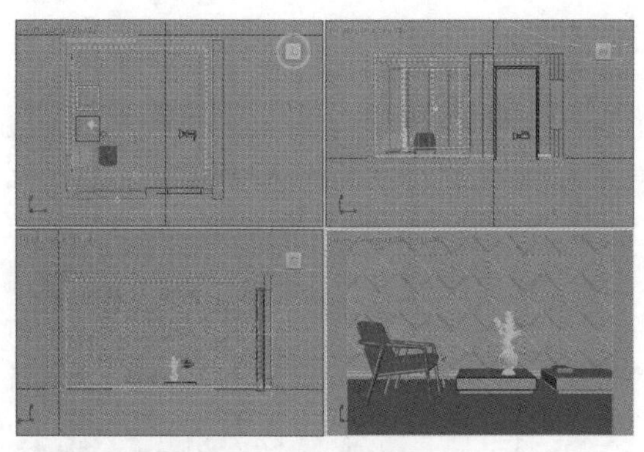

图 11-53

步骤 02 按下M键，打开【材质编辑器】窗口，接着在该窗口内选择一个材质球，单击 Standard （标准）按钮，在弹出的【材质/贴图浏览器】对话框中选择VRayMtl，如图11-54所示。

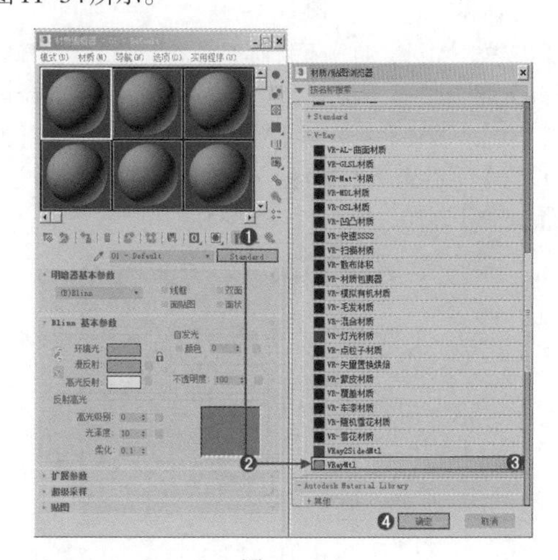


图 11-54

步骤 03 将其命名为【茶镜】，设置【漫反射】为深棕色。设置【反射】为浅棕色，【细分】为20，取消勾选【菲涅耳反射】选项，如图11-55所示。

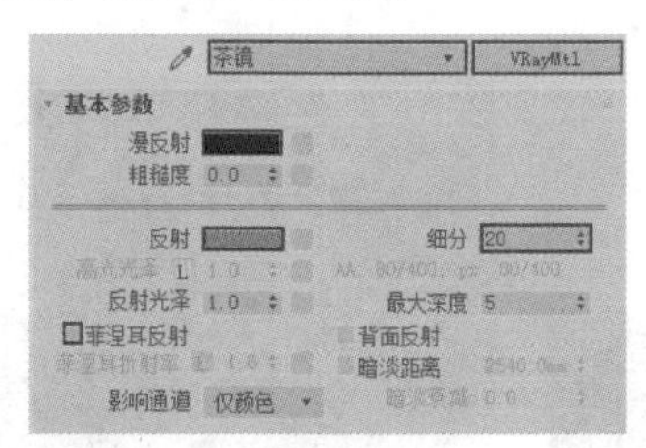


图 11-55

步骤 04 单击【双向反射分布函数】前方的 ▸ 按钮，打开【双向反射分布函数】卷展栏，并选择【反射】选项，如图11-56所示。

图 11-56

步骤 05 双击材质球，效果如图11-57所示。

步骤 06 选择模型，单击 （将材质指定给选定对象）按钮，将制作完毕的茶镜材质赋给场景中相应的模型，如图11-58所示。

图 11-57　　图 11-58

## Part 02　大理石茶几

步骤 01 单击一个材质球，设置材质类型为VRayMtl材质，命名为【大理石茶几】。在【漫反射】后方的通道上加载【4a58a4c395c4.jpg】贴图文件。在【反射】选项组下设置颜色为白色，【细分】为20，并勾选【菲涅耳反射】选项，如图11-59所示。

步骤 02 双击材质球，效果如图11-60所示。

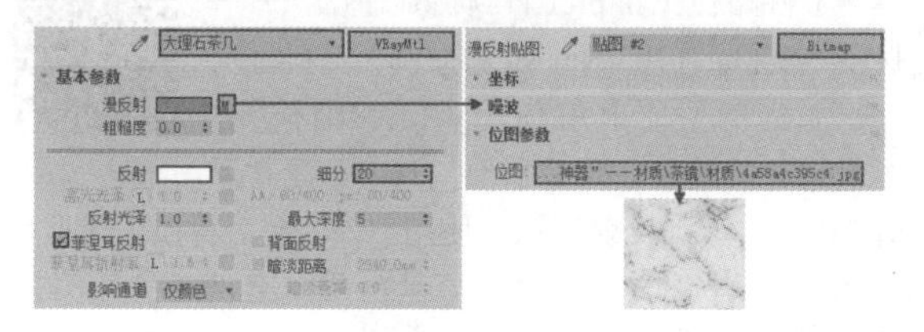


图 11-59

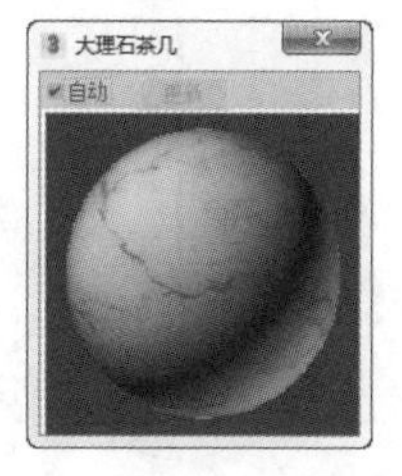


图 11-60

步骤 03 选择模型，单击 （将材质指定给选定对象）按钮，将制作完毕的大理石茶几材质赋给场景中相应的模型，如图11-61所示。

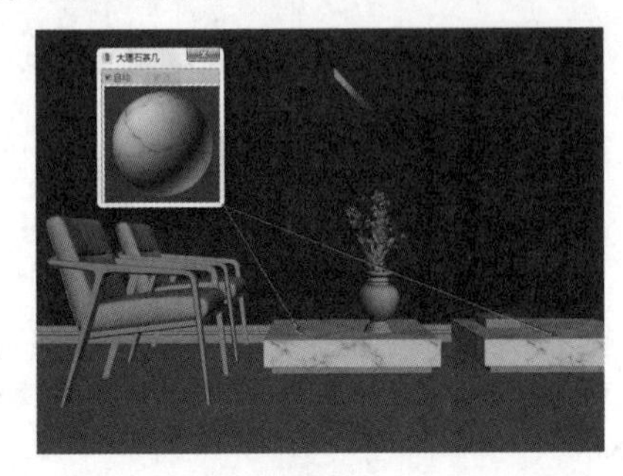

图 11-61

步骤 04 继续制作场景中的其他材质并赋给相应的模型。案例最终效果如图11-62所示。

图 11-62

## 实例：使用VRayMtl材质制作塑料材质

扫一扫，看视频

文件路径：Chapter 11 质感“神器”——材质→实例：使用VRayMtl材质制作塑料材质

本案例主要讲解使用VRayMtl材质制作塑料材质效果，注意需要勾选【菲涅耳反射】选项，否则反射过强。使用【VR-覆盖材质】材质和【VRay灯光材质】材质制作背景材质。案例最终渲染效果如图11-63所示。

图 11-63

## 操作步骤

### Part 01 塑料-红

步骤 01 打开场景文件，如图11-64所示。

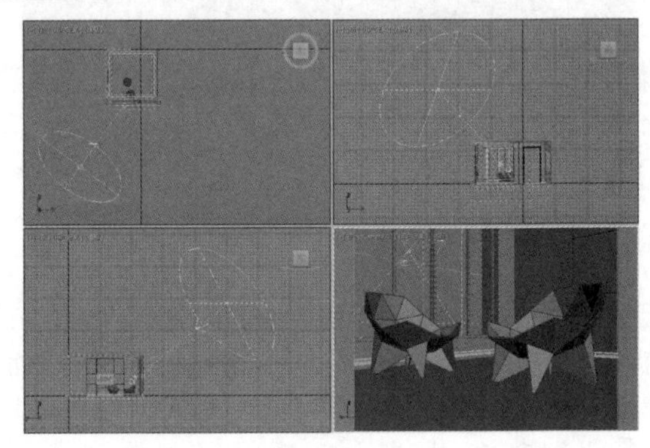

图 11-64

步骤 02 按下M键，打开【材质编辑器】窗口，选择一个材质球，将材质类型设置为VRayMtl材质，将其命名为【塑料-红】，设置【漫反射】为红色，设置【反射】为白色，设置【反射光泽】为0.9，勾选【菲涅耳反射】选项，设置【细分】为20，如图11-65所示。

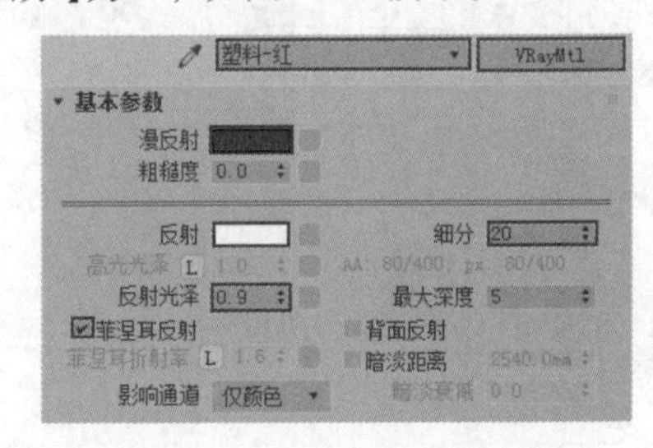


图 11-65

步骤 03 双击材质球，效果如图11-66所示。

步骤 04 选择模型，单击 (将材质指定给选定对象)按钮，将制作完毕的塑料-红材质赋给场景中相应的模型，如图11-67所示。

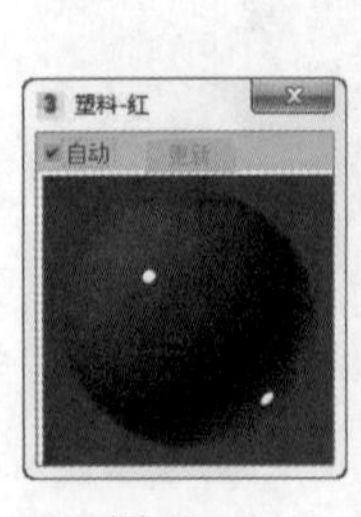


图 11-66

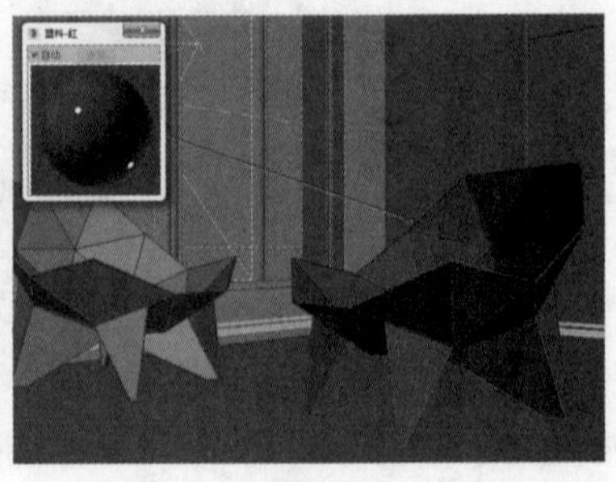

图 11-67

## Part 02　背景

步骤 01 单击一个材质球，设置材质类型为【VR-覆盖材质】材质，命名为【背景】。在【基本材质】后方的通道上加载【VR-灯光材质】，设置【颜色】后方的数值为3，在其后方的通道上加载【室外环境.JPG】贴图文件，如图11-68所示。

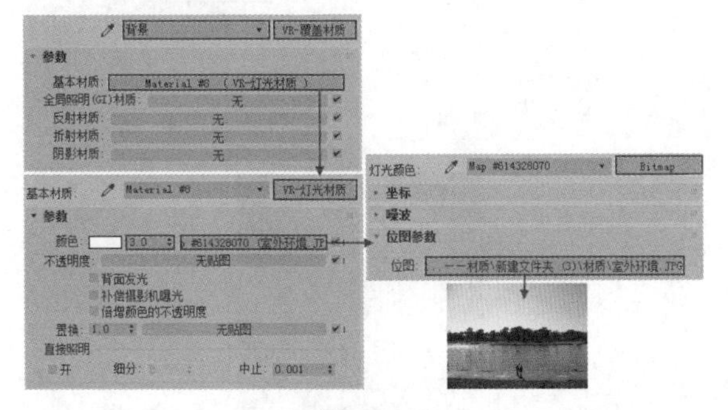


图 11-68

步骤 02 在【全局照明（GI）材质】后方的通道上加载VRayMtl材质，设置【漫反射】的颜色为浅灰色，如图11-69所示。

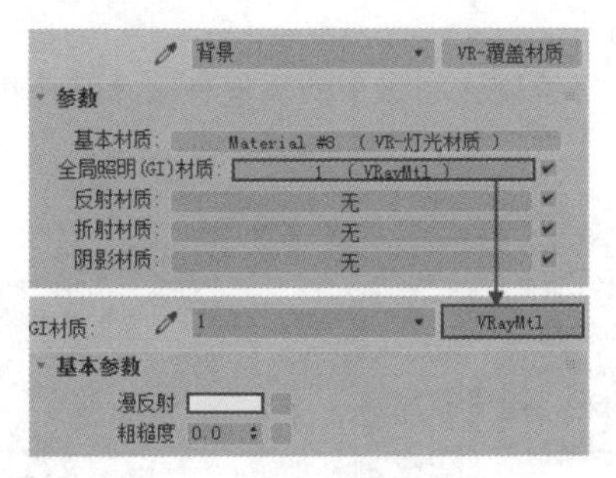


图 11-69

步骤 03 双击材质球，效果如图11-70所示。

步骤 04 选择模型，单击（将材质指定给选定对象）按钮，将制作完毕的背景材质赋给场景中相应的模型，如图11-71所示。

图 11-70

图 11-71

步骤 05 继续制作场景中的其他材质并赋给相应的模型。案例最终效果如图11-72所示。

图 11-72

## 实例：使用VRayMtl材质制作大理石拼花材质

文件路径：Chapter 11 质感“神器”——材质→实例：使用VRayMtl材质制作大理石拼花材质

扫一扫，看视频

本案例主要讲解大理石拼花材质和地砖材质的制作，主要应用VRayMtl材质、【衰减】程序贴图制作。案例最终渲染效果如图11-73所示。

图 11-73

## 操作步骤

## Part 01　大理石拼花

步骤 01 打开场景文件，如图11-74所示。

步骤 02 按下M键，打开【材质编辑器】窗口，选择一个材质球，将材质类型设置为VRayMtl材质，将其命名为【大理石拼花】，在【漫反射】后方的通道上加载【地拼.jpg】贴图文件。在【反射】后方的通道上加载【衰减】程序贴图，分别设置颜色为黑色和灰色，【衰减类型】为Fresnel。接着取消勾选【菲涅耳反射】选项，设置【细分】为20，【最大深度】为2，如图11-75所示。

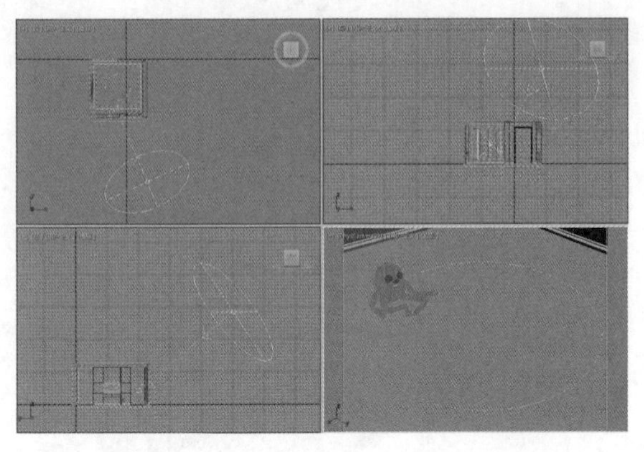

图 11–74

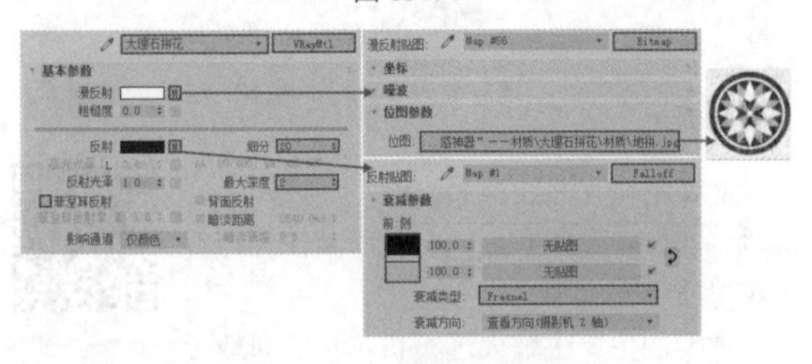

图 11–75

步骤 03 双击材质球，效果如图11–76所示。

步骤 04 选择模型，单击 (将材质指定给选定对象)按钮，将制作完毕的大理石拼花材质赋给场景中相应的模型，如图11–77所示。

图 11–76

图 11–77

## Part 02 地砖材质

步骤 01 单击一个材质球，设置材质类型为VRayMtl材质，命名为【地砖】。在【漫反射】后方的通道上加载【203097.jpg】贴图文件。在【反射】后方的通道上加载【衰减】程序贴图，分别设置颜色为黑色和灰色，【衰减类型】为Fresnel。接着取消勾选【菲涅耳反射】选项，设置【细分】为20，【最大深度】为2，如图11–78所示。

步骤 02 双击材质球，效果如图11–79所示。

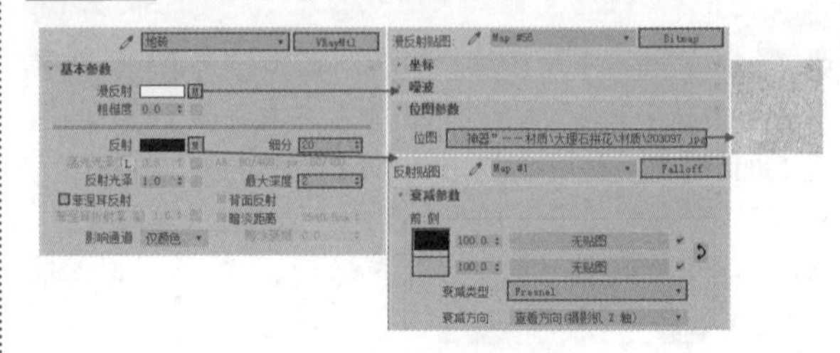

图 11–78

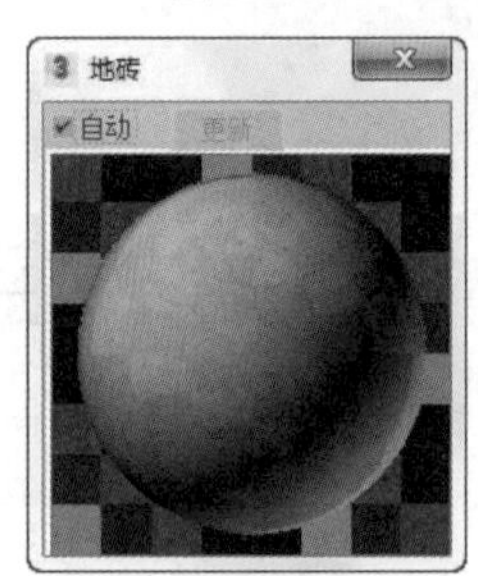

图 11–79

步骤 03 选择模型，单击 (将材质指定给选定对象)按钮，将制作完毕的地砖材质赋给场景中相应的模型，如图11–80所示。

步骤 04 继续制作场景中的其他材质并赋给相应的模型。案例最终效果如图11–81所示。

图 11–80

图 11–81

## 实例：使用VRayMtl材质制作陶瓷花瓶和桃子材质

扫一扫，看视频

文件路径：Chapter 11 质感“神器”——材质→实例：使用VRayMtl材质制作陶瓷花瓶和桃子材质

本案例使用VRayMtl材质制作反射光滑的陶瓷花瓶效果。使用VRayMtl材质和【衰减】程序贴图制作具有绒毛质感的桃子材质。案例最终渲染效果如图11–82所示。

图 11-82

# 操作步骤

## Part 01 陶瓷花瓶

步骤 01 打开场景文件，如图11-83所示。

步骤 02 按下M键，打开【材质编辑器】窗口，接着在该窗口内选择一个材质球，设置材质类型为VRayMtl材质，将其命名为【陶瓷花瓶】。在【漫反射】通道上加载【487101-1-78.jpg】贴图文件。设置【反射】为白色，【光泽度】为0.9，勾选【菲涅耳反射】选项，【细分】为20，如图11-84所示。

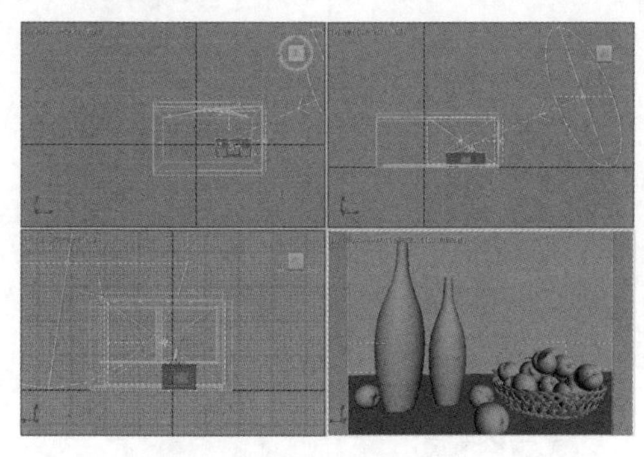

图 11-83

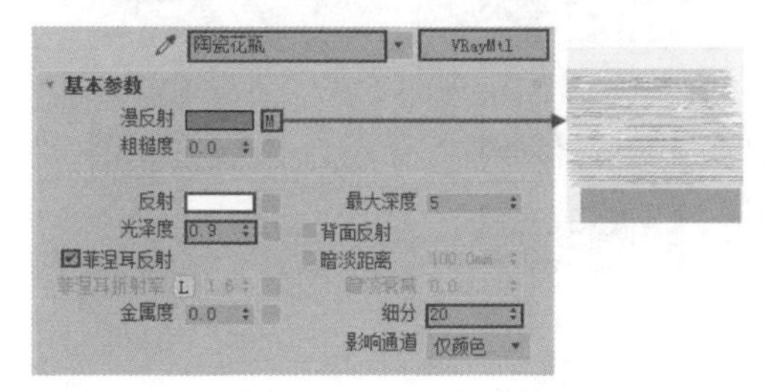


图 11-84

步骤 03 单击【双向反射分布函数】前方的▶按钮，打开【双向反射分布函数】卷展栏，并选择【反射】选项，【各向异性】为0.5，如图11-85所示。

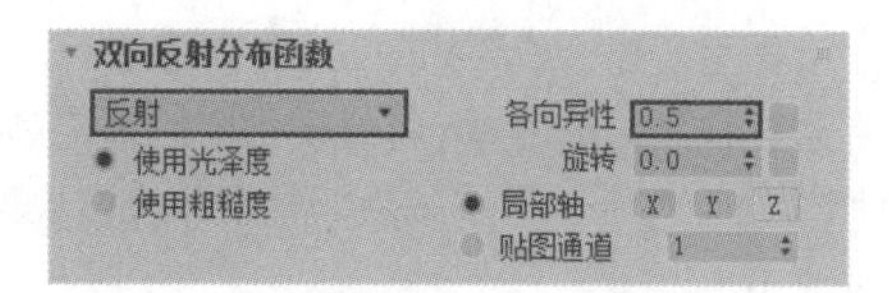


图 11-85

步骤 04 展开【贴图】卷展栏，在【凹凸】后方的通道上加载【487101-2-78.jpg】贴图文件，如图11-86所示。

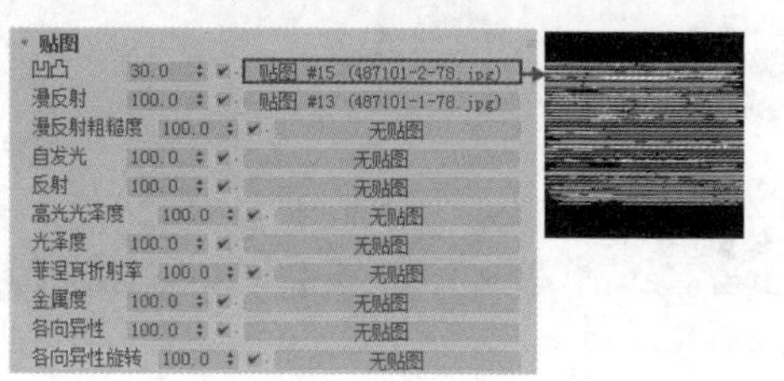


图 11-86

## Part 02 桃子

步骤 01 单击一个材质球，设置材质类型为VRayMtl材质，命名为【桃子】。在【漫反射】后方的通道上加载【衰减】程序贴图，然后分别在两个颜色后方的通道上加载【peach_diff.jpg】贴图文件，接着设置【混合曲线】的形状，如图11-87所示。

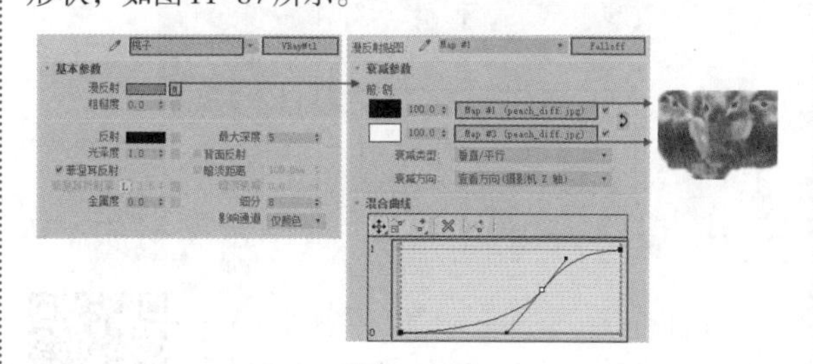


图 11-87

步骤 02 在【贴图】卷展栏下设置【凹凸】后方的数值为120，并在后方的通道上加载【噪波】程序贴图。设置【模糊】为0.2，【大小】为0.25，如图11-88所示。

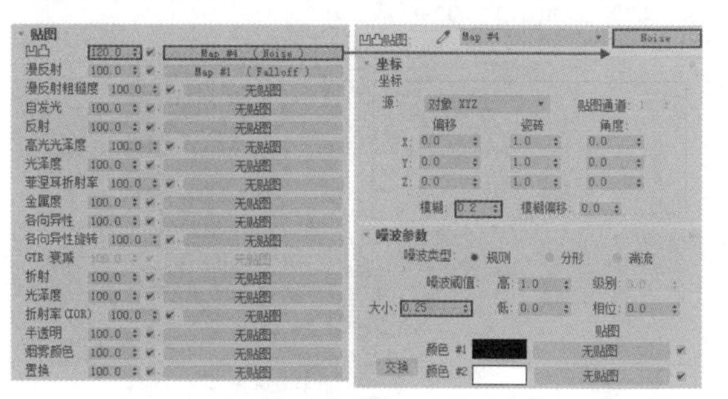


图 11-88

步骤 03 双击材质球，效果如图11-89所示。

步骤 04 选择模型，单击 （将材质指定给选定对象）按钮。将制作完毕的桃子材质赋给场景中相应的模型，如图11-90所示。

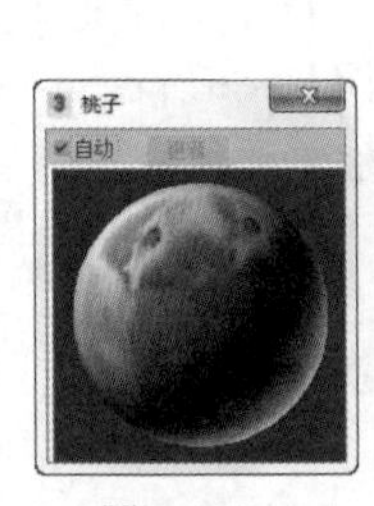


图 11-89

图 11-90

步骤 05 继续制作场景中的其他材质并赋给相应的模型。案例最终效果如图11-91所示。

图 11-91

## 实例：使用VRayMtl材质制作金属材质

文件路径：Chapter 11 质感“神器”——材质→实例：使用VRayMtl材质制作金属材质

扫一扫，看视频

金属是一种具有强烈光泽感的材质，对可见光有强烈的反射效果，本案例将讲解2种不同质感的金属及木纹材质、理石墙面材质。案例最终渲染效果如图11-92所示。

图 11-92

## 操作步骤

### Part 01 水龙头金属

步骤 01 打开场景文件，如图11-93所示。

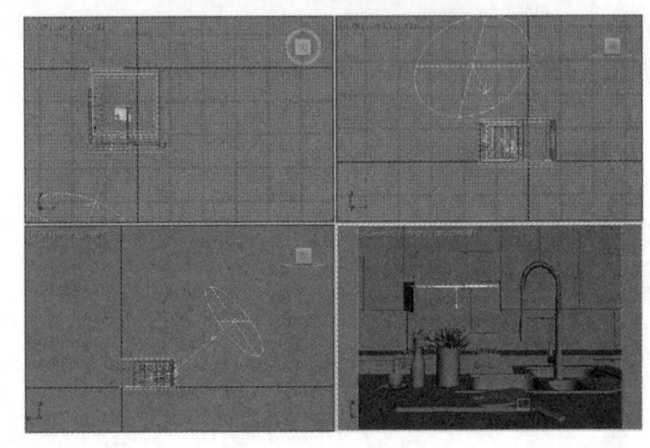

图 11-93

步骤 02 按下M键，打开【材质编辑器】窗口，接着在该窗口内选择一个材质球，设置材质类型为VRayMtl材质，将其命名为【水龙头金属】。设置【漫反射】为深灰色，设置【反射】为灰色，设置【光泽度】为0.85，勾选【菲涅耳反射】选项，接着单击【菲涅耳折射率】后方的 L 按钮，设置其数值为10，【细分】为30，如图11-94所示。

步骤 03 设置【双向反射分布函数】卷展栏下的方式为【多面】，如图11-95所示。

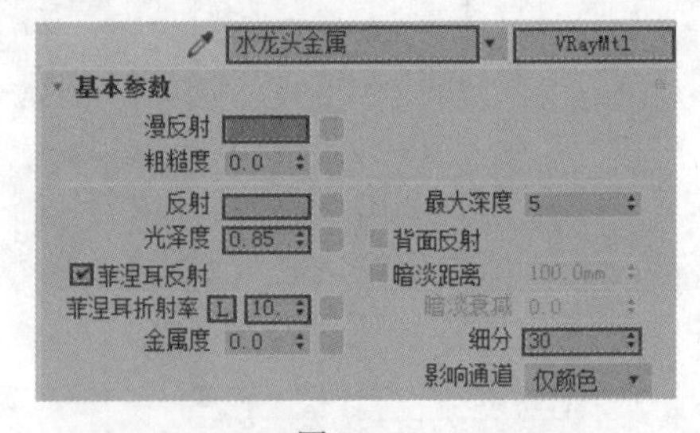


图 11-94

图 11-95

步骤 04 双击材质球，效果如图11-96所示。

步骤 05 选择模型，单击 （将材质指定给选定对象）按钮，将制作完毕的水龙头金属材质赋给场景中相应的模型，如图11-97所示。

图 11-96

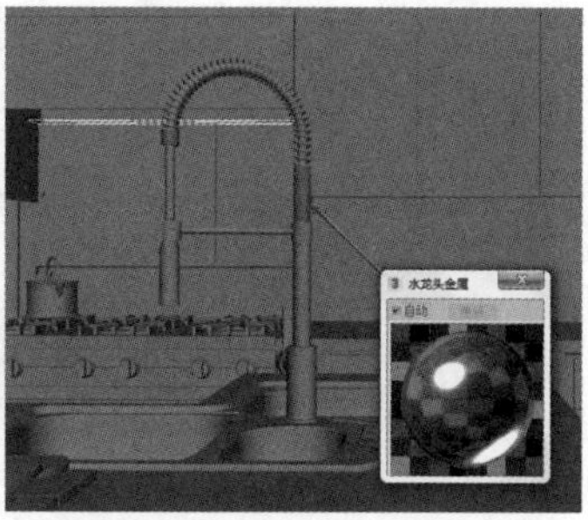

图 11-97

## Part 02　刀金属材质

步骤 01 单击一个材质球，设置材质类型为VRayMtl材质，命名为【刀金属】。设置【漫反射】颜色为黑色，设置【反射】颜色为白色，设置【光泽度】为0.9，勾选【菲涅耳反射】选项，接着单击【菲涅耳折射率】后方的 L 按钮，设置其数值为16，【细分】为30，如图11-98所示。

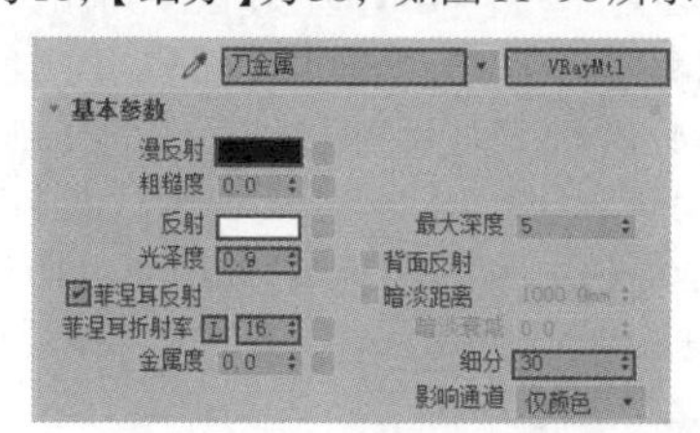


图 11-98

步骤 02 展开【双向反射分布函数】卷展栏，并选择【反射】选项，设置【各向异性】为0.8，如图11-99所示。

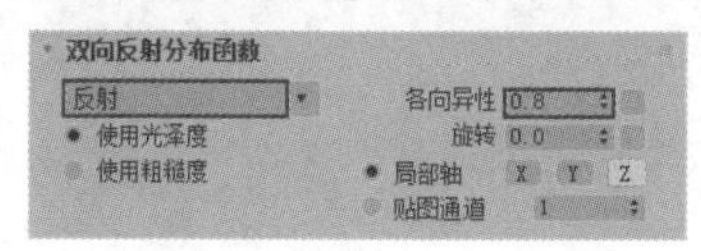


图 11-99

步骤 03 双击材质球，效果如图11-100所示。

步骤 04 选择模型，单击 (将材质指定给选定对象)按钮，将制作完毕的刀金属材质赋给场景中相应的模型，如图11-101所示。

图 11-100

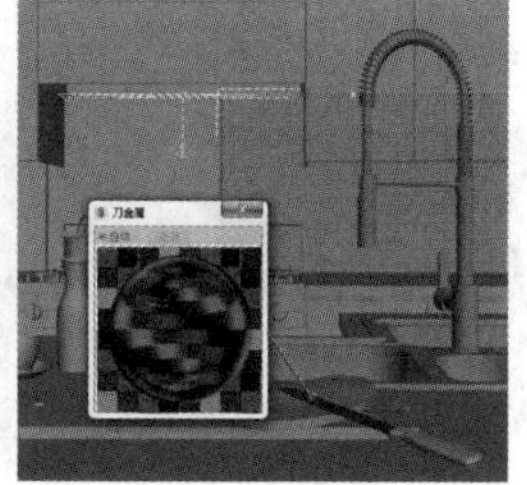

图 11-101

## Part 03　木纹材质

步骤 01 单击一个材质球，设置材质类型为VRayMtl材质，命名为【木纹】。在【漫反射】后方的通道上加载【wood.jpg】贴图文件，设置【模糊】为0.9。设置【反射】深灰色，【光泽度】为0.85，取消勾选【菲涅耳反射】选项，设置【细分】为30，【最大深度】为3，如图11-102所示。

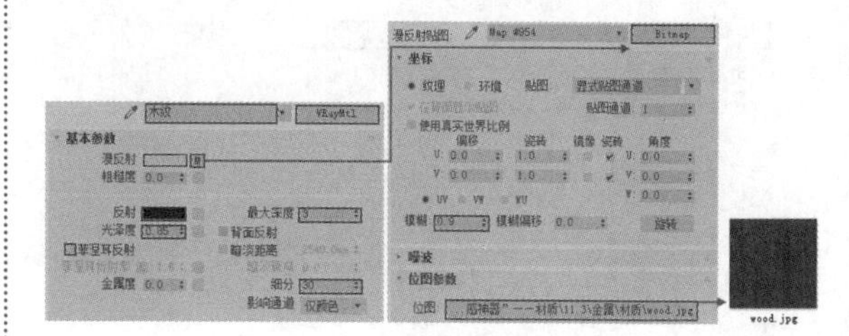


图 11-102

步骤 02 展开【贴图】卷展栏，选择【漫反射】后方的通道，将其拖曳到【凹凸】的后方，释放鼠标，在弹出的【复制(实例)贴图】窗口中设置【方法】为【复制】，最后设置【凹凸】后方的数值为3，如图11-103所示。

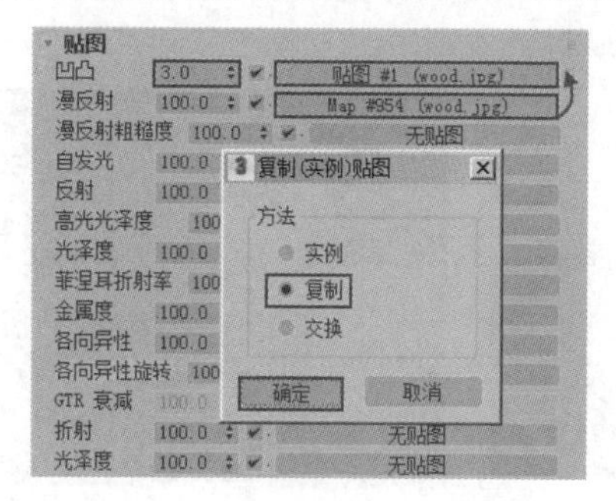


图 11-103

步骤 03 双击材质球，效果如图11-104所示。

步骤 04 选择模型，单击 (将材质指定给选定对象)按钮，将制作完毕的木纹材质赋给场景中相应的模型，如图11-105所示。

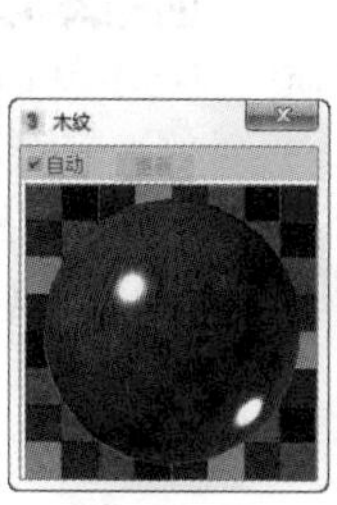


图 11-104

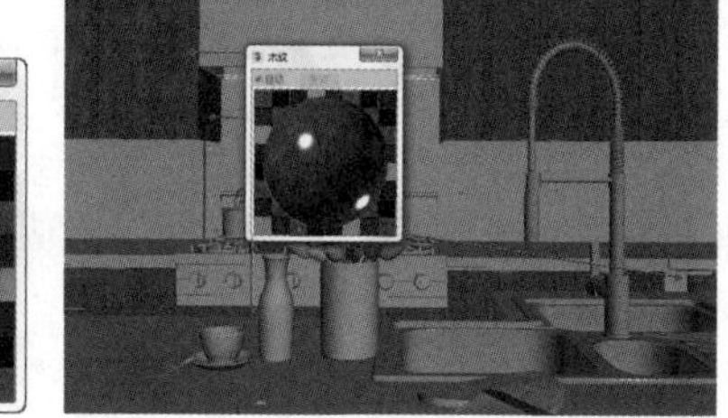

图 11-105

## Part 04 理石墙面

步骤 01 单击一个材质球，设置材质类型为VRayMtl材质，命名为【理石墙面】。在【漫反射】后方的通道上加载【理石.jpg】贴图文件。在【反射】选项组下设置其颜色为深灰色，勾选【菲涅耳反射】选项，接着设置【细分】为20，【最大深度】为3，如图11-106所示。

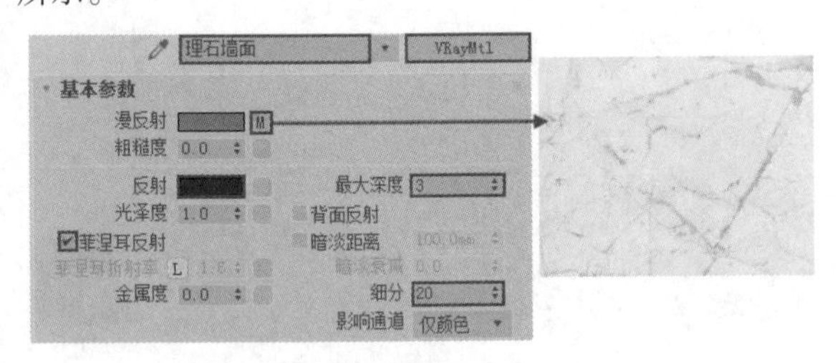


图 11-106

步骤 02 双击材质球，效果如图11-107所示。

步骤 03 选择模型，单击（将材质指定给选定对象）按钮，将制作完毕的理石墙面材质赋给场景中相应的模型，如图11-108所示。制作完成剩余的材质后，最终渲染效果见本案例最开始所示。

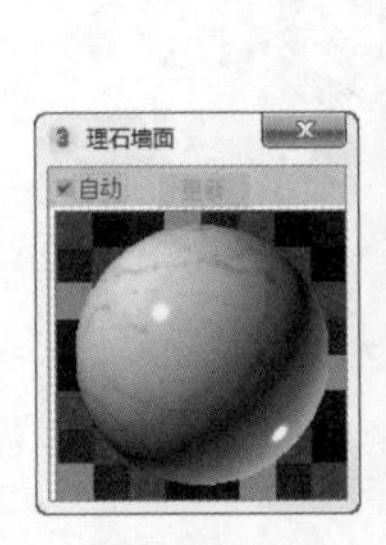


图 11-107　图 11-108

## 实例：使用VRayMtl材质制作玻璃材质

文件路径：Chapter 11 质感“神器”——材质→实例：使用VRayMtl材质制作玻璃材质

扫一扫，看视频

本案例主要讲解玻璃材质和洋酒材质的制作。玻璃是无色且透明的材质效果，折射效果较强，有一定反射效果。而洋酒材质的重点在于调节烟雾颜色和烟雾倍增参数，从而改变颜色。案例最终渲染效果如图11-109所示。

图 11-109

## 操作步骤

## Part 01 玻璃

步骤 01 按下M键，打开【材质编辑器】窗口，接着在该窗口内选择一个材质球，设置材质类型为VRayMtl材质，将其命名为【玻璃】。设置【漫反射】为黑色，在【反射】后方的通道上加载【VRay颜色】程序贴图，设置【红】为0.263，【绿】为0.275，【蓝】为0.267，【颜色】为深灰色。接着勾选【菲涅耳反射】选项，设置【细分】为20，【最大深度】为7。设置【折射】为白色，【折射率】为1.8，【细分】为20，【最大深度】为7，如图11-110所示。

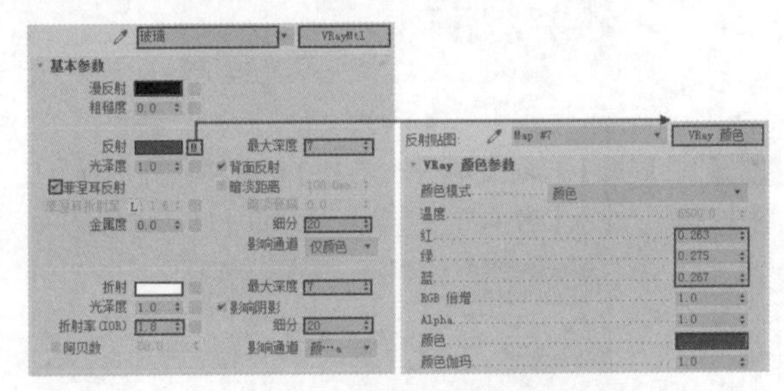


图 11-110

步骤 02 双击材质球，效果如图11-111所示。

步骤 03 选择模型，单击（将材质指定给选定对象）按钮，将制作完毕的玻璃材质赋给场景中相应的模型，如图11-112所示。

图 11-111

图 11-112

## Part 02　洋酒材质

**步骤 01** 单击一个材质球，设置材质类型为VRayMtl材质，命名为【洋酒】。设置【漫反射】为黑色，【反射】为白色，【细分】为20，【最大深度】为7，接着勾选【菲涅耳反射】选项。设置【折射】为橘黄色，【折射率】为1.356，【细分】为20，【最大深度】为7，【烟雾颜色】为浅黄色，【烟雾倍增】为0.008，如图11-113所示。

**步骤 02** 双击材质球，效果如图11-114所示。

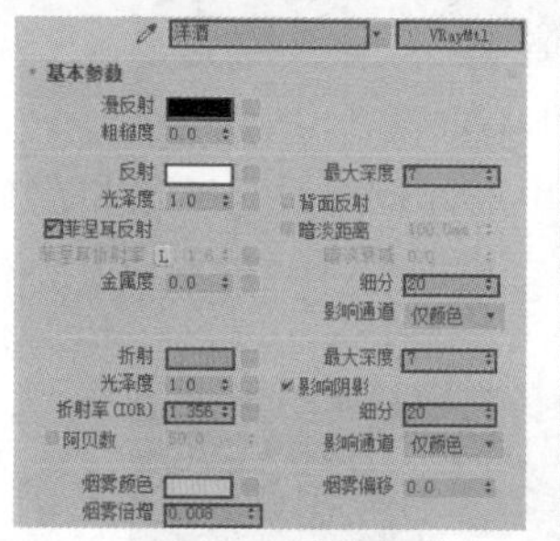


图 11-113

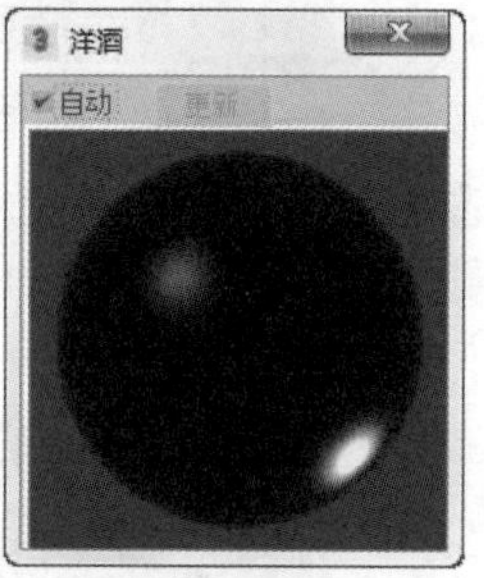


图 11-114

**步骤 03** 选择模型，单击（将材质指定给选定对象）按钮，将制作完毕的洋酒材质赋给场景中相应的模型，如图11-115所示。

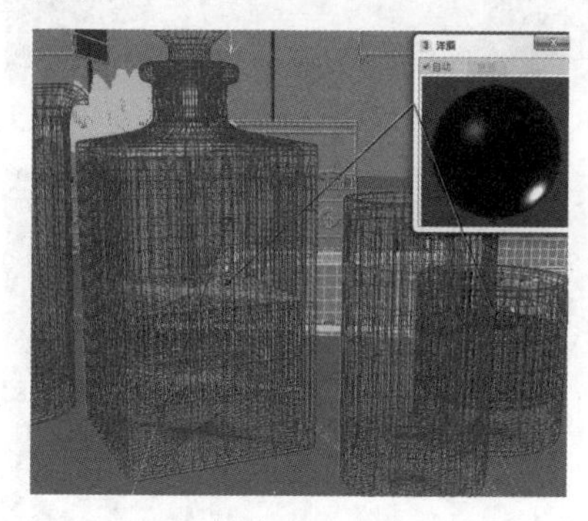

图 11-115

**步骤 04** 继续制作场景中的其他材质并赋给相应的模型。案例最终效果如图11-116所示。

图 11-116

## 实例：使用VRayMtl材质制作水材质

扫一扫，看视频

文件路径：Chapter 11 质感“神器”——材质→实例：使用VRayMtl材质制作水材质

水是无色无味的液体，在材质制作的过程当中，折射的质感要强于反射的质感，因此通常会设置折射的颜色为白色或浅灰色，而反射的颜色则要设置为深灰色或者灰色，如图11-117所示。

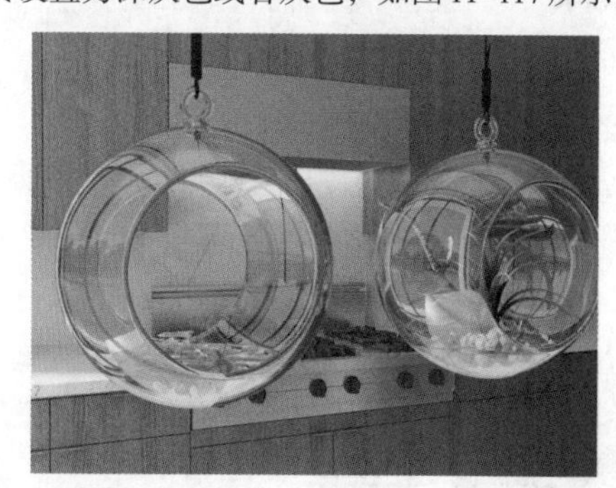

图 11-117

## 操作步骤

## Part 01　水

**步骤 01** 按下M键，打开【材质编辑器】窗口，接着在该窗口内选择一个材质球，设置材质类型为VRayMtl材质，将其命名为【水】。设置【漫反射】为黑色，【反射】为灰色，单击勾选【菲涅耳反射】，接着单击【菲涅耳折射率】后方的L按钮，设置数值为2.5。设置【折射】为浅灰色，【折射率】为1.8，如图11-118所示。

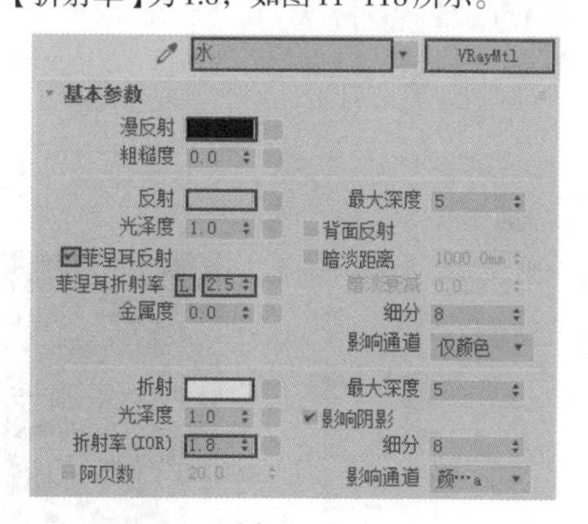


图 11-118

**步骤 02** 展开【贴图】卷展栏，在【凹凸】后方的通道上加载【噪波】程序贴图，并设置【大小】为1，如图11-119所示。

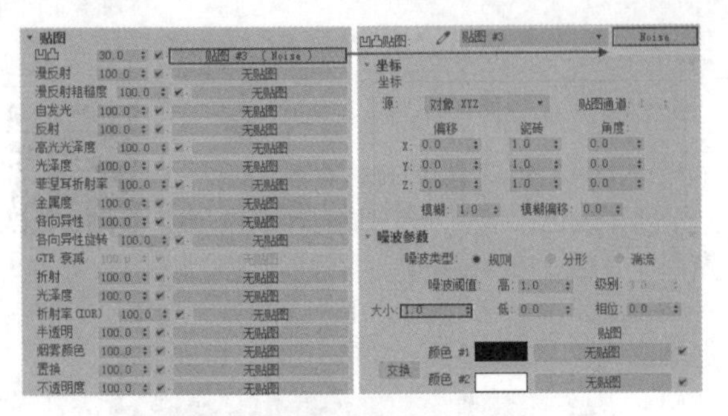


图 11-119

步骤 03 双击材质球，效果如图11-120所示。

步骤 04 选择模型，单击 (将材质指定给选定对象)按钮，将制作完毕的水材质赋给场景中相应的模型，如图11-121所示。

图 11-120　　图 11-121

## Part 02　浅绿色玻璃

步骤 01 单击一个材质球，设置材质类型为VRayMtl材质，命名为【浅绿色玻璃】。设置【漫反射】为黑色，【反射】为白色，勾选【菲涅耳反射】选项，单击【菲涅耳折射率】后方的 L 按钮，设置其数值为2.5。设置【折射】为浅灰色，【折射率】为1.8，如图11-122所示。

步骤 02 双击材质球。效果如图11-123所示。

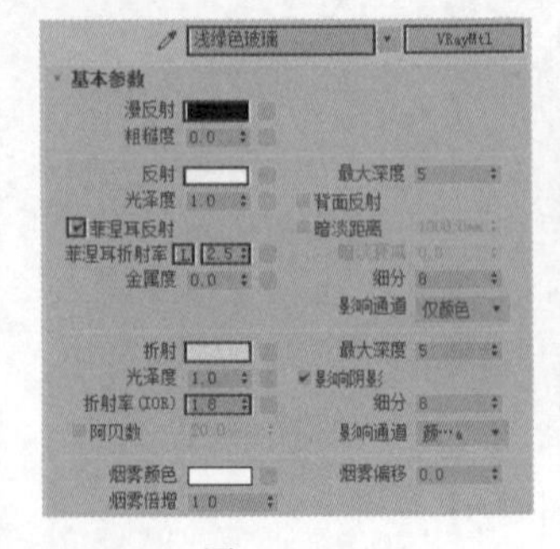

图 11-122　　图 11-123

步骤 03 选择模型，单击 (将材质指定给选定对象)按钮，将制作完毕的浅绿色玻璃材质赋给场景中相应的模型，如图11-124所示。

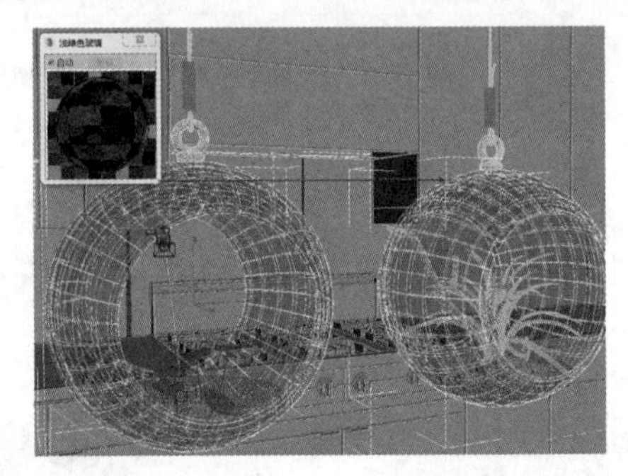

图 11-124

步骤 04 继续制作场景中的其他材质并赋给相应的模型，如图11-125所示。案例最终效果如图11-126所示。

图 11-125

图 11-126

## 实例：使用VRayMtl材质制作水晶材质

扫一扫，看视频

文件路径：Chapter 11 质感“神器”——材质→实例：使用VRayMtl材质制作水晶材质

水晶材质是一种透明的晶体，因此在材质的制作过程当中，折射的颜色应设置为白色，并通过烟雾颜色来设置晶体的颜色。案例最终渲染效果如图11-127所示。

图 11-127

## 操作步骤

步骤 01 按下M键，打开【材质编辑器】窗口，接着在该窗口内选择一个材质球，设置材质类型为VRayMtl材质，将其命名为【水晶】。设置【漫反射】为灰色，【反射】为深灰色，勾选【菲涅耳反射】选项，设置【细分】为20。设置【折射】为白色，【细分】为20，【最大深度】为20，设置【烟雾颜色】为粉色，【烟雾倍增】为0.02，如图11-128所示。

步骤 02 双击材质球，效果如图11-129所示。

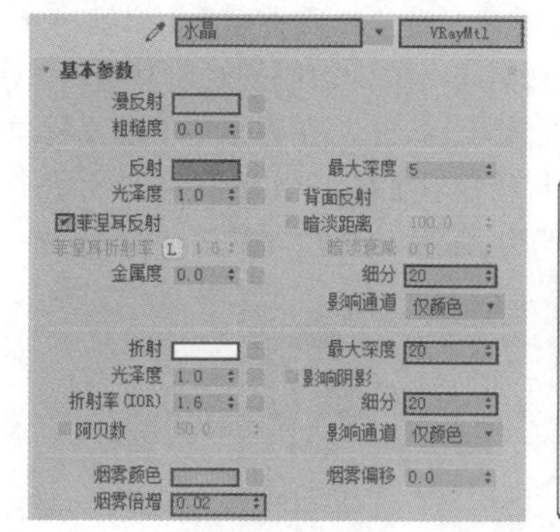

图 11-128　　图 11-129

步骤 03 选择模型，单击 (将材质指定给选定对象) 按钮，将制作完毕的水晶材质赋给场景中相应的模型，如图11-130所示。

图 11-130

步骤 04 继续制作场景中的其他材质并赋给相应的模型。案例最终效果如图11-131所示。

图 11-131

## 实例：使用VRayMtl材质和VRay灯光材质制作蜡烛材质

文件路径：Chapter 11 质感“神器”——材质→实例：使用VRayMtl材质和VRay灯光材质制作蜡烛材质

扫一扫，看视频

本案例使用VRayMtl材质制作蜡烛材质，使用【VR-灯光材质】制作物体的火焰效果，使用【多维/子对象】材质制作台灯效果。案例最终渲染效果如图11-132所示。

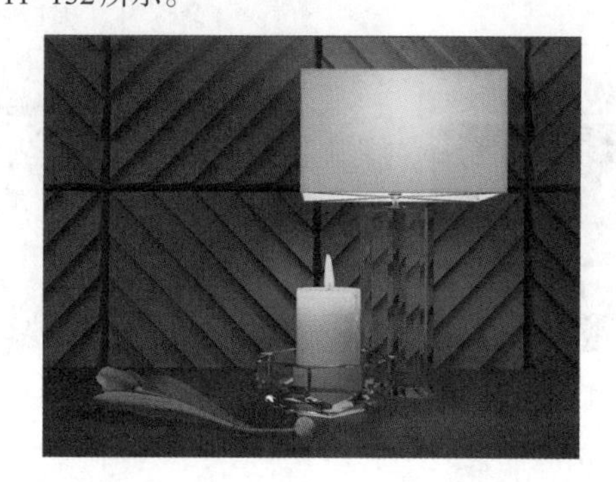

图 11-132

## 操作步骤

### Part 01 蜡烛

步骤 01 按下M键，打开【材质编辑器】窗口，在该窗口内选择一个材质球，设置材质类型为VRayMtl材质，将其命名为【蜡烛】，在【漫反射】后方通道上加载【VRay颜色】程序贴图，接着设置【红】为0.974，【绿】为0.957，【蓝】为0.899，【颜色】为淡黄色。设置【反射】为浅灰色，【光泽度】为0.5，勾选【菲涅耳反射】选项，接着单击【菲涅耳折射率】后方的 L 按钮，设置其数值为1.8，【细分】为20。设置【折射】为深灰色，【光泽度】为0.55，【折射率】为1.348，【细分】为30。设置【烟雾颜色】为淡黄色，【烟雾倍增】为0.6。设置【半透明】为【硬（蜡）模型】，【厚度】为100mm，【正/背面系数】为0.5，【灯光倍增】为1.8，如图11-133所示。

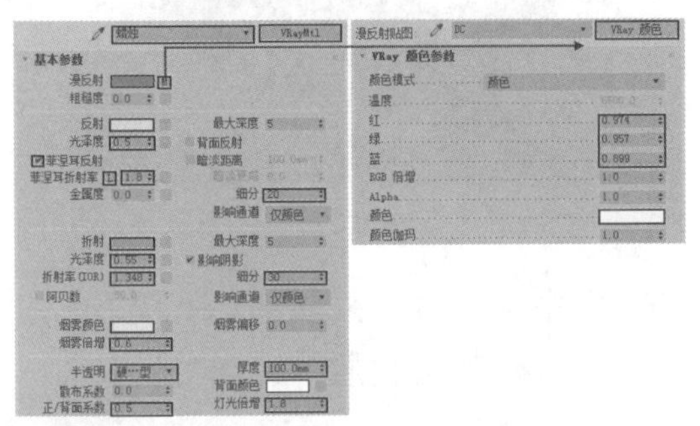

图 11-133

步骤 02 双击材质球，效果如图11-134所示。

步骤 03 选择模型，单击 （将材质指定给选定对象）按钮，将制作完毕的蜡烛材质赋给场景中相应的模型，如图11-135所示。

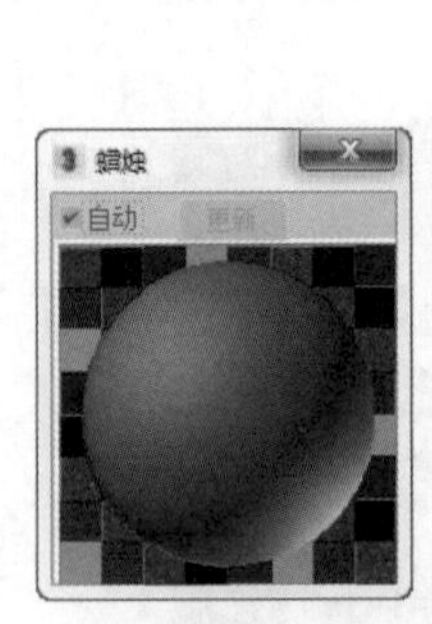

图 11-134

图 11-135

## Part 02 火焰

步骤 01 单击一个材质球，设置材质类型为【VRay灯光材质】，命名为【火焰】。设置【颜色】后方的数值为2，并在后方的通道上加载【火焰.jpg】贴图文件，在【不透明度】后方的通道上加载【火焰.jpg】，如图11-136所示。

步骤 02 双击材质球，效果如图11-137所示。

步骤 03 选择模型，单击 （将材质指定给选定对象）按钮，将制作完毕的火焰材质赋给场景中相应的模型，如图11-138所示。

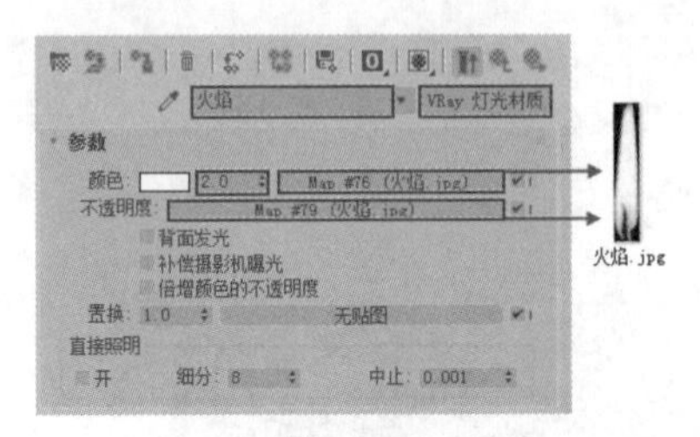

图 11-136

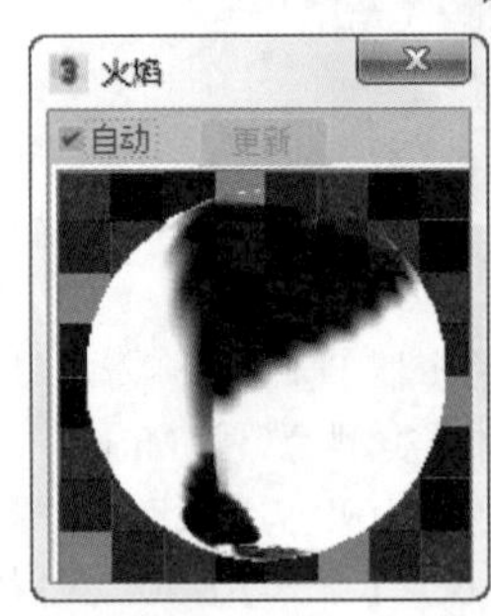

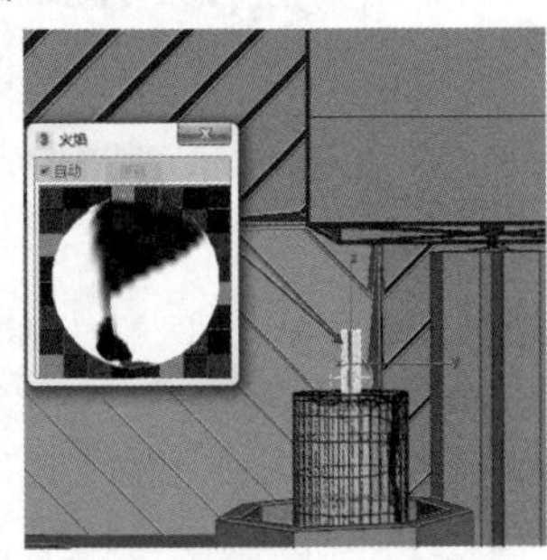

图 11-137

图 11-138

## Part 03 台灯

步骤 01 单击一个材质球，设置材质类型为【多维/子对象】材质，命名为【台灯】。在【多维/子对象基本参数】卷展栏下单击【设置数量】按钮，在弹出的【设置材质数量】窗口中设置【材质数量】为4，如图11-139所示。

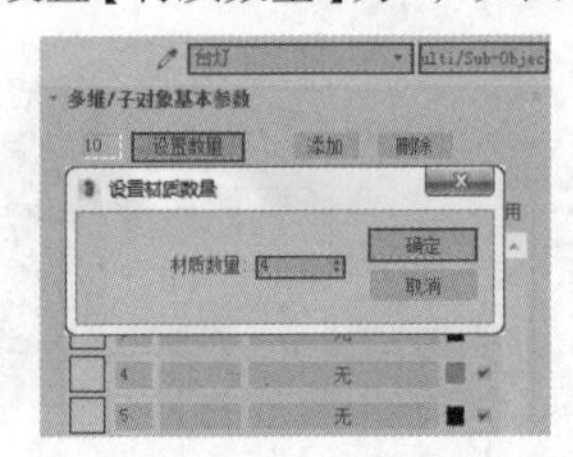

图 11-139

步骤 02 在【子材质】下方的通道1后方加载VRayMtl材质，命名为【台灯玻璃柱】。设置【反射】为深灰色，取消勾选【菲涅耳反射】选项，设置【细分】为20。设置【折射】为白色，【折射率】为1.5，【细分】为20，如图11-140所示。

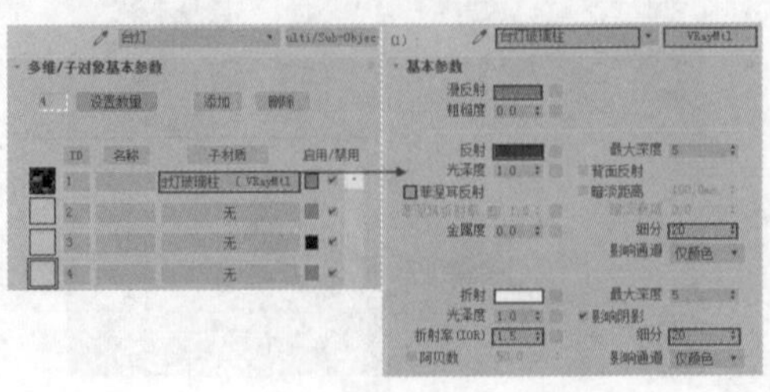

图 11-140

步骤 03 在通道2的后方加载VRayMtl材质，命名为【台灯金属】。在【漫反射】后方的通道上加载【VRay颜色】程序贴图，设置【红】为0.22，【绿】为0.086，【蓝】为0.031，并设置【颜色】为棕色。在【反射】后方的通道上加载【VRay颜色】程序贴图，设置【红】为0.941，【绿】为0.616，【蓝】为0.349，【颜色】为浅橘红色。在【光泽度】后方的通道上加载【1_5_1_s.jpg】贴图文件，设置【模糊】的数值为0.01。接着勾选【菲涅耳反射】选项，单击【菲涅耳折射率】后方的 L 按钮，并设置其数值为20，【最大深度】为7，如图11-141所示。

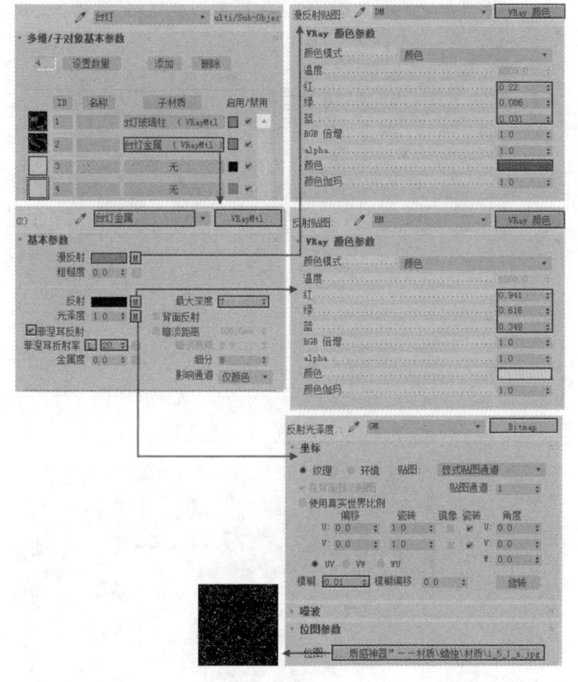


图 11-141

步骤 04 单击【双向反射分布函数】前方的 ▸ 按钮，打开【双向反射分布函数】卷展栏，并选择【多面】选项，如图11-142所示。

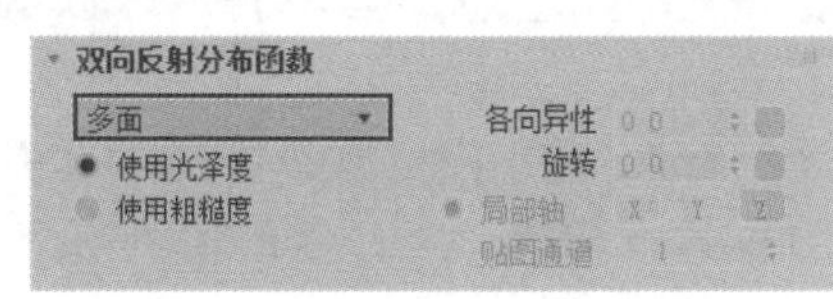


图 11-142

步骤 05 展开【贴图】卷展栏，设置【凹凸】后方的数值为0.2，并在其后方的通过上加载【1_5_1_b.jpg】贴图文件，如图11-143所示。

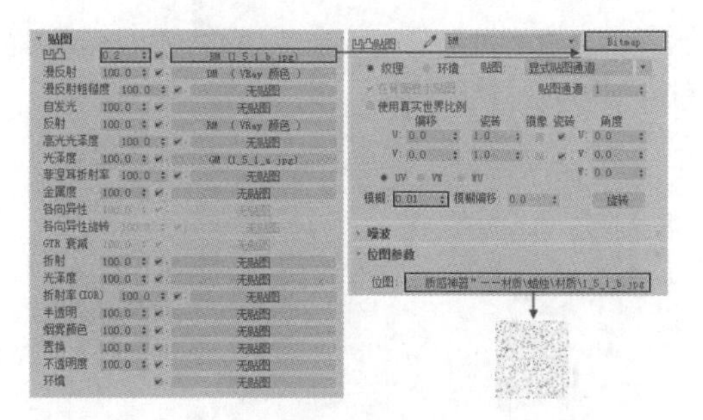


图 11-143

步骤 06 在通道3的后方加载【VRay灯光材质】，命名为【台灯灯泡】。设置【颜色】为浅黄色，数值为5，如图11-144所示。

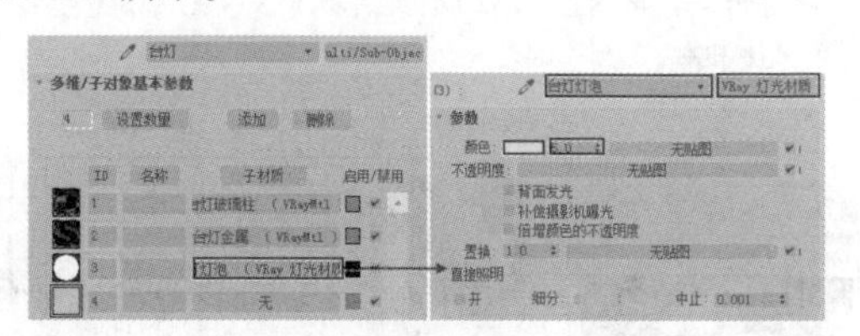


图 11-144

步骤 07 在通道4的后方加载VRay2SidedMtl材质，命名为【台灯灯罩】。在【正面材质】后方的通道上加载VRayMtl材质，在【漫反射】后方的通道上加载【14_5_10_b.jpg】贴图文件。在【反射】后方的通道上加载【14_5_12_r.jpg】贴图文件，接着设置【光泽度】为0.82，勾选【菲涅耳反射】选项，并单击【菲涅耳折射率】后方的 L 按钮，设置其数值为2.1，【细分】为20，如图11-145所示。

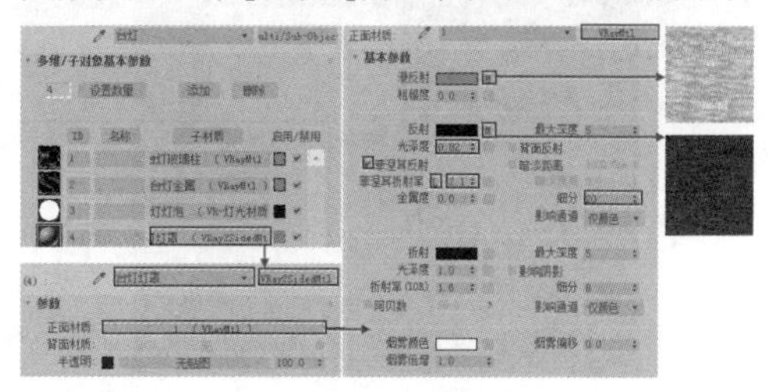


图 11-145

步骤 08 单击【双向反射分布函数】前方的 ▸ 按钮，打开【双向反射分布函数】卷展栏，并选择【沃德】选项，如图11-146所示。

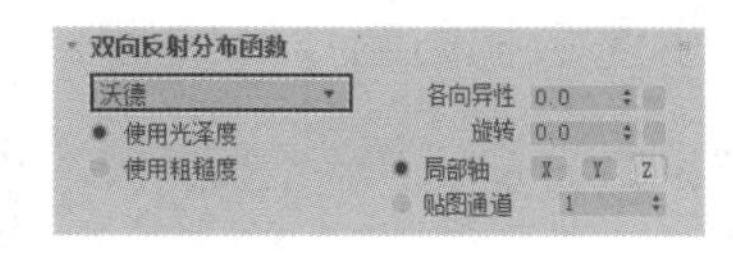


图 11-146

步骤 09 展开【贴图】卷展栏，设置【凹凸】后方的数值为22，并在其后方的通道上加载【14_5_12_b.jpg】贴图文件，如图11-147所示。

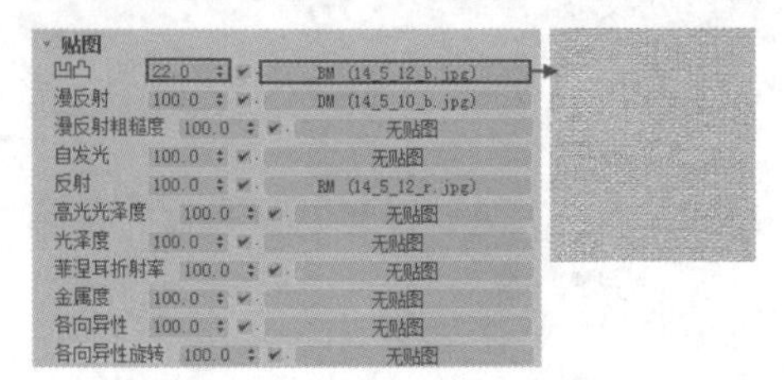


图 11-147

步骤 10 双击材质球，效果如图11-148所示。

步骤 11 选择模型，单击（将材质指定给选定对象）按钮，将制作完毕的台灯材质赋给场景中相应的模型，如图11-149所示。

图 11-148

图 11-149

步骤 12 继续制作场景中的其他材质并赋给相应的模型。案例最终效果如图11-150所示。

图 11-150

# 11.4 其他常用材质类型

## 实例：使用混合材质制作花纹窗帘

文件路径：Chapter 11 质感“神器”——材质→实例：使用混合材质制作花纹窗帘

扫一扫，看视频

本案例主要讲解【混合】材质和【多维/子对象】材质的制作。混合材质就是一个材质内包含两个子材质，两个子材质通过一张贴图来控制每个子材质的分布情况，并且可以添加一张贴图作为遮罩，该贴图的黑白信息会控制材质1和材质2的混合。案例最终渲染效果如图11-151所示。

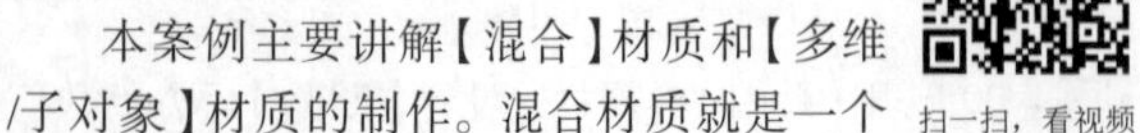

图 11-151

## 操作步骤

### Part 01 花纹窗帘

步骤 01 打开场景文件，如图11-152所示。

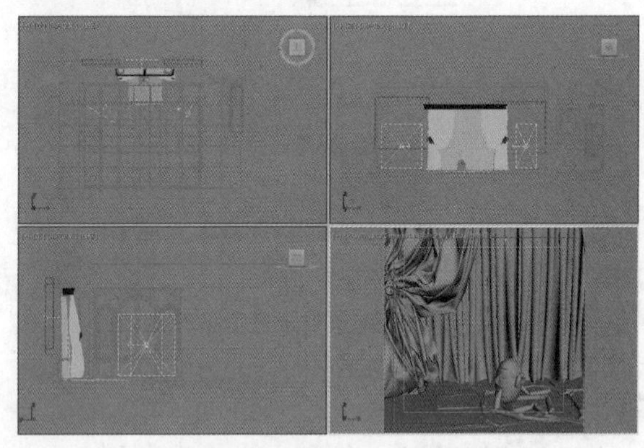

图 11-152

步骤 02 按下M键，打开【材质编辑器】窗口，接着在该窗口内选择一个材质球，单击 Standard （标准）按钮，在弹出的【材质/贴图浏览器】对话框中选择【混合】材质，单击【确定】按钮，如图11-153所示。

步骤 03 将其命名为【花纹窗帘】，在【材质1】后方的通道上加载VRayMtl，设置【漫反射】为深青色，如图11-154所示。

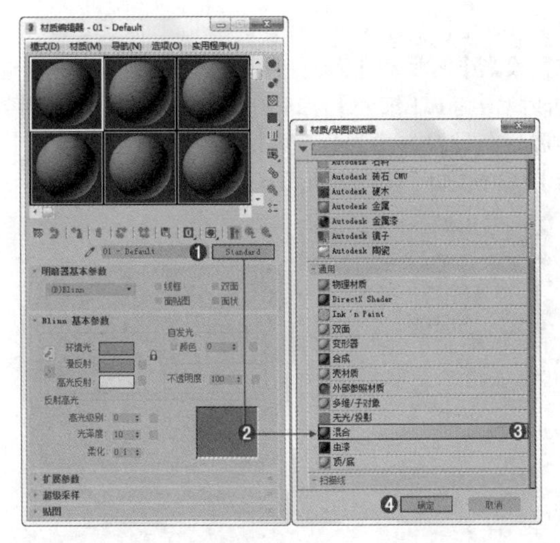

图 11-153

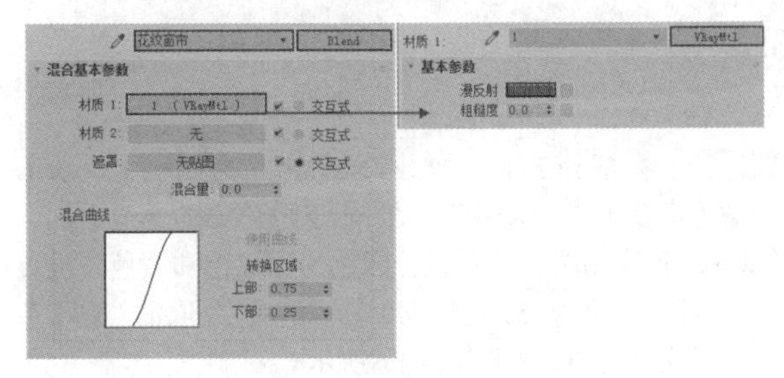

图 11-154

**步骤 04** 展开【贴图】卷展栏，设置【凹凸】后方的数值为66，并在后方的通道上加载【窗帘凹凸.jpg】贴图文件，设置瓷砖下方【U】和【V】的数值均为6，如图11-155所示。

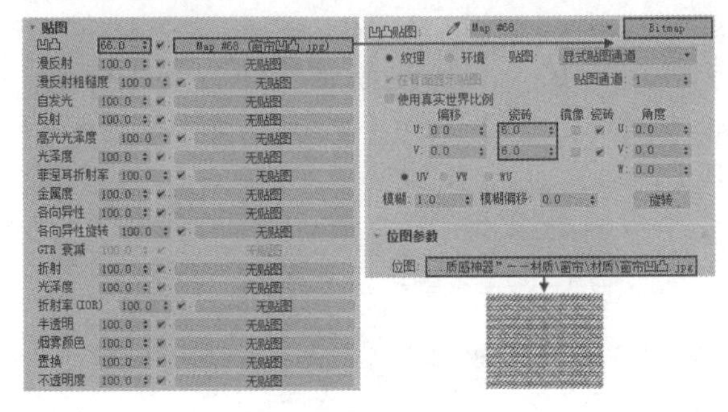

图 11-155

**步骤 05** 在【材质 2】后方的通道上加载VRayMtl，设置【漫反射】为深棕色。在【反射】后方的通道上加载【衰减】程序贴图，分别设置颜色为棕色和黄色，接着设置【细分】为6，【光泽度】为0.78，并取消勾选【菲涅耳反射】选项，如图11-156所示。

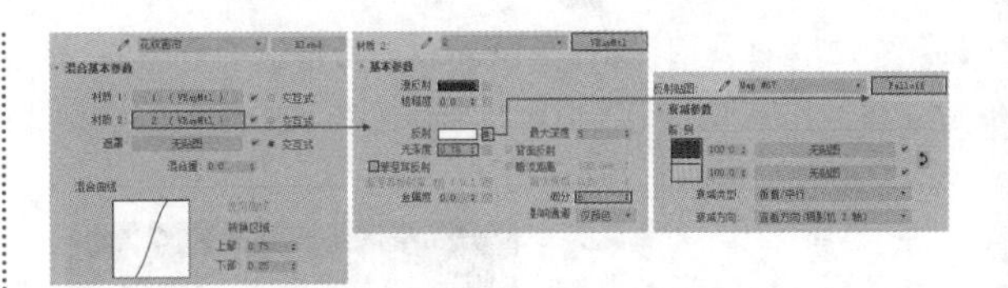

图 11-156

**步骤 06** 单击【双向反射分布函数】前方的 ▸ 按钮，打开【双向反射分布函数】卷展栏，并选择【沃德】选项，设置【各向异性】为0.7，【旋转】为30，如图11-157所示。

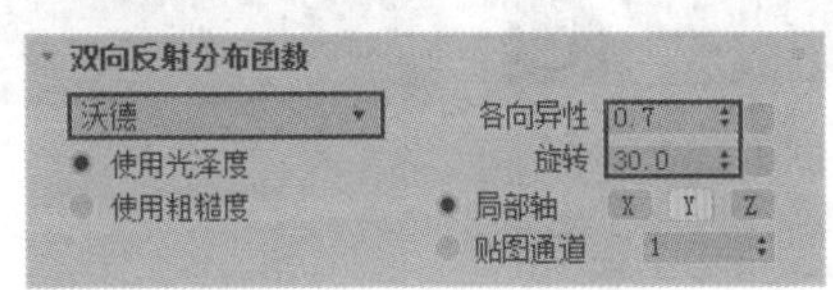


图 11-157

**步骤 07** 展开【贴图】卷展栏，设置【反射】后方的数值为71，如图11-158所示。

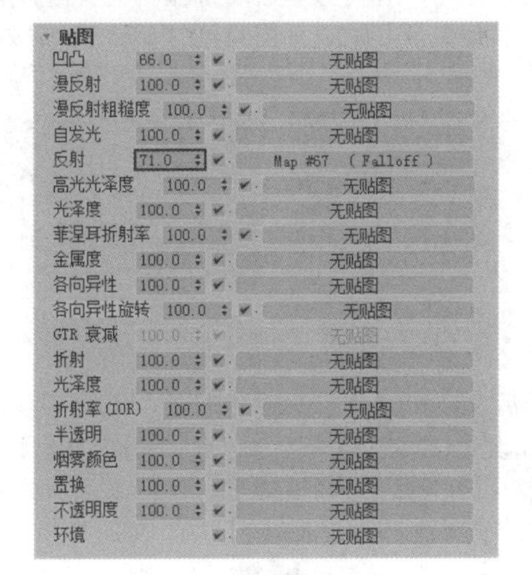


图 11-158

**步骤 08** 在【遮罩】后方的通道上加载【1140066.jpg】贴图文件，如图11-159所示。

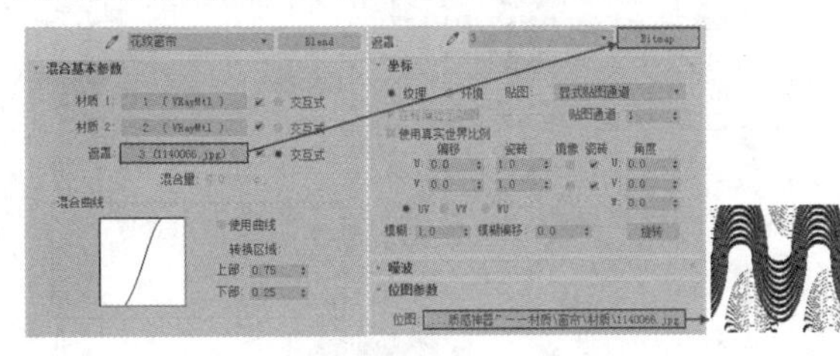

图 11-159

**步骤 09** 双击材质球，效果如图11-160所示。

步骤 10 选择模型，单击 (将材质指定给选定对象)按钮，将制作完毕的花纹窗帘材质赋给场景中相应的模型，如图11-161所示。

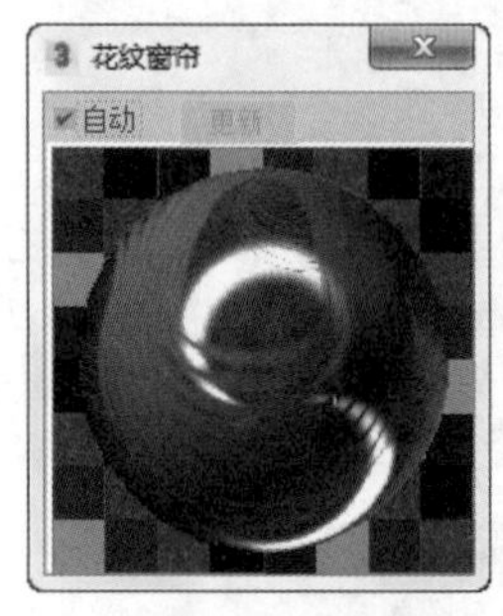

图 11-160

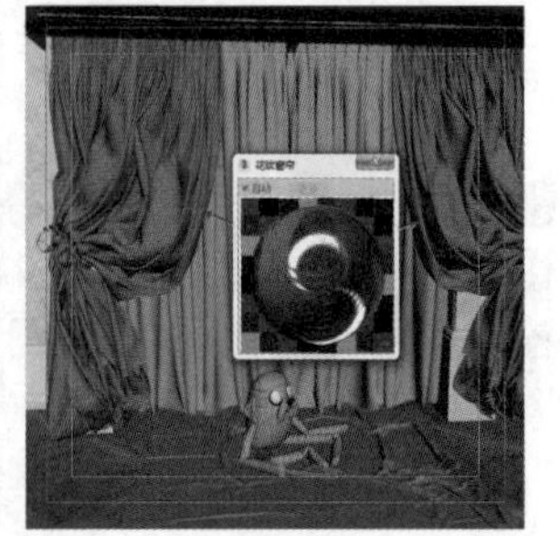

图 11-161

## Part 02 透光窗帘

步骤 01 单击一个材质球，设置材质类型为【多维/子对象】材质，命名为【透光窗帘】。在【多维/子对象基本参数】卷展栏中单击【设置数量】按钮，在弹出的窗口中设置【材质数量】为2，如图11-162所示。此时效果如图11-163所示。

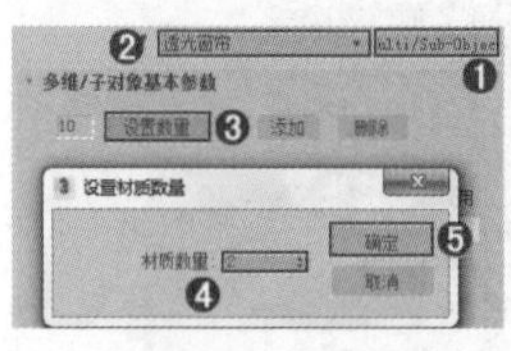

图 11-162

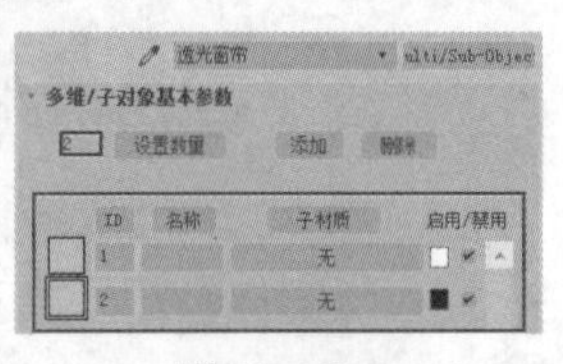

图 11-163

步骤 02 在通道1后方加载VRay2SidedMtl材质，在【正面材质】后方的通道上加载VRayMtl材质，设置【漫反射】为白色，设置【折射】为深灰色，【折射率】为1，【细分】为25。展开【双向反射分布函数】卷展栏，设置方式为【沃德】，【各向异性】为0.7，【旋转】为30，如图11-164所示。

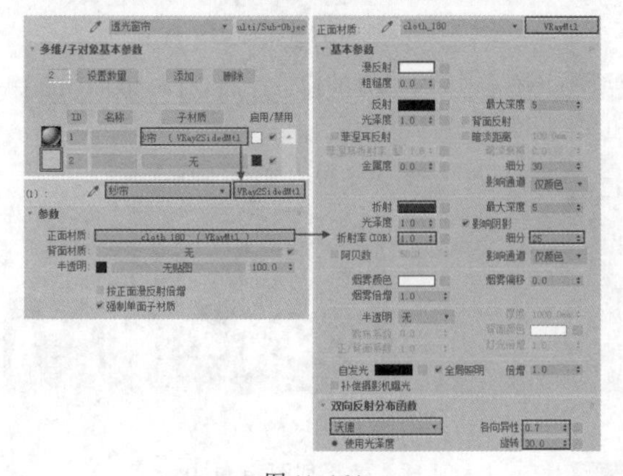

图 11-164

步骤 03 在【背面材质】后方的通道上加载VRayMtl材质，设置【漫反射】为白色，设置【折射】为深灰色，【折射率】为1，【细分】为25。展开【双向反射分布函数】卷展栏，设置方式为【沃德】，【各向异性】为0.7，【旋转】为30，如图11-165所示。

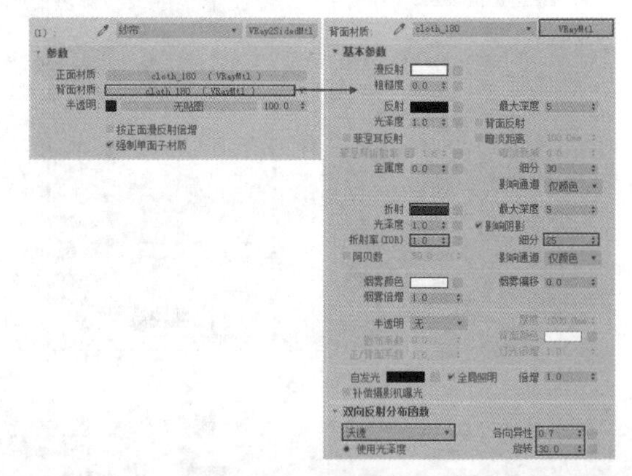

图 11-165

步骤 04 在通道2后方加载VRayMtl并命名为【边缘】，设置【漫反射】为深棕色，在【反射】后方的通道上加载【衰减】程序贴图，分别设置颜色为深棕色和黄色，设置【细分】的数值为15，【光泽度】为0.78，并取消勾选【菲涅耳反射】选项，如图11-166所示。

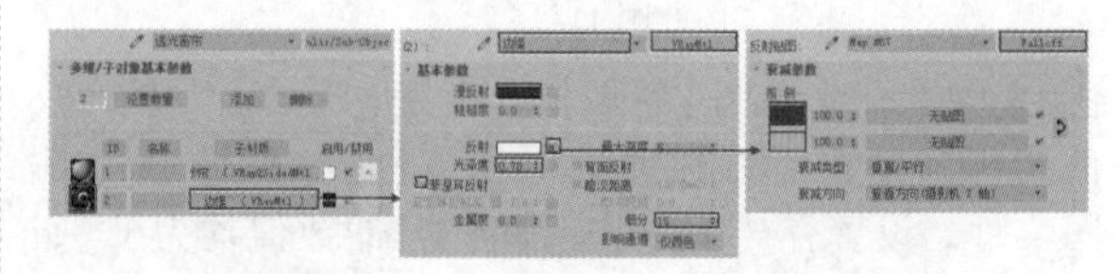

图 11-166

步骤 05 单击【双向反射分布函数】前方的 按钮，打开【双向反射分布函数】卷展栏，并选择【沃德】选项，设置【各向异性】为0.7，【旋转】为30，如图11-167所示。

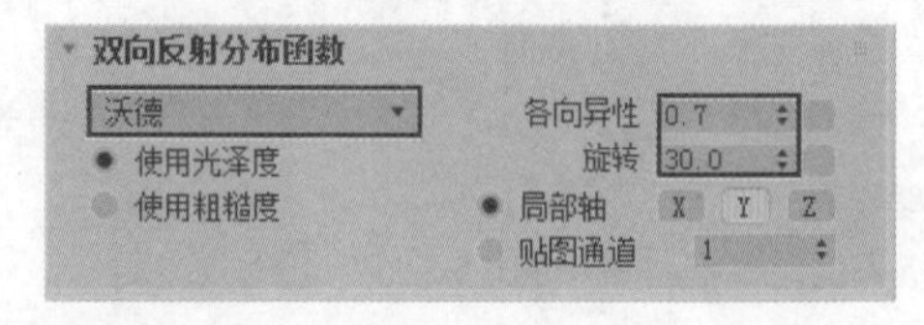


图 11-167

步骤 06 展开【贴图】卷展栏，设置【反射】后方的数值为71，如图11-168所示。

步骤 07 双击材质球，效果如图11-169所示。

步骤 08 选择模型，单击 (将材质指定给选定对象)按钮，将制作完毕的透光窗帘材质赋给场景中相应的模型，如图11-170所示。

| 贴图 | | | |
|---|---|---|---|
| 凹凸 | 30.0 | ✔ | 无贴图 |
| 漫反射 | 100.0 | ✔ | 无贴图 |
| 漫反射粗糙度 | 100.0 | ✔ | 无贴图 |
| 自发光 | 100.0 | ✔ | 无贴图 |
| 反射 | 71.0 | ✔ | Map #67 （Falloff） |
| 高光光泽度 | 100.0 | ✔ | 无贴图 |
| 光泽度 | 100.0 | ✔ | 无贴图 |
| 菲涅耳折射率 | 100.0 | ✔ | 无贴图 |
| 金属度 | 100.0 | ✔ | 无贴图 |
| 各向异性 | 100.0 | ✔ | 无贴图 |
| 各向异性旋转 | 100.0 | ✔ | 无贴图 |

图 11-168

图 11-169

图 11-170

步骤 09 继续制作场景中的其他材质并赋给相应的模型。案例最终效果如图11-171所示。

图 11-171

## 实例：使用混合材质制作下过雨的地面

文件路径：Chapter 11 质感“神器”——材质→实例：使用混合材质制作下过雨的地面

扫一扫，看视频

本案例通过【混合】材质制作地面与水面的混合质感，从而制作出下过雨的地面效果。案例最终渲染效果如图11-172所示。

图 11-172

## 操作步骤

步骤 01 打开场景文件，如图11-173所示。

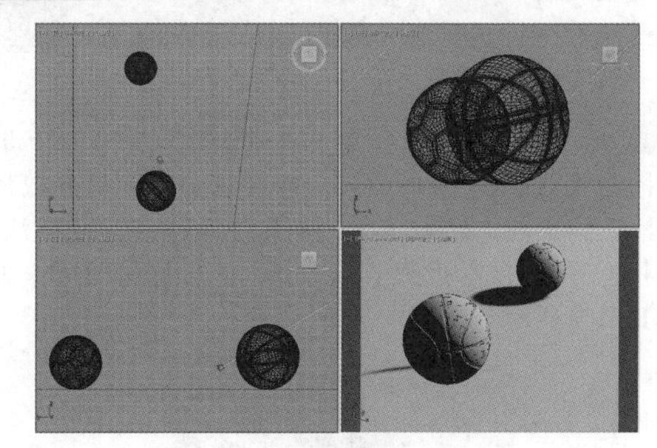

图 11-173

步骤 02 按下M键，打开【材质编辑器】窗口，在该窗口内选择一个材质球，单击 Standard （标准）按钮，在弹出的【材质/贴图浏览器】对话框中选择【混合】材质，单击【确定】按钮，如图11-174所示。

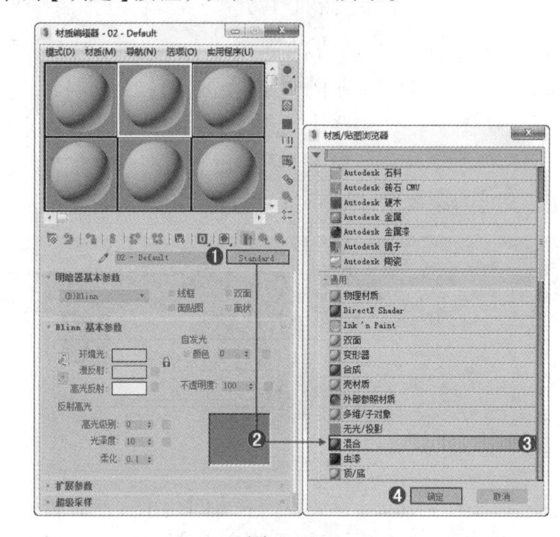


图 11-174

**步骤 03** 将其命名为【下过雨的地面】，在【材质1】后方的通道上加载VRayMtl材质，接着在【漫反射】后方的通道上加载【Road444.jpg】贴图文件，设置【模糊】的数值为0.01。在【反射】选项组中设置【反射】的颜色为深灰色，【光泽度】为0.9，勾选【菲涅耳反射】选项，设置【细分】为20，如图11-175所示。

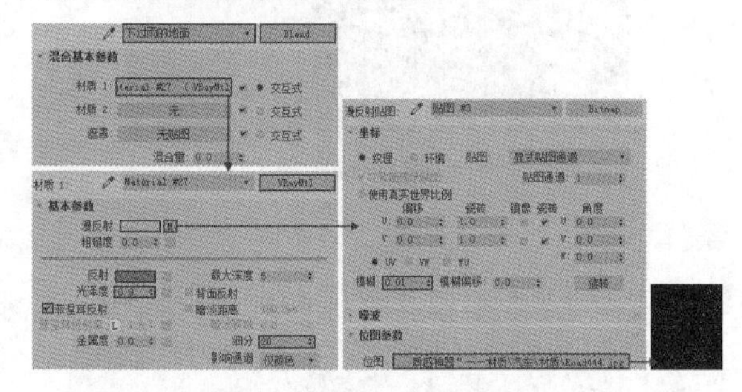

图 11-175

**步骤 04** 展开【贴图】卷展栏，将【漫反射】后方的贴图拖曳到【凹凸】的后方，放置在通道上后释放鼠标，在弹出的【复制(实例)贴图】窗口中设置【方法】为【复制】。接着设置【凹凸】后方的数值为60，如图11-176所示。

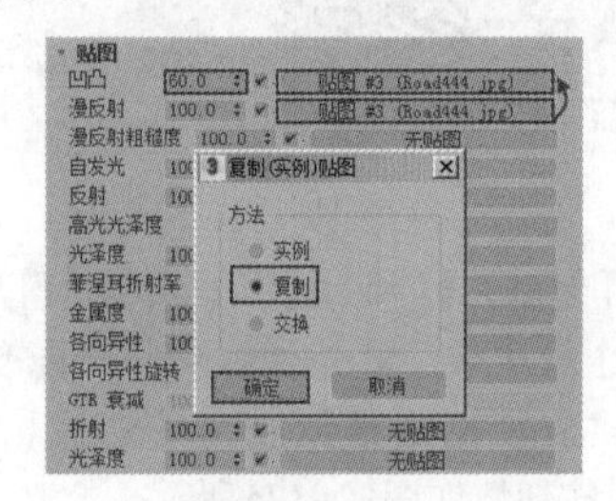


图 11-176

**步骤 05** 在【材质2】后方的通道上加载VRayMtl材质，接着在【漫反射】后方的通道上加载【Road444 - 副本.jpg】贴图文件。设置【反射】为白色，【光泽度】为0.95，勾选【菲涅耳反射】选项，设置【细分】为20，设置【折射】为深灰色，如图11-177所示。

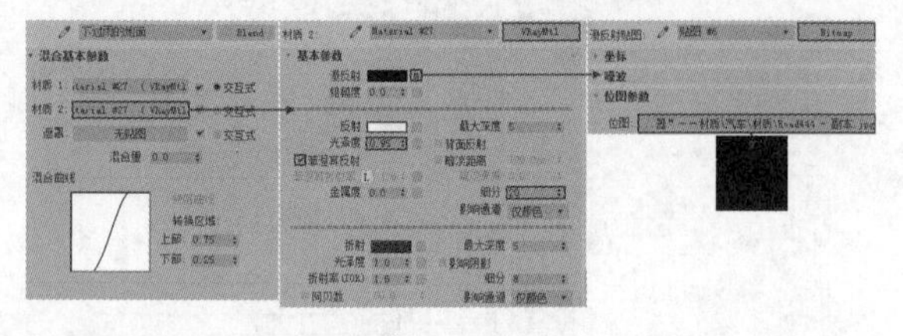

图 11-177

**步骤 06** 展开【贴图】卷展栏，在【凹凸】后方的通道上加载【噪波】程序贴图，设置【瓷砖】下方【Y】和【Z】为5，设置【大小】为10，如图11-178所示。

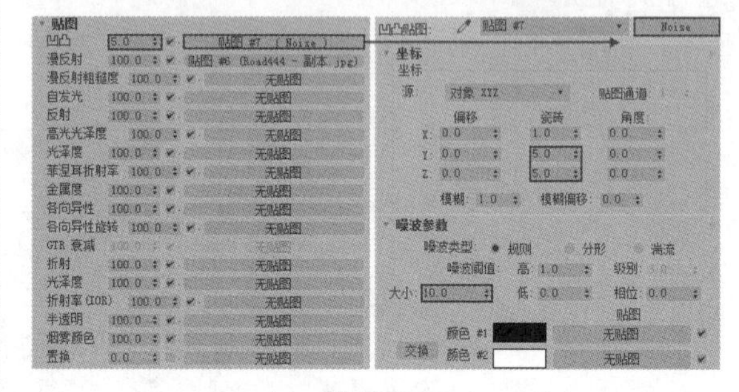

图 11-178

**步骤 07** 在【遮罩】后方的通道上加载【Puddles3.jpg】贴图文件，如图11-179所示。

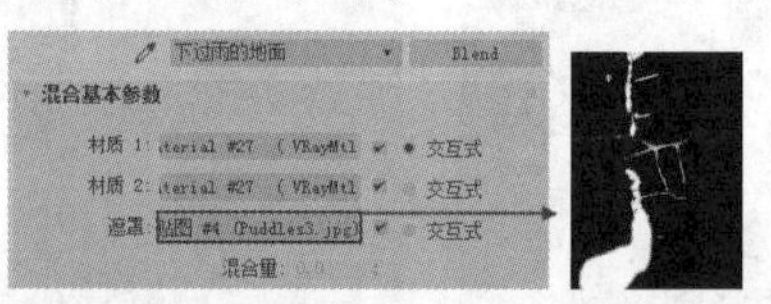

图 11-179

**步骤 08** 双击材质球，效果如图11-180所示。

**步骤 09** 选择模型，单击 (将材质指定给选定对象)按钮，将制作完毕的下过雨的地面材质赋给场景中相应的模型，如图11-181所示。

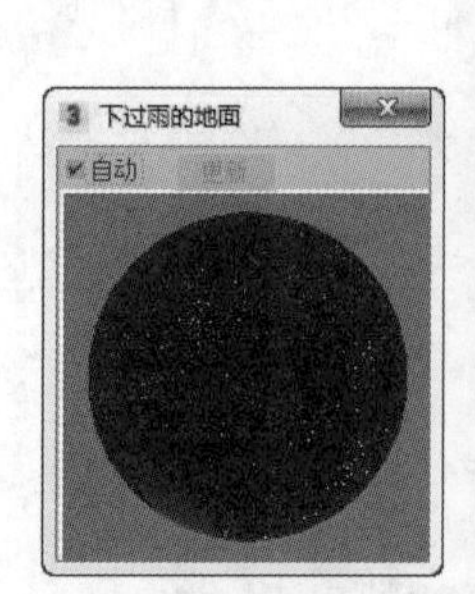


图 11-180

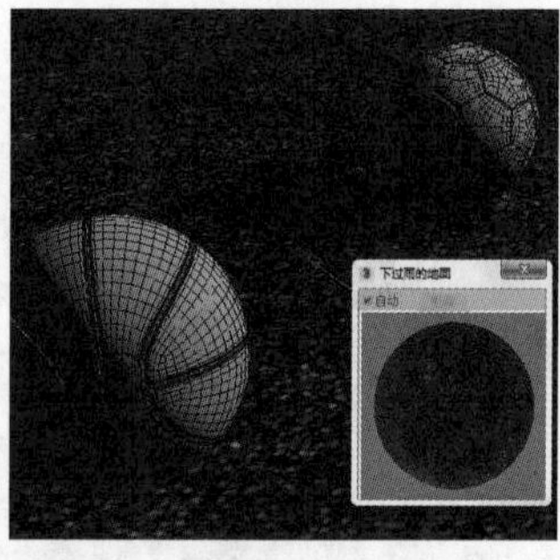

图 11-181

**步骤 10** 继续制作场景中的其他材质并赋给相应的模型。案例最终效果如图11-182所示。

图 11-182

## 实例：使用VRayMtl材质、VRay混合材质制作金属椅子

扫一扫，看视频

文件路径：Chapter 11 质感"神器"——材质→实例：使用VRayMtl材质、VRay混合材质制作金属椅子

本案例使用VRayMtl材质、【VRay混合材质】，使用【混合】【衰减】【VRay污垢】程序贴图制作椅子材质。本案例难度比较大，需要读者慢慢学习理解。案例最终渲染效果如图11-183所示。

图 11-183

## 操作步骤

### Part 01 椅子绒布

步骤 01 打开本书场景文件，如图11-184所示。

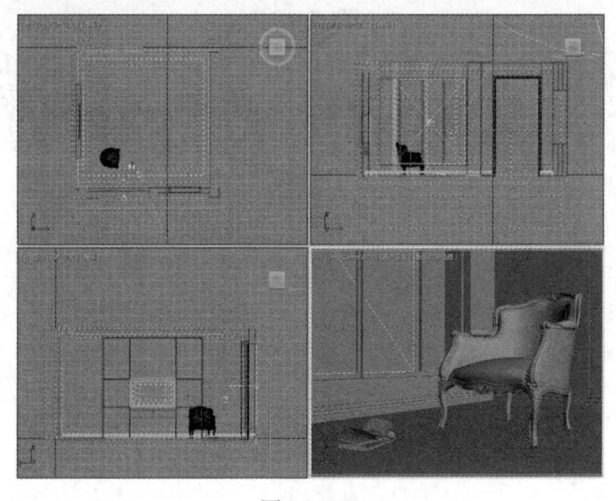

图 11-184

步骤 02 按下M键，打开【材质编辑器】窗口，选择一个材质球，设置材质类型为VRayMtl材质。在【漫反射】后方的通道上加载【混合】程序贴图，在【颜色 #1】后方的通道上加载【混合】程序贴图，设置【颜色 #1】为灰黑色，【颜色 #2】为深棕色，接着在【混合量】后方的通道上加载【he04_01.jpg】贴图文件，设置【瓷砖】下方【U】为1，【V】为0.5，如图11-185所示。

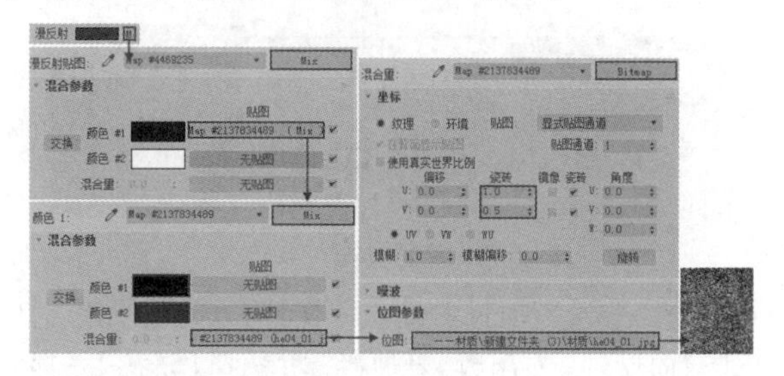

图 11-185

步骤 03 在【颜色 #2】后方的通道上加载【混合】程序贴图，设置【颜色 #1】为淡橘黄色，【颜色 #2】为深棕色，接着在【混合量】后方的通道上加载【he04_01.jpg】贴图文件，设置【瓷砖】下方【U】为1，【V】为0.5，【模糊】为0.05，如图11-186所示。

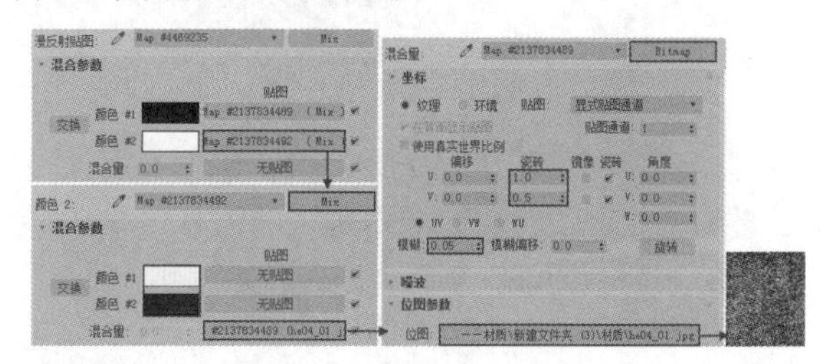

图 11-186

步骤 04 在【混合量】后方的通道上加载【衰减】程序贴图，在下方的通道上加载【velvet_mix_01.jpg】贴图文件，并设置前方的数值为80，并设置【混合曲线】的形状，如图11-187所示。

步骤 05 返回到最初的【基本参数】卷展栏，在【反射】后方的通道上加载【衰减】程序贴图，接着设置下方的颜色分别为黑色和深灰色，如图11-188所示。

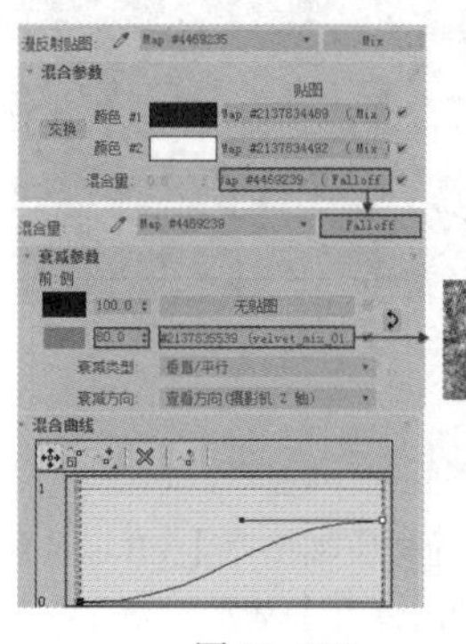

图 11-187

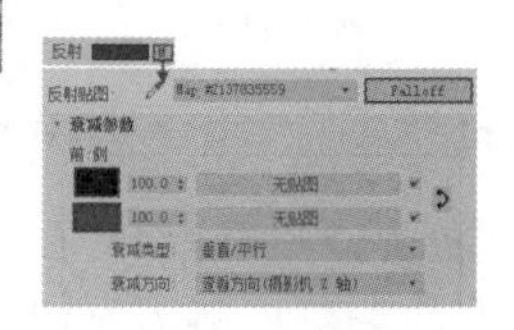

图 11-188

**步骤 06** 设置【光泽度】为0.65，并在其后方的通道上加载【velvet_mix_01.jpg】贴图文件。取消勾选【菲涅耳反射】，设置【细分】为30，如图11-189所示。

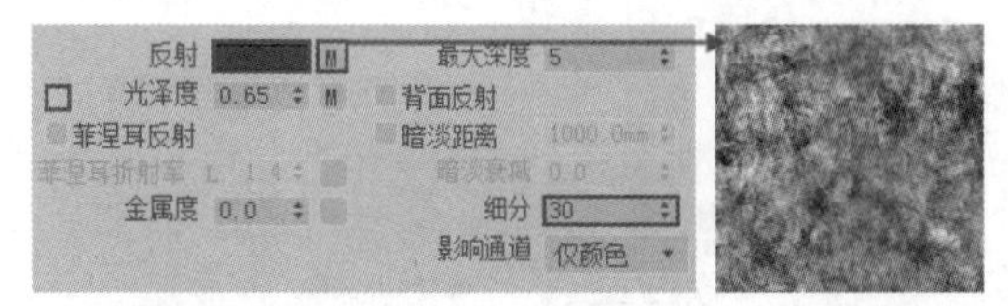


图 11-189

**步骤 07** 单击【双向反射分布函数】前方的 ▸ 按钮，打开【双向反射分布函数】卷展栏，并选择【沃德】选项，设置【各向异性】为0.7。展开【贴图】卷展栏，设置【光泽度】为50，如图11-190所示。

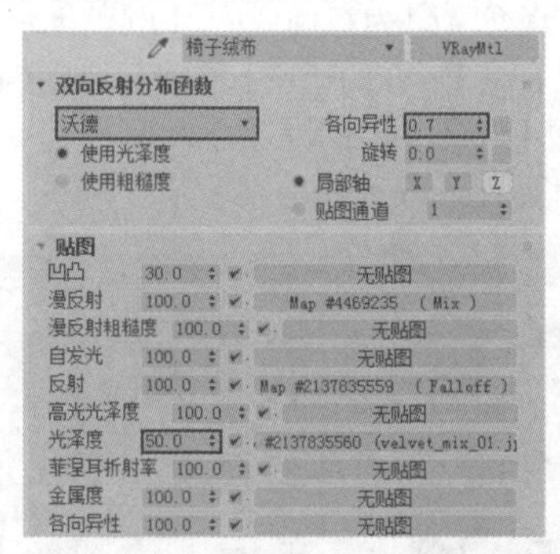


图 11-190

**步骤 08** 双击材质球，效果如图11-191所示。

**步骤 09** 选择模型，单击 （将材质指定给选定对象）按钮，将制作完毕的椅子绒布材质赋给场景中相应的模型，如图11-192所示。制作完成剩余的材质，最终渲染效果见本案例最开始。

图 11-191

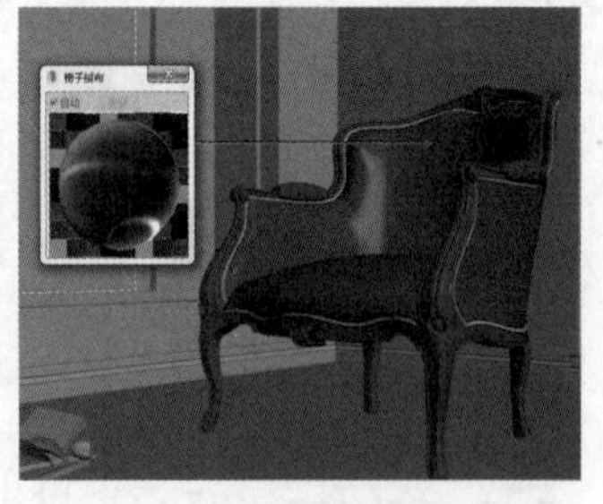

图 11-192

## Part 02　椅子金属

**步骤 01** 单击一个材质球，设置材质类型为【VRay混合材质】材质，命名为【椅子金属】。在【基本材质】后方的通道上加载VRayMtl材质，在【漫反射】后方的通道上加载【Mix（混合）】程序贴图，设置【颜色 #1】为深棕色，【颜色 #2】为深灰色，在【混合量】后方的通道上加载【Scraches.jpg】贴图文件，如图11-193所示。

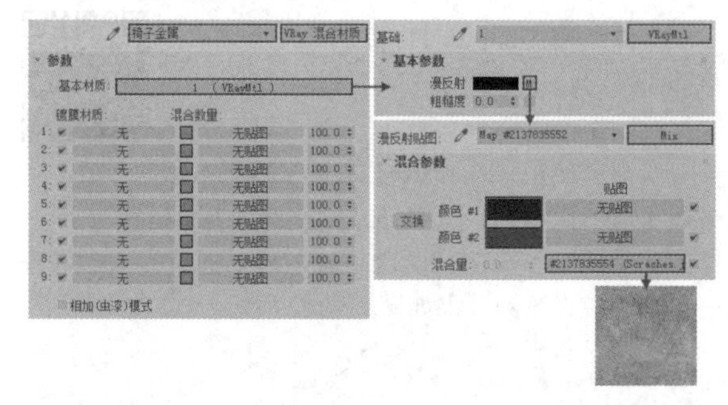


图 11-193

**步骤 02** 在【反射】后方的通道上加载【混合】程序贴图，设置【颜色 #1】为深棕色，【颜色 #2】为橘黄色，接着在【混合量】后方的通道上加载【Scraches.jpg】贴图文件，如图11-194所示。

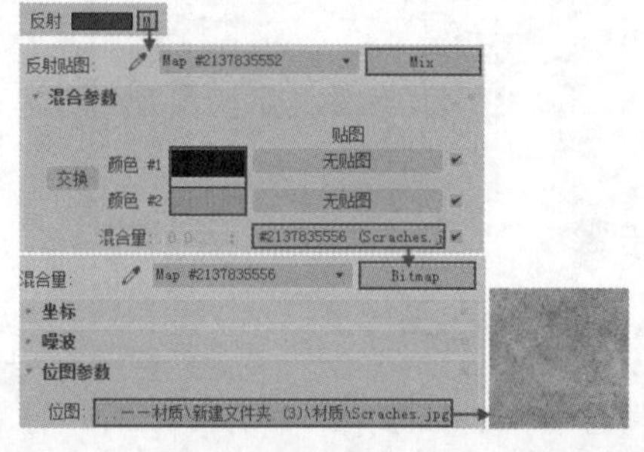


图 11-194

**步骤 03** 设置【光泽度】为0.6，并在其后方的通道上加载【Scraches.jpg】贴图文件，接着取消勾选【菲涅耳反射】选项，设置【细分】为25，如图11-195所示。

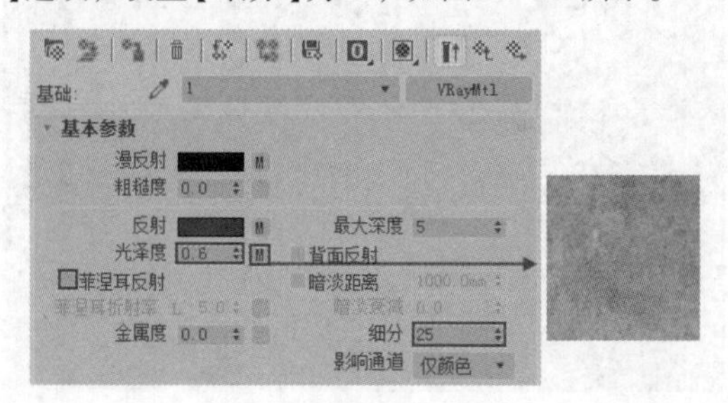


图 11-195

**步骤 04** 单击【双向反射分布函数】前方的 ▸ 按钮，打开【双向反射分布函数】卷展栏，并选择【反射】选项，设置【各向异性】为0.1，【旋转】为0.1，如图11-196所示。

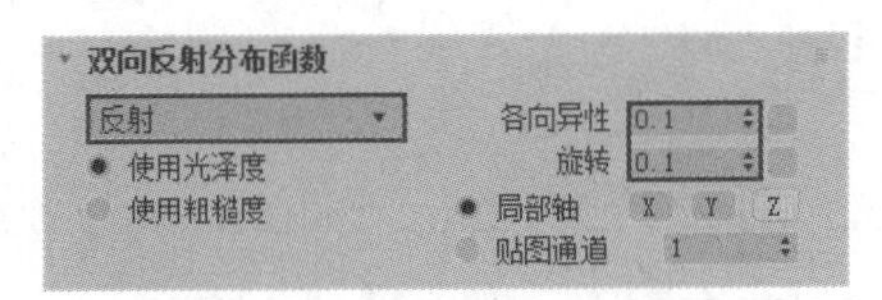


图 11-196

**步骤 05** 在【镀膜材质】通道1前方加载VRayMtl材质，设置【漫反射】为深棕色，【反射】为橘黄色，【光泽度】为0.83，并在其后方加载【Scraches.jpg】贴图文件，接着取消勾选【菲涅耳反射】选项，设置【细分】为25，如图11-197所示。

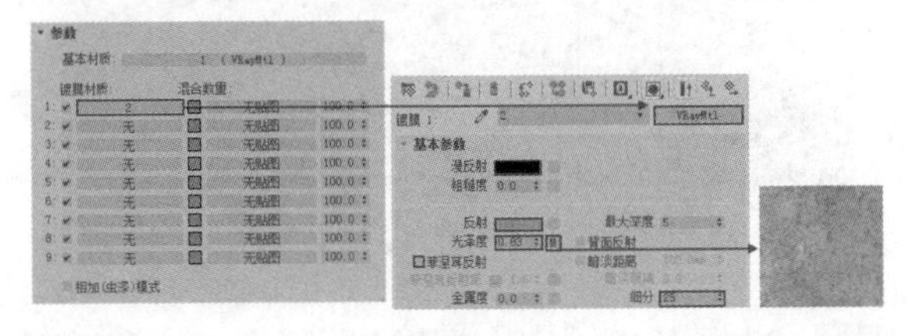

图 11-197

**步骤 06** 单击【双向反射分布函数】前方的▸按钮，打开【双向反射分布函数】卷展栏，并选择【反射】选项，如图11-198所示。

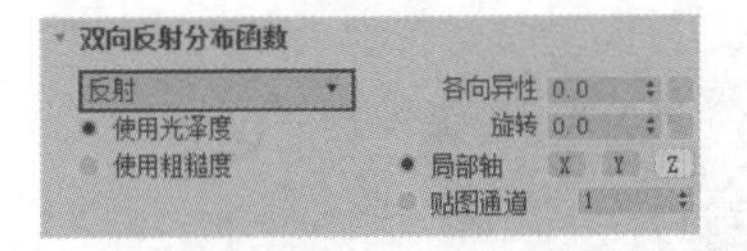


图 11-198

**步骤 07** 展开【贴图】卷展栏，设置【光泽度】为25。设置【凹凸】后方的数值为2，并在其后方加载【Scraches.jpg】贴图文件，如图11-199所示。

**步骤 08** 在【混合数量】下方的通道上加载【输出】程序贴图，在【贴图】后方的通道上加载【VRay污垢】程序贴图，设置【半径】为100mm，【阳光颜色】为白色，【非阳光颜色】为黑色，【细分】为8，如图11-200所示。

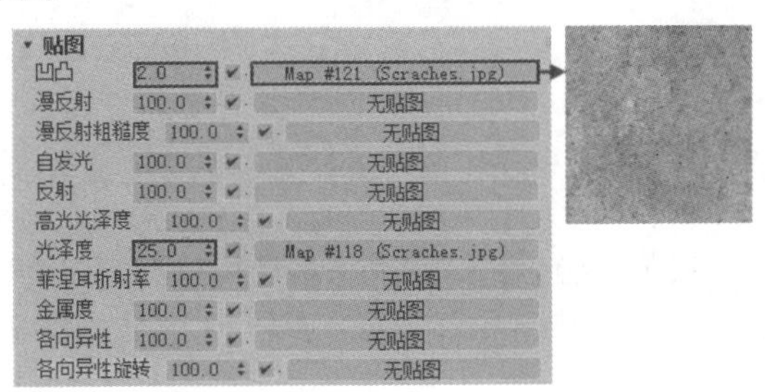


图 11-199

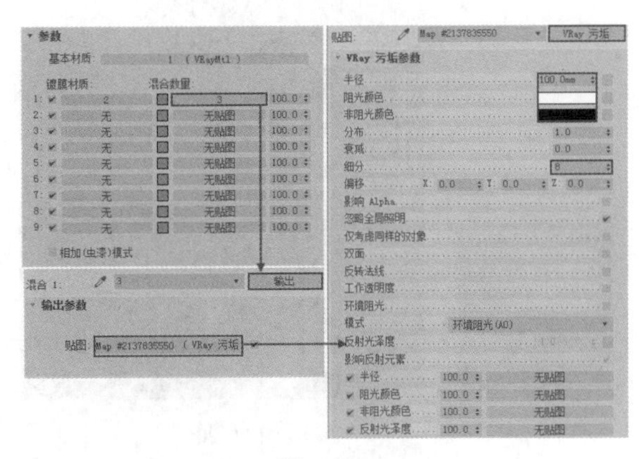

图 11-200

**步骤 09** 双击材质球，效果如图11-201所示。

**步骤 10** 选择模型，单击 (将材质指定给选定对象)按钮，将制作完毕的椅子金属材质赋给场景中相应的模型，如图11-202所示。

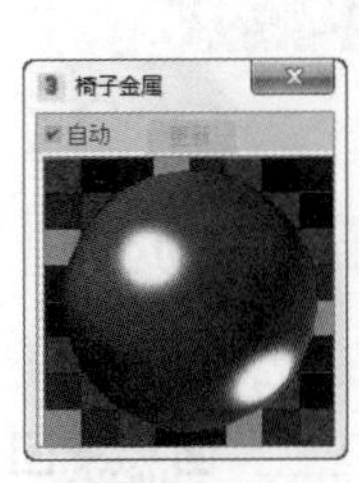


图 11-201

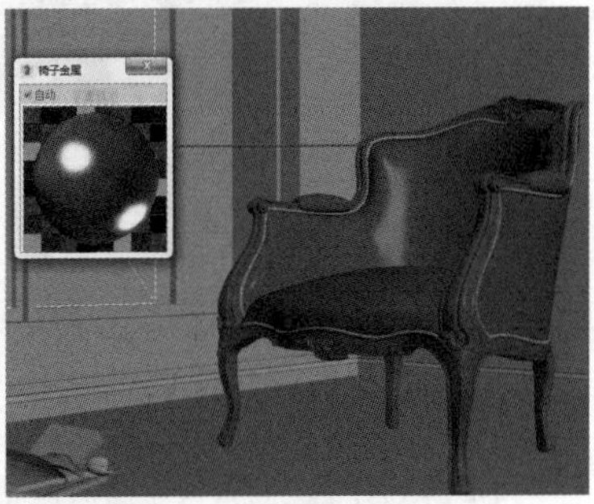

图 11-202

## Part 03 壁纸

**步骤 01** 单击一个材质球，设置材质类型为VRayMtl材质，命名为【壁纸】。在【漫反射】后方的通道上加载【壁纸.jpg】贴图文件，如图11-203所示。

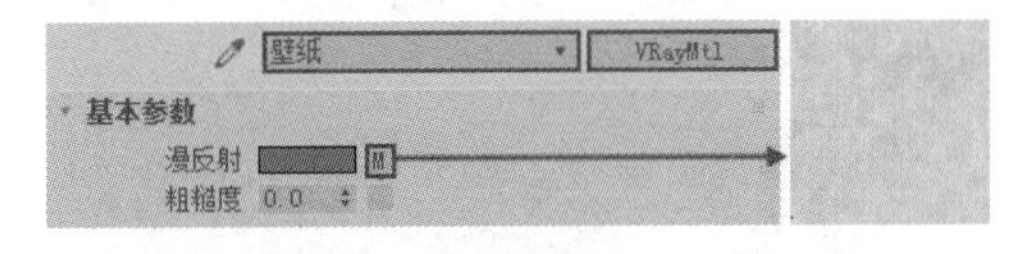


图 11-203

**步骤 02** 双击材质球，效果如图11-204所示。

**步骤 03** 选择模型，单击 (将材质指定给选定对象)按钮，将制作完毕的壁纸材质赋给场景中相应的模型，如图11-205所示。

**步骤 04** 继续制作场景中的其他材质并赋给相应的模型。案例最终效果如图11-206所示。

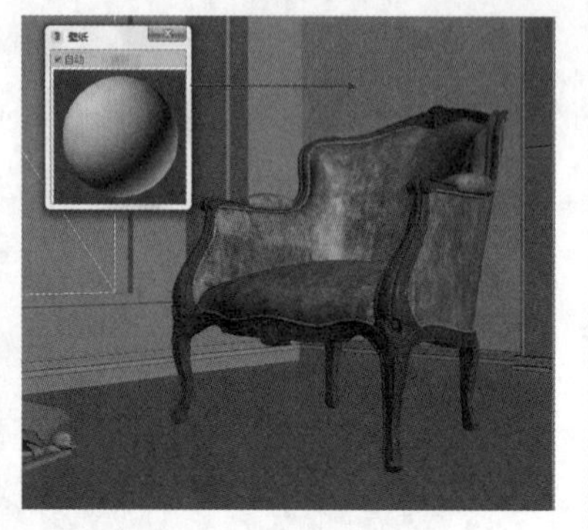

图 11-204　　图 11-205

图 11-206

## 实例：使用混合材质、VRay混合材质、VRayMtl材质制作床材质

文件路径：Chapter 11 质感“神器”——材质→实例：使用混合材质、VRay混合材质、VRayMtl材质制作床材质

扫一扫，看视频

本案例应用【混合】材质、【VRay混合】材质、【VRayMtl】材质，应用【合成】【衰减】【细胞】程序贴图制作条纹床单、床软包、木地板、灯罩材质。本案例难点在于【合成】程序贴图的应用，案例最终渲染效果如图11-207所示。

图 11-207

## 操作步骤

### Part 01　条纹床单

步骤 01 打开场景文件，如图11-208所示。

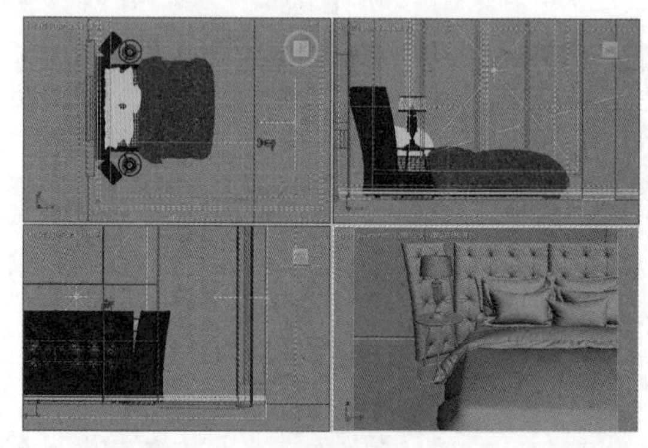

图 11-208

步骤 02 按下M键，打开【材质编辑器】窗口，接着在该窗口内选择一个材质球，单击 Standard （标准）按钮，在弹出的【材质/贴图浏览器】对话框中选择【混合】材质，单击【确定】按钮，如图11-209所示。

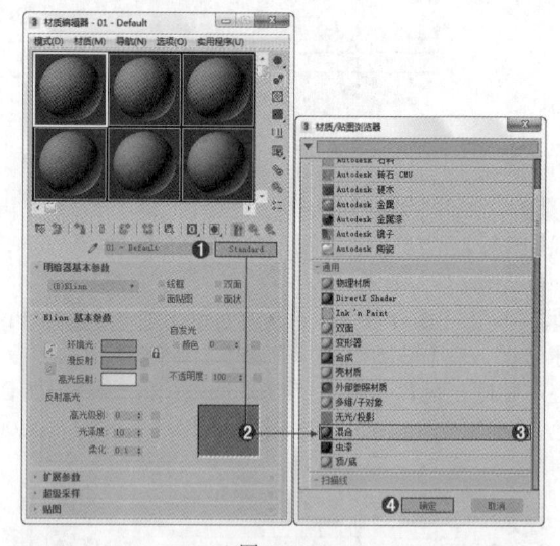


图 11-209

步骤 03 将其命名为【条纹床单】，展开【混合基本参数】卷展栏，在【材质1】后方的通道上加载VRayMtl材质。在【漫反射】后方的通道上加载【合成】程序贴图，单击两次 按钮，添加【层2】和【层3】，如图11-210所示。

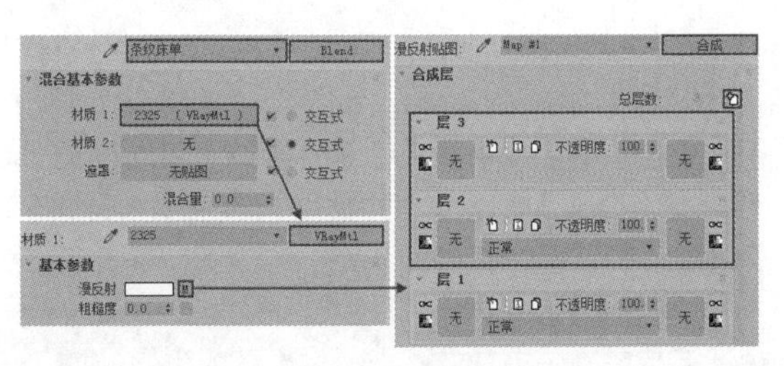

图 11-210

**步骤 04** 在【层3】前方的通道上加载【difuz 3.jpg】贴图文件，并设置【瓷砖】下方【U】和【V】的数值均为10，在后方的通道上加载【衰减】程序贴图，并调整【混合曲线】的形状，如图11-211所示。

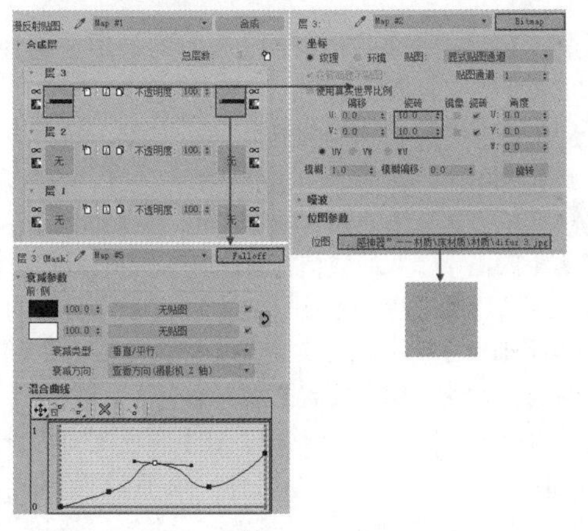

图 11-211

**步骤 05** 在【层2】前方的通道上加载【difuz 3.jpg】贴图文件，并设置【瓷砖】下方【U】和【V】的数值均为10，接着在后方的通道上加载【衰减】程序贴图，并分别设置颜色为黑色和深灰色，并调整【混合曲线】的形状，如图11-212所示。

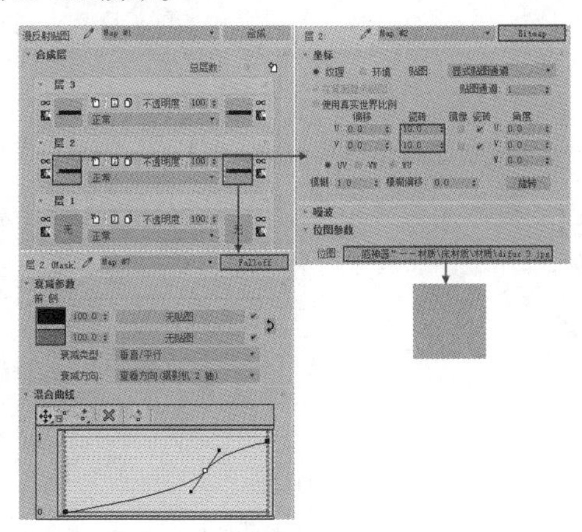

图 11-212

**步骤 06** 在【层1】前方的通道上加载【difuz 3.jpg】贴图文件，并设置【瓷砖】下方【U】和【V】的数值均为10，如图11-213所示。

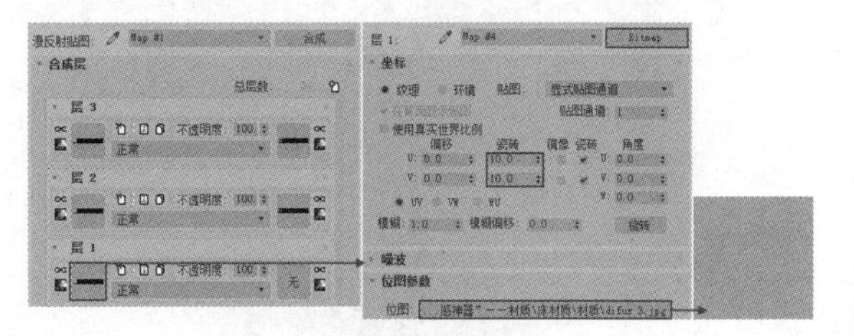

图 11-213

**步骤 07** 用右键单击当前界面的【合成】按钮，选择【复制】，如图11-214所示。

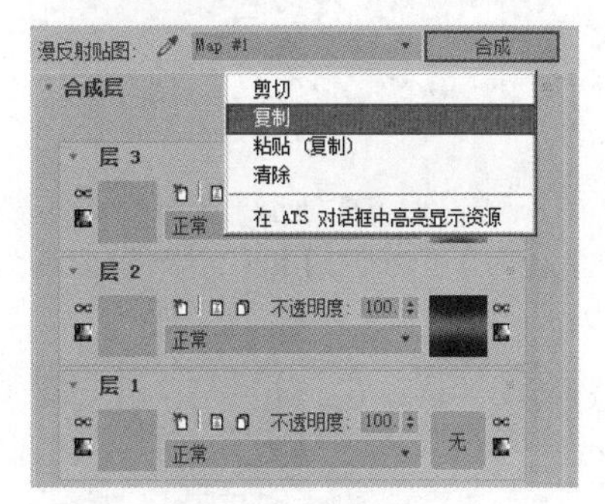


图 11-214

**步骤 08** 单击两次（转到父对象）按钮，回到最初界面，并在【材质2】后方的通道上加载VRayMtl材质，如图11-215所示。

**步骤 09** 单击进入【材质2】通道，在【漫反射】通道后方单击右键，选择【粘贴(复制)】，如图11-216所示。

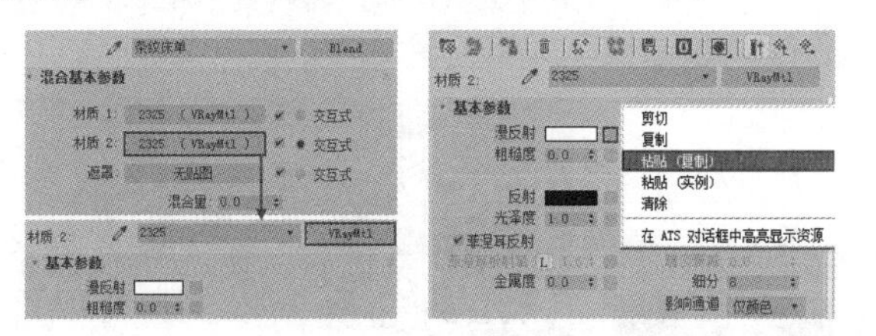

图 11-215　　图 11-216

**步骤 10** 在【反射】后方的通道上加载【reflect.png】贴图文件，在【光泽度】后方的通道上加载【reflect.png】贴图文件，接着勾选【菲涅耳反射】选项，如图11-217所示。

**步骤 11** 在【贴图】卷展栏中设置【反射】后方的数值为20，如图11-218所示。

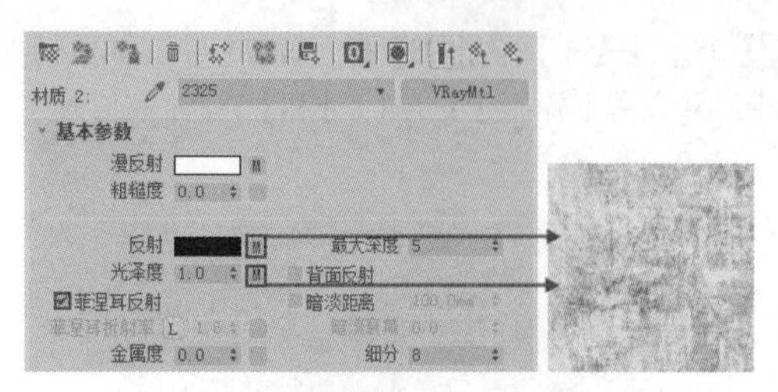


图 11-217

| 贴图 | | | |
|---|---|---|---|
| 凹凸 | 100.0 | ✔ | 无贴图 |
| 漫反射 | 100.0 | ✔ | 贴图 #2 （合成） |
| 漫反射粗糙度 | 100.0 | ✔ | 无贴图 |
| 自发光 | 100.0 | ✔ | 无贴图 |
| 反射 | 20.0 | ✔ | Map #1 (reflect.png) |
| 高光光泽度 | 100.0 | ✔ | 无贴图 |
| 光泽度 | 100.0 | ✔ | Map #0 (reflect.png) |
| 菲涅耳折射率 | 100.0 | ✔ | 无贴图 |
| 金属度 | 100.0 | ✔ | 无贴图 |
| 各向异性 | 100.0 | ✔ | 无贴图 |
| 各向异性旋转 | 100.0 | ✔ | 无贴图 |

图 11-218

步骤 12 在【遮罩】后方的通道上加载【mix.jpg】贴图文件，设置【瓷砖】下方【U】和【V】的数值均为15，如图11-219所示。

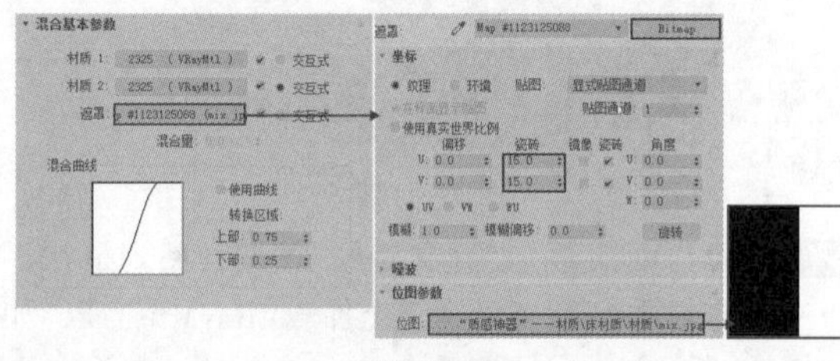

图 11-219

步骤 13 双击材质球，效果如图11-220所示。

步骤 14 选择模型，单击 （将材质指定给选定对象）按钮，将制作完毕的条纹床单材质赋给场景中相应的模型，如图11-221所示。

图 11-220

图 11-221

## Part 02 床软包

步骤 01 选择一个空白的材质球，设置材质类型为【VRay混合材质】，命名为【床软包】。在【基本材质】后方的通道上加载VRayMtl，如图11-222所示。

步骤 02 进入【基本材质】后方的通道，用同样的方法将刚才的【合成】贴图复制并粘贴在当前材质球的【漫反射】通道上，如图11-223所示。

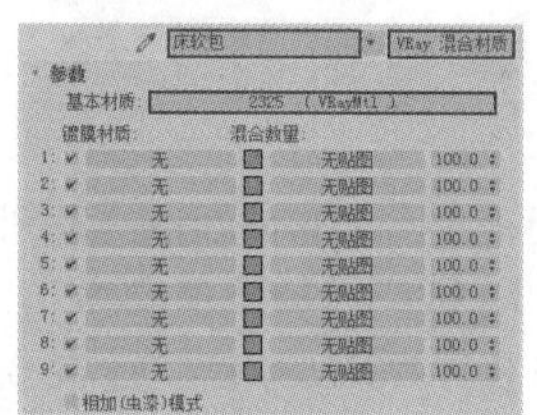

图 11-222

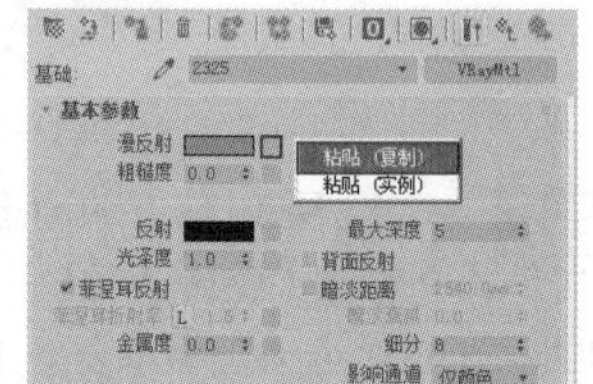


图 11-223

步骤 03 右键单击【基本材质】后方的通道，选择【复制】，如图11-224所示。

步骤 04 在【镀膜材质】通道上单击右键，选择【粘贴（复制）】，如图11-225所示。

步骤 05 单击进入【镀膜材质】通道，在【贴图】卷展栏中设置【凹凸】后方的数值为100，在【凹凸】后方的通道上加载【混合】程序贴图，在【颜色 #1】后方的通道上加载【细胞】程序贴图，设置【瓷砖】下方【X】【Y】【Z】的数值均为2.54，设置【细胞颜色】为黑色，【分界颜色】为白色，【大小】为0.001。在【颜色 #2】后方的通道上加载【difuz 3.jpg】贴图文件。最后设置【混合量】为50，如图11-226所示。

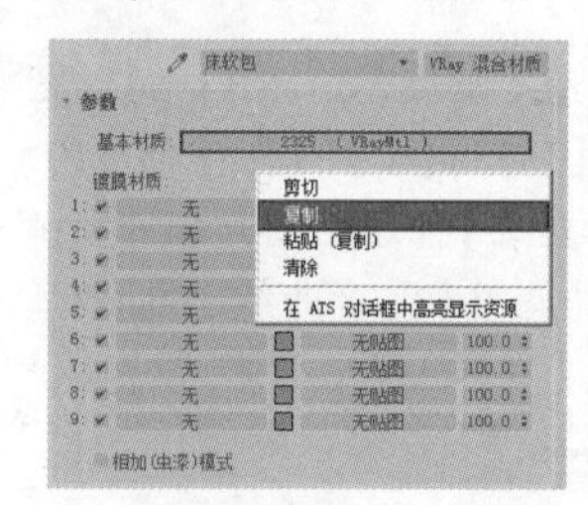


图 11-224

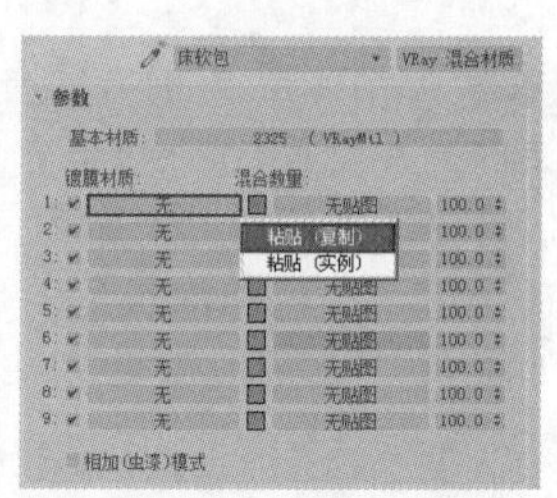


图 11-225

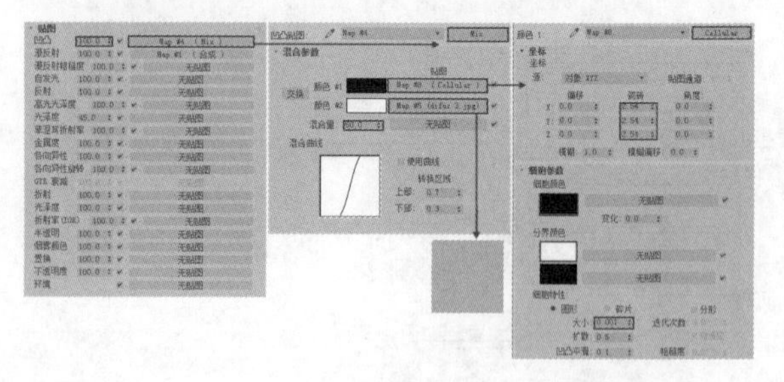

图 11-226

步骤 06 在【混合数量】下方的通道上加载【patchy.

png】贴图文件，如图11-227所示。

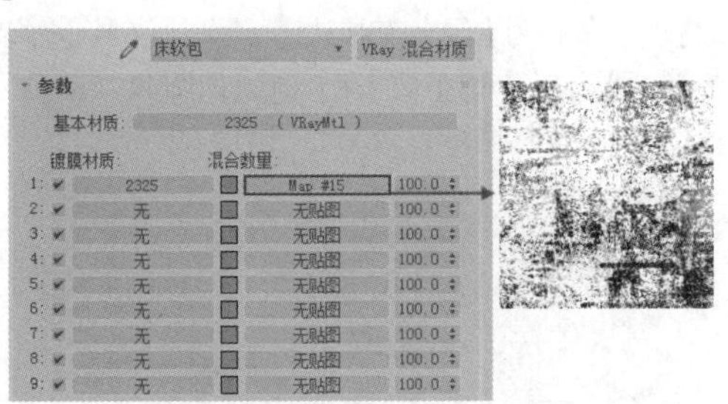


图 11-227

步骤 07 双击材质球，效果如图11-228所示。

步骤 08 选择模型，单击（将材质指定给选定对象）按钮，将制作完毕的床软包材质赋给场景中相应的模型，如图11-229所示。

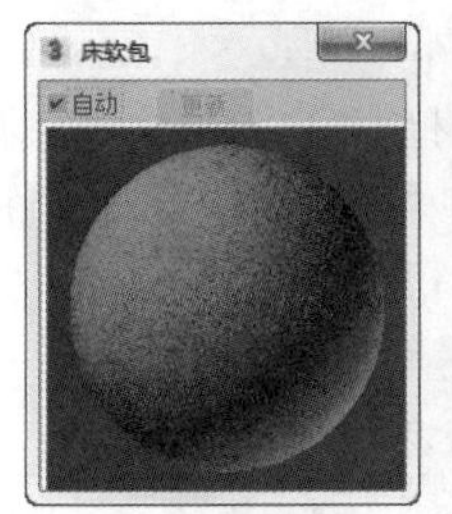


图 11-228

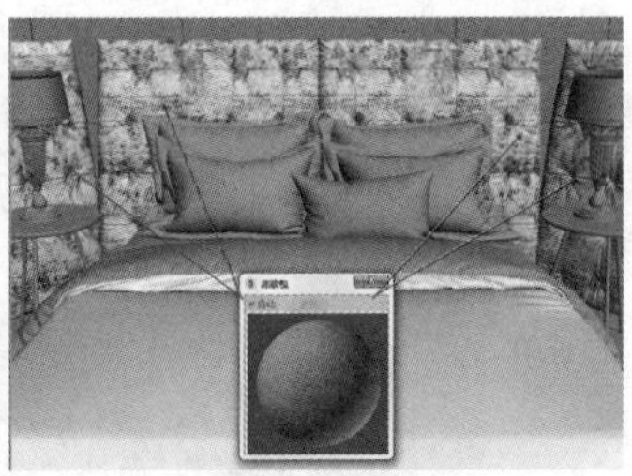

图 11-229

## Part 03　木地板

步骤 01 选择一个空白的材质球，设置材质类型为VRayMtl材质，命名为【木地板】。在【漫反射】后方的通道上加载【木地板.jpg】贴图文件，在【反射】后方的通道上加载【衰减】程序贴图，并分别设置颜色为深灰色和白色，【衰减类型】为Fresnel，接着设置【光泽度】为0.86，勾选【菲涅耳反射】选项，设置【细分】为20，【最大深度】为2，如图11-230所示。

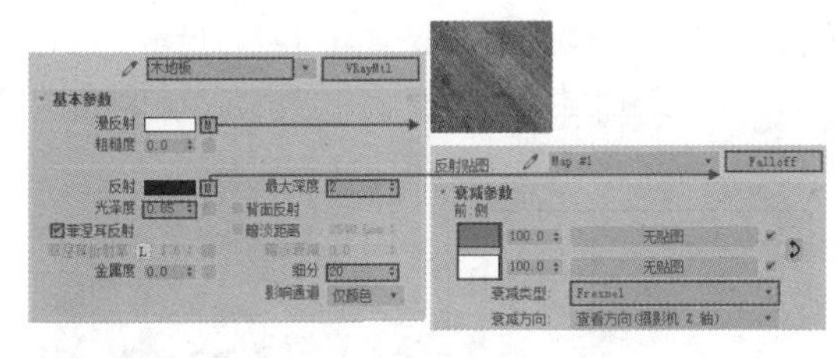

图 11-230

步骤 02 双击材质球，效果如图11-231所示。

步骤 03 选择模型，单击（将材质指定给选定对象）按钮，将制作完毕的木地板材质赋给场景中相应的模型，如图11-232所示。

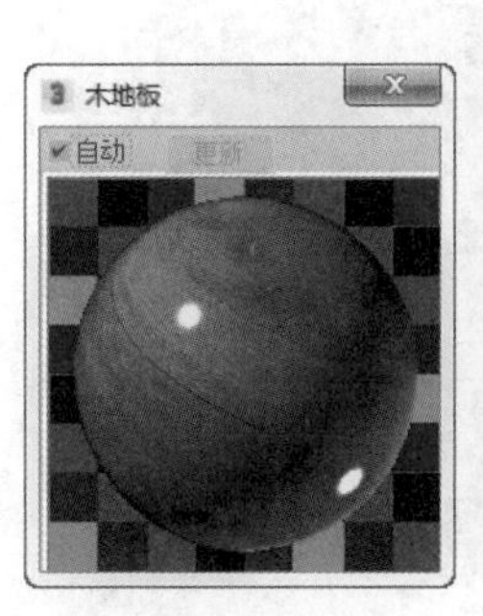


图 11-231

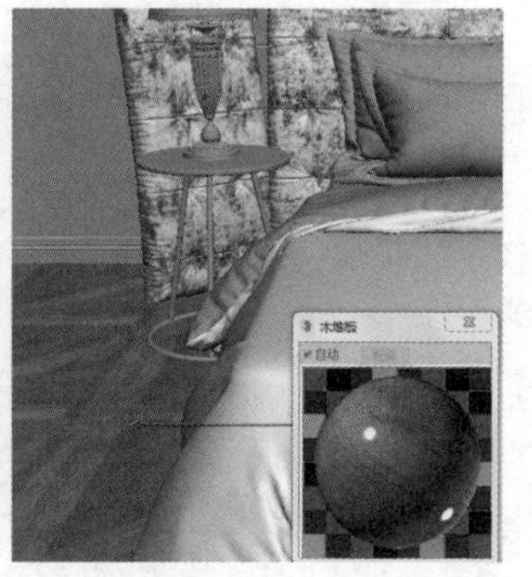

图 11-232

## Part 04　灯罩

步骤 01 选择一个空白的材质球，设置材质类型为VRayMtl材质，命名为【灯罩】。设置【漫反射】为浅黄色，设置【折射】为深灰色，【光泽度】为0.65，【细分】为20，如图11-233所示。

步骤 02 双击材质球，效果如图11-234所示。

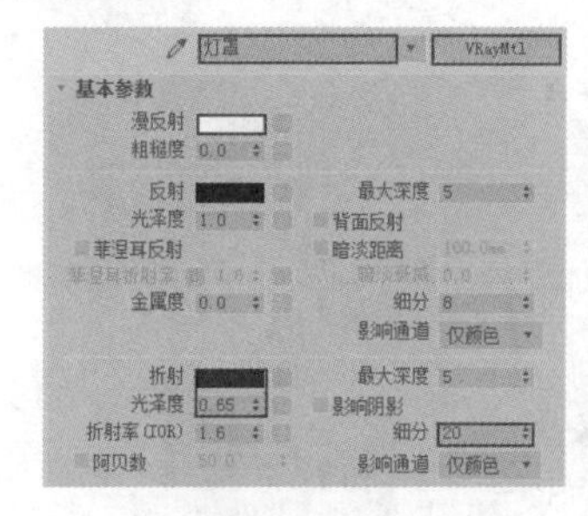


图 11-233

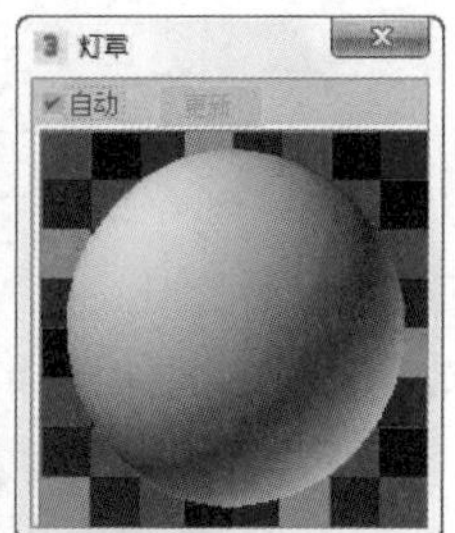


图 11-234

步骤 03 选择模型，单击（将材质指定给选定对象）按钮，将制作完毕的灯罩材质赋给场景中相应的模型，如图11-235所示。

图 11-235

步骤 04 继续制作场景中的其他材质并赋给相应的模型。案例最终效果如图11-236所示。

图 11-236

## 实例：使用Ink'n Paint材质制作卡通效果

文件路径：Chapter 11 质感“神器”——材质→使用Ink'n Paint材质制作卡通效果

扫一扫，看视频

本案例通过使用Ink'n Paint材质制作卡通效果，常用该方法制作渲染具有描边质感的卡通动画作品。案例最终渲染效果如图11-237所示。

图 11-237

## 操作步骤

步骤 01 打开场景文件，如图11-238所示。

图 11-238

步骤 02 单击一个空白材质球，设置材质类型为Ink'n Paint材质，命名为【绿色有描边】，设置【亮区】为绿色，【绘制级别】为3，【最小值】为0.01，如图11-239所示。

步骤 03 双击该材质球，效果如图11-240所示。

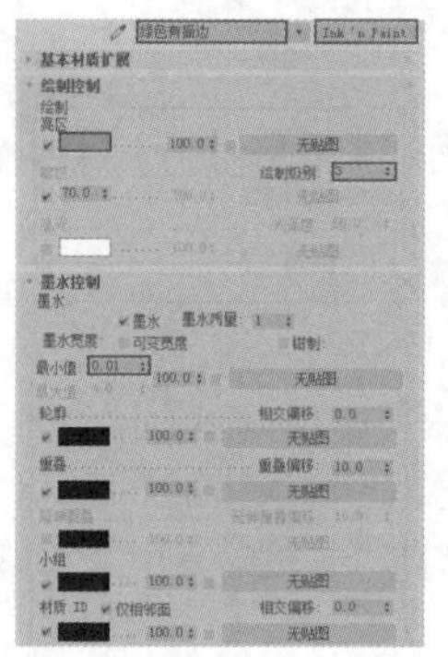


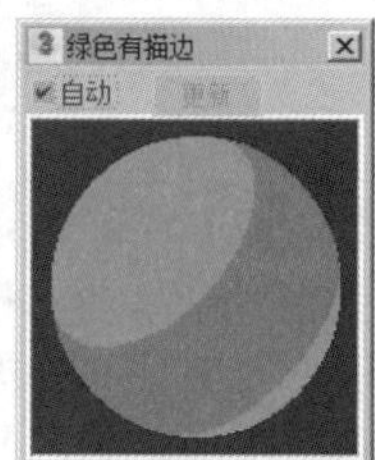


图 11-239　　图 11-240

步骤 04 选择模型，单击（将材质指定给选定对象）按钮，将制作完毕的材质赋给场景中相应的模型，如图11-241所示。

图 11-241

步骤 05 再次单击一个空白材质球，设置材质类型为Ink'n Paint材质，命名为【黄色无描边】，设置【亮区】为土黄色，【绘制级别】为3，取消勾选【墨水】复选框，如图11-242所示。

步骤 06 双击该材质球，效果如图11-243所示。

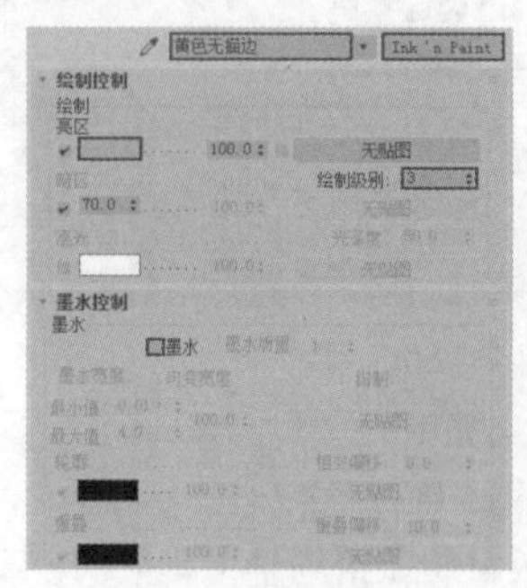


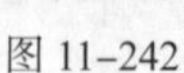

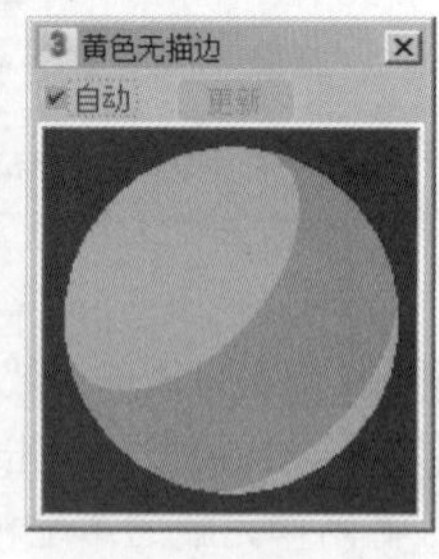


图 11-242　　图 11-243

步骤 07 选择模型，单击 (将材质指定给选定对象)按钮，将制作完毕的材质赋给场景中相应的模型，如图11–244所示。

图 11–244

步骤 08 继续制作场景中的其他材质并赋给相应的模型，如图11–245所示。

图 11–245

## 实例：使用顶/底材质制作花瓶

文件路径：Chapter 11 质感“神器”——材质→实例：使用顶/底材质制作花瓶

扫一扫，看视频

本案例通过使用【顶/底】材质制作上半部分是深灰色、下半部分是土黄色的花瓶效果，常用该方法制作上下部分不同质感的模型效果。案例最终渲染效果如图11–246所示。

图 11–246

## 操作步骤

步骤 01 打开场景文件，如图11–247所示。

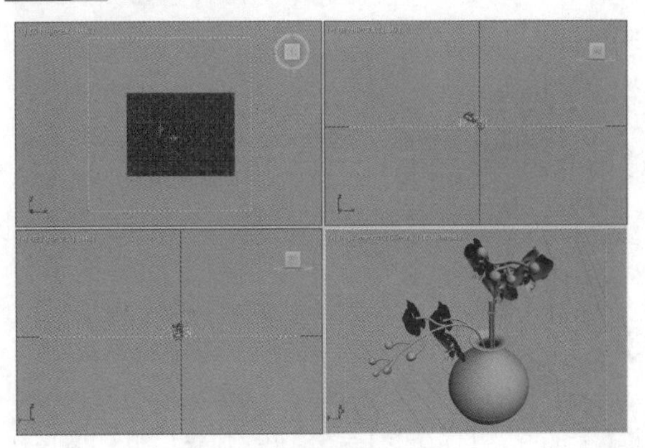

图 11–247

步骤 02 单击一个空白材质球，设置材质类型为【顶/底】，命名为【花瓶】，设置【位置】为53，如图11–248所示。

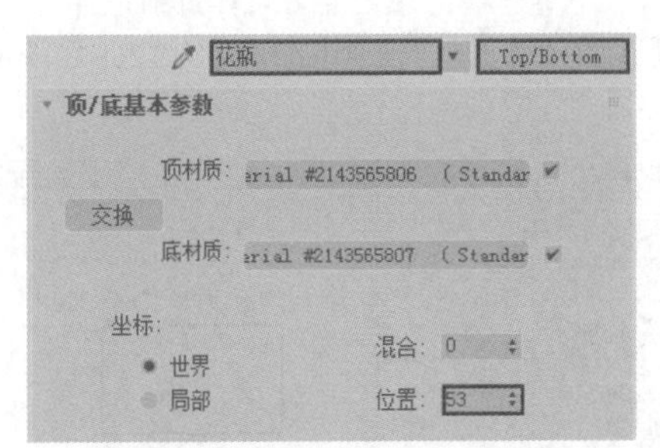


图 11–248

步骤 03 单击【顶材质】后方的通道并加载VRayMtl材质，命名为【顶】，在【漫反射】通道加载【1–80.jpg】贴图文件，如图11–249所示。

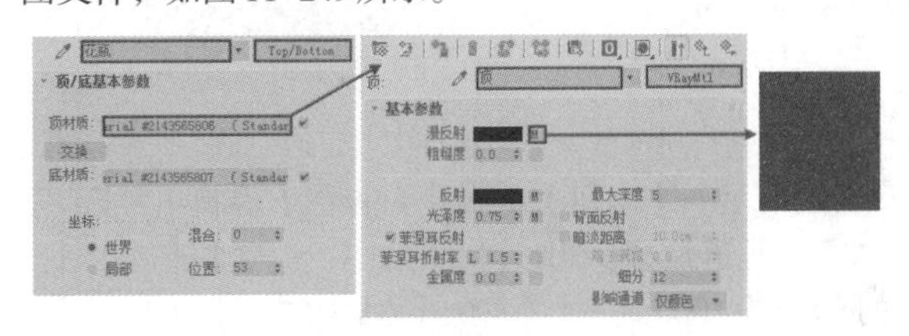

图 11–249

步骤 04 单击【反射】后方通道并加载【细胞】程序贴图，设置【瓷砖】下方的【X】为1000、【Y】为800、【Z】为800。设置【细胞颜色】为蓝紫色，【变化】为7，【分界颜色】为蓝灰色和黑色，【大小】为160.9，【扩散】为0.3，如图11–250所示。

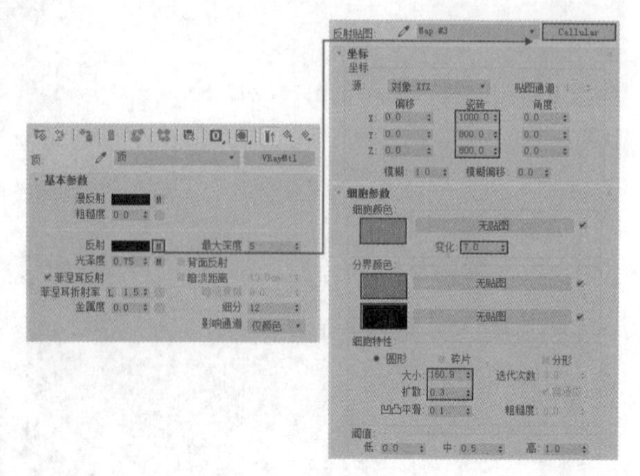

图 11-250

步骤 05 单击【光泽度】后方通道，加载【细胞】程序贴图。设置【瓷砖】下方的【X】为1000、【Y】为800、【Z】为800，【角度】下方的【X】为17.2，设置【细胞特性】下方的【大小】为127。设置【光泽度】为0.75。勾选【菲涅耳反射】选项，单击【菲涅耳折射率】后方的L按钮，设置数值为1.5，设置【细分】为12，如图11-251所示。

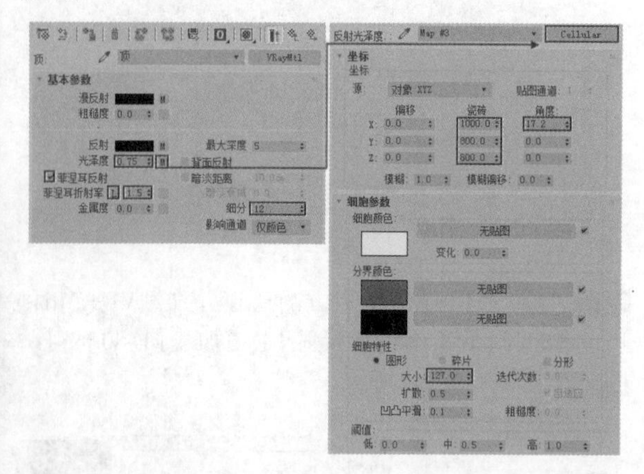

图 11-251

步骤 06 展开【贴图】卷展栏，设置【置换】为1，并在后方通道加载【细胞】程序贴图，设置【瓷砖】下方的【X】为1000、【Y】为800、【Z】为800，【角度】下方的【Z】为90，【模糊】为2。设置【细胞颜色】为浅灰色，【变化】为20，设置【分界颜色】为黑色，设置【大小】为130，【扩散】为0.2，如图11-252所示。

步骤 07 单击【底材质】后方的通道，加载VRayMtl材质，在【漫反射】通道加载【3-80.jpg】贴图文件，设置【反射】为深灰色，【光泽度】为0.5，取消勾选【菲涅耳反射】选项，如图11-253所示。

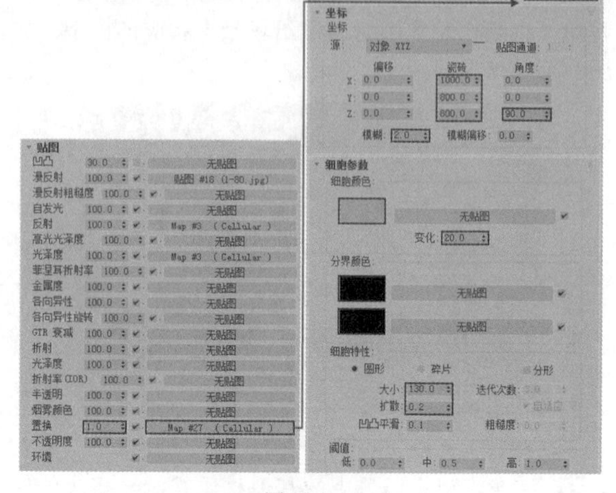

图 11-252

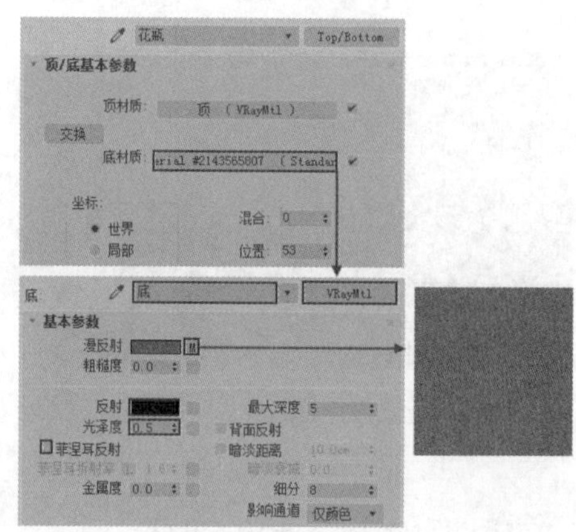

图 11-253

步骤 08 展开【贴图】卷展栏，在【凹凸】后方通道加载【3-80.jpg】贴图文件，设置【凹凸】后方数值为45，并设置【漫反射】后方数值为90，如图11-254所示。

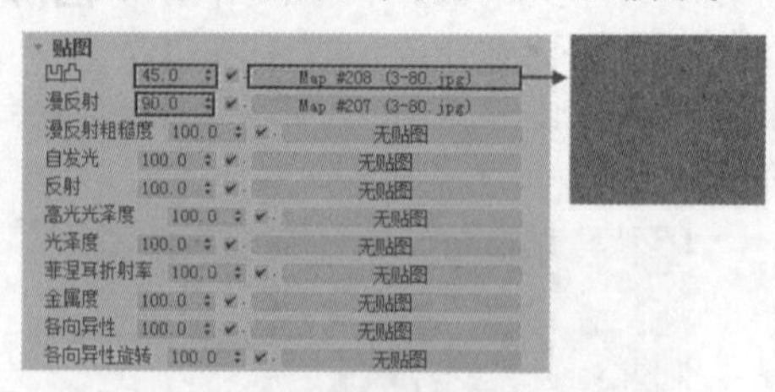

图 11-254

步骤 09 双击材质球，效果如图11-255所示。

步骤 10 选择模型，单击（将材质指定给选定对象）按钮，将制作完毕的材质赋给场景中相应的模型，如图11-256所示。

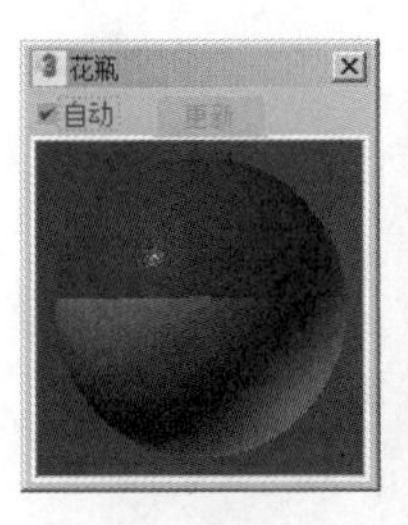


图 11–255

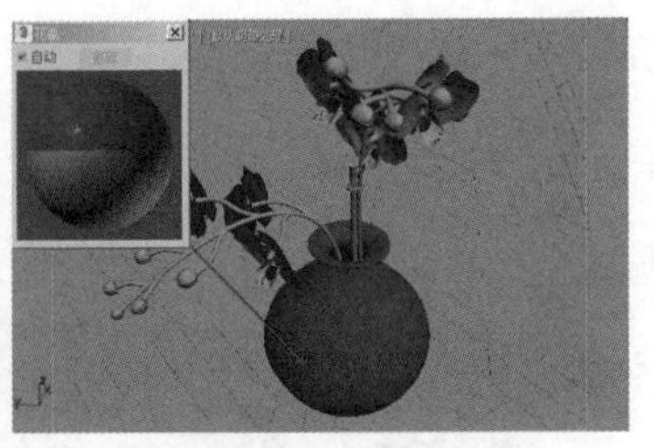

图 11–256

步骤 11 继续制作场景中的其他材质并赋给相应的模型，如图 11–257 所示。

图 11–257

## 实例：使用双面材质制作雨伞

文件路径：Chapter 11 质感“神器”——材质→实例：使用双面材质制作雨伞

扫一扫，看视频

本案例通过使用【双面】材质制作具有内外两种不同质感的双面雨伞效果。案例最终渲染效果如图 11–258 所示。

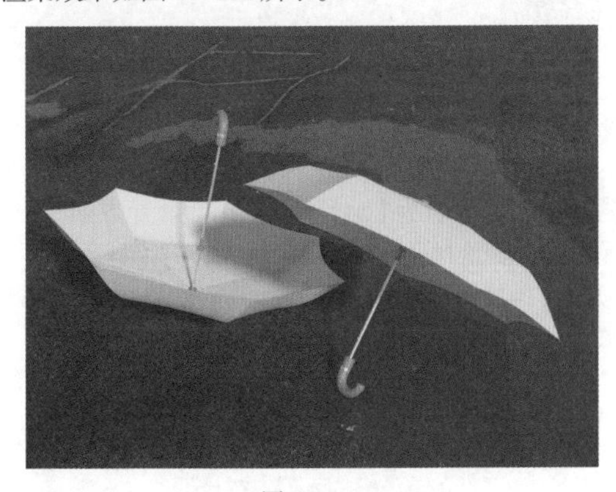

图 11–258

## 操作步骤

步骤 01 打开场景文件，如图 11–259 所示。

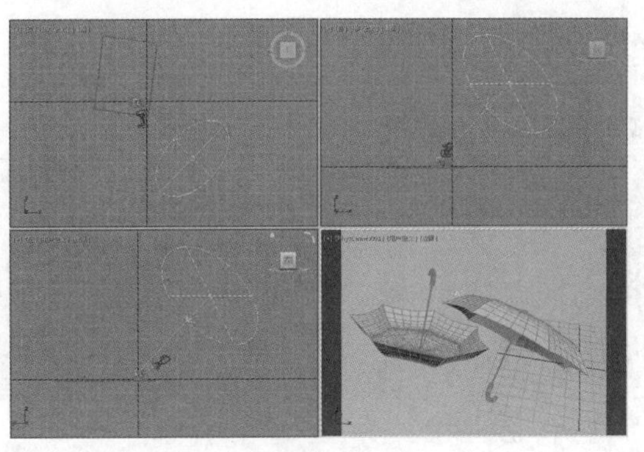

图 11–259

步骤 02 单击一个空白材质球，设置材质类型为【双面】，命名为【伞】。在【正面材质】通道加载VRayMtl材质，命名为1。在【背面材质】通道加载VRayMtl材质，命名为2，如图 11–260 所示。

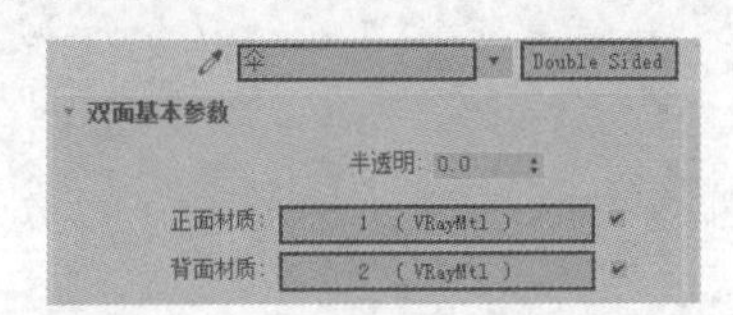


图 11–260

步骤 03 单击进入【正面材质】，设置【漫反射】为粉红色，【反射】为浅灰色，【光泽度】为0.7，勾选【菲涅耳反射】，如图 11–261 所示。

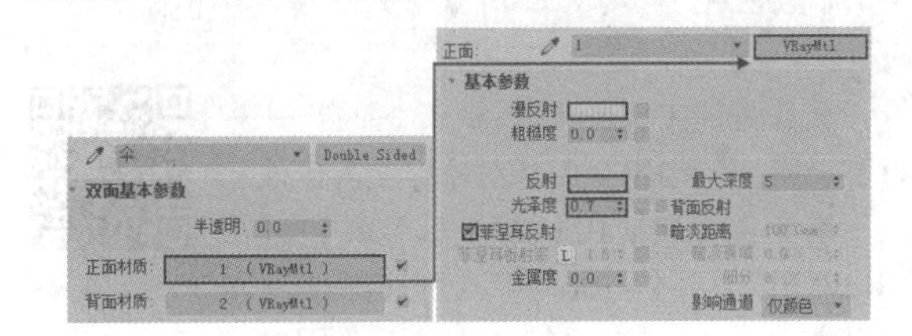


图 11–261

步骤 04 单击进入【背面材质】，设置【漫反射】为浅蓝色，【反射】为浅灰色，【光泽度】为0.7，勾选【菲涅耳反射】，如图 11–262 所示。

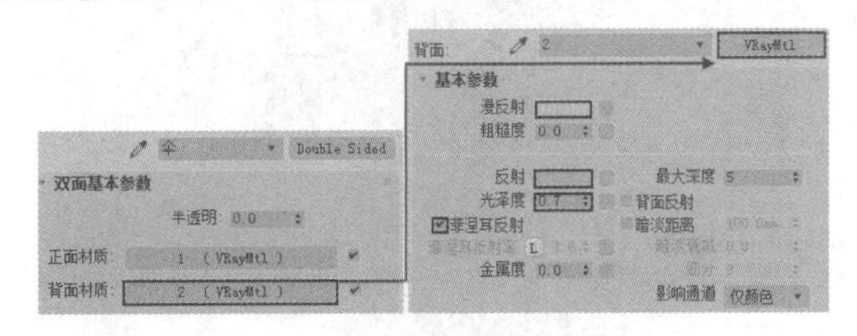


图 11–262

步骤 05 双击该材质球，效果如图 11–263 所示。

步骤 06 选择模型，单击 (将材质指定给选定对象)

按钮，将制作完毕的材质赋给场景中相应的模型，如图11-264所示。

图 11-263

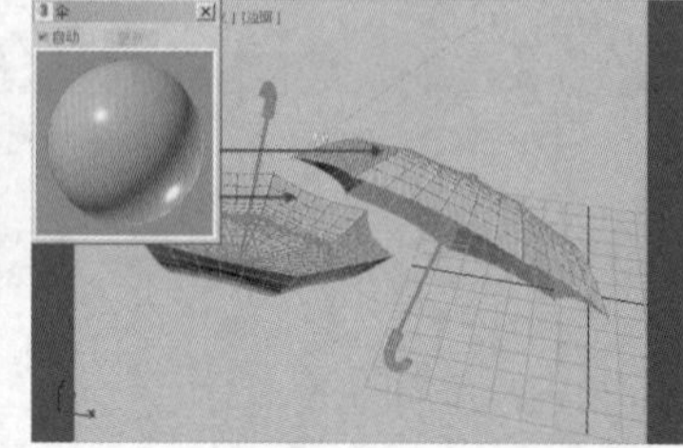

图 11-264

步骤 07 继续制作场景中的其他材质并赋给相应的模型，如图11-265所示。

图 11-265

## 实例：使用多维/子对象材质制作地毯

文件路径：Chapter 11 质感“神器”——材质→实例：使用多维/子对象材质制作地毯

扫一扫，看视频

本案例主要使用【多维/子对象】材质、VRayMtl材质、【VRay颜色】程序贴图制作地毯材质效果。使用【VRayMtl】材质制作毛毯效果。案例最终渲染效果如图11-266所示。

图 11-266

## 操作步骤

### Part 01 地毯

步骤 01 打开场景文件，如图11-267所示。

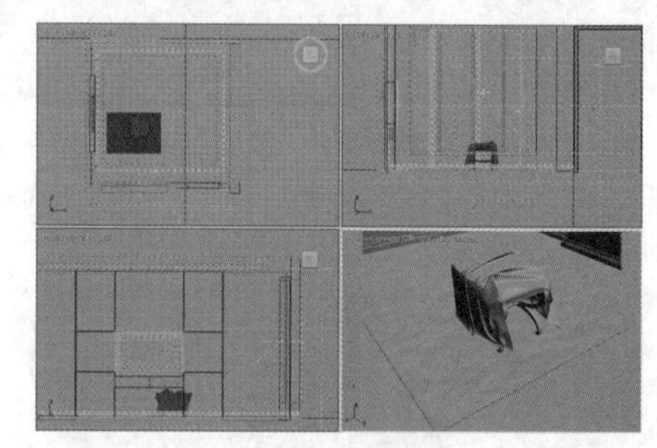

图 11-267

步骤 02 按下M键，打开【材质编辑器】窗口，接着在该窗口内选择一个材质球，单击 Standard （标准）按钮，在弹出的【材质/贴图浏览器】对话框中选择【多维/子对象】，如图11-268所示。

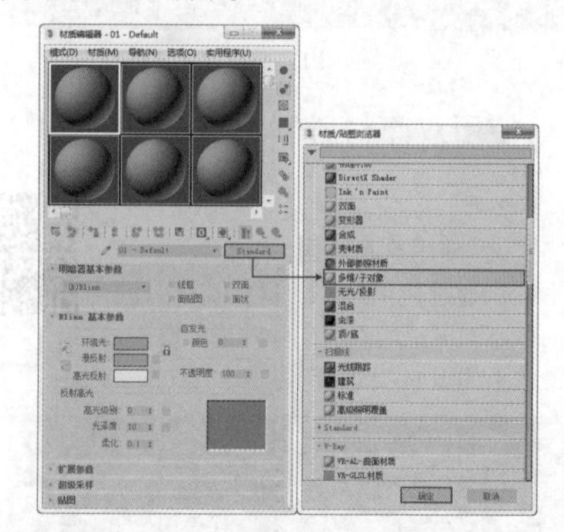

图 11-268

步骤 03 将其命名为【地毯】，单击【设置数量】按钮，在弹出的【设置材质数量】对话框中设置【材质数量】为2，如图11-269所示。

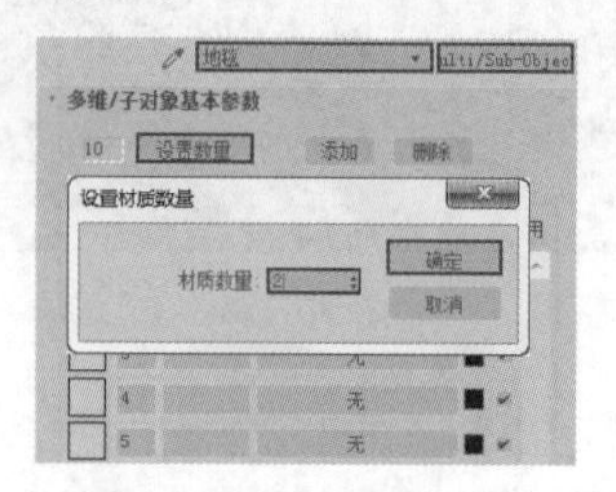


图 11-269

**步骤 04** 在【ID1】后方的通道加载VRayMtl材质，并命名为【地毯中间】，在【漫反射】后方的通道上加载【地毯.jpg】贴图文件。在【反射】后方的通道上加载【地毯.jpg】贴图文件，设置【光泽度】为0.6，勾选【菲涅耳反射】选项，设置【细分】为32，【最大深度】为2，如图11-270所示。

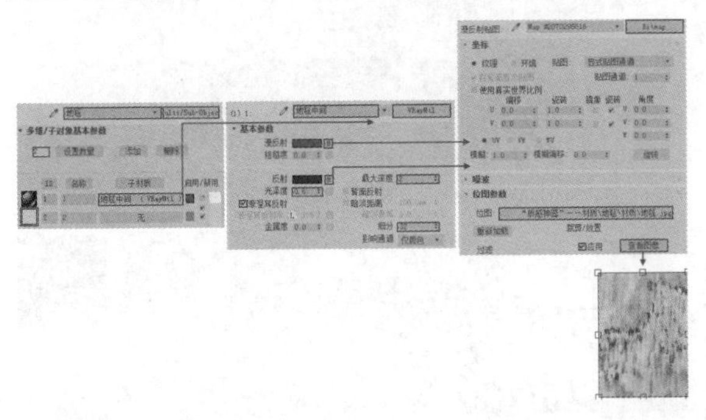

图 11-270

**步骤 05** 展开【贴图】卷展栏，设置【凹凸】后方的数值为-20，并拖动【漫反射】通道到【凹凸】通道上，在弹出的对话框中选择【复制】，如图11-271所示。

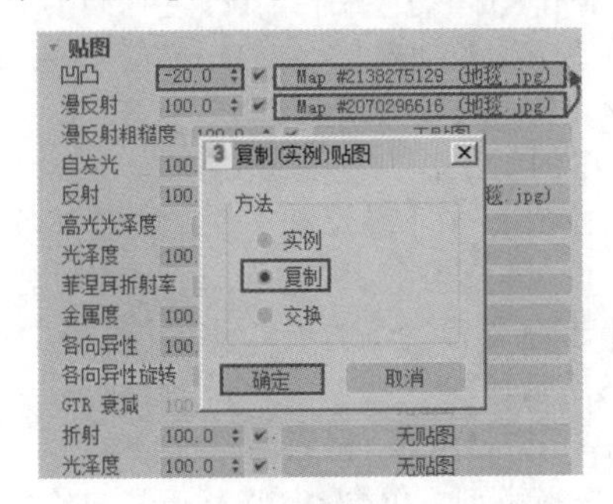


图 11-271

**步骤 06** 在【ID2】后方的通道加载VRayMtl材质，并命名为【地毯边缘】。在【漫反射】后方的通道上加载【VRay颜色】程序贴图，设置【红】为0.41，【绿】为0.426，【蓝】为0.47，【颜色】为蓝灰色，如图11-272所示。

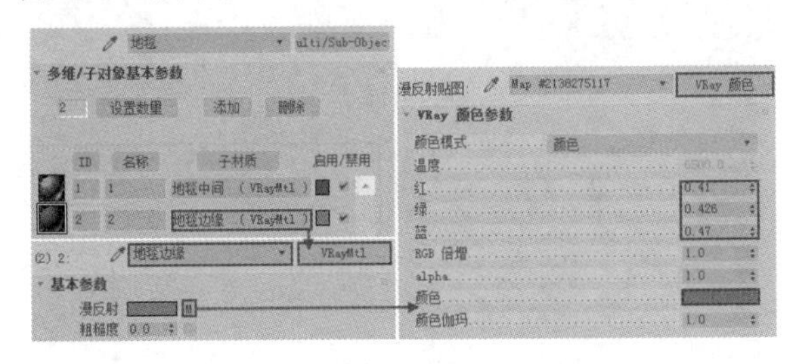


图 11-272

**步骤 07** 双击材质球，效果如图11-273所示。

**步骤 08** 选择模型，单击 (将材质指定给选定对象)按钮，将制作完毕的地毯材质赋给场景中相应的模型，如图11-274所示。

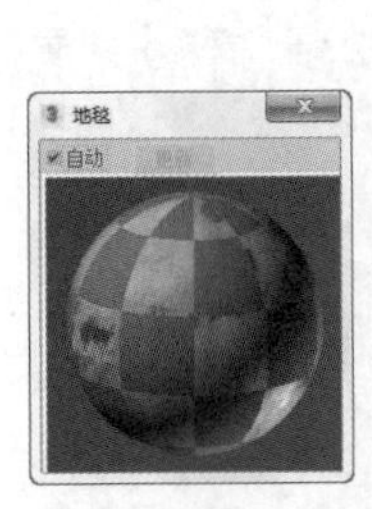

图 11-273　　图 11-274

## Part 02　毛毯材质

**步骤 01** 单击一个材质球，设置材质类型为VRayMtl材质，命名为【毛毯】。在【漫反射】后方的通道上加载【88.jpg】贴图文件。设置【反射】为深灰色，【光泽度】为0.11，勾选【菲涅耳反射】选项，如图11-275所示。

**步骤 02** 双击材质球，效果如图11-276所示。

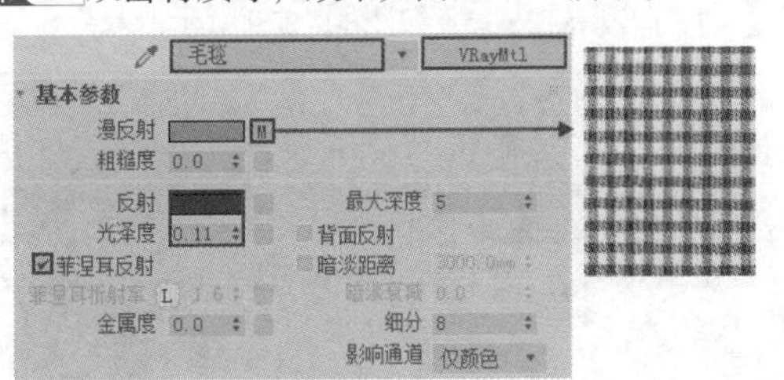


图 11-275

**步骤 03** 选择模型，单击 (将材质指定给选定对象)按钮，将制作完毕的毛毯材质赋给场景中相应的模型，如图11-277所示。

图 11-276　　图 11-277

## 实例：使用多维/子对象材质制作柜子

扫一扫，看视频

文件路径：Chapter 11 质感“神器”——材质→实例：使用多维/子对象材质制作柜子

【多维/子对象】材质常用于制作一个模型包含多种不同材质的模型，例如汽车、建筑、书等。本案例主要使用【多维/子对象】材质、VRayMtl材质制作柜子材质效果。案例最终渲染效果如图11-278所示。

图 11-278

## 操作步骤

步骤 01 打开场景文件，如图11-279所示。

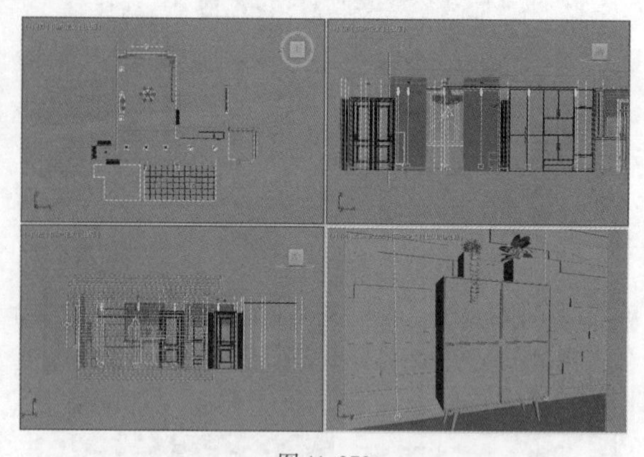

图 11-279

步骤 02 单击一个空白材质球，设置材质类型为【多维/子对象】材质，命名为【柜子】。单击【设置数量】按钮，设置【材质数量】为2，如图11-280所示。

步骤 03 在【ID1】后方通道加载VRayMtl材质，命名为【柜子木纹】，在【漫反射】通道加载【1-75.jpg】贴图文件，设置【模糊】为0.9。在【反射】和【光泽度】的通道上加载【2-75.jpg】贴图文件，设置【模糊】为0.8，设置【最大深度】为7，勾选【菲涅耳反射】选项，单击【菲涅耳折射率】后方的M按钮，设置数值为3.2，最后设置【细分】为32，如图11-281所示。

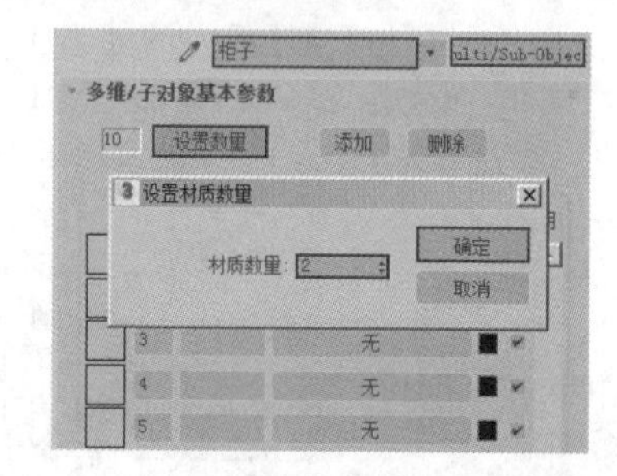


图 11-280

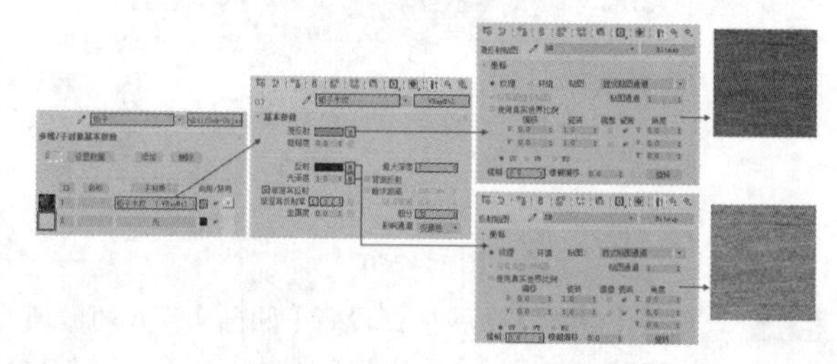

图 11-281

步骤 04 展开【贴图】卷展栏，设置【凹凸】后方数值为1.5，并在后方通道加载【3-75.jpg】贴图文件，设置【模糊】为0.4，如图11-282所示。

步骤 05 在【ID2】后方通道加载VRayMtl材质，命名为【彩条柜门】，在【漫反射】通道加载【4-75.jpg】贴图文件。设置【反射】为深灰色，【光泽度】为0.71，取消勾选【菲涅耳反射】选项，设置【细分】为32，如图11-283所示。

步骤 06 双击该材质球，效果如图11-284所示。

步骤 07 选择模型，单击 (将材质指定给选定对象)按钮，将制作完毕的材质赋给场景中相应的模型，如图11-285所示。

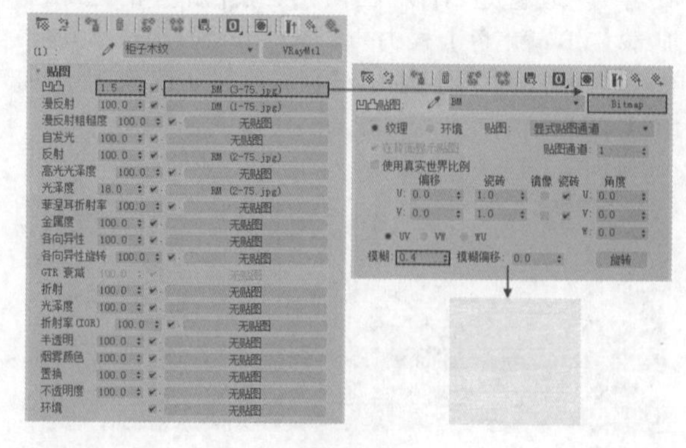

图 11-282

图 11-283

图 11-284

图 11-285

**步骤 08** 继续制作场景中的其他材质并赋给相应的模型，如图 11-286 所示。

图 11-286

Chapter 12

第12章

扫一扫，看视频

# 贴图

## 本章内容简介：

贴图是指材质表面的纹理样式，在不同属性上(如漫反射、反射、折射、凹凸等)加载贴图会产生不同的质感，如墙面上的壁纸纹理样式、波涛汹涌水面的凹凸纹理样式、破旧金属的不规则反射样式。贴图是与材质紧密联系的功能，通常都会在设置对象材质的某个属性时为其添加贴图。

## 重点知识掌握：

- 熟练掌握位图贴图的使用方法。
- 掌握贴图通道的原理。
- 熟练掌握在不同通道上添加贴图制作各种质感的方法。

## 通过本章学习，我能做什么？

通过对本章的学习，我们将学会位图、渐变、平铺等多种贴图的应用，并且学会使用各种通道添加贴图的应用效果。利用贴图功能可以制作对象表面的贴图纹理、凹凸纹理，例如木桌表面的木纹贴图、凹凸感和微弱的反射效果等。

# 12.1 了解贴图

贴图是指材质表面的纹理样式，在不同属性上（如漫反射、反射、折射、凹凸等）加载贴图会产生不同的质感，如墙面上的壁纸纹理样式、波涛汹涌水面的凹凸纹理样式、破旧金属的不规则反射样式，如图12–1所示。

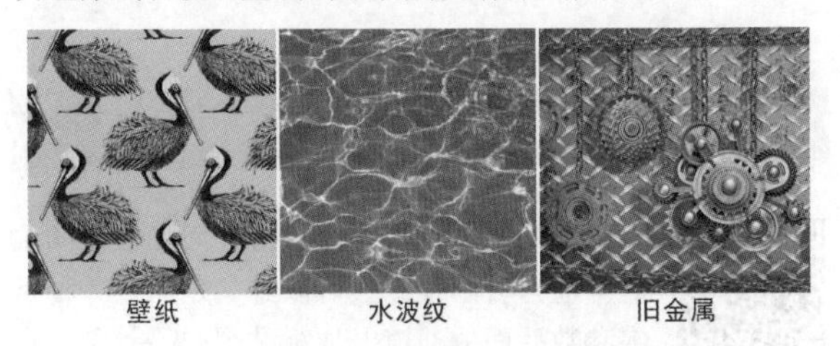


图 12–1

在通道上单击鼠标左键，即可弹出【材质/贴图浏览器】窗口，在这里就可以选择需要的贴图类型，如图12–2所示。贴图包括【位图】贴图和【程序贴图】两种类型，如图12–3所示。

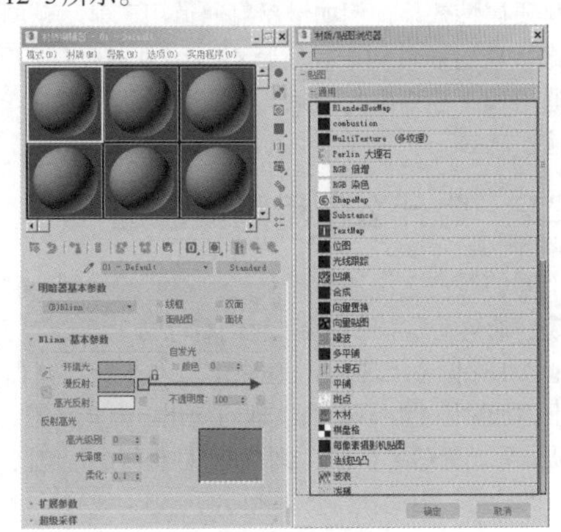

图 12–2

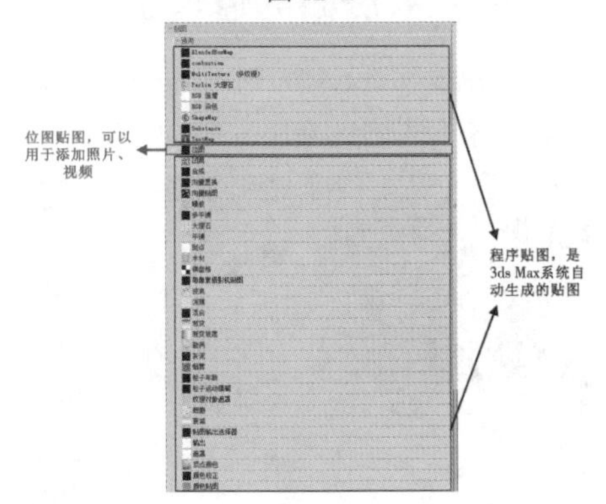


图 12–3

## 1.【位图】贴图

在【位图】贴图中不仅可以添加照片素材，还可以添加用于动画制作的视频素材。

步骤 01 添加照片。如图12–4所示为在位图贴图中添加图片素材。

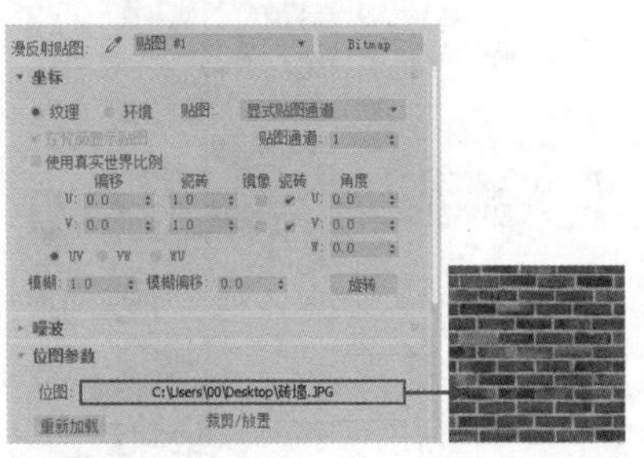

图 12–4

步骤 02 添加视频。如图12–5所示为在位图贴图中添加视频素材。拖动3ds Max界面下方的时间线 0 / 100 ，可看到为模型设置的视频素材可以实时预览，如图12–6~图12–8所示。

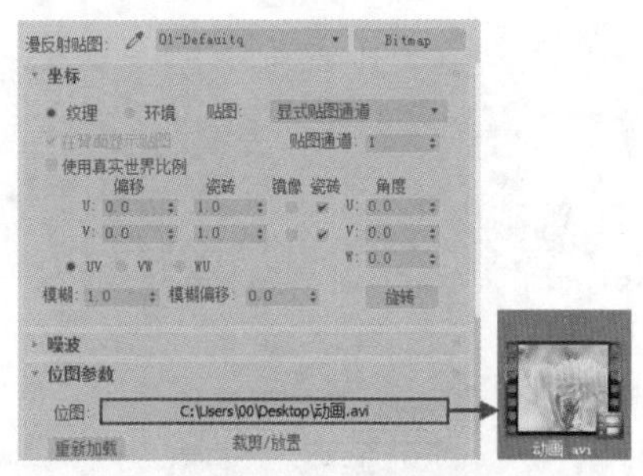

图 12–5

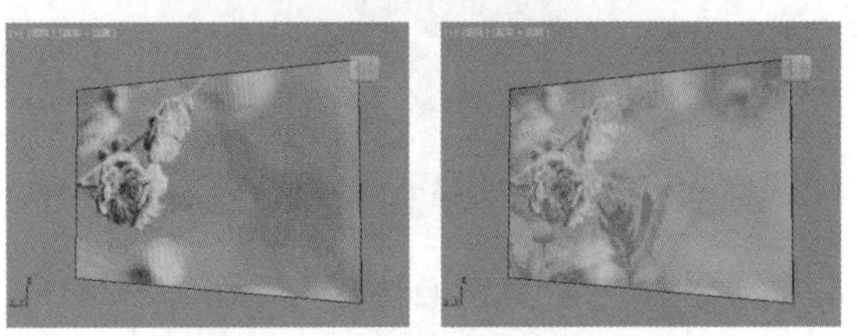

图 12–6　图 12–7

图 12–8

### 2.【程序】贴图

【程序】贴图是指在3ds Max中通过设置贴图的参数，由数学算法生成的贴图效果。如图12-9所示为3种不同的程序贴图制作的多种效果。

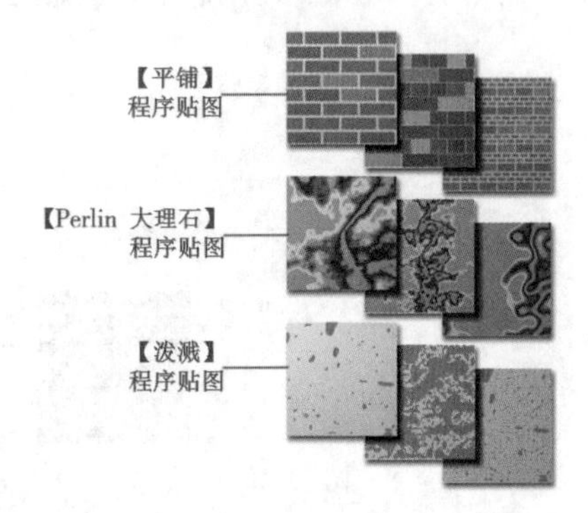


图12-9

例如在【漫反射】通道中添加【烟雾】程序贴图，并设置相关参数，如图12-10所示。即可制作类似天空蓝天白云的贴图效果，如图12-11所示。

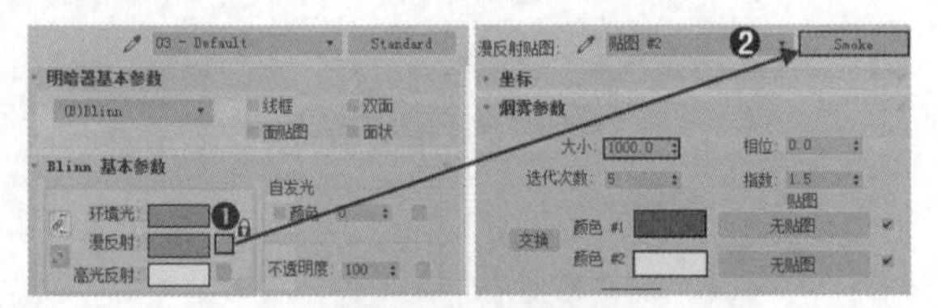

图12-10

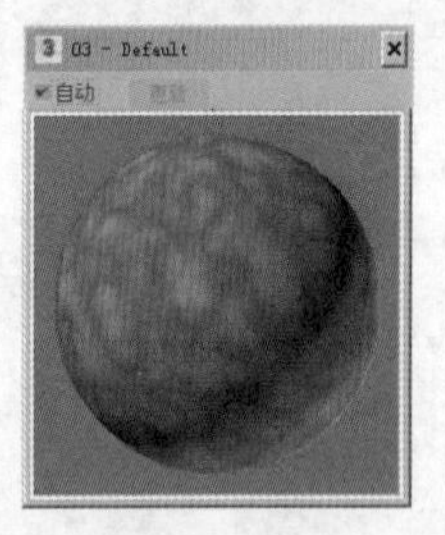

图12-11

例如在【漫反射】通道中添加【烟雾】程序贴图，并设置相关参数，如图12-12所示。即可制作类似烟雾的贴图效果，如图12-13所示。

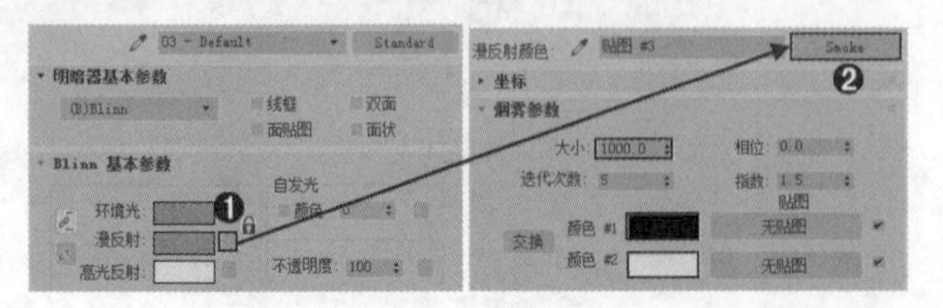

图12-12

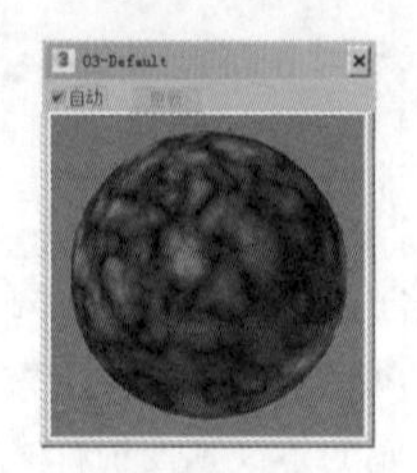

图12-13

## 12.2 认识贴图通道

扫一扫，看视频

贴图通道是指可以单击并添加贴图的位置。通常有两种方式可以添加贴图，一种是在参数后面的通道上加载贴图，另一种是在贴图卷展栏中添加贴图。

### 12.2.1 什么是贴图通道

3ds Max有很多贴图通道，每一种通道用于控制不同的材质属性效果，例如漫反射通道用于显示贴图颜色或图案，反射通道用于设置反射的强度或反射的区域，高光通道用于控制高光效果，凹凸通道用于控制产生凹凸起伏质感等。

### 12.2.2 为什么使用贴图通道

不同的通道上添加贴图会产生不同的作用，例如在【漫反射】通道上添加贴图会产生固有色的变化，在【反射】通道上添加贴图会出现反射根据贴图产生变化，在【凹凸】通道上添加贴图会出现凹凸纹理的变化。因此，需要先设置材质，后设置贴图。有很多材质属性很复杂，包括纹理、反射、凹凸等，因此就需要在相应的通道上设置贴图。

### 12.2.3 在参数后面的通道上添加贴图

可在参数后面的通道上单击加载贴图。例如，在【漫反射】通道上加载【棋盘格】程序贴图，如图12-14所示。

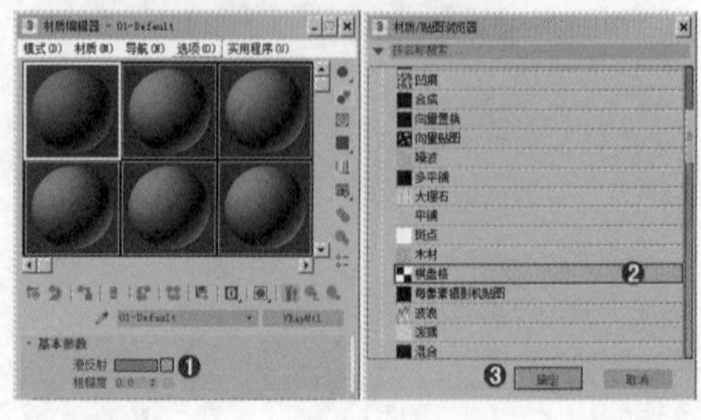

图12-14

## 12.2.4 在贴图卷展栏中的通道上添加贴图

在【贴图】卷展栏中，在相应的通道上加载贴图。例如，在【漫反射】通道上加载【棋盘格】程序贴图，如图12-15所示。

图12-15

其实，该方法与【在参数后面的通道上添加贴图】的方法都可以正确地添加贴图，但是在【贴图】卷展栏中的通道类型更全一些，所以建议使用【在贴图卷展栏中的通道上添加贴图】的方法。

## 实例：使用凹凸通道制作砖墙

文件路径：Chapter 12 贴图→实例：使用凹凸通道制作砖墙

扫一扫，看视频

本案例使用在【凹凸】通道上加载【法线凹凸】程序贴图制作真实的砖墙纹理。渲染效果如图12-16所示。

图12-16

## 操作步骤

步骤 01 打开本书场景文件，如图12-17所示。

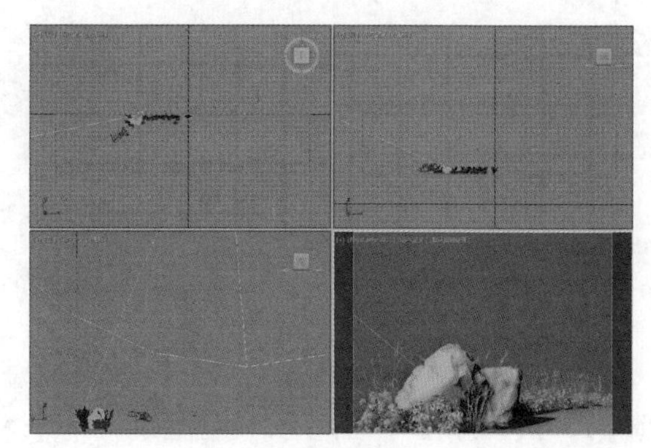

图12-17

步骤 02 选择砖墙模型，单击【修改】按钮，添加【(VR)置换模式】修改器，设置【类型】为【2D贴图(景观)】，在【纹理贴图】下方的通道中加载位图贴图【Displace.jpg】，设置【数量】为8mm，如图12-18所示。

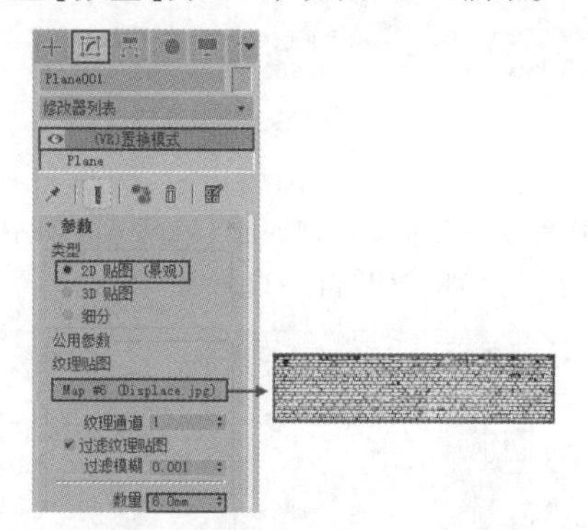


图12-18

步骤 03 按下M键，打开【材质编辑器】窗口，接着在该窗口内选择第一个材质球，单击 Standard （标准）按钮，在弹出的【材质/贴图浏览器】对话框中选择VRayMtl，如图12-19所示。

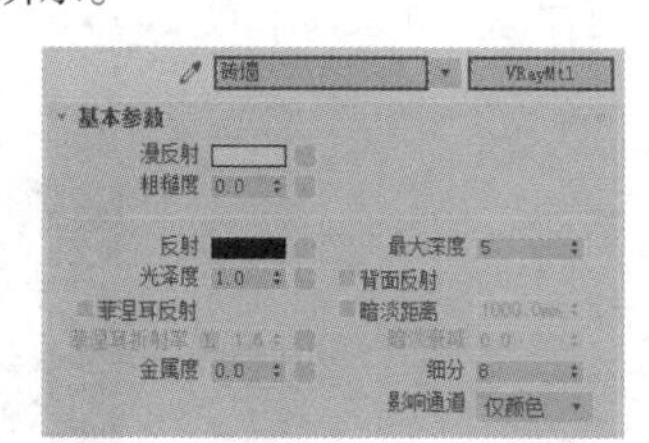


图12-19

步骤 04 展开【贴图】卷展栏，在【漫反射】通道上加载【Color Correction（颜色校正）】程序贴图，在【贴图】后方通道上加载【12.png】贴图文件，设置【模糊】为0.5。设置【饱和度】为10，【亮度】方式为【高级】，勾选【R】，设置数值为120，如图12-20所示。

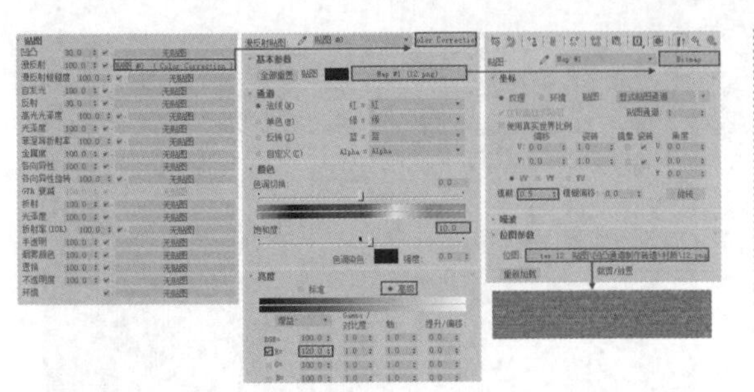

图 12-20

步骤 05 在【反射】和【光泽度】的通道上分别加载【50.png】贴图文件，并设置【反射】为30，如图12-21所示。

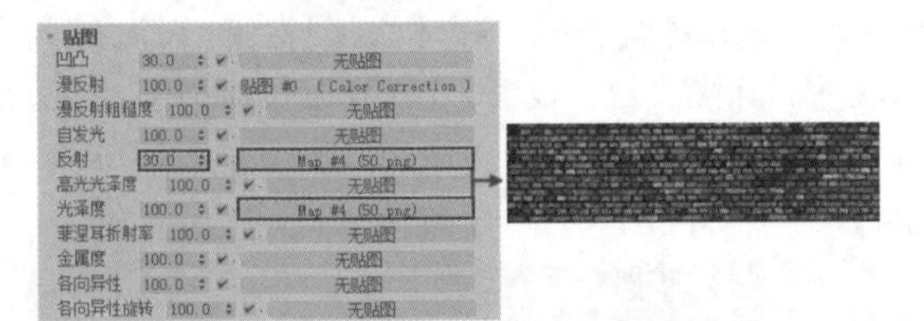


图 12-21

步骤 06 在【凹凸】通道上加载【法线凹凸】程序贴图，并在【附加凹凸】通道后方加载【b012.png】贴图文件，设置【模糊】为0.8，如图12-22所示。

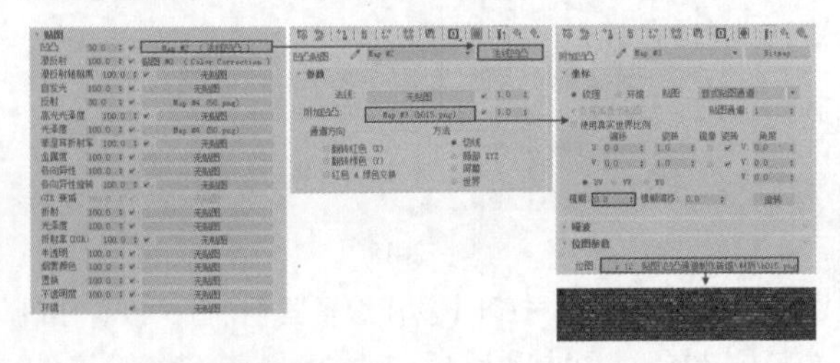

图 12-22

步骤 07 设置【细分】为24，如图12-23所示。

步骤 08 双击材质球，效果如图12-24所示。

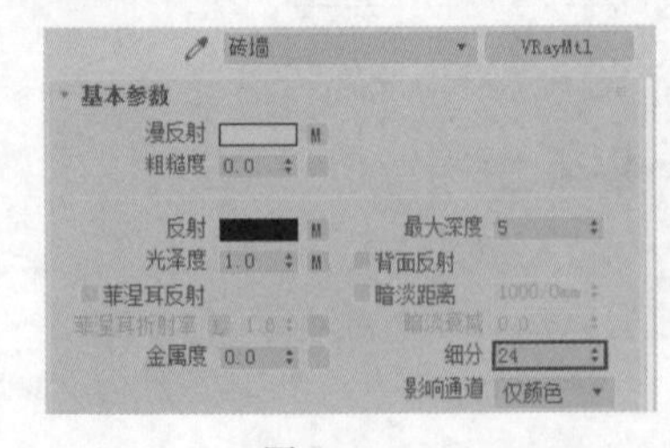

图 12-23　　图 12-24

步骤 09 选择模型，单击（将材质指定给选定对象）按钮，将制作完毕的砖墙材质赋给场景中相应的模型，如图12-25所示。

图 12-25

步骤 10 继续制作场景中的其他材质并赋给相应的模型。案例最终效果如图12-26所示。

图 12-26

## 选项解读：Color Correction（颜色校正）贴图重点参数速查

- 法线：将未经改变的颜色通道传递到【颜色】卷展栏下的参数中。
- 单色：将所有的颜色通道转换为灰度图。
- 反转：使用红、绿、蓝颜色通道的反向通道来替换各个通道。
- 自定义：使用其他选项将不同的设置应用到每一个通道中。
- 色调切换：使用标准色调谱更改颜色。
- 饱和度：调整贴图颜色的强度或纯度。
- 色调染色：根据色样值来色化所有非白色的贴图像素(对灰度图无效)。
- 强度：调整色调染色对贴图像素的影响程度。

## 选项解读：法线凹凸贴图重点参数速查

- 法线：可以在其后面的通道中加载法线贴图。

- 附加凹凸：包含其他用于修改凹凸或位移的贴图。
- 翻转红色（X）：翻转红色通道。
- 翻转绿色（Y）：翻转绿色通道。
- 红色&绿色交换：交换红色和绿色通道，这样可使法线贴图旋转90°。
- 切线：从切线方向投射到目标对象的曲面上。
- 局部XYZ：使用对象局部坐标进行投影。
- 屏幕：使用屏幕坐标进行投影，即在Z轴方向上的平面进行投影。
- 世界：使用世界坐标进行投影。

## 实例：使用不透明度贴图制作头发

扫一扫，看视频

文件路径：Chapter 12 贴图→实例：使用不透明度贴图制作头发

本案例通过在【不透明度】通道上加载黑白贴图，从而产生白色区域不透明、黑色区域透明的毛发效果。渲染效果如图12-27所示。

图12-27

## 操作步骤

步骤 01 打开本书场景文件，如图12-28所示。

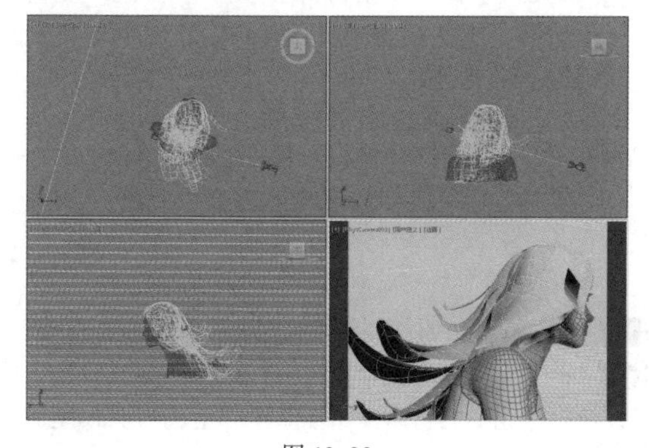
图12-28

步骤 02 按下M键，打开【材质编辑器】窗口，接着在该窗口内选择第一个材质球，默认材质类型设置为【Standard（标准）】，在【漫反射】后面通道上加载【dark_hair0021.png】贴图文件，在【不透明度】后面通道上加载【dark_hair0021alpha.png】，设置【高光级别】为30，【光泽度】为30，如图12-29所示。

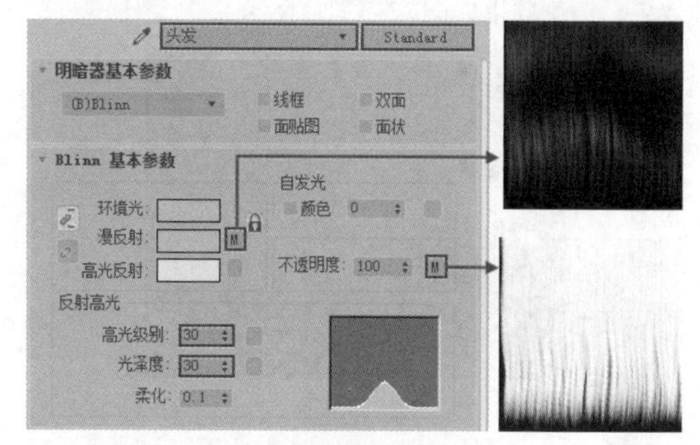

图12-29

步骤 03 双击该材质，效果如图12-30所示。

步骤 04 选择模型，单击（将材质指定给选定对象）按钮，将制作完毕的材质赋给场景中相应的头发模型，如图12-31所示。

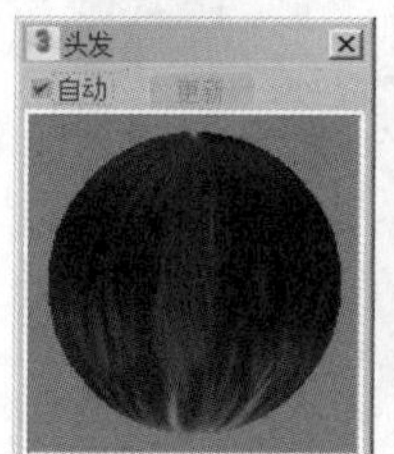

图12-30

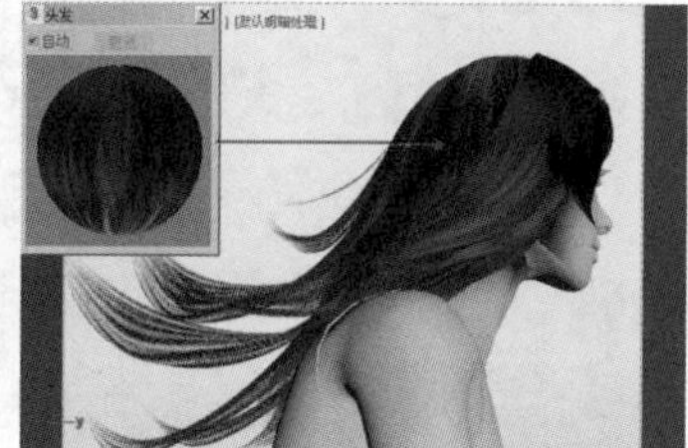
图12-31

步骤 05 继续制作场景中的其他材质并赋给相应的模型，如图12-32所示。

图12-32

## 实例：使用置换通道制作石头

扫一扫，看视频

文件路径：Chapter 12 贴图→实例：使用置换通道制作石头

本案例通过在【置换】通道上加载【法线凹凸】程序贴图，从而制作逼真的石头纹理效果。渲染效果如图12-33所示。

图12-33

## 操作步骤

步骤 01 打开场景文件，如图12-34所示。

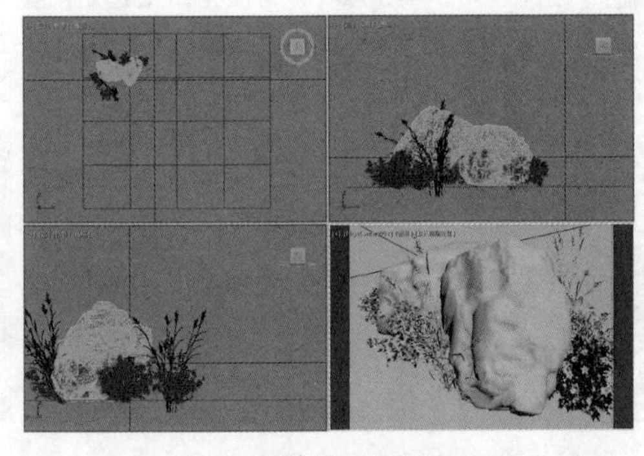

图12-34

步骤 02 按下M键，打开【材质编辑器】窗口，接着在该窗口内选择第一个材质球，单击 Standard （标准）按钮，在弹出的【材质/贴图浏览器】对话框中选择VRayMtl，在【漫反射】通道上加载【diff.png】贴图文件，设置【反射】为深灰色，【光泽度】为0.8，勾选【菲涅耳反射】选项，如图12-35所示。

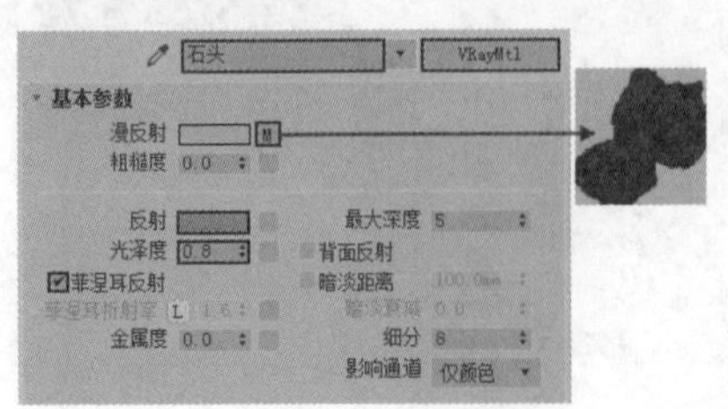


图12-35

步骤 03 展开【贴图】卷展栏，在【高光光泽度】通道上加载【gloss.png】贴图文件，如图12-36所示。

步骤 04 在【凹凸】通道上加载【rough.png】贴图文件，设置【凹凸】后方的数值为-30，如图12-37所示。

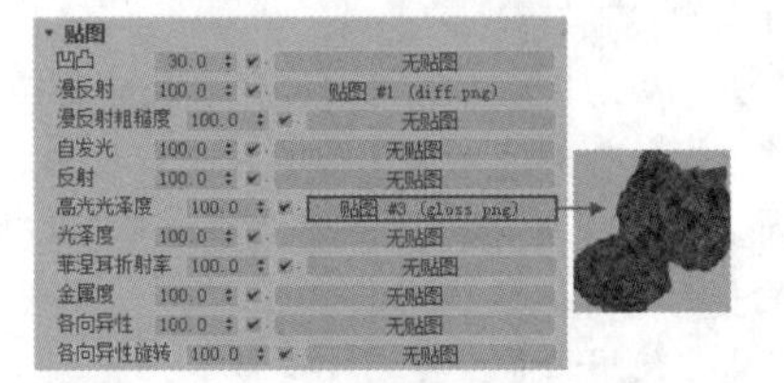


图12-36

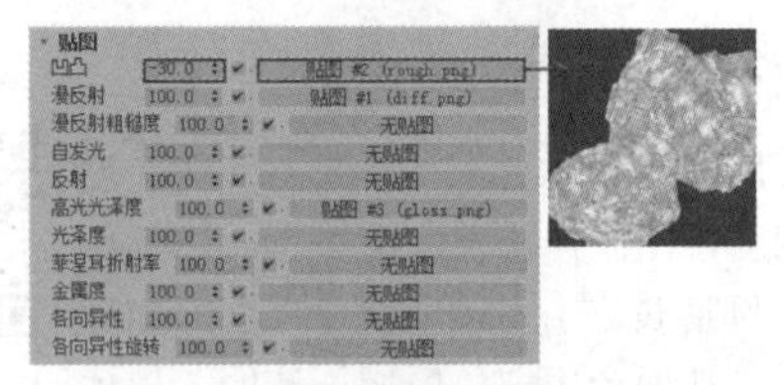


图12-37

步骤 05 在【置换】通道上加载【法线凹凸】程序贴图，在【法线】通道上加载【norm.png】贴图文件，设置【模糊】为0.01，设置【置换】后方的数值为-10，如图12-38所示。

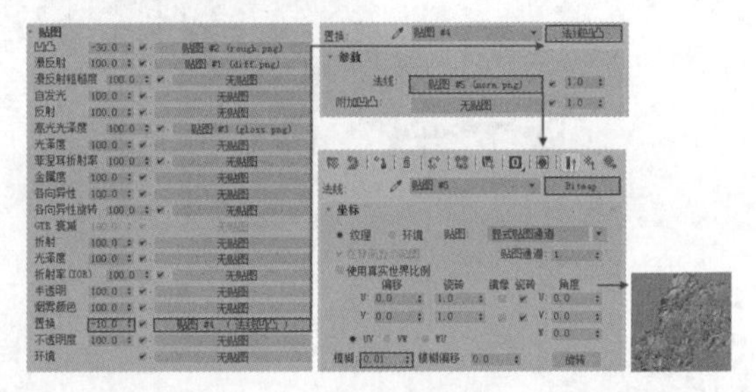

图12-38

步骤 06 展开【双向反射分布函数】卷展栏，设置方式为【反射】，【各向异性】为0.5，【旋转】为45，如图12-39所示。

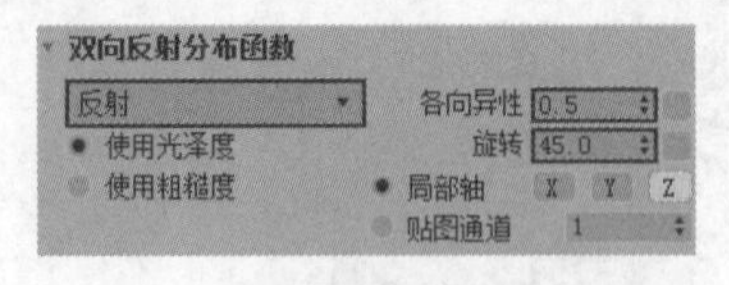


图12-39

步骤 07 双击该材质球，效果如图12-40所示。

步骤 08 选择模型，单击 （将材质指定给选定对象）按钮，将制作完毕的材质赋给场景中相应的石头模型，如图12-41所示。

图 12-40　　　　图 12-41

步骤 09 继续制作场景中的其他材质并赋给相应的模型，如图12-42所示。

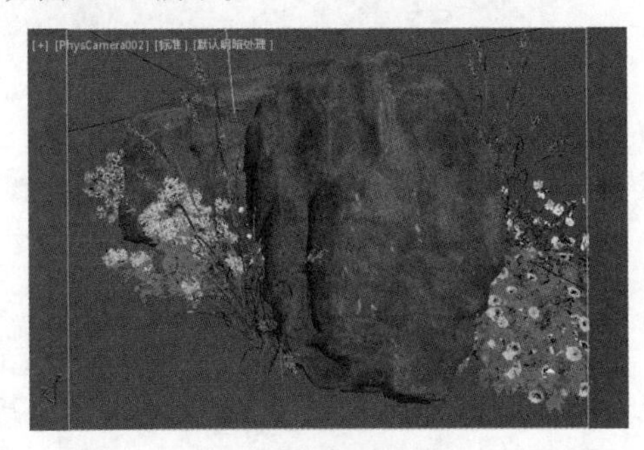

图 12-42

## 12.3 常用贴图类型

3ds Max中包括几十种贴图类型，不同的贴图类型可以模拟出不同的贴图纹理。在任意的贴图通道上单击都可以添加贴图。为不同的通道添加贴图，效果是不同的，例如在【漫反射】通道添加贴图会渲染出带有贴图样式的效果，而在【凹凸】通道添加贴图则会渲染出凹凸的质感。在贴图类型中【位图】贴图是最常用的类型。如图12-43所示为贴图类型。

扫一扫，看视频

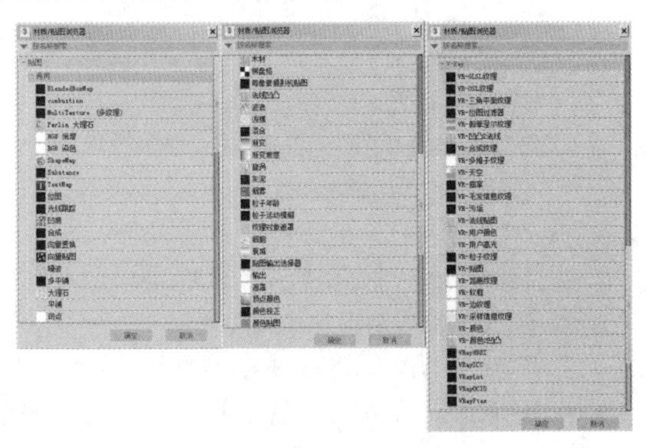

图 12-43

- Prelim大理石：通过两种颜色混合，产生类似于珍珠岩纹理的效果。
- RGB 倍增：通常用作凹凸贴图，在此可能要组合两个贴图，以获得正确的效果。
- RGB染色：通过3个颜色通道来调整贴图的色调。
- Substance：应用为导出到游戏引擎而优化的Substance 参数化纹理。
- TextMap：使用文本创建纹理。
- 位图：位图贴图可以添加图片素材，是最常用的贴图之一。
- 光线跟踪：可模拟真实的完全反射与折射效果。
- 凹痕：可以作为凹凸贴图，产生一种风化和腐蚀的效果。
- 合成：可以将两个或两个以上的子材质叠加在一起。
- 向量置换：使用向量（而不是沿法线）置换网格。
- 向量贴图：应用基于向量的图形（包括动画）作为对象的纹理。
- 噪波：产生黑白波动的效果，常加载到凹凸通道中制作凹凸。
- 多平铺：通过“多平铺”贴图，可以同时将多个纹理平铺加载到 UV 编辑器。
- 大理石：制作大理石贴图效果。
- 斑点：用于制作两色杂斑纹理效果。
- 木材：用于制作木纹贴图效果。
- 棋盘格：产生黑白交错的棋盘格图案。
- 每像素摄影机贴图：将渲染后的图像作为物体的纹理贴图，以当前摄影机的方向贴在物体上，可以进行快速渲染。
- 法线凹凸：可以改变曲面上的细节和外观。
- 波浪：可创建波状的，类似于水纹的贴图效果。
- 泼溅：类似于油彩飞溅的效果。
- 混合：将两种贴图按照一定的方式进行混合。
- 渐变：使用3种颜色创建渐变图像。
- 渐变坡度：可以产生多色渐变效果。
- 漩涡：可以创建两种颜色的漩涡图案。
- 灰泥：用于制作腐蚀生锈的金属和物体破败的效果。
- 烟雾：产生丝状、雾状或絮状等无序的纹理效果。
- 粒子年龄：专用于粒子系统，通常用来制作彩色粒子流动的效果。
- 粒子运动模糊：根据粒子速度产生模糊效果。
- 细胞：可以模拟细胞形状的图案。
- 衰减：产生双色过渡效果。

- 输出：专门用来弥补某些无输出设置的贴图类型。
- 遮罩：使用一张贴图作为遮罩。
- 顶点颜色：根据材质或原始顶点颜色来调整RGB或RGBA纹理。
- 颜色校正：可以调节材质的色调、饱和度、亮度和对比度。
- VR贴图：在使用3ds Max标准材质时的反射和折射就用【VR贴图】来代替。
- VR边纹理：可以渲染出模型具有边线的效果。
- VR颜色：可以用来设定任何颜色。
- VRayHDRI：用于设置环境背景，模拟真实的背景环境，真实的反射、折射属性。

## 实例：使用位图贴图制作纸张

扫一扫，看视频

文件路径：Chapter 12 贴图→实例：使用位图贴图制作纸张

本案例通过在【漫反射】通道加载位图贴图，制作模型带有真实的贴图效果。【位图】贴图是最常用的贴图类型之一，需要熟练掌握。渲染效果如图12-44所示。

图12-44

## 操作步骤

步骤 01 打开本书场景文件，如图12-45所示。

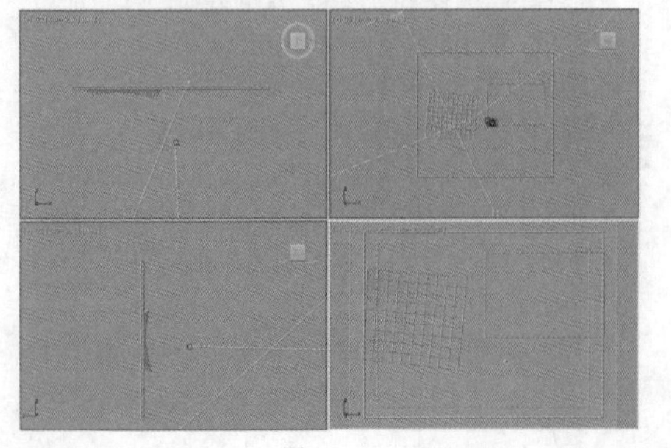

图12-45

步骤 02 按下M键，打开【材质编辑器】窗口，接着在该窗口内选择第一个材质球，默认材质类型设置为【Standard（标准）】，在【漫反射】后面通道上加载【01.jpg】贴图文件，如图12-46所示。

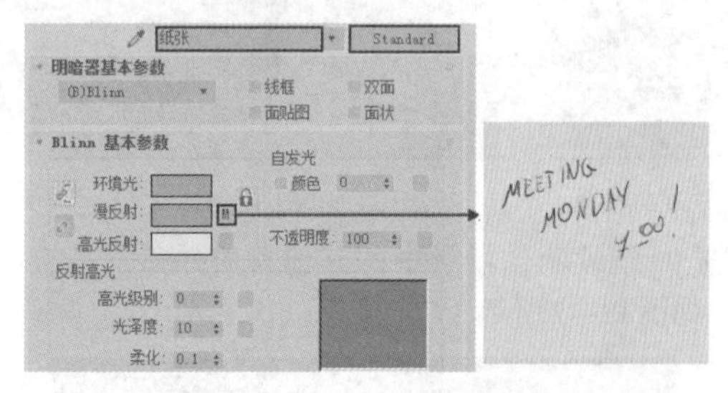


图12-46

步骤 03 双击材质球，效果如图12-47所示。

步骤 04 选择模型，单击（将材质指定给选定对象）按钮，将制作完毕的材质赋给场景中相应的便签模型，如图12-48所示。

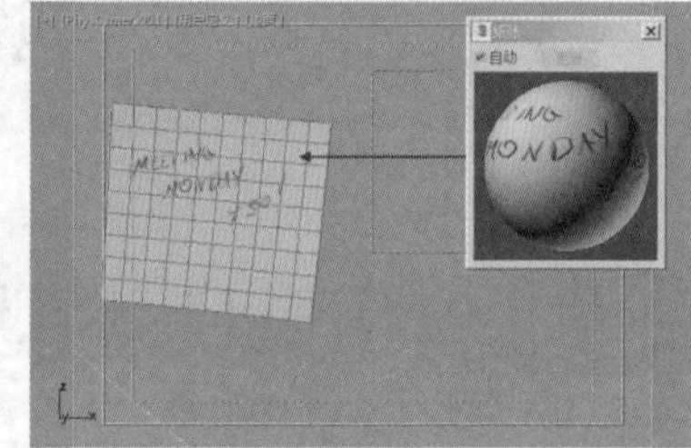

图12-47　　图12-48

步骤 05 继续制作场景中的其他材质并赋给相应的模型，如图12-49所示。

图12-49

### 选项解读：位图贴图重点参数速查

- 偏移：设置贴图的位置偏移效果。
- 瓷砖：设置贴图在X和Y轴的平铺重复的程度。
- 角度：设置贴图在X、Y、Z轴的旋转角度。
- 模糊：设置贴图的清晰度，数值越小越清晰，渲染越慢。

- 剪裁/放置：勾选【应用】选项，并单击后面的【查看图像】按钮，然后可以使用红色框框选一部分区域，这部分区域就是应用的贴图部分，区域外的部分不会被渲染出来。(此方法可以去除贴图的瑕疵，如贴图上的LOGO等。)

## 提示：模型上的贴图怎么不显示呢

选中模型，如图12-50所示。单击材质编辑器中的 (将材质指定给选定对象)按钮，如图12-51所示发现模型没有显示出贴图效果。

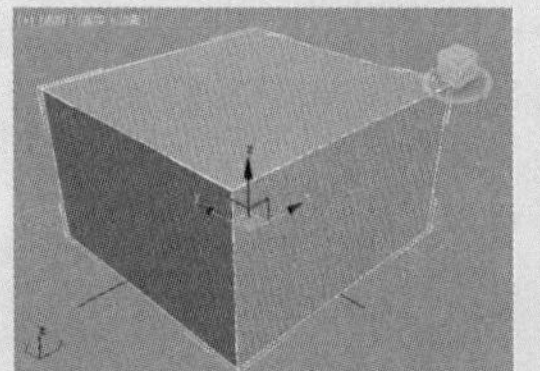
图 12-50

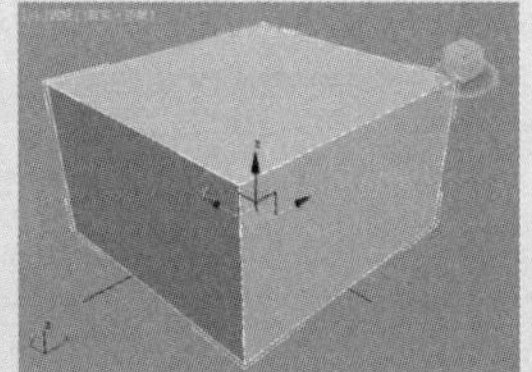
图 12-51

此时只需要单击 (视口中显示明暗处理材质)按钮，即可看到贴图显示正确了，如图12-52所示。

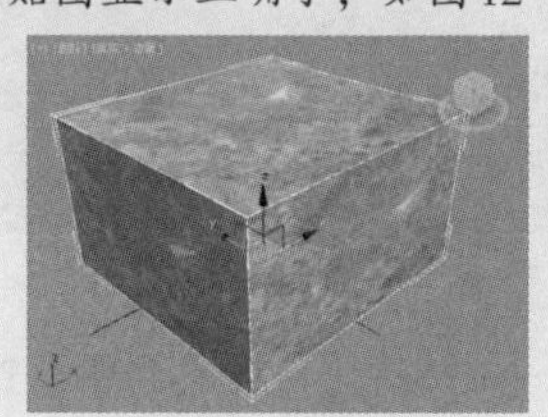
图 12-52

## 提示：有时候平面物体上的贴图怎么显示为黑色

有时为平面类模型设置材质时，发现平面在视图中出现了黑色效果，如图12-53所示。

此时只需要为模型添加【壳】修改器，如图12-54所示使平面模型产生厚度，模型上就能正确显示出贴图效果了，如图12-55所示。

图 12-53

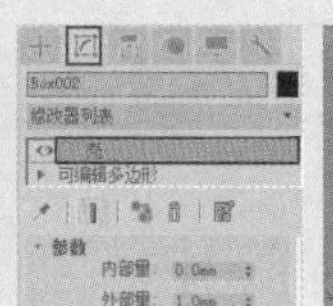

图 12-54

图 12-55

## 提示：贴图出现拉伸错误时，试试【UVW贴图】修改器

在为模型设置好【位图】贴图之后，单击 (视口中显示明暗处理材质)按钮即可在模型上显示贴图效果。有时候会发现贴图显示正确，有时候模型显示出现拉伸等错误现象。如图12-56~图12-59所示为正确的贴图效果和错误的贴图效果。

图 12-56

错误的贴图效果

图 12-57

一旦模型出现了类似上图中的错误效果，那么我们要第一时间想到需要为模型添加【UVW贴图】修改器，如图12-60所示，可以选择模型并单击【修改】按钮，为其模型添加【UVW贴图】修改器。

图 12-58

图 12-59

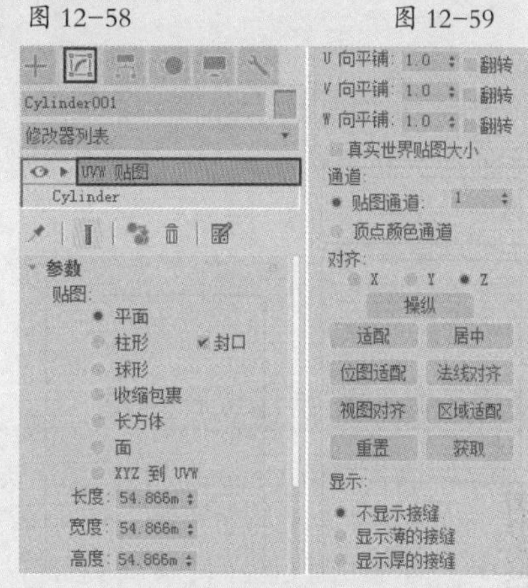

图 12-60

- 贴图类型：确定所使用的贴图坐标的类型，不同的类型设置会产生不同的贴图显示效果。如图12-61~图12-69所示。

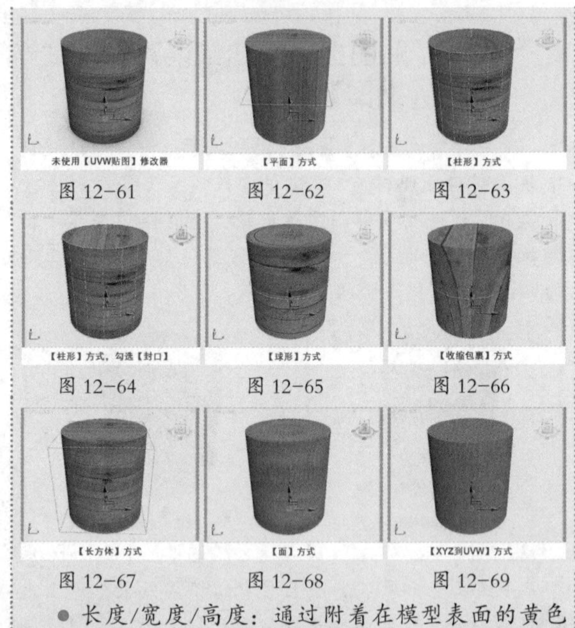


图 12-61　图 12-62　图 12-63

图 12-64　图 12-65　图 12-66

图 12-67　图 12-68　图 12-69

- 长度/宽度/高度：通过附着在模型表面的黄色框（gizmo）大小控制贴图的显示，如图12-70和图12-71所示。
- U/V/W向平铺：设置U/V/W轴向贴图的平铺次数。
- 翻转：反转图像。

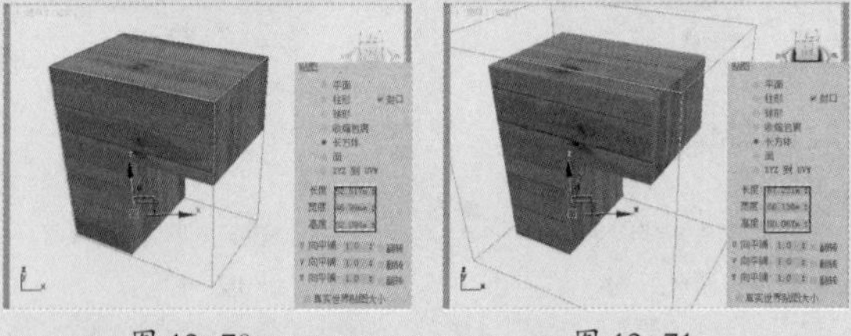

图 12-70　图 12-71

- 对齐X/Y/Z：设置贴图显示的轴向。
- 操纵：启用时，gizmo出现在可以改变视口中的参数的对象上。
- 适配：单击该按钮，gizmo自动变为与模型等大的效果。

## 实例：使用衰减贴图制作绒布沙发

扫一扫，看视频

文件路径：Chapter 12 贴图→实例：使用衰减贴图制作绒布沙发

本案例通过使用【衰减】程序贴图模拟绒布质感的过渡贴图效果，并应用【混合】程序贴图、【噪波】程序贴图制作完成绒布沙发材质质感。渲染效果如图12-72所示。

图 12-72

### 操作步骤

步骤 01 打开场景文件，如图12-73所示。

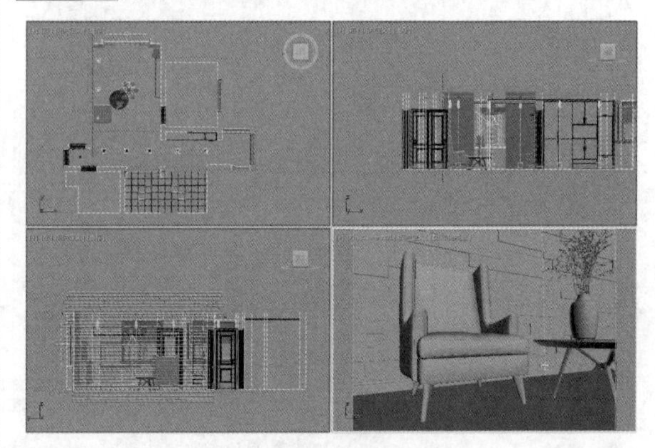

图 12-73

步骤 02 单击一个材质球，材质类型设置为VRayMtl材质，在【漫反射】通道上加载【衰减】程序贴图，设置在第一个颜色后方通道加载【1-70.jpg】贴图文件，在第二个颜色后方添加【1-70.jpg】贴图文件，并设置第二个颜色的数值为85，最后调整下方的曲线形态，如图12-74所示。

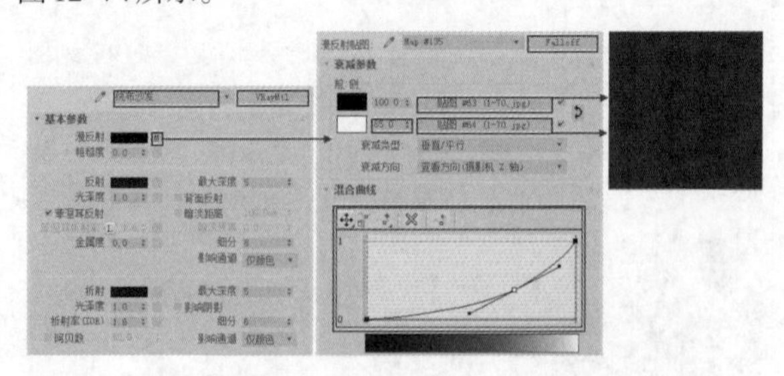

图 12-74

步骤 03 展开【贴图】卷展栏，设置【凹凸】后方的数值为35，在后方通道加载【混合】程序贴图，并在【颜色#1】通道加载【1-70.jpg】贴图文件，在【颜色#2】通道加载【噪波】程序贴图，设置【噪波类型】为【分形】，【大小】为135，如图12–75所示。

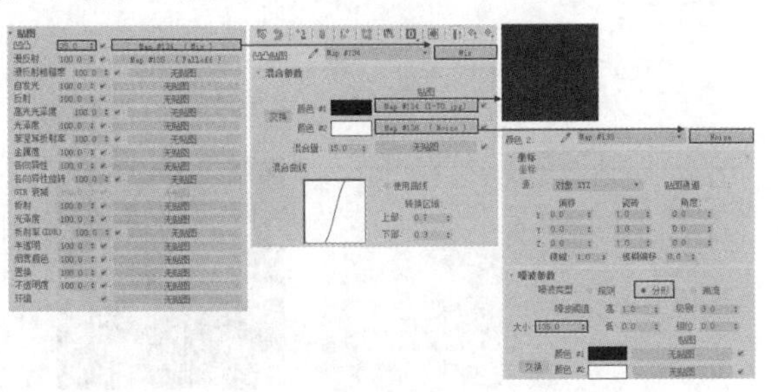

图 12–75

步骤 04 双击材质球，效果如图12–76所示。

步骤 05 选择模型，单击 （将材质指定给选定对象）按钮，将制作完毕的材质赋给场景中相应的沙发模型，如图12–77所示。

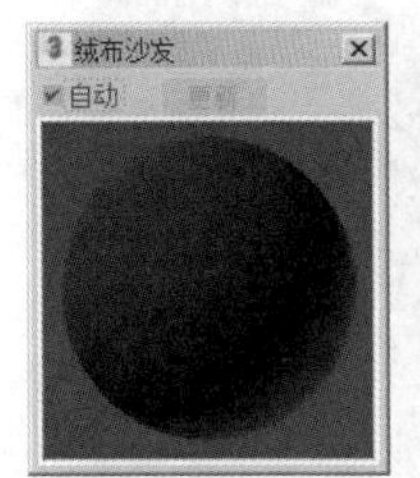


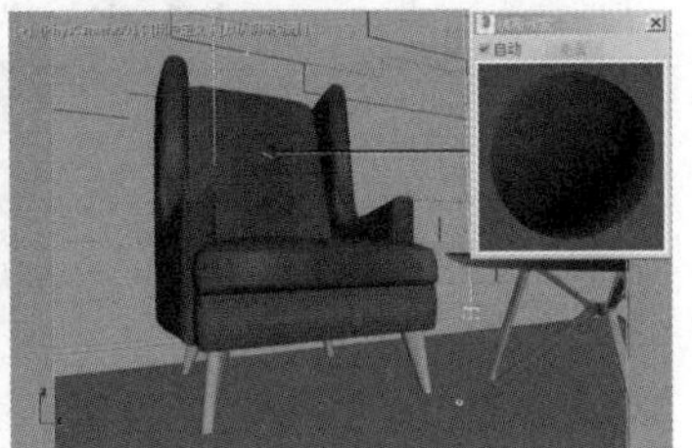

图 12–76　　图 12–77

步骤 06 继续制作场景中的其他材质并赋给相应的模型，如图12–78所示。

图 12–78

### 选项解读：衰减贴图重点参数速查

- 前、侧：设置【衰减】贴图的【前】通道和【侧】通道的参数。
- 衰减类型：设置衰减的方式，其中【垂直/平行】方式过渡较强烈、【Fresnel】过渡较柔和。
- 衰减方向：设置衰减的方向。

### 选项解读：混合贴图重点参数速查

- 颜色1/颜色2：设置混合的两种颜色或贴图。
- 交换：互换两种颜色或贴图的位置。
- 混合量：设置颜色1和颜色2的混合比例。
- 混合曲线：可以通过设置曲线控制混合的效果。

## 实例：使用噪波贴图制作冰块

文件路径：Chapter 12　贴图→实例：使用噪波贴图制作冰块

本案例讲解了冰块材质、水滴材质、玻璃杯材质、酒材质这4种具有折射属性的材质的制作。难点在于在【凹凸】通道上加载【噪波】程序贴图制作具有凹凸起伏效果的冰块。渲染效果如图12–79所示。

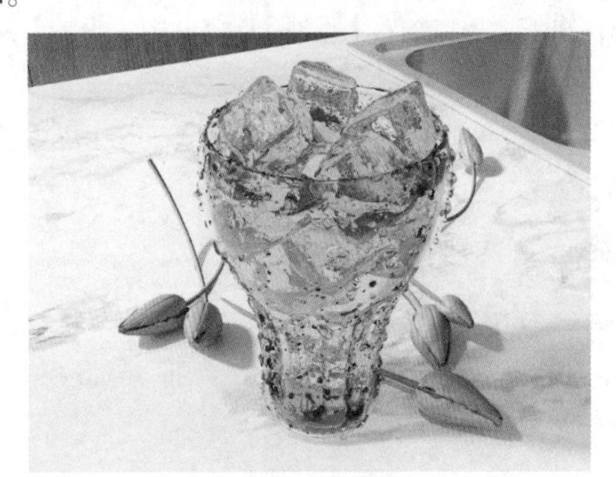

图 12–79

## 操作步骤

### Part 01　冰块

步骤 01 打开场景文件，如图12–80所示。

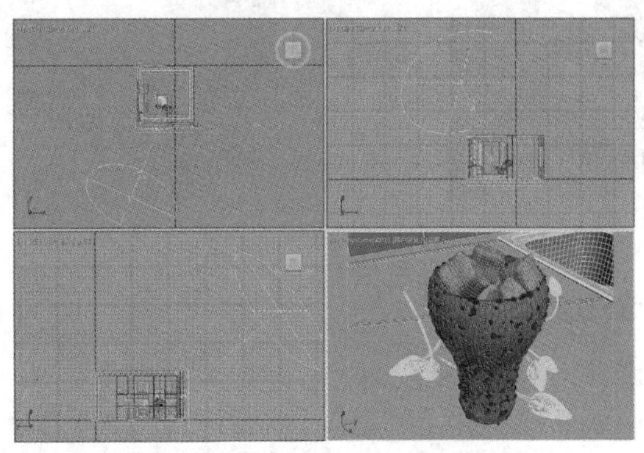

图 12–80

步骤 02 单击一个材质球，材质类型设置为VRayMtl材质，设置【漫反射】为深灰色，【反射】为白色，勾选【菲涅耳反射】选项，设置【折射】为白色，【折射率】为2.2，如图12-81所示。

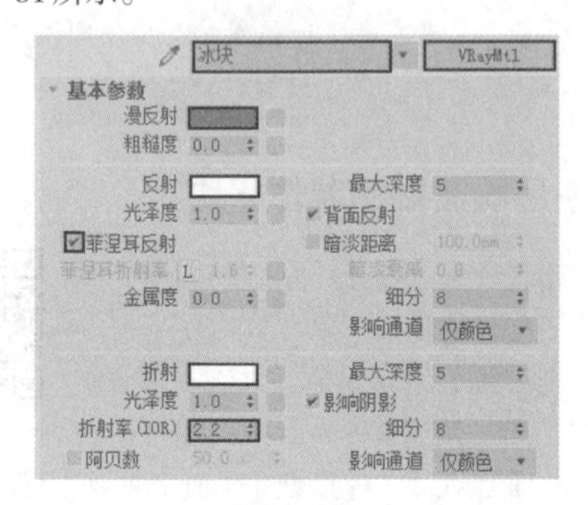


图 12-81

步骤 03 展开【贴图】卷展栏，设置【凹凸】后方的数值为25，在后方通道加载【噪波】程序贴图，设置【大小】为1，如图12-82所示。

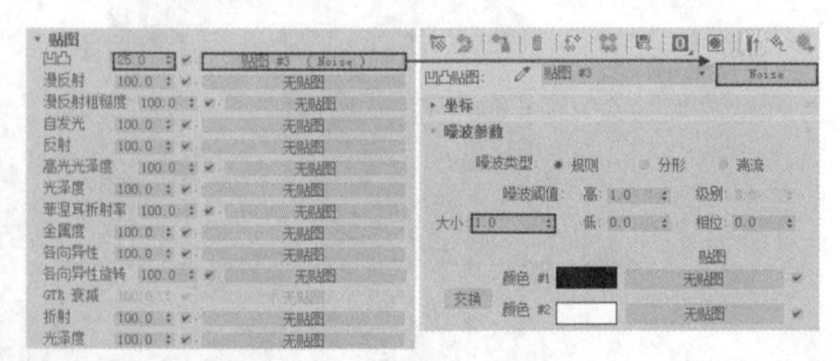


图 12-82

步骤 04 双击材质球，效果如图12-83所示。

步骤 05 选择冰块模型，单击（将材质指定给选定对象）按钮，将制作完毕的材质赋给场景中相应的冰块模型，如图12-84所示。

图 12-83

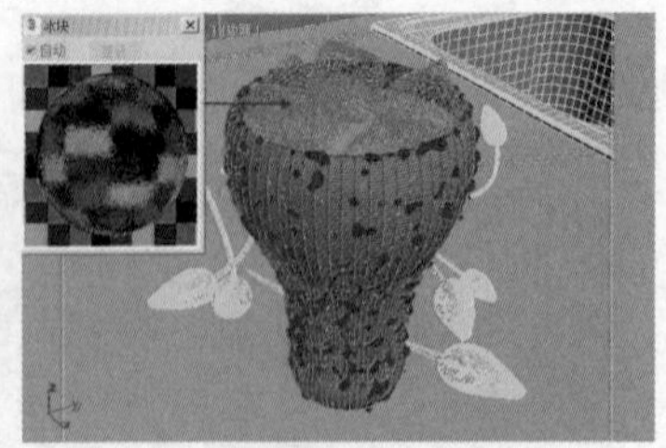

图 12-84

## Part 02 水滴

步骤 01 单击一个材质球，材质类型设置为VRayMtl材质，设置【漫反射】为黑色，【反射】为白色，勾选【菲涅耳反射】选项，设置【折射】为白色，【折射率】为1.333，如图12-85所示。

步骤 02 双击材质球，效果如图12-86所示。

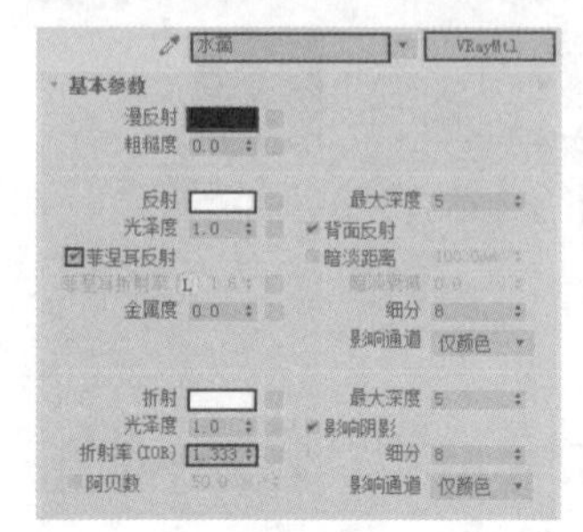


图 12-85

图 12-86

步骤 03 选择水滴模型，单击（将材质指定给选定对象）按钮，将制作完毕的材质赋给场景中相应的水滴模型，如图12-87所示。

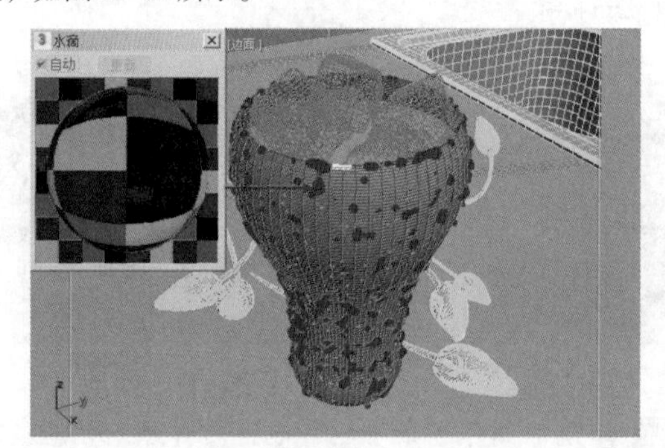


图 12-87

## Part 03 玻璃杯

步骤 01 单击一个材质球，材质类型设置为VRayMtl材质，设置【漫反射】为黑色，【反射】为白色，勾选【菲涅耳反射】选项，设置【折射】为白色，【折射率】为1.517，如图12-88所示。

步骤 02 双击材质球，效果如图12-89所示。

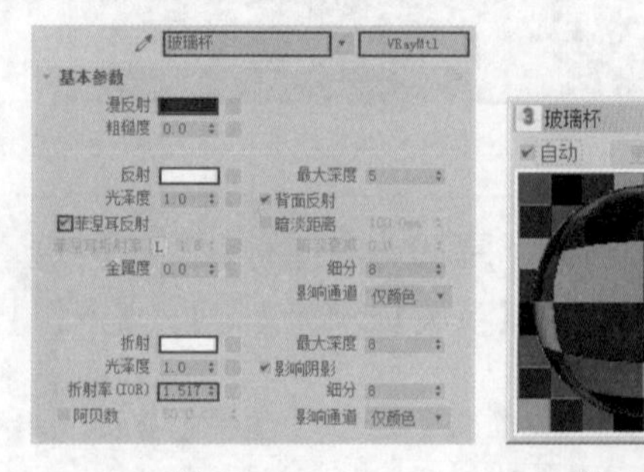


图 12-88

图 12-89

步骤 03 选择玻璃杯模型，单击 (将材质指定给选定对象)按钮，将制作完毕的材质赋给场景中相应的玻璃杯模型，如图12-90所示。

图 12-90

## Part 04 酒

步骤 01 单击一个材质球，材质类型设置为VRayMtl材质，设置【漫反射】为黑色，【反射】为白色，勾选【菲涅耳反射】选项，设置【折射】为白色，【折射率】为1.329，【最大深度】为10，设置【烟雾颜色】为深红褐色，【烟雾倍增】为0.006，如图12-91所示。

步骤 02 双击材质球，效果如图12-92所示。

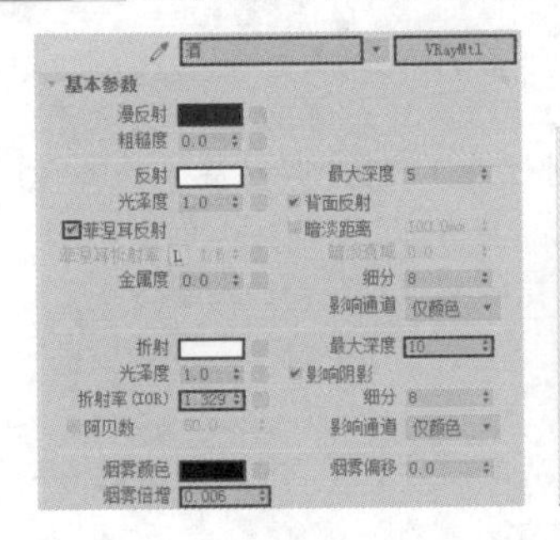


图 12-91

图 12-92

步骤 03 选择酒模型，单击 (将材质指定给选定对象)按钮，将制作完毕的材质赋给场景中相应的酒模型，如图12-93所示。

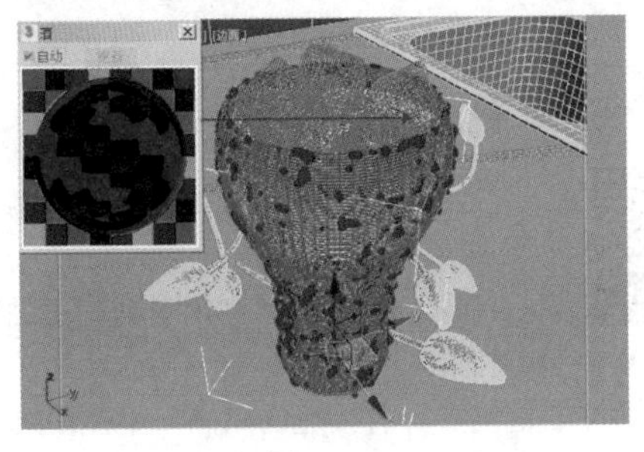

图 12-93

步骤 04 继续制作场景中的其他材质并赋给相应的模型，如图12-94所示。

图 12-94

### 选项解读：噪波贴图重点参数速查

- 噪波类型：包括【规则】【分形】和【湍流】3种类型。
- 大小：设置噪波波长的距离。
- 噪波阈值：控制噪波中黑色和白色的显示效果。
- 级别：设置【分形】和【湍流】方式时产生噪波的量。
- 相位：设置噪波的动画速度。
- 交换：互换两个颜色的位置。
- 颜色#1/颜色#2：可以设置两个颜色作为噪波的颜色，也可以在后面通道上添加贴图。

## 实例：使用渐变坡度贴图制作彩色玻璃饰品

文件路径：Chapter 12 贴图→实例：使用渐变坡度贴图制作彩色玻璃饰品

扫一扫，看视频

本案例首先制作普通无色玻璃的材质，并在【折射】通道上加载【渐变坡度】程序贴图，从而制作出具有七彩色的玻璃饰品。渲染效果如图12-95所示。

图 12-95

## 操作步骤

步骤 01 打开场景文件，如图12-96所示。

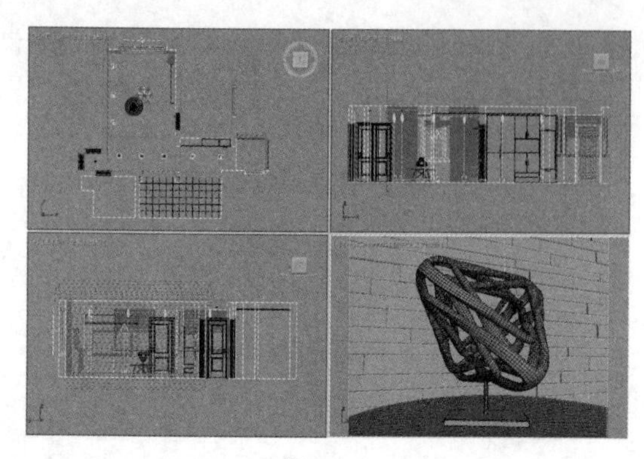

图 12-96

步骤 02 按下M键，打开【材质编辑器】窗口，接着在该窗口内选择第一个材质球，单击 Standard （标准）按钮，在弹出的【材质/贴图浏览器】对话框中选择VRayMtl，设置【漫反射】为白色，【反射】为深灰色，取消勾选【菲涅耳反射】选项，【细分】为20，如图12-97所示。

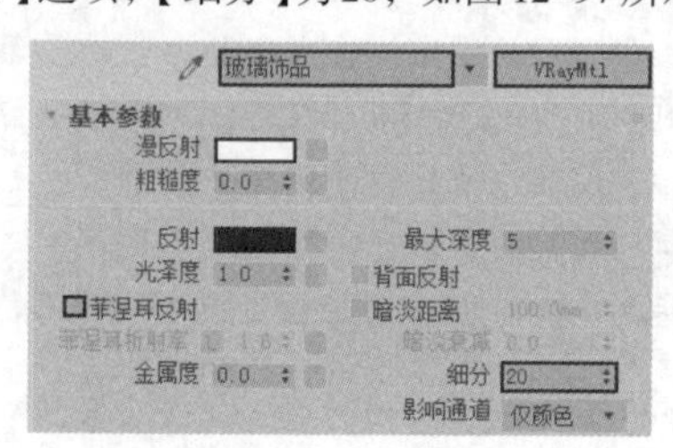


图 12-97

步骤 03 在【折射】通道上加载【渐变坡度】程序贴图，设置红、橙、黄、绿、青、蓝、紫的七色渐变，如图12-98所示。

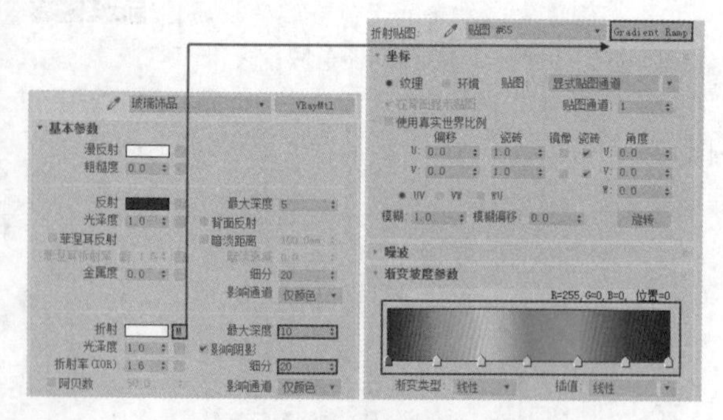

图 12-98

步骤 04 双击该材质球，效果如图12-99所示。

步骤 05 选择模型，单击（将材质指定给选定对象）按钮，将制作完毕的材质赋给场景中相应的玻璃饰品模型，如图12-100所示。

步骤 06 继续制作场景中的其他材质并赋给相应的模型，如图12-101所示。

图 12-99

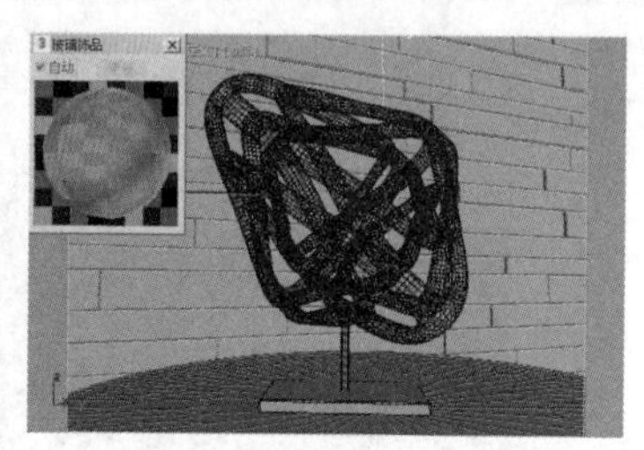

图 12-100

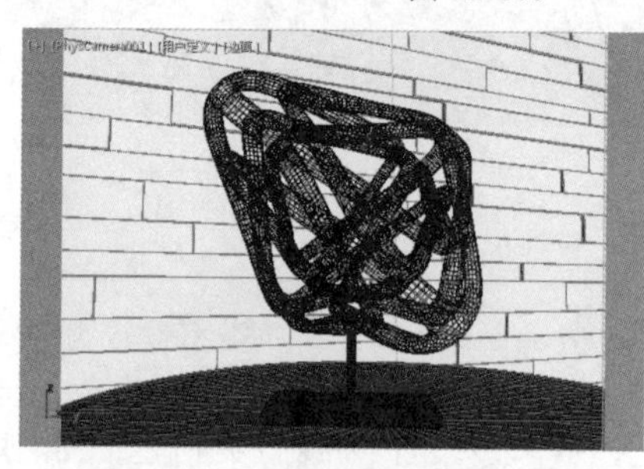

图 12-101

## 选项解读：渐变坡度贴图重点参数速查

- 颜色#1/颜色#2/颜色#3：设置渐变的3个颜色。
- 颜色2位置：通过设置颜色2的位置，从而可以控制3个颜色的位置分布。
- 渐变类型：可以选择线性或径向的渐变方式。
- 高：设置高阈值。
- 低：设置低阈值。
- 平滑：用以生成从阈值到噪波值较为平滑的变换。数值越大，平滑效果越好。
- 渐变栏：在该栏中编辑颜色，双击滑块即可更换颜色。单击空白区域即可添加一个颜色，单击拖动滑块即可移动颜色位置。
- 渐变类型：选择渐变的类型。
- 插值：选择插值的类型。

## 实例：使用平铺贴图制作墙砖

扫一扫，看视频

文件路径：Chapter 12 贴图→实例：使用平铺贴图制作墙砖

本案例主要讲解利用平铺程序贴图制作墙砖效果，平铺程序贴图主要用于地板、墙面等规则性的重复并且有接缝的贴图。案例最终渲染效果如图12-102所示。

图 12-102

## 操作步骤

步骤 01 打开本书场景文件，如图12-103所示。

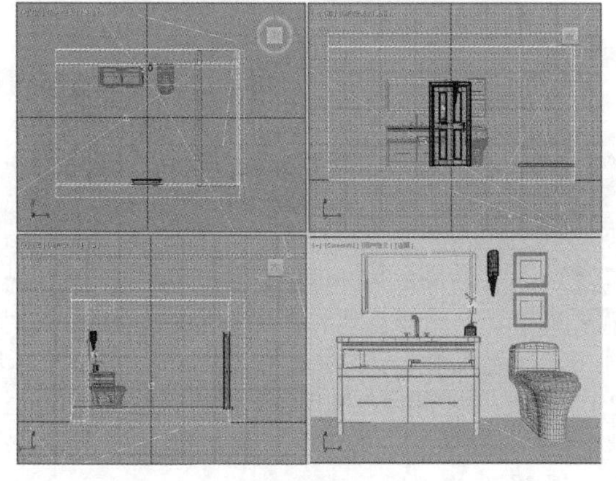

图 12-103

步骤 02 按下M键，打开【材质编辑器】窗口，接着在该窗口内选择第一个材质球，单击 Standard （标准）按钮，在弹出的【材质/贴图浏览器】对话框中选择VRayMtl，如图12-104所示。

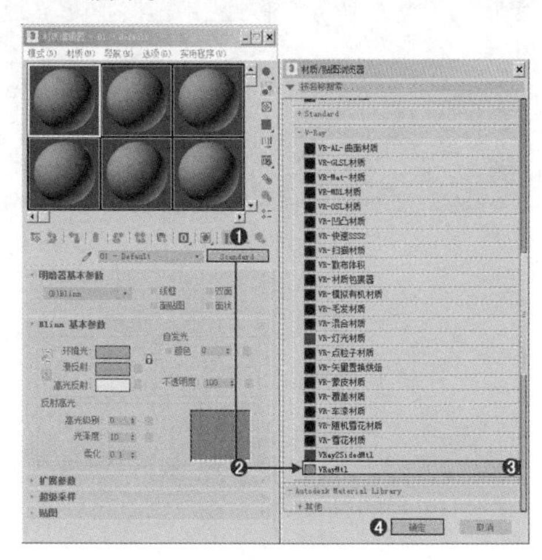

图 12-104

步骤 03 将其命名为【墙砖】，在【漫反射】后方的通道上加载【平铺】程序贴图，在【坐标】卷展栏下设置【瓷砖】下方的【U】和【V】的数值均为3，展开【标准控制】卷展栏，设置【预设类型】为【连续砌合】，展开【高级控制】卷展栏，在【平铺设置】下方的【纹理】通道上加载【203108.jpg】贴图文件，设置【瓷砖】下方【U】和【V】的数值均为3。接着设置【砖缝设置】下方的【水平间距】和【垂直间距】为0.2，【随机种子】为76。最后在【反射】选项组下设置其颜色为白色，【光泽度】为0.92，勾选【菲涅耳反射】选项，设置【细分】为20，如图12-105所示。

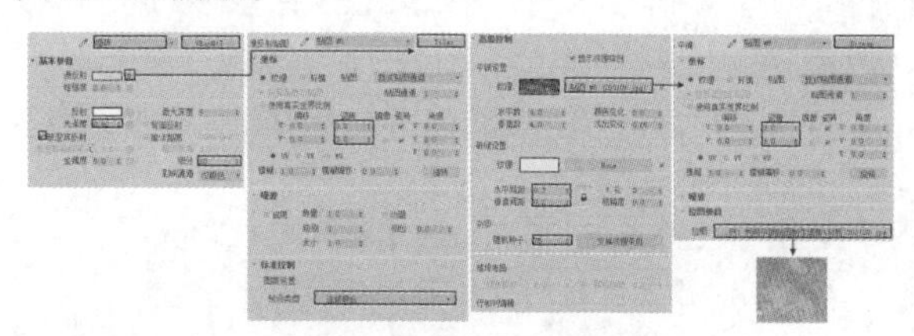

图 12-105

步骤 04 展开【双向反射分布函数】卷展栏，并选择【反射】选项，如图12-106所示。

步骤 05 展开【贴图】卷展栏，选中【漫反射】后方的通道按住鼠标左键，将其拖曳到【凹凸】的后方，释放鼠标后在弹出的【复制(实例)贴图】窗口中设置【方法】为【复制】，如图12-107所示。

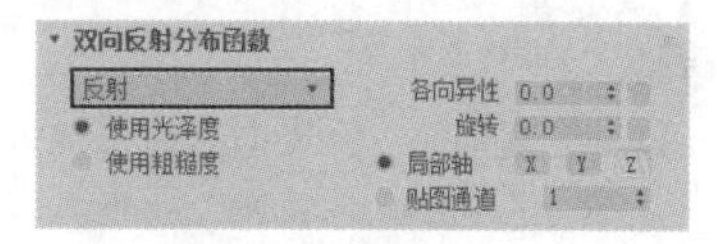


图 12-106

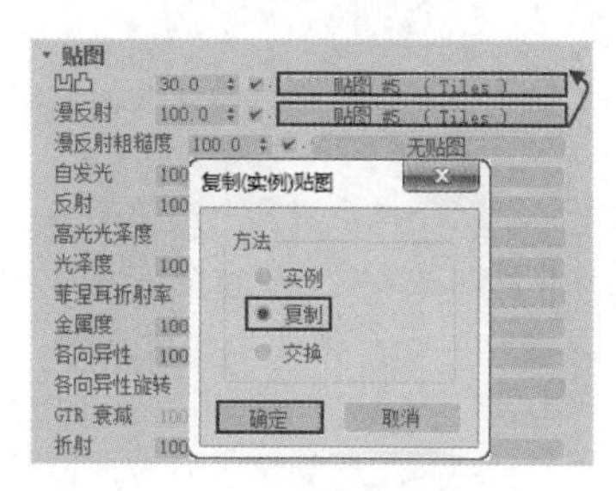


图 12-107

步骤 06 双击材质球，效果如图12-108所示。

步骤 07 选择模型，单击 （将材质指定给选定对象）按钮，将制作完毕的墙砖材质赋给场景中相应的模型，如图12-109所示。制作完成剩余的材质，最终渲染效果见本案例最开始。

图 12-108

图 12-109

## 选项解读：平铺贴图重点参数速查

- 预设类型：可以选择不同的平铺图案。
- 显示纹理样例：更新并显示贴图指定给【瓷砖】或【砖缝】的纹理。
- 平铺设置：该选项组控制平铺的参数设置。
- 纹理：设置瓷砖的纹理颜色或贴图。
- 水平数/垂直数：控制瓷砖在水平方向/垂直方向的重复次数（例如地面上有多少块瓷砖）。
- 颜色变化：设置瓷砖的颜色变化效果，若设置大于0的数值，则瓷砖将会产生微妙的颜色区别。
- 淡出变化：控制瓷砖的淡出变化。
- 砖缝设置：该选项组控制砖缝的参数设置。
- 纹理：设置瓷砖缝隙的颜色或贴图（例如瓷砖缝隙的颜色）。
- 水平间距/垂直间距：设置瓷砖缝隙的长宽数值。
- % 孔：设置由丢失的瓷砖所形成的孔占瓷砖表面的百分比。
- 粗糙度：控制砖缝边缘的粗糙度。
- 杂项：该选项组控制随机种子和交换纹理条目的参数。
- 随机种子：对瓷砖应用颜色变化的随机图案。不用进行其他设置就能创建完全不同的图案。
- 交换纹理条目：在瓷砖间和砖缝间交换纹理贴图或颜色。
- 堆垛布局：该选项控制线性移动和随机移动的参数。
- 线性移动：每隔两行将瓷砖移动一个单位。
- 随机移动：将瓷砖的所有行随机移动一个单位。
- 行/列修改：启用此选项后，将根据每行/列的值和改变值为行创建一个自定义的图案。

## 实例：使用细胞贴图制作皮质手套

扫一扫，看视频

文件路径：Chapter 12 贴图→实例：使用细胞贴图制作皮质手套

本案例通过在【凹凸】通道上加载【细胞】程序贴图，制作出具有真实皮革凹凸纹理的质感。渲染效果如图12-110所示。

图 12-110

## 操作步骤

步骤 01 打开场景文件，如图12-111所示。

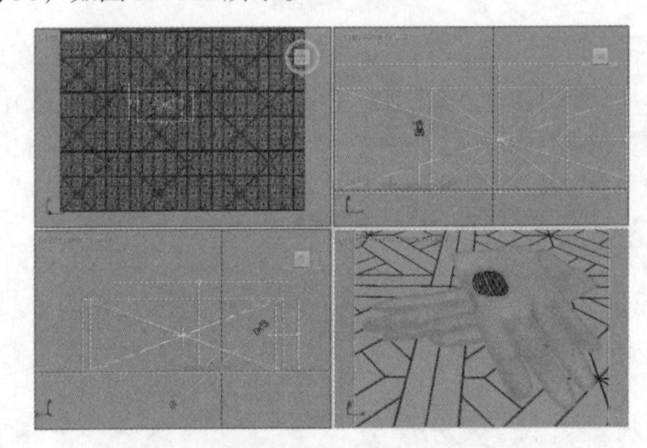

图 12-111

步骤 02 单击一个材质球，材质类型设置为VRayMtl材质，设置【漫反射】为深褐色，【反射】为深灰色，【光泽度】为0.83，勾选【菲涅耳反射】选项，单击【菲涅耳折射率】后面的L按钮，设置数值为2.7，最后设置【细分】为30，如图12-112所示。

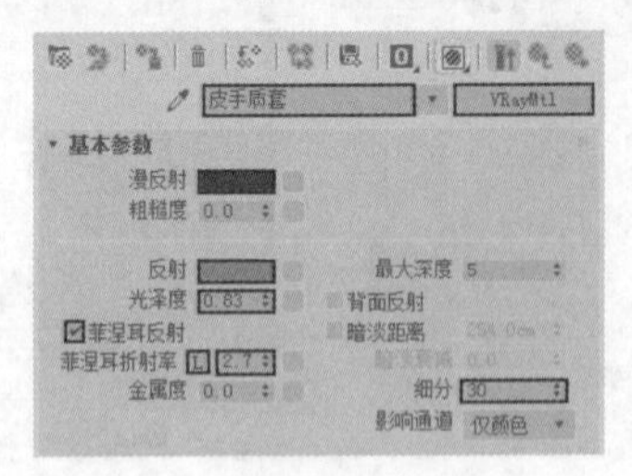


图 12-112

**步骤 03** 展开【贴图】卷展栏，设置【凹凸】后方的数值为30，在后方通道加载【细胞】程序贴图，勾选【分形】，设置【大小】为0.2，如图12–113所示。

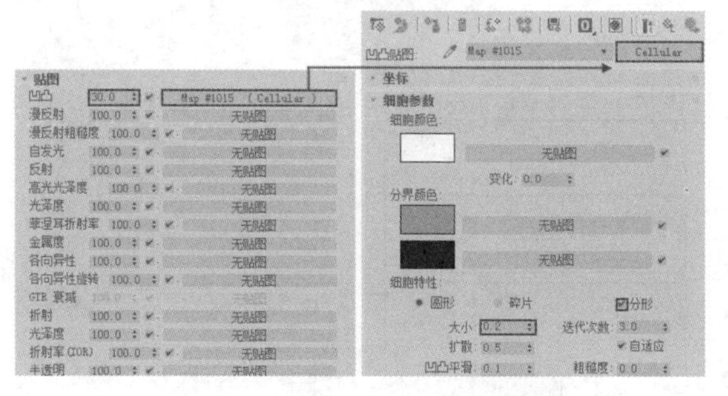


图 12–113

**步骤 04** 双击材质球，效果如图12–114所示。

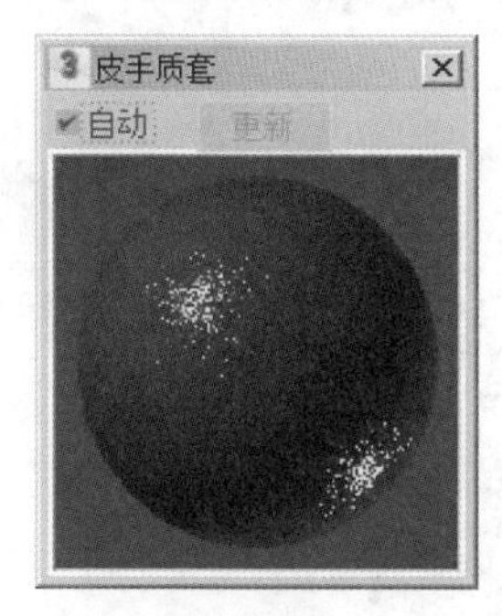


图 12–114

**步骤 05** 选择手套模型，单击 （将材质指定给选定对象）按钮，将制作完毕的材质赋给场景中相应的手套模型，如图12–115所示。

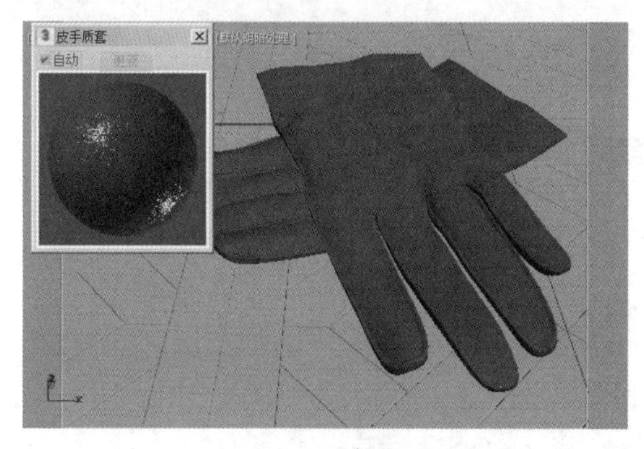


图 12–115

**步骤 06** 继续制作场景中其他材质并赋给相应的模型，如图12–116所示。

图 12–116

## 选项解读：细胞贴图重点参数速查

- 细胞颜色：该选项组中的参数主要用来设置细胞的颜色。
- 颜色：为细胞选择一种颜色。
- None（无）按钮：将贴图指定给细胞，而不使用实心颜色。
- 变化：通过随机改变红、绿、蓝颜色值来更改细胞的颜色。变化值越大，随机效果越明显。
- 色样：显示【颜色选择器】对话框，选择一种细胞分界颜色，也可以利用贴图来设置分界的颜色。
- 细胞特征：该选项组中的参数主要用来设置细胞的一些特征属性。
- 圆形/碎片：用于选择细胞边缘的外观。
- 大小：更改贴图的总体尺寸。
- 扩散：更改单个细胞的大小。
- 凹凸平滑：将细胞贴图用作凹凸贴图时，在细胞边界处可能会出现锯齿效果，如果发生这种情况，可以适当增大该值。
- 分形：将细胞图案定义为不规则的碎片图案。
- 迭代次数：设置应用分形函数的次数。
- 自适应：启用该选项后，分形【迭代次数】将自适应地进行设置。
- 粗糙度：将【细胞】贴图用作凹凸贴图时，该参数用来控制凹凸的粗糙程度。
- 阈值：该选项组中的参数用来限制细胞和分解颜色的大小。
- 低：调整细胞最低大小。
- 中：相对于第2分界颜色，调整最初分界颜色的大小。
- 高：调整分界的总体大小。

## 实例：使用合成贴图制作布纹窗帘

文件路径：Chapter 12 贴图→实例：使用合成贴图制作布纹窗帘

扫一扫，看视频

本案例使用【合成】【衰减】程序贴图制作布纹窗帘。渲染效果如图12–117所示。

图 12–117

## 操作步骤

步骤 01 打开场景文件，如图12–118所示。

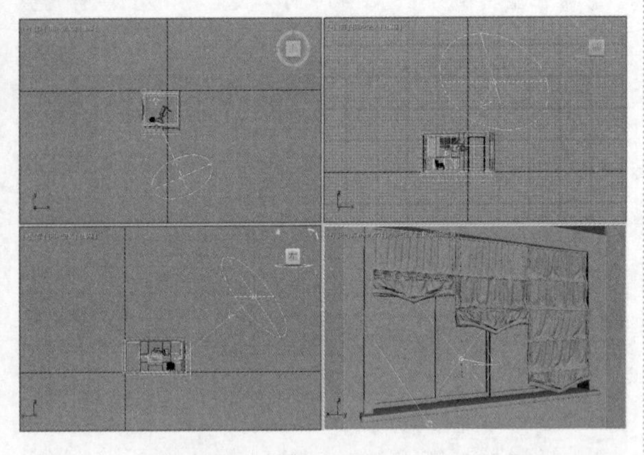

图 12–118

步骤 02 单击一个材质球，设置材质类型为VRayMtl材质。在【漫反射】通道上加载【合成】程序贴图，并在【层1】【层2】【层3】下方左侧的通道上分别加载【1.jpg】贴图文件，设置【瓷砖】下方的【U】和【V】均为6，如图12–119所示。

步骤 03 在【层1】【层2】下方右侧的通道上分别加载【衰减】程序贴图，分别设置曲线形态，如图12–120所示。

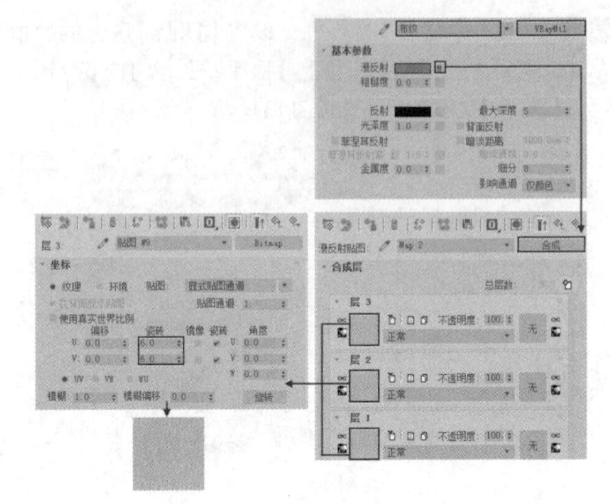

图 12–119

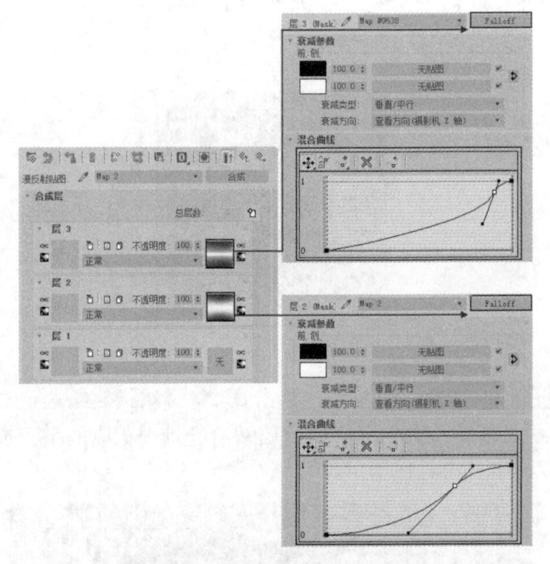

图 12–120

步骤 04 展开【贴图】卷展栏，设置【凹凸】后方的数值为40，在后方通道上加载【1.jpg】贴图文件，设置【瓷砖】下方的【U】和【V】均为6，如图12–121所示。

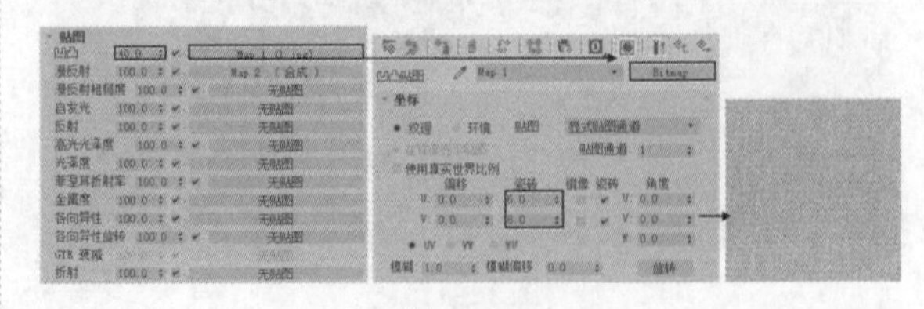

图 12–121

步骤 05 双击该材质球，效果如图12–122所示。

步骤 06 选择右侧窗帘模型，单击 (将材质指定给选定对象）按钮，将制作完毕的材质赋给场景中相应的右侧窗帘模型，如图12-123所示。

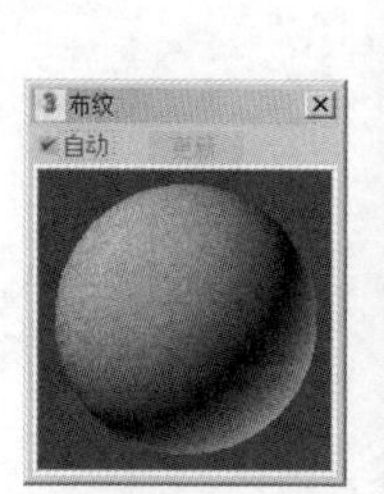


图 12-122

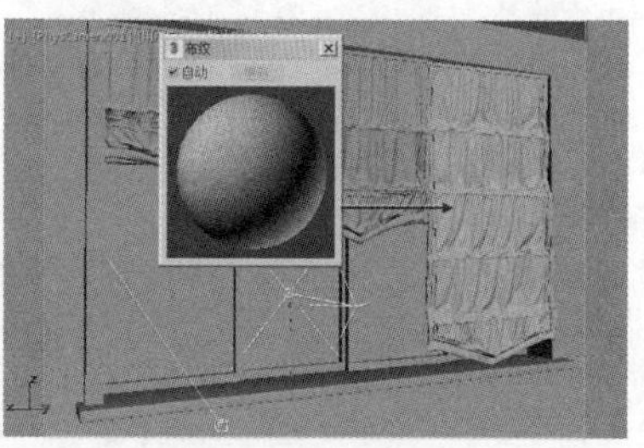


图 12-123

步骤 07 继续制作场景中的其他材质并赋给相应的模型，如图12-124所示。

图 12-124

扫一扫，看视频

# 摄影机

## 本章内容简介：

摄影机在3ds Max中可以固定画面视角，还可以设置特效、控制渲染效果等，合理的摄影机视角会对作品的效果起到积极的作用。本章主要介绍了摄影机知识、标准摄影机、VRay摄影机。在本章将学到摄影机技巧及如何设置环境背景。

## 重点知识掌握：

- 认识摄影机。
- 熟练掌握创建VRay物理摄影机的方法。

## 通过本章学习，我能做什么？

通过本章的学习，我们可以为布置好的3D场景创建摄影机，以确定渲染的视角。还可以创建多个摄影机，以不同角度渲染，更好地展示设计方案。除此之外，借助摄影机参数设置制作出景深效果、运动模糊效果、散景效果等特殊的画面效果，也可以为场景更换背景颜色和背景贴图。

# 13.1 认识摄影机

在创建完成摄影机后，可以按快捷键C切换至【摄影机】视图。在【摄影机】视图中可以调整摄影机，就好像正在通过其镜头进行观看。多个摄影机可以提供相同场景的不同视图，只需按C键进行选择即可。除此以外，摄影机还可以制作运动模糊摄影机效果、透视摄影机效果、景深摄影机效果等。

### 1. 自动创建一台摄影机

激活透视图并旋转至合适视角，如图13–1所示。按快捷键Ctrl+C，即可将当前视角变为摄影机视图视角，并且可以看到各个视图中已经自动新建了一台摄影机，并且右下角的摄影机视图中的左上角也显示出了PhysCamera001（物理摄影机001）的字样，表示目前右下角的视图为摄影机视图，如图13–2所示。

图 13–1

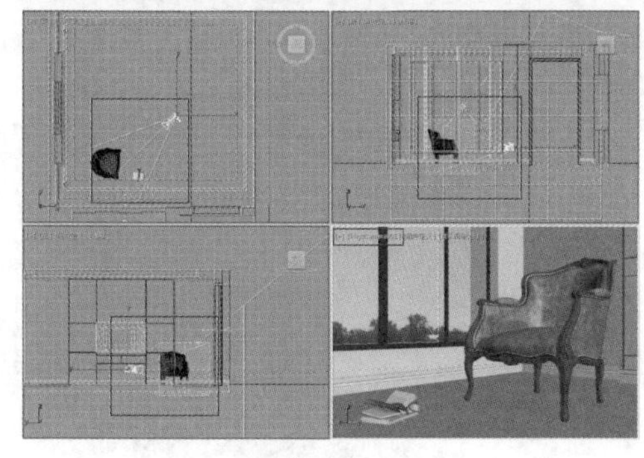

图 13–2

### 2. 手动创建一台摄影机

执行【创建】+ |【摄影机】 | 标准 | 目标，如图13–3所示。在顶视图中拖动创建一个目标摄影机，如图13–4所示。

按C键切换到摄影机视图，此时的视角很不舒服，如图13–5所示。

图 13–3

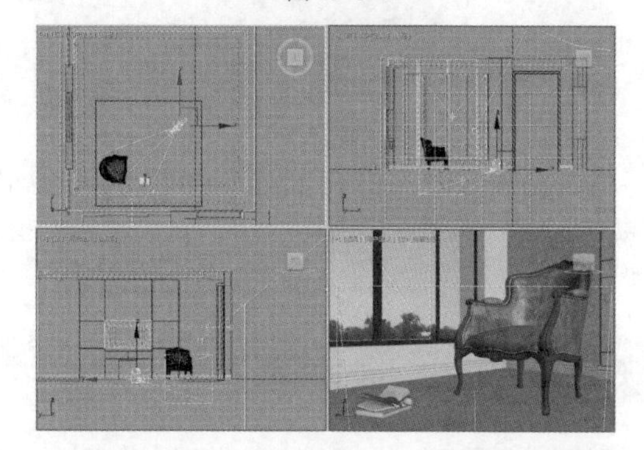

图 13–4

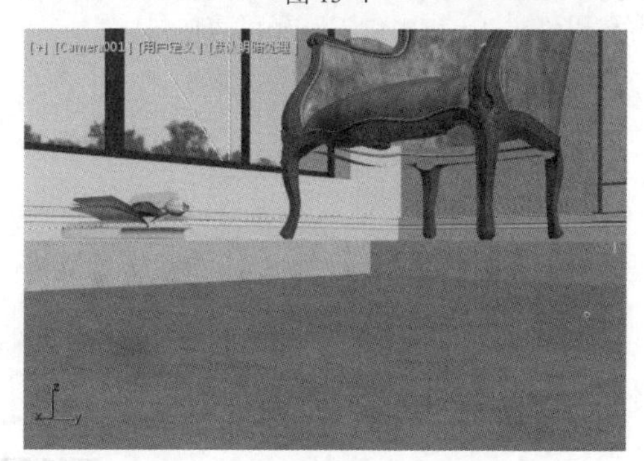

图 13–5

单击界面右下角的【平移摄影机】按钮，在该摄影机视图中，此时出现图标，按下鼠标左键并向下拖动，直至视图比较合理，如图13–6和图13–7所示。

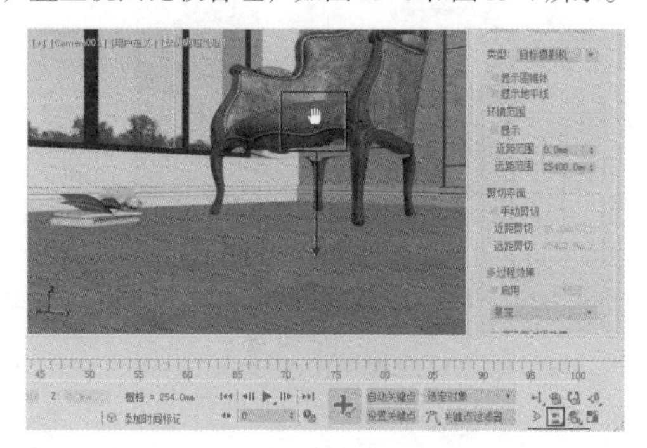

图 13–6

图 13-7

在透视图中创建完成摄影机后，可以按快捷键C切换到摄影机视图。在摄影机视图中，可以按快捷键P切换到透视图。

## 13.2 标准摄影机

【标准】摄影机包括3种类型，分别为物理摄影机、目标摄影机、自由摄影机，如图13-8所示。

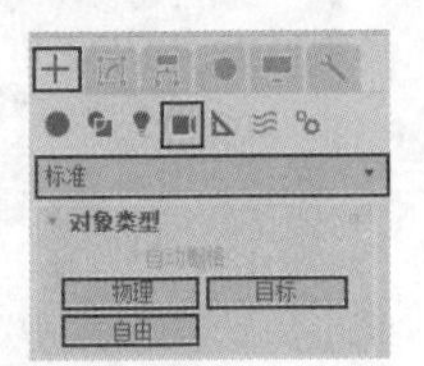


图 13-8

### 实例：让空间看起来更大

文件路径：Chapter 13 摄影机→实例：让空间看起来更大

扫一扫，看视频

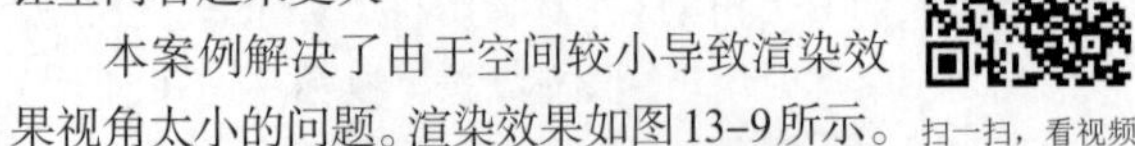

本案例解决了由于空间较小导致渲染效果视角太小的问题。渲染效果如图13-9所示。

图 13-9

### 操作步骤

步骤 01 打开场景文件，如图13-10所示。

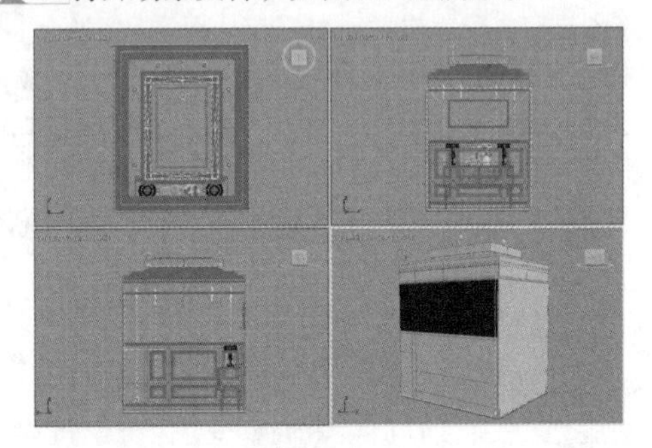

图 13-10

步骤 02 可以看到该场景非常小，在透视图中最大的视角也只能到如图13-11所示的效果。如何将小空间看起来更大、视角更全是很重要的。

图 13-11

步骤 03 执行【创建】+ |【摄影机】 | 标准 | 目标，如图13-12所示。在顶视图中拖动创建一个目标摄影机，如图13-13所示。

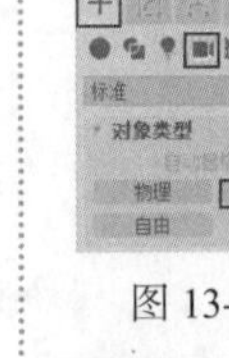

图 13-12　图 13-13

步骤 04 在透视图中按C键切换至摄影机视图，如图13-14所示。之所以出现当前的效果，是因为空间太小，只能将摄影机向后移动使得视角变大，但是摄影机继续往后退则会退到墙体位置甚至退到墙体之前，无法看到室内的效果。

步骤 05 选择该摄影机，单击【修改】按钮，设置【镜头】为40.536mm，【视野】为47.887mm，勾选【剪切平面】下的【手动剪切】选项，设置【近距剪切】为2200mm，【远距剪切】为5000mm，【目标距离】为2450mm，如图13–15所示。

图 13–14

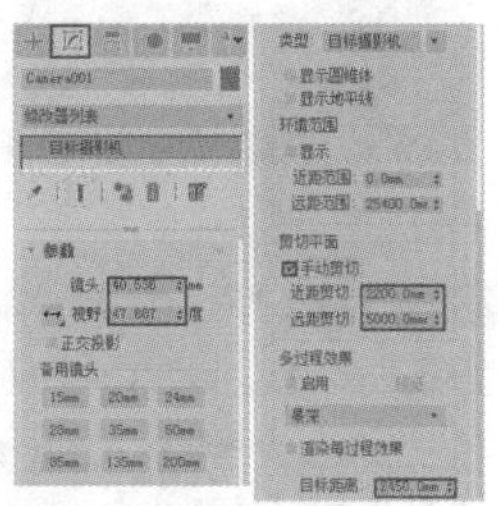

图 13–15

步骤 06 此时可以看到摄影机视图的视角变大了，看到的更全面，如图13–16所示。

步骤 07 在摄影机视图中执行快捷键Shift+F，打开安全框，如图13–17所示。

图 13–16

图 13–17

步骤 08 本案例制作完成后，我们再看一下刚设置的重要参数，【剪切平面】【近距剪切】和【远距剪切】的数值控制摄影机可见范围，如图13–18所示为在左视图中的摄影机效果。

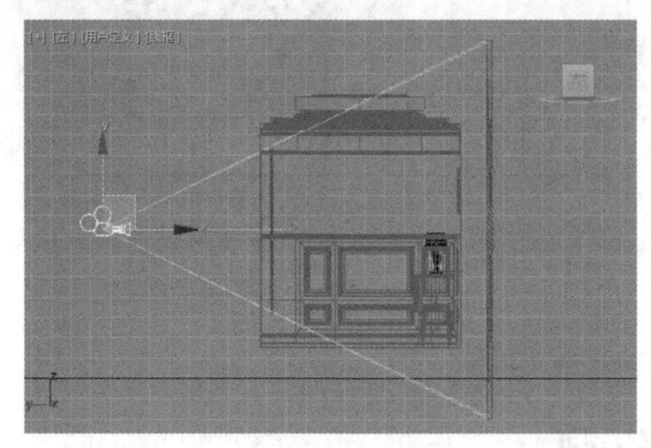

图 13–18

## 选项解读：目标摄影机重点参数速查

- 镜头：设置摄影机的焦距（单位：m）。
- 视野：设置摄影机查看区域的宽度视野。
- 正交投影：勾选该选项后，摄影机视图为用户视图；取消勾选该选项，摄影机视图为标准的透视图。
- 备用镜头：预置了15mm、20mm、24mm等9种镜头参数，可以单击选择需要的参数。
- 类型：可以设置【目标摄影机】和【自由摄影机】2种类型。
- 显示圆锥体：控制是否显示圆锥体。
- 显示地平线：控制是否显示地平线。
- 显示：显示摄影机锥形光线内的矩形，通常在使用环境和效果时使用，比如模拟大雾效果。
- 近距/远距范围：设置大气效果的近距范围和远距范围。
- 手动剪切：勾选该选项，才可以设置近距剪切和远距剪切参数。
- 近距/远距剪切：设置近距剪切和远距剪切的距离，两个参数之前的区域是可以显示的区域。
- 多过程效果：该选项组中的参数主要用来设置摄影机的景深和运动模糊效果。
- 启用：勾选后，可以预览渲染效果。
- 多过程效果：包括【景深】和【运动模糊】2个选项。
- 渲染每过程效果：勾选后，会将渲染效果应用于多重过滤效果的每个过程（景深或运动模糊）。
- 目标距离：设置摄影机与其目标之间的距离。

## 实例：校正倾斜的摄影机视角

文件路径：Chapter 13　摄影机→实例：校正倾斜的摄影机视角

扫一扫，看视频

本案例解决了校正倾斜的摄影机视角，使摄影机视角非常水平和垂直。渲染对比效果如图13–19和图13–20所示。

图 13–19

图 13–20

## 操作步骤

步骤 01 打开场景文件，如图13-21所示。

步骤 02 执行【创建】+ |【摄影机】 | 标准 | 目标，如图13-22所示。

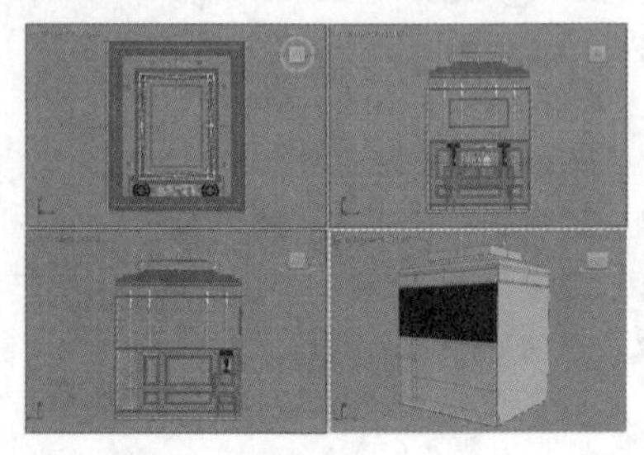

图13-21

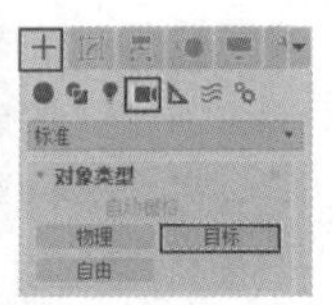

图13-22

步骤 03 在顶视图中创建一个目标摄影机，如图13-23所示。

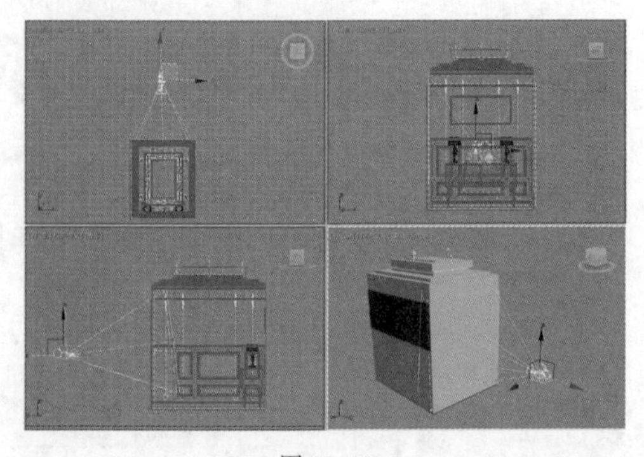

图13-23

步骤 04 选择该摄影机，单击【修改】按钮，设置【镜头】为40.536mm，【视野】为47.887mm，勾选【剪切平面】下的【手动剪切】，设置【近距剪切】为2200mm，【远距剪切】为5000mm，【目标距离】为2450mm，如图13-24所示。

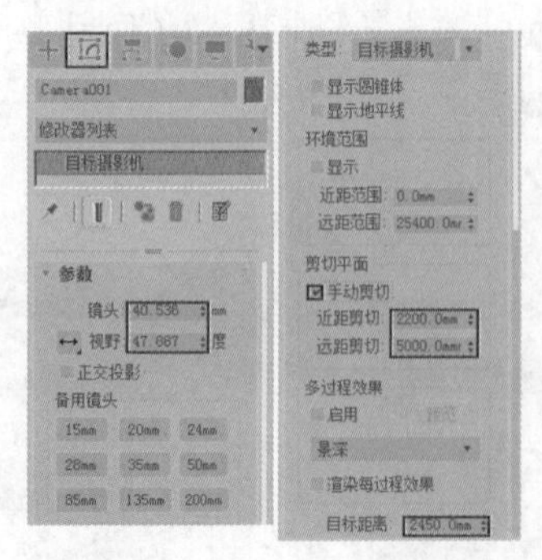

图13-24

步骤 05 按C键切换至摄影机视图，如图13-25所示。

步骤 06 按快捷键Shift+F，打开安全框，可以看到该摄影机视角有些倾斜，如图13-26所示。

图13-25

图13-26

步骤 07 选择摄影机，单击右键，执行【应用摄影机校正修改器】，如图13-27所示。

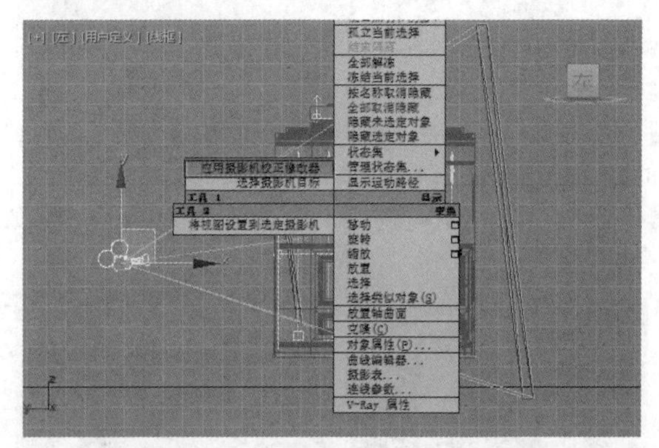

图13-27

步骤 08 单击【修改】按钮，可以看到已经被自动添加了【摄影机校正】修改器，如图13-28所示。

步骤 09 此时校正之后的摄影机视角变得非常水平和垂直，如图13-29所示。

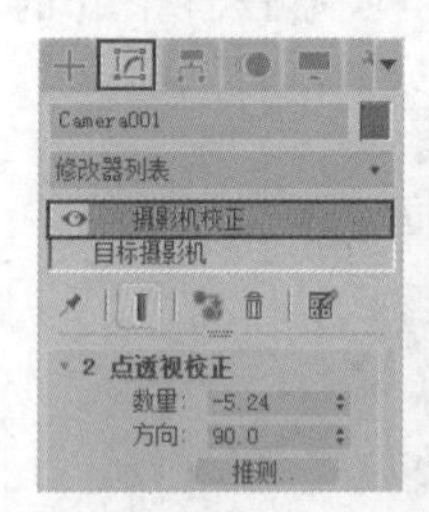

图13-28

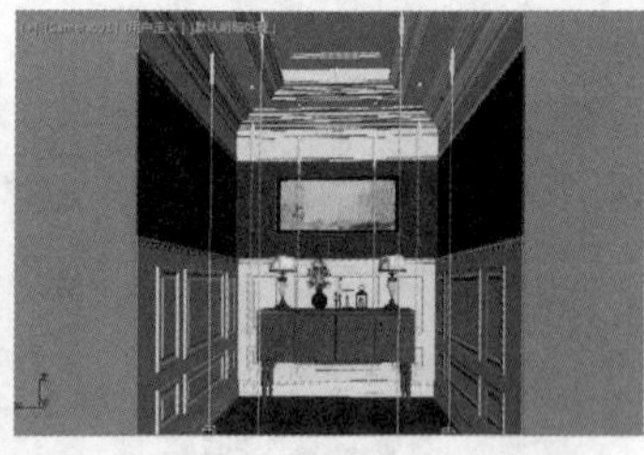

图13-29

## 实例：鱼眼镜头

扫一扫，看视频

文件路径：Chapter 13 摄影机→实例：鱼眼镜头

本案例可以渲染出类似鱼眼的凸起镜头变形效果。渲染效果如图13-30所示。

图 13-30

## 操作步骤

步骤 01 打开场景文件，如图13-31所示。

步骤 02 执行【创建】+ |【摄影机】| 标准 | 物理，如图13-32所示。

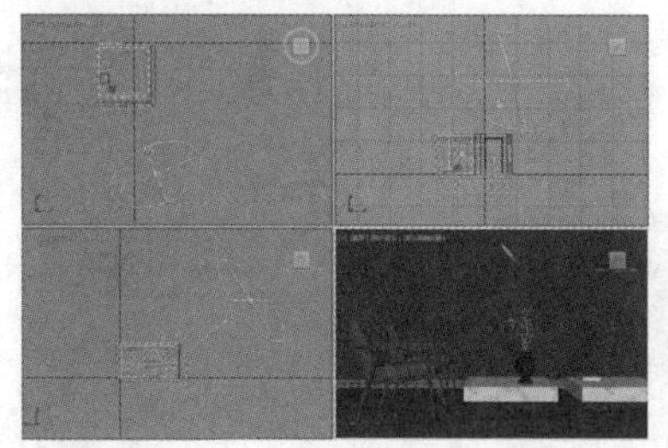

图 13-31

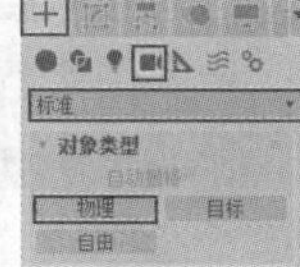


图 13-32

步骤 03 可以在视图中拖动创建物理摄影机。除此之外，还可以在透视图中调整位置到如图13-33所示的位置。

步骤 04 在透视图中按快捷键Ctrl+C，在当前位置自动新建了一台物理摄影机，并自动切换至摄影机视图，如图13-34所示。

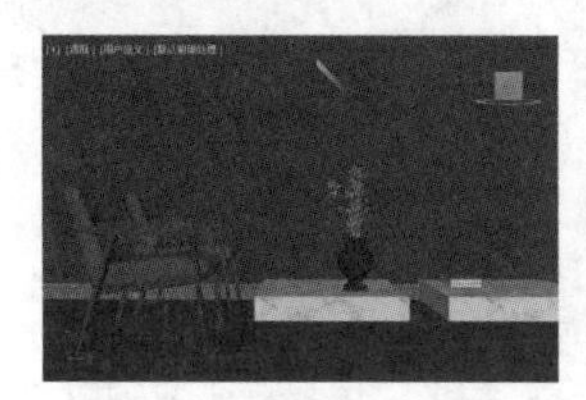

图 13-33

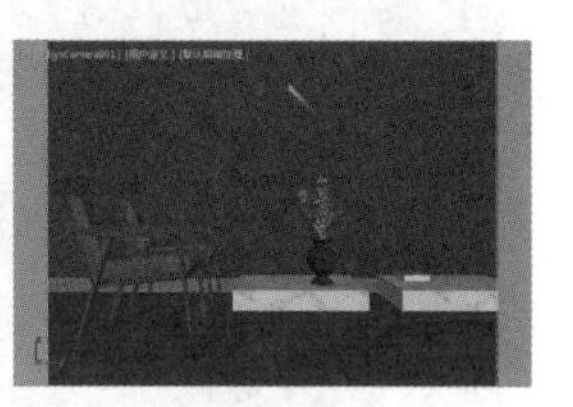

图 13-34

步骤 05 选择该摄影机，单击【修改】按钮，设置【目标距离】为3439.09，【指定视野】为44.9。展开【镜头扭曲】卷展栏，设置【扭曲类型】为【立方】，【数量】为0.15，如图13-35所示。

步骤 06 此时在摄影机视图中可以看到摄影机已经产生了变形效果，如图13-36所示。通过进行渲染可以看到出现了很强烈的镜头扭曲变形的鱼眼镜头效果。

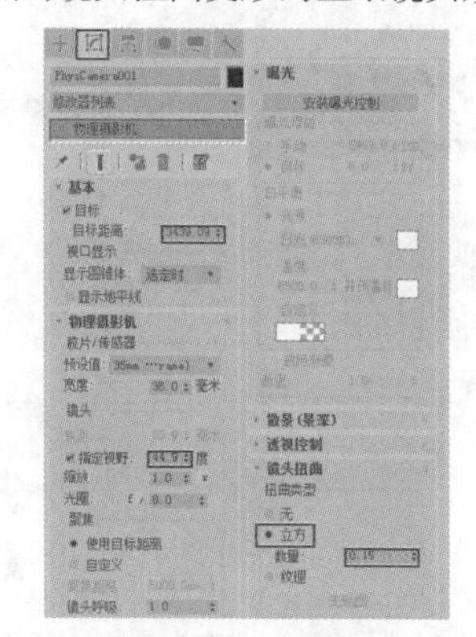

图 13-35

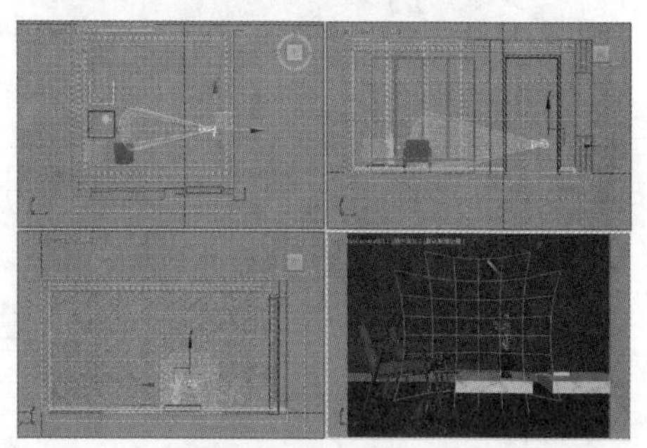

图 13-36

### 提示：增大空间感的操作步骤

在摄影机视图中，单击3ds Max界面右下角的 ▷（视野）按钮，然后向后拖动鼠标左键，可使空间看起来更大一些。这个技巧在室内外效果图制作中经常使用，如图13-37所示。

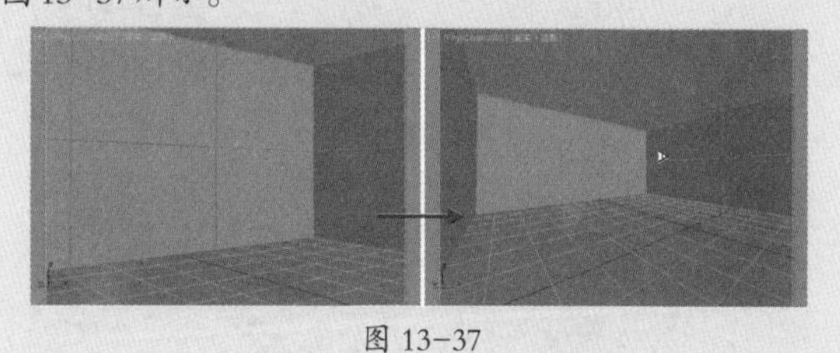

图 13-37

## 实例：摄影机动画

文件路径：Chapter 13 摄影机→实例：摄影机动画

扫一扫，看视频

本案例讲解了为摄影机创建动画，得到镜头推进、转动的动画效果，这是建筑动画中常用的技术。渲染效果如图13-38所示。

图 13-38

## 操作步骤

步骤 01 打开场景文件，如图13-39所示。

步骤 02 执行【创建】+ |【摄影机】 | 标准 | 目标，如图13-40所示。

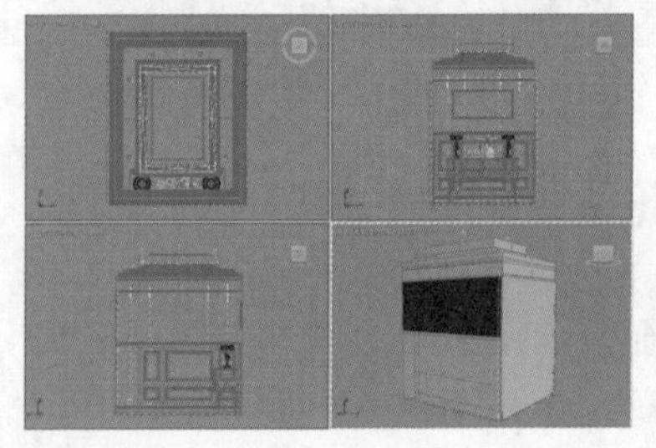

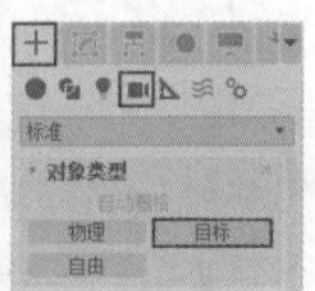


图 13-39　　图 13-40

步骤 03 在顶视图中创建一个目标摄影机，如图13-41所示。

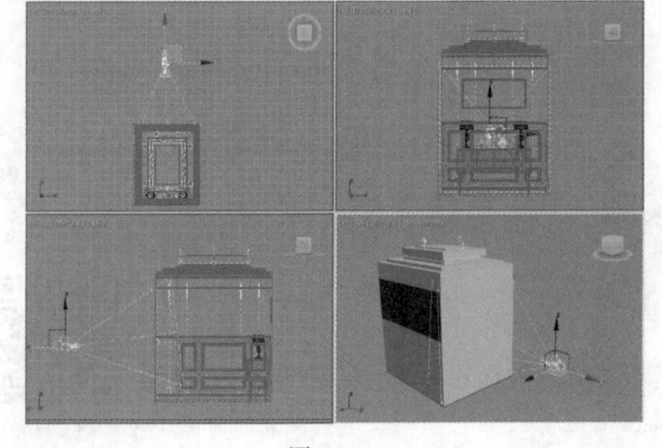

图 13-41

步骤 04 选择该摄影机，单击【修改】按钮，设置【镜头】为40.536，【视野】为47.887，【目标距离】为2450mm，如图13-42所示。

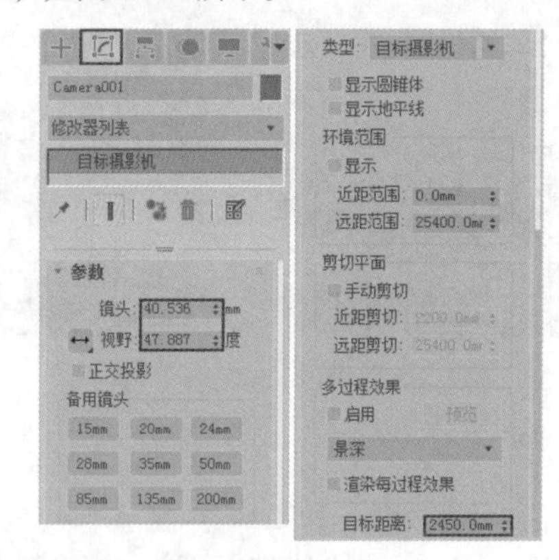


图 13-42

步骤 05 在透视图中按C键切换至摄影机视图，如图13-43所示。

步骤 06 按快捷键Shift+F，打开安全框，如图13-44所示。

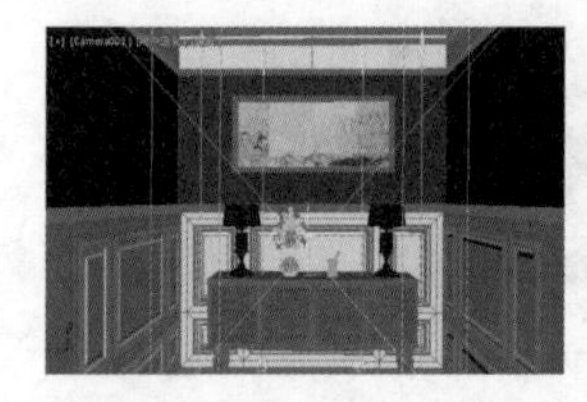

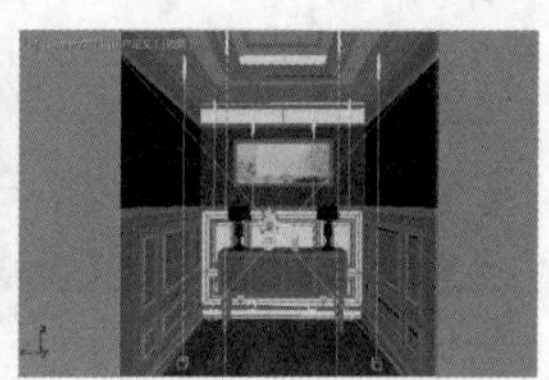

图 13-43　　图 13-44

步骤 07 开始制作动画。选择【摄影机】，单击 自动关键点 按钮，将时间线拖动到第0帧，摄影机位置如图13-45所示。

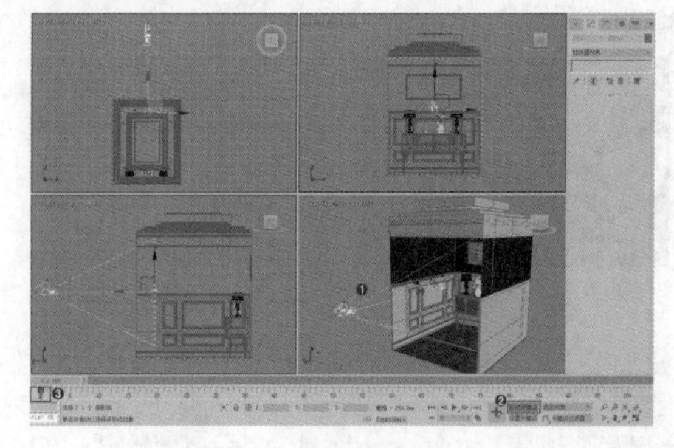

图 13-45

步骤 08 将时间线拖动到第20帧，选择摄影机和目标点，并移动位置，如图13-46所示。

图 13-46

步骤 09 将时间线拖动到第50帧，选择摄影机和目标点，并移动位置，如图13-47所示。

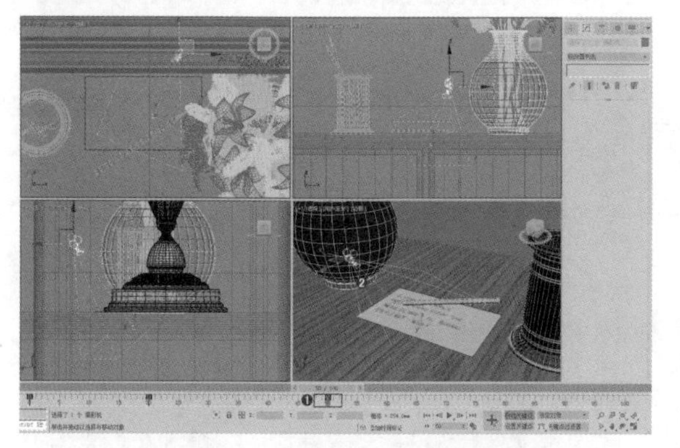

图 13-47

步骤 10 制作完成后，再次单击设置关键点按钮。此时拖动时间线，动画如图13-48所示。

图 13-48

## 实例：景深

文件路径：Chapter 13　摄影机→实例：景深

扫一扫，看视频

本案例讲解了创建摄影机，并且通过调整摄影机目标点的位置及参数得到景深模糊效果。渲染效果如图13-49所示。

图 13-49

## 操作步骤

步骤 01 打开场景文件，如图13-50所示。

步骤 02 执行【创建】+ |【摄影机】 | 标准 | 物理，如图13-51所示。

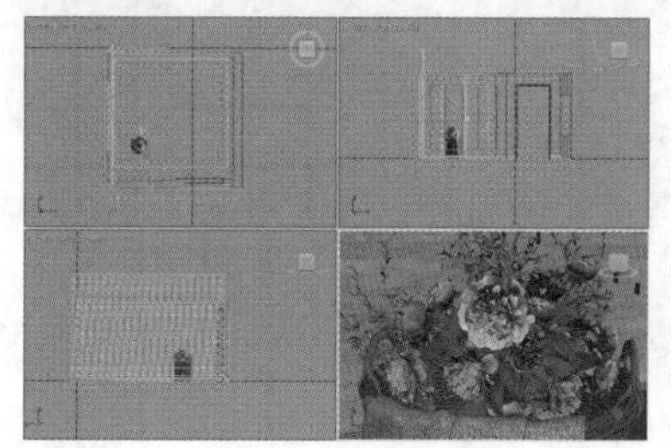

图 13-50

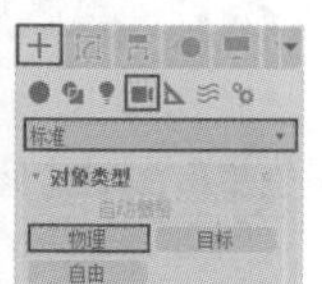


图 13-51

步骤 03 在顶视图中创建一个物理摄影机，如图13-52所示。

步骤 04 选择该摄影机，单击【修改】按钮，设置【目标距离】为677.37mm，【焦距】为40.8mm，【光圈】为0.8，如图13-53所示。

图 13-52

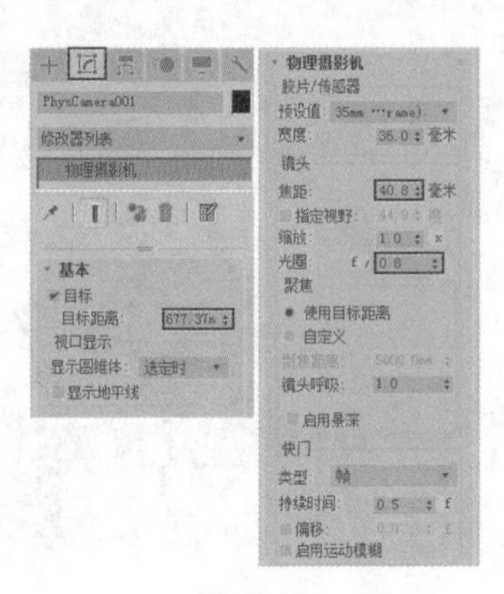


图 13-53

步骤 05 在透视图中按C键切换至摄影机视图，如图13-54所示。

步骤 06 按快捷键Shift+F，打开安全框，如图13-55所示。

图 13-54

图 13-55

步骤 07 单击【修改】按钮，勾选【启用景深】，如图13-56所示。

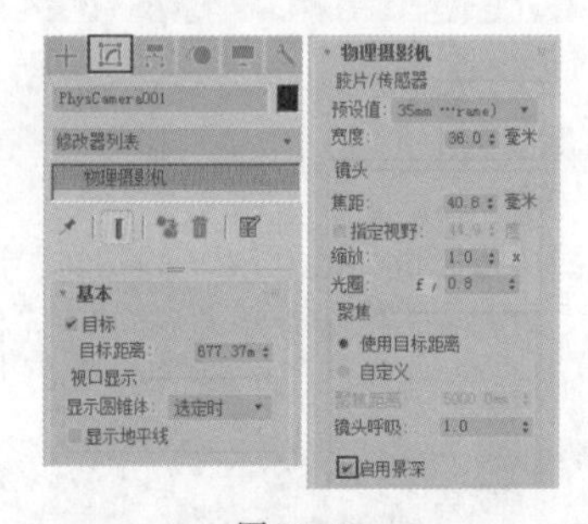


图 13-56

步骤 08 此时的摄影机视图基本可以看到出现了实时的景深效果，但是不代表最终渲染效果，如图13-57所示。

图 13-57

## 实例：运动模糊

扫一扫，看视频

文件路径：Chapter 13 摄影机→实例：运动模糊

本案例创建摄影机并调整摄影机参数得到运动模糊效果，前提条件是场景中已经制作完成了动画效果，否则将无法渲染出运动模糊。渲染效果如图13-58所示。

图 13-58

## 操作步骤

步骤 01 打开场景文件，如图13-59所示。

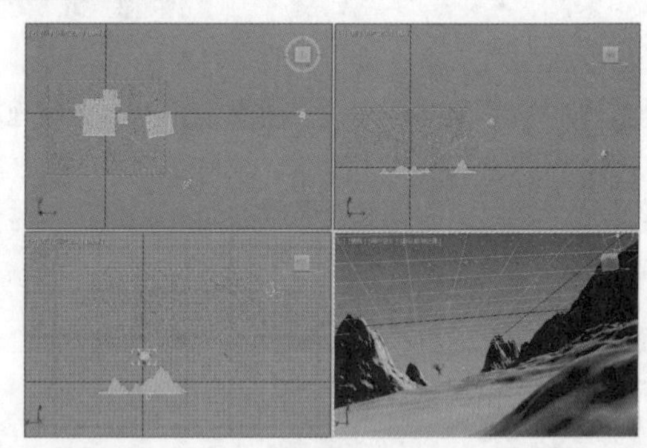

图 13-59

步骤 02 此时场景文件中已经提前制作好了动画，拖动时间轴可以看到动画飞行器和雪花飘落的动画效果，如图13-60所示。

图 13-60

步骤 03 执行【创建】+ |【摄影机】 | 标准 | 物理 ，如图13-61所示。

步骤 04 在顶视图中创建一台物理摄影机，如图13-62所示。

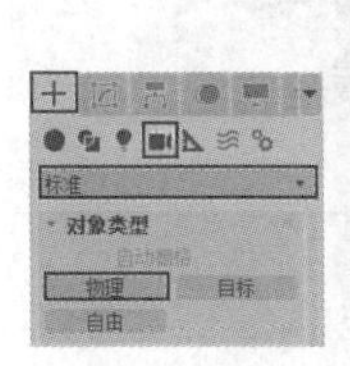


图 13-61

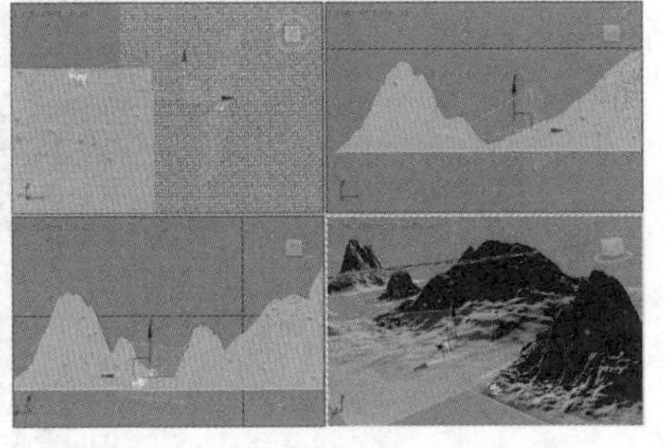

图 13-62

步骤 05 选择该摄影机，单击【修改】按钮，设置【目标距离】为27.981，【指定视野】为50.2，【持续时间】为0.8，勾选【启用运动模糊】，如图13-63所示。

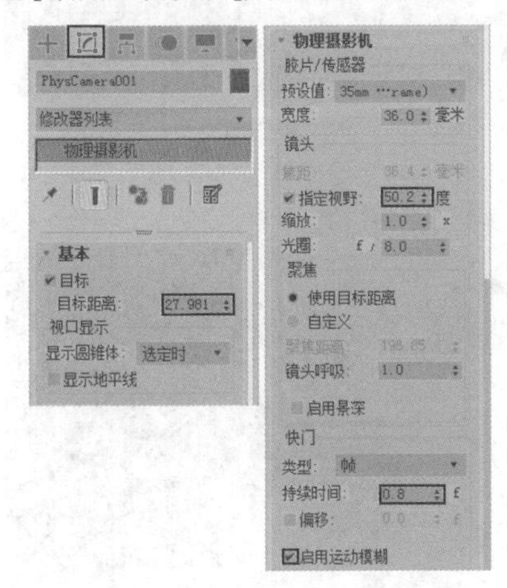


图 13-63

步骤 06 在透视图中按C键切换至摄影机视图，如图13-64所示。

图 13-64

步骤 07 按快捷键Shift+F，打开安全框，如图13-65所示。在渲染时即可看到出现运动模糊，效果见本案例最开始。

图 13-65

## 提示：目标摄影机的3个常见技巧

1. 隐藏/显示摄影机

场景中对象较多时，可以快速隐藏全部摄影机，使场景看起来更简洁。只需要执行快捷键Shift+C即可进行隐藏和显示全部摄影机。如图13-66和图13-67所示为隐藏摄影机和显示摄影机。

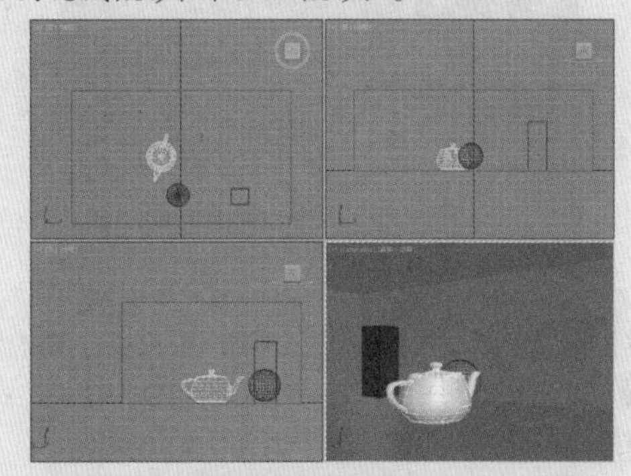

图 13-66

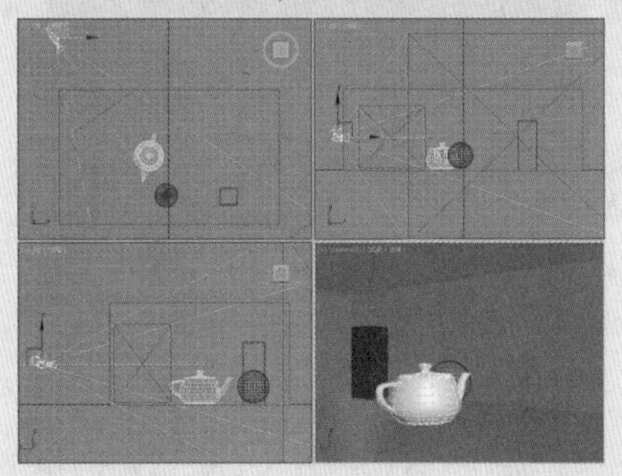

图 13-67

2. 打开安全框

不仅在3ds Max中存在安全框，在After Effects、Premiere等软件中也普遍存在。安全框是为制作人员设计字幕或特技位置提供参照，避免因过度扫描的存在而使观众看到的电视画面不完整。

（1）3ds Max默认是不显示安全框的，如图13-68所示是宽度为800、高度为480的渲染比例。

图 13-68

（2）在摄影机视图中，按快捷键Shift+F即可打开安全框，如图13-69所示。

图 13-69

（3）通过渲染可以看到，只渲染出了安全框以内的区域。因此可以得出结论，安全框以内的部分是最终可渲染的部分，如图13-70所示。

图 13-70

3. 快速校正摄影机角度

（1）有时候在制作效果图时，创建的摄影机角度会有略微的倾斜角度，作品显得有些瑕疵，如图13-71所示。

（2）只需要选择摄影机，然后单击右键并选择【应用摄影机校正修改器】，如图13-72所示。

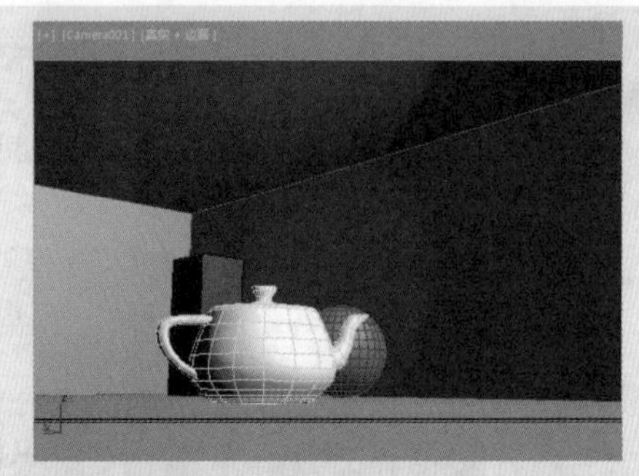

图 13-71

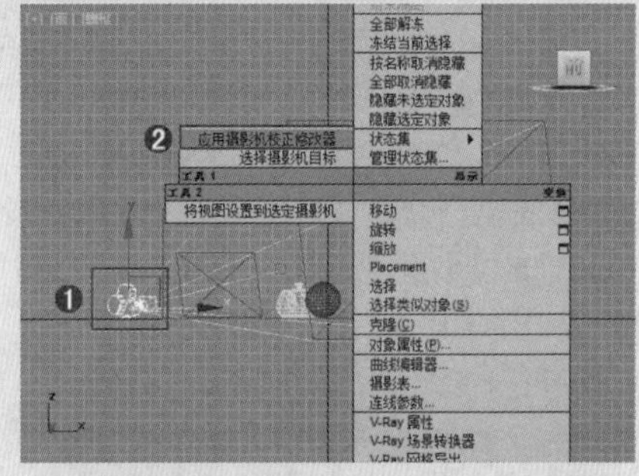


图 13-72

（3）此时可以看到，摄影机角度变得非常舒服，非常笔直、水平，如图13-73所示。

图 13-73

# 13.3 VRay摄影机

## 实例：使用（VR）物理摄影机调整光圈数

扫一扫，看视频

文件路径：Chapter 13 摄影机→实例：使用（VR）物理摄影机调整光圈数

本案例通过修改（VR）物理摄影机的光圈数得到渲染亮度的变换，光圈数越小，渲染越亮。渲染对比效果如图13-74和图13-75所示。

图 13-74　　图 13-75

## 操作步骤

步骤 01 打开本书场景文件，如图13-76所示。

步骤 02 执行【创建】＋｜【摄影机】■｜VRay｜(VR)物理摄影机，如图13-77所示。

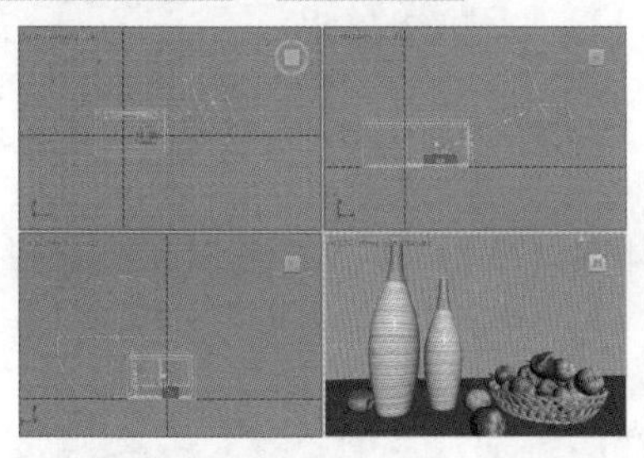

图 13-76

图 13-77

步骤 03 在视图中创建一台(VR)物理摄影机，如图13-78所示。

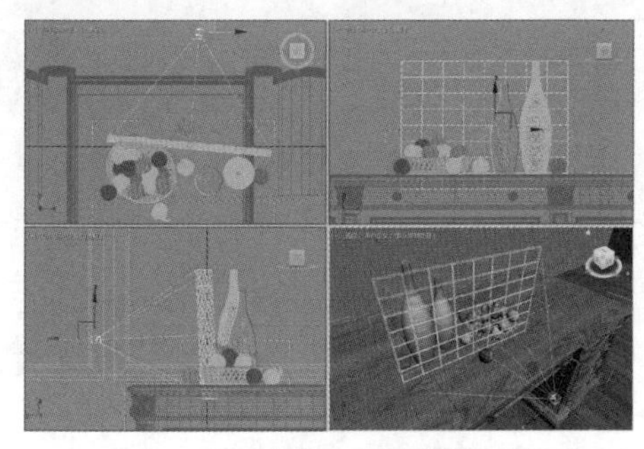

图 13-78

步骤 04 在透视图中按C键切换至摄影机视图，并按快捷键Shift+F打开安全框，如图13-79所示。

图 13-79

步骤 05 单击【修改】按钮，设置【胶片规格(毫米)】为65，【焦距(毫米)】为40，【自定义平衡】为浅蓝色，如图13-80所示。

步骤 06 此时按Shift+Q组合键将其渲染，其渲染效果如图13-81所示。

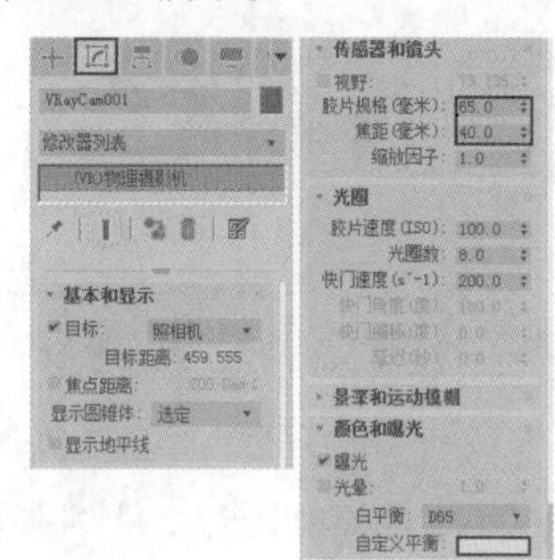

图 13-80

图 13-81

步骤 07 之所以渲染出来的效果特别黑，是因为在(VR)物理摄影机视图中渲染时，(VR)物理摄影机的参数会影响渲染的亮度、曝光等效果。选择该摄影机，【光圈数】参数会影响渲染的亮度，默认该参数数值为8，如图13-82所示。

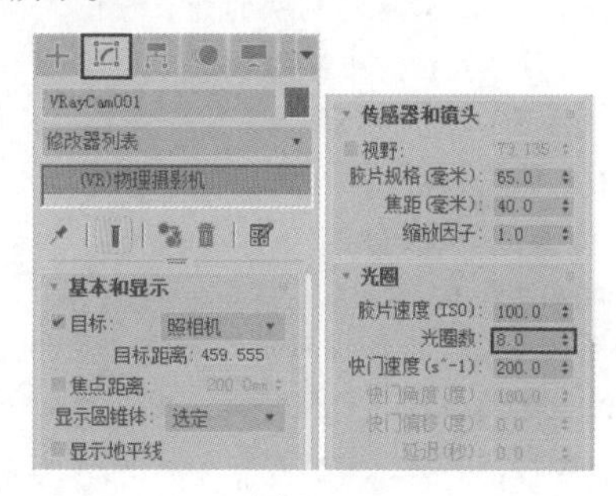


图 13-82

步骤 08 因此，可以选择此时创建的(VR)物理摄影机开始修改参数。设置【光圈数】为2，如图13-83所示。渲染效果可以看到图像变亮了，如图13-84所示。【光圈数】数值越小，渲染越亮［前提条件是在该(VR)物理摄影机视图中渲染］。

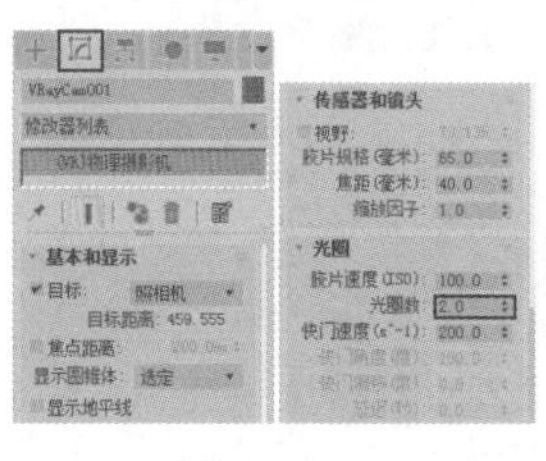

图 13-83

图 13-84

步骤 09 设置【光圈数】为1，如图13-85所示。渲染效果可以看到图像变得更亮了，如图13-86所示。

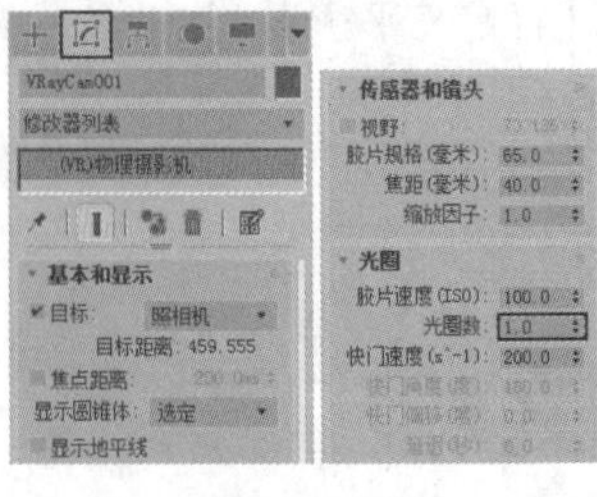


图13-85

图13-86

## 选项解读：(VR)物理摄影机重点参数速查

- 类型：包括照相机、摄影机(电影)、摄像机(DV) 3种类型。
- 目标：勾选该选项，可以手动调整目标点。取消该选项，则需要通过设置【目标距离】参数进行设置。
- 胶片规格(mm)：设置摄影机所看到的景色范围。值越大，看到的景越多。
- 焦距(mm)：设置摄影机的焦长数值。
- 视野：该参数控制视野的数值。
- 缩放因子：设置摄影机视图的缩放。数值越大，摄影机视图拉得越近。
- 水平/垂直移动：该选项控制摄影机产生横向/纵向的偏移效果。
- 光圈数：设置摄影机的光圈大小，主要用来控制最终渲染的亮度。数值越大，图像越暗。
- 目标距离：取消摄影机的【目标】选项时，可以使用【目标距离】来控制摄影机的目标点的距离。
- 垂直/水平倾斜：控制摄影机的扭曲变形系数。
- 指定焦点：开启这个选项后，可以手动控制焦点。
- 焦点距离：控制焦距的大小。
- 曝光：勾选该选项，利用【光圈数】【快门速度】和【胶片速度】设置才会起作用。
- 光晕：勾选该选项，在渲染时图形四周会产生深色的黑晕。
- 白平衡：控制图像的色偏。
- 自定义平衡：该选项控制自定义摄影机的白平衡颜色。
- 温度：该选项只有在设置白平衡为温度方式时才可以使用，控制温度的数值。
- 快门速度(s^-1)：设置进光的时间，数值越小，图像就越亮。
- 快门角度(度)：当摄影机选择【摄影机(电影)】时，该选项可用，用来控制图像的亮暗。
- 快门偏移(度)：当摄影机选择【摄影机(电影)】时，该选项可用，用来控制快门角度的偏移。
- 延迟(秒)：当摄影机选择【摄像机(DV)】时，该选项可用，用来控制图像亮暗，数值越大越亮。
- 胶片速度(ISO)：该选项控制摄影机ISO感光度的数值，数值越大越亮。

## 实例：使用(VR)物理摄影机调整白平衡

扫一扫，看视频

文件路径：Chapter 13 摄影机→实例：使用(VR)物理摄影机调整白平衡

本案例通过修改(VR)物理摄影机的白平衡参数，得到不同色调的渲染画面效果。渲染对比效果如图13-87和图13-88所示。

图13-87

图13-88

### 操作步骤

步骤 01 打开本书场景文件，如图13-89所示。

步骤 02 执行【创建】+ |【摄影机】 | VRay | (VR)物理摄影机，如图13-90所示。

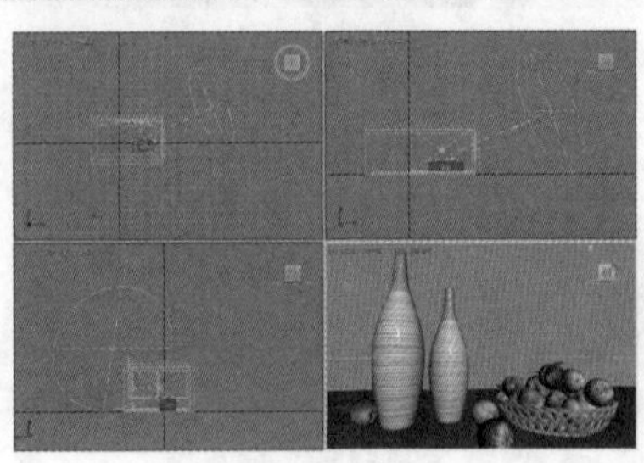

图13-89

图13-90

步骤 03 在视图中创建一台(VR)物理摄影机，如图13-91所示。

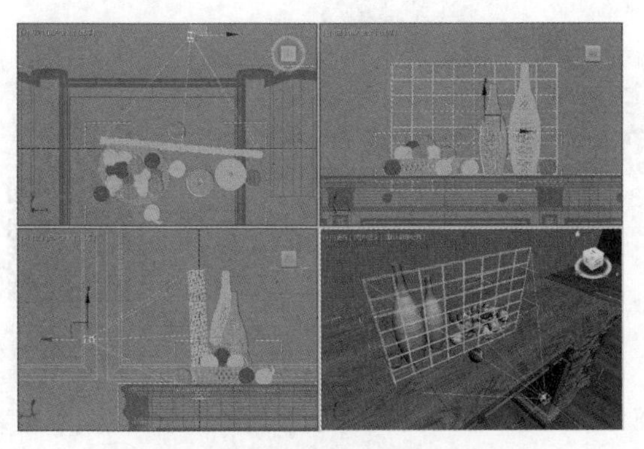

图 13-91

步骤 04 在透视图中按C键切换至摄影机视图，并按快捷键Shift+F打开安全框，如图13-92所示。

图 13-92

步骤 05 单击【修改】按钮，设置【胶片规格（毫米）】为65，【焦距（毫米）】为40，【光圈数】为1，【白平衡】为D65，【自定义平衡】为浅蓝色，如图13-93所示。

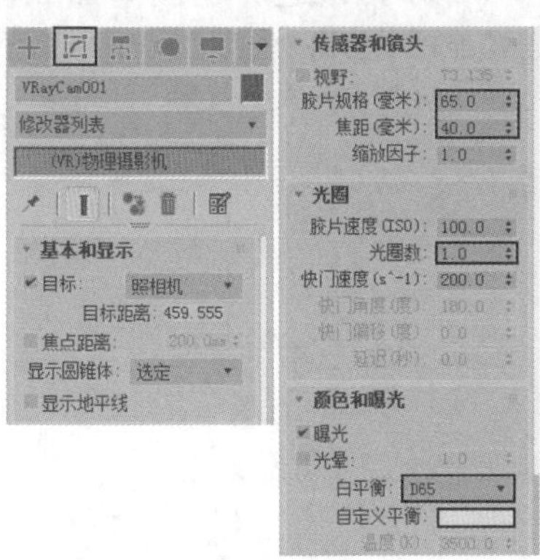


图 13-93

步骤 06 此时按Shift+Q组合键将其渲染，其渲染效果如图13-94所示。

图 13-94

步骤 07 修改【白平衡】为【温度】，设置【温度（K）】为3500，如图13-95所示。

步骤 08 此时按Shift+Q组合键将其渲染，其渲染效果如图13-96所示。由此可见，白平衡参数可以影响渲染的颜色效果。

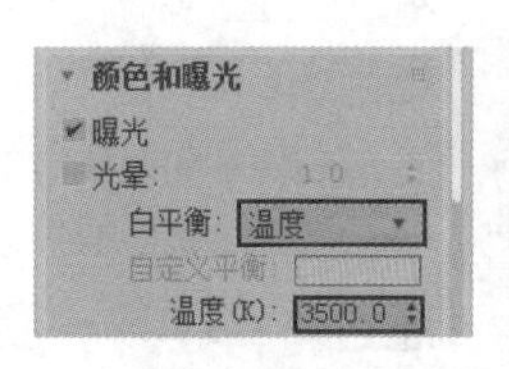


图 13-95

图 13-96

扫一扫，看视频

# 环境和效果

## 本章内容简介：

环境是指在3ds Max中应用于场景的背景设置、曝光控制设置、大气设置。效果是指为3ds Max中的对象或整体添加的特殊效果。环境和效果的应用常用于使画面更“逼真”，或者模拟某些特殊效果。本章将会学到环境和效果的使用技巧。

## 重点知识掌握：

- 熟练掌握环境的设置。
- 掌握效果的使用方法。

## 通过本章学习，我能做什么？

通过对本章的学习，我们可以修改场景背景颜色、为背景添加贴图、为环境添加大气、添加特殊效果。通过这些功能可以为窗外效果图添加风景素材，可以为户外效果图或者动画场景制作雨、雪、雾等不同天气效果，还可以对效果图的明暗和色彩进行调整。

# 14.1 认识环境和效果

环境是指在3ds Max中应用于场景的背景设置、曝光控制设置、大气设置。效果是指为3ds Max中的对象或整体添加的特殊效果。一份作品，没有背景是不完整的；一份绚丽的作品，是不能缺少效果的，由此可见环境和效果对于作品的重要性。

# 14.2 环境

3ds Max中可添加和修改环境，例如为场景添加背景效果、为环境添加大气效果、设置曝光控制等。

扫一扫，看视频

## 实例：设置背景颜色

文件路径：Chapter 14 环境和效果→实例：设置背景颜色

扫一扫，看视频

本案例在【环境和效果】面板中修改【背景】的颜色，从而渲染不同颜色的背景效果。渲染效果如图14–1所示。

图 14–1

### 操作步骤

步骤 01 打开场景文件，如图14–2所示。

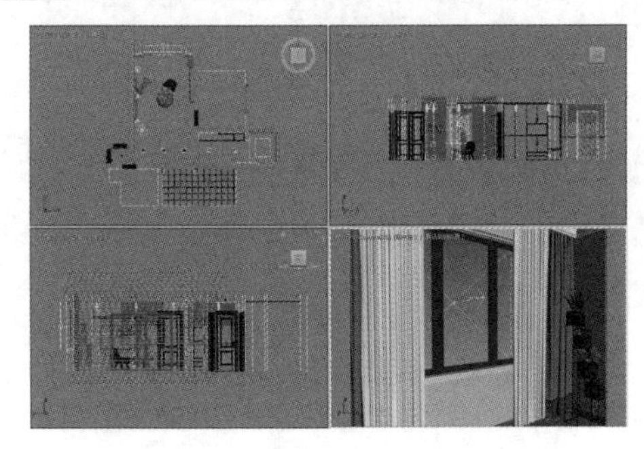

图 14–2

步骤 02 按快捷键8，打开【环境和效果】控制面板，默认【颜色】为黑色，如图14–3所示。

步骤 03 此时渲染得到的效果，默认窗外是黑色的，如图14–4所示。

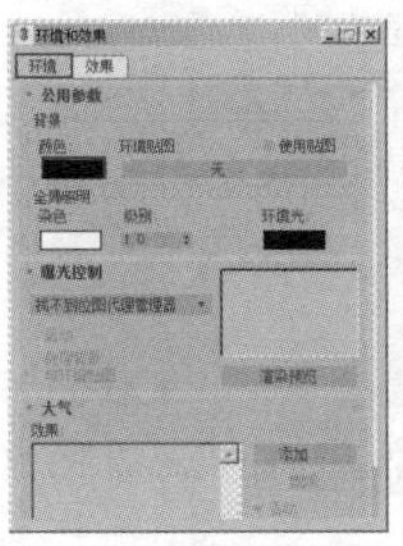

图 14–3

图 14–4

步骤 04 设置【颜色】为白色，如图14–5所示。

步骤 05 再次渲染，看到窗外背景产生了白色效果，如图14–6所示。

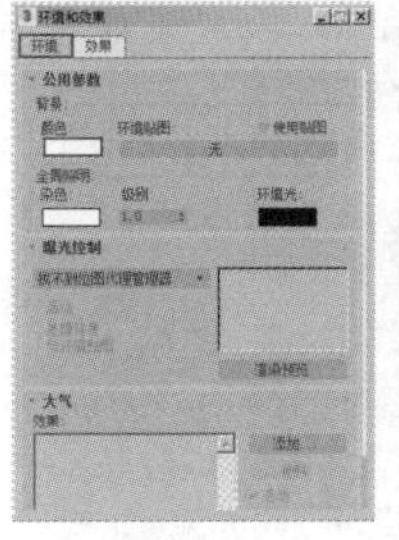

图 14–5

图 14–6

### 选项解读：环境重点参数速查

(1) 背景

- 颜色：设置环境的背景颜色。
- 环境贴图：单击可以添加贴图作为背景。

(2) 全局照明

- 染色：默认为白色，代表不影响场景中的灯光颜色。若设置为非白色的颜色，则为场景中的所有灯光(环境光除外)染色。
- 级别：该数值会改变场景中所有灯光的亮度，数值越大越亮。
- 环境光：设置环境光的颜色。

(3) 曝光控制

- VR–曝光控制：控制VRay的曝光效果，可调节曝光值、快门速度、光圈等数值。
- 对数曝光控制：用于亮度、对比度以及在有天光照明的室外场景中。该类型适用于【动态阈值】

非常高的场景，例如明亮的房间。

- 伪彩色曝光控制：是照明分析工具，可将亮度映射为显示转换的值的亮度的伪彩色。
- 物理摄影机曝光控制：主要针对物理摄影机，可以设置曝光、图像控制、物理比例。
- 线性曝光控制：可以从渲染中进行采样，并且可以使用场景的平均亮度来将物理值映射为RGB值。该类型适合用在动态范围很低的场景中，例如黑色的房间。
- 自动曝光控制：可以从渲染图像中进行采样，并生成一个直方图，以便在渲染的整个动态范围中提供良好的颜色分离。

(4)大气

- 效果列表：显示已添加的效果队列。
- 名称字段：为列表中的效果自定义名称。
- 添加：显示【添加大气效果】对话框(所有当前安装的大气效果)。
- 删除：将所选大气效果从列表中删除。
- 活动：为列表中的各个效果设置启用/禁用状态。
- 上移/下移：将所选项在列表中上移或下移，更改大气效果的应用顺序。
- 合并：合并其他 3ds Max 场景文件中的效果。

## 实例：为场景添加背景天空

扫一扫，看视频

文件路径：Chapter 14 环境和效果→实例：为场景添加背景天空

本案例在【环境和效果】面板的【环境贴图】通道加载【VRay 天空】，从而得到天空的蓝色背景效果。渲染效果如图14-7所示。

图 14-7

### 操作步骤

步骤 01 打开场景文件，如图14-8所示。

步骤 02 按快捷键8，打开【环境和效果】控制面板，默认【颜色】为黑色，如图14-9所示。

步骤 03 此时渲染得到的效果，默认窗外是黑色的，如图14-10所示。

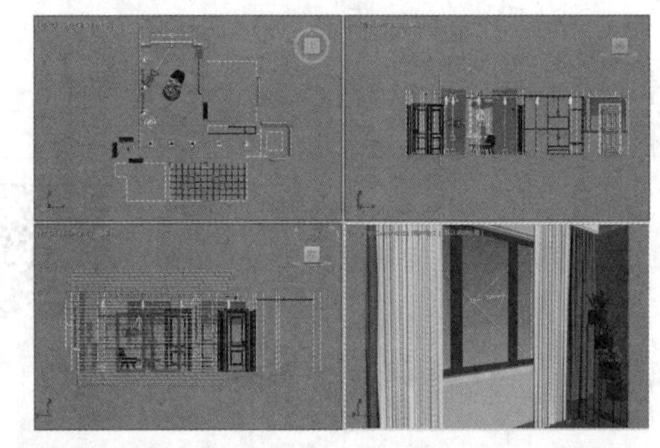

图 14-8

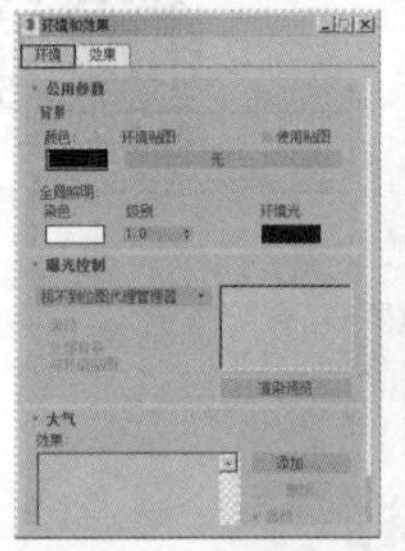

图 14-9

图 14-10

步骤 04 单击【环境贴图】下方的通道，在弹出的对话框中选择【VRay 天空】，如图14-11所示。

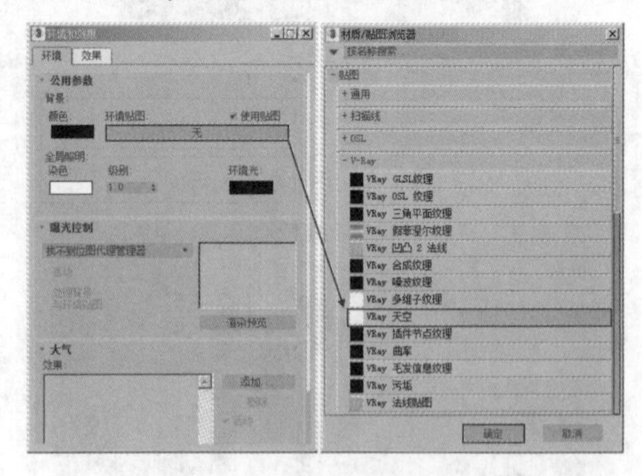

图 14-11

步骤 05 此时鼠标左键拖动【环境贴图】下方的通道到材质编辑器中的材质球位置，松开鼠标左键，在弹出的对话框中选择【实例】，如图14-12所示。

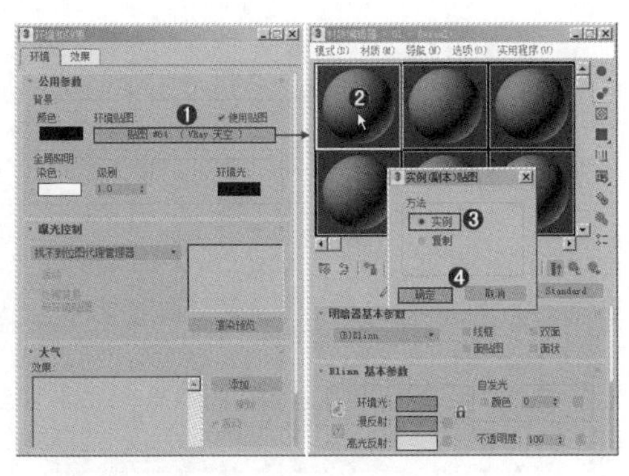

图 14-12

步骤 06 单击材质编辑器中出现的新的材质球，勾选【指定太阳节点】，设置【太阳强度倍增】为0.07，【太阳大小倍增】为10，如图14-13所示。

步骤 07 再次渲染，可以看到窗外产生了浅蓝色背景效果，如图14-14所示。

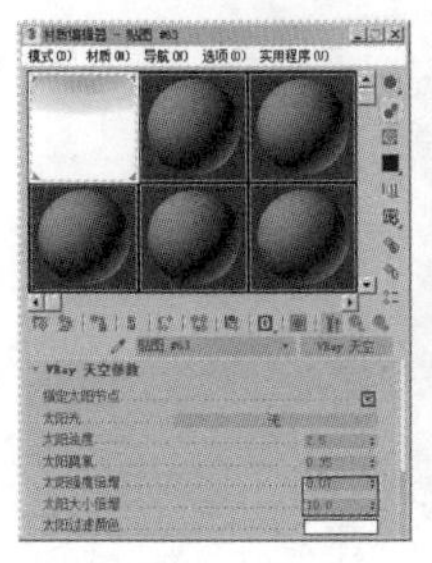

图 14-13

图 14-14

## 实例：雾

文件路径:Chapter 14　环境和效果→实例: 雾

扫一扫，看视频

本案例通过创建目标摄影机并勾选【环境范围】下的【显示】，同时设置相关参数。在【环境和效果】控制面板添加【雾】，得到雾效果。渲染效果如图14-15所示。

图 14-15

## 操作步骤

步骤 01 打开场景文件，如图14-16所示。

步骤 02 执行【创建】+ |【摄影机】 | 标准 | 目标，如图14-17所示。

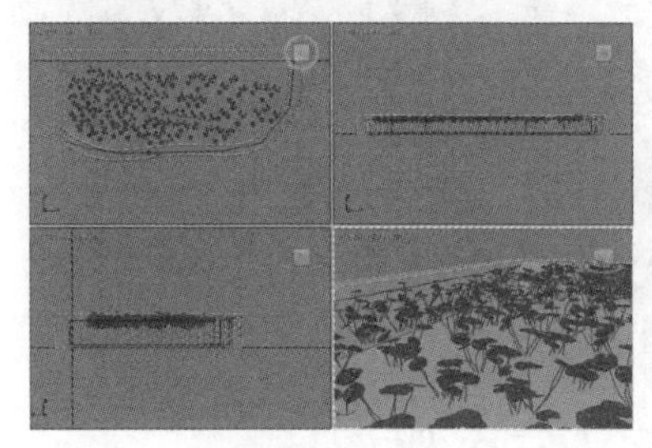

图 14-16

图 14-17

步骤 03 在视图中创建一个目标摄影机，如图14-18所示。

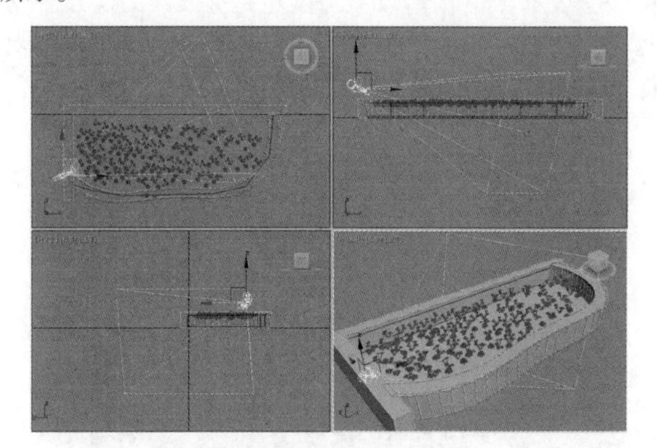

图 14-18

步骤 04 单击【修改】按钮，设置【镜头】为43.456，【视野】为45，勾选【环境范围】下的【显示】，设置【近距范围】为1000mm，【远距范围】为3500mm，【目标距离】为3002mm，如图14-19所示。

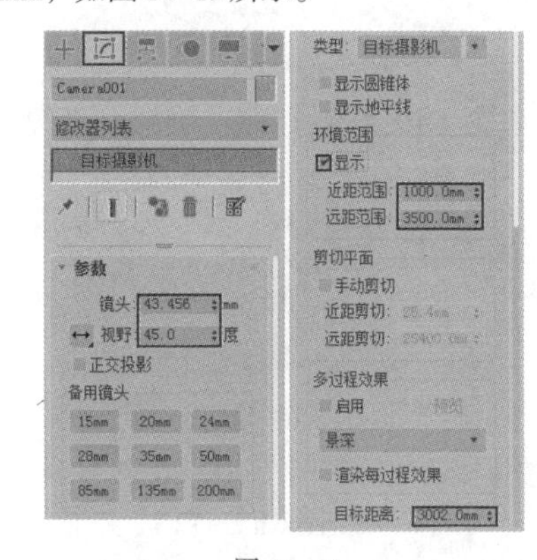

图 14-19

步骤 05 在透视图中按C键切换至摄影机视图，如图14-20所示。

图 14-20

步骤 06 由于设定了【环境范围】数值，此时在顶视图中可以看到出现了两个范围的图形，这两个图形中较近的一个表示雾开始出现的位置(也是雾最浅的地方)，较远的一个表示雾结束的位置(也就是雾最大的地方)，如图14-21所示。

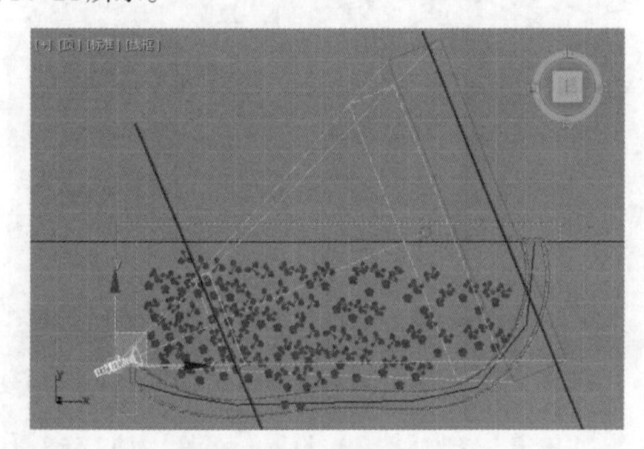

图 14-21

步骤 07 渲染摄影机视图发现并未产生大雾，如图14-22所示。

图 14-22

步骤 08 按快捷键8，打开【环境和效果】控制面板，单击【大气】下方的【添加】按钮，选择【雾】，如图14-23所示。

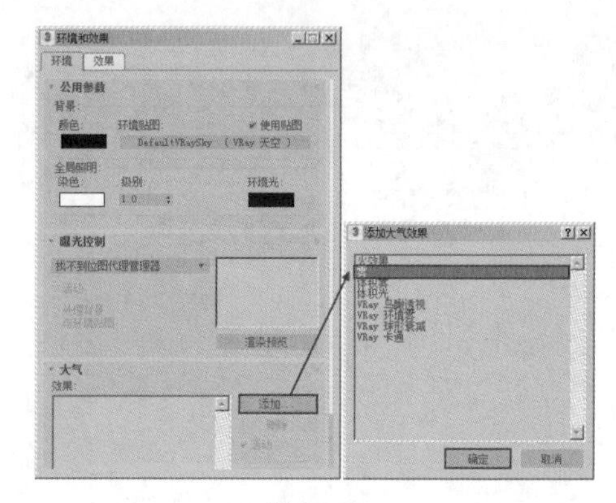

图 14-23

步骤 09 最终渲染效果可以看到近处雾小、远处雾大，如图14-24所示。

图 14-24

## 选项解读：雾重点参数速查

- 颜色：控制雾的颜色，默认为白色。
- 环境颜色贴图：可以从贴图中导出雾的颜色。
- 使用贴图：可以使用贴图产生雾的效果。
- 环境不透明度贴图：使用贴图修改雾的密度。
- 雾化背景：将雾应用在场景的背景。
- 标准/分层：使用标准雾/分层雾。
- 指数：随距离按指数增大密度。
- 近端%/远端%：设置雾在近/远距范围的密度。
- 顶：设置雾层的上限(使用世界单位)。
- 底：设置雾层的下限(使用世界单位)。
- 密度：设置雾的密度。
- 衰减：设置指数衰减效果。
- 地平线噪波：启用【地平线噪波】系统，用来增强雾的真实感。
- 大小：应用于噪波的缩放系数。
- 角度：确定受影响的雾与地平线的角度。
- 相位：用来设置噪波动画。

## 实例：体积雾

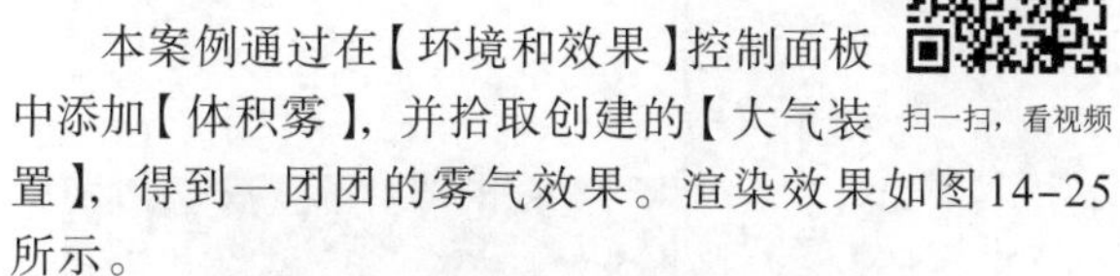

文件路径：Chapter 14 环境和效果→实例：体积雾

扫一扫，看视频

本案例通过在【环境和效果】控制面板中添加【体积雾】，并拾取创建的【大气装置】，得到一团团的雾气效果。渲染效果如图14–25所示。

图 14–25

## 操作步骤

步骤 01 打开场景文件，如图14–26所示。

步骤 02 执行【创建】＋ |【摄影机】 | 标准 | 目标 ，如图14–27所示。

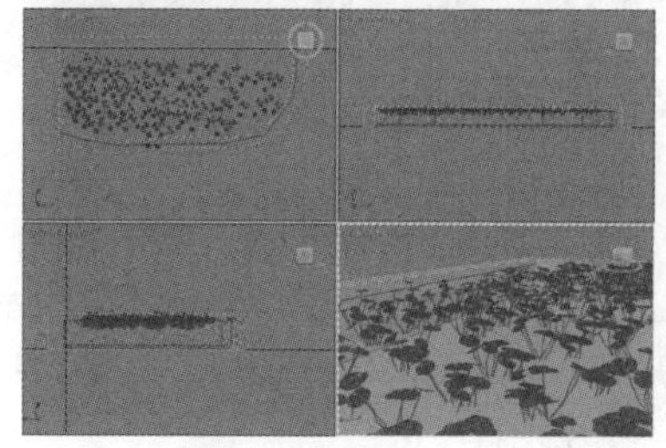

图 14–26 图 14–27

步骤 03 在视图中创建一个目标摄影机，如图14–28所示。

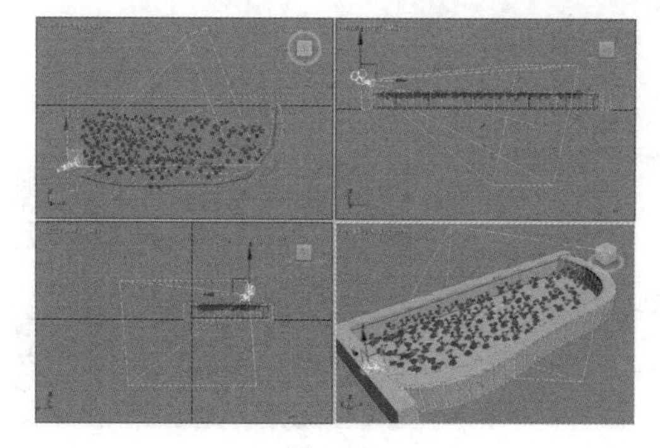

图 14–28

步骤 04 单击【修改】按钮，设置【镜头】为43.456，【视野】为45，设置【目标距离】为3002mm，如图14–29所示。

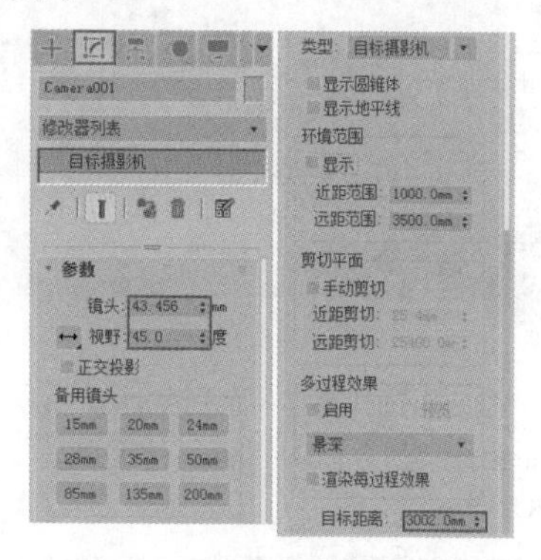


图 14–29

步骤 05 在透视图中按C键切换至摄影机视图，如图14–30所示。

步骤 06 渲染摄影机视图发现并未产生体积状的雾，如图14–31所示。

图 14–30 图 14–31

步骤 07 执行＋(创建) | (辅助对象) | 大气装置 | 长方体 Gizmo ，如图14–32所示。

步骤 08 在视图中创建一个长方体Gizmo，设置【长度】为500mm，【宽度】为700mm，【高度】为800mm，如图14–33所示。

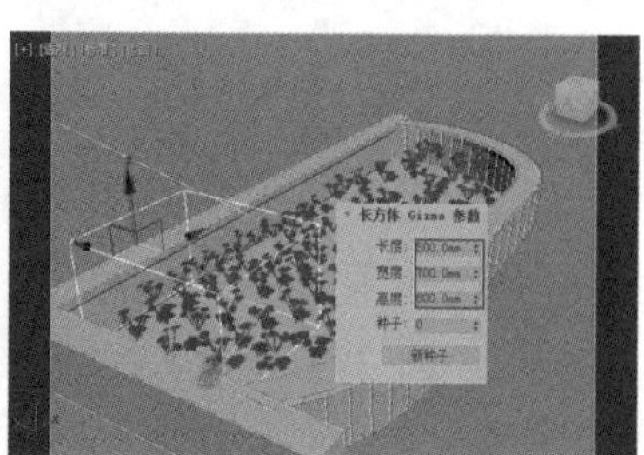

图 14–32 图 14–33

步骤 09 继续在视图中创建一个长方体Gizmo，设置【长度】为600mm，【宽度】为800mm，【高度】为1000mm，如图14–34所示。

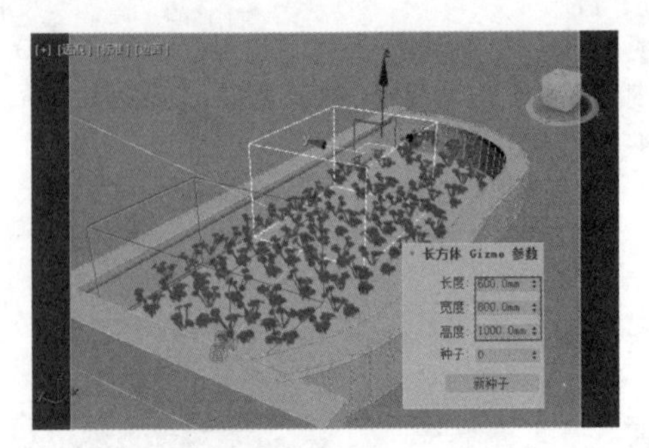


图 14-34

步骤 10 继续在视图中创建一个长方体Gizmo，设置【长度】为600mm，【宽度】为800mm，【高度】为1000mm，如图14-35所示。

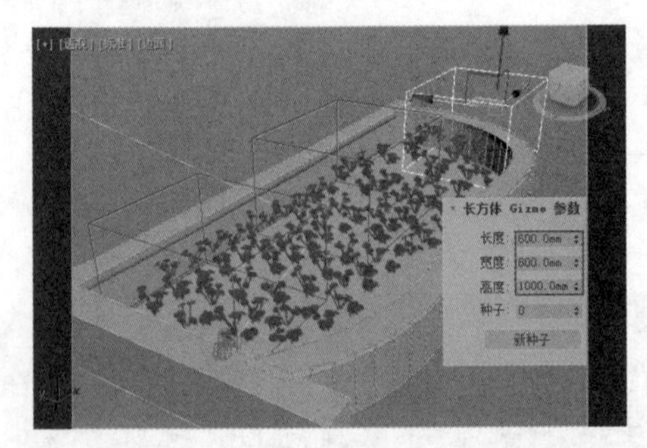


图 14-35

步骤 11 按快捷键8，打开【环境和效果】控制面板，单击【大气】下方的【添加】按钮，选择【体积雾】，如图14-36所示。

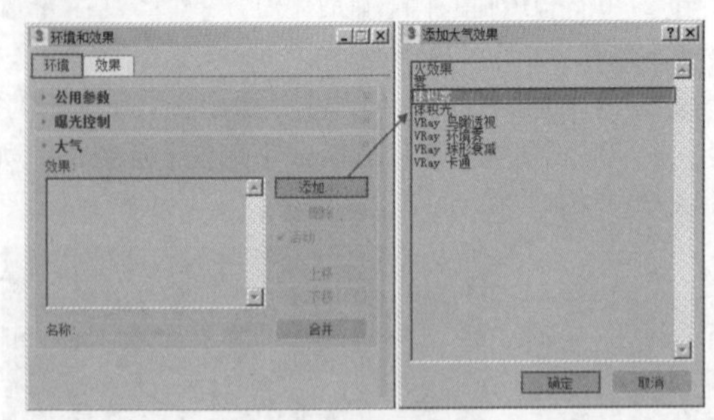


图 14-36

步骤 12 选择【大气】卷展栏中的【体积雾】，展开【体积雾参数】卷展栏，单击【拾取Gizmo】按钮，单击拾取BoxGizmo001，设置【密度】为60，如图14-37所示。

步骤 13 再次单击添加一个【体积雾】，选择【大气】卷展栏中的【体积雾】，展开【体积雾参数】卷展栏，单击【拾取Gizmo】按钮，单击拾取BoxGizmo002，设置【密度】为60，如图14-38所示。

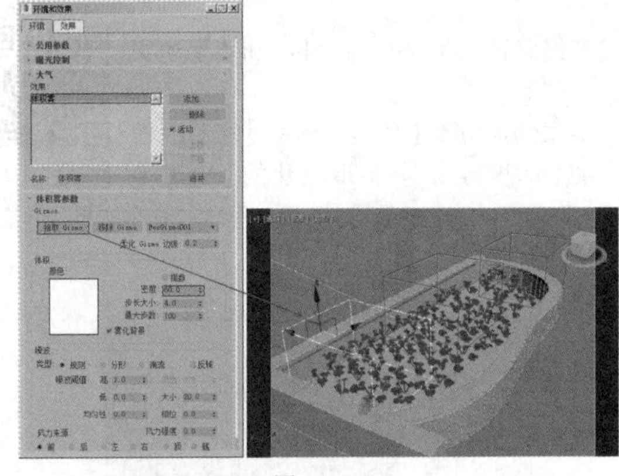

图 14-37

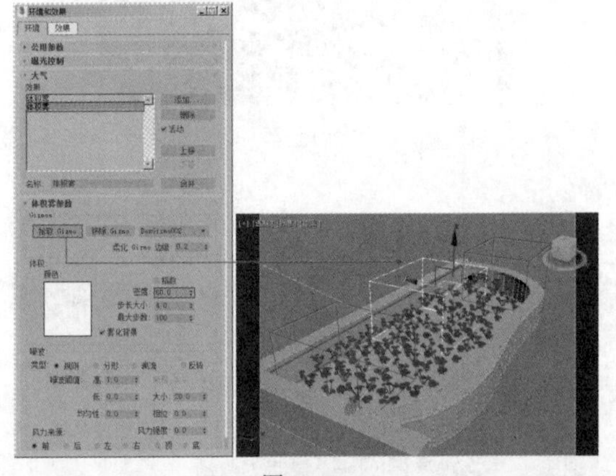

图 14-38

步骤 14 再次单击添加一个【体积雾】，选择【大气】卷展栏中的【体积雾】，展开【体积雾参数】卷展栏，单击【拾取Gizmo】按钮，单击拾取BoxGizmo002，设置【密度】为130，如图14-39所示。

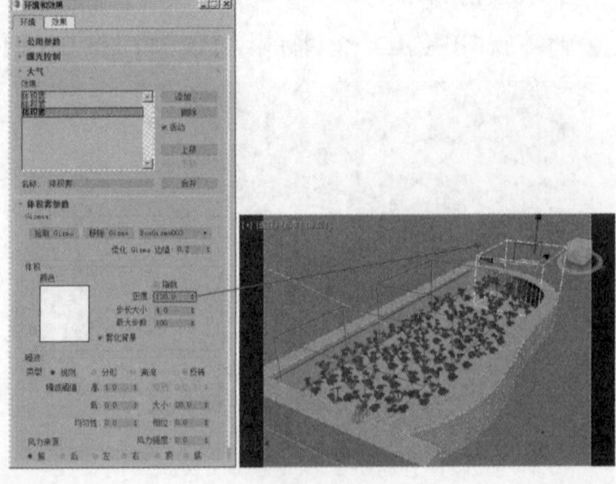

图 14-39

步骤 15 最终渲染可以看到出现了层层的体积浓雾，如图14-40所示。

图 14-40

### 选项解读：体积雾重点参数速查

- 拾取 Gizmo 按钮：单击该按钮可以拾取场景中要产生体积雾效果的Gizmo对象。
- 移除 Gizmo 按钮：单击该按钮可以移除列表中所选的Gizmo。
- 柔化Gizmo边缘：模糊体积雾效果的边缘位置。值越大，边缘越柔滑。
- 颜色：设置雾的颜色。
- 指数：随距离按指数增大密度。
- 密度：控制雾的密度，范围为0~20。
- 步长大小：确定雾采样的粒度，即雾的【细度】。
- 最大步数：限制采样量，以便雾的计算不会永远执行。适合于雾密度较小的场景。
- 雾化背景：将体积雾应用于场景的背景。
- 类型：有【规则】【分形】【湍流】和【反转】4种类型可供选择。
- 噪波阈值：限制噪波效果，范围为0~1。
- 级别：设置噪波迭代应用的次数，范围为1~6。
- 大小：设置烟卷或雾卷的大小。值越小，卷越小。
- 相位：控制风的种子。如果【风力强度】大于0，雾体积会根据风向来产生动画。
- 风力强度：控制烟雾远离风向(相对于相位)的速度。
- 风力来源：定义风来自哪个方向。

## 14.3 效果

在【效果】选项卡中可以添加很多特殊效果，如镜头效果、模糊、色彩平衡等。执行【效果】|【添加】命令，可以在弹出的对话框中选择需要的效果类型。

扫一扫，看视频

### 实例：镜头效果

文件路径：Chapter 14　环境和效果→实例：镜头效果

扫一扫，看视频

本案例通过创建多盏灯光并且在【环境和效果】控制面板中添加【镜头效果】，最后拾取这些灯光，得到漂亮的镜头射线效果。渲染效果如图14-41所示。

图 14-41

#### 操作步骤

步骤 01 打开场景文件，如图14-42所示。

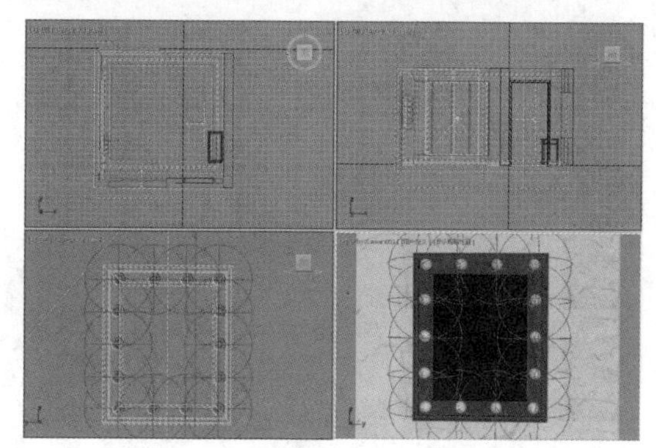

图 14-42

步骤 02 将场景进行渲染得到如图14-43所示的效果。

图 14-43

步骤 03 按快捷键8，打开【环境和效果】控制面板，单击【效果】选项卡，单击【添加】按钮，在弹出的对话框中选择【镜头效果】，如图14-44所示。

步骤 04 在【镜头效果参数】卷展栏中选择【射线】，并单击 > 按钮，如图14-45所示。

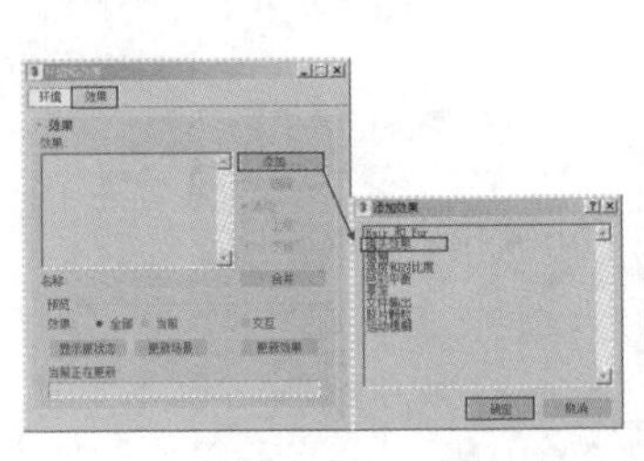

图 14-44

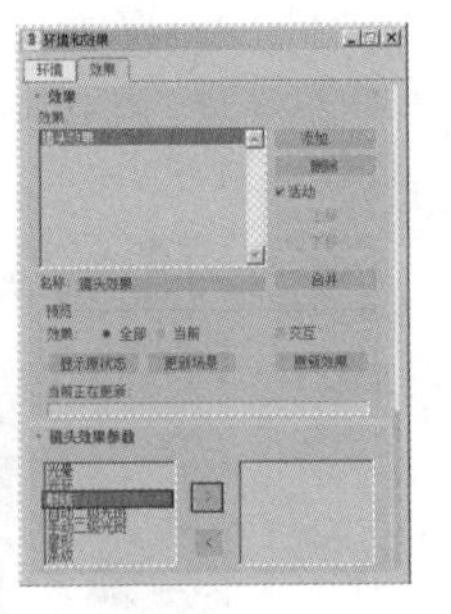

图 14-45

步骤 05 在【镜头效果全局】卷展栏中单击【灯光】下的【拾取灯光】按钮，并依次在场景中单击拾取14盏灯光，如图14-46所示。

步骤 06 最终渲染可以看到灯光位置出现了射线效果，如图14-47所示。

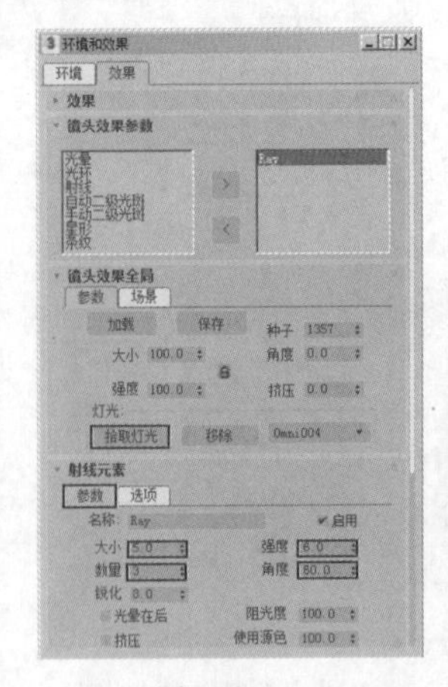

图 14-46

图 14-47

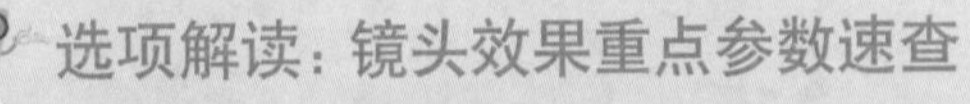

## 选项解读：镜头效果重点参数速查

- 加载 按钮：单击可在该对话框中选择要加载的LZV文件。
- 保存 按钮：单击可在该对话框中保存LZV文件。
- 大小：设置镜头效果的总体大小。
- 强度：设置镜头效果的总体亮度和不透明度。值越大，效果越亮越不透明。
- 种子：创建不同样式的镜头效果。
- 角度：影响在效果与摄影机相对位置的改变时，镜头效果从默认位置旋转的量。
- 挤压：在水平方向或垂直方向挤压镜头效果的总体大小。
- 拾取灯光 按钮：单击该按钮可以在场景中拾取灯光。
- 移除 按钮：单击该按钮可以移除所选择的灯光。
- 影响Alpha：指定如果图像以 32 位文件格式渲染，镜头效果是否影响图像的 Alpha 通道。
- 影响z缓冲区：存储对象与摄影机的距离。z缓冲区用于光学效果。
- 距离影响：允许与摄影机或视口的距离影响效果的大小和/或强度。
- 偏心影响：产生摄影机或视口偏心的效果，影响其大小和或强度。
- 方向影响：允许聚光灯相对于摄影机的方向影响效果的大小和/或强度。
- 内径：设置效果周围的内径，另一个场景对象必须与内径相交才能完全阻挡效果。
- 外半径：设置效果周围的外径，另一个场景对象必须与外径相交才能开始阻挡效果。
- 大小：减小所阻挡的效果的大小。
- 强度：减小所阻挡的效果的强度。
- 受大气影响：允许大气效果阻挡镜头效果。

## 实例：亮度和对比度

扫一扫，看视频

文件路径：Chapter 14 环境和效果→实例：亮度和对比度

本案例通过在【环境和效果】控制面板中添加【亮度和对比度】效果，使得最终渲染效果变得更亮，对比度更强。渲染效果如图14-48所示。

图 14-48

## 操作步骤

步骤 01 打开场景文件，如图14–49所示。

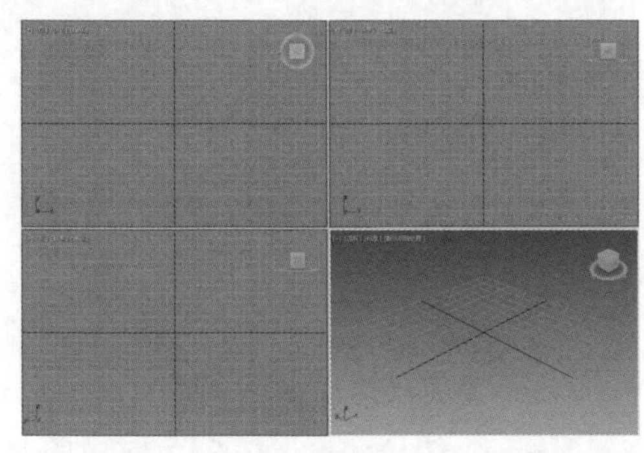

图 14–49

步骤 02 将场景进行渲染得到如图14–50所示的效果。

图 14–50

步骤 03 按快捷键8，打开【环境和效果】控制面板，单击【添加】按钮，选择【亮度和对比度】，如图14–51所示。

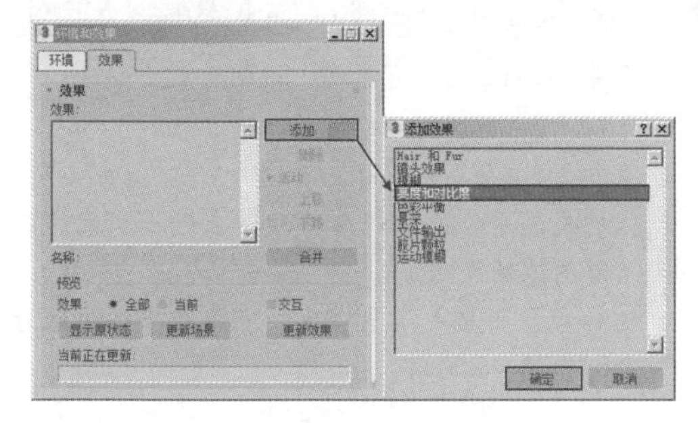


图 14–51

步骤 04 设置【亮度】为0.6，【对比度】为0.8，如图14–52所示。

步骤 05 此时渲染效果如图14–53所示。

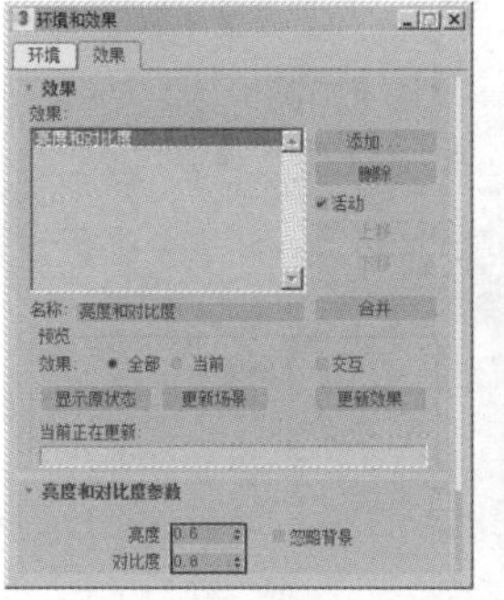


图 14–52

图 14–53

### 选项解读：亮度和对比度重点参数速查

- 亮度：增加或减少所有色元(红色、绿色和蓝色)的亮度，取值范围为0~1。
- 对比度：压缩或扩展最大黑色和最大白色之间的范围，其取值范围为0~1。
- 忽略背景：是否将效果应用于除背景以外的所有元素。

## 实例：色彩平衡

文件路径：Chapter 14 环境和效果→实例：色彩平衡

扫一扫，看视频

本案例通过在【环境和效果】控制面板中添加【色彩平衡】效果，使得最终渲染效果变得偏向更唯美的LOMO风格色调。渲染效果如图14–54所示。

图 14–54

## 操作步骤

步骤 01 打开场景文件，如图14–55所示。

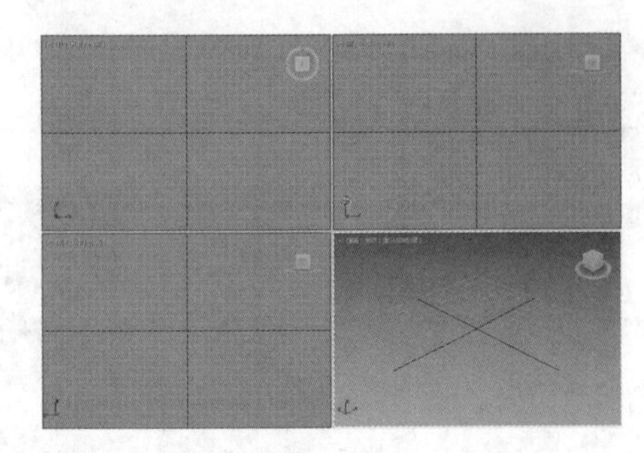

图 14-55

步骤 02 将场景进行渲染得到如图14-56所示的效果。

图 14-56

步骤 03 按快捷键8，打开【环境和效果】控制面板，单击【添加】按钮，选择【亮度和对比度】，如图14-57所示。

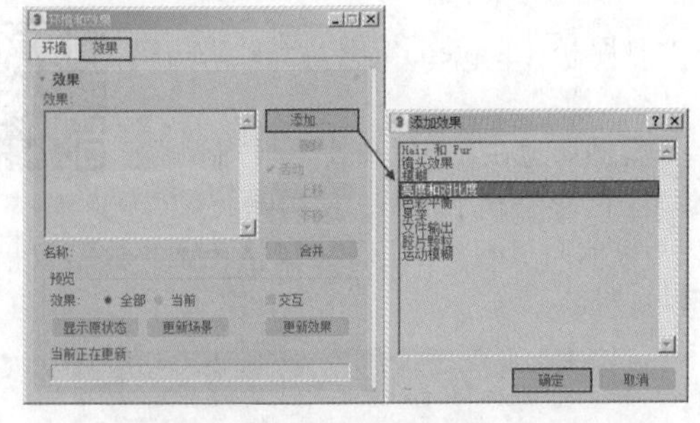


图 14-57

步骤 04 设置【对比度】为0.1，如图14-58所示。

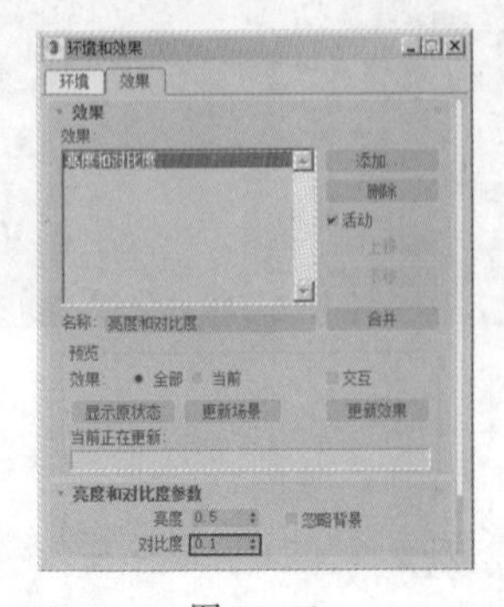


图 14-58

步骤 05 再次单击【添加】按钮，选择【色彩平衡】，如图14-59所示。

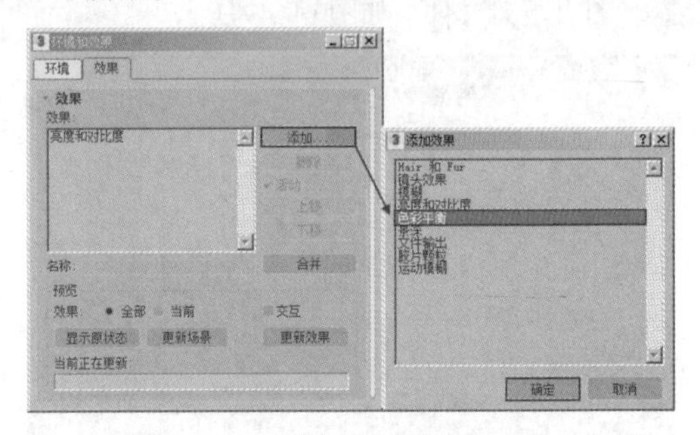


图 14-59

步骤 06 设置【青-红】为-11，【黄-蓝】为15，如图14-60所示。

步骤 07 此时渲染效果，可以看到色调变得更唯美，如图14-61所示。

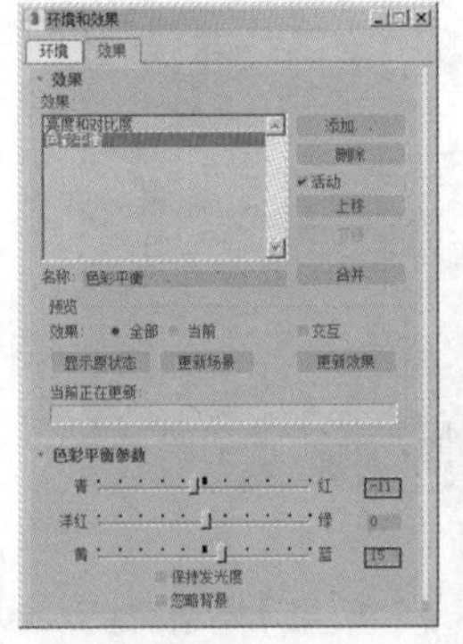


图 14-60

图 14-61

## 选项解读：色彩平衡重点参数速查

- 青-红：调整红色通道。
- 洋红-绿：调整绿色通道。
- 黄-蓝：调整蓝色通道。
- 保持发光度：启用此选项后，在修正颜色的同时保留图像的发光度。
- 忽略背景：启用该选项后，可以在修正图像时不影响背景。

## 提示：在环境和效果中添加背景与在模型上添加背景的区别

在制作作品时，可以使用两种方法为场景设置背景。

方法1：在环境和效果中添加背景

(1)按快捷键8，打开【环境和效果】面板，然后在【环境贴图】通道上添加背景贴图，如图14-62所示。

(2)渲染效果，可以看到模型上也产生了微弱的半透明效果，显得不够真实，如图14-63所示。

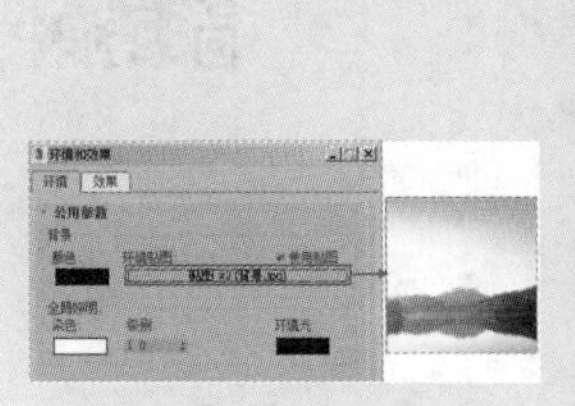

图 14-62

图 14-63

方法2：在模型上添加背景

(1)打开材质编辑器，单击一个材质球将其设置为【VR-灯光材质】。设置强度数值，并在通道上添加背景贴图，如图14-64所示。

(2)创建一个平面模型，放到视角的远处作为背景模型，并将制作完成的材质赋予平面，如图14-65所示。

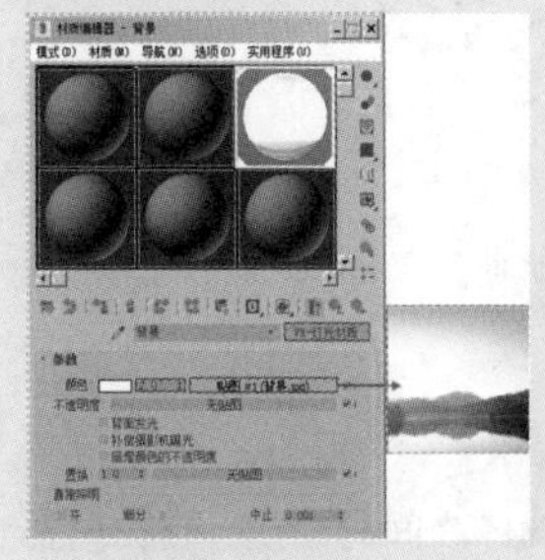

图 14-64

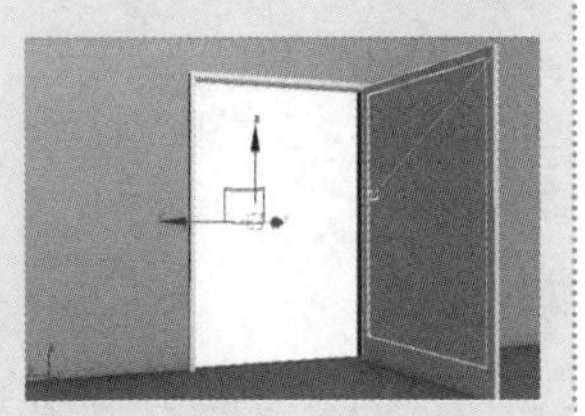

图 14-65

(3)渲染效果，可以看到产生了真实的背景效果，如图14-66所示。

图 14-66

(4)通过修改刚才材质中的强度数值，还可以设置更亮或更暗的背景效果，如图14-67和图14-68所示为设置强度为5和0.1的对比效果。

图 14-67

图 14-68

通过两种方法的对比效果来看，推荐大家使用方法2，即【平面模型】+【VR-灯光材质】的方法制作背景更真实。

## 提示：场景中已经删除过VR-太阳，渲染场景还是特别亮

若场景中使用过VR-太阳，后来将VR-太阳删除了，即使场景中已经不存在VR-太阳了，而在【环境和效果】面板中，【环境贴图】下的【VR-天空】依然存在，因此，在渲染时场景可能非常亮。

因此，当场景中已经删除过VR-太阳，渲染场景还是特别亮，那么可以单击右键，将【环境和效果】面板中的【环境贴图】进行【清除】，如图14-69所示。

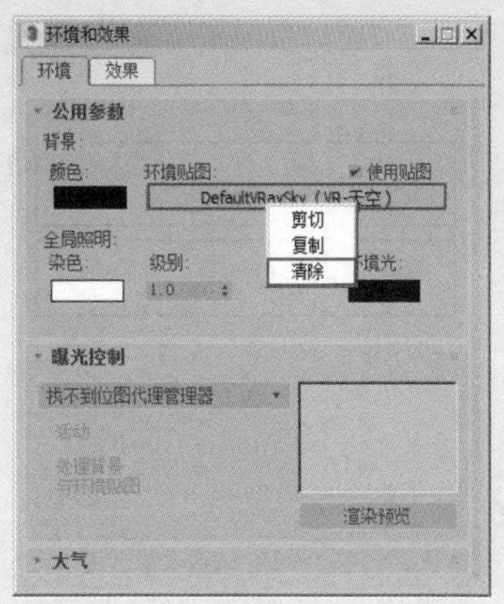


图 14-69

扫一扫，看视频

# 动力学

## 本章内容简介：

动力学是3ds Max比较特色的功能，可以为物体添加不同的动力学方式，从而模拟真实的自然作用，如物体下落动画、玻璃破碎动画、建筑倒塌动画、窗帘布料动画等。动力学是用于模拟真实自然动画的工具，比传统的关键帧动画要真实很多，但是效果是不可控的，需要反复地测试才能得到适合的动画效果。本章将学到动力学技巧。

## 重点知识掌握：

- 认识动力学并熟悉动力学使用流程。
- 掌握动力学刚体、运动学刚体、静态刚体制作动画。
- 掌握mCloth布料动画的制作。

## 通过本章学习，我能做什么？

通过对本章的学习，我们将学会使用动力学制作物体之间的碰撞、自由落体、带有动画的物体的真实运动、布料运算等，并且综合使用这些效果。

## 15.1 认识MassFX（动力学）

本节将讲解MassFX（动力学）的基本知识，包括动力学概念、使用方法等。MassFX（动力学）是3ds Max比较特色的功能，可以为物体添加不同的动力学方式，从而模拟真实的自然作用，如蔬菜落下动画、玻璃破碎动画、建筑倒塌动画、窗帘布料动画等。

扫一扫，看视频

3ds Max 中的 MassFX（动力学）可以为项目添加真实的物理模拟效果，可以制作比关键帧动画更为真实、自然的动画效果。常用来制作刚体与刚体之间的碰撞、重力下落、抛出动画、布料动画、破碎动画等，多应用于电视栏目包装动画设计、LOGO演绎动画、影视特效设计等。在主工具栏的空白处单击鼠标右键，然后在弹出的对话框中选择【MassFX 工具栏】，此时将会弹出MassFX的窗口，如图15-1所示。

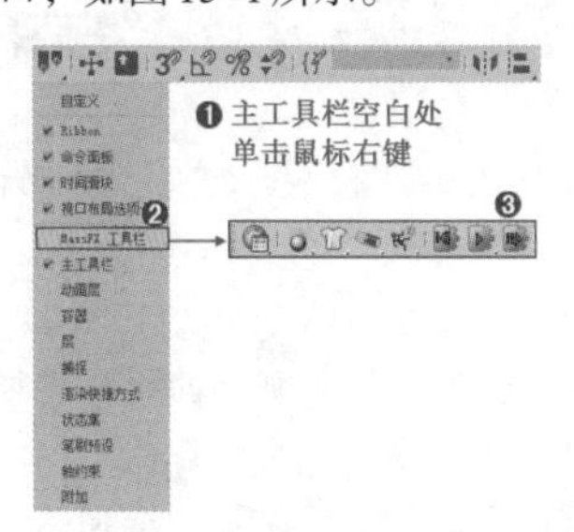


图 15-1

### 选项解读：MassFX 工具栏重点工具介绍

- MassFX工具：该选项下面包含很多参数，如【世界】【工具】【编辑】【显示】。
- 刚体：在创建完成物体后，可以为物体添加刚体，在这里分为3种，分别是动力学、运动学、静态。
- mCloth：可以模拟真实的布料效果，是新增的一个重要的功能。
- 约束：可以创建约束对象，包括6种，分别是刚性、滑块、转轴、扭曲、通用、球和套管约束。
- 碎布玩偶：可以模拟碎布玩偶的动画效果。
- 重置模拟：单击该按钮可以将之前的模拟重置，回到最初状态。
- 模拟：单击该按钮可以开始进行模拟。
- 逐帧模拟：单击或多次单击该按钮可以按照步阶进行模拟，方便查看每时每刻的状态。

## 15.2 MassFX工具栏参数

在MassFX工具栏中可以模拟动力学刚体、运动学刚体、静态刚体、布料、约束、碎布玩偶等，如图15-2所示。

扫一扫，看视频

3种刚体 6种约束 模拟

MassFX工具 布料 碎布玩偶

图 15-2

### 选项解读：MassFX 工具重点参数速查

（1）世界参数

① 场景设置

- 使用地平面碰撞：启用此选项，MassFX 将使用（不可见）无限静态刚体（即 Z=0）。
- 地面高度：启用【使用地面碰撞】时地面刚体的高度。
- 全局重力：应用 MassFX 中的内置重力。
- 重力方向：设置该方式后可以设置轴等参数。
- 轴：应用重力的全局轴。对于标准上/下重力，将【方向】设置为 Z，这是默认设置。
- 无加速：以单位/平方秒为单位指定的重力。
- 强制对象的重力：可以使用重力空间扭曲将重力应用于刚体。
- 拾取重力：使用【拾取重力】按钮将其指定为在模拟中使用。
- 没有重力：选择时，重力不会影响模拟。
- 子步数：每个图形更新之间执行的模拟步数，由以下公式确定：(子步数 + 1) × 帧速率。
- 解算器迭代次数：全局设置，约束解算器强制执行碰撞和约束的次数。
- 使用高速碰撞：全局设置，用于切换连续的碰撞检测。
- 使用自适应力：该选项默认情况下是勾选的，控制是否使用自适应力。
- 按照元素生成图形：该选项控制是否按照元素生成图形。

② 高级设置

- 睡眠设置：在模拟中移动速度低于某个速率的刚体将自动进入【睡眠】模式，从而使 MassFX 关注其他活动对象，提高了性能。

- 睡眠能量:【睡眠】机制测量对象的移动量，并在其运动低于【睡眠能量】阈值时将对象置于睡眠模式。
- 高速碰撞：当启用【使用高速碰撞】时，这些设置确定了MassFX计算此类碰撞的方法。
- 最低速度：当选择【手动】时，在模拟中移动速度低于此速度的刚体将自动进入【睡眠】模式。
- 反弹设置：选择用于确定刚体何时相互反弹的方法。
- 最低速度：模拟中移动速度高于此速度的刚体将相互反弹，这是碰撞的一部分。
- 接触壳：使用这些设置确定周围的体积，其中MassFX在模拟的实体之间检测到碰撞。
- 接触距离：允许移动刚体重叠的距离。
- 支撑台深度：允许支撑体重叠的距离。

③ 引擎

- 使用多线程：启用时，如果CPU具有多个内核，CPU可以执行多线程，以加快模拟的计算速度。
- 硬件加速：启用时，如果您的系统配备了Nvidia GPU，即可使用硬件加速来执行某些计算。
- 关于MassFX：将打开一个小对话框，其中显示MassFX的基本信息，包括PhysX版本。

(2)模拟工具

① 模拟

- (重置模拟)：停止模拟，将时间滑块移动到第一帧，并将任意动力学刚体设置为其初始变换。
- (开始模拟)：从当前帧运行模拟。时间滑块为每个模拟步长前进一帧，从而导致运动学刚体作为模拟的一部分进行移动。如果模拟正在运行(如高亮显示的按钮所示)，单击【播放】按钮可以暂停模拟。
- (开始没有动画的模拟)：与【开始模拟】类似(前面所述)，只是模拟运行时时间滑块不会前进。
- (逐帧模拟)：运行一个帧的模拟并使时间滑块前进相同量。
- 烘焙所有：将所有动力学刚体的变换存储为动画关键帧时重置模拟，然后运行它。
- 烘焙选定项：与【烘焙所有】类似，只是烘焙仅应用于选定的动力学刚体。
- 取消烘焙所有：删除烘焙时设置为运动学的所有刚体的关键帧，从而将这些刚体恢复为动力学刚体。
- 取消烘焙选定项：与【取消烘焙所有】类似，只是取消烘焙仅应用于选定的适用刚体。
- 捕获变换：将每个选定的动力学刚体的初始变换设置为其变换。

② 模拟设置

- 在最后一帧：选择当动画进行到最后一帧时，是否继续进行模拟，如果继续，如何进行模拟。
- 继续模拟：即使时间滑块达到最后一帧，也继续运行模拟。
- 停止模拟：当时间滑块达到最后一帧时，停止模拟。
- 循环动画并且...：选择此选项，将在时间滑块达到最后一帧时重复播放动画。

③ 实用程序

- 浏览场景：打开【MassFX资源管理器】对话框。
- 验证场景：确保各种场景元素不违反模拟要求。
- 导出场景：使模拟可用于其他程序。

(3)多对象编辑器

① 刚体属性

- 刚体类型：所有选定刚体的模拟类型。可用的选择有动力学、运动学和静态。
- 直到帧：如果启用此选项，MassFX会在指定帧处将选定的运动学刚体转换为动态刚体。
- 烘焙或未烘焙：将未烘焙的选定刚体的模拟运动转换为标准动画关键帧。
- 使用高速碰撞：如果启用此选项，【高速碰撞】设置将应用于选定刚体。
- 在睡眠模式中启动：如果启用此选项，选定刚体将使用全局睡眠设置以睡眠模式开始模拟。
- 与刚体碰撞：如果启用(默认设置)此选项，选定的刚体将与场景中的其他刚体发生碰撞。

② 物理材质

- 预设：从列表中选择预设材质类型。
- 创建预设：基于当前值创建新的物理材质预设。
- 删除预设：从列表中移除当前预设并将列表设置为【(无)】。

③ 物理材质属性

- 密度/质量：刚体的密度/质量。
- 静摩擦力/动摩擦力：两个刚体开始互相滑动的静摩擦力/动摩擦力。

- 反弹力：对象撞击到其他刚体时反弹的轻松程度和高度。

④ 物理网格

网格类型：选择刚体物理网格的类型。类型有【球体】【长方形】【胶囊】【凸面】【合成】和【自定义】。

⑤ 物理网格参数

长度/宽度/高度：控制物理网格的长度/宽度/高度。

⑥ 力

- 使用世界重力：该选项控制是否使用世界重力。
- 应用的场景力：此选项框中可以显示添加的力名称。

⑦ 高级

- 覆盖解算器迭代次数：如果启用此选项，将为选定刚体使用在此处指定的解算器迭代次数设置，而不使用全局设置。
- 启用背面碰撞：该选项用来控制是否开启物体的背面碰撞运算。
- 覆盖全局：该选项用来控制是否覆盖全局效果，包括接触距离、支撑台深度。
- 绝对/相对：此设置只适用于刚开始时为运动学类型之后在指定帧处切换为动态类型的刚体。
- 初始速度/自旋：刚体在变为动态类型时的速度/自旋。
- 线性/角度：为减慢移动/旋转对象的速度所施加的力大小。

(4) 显示选项

① 刚体

- 显示物理网格：启用时，物理网格显示在视口中，可以使用【仅选定对象】开关。
- 仅选定对象：启用时，仅选定对象的物理网格显示在视口中。

② MassFX可视化工具

- 启用可视化工具：启用时，此卷展栏上的其余设置生效。
- 缩放：基于视口的指示器（如轴）的相对大小。

## 实例：应用动力学制作掉落的球体

文件路径：Chapter 15 动力学→实例：应用动力学制作掉落的球体

扫一扫，看视频

本案例主要讲解球体在下落的过程当中撞击到半悬空的平面，从而导致平面下落的动画效果。应用到了静态刚体、动力学刚体。渲染效果如图15-3所示。

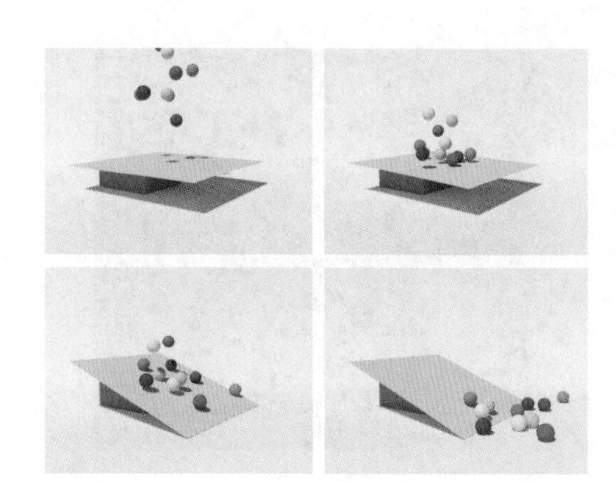

图 15-3

### 操作步骤

**步骤 01** 在顶视图中按住鼠标左键拖曳，创建一个长方体模型，设置【长度】为2340mm，【宽度】为2220mm，【高度】为980mm，如图15-4所示。

**步骤 02** 在顶视图中按住鼠标左键拖曳，创建一个平面，设置【长度】为5270mm，【宽度】为5060mm，如图15-5所示。

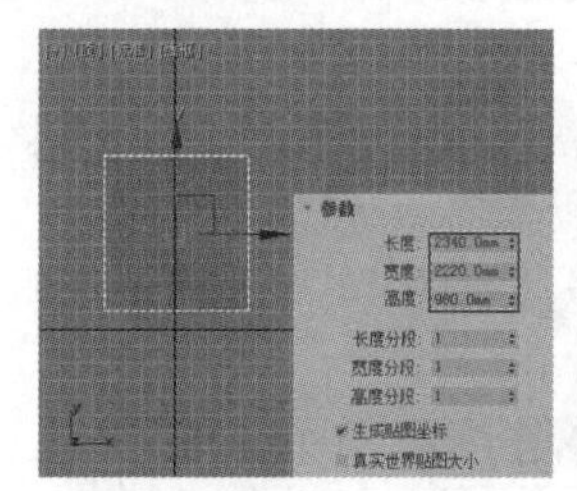

图 15-4　　图 15-5

**步骤 03** 执行【创建】+|【几何体】●|复合对象|水滴网格，如图15-6所示。在视图中单击创建模型，如图15-7所示。

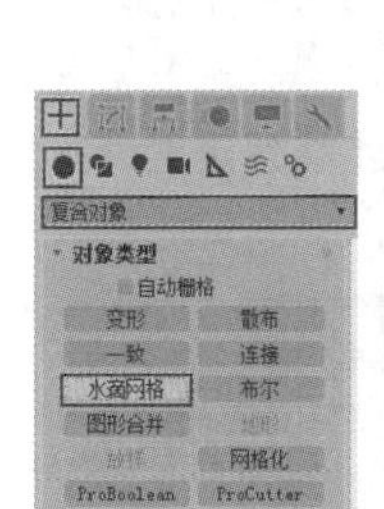


图 15-6

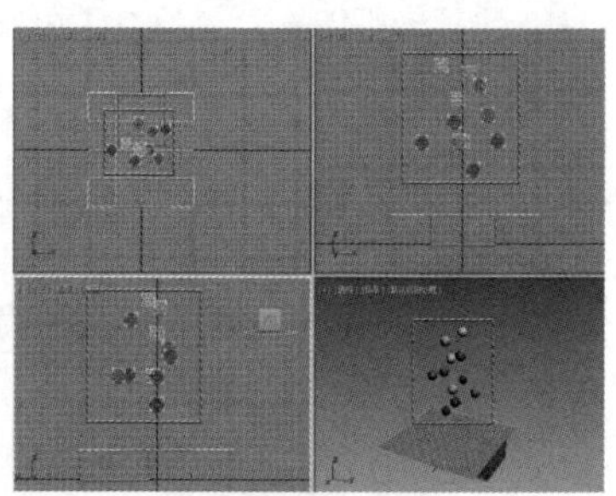

图 15-7

**步骤 04** 在主工具栏的空白处单击鼠标右键，在弹出的快捷菜单中执行【MassFX 工具栏】命令，此时可弹出MassFX工具栏，如图15-8所示。

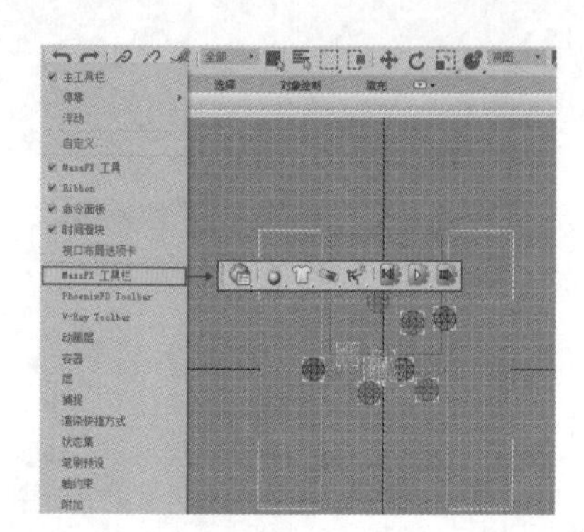

图 15-8

步骤 05 选择长方体模型，单击【将选定项设置为静态刚体】按钮，如图15-9所示。

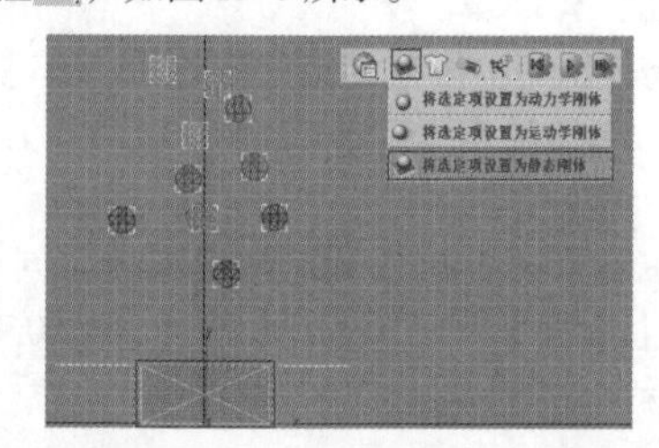

图 15-9

步骤 06 选择平面模型，单击【将选定项设置为动力学刚体】按钮，如图15-10所示。

步骤 07 单击（多对象编辑器）按钮，勾选【在睡眠模式中启动】，如图15-11所示。

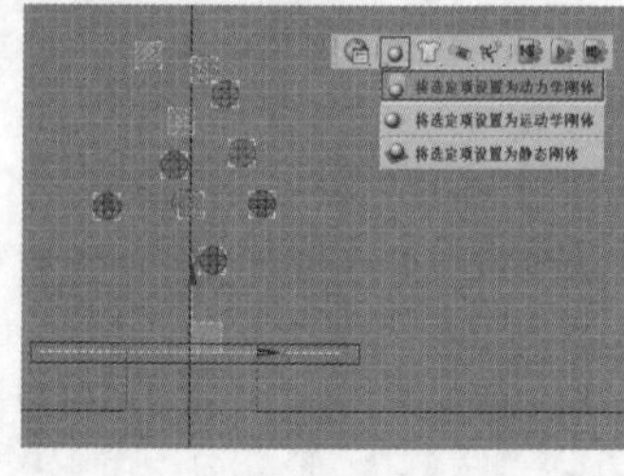

图 15-10

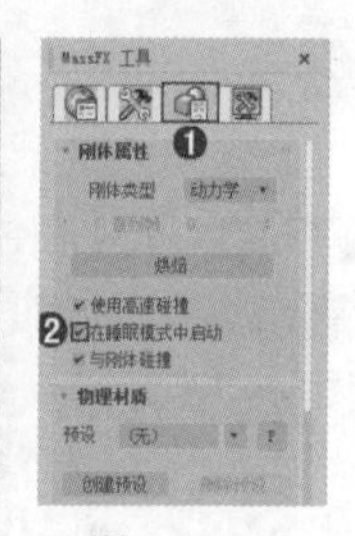

图 15-11

步骤 08 选择所有的水滴网格，单击【将选定项设置为动力学刚体】按钮，如图15-12所示。

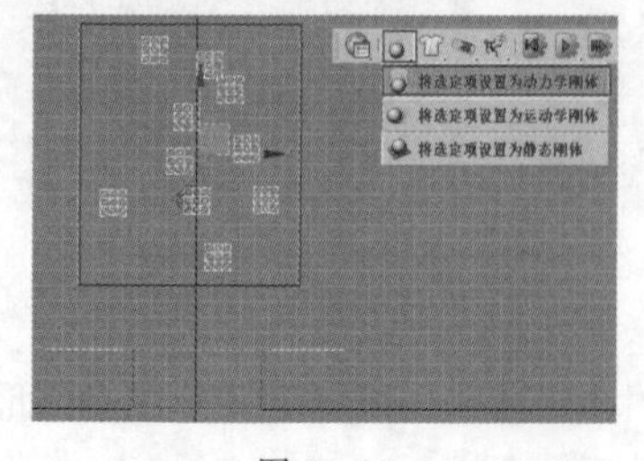

图 15-12

步骤 09 单击【MassFX工具】按钮，然后单击【模拟工具】按钮，接着单击 烘焙所有 按钮，如图15-13所示。

步骤 10 等待一段时间后，动画就烘焙到了时间线上。拖动时间线滑块或者单击【播放动画】按钮，即可以看到动画的整个过程。动画最终渲染效果如图15-14所示。

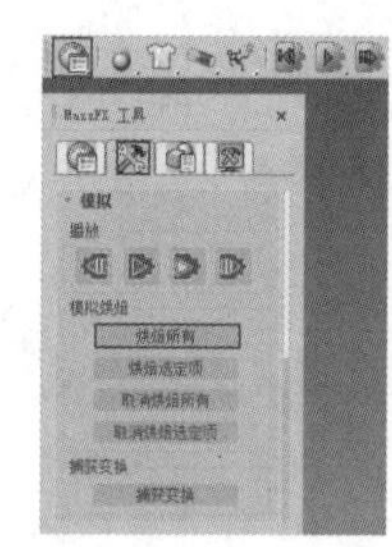

图 15-13

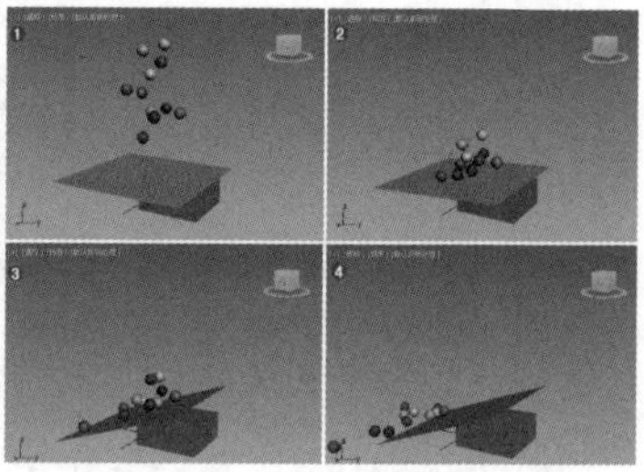

图 15-14

## 实例：应用动力学刚体、运动学刚体制作球体碰撞动画

扫一扫，看视频

文件路径：Chapter 15 动力学→实例：应用动力学刚体、运动学刚体制作球体碰撞动画

本案例将结合动力学刚体和运动学刚体制作出物体之间相互碰撞的动画效果。渲染效果如图15-15所示。

图 15-15

## 操作步骤

步骤 01 打开本书场景文件，如图15-16所示。

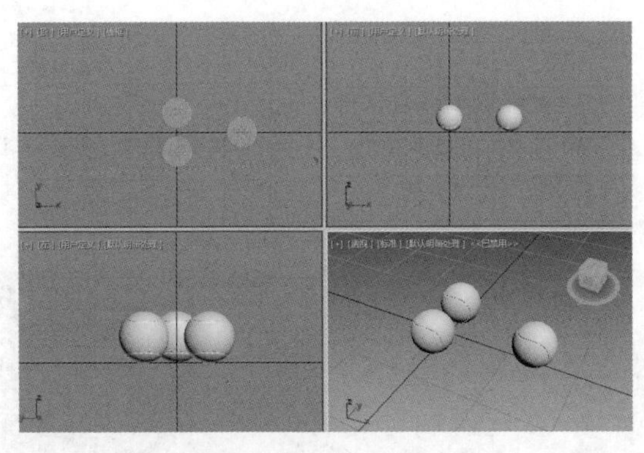

图 15-16

步骤 02 在主工具栏的空白处单击鼠标右键，在弹出的快捷菜单中执行【MassFX 工具栏】命令，此时即可以打开MassFX工具栏，如图15-17所示。

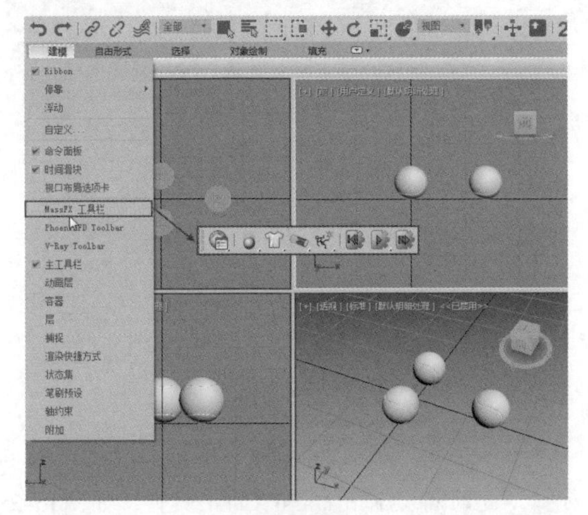


图 15-17

步骤 03 在透视图中选择最右侧的球体，单击【将选定项设置为运动学刚体】按钮，如图15-18所示。

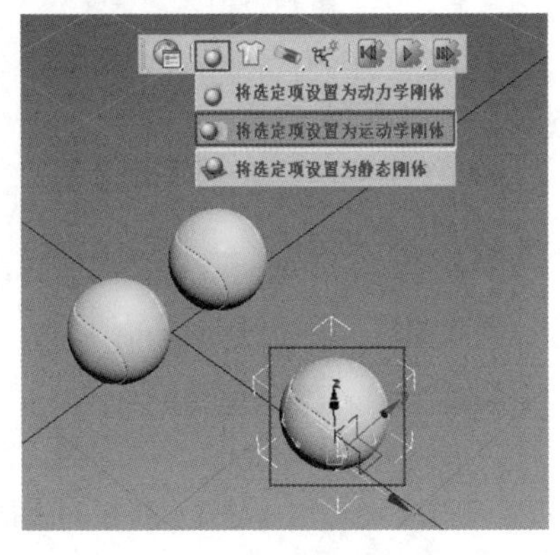


图 15-18

步骤 04 接下来开始制作动画，在选择右侧球体的状态下单击 自动关键点 按钮，将时间线拖动到第0帧处，如图15-19所示。

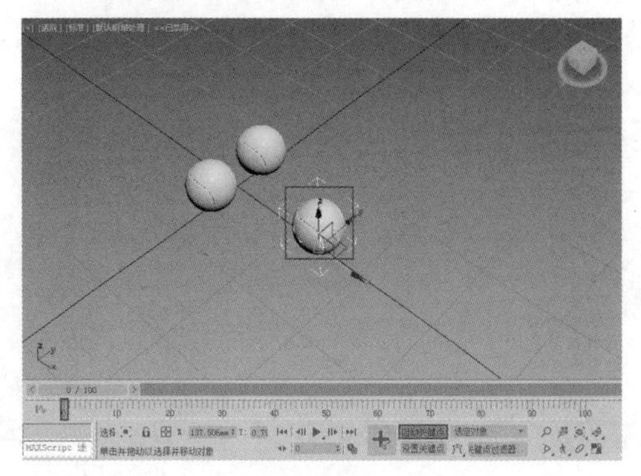

图 15-19

步骤 05 将时间线拖动到第30帧位置处，在选择右侧球体的状态下，在前视图中将其沿着X轴向左平移，需要注意的是，在移动球体时，需要使球体穿过其他两个静止的球体，如图15-20所示。

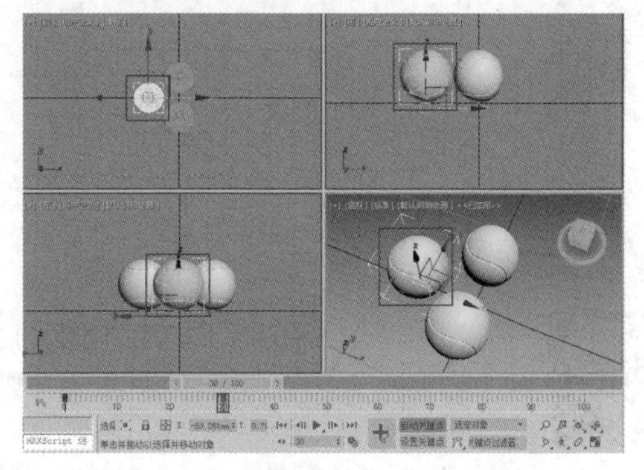

图 15-20

步骤 06 再次单击 自动关键点 按钮，此时动画已经制作完成。将时间线拖动回第0帧位置处，接着选择剩余的两个球体，在MassFX工具栏中单击【将选定项设置为动力学刚体】按钮，如图15-21所示。

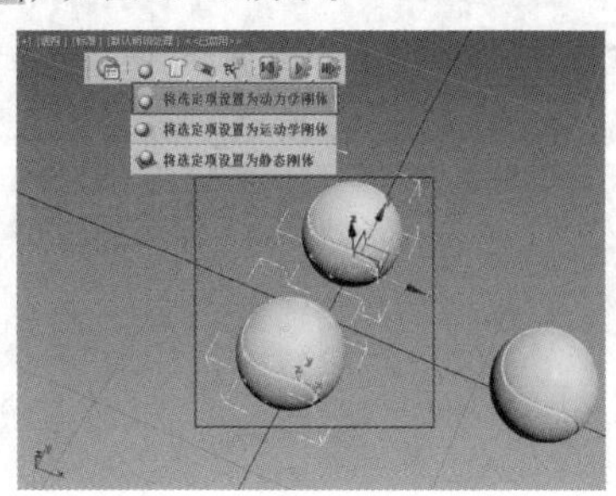


图 15-21

步骤 07 单击按钮，然后单击【多对象编辑器】按钮，勾选【在睡眠模式中启动】选项，接着在【物理材质属性】卷展栏下设置【反弹力】为0，如图15-22所示。

步骤 08 单击MassFX工具栏中的【模拟工具】按钮，接着单击【烘焙所有】按钮，如图15-23所示。

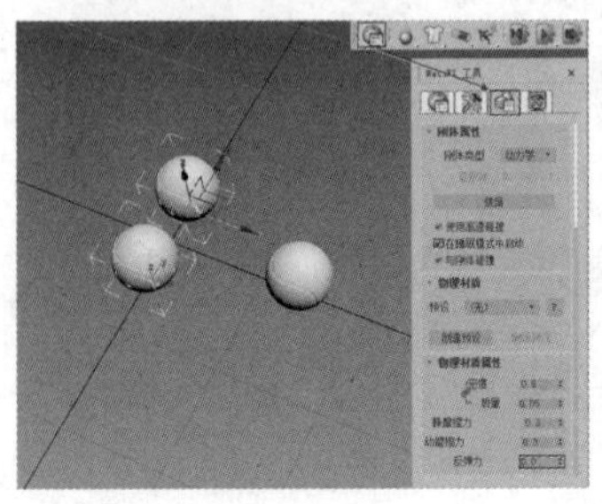

图 15-22

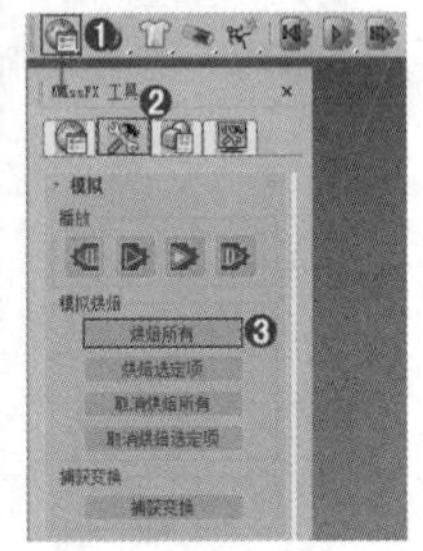


图 15-23

步骤 09 等待一段时间之后，动画就烘焙到了时间线上，拖动时间线滑块或者单击【播放动画】按钮，可以看到动画的整个过程。案例最终效果如图15-24所示。

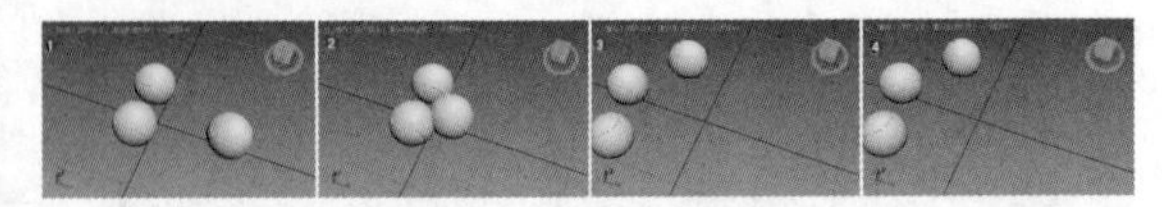

图 15-24

## 实例：应用动力学刚体、运动学刚体制作碰碎宝石动画

扫一扫，看视频

文件路径：Chapter 15 动力学→实例：应用动力学刚体、运动学刚体制作碰碎宝石动画

本案例由动力学刚体、运动学刚体制作碰碎宝石动画。需要注意的是要提前将模型进行粉碎处理。渲染效果如图15-25所示。

图 15-25

## 操作步骤

步骤 01 打开本书场景文件，如图15-26所示。

步骤 02 在主工具栏的空白处单击鼠标右键，在弹出的快捷菜单中执行【MassFX 工具栏】命令，如图15-27所示。

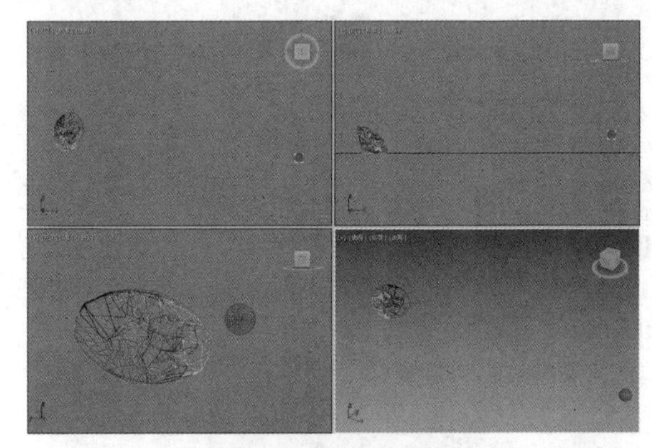

图 15-26

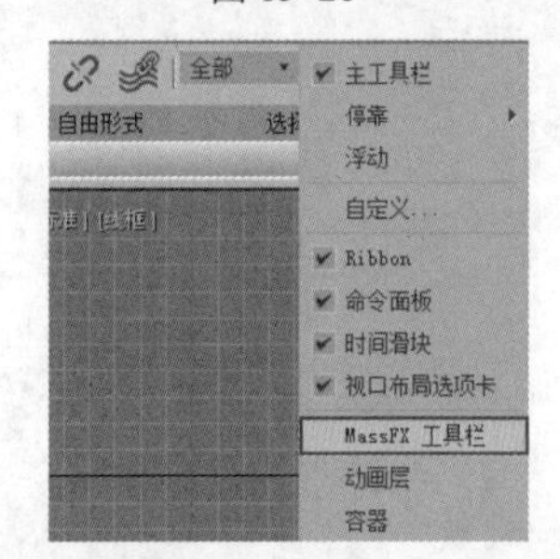


图 15-27

步骤 03 此时将会弹出MassFX的工具栏，如图15-28所示。

图 15-28

步骤 04 选择场景中的球体，单击【将选定项设置为运动学刚体】按钮，如图15-29所示。

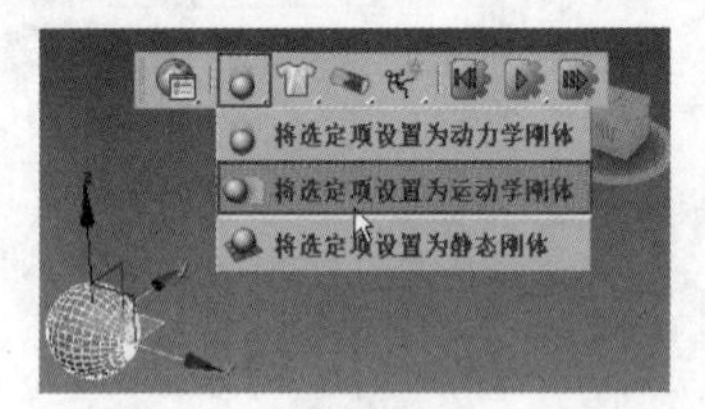


图 15-29

步骤 05 开始制作动画。选择球体，将时间线拖动到第0帧，然后单击自动关键点按钮，如图15-30所示。

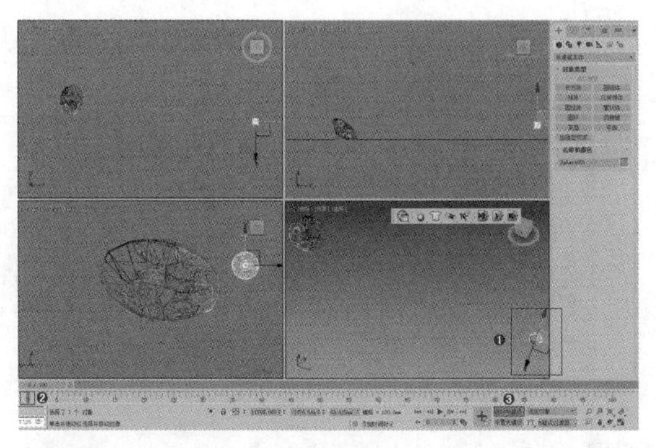

图 15-30

步骤 06 将时间线拖动到第20帧，然后移动球体的位置，使其穿过宝石模型，如图15-31所示。

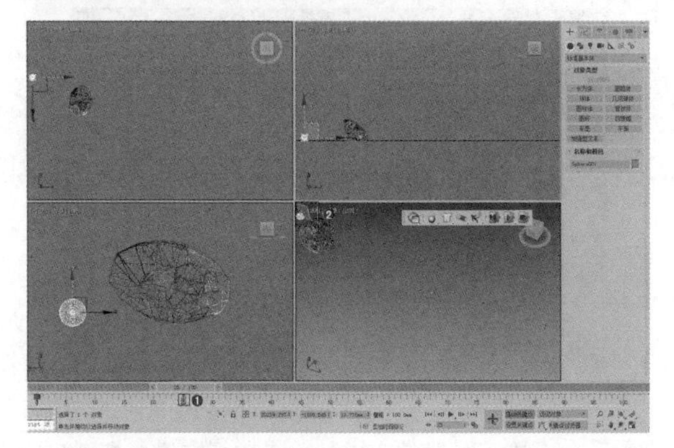

图 15-31

步骤 07 再次单击自动关键点按钮，此时动画制作完成。然后选择所有的宝石模型，单击【将选定项设置为动力学刚体】按钮，如图15-32所示。

步骤 08 选择刚才的球体模型，单击【MassFX工具栏】面板中的【MassFX工具】按钮，然后单击【多对象编辑器】按钮，接着勾选【直到帧】，并设置数值为20，如图15-33所示。

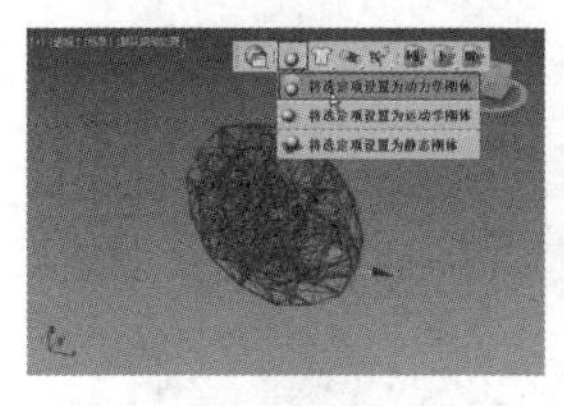

图 15-32　　图 15-33

步骤 09 选择所有的宝石模型，单击【MassFX工具栏】面板中的【MassFX工具】按钮，然后单击【多对象编辑器】按钮，接着勾选【在睡眠模式中启动】，如图15-34所示。

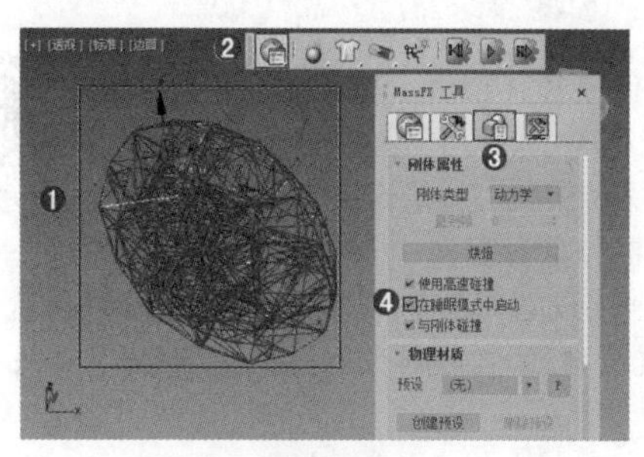


图 15-34

步骤 10 单击【开始模拟】按钮，观察动画的效果，如图15-35所示。

步骤 11 单击【MassFX工具栏】面板中的【MassFX工具】按钮，然后单击【模拟工具】按钮，接着单击【模拟烘焙】下的 烘焙所有 按钮，如图15-36所示。

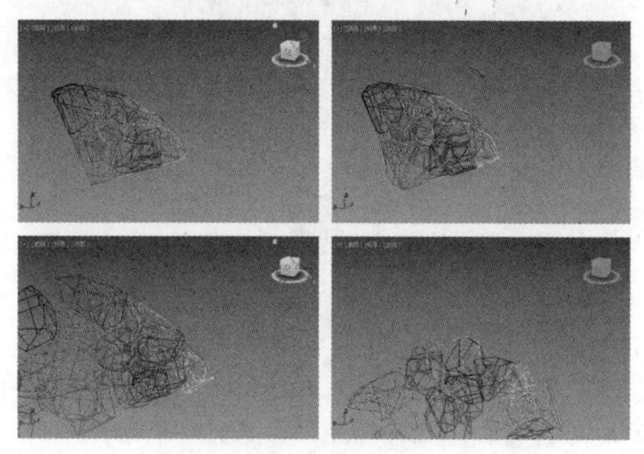

图 15-35

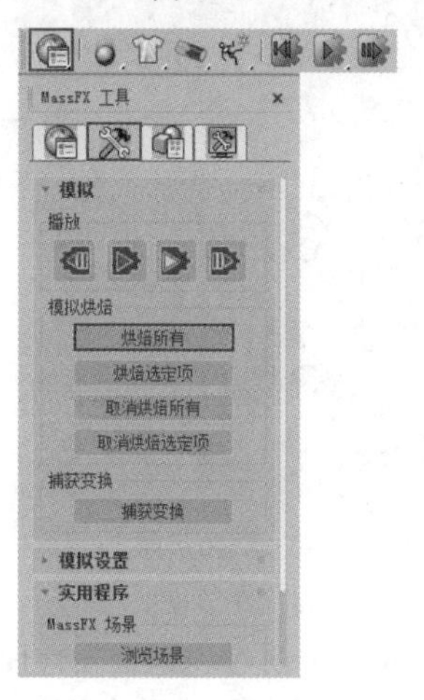


图 15-36

步骤 12 等待一段时间，动画就烘焙到了时间线上，拖动时间线滑块可以看到动画的整个过程。

## 实例：应用动力学制作掉落的茶壶

文件路径：Chapter 15 动力学→实例：应用动力学制作掉落的茶壶

扫一扫，看视频

本案例主要讲解茶壶掉落动画效果的制作，在制作的过程当中需要将平面设置为【将选定项设置为静态刚体】，将茶壶模型设置为【将选定项设置为动力学刚体】。渲染效果如图15–37所示。

图 15–37

### 操作步骤

步骤 01 在顶视图中创建一个平面，设置【长度】为2450mm，【宽度】为2730mm，如图15–38所示。

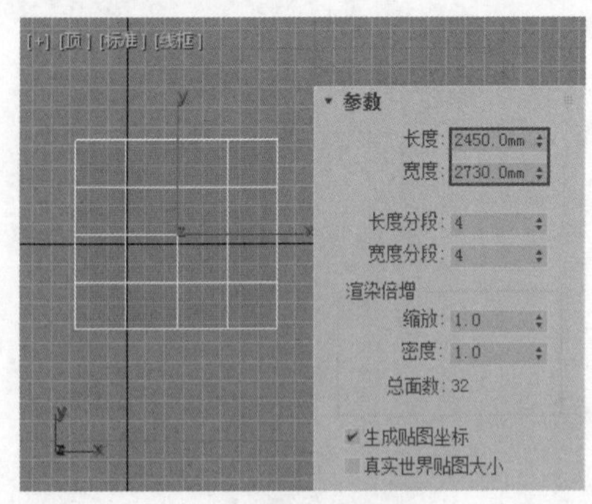


图 15–38

步骤 02 在透视图中创建一个茶壶，设置【半径】为410mm，在【茶壶部件】下方取消勾选【壶盖】选项，如图15–39所示。

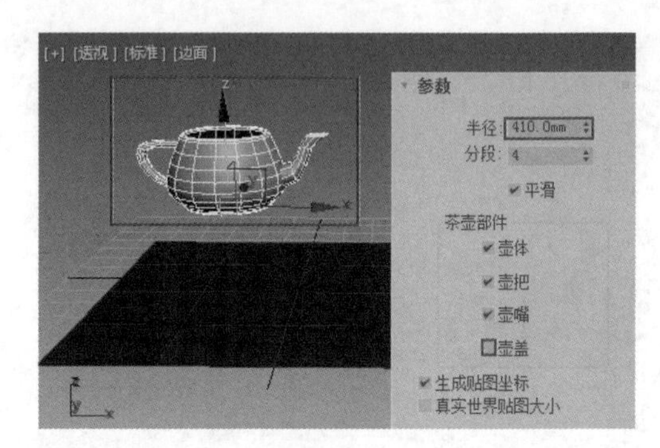


图 15–39

步骤 03 使用同样的方法再次创建一个茶壶，设置【半径】为410mm，在【茶壶部件】下方取消勾选【壶体】、【壶把】、【壶嘴】选项，如图15–40所示。

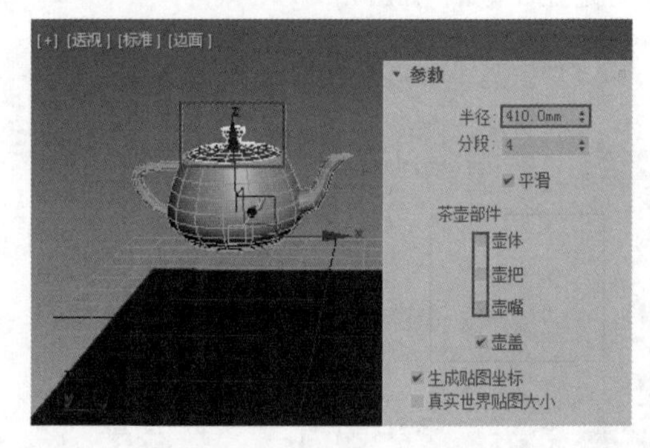


图 15–40

步骤 04 在主工具栏的空白处单击鼠标右键，在弹出的快捷菜单中执行【MassFX 工具栏】命令，此时可弹出MassFX工具栏，如图15–41所示。

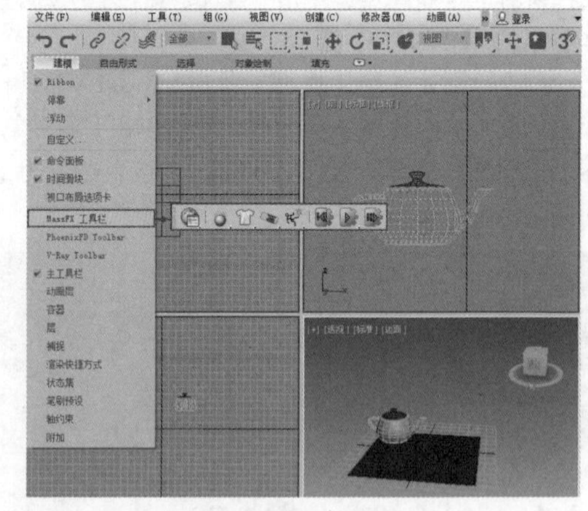

图 15–41

步骤 05 选择平面模型，单击【将选定项设置为静态刚体】按钮，如图15–42所示。

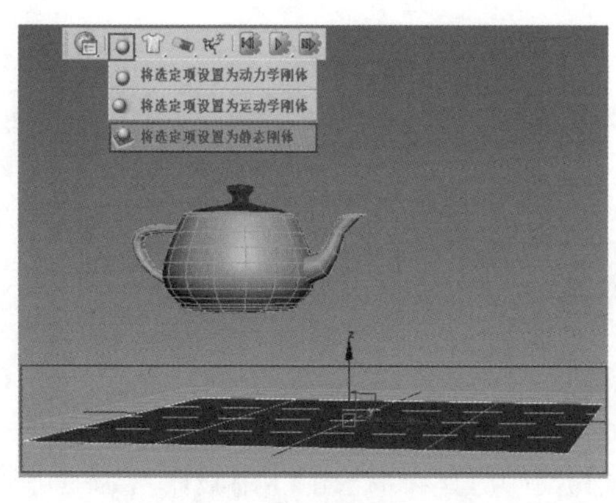

图 15-42

步骤 06 选择两个茶壶模型，然后单击【将选定项设置为动力学刚体】按钮，如图15-43所示。

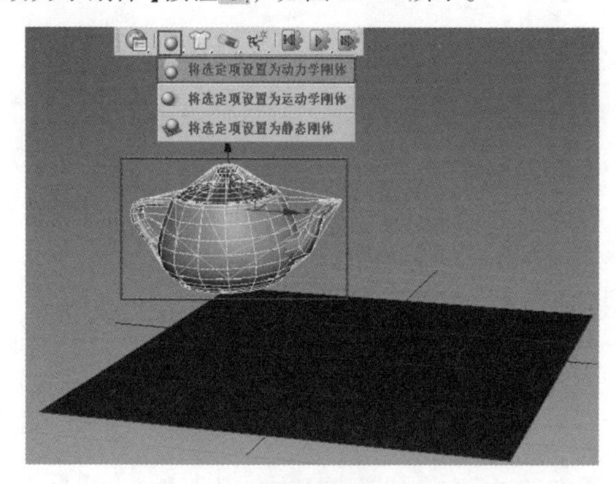

图 15-43

步骤 07 单击【MassFX工具】按钮，然后单击【模拟工具】按钮，接着单击 烘焙所有 按钮，如图15-44所示。

步骤 08 等待一段时间后，动画就烘焙到了时间线上。拖动时间线滑块或者单击【播放动画】按钮，即可以看到动画的整个过程，如图15-45所示。

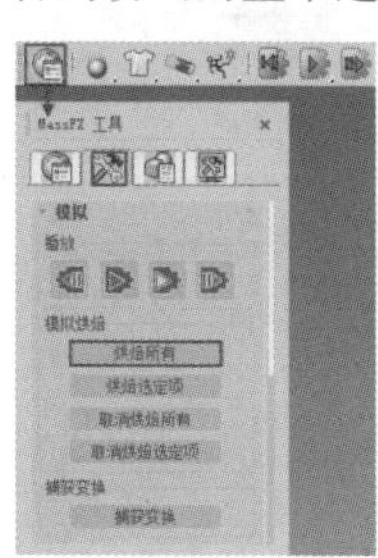

图 15-44

图 15-45

## 实例：应用动力学制作下落的字母动画

文件路径：Chapter 15 动力学→实例：应用动力学制作下落的字母动画

扫一扫，看视频

本案例由动力学刚体和mCloth相搭配，制作字母下落的动画效果。渲染效果如图15-46所示。

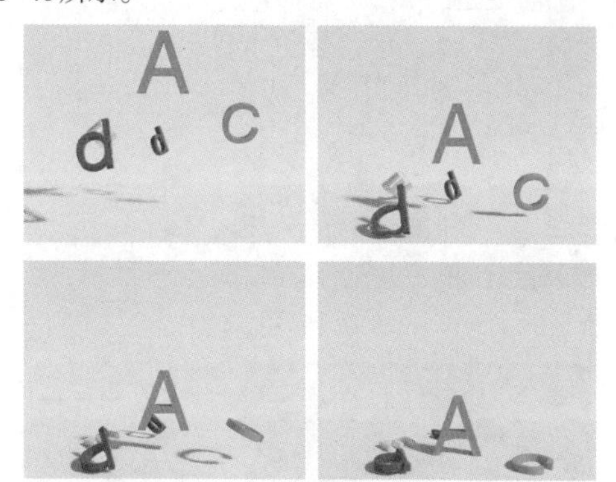

图 15-46

## 操作步骤

步骤 01 在顶视图中按住鼠标左键拖曳，创建一个平面，设置【长度】为3000mm，【宽度】为4000mm，如图15-47所示。

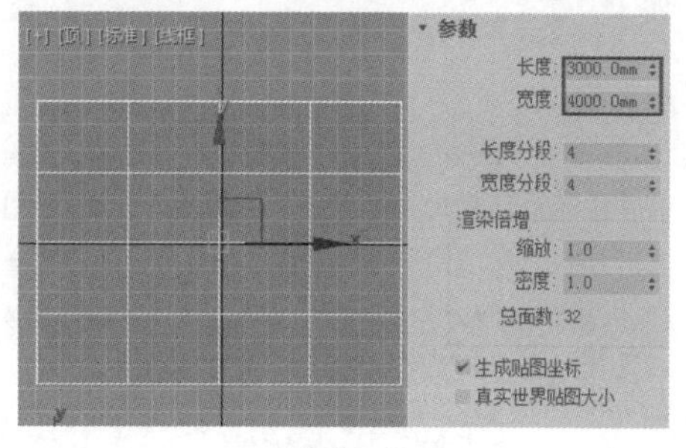

图 15-47

步骤 02 执行【创建】 |【图形】 | 样条线 | 文本，如图15-48所示。在前视图中单击鼠标左键，创建文本，如图15-49所示。

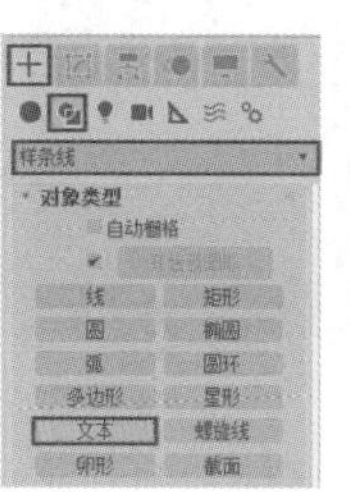

图 15-48

图 15-49

步骤 03 创建完成后单击【修改】按钮，在【参数】卷展栏中选择合适的字体，设置【大小】为1500mm，【文本】为A，如图15-50所示。为该文字加载【挤出】修改器，设置【数量】为200mm，如图15-51所示。

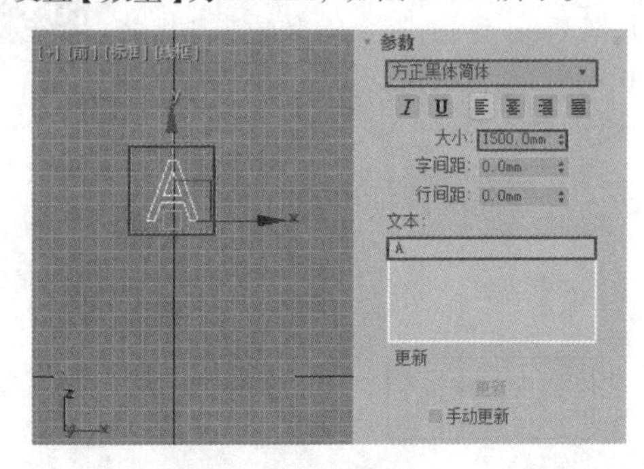


图 15-50

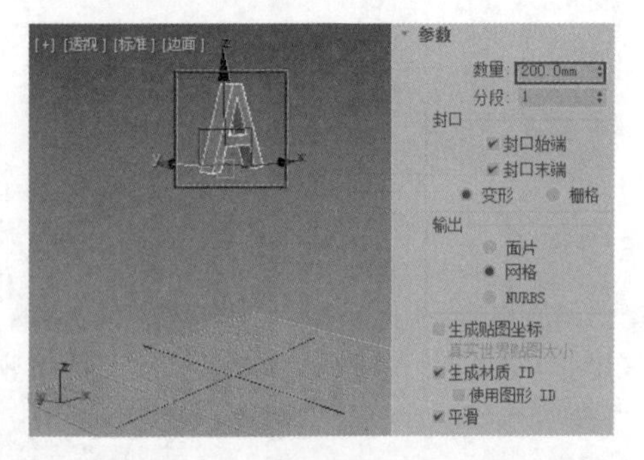


图 15-51

步骤 04 在主工具栏的空白处单击鼠标右键，在弹出的快捷菜单中执行【MassFX 工具栏】命令，此时可弹出MassFX工具栏，如图15-52所示。

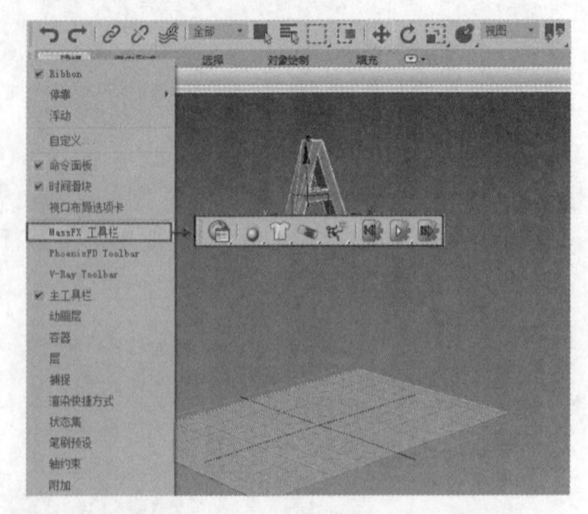


图 15-52

步骤 05 选择字母A，在MassFX工具栏中单击【将选定项设置为动力学刚体】按钮，如图15-53所示。

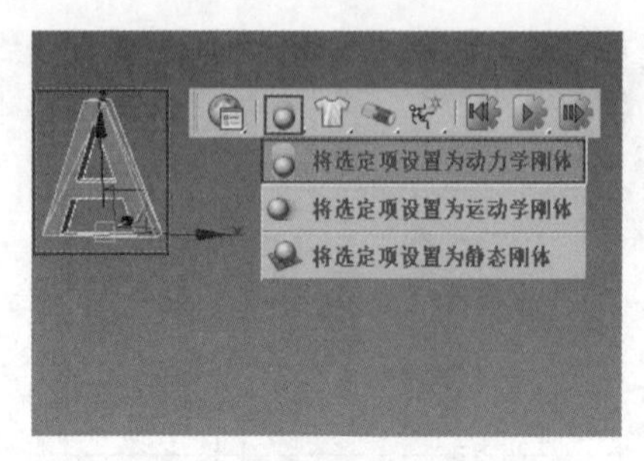


图 15-53

步骤 06 单击【修改】按钮，在【物理材质】卷展栏下设置【反弹力】为1，接着在【刚体属性】卷展栏下单击【烘焙】按钮，如图15-54所示。此时字母A的动画效果就已经制作完成，拖动时间线滑块或者单击【播放动画】按钮，能观察到动画效果。

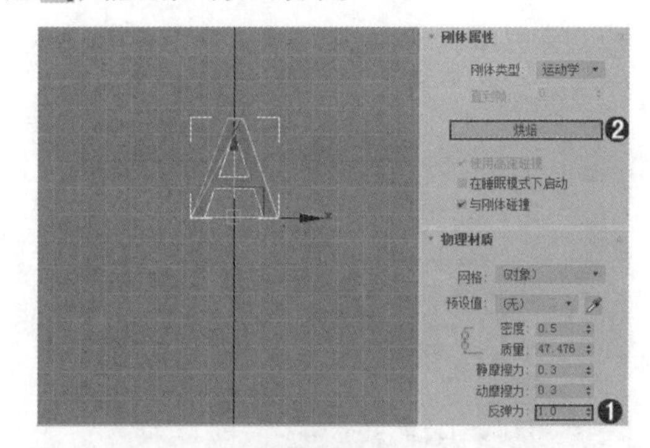


图 15-54

步骤 07 在左视图中创建文本，设置【文本】为b，接着为该文字设置合适的字体，【大小】为800mm，如图15-55所示。

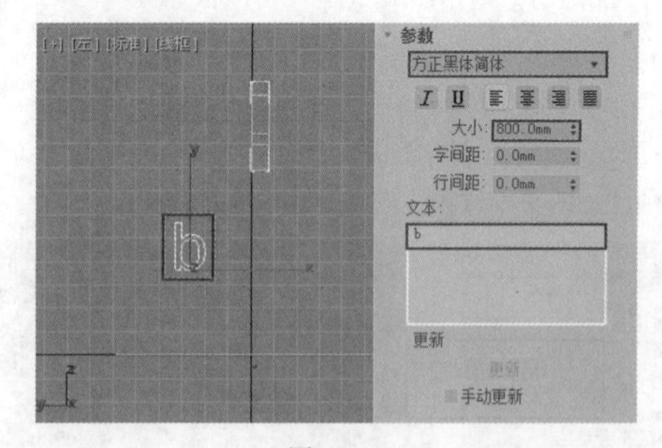


图 15-55

步骤 08 选择上一步创建的文字，为其加载【挤出】修改器，设置【数量】为100mm，如图15-56所示。

步骤 09 单击【选择并旋转】按钮和【角度捕捉切换】按钮。在左视图中选择位置b，将其沿着Z轴旋转-35°，再沿着Y轴旋转-20°，如图15-57和图15-58所示。

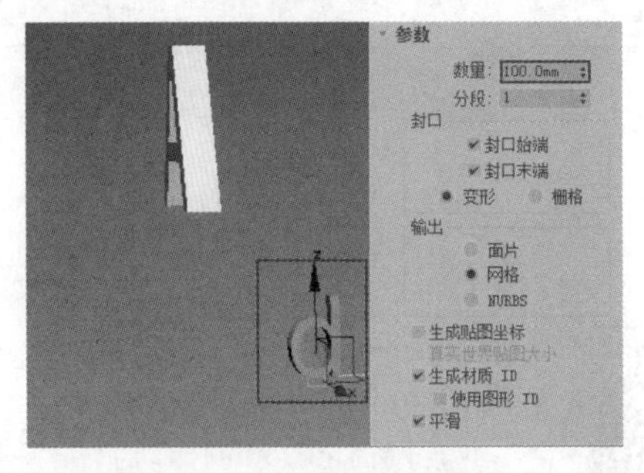


图 15-56

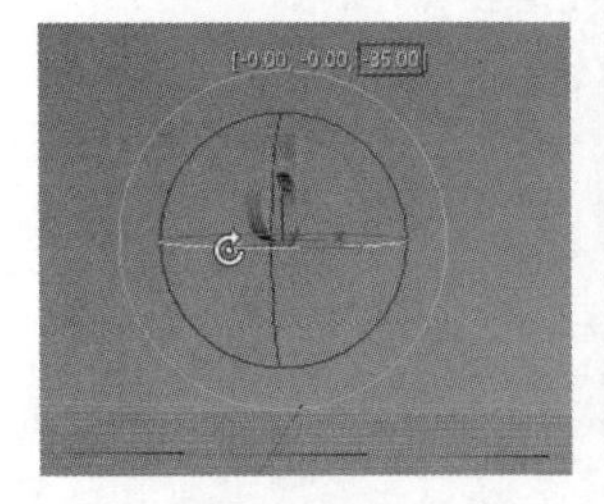

图 15-57

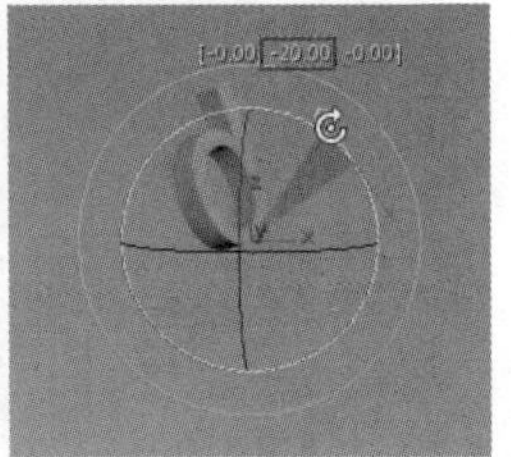

图 15-58

步骤 10 选择字母b，在MassFX工具栏中单击【将选定项设置为动力学刚体】按钮，如图15-59所示。单击【修改】按钮，设置【反弹力】为1，单击【烘焙】按钮，如图15-60所示。

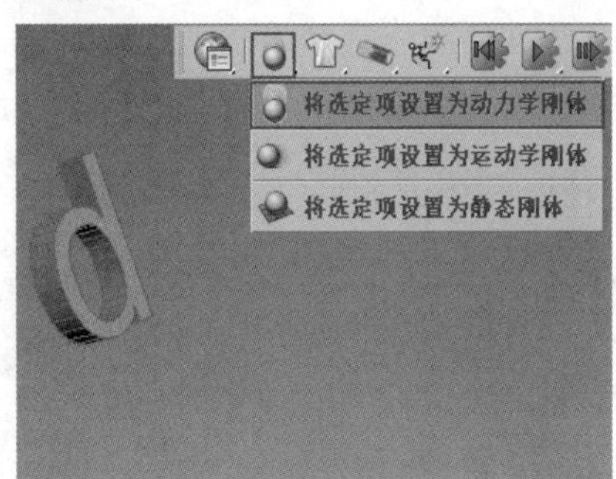


图 15-59

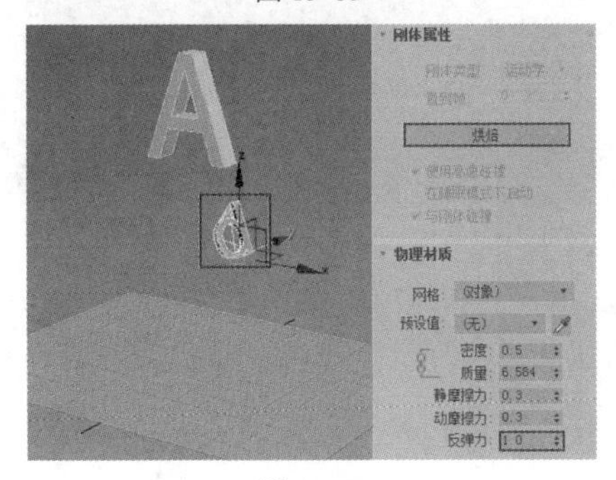


图 15-60

步骤 11 此时字母b的动画效果就已经制作完成，拖动时间线滑块或者单击【播放动画】按钮，能够观察到动画效果。由于字母b设置了角度，因此会以倾斜的角度掉落在地面上，如图15-61所示。

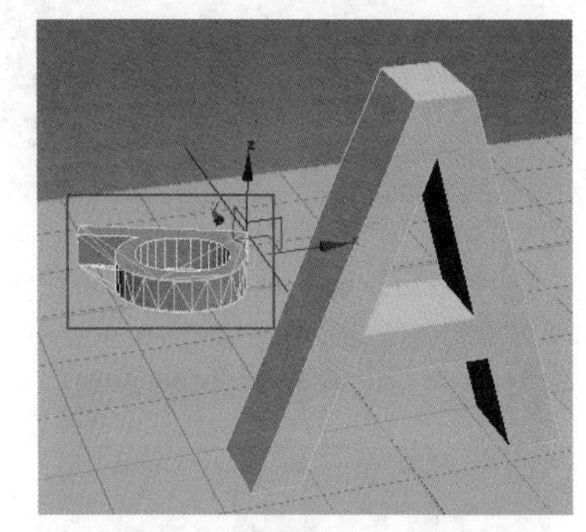

图 15-61

步骤 12 在前视图中创建字母C，单击【修改】按钮，设置【文本】为C，设置合适的字体，【大小】为1000mm，如图15-62所示。为其加载【挤出】修改器，在【参数】卷展栏下设置【数量】为100mm，如图15-63所示。

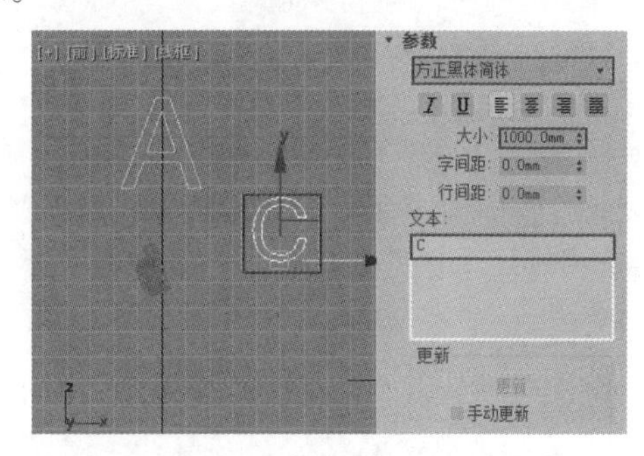


图 15-62

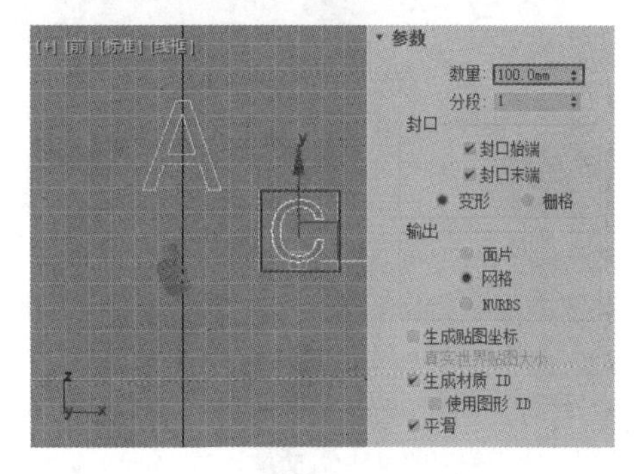


图 15-63

步骤 13 在前视图中将其沿着X轴旋转20°，再沿着Z轴旋转30°，如图15-64和图15-65所示。

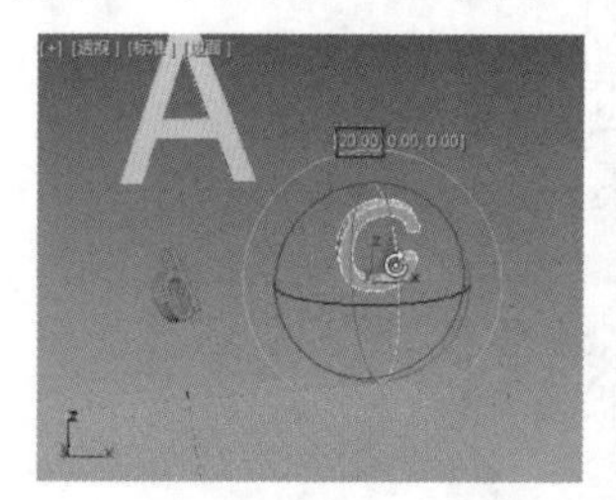

图 15-64

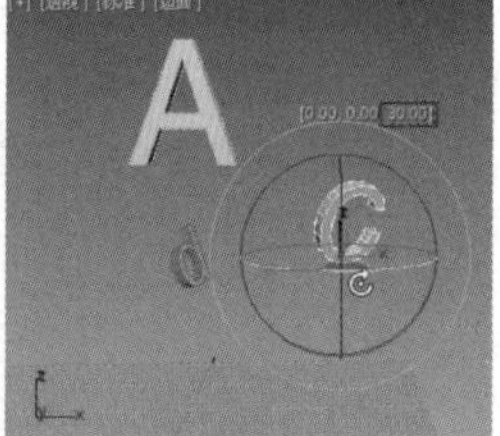

图 15-65

步骤 14 选择字母C，在MassFX工具栏中单击【将选定对象设置为mCloth对象】按钮，如图15-66所示。

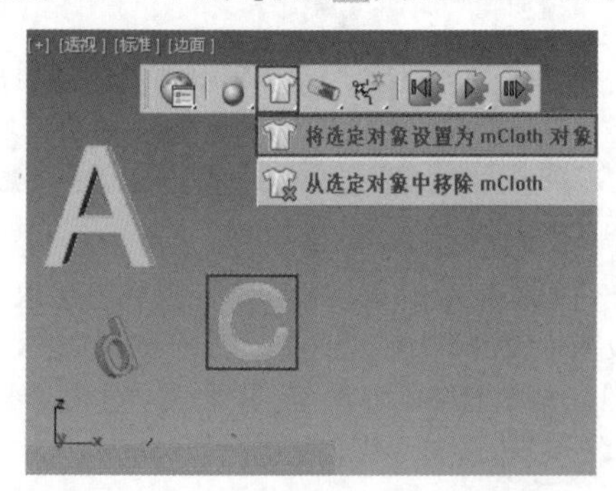


图 15-66

步骤 15 单击【修改】按钮，在【高级】卷展栏下设置【解算器迭代】为8，接着展开【交互】卷展栏设置【自厚度】为5，【厚度】为5，【影响】为1，如图15-67所示。设置完成后单击【烘焙】按钮，拖动时间线滑块或者单击【播放动画】按钮，能够观察到动画效果。

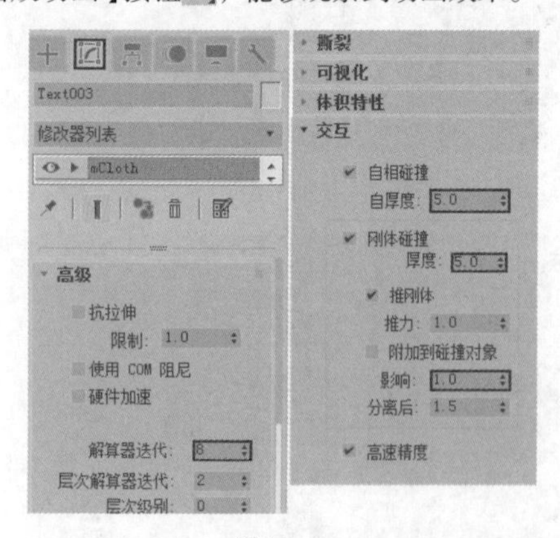


图 15-67

步骤 16 接着使用同样的方法继续制作其他字母的效果。案例最终效果如图15-68所示。

图 15-68

## 实例：应用mCloth制作玩具漏气动画

扫一扫，看视频

文件路径：Chapter 15 动力学→实例：应用mCloth制作玩具漏气动画

本案例由mCloth制作玩具漏气动画效果。渲染效果如图15-69所示。

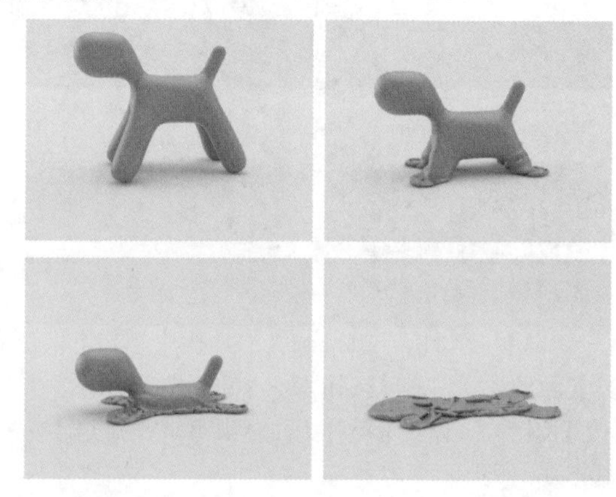

图 15-69

### 操作步骤

步骤 01 打开本书场景文件，如图15-70所示。

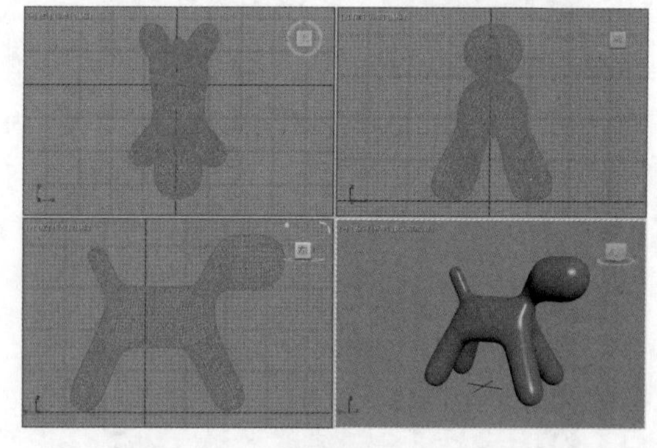

图 15-70

步骤 02 在主工具栏的空白处单击鼠标右键，然后在弹出的快捷菜单中选择【MassFX 工具栏】命令，如图15-71所示。

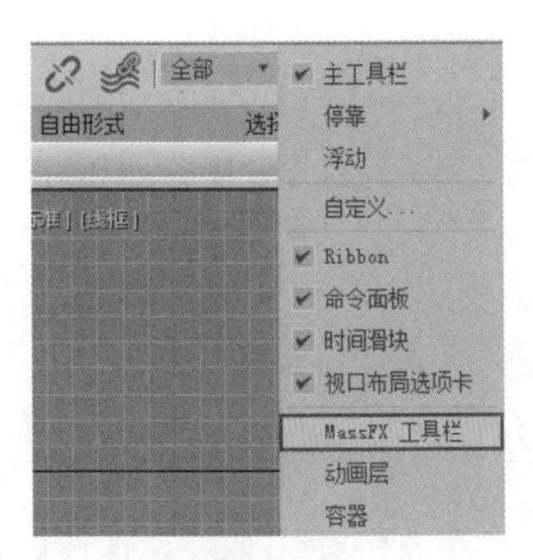


图 15-71

**步骤 03** 此时将会弹出MassFX工具栏，如图15-72所示。

**步骤 04** 选择场景中的玩具模型，单击【将选定对象设置为mCloth对象】按钮，如图15-73所示。

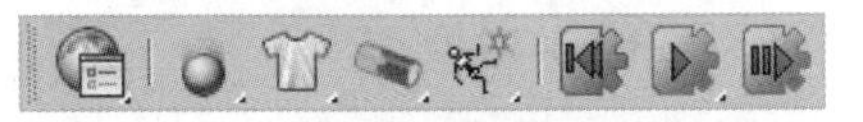

图 15-72

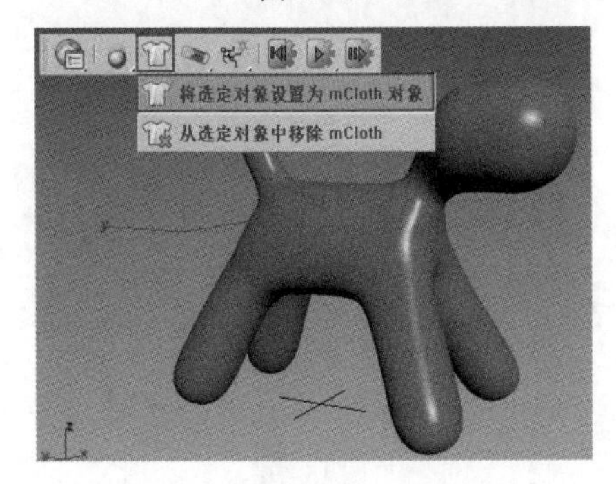


图 15-73

**步骤 05** 接着单击【开始模拟】按钮，观察动画的效果，如图15-74所示。

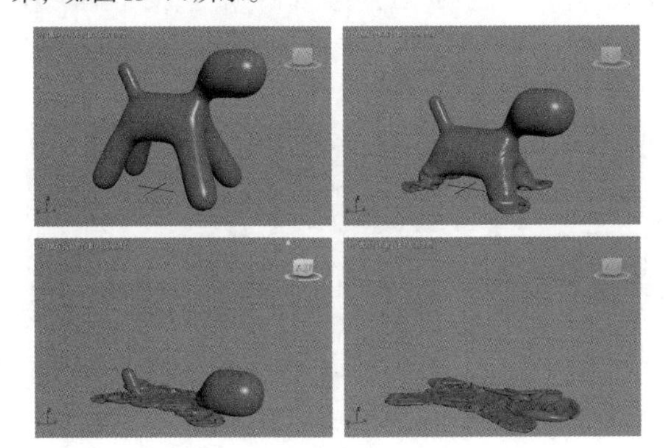

图 15-74

**步骤 06** 单击【MassFX工具栏】面板中的【MassFX工具】按钮，然后单击【模拟工具】按钮，接着单击【模拟烘焙】下的 烘焙所有 按钮，如图15-75所示。

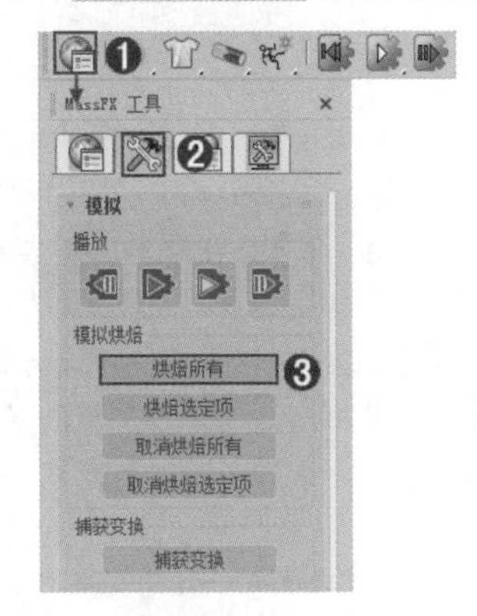


图 15-75

**步骤 07** 等待一段时间，动画就烘焙到了时间线上，拖动时间线滑块可以看到动画的整个过程。

## 选项解读：mCloth重点参数速查

- 布料行为：选择 mCloth 对象如何参与模拟。
- 直到帧：启用后，MassFX 会在指定帧处将选定的运动学 mCloth 转换为动力学 mCloth。
- 烘焙/取消烘焙：烘焙可以将 mCloth 对象的模拟运动转换为标准动画关键帧以进行渲染。
- 继承速度：启用后，mCloth 对象可通过使用动画从堆栈中的 mCloth 对象下面开始模拟。
- 动态拖动：不使用动画即可模拟，且允许拖动 mCloth 以设置其姿势或测试行为。
- 使用全局重力：启用后，mCloth 对象将使用 MassFX 全局重力设置。
- 应用的场景力：列出场景中影响模拟中此对象的力空间扭曲。使用“添加”将空间扭曲应用于对象。
- 添加/移除：添加/移除场景中的力和空间扭曲。
- 捕捉初始状态：将所选 mCloth 对象缓存的第一帧更新到当前位置。
- 重置初始状态：将所选 mCloth 对象的状态还原为应用修改器堆栈中的 mCloth 之前的状态。
- 捕捉目标状态：抓取 mCloth 对象的当前变形，并使用该网格来定义三角形之间的目标弯曲角度。
- 重置目标状态：将默认弯曲角度重置为堆栈中 mCloth 下面的网格。
- 加载：单击可以加载布料预设。

- 保存：单击可以保存材质预设。
- 重力比：使用全局重力处于启用状态时重力的倍增。
- 密度:mCloth 的权重，以克/平方厘米为单位。
- 延展性/弯曲度：拉伸/弯曲 mCloth 的难易程度。
- 使用正交弯曲：计算弯曲角度，而不是弹力。
- 阻尼：设置mCloth 的弹性。
- 摩擦力:3种mCloth 对象碰撞时抵制滑动的程度。
- 限制：设置mCloth 边可以压缩或折皱的程度。
- 刚度：设置mCloth 边抵制压缩或折皱的程度。
- 启用气泡式行为：模拟封闭体积，如轮胎或垫子。
- 压力：该参数控制 mCloth 的充气效果。
- 自相碰撞：启用后，mCloth 对象将尝试阻止自相交。
- 自厚度：用于自碰撞的 mCloth 对象的厚度。如果 mCloth 自相交，则尝试增加该值。
- 刚体碰撞：启用后，mCloth 对象可以与模拟中的刚体碰撞。
- 厚度：用于与模拟中的刚体碰撞的 mCloth 对象的厚度。
- 推刚体：启用后，mCloth 对象可以影响与其碰撞的刚体的运动。
- 推力:mCloth 对象对与其碰撞的刚体施加的推力的强度。
- 附加到碰撞对象：启用后，mCloth 对象会黏附到与其碰撞的对象。
- 影响:mCloth 对象对其附加到的对象的影响。
- 分离后：与碰撞对象分离前 mCloth 的拉伸量。
- 高速精度：启用后，mCloth 对象将使用更准确的碰撞检测方法。
- 允许撕裂：启用后，mCloth 中的预定义分割将在受到充足力的作用时撕裂。
- 撕裂后:mCloth 边在撕裂前可以拉伸的量。
- 撕裂之前焊接：选择在出现撕裂之前 MassFX 如何处理预定义撕裂。
- 张力：启用后，通过顶点着色的方法显示纺织品中的压缩和张力。
- 抗拉伸：启用后，帮助防止低解算器迭代次数值的过度拉伸。
- 限制：允许的过度拉伸的范围。
- 使用 COM 阻尼：影响阻尼，但使用质心，从而获得更硬的 mCloth。
- 硬件加速：启用后，模拟将使用 GPU。
- 解算器迭代：每个循环周期内解算器执行的迭代次数，使用较高值可以提高 mCloth 稳定性。
- 层次解算器迭代：层次解算器的迭代次数。
- 层次级别：力从一个顶点传播到相邻顶点的速度，增加该值可增加力在 mCloth 上扩散的速度。

## 实例：应用mCloth制作文字瓦解效果

扫一扫，看视频

文件路径：Chapter 15 动力学→实例：应用mCloth制作文字瓦解效果

本案例主要讲解文字瓦解的动画效果，在制作的过程当中应用到了mCloth，该工具还可以制作布料动画、充气的模型等。渲染效果如图15-76所示。

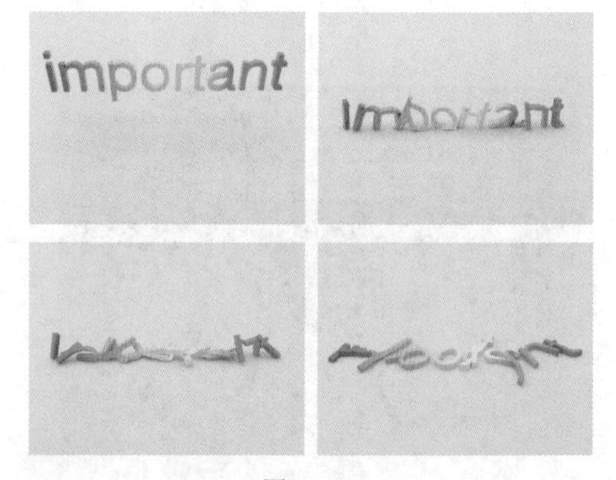

图 15-76

## 操作步骤

**步骤 01** 执行【创建】 + |【图形】 |样条线| 文本，如图15-77所示。在前视图中单击鼠标右键进行文本的创建，如图15-78所示。

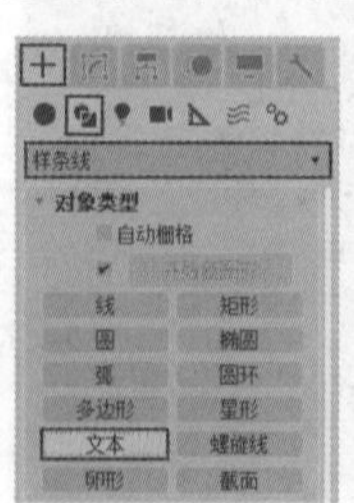

图 15-77

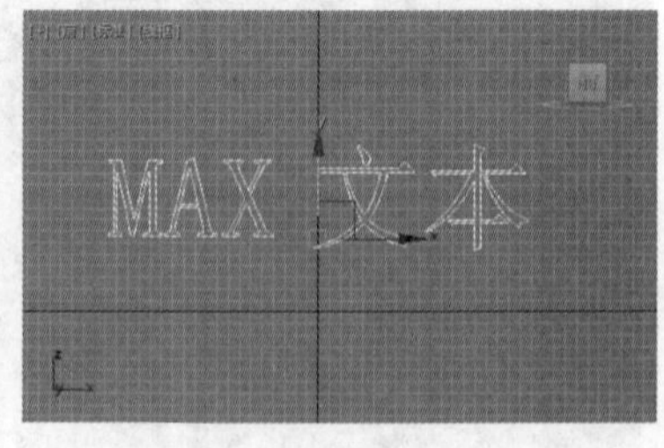

图 15-78

**步骤 02** 创建完成后单击【修改】按钮，在【参数】卷展栏中【文本】下方输入important，字体为【方正黑体简体】,【大小】为600mm，如图15-79所示。

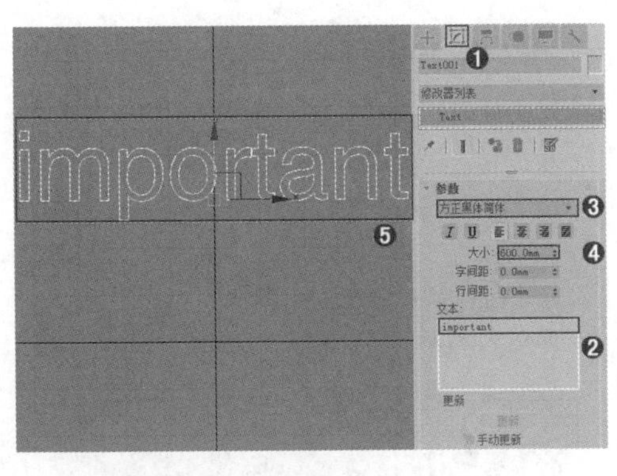


图 15-79

步骤 03 在选择文本的状态下为其加载【挤出】修改器，在【参数】卷展栏下设置【数量】为60mm，如图15-80所示。

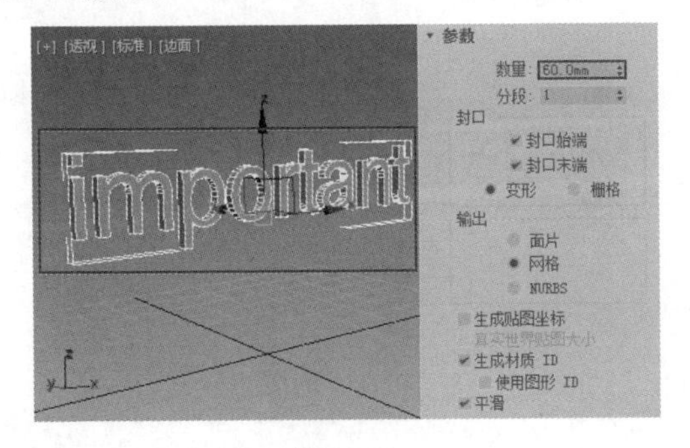


图 15-80

步骤 04 在主工具栏的空白处单击鼠标右键，在弹出的快捷菜单中执行【MassFX 工具栏】命令，此时可弹出MassFX工具栏，如图15-81所示。

步骤 05 选择文本，在MassFX工具栏中单击【将选定对象设置为mCloth对象】按钮，如图15-82所示。

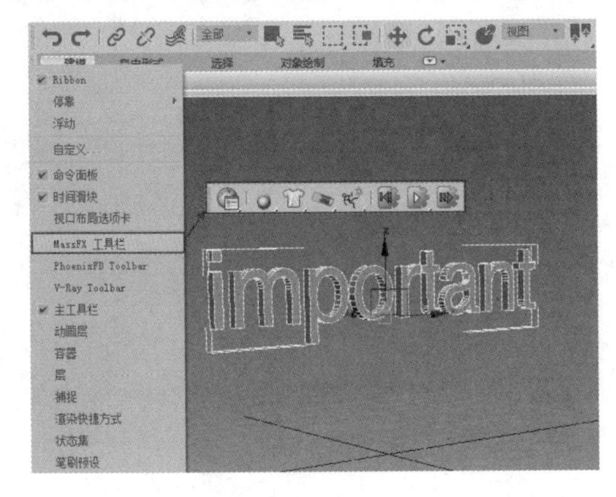


图 15-81

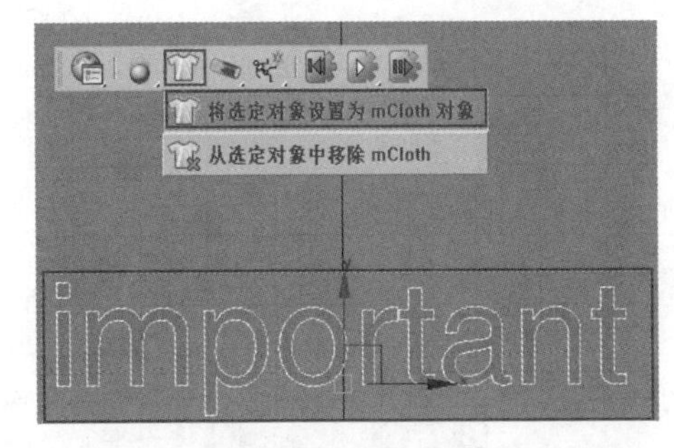


图 15-82

步骤 06 单击【修改】按钮，勾选【启用气泡式行为】，设置【压力】为10。展开【交互】卷展栏，设置【自厚度】为2.5，【厚度】为2.5，如图15-83所示。单击【MassFX工具】按钮，然后单击【世界参数】按钮，设置【子步数】为0，【解算器迭代数】为40，如图15-84所示。

步骤 07 单击【模拟工具】按钮，接着单击 烘焙所有 按钮，如图15-85所示。

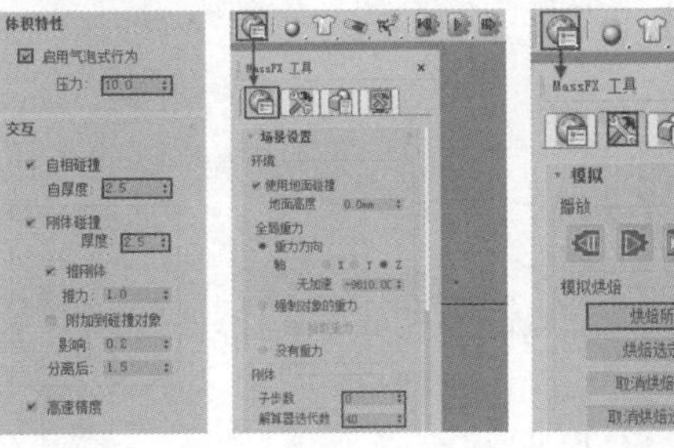


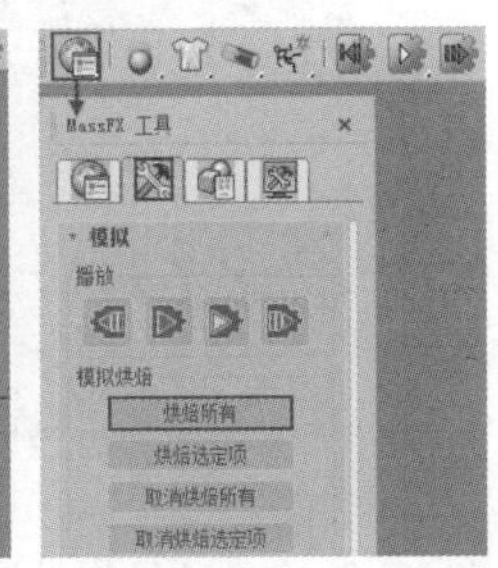


图 15-83　　图 15-84　　图 15-85

步骤 08 等待一段时间后，动画就烘焙到了时间线上，拖动时间线滑块或者单击【播放动画】按钮，即可以看到动画的整个过程，如图15-86所示。

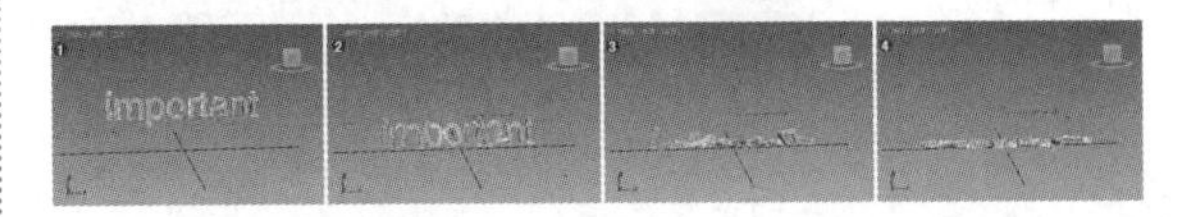

图 15-86

## 实例：应用mCloth制作下落的布料

文件路径：Chapter 15　动力学→实例：应用mCloth制作下落的布料

扫一扫，看视频

本案例主要讲解布料落在椅子上的动画效果，在制作的过程当中需要注意，椅子是静止不动的，所以需要将其设置为静态刚体，布料则设置为mCloth。渲染效果如图15-87所示。

图 15-87

## 操作步骤

步骤 01 打开本书场景文件，如图15-88所示。

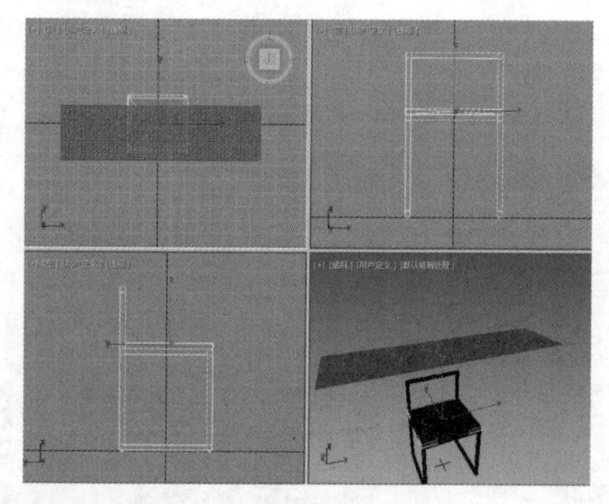

图 15-88

步骤 02 在主工具栏的空白处单击鼠标右键，在弹出的快捷菜单中执行【MassFX 工具栏】命令，此时可弹出MassFX工具栏，如图15-89所示。

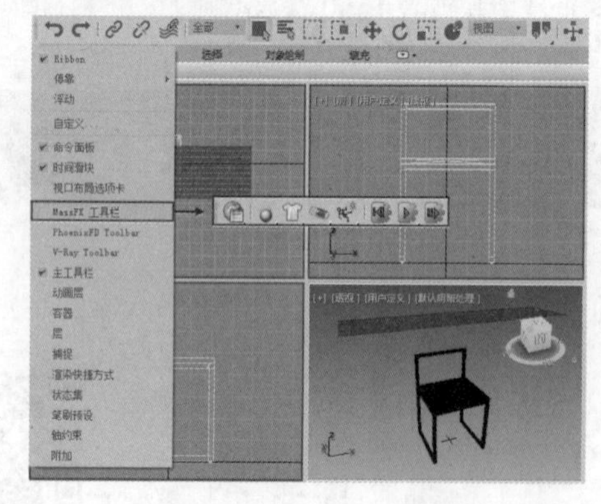

图 15-89

步骤 03 选择椅子坐垫模型，单击【将选定项设置为静态刚体】按钮，如图15-90所示。

图 15-90

步骤 04 选择平面模型，然后单击【将选定对象设置为mCloth对象】按钮，如图15-91所示。

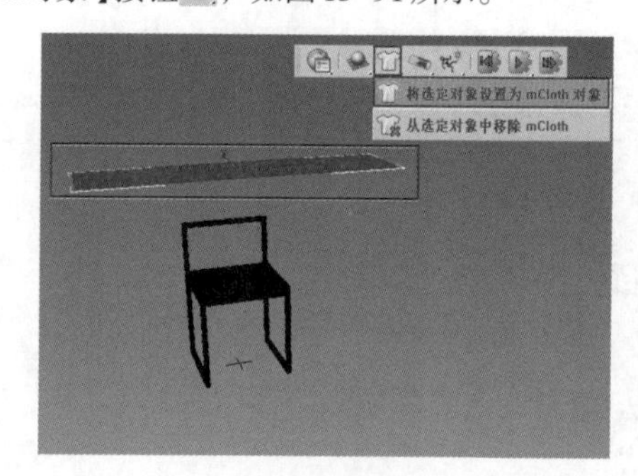


图 15-91

步骤 05 单击【修改】按钮，在【交互】卷展栏下勾选【附加到碰撞对象】选项，接着展开【纺织品物理特性】卷展栏，设置【弯曲度】为0.5，【摩擦力】为0.7，如图15-92所示。

步骤 06 单击【MassFX工具】按钮，然后单击【模拟工具】按钮，接着单击 烘焙所有 按钮，如图15-93所示。

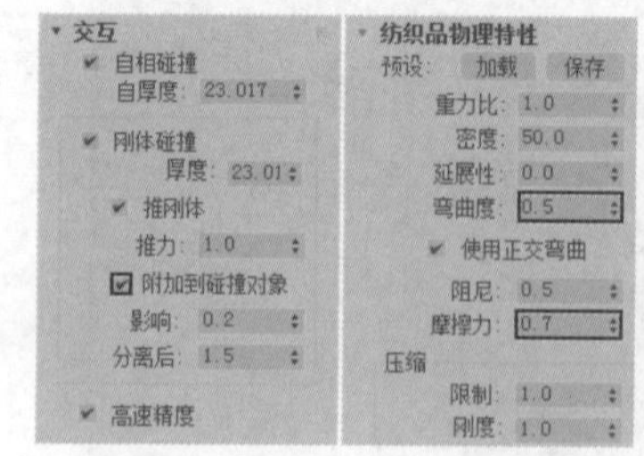


图 15-92

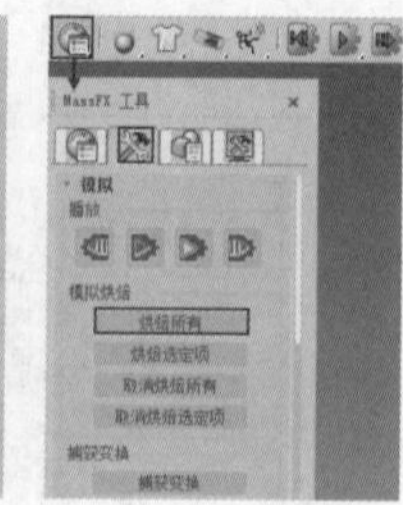


图 15-93

步骤 07 等待一段时间后，动画就烘焙到了时间线上。拖动时间线滑块或者单击【播放动画】按钮，即可以看到动画的整个过程，如图15-94所示。

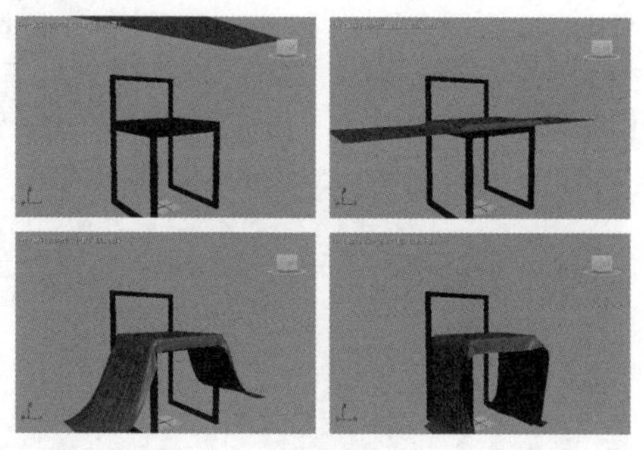

图 15-94

## 实例：应用mCloth制作撕裂布动画

文件路径:Chapter 15　动力学→实例：应用mCloth制作撕裂布动画

扫一扫，看视频

本案例主要讲解mCloth制作撕裂布动画。渲染效果如图15-95所示。

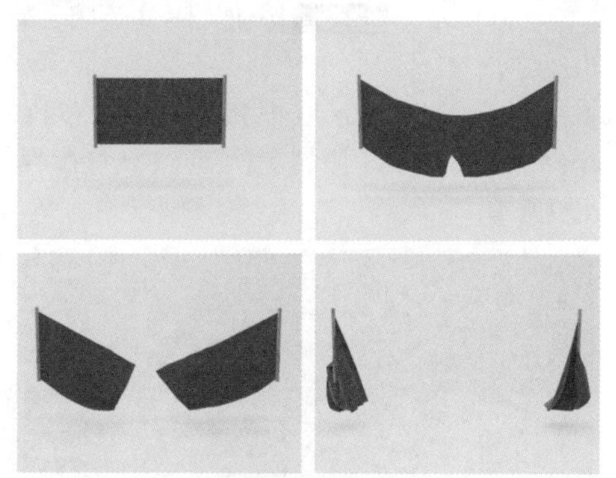

图 15-95

## 操作步骤

步骤 01 打开本书配套文件中的【场景文件/Chapter 15/07.max】文件，如图15-96所示。

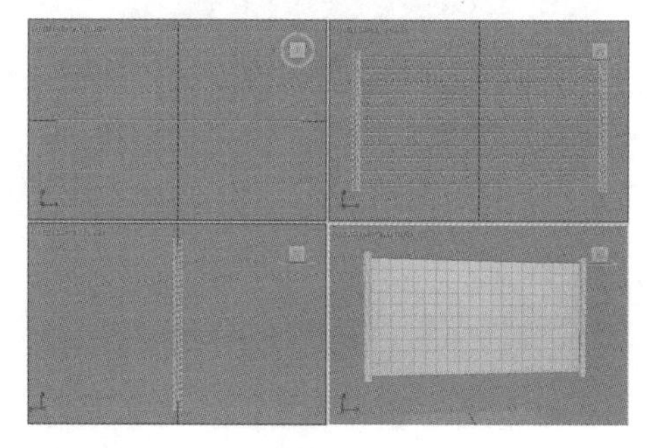

图 15-96

步骤 02 在主工具栏的空白处单击鼠标右键，在弹出的快捷菜单中选择【MassFX 工具栏】，如图15-97所示。此时将会弹出MassFX工具栏，如图15-98所示。

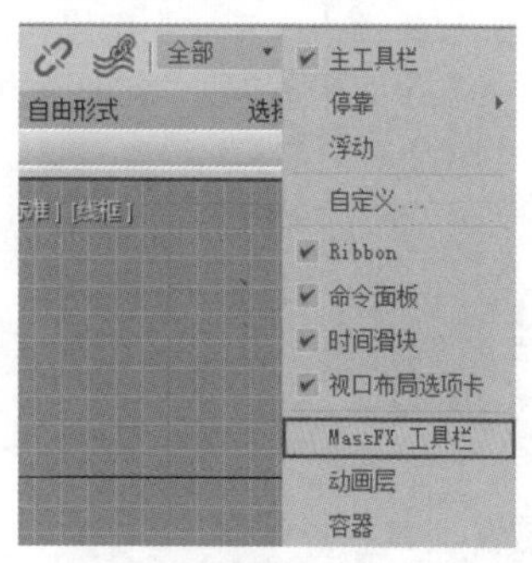


图 15-97

图 15-98

步骤 03 选择布料模型，单击【将选定对象设置为mCloth对象】按钮，如图15-99所示。

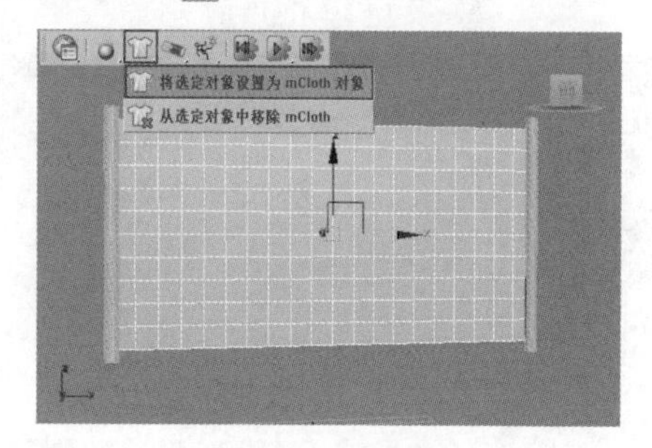


图 15-99

步骤 04 在【修改】面板下，单击mCloth的【顶点】子级别，按F3键，场景中的模型显示线框状态，选择如图15-100所示的顶点，单击【设定组】按钮，在弹出的对话框中单击【确定】按钮，此时下方显示出【组001（未指定）】。

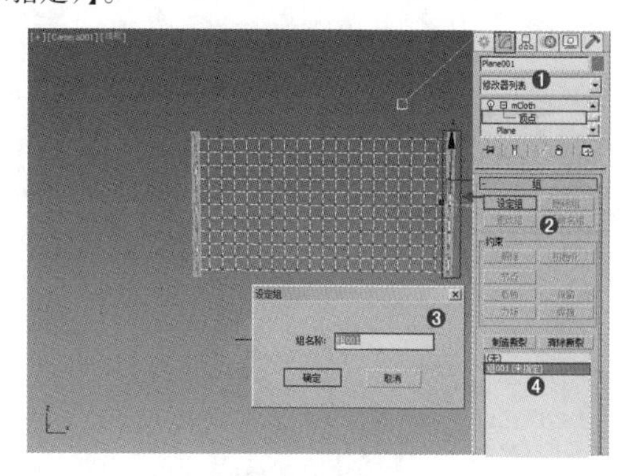


图 15-100

步骤 05 在【修改】面板下，单击【节点】按钮，拾取场景中的【圆柱体】，此时下方显示出【组001（节点到Cylinder002）】，如图15-101所示。

步骤 06 在【修改】面板下，单击mCloth的【顶点】子级别，选择如图15-102所示的顶点，单击【设定组】按钮，在弹出的对话框中单击【确定】按钮，此时下方显示出【组002（未指定）】。

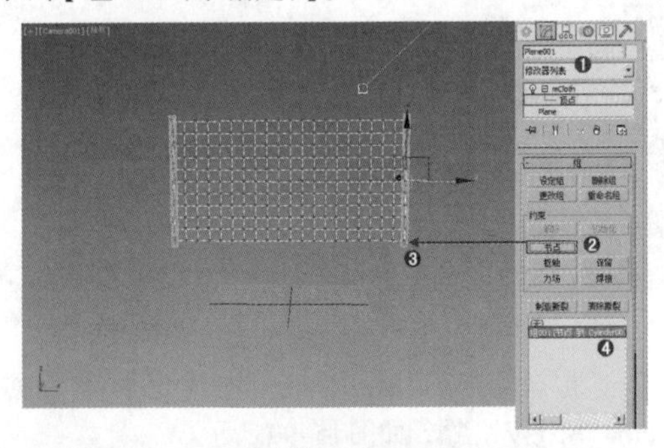

图 15-101

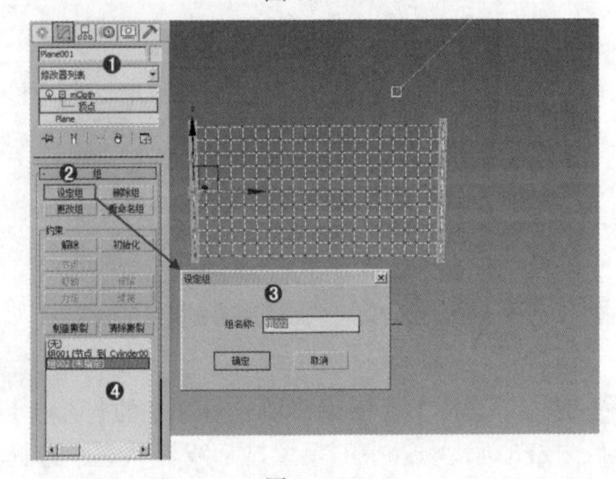

图 15-102

步骤 07 在【修改】面板下，单击【节点】按钮，拾取场景中的【圆柱体】，此时下方显示出【组002（节点到Cylinder001）】，如图15-103所示。

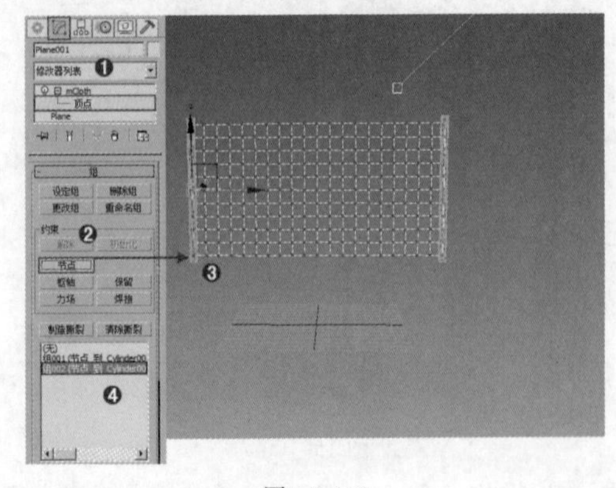

图 15-103

步骤 08 在【修改】面板下，单击mCloth的【顶点】子级别，选择如图15-104所示的顶点，单击【制造撕裂】按钮，在弹出的对话框中单击【确定】按钮，此时下方显示出【组(003撕裂)】。

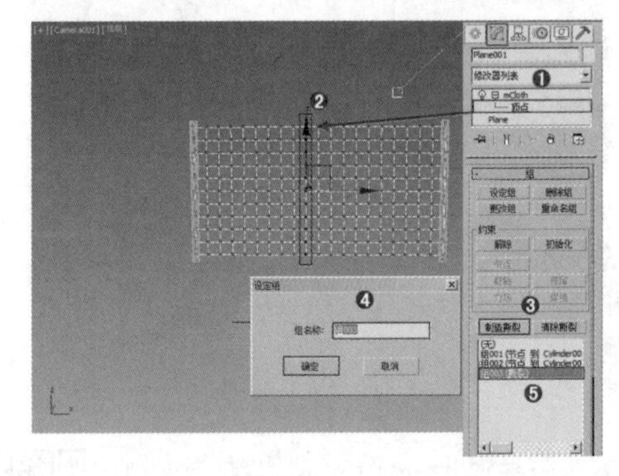

图 15-104

步骤 09 单击 自动关键点 按钮，将时间滑块拖到20帧的位置，此时使用 (选择并移动)工具分别调整两个圆柱体的位置，再次单击 自动关键点 按钮，将其关闭。效果如图15-105所示。

步骤 10 按F3键取消显示线框状态，单击布料模型，在【修改】面板下，在【撕裂】下勾选【允许撕裂】，如图15-106所示。

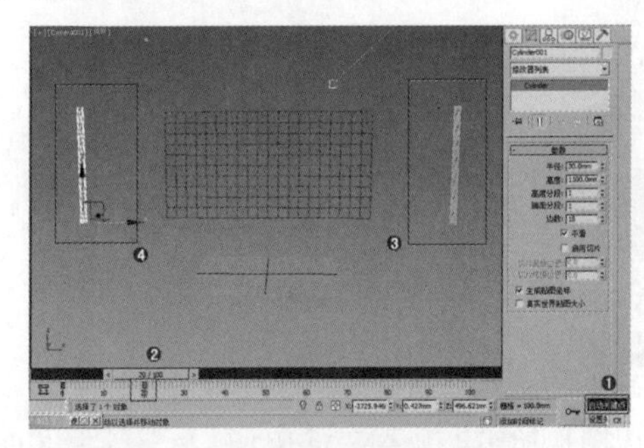

图 15-105

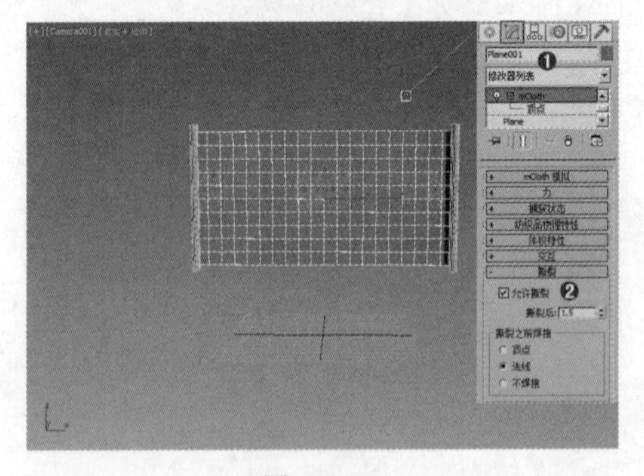

图 15-106

**步骤 11** 单击【开始模拟】按钮，观察动画的效果，如图15-107所示。

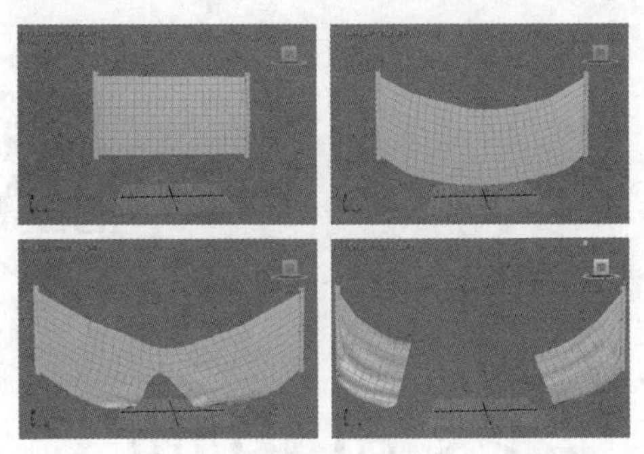

图 15-107

**步骤 12** 单击【MassFX工具栏】面板中的【MassFX工具】按钮，然后单击【模拟工具】按钮，接着单击【模拟烘焙】下的 烘焙所有 按钮，如图15-108所示。

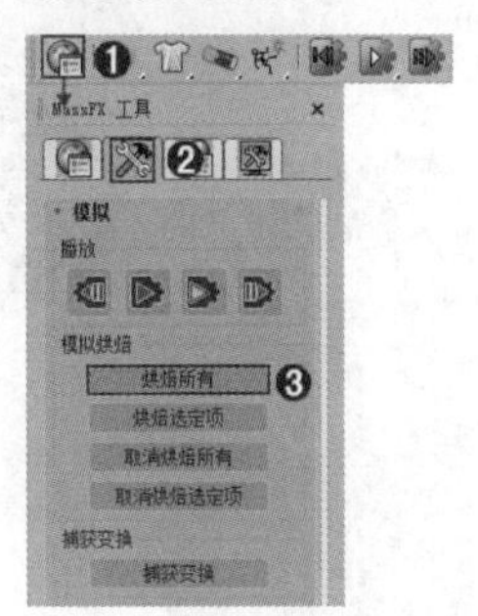


图 15-108

**步骤 13** 等待一段时间，动画就烘焙到了时间线上，拖动时间线滑块可以看到动画的整个过程。

扫一扫，看视频

# 粒子系统与空间扭曲

## 本章内容简介：

本章将会学到粒子系统和空间扭曲知识。粒子系统是3ds Max中用于制作特殊效果的工具，它功能强大，可以制作处于运动状态的、数量众多并且随机分布的颗粒状效果。也可以制作抽象粒子、粒子轨迹等用于影视特效或电视栏目包装的碎片化效果。空间扭曲是一种可应用于其他物体上的“作用力”，空间扭曲常配合粒子系统使用。

## 重点知识掌握：

- 熟练掌握超级喷射、粒子流源等粒子系统的使用。
- 熟练掌握力、导向器等空间扭曲的使用。

## 通过本章学习，我能做什么？

通过本章的学习，可以配合空间扭曲与粒子系统制作效果逼真的自然界中常见的景象，比如烟雾、水流、落叶、雨、雪、尘等；还可以制作一些影视包装中常见的粒子运动效果，例如纷飞的文字或者碎片、物体爆炸、液体流动等效果。

# 16.1 认识粒子系统和空间扭曲

粒子系统和空间扭曲是密不可分的两种工具。本节我们来了解一下粒子系统和空间扭曲的概念。

扫一扫，看视频

## 16.1.1 什么是粒子系统

粒子系统是3ds Max中用于制作特殊效果的工具，功能强大，可以制作处于运动状态的、数量众多并且随机分布的颗粒状效果。

## 16.1.2 粒子系统可以做什么

3ds Max粒子系统可以模拟粒子碎片化动画，不仅可以设置粒子的发射方式，还可以设置发射的对象类型。常用粒子对象制作自然效果，包括烟雾、水流、落叶、雨、雪、尘等。也可以制作抽象化效果，包括抽象粒子、粒子轨迹等用于影视特效或电视栏目包装的碎片化效果。

## 16.1.3 什么是空间扭曲

空间扭曲通常不是单独存在的，一般会与粒子系统或模型使用。需要将空间扭曲和对象进行绑定，使得粒子对象或模型对象产生空间扭曲的作用效果。例如粒子受到风力吹动、模型受到爆炸影响产生爆炸碎片。

## 16.1.4 空间扭曲可以做什么

### 1. 粒子+空间扭曲的【力】=粒子变化

例如，让超级喷射粒子受到重力影响，如图16–1所示。

(a)【超级喷射】效果　(b)【超级喷射】+【重力】效果

图 16–1

### 2. 粒子+空间扭曲的【导向器】=粒子反弹

例如，让粒子流源碰撞导向板，产生粒子反弹，如图16–2所示。

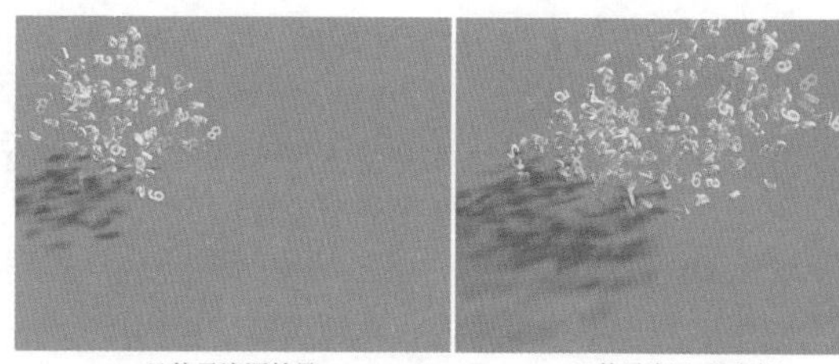

(a)粒子流源效果　(b)粒子流源+导向板

图 16–2

### 3. 模型+空间扭曲的【几何/可变形】=模型变形

例如，让模型与空间扭曲中的涟漪进行绑定，产生模型变形效果，如图16–3所示。

(a)模型效果

(b)模型+涟漪效果

图 16–3

## 重点 16.1.5 粒子系统和空间扭曲的关系

粒子系统和空间扭曲在创建完成后，是分别独立的，两种暂时没有任何关系。需要借助（绑定到空间扭曲）按钮，将两者绑定在一起。这样空间扭曲就会对粒子系统产生作用，例如风吹粒子、路径跟随粒子等。

# 16.2 七大类粒子系统

在3ds Max中的粒子系统包括7种类型，粒子流源、喷射、雪、超级喷射、暴风雪、粒子阵列、粒子云。使用这些粒子类型，可以创建很多震撼的粒子效果，如下雪、下雨、爆炸、喷泉等。如图16–4所示为7种粒子类型。

扫一扫，看视频

图 16–4

- 喷射：可以模拟粒子喷射效果，常用来制作雨、喷泉等水滴效果。
- 雪：可以用于制作下雪或飘落纸屑效果。它与喷射类似，但是雪可以设置翻滚效果。
- 超级喷射：可以使粒子由一个点向外发射粒子，常用于制作影视栏目包装动画、烟花、喷泉等效果，超级喷射是较为常用的粒子类型。
- 粒子流源：通过设置不同的事件，使粒子产生更丰富的效果。粒子流源功能非常强大，但是相对较难。通常使用粒子流源制作影视栏目包装动画、影视动画等。
- 暴风雪：是【雪】粒子的高级版。
- 粒子阵列：可将粒子分布在几何体对象上，也可用于创建复杂的对象爆炸效果。常用来制作爆炸、水滴等效果。
- 粒子云：可以填充特定的体积。使用粒子云可以创建一群鸟、一个星空或在地面行走的人群。

## 实例：应用雪粒子制作冬季飘雪效果

文件路径：Chapter 16　粒子系统与空间扭曲→实例：应用雪粒子制作冬季飘雪效果

扫一扫，看视频

本案例应用【雪】粒子制作雪花飘落动画效果。渲染效果如图16–5所示。

图16–5

## 操作步骤

步骤 01 打开本书场景文件，如图16–6所示。

步骤 02 执行【创建】+ |【几何体】● | 粒子系统 | 雪，如图16–7所示。

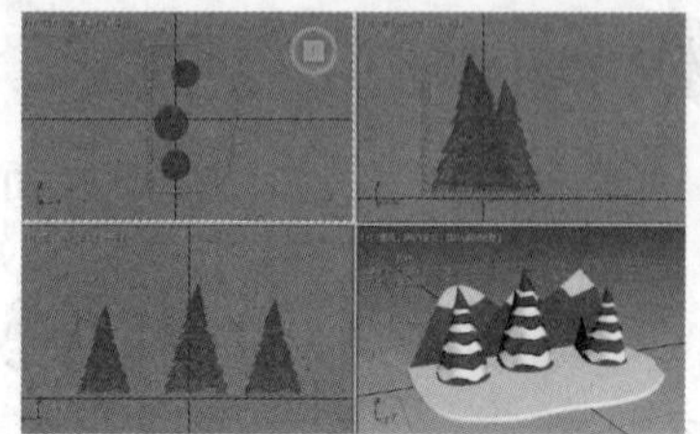

图16–6

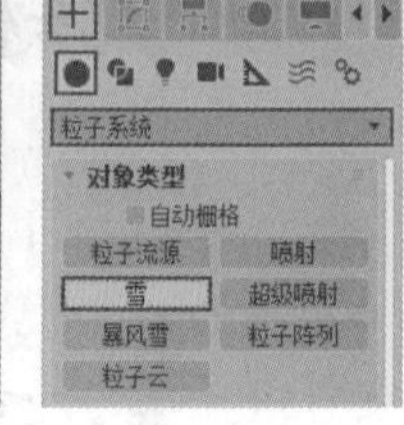


图16–7

步骤 03 在顶视图中按住鼠标左键拖曳进行创建，如图16–8所示。

步骤 04 创建完成后单击【修改】按钮，设置【渲染计数】为100，【雪花大小】为113.5mm，【速度】为15，【变化】为5，【开始】为-100，【寿命】为100，【宽度】为8400mm，【长度】为9758mm，如图16–9所示。

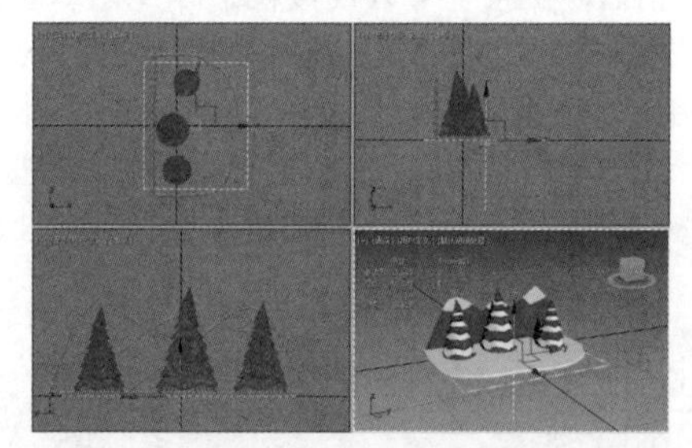

图16–8

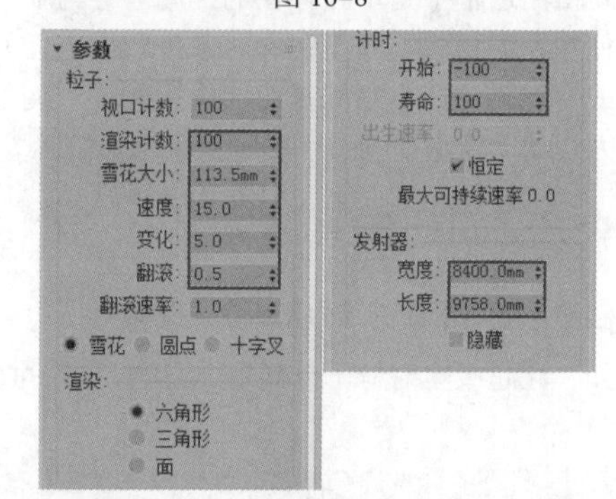


图16–9

步骤 05 此时下雪效果，如图16–10所示。

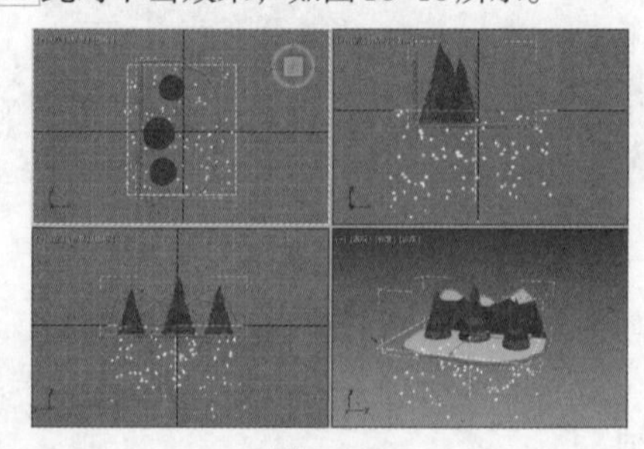

图16–10

步骤 06 在前视图中将其沿着Y轴向上平移，如图16-11所示。

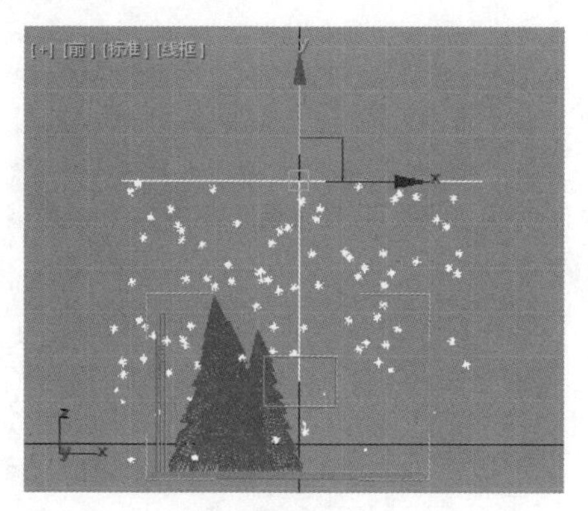

图16-11

步骤 07 此时拖动时间线或者单击【播放动画】▶按钮可以观察到最终的动画效果，如图16-12所示。

图16-12

## 选项解读：雪粒子重点参数速查

- 雪花大小：设置粒子的大小。
- 翻滚：设置雪花粒子的随机旋转量。
- 翻滚速率：设置雪花的旋转速度。
- 雪花/圆点/十字叉：设置粒子在视图中的显示方式。
- 六角形/三角形/面：将粒子渲染为六角形/三角形/面。

## 实例：应用超级喷射粒子制作落叶效果

文件路径：Chapter 16 粒子系统与空间扭曲→实例：应用超级喷射粒子制作落叶效果

扫一扫，看视频

本案例应用【超级喷射】粒子制作落叶动画效果，需要注意的是要设置【粒子类型】为【实例几何体】，并拾取树叶模型。渲染效果如图16-13所示。

图16-13

## 操作步骤

步骤 01 打开本书场景文件，如图16-14所示。

图16-14

步骤 02 执行【创建】+|【几何体】●|粒子系统|超级喷射，如图16-15所示。创建完成后在顶视图中按住鼠标左键拖曳，创建超级喷射并调整至合适的位置，如图16-16所示。

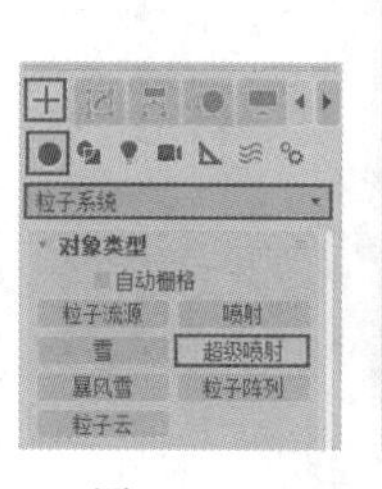


图16-15

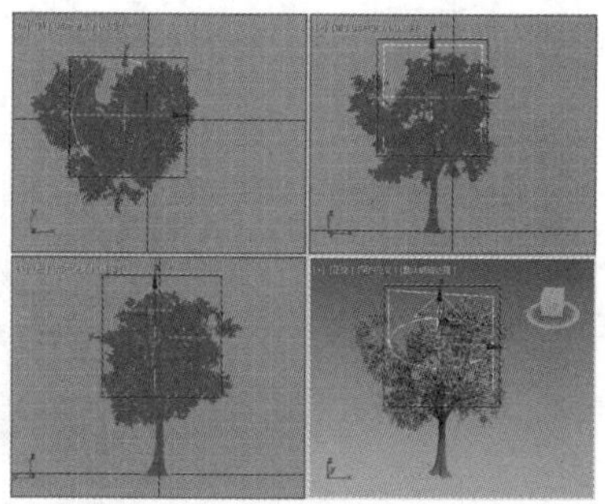

图16-16

步骤 03 单击【修改】按钮，设置【偏离轴】为120度，【扩散】为40度，【平面偏离】为5，【扩散】为5，【图标大小】为1170mm，设置【视口显示】为【网格】，在【粒子生成】卷展栏下设置【使用速率】为3，【发射开始】为-10，【发射停止】为50，【寿命】为50，设置【粒子类型】为【实例几何体】，然后单击 拾取对象 按钮，最后在顶视图中单击选择树叶模型，如图16-17所示。

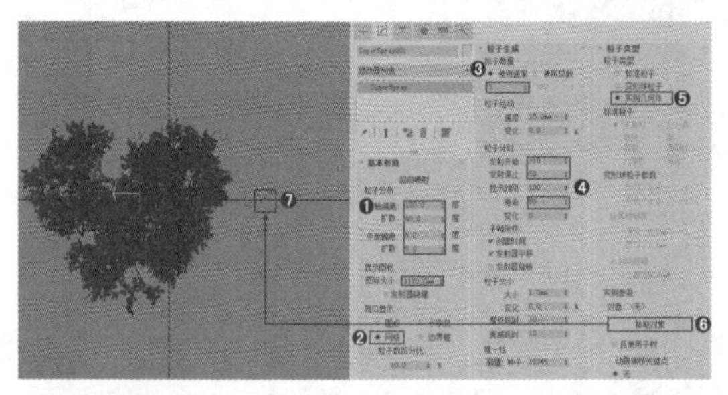

图 16-17

步骤 04 此时拖动时间线或者单击【播放动画】按钮，可以观察到最终的动画效果，如图16-18所示。

图 16-18

### 选项解读：超级喷射粒子重点参数速查

(1)基本参数

- 轴偏离/扩散/平面偏离/扩散：设置粒子产生的偏离和发散效果。
- 图标大小：控制粒子图标大小。
- 视口显示：包括圆点、十字叉、网格、边界框4种显示效果(只是显示效果，与渲染无关)。
- 粒子数百分比：设置粒子在视图中显示的百分比。

(2)粒子生成

- 使用速率：每一帧发射的固定粒子数，数值越大，粒子数量越多。
- 使用总数：寿命范围内产生的总粒子数。
- 速度：设置粒子发射速度。
- 变化：设置粒子的速度变化。
- 发射开始：设置粒子发射开始的时刻。
- 发射停止：设置粒子发射停止的时刻。例如设置该数值为20，则代表最后一个粒子会在第20帧出生。
- 显示时限：设置所有粒子将要消失的帧。
- 大小：设置粒子的大小(当设置【视口显示】为【网格】时，设置【大小】参数才会看到变化)。
- 变化：设置粒子的大小变化。

(3)粒子类型

- 粒子类型：包括标准粒子、变形球粒子、实例几何体3种类型。
- 标准粒子：包括三角形、立方体、特殊、面、恒定、四面体、六角形、球体8种形式。
- 张力：设置粒子之间的紧密度。(当设置【粒子类型】为【变形球粒子】时，该参数有效。)
- 变化：设置张力变化的百分比。
- 按钮：单击该按钮可以在场景中选择要作为粒子使用的对象。

## 实例：应用粒子流源粒子制作字母飘落

扫一扫，看视频

文件路径：Chapter 16 粒子系统与空间扭曲→实例：应用粒子流源粒子制作字母飘落

本案例应用【粒子流源】粒子制作字母飘落动画效果。渲染效果如图16-19所示。

图 16-19

## 操作步骤

步骤 01 单击＋(创建) | ●(几何体) | 粒子系统 | 粒子流源，在视图中创建一个粒子流源，如图16–20所示。

步骤 02 单击【修改】按钮，设置【徽标大小】为3980mm，【长度】为5590mm，【宽度】为5783mm，然后单击【粒子视图】按钮，如图16–21所示。

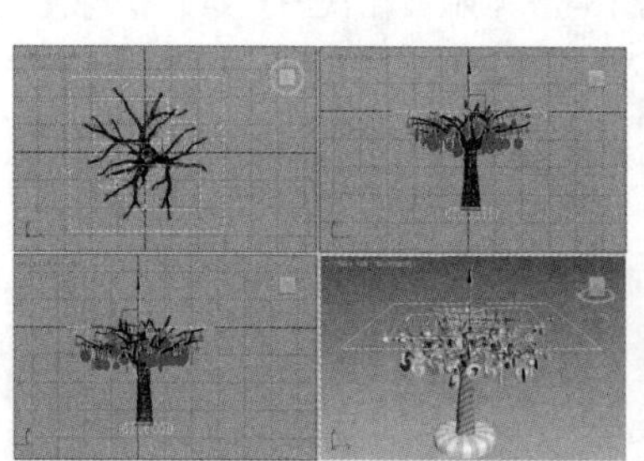

图 16–20

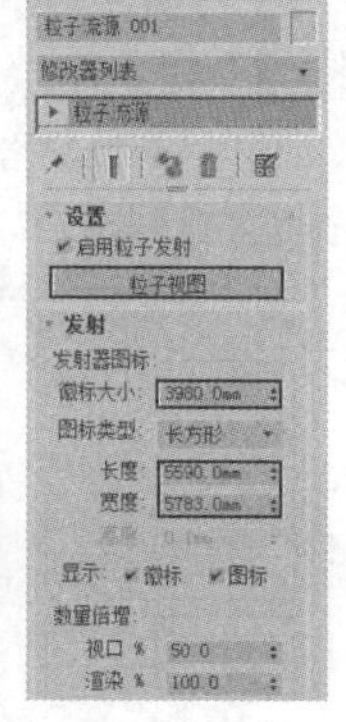

图 16–21

步骤 03 单击【出生001】，设置【发射开始】为–10，【发射停止】为100，如图16–22所示。

步骤 04 单击【速度001】，设置【速度】为800mm，【变化】为200，【散度】为55.5，如图16–23所示。

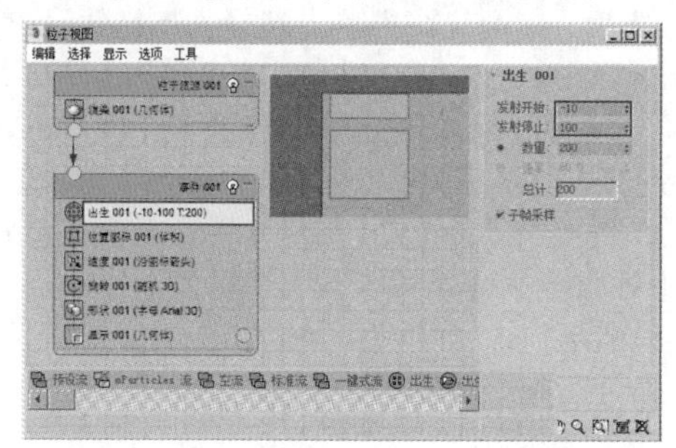

图 16–22

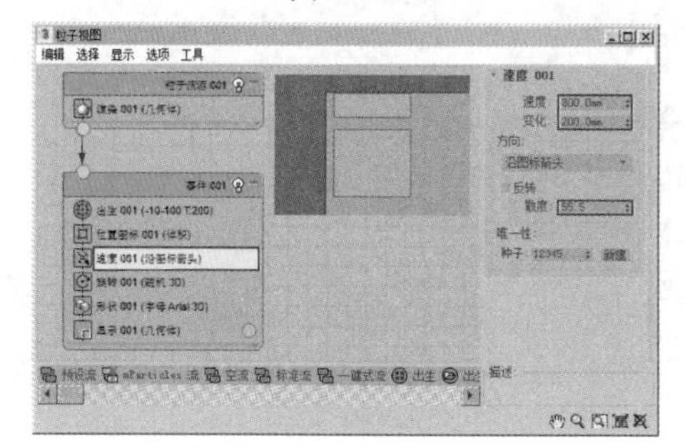

图 16–23

步骤 05 单击【形状001】，设置3D方式为【字母Arial】，【大小】为200mm，如图16–24所示。

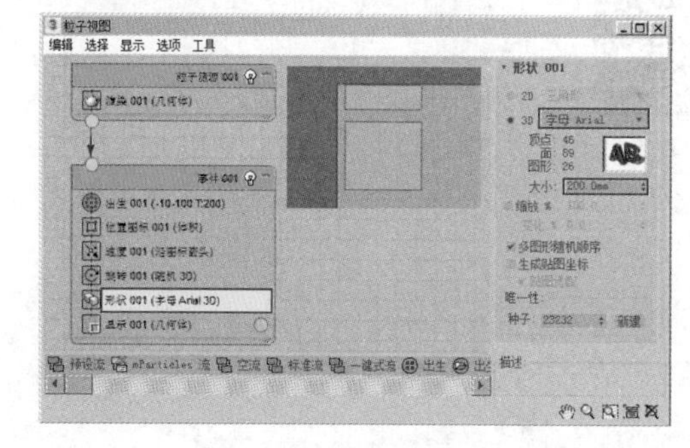

图 16–24

步骤 06 单击【显示001】，设置【类型】为【几何体】，如图16–25所示。

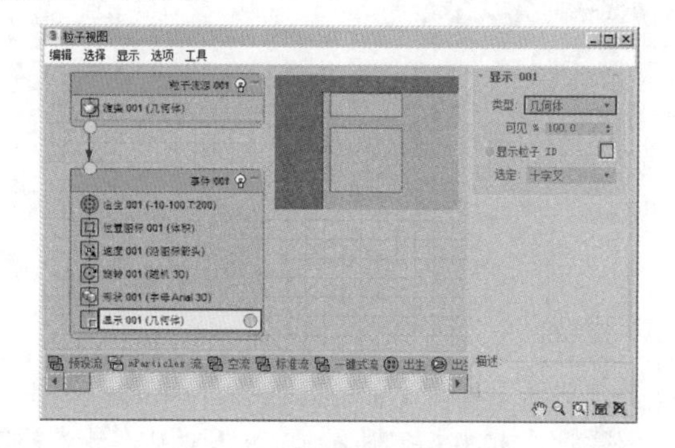

图 16–25

### 选项解读：粒子流源粒子重点参数速查

(1) 设置

- 启用粒子发射：控制是否开启粒子系统。
- 【粒子视图】按钮：单击该按钮可以打开【粒子视图】对话框，粒子流源的设置都在该窗口中进行。

(2) 发射

- 【发射】卷展栏用来设置粒子流源的基本操作，如徽标大小、长度、宽度等。
- 徽标大小：主要用来设置粒子流中心徽标的尺寸，其大小对粒子的发射没有任何影响。
- 图标类型：控制粒子的徽标形状，包括【长方形】【长方体】【圆形】和【球体】4种方式。
- 长度/宽度/高度：控制发射器的长度/宽度/高度数值。
- 显示：控制是否显示徽标和图标。
- 视口%/渲染%：设置视图显示/最终渲染的粒子数量。

## 实例：应用粒子阵列制作文字碎片动画

扫一扫，看视频

文件路径：Chapter 16 粒子系统与空间扭曲→实例：应用粒子阵列制作文字碎片动画

粒子阵列可以将粒子分布在几何体对象上，也可以用于创建对象爆炸效果。本案例就采用该功能制作文字碎片的动画效果。渲染效果如图16-26所示。

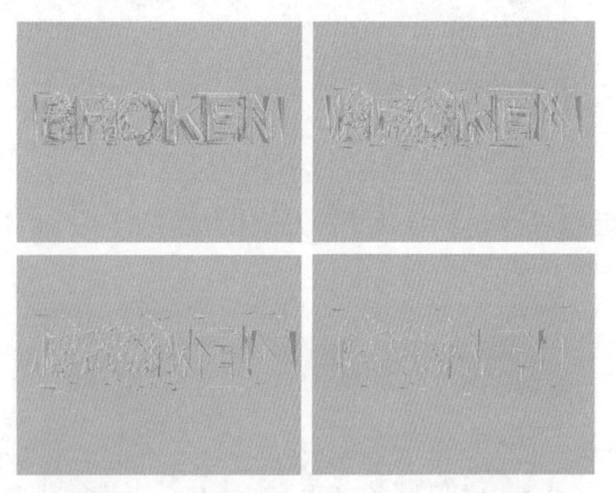

图 16-26

## 操作步骤

步骤 01 执行【创建】+|【几何体】●|标准基本体|加强型文本，如图16-27所示，在前视图中单击鼠标左键进行文本的创建，如图16-28所示。

步骤 02 创建完成后单击【修改】按钮，设置【文本】为BROKEN，选择合适的字体，设置【大小】为300mm，在【几何体】卷展栏下勾选【生成几何体】选项，设置【挤出】为90mm，勾选【应用倒角】选项，设置【倒角深度】为10mm，勾选【宽度】选项，设置其数值为10mm，设置【倒角推】为1，如图16-29所示。此时效果如图16-30所示。

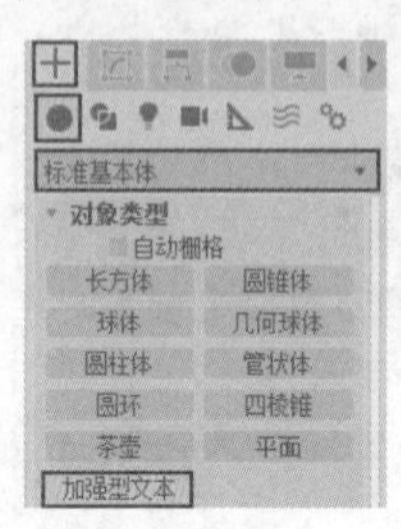

图 16-27

图 16-28

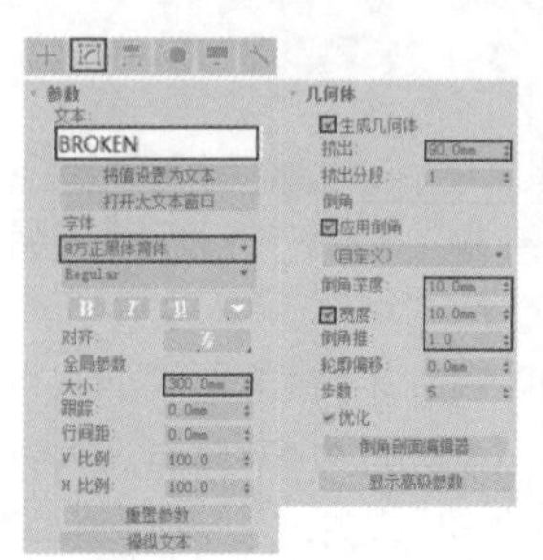

图 16-29

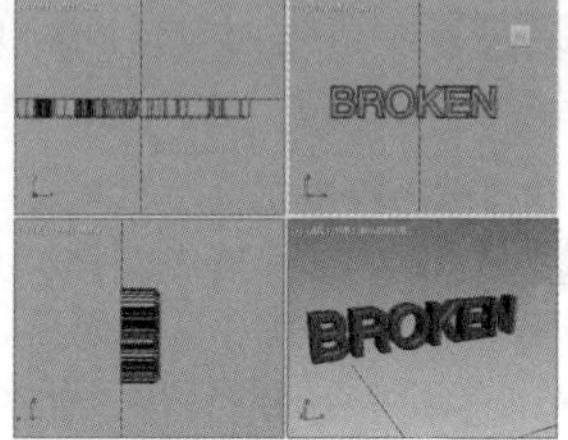

图 16-30

步骤 03 执行【创建】+|【几何体】●|粒子系统|粒子阵列，如图16-31所示，在视图中按住鼠标左键拖曳进行创建，如图16-32所示。

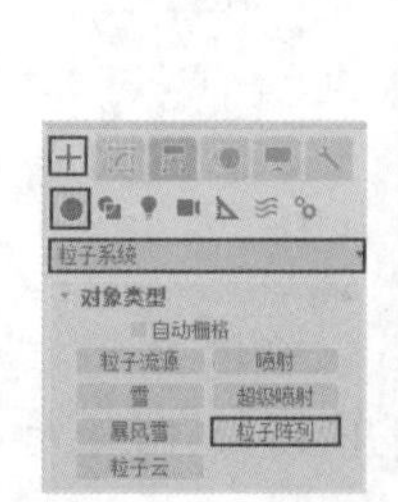

图 16-31

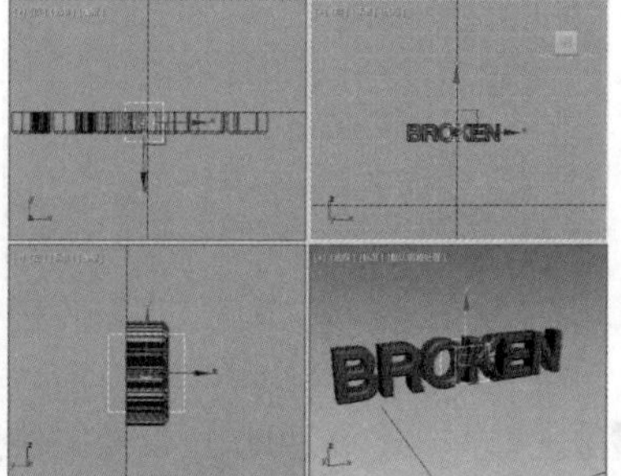

图 16-32

步骤 04 创建完成后单击【修改】按钮，单击【拾取对象】按钮，在透视图中单击选择文本，然后单击勾选【图标隐藏】选项，设置【视口显示】为【网格】，展开【粒子生成】卷展栏，设置【速度】为1mm，【变化】为30%，【散度】为30°，【发射开始】为-10，【寿命】为5，【变化】为100，展开【粒子类型】卷展栏，勾选【对象碎片】选项，设置【厚度】为0.5mm，如图16-33所示。

步骤 05 此时拖动时间线或者单击【播放动画】按钮▶，可以观察到最终的动画效果，如图16-34所示。

图 16-33

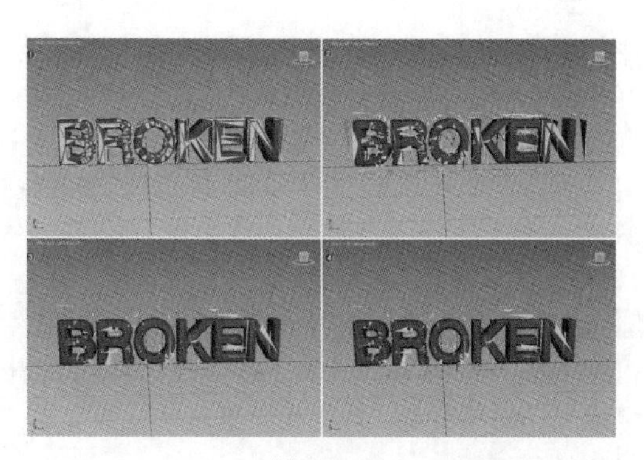


图 16-34

### 选项解读：粒子阵列粒子重点参数速查

- 拾取对象按钮：单击该按钮可以在场景中拾取某个对象作为发射器。
- 在整个曲面：在整个曲面上随机发射粒子。
- 沿可见边：从对象的可见边上随机发射粒子。
- 在所有的顶点上：从对象的顶点发射粒子。
- 在特殊点上：在对象曲面上随机分布的点上发射粒子。
- 总数：当选择【在特殊点上】选项时才可用，主要用来设置使用的发射器的点数。
- 在面的中心：从每个三角面的中心发射粒子。

## 16.3 五大类空间扭曲

扫一扫，看视频

空间扭曲可以理解为“作用力”。例如下雨时，适逢一阵风吹过，雨滴会沿风吹的方向偏移。而这个“风”就可以利用空间扭曲功能中的一部分进行制作。空间扭曲是应用于其他对象，需要依附于其他对象存在的。例如应用于物体的空间扭曲、应用于粒子的空间扭曲。3ds Max中包括5大类空间扭曲，分别为力、导向器、几何/可变形、基于修改器、粒子和动力学，如图16-35所示。

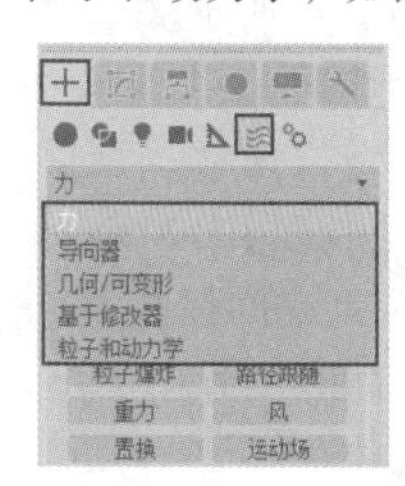


图 16-35

### 16.3.1 力

力是专门用于使粒子系统产生作用力的工具。其中包括推力、马达、漩涡、阻力、粒子爆炸、路径跟随、重力、风、置换，如图16-36所示。

图 16-36

- 推力：将均匀的单向力施加于粒子系统，在视图中拖动可以创建。
- 重力：可以绑定到粒子上，使粒子产生重力下落的效果。
- 风：可以绑定到粒子上，使粒子产生风吹粒子的效果，并且风力具有方向性，会沿箭头方向吹动。
- 漩涡：可以绑定到粒子上，使粒子产生螺旋发射的效果。
- 路径跟随：可以绑定到粒子上，使粒子沿路径进行运动。
- 马达：空间扭曲的工作方式类似推力，但前者对受影响的粒子或对象应用的是转动扭矩而不是定向力。
- 阻力：空间扭曲是一种在指定范围内按照指定量来降低粒子速率的粒子运动阻尼器。
- 粒子爆炸：空间扭曲能创建一种使粒子系统爆炸的冲击波。
- 置换：空间扭曲以力场的形式推动和重塑对象的几何外形。

### 实例：使用重力和超级喷射制作喷泉

文件路径：Chapter 16 粒子系统与空间扭曲→实例：使用重力和超级喷射制作喷泉

扫一扫，看视频

喷泉是由一个点向外进行带有角度的粒子喷射，喷射到一定高度后向下洒落的效果。本案例应用到【超级喷射】结合【重力】，将两者进行绑定，完成粒子上升到受到重力影响产生下落效果。渲染效果如图16-37所示。

图 16-37

## 操作步骤

步骤 01 打开本书场景文件，如图16-38所示。

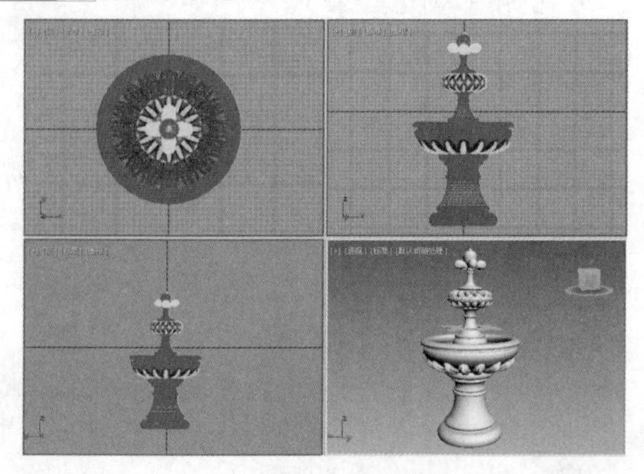

图 16-38

步骤 02 执行【创建】十|【几何体】●|粒子系统|超级喷射，如图16-39所示，在顶视图中按住鼠标左键拖曳，创建超级喷射，如图16-40所示。

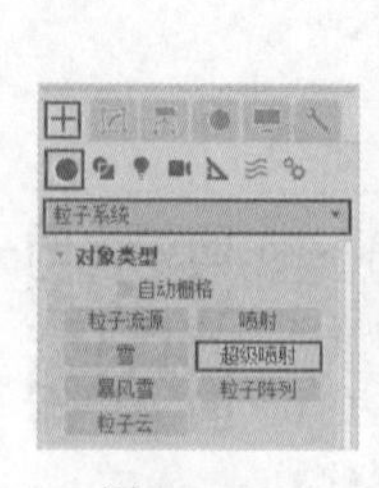


图 16-39

图 16-40

步骤 03 创建完成后单击【修改】按钮，设置【粒子分布】的【扩散】为10度，【平面偏离】的【扩散】为180度，【图标大小】为1022mm，【视口显示】为【网格】。展开【粒子类型】卷展栏，设置【标准粒子】为【球体】。展开【粒子生成】卷展栏，设置【使用速率】为1000，【速度】为450mm，【发射开始】为15，【发射停止】为75，【寿命】为35，【大小】为50mm。展开【旋转和碰撞】卷展栏，设置【自旋时间】为0，【变化】为4.23%，如图16-41所示。

步骤 04 执行【创建】十|【空间扭曲】|力|重力，如图16-42所示，在顶视图中按住鼠标左键拖曳，创建重力，并将其调整到合适的位置，如图16-43所示。

步骤 05 单击【修改】按钮，设置【图标大小】为3312mm，如图16-44所示。

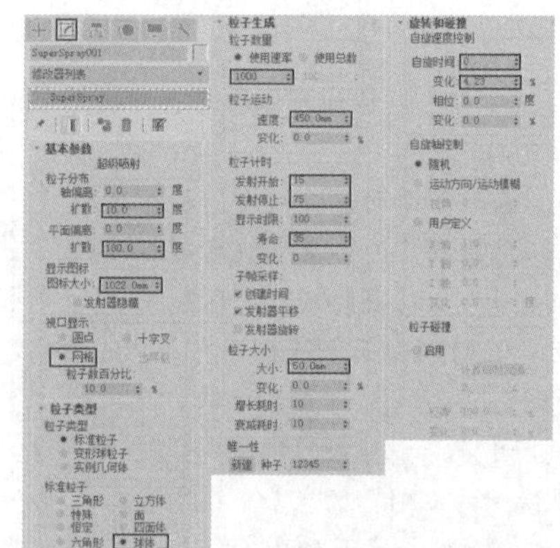


图 16-41

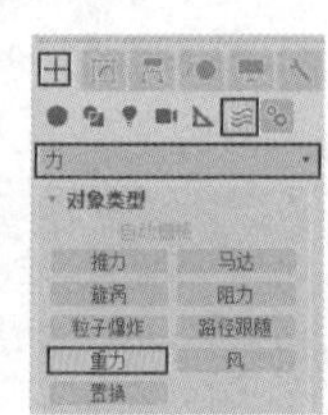


图 16-42

图 16-43

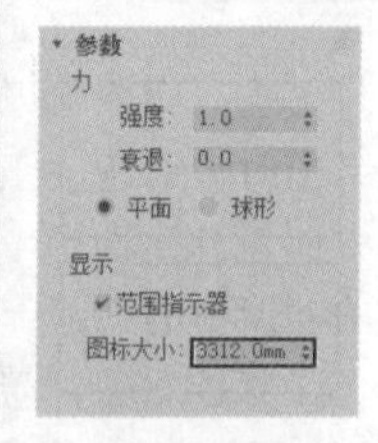


图 16-44

步骤 06 执行【创建】十|【空间扭曲】|导向器|导向板，如图16-45所示，在顶视图中按住鼠标左键拖曳，创建一个导向板，如图16-46所示。

步骤 07 单击【修改】按钮，设置【反弹】为0，设置【宽度】为7100mm，【长度】为7000mm，如图16-47所示。

步骤 08 单击【绑定到空间扭曲】按钮，在超级喷射处按住鼠标左键，此时场景中会出现一条虚线，然后在重力处再次单击鼠标左键将其进行绑定，如图16-48所示。再次单击【绑定到空间扭曲】按钮，在超级喷射处按住鼠标左键，此时场景中会出现一条虚线，然后在导向板处再次单击鼠标左键将其进行绑定，如图16-49所示。

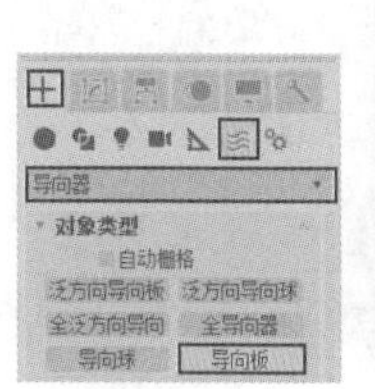

图16-45

图16-46

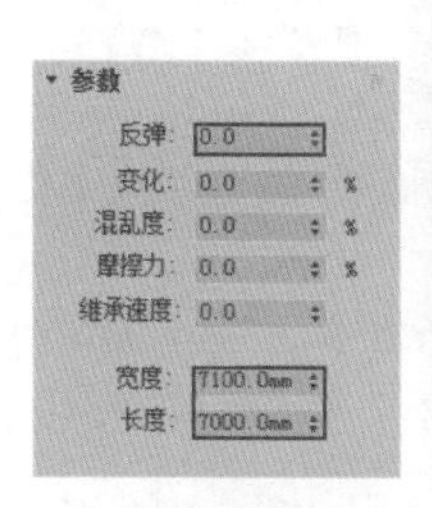

图16-47

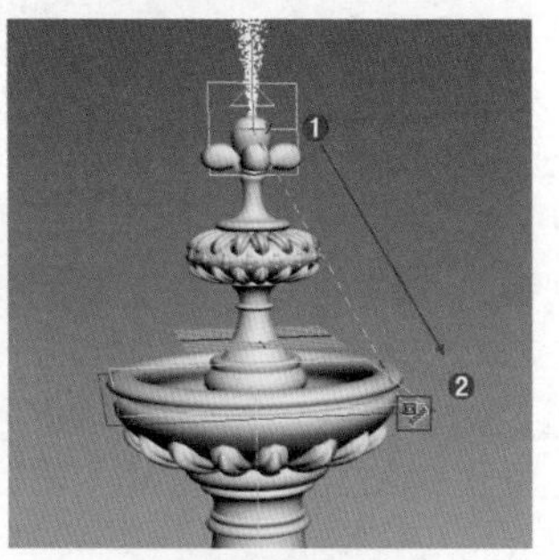

图16-48

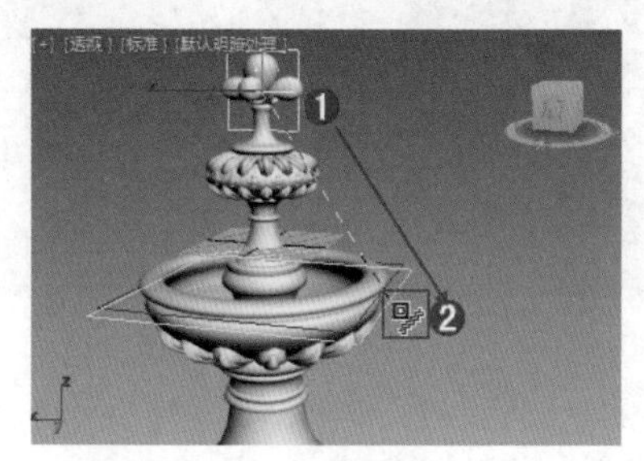

图16-49

步骤 09 此时拖动时间线或者单击【播放动画】按钮▶，可以观察到最终的动画效果，如图16-50所示。

图16-50

**选项解读：重力重点参数速查**

- 强度：控制重力的程度，数值越大，粒子下落效果越明显。
- 衰退：增加【衰退】值会导致重力强度从重力扭曲对象的所在位置开始随距离的增加而减弱。

## 16.3.2 导向器

导向器可以与粒子产生碰撞的作用，使得粒子产生反弹效果。其中包括6种类型，如图16-51所示。

图16-51

- 导向板：是一个平面外形的导向器，可以设置尺寸、反弹、摩擦力等参数。
- 导向球：是一个球形的导向器，可以设置直径、反弹、摩擦力等参数。
- 全导向器：可以通过拾取场景中的任意对象作为导向器形状，粒子与该对象碰撞时会产生反弹效果。

### 实例：使用超级喷射、导向板制作W形状折射效果

文件路径：Chapter 16 粒子系统与空间扭曲→实例：使用超级喷射、导向板制作W形状折射效果

扫一扫，看视频

本案例主要使用【超级喷射】粒子结合【导向板】，将两者进行绑定，由于粒子喷射时两次碰撞到导向板，从而产生W形状的折射粒子效果。渲染效果如图16-52所示。

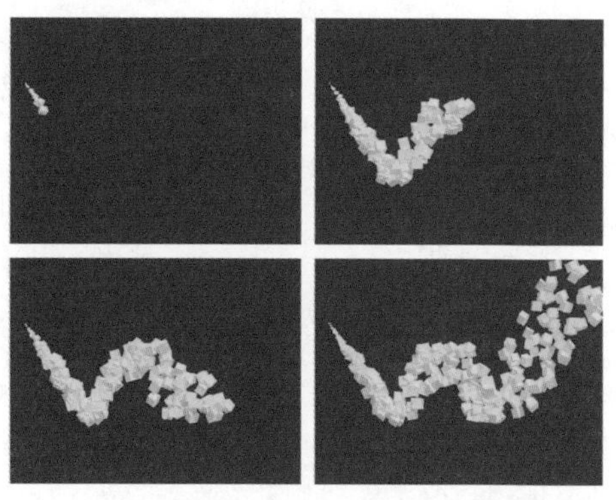
图16-52

## 操作步骤

步骤 01 在顶视图中按住鼠标左键拖曳，创建一个平面，设置【长度】为3500mm，【宽度】为3300mm，如图16–53所示。

步骤 02 执行【创建】+|【空间扭曲】≋|导向器|导向板，如图16–54所示。接着在顶视图中按住鼠标左键拖拽，创建导向板，设置【宽度】为3300mm，【长度】为3500mm，如图16–55所示。

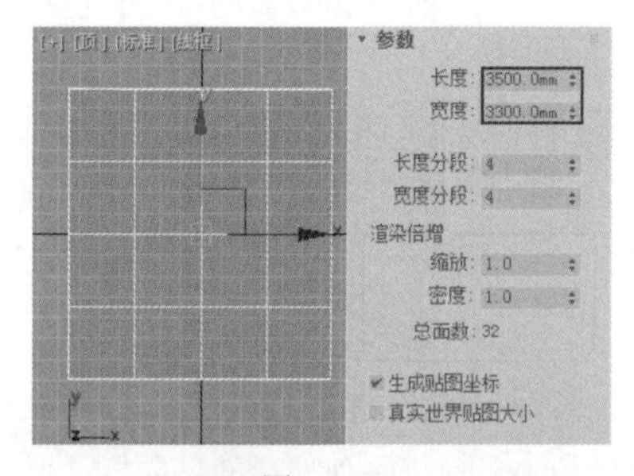


图16–53

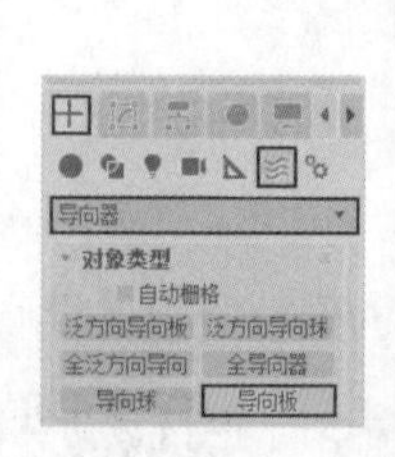


图16–54

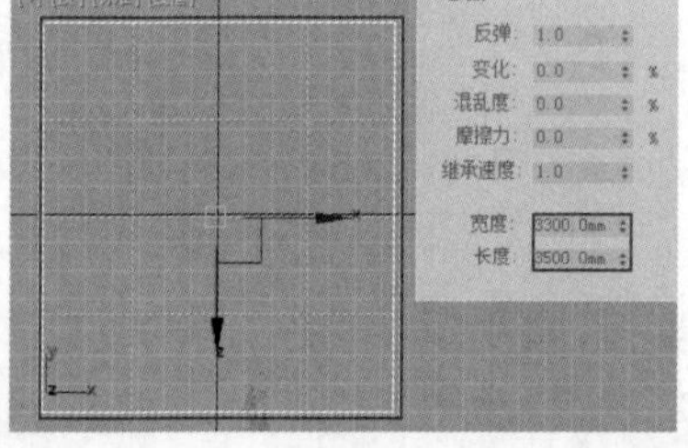


图16–55

步骤 03 执行【创建】+|【几何体】●|粒子系统|超级喷射，如图16–56所示。接着在顶视图中按住鼠标左键拖曳进行创建，设置【轴偏离】为5度，【扩散】为5度，【平面偏离】为5度，【扩散】为5度，【图标大小】为556mm，【视口显示】为【网格】，【粒子数百分比】为100。展开【粒子生成】卷展栏，设置【使用速率】为2，【速度】为100mm，【发射停止】为100，【显示时限】为100，【寿命】为250，【粒子大小】为200mm，展开【粒子类型】卷展栏，设置【粒子类型】为【标准粒子】，【标准粒子】为【立方体】，如图16–57所示。

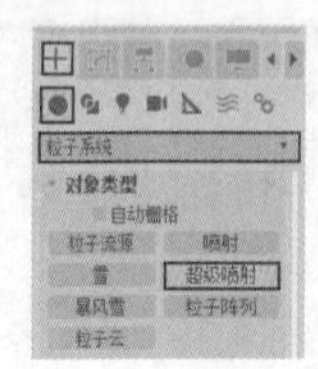


图16–56

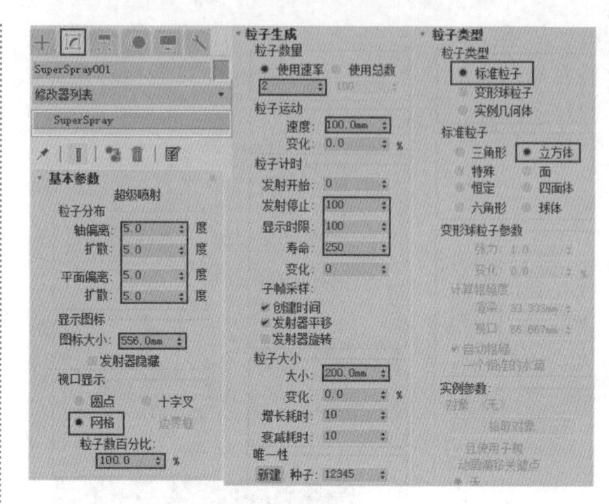


图16–57

步骤 04 设置完成后在透视图中将其沿着Y轴旋转–150°，并将其调整到合适的位置，如图16–58所示。接着单击【绑定到空间扭曲】按钮，在超级喷射处单击鼠标左键，如图16–59所示。

步骤 05 此时场景中会出现一条虚线，接着在导向板处单击，使二者之间处于绑定的效果，如图16–60所示。

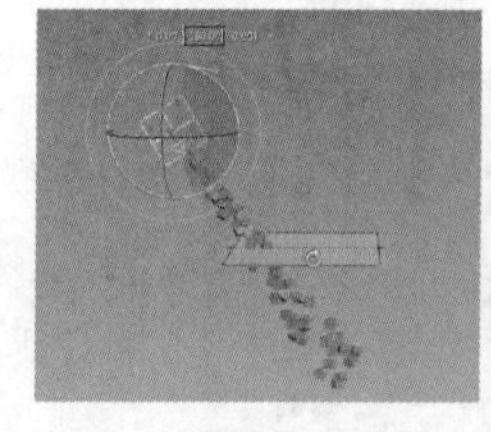

图16–58

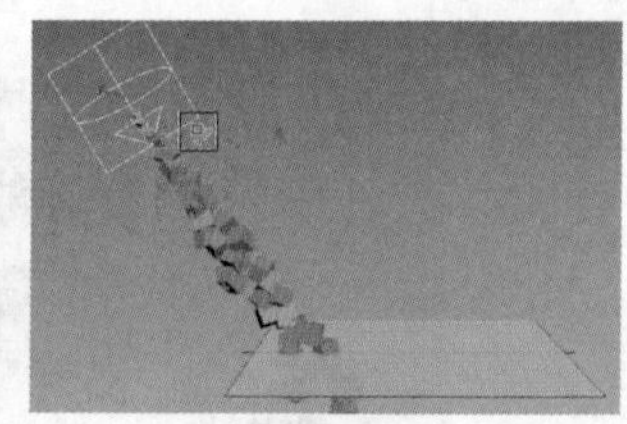

图16–59

步骤 06 再次创建一个导向板。创建完成后单击【修改】按钮，设置【宽度】为2000mm，【长度】为800mm，如图16–61所示。

图16–60

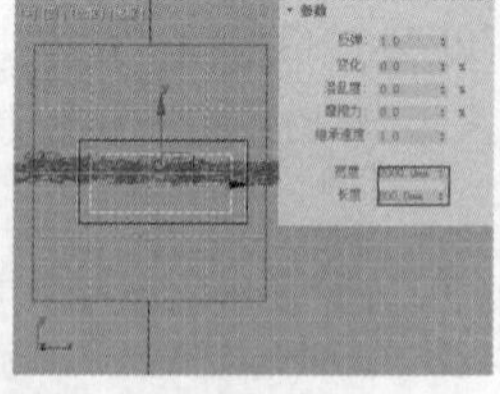

图16–61

步骤 07 单击【绑定到空间扭曲】按钮，将超级喷射与刚刚创建的导向板进行绑定，如图16–62所示。

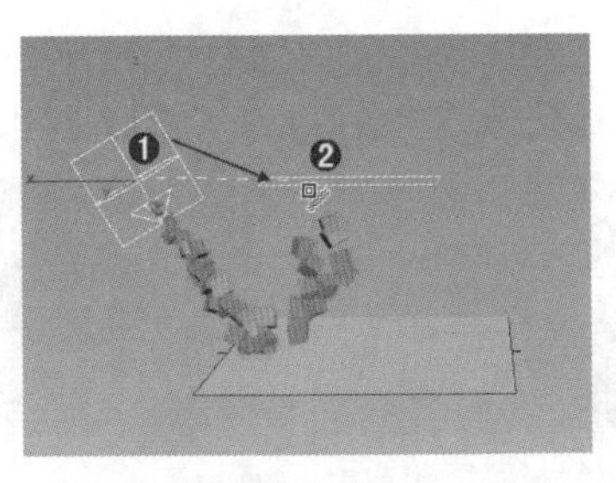

图 16-62

步骤 08 此时拖动时间线或者单击【播放动画】按钮▶，可以观察到最终的动画效果，如图16-63所示。

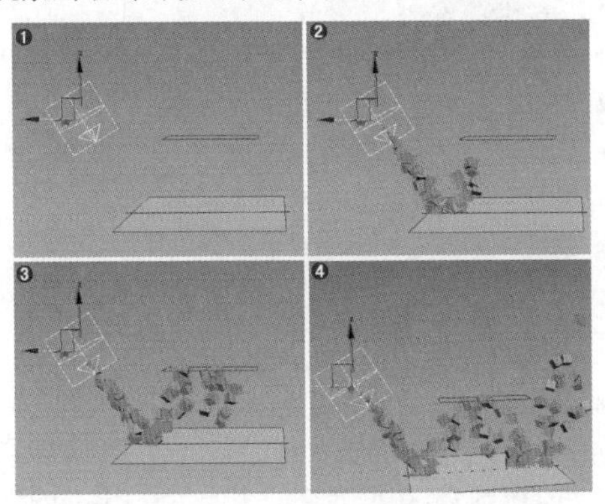

图 16-63

**选项解读：导向板重点参数速查**

- 反弹：控制粒子从导向器反弹的速度。
- 变化：每个粒子所能偏离【反弹】设置的量。
- 混乱度：偏离完全反射角度（当将【混乱度】设置为0.0时的角度）的变化量。
- 摩擦力：粒子沿导向器表面移动时减慢的量。
- 继承速度：该值大于0时，导向器的运动会和其他设置一样对粒子产生影响。

## 16.3.3 几何/可变形

几何/可变形中的空间扭曲类型用于使几何体变形，其中包括7种类型，如图16-64所示。

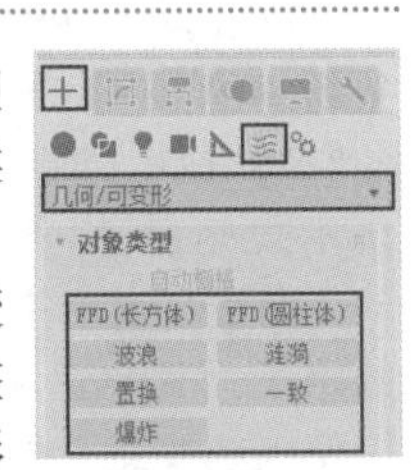


图 16-64

- FFD（长方体）：自由形式变形(FFD)提供了一种通过调整晶格的控制点使对象发生变形的方法。需要单击主工具栏中的（绑定到空间扭曲）按钮，然后单击模型并拖动到【FFD（长方体）】上。
- FD（圆柱体）：自由形式变形(FFD)提供了一种通过调整晶格的控制点使对象发生变形的方法。
- 波浪：可以使模型产生波浪效果。
- 涟漪：可以使模型产生涟漪波纹效果。
- 置换：可以制作置换效果。
- 一致：修改绑定对象的方法是按照空间扭曲图标所指示的方向推动其顶点，直至这些顶点碰到指定目标对象，或从原始位置移动到指定距离。
- 爆炸：能把对象炸成许多单独的面。

### 实例：使用涟漪制作咖啡波纹

文件路径：Chapter 16 粒子系统与空间扭曲→实例：使用涟漪制作咖啡波纹

扫一扫，看视频

本案例将【涟漪】与模型进行绑定，使模型产生涟漪变化，最后创建关键帧动画。渲染效果如图16-65所示。

图 16-65

### 操作步骤

步骤 01 打开场景文件，如图16-66所示。

步骤 02 单击＋（创建）|（空间扭曲）| 几何/可变形 | 涟漪，如图16-67所示。

图 16-66

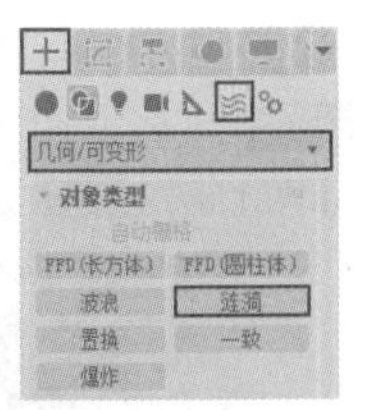


图 16-67

步骤 03 在视图中创建一个涟漪并移动到杯子中，与咖啡模型尽量重叠，如图16-68所示。

步骤 04 选择涟漪，单击【修改】按钮，设置【振幅1】为2mm，【振幅2】为2mm，【波长】为16mm，【圈数】为50，【分段】为32，【分割数】为15，如图16-69所示。

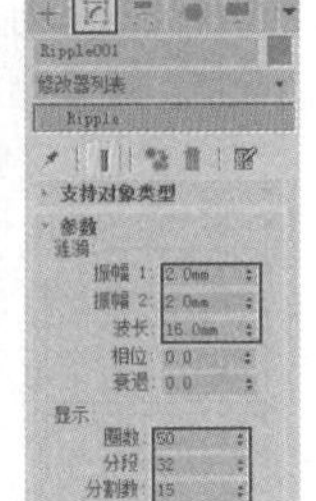

图 16-68　　图 16-69

步骤 05 选择涟漪，单击主工具栏中的 (绑定到空间扭曲)按钮，然后单击涟漪并拖动到咖啡模型上，如图16-70所示。

步骤 06 绑定之后可看到模型跟随涟漪产生了变化，如图16-71所示。

图 16-70　　图 16-71

步骤 07 开始制作动画。选择涟漪，单击 自动关键点 按钮，将时间线拖动到第0帧，然后设置【相位】为0，如图16-72所示。

图 16-72

步骤 08 将时间线拖动到第100帧，设置【相位】为2，如图16-73所示。

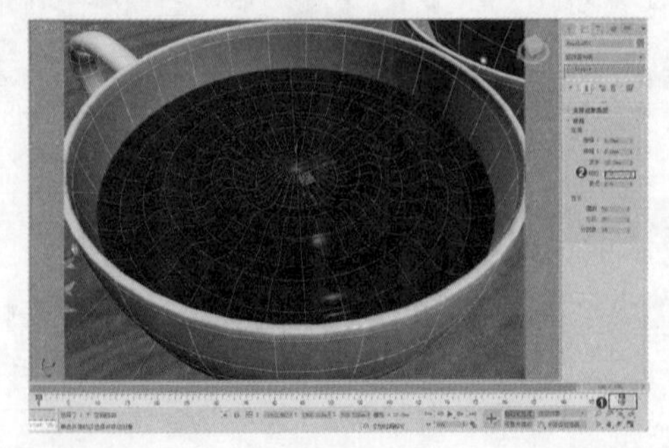

图 16-73

步骤 09 再次单击 自动关键点 按钮，此时动画制作完成。拖动时间线滑块，然后得到的效果如图16-74所示。

图 16-74

**选项解读：涟漪重点参数速查**

- 振幅1/振幅2：设置涟漪的振幅大小。
- 波长：设置涟漪的波长大小。
- 相位：设置涟漪的水波荡漾效果。
- 衰退：设置涟漪的衰退强度。
- 圈数：设置涟漪表面的圈数网格。
- 分段：设置涟漪的分段数。

## 16.3.4　基于修改器

基于修改器的空间扭曲和标准对象修改器的效果完全相同。和其他空间扭曲一样，它们必须和对象绑定在一起，并且它们是在世界空间中发生作用。包括弯曲、扭曲、锥化、倾斜、噪波和拉伸6种类型，如图16-75所示。

图 16-75

## 16.3.5　粒子和动力学

粒子和动力学空间扭曲只有向量场一种。向量场是一种特殊类型的空间扭曲，群组成员使用它来围绕不规则对象（如曲面和凹面）移动。向量场这个小插件是个方框形的格子，其位置和尺寸可以改变，以便围绕要避开的对象。通过格子交叉生成向量，如图16-76所示。

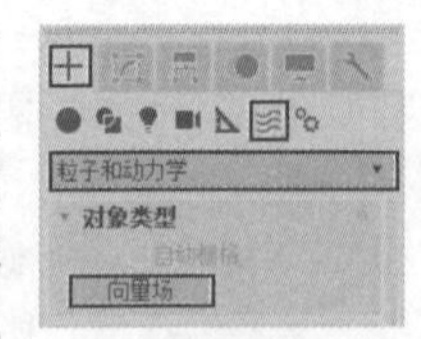


图 16-76

扫一扫，看视频

# 毛发系统

## 本章内容简介：

本章将会学到毛发技术，包括Hair和Fur（WSM）修改器和VR-毛皮两种毛发的创建技巧。毛发技术常应用于角色设计、室内设计中，例如制作卡通角色的头发或制作长毛地毯等。

## 重点知识掌握：

- 熟练掌握毛发的创建方式。
- 熟练掌握编辑毛发效果的方式。

## 通过本章学习，我能做什么？

通过对本章的学习，我们可以在模型表面制作出不同感觉的毛发，如弯曲的、纤细的、尖锐的、卷发的、束状的毛发效果。通过毛发系统，可以为卡通角色制作头发、为动物制作长毛、制作毛茸玩具、制作地毯等。

# 17.1 认识毛发

毛发在室内设计、三维动画设计中应用较多。使用毛发工具可以在模型上快速生长毛发，还可以对毛发的很多属性进行设置，如毛发长度、弯曲度、锥度、颜色等。

# 17.2 使用Hair和Fur (WSM)修改器制作毛发

扫一扫，看视频

## 实例：使用Hair和Fur（WSM）修改器制作毛刷

文件路径：Chapter 17 毛发系统→实例：使用Hair和Fur（WSM）修改器制作毛刷

扫一扫，看视频

本案例使用Hair和Fur（WSM）修改器制作毛刷效果。渲染效果如图17-1所示。

图 17-1

### 操作步骤

步骤 01 打开本书场景文件，如图17-2所示。

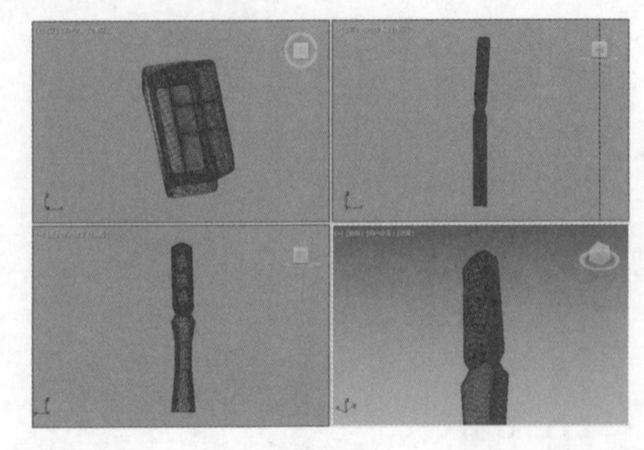

图 17-2

步骤 02 选择牙刷上方的一个小模型，如图17-3所示。

图 17-3

步骤 03 单击【修改】按钮，为其添加【Hair和Fur（WSM）】修改器，设置【头发数量】为800，【随机比例】为0，【根厚度】为5，【梢厚度】为5，【梢颜色】为白色，【根颜色】为白色，【卷发根】为0，【卷发梢】为0，【卷发动画方向】的Y为1，如图17-4所示。此时效果如图17-5所示。

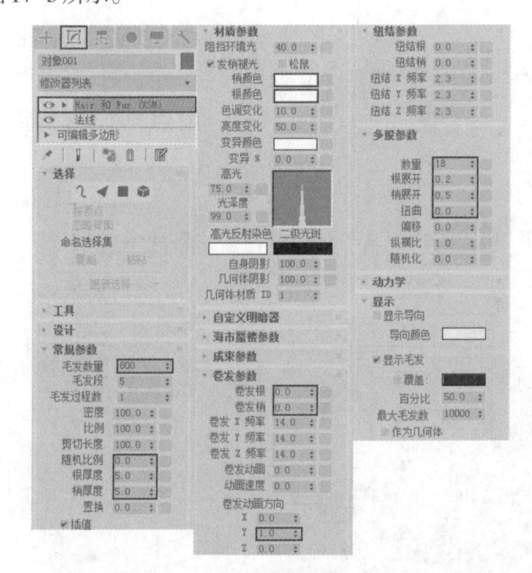


图 17-4

图 17-5

## 选项解读：Hair和Fur（WSM）修改器重点参数速查

（1）【选择】卷展栏

- 【导向】按钮：单击该按钮后，【设计】卷展栏中的按钮将自动启用。
- 【面】按钮：单击该按钮，然后可以单击模型选择面。
- 【多边形】按钮：单击该按钮，然后可以单击模型选择多边形。
- 【元素】按钮：单击该按钮，然后可以单击模型选择元素。
- 按顶点：勾选该选项，只需要选择子对象的顶点就可以选中子对象。
- 忽略背面：勾选该选项，选择子对象时不会选择到背面部分。

（2）【工具】卷展栏

- 从样条线重梳 按钮：单击可以使毛发的走向与样条线匹配。
- 样条线变形：可以用样条线控制发型与动态效果。
- 重置其余 按钮：在曲面上重新分布头发的数量，以得到较为均匀的结果。
- 重生毛发 按钮：忽略全部样式信息，将头发复位到默认状态。
- 加载 按钮：加载预设的毛发样式。
- 保存 按钮：保存预设的毛发样式。
- 复制 按钮：将所有毛发设置和样式信息复制到粘贴缓冲区。
- 粘贴 按钮：将所有毛发设置和样式信息粘贴到当前的【头发】修改对象中。
- 导向 -> 样条线 按钮：将所有导向复制为新的单一样条线对象。
- 毛发 -> 样条线 按钮：将所有毛发复制为新的单一样条线对象。
- 毛发 -> 网格 按钮：将所有毛发复制为新的单一网格对象。

（3）【设计】卷展栏

- 设计发型 / 完成设计 按钮：单击 设计发型 按钮可以设计毛发的发型，此时该按钮会变成凹陷的 完成设计 按钮，单击 完成设计 按钮可以返回到【设计发型】状态。
- 【由头梢选择头发/选择全部顶点/选择导向顶点/由根选择导向】按钮：选择头发的几种方式，用户可以根据实际需求来选择采用何种方式。
- 顶点显示下拉列表：指定顶点在视图中的显示方式。
- 【反选/轮流选/扩展选定对象】按钮：指定选择对象的方式。
- 【隐藏选定对象/显示隐藏对象】按钮：隐藏或显示选定的导向头发。
- 【发梳】按钮：在该模式下，可以通过拖曳光标来梳理毛发。
- 【剪毛发】按钮：在该模式下可以修剪导向头发。
- 【选择】按钮：单击该按钮可以选择部分区域，例如可以单击（衰减）按钮，将毛发变短。
- 距离褪光：启用该选项时，刷动效果将朝着画刷的边缘产生褪光现象，从而产生柔和的边缘效果。
- 忽略背面头发：启用该选项时，背面的头发将不受画刷的影响。
- 画刷大小滑块：通过拖动滑块更改笔刷的大小。
- 【平移】按钮：按照光标的移动方向来移动选定的顶点。
- 【站立】按钮：在曲面的垂直方向制作站立效果。
- 【蓬松发根】按钮：在曲面的垂直方向制作蓬松效果。
- 【丛】按钮：强制选定的导向之间相互更加靠近（向左拖曳光标）或更加分散（向右拖曳光标）。
- 【旋转】按钮：可以使毛发产生旋转扭曲的效果。
- 【比例】按钮：执行放大或缩小操作。
- 【衰减】按钮：单击可将头发长度变短。
- 【选定弹出】按钮：沿曲面的法线方向弹出选定的头发。
- 【弹出大小为零】按钮：与【选定弹出】类似，但只能对长度为0的头发进行编辑。
- 【重疏】按钮：单击该按钮可使毛发下垂。
- 【重置其余】按钮：在曲面上重新分布毛发的数量，以得到较为均匀的结果。
- 【切换碰撞】按钮：如果激活该按钮，设计发型时将考虑头发的碰撞。

- 【切换Hair】按钮：切换头发在视图中的显示方式，但是不会影响头发导向的显示。
- 【锁定/解除锁定】按钮：锁定或解除锁定导向头发。
- 【撤销】按钮：撤销最近的操作。
- 【拆分选定头发组/合并选定头发组】按钮：将头发组进行拆分或合并。

（4）【常规参数】卷展栏

- 毛发数量：设置生成的毛发总数。
- 毛发段：设置每根毛发的段数。段数越多，毛发越圆滑。
- 毛发过程数：设置毛发过程数。
- 密度：设置毛发的整体密度。
- 比例：设置毛发的整体缩放比例。
- 剪切长度：设置将整体的毛发长度进行缩放的比例。
- 随机比例：设置在渲染毛发时的随机比例。
- 根厚度：设置发根的厚度。
- 梢厚度：设置发梢的厚度。
- 置换：设置毛发从根到生长对象曲面的置换量。
- 插值：开启该选项后，毛发生长将插入到导向毛发之间。

（5）【材质参数】卷展栏

- 阻挡环境光：在照明模型时，控制环境或漫反射对模型影响的偏差。
- 发梢褪光：开启该选项后，毛发将朝向梢部而产生淡出到透明的效果。
- 梢/根颜色：设置头发的发梢/发根位置的颜色。
- 色调变化：设置头发颜色的变化量。
- 值变化：设置头发亮度的变化量。
- 变异颜色：设置变异毛发的颜色。
- 变异%：设置接收【变异颜色】的毛发的百分比。
- 高光：设置在毛发上高亮显示的亮度。
- 光泽度：设置在毛发上高亮显示的相对大小。
- 高光反射染色：设置反射高光的颜色。
- 自身阴影：设置自身阴影的大小。
- 几何体阴影：设置头发从场景中的几何体接收到的阴影的量。
- 几何体材质ID：在渲染几何体时设置头发的材质ID。

（6）【海市蜃楼参数】卷展栏

- 百分比：设置要对其应用【强度】和【Mess强度】值的毛发百分比。
- 强度：指定海市蜃楼毛发伸出的长度。
- Mess强度：Mess强度将卷毛应用于海市蜃楼毛发。

（7）【成束参数】卷展栏

- 束：设置毛发束的数量。在设置该参数的同时，应该配合设置【强度】数值才会看到变化。
- 强度：值越大，束中各发梢彼此之间的吸引越强。
- 不整洁：值越大，越不整洁地向内弯曲束，每个束的方向是随机的。
- 旋转：使每个束产生扭曲旋转。
- 旋转偏移：从根部偏移束的梢。较高的【旋转】和【旋转偏移】值使束更卷曲。
- 颜色：非零值可改变束中的颜色。
- 随机：控制随机效果。
- 平坦度：在垂直于梳理方向的方向上挤压每个束。

（8）【卷发参数】卷展栏

- 卷发根：设置头发在其根部的置换量。
- 卷发梢：设置头发在其梢部的置换量。
- 卷发X/Y/Z频率：控制在3个轴中的卷发频率。
- 卷发动画：设置波浪运动的幅度。
- 动画速度：设置动画噪波场通过空间时的速度。
- 卷发动画方向：设置卷发动画的方向向量。

（9）【纽结参数】卷展栏

- 纽结根/梢：设置毛发在其根部/梢部的扭结置换量。
- 纽结X/Y/Z频率：设置在3个轴中的扭结频率。

（10）【多股参数】卷展栏

- 数量：设置每个聚集块的头发数量。
- 根展开：设置为根部聚集块中的每根毛发提供的随机补偿量。
- 梢展开：设置为梢部聚集块中的每根毛发提供的随机补偿量。
- 随机化：设置随机处理聚集块中的每根毛发的长度。

## 实例：使用Hair和Fur（WSM）修改器制作CG人物头发

扫一扫，看视频

文件路径：Chapter 17 毛发系统→实例：使用Hair和Fur（WSM）修改器制作CG人物头发

本案例使用Hair和Fur（WSM）修改器

制作CG人物头发，制作难点在于需要提前创建好平面模型和线，使头发生长在平面模型上，并且沿线分布，这样“一小片”头发就种好了，同样的方法可以制作更多片头发。渲染效果如图17–6所示。

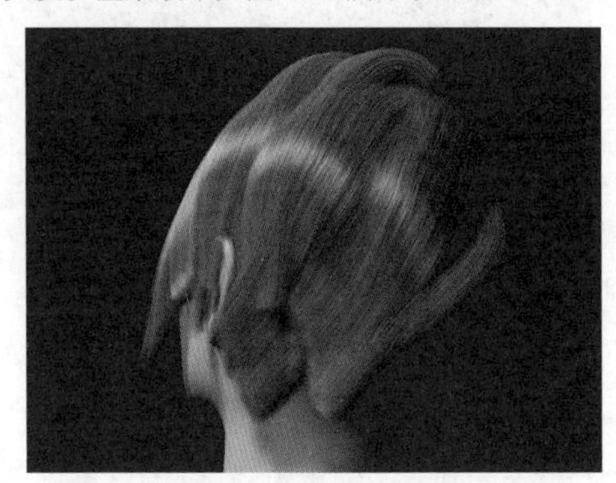

图 17–6

## 操作步骤

步骤 01 打开本书场景文件，如图17–7所示。

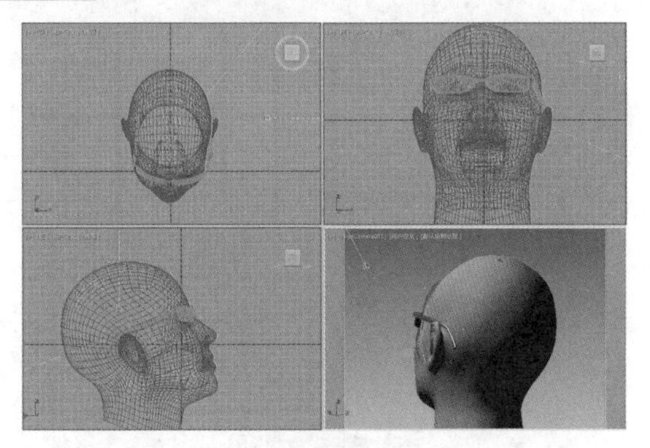

图 17–7

步骤 02 在人物头部我们提前创建了多个小的模型，目的是在这些小模型上生长毛发，从而形成“一片片”的头发效果。如图17–8所示选择模型【Object010】。

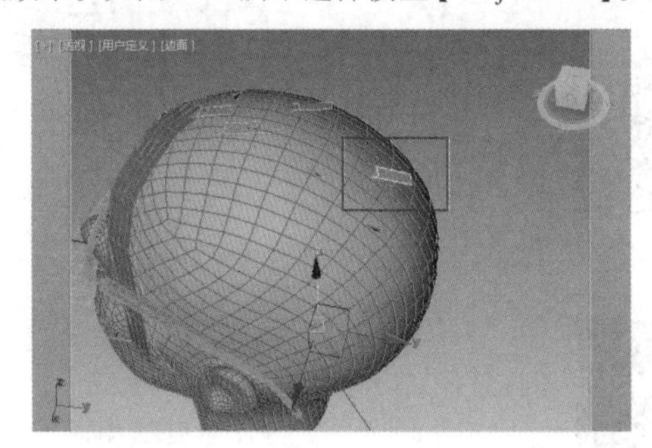

图 17–8

步骤 03 为该模型添加【Hair和Fur（WSM）】修改器，设置【毛发数量】为3000，【毛发段】为30，【随机比例】为4，【根厚度】为10，【梢厚度】为3，【亮度变化】为26.667，【卷发梢】为5，展开【多股参数】，设置【数量】为15，【根展开】为0.2，【梢展开】为0.08，如图17–9所示。

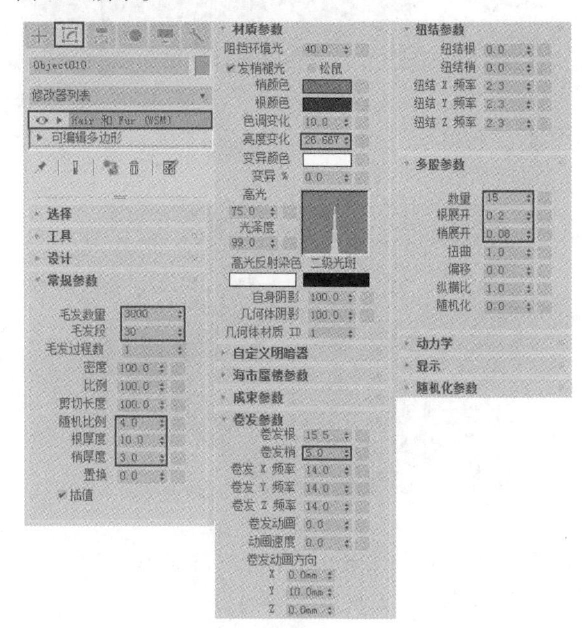


图 17–9

步骤 04 此时模型【Object010】生长出了头发，如图17–10所示。

图 17–10

步骤 05 选择模型【Object010】，单击【修改】按钮，单击【工具】卷展栏下方的【从样条线重梳】按钮，最后单击拾取图形【Shape01】，如图17–11所示。

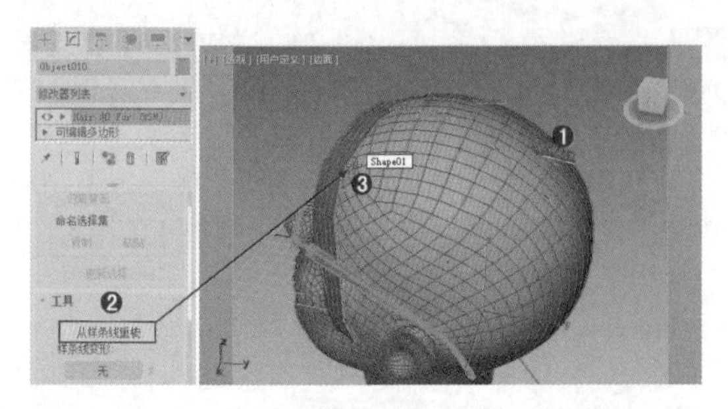


图 17–11

步骤 06 此时头发沿图形【Shape01】进行分布，如图17–12所示。

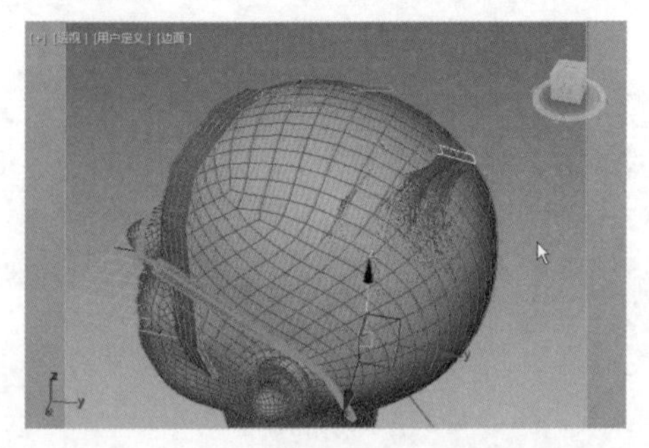

图 17–12

步骤 07 单击【修改】按钮，单击【设计】卷展栏下方的【设计发型】按钮，如图17–13所示。

步骤 08 此时出现了绿色的笔刷图案，如图17–14所示。

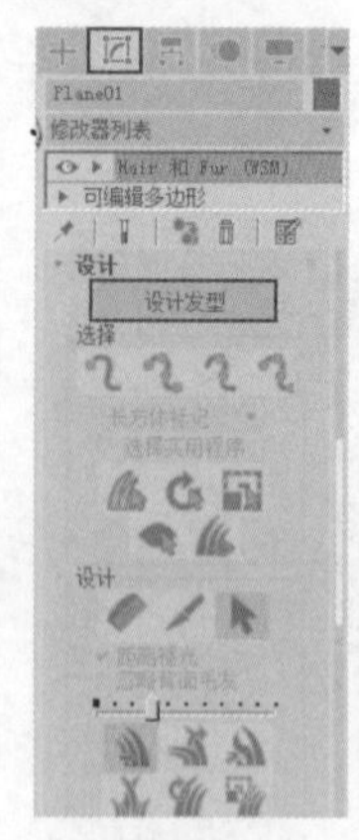

图 17–13　　图 17–14

步骤 09 按住鼠标左键拖动鼠标即可对头发的位置进行梳理，如图17–15所示。

步骤 10 继续梳理头发，如图17–16所示。

步骤 11 使用同样的方法继续选择头部的其他小的模型，为其添加【Hair和Fur（WSM）】修改器，并单击【从样条线重梳】按钮，拾取图形，使得头发沿图形生长，最后单击【设计发型】按钮并多次拖动鼠标左键调整出适合的发型，如图17–17所示。

图 17–15

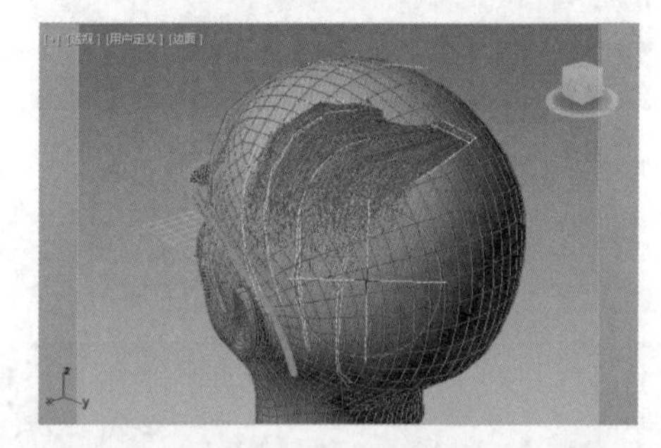

图 17–16

图 17–17

## 17.3 使用(VR) 毛皮制作毛发

扫一扫，看视频

（VR）毛皮常用于制作具有毛发特点的模型效果，如地毯、毛毯等。

### 实例：使用（VR）毛皮制作椅子毛皮

扫一扫，看视频

文件路径：Chapter 17　毛发系统→实例：使用（VR）毛皮制作椅子毛皮

本案例使用（VR）毛皮制作椅子毛皮，该方法是室内设计效果图制作过程中常用的方法，常用该方法制作地毯、毛巾、皮草、草地等。渲染效果如图17–18所示。

图 17–18

## 操作步骤

步骤 01 打开本书场景文件，如图17–19所示。

步骤 02 选择场景中椅子上方的毛皮模型，执行 +（创建）|●（几何体）| VRay | (VR)毛皮，如图17–20所示。

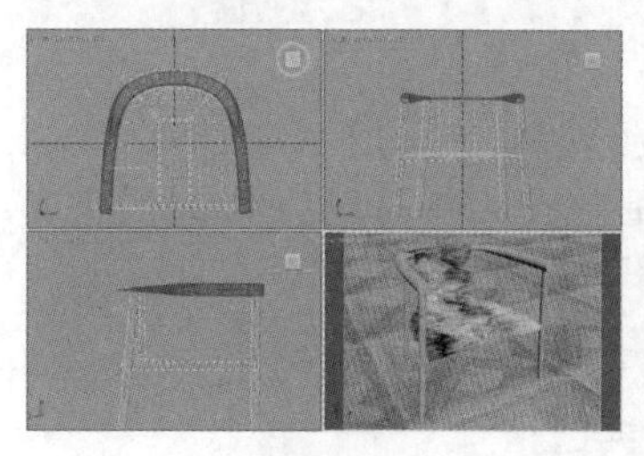

图 17–19

图 17–20

步骤 03 单击【修改】按钮，设置【长度】为1.5mm，【厚度】为0.05mm，【重力】为–5mm，【方向参量】为3，【长度】参量为1，【厚度参量】为1，【重力参量】为1，【卷曲变化】为1，【每区域】为50，如图17–21所示。毛发效果如图17–22所示。

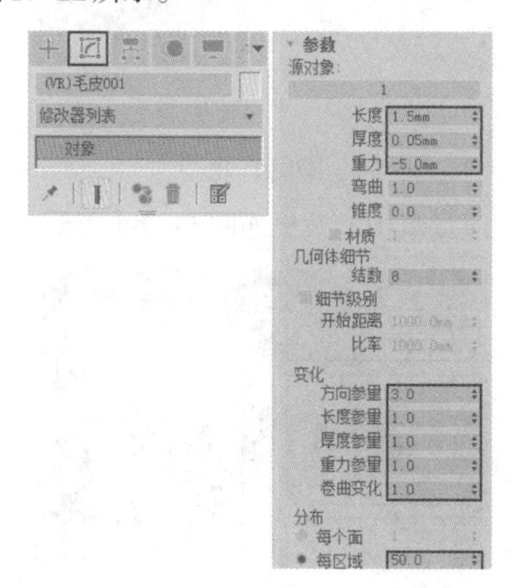


图 17–21

图 17–22

### 选项解读：VR-毛皮修改器重点参数速查

- 源对象：指定需要添加毛发的物体。
- 长度：设置毛发的长度。
- 厚度：设置毛发的厚度。但是该选项只有在渲染时才会看到变化。
- 重力：控制毛发在Z轴方向被下拉的力度，数值越小越下垂、数值越大越直立。
- 弯曲：设置毛发的弯曲程度。
- 锥度：用来控制毛发锥化的程度。
- 结数：控制毛发弯曲时的光滑度。值越大，段数越多，弯曲的毛发越光滑。
- 方向参量：控制毛发在方向上的随机变化。值越大，表示变化越强烈;0表示不变化。
- 长度参量：控制毛发长度的随机变化。1表示变化强烈;0表示不变化。
- 厚度参量：控制毛发粗细的随机变化。1表示变化强烈;0表示不变化。
- 重力参量：控制毛发受重力影响的随机变化。1表示变化强烈;0表示不变化。
- 每个面：用来控制每个面产生的毛发数量，因为物体的每个面不都是均匀的，所以渲染出来的毛发也不均匀。
- 每区域：用来控制每单位面积中的毛发数量。数值越大，毛发的数量越多。
- 参考帧：指定源物体获取到计算面大小的帧，获取的数据将贯穿整个动画过程。
- 整个对象：勾选该选项后，全部的面都将产生毛发。
- 全部对象：启用该选项后，全部的面都将产生毛发。
- 选定的面：启用该选项后，只有被选择的面才能产生毛发。

## 实例：使用（VR）毛皮制作毛巾和地毯

扫一扫，看视频

文件路径：Chapter 17 毛发系统→实例：使用（VR）毛皮制作毛巾和地毯

本案例使用（VR）毛皮制作毛巾和地毯。渲染效果如图17–23所示。

图 17–23

## 操作步骤

步骤 01 打开本书场景文件，如图17–24所示。

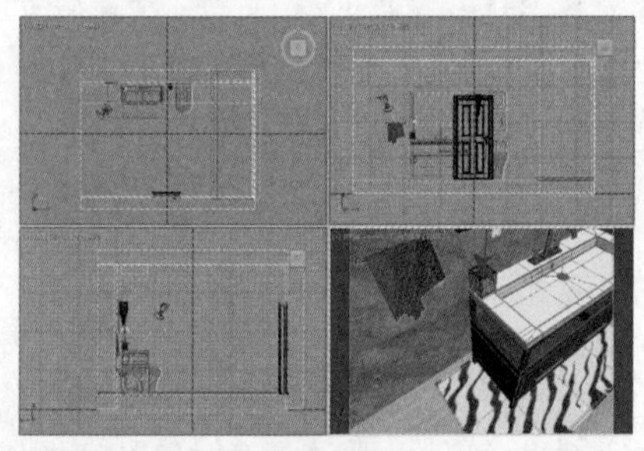
图 17–24

步骤 02 选择毛巾模型，执行＋（创建）|●（几何体）| VRay | （VR）毛皮，此时毛巾表面出现了毛发，如图17–25所示。

图 17–25

步骤 03 单击【修改】按钮，设置【长度】为200mm，【厚度】为15mm，【重力】为–300mm，【方向参量】为5，【每区域】为50，如图17–26所示。

步骤 04 选择地毯模型，执行＋（创建）|●（几何体）| VRay | （VR）毛皮，此时地毯表面出现了毛发，如图17–27所示。

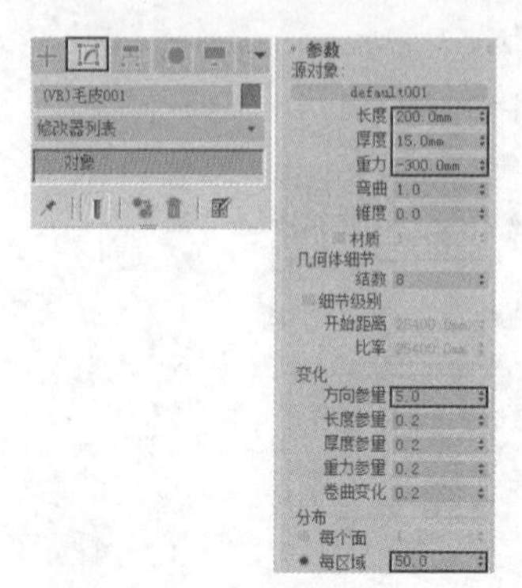

图 17–26

图 17–27

步骤 05 单击【修改】按钮，设置【长度】为1500mm，【厚度】为50mm，【重力】为–50mm，【方向参量】为20，【每区域】为50，如图17–28所示。

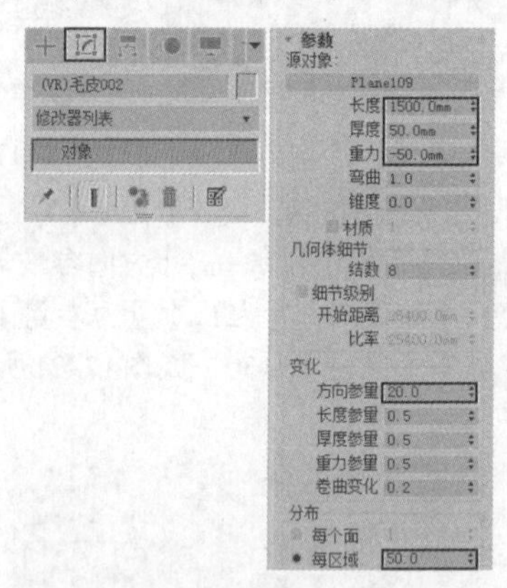

图 17–28

步骤 06 此时场景中的效果如图17–29所示。

图 17–29

扫一扫，看视频

# 关键帧动画

## 本章内容简介：

本章将会学到关键帧动画技术。通过本章的学习，我们应该学会使用自动关键帧、设置关键点、设置关键帧动画，而且能够使用曲线编辑器调节动画节奏。关键帧动画技术常应用于影视栏目包装、广告动画、产品动画、建筑动画等行业。

## 重点知识掌握：

- 熟练掌握关键帧动画的制作。
- 熟练掌握约束动画的制作。

## 通过本章学习，我能做什么？

通过本章的学习，我们可以使用关键帧动画制作一些简单的动画效果，如位移动画、旋转动画、缩放动画等。利用约束动画功能可以制作眼神注视动画、按一定轨道行驶的汽车的动画、按特定路径飞翔的动画等。

# 18.1 认识动画

动画，英文为Animation，意思为“灵魂”，动词animate是“赋予生命”的意思。因此，动画是指某物活动起来，是一种创造生命运动的艺术。动画是一门综合艺术，它集合了绘画、影视、音乐、文学等多种艺术门类。3ds Max的动画功能比较强大，常应用于多个行业领域，如影视动画、广告动画、电视栏目包装、实验动画、游戏等。关键帧动画是动画的一种，是指在一定的时间内，对象的状态发生变化，这个过程就是关键帧动画。关键帧动画是动画技术中最简单的类型，其工作原理与很多非线后期软件，如Premiere、After Effects类似。

# 18.2 关键帧动画

扫一扫，看视频

关键帧动画是3ds Max中最基础的动画内容。帧是指一幅画面，通常1秒钟为24帧，可以理解为1秒钟有24张照片播放，这个连贯的动画过程就是1秒的视频画面。而3ds Max中的关键帧动画是指在不同的时间对对象设置不同的状态，从而产生动画效果。

3ds Max中包含了很多动画工具，包括关键帧按钮、动画播放按钮、时间控件和时间配置按钮。

## 实例：行驶的汽车

扫一扫，看视频

文件路径：Chapter 18 关键帧动画→实例：行驶的汽车

本案例将使用关键帧动画制作汽车行驶的效果。在制作的过程中需要注意，汽车在行驶的过程中有上坡和下坡的过程，应根据车道的角度调整汽车模型的角度。案例最终渲染效果如图18–1所示。

图 18–1

### 操作步骤

步骤 01 打开本书场景文件，如图18–2所示。

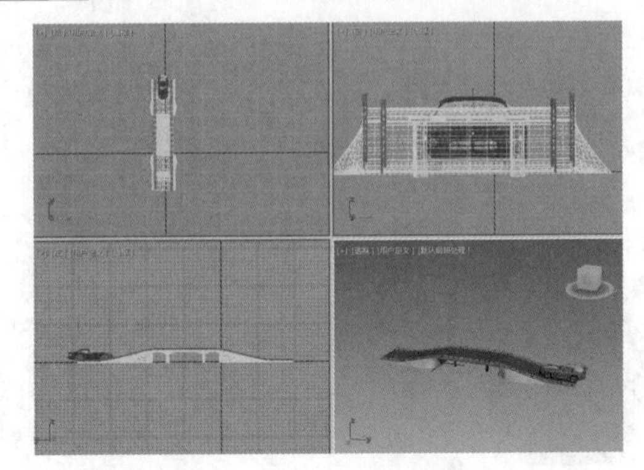

图 18–2

步骤 02 选择汽车模型，单击自动关键点按钮，将时间线拖动到第0帧，汽车模型位置如图18–3所示。

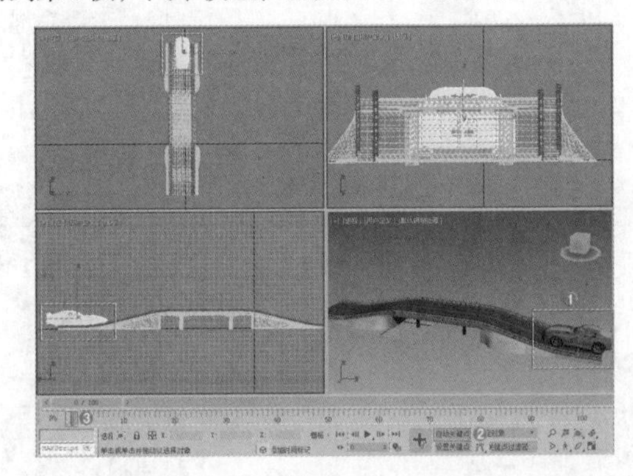

图 18–3

步骤 03 将时间线拖动到第10帧，选中汽车模型，在左视图中将其沿着X轴向右进行平移，如图18–4所示。单击【选择并旋转】按钮，将汽车模型沿着Z轴旋转适当的角度，如图18–5所示。

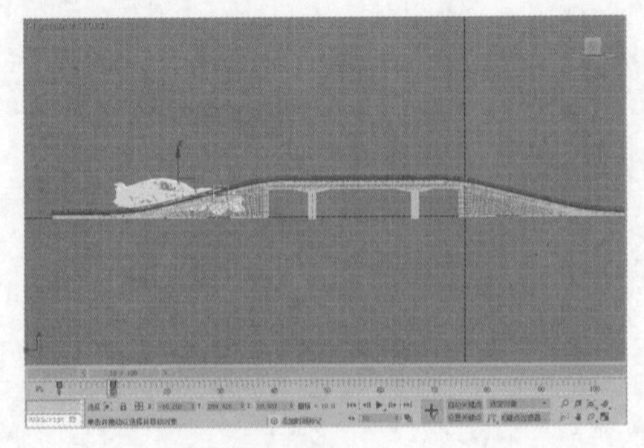

图 18–4

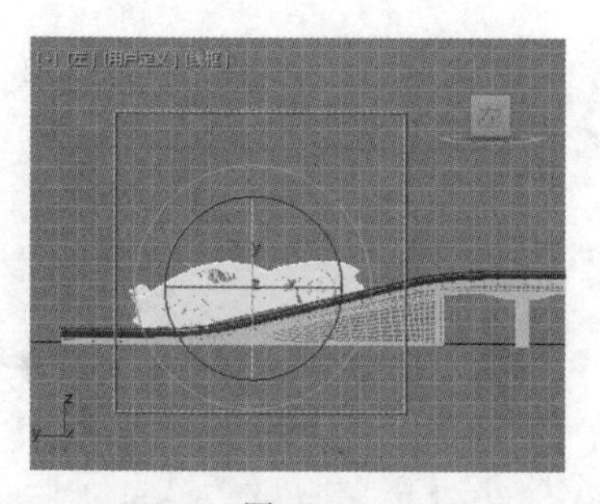

图 18-5

步骤 04 旋转完成后在左视图中将其沿着Y轴向上平移，效果如图18-6所示。

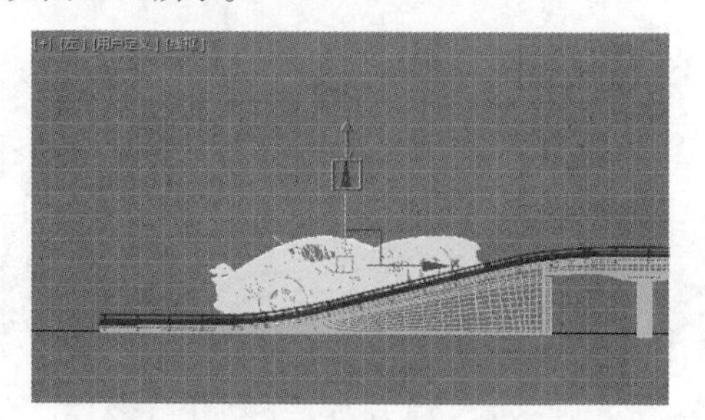

图 18-6

步骤 05 将时间线拖动到第20帧，选择汽车模型，在左视图中将其沿着X轴向右进行平移，如图18-7所示。接着在左视图中将汽车模型沿着Y轴向上进行平移，此时效果如图18-8所示。

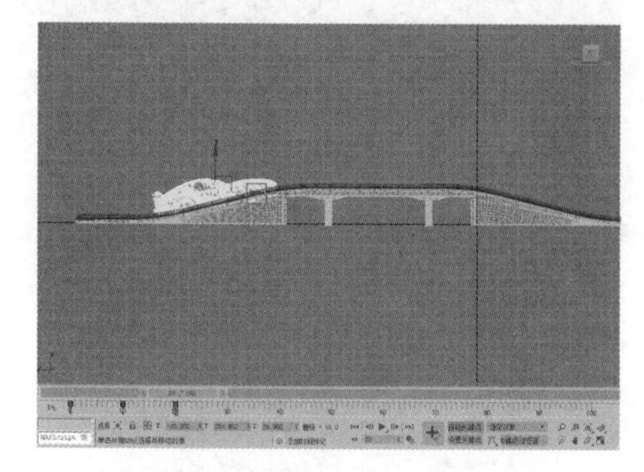

图 18-7

图 18-8

步骤 06 将时间线拖动到第30帧，选择汽车模型，在左视图中将其沿着X轴向右进行平移，如图18-9所示。接着将其沿着Y轴向上进行平移，并适当调整汽车模型的角度，如图18-10所示。

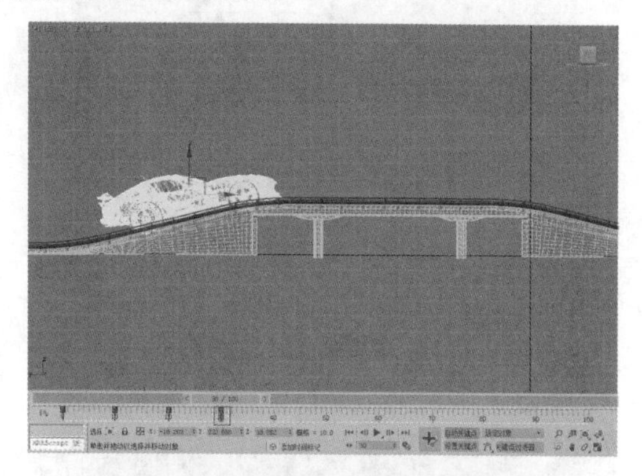

图 18-9

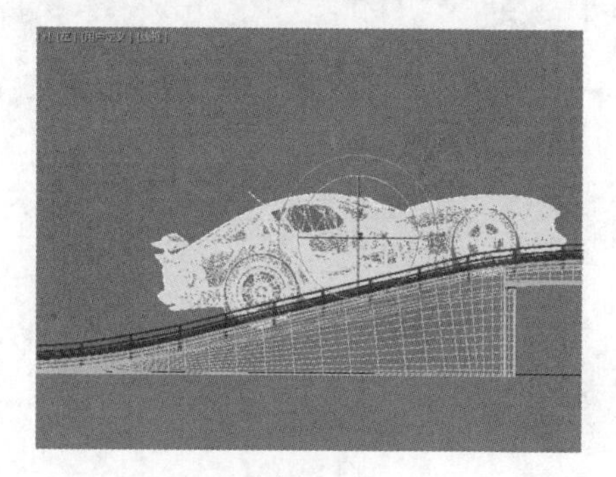

图 18-10

步骤 07 将时间线拖动到第40帧，选择汽车模型，在左视图中将其沿着X轴向右进行平移，如图18-11所示。接着在左视图中将其沿着Y轴向上平移并旋转至合适的角度。效果如图18-12所示。

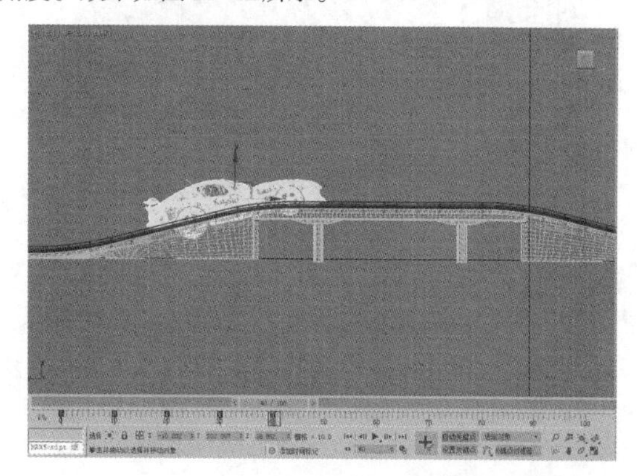

图 18-11

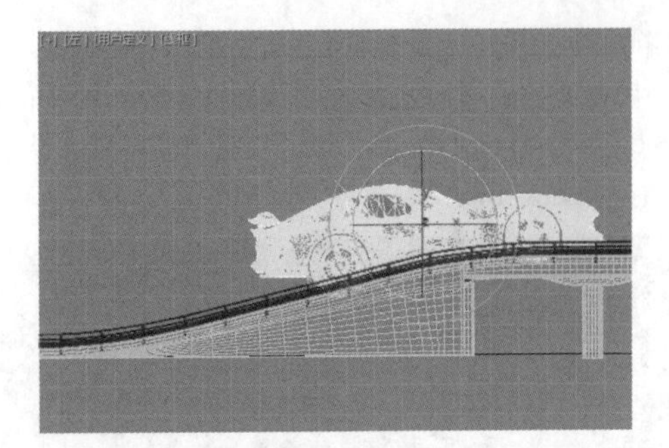

图 18-12

步骤 08 将时间线拖动到第55帧，选择汽车模型，在左视图中将其沿着X轴向右进行平移，如图18-13所示。接着在左视图中将其沿着Y轴向上平移并旋转至合适的角度，如图18-14所示。

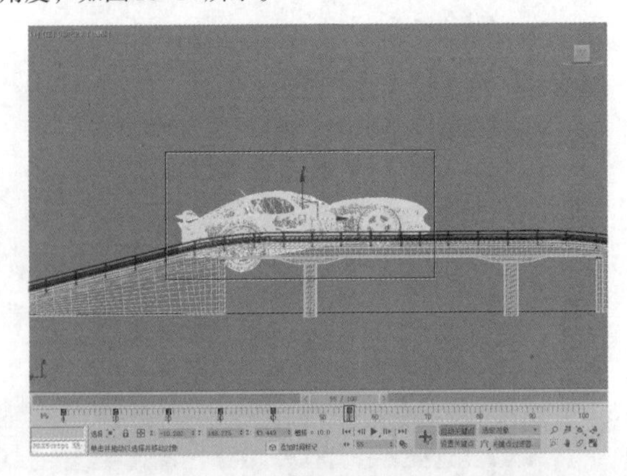

图 18-13

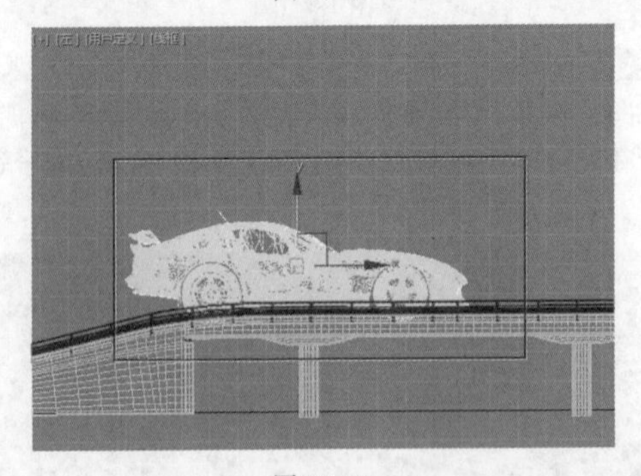

图 18-14

步骤 09 将时间线拖动到第70帧处，选择汽车模型，在左视图中将其沿着X轴向右平移，效果如图18-15所示。

步骤 10 将时间线拖动到第80帧处，选择汽车模型，在左视图中将其沿着X轴向右平移，效果如图18-16所示。接着在左视图中将其沿着Y轴向上平移并旋转至合适的角度，如图18-17所示。

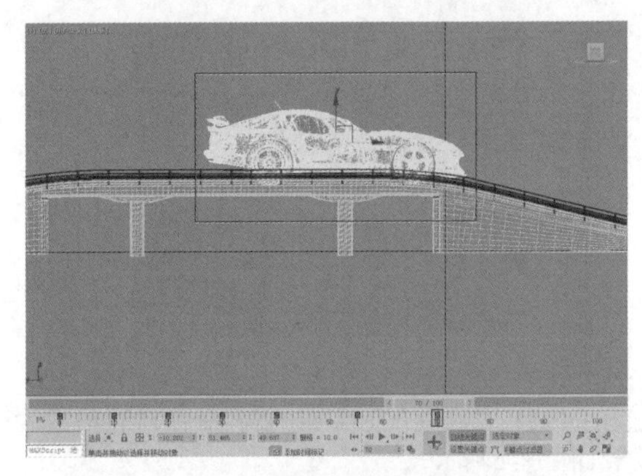

图 18-15

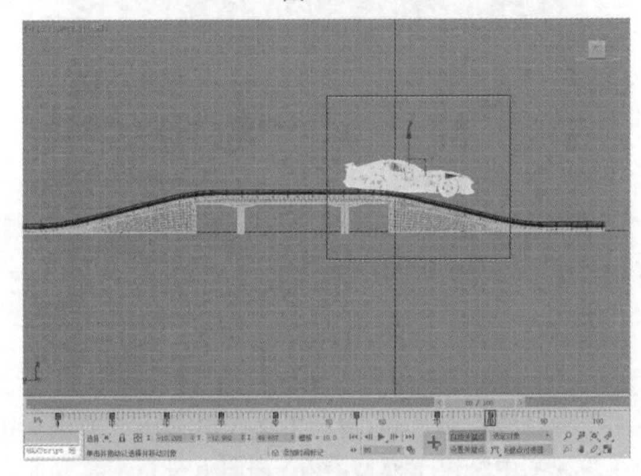

图 18-16

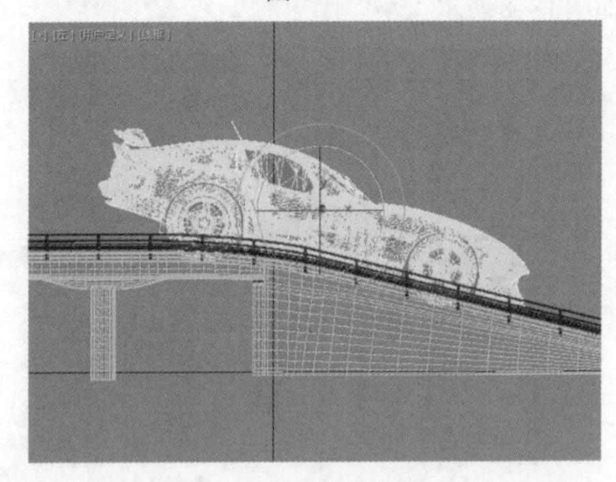

图 18-17

步骤 11 将时间线拖动到第90帧处，选择汽车模型，在左视图中将其沿着X轴向右平移，效果如图18-18所示。接着在左视图中将其沿着Y轴向上平移并旋转至合适的角度，如图18-19所示。

步骤 12 将时间线拖动到第100帧处，选择汽车模型，在左视图中将其沿着X轴向右平移，效果如图18-20所示。接着在左视图中将其沿着Y轴向上平移并旋转至合适的角度，如图18-21所示。动画设置完成后，再次单击自动关键点按钮，完成动画的制作。

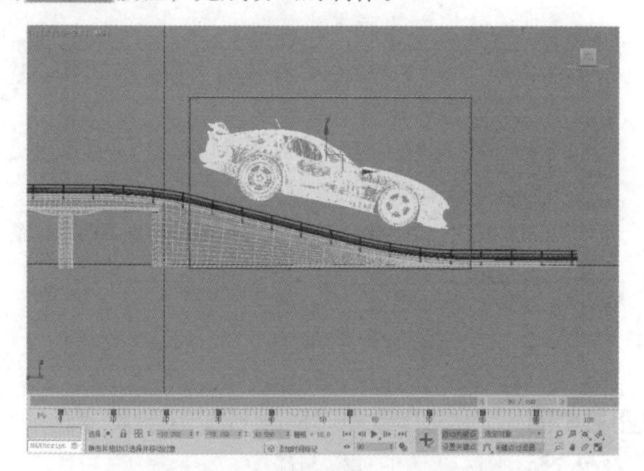

图 18-18

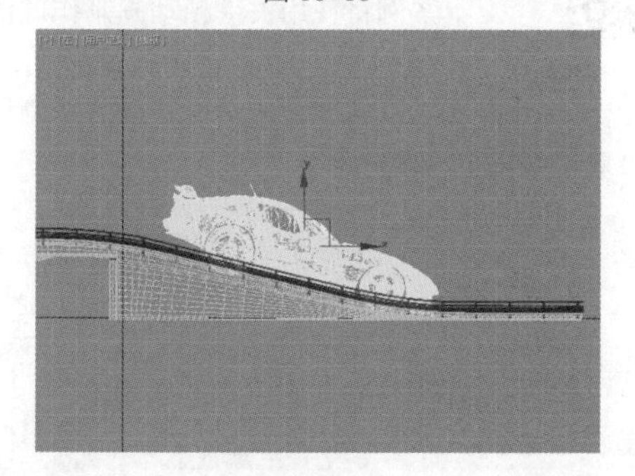

图 18-19

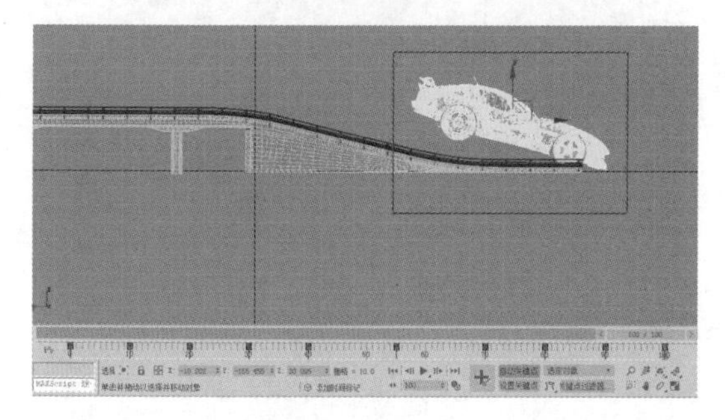

图 18-20

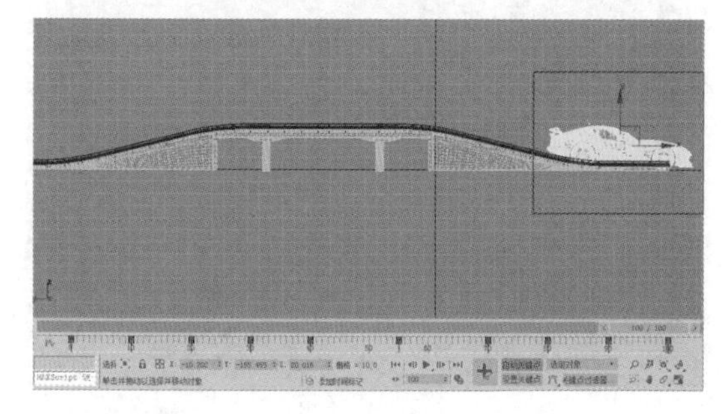

图 18-21

步骤 13 最后单击【播放动画】按钮▶，观察动画的最终效果，如图18-22所示。

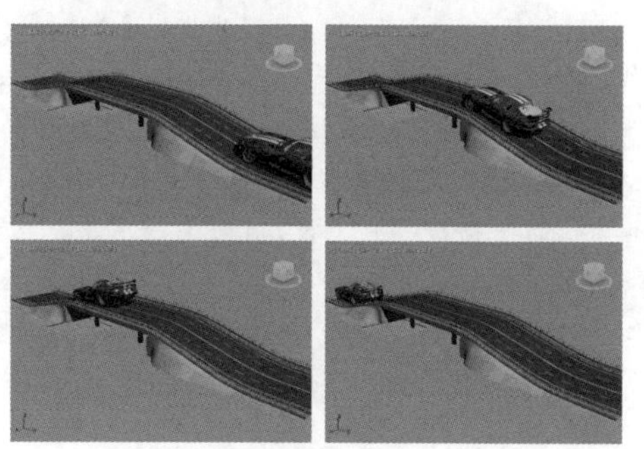

图 18-22

## 选项解读：关键帧相关重点参数速查

(1)关键帧按钮

启动3ds Max后，在界面的右下角可以观察到一些设置动画关键帧的相关工具。

- 自动关键点按钮：单击该按钮，窗口变为红色，表示此时可以记录关键帧。在该状态下，在不同时刻对模型、材质、灯光、摄影机等设置动画都可以被记录。
- 设置关键点按钮：激活该按钮后，可以对关键点设置动画。
- +（设置关键点）按钮：如果对当前的效果比较满意，可以单击该按钮（快捷键为K键）设置关键点。
- 选定对象按钮：使用【设置关键点】动画模式时，可快速访问命名选择集和轨迹集。使用此按钮可在不同的选择集和轨迹集之间快速切换。
- （新建关键点的默认入/出切线）按钮：该弹出该按钮可为新的动画关键点提供快速设置默认切线类型的方法，这些新的关键点是用【设置关键点】模式或者【自动关键点】模式创建的。
- 关键点过滤器...按钮：打开【设置关键点过滤器】对话框，在其中可以指定使用【设置关键点】时创建关键点所在的轨迹。

(2)动画播放按钮

在3ds Max界面右下方有几个用于动画播放的按钮，可以对动画进行转至开头、跳转到上一帧、转至结尾等。

- ⏮（转至开头）按钮：单击该按钮可以将时间线滑块跳转到第0帧。

- (上一帧)按钮：将当前时间线滑块向前移动一帧。
- (播放动画)按钮/(播放选定对象)按钮：单击【播放动画】按钮可以播放整个场景中的所有动画；单击【播放选定对象】按钮可以播放选定对象的动画，而未选定的对象将静止不动。
- (下一帧)按钮：将当前时间线滑块向后移动一帧。
- (转至结尾)按钮：如果当前时间线滑块没有处于结束帧位置，那么单击该按钮可以跳转到最后一帧。

(3) 时间控件和时间配置按钮

可以在【时间控件】中对【关键点模式切换】和【时间跳转输入框】进行操作，可以通过【时间配置】设置帧速率、速度、开始时间、结束时间等。

- (关键点模式切换)按钮：单击该按钮可以切换到关键点设置模式，可以跳转上一帧、下一帧，上一关键点、下一关键点。
- 0 (时间跳转输入框)按钮：在这里可以输入数字来跳转时间线滑块，比如输入10，按Enter键就可以将时间线滑块跳转到第10帧。
- (时间配置)按钮：单击该按钮可以打开【时间配置】对话框，在这里可以对时间进行设置。
- 帧速率：共有NTSC（30帧/秒）、PAL（25帧/秒）、Film（电影24帧/秒）和Custom（自定义）4种方式可供选择，但一般情况都采用PAL（25帧/秒）方式。
- 时间显示：共有【帧】、SMPTE、【帧:TICK】和【分:秒:TICK】4种方式可供选择。
- 实时：使视图中播放的动画与当前【帧速率】的设置保持一致。
- 仅活动视口：使播放操作只在活动视口中进行。
- 循环：控制动画只播放一次或者循环播放。
- 速度：控制动画的播放速度，4X方式速度最快。
- 方向：指定动画的播放方向。
- 开始时间/结束时间：可以在时间线滑块中显示的活动时间段。
- 长度：设置显示活动时间段的帧数。
- 帧数：设置要渲染的帧数。
- 重缩放时间 按钮：拉伸或收缩活动时间段内的动画，以匹配指定的新时间段。
- 当前时间：指定时间线滑块的当前帧。
- 使用轨迹栏：启用该选项后，可以使关键点模式遵循轨迹栏中的所有关键点。
- 仅选定对象：在使用【关键点步幅】模式时，该选项仅考虑选定对象的变换。
- 使用当前变换：禁用【位置】【旋转】【缩放】选项时，该选项可以在关键点模式中使用当前变换。
- 位置/旋转/缩放：【指定关键点】模式所使用的变换模式。

## 实例：球体的掉落与碰撞

扫一扫，看视频

文件路径：Chapter 18 关键帧动画→实例：球体的掉落与碰撞

本案例将使用关键帧动画制作球体的掉落与碰撞效果。除了使用关键帧动画制作外，还可以尝试使用动力学的方法制作。最终渲染效果如图18-23所示。

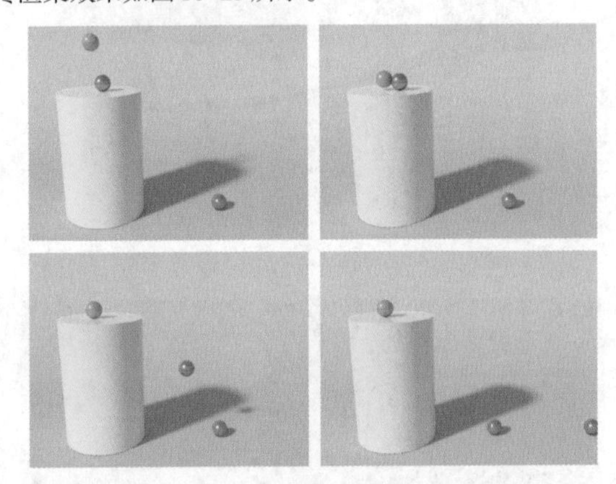

图 18-23

## 操作步骤

步骤 01 打开本书场景文件，如图18-24所示。

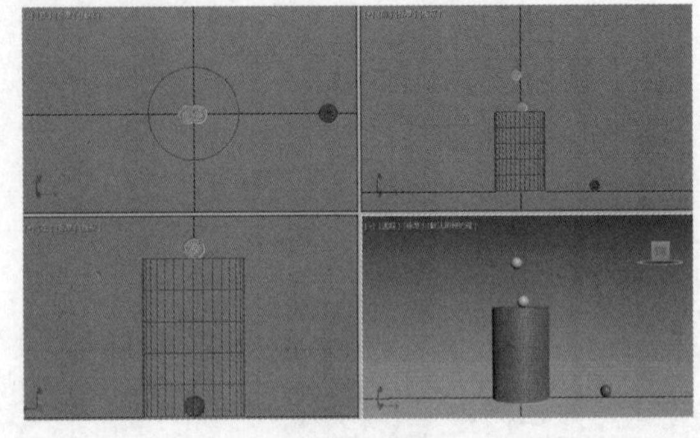

图 18-24

步骤 02 执行【创建】 |【图形】 | 样条线 | 线，如图18-25所示。在前视图中绘制样条线，如图18-26所示(该样条线可用于球体的运动轨迹的参考)。

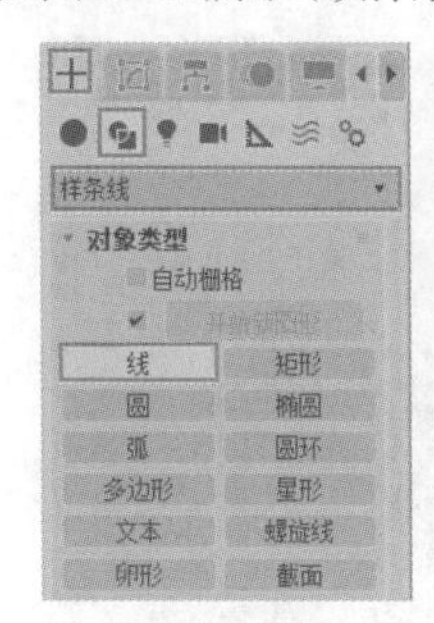


图 18-25

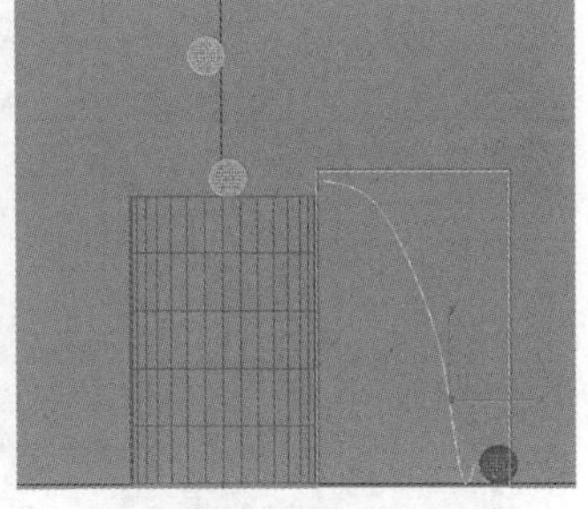

图 18-26

步骤 03 单击 自动关键点 按钮，将时间线拖动到第0帧，选择蓝色的球体，场景效果如图18-27所示。

步骤 04 将时间线拖动到第10帧，选择蓝色的球体，在前视图中将其沿着Y轴向下平移，移动到与粉色球体相交的位置处，如图18-28所示。

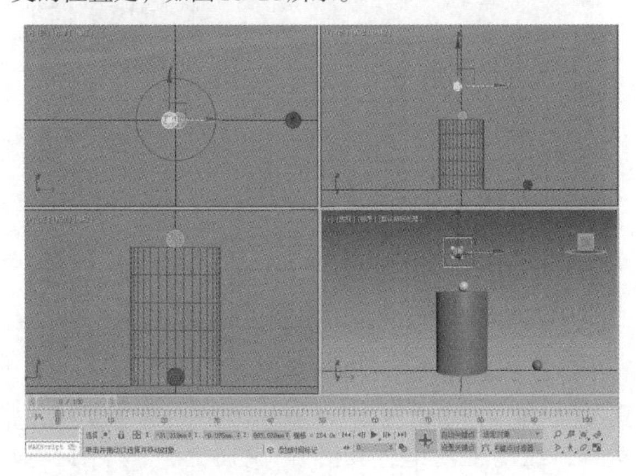

图 18-27

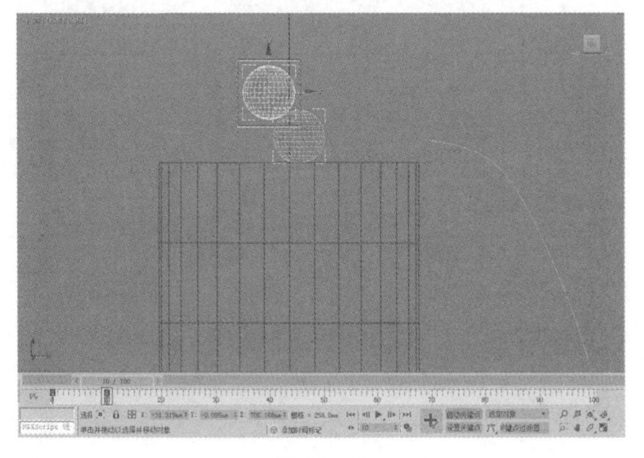

图 18-28

步骤 05 选择粉色的球体，当时间线在第10帧处的状态下时，单击【设置关键点】按钮 ，设置关键点，如图18-29所示。接着将时间线拖动到第13帧位置处，在前视图中将粉色的球体沿着X轴向右平移，如图18-30所示。

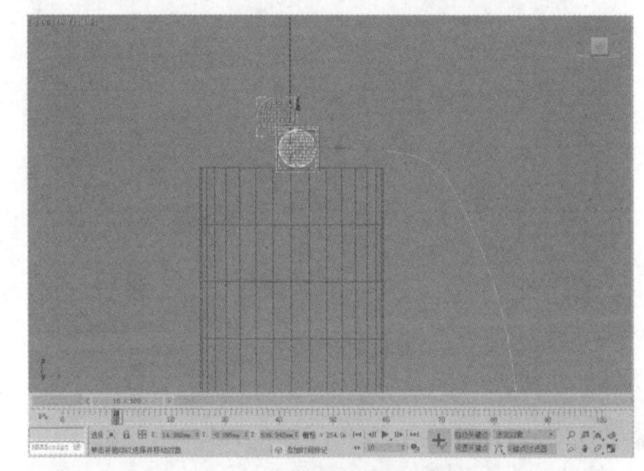

图 18-29

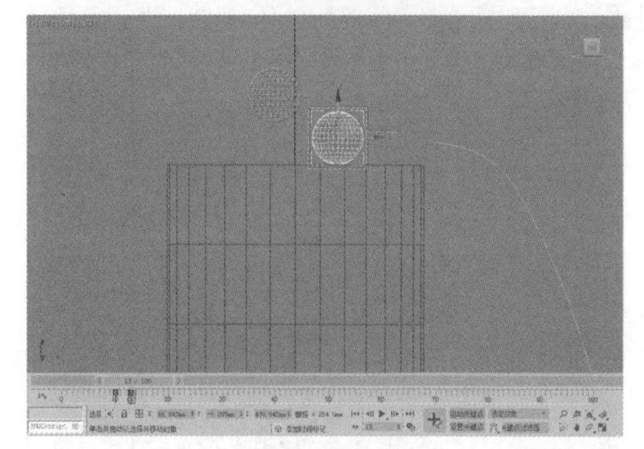

图 18-30

步骤 06 选择蓝色的球体，当时间线在第13帧位置处时，在前视图中将其沿着Y轴向下平移，如图18-31所示。

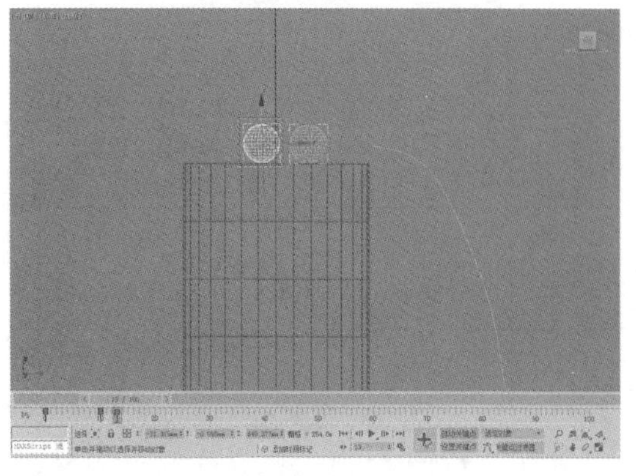

图 18-31

步骤 07 将时间线拖动到第16帧位置处，在前视图中将蓝色的球体沿着Y轴向上平移，制作出向上反弹的效果，如图18-32所示。

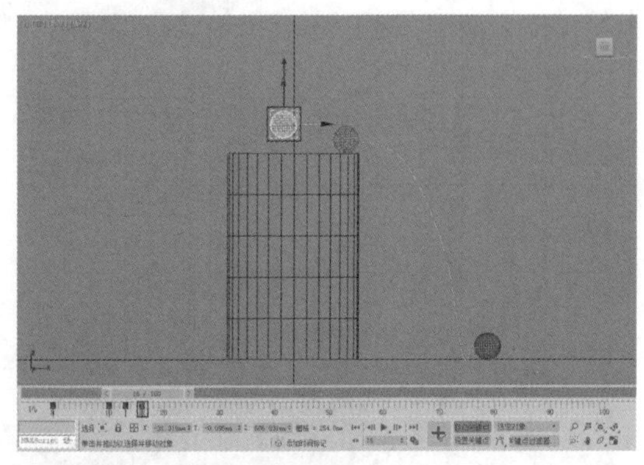

图 18-32

步骤 08 将时间线拖动到第17帧位置处，在前视图中将粉色的球体沿着X轴向右平移，如图18-33所示。

步骤 09 将时间线拖动到第19帧位置处，选择蓝色的球体，在前视图中将其沿着Y轴向下平移，如图18-34所示。

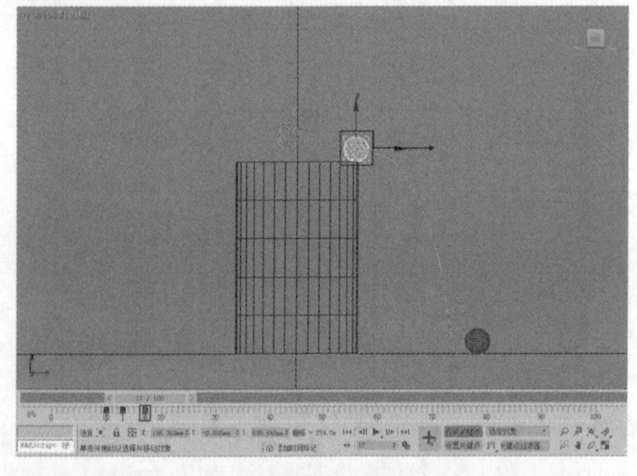

图 18-33

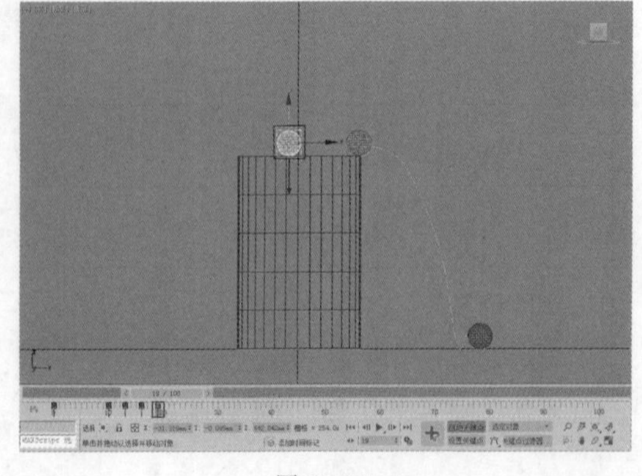

图 18-34

步骤 10 将时间线拖动到第20帧位置处，选择粉色的球体，在前视图中将其沿着X轴向右平移，再沿着Y轴向下平移，如图18-35和图18-36所示。

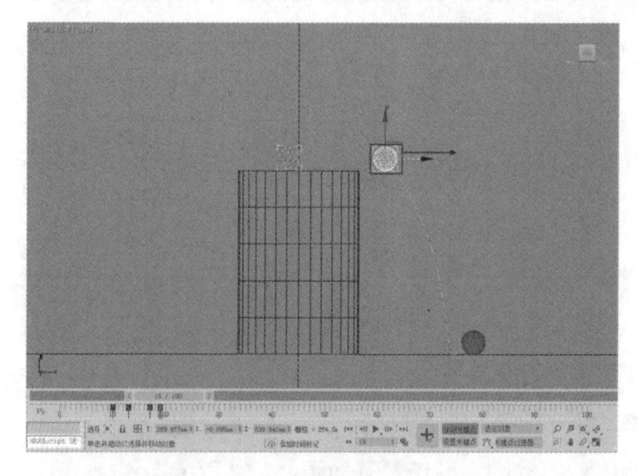

图 18-35

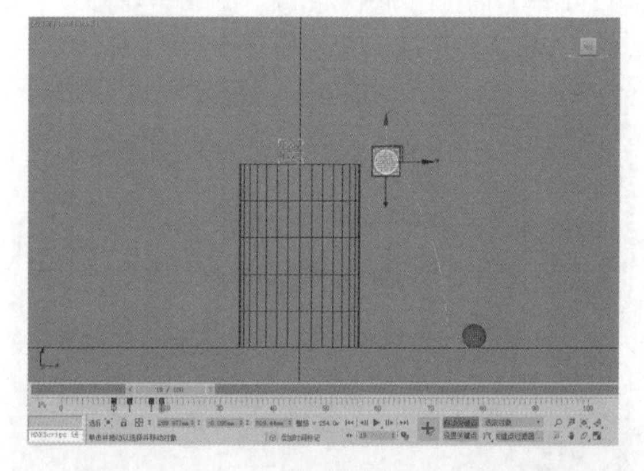

图 18-36

步骤 11 将时间线拖动到第22帧处，选择蓝色的球体，在前视图中将其沿着Y轴向上稍作平移，如图18-37所示。

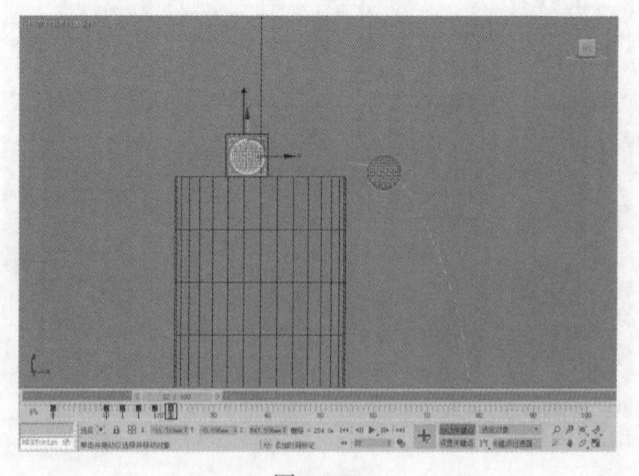

图 18-37

步骤 12 将时间线拖动到第23帧处，选择粉色的球体，在前视图中将其沿着样条线的走向稍作移动，如图18-38所示。

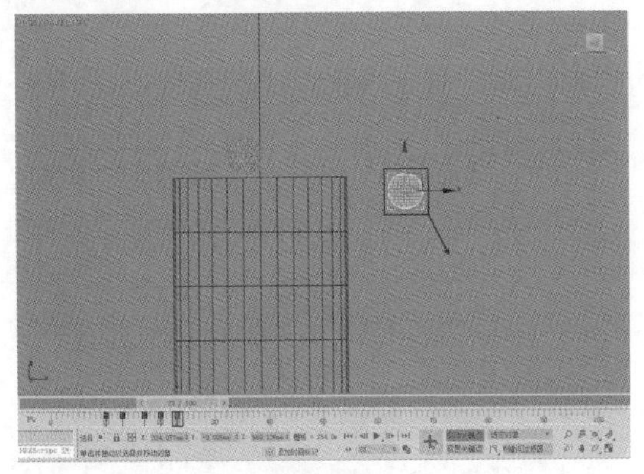

图 18-38

步骤 13 将时间线拖动到第26帧处，选择蓝色的球体，在前视图中将其沿着Y轴向下平移，如图18-39所示。

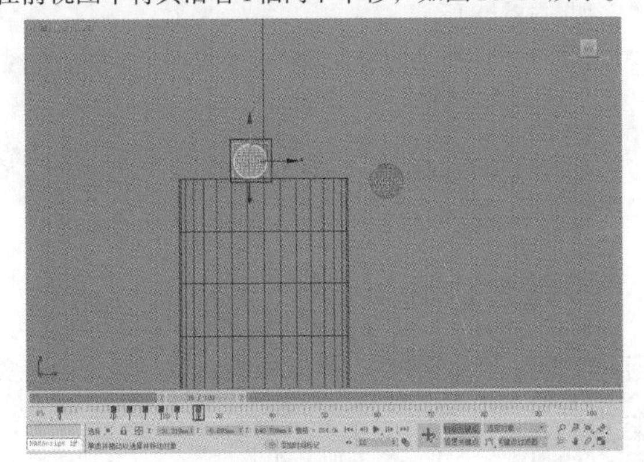

图 18-39

步骤 14 当时间线在第26帧处时，选择粉色的球体，将其沿着样条线的走向进行移动，如图18-40所示。

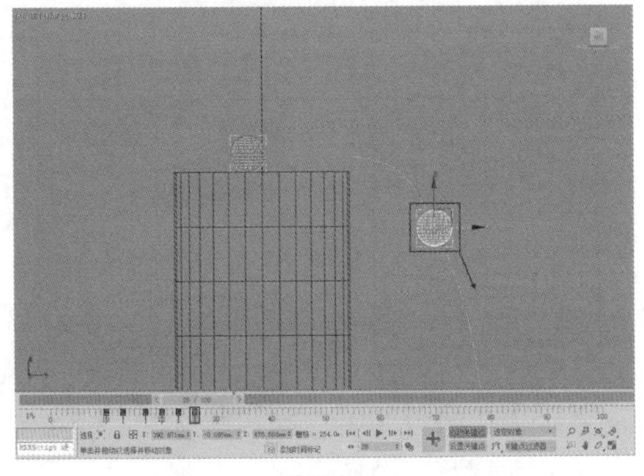

图 18-40

步骤 15 将时间线拖动到第34帧处，在前视图中选择粉色的球体，将其沿着样条线的走向进行移动，如图18-41所示。

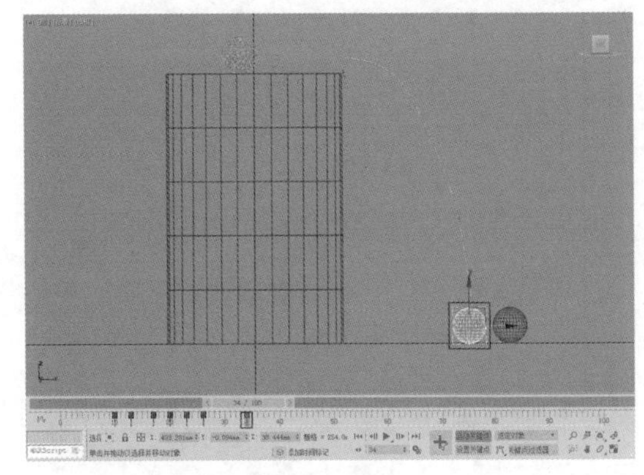

图 18-41

步骤 16 将时间线拖动到第36帧处，在前视图中将粉色的球体移动到合适的位置，如图18-42所示。

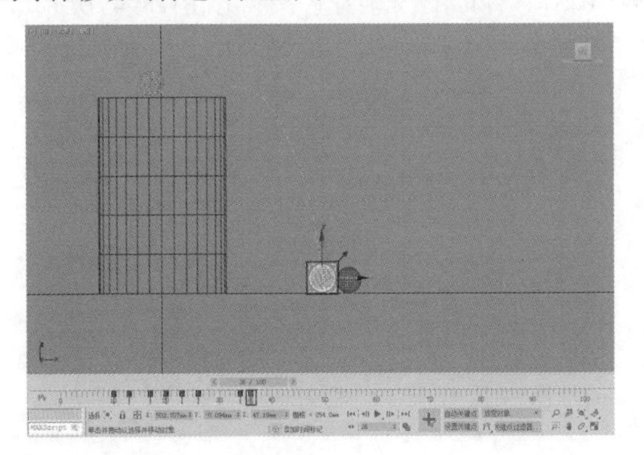

图 18-42

步骤 17 将时间线拖动到第38帧处，在前视图中将粉色的球体移动到合适的位置，如图18-43所示。

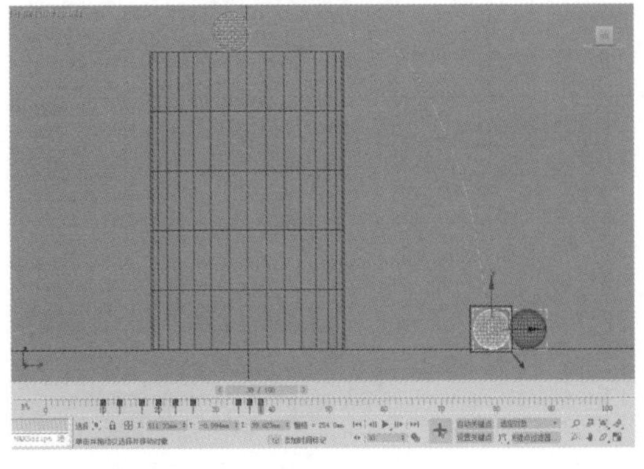

图 18-43

步骤 18 当时间线在第38帧处时，在前视图中选择绿色的球体，单击【设置关键点】按钮，设置关键点，接着将时间线拖动到第39帧处，在前视图中将绿色的球体沿着X轴向右平移，如图18-44所示。

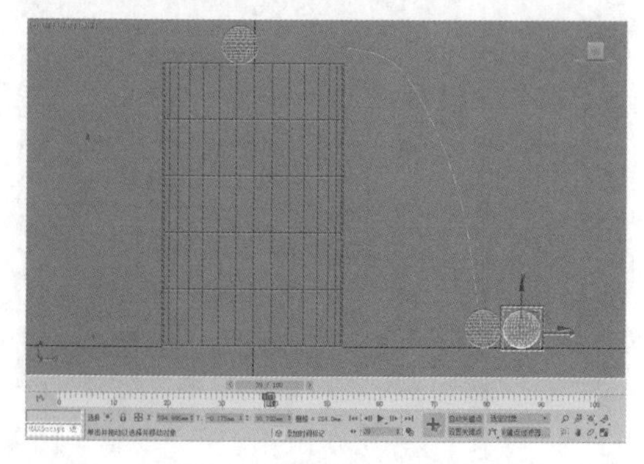

图 18-44

步骤 19 将时间线拖动到第40帧处，在前视图中选择粉色的球体，将其沿着Y轴向上平移，如图18-45所示。

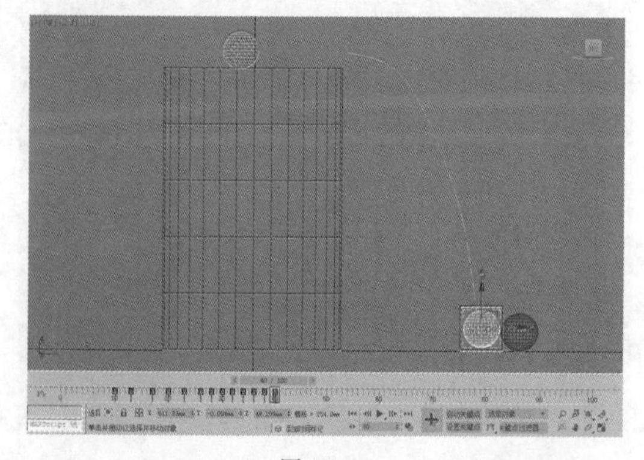

图 18-45

步骤 20 将时间线拖动到第42帧处，在前视图中选择粉色的球体，将其沿着Y轴向下平移，如图18-46所示。

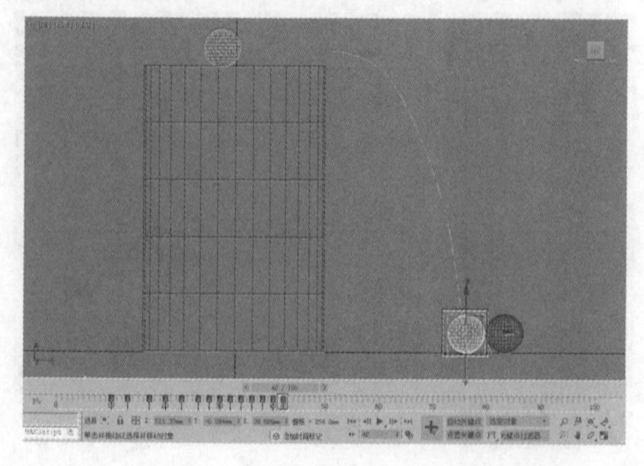

图 18-46

步骤 21 将时间线拖动到第75帧处，选择绿色的球体，在前视图中将其沿着X轴向右平移，如图18-47所示。动画设置完成后，再次单击自动关键点按钮，完成动画的制作。

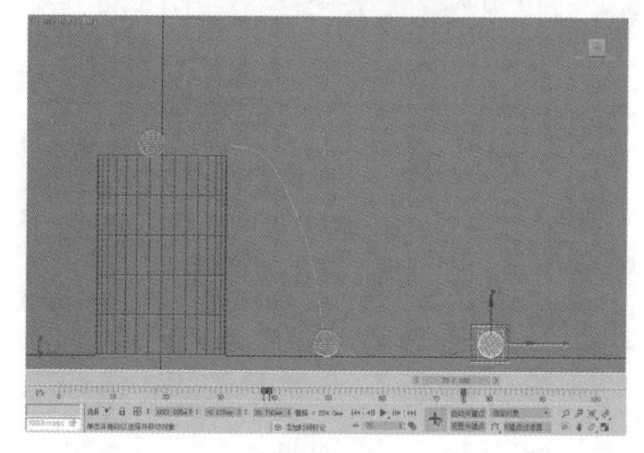

图 18-47

步骤 22 单击【播放动画】按钮，观察动画的最终效果，如图18-48所示。

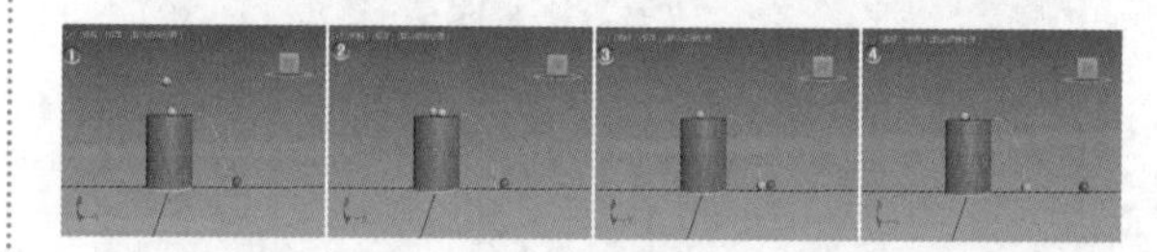

图 18-48

## 实例：现代儿童旋转椅

扫一扫，看视频

文件路径：Chapter 18 关键帧动画→实例：现代儿童旋转椅

路径约束命令能够将模型约束到绘制的路径上，使其沿着路径的走向进行移动。本案例主要讲解使用路径约束制作投篮的动画效果，如图18-49所示。

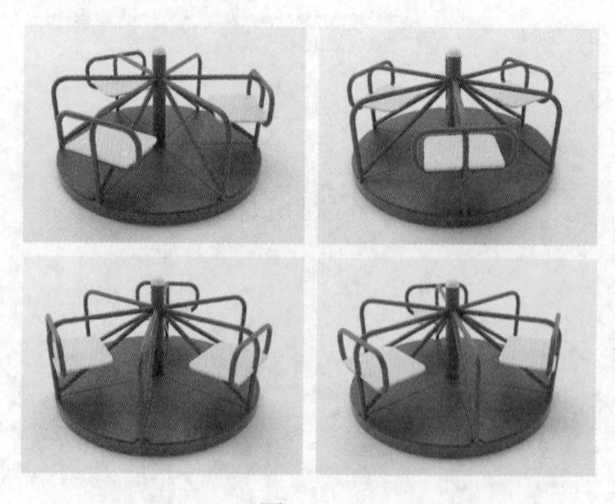

图 18-49

## 操作步骤

步骤 01 打开本书场景文件，如图18-50所示。

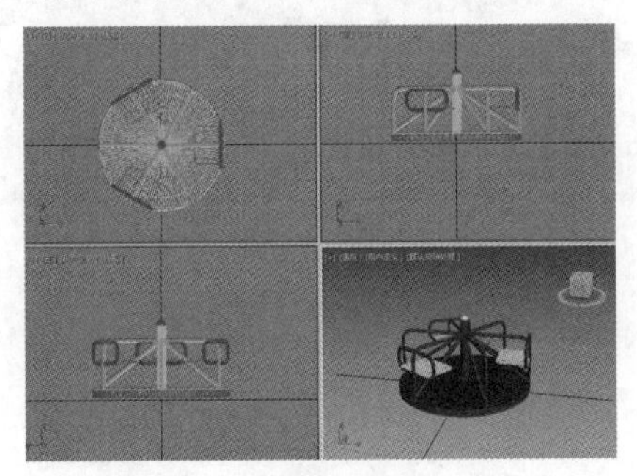

图 18-50

步骤 02 选择椅子模型，单击自动关键点按钮，将时间线拖动到第0帧位置，如图18-51所示。

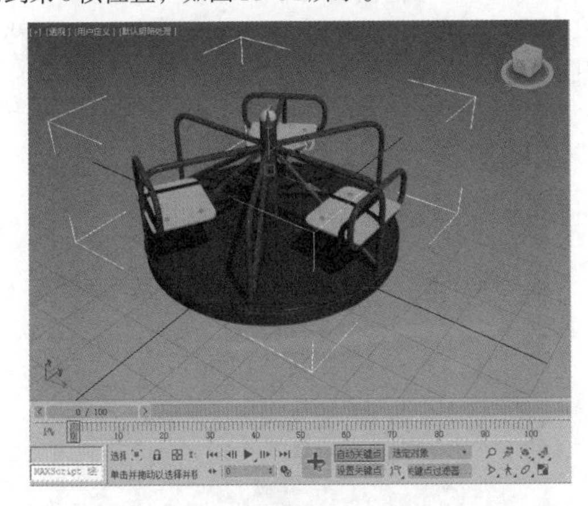

图 18-51

步骤 03 将时间线拖动到第100帧，选择椅子模型，单击【选择并旋转】按钮和【角度捕捉切换】按钮，在透视图中将其沿着Z轴旋转100°，如图18-52所示。动画设置完成后，再次单击自动关键点按钮，完成动画的制作。

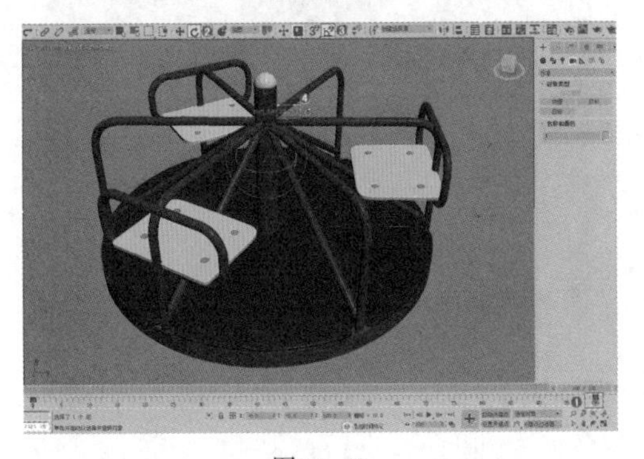

图 18-52

步骤 04 最后单击【播放动画】按钮▶，或拖动时间线来观察最终的动画效果，如图18-53所示。

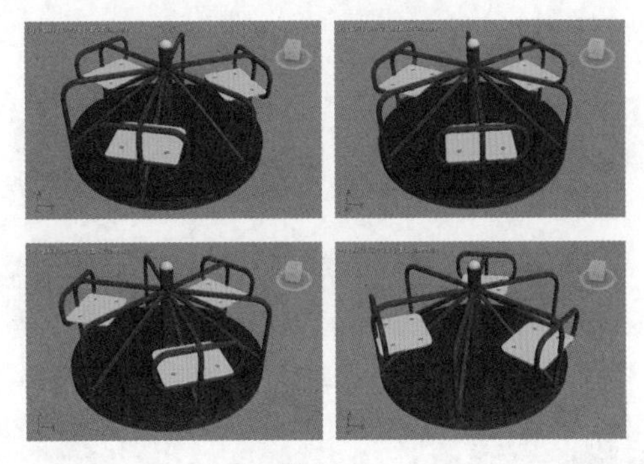

图 18-53

## 实例：使用自动关键帧动画制作方块的渐变效果

文件路径:Chapter 18 关键帧动画→实例：使用自动关键帧动画制作方块的渐变效果

扫一扫，看视频

本案例主要讲解方块依次掩盖球体的渐变动画效果，在制作的过程当中主要应用到了自动关键点攻击及平移复制的操作。案例最终的动画效果如图18-54所示。

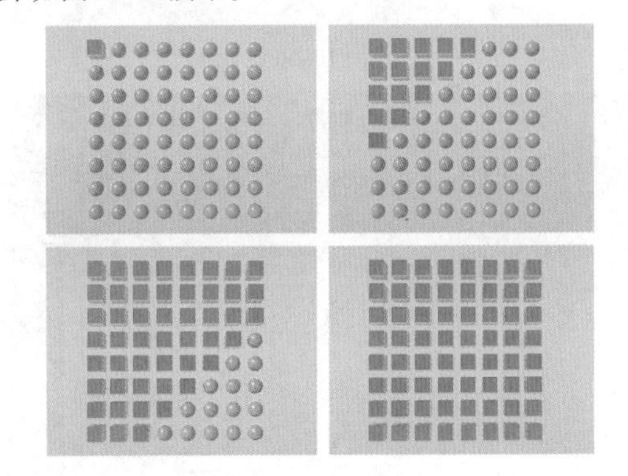

图 18-54

## 操作步骤

步骤 01 打开场景文件，如图18-55所示。

步骤 02 单击自动关键点按钮，选择长方体模型，将时间线拖动到第0帧，如图18-56所示。将时间线拖动到第5帧，按下Shift键并按住鼠标左键，在透视图中将其沿着X轴向右平移并复制，放置在右侧相邻的球体的位置处释放鼠标，在弹出的【克隆选项】对话框中设置【对象】为【复制】,【副本数】为1，如图18-57所示。

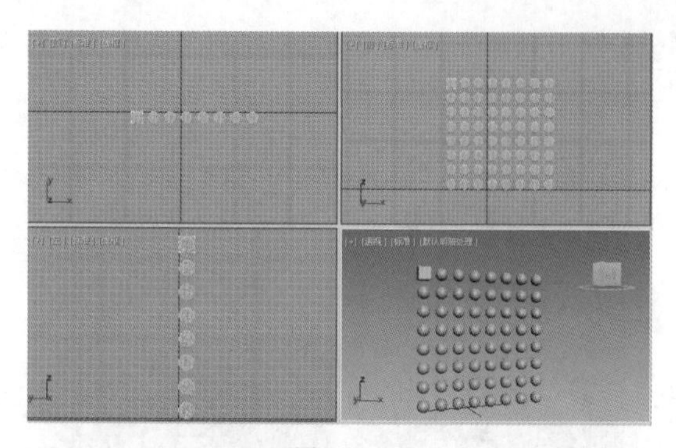

图 18-55

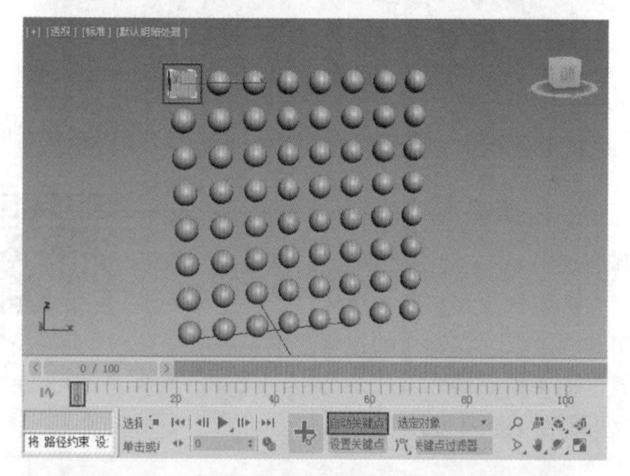

图 18-56

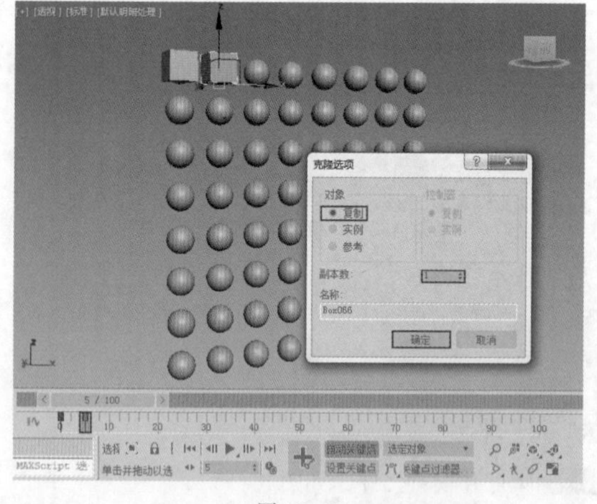

图 18-57

步骤 03 再次选中最左上方的长方体，在透视图中将其沿着Z轴向下平移并复制，移动到下方与其相邻的球体处释放鼠标，在弹出的【克隆选项】对话框中设置【对象】为【复制】,【副本数】为1，如图18-58所示。

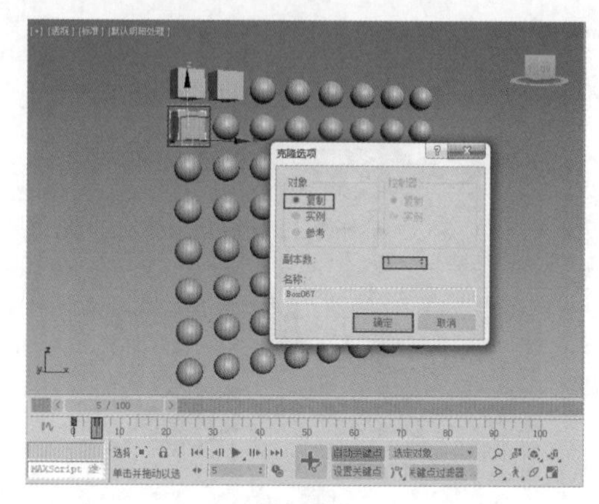

图 18-58

步骤 04 将时间线拖动到第10帧位置处，按住Ctrl键加选如图18-59所示的两个长方体模型。接着按下Shift键并按住鼠标左键，在透视图中将其沿着X轴向右平移并复制，移动到合适的位置后释放鼠标，在弹出的【克隆选项】对话框中设置【对象】为【复制】,【副本数】为1，如图18-60所示。

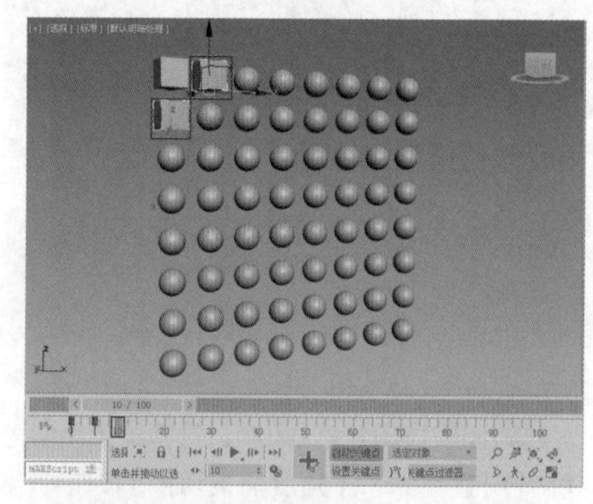

图 18-59

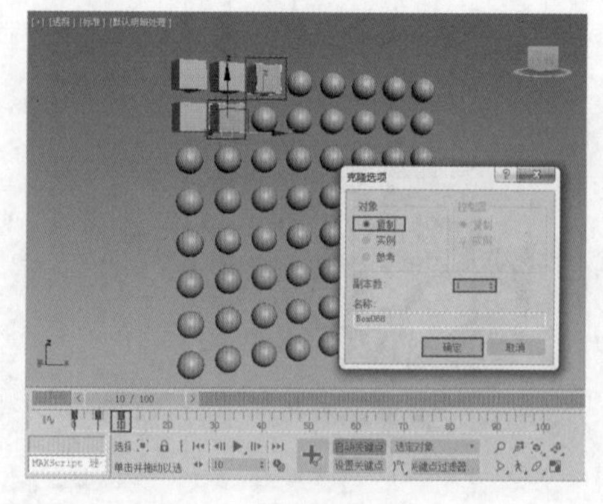

图 18-60

步骤 05 选择如图18-61所示的长方体模型。在透视图中将其沿着Z轴向下平移并复制，如图18-62所示。

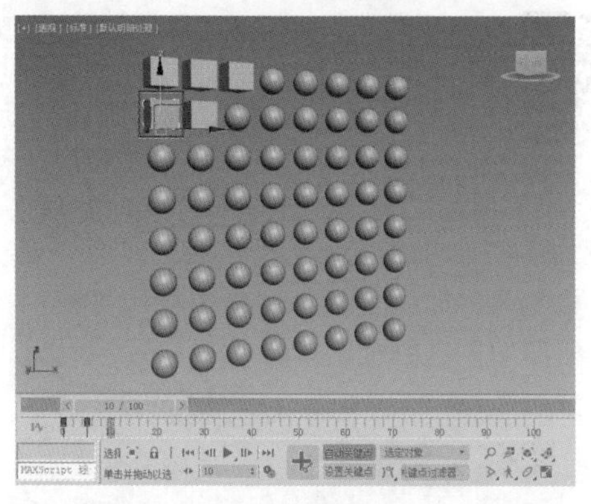

图 18-61

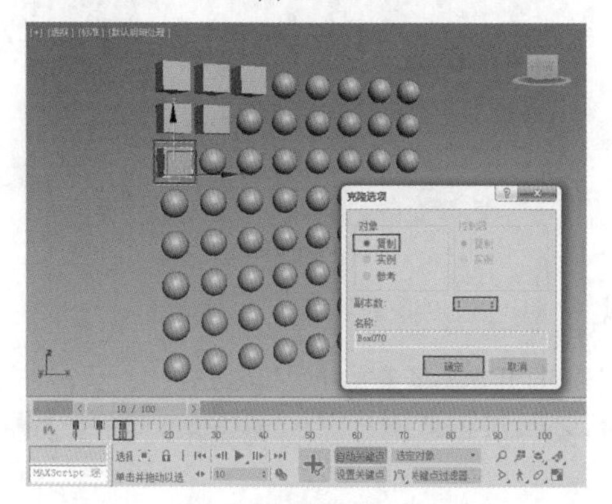

图 18-62

步骤 06 在第15帧、20帧、25帧、30帧、35帧时，使用同样的方法继续平移并复制其他的长方体模型，如图18-63所示。

步骤 07 制作完成后再次单击自动关键点按钮，拖动时间线查看动画效果，如图18-64所示。

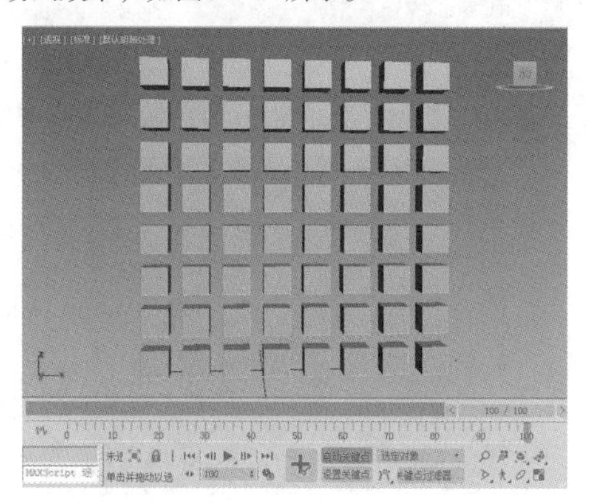

图 18-63

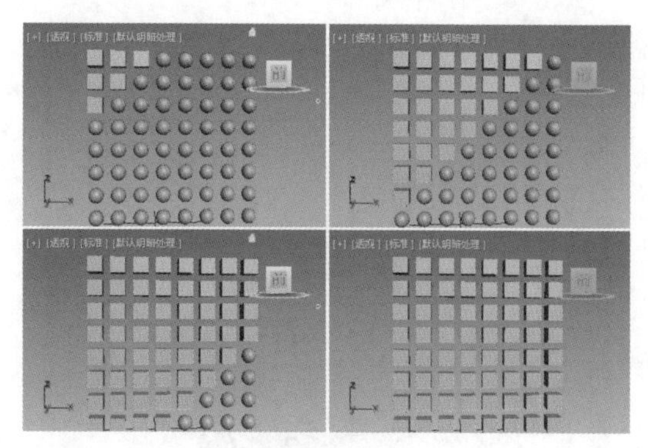

图 18-64

## 实例：使用自动关键帧制作心形动画

文件路径：Chapter 18 关键帧动画→实例：使用自动关键帧制作心形动画

扫一扫，看视频

本案例主要使用自动关键帧制作由线条的旋转组成心形的动画效果。案例最终的动画效果如图18-65所示。

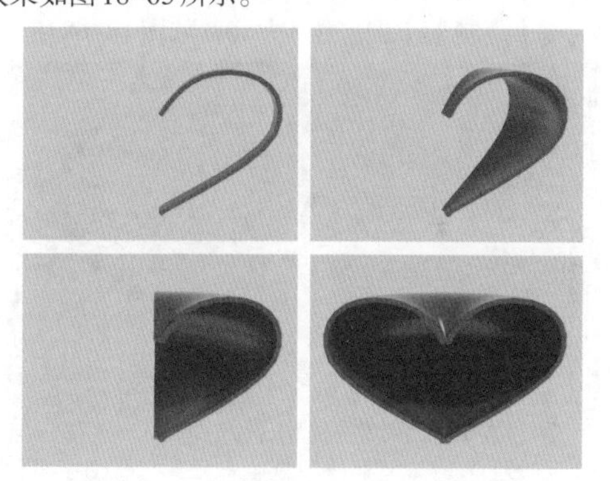

图 18-65

## 操作步骤

步骤 01 打开本案例的场景文件，如图18-66所示。

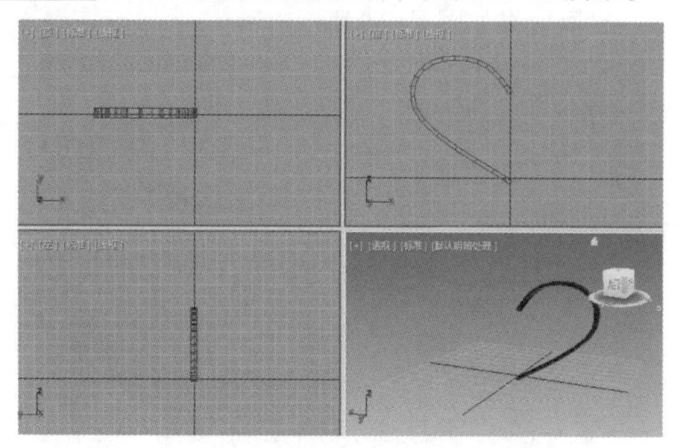

图 18-66

步骤 02 单击自动关键点按钮，将时间线拖动到第0帧，如图18-67所示。

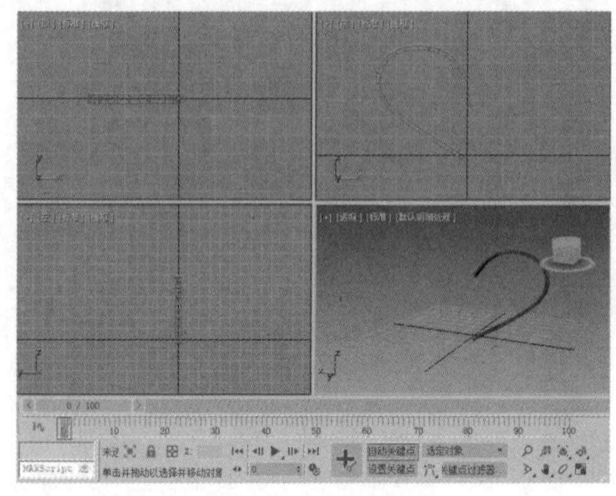

图 18-67

步骤 03 将时间线拖动到第100帧处，单击【选择并旋转】按钮和【角度捕捉切换】按钮，在透视图中按住Shift键并按住鼠标左键，将其沿着Z轴旋转5°，旋转完成后释放鼠标，在弹出的【克隆选项】对话框中设置【对象】为【复制】,【副本数】为40，如图18-68所示。

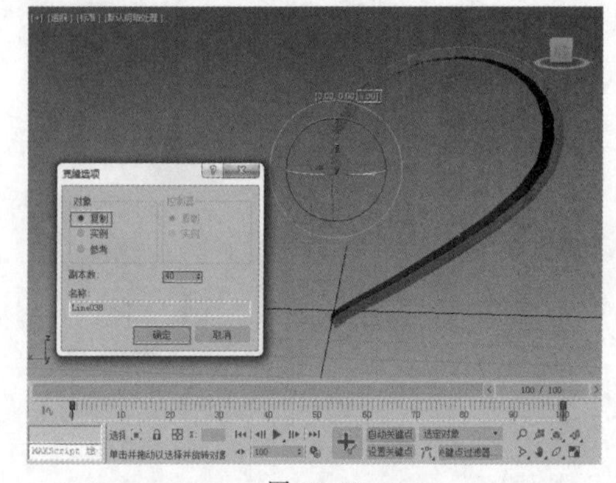

图 18-68

步骤 04 制作完成后再次单击自动关键点按钮，此时拖动时间线，动画效果如图18-69所示。

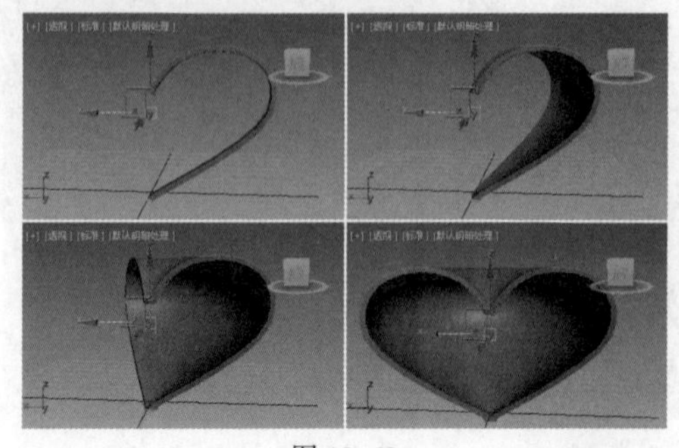

图 18-69

## 实例：旋转直升机

扫一扫，看视频

文件路径：Chapter 18 关键帧动画→实例：旋转直升机

本案例主要讲解旋转直升机的动画效果。在制作的过程当中，飞机模型显示垂直向上飞行，接着再进行有角度的飞行。案例最终渲染效果如图18-70所示。

图 18-70

### 操作步骤

步骤 01 打开本书场景文件，如图18-71所示。

步骤 02 执行【创建】+|【图形】|样条线|线，如图18-72所示。

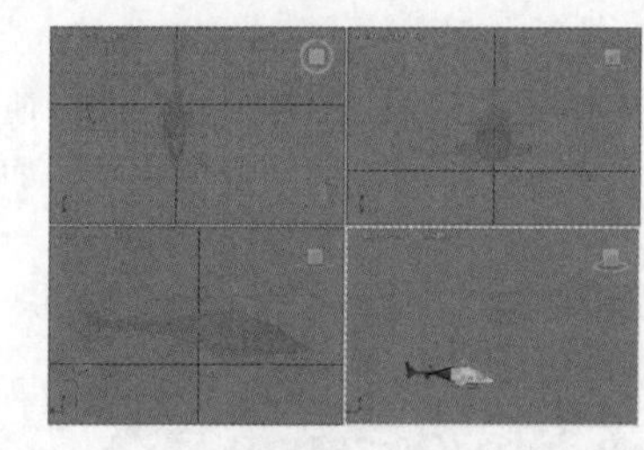

图 18-71

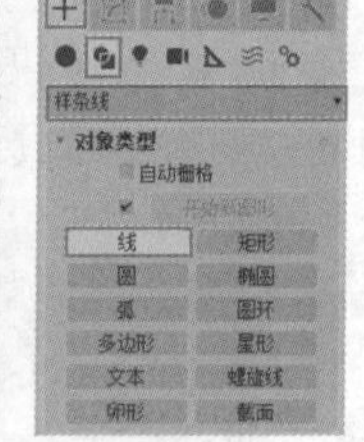

图 18-72

步骤 03 在前左视图中绘制样条线作为参考，如图18-73所示。

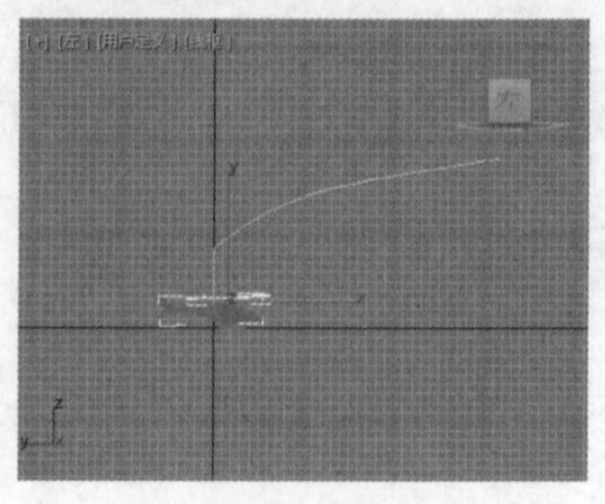

图 18-73

步骤 04 绘制完成后开始制作动画，选择整个飞机模型，单击自动关键点按钮，将时间线拖动到第0帧位置，模型位置如图18–74所示。

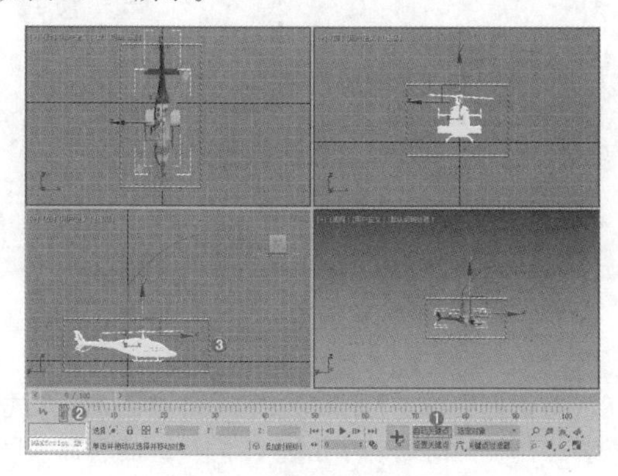

图 18–74

步骤 05 将时间线滑块拖动到第20帧，在左视图中将飞机模型沿着Y轴向上平移，如图18–75所示。接着选择上方的螺旋桨模型，单击【选择并旋转】按钮和【角度捕捉切换】按钮，在左视图中将其沿着Y轴旋转–100°，如图18–76所示。

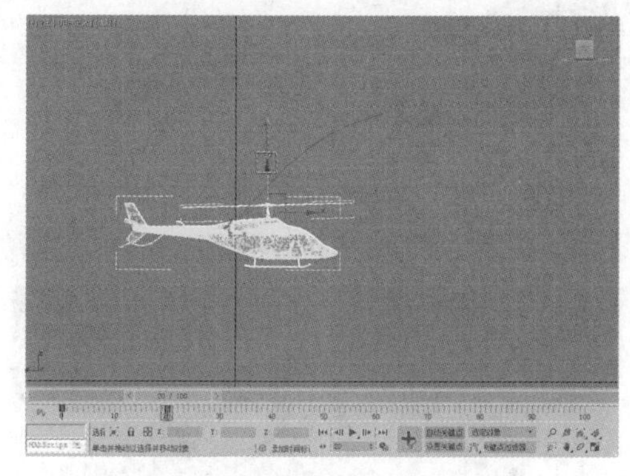

图 18–75

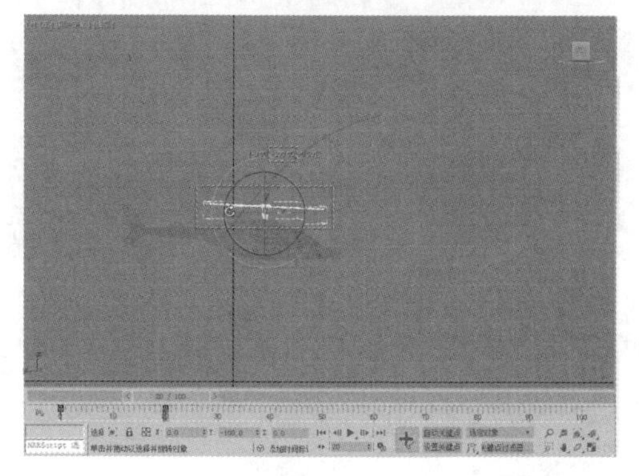

图 18–76

步骤 06 将时间线滑块拖动到第70帧，在左视图中将飞机模型沿着Y轴向上平移，如图18–77所示。再将其沿着X轴向右平移，如图18–78所示。

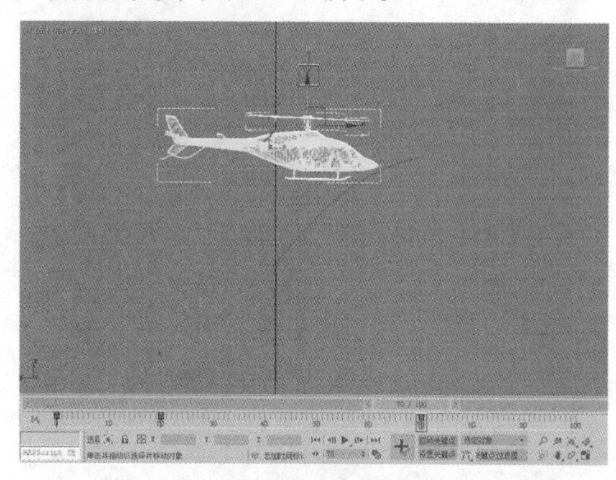

图 18–77

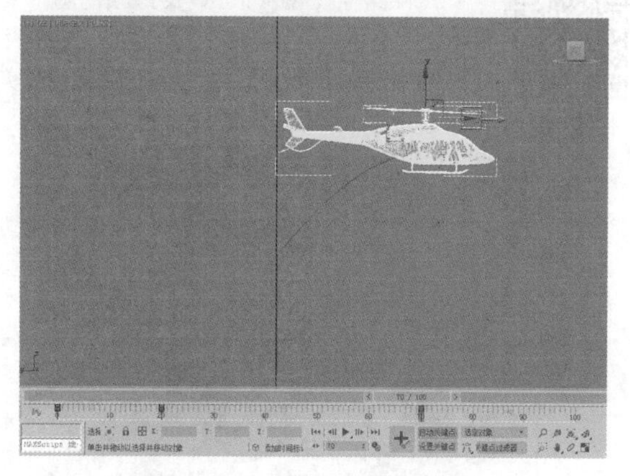

图 18–78

步骤 07 选中上方的模型，在左视图中将其沿着Y轴旋转–330°，如图18–79所示。

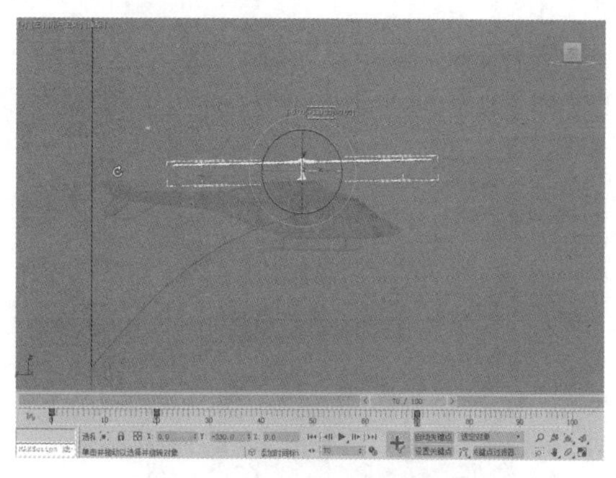

图 18–79

步骤 08 最后单击【播放动画】按钮▶，查看最终动画效果，如图18-80所示。

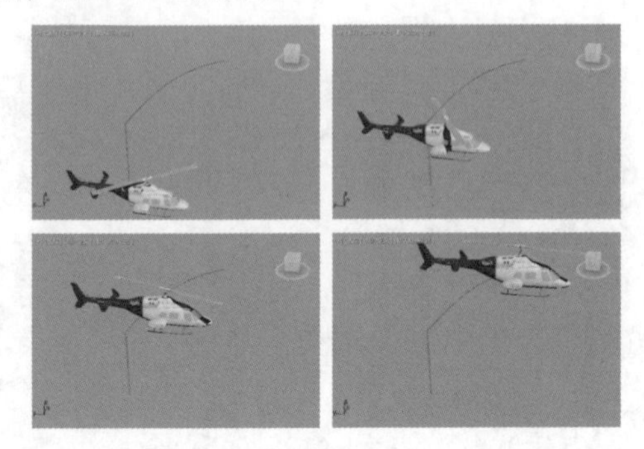

图 18-80

## 实例：液体水流

扫一扫，看视频

文件路径：Chapter 18 关键帧动画→实例：液体水流

本案例使用了【液体】工具模拟出真实的水流动画效果。渲染效果如图18-81所示。

图 18-81

## 操作步骤

步骤 01 打开本书场景文件，如图18-82所示。

步骤 02 在视图中拖动创建一个液体，如图18-83所示。将其放置于水龙头正下方，如图18-84所示。

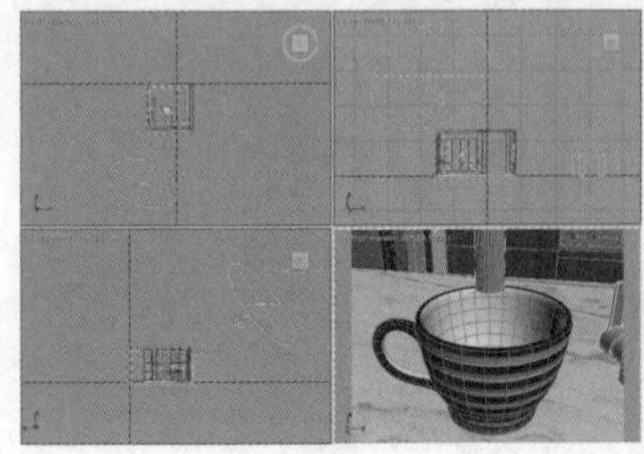

图 18-82　　图 18-83

步骤 03 选择刚才的液体，单击【修改】按钮，设置【半径】和【图标大小】为8.992mm，如图18-85所示。

图 18-84　　图 18-85

步骤 04 单击【修改】按钮，单击【模拟视图】按钮，在弹出的对话框中单击【拾取】按钮，并在场景中单击拾取茶杯模型，此时列表中出现了茶杯cap的名称，最后单击▶（开始解算）按钮，如图18-86所示。

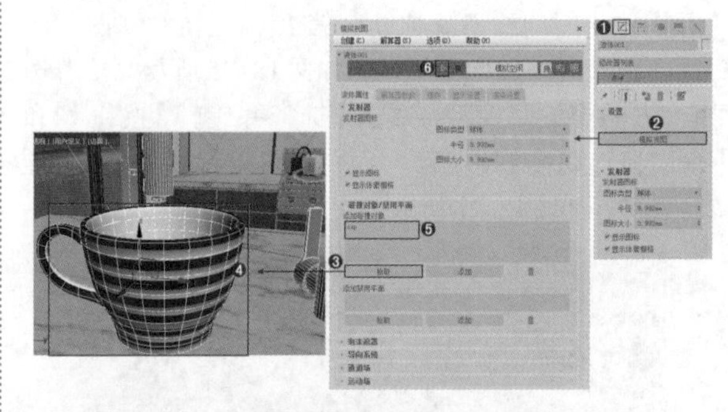

图 18-86

步骤 05 此时产生了水流的动画效果，如图18-87所示。

图 18-87

步骤 06 单击【解算器参数】按钮，单击【液体参数】按钮，设置【阈值】为10，如图18-88所示。

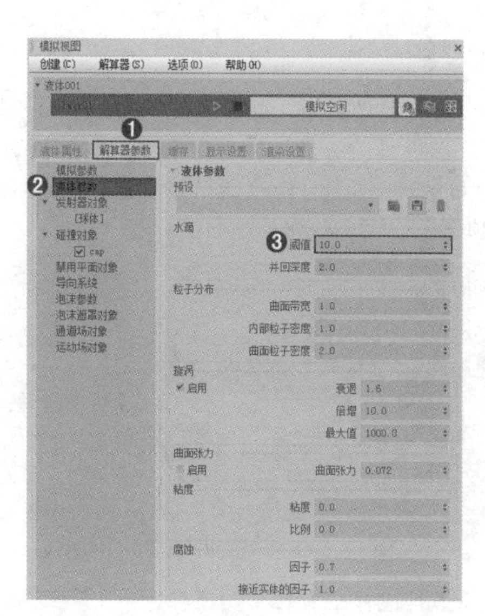


图 18-88

步骤 07 单击【解算器参数】按钮，单击【发生器参数】按钮，设置【膨胀速率】为100，【带宽】为500，如图18-89所示。

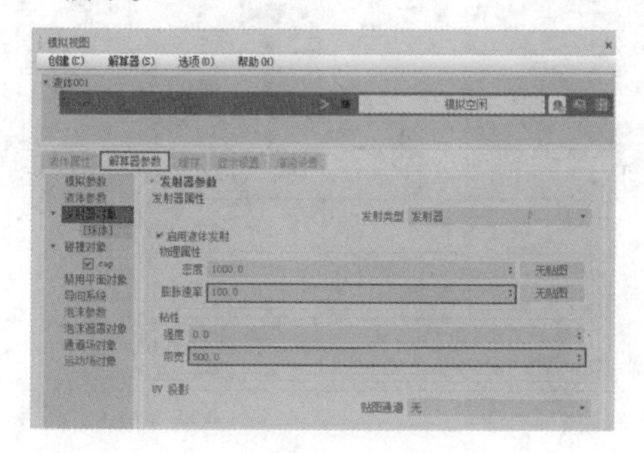


图 18-89

步骤 08 单击【解算器参数】按钮，单击【碰撞对象】按钮，设置【厚度】为4，如图18-90所示。

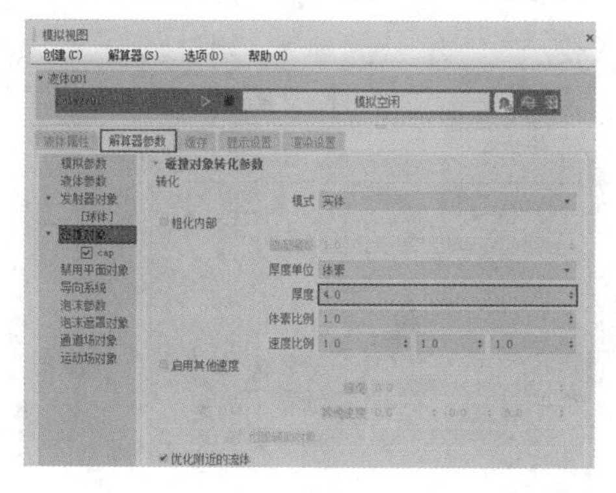


图 18-90

## 实例：灯光动画

文件路径：Chapter 18 关键帧动画→实例：灯光动画

扫一扫，看视频

本案例通过为灯光创建关键帧位置的动画，从而模拟太阳随时间产生的光线变化。渲染效果如图18-91所示。

图 18-91

## 操作步骤

步骤 01 打开场景文件，如图18-92所示。

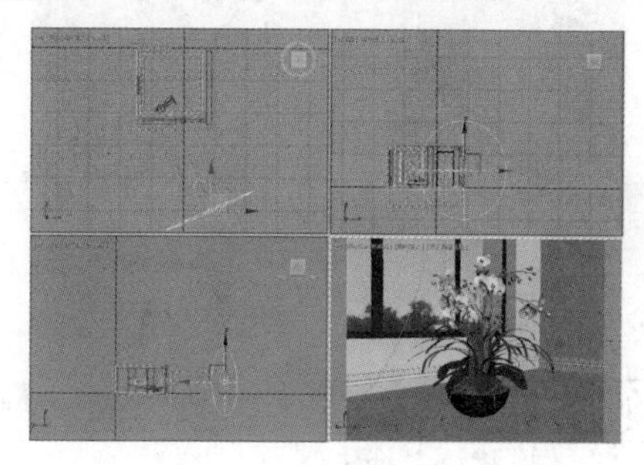

图 18-92

步骤 02 选择场景中的灯光，单击自动关键点按钮，将时间线拖动到第0帧处，灯光位置如图18-93所示。

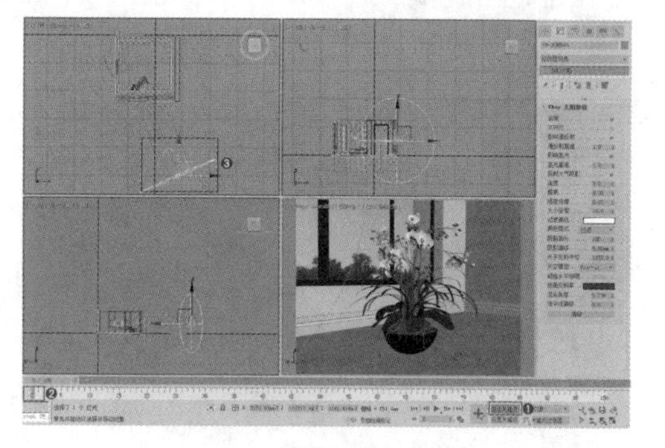

图 18-93

步骤 03 将时间线拖动到第100帧处，选择灯光，在各个图中分别调整灯光的位置，如图18-94所示。动画设置完成后，再次单击 自动关键点 按钮，完成动画的制作。

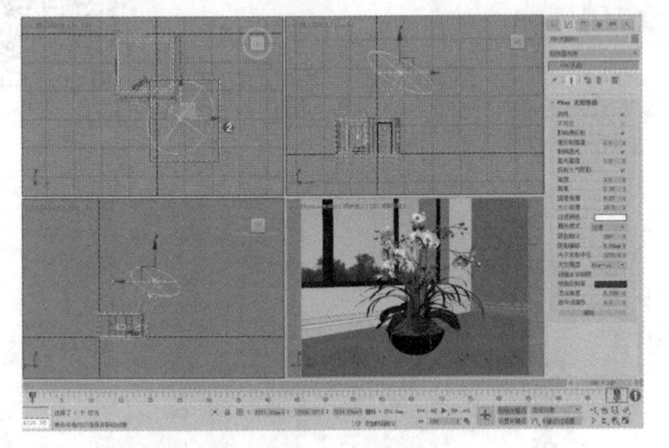

图 18-94

步骤 04 拖动时间线查看灯光动画效果，如图18-95所示。

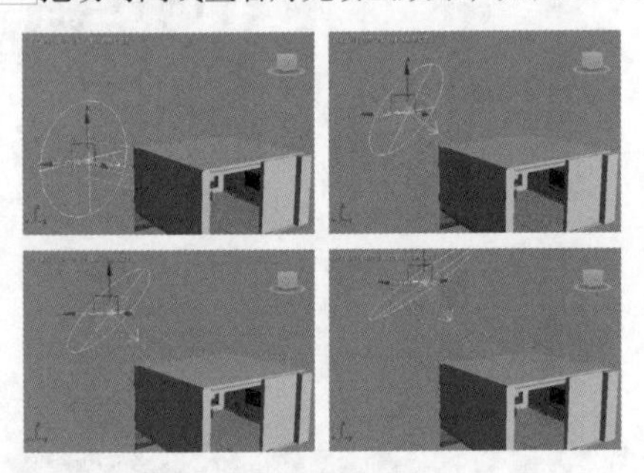

图 18-95

## 实例：建筑生长动画

扫一扫，看视频

文件路径：Chapter 18 关键帧动画→实例：建筑生长动画

本案例使用为高楼添加【切片】修改器，并通过为【切片平面】的位置设置关键帧动画，从而制作建筑生长动画效果。渲染效果如图18-96所示。

图 18-96

### 操作步骤

步骤 01 打开场景文件，如图18-97所示。

步骤 02 选择最前方的一栋楼房模型，单击【修改】按钮，为其添加【切片】修改器，并设置【切片类型】为【移除顶部】，如图18-98所示。

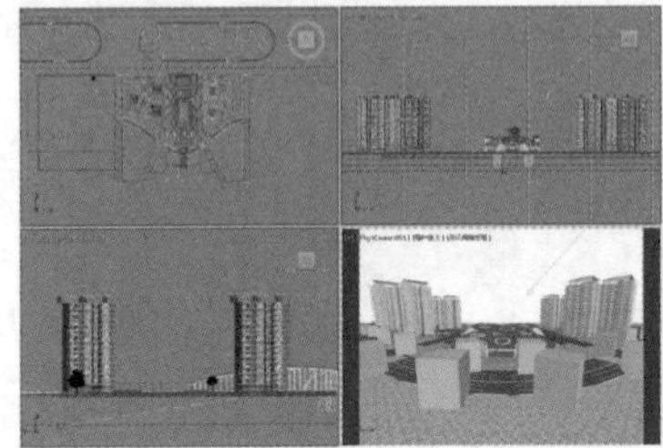

图 18-97

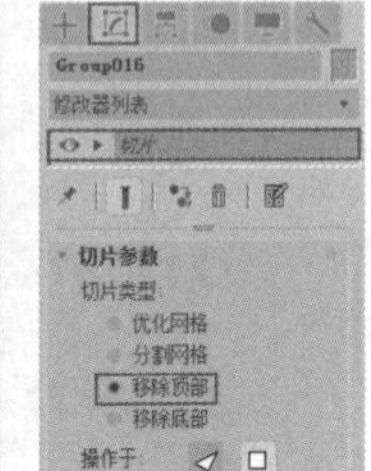



图 18-98

步骤 03 选择刚才的那栋楼房模型，单击 自动关键点 按钮，将时间线拖动到第0帧处，单击【修改】按钮，选择【切片平面】级别，并将其移动到楼房的下方位置，如图18-99所示。

图 18-99

步骤 04 将时间线拖动到第60帧处，选择【切片平面】，将其移动至楼房上方位置，如图18-100所示。

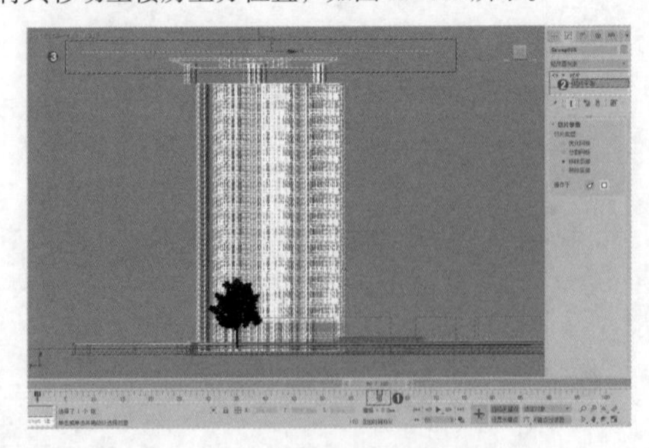

图 18-100

步骤 05 拖动时间轴，此时一栋楼房出现了生长动画，如图18–101所示。

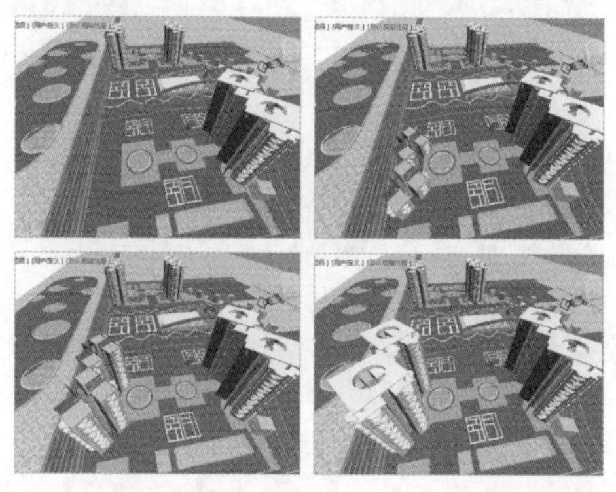

图 18–101

步骤 06 使用同样的方法制作出另外一栋楼房的生长动画，如图18–102所示。

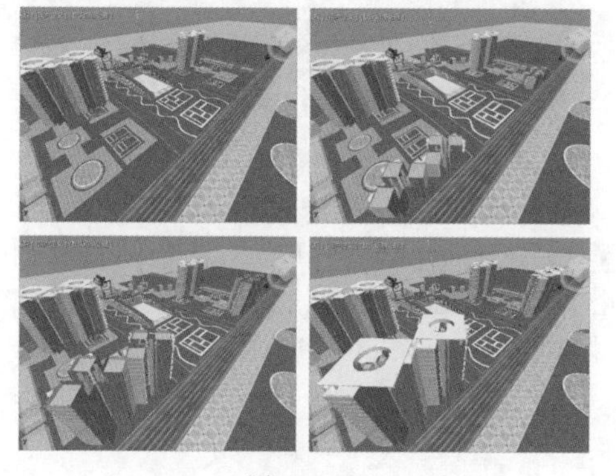

图 18–102

步骤 07 选择后排的一栋楼房模型，为其加载【切片】修改器。单击自动关键点按钮，将时间线拖动到第50帧处，单击【修改】按钮，选择【切片平面】级别，并将其移动到楼房的下方位置，如图18–103所示。

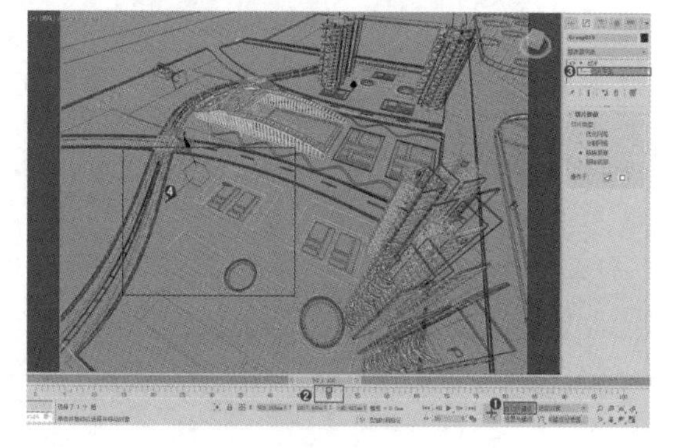

图 18–103

步骤 08 将时间线拖动到第100帧处，选择【切片平面】，将其移动至楼房上方位置，如图18–104所示。

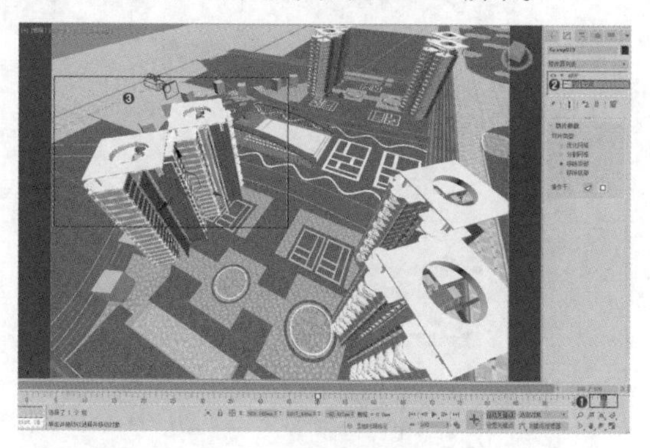

图 18–104

步骤 09 使用同样的方法制作第4栋楼，制作完成后的动画效果如图18–105所示。动画设置完成后，再次单击自动关键点按钮，完成动画的制作。

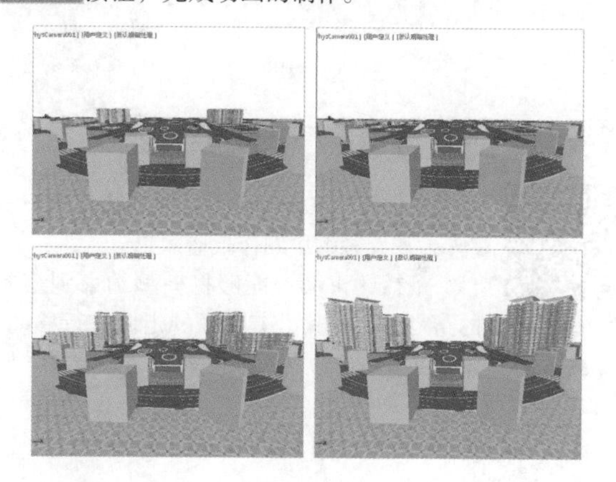

图 18–105

## 18.3 约束动画

动画约束可以使对象产生约束的效果，例如飞机按航线飞行的路径约束、眼睛的注视约束等。执行【动画/约束】菜单命令，可以观察到约束命令有7个子命令，分别是附着约束、曲面约束、路径约束、位置约束、链接约束、注视约束和方向约束，如图18–106所示。

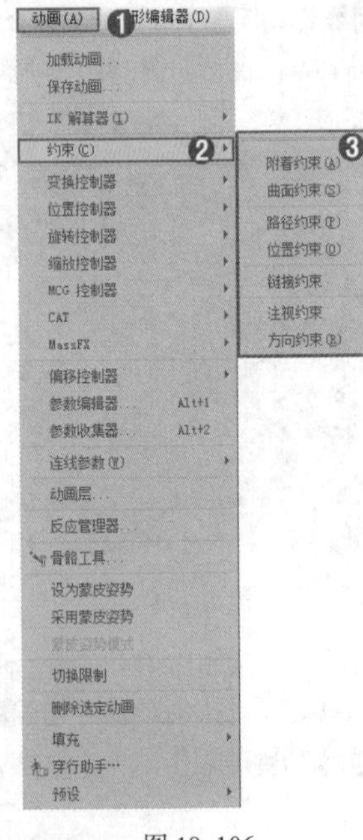


图 18-106

## 实例：使用路径约束制作投篮效果

扫一扫，看视频

文件路径：Chapter 18 关键帧动画→实例：使用路径约束制作投篮效果

路径约束命令能够将模型约束到绘制的路径上，使其沿着路径的走向进行移动。本案例主要讲解使用路径约束制作投篮的动画效果。如图18–107所示。

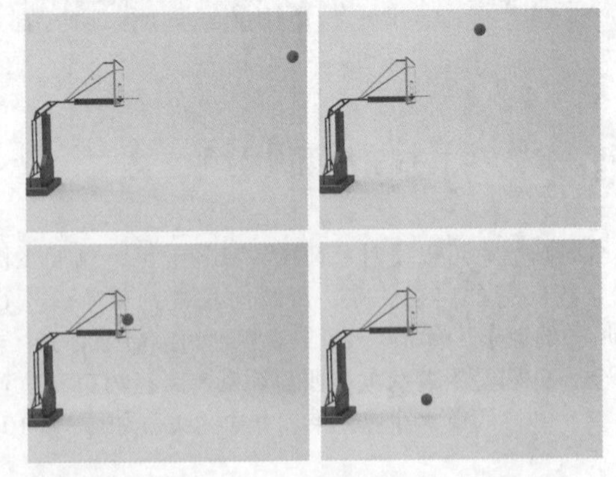

图 18–107

## 操作步骤

步骤 01 打开本书场景文件，如图18–108所示。

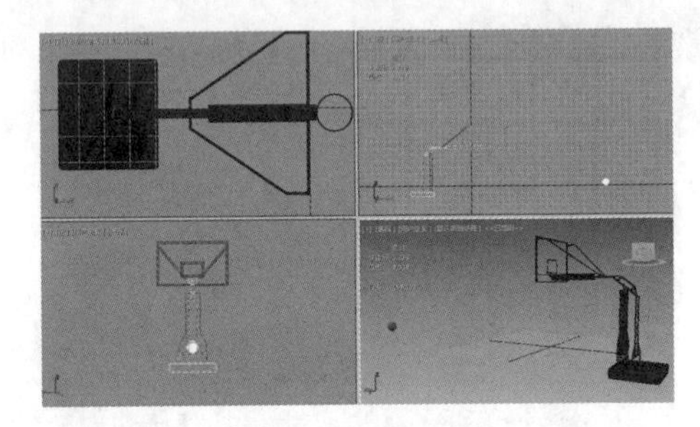

图 18–108

步骤 02 使用【线】工具在前视图中绘制一条线，如图18–109所示（该线可用于球体的运动轨迹的参考）。

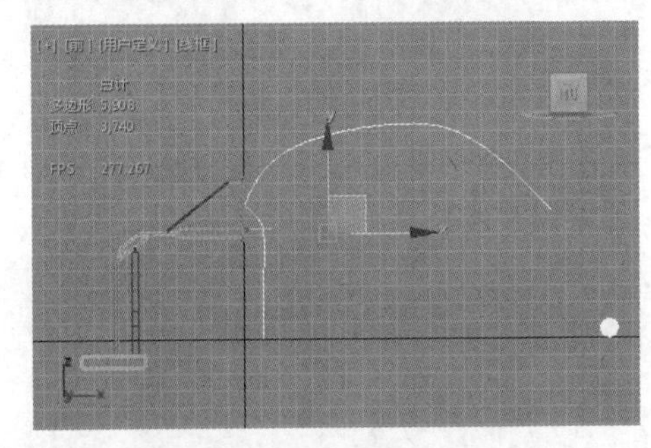

图 18–109

步骤 03 选择篮球模型，然后在菜单栏中执行【动画】|【约束】|【路径约束】命令，此时出现虚线，单击拾取线，如图18–110和图18–111所示。

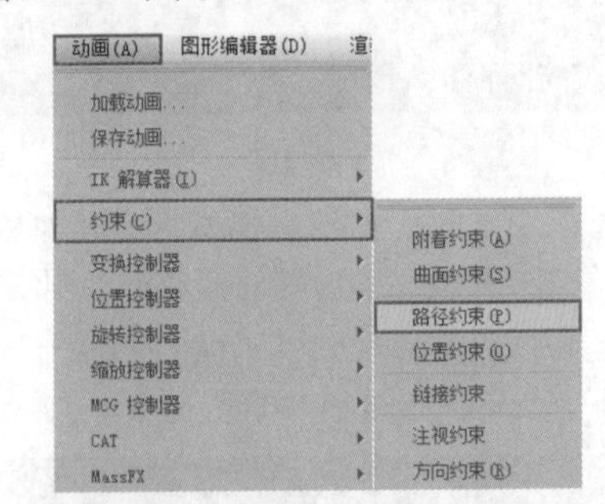


图 18–110

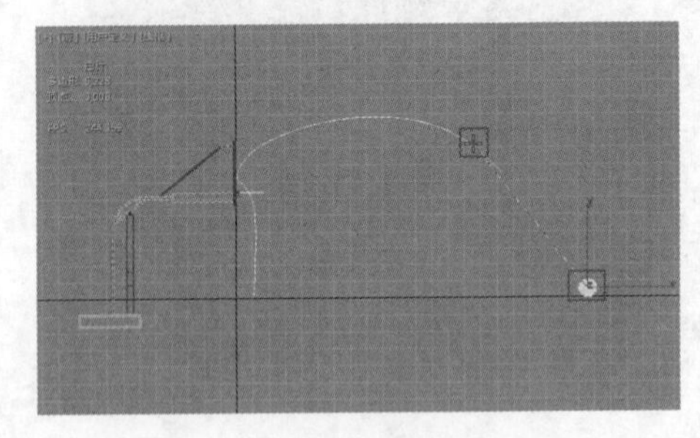

图 18–111

步骤 04 此时篮球模型已经被约束到线上，如图18–112所示。

步骤 05 单击 (运动) 面板，勾选【跟随】选项，如图18–113所示。

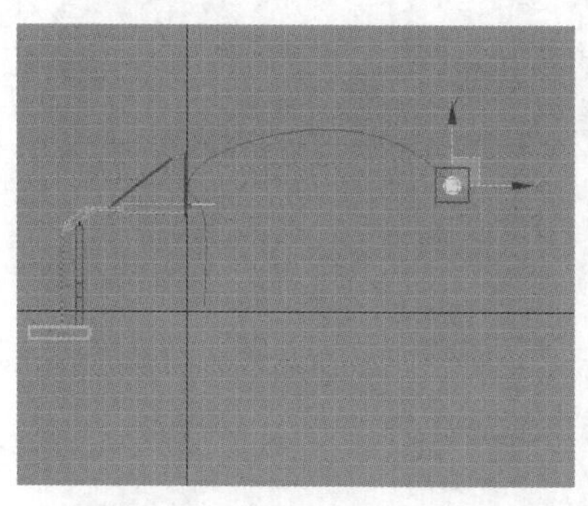
图 18–112

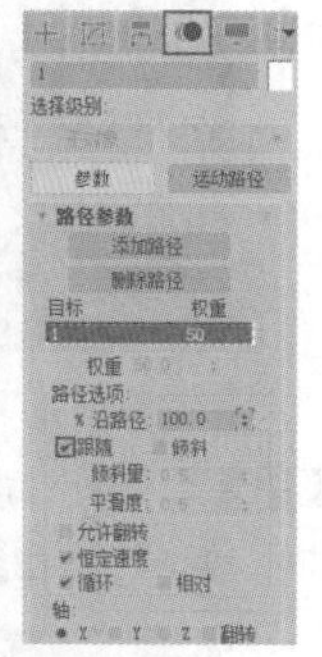

图 18–113

步骤 06 拖动时间线可以观察到动画，如图18–114所示。

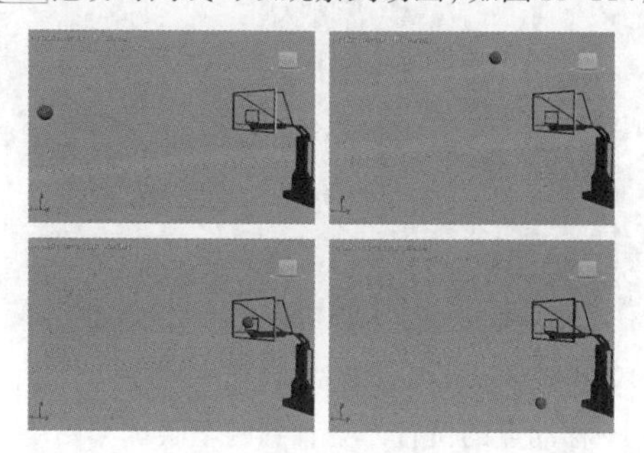
图 18–114

## 实例：眼球注视

文件路径：Chapter 18 关键帧动画→实例：眼球注视

扫一扫，看视频

本案例使用【注视约束】模拟两个眼球的注视变化，这是角色动画设计中常用的制作眼神动画的方法。渲染效果如图18–115所示。

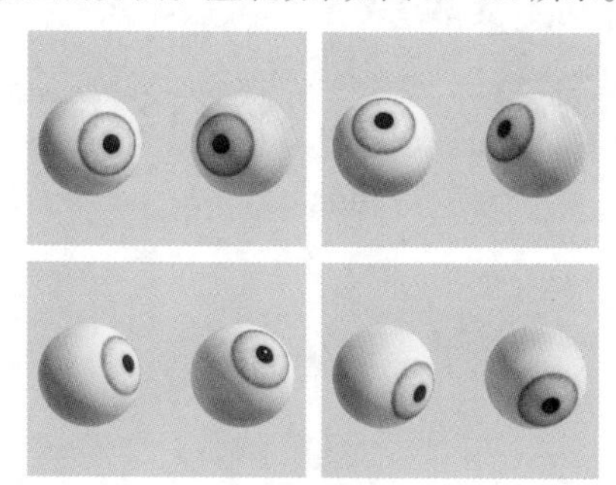
图 18–115

## 操作步骤

步骤 01 打开场景文件，如图18–116所示。

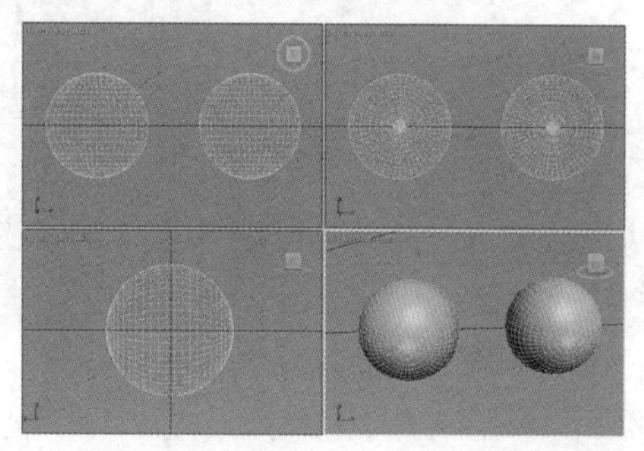
图 18–116

步骤 02 执行 + (创建) | (辅助对象) | 标准 | 点 ，在两个眼球前方中间位置创建一个点，如图18–117所示。

步骤 03 单击【修改】按钮，勾选【中心标记】、【三轴架】、【交叉】、【长方体】，设置【大小】为20mm，如图18–118所示。

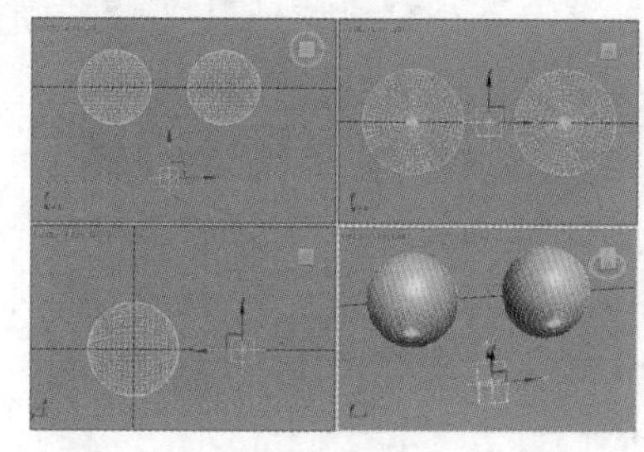
图 18–117

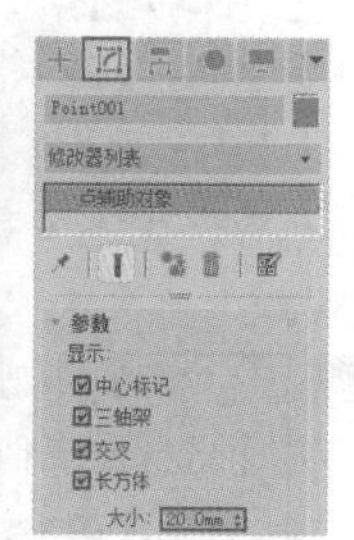

图 18–118

步骤 04 在顶视图选择2个球体模型，执行【动画】|【约束】|【注视约束】命令，如图18–119所示。

步骤 05 此时出现一条虚线，将虚线拖动至点的位置并单击鼠标左键，如图18–120所示。

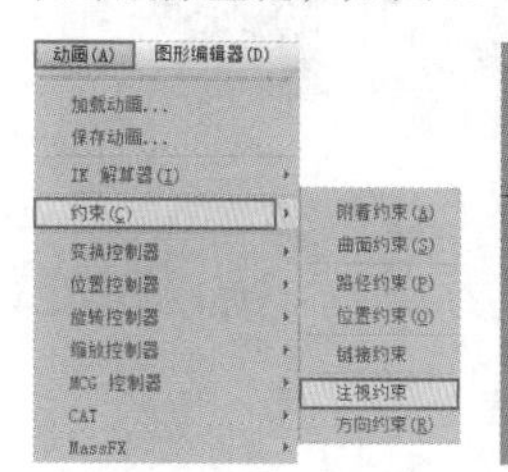

图 18–119

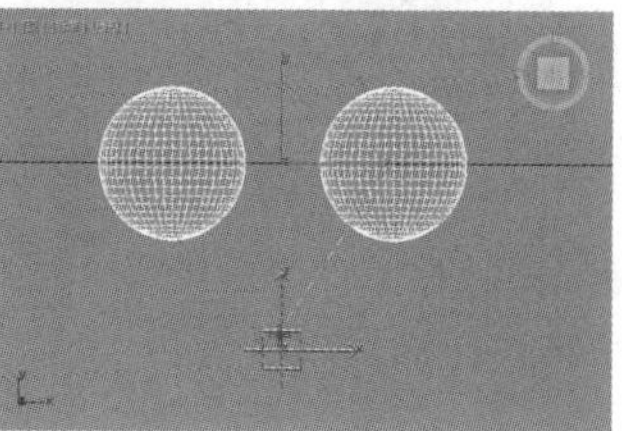
图 18–120

步骤 06 此时顶视图中可以看到两个球体和点之间出现了连接的线，如图18–121所示。

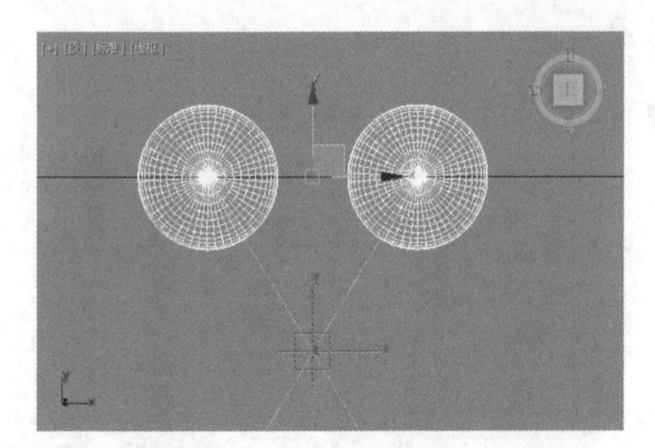

图 18-121

步骤 07 在透视图看到球体的方向不正确，眼球的位置是向上的，并没有注视点的方向，如图18-122所示。

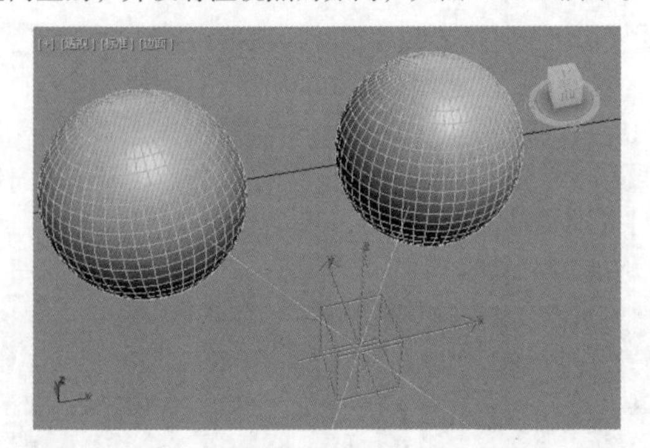

图 18-122

步骤 08 选择其中的一个球体，单击 (运动) 面板，设置【选择注视轴】为Z，如图18-123所示。

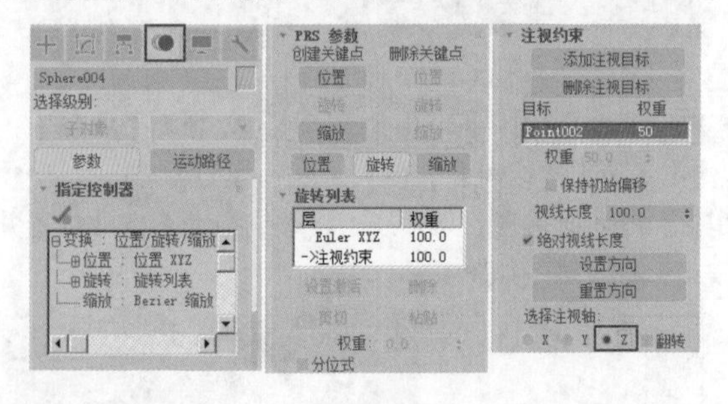


图 18-123

步骤 09 此时该球体已经注视点的方向了，如图18-124所示。

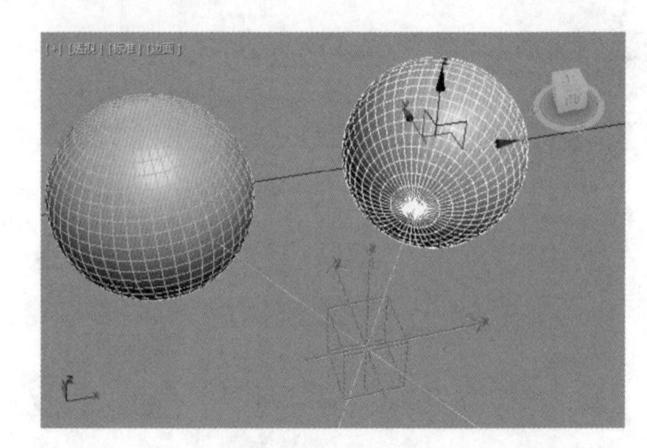

图 18-124

步骤 10 使用同样的方法调整另外一个球体的注视方向，如图18-125所示。

图 18-125

步骤 11 移动点的位置，会看到两个眼球会始终注视着点，该方法常用于制作人物或动物等角色动画的眼球时使用，如图18-126所示。

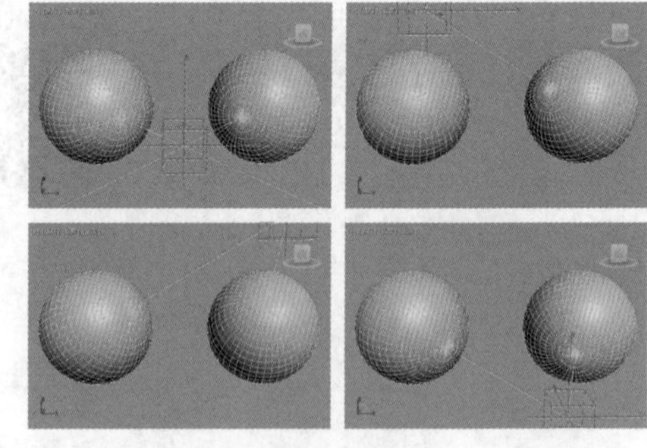

图 18-126

扫一扫，看视频

# 高级动画

## 本章内容简介：

本章将会学到高级动画知识，高级动画是主要应用于角色设计的动画技术，比关键帧动画要难一些。本章将重点讲解几种骨骼系统，包括骨骼、Biped骨骼、CAT对象及蒙皮修改器的应用。

## 重点知识掌握：

- 认识高级动画。
- 熟练掌握骨骼、Biped骨骼动画、蒙皮修改器、CAT对象等工具的使用。

## 通过本章学习，我能做什么？

通过对本章的学习，我们可以为角色模型创建相应的骨骼系统，并且将模型与骨骼通过蒙皮修改器关联在一起，使得在骨骼产生位置变化时模型也随之变化。通过这一系列复杂的操作，我们可以制作人物行走、奔跑、跳跃等动画；还可以制作动物走路、奔跑、飞行等动画；也可以制作CG角色动画等。

# 19.1 认识高级动画

在上一章中，我们学习了关键帧动画的使用方法，已经可以制作一些简单的动画，例如对象的位移旋转缩放动画、参数变化动画等。而本章将学习难度更大的高级动画知识，高级动画主要用于角色动画设计。

高级动画的应用领域非常广泛，常应用于游戏设计、广告设计、影视动画设计等行业。高级动画的使用流程如下。

（1）创建完成模型，并调整模型的标准姿态，为创建骨骼做准备。

（2）使用合适的骨骼工具在模型内创建骨骼。

（3）进行蒙皮操作。

（4）设置骨骼动画，完成动画制作，如图19–1所示。

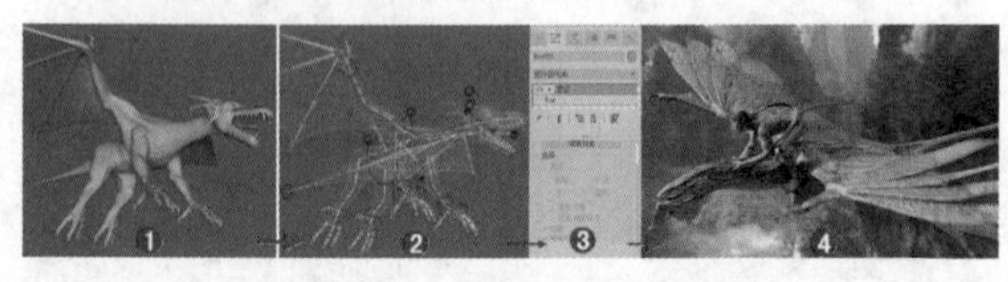

图 19–1

# 19.2 骨骼

扫一扫，看视频

【骨骼】工具可以创建具有链接特点的骨骼系统，例如创建手臂骨骼。通常的制作思路是：创建模型→创建骨骼→蒙皮→制作动画。

（1）执行＋（创建）|（系统）| 标准 | 骨骼，如图19–2所示。鼠标左键单击2次，鼠标右键单击1次，即可完成如图19–3所示的创建。

（2）选择骨骼，单击【修改】按钮，可以更改基本属性。参数如图19–4所示。

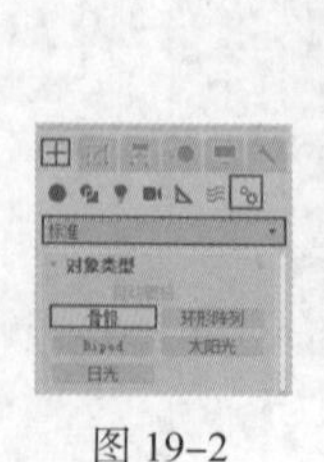

图 19–2

图 19–3

图 19–4

## 实例：创建腿部骨骼

扫一扫，看视频

文件路径：Chapter 19 高级动画→实例：创建腿部骨骼

鼠标左键单击2次，鼠标右键单击1次，即可完成腿部骨骼创建。创建完成骨骼之后，可以对骨骼进行移动、旋转操作。

### 操作步骤

**步骤 01** 执行＋（创建）|（系统）| 标准 | 骨骼，如图19–5所示。

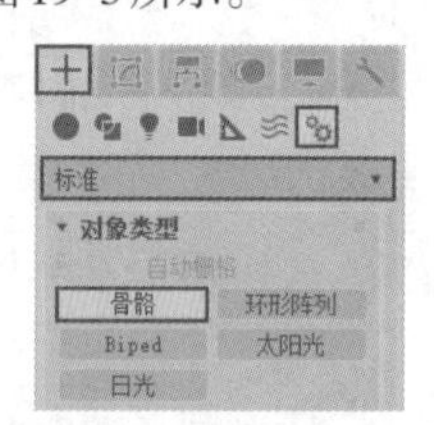


图 19–5

**步骤 02** 在前视图中单击鼠标左键即可确定第一个骨骼位置，此时移动鼠标位置，如图19–6所示。

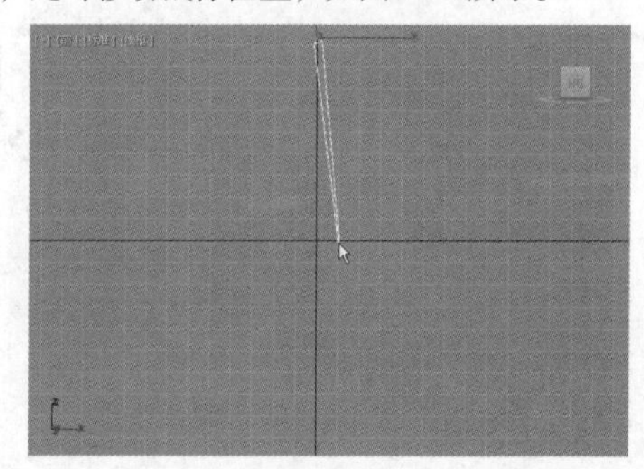

图 19–6

**步骤 03** 在确定的位置单击鼠标左键确定该骨骼位置，然后移动鼠标即可确定第二个骨骼的长度，如图19–7所示。

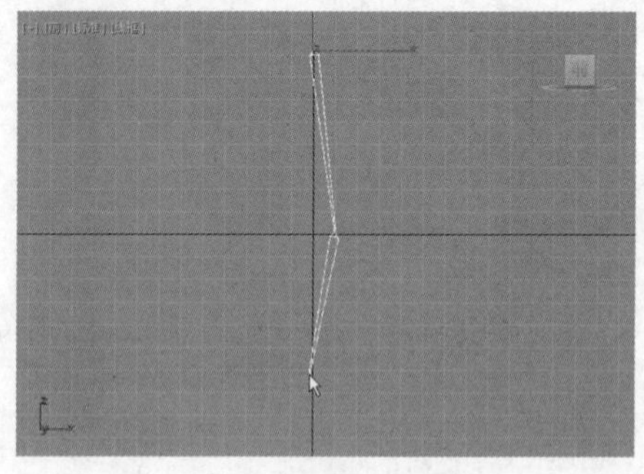

图 19–7

步骤 04 继续单击鼠标左键确定该骨骼位置，移动鼠标即可确定第三个骨骼的长度，如图19–8所示。

步骤 05 单击鼠标左键确定末尾的骨骼，如图19–9所示。

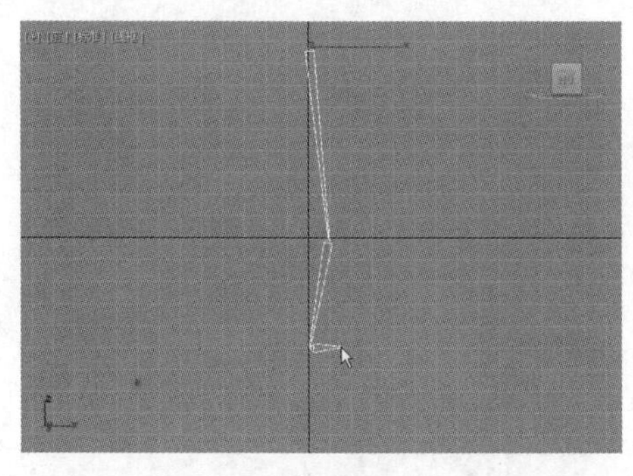

图 19–8

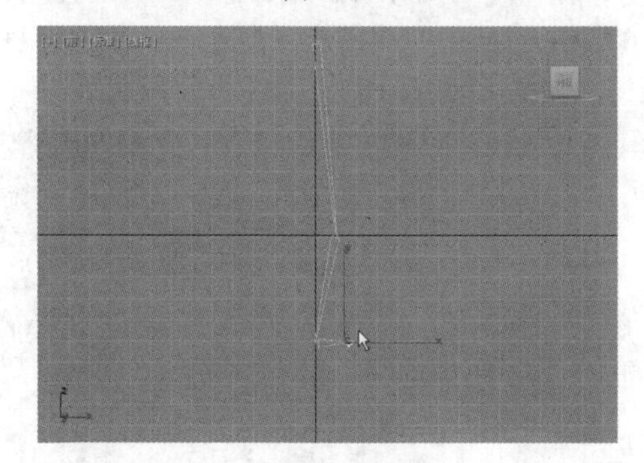

图 19–9

## 选项解读：骨骼相关重点参数速查

- 宽度：设置骨骼的宽度。
- 高度：设置骨骼的高度。
- 锥化：调整骨骼形状的锥化。
- 侧鳍：向选定骨骼添加侧鳍。
- 大小：控制鳍的大小。
- 始端锥化：控制鳍的始端锥化。
- 末端锥化：控制鳍的末端锥化。
- 前鳍：向选定骨骼添加前鳍。
- 后鳍：向选定骨骼的后面添加鳍。

## 实例：为腿部骨骼设置IK解算器

文件路径：Chapter 19　高级动画→实例：为腿部骨骼设置IK解算器

扫一扫，看视频

创建完成骨骼后，可以为骨骼设置IK结算器，使得骨骼系统产生完整的运动机制，例如腿部骨骼当脚抬起时，连接脚的小腿和大腿骨骼自然产生抬起效果。

## 操作步骤

步骤 01 选择脚掌的骨骼，如图19–10所示。

步骤 02 在菜单栏中执行【动画】|【IK解算器】|【IK肢体解算器】命令，如图19–11所示。

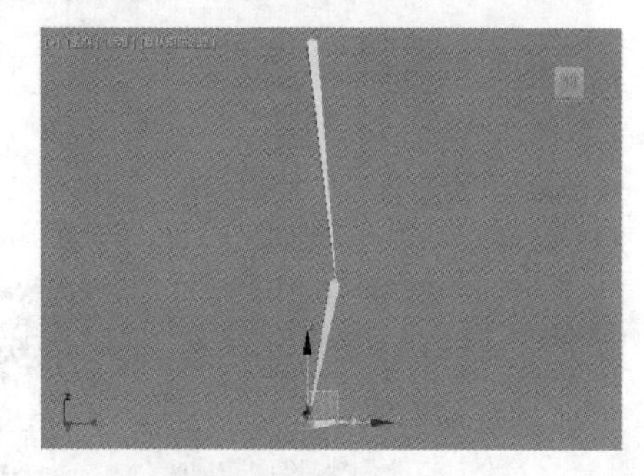

图 19–10

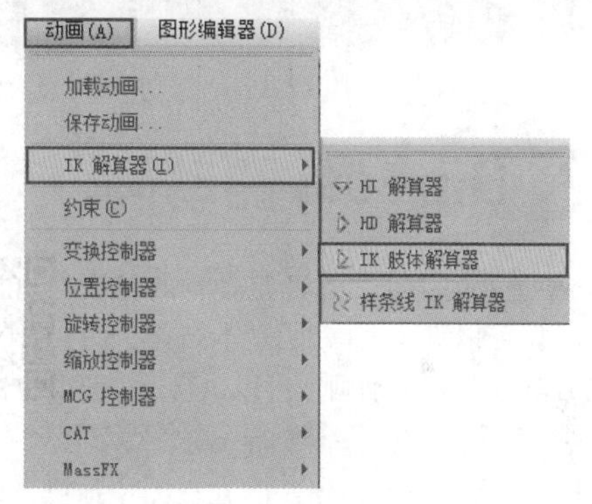


图 19–11

步骤 03 此时出现一条虚线，然后单击顶部大腿的骨骼，如图19–12所示。

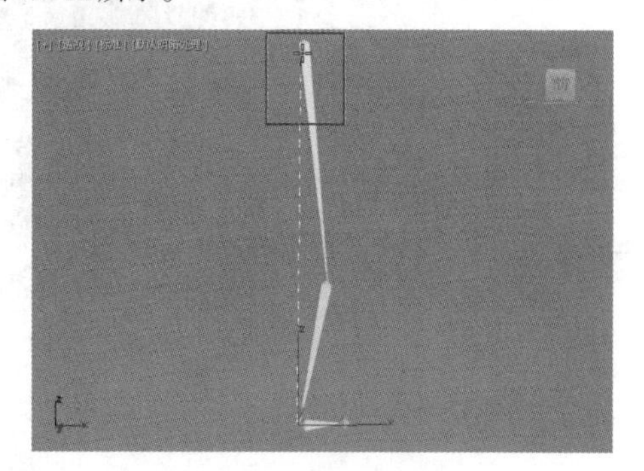

图 19–12

步骤 04 此时在脚后跟位置产生了一个十字交叉的图标，并且出现一条白色的直线将大腿和脚踝骨骼连接。此时代表两个骨骼成功连接，如图19–13所示。

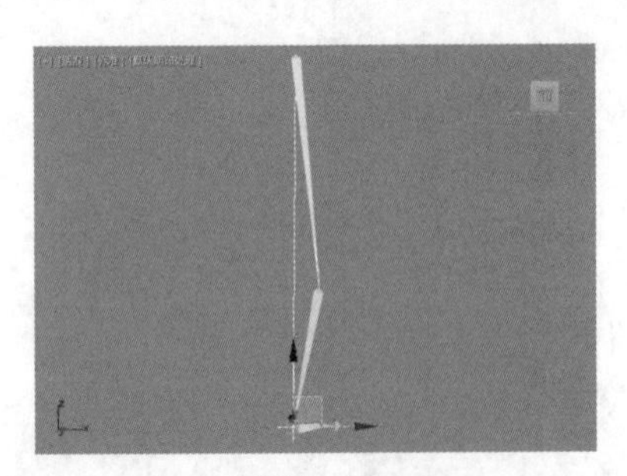

图 19-13

步骤 05 此时只需要选择这个十字图标，沿Z轴移动位置，即可产生腿部骨骼的真实抬腿效果，如图19-14所示。

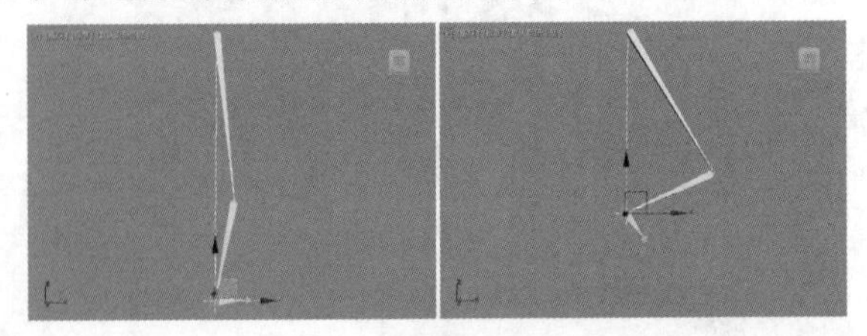

图 19-14

# 19.3 Biped骨骼动画

扫一扫，看视频

Biped是专门用于制作两足动物的骨骼系统，不仅可以设置Biped的基本结构，而且可以为其设置姿态动画。可以执行＋（创建）|（系 统）|标准 | Biped，如图19-15所示。在视图中拖曳，即可创建一个Biped，如图19-16所示。

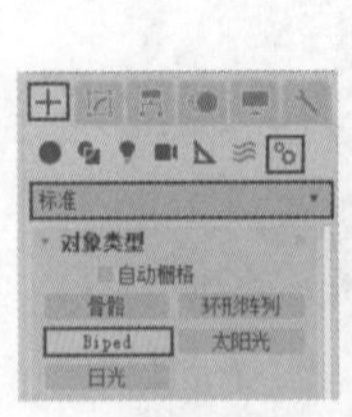


图 19-15

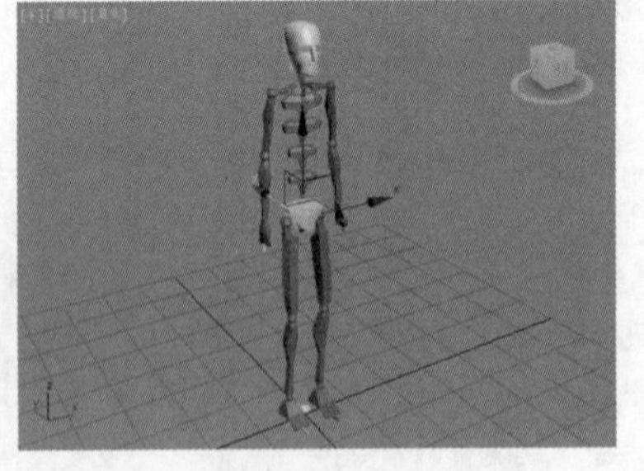

图 19-16

## 实例：使用Biped制作行走姿势

扫一扫，看视频

文件路径：Chapter 19 高级动画→实例：使用Biped制作行走姿势

Biped不仅可以设置基本结构，还能够为其设置姿态动画。本案例主要讲解使用Biped制作人物行走的姿势。案例最终效果如图19-17所示。

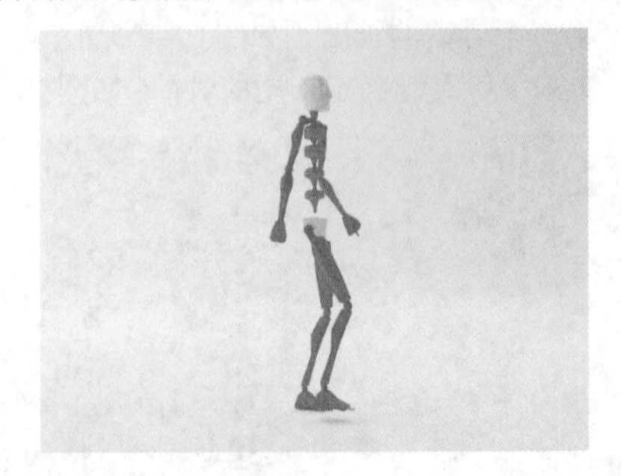

图 19-17

### 操作步骤

步骤 01 执行【创建】＋|【系统】|【标准】| Biped，如图19-18所示。在透视图中按住鼠标左键拖曳，创建一个Biped骨骼，如图19-19所示。

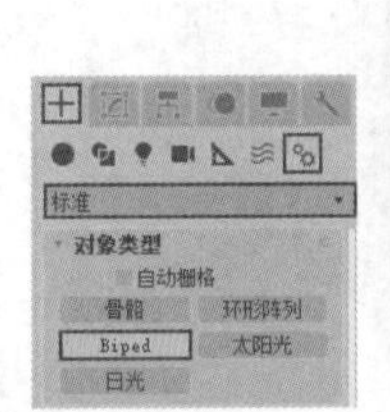


图 19-18

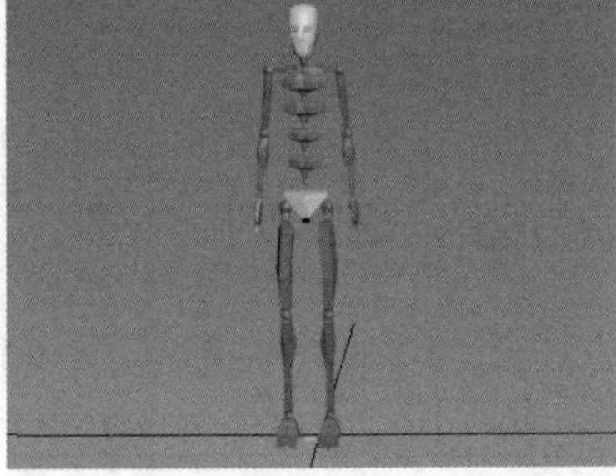

图 19-19

步骤 02 单击【运动】按钮，打开【运动】面板，在Biped卷展栏下单击【体型模式】按钮，展开【结构】卷展栏，设置【高度】为1650mm，如图19-20所示。

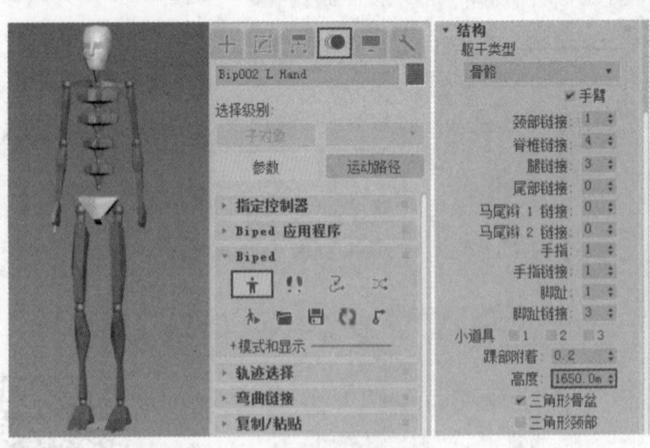


图 19-20

步骤 03 选择右脚骨骼，在透视图中将其沿着Z轴向上平移，如图19-21所示。接着将其沿Y轴向右平移，如

图19-22所示。

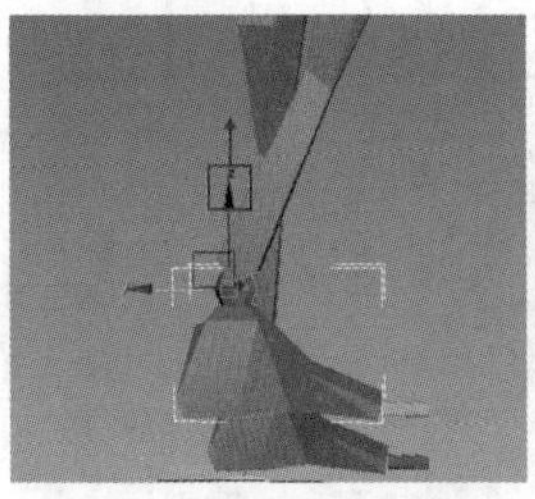

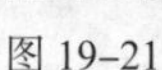

图 19-21

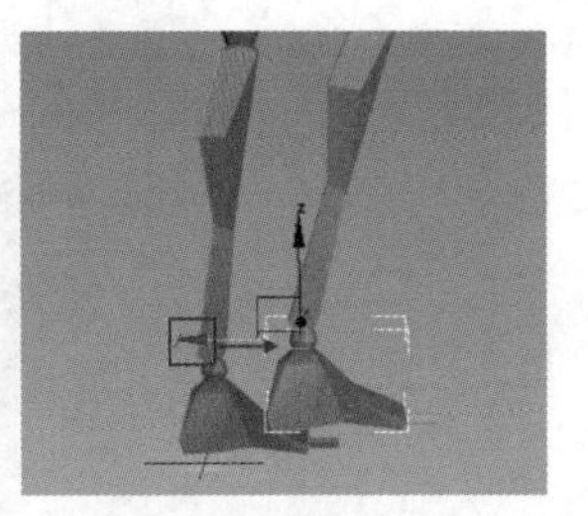

图 19-22

步骤 04 选择左侧小腿骨骼，在透视图中将其沿着Z轴向上稍作平移，接着在透视图中将其沿着Y轴向右侧稍作平移，如图19-23和图19-24所示。

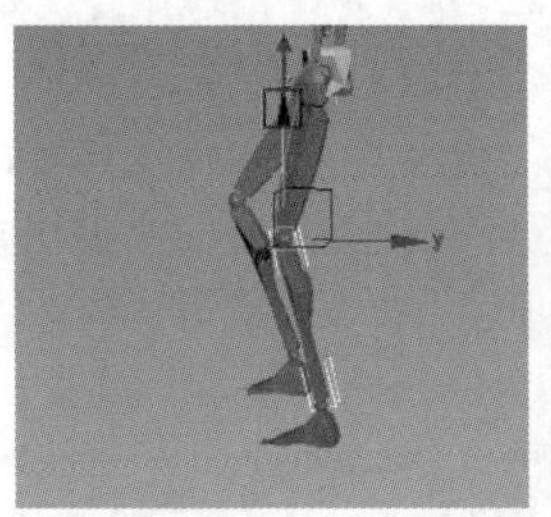

图 19-23

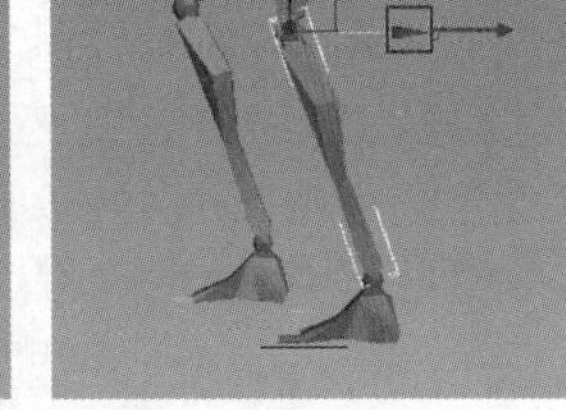

图 19-24

步骤 05 选择左侧小臂骨骼，在透视图中将其沿Z轴向上平移，如图19-25所示。接着将其沿Y轴向左平移，如图19-26所示。

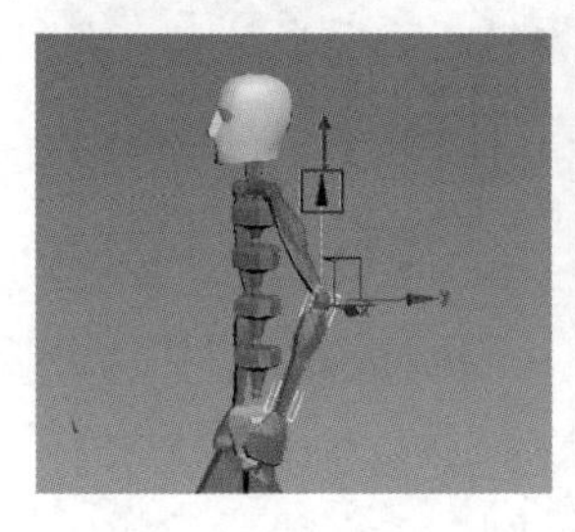

图 19-25

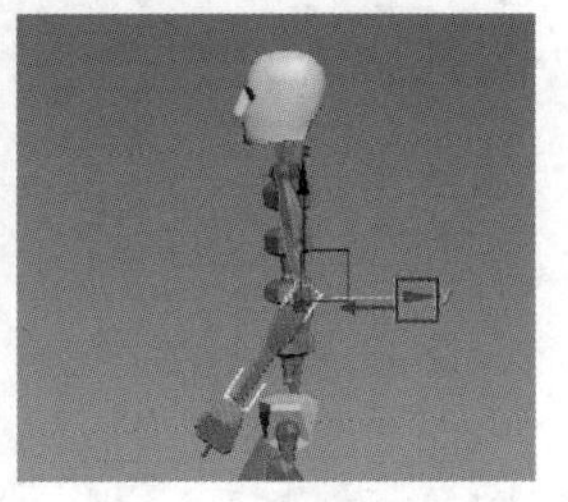

图 19-26

步骤 06 选择右手掌骨骼，在透视图中将其沿Z轴向上平移，如图19-27所示。接着将其沿Y轴向左平移，如图19-28所示。

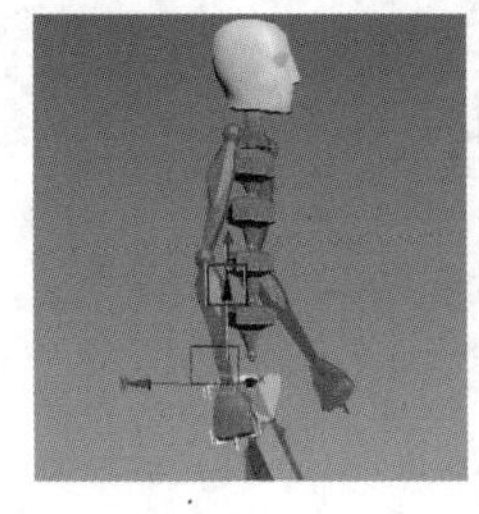

图 19-27

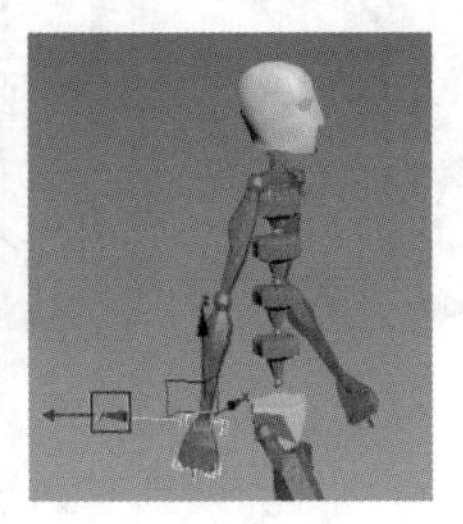

图 19-28

步骤 07 案例最终效果如图19-29所示。

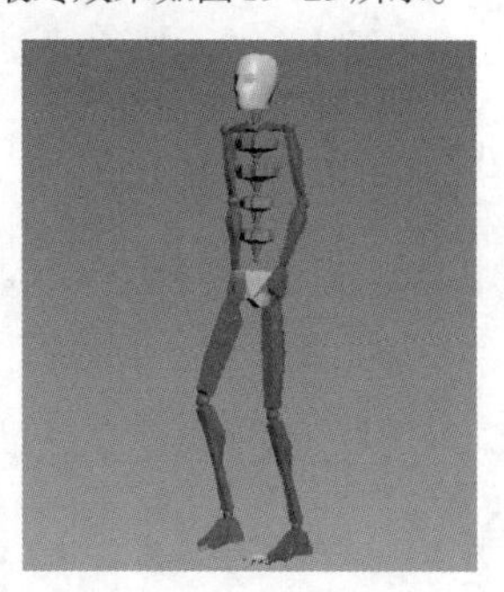

图 19-29

## 选项解读：Biped相关重点参数速查

(1)修改Biped对象

单击进入【运动】面板，单击【体型模式】按钮，可以切换并看到结构的参数。

- 手臂：手臂和肩部是否包含在 Biped 中。
- 颈部链接:Biped 颈部的链接数。
- 脊椎链接:Biped 脊椎上的链接数。默认设置为4。范围为 1～10。
- 腿链接:Biped 腿部的链接数。默认设置为 3。范围为 3～4。
- 尾部链接:Biped 尾部的链接数。
- 马尾辫 1/2 链接：马尾辫链接的数目。
- 手指:Biped手指的数目。
- 手指链接：每个手指链接的数目。
- 脚趾:Biped脚趾的数目。
- 脚趾链接：每个脚趾链接的数目。
- 小道具 1/2/3：至多可以打开3个小道具，这些道具可以用来表示附加到 Biped 的工具或武器。
- 踝部附着：踝部沿着相应足部块的附着点。
- 高度：当前 Biped 的高度。
- 三角形骨盆：附加Physique后，启用该选项可以创建从大腿到 Biped 最下面一个脊椎对象的链接。
- 三角形颈部：启用此选项后，将锁骨链接到顶部脊椎链接，而不链接到颈部。
- 前端：控制手指产生简单的长方体效果。

(2)足迹模式

单击【足迹模式】按钮，即可切换参数。

- 创建足迹(附加)：启用【创建足迹】模式，通过在任意视口上单击手动创建足迹。
- 创建足迹(在当前帧上)：在当前帧创建足迹。

- 创建多个足迹：自动创建行走、跑动或跳跃的足迹图案。在使用【创建多个足迹】之前选择步态类型。
- 行走：将 Biped 的步态设置为行走。添加的任何足迹都含有行走特征，直到更改为其他模式（跑动或跳跃）。
- 跑动：将 Biped 的步态设为跑动。添加的任何足迹都含有跑动特征，直到更改为其他模式（行走或跳跃）。
- 跳跃：将 Biped 的步态设为跳跃。添加的任何足迹都含有跳跃特征，直到更改为其他模式（行走或跑动）。
- 行走足迹（仅用于行走）：指定在行走期间新足迹着地的帧数。
- 双脚支撑（仅用于行走）：指定在行走期间双脚都着地的帧数。

## 实例：创建Biped制作上楼梯效果

文件路径：Chapter 19 高级动画→实例：创建Biped制作上楼梯效果

扫一扫，看视频

本案例主要讲解Biped骨骼上楼梯的效果。需要注意的是，根据人们的行走习惯，在创建脚步的过程当中要先创建左脚，再创建右脚。案例最终效果如图19-30所示。

图 19-30

## 操作步骤

**步骤 01** 执行【创建】＋ |【几何体】● | 楼梯 | 螺旋楼梯，如图19-31所示，在透视图中按住鼠标左键拖曳，创建螺旋楼梯。设置【类型】为【开放式】，勾选【侧弦】选项，接着设置【半径】为50mm，【旋转】为0.5，【宽度】为35mm，【总高】为96mm，【竖版高】为8mm，【厚度】为8mm，如图19-32所示。

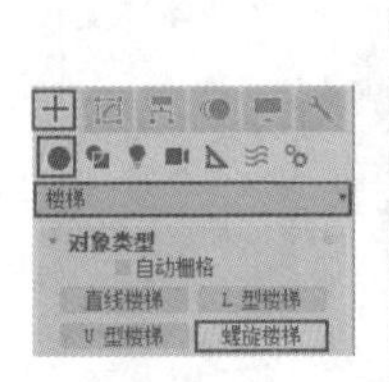


图 19-31

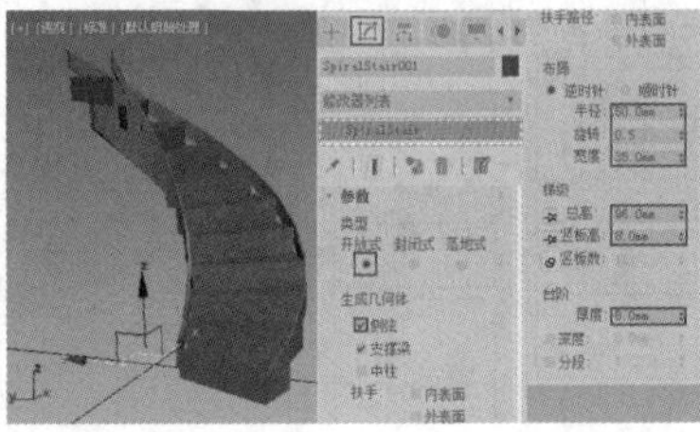

图 19-32

**步骤 02** 执行【创建】＋ |【系统】 | 标准 | Biped，如图19-33所示，在透视图中按住鼠标左键拖曳，创建一个Biped骨骼，如图19-34所示。

图 19-33

图 19-34

**步骤 03** 单击【运动】按钮，进入【运动】面板，再单击【足迹模式】按钮，然后单击【创建足迹（在当前帧上）】按钮，如图19-35所示。接着在视图中单击鼠标左键即可创建脚步，如图19-36所示。

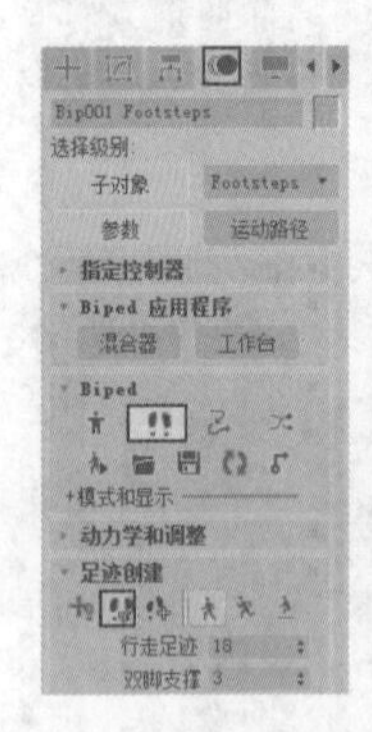

图 19-35

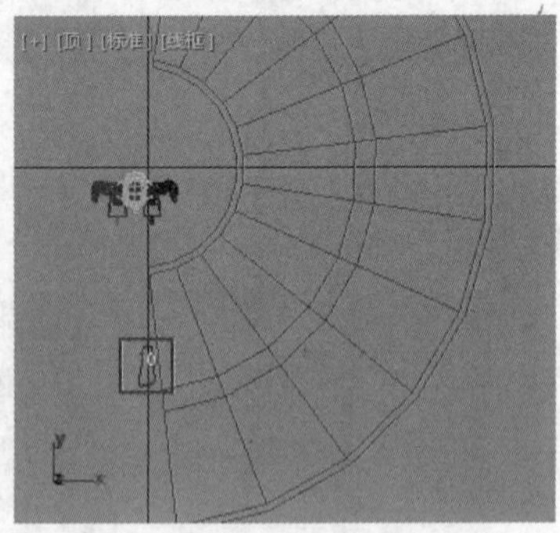

图 19-36

**步骤 04** 创建完成后需要调整脚步的位置与角度，使其与楼梯相吻合，如图19-37所示。

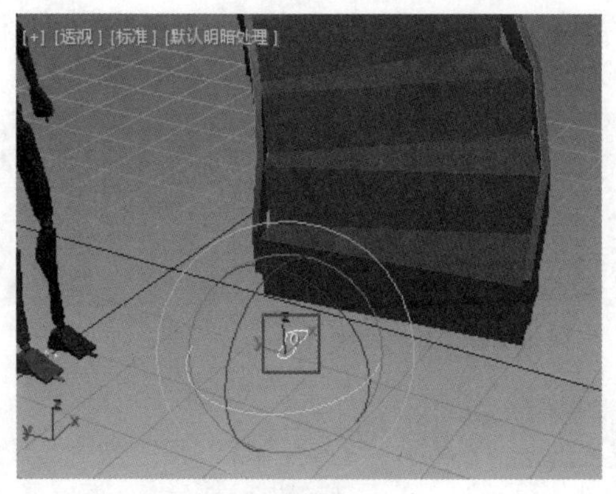


图 19-37

步骤 05 再次在视图中单击创建脚步，由于人们走路的特点是先迈左脚并且左右脚交替向前迈，因此在调整脚印位置时应注意需要左右交替，不然人物的走路姿势就很奇怪了，如图 19-38 所示。

步骤 06 使用同样的方法继续创建脚步并进行角度和位置的调整，如图 19-39 所示。

步骤 07 单击【为非活动足迹创建关键点】按钮。此时Biped对象的前方已经出现了脚步，并且Biped对象的姿态是准备上楼梯的效果，如图 19-40 所示。

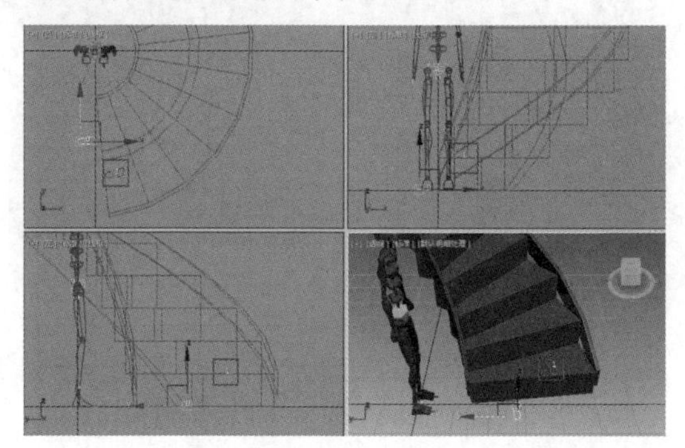

图 19-38

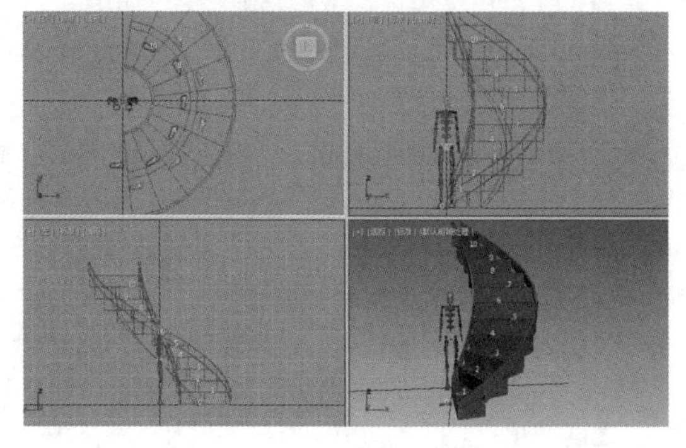

图 19-39

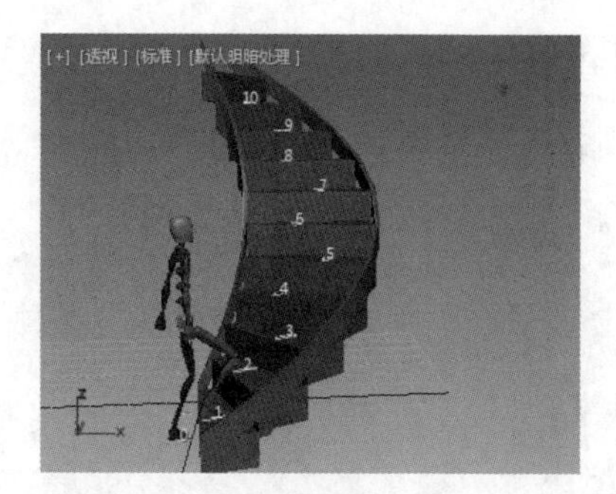


图 19-40

步骤 08 拖动时间线或者单击【播放动画】按钮查看动画效果，如图 19-41 所示。

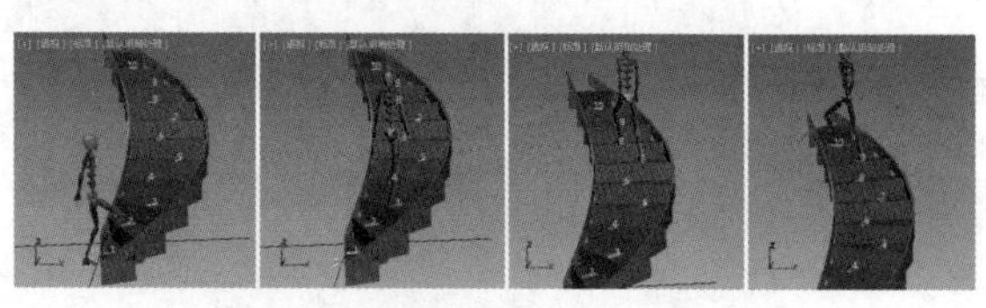

图 19-41

## 实例：使用Bip动画文件

扫一扫，看视频

文件路径：Chapter 19 高级动画→实例：实例：使用Bip动画文件

本案例主要讲解为骨骼添加.bip格式的动画文件，使得Biped骨骼产生更真实的动画效果。由于.bip格式的动画文件是通过捕捉真人的表演动作得到的动画格式，因此动画流畅度和逼真度比手动设置关键帧动画更真实，如图 19-42 所示。

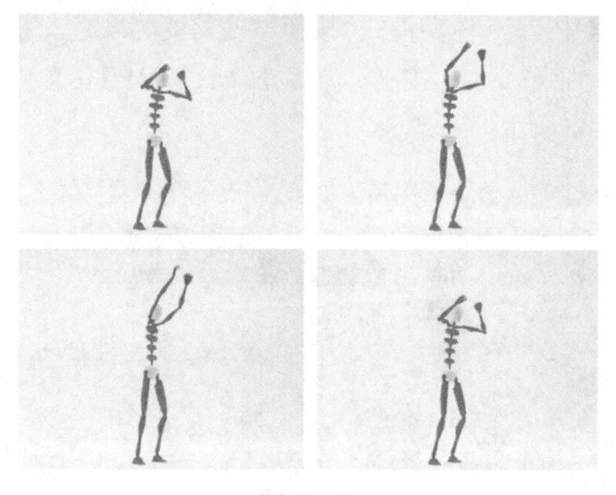

图 19-42

## 操作步骤

步骤 01 执行＋（创建）|（系统）| 标准 | Biped，并在透视图中拖动创建一个Biped骨骼，如图 19-43 所示。

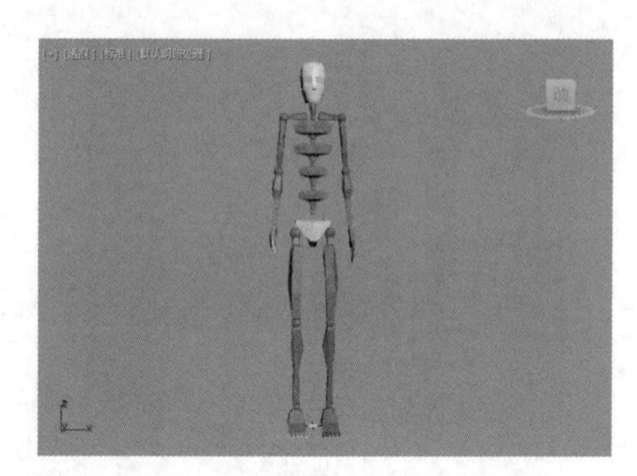

图 19-43

步骤 02 选择任意的骨骼，单击进入【运动】面板，单击（体型模式）按钮，并设置【手指】为5，【手指链接】为2，【脚趾】为5，【脚趾链接】为2，【高度】为1800mm，如图19-44所示。

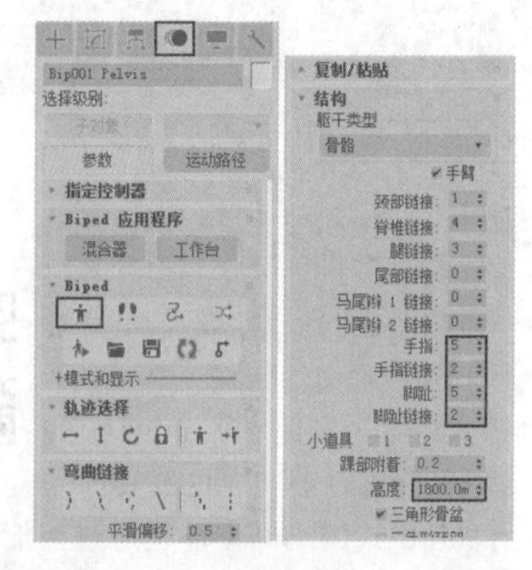

图 19-44

步骤 03 选择任意的骨骼，单击进入【运动】面板，取消选中（体型模式）按钮，使其变为灰色。接着单击（加载文件）按钮，然后加载18_MF.bip文件，如图19-45所示。

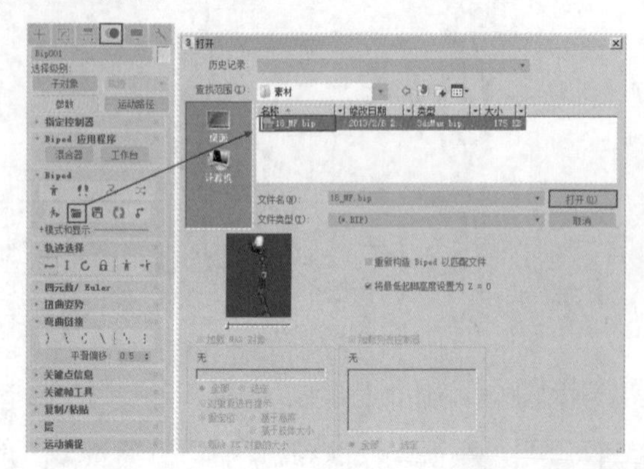

图 19-45

步骤 04 加载完成后，拖动时间线可以看到人物产生了加载的动画效果，如图19-46所示。

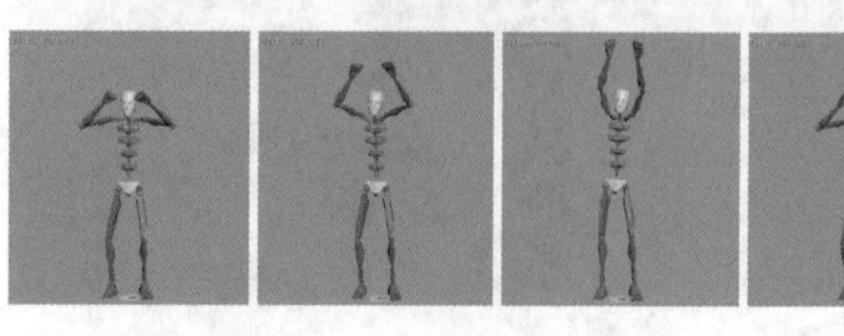

图 19-46

## 19.4 蒙皮修改器

扫一扫，看视频

在创建完成角色模型并完成骨骼的创建后，需要将模型与骨骼连接在一起，那么就需要使用到【蒙皮】修改器。为模型添加【蒙皮】修改器，即可单击【添加】按钮添加骨骼，如图19-47所示。

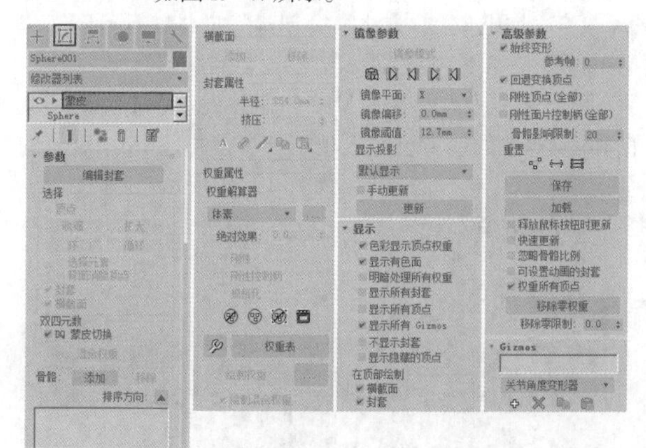

图 19-47

- 编辑封套 按钮：激活该按钮可以进入子对象层级，进入子对象层级后可以编辑封套和顶点的权重。
- 顶点：启用该选项后可以选择顶点，并且可以使用 收缩 工具、扩大 工具、环 工具和 循环 工具来选择顶点。
- 添加 按钮/移除 按钮：使用 添加 按钮可以添加一个或多个骨骼；使用 移除 按钮可以移除选中的骨骼。
- 半径：设置封套横截面的半径大小。
- 挤压：设置所拉伸骨骼的挤压倍增量。
- 【绝对/相对】按钮 A / R：用来切换计算内外封套之间的顶点权重的方式。

- 【封套可见性】按钮 / ：用来控制未选定的封套是否可见。
- 【缓慢衰减】按钮 ：为选定的封套选择衰减曲线。
- 【复制】按钮 /【粘贴】按钮 ：使用【复制】工具 可以复制选定封套的大小和图形；使用【粘贴】工具 可以将复制的对象粘贴到所选定的封套上。
- 绝对效果：设置选定骨骼相对于选定顶点的绝对权重。
- 刚性：启用该选项后，可以使选定顶点仅受一个最具影响力的骨骼的影响。
- 刚性控制柄：启用该选项后，可以使选定面片顶点的控制柄仅受一个最具影响力的骨骼的影响。
- 规格化：启用该选项后，可以强制每个选定顶点的总权重合计为1。
- 【排除/包含选定的顶点】按钮 / ：将当前选定的顶点排除/添加到当前骨骼的排除列表中。
- 【选定排除的顶点】按钮 ：选择所有从当前骨骼排除的顶点。
- 【烘焙选定顶点】按钮 ：单击该按钮可以烘焙当前的顶点权重。
- 【权重工具】按钮 ：单击该按钮可以打开【权重工具】对话框。
- 权重表 按钮：单击该按钮可以打开【蒙皮权重表】对话框，在该对话框中可以查看和更改骨架结构中所有骨骼的权重。
- 绘制权重 按钮：使用该工具可以绘制选定骨骼的权重。
- 【绘制选项】按钮 ：单击该按钮可以打开【绘制选项】对话框，在该对话框中可以设置绘制权重的参数。
- 绘制混合权重：启用该选项后，通过均分相邻顶点的权重，然后可以基于笔刷强度来应用平均权重，这样可以缓和绘制的值。
- 镜像模式 按钮：将封套和顶点从网格的一个侧面镜像到另一个侧面。
- 【镜像粘贴】按钮 ：将选定封套和顶点粘贴到物体的另一侧。
- 【将绿色粘贴到蓝色骨骼】按钮 ：将封套设置从绿色骨骼粘贴到蓝色骨骼上。
- 【将蓝色粘贴到绿色骨骼】按钮 ：将封套设置从蓝色骨骼粘贴到绿色骨骼上。
- 【将绿色粘贴到蓝色顶点】按钮 ：将各个顶点从所有绿色顶点粘贴到对应的蓝色顶点上。
- 【将蓝色粘贴到绿色顶点】按钮 ：将各个顶点从所有蓝色顶点粘贴到对应的绿色顶点上。
- 镜像平面：用来选择镜像的平面是左侧平面还是右侧平面。
- 镜像偏移：设置沿【镜像平面】轴移动镜像平面的偏移量。
- 镜像阈值：在将顶点设置为左侧或右侧顶点时，使用该选项可以设置镜像工具能观察到的相对距离。

## 19.5 CAT对象

扫一扫，看视频

CAT对象是一种比较智能、简单的骨骼系统，其中包括很多预设好的骨骼类型，如人体骨骼、动物骨骼、虫子骨骼、恐龙骨骼等，只需要创建这些骨骼类型对齐进行适当修改就可以使用了，因此非常方便。CAT在以前老版本3ds Max中使用时，需要作为插件使用。而在3ds Max 2016中CAT早已经被内置进来了。只需要执行【创建】 |【辅助对象】 | CAT 对象 ，即可创建CAT，如图19-48所示。

单击【CAT父对象】按钮，即可选择合适的CATRig类型，如图19-49所示。如图19-50所示为单击【CAT父对象】按钮，并在列表中选择其中的类型，创建出骨骼效果。

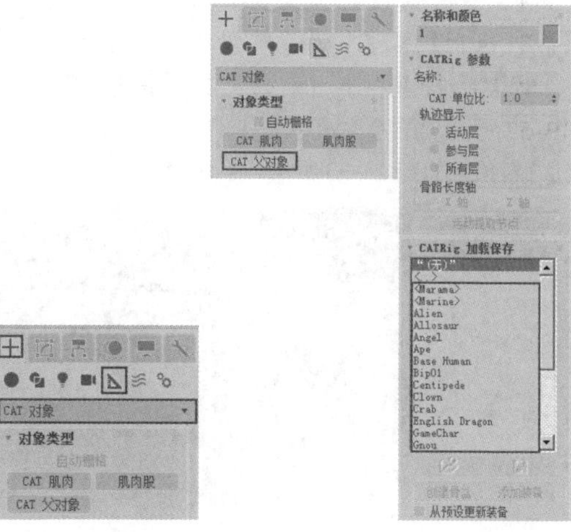


图 19-48　　图 19-49

图 19-50

## 实例：创建CAT制作人物原地行走效果

扫一扫，看视频

文件路径：Chapter 19 高级动画→实例：创建CAT制作人物原地行走效果

本案例主要讲解CAT对象在原地行走的效果，在制作的过程中重点注意将行走模式设置为原地行走。案例最终效果如图19-51所示。

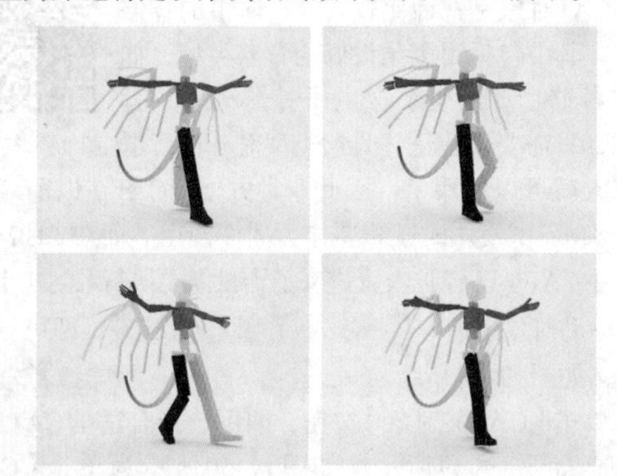

图 19-51

## 操作步骤

步骤 01 执行【创建】|【辅助对象】|CAT 对象|CAT 父对象，接着在下方的列表中单击选择Angel，如图19-52所示。在透视图中按住鼠标左键拖曳，创建一个CAT对象，如图19-53所示。

图 19-52

图 19-53

步骤 02 选择CAT对象底部的三角形图标，单击【运动】按钮。在【层管理器】卷展栏中按住按钮，在弹出的下拉列表中单击按钮，如图19-54所示。单击（CATMotion编辑器）按钮，在弹出的窗口中选择Globals选项，设置【行走模式】为【原地行走】，如图19-55所示。

步骤 03 单击【设置/动画模式切换】按钮，此时按钮变成了。在视图中可以观察到CAT对象产生了变化，如图19-56所示。

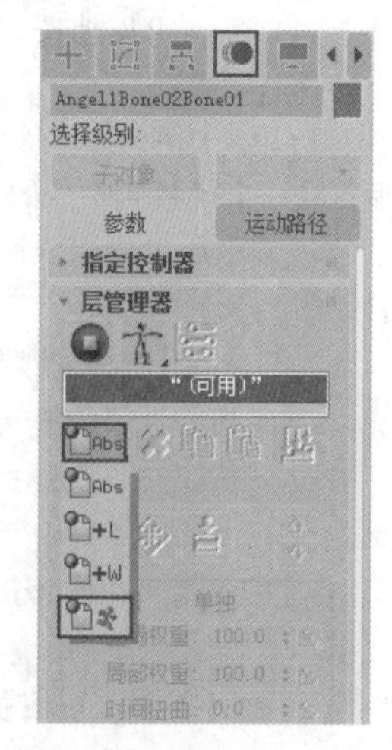

图 19-54

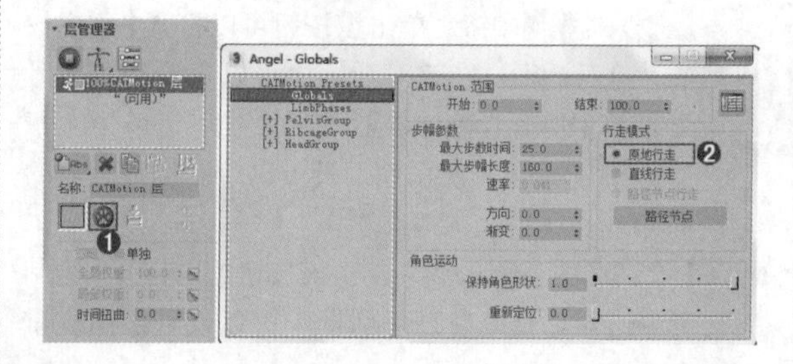

图 19-55

步骤 04 此时拖动时间线或者单击【播放动画】按钮，可以观察到最终的动画效果，如图19-57所示。

图 19-56

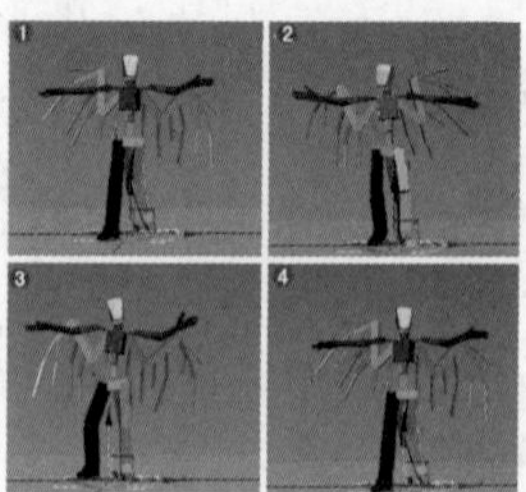

图 19-57

## 实例：创建CAT沿路径行走

扫一扫，看视频

文件路径：Chapter 19 高级动画→实例：创建CAT沿路径行走

CAT对象是一个比较智能、简单的骨骼系统，本案例将会讲解在创建完CAT对象后，如何制作CAT对象沿着路径行走的效果。案例最终渲染效果如图19-58所示。

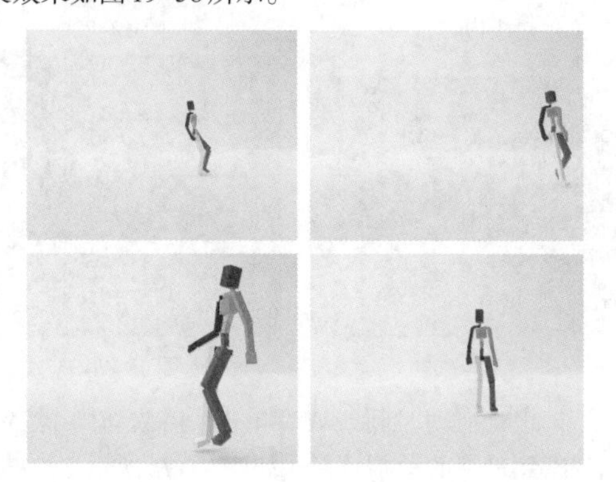

图 19-58

## 操作步骤

**步骤 01** 执行【创建】+|【辅助对象】|CAT 对象|CAT 父对象，如图19-59所示。在【CATRig 加载保存】卷展栏下单击选择Base Human对象，如图19-60所示。

图 19-59

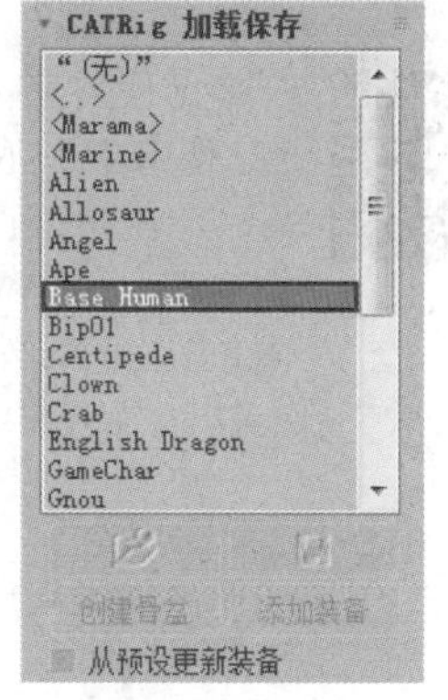


图 19-60

**步骤 02** 在透视图中按住鼠标左键拖曳，创建对象，接着单击【修改】按钮，在【CATRig 参数】卷展栏下设置【CAT单位比】为0.15，如图19-61所示。

**步骤 03** 执行【创建】+|【图形】|样条线|螺旋线，如图19-62所示，创建一条螺旋线，设置【半径1】为1500mm，【半径2】为500mm，【高度】为0mm，【圈数】为1.2，如图19-63所示。

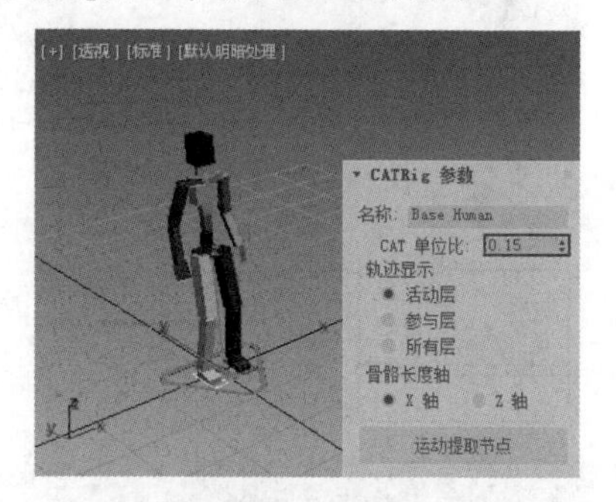


图 19-61

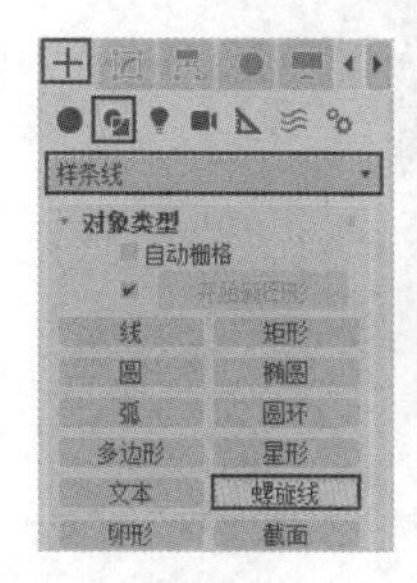


图 19-62

图 19-63

**步骤 04** 执行【创建】+|【辅助对象】|标准|点，如图19-64所示，在场景中适当的位置单击创建一个辅助对象点。接着单击【修改】按钮，勾选【长方体】选项，设置【大小】为500mm，如图19-65所示。

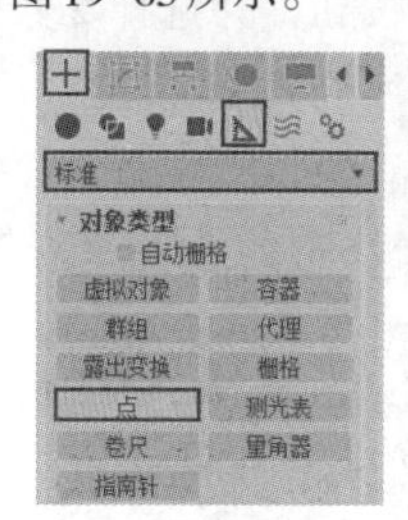


图 19-64

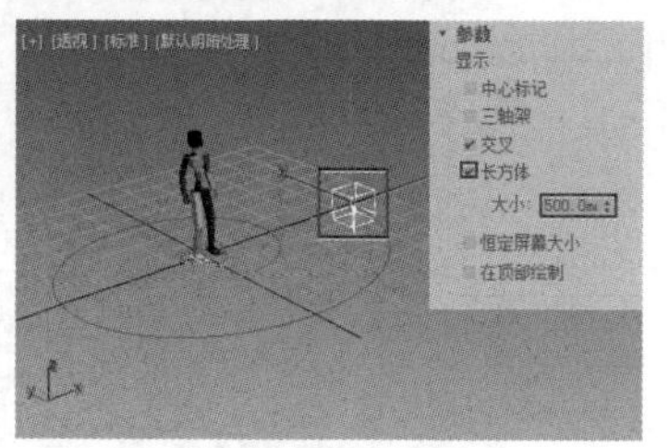

图 19-65

**步骤 05** 选择刚才创建的辅助对象点，在菜单栏中执行【动画】|【约束】|【路径约束】命令，如图19-66所示。此时场景中会出现一条虚线，接着在透视图中单击刚刚绘制的螺旋线，如图19-67所示。单击完成后拖动时间线滑块能够看到辅助对象点的动画效果。

**步骤 06** 单击【运动】按钮，在【PRS 参数】卷展栏下单击【位置】按钮，在【路径参数】卷展栏下勾选【跟随】选项，如图19-68所示。

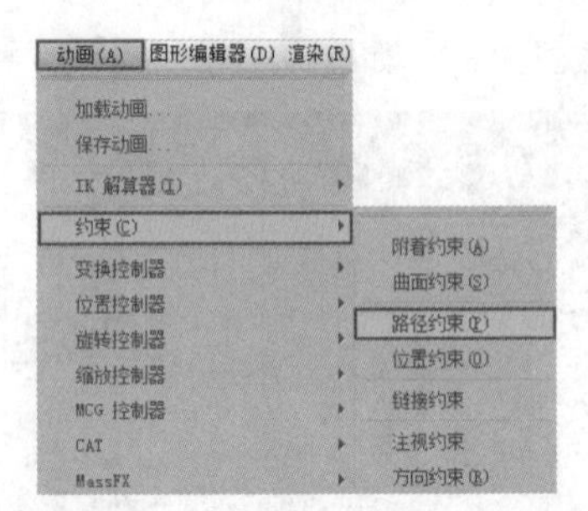


图 19-66

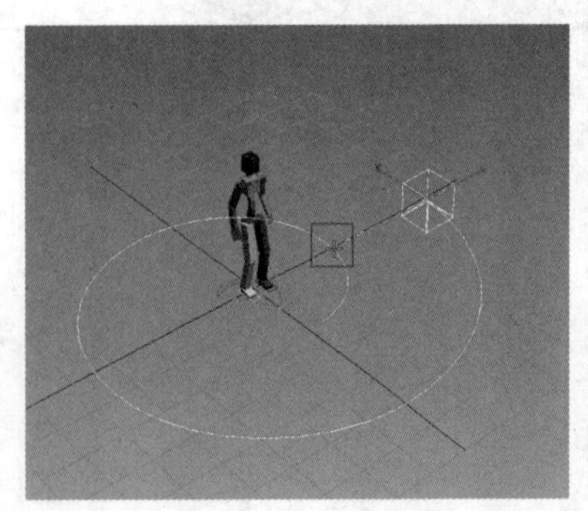

图 19-67

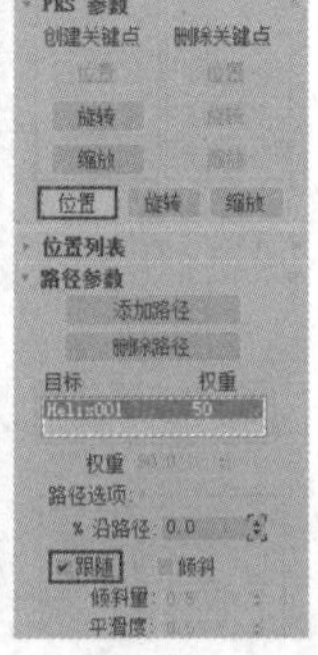

图 19-68

步骤 07 选择CAT底部的三角形图标，单击【运动】按钮，在【层管理器】卷展栏下按住按钮，在弹出的下拉列表中单击选择按钮，如图19-69所示。单击（CATMotion编辑器）按钮，在弹出的窗口中单击选择Globals选项，单击 路径节点 按钮，并选择场景中的辅助对象点，如图19-70所示。

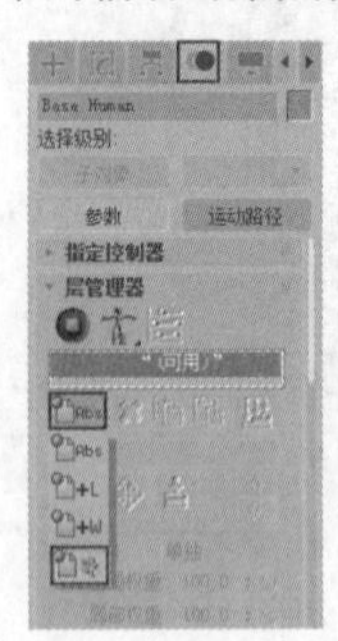

图 19-69

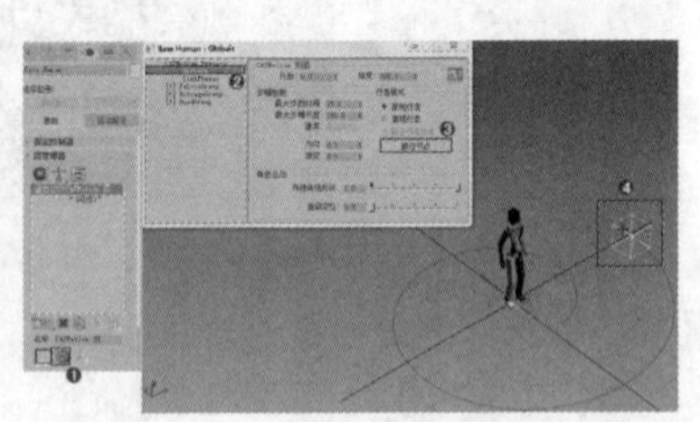

图 19-70

步骤 08 设置【行走模式】为【路径节点行走】，如图19-71所示。接着单击【设置/动画模式切换】按钮，此时按钮变成了，在视图中可以观察到CAT对象产生了变化，如图19-72所示。

步骤 09 此时CAT的位置不正确，可以选择辅助对象点，单击【选择并旋转】按钮和【角度捕捉切换】按钮，在透视图中将其沿着X轴旋转-90°，如图19-73所示。再沿着Z轴旋转-90°，如图19-74所示。

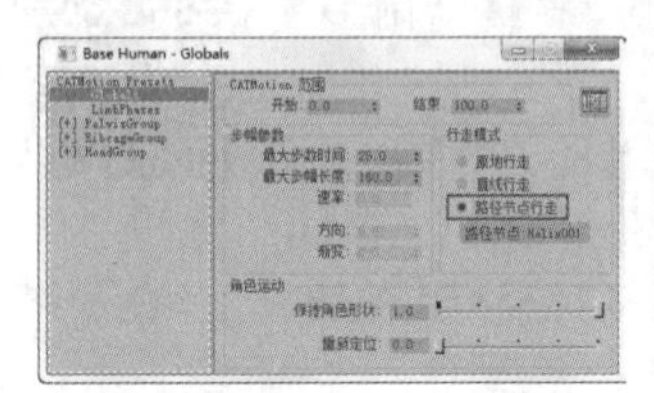

图 19-71

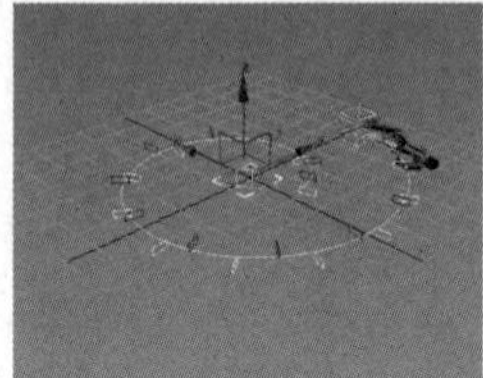

图 19-72

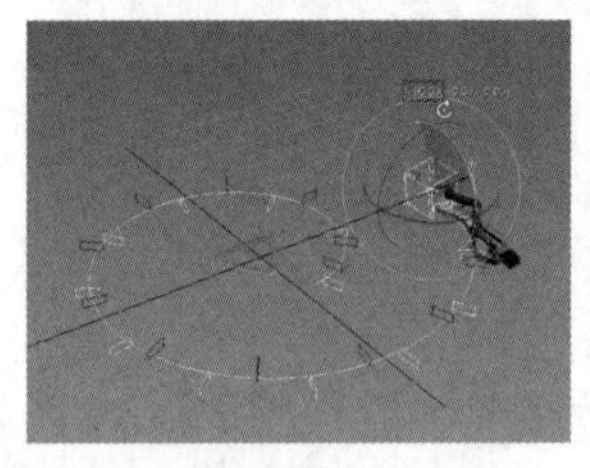

图 19-73

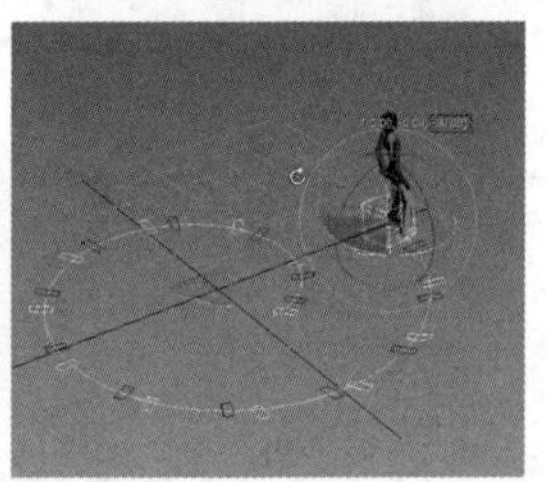

图 19-74

步骤 10 此时拖动时间线或者单击【播放动画】按钮，可以观察到最终的动画效果，如图19-75所示。

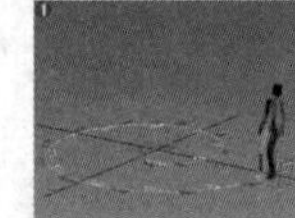

图 19-75

## 实例：使用高级动画制作滑稽的人物行走效果

扫一扫，看视频

文件路径：Chapter 19 高级动画→实例：使用高级动画制作滑稽的人物行走效果

CAT对象在行走的过程当中可以设置行走路线的方向和渐变，本案例将通过设置方向和渐变的参数制作出较为滑稽的人物行走效果。案例最终效果如图19-76所示。

图 19-76

## 操作步骤

步骤 01 执行【创建】+|【辅助对象】 | CAT 对象 | CAT 父对象，接着展开【CATRig加载保存】卷展栏，选择Marine，如图19-77所示。在透视图中按住鼠标左键拖曳，创建一个CAT对象。创建完成后单击【修改】按钮，在【CATRig 参数】卷展栏下设置【CAT 单位比】为0.25，如图19-78所示。

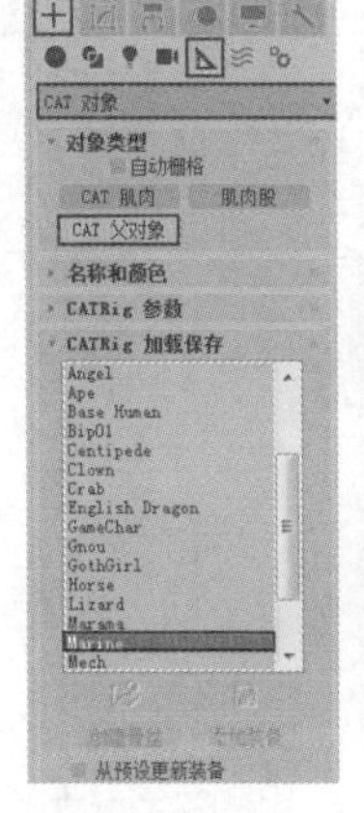

图 19-77

图 19-78

步骤 02 选择CAT对象底部的三角形图标，单击【运动】按钮，在【层管理器】卷展栏下按住按钮，在弹出的下拉列表中单击按钮，如图19-79所示。单击按钮（CATMotion编辑器）按钮，在弹出的窗口中选择Globals选项，设置【行走模式】为【直线行走】，设置【方向】为30，【渐变】为5，如图19-80所示。

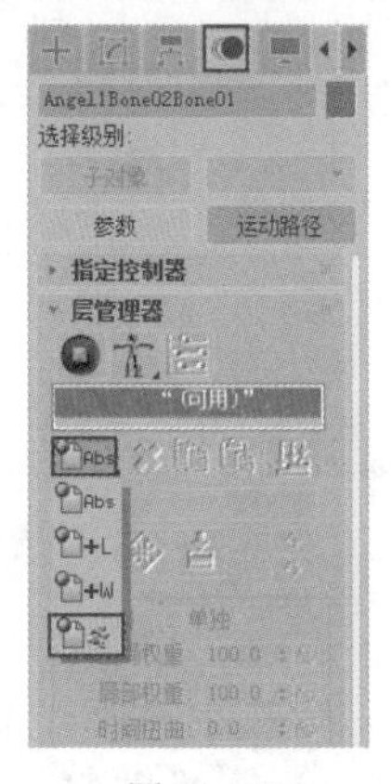


图 19-79

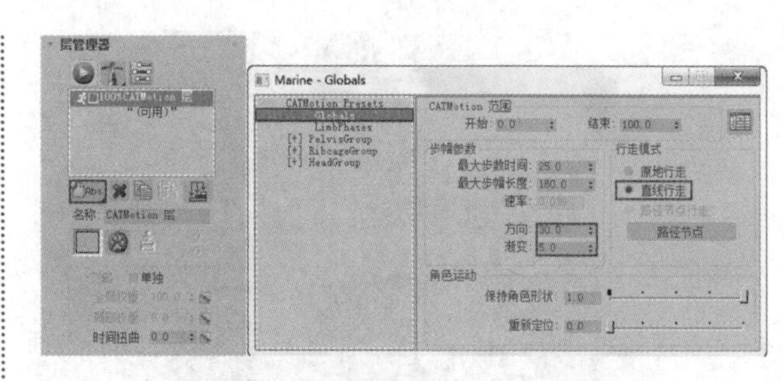


图 19-80

步骤 03 单击【设置/动画模式切换】按钮，此时按钮变成了，在视图中可以观察到CAT对象产生了变化，如图19-81所示。

图 19-81

步骤 04 此时拖动时间线或者单击【播放动画】按钮，可以观察到最终的动画效果，如图19-82所示。

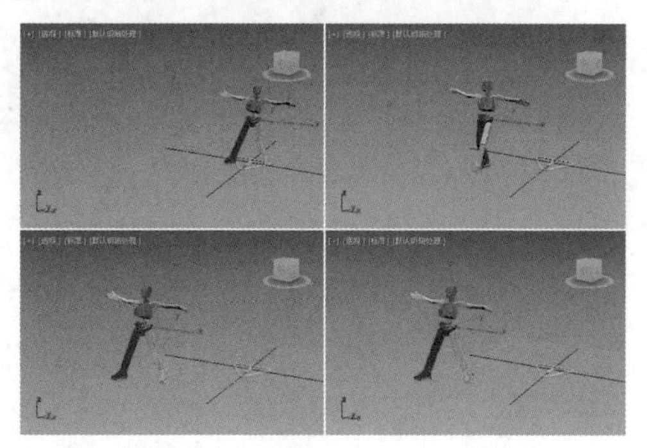

图 19-82

第19章 高级动画

第20章

扫一扫，看视频

# 美式风格玄关设计

玄关设计又称门厅，是指建筑物入门处到正厅之间的一段转折空间，玄关是屋外和屋内的缓冲，使屋外与屋内有一定的隔开。玄关位置常摆放玄关柜、椅子、挂画等作为装饰。本章将围绕美式风格玄关设计案例进行讲解。

文件路径:Chapter 20　美式风格玄关设计

本案例是一个美式风格的玄关空间设计，主要使用(VR)灯光和目标灯光模拟场景的灯光部分。场景中材质主要包括粉红色乳胶漆材质、白色乳胶漆材质、桌子材质、地板材质、画框材质、画面材质、灯罩材质、花瓶材质、花朵材质和蜡烛材质。制作难度在于空间的灯光层次氛围的模拟，以及美式风格的把握。最终渲染效果如图20-1所示。

图 20-1

## 20.1 设置用于测试渲染的VRay渲染器参数

步骤 01 打开本案例的场景文件，如图20-2所示。

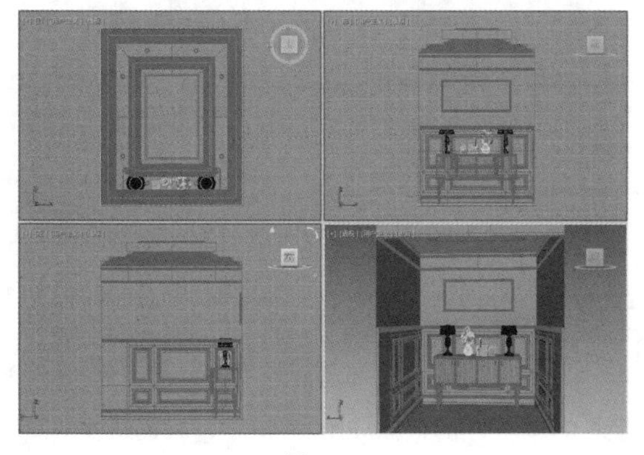

图 20-2

步骤 02 在主工具栏中单击【渲染设置】按钮，在【渲染设置】面板中单击【渲染器】后的按钮，并设置方式为V-Ray Next，update 1.2，如图20-3所示。

步骤 03 进入【公用】选项卡，设置【宽度】为300，【高度】为320，如图20-4所示。

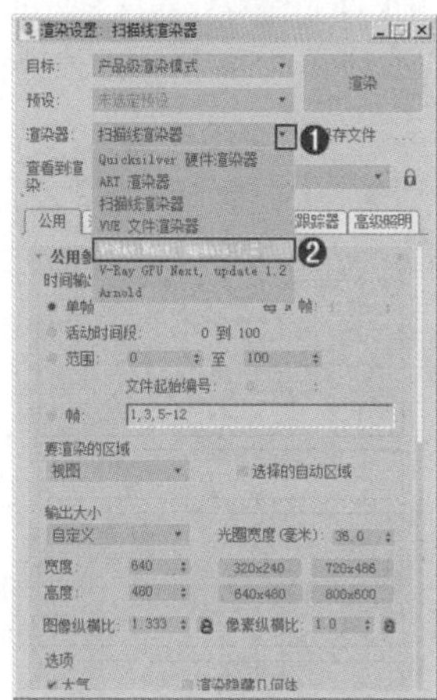

图 20-3

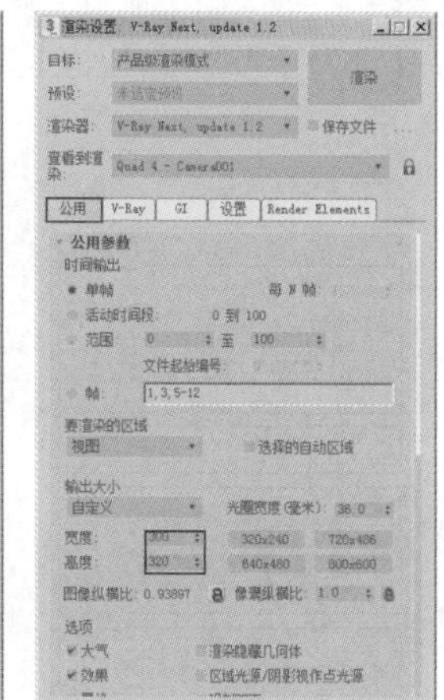

图 20-4

步骤 04 进入V-Ray选项卡，展开【帧缓冲区】卷展栏，取消勾选【启用内置帧缓冲区】。展开【全局开关】卷展栏，设置类型为【全光求值】，如图20-5所示。

步骤 05 进入V-Ray选项卡，展开【图像采样器(抗锯齿)】卷展栏，设置【类型】为【渐进式】，设置【图像过滤器】为【区域】。展开【颜色贴图】，设置【类型】为【指数】，如图20-6所示。

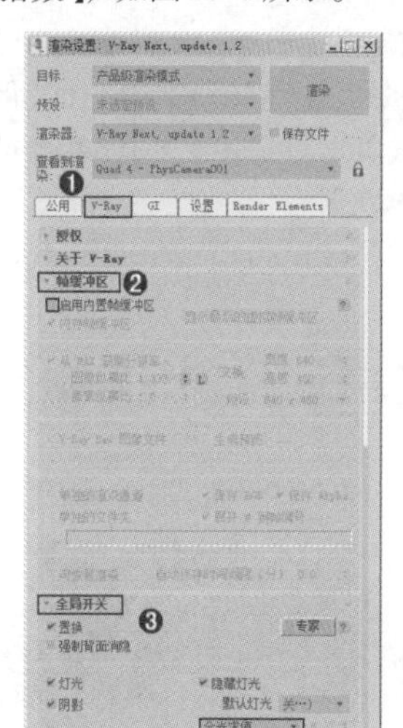

图 20-5

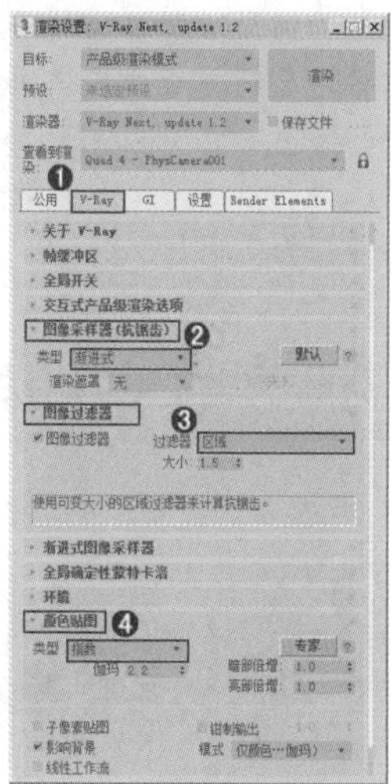

图 20-6

步骤 06 进入GI选项卡，展开【全局照明】卷展栏，勾选【启用全局照明(GI)】，设置【首次引擎】为【发光贴图】、【二次引擎】为【灯光缓存】，设置【饱和度】为0.7。展开【发光贴图】卷展栏，设置【当前预设】为【非常低】，勾选【显示计算相位】和【显示直接光】，如图20–7所示。

步骤 07 进入GI选项卡，展开【灯光缓存】卷展栏，设置【细分】为200，勾选【显示计算相位】，如图20–8所示。

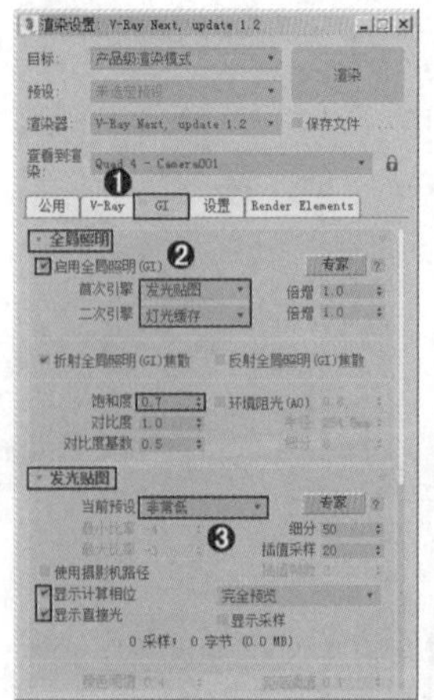


图 20–7

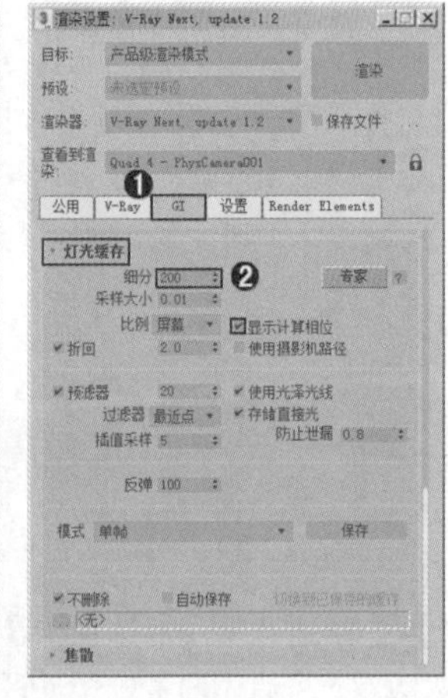


图 20–8

## 提示：本案例为什么要修改【饱和度】参数

本案例中有颜色非常鲜艳的红色墙面，在渲染时红色墙面可能会影响到其他模型的颜色，例如可能会导致白色墙面也产生微弱的红色效果，这可能会显得白色墙不太干净。而渲染设置中的【饱和度】参数可以修改这种情况，该参数数值越小，空间中各种颜色之间的影响也越小。

# 20.2 灯光的制作

本案例灯光制作渲染变化流程图，如图20–9所示。

图 20–9

## Part 01 创建场景中的射灯

场景四周可以创建几盏用于照射墙体四周的目标灯光。

步骤 01 执行【创建】|【灯光】|光度学|【目标灯光】，在适当的位置创建1盏目标灯光，如图20–10所示。

步骤 02 创建完成后单击【修改】按钮，在【常规参数】卷展栏中【阴影】的下方勾选【启用】选项，选择【VRay阴影】，设置【灯光分布(类型)】为【光度学Web】；展开【分布(光度学Web)】卷展栏，加载【2.IES】；展开【强度/颜色/衰减】卷展栏，设置【过滤颜色】为黄色，设置数值为50000；展开【VRay阴影参数】卷展栏，勾选【区域阴影】，设置【U大小】、【V大小】、【W大小】均为254mm，【细分】为30，如图20–11所示。

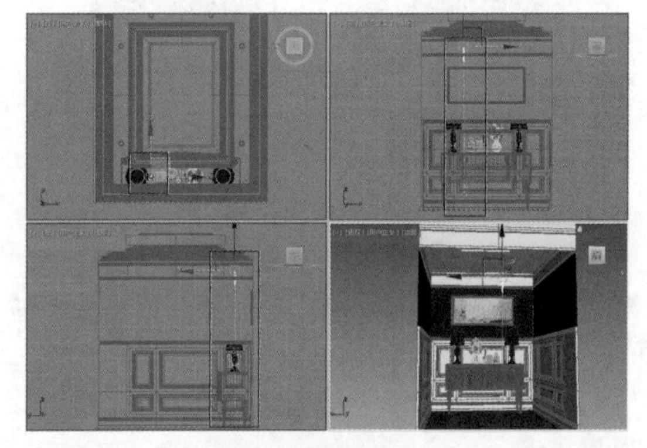

图 20–10

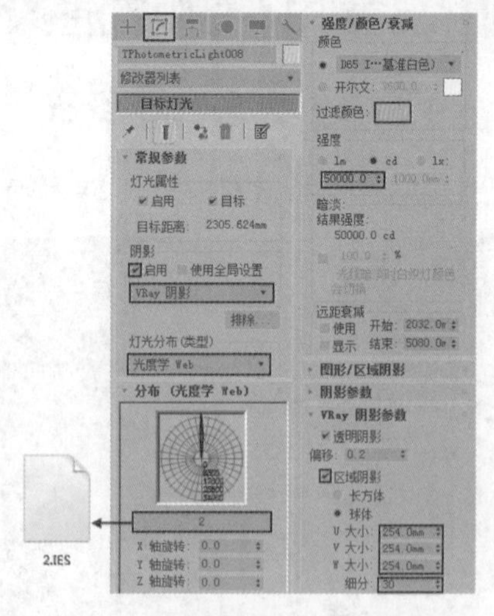


图 20–11

步骤 03 将刚才的目标灯光复制7份，放置到场景四周(注意该灯光的位置不要与墙穿插在一起)，此时场景中一共有8盏目标灯光，如图20-12所示。

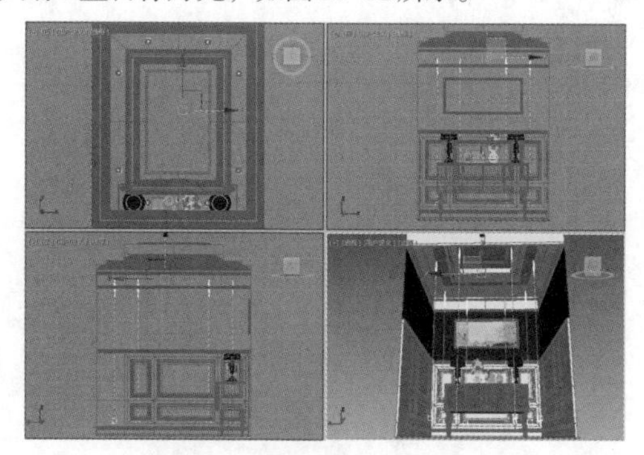

图 20-12

步骤 04 设置完成后按Shift+Q组合键将其渲染。其渲染的效果如图20-13所示。

图 20-13

## Part 02　创建场景的环境光

通过刚才的渲染，虽然射灯使场景灯光层次丰富，但是发现场景整体非常暗淡，因此可以创建（VR）灯光用于辅助照射，让场景变得更亮。

步骤 01 执行【创建】|【灯光】| VRay | (VR)灯光，在适当的位置创建1盏（VR）灯光，如图20-14所示。

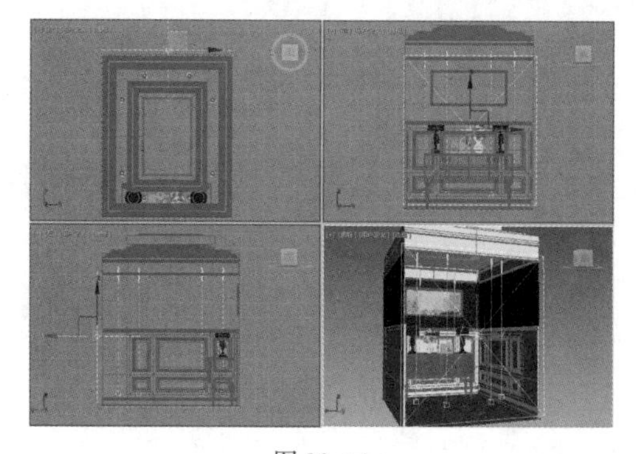

图 20-14

步骤 02 创建完成后单击【修改】按钮，设置【长度】为2200mm，【宽度】为2400mm，【倍增】为2，【颜色】为蓝色，在【选项】下勾选【不可见】选项，设置【细分】为40，如图20-15所示。

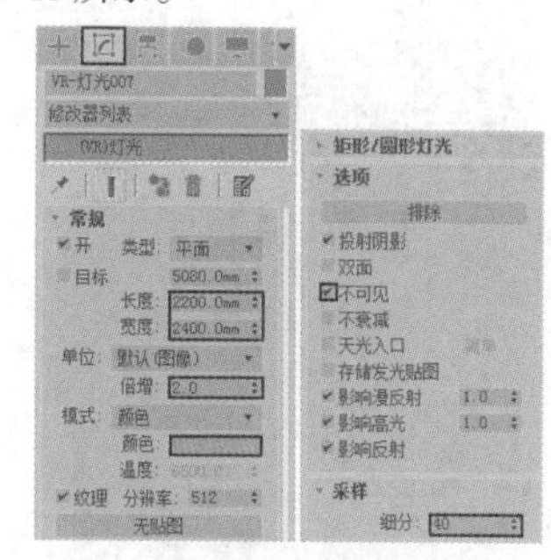


图 20-15

步骤 03 设置完成后按Shift+Q组合键将其渲染。其渲染的效果如图20-16所示。

图 20-16

## Part 03　创建顶棚中的灯带

步骤 01 执行【创建】|【灯光】| VRay | (VR)灯光，在适当的位置创建2盏（VR）灯光，方向向上照射，将这2盏灯光放置在灯槽内（注意位置不要与墙体模型穿插），如图20-17所示。

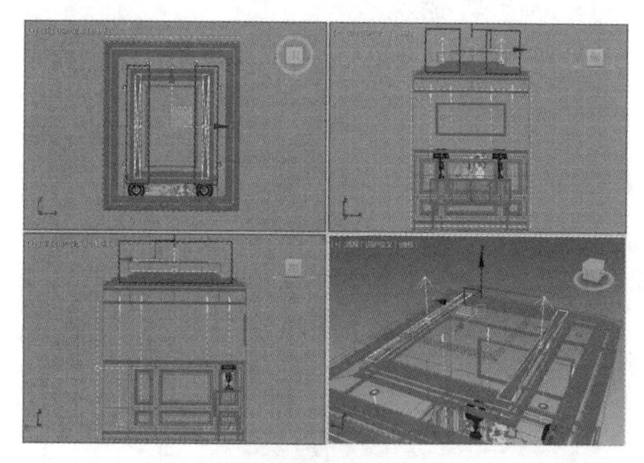

图 20-17

步骤 02 创建完成后单击【修改】按钮，设置【长度】为100mm，【宽度】为1600mm，【倍增】为8，【颜色】为橙色，在【选项】下勾选【不可见】选项，设置【细分】为30，如图20–18所示。

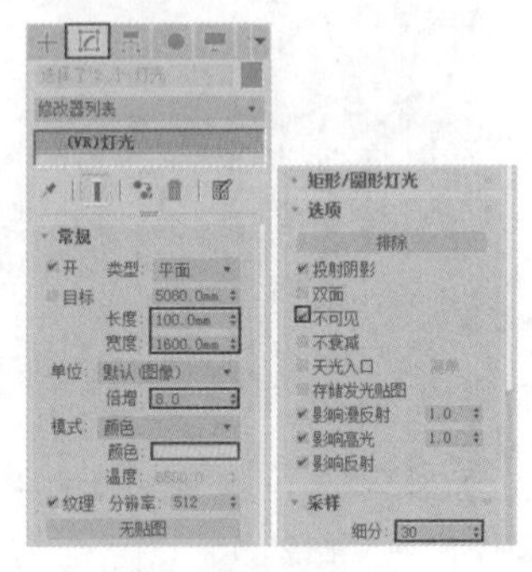

图 20–18

步骤 03 继续在适当的位置创建2盏（VR）灯光，方向向上照射，将这2盏灯光放置在灯槽内（注意位置不要与墙体模型穿插），如图20–19所示。

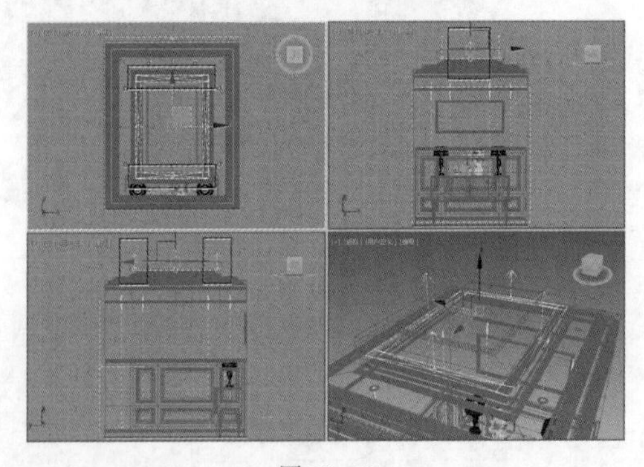

图 20–19

步骤 04 创建完成后单击【修改】按钮，设置【长度】为100mm，【宽度】为1160mm，【倍增】为8，【颜色】为橙色，在【选项】下勾选【不可见】选项，设置【细分】为30，如图20–20所示。

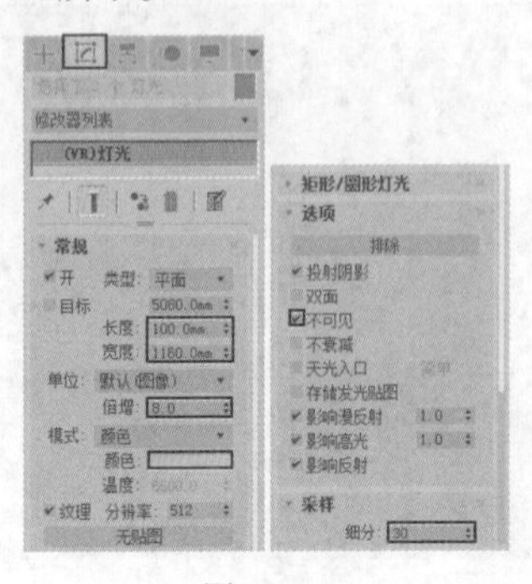

图 20–20

步骤 05 设置完成后按Shift+Q组合键将其渲染。其渲染的效果如图20–21所示。

图 20–21

## Part 04 创建台灯

步骤 01 执行【创建】|【灯光】| VRay | (VR)灯光，在台灯灯罩内创建2盏（VR）灯光，如图20–22所示。

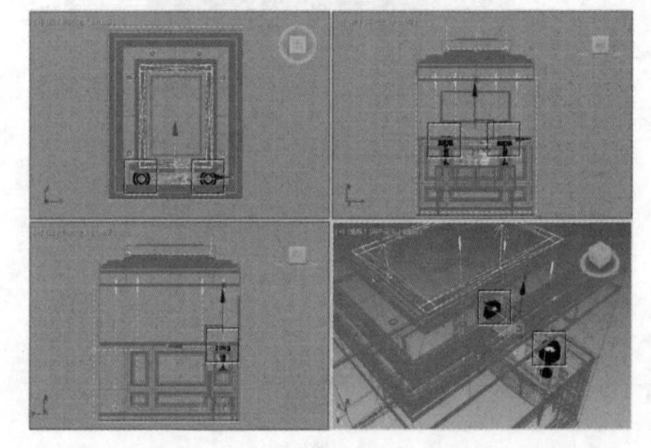

图 20–22

步骤 02 创建完成后单击【修改】按钮，设置【类型】为【球体】，【半径】为50mm，设置【倍增】为8，【颜色】为橙色，在【选项】下勾选【不可见】选项，设置【细分】为20，如图20–23所示。

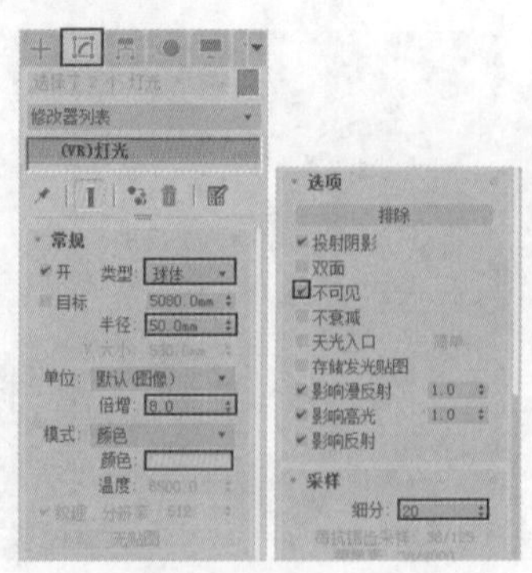

图 20–23

步骤 03 设置完成后按Shift+Q组合键将其渲染。其渲染的效果如图20-24所示。

图 20-24

## 20.3 材质的制作

下面就来讲述场景中的主要材质的调节方法，包括乳胶漆材质、玄关柜木纹材质、地板材质、画框金属材质、油画材质、灯罩材质、花瓶材质、花朵材质、蜡烛材质等，如图20-25所示。

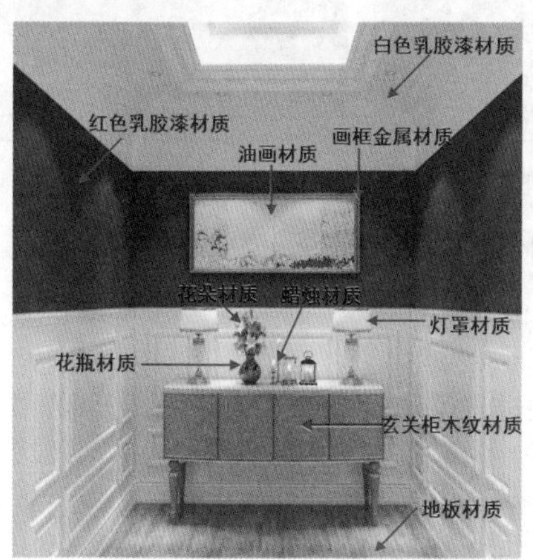


图 20-25

### Part 01 红色乳胶漆材质

步骤 01 按下M键，打开【材质编辑器】窗口，接着在该窗口内选择第一个材质球，单击 Standard （标准）按钮，在弹出的【材质/贴图浏览器】对话框中选择VRayMtl，如图20-26所示。

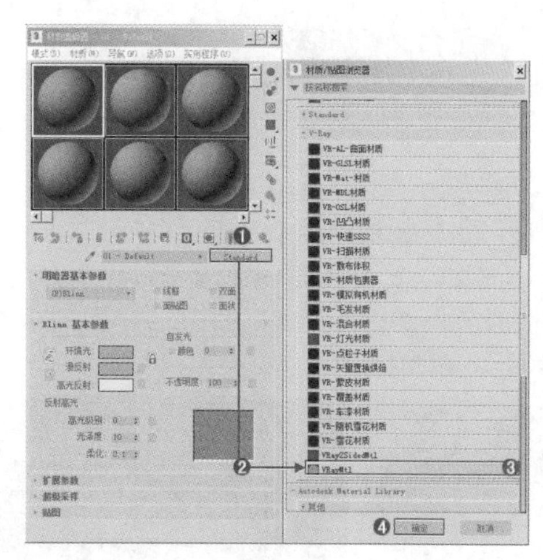

图 20-26

步骤 02 将其命名为【红色乳胶漆】，在【基本参数】卷展栏下设置【漫反射】为深红色，如图20-27所示。

图 20-27

步骤 03 双击材质球，效果如图20-28所示。

步骤 04 选择模型，单击 （将材质指定给选定对象）按钮，将制作完毕的红色乳胶漆材质赋给场景中相应的墙体模型，如图20-29所示。

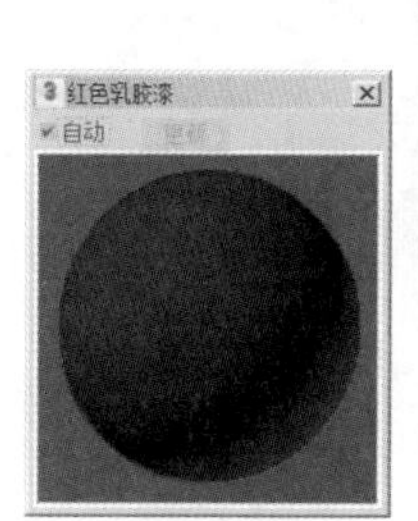


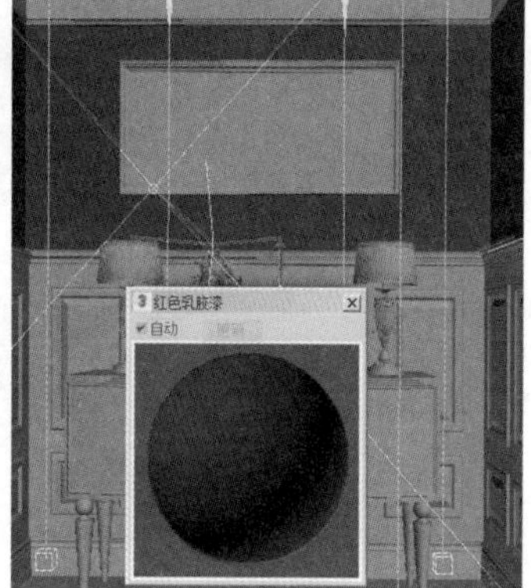


图 20-28　　图 20-29

### Part 02 白色乳胶漆材质

步骤 01 单击一个材质球，设置材质类型为VRayMtl材质，命名为【白色乳胶漆】。在【基本参数】卷展栏下设置【漫反射】为白色，如图20-30所示。

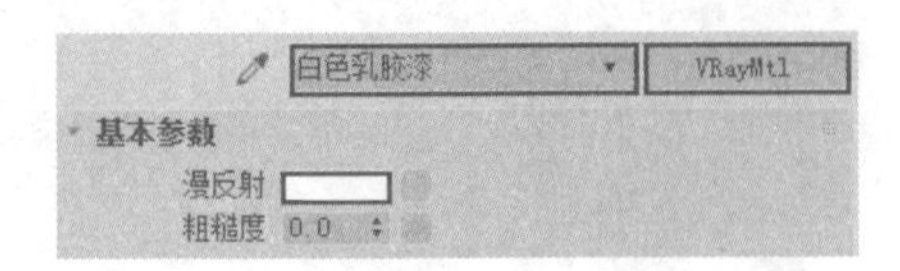


图 20-30

步骤 02 双击材质球，效果如图20-31所示。

步骤 03 选择模型，单击 (将材质指定给选定对象)按钮，将制作完毕的白色乳胶漆材质赋给场景中相应的模型，如图20-32所示。

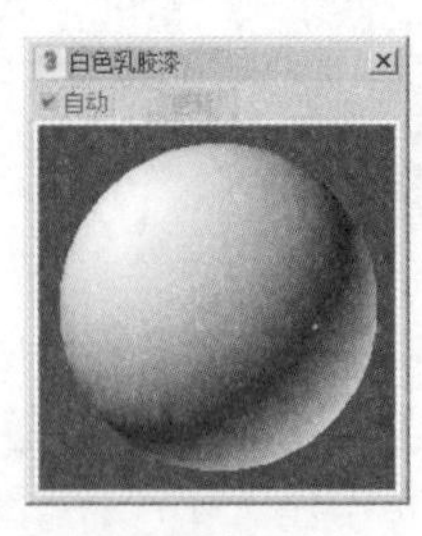


图 20-31

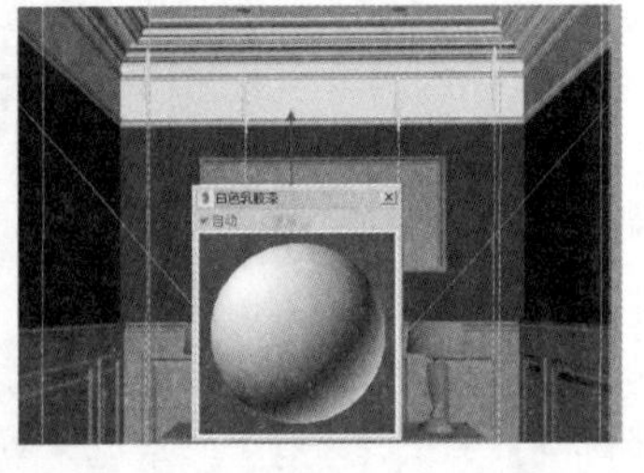

图 20-32

## Part 03　玄关柜木纹材质

步骤 01 单击一个材质球，设置材质类型为VRayMtl材质，命名为【玄关柜木纹】。在【漫反射】后方的通道上加载【22.jpg】贴图文件，设置【模糊】的数值为0.01。接着在【反射】后方的通道上加载【衰减】程序贴图，并设置【衰减类型】为Fresnel，设置【光泽度】为0.8，取消勾选【菲涅耳反射】选项，设置【细分】为20，【最大深度】为3，如图20-33所示。

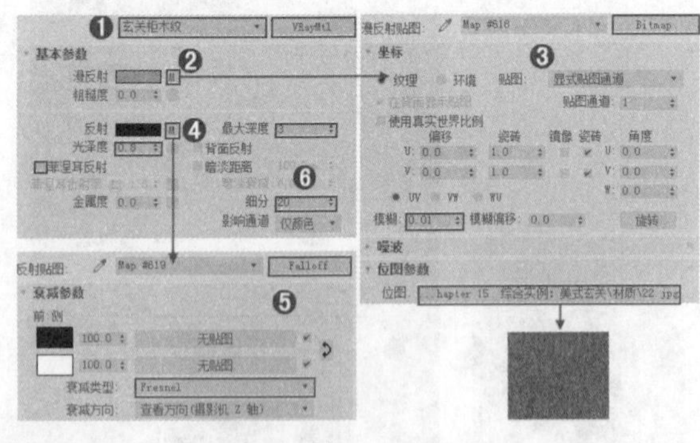

图 20-33

步骤 02 展开【贴图】卷展栏，将【漫反射】后方的通道拖曳到【凹凸】的后方，在弹出的【复制(实例)贴图】窗口中设置【方法】为【复制】，设置完成后单击【确定】按钮，接着设置【凹凸】后方的数值为15，如图20-34所示。

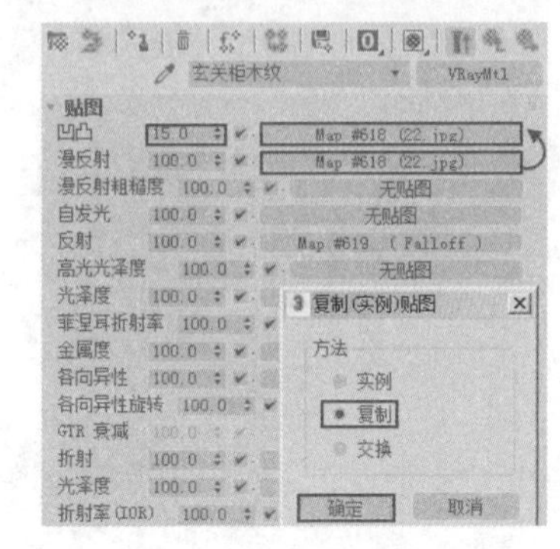


图 20-34

步骤 03 双击材质球，效果如图20-35所示。

步骤 04 选择模型，单击 (将材质指定给选定对象)按钮，将制作完毕的玄关柜木纹材质赋给场景中相应的模型，如图20-36所示。

图 20-35

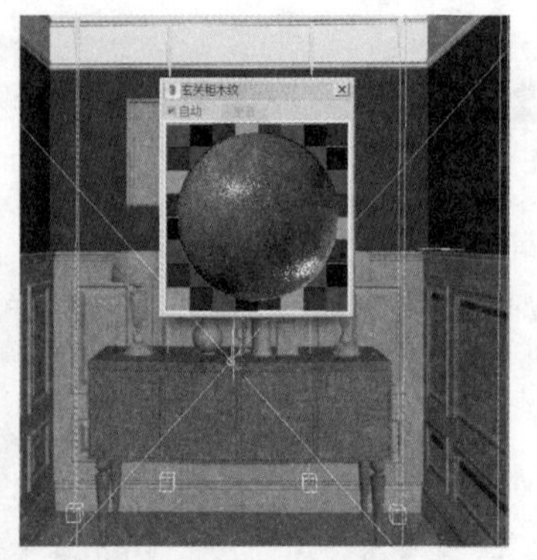

图 20-36

## Part 04　地板材质

步骤 01 单击一个材质球，设置材质类型为VRayMtl材质，命名为【地板】。在【漫反射】后方的通道上加载【深色地板.JPG】贴图文件，设置【瓷砖】下方【U】为5，【V】为3。设置【反射】颜色为深灰色，接着设置【光泽度】为0.85，取消勾选【菲涅耳反射】选项，设置【细分】为20，如图20-37所示。

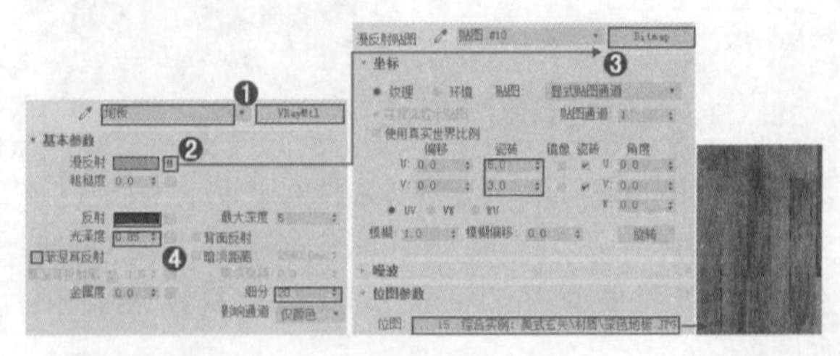

图 20-37

步骤 02 单击【双向反射分布函数】前方的 ▸ 按钮，打开【双向反射分布函数】卷展栏，并选择【反射】选项，如图20-38所示。

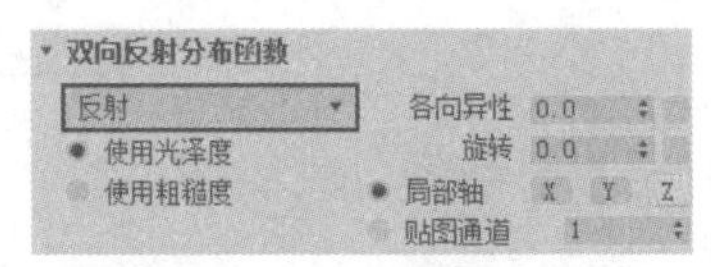


图 20-38

步骤 03 双击材质球，效果如图20-39所示。

步骤 04 选择模型，单击 (将材质指定给选定对象)按钮，将制作完毕的地板材质赋给场景中相应的模型，如图20-40所示。

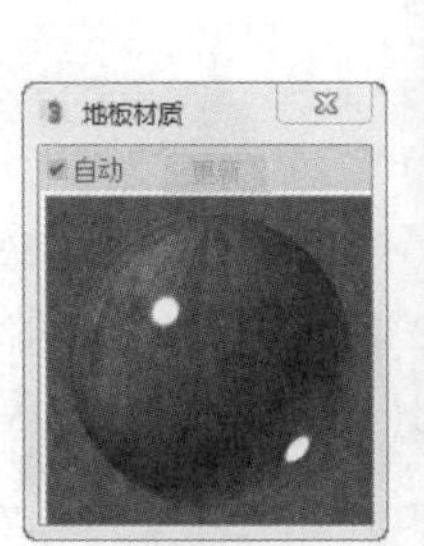


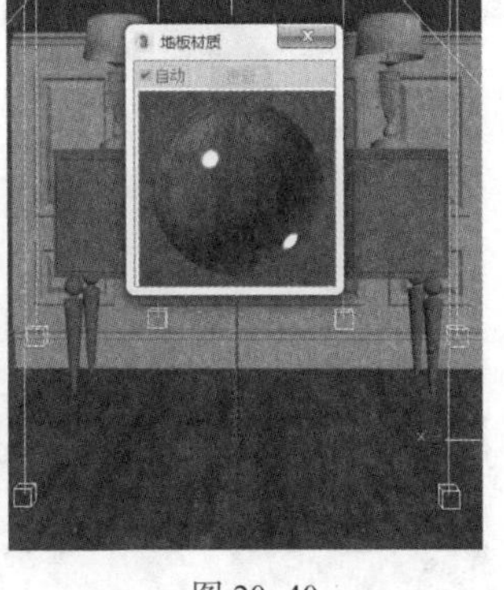


图 20-39　　图 20-40

## Part 05　画框金属材质

步骤 01 单击一个材质球，设置材质类型为VRayMtl材质，命名为【画框金属】。设置【漫反射】颜色为黑色，【反射】颜色为金色，【光泽度】为0.8，取消勾选【菲涅耳反射】选项，设置【细分】为20，【最大深度】为3，如图20-41所示。

步骤 02 单击【双向反射分布函数】前方的 ▸ 按钮，打开【双向反射分布函数】卷展栏，并选择【反射】选项，如图20-42所示。

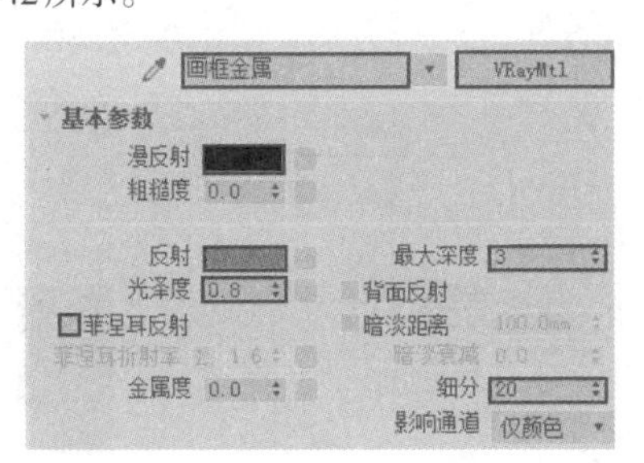


图 20-41

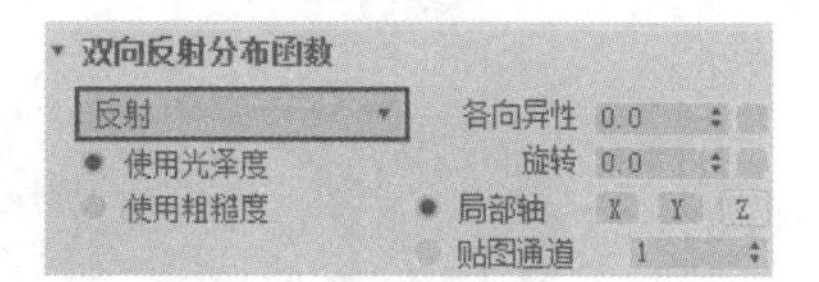


图 20-42

步骤 03 双击材质球，效果如图20-43所示。

步骤 04 选择模型，单击 (将材质指定给选定对象)按钮，将制作完毕的画框金属材质赋给场景中相应的模型，如图20-44所示。

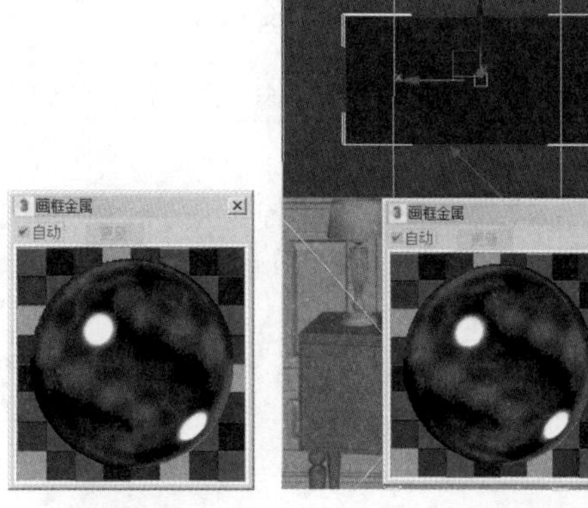


图 20-43　　图 20-44

## Part 06　油画材质

步骤 01 单击一个材质球，设置材质类型为VRayMtl材质，命名为【画面材质】。在【漫反射】后方的通道上加载【油画.jpg】贴图文件，如图20-45所示。

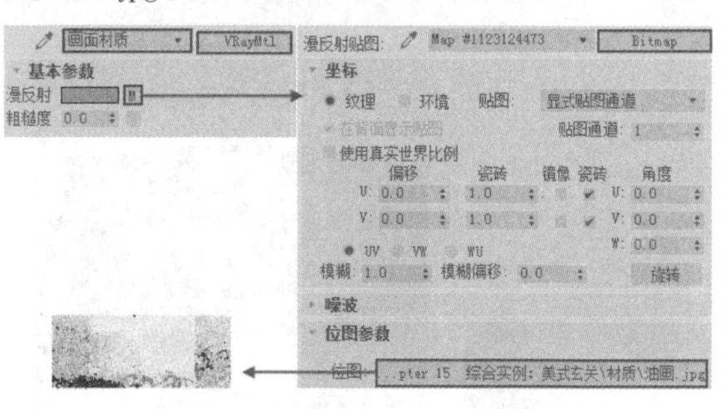


图 20-45

步骤 02 双击材质球，效果如图20-46所示。

步骤 03 选择模型，单击 (将材质指定给选定对象)按钮，将制作完毕的油画材质赋给场景中相应的模型，如图20-47所示。

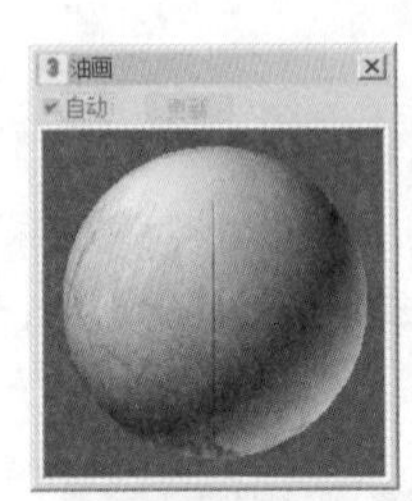


图 20-46

图 20-47

## Part 07　灯罩材质

步骤 01 单击一个材质球，设置材质类型为VRay2SidedMtl，命名为【灯罩】。在【正面材质】后方为其加载VRayMtl材质，设置【漫反射】颜色为浅黄色，如图20-48所示。

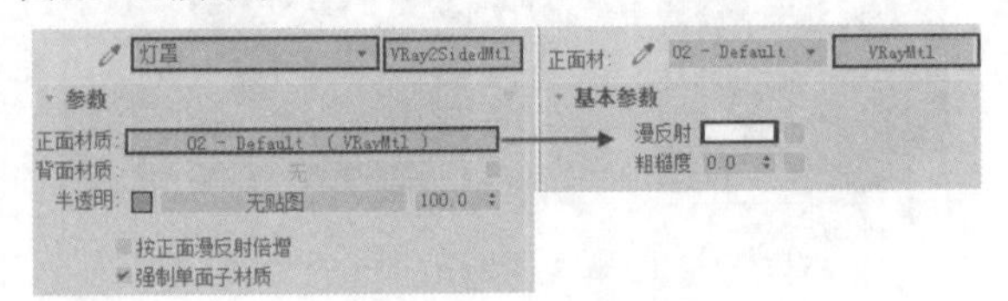


图 20-48

步骤 02 双击材质球，效果如图20-49所示。

步骤 03 选择模型，单击 (将材质指定给选定对象)按钮，将制作完毕的灯罩材质赋给场景中相应的模型，如图20-50所示。

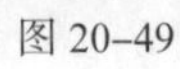

图 20-49

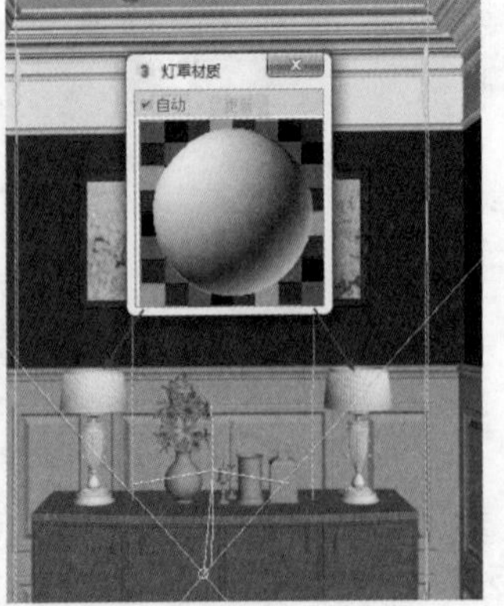


图 20-50

## Part 08　花瓶材质

步骤 01 单击一个材质球，设置材质类型为VRayMtl材质，命名为【花瓶】。设置【漫反射】颜色为深灰色，【反射】为深灰色，【光泽度】为0.9，取消勾选【菲涅耳反射】选项，设置【细分】为32，如图20-51所示。

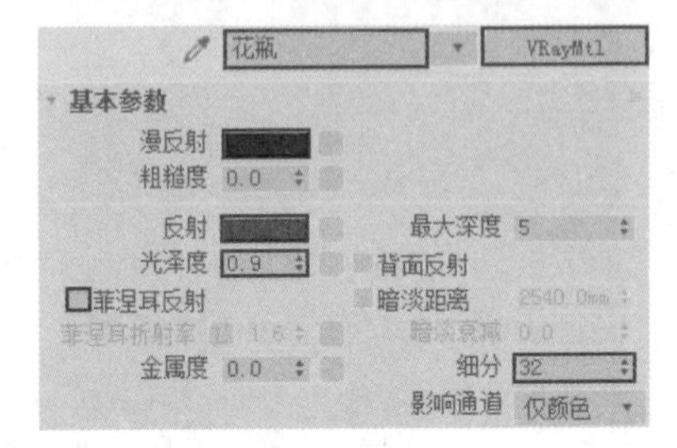


图 20-51

步骤 02 双击材质球，效果如图20-52所示。

步骤 03 选择模型，单击 (将材质指定给选定对象)按钮，将制作完毕的花瓶材质赋给场景中相应的模型，如图20-53所示。

图 20-52

图 20-53

## Part 09　花朵材质

步骤 01 单击一个材质球，设置材质类型为VRayMtl材质，命名为【花朵】。在【漫反射】后方的通道上加载【1.jpg】贴图文件，接着在【反射】后方的通道上加载【2.jpg】贴图文件，设置【光泽度】为0.7，取消勾选【菲涅耳反射】选项，接着设置【细分】为16，如图20-54所示。

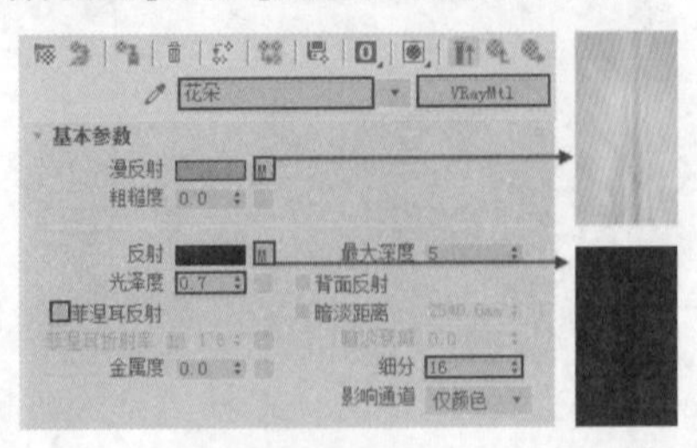


图 20-54

步骤 02 双击材质球，效果如图20-55所示。

步骤 03 选择模型，单击 (将材质指定给选定对象)按钮，将制作完毕的花朵材质赋给场景中相应的模型，如图20-56所示。

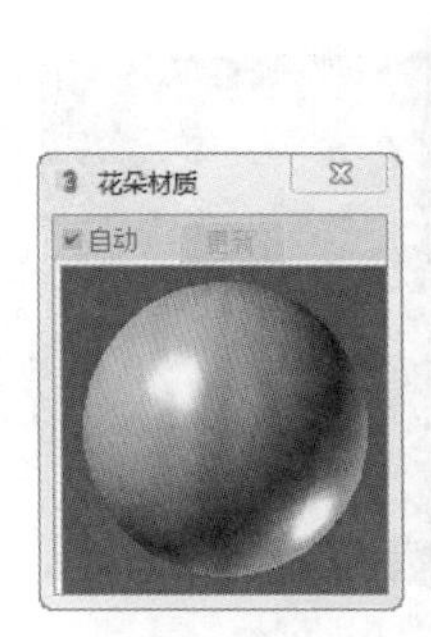


图 20-55

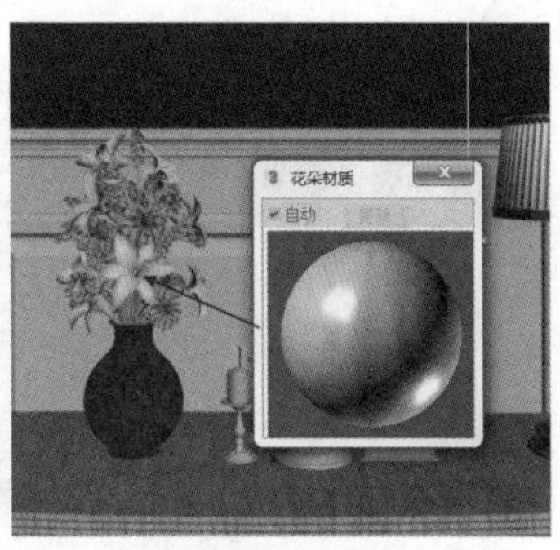


图 20-56

## Part 10 蜡烛材质

步骤 01 单击一个材质球，设置材质类型为【多维/子对象】材质，命名为【蜡烛】。单击 设置数量 按钮，在弹出的对话框中设置【材质数量】为2，如图20-57所示。

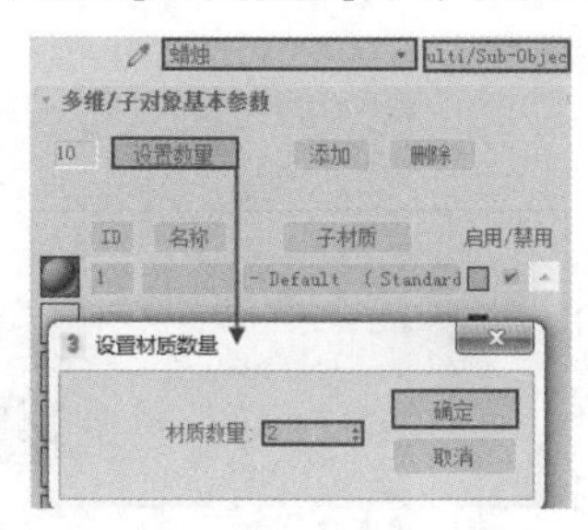


图 20-57

步骤 02 单击ID1后方的通道，并加载【虫漆(Shellac)】材质，接着在【基础材质】通道加载VRayMtl材质，材质命名为1；在【虫漆材质】通道加载VRayMtl材质，材质命名为2，如图20-58所示。

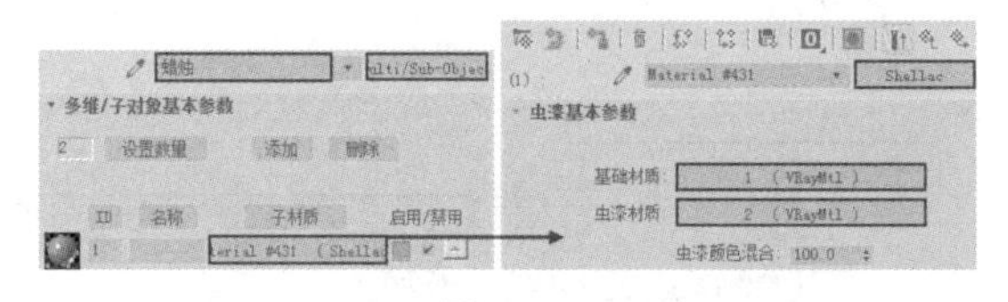


图 20-58

### 提示：为何我没找到【虫漆(Shellac)】材质呢

材质编辑器中的材质类型有时候会感觉缺少几个，例如缺少【虫漆(Shellac)】材质，这是因为被隐藏了。如图20-59所示为设置材质类型时，发现缺少【虫漆(Shellac)】材质。

单击【材质/贴图浏览器】左上角的 按钮，勾选【显示不兼容】选项，如图20-60所示。此时可以看到新出现了很多材质类型，其中包括【虫漆(Shellac)】材质，如图20-61所示。

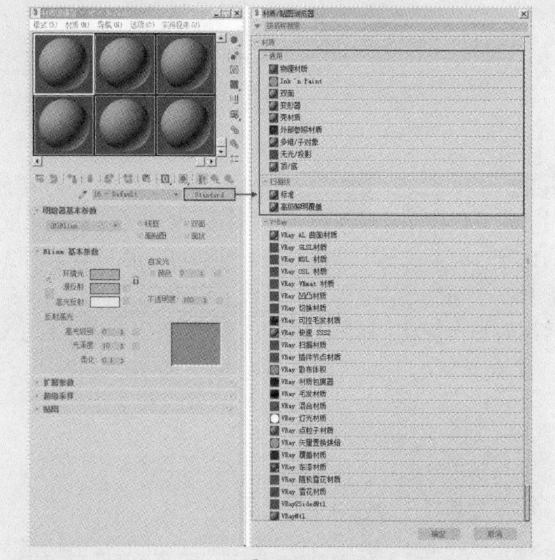

图 20-59

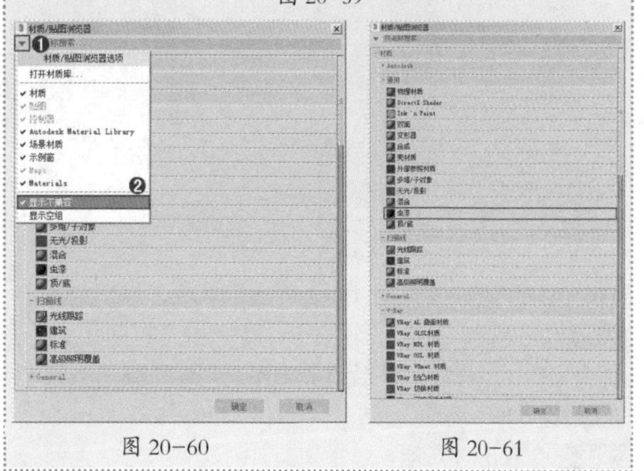

图 20-60　　图 20-61

步骤 03 单击进入【基础材质】后方的【1(VRayMtl)】，设置【漫反射】为深黄色，【反射】为深灰色，【光泽度】为0.65，勾选【菲涅耳反射】选项，并设置【细分】为16。设置【折射】为深灰色，【光泽度】为0.3，【细分】为16。设置【烟雾颜色】为浅黄色，【半透明】为【硬(蜡)模型】，【厚度】为1.181mm，如图20-62所示。

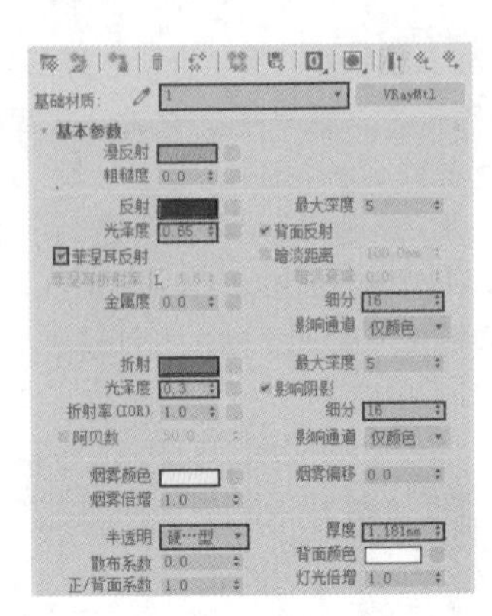


图 20-62

步骤 04 单击进入【虫漆材质】后方的【2（VRayMtl）】，设置【漫反射】为深灰色，【反射】为深灰色，【光泽度】为0.75，取消勾选【菲涅耳反射】选项，并设置【细分】为16。展开【贴图】卷展栏，设置【凹凸】为8，并在其后面通道上加载【噪波】程序贴图，设置【瓷砖】下方X、Y、Z均为25.4，【大小】为0.04，如图20-63所示。

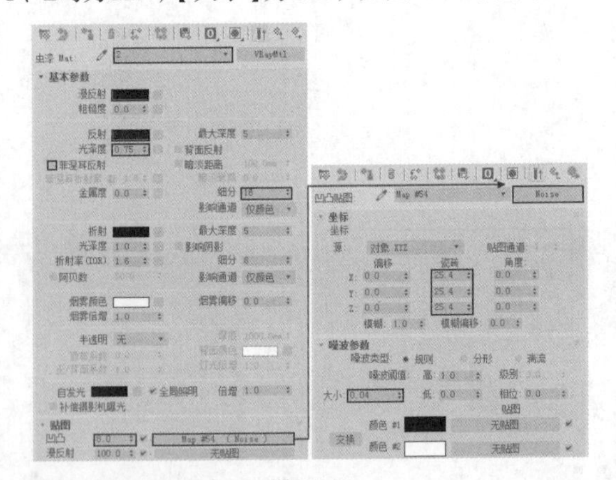


图 20-63

步骤 05 返回【多维/子对象】卷展栏中，在通道2后方加载VRayMtl材质，然后设置【漫反射】的颜色为黑色，如图20-64所示。

步骤 06 双击材质球，效果如图20-65所示。

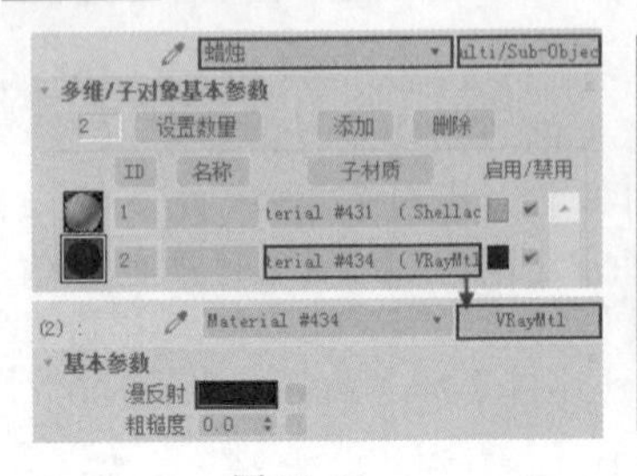

图 20-64

图 20-65

步骤 07 选择模型，单击（将材质指定给选定对象）按钮，将制作完毕的蜡烛材质赋给场景中相应的模型，如图20-66所示。

步骤 08 最后继续将剩余的材质制作完成，并依次赋给相应的模型，如图20-67所示。

图 20-66

图 20-67

## 20.4 摄影机

步骤 01 执行【创建】|【摄影机】|标准|【目标】，如图20-68所示。在视图中合适的位置创建摄影机，如图20-69所示。

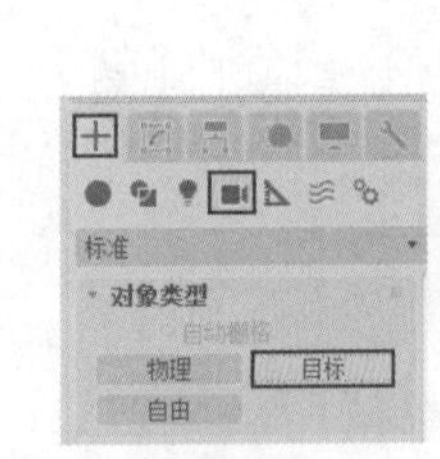


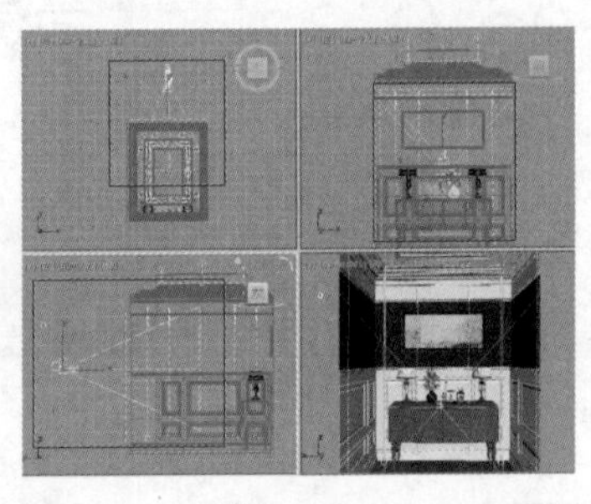

图 20-68

图 20-69

步骤 02 创建完成后单击【修改】按钮，接着在【参数】卷展栏下设置【镜头】为43.456，【视野】为45，【目标距离】为2474.234mm，如图20-70所示。

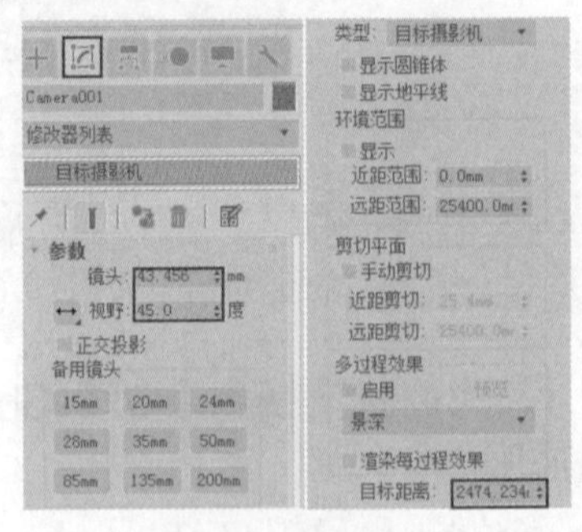


图 20-70

**步骤 03** 此时在透视图中按C键并按快捷键Shift+F，打开安全框，此时视图变为了摄影机视图，如图20-71所示。

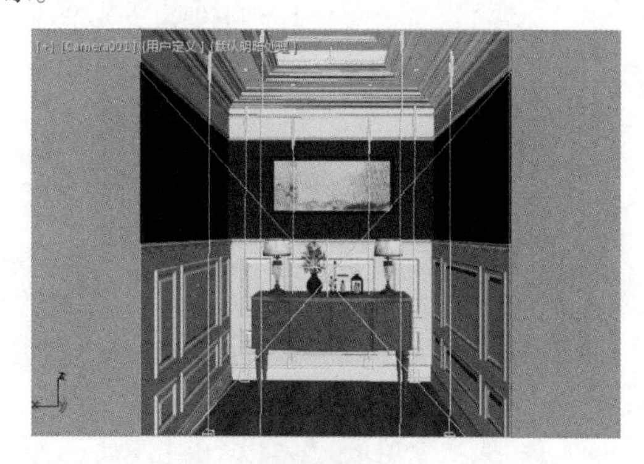

图 20-71

## 20.5 设置用于最终渲染的VRay渲染器参数

**步骤 01** 按F10键，在打开的【渲染设置】对话框中选择【公用】选项卡，设置输出的尺寸为1200×1278，如图20-72所示。

**步骤 02** 选择V-Ray选项卡，展开【帧缓冲区】卷展栏，取消勾选【启用内置缓冲区】。展开【全局开关】卷展栏，设置方式为【全光求值】，如图20-73所示。

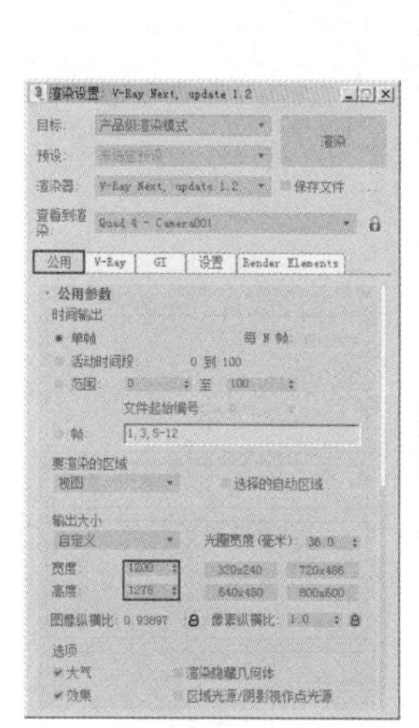

图 20-72

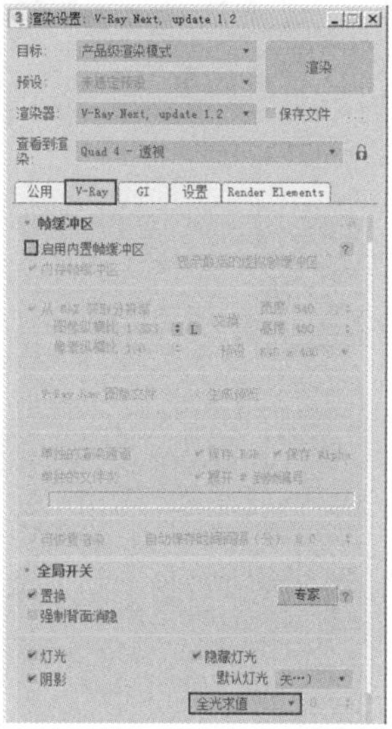

图 20-73

**步骤 03** 选择V-Ray选项卡，展开【图形采样器(抗锯齿)卷展栏】，设置【类型】为【渲染块】。展开【图像过滤器】卷展栏，勾选【图像过滤器】选项，设置【过滤器】为Mitchell-Netravali。展开【渲染块图像采样器】卷展栏，设置【最大细分】为4，【噪波阈值】为0.001。展开【全局确定性蒙特卡洛】卷展栏，勾选【使用局部细分】，设置【细分倍增】为5，【自适应数量】为0.7。展开【颜色贴图】卷展栏，设置【类型】为【指数】，勾选【子像素贴图】和【钳制输出】选项，如图20-74所示。

**步骤 04** 选择GI选项卡，勾选【启用全局照明(GI)】，设置【首次引擎】为【发光贴图】、【二次引擎】为【灯光缓存】，设置【饱和度】为0.7。展开【发光贴图】卷展栏，设置【当前预设】为【非常高】，【细分】为60，勾选【显示计算相位】和【显示直接光】选项，如图20-75所示。

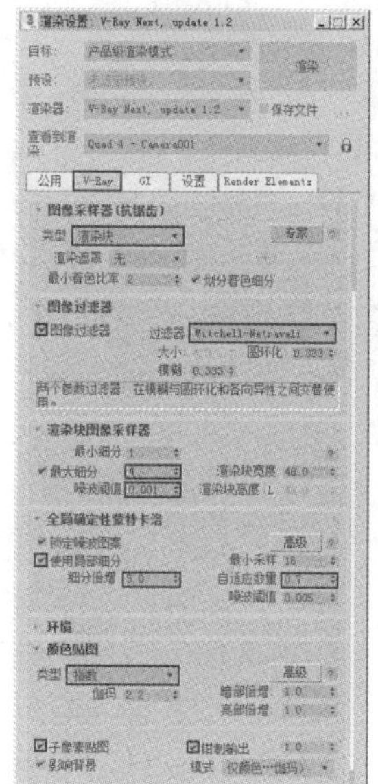

图 20-74

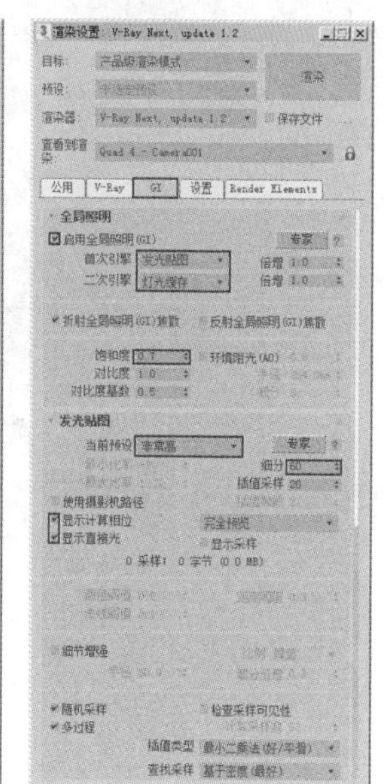

图 20-75

### 提示：渲染设置中的【细分倍增】参数怎么使用

当渲染时，若发现渲染效果的噪点很多，那么可能是场景中灯光的细分参数、材质的细分参数、渲染器参数过低导致的。

而【细分倍增】数值可以理解为可以快速整体增加场景中全部细分(如灯光细分、材质细分、渲染器细分)，【细分倍增】数值越大，场景整体细分效果越好，噪点越少，但是渲染速度会比较慢。

步骤 05 展开【灯光缓存】卷展栏，设置【细分】为2000，【采样大小】为0.02，【折回】为1，取消勾选【显示计算相位】，取消勾选【预滤器】，取消勾选【使用光泽光线】，设置【防止泄漏】为0，如图20-76所示。

步骤 06 选择【设置】选项卡，展开【系统】卷展栏，设置【动态内存极限】为4000，取消勾选【使用高性能光线跟踪】，最后设置【显示窗口】为【从不】，如图20-77所示。

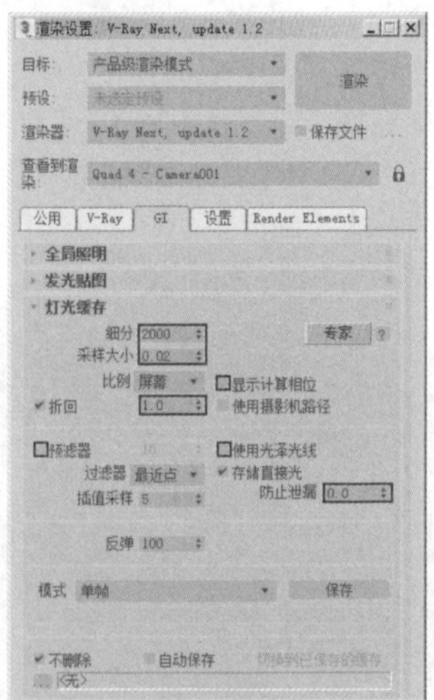


图 20-76

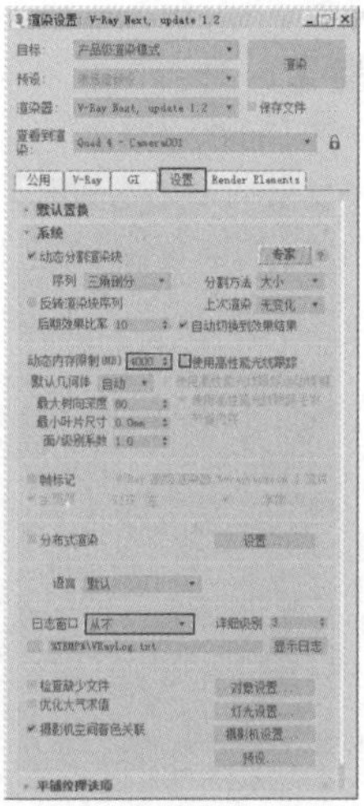

图 20-77

步骤 07 设置完成后按Shift+Q组合键将其渲染，其渲染的效果如图20-78所示。

图 20-78

扫一扫，看视频

# 样板间夜晚卧室设计

样板间设计是用于展示商品房的完整框架结构、软装饰设计效果。样板间已越来越受到房地产开发商的重视和广大购房客户的喜爱。本章将围绕样板间夜晚卧室设计案例进行讲解。

文件路径:Chapter 21　样板间夜晚卧室设计

本案例主要讲解样板间的夜晚卧室设计，需要注意该空间的窗外的深夜效果与室内的暖色调的室内光源效果的对比。渲染完成效果如图21-1所示。

图 21-1

## 21.1 设置用于测试渲染的VRay渲染器参数

步骤 01 打开本案例的场景文件，如图21-2所示。

图 21-2

步骤 02 在主工具栏中单击【渲染设置】按钮，在【渲染设置】面板中单击【渲染器】后的按钮，并设置方式为V-Ray Next，update 1.2，如图21-3所示。

步骤 03 进入【公用】选项卡，设置【宽度】为400，【高度】为300，如图21-4所示。

步骤 04 进入V-Ray选项卡，展开【帧缓冲区】卷展栏，取消勾选【启用内置帧缓冲区】。展开【全局开关】卷展栏，设置类型为【全光求值】，如图21-5所示。

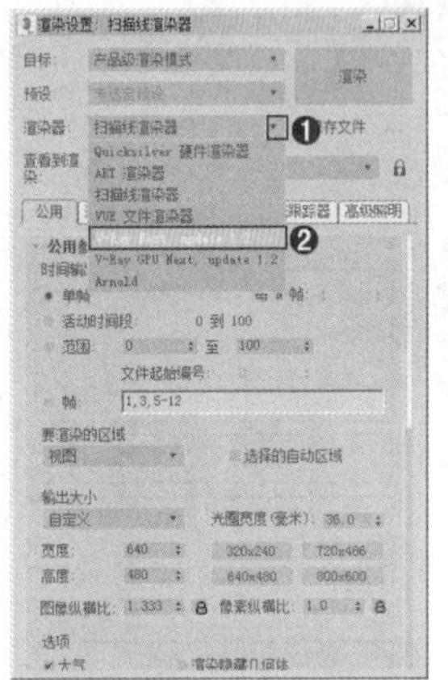

图 21-3

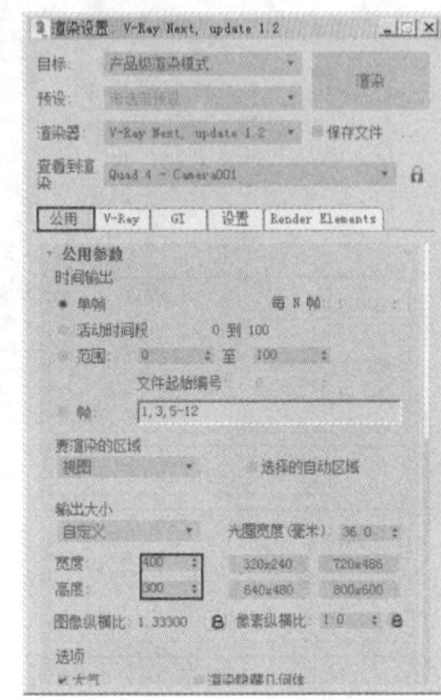

图 21-4

步骤 05 进入V-Ray选项卡，展开【图像采样器(抗锯齿)】卷展栏，设置【类型】为【渐进式】，设置【图像过滤器】为【区域】。展开【颜色贴图】，设置【类型】为【指数】，如图21-6所示。

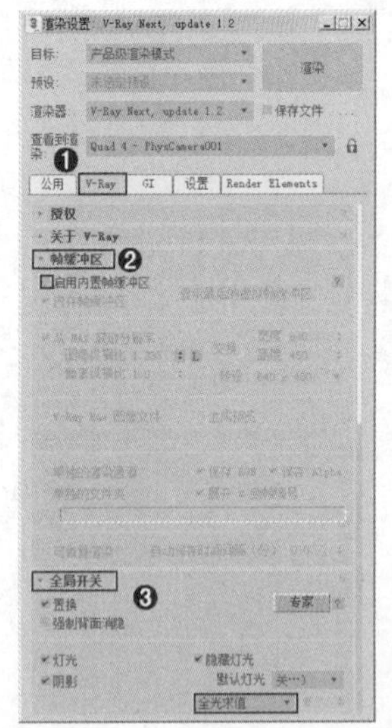

图 21-5

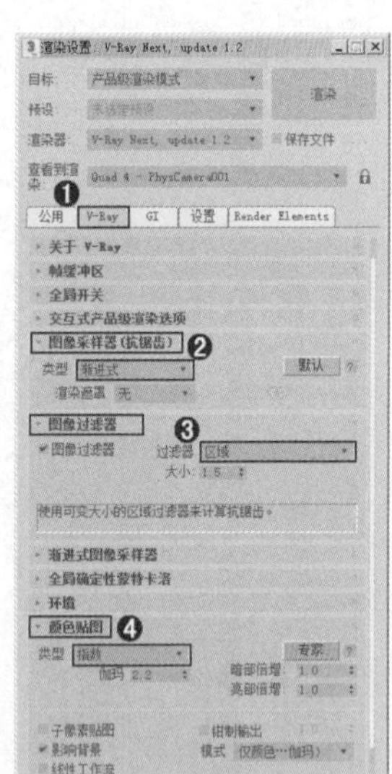

图 21-6

步骤 06 进入GI选项卡，展开【全局照明】卷展栏，勾选【启用全局照明(GI)】，设置【首次引擎】为【发光贴图】、【二次引擎】为【灯光缓存】。展开【发光贴图】卷展栏，设置【当前预设】为【非常低】，勾选【显示计算相位】和【显示直接光】，如图21-7所示。

步骤 07 进入GI选项卡，展开【灯光缓存】卷展栏，设置【细分】为200，勾选【显示计算相位】，如图21-8所示。

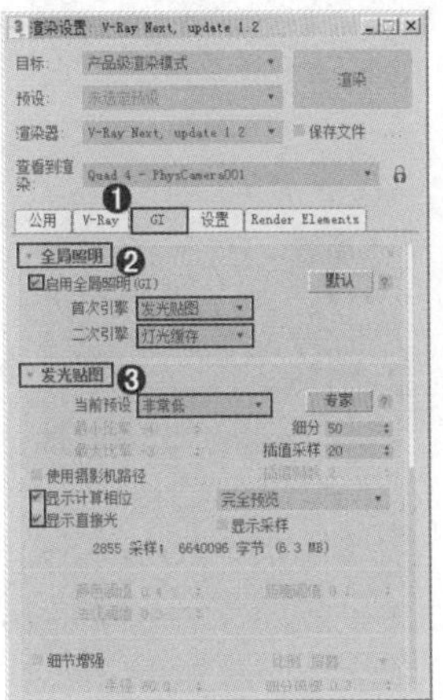

图21-7

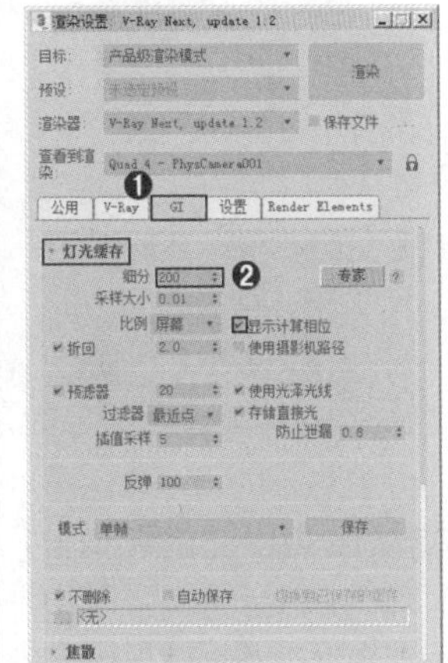

图21-8

# 21.2 灯光的制作

本案例灯光制作渲染变化流程图，如图21-9所示。

图21-9

## Part 01 创建窗口处夜色

步骤 01 执行 十【创建】|【灯光】| VRay |【(VR)灯光】，在视图中窗口的位置创建1盏（VR）灯光，从外向内照射，如图21-10所示。

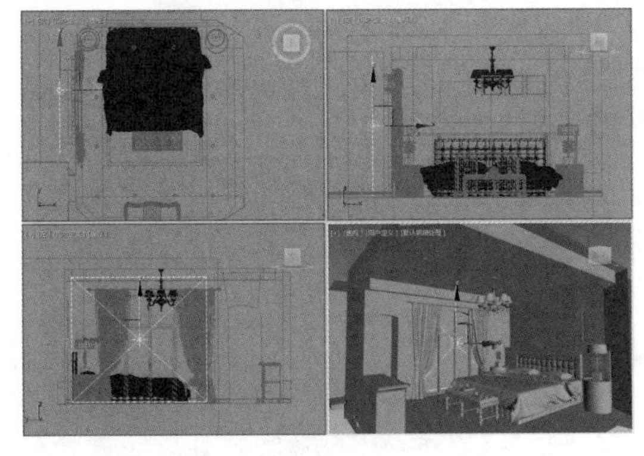

图21-10

步骤 02 创建完成后单击【修改】按钮，在【常规】卷展栏下设置【长度】为3600mm，【宽度】为3200mm，【倍增】为15，【颜色】为深蓝色。展开【选项】卷展栏，勾选【不可见】选项，接着在【采样】卷展栏下设置【细分】为30，如图21-11所示。

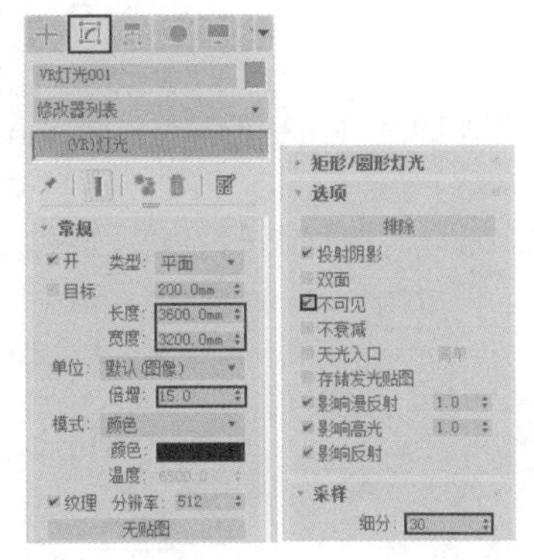

图21-11

步骤 03 设置完成后按Shift+Q组合键将其渲染，其渲染的效果如图21-12所示。

图21-12

## Part 02 创建室内射灯

步骤 01 执行 十【创建】|【灯光】| 光度学 | 目标灯光，在场景的四周射灯位置依次创建12盏目标灯光，如图21-13所示。

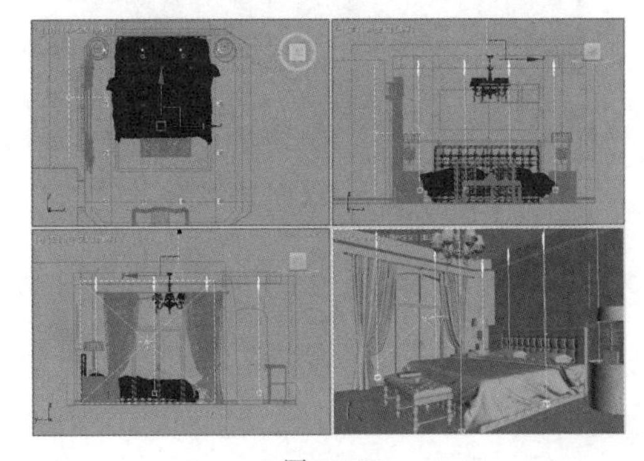

图21-13

步骤 02 创建完成后单击【修改】按钮，在【常规参数】卷展栏中勾选【阴影】下方的【启用】选项，并设置类型为【VRay 阴影】，设置【灯光分布(类型)】为【光度学Web】。接着展开【分布(光度学Web)】卷展栏，并在通道上加载【射灯.ies】文件。展开【强度/颜色/衰减】卷展栏，调节【颜色】为橙色，设置【强度】为120000。展开【VRay阴影参数】卷展栏，设置【U大小】【V大小】【W大小】均为50mm，设置【细分】为30，如图21-14所示。

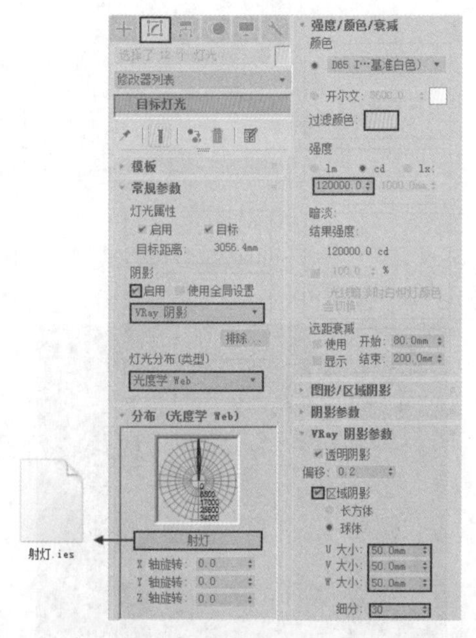


图 21-14

步骤 03 设置完成后按Shift+Q组合键将其渲染，其渲染的效果如图21-15所示。

图 21-15

## Part 03 吊灯

步骤 01 在吊灯的每一个灯罩位置分别创建1盏（VR）灯光，共6盏，如图21-16所示。

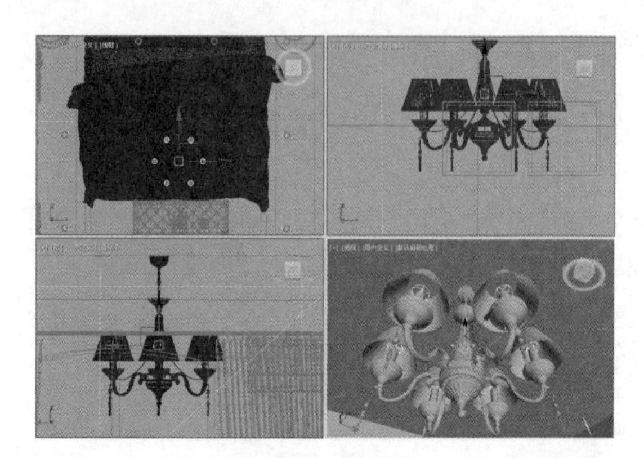

图 21-16

步骤 02 创建完成后单击【修改】按钮，在【常规】卷展栏下设置【类型】为【球体】，【半径】为40mm，【倍增】为30，【颜色】为浅黄色。展开【选项】卷展栏，勾选【不可见】选项，接着在【采样】卷展栏下设置【细分】为30，如图21-17所示。

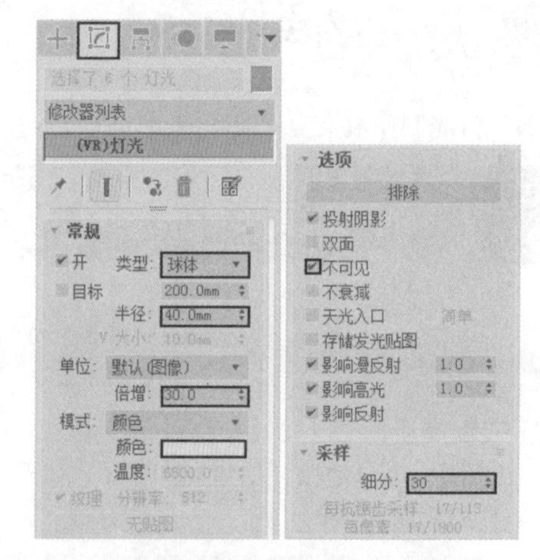


图 21-17

步骤 03 设置完成后按Shift+Q组合键将其渲染，其渲染的效果如图21-18所示。

图 21-18

## Part 04　台灯

步骤 01 在台灯的每一个灯罩位置分别创建1盏（VR）灯光，共2个，如图21-19所示。

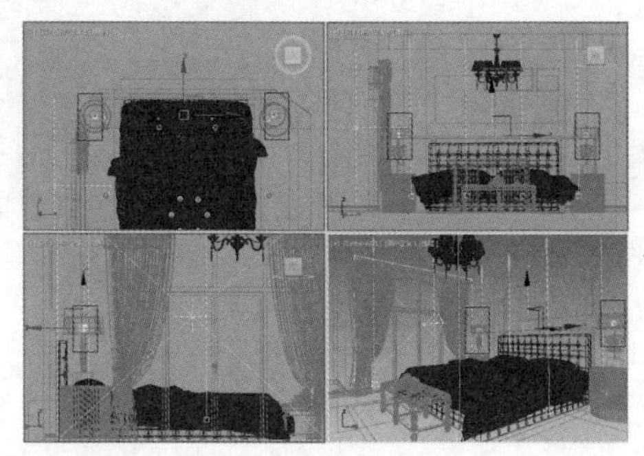
图21-19

步骤 02 创建完成后单击【修改】按钮，在【常规】卷展栏下设置【类型】为【球体】，【半径】为40mm，【倍增】为60，【颜色】为浅黄色。展开【选项】卷展栏，勾选【不可见】选项，接着在【采样】卷展栏下设置【细分】为30，如图21-20所示。

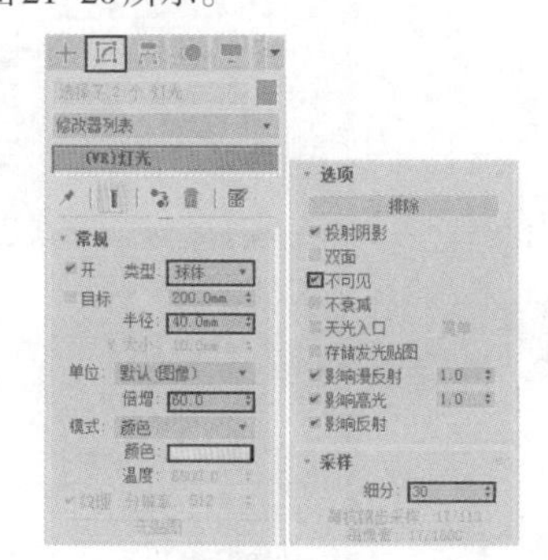

图21-20

步骤 03 设置完成后按Shift+Q组合键将其渲染，其渲染的效果如图21-21所示。

图21-21

## Part 05　创建辅助光源照射暗部

通过渲染可以看到场景的灯光层次非常强烈，灯光设置得比较合理，但是场景中的背光处稍微有些暗淡，需要创建灯光用于辅助照射暗部。

步骤 01 执行【创建】|【灯光】|VRay|【（VR）灯光】，在视图中窗口的位置创建1盏（VR）灯光，从外向内照射，如图21-22所示。

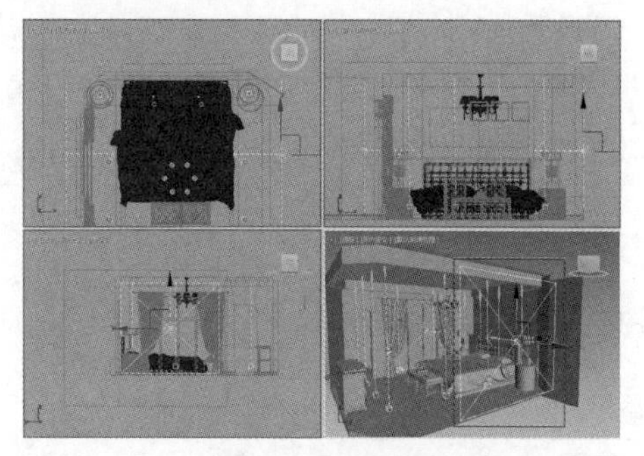
图21-22

步骤 02 创建完成后单击【修改】按钮，在【常规】卷展栏下设置【长度】为3600mm，【宽度】为3200mm，【倍增】为2，【颜色】为蓝色。展开【选项】卷展栏，勾选【不可见】选项，接着在【采样】卷展栏下设置【细分】为30，如图21-23所示。

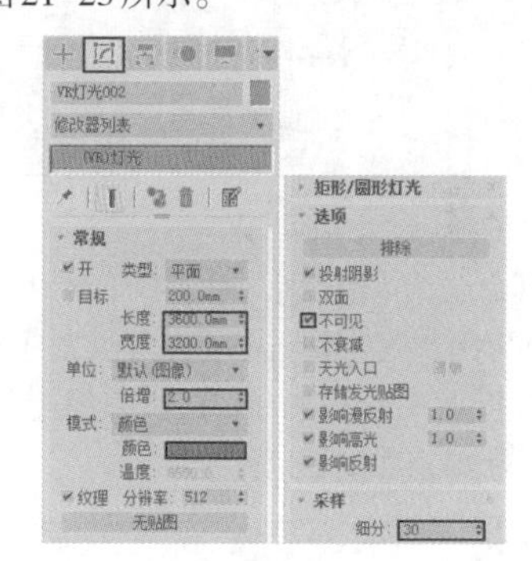

图21-23

步骤 03 设置完成后按Shift+Q组合键将其渲染，其渲染的效果如图21-24所示。

图21-24

# 21.3 材质的制作

## Part 01 墙面材质

步骤 01 按下M键，打开【材质编辑器】窗口，接着在该窗口内选择第一个材质球，单击 Standard （标准）按钮，在弹出的【材质/贴图浏览器】对话框中选择VRayMtl，如图21-25所示。

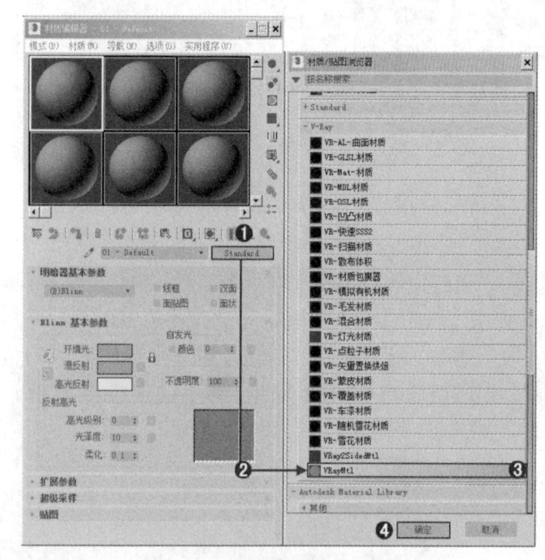

图21-25

步骤 02 将其命名为【墙面】，设置【漫反射】为卡其色，设置【反射】为深灰色，勾选【菲涅耳反射】选项，然后单击【菲涅耳折射率】后方的 L 按钮，设置其数值为2，设置【细分】为20，如图21-26所示。

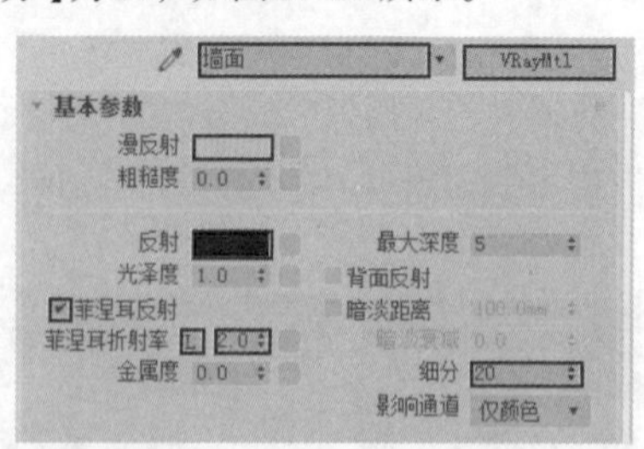


图21-26

步骤 03 双击材质球，效果如图21-27所示。

步骤 04 选择模型，单击 （将材质指定给选定对象）按钮，将制作完毕的墙面材质赋给场景中相应的模型，如图21-28所示。

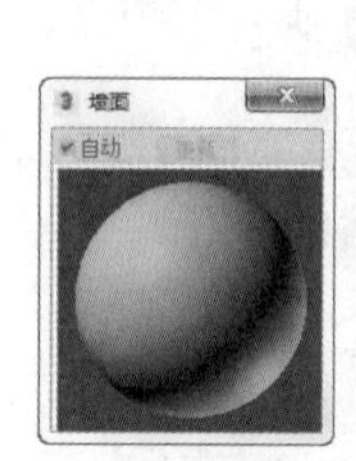

图21-27

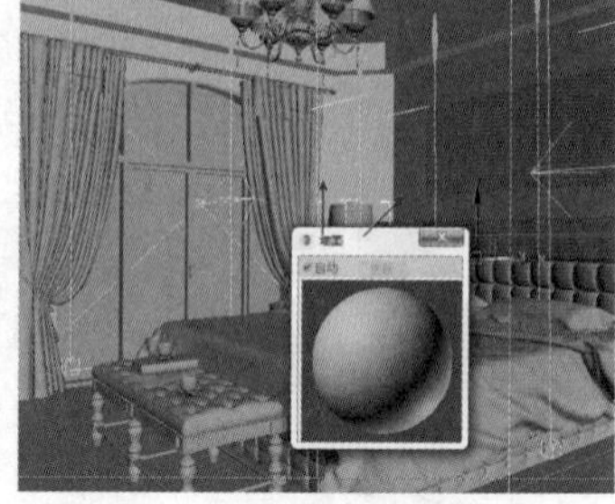

图21-28

## Part 02 木地板材质

步骤 01 单击一个材质球，设置材质类型为VRayMtl材质，命名为【木地板】。在【漫反射】后面的通道上加载【3_Diffuse.jpg】贴图文件，设置【瓷砖】下方的【U】为6，【V】为4，【模糊】为0.5。在【反射】后面的通道上加载【3_Reflect.jpg】贴图文件，设置【瓷砖】下方的【U】为6，【V】为4，【光泽度】为0.8，勾选【菲涅耳反射】选项，设置【细分】为30，如图21-29所示。

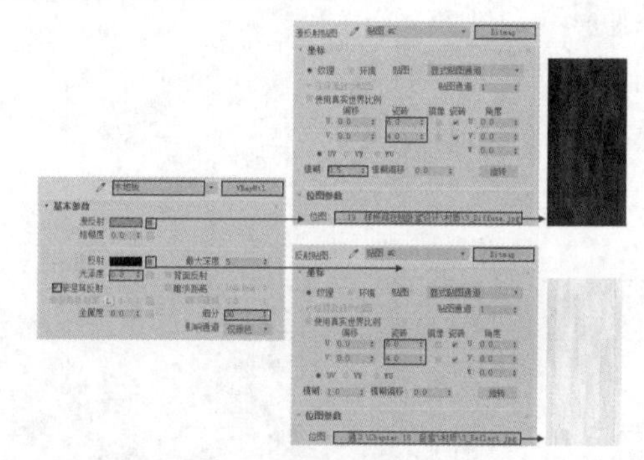

图21-29

步骤 02 展开【贴图】卷展栏，并在【凹凸】后面的通道上加载【3_Bump.jpg】贴图文件，设置【瓷砖】下方的【U】为6，【V】为4，【模糊】为0.5。接着设置【凹凸】后方的数值为100，如图21-30所示。

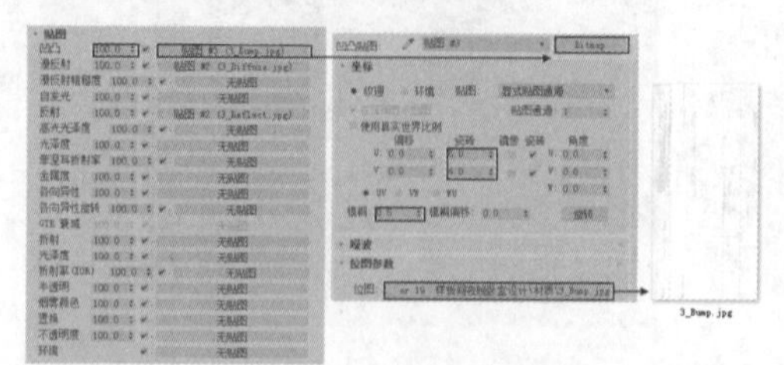

图21-30

步骤 03 双击材质球，效果如图21-31所示。

步骤 04 选择模型，单击 （将材质指定给选定对象）按钮，将制作完毕的木地板材质赋给场景中相应的模型，如图21-32所示。

图 21-31

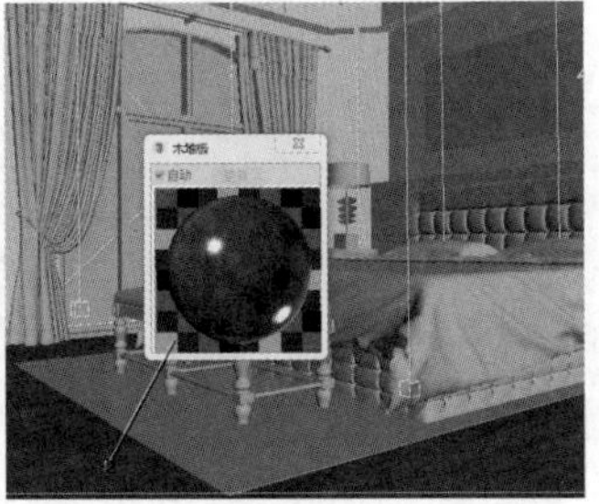
图 21-32

## Part 03 床软包材质

步骤 01 单击一个材质球，设置材质类型为VRayMtl材质，命名为【床软包】。展开【基本参数】卷展栏，在【漫反射】后面的通道上加载【-1-58.jpg】贴图文件，设置【模糊】为0.8。接着在【反射】后面的通道上加载【-2-58.jpg】贴图文件，设置【模糊】为0.8。在【光泽度】后方加载【4-58.jpg】贴图文件，设置【模糊】为0.8。接着勾选【菲涅耳反射】选项，单击【菲涅耳折射率】后方的L按钮，设置其数值为2.25，设置【细分】为56，如图21-33所示。

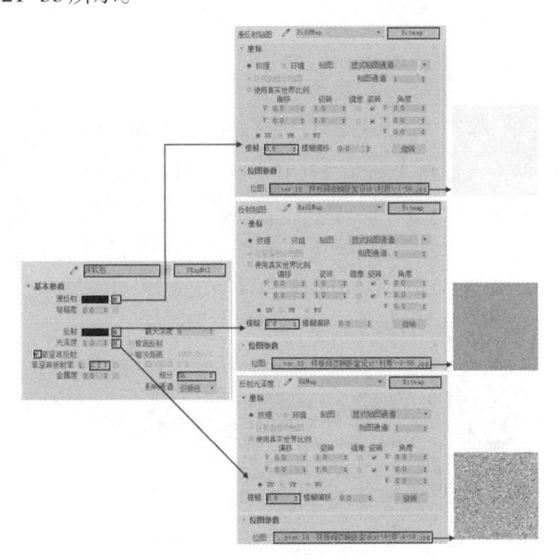
图 21-33

步骤 02 展开【贴图】卷展栏，设置【光泽度】为52。为【凹凸】后面的通道上加载【3-58.jpg】贴图文件，设置【模糊】为0.6，接着设置【凹凸】后方的数值为4，如图21-34所示。

步骤 03 双击材质球，效果如图21-35所示。

步骤 04 选择模型，单击（将材质指定给选定对象）按钮，将制作完毕的床软包材质赋给场景中相应的模型，如图21-36所示。

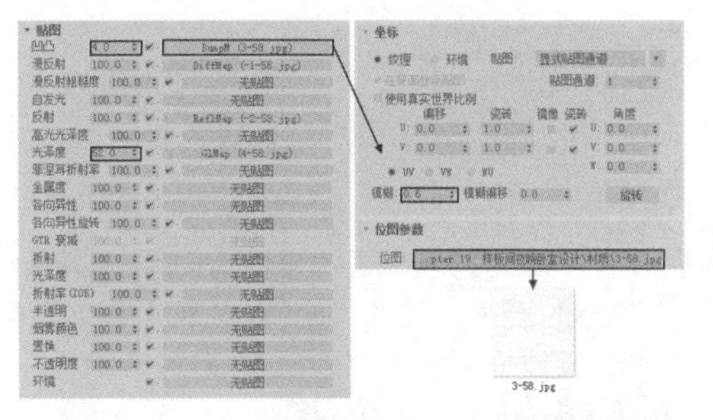
图 21-34

图 21-35

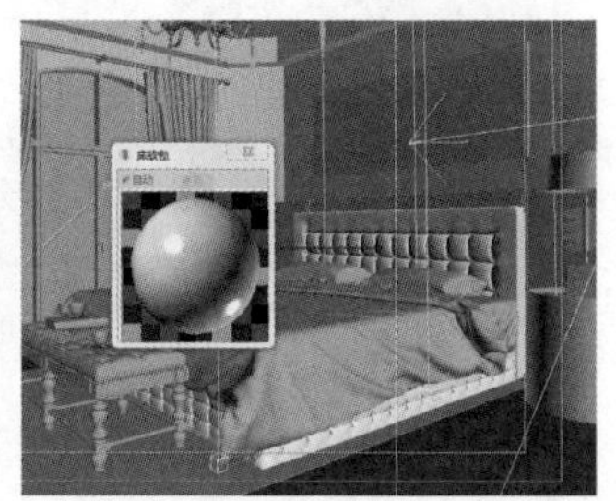
图 21-36

## Part 04 丝绸床单材质

步骤 01 单击一个材质球，设置材质类型为VRayMtl材质，命名为【丝绸床单】。在【漫反射】后面的通道上加载【5-58.jpg】贴图文件，设置【模糊】为0.8。接着在【反射】后面的通道上加载【-6-58.jpg】贴图文件，设置【模糊】为0.8，设置【光泽度】为0.5，勾选【菲涅耳反射】选项，单击【菲涅耳折射率】后方的L按钮，设置其数值为3.2，设置【细分】为32，如图21-37所示。

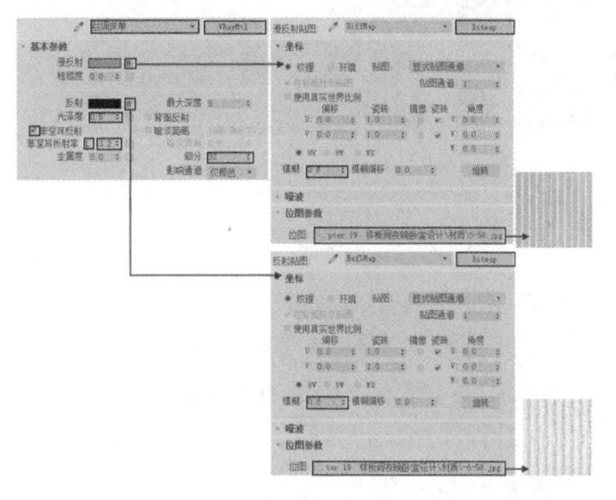
图 21-37

步骤 02 展开【双向反射分布函数】卷展栏，选择【反射】选项，设置【各向异性】为0.6，【旋转】为90，如图21-38所示。

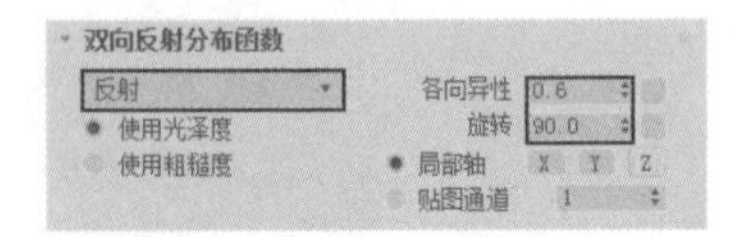


图21-38

步骤 03 展开【贴图】卷展栏，为【凹凸】后方的通道上加载【-7-58.jpg】贴图文件，设置【模糊】为0.9，接着设置【凹凸】后方的数值为14，如图21-39所示。

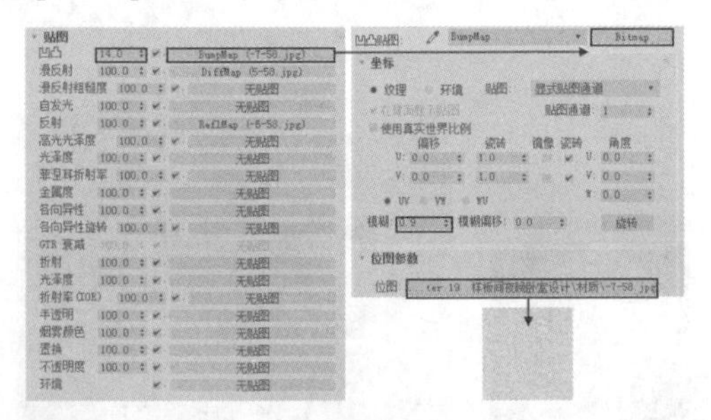

图21-39

步骤 04 双击材质球，效果如图21-40所示。

步骤 05 选择模型，单击 （将材质指定给选定对象）按钮，将制作完毕的丝绸床单材质赋给场景中相应的模型，如图21-41所示。

图21-40

图21-41

## Part 05 脚凳皮革材质

步骤 01 单击一个材质球，设置材质类型为VRayMtl材质，命名为【脚蹬皮革】。在【漫反射】后面的通道上加载【s378d2aa.jpg】贴图文件，在【反射】后面的通道上加载【衰减】程序贴图，分别将颜色设置为黑色和浅蓝色，【衰减类型】为Fresnel，最后设置【光泽度】为0.7，取消勾选【菲涅耳反射】选项，如图21-42所示。

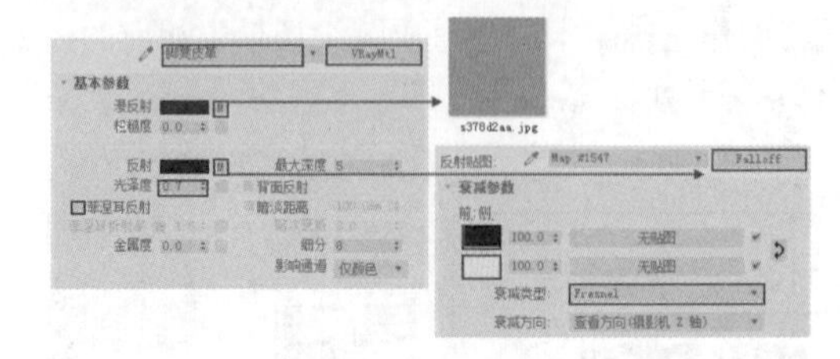

图21-42

步骤 02 双击材质球，效果如图21-43所示。

步骤 03 选择模型，单击 （将材质指定给选定对象）按钮，将制作完毕的脚蹬皮革材质赋给场景中相应的模型，如图21-44所示。

图21-43

图21-44

## Part 06 遮光窗帘材质

步骤 01 单击一个材质球，设置材质类型为VRayMtl材质，命名为【遮光窗帘】。在【漫反射】后面的通道上加载【衰减】程序贴图，进入【衰减参数】卷展栏，为黑色后方的通道上加载【2alpaca-15a.jpg】贴图文件，为白色后方的通道上加载【2alpaca-15awa.jpg】贴图文件，并调整【混合曲线】的形状，如图21-45所示。

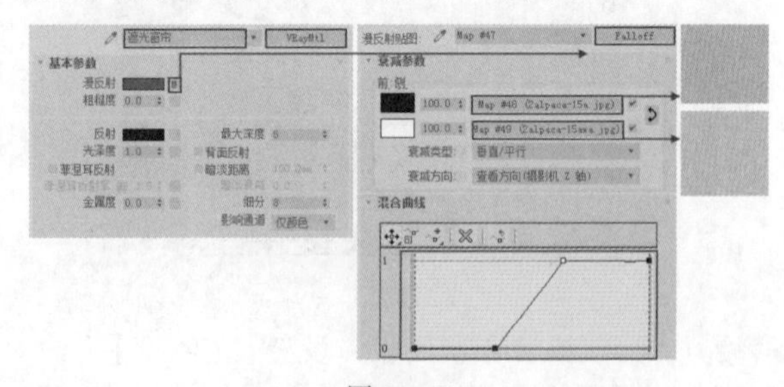

图21-45

步骤 02 双击材质球，效果如图21-46所示。

步骤 03 选择模型，单击 （将材质指定给选定对象）按钮，将制作完毕的遮光窗帘材质赋给场景中相应的模型，如图21-47所示。

图 21-46

图 21-47

## Part 07　窗纱材质

步骤 01 选择一个空白的材质球，设置材质类型为VRayMtl材质，并将其命名为【窗纱】。设置【漫反射】的颜色为白色，在【折射】后面的通道加载【衰减】程序贴图，进入【衰减参数】卷展栏后分别设置颜色为深灰色和黑色，【衰减类型】为Fresnel。最后设置【折射】的【光泽度】为0.7，【细分】为15，如图21-48所示。

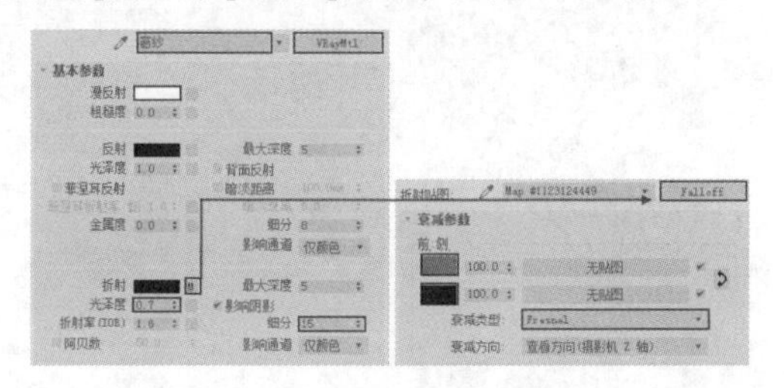

图 21-48

步骤 02 双击材质球，效果如图21-49所示。

步骤 03 选择模型，单击 (将材质指定给选定对象)按钮，将制作完毕的窗纱材质赋给场景中相应的模型，如图21-50所示。

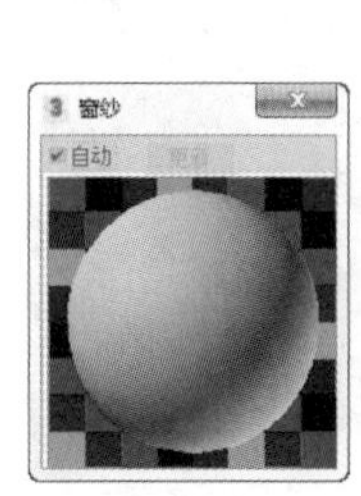

图 21-49

图 21-50

## Part 08　台灯灯罩材质

步骤 01 选择一个空白的材质球，设置材质类型为VRayMtl材质，并将其命名为【台灯灯罩】。在【漫反射】后方的通道上加载【Archmodels59_ cloth_026l.jpg】贴图文件。在【折射】后方的通道上加载【衰减】程序贴图，进入【衰减参数】卷展栏后分别设置颜色为深灰色和黑色。最后设置【光泽度】为0.75，如图21-51所示。

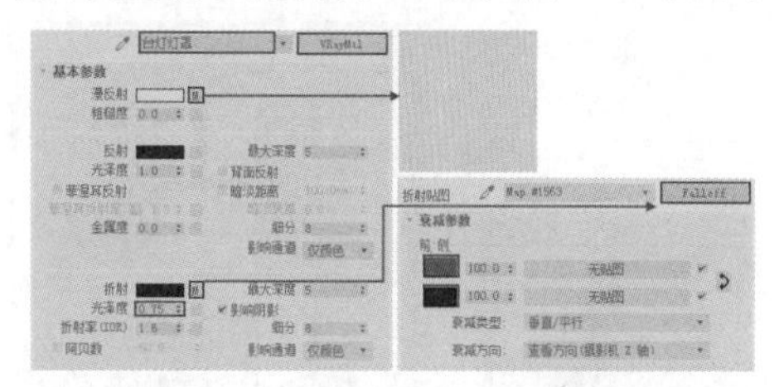

图 21-51

步骤 02 双击材质球，效果如图21-52所示。

步骤 03 选择模型，单击 (将材质指定给选定对象)按钮，将制作完毕的台灯灯罩材质赋给场景中相应的模型，如图21-53所示。

图 21-52

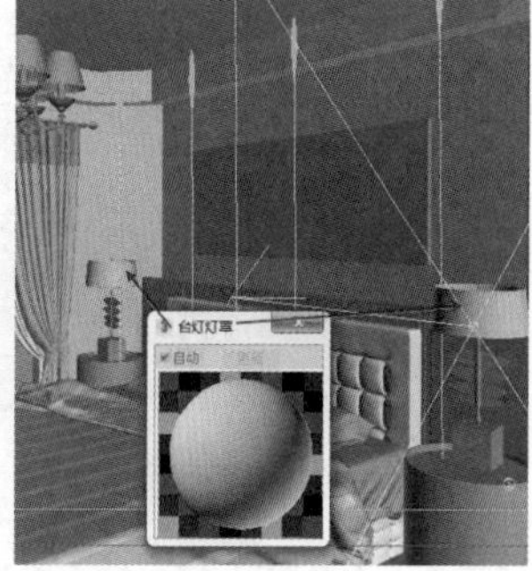

图 21-53

## Part 09　夜色背景材质

步骤 01 选择一个空白的材质球，设置材质类型为【VRay灯光材质】，并将其命名为【夜色背景】。在【参数】卷展栏中设置【颜色】为白色，接着为颜色后方的通道加载【500742162.jpg】贴图文件，设置【模糊】为0.01，如图21-54所示。

步骤 02 双击材质球，效果如图21-55所示。

步骤 03 选择模型，单击 (将材质指定给选定对象)按钮，将制作完毕的夜色背景材质赋给场景中相应的模型，如图21-56所示。

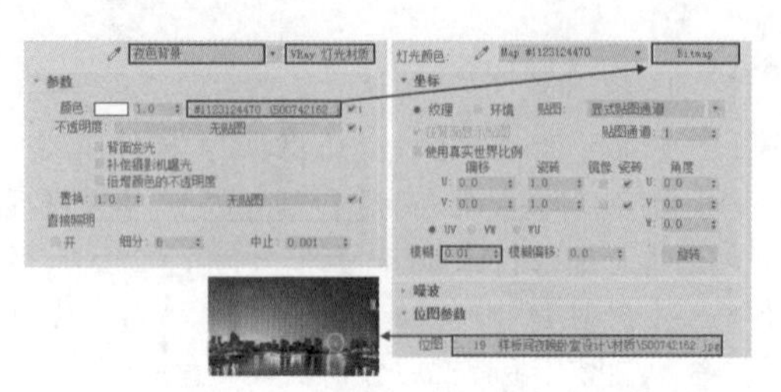

图 21-54

图 21-55

图 21-56

步骤 04 继续将剩余的材质制作完成，并依次赋予相应的模型，如图21-57所示。

图 21-57

# 21.4 创建摄影机

步骤 01 执行【创建】|【摄影机】| 标准 |【目标】，如图21-58所示，在视图中合适的位置创建摄影机，如图21-59所示。

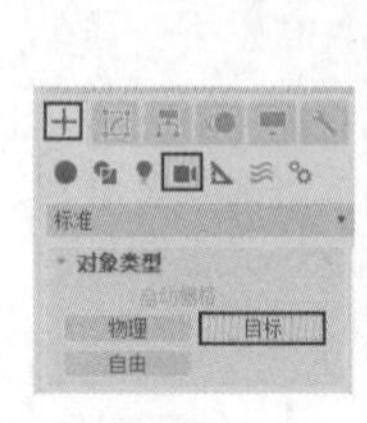

图 21-58

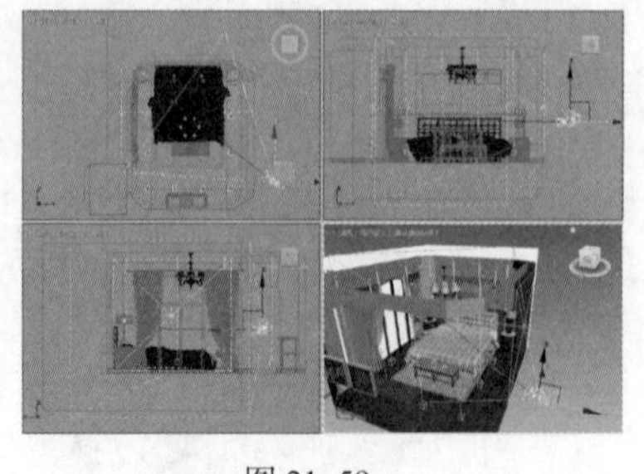

图 21-59

步骤 02 创建完成后单击【修改】按钮，接着在【参数】卷展栏下设置【镜头】为26.978，【视野】为67.424，【目标距离】为5115.726，如图21-60所示。

步骤 03 此时在透视图中按C键并按快捷键Shift+F，打开安全框，此时视图变为了摄影机视图，如图21-61所示。但是发现该摄影机视角稍微有一些倾斜。

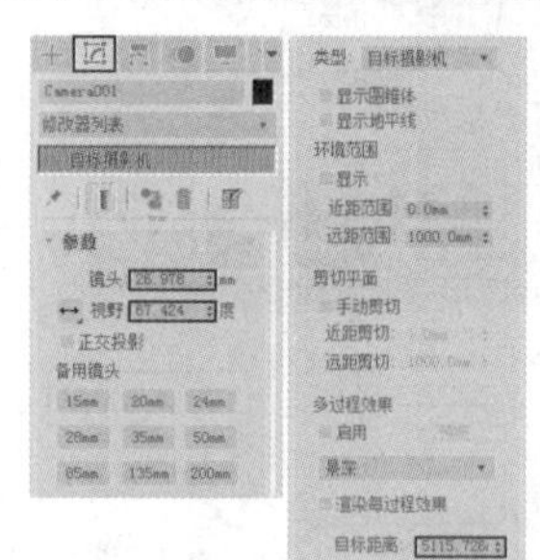

图 21-60

图 21-61

步骤 04 在前视图中选择摄影机并右击，执行【应用摄影机校正修改器】命令，如图21-62所示。

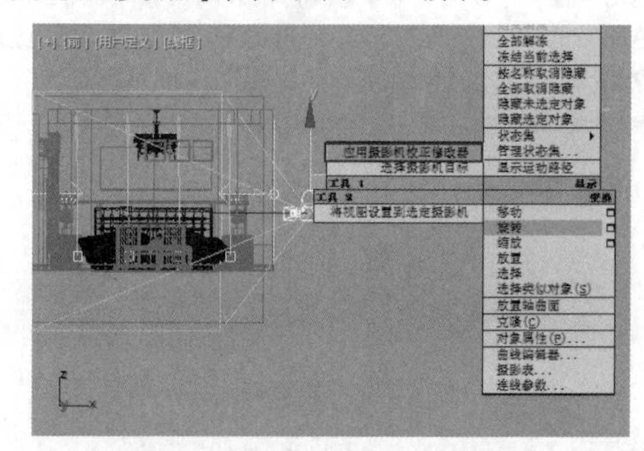

图 21-62

步骤 05 此时摄影机视角变得更舒适了，没有了倾斜的效果，如图21-63所示。

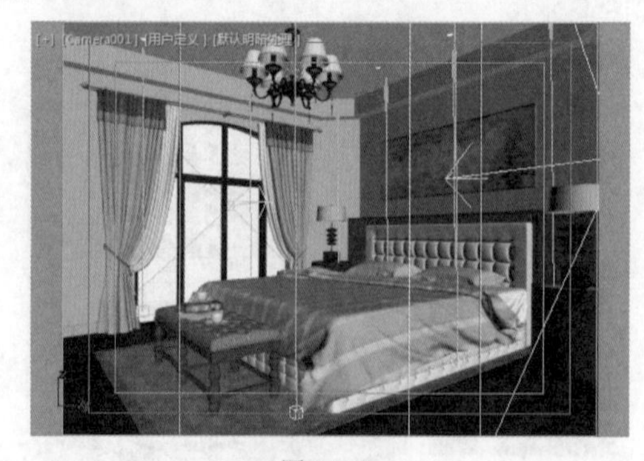

图 21-63

# 21.5 设置用于最终渲染的VRay渲染器参数

步骤 01 按F10键，在打开的【渲染设置】对话框中选择【公用】选项卡，设置【输出大小】下方的【宽度】为1333、【高度】为1000，如图21-64所示。

步骤 02 选择V-Ray选项卡，展开【帧缓冲区】卷展栏，取消勾选【启用内置缓冲区】。展开【全局开关】卷展栏，设置方式为【全光求值】，如图21-65所示。

步骤 03 选择V-Ray选项卡，展开【图形采样器(抗锯齿)】卷展栏，设置【类型】为【渲染块】。展开【图像过滤器】卷展栏，设置【过滤器】为Catmull-Rom。展开【渲染块图像采样器】卷展栏，设置【噪波阈值】为0.05。展开【全局确定性蒙特卡洛】卷展栏，勾选【使用局部细分】选项，设置【细分倍增】为2。展开【颜色贴图】卷展栏，设置【类型】为【指数】，勾选【子像素贴图】和【钳制输出】选项，如图21-66所示。

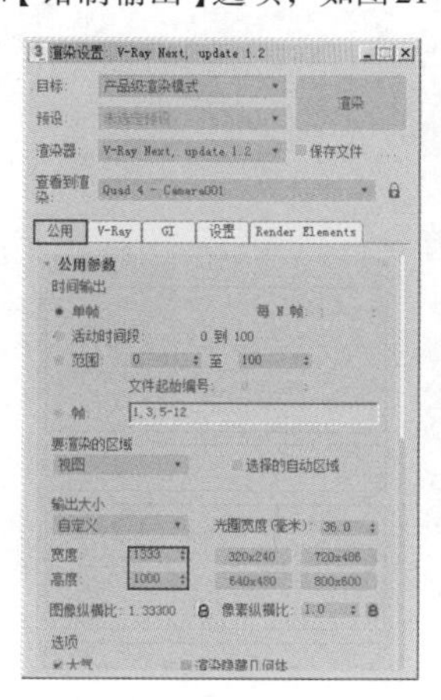

图 21-64

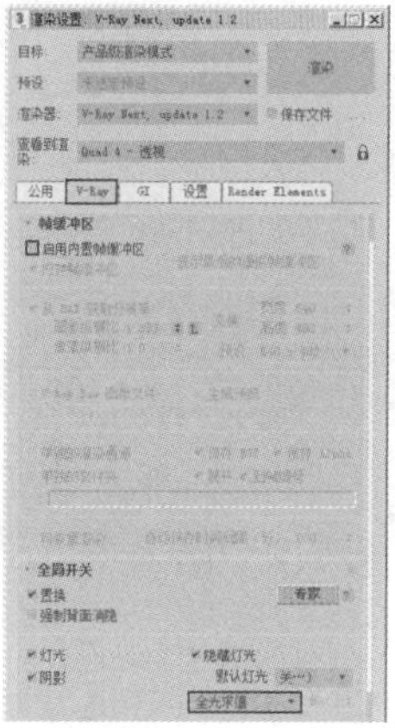

图 21-65

步骤 04 选择GI选项卡，设置【首次引擎】为【发光贴图】、【二次引擎】为【灯光缓存】。展开【发光贴图】卷展栏，设置【当前预设】为【中】，启用【显示直接光】选项，如图21-67所示。

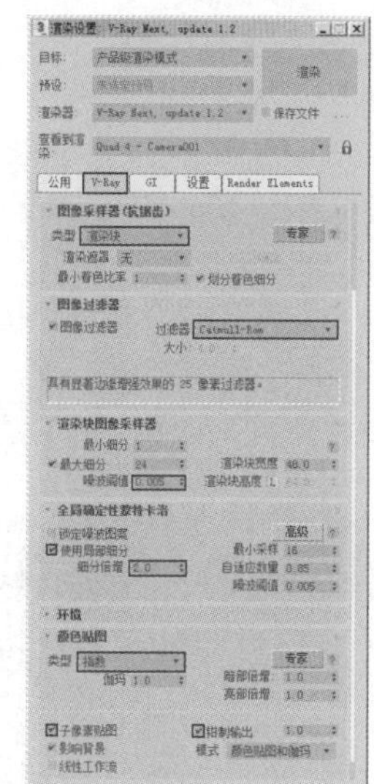

图 21-66

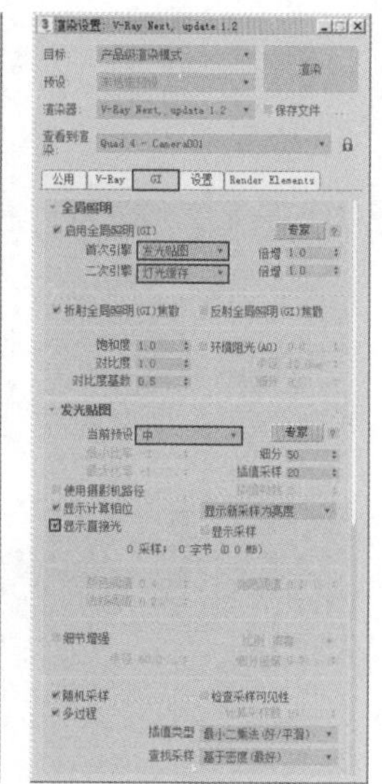

图 21-67

步骤 05 设置完成后按Shift+Q组合键将其渲染，其渲染的效果如图21-68所示。

图 21-68